中国芸苔素专家 做中国优质农化产品供应商

云大科技——中国首家获得芸苔素内酯发明专利的企业

——中国提供芸苔素内酯复配系列高品质产品的企业

——全球芸苔素内酯原药产量领先的企业

· 昆明云大科技农化有限公司 ·

地址：昆明市国家高新技术产业开发区科医路59号　　电话：0871-8312216

邮编：650106　网址：www.yundanh.com　　　　　传真：0871-8321355

志飞生化

- 悬浮率高，溶解速度快，药剂喷洒均匀
- 高安全性，无毒、无尘，使用安全
- 独特颗粒技术，使其成分缓慢释放，一次施药可持续20天

5%甲维盐水分散粒剂

国内优秀新型杀虫剂

（美誉）
2.2%甲维盐微乳剂

（赞誉）
1%甲维盐乳油

（喜祥）
2%阿维菌素微乳剂

（米青）
1.8%阿维菌素乳油

即将推出产品

15%甲维·毒死蜱水乳剂
20%甲维·三唑磷水乳剂
40%甲维·啶虫脒水分散粒剂
5 %甲维·高氯水乳剂
10%甲维·氟铃脲水分散粒剂
5 %阿维·啶虫脒可溶性颗粒剂
5 %阿维·高氯水乳剂
15%阿维·毒死蜱水乳剂

（米高扬）
3%甲维盐水分散粒剂

大庆志飞生物化工有限公司
地址：黑龙江省大庆市高新区宏伟园区　邮编：16341
联系人：何经理　　　手机：13936967063
客服电话：0459-5619339　　传真：0459-561931
网址：www.jefene.com

大庆志飞生物化工有限公司

第25届中国植保交流

特别支持单位

大庆志飞生物化工有限公司
武彦辉　总经理
电话：0459-5619339
传真：0459-5619317

昆明云大科技农化有限公司
陈君荣　总经理
电话：0871-8312216
传真：0871-8321355

河北威远生物化工股份有限公司
李秀芬　总经理
电话：0311-85915801
传真：0311-85915801

江苏七洲绿色化工股份有限公司
周耀德　董事长
电话：0512-58693188
传真：0512-58689720

DUPONT
创造科学奇迹

上海杜邦农化有限公司
Elizabeth Ching **董事长**
电话：021-58672488
传真：021-58674948

巴斯夫（中国）有限公司
关志华　巴斯夫大中华区董事长
电话：021-23203000
传真：021-23203599

Dow AgroSciences

美国陶氏益农公司
杜晖　中国区总经理
电话：021-38511000
传真：021-58954295

山东鲁抗生物农药有限责任公司
付震　销售总监
电话：0534-5337908
传真：0534-5332296

瑞泽农药
REGAR PESTICIDES

大连瑞泽农药股份有限公司
王正权　董事长
电话：0411-87695437
传真：0411-87686646

山西三维丰海化工有限公司
薛振海　董事长
电话：0359-8691179
传真：0359-8691197

NAB
新农基 新农业 新生活

淄博新农基农药化工有限公司
邵长禄　董事长
电话：0533-8409995
传真：0533-8437078

CAIS

北京科发伟业(专业农药登记代理机构)
余本水　中心主任
电话：010-59192012
传真：010-59192014

暨农药械交易会

 浙江升华拜克生物股份有限公司
张文骏　总经理
电话：0572-8402918
传真：0572-8409397

 山东天达生物制药股份有限公司
张世家　董事长
电话：0536-2352116
传真：0536-2342173

 广西安泰化工有限责任公司
梁东海　董事长
电话：0775-7860038
传真：0775-7860028

DONGTAI 山东东泰农化有限公司
周保东　总裁
电话：400-811-3911
传真：0635-2995966

 四川省乐山市福华福华通达农药科技有限公司
张　华　董事长
电话：0833-3359989
传真：0833-3359989

Hansencn 瀚生 青岛瀚生生物科技股份有限公司
郭前玉　总经理
电话：0532-85727379
传真：0532-85976379
技术服务热线：400-7089-400

Uniagros 广州统联住商农资有限公司
陈文献　总经理
电话：020-87551390/1/2/3
传真：020-87551626

河南欧丽植保技术开发有限公司
连振华　总经理
电话：0371-60133365
传真：0371-60133363

 浙江乐吉化工股份有限公司
吴　强　总经理
电话：0577-61353788
传真：0577-61352899

河北益海安格诺农化有限公司
郭兴国　董事长
电话：0311-85159081
传真：0311-85159082

 **GUANGXI ANTAI CHEMICAL**

广西安泰化工有限责任公司 地址：广西平南县
电话：（0775）786

CO.,LTD.

东郊　　邮编: 537300
传真: (0775) 7860028

高新技术企业

管理．环境体系认证

ISO 9001:2000　ISO 14001:2004

永农化工 总部座落于中国最具经济活力城市——温州，自1988年创建至今，已发展成集科研、生产、销售和服务于一体的国家级高新技术企业。现有职工1500多人，固定资产2.5个亿，年产值5亿多元。成为拥有浙江永农化工有限公司、上虞永农化工有限公司、上海永农国际贸易有限公司的集团化大型农用化学品生产企业。

永农化工致力于发展有益于环境、有益于健康的优质、高效、安全、无公害的作物保护系列产品；致力于开发可持续发展的新产品、新技术以满足不断增长的市场需求。

现拥有除草剂、杀虫剂、杀菌剂三大系列产品，产品结构日趋完善，自主生产草铵膦、敌草快、甜菜安、甜菜宁、百草枯、杀扑磷、丙溴磷、毒死蜱、氯氟吡氧乙酸等二十多个原药及50多个制剂产品，其中龙旋风（百草枯）已经成为国内除草剂行业的知名品牌。公司于2008年首家隆重推出具有国际最新科技含量的优秀除草剂——百速顿™（草铵膦）和甜菜安·宁。

开拓务实的永农人将以最优秀的产品、最完善的服务与您共享丰收的喜悦！

纳天地之气

**Absorb the spirit of the
Create the science and**

开封天地高科化学技术有限公司
KAIFENG WORLD HIGH-SECTION CHEMISTRY TECHNOLOGY CO.,LTD

农药原药　　　　农药中间体　　　　医药中间体　　　　高效渗透剂　　　　农用有机硅

植宝素®

摇钱树

• 国宝级文物，出土于宋朝 •

中国·佛山植宝化工有限公司

• 广东省佛山市佛罗路33号之一 • 电话:0757-82813134 • 传真:0757-82810303 • • http://www.zhibao.com.cn •

ZHIBAOSU

一帆化工荣誉资质

Reputation Of Yifan Chem.

*国家星火计划高新技术企业
*通过ISO14001环境体系认证
*浙江省高新技术研发中心
*通过ISO9001质量体系认证
*进出口企业资格证书

浙江一帆化工有限公司创建于1992年，是集科技研发、原药合成、制剂加工和内外贸于一体的大型农药原药合成和制剂加工国家定点企业。公司现在固定资产1.5亿元，年产农药原药、制剂10000多吨。公司先后通过了ISO9001：2008质量体系及ISO14001：2004环境体系的认证；同时公司以雄厚的研发力量、先进的检测仪器、精细的生产管理和严格的质量控制来提高产品质量。

公司依托浙江省级高新技术研发中心专业研发、生产含杀菌剂、杀虫剂、除草剂三大门类十多个原药产品及50多个制剂产品，其中甲霜灵、苯醚甲环唑、腈菌唑、抑霉唑、禾草灵、乙氧氟草醚等原药品种和25%腈菌唑EC、250g/L苯醚甲环唑EC、20%叶枯唑WP、70%一帆甲托WP、40%三唑磷EC、480g/L毒死蜱EC等制剂品种不仅畅销全国20多个省市，而且远销到欧洲、中东、澳洲等十几个国家和地区。多年来"一帆"品牌产品以可靠的质量和真诚的售后服务赢得了国内外广大客商的信赖和赞誉。

回首过去，一帆人在各级领导、同仁和合作伙伴的支持下，抓住机遇、顽强拼搏、完善自我、追求卓越，为中国农药工业发展做出了应有贡献。展望未来，鸿鹄之志，任重道远，一帆人将在公司吴正绍董事长的正确领导下，团结奋斗、继往开来，为繁荣农药工业，创建和谐植保与大家携手并进，共创辉煌。

浙江一帆化工有限公司
ZHEJIANG YIFAN CHEMICAL CO.,LTD

地址：浙江温州工业园区中兴路136号　邮编：325013
电话：0577-86637855　传真：0577-86636638

www.chinayifan.com

扬帆中国！
梦想孕育伟业
Dream Carries
Great Cause

中国专业三唑类产品生产供应商

PRODUCT
CATALOG
主要产品目录

制剂产品类：

水剂	
25%腈菌唑EC	240g/L烯草酮EC
400g/L氟硅唑EC	240g/L乙氧氟草醚E
250g/L苯醚甲环唑EC	480g/L毒死蜱EC
500g/L抑霉唑EC	40%异稻·三环唑EC

粉剂	
10%苯醚甲环唑WDG	10.5%吡虫·噻嗪酮WP
20%腈菌·福美双WP	20%叶枯唑WP
40%嘧霉·百菌清WP	25%噻嗪·异丙威WP
58%甲霜·锰锌WP	70%福·甲·硫磺WP

原药产品：

97%乙氧氟草醚TC
95%腈菌唑TC
95%苯醚甲环唑TC
95%苯霜灵TC
98%抑霉唑TC
95%杀扑磷TC
97%禾草灵TC
97%甲霜灵TC
94%烯草酮TC
90%苯线磷TC
98%霜霉威TC
722g/L霜霉威盐酸盐

中国芸苔素专家　　做中国优质农化产品供应商

云大科技农化有限公司前身为云南大学校办企业南亚生物化工厂。凭借云南大学科研技术优势和良好的企业运作体制，云大科技农化有限公司成功实现科技成果产业化，迅速发展壮大，20多年来，已经成长为一个集科、工、贸为一体的能适应市场变化需求的现代型企业。在云大科技农化有限公司的发展历程中，凭借在芸苔素内酯领域所取得的卓越成绩，公司芸苔素内酯类产品先后被列入国家火炬计划、国家科技成果重点推广计划，国家粮食增产综合技术推广应用项目及中国农业丰收计划等加以重点推广、应用。

研发和生产：云大科技农化有限公司已成为芸苔素内酯原药生产能力居全球第一的企业、芸苔素内酯研究到第三代的企业、唯一一个推出芸苔素复配剂系列产品的企业；并成功推出系列叶面肥、杀虫剂、杀菌剂，使农化产品配套更完善；原药生产及制剂加工、复配能力达到世界领先水平。同时，公司在深入研究开发芸苔素内酯及其复配产品方面还将继续加大投入，力求在芸苔素内酯类产品的研发领域保持技术领先地位。

销售网络：公司前身昆明云大科技产业销售有限公司经过十年的不懈努力，建立了覆盖全国28个省市的"农村市场技术服务与现代营销网络"，其营销模式引起了国内外农资企业的广泛关注。建成了总公司网络中心，网络布设到全国15个省级分公司和代表处，覆盖了近2000个代理商，可以向覆盖到的农村地区提供农业专家系统服务；

云大科技农化有限公司将不懈努力，为中国农业发展，粮食增产、农民增收做出应有的贡献。

云大科技

▶ 中国首家获得芸苔素内酯发明专利的企业
▶ 中国提供芸苔素内酯复配系列高品质产品的企业
▶ 全球芸苔素内酯原药产量领先的企业

【 植物生长调节剂 】

【 叶面肥 】　　　　　　　　　　　　　　　　　　　　　【 除草剂 】　　　　【 杀虫剂 】

●　昆明云大科技农化有限公司　●

云大科技发展历程：

1989年，"云大–120"（表高芸苔素内酯）获国家发明专利，专利号：ZL89103506.0。

1994年，全国农业技术推广中心成立"云大–120全国应用推广协助网"，在全国20多个省区示范推广。

1996年，"云大–120"获国家级新产品奖。

1997年，芸苔素内酯国家级权威研究机构"国家芸苔素内酯类产品技术研究推广中心"在云大科技设立。

1998年8月，云大科技公司股票在上海证券交易所发行上市，首期募集资金6亿多元人民币。

1999年，芸苔素内酯原药成功进入国际市场，产品出口澳大利亚、俄罗斯、印度、东南亚、南美洲等国家和地区。

2000年，设立15家销售分公司，营销推广网络覆盖全国，8000多人的推广队伍，使"云大科技"及"云大–120"品牌在全国各地乡村迅速普及；并与德国巴斯夫公司、美国杜邦公司、德国拜耳公司、美国陶氏益农公司深入合作，代理其产品在全国范围销售。

2001年，国内首家登记"丙酰芸苔素内酯产品"并示范推广。

2002年，在国家有关部门的关心指导下，经历5年建设，建立覆盖全国20多个省的"千县万点"工程项目。

2003年，推出升级产品"金云大–120"。

2004年，首创推出"芸苔·赤霉酸"复配产品"全树果"。

2005年，首创推出"芸苔·甲哌鎓"复配产品"益棉"和"芸苔·烯效唑"复配产品"云福"。

2006年至今，继续投入芸苔素内酯领域的研发。

【 杀虫剂 】

【 杀菌剂 】

地址：昆明市国家高新技术产业开发区科医路59号　　电话：0871-8312216

邮编：650106　网址：www.yundanh.com　　传真：0871-8321355

绿盾生物
LVDUN BIOLOGICAL
WWW.SXLVDUN.CN

   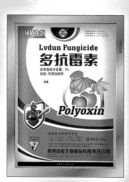   

绿盾精品制剂

陕西绿盾生物制品有限责任公司

地址：西安市经济技术开发区文景北路50号菁华名门6号楼2604室

邮编：710021　　　　　　　　　网址：www.sxlvdun.cn

销售热线：029-68690888　　　　　传真：029-68690555

绿盾金牌原药

多抗霉素

含量：≥34%　　**毒性**：低毒

理化性质：棕色疏松粉末，易溶于水，在丙酮，甲醇和常用有机溶剂中溶解度小于100毫克/升，易吸潮，应贮存于密闭、干燥的环境中。

作用特点：属广谱性抗生素类生物农药，具有较好的内吸传导作用，其作用机制主要是干扰细胞壁几丁质的生物合成。芽管和菌丝体接触药剂后，局部膨大，破裂，溢出细胞内含物，而不能正常发育，导致死亡。另外还有抑制病菌产孢和病斑扩大作用。主要用于防治苹果斑点落叶病，烟草赤星病，黄瓜霜霉病，瓜类枯萎病，人参黑斑病，水稻纹枯病，小麦白粉病，草莓及葡萄灰霉病，林木枯梢及梨黑斑病等多种真菌病害。

春雷霉素

含量：≥55%　　**毒性**：低毒

理化性质：外观为浅棕色粉末。易溶于水，微溶于甲醇，不溶于丙酮、乙醇、苯等，在酸性和中性溶液中比较稳定，强酸或碱性溶液中不稳定。

作用特点：广谱抗生素类生物农药，具有较强的内吸性，该药主要干扰氨基酸的代谢酯酶系统，从而影响蛋白质的合成，抑制菌丝伸长和造成细胞颗粒化。对水稻稻瘟病，蔬菜炭疽病，瓜类枯萎病等真菌性病害和柑橘溃疡病，蔬菜细菌角斑病等细菌性病害有较好防治作用。

嘧啶核苷类抗菌素

含量：≥25%　　**毒性**：低毒

理化性质：原药外观为棕黄色疏松粉末，易溶于水，不溶于有机溶剂，在酸性和中性介质中稳定，碱性介质中分解。

作用特点：该产品为广谱抗生素类生物农药，它的作用机理主要是阻止几丁质的生物合成。对多种植物病原菌有强烈的抑制作用，主要用于苹果霉心病和斑点落叶病的防治。

井冈霉素

含量：≥60%　　**毒性**：低毒

理化性质：原药为无味吸湿性粉末，易溶于水，溶于甲醇、二甲基甲酰胺、二甲基亚砜、微溶于乙醇和丙酮，难溶于乙醚和乙酸乙酯，在配pH4～5较稳定。

作用特点：是内吸作用很强的农用抗菌素，当水稻纹枯病菌的菌丝接触到井冈霉素后，能很快被菌体细胞吸收并在菌体内传导，干扰和抑制菌体细胞正常生长发育，从而起到治疗作用。井冈霉素也可用于防治小麦纹枯病、稻曲病等。

苏云金杆菌

含量：≥50000IU/MG　　**毒性**：低毒

理化性质：不溶于水和有机溶剂，紫外光下分解，干粉在40℃以下稳定，碱中分解。

作用特点：用于防治直翅目、鞘翅目、双翅目、膜翅目，特别是鳞翅目的多种害虫。苏云金杆菌可产生两大类毒素：内毒素（即伴孢晶体）和外毒素（α、β和γ外毒素）。伴孢晶体是主要的毒素，可使肠道在几分钟内麻痹，昆虫停止取食，并很快破坏肠道内膜，造成细菌的营养细胞易于侵袭和穿透肠道底膜进入血淋巴，最后昆虫因饥饿和败血症而死亡。外毒素作用缓慢，而在蜕皮和变态时作用明显。

中国绿盾-生物航母

陕西绿盾生物制品有限责任公司是国家农业部、工信部农药定点企业，是陕西省唯一以玉米、小麦、大米、黄豆等粮食为主要原料生产生物农药及系列生物制剂的国家级高新技术企业。

公司自2000年创建以来，积极实施"以人为本、自主创新、科技兴业"战略，与英国Cardiff大学、清华大学、中国科学院、中国农科院、上海农药研究所等科研院校建立了长期合作关系，先后研制和引进国际领先水平的生物杀菌剂春雷霉素、多抗霉素、嘧啶核苷、井冈霉素、生物杀虫剂苏云金杆菌。企业销售网络遍布全国各地，并远销韩国、新加坡等国家。企业自主研制的10%嘧啶核苷可湿性粉剂，在该领域达到了国际先进水平，被评为陕西省科技进步二等奖，被国家科技部列为"国家级火炬计划项目"，得到国家财政部、陕西省人民政府的大力扶持。

企业已经通过ISO9001国际质量管理体系认证。目前，投资2亿元、占地180亩的现代化高科技环保型新企业，已经在中国西部农业科技园区建成并投产。陕西绿盾公司正步入一个高起点建设、高质量运营、高速度成长的崭新发展时期，将为我国乃至全球绿色农业做出更大贡献！

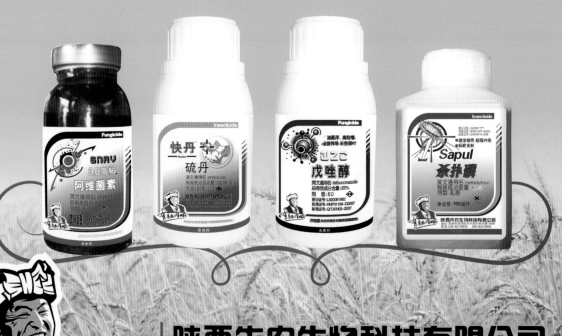

浙江升华拜克生物股份有限公司是中国大型规模的新型农药专业生产企业之一，被国家科技部确认为国家级重点高新技术企业。公司产品主要出口欧洲、美国、澳大利亚、南美以及世界其他地区。拜克BIOK品牌荣获"中国驰名商标"称号。其中阿维菌素制剂（农药系列）荣获"中国公认名牌产品"称号，升华拜克于1999年经中国证券监督委员会批准，在上海证券交易所挂牌上市，股票代码600226。

一、中国制造业500强企业之一，第373位（全国民营企业500强、第142位）；

二、集团08年产值73.4亿元，固定资产总额20亿元；

三、生产阿维菌素等发酵产品有15年的历史，技术先进，产品质量高，是中国公认的名牌产品；

四、公司生产的阿维菌素产品通过美国FDA认证。麦草畏、赤霉酸A4+A7、6-BA等产品通过美国EPA生产商登记；

五、升华拜克技术中心被评为国家级企业技术中心，是国内先进的博士后科研工作站之一；

六、2005年在内蒙古成立了"内蒙古拜克生物股份有限公司"总投资5亿多人民币。一期二期总发酵能力达4500立方米；

七、升华拜克公司是中国农学会生物农药基地，生产的阿维菌素产品是高毒农药非常好的替代产品之一。

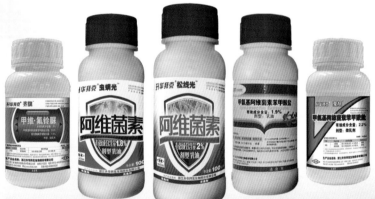

地址：浙江省德清县钟管镇工业区

邮编：313220

电话：0572-8402918，8402417

传真：0572-8409397

网址：www.biok.com

中国驰名商标 江苏省名牌产品
通过ISO9001/14001/OHSAS18001认证

七洲农药

江苏七洲绿色化工股份有限公司为国家高新技术企业，"七洲"商标被认定为中国驰名商标，"七洲"产品为江苏省名牌产品。公司被列为江苏省研究生工作站、企业技术中心被评为省级技术中心。七洲公司坐落在国家文明城市张家港市，位于长江黄金水道南岸，紧临204国道和沿江高速公路，水陆交通便捷。

七洲公司以科技创新作基础，研制、生产杀菌剂、杀虫剂、除草剂、植物生长调节剂四大系列高效、低毒、低残留的新型农药和各种制剂及领先国际水平的氢化产品，拥有先进的检测、生产、环保装置。通过ISO9001/14001/OHSAS18001认证，七洲牌产品质量稳定，产品市场抽检合格率100%。"七洲"牌产品分别获得过国家科技进步二等奖、国家级高新技术产品奖、江苏省科技进步一等奖、农业博览会金奖和江苏省信得过产品等荣誉。杀菌剂丙环唑、戊唑醇被列为国家火炬计划项目，醚菊酯被列为高毒农药的替代产品。

富有生机与活力的现代科学管理体制使七洲公司拥有一批优秀的管理、开发与市场营销人才，锐意改革进取的团队精神推动了企业的健康发展，为中国农药工业的发展自强不息。

禾本农药
HEBEN PESTICIDE

Green 企业简介

呼唤绿色；珍视健康

浙江禾本农药化学有限公司是集农药研发、原药合成、制剂加工和内外贸于一体的国家定点企业，系国家高新技术企业。公司现有杀菌剂、杀虫剂、除草剂三大类产品，包括甲霜灵、精甲霜灵、丙环唑、苯醚甲环唑、氟菌唑、戊菌唑、三苯基氢氧化锡、噻螨酮、溴螨酯、辛酰溴苯腈等二十多个原药和四十多种制剂，其中多项产品荣获国家重点新产品奖和浙江省科技进步奖，禾本牌甲霜灵产品被评为"浙江名牌"，"禾本"商标被评为温州市著名商标。企业也先后被评为温州市百强企业和鹿城区明星企业，温州市"三型"重点骨干企业，中国农药行业百强企业，省建设银行AAA级资信企业，省级AAA级纳税信誉企业。

Enterprise Introduction

全新

百螺敌®牌

三苯基氢氧化锡震撼上市!

一样的**品质**;不一样的**剂型**!

50%SC

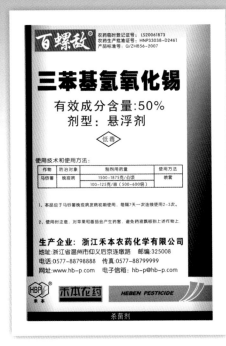

百螺敌
农药临时登记证号:LS20061873
农药生产批准证号:HNP33038-D2461
产品标准号:Q/ZHB56-2007

三苯基氢氧化锡

有效成分含量:50%
剂型:悬浮剂

◇低毒◇

使用技术和使用方法:

作物	防治对象	制剂用药量	使用方法
马铃薯	晚疫病	1500-1875克/公顷	喷雾
		100-125克/亩(500-600倍)	

1、本品应于马铃薯晚疫病发病初期使用。每隔7天一次连续使用2-3次。

2、使用时注意。对苹果和番茄会产生药害。避免药液飘移到上述作物上。

生产企业:浙江禾本农药化学有限公司
地址:浙江省温州市仰义后京连墩路 邮编:325008
电话:0577-88798888 传真:0577-88799999
网址:www.hb-p.com 电子信箱:hb-p@hb-p.com

HBP 禾本 禾本农药 HEBEN PESTICIDE

杀菌剂

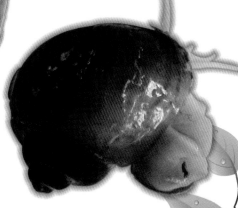

防治白粉病特效药

——禾本氟菌唑

特点:

1.预防和治疗效果显著。能有效的
阻止病斑的扩大及孢子的形成。

2.渗透力强,向茎内的平移性好,
能杀灭侵入植物体内的病原菌。

3.对于对其他药剂产生抗性的病
害也具有很好的防效。

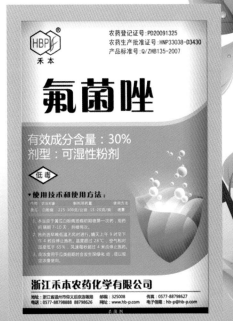

HBP 禾本
农药登记证号:PD20091325
农药生产批准证号:HNP33038-D3430
产品标准号:Q/ZHB135-2007

氟菌唑

有效成分含量:30%
剂型:可湿性粉剂

◇低毒◇

浙江禾本农药化学有限公司

禾本农药 HEBEN

浙江禾本农药化学有限公司

地址:浙江省温州市仰义后京连墩路 电话:0577-88798888
传真:0577-88799999 网址:www.hb-p.com 电子信箱:hb-p@hb-p.com

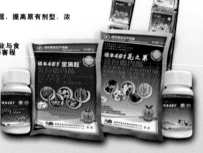

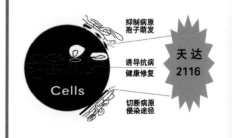

天达1+1 天达2116壮苗灵＋天达噁霉灵
药食同疗，固本扶正，标本兼治

天达 2116 是植物的能量合剂—保健医生

天达 2116 是国家"863"计划成果，创新点是运用中医中药"培元固本，扶正祛邪，正气内存，邪不可侵"的原理，通过保护植物细胞膜的稳定性，激活植物自身的抗逆防病潜能，抵御外来有害生物的入侵，从而展现"预防重于治疗"的奇效。

　　天达 2116 由 23 种成份组成，是根据中医中药"君臣佐使，标本兼治，药食同疗，固本扶正"的配伍组方，把植物的生命视同人的生命，通过外源补充植物营养生长和生殖生长所必需的氨基酸、矿物质和维生素，有效解决植物因低温、寡照、冻害、干旱和缺素症导致的生理性病害、肥害、药害及除草剂药害。与天达噁霉灵配合使用是实施植物健身栽培、控害保收的黄金搭档。

天达噁霉灵—土传病害的克星

噁霉灵是一种内吸性杀菌剂和植物生长调节剂。高效、低毒，能直接杀灭病菌，对各种作物的立枯病、烂秧病、猝倒病、枯萎病、黄萎病、菌核病、炭疽病、疫病、干腐病、黑星病、菌核软腐病、苗枯病、茎枯病、叶枯病、沤根、连作重茬障碍有特效，并能促进作物根系生长发育、生根壮苗，提高成活率。强力土壤杀菌与种子消毒，对各种土传病害有特效；促进作物生长与根系发达。

 山东天达生物制药股份有限公司
Shandong Tianda Bio-Pharmaceutics Co.,Ltd

地址：山东高密民营科技工业园天达药业　　邮编：261500
电话：0536-2352116 传真：0536-2342173 网址：www.2116.cn

瑞泽农药
REGAR PESTICIDES

瑞泽农药
REGAR PESTICIDES

除草剂

乙草胺	50%乙草胺乳油	中国名牌产品,旱田除草剂
高倍得	900克/升乙草胺乳油	中国名牌产品,旱田除草剂
久久纯	990克/升乙草胺乳油	中国名牌产品,旱田除草剂
玉驰	38%莠去津水悬浮剂	玉米田除草剂
2,4-滴丁酯	72%2,4-滴丁酯乳油	旱田除草剂
大田隆	50%乙草胺微乳剂	中国名牌产品,旱田除草剂
连发	900克/升乙草胺乳油	中国名牌产品,旱田除草剂
万施通	330克/升二甲戊灵乳油	旱田封闭除草剂
豆健	5%咪唑乙烟酸水剂	大豆田除草剂
克草胺	47%克草胺乳油	水田封闭除草剂,专利产品
嗪草酮	70%嗪草酮可湿性粉剂	旱田除草剂
万田丰	40%乙草胺水乳剂	玉米 大豆田除草剂
苗无欺	20%氟磺胺草醚乳油	大豆田苗后除草剂
金镰刀	250克/升氟磺胺草醚水剂	大豆田苗后除草剂
帅虎	12.8%氟磺胺草醚微乳剂	大豆田苗后除草剂
豆灿	73%氟磺胺草醚可溶粉	大豆田苗后除草剂
布溜草	21.4%三氟羧草醚水剂	大豆田苗后除草剂
粮满囤	120克/升烯草酮乳油	阔叶作物苗后除草剂
阔少	5%嗪草酸甲酯乳油	玉米 大豆苗后除草剂
烯草酮	240克/升烯草酮乳油	阔叶作物苗后除草剂
麦高	20%苯磺隆可溶性粉剂	麦田除草剂
油好	20%胺苯磺隆可溶性粉剂	油菜田苗后除草剂
豆磺隆	20%氯嘧磺隆可溶性粉剂	大豆田除草剂
草窝端	58%草甘膦可溶性粉剂	灭生性除草剂
亿广灭草	67%异松·乙草胺乳油	玉米 大豆田封闭除草剂
旱斯	50%滴丁·乙草胺乳油	玉米 大豆田封闭除草剂
禾家欢	43.6%噻磺·乙草胺乳油	玉米 大豆 花生田除草剂
安威	50%嗪酮乙草胺乳油	玉米 大豆 马铃薯田除草剂
万垄清	56%扑·克·滴丁酯乳油	玉米 大豆田封闭除草剂
瑞田丰	63%乙·莠·滴丁酯悬浮剂	玉米田除草剂
苞米兴 玉满仓	40%克草胺·莠去津悬浮剂	玉米田除草剂
玉田清	28%乙·莠·滴丁酯悬浮剂	玉米田除草剂
豆亿	43%氯嘧·乙草胺乳油	大豆田封闭除草剂
玉得丰	20%嗪·烟·莠去津油悬浮剂	玉米田苗后除草剂
薯封留	50%嗪酮·乙草胺乳油	马铃薯田封闭除草剂
花油欢	36%异松·乙草胺乳油	油菜 花生田除草剂
瑞泽叁宝	22%异松·乙草胺乳油	大豆苗后除草剂
依来福	55%苄嘧·苯噻酰可湿性粉剂	水田封闭除草剂

杀虫剂

甲氰菊酯	20%甲氰菊酯乳油	广谱杀虫杀螨剂
瑞泽智星	20%甲氰菊酯水乳剂	广谱杀虫杀螨剂
瑞金得	5%丁烯氟虫腈乳油	新型特异广谱杀虫剂
伏虫灵	5%氟铃脲乳油	专杀抗性害虫
钻皮净	20%灭蝇胺可溶粉	潜叶蝇的克星
瑞泽秋莎	1%甲维盐微乳剂	广谱杀虫剂
炔螨特	760克/升炔螨特乳油	高效杀螨剂
雷毙	12%甲氰菊酯·吡虫啉乳油	广谱杀虫剂
克坚	42%氟铃脲·辛硫磷乳油	广谱杀虫剂
克坚	21%氟铃脲·辛硫磷乳油	广谱杀虫剂
虫可毙	15%甲氰菊酯·氧乐果乳油	广谱杀虫剂
速克毙	30%甲氰菊酯·氧乐果乳油	广谱杀虫剂

杀菌剂

拒霜侵	722克/升霜霉威水剂	霜霉病的克星

大连瑞泽农药股份有限公司

厂址:辽宁 大连金州区西南窑101号 邮编:116100
销售热线:0411-87692218/87699640
免费技术服务热线:8008909636

杜邦® 凯恩™

杀虫剂

凯恩™速效保护登记作物
防治甘蓝小菜蛾
和水稻稻纵卷叶螟

杜邦® 凯恩™ 杀虫剂

独特 | 作用机制独特，对抗性害虫依然有效。

速效 | 药后害虫迅速停止取食；快速保护作物。

低毒 | 正常技术条件下对施药人员安全，对非靶
生物及天敌无不良影响。

创造科学奇迹

杜邦®康宽™
DUPONT® CORAGEN™
威力源自 RYNAXYPYR®
水稻杀虫剂

杜邦创造新科技
康宽™杀虫更神奇

一亩2包

杜邦®康宽™ 氯虫苯甲酰胺水稻杀虫剂

科技 | 杜邦创新水稻杀虫剂，有效杀死稻纵卷叶螟和二、三化螟，保护作物。

高效 | 杀虫效果较好，持效期较长，可减少用药次数。

生态 | 微毒，正确使用对人畜、益虫及鱼虾安全。

创造科学奇迹

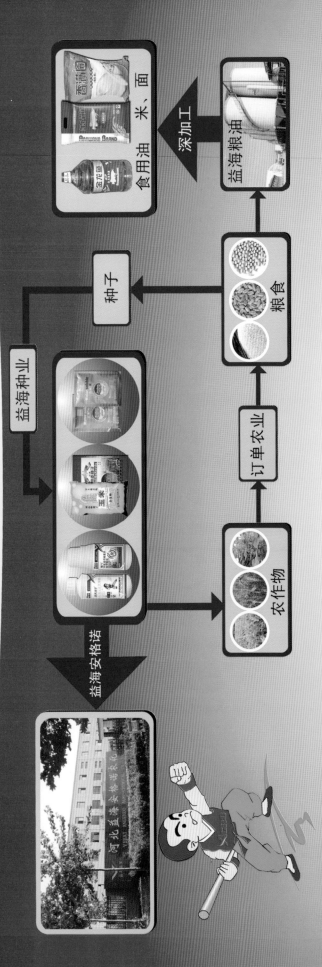

百万年薪 诚聘

以人为本 广聚贤才
和谐共享 共谋发展

河北益海安格诺农化有限公司由新加坡丰益种业投资私人有限公司和河北济泰农业服务有限公司共同投资设立的专业致力于农药制剂研发、生产、销售的中外合资企业，国家发改委定点农药生产企业。

作为一家快速成长、高速发展的现代农化企业，历经市场风雨，通过不断创新进取，定位中高端农药市场，以杀虫剂、杀菌剂、除草剂为主导产品，建立起了种类完备、规格齐全的农药制剂产品体系；覆盖全国的营销网络、物流配送和服务管理体系。牵手世界500强，拥有国际化的经营平台、雄厚的资本基础，使公司的事业如虎添翼，为公司拓展了更加广阔的发展空间。

"海阔凭鱼跃，天高任鸟飞。"公司以"诚信廉洁、勤奋创新、健康安全、和谐共享"为核心价值观；秉承"做好药，为农业"的经营理念，精心为员工建立一个和谐有序、健康向上的工作氛围；竭诚为员工提供一个御览世界、尽展才华的事业舞台。期待着广聚贤才，与农化领域的精英贤才携手共进，共铸辉煌。

我们将为您提供：

极具竞争力的薪酬、外派学习考察机会、专业的培训及职业训练、广阔的发展空间、畅通的晋升渠道、完善的社会法定福利及公司特有福利（各项慰问基金、年节福利、年度旅游、班车接送、教育补助等）。

岗位	主要工作
除草剂生产部经理	全面负责除草剂生产部生产技术管理，完成公司下达的生产技术任务指标。
除草剂产品经理 杀菌剂产品经理 杀虫剂产品经理	负责新产品的策划，老产品的升华，让产品价值达到最大化，兼顾产品的立项，利润管理，呆滞管理，品牌培育及项目的可持续发展。
除草剂推广经理 杀菌剂推广经理 杀虫剂推广经理	负责公司新产品及现有产品的推广方案的提出并实施，配合销售部做好产品销前、中、后期的产品推广工作。发现市场并最大限度地提升产品的销售力。
除草剂技术负责人	负责除草剂事业部技术管理；产品研发计划的拟定和工艺流程、产品标准的制定；生产过程的技术工艺管理和服务；员工技术培训。
除草剂产品经理助理	协助除草剂产品经理完成市场调研与管理；营销计划的提出与落实。
除草剂事业部内勤	负责除草剂事业部内勤管理。技术文件、资料管理；信息收集、整理与反馈及其它事务性工作。
供应部采购员	负责农药生产所需原药、包装物的采购工作和供应商管理；负责采购合同制定、签署；采购物品的交货及验收。
人事行政部文员	负责公司文书档案管理，会议管理、印信管理以及其它事务性工作。
技术工程师	负责农化产品的技术研发和产品优化工作；解决生产中出现的技术问题。
外贸部经理	负责公司的外贸部管理工作。做好公司进出口贸易的渠道规划及管理；负责公司产品及原辅料进出口业务的组织管理。

 **河北益海安格诺农化有限公司**

联系人：人事行政部 谷秋恋
电话：0311-85159099　　　　传真：0311-85159098
E-mail：guqiulian@Wilmar-intl.com　　　地址：河北石家庄藁城市新区市府路东段

麦田除草　陶氏

麦田除草 陶氏 优先™

针对抗性、难防禾本科杂草

★ 高效防除—雀麦、硬草、抗性看麦娘、
　 日本看麦娘
★ 广谱—禾本科杂草为主、兼防阔叶杂草
★ 后茬安全—半衰期短、降解迅速

麦田有了 使它隆®
草龄大了也不怕

★ 针对大龄恶性阔叶杂草
★ 防除大龄猪殃殃效果有保证
★ 安全性好，对后茬作物安全

经营产品一览表

杀菌剂

巴斯夫	品润	70%代森联WDG
保加利亚艾格利亚	统禧	65%代森锌WP
保加利亚艾格利亚	统福	80%代森锌WP
保加利亚艾格利亚	统禄	80%代森锰锌WP
保加利亚艾格利亚	克峻宝	37%王铜+15%代森锌WP
允杰集团	允发富	250克/升咪鲜胺EC
日本曹达	甲基托布津	70%甲基硫菌灵WP
日本曹达	特富灵	30%氟菌唑WP
日本农药	富士一号	40%稻瘟灵EC
	斑锈灵	250克/升丙环唑EC
意大利意赛格	朵麦可	4%四氟醚唑EW
美国仙农-印度联合磷化物	喷富露	42%代森锰锌SC
印度联合磷化物	顺富	12%多菌灵+63%代森锰锌WP
美国默赛	粉锈通	25%三唑酮WP
日本三共	瑞苗清	24%噁霉灵+6%甲霜灵AS
日本科研制药	宝丽安	10%多抗霉素WP

除草剂

巴斯夫	排草丹	480克/升灭草松SL
巴斯夫	普施特	50克/升咪唑乙烟酸AS
允杰集团	允发达	41%草甘膦异丙胺盐AS
印度联合磷化物	克秀灵	80克/升三氟羧草醚+360克/升灭草松AS
日产化学	精禾草克	5%精喹禾灵EC
日本曹达	拿捕净	12.5%烯禾啶EC
印度联合磷化物	杂草焚	21.4%三氟羧草醚AS
	统隆	200克/升氯氟吡氧乙酸EC
	统收	120克/升烯草酮EC
	统盛	720克/升异丙甲草胺EC
美国默赛	美利达	41%草甘膦异丙胺盐AS

杀虫杀螨剂

巴斯夫	托尔克	50%苯丁锡WP
允杰集团	允乐	40%毒死蜱EC
允杰集团	允美	25%吡虫啉WP
日本农药	霸螨灵	5%唑螨酯SC
日本农药	速霸螨	3%唑螨酯+10%炔螨特EW
印度联合磷化物	兰石	97%乙酰甲胺磷WDG
允杰集团	允敌杀	25克/升溴氰菊酯EC
美国默赛	美赛	2.5%高效氯氟氰菊酯WP
日本石原产业	抑太保	50克/升氟啶脲EC

其他(植物生长调节剂和助剂)

艾丽丝园艺	喜力满
阿卡迪安海藻有限公司	阿卡迪安
允杰集团	渗展宝

烟嘧磺隆原药

产量大，700吨/年；
质量好，有效成分含量达到95%—99%。

BRIEF
INTRODUCTION
公司简介

　　淄博新农基农药化工有限公司是一家高科技、股份制农药定点生产企业，拥有现代化的生产设施，合格的环保设施和完善的质量管理体系。公司主要从事除草剂与生物农药的研发、生产以及销售，年产各种农药万吨以上。

　　公司于 2007 年评为山东省高新技术企业、国家星火计划项目承担单位，并陆续通过了 ISO9000 质量管理体系认证、ISO14001 - 2004 环境管理体系认证以及 ISO18000 职业健康体系认证。2008 年淄博市科技局批准设立了淄博市水基化农药工程技术研究中心。

　　公司产品以品牌除草剂为主导，现有原药和制剂两大部类。烟嘧磺隆原药生产线年产能力 700 吨，为全国最大。优质除草剂"苗后乐、快锄、阔锄、施点发、咪灭草"在 2007 年被评为"中国农药十大著名畅销品牌"。新农基公司将始终以"双赢、领先、实用、周到"为经营理念，以产品质量与用户的满意为公司的生命，致力于创造实现"新农基，新农业，新生活"。

新农基　新农业 新生活
New Agro Base New Agriculture New Life

缔造精品农药　服务全球农业

公司主要产品

原药类

烟嘧磺隆　乙羧氟草醚　精喹禾灵　咪草烟　莠去津

氟磺胺草醚　硫丹　功夫　甲维盐　戊唑醇等

品牌制剂

 苗后乐    苗后喜    快锄    阔锄

 精氟1+1    禾阔1+1    麦通灵    金粒麦满仓

油通乐　　油他安　油通灵　阿维氟铃脲　神捕　甲维毒死蜱　农基纯斑轮

淄博新农基农药化工有限公司

ZIBO NAB AGROCHEMICALS LIMITED

销售电话：0533-8407111　8437878　技术咨询电话：0533-8437868

传真：0533-8437078　地址：山东省淄博市开发区北首博丰南路

DONGTAI 東泰®

東 泰

太陽升起的地方！

五岳獨尊！

高品质原药：
苯醚甲环唑原药
丙环唑原药
噁草酮原药
芸苔素内酯原药

09年核心制剂产品：
10%苯醚甲环唑WG（斯高®/金士高®）
20%苯醚甲环唑ME
25%苯醚甲环唑EC（世生®/贝迪™）
30%苯甲·丙环唑EC（东泰艾苗™）
60%苯甲·福美双WP（东泰泰灵®）
25%丙环唑EC（东泰贝格™）
5%甲维盐EC（卡哦死®）
5%阿维菌素EC（农敌斯®/东泰阿锐™）
70%吡虫啉WG（嗳美尔®）
20%啶虫脒SP（奥呀™/快又静®/快打®）
20%吡虫啉SL（全击®）
20%氰戊菊酯EC（百灵鸟™）
6%聚醛·甲萘威GR（秘达®）
70%嘧霉胺WG（卡霉多®）
70%杀螺胺WP
······

江北大型的苯醚甲环唑生产基地！
江北大型的WG生产基地！

选择东泰 一览众山
◎Dongtai Hills Choice List◎

全国免费电话：400-811-3911
山东东泰农化有限公司

鲁抗生物

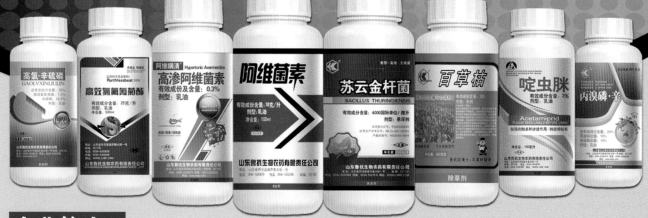

企业简介

　　山东鲁抗生物农药有限责任公司是山东鲁抗医药集团公司的全资子公司，注册资金5000万元，占地4万平方米，现有员工150余人，其中各类专业技术人员60人，是国家农药定点生产企业，省级高新技术企业，中国国际商会会员，具有自主进出口权。山东鲁抗生物农药公司是鲁抗医药集团公司生物农药创新、研发、生产基地，设有山东省认定的企业技术研发中心，具有较强的生物发酵产品、化工产品的开发能力。

　　山东鲁抗生物化学品经营有限公司是山东鲁抗生物农药有限责任公司的子公司，注册资金300万元，位于济南市高新技术开发区世纪财富中心。该公司是依托集团公司医药、兽药和农药产品成立的兼营兽药、医药中间体、农药原药及制剂的经营公司。

　　公司主要产品为生物发酵中间体、化工中间体、农药三大系列，其中农药包括生物杀虫剂、杀菌剂、除草剂、病毒防治剂、植物生长调节剂五大类。原药产品主要有：BT（苏云金杆菌）、农用硫酸链霉素、阿维菌素、多抗霉素、赤霉素、纳他霉素、吗啉胍等。制剂有30多个产品，100多个规格剂型。近年来公司逐步加强产品国外注册和认证，已经在十几个国家和地区取得了产品登记。产品已出口到欧盟、南美、东南亚、中东等地区的十几个国家。

　　生物农药目前属于中国的朝阳产业。生物农药BT是目前世界上产量较大的生物杀虫剂，鲁抗生物农药公司是目前已知的保持BT原药发酵生产的四家之一，是江北大型的BT原料药生产企业。

　　鲁抗生物农药公司以生物农药为主导，倡导绿色革命，服务现代农业，是国内生物农药种类较为齐全、规模优势明显的生产基地。产品符合国家农业、农药产业政策，山东鲁抗医药集团公司多次被国家环保总局、山东省环保局授予"环境友好企业"称号。

Shandong Lukang Biological Pesticides Co., Ltd. , one of the subsidiaries of Shandong Lukang Pharmaceutical Group Company Limited, is the technical innovation, exploitation, research and production base of the biological pesticides in the Group. As the named pesticides production enterprises of China, the high -tech enterprise approved by Provincial Science Committee and the member of CCPIT, it covers an area of 50,000 square meters and has more than 300 staff members, over 100 of them are various professional engineers and technicians. Based on it's provincial certified Technology Developing Center, it has strong capacity to develop various biological fermentation and chemical products.

Led by its biological pesticides such as bacillus thuringiensis, agro-streptomycin, abamectin, polyoxin, GA3, natamycin, the enterprise are in the production of more than 30 registered pesticides products and dozens of chemical intermediates.

Possessing its own I/E right, LKBP continually enhance the registration and certification of its products in foreign countries. The bio-pesticides of the company has been registered and exported to more than 20 countries in Europe, South Americas and Asia.

联系方式

联系人：付震

电话：0534-5337908　　网址：www.lkbp.com

传真：0534-5332296　　邮箱：mazhishan247@yahoo.com.cn

Contact person: Mr. Fu zhen

Tel: 86-534-5337908　　Website: www.lkbp.com

Fax:86-534-5332296　　E-mail: mazhishan247@yahoo.com.cn

山东鲁抗生物农药有限责任公司
Shandong Lukang Biological Pesticides Co., Ltd.

企业年供货能力

苏云金杆菌：32000IU/ 毫克可湿性粉剂500吨

赤霉酸： 85%原粉50吨

阿维菌素：95%原药50吨

多抗霉素：3%可湿性粉剂500吨

硫酸链霉素：72%可溶性粉剂200吨

盐酸吗啉胍：98.5%原粉500吨

Product annual production capacity

32000IU/mg Bacillus thuringiensis var. Kurstaki WP, 500MT

85% Gibberellic acid Crystal powder, 50MT

Abamectin 95% tech powder, 50MT

Polyoxin 3% WP, 500MT

Streptomycin sulfate 72% SP, 200MT

Moroxydin hydrochloride 98.5% powder, 500MT

福华循环经济工业园

福华集团草甘膦产业发展思路：

以丰富的卤矿资源和廉价的能源资源为支撑，建设规模化的氯碱为基础，发展大规模的草甘膦原药生产，按照循环经济的思路形成草甘膦制造的完整产业链，打造世界最具成本竞争力的草甘膦原药制造航母。

 四川省乐山市福华农科投资集团
SICHUANSHENGLESHANSHIFUHUANONGKETOUZIJITUAN　**发展循环经济示意图**

发展循环经济项目

总　投　资：38.6 亿元
总销售收入：120 亿元
总　税　收：6.6 亿元
利税总额：30 亿元

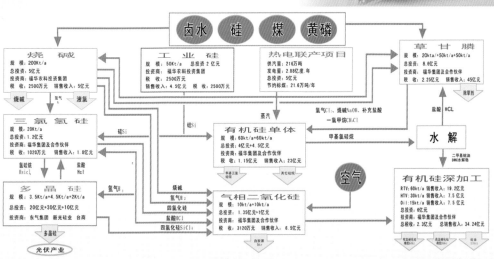

Hansencn® 瀚生

青岛瀚生生物科技股份有限公司成立于2001年，是国家发改委核准的农药生产定点企业，是国家火炬计划重点高新技术企业，青岛市高新技术企业，企业技术中心被认定为山东省省级企业技术中心，2008年12月成立青岛仿生农药工程研究中心。瀚生公司先后承担国家及省市级项目10多项，具有较强的技术力量，获得山东省科技进步奖2项，青岛市科技进步奖2项。

在新的市场竞争形式下，面对新的的机遇和挑战，公司秉承"诚信、合作、学习、创新"的核心理念，以市场为导向，以创新为动力，以人才为根本，以质量为生命，以客户满意为标准，以"促进生命健康、提高生活品质"为已任，打造"瀚生"知名品牌，实现企业效益和社会效益最大化，公司产品获得山东名牌2项，青岛名牌1项。2002——2008年连续被中国农业银行青岛市分行授予"AAA"企业。在发展过程中，瀚生公司始终将创建资源节约型、环境友好型企业为目标，并在该领域取得了显著成绩，2007年公司通过青岛市清洁生产认定，公司先后通过了ISO9001质量体系认证、ISO14001、GB/T28001环保安全体系认证。

展望未来，任重而道远。瀚生人将以饱满的热情和昂扬的斗志与您携手共创美好明天！

全国大型的炔螨特原药生产基地　　　　　　国家重点火炬计划项目承担单位
全国第二大氟磺胺草醚原药生产基地　　　　国家星火计划项目承担单位
全国第二大氟乐灵原药生产基地　　　　　　山东名牌　　青岛名牌
全国主要的阿维菌素系列产品生产商　　　　GB/T28001-2001 职业健康安全管理体系认证
国家级高新技术企业　　　　　　　　　　　ISO14001:2004 环境管理体系认证
国家火炬计划项目承担单位　　　　　　　　ISO-9001:2000 质量管理体系认证

青岛瀚生生物科技股份有限公司
QINGDAO HANSEN BIOLOGIC SCIENCE CO.,LTD.

瀚生外贸销售电话：0532-86019282 85760620 瀚生原药销售电话：0532-85732455

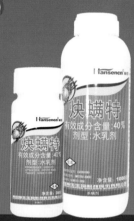

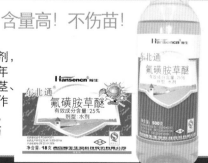

诚信 务实
创新 进取

欧丽植保
OULI ZHIBAO

企业简介

　　河南欧丽植保技术开发有限公司是一家专业从事植保机械研制开发和植保新技术推广应用的现代化公司，同时还从事种子、农药、化肥等农业新产品的推广应用。

　　公司秉承"以人为本、以市场为导向"的理念，坚定"诚信、务实、创新、进取"的精神。依托农业植保机构，以烟雾机、车载悬挂式喷杆喷雾机、孢子采样器、杀虫灯、无线视频监控系统等多种植保机械产品为依据，以科学的市场分析、完善的售后服务为基础，建成了覆盖全国农业、林业、牧业及卫生消杀等领域的销售网络，服务于广大人民群众。

　　公司有一批机构合理、年富力强、具有开拓创新意识的人才队伍，与多家院校和科研机构以及加拿大Decloet公司建立了密切的合作开发关系，具有良好的市场研发环境。公司合理的产权结构，规范化管理，可靠的、高效的管理体制，吸引了一批高素质的专业技术人才和市场营销人才。

　　喷射式动力烟雾机是一种新型的施药机械，它具有效率高、重量轻、操作方便、应用范围广等特点。它施放的烟雾粒径小，有极好的穿透、弥漫性，附着性好，抗雨水冲刷能力强，喷洒范围广，可获得理想的防治效果。全机没有运动磨损件，构造科学，使用维护简便，使用寿命长。

　　无线视频监控系统可通过指令对远程环境、农作物生长及病虫害发生监控提供实时状态信息，为科技人员快速制定治理方案，提供决策依据。

无线视频监控系统

河南欧丽植保技术开发有限公司

地址：河南省郑州市金水区柳林镇中州大道西、三全路北　　电话：0371-60133363　　E-mail：hnolzb@126.com

联系人：连振华　13903719879　　　　　　　　　　　　　　传真：0371-60133363　　网址：www.hnolzb.cn

果园弥雾机3WG-200，3WG-400

产品说明：

　　该机与四轮拖拉机配套，双侧喷头单独控制，风机叶轮角度可调，风量大，射程远，效率高，可广泛用于果园、葡萄园等处的病虫害防治。3WG-200型喷雾机若与我们推荐的地盘拖拉机配套，基本可以解决一般果园由于行距小、枝叶茂密机器通过困难的问题。

3WF-3背负式喷粉喷雾机

XY-120手推式机动喷雾机

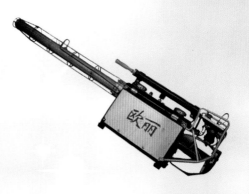

烟雾机

6HYH-15/A型背负式烟雾机

OR-D500型高射程喷雾机

加拿大多功能植保机械

车载悬挂式喷杆喷雾机

忠于农业 先益农 诚于农民
Pro Fam

忠于农业，诚于农民，广州市先益农农业科技有限公司10年磨利剑，专门从事水溶肥料的研究开发、生产销售和技术推广，坚守着"质量树立品牌，技术引导农民，真诚服务天下，提升中国农业"的理念，使公司成为引领全国水溶肥料向专业化、技术化方向发展的领头羊。

www.profam.cn

· 中量元素水溶肥 ·

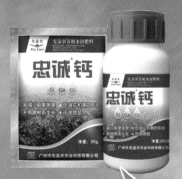

作物缺钙品质差，补钙促长病害少！

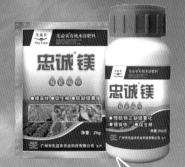

花叶黄叶不是病，治疗就选忠诚镁！

忠诚®

· 有机冲施肥 ·   · 无机冲施肥 ·   · 海藻提取液 ·

肥料冲施要看清，比来比去选忠诚！

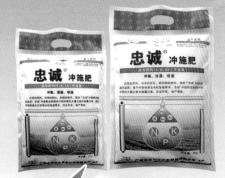

明明白白的养分，实实在在的效果！

用好了采收忙就剩下数钱忙

地址：广州市天河区五山路
　　　广东省农科院内金颖大厦803-805房
邮编：510640

电话：020-38319039，38319034，38319054
传真：020-38319034
邮箱：wlzhou99@163.com

LB 立本农化

除草剂

- 10%吡嘧磺隆可湿性粉剂（水星）；
- 20%吡嘧磺隆可湿性粉剂（水锄）；
- 250克/升氟磺胺草醚水剂（北极星）；
- 10%氟磺胺草醚乳油（黑虎）；
- 200克/升氯氟吡氧乙酸乳油；
- 240克/升乳氟禾草灵乳油；
- 30%苄嘧磺隆可湿性粉剂；
- 10% 苯磺隆可湿性粉剂（麦牙）；
- 120克/升噁草酮乳油；
- 50% 苯噻·吡可湿粉（水星克稗号）；
- 10%精喹禾灵乳油；
- 10.8%高效氟吡甲禾灵（富盖）；
- 50%二氯喹啉酸可湿粉；
- 200克/升百草枯水剂（蓝刀）；
- 80%唑嘧磺草胺水分散粒剂；
- 10%醚磺隆可湿性粉剂；
- 62%草甘膦异丙胺盐水剂；
- 10% 乙羧氟草醚乳油；
- 480克/升氟乐灵乳油；

杀虫剂

- 10%烯啶虫胺水剂（强星）；
- 40%辛硫磷乳油；
- 3%辛硫磷颗粒剂（立本净）；
- 3%阿维菌素可湿性粉剂；
- 1.8%阿维菌素乳油；
- 40%毒死蜱乳油；
- 1%甲氨基阿维菌素苯甲酸盐乳油；
- 20%氰戊菊酯乳油；
- 20%三唑磷乳油；
- 45%马拉硫磷乳油；
- 5%氟啶脲乳油；
- 40%氰·辛 乳油（快拳）；
- 20%哒螨灵可湿性粉剂（牵牛星）；
- 15%哒螨灵乳油（牵牛星）；
- 20%炔螨特水乳剂；

杀菌剂

- 10%己唑醇乳油（洋生）；
- 5%己唑醇微乳剂（翠禾）；
- 75%三环唑可湿性粉剂；
- 50%咪鲜胺锰盐可湿性粉剂；
- 250克/升戊唑醇水乳剂；
- 25%咪鲜胺乳油；

携手立本农化 共赢美好未来

连云港立本农药化工有限公司

地址（Address）:连云港经济技术开发区大浦化工区（新浦区丁字路北）

电话（Tel）:0518-85153415（销售） 85150644（外贸） 85153966（原药部）

江苏丰源生物化工有限公司

企业简介

　　江苏丰源生物化工有限公司是国家定点生物农药原药生产企业，创建于1966年，经过40多年的发展，已形成年产50吨赤霉酸GA$_3$原药、5吨赤霉酸A$_4$，A$_7$原药、100吨阿维菌素原药、30吨截短侧耳素、10吨6-苄氨基嘌呤原药和1000吨六亚甲基亚胺的生产能力。先进的化验检测设备，优质的产品质量，使我公司产品远销世界各地，深受用户欢迎。公司始终坚持"以人为本、诚信第一、用户至上"的原则，愿与国内外客户携手合作，共谋发展。

BRIEF INTRODUCTION

Jiangsu Fengyuan Biochemical Co.,Ltd.is a state appointed biological pesticide technical manufacturer.Founder in 1966 after more than forty years' development of 50 tons of Gibberellin (GA$_3$),5 tons of Gibberellin(A$_4$.A$_7$),100 tons of Avermectin,30 tons of pleuromutilin,10 tons of 6-Benzylaminopurine TC and 1,000 tons of Hexamethyleneimine,Advanced testing checking equipments and high-qualified products.

地址：江苏射阳县城红旗路6号　　　　邮编：224300
电话：0515-82353191 82354645　　　传真：0515-82361220
网址：www.qfpesticede-chem.com　　　E-mail：syhg@hi2000.com

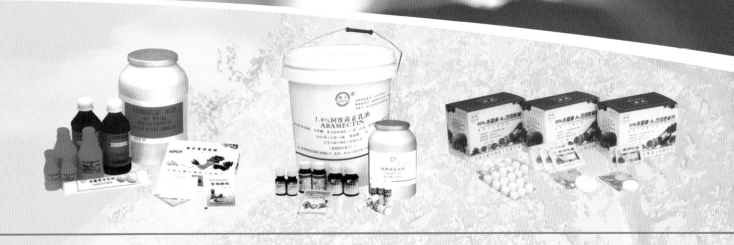

主要产品 MAIN PRODUCTS

GIBBERELLIC ACID GA3 TECH/POWDER/EC

赤霉酸GA₃原药、结晶粉、乳油

GIBBERELLIC ACID A4，A7 TECH

赤霉酸A₄，A₇原药

3.8%6-BENZYLAMLXO-PURLNE-GIBBERELLIC ACID A4,A7 EC

3.8%苄氨·赤霉酸A₄，A₇乳油

10%/20%/40% GIBBERELLIC ACID GA3 SOLUBLE POOWDER/TABLET

10%、20%、40% 赤霉酸GA₃可溶性粉（片）剂

ABAMECTIN TECH

阿维菌素原药

1.8%ABAMECTIN EC

1.8%阿维菌素乳油

6-BENZYLAMINPOURINE

6-苄氨基嘌呤原药

HEXAMETHYLENEIMINE

六亚甲基亚胺

PLEUROMUTILIN

截短侧耳素

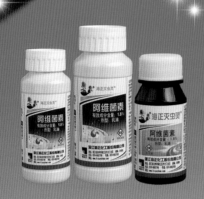
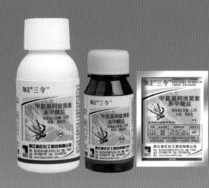
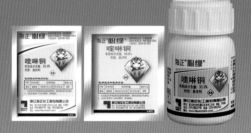

企业简介

上海农乐生物制品股份有限公司是国家定点专业从事研发、生产、销售生物农药和环保农药的高新技术企业。公司配备齐全的生产设备和先进的检测仪器，并且紧紧依靠科技进步，与上海交通大学生命科学技术学院共建了生物农药研发中心，并与国内多家高校及科研机构建立了形式多样的产学研合作关系，形成以企业为主体的技术创新中心，致力于生物农药的开拓与发展。

公司主要利用生物工程、生物生化等先进技术，开发生产具有自主知识产权的生物农药、高效低毒环保型农药及新剂型农药。其特点是安全可靠、低毒低残留、与环境相容性好。可广泛用于水稻、小麦、油菜等粮油作物，瓜果、蔬菜、园林等经济作物，起到防病、杀菌、杀虫、除草、增产等多种效果，有着巨大的经济效益、社会效益和生态效益，为农业的可持续发展起到了积极促进和推动作用。目前为止，公司已拥有产品专利20余项，取得农药登记证的产品有50多个，并根据市场的变化，及时开发新品种以满足市场和用户的需求。

公司以诚信为本，通过良好的服务和高科技、优质量的产品不断提高公司及产品的品牌知名度。公司将通过不断扩大的市场营销网络和技术服务网络为广大用户提供更优质的服务。

公司产品

原 药

申嗪霉素　　　蜡质芽孢杆菌　　　四聚乙醛

制 剂

- 10%井冈·蜡芽菌悬浮剂（真灵）
- 20%井冈·蜡芽菌悬浮剂（文真清）
- 125克/升井冈·蜡芽菌水剂（文霉清）
- 2.2%阿维菌素水乳剂（叶不卷）
- 0.6%甲氨基阿维菌素苯甲酸盐水乳剂
- 2.5%高效氯氟氰菊酯水乳剂
- 36%甲基硫菌灵悬浮剂
- 16%草甘膦异丙胺盐水剂
- 41%草甘膦异丙胺盐水剂

上海农乐生物制品股份有限公司

- 22%吡虫·毒死蜱悬乳剂
- 4.5%高效氯氰菊酯水乳剂
- 24%杀双·毒死蜱水乳剂

- 15%啶虫脒悬浮剂
- 20%三唑磷水乳剂
- 22%井冈·杀虫双水剂

- 1%申嗪霉素悬浮剂
- 20%毒死蜱水乳剂
- 15%吡虫啉悬浮剂

地址：上海市松江区沪松路158号　邮编：201613　电话：021-57784617　传真：021-57784569

钱江生化

中国驰名商标

公司简介
company introduces

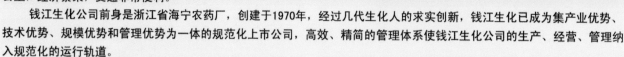

浙江钱江生物化学股份有限公司是全国重点高新技术企业,中国大型生物农药生产单位。公司地处长江三角洲经济开发区,中国观潮胜地—浙江省海宁市。海宁地处浙江省北部,距离上海150公里,杭州70公里,经济繁荣,交通非常便利。

钱江生化公司前身是浙江省海宁农药厂,创建于1970年,经过几代生化人的求实创新,钱江生化已成为集产业优势、技术优势、规模优势和管理优势为一体的规范化上市公司,高效、精简的管理体系使钱江生化公司的生产、经营、管理纳入规范化的运行轨道。

由于钱江生化公司所从事的属当今经济发展的朝阳产业,是我国21世纪重点开发研究的生物工程,所生产的产品具有无公害、无污染、高技术、高附加值等特点,因而拥有相当广阔的市场份额,其产品涵盖美国、欧洲、南美及东南亚等十几个国家的市场。

近几年来,钱江生化公司按照"生产一代、开发一代、研制一代、储备一代"的战略方针,经过科技的不断投入,公司在生物工程微生物发酵领域中积累了丰富的经验,具有较强的产品开发能力。钱江生化公司将积极把握机遇,发挥竞争优势,保持企业活力,开拓前进,稳步发展。

原药系列
60%井冈霉素A原药、90%赤霉酸原药、赤霉酸A$_4$,A$_7$原药、阿维菌素原药

杀菌剂系列
3%井冈霉素可溶粉剂、5%井冈霉素水剂、20%井冈霉素水溶粉剂、5%井冈霉素 A 可溶性粉剂、8%井冈霉素 A 水剂

杀虫剂系列
1.8%阿维菌素乳油、2.3%氨基阿维菌素苯甲酸盐乳油

植物生长调节剂系列
4%赤霉酸乳油、3%赤霉酸可溶粉剂、16%赤霉酸可溶性片剂、2.7%赤霉酸A3膏剂、85%赤霉酸结晶粉

浙江钱江生物化学股份有限公司
ZHEJIANGQIANJIANGBIOCHEMICAL CO.,LTD

地址: 浙江省海宁市西山路598号 **邮编:** 314400
电话: (0573)87023955 87035289 **传真:** (0573)87026402
http://www.qianjiangbioch.com **E-mail:sales@qianjiangbioch.com**

苏科

雄厚的科学研究力量
完善的质保服务体系

江苏省苏科农化有限责任公司是集科研、生产、经营、试验、示范、推广于一体的高新技术企业，也是江苏省苏科植物保护技术开发中心、江苏省杂草研究中心、江苏省粮棉作物病虫草害综合治理技术工程研究中心农药科技产品中试的依托单位。

企业共有职工60多人，其中具有副研究员以上高级职称的科技人员11人，中级职称科技人员15人，初级科技人员及技术工人20多人，新产品开发及科技服务力量雄厚，再加上江苏省农业科学院得天独厚的科技优势，已经逐步形成了独立研制、开发和生产农药的能力，阿维氟铃脲是独家在水稻稻纵卷叶螟上登记配方。其中纹曲宁水剂等产品被列为江苏省高新技术产品。公司产品还有纹曲宁粉剂，水稻直播田除草剂速杰、野新等，千金子除草剂旺除、千鑫等。

面对新的挑战，企业以科技求发展，以质量求生存，以信誉做保障，在不断开拓进取中将公司建设成一个充满生机和活力的现代化企业。

单位名称：江苏省苏科农化有限责任公司

通讯地址：江苏省南京市玄武区钟灵街50号

销售电话：025－84390387　84390227

传真：025－84390383

邮编：210014

网址：www.suke.com.cn

国家定点农药生产企业
国内大型5-硝基愈创木酚钠生产企业
高含量复硝酚钠原药（98%）证号：PD20093882
高含量己酸二乙氨基乙醇酯（DA-6 98%）证号：LS20081290

郑州农达生化集团

金牌原药：

5-硝基愈创木酚钠   矮壮素
2-硝基苯酚钠   功夫菊酯
4-硝基苯酚钠   环鸟苷酸钠
2,4-二硝基苯酚钠   精品a-萘乙酸钠

集团旗下单位：

河南农达助剂研究中心
郑州农达生物工程有限公司
格林兰德化工产品有限公司
郑州农达生化制品厂（国家发改委定点企业）
农达生化中牟产业园(河南农业大学教学实验基地）
农达生化进出口贸易公司
甜颖会馆餐饮文化传播有限公司

精品制剂：

宁波中化化学品有限公司

　　宁波中化化学品有限公司是中国中化集团下属精细化工基地，集科、工、贸于一体。公司拥有宁波和连云港两个崭新的生产基地，总占地面积660多亩，总建筑面积近60000多平方米。公司拥有完善的生产指挥系统、严密的质量保证体系、现代化的检测手段、精良的科研队伍，是国内生产农用化学品及精细化工产品的领先企业。

　　我公司现有能力生产农药原药及制剂系列产品30多个，新型制剂如WG、WS、EW、FS、SC等10多个种类。公司拥有进出口权并配有一支优秀的营销队伍，销售范围覆盖至国内27个省、市的200多个地区。并远销欧洲、南美、中东、东南亚及非洲等国家和地区，在国外建立了良好的口碑。

中化原药

杀虫剂
95% 马拉硫磷TC
95% 杀螟硫磷TC
95% 氟虫腈TC
98% 吡虫啉TC
96% 啶虫脒TC
95% 溴螨酯TC
95% 硫双威TC

杀菌剂
96% 戊唑醇TC
95% 丙环唑TC
95% 苯醚甲环唑TC

除草剂
95% 二甲戊灵TC
98% 烟嘧磺隆TC
95% 高效氟吡甲禾灵TC

中化农药

杀虫剂
45% 马拉硫磷EC
45% 杀螟硫磷EC
70% 吡虫啉WDG
70% 啶虫脒WDG
200g/L 吡虫啉SL
350g/L 吡虫啉SC
20% 啶虫脒SL
20% 啶虫脒SP
25% 吡虫啉WP

储粮防护剂
70% 马拉硫磷EC

卫生杀虫剂
40% 杀螟硫磷WP

杀菌剂
430g/L 戊唑醇SC
250g/L 戊唑醇EW
250g/L 丙环唑EC
250g/L 苯醚甲环唑EC
10% 苯醚甲环唑WDG

除草剂
330g/L 二甲戊灵EC
75% 烟嘧磺隆WDG
40g/L 烟嘧磺隆OF
34% 氧氟·甲戊灵EC
150g/L 精吡氟禾草灵EC
108g/L 高效氟吡甲禾灵EC

宁波中化化学品有限公司
Sinochem Ningbo Chemicals Co., Ltd.

地　　址：浙江省宁波化学工业区（镇海蟹浦）北海路1165号
电　　话：0574-87770003　0574-87770030
传　　真：0574-87774751
电子邮件：sales@nbsinochem.com
企业网址：http://www.nbsinochem.com

德丰富军团™

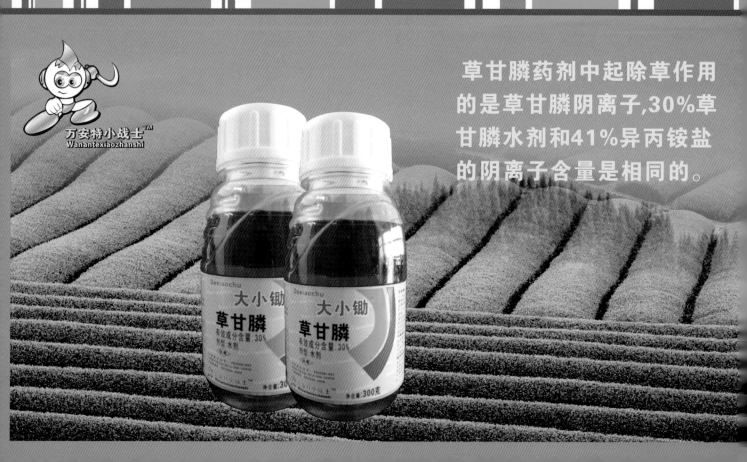

草甘膦药剂中起除草作用的是草甘膦阴离子,30%草甘膦水剂和41%异丙铵盐的阴离子含量是相同的。

无锡禾美农化科技有限公司成立于1992年，公司的前身为无锡瑞泽农药有限公司，2007年公司股权内部转让后更名，公司位于全国经济百强县排名第一的江阴市，占地面积4.7万平米，员工128人，其中各类技术人员37人。公司拥有先进的工艺及生产、环保设施和完善的质量管理系统，并通过了ISO9001：2000质量管理体系认证。

主要产品有乙草胺、丁草胺、异丙草胺、莠去津、抗蚜威、辛酰溴苯腈、苯噻酰草胺、噻嗪酮等原药，制剂有水稻移栽田、抛秧田、直播田除草剂，旱田除草剂和杀虫剂等产品，剂型涵盖乳油、可湿性粉剂以及悬乳剂、悬浮剂、水分散粒剂、水乳剂、微乳剂等先进剂型。

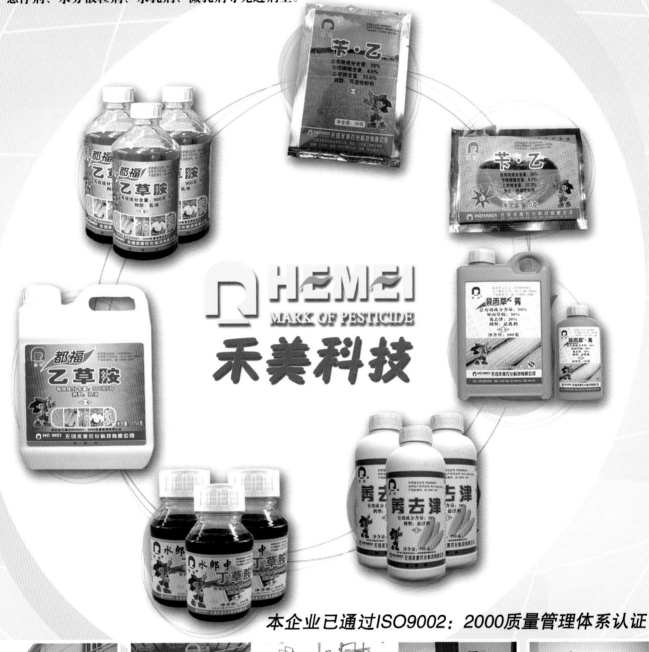

本企业已通过ISO9002：2000质量管理体系认证

 无锡禾美农化科技有限公司

Http://www.chinaruize.com   地址：江苏省江阴市云亭镇   邮编：214422
电话：0510-86013163 86152378 86151749   传真：86151137

江苏春江农化有限公司
JIANGSU CHUNJIANG AGROCHEMICAL CO.,LTD.

江苏省高新技术企业
ISO9001:2000质量管理体系认证企业
ISO14001:2004环境管理体系认证企业
中国农药企业信用等级AA级企业

长期以来本公司专心致力于生产工艺的优化，技术的提升，装置的改良，使高效氯氟氰菊酯、联苯菊酯及功夫菊酸、联苯醇等产品在国内同行业中的产量及技术处于领先地位，产品热销国内外市场。

感谢国内外客商多年来对江苏春江农化有限公司的支持和关爱，我们将始终本着质量第一，用户至上的宗旨与国内外客商共图发展，共创未来。

- 高效氯氟氰菊酯原药
- 联苯菊酯原药
- 氟氯氰菊酯原药
- 三苯基乙酸锡原药
- 三苯基氢氧化锡原药
- 三氟氯菊酸
- 联苯醇

- 25g/L高效氯氟氰菊酯乳油
- 10%高效氯氟氰菊酯可湿性粉剂
- 50g/L氟氯氰菊酯乳油
- 25%高效氟氯氰菊酯可湿性粉剂
- 45%三苯基乙酸锡可湿性粉剂
- 50%三苯基氢氧化锡悬浮剂
- 10%联苯菊酯乳油
- 5%联苯菊酯悬浮剂

地址：江苏金坛市直溪镇潘家湾84号		邮编：213251
Add：No.84, Pan Jiawan, ZhiXi, JinTan, JiangSu		Post Code：213251
电话：0519-82442918 82442355		传真：0519-82442866
Tel：0519-82442918 82442355		Fax：0519-82442866

湖南大方植保有限公司

HUNAN DAFANG PLANT PROTECTION CO.,LTD.

服务于农业 服务于农民

湖南大方植保有限公司成立于1985年5月,是湖南省植保植检站的下属实体,公司主要经营范围:销售植保系统开展农技服务所需配套的农药、化肥、农膜、农用机械;提供农业技术服务。公司致力于植保新技术、新药械、新产品的推广和应用,实施品牌战略,始终遵循服务"三农"的宗旨,拥有一流的服务、良好的信誉和可靠的品质,得到社会广大客户的一致好评,连续几年来取得了经济效益与社会效益双丰收。

公司通过20多年的发展,目前已成为湖南省农药贸易的龙头企业,市场份额逐年增长,2008年农药年销售额已突破1.2亿元。公司与国内外许多知名企业保持着长期良好的合作关系。同时,公司不断探索农药经营新模式,先后在湖南长沙、常德、益阳、澧县、安乡、湘潭、衡阳、涟源等地成立了控股子公司,已建成全省农资比较完善的市场营销网络。公司曾先后荣获2006年度"诚信经营百优"和全国农药企业2007年度"最具创新经营奖"等荣誉称号。

公司坚持"携手并进、合作双赢"的营销理念,愿与社会各界共谋发展、共创辉煌,为植保事业作出贡献!

地址:湖南省长沙市芙蓉区东湖

电话:0731-84610844

传真:0731-84612816

MIDSOUTH
中南 化工

公司简介

溧阳市中南化工有限公司是国家农药生产定点、江苏省高新技术企业。重合同、守信用AAA级、银行信誉AA级、通过ISO9001：2000质量体系认证。

公司技术力量雄厚，生产工艺先进，检测设备精良，融科、工、贸于一体，自主研制成功高效表面活性剂9708，获为2006年国家重点新产品，并应用于生物仿生农药，开发出一系列高效、低毒、低残留的环保型杀虫、杀菌剂。

公司奉行"科技创新、质量第一、用户至上"的宗旨，真诚希望与广大客商交流合作、共谋发展。

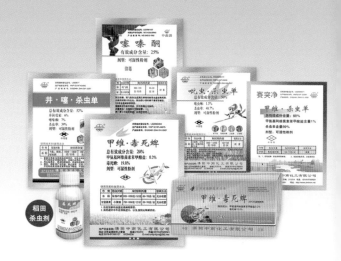

20%甲维·毒死蜱WP

江苏省、湖北省、上海市植保部门重点推荐产品
2009年江苏省政府采购支持三农的重点农药

核心技术：强粘着、高渗透、耐雨淋；抗光解、防氧化、剂型稳定。

产品特性：
- 广谱、高效，专治稻纵卷叶螟、螟虫、飞虱、棉铃虫、盲蝽、小菜蛾、斜纹夜蛾、地下害虫等顽固害虫。
- 杀虫机理独特，多作用点协同起效，克服害虫抗药性。
- 低毒、低残留、绿色环保。

稻田杀菌剂

产品特性：
- 双重抗病机制、增效显著，专治水稻纹枯病、稻曲病、叶尖枯病、小麦纹枯病。
- 加入特殊助剂，药液粘着力强，能在植株表面形成药膜保护层。
- 微毒、无公害的生物农药，对环境高度安全。
- 调节水稻生长、抗早衰、提高结实率和千粒重，增产作用大。

经济作物杀虫剂

江苏省高新技术企业 **溧阳中南化工有限公司**

地　址：江苏省溧阳市上黄镇　董事长：陈保林　电话：0519-87390137　传真：0519-87399581
市场总监：李军　手机：13585428028　网址：http://www.znchem.net　邮编：213314

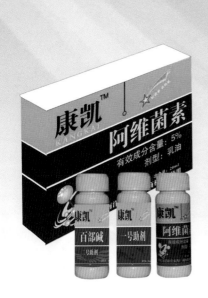
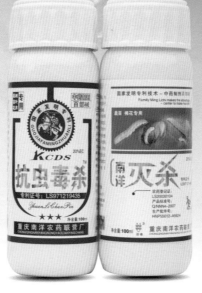

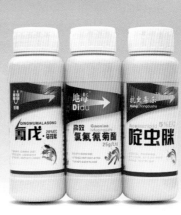
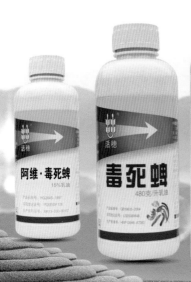
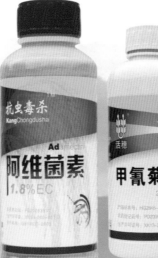
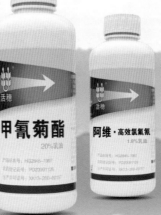

杀虫剂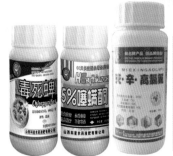

除草剂

杀菌剂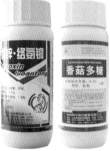

植物生长调节剂

详情点击
www.sxkxny.com.cn

山西科星农药液肥有限公司成立于1979年。是国家首批农药生产定点企业，有农药和叶面肥生产专业技术力量和丰富的经验知识。拥有先进的生产设备和化检设备。年产值在500万至2500万以上。是山西省生产农药、叶面肥的骨干企业。

山西科星农药液肥有限公司建厂30年来累计为国家和社会创造效益117亿多元。是运城市农药生产企业的创始企业之一，是较早的大型的农药生产企业之一。曾先后被评为山西省"先进管理乡镇企业"，省、市、县"守合同重信用"先进单位，市、县"先进企业"，省、市、县"产品质量信得过企业"，市、县"产品质量过得硬企业"，临猗县"重点企业"，县民营"封闭式管理企业"，运城市"龙头企业"，运城市"市级龙头企业"，山西省"农药生产信得过企业"，山西省"农药生产信得过企业"等50多种荣誉称号和奖励。

公司生产的农药产品涉足杀虫剂、除草剂、杀菌剂、植物生长调节剂、微量元素水溶肥料等品种，其中，1.4%复销酚钠"花蕾保"是山西省"优质产品"；杀菌剂0.5%香菇多糖1999年年被列为山西省八大重点推广项目和跨世纪植保新产品。其他产品均获得各种、多种奖励。

公司始终坚持以市场为导向，以服务为理念，以质量创品牌，积极实施结构调整、科技创新，以纯正的农化产品，创农民朋友欢迎的优秀品牌。

公司倡导重诺守信，坚持以客户为核心，以农民利益为原则，共谋发展，实现共赢，共同打造农药企业的明天。

 山西科星农药液肥有限公司
SHANXI KEXING PESTICIDE LIQUID FERTILEZER CO.,LTD.

地址：山西省临猗临解路　　邮编：044100　　电话：0359-4065131　　邮箱：sxkexing@126.com

绿银农化 全力打造精品香蕉杀菌剂

广东茂名绿银农化有限公司
地址：广东省茂名市茂水路280号 邮编：525000
电话：0668-2730669 传真：0668-2730615

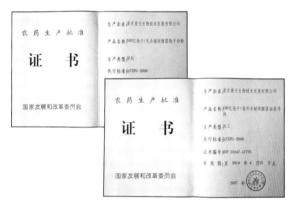

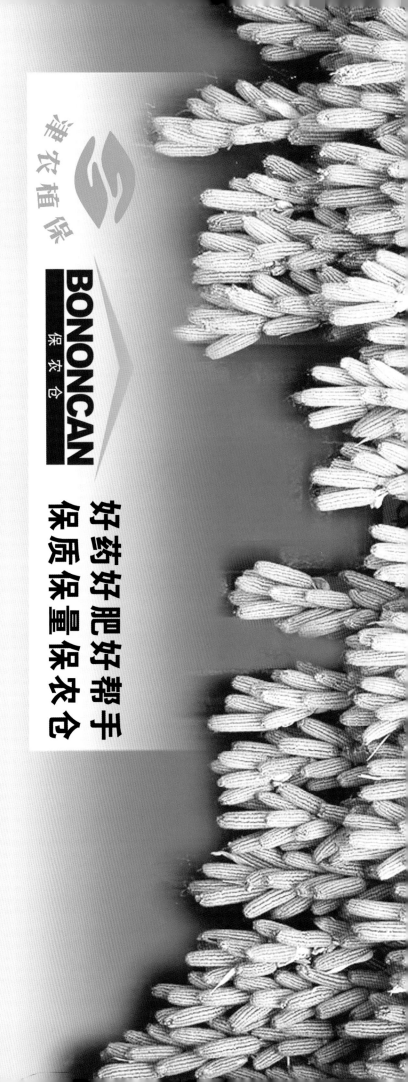

佳木斯兴宇 生物技术开发有限公司

JIAMUSI XINGYU SHENGWU JISHU KAIFA YOUXIAN GONGSI

主要产品

甲氨基阿维菌素苯甲酸盐原药　　　5%高氯·甲维盐微乳剂

5%甲维盐可溶粒剂　　　　　　　20.5％多·福·甲维盐悬浮种衣剂（SC）

1%甲维盐泡腾片剂　　　　　　　0.5%甲维·苏云菌悬浮剂

1%甲维盐乳油(EC)

联系方式

地　址：佳木斯市利民路5号　　　电话：0454-8330400 6590828　　　网址：www.xybiochem.com

联系人：邱丽霞　　　　　　　　　传真：0454-8332146　　　　　　　电邮：sales@xybiochem.com

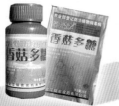 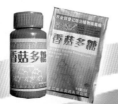

公司简介

石家庄市三农化工有限公司是国家农业部农药定点生产企业,地处河北省石家庄市栾城窦妪工业园区,交通便利,占地300亩,注册资金5180万元。公司自1997年创建以来,始终坚持"创新为本、以质取胜、专业服务、互利共赢"的经营理念,本着"以科技为先导,以质量为根本,以服务为核心,以信誉求发展"的宗旨,以开发"高效、低毒、低残留、友好环境"的产品为目标不断寻求发展。目前已发展成为集原药合成、农药的制剂研发、生产、销售为一体,主营业务投资过亿元的规模型企业。拥有专业的高素质干部职工260余名。建有水分散粒剂(颗粒剂)、可湿性粉剂、悬浮剂、水剂、微乳剂、乳油等多条国内先进的制剂农药加工生产线与原药合成车间。拥有杀虫剂、杀菌剂类优势三证资源五十余个,销售网络遍布全国30多个省、市、自治区。

依靠先进的管理,卓越的技术水平,严格的质量要求,多年来公司产品得到市场一致认可和好评。2006年公司生产的2.0%阿维菌素乳油在河北省的质量评比中,被评为"十大知名品牌,信得过产品";同年12.5%腈菌唑可湿性粉剂在山西省的质量评比中,被评为"知名品牌,信得过产品"。公司2004年被共青团中央、全国青联授予"青年科技创新示范基地",并同年顺利通过ISO9001-2000国际质量体系认证;2008年被河北省石家庄市政府授予"农业产业化重点龙头企业"。 面对新世纪的机遇和挑战,三农人将始终坚持以服务于"农业、农村、农民"为己任,产业报国,与时俱进,用百倍的热情和不懈地努力描绘更加壮美的宏伟蓝图!

5%多杀霉素 SC	农药登记证号:LS20090544
3%阿维菌素 ME	农药登记证号:PD20090126
10%高效氯氰菊酯 ME	农药登记证号:PD20093148
20%甲维·毒死蜱 EC	农药登记证号:PD20093435
5%甲维盐 WDG	农药登记证号:LS20090501

5%**多杀霉素**

全国首家登记唯一高含量。

挫敌(24%**阿维·毒死蜱**)

高含量阿维菌素,使防治持效期更长毒死蜱强触杀、强胃毒、强熏蒸速效性更强,共毒系数更高,更好的解决了高龄抗性害虫难以防治的问题。

恒进(20%**甲维·毒死蜱**)

内含高含量甲维盐,更长防治持效期毒死蜱强触杀、强胃毒、强熏蒸速效更快生物源农药与有机磷农药的完美结合,共毒系数更高,更好的解决了高龄抗性害虫难以防治的问题。

凯钻(5%**甲氨基阿维菌素苯甲酸盐**)

高含量水分散粒剂,入水迅速崩解,防效更高!
水稻—稻纵卷叶螟
十字花科蔬菜—小菜蛾、甜菜夜蛾、斜纹夜蛾
棉花—棉铃虫

击亚特(3%**阿维菌素**)

粘稠高含量,渗透性更强,充分发挥胃毒功效。
特别添加进口助剂,展着性更好,充分发挥触杀功效。
广谱高效,夜蛾类、螟虫类、螨类、地下害虫均有很好防效。

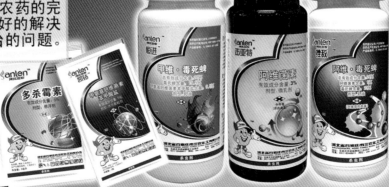

石家庄市三农化工有限公司

SHIJIAZHUANG, HEBEI THREE RURAL CHEMICAL CO., LTD.

工业园区 电话:0311-85468822 传真:0311-85648811 邮编:051430

滨农科技　科技为农

山东滨农科技有限公司创建于1995年，是以研发、生产、销售为一体的专业植保产品制造供应商。公司系山东省高新技术企业，拥有省级技术中心，是中国农化行业中的骨干企业。

公司现拥有除草剂、杀虫剂、杀菌剂三大农药类别，能够合成原药品种30个，制剂加工品种多达100多个。公司的酰胺类、均三氮苯类、二硝基苯胺类、有机磷类、苯氧羧酸类除草剂原药均已规模化和系列化生产，年合成能力在9万吨以上。

公司以品质、健康、安全、环保为指导，以持续改进和稳定的质量观为保证，先后通过ISO9001质量管理体系认证、ISO14001环境管理体系认证、GB/T28001职业健康安全管理体系认证和SA8000社会责任管理体系认证、导入CIS企业整体形象工程，全面提升企业整体形象。实施ERP，建设现代化管理信息系统，不断完善企业管理。建设鲜明企业文化，打造自身品牌。我们将与您一道致力于全球植保事业，为促进农业丰收和社会进步而不懈努力。

有机磷类	（Organophosphorus series）
95%草甘膦原药	Glyphosate 95% Tech
62%草甘膦异丙胺盐水剂	Glyphosate 62% IPA
41%草甘膦异丙胺盐水剂	Glyphosate 480G/L SL
75.7%草甘膦可溶性粒剂	Glyphosate 75.7% SG
95%草甘膦沙粒剂	Glyphosate 95% SG
酰胺类	**（Amides）**
95%甲草胺原药	Alachlor 95% TC
95%乙草胺原药	Acetochlor 95% TC
95%丙草胺原药	Pretilachlor 95% TC
95%丁草胺原药	Butachlor 95% TC
95%异丙草胺原药	Propisochlor 95% TC
97%异丙甲草胺原药	Metolachlor 97% TC
95%精异丙甲草胺原药	S-Metolachlor 95% TC
均三氮苯类	**（Triazines）**
97%莠去津原药	Atrazine 97% TC
97%莠灭净原药	Ametryn 97% TC
97%特丁津原药	Terbuthylazine 97% TC
97%特丁净原药	Terbutryne 97% TC
97%氰草津原药	Cyanazine 97% TC
97%西玛津原药	Simazine 97% TC
97%扑草净原药	Prometryne 97% TC
97%扑灭津原药	Propazine 97% TC
97%西草净原药	Simetryne 97% TC
二硝基苯胺类	**（Dinitroanilines series）**
95%二甲戊乐灵原药	Pendimethalin 95% TC
95%氟乐灵原药	Trifluralin 95% TC
95%仲丁灵原药	Butralin 95% TC
其他	**（Others）**
95%精吡氟禾草灵原药	Fluazifop-P-Butyl 95% TC
95%精稀氟氯禾草灵原药	Haloxyfop-R-Methyl 95% TC
95%苯达松原药	Bentazone 95% TC
95%氟磺胺草醚原药	Fomesafen 95% TC
95%甲基磺草酮原药	Mesotrion 95% TC
95%烟嘧磺隆原药	Nicosulfuron95% TC
杀菌剂类	**（Fungicide series）**
95%戊唑醇原药	Tebuconazole95% TC

БNS 山东滨农科技有限公司
SHANDONG BINNONG TECHNOLOGY CO.,LTD

地址：山东省滨州市工业经济开发区永莘路518号
咨询热线：400-819-4567　销售热线：0543-3372999
网址：http://www.binnong.com　邮编：256651

浙江华兴化学农药有限公司

产品名称	品牌	规格	包装	价格
95%苯丁锡原药	华农	1×25kg	纸板桶	面议
95%三唑锡原药		1×25kg	纸板桶	面议
96%氯代叔下基苯		1×180kg	铁桶	面议
98%氯代环己烷		1×180kg	铁桶	面议
99%四氯化锡		1×180kg		面议
550G/L苯丁锡悬浮剂		0.5L、200L	氟化瓶、铁桶	面议
20%、50%苯丁锡悬浮剂		200g、400g	白色瓶	面议
20%三唑锡悬浮剂		200g、400g	白色瓶	面议
600G/L三唑锡悬浮剂		0.5L、200L	瓶	面议
25%、50%苯丁锡可湿性粉剂		20g 100g 200g	铝箔袋	面议
20%、25%三唑锡可湿性粉剂		18g 20g 100g 200g	铝箔袋	面议
20%吡虫·异丙威乳油		180ml	白色瓶	面议
25%哒·水胺乳油		180ml	白色瓶	面议
10%苯丁锡乳油		180ml	白色瓶	面议
20%噻嗪·杀扑磷乳油		200g 400g 500g	深色瓶	面议
20%福腈菌可湿性粉剂		50g 80g	铝箔袋	面议
25%毒·辛乳油		180ml	白色瓶	面议
10%三唑锡乳油		180ml	白色瓶	面议
32.5%锰锌·烯唑粉剂		50g	铝箔袋	面议
730G/L炔螨特乳油		250g 1kg	氟化瓶	面议
72%霜脲·锰锌可湿性粉剂		200g	铝箔袋	面议
58%甲霜·锰锌可湿性粉剂		80g	铝箔袋	面议

地址：浙江省乐清市蒲岐镇特色工业园区　　邮编：325609
电话：0577-62215555 62120555　　传真：0577-62215555
联系人：赵锡丰 张金叶

乐斯化学有限公司成立于1989年，是国家定点农药生产企业、浙江省首批诚信示范企业、浙江省第一批清洁生产单位；本公司现有工业园区占地面积总计500余亩，员工总数超过1000人，生产和服务范围涵盖农药、医药、酸性染料及酒店四大行业。公司注重质量和环境的全面发展，业已通过ISO9001质量体系认证和ISO14001环境管理体系认证。

公司靠创新求发展，引进高级智力和技术，配置先进的实验和分析设备，实行校企联合，不断开发新产品。实施现代企业管理制度，不断提高产品质量和经济效益。

- 二 甲 戊 灵 原 药
- 咪 鲜 胺 原 药
- 氨 磺 乐 灵 原 药
- 氨 氟 乐 灵 原 药
- 苯 嗪 草 酮 原 药
- 炔 螨 特 原 药

乐斯公司始终坚持把人才视为企业的第一资源，致力于建立一个公平、竞争、激励、高效的用人机制，创造一个有利于员工个性发展的工作环境，广开渠道招揽人才，不拘一格使用人才，想方设法培养人才，满足需要激励人才，感情投入留住人才，最大限度地发挥人力资源的潜能。

招聘岗位：

1.有机合成工程师，3～5名；

本科及以上学历，具备农药及有机化工行业5年以上工作经验。

2.设备管理工程师，2名；

本科及以上学历，具备有机化工行业设备管理岗位5年以上工作经验，注册安全工程师优先。

3.环保工程师，2名；

本科以上学历，具备有机化工行业环保岗位5年以上工作经验。

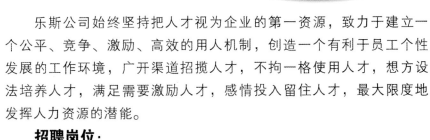

乐斯化学有限公司
ROSI CHEMICAL CO., LTD.

地　址：浙江省乐清市乐怡大厦七楼　　　电话：0577-61609981　　　传真：0577-61609990
E-mail：sales@rosichem.com　　　http://www.rosichem.com

我们永远都有目标

原药

除草剂	甲草胺、乙草胺、丙草胺、丁草胺、异丙甲草胺、草甘膦
杀虫剂	氧乐果、乙酰甲胺磷、四螨嗪、氰戊菊酯、氯氰菊酯、乐果
杀菌剂	咪鲜胺、咪鲜胺锰盐

制剂

除草剂	50%乙草胺EC、900克/升乙草胺EC、60%丁草胺EC、300克/升丙草胺EC、500克/升丙草胺EC、720克/升异丙甲草胺EC、960克/升异丙甲草胺EC
杀虫剂	40%氧乐果EC、40%乐果EC、30%乙酰甲胺磷EC、75%乙酰甲胺磷SP、20%氰戊菊酯EC、0.3%依维菌素EC（卫生）
杀菌剂	25%咪鲜胺EC

新庆丰 新希望

杭州庆丰农化有限公司
HANGZHOU QINGFENG AGROCHEMICAL CO., LTD

地址：杭州市机场路225号
电话：0571-86406338
传真：0571-86406335
网址：www.hzqfnh.com

企业简介：

安徽省池州新赛德化工有限公司位于长江南岸安徽省池州市境内，东距佛教圣地九华山53公里，南距黄山156公里，紧临318国道。公司前身为国有中型企业，2001年6月改制为民营企业。厂区占地面积14万平方米，固定资产5000万元，员工400余人，拥有新赛德颜料有限公司和新赛德商贸有限公司两家子公司。

2002年元月通过ISO9001：2000质量管理体系认证。

公司主营农药、电泳涂料等其他精细化工产品的研发、制造和营销，是安徽省长江南岸最大的农药和电泳涂料生产基地，现已形成年产农药8000吨、电泳涂料5000吨的生产能力。农药有杀虫剂、杀菌剂和除草剂三大系列近30个品种。

公司以"团队凝聚智慧、科技铸造品牌、诚信服务社会、创新开启未来"为宗旨，依托现有产业，以规范的管理、优质的产品、先进的技术、不断的创新，真诚回报社会，力争建设成为全省乃至全国较有影响力的化工企业集团。

原 药
95%哒嗪硫磷原药　　85%三唑磷原药　　97%毒死蜱原药　　95%二嗪磷原药

杀虫杀螨剂
20%哒嗪硫磷乳油　　30%哒嗪·辛乳油（螟魁）　　20%阿维·哒嗪乳油　　40%毒死蜱乳油
30%辛·三唑乳油　　20%哒嗪·灭·氰乳油　　20%异丙威乳油（虱挫）　　40%乐果·敌乳油
20%毒·唑磷乳油　　25%噻嗪酮可湿性粉剂　　50%二嗪磷乳油

杀菌剂
20%三环·异稻（克瘟净）
12%腈菌唑乳油

除草剂
17.5%草除·精喹禾乳油　　20%苄·乙·甲可湿性粉剂（精灭草星）
53%苯噻酰·苄可湿性粉剂

安徽省池州新赛德化工有限公司

地址：安徽省池州市经济技术开发区金安工业园梧桐路　　邮编：247000

联系人：何志龙　0566-2031558　13905660508　　网址：www.sinceritychem.com

安徽东盛制药有限公司

主要产品：

- 无水氯硝柳胺(英国药典/欧洲药典)
- 一水氯硝柳胺（欧洲药典）
- 氯硝柳胺工业级(杀螺胺)
- 氯硝柳胺哌嗪盐
- 98%杀螺胺乙醇胺盐原药
- 70%杀螺胺可湿性粉剂
- 50%杀螺胺乙醇胺盐可湿性粉剂
- 4%杀螺胺乙醇胺盐粉剂

安徽东盛制药有限公司是西安东盛集团的全资子公司，是东盛集团的医药原料药及中间体生产基地。公司始建于1970年，位于淮南市经济技术开发区生物医药科技园，目前占地面积5万平方米，现有员工近300人，其中高级技术人员占28%。

公司以生产医药化学原料药为主，同时生产片剂、胶囊剂及大容量注射剂等近百种产品，是安徽省目前最大的原料药生产基地，并且通过国家GMP认证验收。公司目前主导产品氯硝柳胺系列产品、5-氨基水杨酸等先后被国家科技部命名为国家级重点新产品，公司也被省科委和淮南市政府分别命名为"高新技术企业"和"科技先导型企业"。

公司秉承"开放、融智、合作、超越"的企业精神，坚持以高科技产品为依托，实施外向带动战略，大力开拓国内外市场，上年全年实现销售收入4000万元，出口创汇300万美元。我们热诚欢迎国内外广大客户和各界朋友来公司参观指导、洽淡合作！

地址：安徽省淮南市经济技术开发区振兴路1号　电话：0554-3312862　3311061　传真：0554-3311021　3312862　网址：www.ahtopsun.com

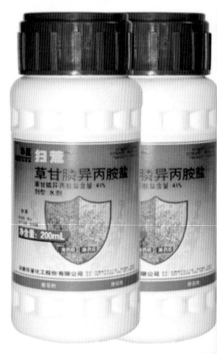

正义·中国
ZHENGYI CHINA

天 邦 农 药　　正 义 可 靠
Tianbang pesticides　　Zhengyi reliable

部分产品 BU FEN CHAN PIN

山东省德州天邦农化有限公司 SHAN DONG DE ZHOU TIAN BANG AGRICULTURAL CHEMISTR CO·LDT
TIANBANG
地址：济南花园路101号海蔚大厦1602室　邮编：250100　电话：0531-88913779　传真：0531-88913779
厂址：山东省德州市德城区二屯镇　邮编：253035　电话：0534-262388 33638888　传真：0534-2743101
第25届中国植保信息会
会场展位　济南市高新开发区展馆 1D121#　业务洽谈处 济南市花园路 101 号海蔚大厦 1602 室　TEL:0531-88913779

广西金燕子农药有限公司

治害虫 就找金燕子

广西金燕子农药有限公司成立于1993年，公司自成立之始就致力于和国内顶尖的技术专家合作，重质量、重品牌，2003、2006年"金燕"商标连续两届获得"广西著名商标"的称号，并被广西质量监督局评为"讲诚信、保质量"优秀企业。在专注于水稻害虫防治近16年的时间里，为中国农民的减灾、保产、增收、降低种植成本，做出了巨大的社会贡献。

◆ 引顶尖专家 做一流技术 高品质的产品背后是强大的技术支持。中国水稻害虫抗性防治首席专家、南京农业大学博士生导师——沈晋良教授，担任我们的技术顾问。公司还先后和多家高等院校、科研机构结成战略合作伙伴关系。与巨人同行合作，使我们在水稻害虫防治研究上占据了一个制高点。

◆ 重质量 重品牌 公司从1994年推出的"克虫星"，历时15年、经久不衰、一直被广大农民朋友和同行誉为"明星产品"。

◆ 应潮流 创先锋 2003年，公司抓住市场需要低毒高效农药的发展趋势，推出了"一叼三"，并迅速的成为取代高毒农药的首选品种之一。在广西、湖南等水稻主产区产生了巨大的影响，奠定了"金燕"品牌农药在广大农户心目中的地位。

◆ 厚积薄发 关键时刻彰显英雄本色 2008年，稻纵卷叶螟出现抗药性突变，并在百色、河池等地有爆发趋势，在市场众多产品药效差，农民束手无策的时候，公司及时推出"金叼""飞叼"等产品，药效卓越，为当地农民避免了一场水稻害虫灾害性爆发的灾害，得到了用户的一致认可与好评。

◆ 高瞻远瞩 引领潮流 2006年，稻飞虱对常用药剂产生抗药性，面对此种情况，公司联合南京农大校长积极探索并引进防治稻飞虱的特效农药"吡蚜酮"，全力推广并取得了突出的效果，其后国家农业部开始认可此药并向全国推广。

当前公司研发和生产、推广的"爽又多"，是目前唯一一个在农业部登记的地衣芽孢杆菌微生物杀菌剂，能有效防病、治病、增产、增收，提高品质。是国内领先的一种绿色、环保的微生物杀菌剂。

……

回顾过去，我们感慨万千。新的世纪，面对新的竞争和挑战，金燕子人怀着"为农业生产提供优质、安全、高效的农药产品。为农民提供高质量、高水平、全方位的服务"的使命，正豪情满怀，信心百倍地迈上新的征程，做中国农药航母！

公司实验楼一角

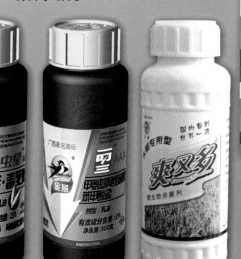

公司总经理与沈晋良教授
深入一线科学研究

地址：广西贵港市中山路 邮编(Code)：537100
电话：0775-4566248 传真：0775-4568696
公司网站：www.jyzny.com
电子邮箱：jinyanzigs1993@163.com

广西著名商标

天然植物精制
储粮杀虫剂

新一代

广西名牌产品

溴氰·八角油

原名：谷虫净™

【防治对象】

仓储原粮　　仓储害虫

适用范围
稻谷　　玉米
小麦　　豆类

农药登记证：PD20080520
农药生产批准证：HNP 45046-A8248
产品标准号：Q/GCJ 01-2008
产品专利证号：ZL200810073536.0

企业通过 ISO9001:2000 国际质量体系认证

新包装

原包装

中草药配制　八角茴香油　气味芳香

人畜安全　　有虫即治　　无虫则防

储粮害虫一扫光　　农户乐意使用

中国广西钦州谷虫净总厂生产

厂址：广西钦州市黄屋屯镇　　邮编：535033　　电挂：2354
电话：（0777）3525158　3526087　　传真：（0777）3525966
总裁：徐钦成　　厂长：徐杏茜　　副厂长：周翠虹　邓秀能
通用网址：谷虫净 http://www.qzgchj.com　E-mail:gucj1889@163.com

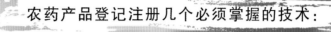

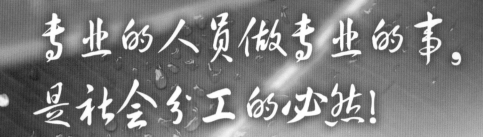

专业的人员做专业的事，是社会分工的必然！

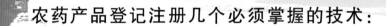

农药产品登记注册几个必须掌握的技术：

1、需要非常了解农药登记的政策法规。
2、需要灵活运用政策法规和一些特殊政策，降低资金投入。
3、登记时间漫长，需要进行远期规划。
4、登记材料审查越来越严格和规范，不能出任何差错。
5、登记费用高昂，需要综合利用资源协调处理，降低登记成本。
6、产品选择可行性的判断非常重要，避免浪费钱财。
7、认真分析产品是否涉及知识产权保护问题。
8、需要全面分析产品未来销售市场，是内销为主还是外销为主。
9、需要严格审查，尤其是各试验报告不能出错。
10、需要综合规划时间，避免季节到而证未批准。

北京科发伟业咨询服务中心农药登记代理业务范围：

产品登记可行性分析（包括登记难易程度，核心困难，未来市场预测分析，是否符合法律法规要求等）。农药登记交证工程（包括临时登记，正式登记，分装登记，从提出登记产品到产品获得批准的全程代理，企业只需要配合简单工作）。产品标准与编制说明制作（包括原始谱图）。产品质检及方法验证报告，两年常温贮存报告，杂质、异构体拆分及检测，产品MSDS（安全数据单）的制定，室内毒力测定（配方筛选）报告，室内安全性测定试验报告，田间药效试验和1年2地示范试验报告，农药毒理学1-4阶段试验，制作产品标签，残留试验，农药环境毒理试验，农药环境生态试验，原药产品全分析报告，原药来源证明开具，企业名称变更，农药登记残留和环境资料授权，正式登记续展综合报告，减免残留或环境的查询报告，产品理化性质材料，产品剂型鉴定。

中心主任
总 经 理
Director of the Center (GM)

余本水
Yu Benshui

北京科发伟业咨询服务中心

电话TEL：0086-10-59192012　　手机MP：0086-10-13511063347
传真FAX：0086-10-59192014　　MSN：aicer-ybs@hotmail.com
邮箱MAIL：znkf01@agri.gov.cn

地址：北京市朝阳区农展馆南路12号通广大厦1105室　　邮编：100125
产品登记服务热线：0086-10-59191996　　0086-10-59191553
进出口证明服务热线：0086-10-59191997　　0086-10-59191987
农药产品进出口热线：0086-10-59191981　　0086-10-59191997
农药登记及应用技术培训热线：0086-10-59192012　　znkf@163.com

农药应用技术
及产品登记技术 培训

　　农药应用技术本处所指的农药应用技术指产品生产与加工技术，尤其是一些新颖剂型的生产加工技术、产品质量检测技术、残留速测技术等。我们将邀请在农药生产和研究一线专家面向全国企业开展培训，欢迎有关企业随时关注有关消息。

　　登记技术是全国农药企业渴求掌握的关键技术之一。我中心常年为全国众多农药企业开展产品登记代理服务，经历了农药登记过程中的点点滴滴，积累了各种各样的丰富的经验和技巧。同时，我们对政策法规的理解，登记规定的应用，材料处理技巧的应用等方面均具有全面独到的见解。我们将选择时间与地点，以普及登记知识，分享登记经验为核心，面向农药企业的登记人员予以培训，欢迎企业随时关注有关消息。

北京科发伟业咨询服务中心　| 0086-10-59192012
Beijing Kefa Weiye Consulting Service Center

植保现代化与科学发展

全国农业技术推广服务中心编

中国农业出版社

图书在版编目（CIP）数据

植保现代化与科学发展／全国农业技术推广服务中心
编．—北京：中国农业出版社，2009.11
ISBN 978-7-109-13645-8

Ⅰ．植… Ⅱ．全… Ⅲ．①植物保护-农业机械-文集
②农药施用-文集 Ⅳ．S49-53 S48-53

中国版本图书馆 CIP 数据核字（2009）第 196275 号

中国农业出版社出版
（北京市朝阳区农展馆北路 2 号）
（邮政编码 100125）
责任编辑　王华勇　卢　静　张林芳

中国农业出版社印刷厂印刷　新华书店北京发行所发行
2009 年 11 月第 1 版　　2009 年 11 月北京第 1 次印刷

开本：889mm×1194mm 1/16　印张：32　插页：92
字数：1 000 千字
定价：150.00 元

序

  2009 年是新中国成立 60 周年的喜庆之年，也是我国农业发展史上极不平凡的一年，南北方均出现了不同程度的旱情，对粮食和主要农产品生产构成严重威胁。在党中央和国务院的正确领导下，经过各级农业部门共同努力，全年粮食及主要农产品生产仍然保持着良好的发展势头。夏粮连续六年增产，秋粮丰收在望，主要农产品供给充足，质量安全水平全面提升。全国农业植保部门和植保工作者认真贯彻中央及农业部的战略部署，围绕促进粮食及主要农产品生产稳定发展，着力抓了植保防灾减灾工作，为保障农业丰收和农产品质量安全做出了重要贡献，为新中国 60 华诞献上了一份厚礼。

  今年中央一号文件明确提出，加大扶持粮食生产力度，稳定粮食播种面积，优化品种结构，提高单产水平，不断增强综合生产能力；严格农产品质量安全全程监控，制定和完善农产品质量安全法配套规章制度，健全部门分工合作的监管工作机制，进一步探索更有效的食品安全监管体制，实行严格的食品质量安全追溯制度、召回制度、市场准入和退出制度。农业部先后召开全国农作物重大病虫防控电视电话会议，全国农作物病虫害专业化防治经验交流会议，全面安排部署了全年的植物保护工作，重点推进了重大农作物病虫害专业化统防统治和绿色防控工作。全国农业植保部门及植保工作者进一步增强了责任感和使命感，以科学发展观为指导，牢固树立"公共植保"、"绿色植保"理念，不断提升重大农业有害生物减灾防控能力和应急处置水平。广大植保工作者与农药、农资等部门通力合作，示范推广了一批新农药、新药械和新技术，及时、有效地控制了危害，减少了损失，为确保国家粮食安全、农产品质量安全、农业生态安全和农业国际贸易安全提供了有力的植保技术支撑。

  我们伟大祖国走过了 60 年的光辉历程，我们的改革开放事业已经走过了 30 年的辉煌岁月，我们的全国植保"双交会"即将走过 25 年的春华秋实。面对建设中国特色现代农业的新形势、新任务和新要求，我们的植保工作必须与时俱进、开拓创新，向着植保现代化的方向迈进。为此，我们将第二十五届中国植保信息交流暨农药械交易会（简称"双交会"）的主题确定为"植保现代化与科学发展"，并围绕这一主题开展了征文活动，各级农业植保部门广泛关注，广大植保工作者也积极参与。为便于大会交流，我们从中遴选出部分有代表性的论文，汇集成本届"双交会"的会刊，并由中国农业出版社编辑出版。

  我深信，本书的出版发行一定会为第二十五届中国植保"双交会"增添新的光彩。希望全国植保系统和农药械科研、教学单位以及农药械企业继续通力合作，共同推进植保现代化，有效控制农业有害生物灾害，为发展"高产、优质、高效、生态、安全"农业和建设"资源节约型、环境友好型"农业做出新的、更大贡献。

全国农业技术推广服务中心主任

二〇〇九年十月二十六日　于北京

目　　录

序

第一部分　专业化防治与体系建设

第二部分　高毒农药替代与新农药试验示范

第三部分　绿色防控与科学用药

第四部分　杂草防控与鼠害治理

河北省植保专业化统防统治的形式、问题和发展思路

王贵生　阚清松　肖红波　王彬彬

（河北省植保植检站　石家庄　050011）

　　构建新型的植保专业化统防统治组织，提高农作物病虫害的统防统治能力，是实现"公共植保，绿色植保"的重要一环，是提高植保防灾减灾能力、推进现代农业建设、促进农业增效和农民增收的重要保障，应该成为今后植保发展的着力点和重要抓手。2008年笔者对河北省基层植保专业化防治服务体系建设情况进行了为期3个月的调查研究，调研活动采取基层走访、实地调研和问卷调查等多种形式，在采集大量信息数据的基础上形成了调研报告。对我省植保专业化防治服务体系形式、成效和存在的问题进行了剖析，并对今后的发展思路工作提出了对策。

1　现状和主要形式

　　近年来，全省各级植保机构在"公共植保，绿色植保"的理念指导下，提出了"政府引导，部门扶持，市场运作，强化服务，分类指导"的原则，积极扶持、引导、组建植保基层专业化服务组织。据调查，我省植保专业化防治服务组织在组织形式上基本是两个层次。一是县级专业化防治服务组织，约占服务组织总数的10%，主要负责蝗虫、草地螟等迁飞性重大虫害的应急扑灭工作。二是基层民办植保专业化防治服务组织，约占服务组织总数的90%，此种形式多样，是提供基层植保技术服务、农药供应、药械供应维修、新技术推广的主体，是植保系统今后引导、扶持的重要对象，也是本次调研的重要内容。

1.1　土地集约化经营型

代表是鹿泉市寺家庄镇的联民土地托管合作社。该社依托当地的一家化肥生产企业，针对当地农民进城打工多、劳动力紧张、土地经营不精细而成立。合作社成立于2008年4月，实行农民土地托管，农户可以把自己的承包地全部托管给合作社经营，也可以半托管，定期享受合作社的各项服务。此合作社成立农政服务队，主要任务是农作物病虫害防治。服务队统一服装，由合作社统一管理。制定了植保专业化服务队操作规程，对入社土地上的病虫害实行统防统治。目前该社发展到16个村，每个村都成立了植保专业化服务队，辐射农户3 000余户，累计实施统防统治2万亩*。病虫害统防统治服务收费标准依据各村情况而定，打一遍药每亩收工本费3~5元，经农户验收合格后再付款。鹿泉市寺家庄镇东营东街服务站，所属服务队26人。全村2 600亩耕地，服务队防治病虫害面积占80%以上，喷药用工由原来的每亩5~6元降到现在的每亩4元。统一供药由原来的30%左右提高到现在的90%以上。

---

　　* 亩为非法定计量单位，1亩＝667m²。

1.2 农产品统销型 代表是广平县高效农业合作社，该社通过辣椒统一销售为纽带成立，为保证辣椒产品质量，对社员的土地实行免费统防统治，费用在购销辣椒产品的利润中列支。该社成立于2005年8月，是经工商机关注册的民办、自治、合作性质的农民经济组织。现有入社社员1 000多户，涉及80多个村，年均服务面积9.6万亩次。合作社内成立农作物病虫害防治专业队。专业队设队长1人、副队长2人，专业队服务人员38人，分为病虫测报、配药、药械管理、田间作业多个岗位。全部人员由县植保站统一培训，经过考试合格后上岗。服务方式分为两种，根据测报人员的测报结果，确定用药种类、使用浓度、施药时期，有劳力的农户使用专业队提供的药剂、药械分户开展防治，每亩收费5～6元；无劳力的农户由专业队统一防治，每亩收费6～8元。每次防治后，防治专业队与参加组织的农户代表到防治田进行一次防治效果调查，对没有达到防治效果的，免费补防一次。据统计，两年来共服务农户600多户，防治面积28 400亩次，为农民节省防治投入6.5万元，防治队收入7.2万元。

1.3 企业实体运作型 代表是迁安市长城绿宝公司和石家庄快易通公司。迁安市长城绿宝公司是以果品生产加工为主的绿色农产品龙头企业，2005年以来为解决果品生产中农药投入品过量问题，提高果品品质，在县农业局植保站的帮助下，成立了植保机防队。通过3年的发展，已经拥有技术咨询、技术培训、农药械储备等设施，配备了触摸式智能电脑、台式电脑、投影仪、录像机等设备，有专业施药机手11名，拥有大型喷雾机1台，自走式喷雾机1台，手推喷雾机2台，机动喷雾器6台，电动喷雾器8台；晋州市植保站与快易通公司联合，成立了10支专业化防治队，分别安排在梨区和粮区。其中五支防治队设在乡镇农技站，重点突出政府公益职能，另外五支设在快易通公司的农药连锁经营点，重点突出物资服务。每个专业化防治队设1名队长，5名机手，由植保站统一配备5台机动喷雾器。设在乡镇的专业化服务队，队长由其所在乡镇的农业技术员担任，设在快易通农药连锁的专业化服务队，队长由农药经营户担任，队长主要负责植保技术指导、喷雾器使用维修等。机手负责其辖区内的病虫草害防治服务工作。

1.4 政府主导型 该种形式一般是经济条件比较好的乡镇，由政府统一牵头组织，对当地农作物病虫害防治提供技术服务。邯郸市峰峰矿区所辖9个乡镇，由镇政府农办牵头，区植保站提供病虫害信息和技术，财政在经费上给以支持，镇组建病虫害防治专业队。服务防治对象为蝗虫、小麦、玉米病虫害。也有经济条件比较好的村支部或村委会工作比较得力的村，在当地植保部门的支持下，以村领导为农民办实事为保障，对小麦蚜虫、小麦吸浆虫等发生期集中、需要统一防治才能保证效果的病虫害，集中统一购药，统一组织开展统防统治，该种类型以魏县北皋镇和正定县新安镇李家庄村为代表。

1.5 农药促销型 该形式比较普遍，是以农药企业或农药经销户为促销农药，为客户提供药械，安排人员防治等多种形式实施。馆陶县植保站农药门市，以村级农药经销商销售农药为手段，以利润反哺服务，每销售1万元农药，免费赠配1台机动喷雾器，并免费提供汽油为其代治服务，农民自愿购药，村级经销商组织人员免费施药。该形式主观目的是以服务促销售，获取更大利润，客观上实施了病虫害统防统治。是比较简单和普遍的统防形式。

2 存在的主要问题

2.1 各地对发展植保专业化防治组织、推进农业有害生物统防统治的地位和作用认识有差异，工作开展不平衡 有些地方领导没有从农村土地流转集约化经营和农业生产力发展的客观要求，解决农村劳动力转移科学解决"三农"问题紧迫要求，保证粮食综合生产能力和农产品质量安全的高度现实要求的高度，充分认识完善发展基层植保专业化防治体系，推进病虫害统防统治的紧迫性和重要性。政府引导和支持的力度不够，没能找准主要抓手，工作进展缓慢。

2.2 组织类型多，但还属于起步阶段，服务能力不够，不能满足当前生产需要 目前我省每年农业病虫害防治3.5亿亩次左右，真正实行统防统治服务面积在约3 000万亩次。虽然有以上总结的5种类型，但都处于低级起步阶段，特别是专业合作社型，都是近两年新成立的，服务能力和范围还比较低，远不能适应当前农村的需要。

2.3 专业化防治组织内部制度不健全、管理欠规范，缺乏长远发展目标 服务不够规范，服务内容单一，收费标准不统一，服务人员技术水平偏低，整体业务素质有待于进一步提高；缺乏高效施药机械，防治效率不高，不能满足大规模开展病虫草害统防统治的需要；药械维修人员少、技术差，有的地区农忙季节优质施药器械经常出现短缺。

2.4 专业化服务组织、服务人员和农户的利益保障措施不完善，实现"三赢"的局面很难 例如病虫害防治后的效果评定、药害事故的处理等纠纷不能得到及时解决，经常出现侵害一方利益的事件。这些问题的存在制约了病虫害专业化防治服务组织的健康发展。

3 今后发展思路

3.1 强化植保专业化统防统治的作用，明确工作定位 乡村植保社会化服务体系是植保服务体系的重要组成部分，是县级公益性植保服务体系的必要延伸，是实现"公共植保，绿色植保"最重要的一环，是提高植保防灾减灾能力、推进现代农业建设、促进农业增效和农民增收的重要保障，是植保服务体系的重要组成部分。2008 年中央 1 号文件要求探索建立专业化防治队伍，推进重大植物病虫害统防统治，党的十七届三中全会提出要加快农村土地流转和农村城镇化建设，必将引起农村生产关系的新变化，构建新型的植保基层专业化服务体系正是解决农村劳动力转移，农村生产者能力下降问题，是当前农村生产力发展的必然要求，只有适应这个要求，才是植保事业发展的正确方向。

3.2 增加政府支持力度，促进统防统治工作进展 在中央各种惠农政策不断加大力度的前提下，各级政府要加强发展完善植保基层专业化服务新体系的支持力度，列出专项资金予以支持。一是扶持创建基层植保专业化防治组织，如补助购置新的施药机械，组建新的机防队，扩大机防队服务范围。二是设置统防统治专项补贴。补助各种基层组织的统防

统治作业，按作业面积补助用工费用，既保证服务从业人员的利益，又体现了政府惠农政策。三是对组建专业化服务组织在税收、信贷、服务等方面给予政策倾斜，以加快其发展。

3.3 明确构建原则，细化各项措施 随着我国农村经济体制改革的不断深化，植保"公共服务"的界限越来越清晰，构建基层植保社会化服务体系，要坚持以"公共植保，绿色植保"的理念为指导，按照"政府引导，部门扶持，市场运作，强化服务，分类指导"的原则，积极推动此项工作。各级农业植保部门要细化各项推进措施，找准本地的主要问题和主要抓手，示范带动，扎实推进。按照党的十七届三中全会"中共中央关于推进农村改革发展若干重大问题的决定"的要求，构建新型基层植保专业化服务组织要以公共服务为依托、合作经济组织为基础、龙头企业为骨干，其他社会力量为补充，公益性服务和经营性服务相结合、专项服务和综合服务相协调，创新管理体制，提高人员素质，力争在 3 年内在全省发展完善基层植保专业化服务体系，切实提高统防统治能力。

3.4 规范管理，强化培训，提高素质 各级植保机构要发挥管理职能，加强对专业化防治服务组织的管理和指导。要规范管理植保行为，制订管理服务、植保事故评定等标准，为构建新型的服务体系服务。利用农药使用管理、植保服务资格认证、植保专业职业技能鉴定等职能，强化植保从业人员培训，切实提高其服务技能，确保统防效果和服务质量，促进统防统治水平。利用植保部门的技术优势，及时提供病虫情报，加强技术指导，发挥农药和植保机械的技术载体功能，加大植保技术的推广力度。运用市场机制，建立接受植保专业机构指导、直接服务农民、独立经营、自负盈亏的经济实体，实现政府、经营者和农民共赢的局面。

重庆市植保专业化防治现状及发展思路

刘祥贵　王泽乐　周天云　车兴璧

（重庆市农业技术推广总站　重庆　401121）

重庆是典型的大城市、大农村，生态环境复　杂，立体气候明显，农作物病虫害种类多、发生频

繁、危害重。加之农民科学防治技术水平较低，施药器械质量较差，农药市场药剂质量参差不齐，造成农作物病虫害防治效果不理想。因此，开展植保专业化防治工作，不仅可有效解决病虫防治难、防效差的问题，起到节本增效的作用，而且是新形势下服务于农业、服务于农民的现实需要。近几年来，我市在农作物病虫害专业化防治队伍建设及开展专业化防治方面进行了一些积极的探索，取得了较好的效果，受到了广大农民的欢迎。

1 植保专业化防治队伍的发展及现状

我市植保专业化防治组织始建于 20 世纪 80 年代。通过国家（省）商品粮基地项目、日援项目等的实施，项目区县购置了机动喷雾器，在镇乡农技站建立了植保专业队，开展农作物病虫害的统防统治工作。至 20 世纪 90 年代中期，全市专业化防治组织已达到一定规模，并出现了官办、民办、个体等多种类型的防治组织。从 20 世纪 90 年代末开始，由于农村劳动力开始大量转移，部分机手外出务工，加之投入减少，机械老化，植保专业化防治组织出现萎缩，专业化防治工作出现下滑局面。2002 年以来，随着小麦条锈病综合治理试验站项目、植保二期工程项目及柑橘非疫区建设项目的实施，我市植保专业化防治组织得到了快速发展。据不完全统计，目前全市机动喷雾器数量达到了 11 000 余台，植保专业化防治组织达到了 2 000 余个。

2 植保专业化防治队伍类型

我市植保专业化防治队伍大致可分为四种类型：

类型一：以区县植保站为依托组建区县级植保应急防治专业队。如黔江区植保站利用二期植保工程项目配备的病虫应急控制设备于 2005 年 4 月组建了区级植保应急防治专业队，配备机动喷雾器 100 台、卫士 16 型手动喷雾器 20 台，以应对区县内突发性及暴发性的病虫灾害。万州区植保站建立了机动防控分队，突出专业防治队伍的应急控制能力，应对区县内突发性、暴发性、流行性病虫草鼠危害。2007 年以来万州区共组建农业有害生物应急防控分队 6 个，拥有机动喷雾器 45 台、手动喷雾器 22 台。

类型二：以基层农业服务中心为依托，建立乡镇（街道）植保机防专业队。以农业服务中心为主导，在各区县植保部门的指导下，负责病虫害监测、制订防治技术方案、药械管理和使用。农业服务中心为机手配置的机动喷雾器，所有权归区县植保站或乡镇农业服务中心。

类型三：依托专业协会，建立群众性的植保机防专业队。随着农村产业结构的调整，一些以蔬菜、烤烟、水果、中药材等生产为主的产业大户和产业带头人不断涌现，各种农村专业协会组织也开始陆续成立。一些区县以这些协会为基础，成立了以专业协会为依托的植保机防专业队。

类型四：依托种植大户建立的植保机防专业队（户）。部分种植大户在做好自家果园、粮田病虫防治的同时，也对周边农户的农作物病虫防治提供服务。

3 专业化防治取得的成效

我市通过建立不同形式的植保专业化服务组织开展病虫害统防统治，增强了对农作物重大病虫害的应急控制能力，促进了防治新技术的示范推广，带动了全市农作物病虫害防治工作，成效显著。据不完全统计，2008 年全市专业化防治面积 347 万亩，2009 年专业化防治面积达 436 万亩。

3.1 对农作物重大病虫实施应急控制 近几年来，稻飞虱、稻纵卷叶螟、稻瘟病、马铃薯晚疫病、条锈病等重大病虫在我市频频重发。我市各地的专业化防治组织充分发挥机动喷雾器效率高、防效好的优势，及时开展了对重大病虫害的应急控制，取得了十分明显的控害效果。如万州区在马铃薯主产区白土镇发现晚疫病中心病株后，立即出动该区应急防控分队的 45 台机动喷雾器，仅用 2 天就将周围 2 000 亩的马铃薯普防一次，控制住了病害的流行，发病率仅 5%～12%，产量损失约 10%。而在非专业化防治区，马铃薯晚疫病发病田块达 100%，病株率 100%，产量损失达 30% 以上，严重的损失达 60% 以上，甚至绝收。

3.2 为创建粮油高产保驾护航 在近年来开展的水稻、玉米、小麦、马铃薯、油菜等作物的高产创建活动中，各地充分利用现有的专业化防治队伍，对高产示范片的病虫害实行全程统防统治，取得了良好的防效，增产效果也十分明显。据对各粮油高产示范片的调查，病虫害统防统治的效果均达到 90% 以上，产量较农民自防区高 7.4%～8%。

3.3　促进了农民增收节支　经我市各区县调查，采用机动喷雾器防治每亩可节约劳动力成本 6～10 元，按平均 8 元计算，2008 年就为农民节省开支 2 700 余万元。专业化防治也解决了部分农民的就业问题，如涪陵区文观大米专业合作社植保专业队有比较固定的机手 85 名，2008—2009 年开展机防面积累计 5 万亩，机手总收入达到 26.86 万元，人均 3 160 元。

3.4　促进了病虫防治新技术的示范推广　植保专业化防治组织作为一种技术推广的载体，在病虫防治新技术的示范推广上也发挥了重要作用。如近年来推广的水稻减量施药技术（用氯虫·噻虫嗪、苯甲·丙环唑、三环唑等药剂防治水稻病虫）、氟菌·霜霉威等药剂防治马铃薯晚疫病、丙环唑防治条锈病等均是通过专业化防治组织来实施。

3.5　保护了生态环境，提高了农产品质量　开展病虫专业化防治是确保农产品质量安全和农业生态环境安全的有效手段。通过专业化防治，杜绝了高毒、高残留农药的使用，有效地减少了农药的施用量及施药次数，减少了农民因误用、滥用农药而造成的药害和对环境及农产品的污染。

4　推进专业化防治的主要措施

专业化防治是农村社会化服务体系的重要内容，对保障农产品的生产安全、质量安全及生态环境安全具有非常重要的意义。对此，我市高度重视，采取了一系列的措施，积极推进专业化防治工作。

4.1　领导重视　为推动专业化防治工作，我市将专业化防治纳入了应急预案进行管理。在 2005 年发布的重庆市农业有害生物应急预案中，明确将应急队伍作为保障措施之一，要求各级农业部门要充分利用现有的机动喷雾器，建立应急防治专业队伍。同时，强化对植保专业队的管理，定期对植保专业队队员进行技术培训，不断提高技术水平。2009 年 6 月，我市召开了植保专业化防治经验交流会，重庆市农委分管副主任到会要求各地加大力度建设专业化防治队伍，不断探索适合专业化防治队伍运行的长效机制。

4.2　加大投入　我市除二期植保工程项目及柑橘非疫区建设项目安排的专项资金外，还从农业部及财政部安排的小麦条锈病及水稻螟虫防治补助经费中，安排部分资金用于购买机动喷雾器及防护服。2007—2008 年，共计安排 221.48 万元资金，招标采购了 1 957 台机动喷雾器、1 749 套防护服下发各区县组建专业化防治组织。从 2006 年开始，市农机部门将 18 型机动喷雾器纳入财政补贴范围，每台补贴 150 元。至 2009 年，已兑现补贴 2 000 台机器计 30 万元。

我市各区县也在财政比较困难的情况下，挤出部分资金用于专业化防治工作。2007—2009 年，各区县财政对专业化防治的投入达到 3 100 余万元。

4.3　强化管理　2009 年 2 月，我市农委、市财政局以（渝农发〔2009〕41 号）文下发了《重庆市农作物病虫害防治补助资金采购物资管理暂行办法》，规范了对农作物病虫害防治政府采购物资的管理，确保政府采购专业化应急防控物资的使用效益。

4.4　加强技术培训　为提高专业化防治队伍的业务素质和技术水平，市、区县植保部门加强了培训工作。市农技推广总站于 2009 年初举办了专门的机动喷雾器应用技术师资培训班，各区县也通过多种形式开展技术培训。为保证专业化防治的质量，南川区内的植保专业队员要由区植保站培训合格后，方可上岗；黔江区于 2009 年 5 月举办了"阳光工程"村级植保机防专业队员岗位技能培训班，对全区 30 个街道、镇、乡共 90 余名植保机防专业队员进行了培训。通过技术培训，所有植保专业队员基本上达到了"三会一能"（即能维修机械，会识别病虫，会科学用药，会检查防效）的要求。

4.5　强化技术服务　在加强对植保专业队员技术培训的同时，我市各区县还狠抓了对植保专业队的技术服务。南川、黔江、万州等地植保站及时、免费将病虫情报及病虫防治技术资料提供给各植保专业队，在农作物重大病虫防治关键时期出动宣传车进行巡回宣传或进行田间指导；黔江区今年开通了手机短信平台，通过群发手机短信的方式，把病虫发生信息及防治技术传递到各机防专业队负责人手中。各地植保部门还为专业化防治组织筛选和推荐高效、低毒、对路的药物，从物资供应、药械维修、技术信息等方面提供保障，并监督植保专业队使用。同时帮助专业化服务组织建章立制，规范管理。

5 存在问题

5.1 机动喷雾器数量不足 因财政投入有限,目前我市每 3 057 亩耕地才拥有 1 台机动喷雾器,按照农作物播种面积计算,每 4 872 亩农作物才拥有 1 台机动喷雾器。目前的机器数量在迁飞性害虫大发生、流行性病害大流行的年份,远远不能满足应急防控的需要。

5.2 专业化防治规模较小 据 2008 年统计,我市小麦病虫害专业化防治的覆盖率为 5.1%,水稻病虫害专业化防治的覆盖率为 4.3%,均低于我市经济作物的专业化防治覆盖率。要实现农业部提出的 2010 年粮食作物病虫害专业化防治覆盖率达到 10% 的目标,难度较大。

5.3 专业化防治组织发展不平衡、队伍不稳定 在全市耕地面积 10 万亩以上的区县中,只有 23 个区县实施了植保工程项目及柑橘非疫区建设项目,分别配备了 300 台机动喷雾器。其余 12 个区县仅利用国家下拨的小麦条锈病防治补助经费、水稻螟虫防治补助经费购买了部分机动喷雾器,全市植保专业化防治组织发展极不平衡。同时,由于农村劳动力大量转移,专业化防治的季节性较强,植保专业队员年龄普遍偏大,队伍不稳定,部分地区甚至出现有机无人的状况。

5.4 管理不到位 目前全市还没有一个对农作物病虫害专业化防治的管理办法,专业化防治组织的组建、运行、服务规范及标准、防治效果评估等无章可循。

6 发展思路

6.1 争取各级领导及部门的支持 进一步争取各级领导的重视及有关部门的配合支持,全面落实农业有害生物应急预案中的资金保障、物资保障及应急队伍保障措施,以推进专业化防治组织的发展及充分发挥专业化防治组织在重大病虫应急控制中的作用。

6.2 建立健全相关规章制度 尽快制订农作物病虫害专业化防治管理办法,从专业化防治组织备案、机手持证上岗、专业化防治章程、制度、合同签订、防效评估等方面进行规范,促进植保专业化防治组织的健康发展。

6.3 推进专业化防治组织多元化发展 在稳定、扶持现有专业化防治组织的同时,要引导及鼓励农药经营企业、农机专业合作社、代耕大户等参与农作物病虫专业化防治,从政策上予以倾斜,以促进专业化防治组织向多元化方向发展。

6.4 强化技术培训与指导 要通过举办培训班、现场指导等多种形式,加大对植保专业化防治组织的培训与指导力度,提高专业化防治队伍的新型农药(药械)推广应用、科学用药、轮换用药、合理用药及抗药性治理水平。

贫困山区植保社会化服务的探索与思考

潘鹤梅 陈和润 张学进 贾保国 高其琴 储成文

(旬阳县农业技术推广中心 陕西 旬阳 725700)

近年来,我县坚持科学发展观,以保护农业生产安全,减轻环境污染,提高病虫防治水平,促进农业增效、农民增收为目的,强化"公共植保,绿色植保"理念,坚持"政府扶持、部门引导、群众自愿、市场运作、因地制宜、循序渐进"的原则,逐步建立起以服务农民为宗旨,以公益性植保机构为依托,以专业化防治队伍为基础,以农民植保专业技术应用协会为纽带,由专业化防治人员(农民)、农资经营人员、植保技术人员共同参与的植保社会化服务体系,不断探索和实践适应农业发展需求的植保社会化服务方式和方法,在植保社会化服务工作中积累了一些成功经验,同时还存在着有待完善和加强的地方。本文通过综合分析当前植保社会化服务现状,浅谈发展措施,以求解决存在的问题、促进植保社会化服务工作上台阶上水平。

1　植保社会化服务实践

1.1　抓住机遇，争取项目，加强服务设施建设

2006年农业部、省农业厅批准我县为农业有害生物预警与控制区域站建设项目县，项目总投资298.29万元，建成建筑面积1 414m² 的框架结构预警与控制区域站检验检测大楼；建成调控温室95.1m²、日光温室1 133m²、养虫网室54m²，建标准化观测圃两处共24.26亩；购置病虫监测防控仪器设备39台（件），购置防控指挥越野车一辆。该项目是县内植保社会化服务快速并持续发展的坚实基础，通过项目的实施，极大改善了植保办公环境以及病虫测报、信息传递、病虫防控的设备条件，迅速提高了县域重大病虫害的预警和应急防治能力。2005年，争取到陕西省农作物重大病虫害应急防治专业队建设项目，项目投资机动喷雾器60台，防护服60套，用于组建旬阳县农作物重大病虫害应急防治专业队，结合我县实际，按县内自然地域的分布特点，分设北区、东区、南区3个应急防治分队，每个防治分队通过培训，并经考核合格录用了专业化防治队员各30余名，每个防治分队配套机动喷雾器及防护服20台（套），这支应急防治专队的组建，是县内植保社会化服务体系建设的重要组成部分。2009年借助县财政拨付5万元小麦条锈病防控工作经费的机遇，县农业局制定优惠扶持政策，给28个乡镇各分配两台华盛泰山3WF-3型机动喷雾器指标，鼓励各乡镇组建防治专业队，目前组建工作已基本到位，进一步充实了基层植保社会化服务设施。

1.2　成立协会，整合资源，壮大服务队伍

2005年在旬阳县农作物重大病虫应急防治专业队组建之初，及时成立了由植保技术人员、农民防治队员和从事农资配套服务的农资经营人员组成的旬阳县植保技术协会，协会经旬阳县农业局批准成立，并报旬阳县民政局核准社会团体法人登记发证，首批注册会员108人。到2008年底，协会注册会员已发展到266人，每个乡镇有植保社会化服务人员9～15名。协会将县、乡、村三级植保服务人员及部分农资配套服务人员有机结合，整合了服务资源，壮大服务队伍，以组织实施植保社会化服务，提高农作物病虫害专业化防治水平，确保农业生产安全

为主要任务。

1.3　准确监测，及时预报，保障服务质量

病虫测报是植保社会化服务的基础环节，及时准确地监测预报信息直接关系着领导决策和病虫防控工作的有效实施。确定专人负责，以小麦、油菜、水稻、烟草、魔芋、狮头柑等10余种粮经作物的30余种病虫为监测对象，按照测报调查《规范》，做好系统监测和大田普查，及时掌握病虫发生动态，及时预警发布防治信息，确定最佳防治时期，年发布防治预报信息均在13期以上，预报准确率在90%以上，为病虫防控工作提供服务和指导，保障植保社会化服务质量。

1.4　注重宣传，强化培训，提升服务水平

通过发送技术材料、制作播放电视讲座、召开技术培训会、防治演示会等形式多样的宣传培训方式，开展病虫防治、机械维修保养、农药安全使用等植保技术信息的宣传培训，提高专业化防治人员的科技素质和防治水平，增强群众植保科技意识，促进植保社会化服务有序开展。

1.5　关注产业发展，联系生产实际，扩大服务范围

植保社会化服务工作密切关注农业生产实际，顺应农业产业化发展的需要，把服务范围从开始的局限于粮油作物病虫监测防治，向烟草、狮头柑、魔芋等高附加值经济作物扩展，在切实保障粮食生产安全的同时，为"一村一品"建设又好又快实施保驾护航，促进了农业产业化发展。

2　植保社会化服务存在问题

2.1　植保专业技术力量不足

旬阳县是一个山区农业大县，全县农业人口约40万人，拥有耕地面积110余万亩，地处南北过渡的内陆山地河源地带，具有四季分明、气候温润、光照充足、雨量充沛等发展农业生产的良好条件，有利于生产多种农作物。常年种植的主要粮油作物有小麦、玉米、水稻、油菜等10余种，同时发展烟草、黄姜等经济作物及魔芋、蔬菜、狮头柑等多种特色产业。适宜的气候和栽培条件对农业有害生物的发生危害也极为有利，因而农作物病虫害发生种类多、面积大、范围广，常发病虫有30多种，常年发生面积在200万亩次以上，且随着产业结构的调整、耕作制度的改变，使一些次要病虫上升为主要病虫，一些迁飞性、突发暴发性害虫和流行性病害的发生流行有加重的趋势，病虫监测防治量大面广，而当前全

县专职从事植保工作的技术人员不足 10 人,病虫监测防治任务重,压力大。

2.2 病虫监测网络不健全 由于病虫监测没有经费保障,农民测报员工资待遇极低,工资仍停留在 90 年代的 300 元/年的工资标准,基层病虫测报点逐年减少,目前测报点数量已从 1992 年的 8 个减少到 3 个,且测报员年龄偏大,工作吃力。仅有的 3 个测报点都分布在粮油作物种植区域,对烟草、魔芋、狮头柑、蔬菜等作物病虫不能及时监测。病虫监测点数量明显不足,且代表性不强,不能适应产业发展的要求。

2.3 乡镇农业技术部门服务职能需要加强 乡镇农业技术部门植保社会化服务意识不强,大部分乡镇农技部门没有专门从事植保社会化服务的工作人员,公益性的植保社会化服务职能在乡镇一级出现断档。

2.4 农资经营人员的植保社会化服务知识欠缺,技术水平不强 部分农资经营人员,只注重经济利益,不注重植保技术的学习,不能正确指导群众对症(虫)用药和适期防治,由于农药选购不当或施用时期不佳,造成防治效果差甚至造成药害事故时有发生。

2.5 植保专业化防治人员分布不均衡 专业化防治开展早的乡镇如吕河镇现有机动喷雾器 39 台,而公馆、桂花等乡镇专业化防治才刚刚起步,目前仅有 2 台机动喷雾器。要侧重在农业产业化建设基地吸收和发展专业化防治人员,改变目前病虫害专业化防治人员集中在粮食产区的现状。

3 植保社会化服务发展思路

3.1 充实植保技术力量,加强病虫监测和防治指导,充分利用区域站项目配套设备,围绕县域农业产业化建设,研究解决病虫发生防治中出现的新情况新问题,增强服务的实用性,满足农业产业化建设对植保社会化服务的新要求。

3.2 将病虫监测点建设与病虫害专业化防治队建设以及"一村一品"工作相结合。选择产业发展好、种植区域代表性强、人员素质高的村分别设立烟草、魔芋、狮头柑、蔬菜、水稻等作物病虫监测点,确保粮油作物和各类特色产业均有一个病虫监测点。病虫测报为专业化防治提供依据,使病虫防治做到有的放矢,提高防治效果,减少防治次数,节约防治成本,同时,专业化防治的收入又能弥补测报工资的不足,测报与防治相互促进,也有利于农业产业化的持续发展。

3.3 对乡镇农技推广部门的年度考核中应增加植保社会化服务的考核内容,从思想意识里提高乡镇农业技术推广干部对植保社会化服务的重视度。

3.4 加强对农资经营人员农药合理安全使用技术、病虫害防治技术、防治机械使用技术的考核和培训,提高从业人员植保科技水平和服务技能。

3.5 加强植保社会化服务体系中专业化防治队伍的建设和管理 一要充分利用配套的防治机械,制定优惠扶持政策,鼓励建立形式多样的专业化防治队伍,建议以乡镇或村组为单位,由乡镇农业站或者村委会牵头组建防治专业队,也可以由在当地有一定影响和带动作用的防治大户牵头组建防治专业队,通过一定程序统一纳入旬阳县农民植保专业技术协会管理,以协会的方式,开展技术有偿服务。二要进一步规范农民植保专业技术应用协会的管理,在从业人员建档、机械配置及使用保养等方面还要进行规范。三要加强对从业人员进行植保知识、安全用药知识、防治新技术应用、植保机械使用、维修技能等方面的技术培训。四要及时了解并帮助解决专业化防治中遇到的困难和问题,探索建立专业化防治队伍的防效保险和从业人员健康保险,为植保社会化服务创造良好的发展环境,促进植保社会化服务体系建设。

临汾市农作物病虫害防控体系建设与思考

梁岩华

（山西省临汾市植保植检站 山西 临汾 041000）

农作物病虫害防控体系的建立与完善对于防控重大农作物病虫灾害发生危害、提高防治效果、保障农业生产安全，具有重要的作用。近几年来，我市在农作物病虫害防控体系建设上做了一些探索，取得了一定效果，现简要总结如下。

1 防控体系基本组成及职能

农作物病虫害防控体系主要由防治系统、物资供应系统、监测预警系统、技术推广系统、植物检疫系统、信息传播系统和指挥管理系统共8个部分组成，它们的主体和职能如下：

1.1 防治系统 即技术运用系统或防控体系末端服务系统，其主体是农民，一些地方新出现了专业化防治队，但比例还很低。他们承担着田间施药防治病虫草害的任务，既是农作物病虫害的受害者，也是防治措施的实施者；是农作物所有人，即利益最关切者，也是其他几个系统服务的对象。

1.2 物资供应系统 即农药、药械生产供应系统，其主体是农药、药械生产企业，经销商。他们承担着农药、药械的生产，供应和推销任务，同时，也承担着新产品的示范、推广和宣传指导农民的任务。他们通过推销产品获取利润，产品质量的优劣直接影响农作物病虫害防治效果、农产品质量安全和农民收益。

1.3 监测预警系统 即农作物病虫害监测预报预警系统，其主体是各级植保植检部门，属公共植保范畴（公共产品服务）。为此，每个县级植保站设有农作物病虫测报员，同时还在重点区域设立了区域性测报站。主要承担重大农作物病虫害的定点系统观测、大田调查和发生危害趋势预报预警的任务，指导和警示农民开展大田防治工作。

1.4 技术推广系统 即农作物病虫害防治技术试验、示范和推广组织，其主体是各级植保植检机构、农业技术推广部门、科研单位及民间组织等。主要承担着农作物病虫草害防治新技术试验、示范、推广和重大病虫害的防治技术指导以及对农民的培训任务，与农民现已掌握的防控技术对接，对其进行培训和提高。

1.5 植物检疫系统 即市、县两级植保植检机构（植物检疫机构），其主体是各级植保机构及其所属专职植物检疫员，依照国务院《植物检疫条例》有关规定，对种子、苗木等植物以及植物产品进行检疫，以防危险性病虫草害传播，保护农业生产安全，是农作物病虫害防控体系中一项重要的法制性管理措施。

1.6 信息传播系统 即农作物病虫草害基本知识、发生危害信息、防治技术、研究进展等信息传媒系统，其主体是电视、广播、书籍、报刊、网络和通信（有线、无线）等传媒，主要承担农作物病虫草害知识、防治技术、发生危害信息的传递、推广、普及职能作用。当前还是一个薄弱环节。

1.7 指挥管理系统 即行政管理系统，其主体是各级人民政府及所属的农业行政部门，负责对以上6个系统的组织、协调、管理，领导指挥当地特别重大病虫草害防控工作，是农作物病虫草害防控体系的宏观管理者、法规制定者，也是经费支持者。

2 我市防控体系建设基本情况

在省植保植检总站和市农业局的正确领导和大力支持下，我们立足本地实际，在防控体系建设方面作了一些探索性工作。

2.1 以田间为课堂，坚持培训农民不放松 始终把培训提高农民作为第一要务，哪里病虫草害重，就把培训课堂设在哪里；哪里发生了新的病虫草害，就把哪里作为试验示范基地，通过实例让农民学习病虫害防治技术，通过使用新技术让农民得实惠，让农民在得实惠中素质得到提高。

2.2 提高农药经营队伍素质 农药经营组织在农作物病虫害防控体系中不仅供给农民农药、药械，而且具有指导农民防治的重要职能。提高农药经营人员素质，规范其服务行为对于提高农民防治技术水平具有重要作用。1999 年以来，我市将农药经营组织纳入植保队伍建设，每年都对从业人员进行培训。2002 年市农业、工商行政管理部门为 96 户农药经营组织授予"讲诚信、无假冒优质服务先进单位"。2008 年市农业局授予 100 户农药经营组织"全市植保社会化服务先进单位"称号，市植保站对他们进行了集中培训，并免费赠送每个先进单位 1 台机动喷雾机和两台手动喷雾器，以及《植物保护实用指南》、《小麦主要病虫草害防治历挂图》等书籍，进一步强化和提高了他们的植保专业化服务能力。

2.3 大力发展农作物病虫害专业化防治队伍 一是依托农药经营组织建立专业化防治队。由县农业部门推荐，市农业局审核，依托 96 户植保社会化服务先进单位建立专业化防治队，每个单位免费提供 3 台喷雾器即确定 3 个防治队员，为农民开展专业化服务。二是扶持提高现有专业化防治人员。由县植保站推荐，将平时活跃在基层一线搞农业技术推广和病虫害防治的优秀人员组织起来，选拔 100 名，由市站集中培训，发给合格证，统一配发（免费赠送）机动喷雾器或烟雾机，并由市、县植保站与每个机防队员签订 3 年服务协议。协议规定，平时由他们自行安排防治活动，一旦有紧急情况，要服从县、市植保部门领导，统一开展应急防治工作。三是以农业产业化基地为依托，组建专业化机防队。在市、县农业部门的支持下，以重点村或乡农科站为依托建立了机防队伍。曲沃县成立了烟雾机防治玉米红蜘蛛机防队，尧都区成立了小麦病虫害防治专业队，襄汾县成立了赵康镇三樱椒防治专业队，浮山县采取政府资助、农民适当出资的方式，为每个乡镇配备 10 台机动喷雾器，每个乡（镇）均成立了专业化防治队。

2.4 建立农作物病虫害监测预警工作制度 为了使农作物虫害监测预警工作落到实处，及时有效地指导农民防治，市、县两级植保站均设立了专职病虫监测员，根据我市实际情况，先后制定了农作物病虫害监测预警名单、病虫测报员管理办法、病虫调查周报制度和奖励补助办法。

2.5 加强种子苗木检疫工作 植物检疫是防止危险性病虫杂草传播蔓延的一条有效途径。近几年，我市小麦腥黑穗病和节节麦在局部区域发生危害严重，为有效遏制其发展，除采取防治措施外，我市连续 3 年狠抓了小麦种子检疫工作，累计检疫小麦种子 2 939 万 kg，对带有小麦腥黑穗病菌和节节麦恶性杂草的种子一律进行了无害化处理。药剂处理小麦种子数量达 1 600 万 kg，有效地防治了小麦腥黑穗病菌和节节麦杂草的传播蔓延，发挥了植物检疫保护农业生产安全的重要作用。

2.6 发挥现代传媒作用，普及推广植保技术

2.6.1 利用电视发布病虫预警，普及病虫草害防治知识 自 2004 年 9 月起，我市在临汾市电视台创办了"临汾市农作物病虫害预报"栏目，每周一期，每两周更新一次，每次播放 3～5min，做到了播出时间、播出栏目、制作人员三固定，现已坚持 5 年，共播放重大农作物病虫害预报预警节目 21 期，防治技术专题 109 期，为指导大田防治和普及推广植保技术，发挥了重要作用，深受领导和农民欢迎。

2.6.2 利用手机短信，发布病虫预警 为进一步提高病虫预警效果，我市从今年 9 月起，将采用手机短信业务，发布农作物病虫预警和防治技术信息，受众下至每个行政村村长、副村长、科技示范户农民，上至市、县、乡政府及农业部门领导、农业技术人员，每次受众人数近 1 万人。

2.6.3 编著印发农作物病虫草害防治图书 2000 年我站编写出版了《植物保护实用指南》书籍 5 000 册（中国农业科技出版社出版），2007—2008 年出版印发了《小麦主要病虫草害防治历挂图》和《玉米主要病虫草害防治历挂图》（山西科技出版社出版）各 5 000 份，发给全市每个乡、每个村农科站、农药经营户手中。另外，还编写印发了"小麦腥黑穗病防治技术"和"节节麦等恶性杂草防治技术"宣传材料 3 万余份，宣传推广小麦、玉米病虫草害防治技术。

2.6.4 建立临汾植保网，传播植保信息技术 2003 年我市首次注册开通了临汾植保网（www.lfzb.gov.cn），架通了临汾植保工作与社会沟通的桥梁，成为发布病虫危害信息、推广植保技术、宣传法规政策、沟通交流学术的平台，也是展示宣传我市植保工作的窗口。6 年来，临汾植保网共发布农作物病虫害预报信息 130 余条，防治技术稿件 623 篇，学术论文 62 篇，工作通讯报道 70 余条，农作物病虫害预报视频节目播放 121 个，大大促进了植保新技术、新知识推广普及。

2.7　加大植保技术推广力度，促进科技成果转化

2.7.1　瞄准重大病虫草害，推广植保技术　从当地农业生产病虫发生危害实际出发，什么病虫害重，集中精力抓什么。如近几年狠抓了小麦吸浆虫、小麦腥黑穗病和节节麦恶性杂草综合防治技术推广，取得了显著的经济效益。

2.7.2　瞄准先进植保技术，加速科技成果转化　2005—2006 年，我市示范推广了中草药防治果树腐烂病新技术，建立示范园面积 2.1 万亩，推广面积 22 万亩，防治效果达 96％以上。2007—2008 年推广了甲基二磺隆防治节节麦等禾本科恶性杂草防治技术，推广面积达 32 万亩，防治效果达 95％以上，为农民群众解决了禾本科杂草防治难的问题。两项技术均得到省财政厅科技成果转化专项资金的支持，共为农民挽回经济损失 1 802.53 万元。

2.7.3　加强同科教部门合作，提高科技支撑力　分别同山西省农业大学、省农科院教授专家合作，承担省科技厅新发生农作物病虫害生物学特性、发生危害规律、防治技术攻关课题 5 项，分别获山西省科技进步一、二、三等奖，为我市农作物病虫草害防控工作提供科技支撑。

2.8　加强领导，成立重大病虫防控指挥部　今年 5 月我市成立了农作物重大病虫防控指挥部，总指挥由分管农业的副市长担任，副总指挥分别由市政府副秘书长和市农业局局长担任，成员单位有市委宣传部、发改委、财政局、科技局、交通局等，同时制定发布了"临汾市农业重大生物灾害应急防治预案"。

3　问题与思考

3.1　构建基层公共植保服务体系

县级植保植检部门在农作物病虫防控体系中承担着植物检疫、重大病虫监测预警、新技术推广和农民培训的重要任务，是政府向"三农"提供公共植保服务的主力。但是，基层植保技术人员少、素质低、经费缺乏、服务设施落后，这些问题严重影响到植保工作的正常开展。据 2009 年 6 月统计全市 17 个县级植保站，在岗 92 人，其中专业技术人员 78 人，其中副高职称 4 人，中级职称 47 人，初级 27 人。全市 154 个乡（镇），2 988 个行政村，均未设公共财政供养的植保技术人员。全市农作物种植面积 980 万亩，农作物病虫草鼠害防治面积 3 000 万亩左右，

植保技术人员与农作物面积比为 1∶2.56 万亩。同时，服务手段设施也较差，17 个县级植保站有 9 个缺乏仪器设备，即无显微镜和解剖镜，17 个县、市均无汽车交通工具。

要加强县、乡两级公共植保服务体系建设，充实提高县级植保队伍，在乡级设立财政供养的专职植保技术人员，启动公共植保体系建设项目工程。将实验室建设、信息联结、交通工具作为基础工程，要增加公共财政投入，将经常性支出列入公共财政预算，提高基层公共植保服务能力。

3.2　加强农药管理及经营队伍建设

3.2.1　农药是防治农作物病虫害的重要的生产资料　农药质量不仅直接影响农作物病虫害防治效果，而且影响农业生产效益和农产品质量安全。当前农药质量仍存在一些突出问题，假劣农药时有出现，农药标签不合格产品还占一定比例。据我市农药管理部门 2009 年 6 月调查，抽查 80 个农药产品标签，假冒伪劣、无农药登记证产品 15 个，占调查总产品的 8.8％。加强农药管理仍是一项艰巨而重要的任务。

3.2.2　要把农药经营队伍纳入基层植保队伍建设范畴　农药经营队伍是一支重要的基层植保力量，既担负着植保物资流通，又担负着推广新产品、新技术，为农民提供技术指导的重要职能，在植保物资流通和新技术使用推广中发挥了重要作用。诚然，服务中也存在着一定的局限性和问题，存在误导农民用药，使用指导不当，服务不到位等现象。随着现代农业、节本增效农业、无公害农产品生产的进一步推进，问题日益凸现，而问题的最后解决方法就是将农药经营队伍作为一支基层植保队伍对待、管理和建设，让他们由单纯的农药经营者转变为植物医生，要实行农药经营人员资质制度，要规范他们的服务行为，提高服务质量。

3.3　制定完善农作物病虫害专业化防治队伍发展支持政策　农作物病虫害专业化防治是现代农业发展的必然趋势，是提高病虫防治效果，促进农产品质量安全的必由之路。近几年，农作物病虫专业队防治正处于起步阶段，虽然大多数县均成立了应急防治专业队，并配备了防治机械，但基本以防治队员个体活动为主，市场化操作。尽管防治面积很有限，但灵活的服务方式和良好的防治效果已得到群众的认可。曲沃县烟雾机病虫机防队在今年控制玉米红蜘蛛工作中，就发挥了重要作用。烟雾机防治玉米红蜘蛛成本低、防效高、速度快、作业方便，

每个机防队员每天防治 40~50 亩，是普通机动喷雾机的 3 倍多。要制定有关政策，支持农作物病虫害专业化防治队的建立发展，在防治器械购置上给予一定补助，人员培训上提供帮助，并制定服务规范，让他们优先使用现代化的、高效率的施药器械，接受专业化的培训，使他们成为农作物病虫害科学防治的带头兵。

3.4 充分利用现代传媒传播植保信息技术 植保信息技术的传播推广已落后于时代，无论是病虫信息的发布、预警（大多为纸质邮递），还是农作物病虫害防治知识的普及推广、现代传媒技术应用的还很不够，如电视、网络传播、音像（光碟）资料、彩色图书等都很少，不仅影响农民植保科技素质的提高，还可能贻误病虫防治时机，给农业带来经济损失。因此，农作物病虫害预报一定要进入各级电视节目，利用手机短信，让农民第一时间获得防治信息。植保科技工作者要制作图文并茂的病虫防治音像资料、图书挂图等，利用现代传媒技术推广植保知识，有关部门要建立植保网站，开辟电视节目专栏，出版音像资料等，为植保信息技术的传播插上现代传媒的翅膀。

3.5 建立农作物重大病虫灾害财政救助和社会保险制度 农作物重大病虫灾害是一项不可抗御的自然灾害，在灾害到来之前给予农民一定的抗灾支持或补助，对于抗灾效果是不同的，随着我国公共财政政策的建立，有必要将公共财政对重大病虫灾害防治的支持制度化、规范化。同时，为了增强农业抵御自然灾害的能力，保证农村稳定、农业可持续发展，拟探索建立以公共财政支持为主，农民分担的农作物病虫灾害社会保险制度。

邗江"新三招"再创植保专业化服务新业绩

李群 徐蕾 潘志文 吴佳文 董红刚 康晓霞 耿跃

（扬州市邗江区农林局 植保植检站 江苏 扬州 225009）

近 3 年多来，在省、市农业部门及领导的关心、支持下，在区委、区政府的推动下，我区在积极探索植保专业化服务新机制及运作等方面取得了一定的成就，得到了农业部有关处、省农林厅、市政府有关领导和部门的充分肯定以及我区农民的广泛认可。全国农业技术推广中心及省、市植保站多次组织人员来我区调研，总结为"邗江模式"；今年 5 月，省农林厅吴沛良厅长、徐惠中副厅长专门到我区调研、听取专题汇报，并给予了高度评价。

为了进一步推进全区植保专业化服务工作，2009 年我区先后调研实施了植保专业化连锁服务协议、整村推进植保专业化服务和全区统药统价"新三招"，使得植保专业化服务工作又上了一个新台阶。

1 "新三招"实施的起因和具体内容

1.1 植保专业化连锁服务协议 为了及时、有的放矢地为基层和广大农民服务，确保病虫防治效果，减轻农民负担，增加农民收入，根据区利民植保合作社章程有关条款，分别协商拟定了区利民植保专业合作社与镇级植保专业合作社、镇级植保专业合作社与村（基层）植保专业队、村（基层）植保专业队与农户，有的还有村（基层）植保专业队与机防作业组的植保专业化连锁服务协议，分别明确了各自的责任和义务。其核心内容分别是：区植保合作社提供准确的病虫防治信息、技术和优质、高效、价廉药剂，向每一层面承诺承担因信息和药剂不当造成的损失；镇级植保合作社应及时宣传、组织基层植保专业队开展专业化防治工作，同时要做好配方药的发放、收款，及时反馈病虫防治效果；村（基层）植保专业队应根据区、镇植保服务组织要求，按时按质完成专业化防治工作，明确每亩机防费用原则上要低于社会上个体机手收取的费用，建好防治档案；农户要如实上报防治面积，及时缴纳相关费用。

1.2 整村推进植保专业化服务 这是在专业机手和专业队开展植保专业化防治基础上，为了加快推

进植保专业化步伐而提出的一项新措施，具体为农田开展连片、整组所有田和整村所有田统一防治，旨在提高防效，扩大服务规模，真正实行重大病虫发生时一亩不漏地开展防治。我们采取的步骤是：首先在每个镇（街道）选择有一定条件的村召开村组干部座谈会，统一认识；其次村组干部分别召开村民小组内的全体农户户主会，用对比方法宣传开展植保专业化服务的好处，招募更多机手组建和扩大机防队伍，吸引更多农户呈出承包地交由植保专业化服务组织统一服务。招募机手的方法是要让机手认识到加入植保专业化服务组织后，进药不烦神、技术不烦神、效果不烦神、效益不烦神（整片防治，规模服务）；吸引广大农户的方法是让农民认识到加入植保专业化服务组织后会享受农药让利0.1～0.5元，机防费减少0.5～4元，不用每户背药桶，减轻农民精神和经济负担；吸引有识之士投身或参与植保专业化服务的理由是避免了多数农户购买植保机械、节约社会资源，使得减少用药次数、减少农药用量、全面推行高毒农药替代品种等植保新技术推广和绿色植保的实现成为可能。

1.3　全区统一配方统价销售　针对全区农药经营中有集体、有个人承包经营的现状，有的乡镇要"以药养技"、有的乡镇通过卖药适当补充工作经费的差别，部分乡镇推行植保专业化服务后农药连锁层层让利难以实现的现象，以及要实行真正意义上的植保专业合作社运作需要等方面原因，我们经过广泛调研、听取乡镇合作社成员意见的基础上，以少数服从多数的方式，决定在全区试行统药统价做法。具体为在全区植保专业合作组织内统一技术、统一配方、统一销售价格等一些要素内容，并统一印发资料到户，让所有农户知晓，不用遮掩，公开透明。每次定药价时招集区合作社内的不同理事单位代表进行协商，每次病虫防治结束时按时结账，实行统一批发价格，统一返利标准，使区合作社、镇合作社、村（基层）专业队经营、效益账一目了然。

在推行这一举措时，同时要求各镇注意总结经验，有何问题、有何完善途径和建议等，年底各镇都要形成书面材料进行专项交流。

2　"新三招"实施的结果

"新三招"推行以来，对全区植保专业化服务工作有了明显的拉动和提升。

2.1　植保专业化连锁服务协议　已在全区13个镇79个村599个组签订9 619份（户），占全区农户总数的8.1％；协议服务面积49 325亩，占全区水稻面积的16.7％。

2.2　整村推进植保专业化服务　先后在28个行政村试点，占全区行政村总数的19.4％，推进面积4.3万亩，占全区水稻面积的14.6％。有25个行政村已形成书面总结材料，在区组织的整村推进植保专业化服务会上有18个村进行了经验交流，为全区进一步推进适度规模经营和更大面积开展专业化防治进行了积极的尝试，取得了一定经验。

2.3　统药统价销售　在全区推行后，13个镇统一供药12万亩，占全区粳稻种植面积的50％，区按章程规定提留10％差价，其余由镇植保合作社、村专业队按原分层比例分配。

3　对"新三招"实施后的思考

3.1　推进措施一定要形成共识，上下联动，上面主动，下面跟动，不能"梗阻"，推进速度定会加快。

3.2　推进情况一定要不断总结交流，及时发现好的做法、亮点以及存在的一些问题，互相借鉴、学习、改进、提高，推进成效定会明显。

3.3　推进细节要不断完善，尤其是药剂选择、药剂定价、机防收费和建立防治档案，全区规范开展植保专业化防治，推进形象定会提升。

德城区植保体系现状及对策研究

王金香　王荣江　谢学东　郭文艳

（德城区农业局植保站　山东　德州　253049）

植保工作是在有害生物对作物危害造成损失前，采取各种有效预防和治理措施，控制其发生危害，使农作物免受其害。当前，病虫危害有增无减，直接影响着农业生产安全和农村经济稳定，农民迫切需要多种病虫防治技术，植保技术推广方式面临着前所未有的挑战，尤其近年来德城区委、区政府提出了德城区要建立品质农业和城市农业的宏伟目标。本文对德城区植保现状及存在的问题作了深入、细致的分析，并提出了德城区植保技术推广可以采取的主要对策。

1　德城区农业基本情况

德城区前身为县级德州市，1994 年 12 月撤市改区。现辖 2 个镇、4 个街道，面积 227km²，人口 37 万人。其中总耕地面积 0.94 万 hm²，农村户数 2.8 万户，农业人口 9.9 万。全区农、林、牧、渔业总产值达到 6.51 亿元。其中，农业产值 3.36 亿元，林业产值 0.07 亿元，畜牧业产值 2.31 亿元，渔业产值 0.09 亿元，农业服务业产值 0.67 亿元。农民人均纯收入达到 5 350 元。

2　德城区植保机构、职能、人员、经费等的基本情况

目前德城区植保站隶属德城区农业局，属全额事业类单位。主要职能是负责全区农作物主要病虫害的预测、预报、防治和植保新技术的实验、示范、推广及大田防治工作。核定编制人数 8 人，实际在岗人数 6 人，其中副高 2 人，中级 4 人。经费情况是本级财政和上级单位拨付数额为 0，财政拨款只能保证人员基本的工资，每年 18 万元，政府没有给予测报专项经费，每年测报、防治工作所需经费约 3 万元要另外想办法才能补足，这种只能维

持生存的状况，使植保事业无法求发展。德城区管辖的 2 个镇和 4 个街道都没有设专门的植保岗位，也没有专职植保人员。

3　目前德城区植保现状

3.1　德城区植保体系现状

3.1.1　区植保站工作被动　德城区植保站属县级单位，主要职能是负责全区农作物主要病虫害的预测、预报、防治和植保新技术的实验、示范、推广及大田防治工作，对于原来所管辖的植物检疫、农药管理等职能已被其他部门代替，由于植保部门近几年项目少，在单位不被重视，植保工作相当被动。

3.1.2　乡有人员，工作勉强　德城区管辖的 2 个镇和 4 个街道都没有设专门的植保岗位，也没有专职植保人员。乡镇的农技人员分管农、林、牧、副、渔等多项工作，对于植保工作应付了事。

3.1.3　村组空白，无法开展　植保体系到了村、组级已是处于无机构、无人员、无经费的"三无"状态，加上青壮劳力 80% 以上外出打工，剩下的劳动力文化素质又偏低，而现在病虫害属暴发性的很多，防治适期又短，所以有很多人抱怨说"病虫发生不知道，打药防治马后炮，花钱费时无防效，现在的庄稼也难种了"。

3.2　德城区植保机械现状

目前，我区 85% 左右的植保机械很落后，已严重妨碍了农作物病虫草害的防治，常用机具有单管喷雾机、压缩式喷雾器机、背负式喷雾机、喷杆喷雾机等，存在严重的"跑、冒、滴、漏"现象。同时，当前机械施药技术不规范，农民缺乏正确的施药方法指导，每年都有因农药和药械使用不当而造成的中毒现象，并且导致农产品农药残留严重超标，不能达到品质农业的要求。

3.2.1　植保机械型号品种单一　首先，植保机具

型号品种单一，无法满足不同作物、不同病虫害防治的需要；其次，单一的植保机械品种不能适应病虫害适时防治和应急防治。用一种机型防治各种作物的病虫草害，"打遍百药"是造成农药用量过大、农药浪费、农产品中农药残留超标、环境污染、作物药害、操作者中毒等重要原因之一。

3.2.2　植保机械工效低　植保机具 90％以上是手动背负式喷雾器，工效太低，很难保证适时防治，造成危害的棉铃虫、麦蚜、小麦白粉病、小麦赤霉病、玉米螟、玉米叶斑病等导致大面积暴发或逐年加重，上升为农田主要病虫害，造成重大损失。近几年间的棉花棉铃虫、盲蝽暴发成灾的原因之一，就是由于植保机具工效太低，缺乏应急能力。现有的植保机具不仅工效低而且用水量高，农民劳动量相对增加。

3.2.3　喷洒部件相对落后　现有喷雾机及喷洒部件不适合科学使用农药的要求，95％以上的喷雾机上还是使用圆锥雾喷头。并且存在漏水、漏药现象。近几年来虽然化学除草发展很快，但由于没有与之配套、质量好的扇型喷头，使除草效果大大降低，且单位面积上使用的除草剂剂量增加，造成周围敏感作物的药害和下季作物的生长。

3.2.4　农药有效利用率低、浪费大、流失严重采用现有植保机具和施药技术，农药的有效利用效率最好的也不足 30％，农药的流失量高达 60％～70％以上，不仅经济损失重大，也造成了严重的农药残留问题。此外，施药过程中飘移、流失的农药是一种环境污染源，同时除草剂雾滴飘移而引起作物药害造成很大的经济损失。

3.3　植保体系存在的问题

3.3.1　植保体系不健全　目前区乡、村植保体系是处于"头健、身弱、无脚"的状态，每到病虫发生时光靠区植保站发《病虫情报》难以做到家喻户晓，特别到了病虫暴发时就出现区植保站、农民两头急的现象，植保成果转化率低。因村、组无人管，乡级因人员少又无经费，造成农民迟打药乱打药的现象普遍存在，大大加重了农民的生产成本，所以现在的植保体系难以适应新形势发展和满足农民的需要。

3.3.2　植保基础实施差，手段落后　在病虫测报和监测方面，区植保站还是靠眼睛观察，没有其他设备，交通工具也是自行车和电动车，降低了病虫信息的时效性，已经严重影响到测报工作的正常开展和服务范围的拓宽，乡一级更是零设备，这是制约植保服务水平提高的一个较大障碍。

3.3.3　植保工作经费相当困难　植保工作要深入到田间地头，实地调查、监测和指导农民防控，没有一定的经费可以说是寸步难行。而区级财政都没有把植保经费列入预算，这就使从事植保工作的人员心有余而力不足，这也是有些基层植保人员常说的，有钱养兵无钱打仗的现象。

3.3.4　植保人员知识单一更新慢　县乡植保人员大多数还局限于调查和测报粮棉大宗作物病虫害防治，对于产业结构调整后的新产业上的病虫害及新发、突发病虫害还不是很清楚，技术指导也不到位，使一些农民误认为植保站是小麦、玉米病虫防治站。

3.3.5　应急处置能力低　目前我区主要农作物病虫发生越来越重，大发生频率增加，亟需提升农业生物灾害的应急处置能力。随着全球变暖，气候异常，近年来我区农作物病虫害发生形势日趋严峻，尤其是小麦纹枯病、小麦根腐病、玉米叶斑病等自进入 21 世纪以来相继暴发。目前的防控体系难以应付，亟需建立农作物重大病虫应急防治药械储备库，用于储备重大病虫害应急防治所需的特效农药、喷雾机械、防护用品等物资，提高应急处置水平，增强快速反应和应急处置能力。

4　植保现状的应对措施

4.1　建立健全各级植保服务体系　按照建立村级、加强乡级、完善区级的要求，使村村有植保技术员，组有示范户；加强乡级植保员的管理，最好归区农业局管理，创新管理方式，使植保员始终在编、在岗、在职。完善区级植保防控技术配套设备改善技术和服务手段，不断地提高病虫测报和防治水平。

4.2　加大宣传，力争把植保经费纳入各级财政预算　植保人员要加大《植物检疫条例》、《山东省植物保护条例》等法律法规和公共植保、绿色植保向领导向社会宣传的力度，得到领导的重视，力争把植保经费纳入各级财政预算，为做好植保工作提供强有力的后盾。

4.3　加强技术培训培养出一批"综合型"技术人才　一是区级组织对乡级植保员的技术培训，乡级组织对村级的技术培训，村级指导示范户。二是将植保技术人员下派到各示范点，在实践中锻炼，去发现问题、解决问题，去不断地提高自己工作水平。

5 建议

围绕十七届三中全会要求，认真贯彻"公共植保、绿色植保"的理念。应尽快建立、健全植保体系，尤其是乡镇和村级植保体系。并且建议乡镇和村级植保人员归属县级农业部门管理。

5.1 建立健全各级植保服务体系

加强和完善区、镇、村三级植保体系建设，形成三级联动体制，由区级专业技术人员行使全区植保工作职能，乡（镇）设立专职植保员，村级有植保技术骨干，各级植保工作人员到位，技术到位。形成覆盖全区、上下贯通的植保推广体系。加强病虫预测预报、指导农作物防治、指导农民进行农药、药械的合理使用，促进工作全面展开。

5.2 建立病虫害专业防治队，提高农业产出，增加农民收入

粮食要增产，防病治虫是关键。历年来农业生产及农作物重大病虫害采用千家万户分散防治，存在着用药不对路、盲目乱用药、用药时机不当和施药方法难掌握等突出问题，造成生产成本增加、防治效益不佳，同时引发环境污染和农产品质量安全问题，为从根本上解决好这一弊端，建立病虫害专业防治队很有必要，改分散防治为统防统治。

5.3 实现植保新技术快速推广

一是从病虫害信息、诊断、系统防治等方面开展全程服务，使农产品生产降低成本，提高产量，挽回粮食损失，提高经济效益，保证农业生产安全，把损失减少到最低限度。二是促进农产品质量的提高，针对农产品生产过程中农药投入超量、残留超标等事关人民群众身体健康的重大问题，全力引进、示范推广新技术、新产品，使无公害蔬菜、水果生产基地的农产品质量明显改善。三是带动农村科技进步，通过充分发挥植物保护各个环节的作用，以基层植保科技队伍和农村植保骨干为重点，加大植保技术培训力度和推广力度，以点带面，扩大覆盖度，有效地调动农民学科学、用科学的热情，促进全区农村植保实用技术的推广。四是增加农民收入，通过植保新技术的普及应用，有效地减少农产品的损失，改善质量品质，增强市场竞争力。

从我市植保社会化现状看如何进一步发展

刘学儒　丁涛　秦玉金　杨进

（扬州市植保植检站　江苏　扬州　225002）

近年来，随着农村劳动力向二、三产业的转移，农业生产者数量和质量迅速下降，加之水稻迁飞性害虫的猖獗，病虫害防控工作已成为农业生产中的一件难事和烦事，给农业生产安全、农业产品质量安全及农业生态安全带来了极大的隐患。为从根本上消除植保工作中的深层矛盾，我市在认真总结经验的基础上，通过抓典型，树样板，行政推动，部门促动，有力地推动了全市植保社会化服务工作快速发展。

1 市植保社会化服务工作现状

1.1 率先实现了市、县、乡三级服务网络全覆盖

自 2007 年以来，我市着重狠抓了市、县、乡、村四级植保服务体系建设，目前，扬州市已成立扬州市植保社会化服务协会，五个农业县（市、区）先后成立了植保合作社，76 个农业乡（镇）均已成立了植保专业化合作社，全市 40% 左右的农业行政村成立专业队。我市成为全省唯一成立植保社会化服务组织的地级市，同时也是全省唯一实现市、县、乡三级植保服务组织全覆盖的大市。

1.2 形成了各具特色的服务组织形式

目前，我市服务形式丰富多彩，根据不同经济水平、认识水平、工作基础，采取了多种多样的组织形式，归纳起来大致有四种：

一是县、乡、村三级联动模式，以邗江区为代表，13 个乡镇成立植保合作社，区成立利民植保合作社，村、组组建专业队 165 个，形成了三位一

体的三级联动组织。区、镇合作社实行农药联供，植保站向服务组织提供病虫信息、植保技术，开展上岗技术培训、防效督查等服务。引入了利益平衡机制，乡级农药利润按照农药销售单位：植保专业队（弥雾机手）：合作社：年终奖励提成4：4：1：1的方式进行分配，形成农药销售企业、合作社、合作社成员、农民为一体的利益链。调动了服务方积极性，近年来，服务规模稳步扩大，效益逐渐增加，全区统防统治面积占65%以上。

二是乡镇综合服务模式。如高邮市界首镇、马棚镇、宝应县曹甸镇等，他们以水稻机插秧合作社为基础，根据群众需要，拓展服务范围，开展水稻病虫承包或代治服务，成立以乡镇公益机构为依托的植保专业合作组织。这类植保专业合作社最显著的特点是会员大部兼任水稻生产合作社社员，参与水稻机插秧的育秧、栽秧工作，从而延伸了服务产业链，扩大了服务范围，延长了服务时间，增加了服务收益。2009年，全镇1.5万亩水稻服务田块，每亩少用药2~3次，节省用药用工成本45万元。

三是个体投资综合服务模式。以仪征市新集刘金伟为代表，个人投资19万元，购置一批机插秧、全自动播种线、防虫网、弥雾机等设备，为农民开展统一供种、统一配方施肥、统一病虫防治等综合服务。每亩收取育秧、机插费用112元，病虫防治费用100元，由于精量播种，统一管理，秧苗素质好于大面积生产，深受当地老百姓的欢迎。病虫防治由于坚持查虫治虫，既确保了病虫得到有效控制，又减少化学农药过度使用，据核算，今年实际用药用工成本在60元左右，比周边群众自发防治少用药2.5次。

四是"四统一分"服务模式。通过加强管理，严格考核，开展代防代治，提高病虫统防水平。通过统一配方、统一时间、统一技术规程、统一组织代治、分户结算的"四统一分"服务模式开展植保专业化服务。仪征市的谢集富民植保专业合作社，与机手签订合作协议，明确责、权、利，实行"一证三卡"（会员证、培训记录卡、农药领取登记卡、奖金发放记录卡）3年流动考核的方式与效益挂钩，年终凭卡进行农药二次分配，有效提高了机防队员的工作积极性，2009年机防专业队由去年的3家扩大到8家，专业队员从24人增加到98人。服务面积由去年的4 000亩，上升到今年的2万亩。

目前，我市几种植保社会化服务模式，适应了当地生产水平、经济水平及农民需求，同时与当地乡镇农技服务中心服务能力相匹配，县、乡、村三级联动模式，声势大，影响大，统一力度大，组织化程度高，但对县、乡领导重视与支持依赖程度高，乡镇农技部门的经济基础要求要比较好，目前全面推广有一定的难度。乡镇综合服务模式服务内容全，组织化程度高，综合效益好，是今后重点扶持对象和发展的方向。但对乡镇农技部门服务意识和服务能力要求比较高，普通乡镇学习有一定难度。个体综合服务模式，适应了市场经济，走自我投入、自我经营、自我发展的道路，开展综合服务，技术承包，实现了技术、物资、服务无缝对接，最大限度地保证了农业投入品"增产、节本"的功效，减少了环境污染，具有强大的生命力和创造力，是今后积极鼓励发展的对象。"四统一分"服务模式，操作比较简单，群众比较容易接受，不易发生纠纷和矛盾，在植保专业化服务发展初期比较适合，但由于没有做到查虫治虫，服务内容比较单一，既不利于防治水平的提升，也不利于服务组织的稳定和发展。

2　存在的主要问题

2.1　财政投入不足，影响基层服务组织的发展

植保社会化服务需要一批先进的植保机械和一支稳定的植保专业队伍。目前我省拿出资金，对购置担架式弥雾机的组织和个人每台补助1 200元左右，自己还得拿出2 000元左右，植保合作组织或个人购买机械仍有一定的难度。同时，植保服务组织人员由于服务时间限制，年收入仅2 000~4 000元，专业队伍的稳定有一定困难。

2.2　植保专业人员年龄大，文化程度低，影响服务的效果

由于农村劳动力大量向二、三产业转移，农业从业人员以老、弱、残居多，植保专业队难以选择到年富力强且有较高文化知识和科学种田经验的人员参加。据江都邵伯绿洋湖村植保专业成员登记表显示，26名弥雾机手平均年龄58岁，最大的达64岁，文化程度小学、初中占60%以上，如此的年龄结构和文化程度，要承担复杂的植保技术推广工作和繁重的弥雾机病虫防治任务，实在有些勉为其难。

2.3　专业队员报酬收入偏低，不利组织的稳定

目前，我市植保专业服务以水稻病虫防治为主，常年用药5~6次，一台弥雾机一次作业面积平均80

亩，整个水稻生长季节防治面积也就在 450 亩左右，代治费以 5～6 元/亩计算，年收入 2 500～3 000 元左右。即便病虫重发年份，收入也仅 4 000 元上下，难以吸引有文化、懂技术的年青同志参加到植保服务中来。

2.4 专业服务人员人身安全和病虫防治损失保险无保障

病虫防治工作是一项高风险、高危险、高难度的行业，长期频繁接触农药，加之夏季高温，农药中毒现象时有发生；而农作物病虫害防治效果，受到了天气状况、病虫繁殖、田间保水、土壤墒情等因素影响，特别是暴发性病害和迁飞性害虫大量迁入，及药后暴雨等因素对药效影响很大，往往会造成防效的严重下降，易引发服务双方矛盾纠纷。

2.5 防效评价体系尚未建立

目前，我市缺少植保社会化服务（统防统治）责任评价机构，在出现纠纷时难以进行责任认定，很难有效维护农民与服务组织双方的利益。

3 思路与对策

植保社会化服务工作在我市实践 3 年来，取得了明显的增产节本效果，从根本上寻找到了一条协调处理农业生产、农产品质量、农业环境安全矛盾的有效途径，受到了社会各界的广泛好评和赞誉，两年来，先后有 20 多个省内外兄弟县市来我市学习交流，2009 年水稻统防统治面积达 54.1%。两年的实践坚定了我们加快发展的信心和决心，同时我们也要确保我市植保社会化服务工作健康、有序、快速发展，应着重在"落实好三项政策、抓好三个建设、实现三个转变"上下功夫。

3.1 争取并落实好三项政策

一是争取并用好植保机械补助政策。要通过广播、报纸、电视、现场观摩、专题汇报等多形式、多角度广泛宣传现代植保机械在防治重大病虫防治中的作用，在用好省植保机械补助资金的同时，要积极争取中央扶持资金和地方配套资金。同时要积极向省相关部门建议，争取尽快把弥雾机列入补贴范畴，充分发挥该机械在防治作物叶部病害、稻纵卷叶螟、农田杂草中的优势。

二是争取在保险上出台对专业服务组织的扶持政策。鉴于植保工作是一项公共事业，要通过争取各级政府支持，尽快把专业人员从业安全纳入人身保险范畴，把病虫防治损失列入农业保险范畴。病虫防治保险费用可采取政府买单，或政府、专业合作组织共同承担，专业人员人身安全保险，可采取政府、专业服务组织、专业队员各自拿一点的办法加以解决。

三是争取政府尽快出台病虫防治专项补助政策。近年来从中央到地方各级政府加大了对农业的投入力度，先后出台了良种补贴、粮食直补、农机补贴等政策。病虫防治是一项技术性极强、风险性极大、群众极难以掌握的一项重要的农事活动。建议政府从鼓励植保社会化服务发展出发，能够设立专业服务专项补助资金，对开展统防统治，推广应用高效低毒低残留农药或生物农药的田块，通过考核检查，群众监督，对达到要求的每亩给予一定补贴。调动专业服务组织和群众开展统防统治的积极性。

3.2 抓好三个建设，实现三个突破

一是抓好服务组织建设，在服务规模上求突破。植保社会化服务要快速发展，关键是要建立一支能够与发展规模相适应的服务组织。目前，我市、县、乡三级均已成立植保协会或合作社，明年要把工作重点放在组建村级植保专业队上，要确保实现"保七争八"目标，即全市建立村级植保专业队 700 个以上，力争达 800 个，分别占全市农业行政村总数的 70% 和 80%。

二是抓好示范方建设，在辐射带动上求突破。要把病虫防治示范方建设成为开展病虫防治的宣传方，新农药新技术的示范方，农药节本减量的样板方，防治效果的展示方。明年全市要在今年每乡建立示范方的基础上，扩大到达 20% 村都要建立示范方，全市建示范方 200 个以上，每方面积不少于 500 亩，平均要在千亩以上。

三是抓好制度建设，在管理水平上求突破。植保社会化服务工作能否巩固与提高，关键是管理，管理好坏取决于制度的完善和执行到位程度，我们要针对三年来实践，在服务组织管理、服务流程、服务收费、服务质量、服务奖惩等方面健全相关制度，促进我市植保专业化工作的良性发展。

3.3 创新服务思路，实现三个转变

一是由病虫的代防代治向技术承包转变。代防代治操作简便，矛盾小，群众容易接受，服务工作发展初期有一定的优势。但往往不能统一药剂、统一"查虫治虫"，影响了植保服务组织技术优势的充分发挥。对组织管理水平高、技术力量较强的乡

镇，明年要积极推广以技术承包为重点的专业化服务工作。在服务作物上，要由目前的水稻为主，扩展到小麦、蔬菜、油菜等，在服务内容上，要由病虫防治为主，延伸到杂草防除、田间灭鼠、有害生物防控等。杂草防除技术性特强，群众非常希望专业防治组织对此开展承包服务，目前我市专业服务队几乎没有开展此项承包业务的，主要担心防效和药害，杂草防除就如同医生外科手术，成功了就能扬名，我们要充分发挥技术优势，加大培训力度，在查清草相、掌握药剂特性和使用技术的基础上，大胆开展技术承包服务，切实帮助农民解决除草难的矛盾。同时树立专业服务的品牌，吸引更多的农民自觉自愿接受服务。

二是由一家一户服务向整村整组的统防统治转变。由于病虫有一定的迁移性和扩散性，加之高效植保机械具有成片防治效率高的特点，今年我市邗江区组织 28 个村组开展统防统治示范，收到了理想的效果。明年全市要进一步加大整村统防推广力度。

三是由植保专项服务向综合服务转变。植保专业组织服务人员年作业时间短，收入低，这是服务队伍难以稳定与发展的隐患，也是吸引年青人参与的最大困难，今后要把我市一些综合服务好的经验认真加以推广，以植保服务为龙头，拓展到统一育秧、统一栽插秧、统一配方施肥、统一病虫防治、统一收割等综合服务，延长服务的产业链，增加服务收入，最大限度地发挥农业技术综合服务优势，最大限度地为解放农村劳动力提供强有力保障。

湘西自治州农作物病虫害专业化防治的思考

刘海明　向邦豪

（湘西自治州植保植检站　湖南　吉首　416000）

湘西自治州地处湖南省西部，是较典型的山区地形。近年来，农村青壮年劳力大量转移其他产业，留守从事农业生产的多为妇女、老人，从业主体身体素质、科技文化素质普遍较低，接受病虫信息和防治新技术、新药械的意识和能力不强，乱施、滥用农药现象比较突出，导致防治成本增加、防治效益下降，害虫抗药性加剧，自然天敌生存环境恶化，还引发环境污染和农产品质量安全问题。对农作物病虫害进行专业化防治，是提高农业综合生产能力的关键性措施，能有效解决一家一户防病治虫难、防治效益低的问题。通过对湘西自治州的病虫害专业化防治工作的调查和总结，旨在为湘西山区病虫害专业化防治发展提供参考。

1 基本情况

1.1 基本地理情况及主要农作物生产形势
湘西自治州地处云贵高原余脉，地势由西北向东南倾斜，武陵山脉贯州境，北部多山，受酉水、猛洞河、武水、沅水、辰水等河流的影响，境内地面被切割成众多盆地、台地和高峰。2008 年总人口 273.93 万人，常年耕地面积 13.3 万 hm²。2008 年粮食作物总面积 19.8 万 hm²，总产量 85.1 万 t，其中水稻（中稻）9.2 万 hm²，总产量 54.4 万 t，玉米 3.4 万 hm²，总产量 13.5 万 t；经济作物播种面积 16.3 万 hm²，其中柑橘面积 5.7 万 hm²，总产量 67 万 t，烤烟面积 1.5 万 hm²，总产量 3 万 t。

1.2 户均农地面积及有害生物防治情况
大部分水稻种植户户均耕地 0.133～0.333hm²，一般 2 人在家务农，每季施药 3～4 次，用药成本 600～750 元/公顷，施药器械以手摇式喷雾器为主，每天施药 0.133～0.267hm²，每季人工费用 900～2 400 元/公顷。种植了其他经济作物的农户一般户均 0.4～0.667hm²，以玉米、烤烟、猕猴桃、百合为主。柑橘种植大户，种植的面积较大，一般面积有 1～10hm²，施药器械以担架式、手提框架式和背负式机动喷雾器为主，每天施药 2～8hm²，每季施药 3～5 次，用药成本 3 000～4 500 元，每季人工费用 180～300 元/公顷，一般柑橘种植户 0.2～1hm²，使用药械以手摇式喷雾器为主，每天施药 0.067～0.133hm²，人工费用高昂，每季每公顷达 3 600～6 000 元。

2 农作物病虫害专业化防治开展情况

2.1 专业化防治工作情况

2009 年我州农作物病虫害专业化防治工作以水稻和柑橘病虫害专业化防治为重点，并在烟草、百合、金秋梨等地方特色产业上进行了积极探索，全州全年共签订专业化防治合同面积 1.6 万 hm²，成立专业化服务组织 36 个，组建村级专业化队伍 109 个，配置背负式机动喷雾机和手提式机动喷雾器 1 000 余台，担架式喷雾器 93 台，手动喷雾机 1 200 台，成立示范区 20 余个，共开展各类培训 62 次，培训人数累计达 7 700 人次。专业化防治作用突出，据统计 2009 年专业化防治区中稻全年施药 3 次，较普通区少施 2 次，减少农药施用量 40% 以上，节约用药成本 240～300 元/公顷，节约人工费用 360～960 元/公顷，增产 480 千克/公顷，作价 2 元/千克，增效 960 元，专业化防治区累计增收节支达 1 560～2 220 元/公顷，且有效的减少了农药施用量，有效的提高了农产品的品质和保护了农业生态环境，取得了良好的经济效益、社会效益和生态效益。烤烟全年施药 5 次，较普通区减施 2 次；柑橘全年施药 5 次，较普通区减施 2～3 次。

2.2 主要组织形式及成效

坚持以市场为导向，以大户和乡镇农技站为突破口，搞好专业化防治工作与产业协会的衔接，并充分利用协会作用积极引导农户投入专业化统防统治之中，推动我州农作物病虫害专业化防治的进行。组织形式上形成了以植保站、乡镇农技站为主体的植保专业服务队为主，专业化协会和种植大户溢出型为辅的格局（在柑橘和烤烟上表现尤为突出），服务方式主要有：1. 全包制：采取全程承包防治，即与农户签订合同，确定收费标准，实现统防统治，水稻 1 200～1 500 元/公顷，柑橘 3 000 元/公顷，百合每亩收费 2 250 元/公顷；2. 半包式：植保部门提供病虫情报，农户提供药剂，由服务队负责施药，按次收费，一般每次 75～105 元。

通过近两年的工作，我州专业化防治取得了长足的进步，部分企业开始进入农作物病虫害专业化防治领域，开始出现了专业化防治协会和较稳定的村级专业化防治队伍，并在连续两年柑橘市场价格低迷，果农积极性普遍较低的情况下，专业化防治工作开始进入柑橘专业协会，仅永顺县就有首车镇金果柑橘合作社为代表的 2 个协会成立了专业化防治组织。同时"绿色植保、公共植保"理念深入人心，龙山 2009 年实现了农作物"绿色防控"技术示范与专业化防治的结合，在华塘螺丝滩社区及石羔镇水稻主产村安装频振式杀虫灯 100 盏，诱杀范围 333.3hm²，在里耶岩冲村、内溪五官村、白羊三湾村柑橘产区安装频振式杀虫灯 100 盏，诱杀范围 200hm²，并进行了黄板诱杀。

3 存在的主要问题

3.1 市场化程度不高

部分县市植保部门在专业化防治中尚处于主体地位。专业化防治属新生事物，企业和农民从了解到接受需要一个过程，为推进专业化防治的发展，我州各县市均全力推动专业化防治的发展，其中重要的一条措施就是大力创办示范区，发挥示范区的示范带动作用，但因部分县市植保部门在设立示范区时，未能引入合适的市场主体参与，在示范过程中尚处于主体地位，消耗了大量的人力、物力和较多的财力，且效果不理想。

3.2 发展不平衡

其一，经济作物的植保机械化程度较高，果农容易接受专业化防治，而粮食作物则相对很低，专业化防治开展难度较大；其二，生产条件好的地方，实行专业化防治的多，而山区等生产条件差的地方开展的进度慢。

3.3 政府投入不足

我州专业化防治处于起步阶段，需要政府部门的引导扶持，由于政府财政紧张，资金投入相当有限，导致我州专业化防治发展不快。

3.4 农民参与积极性不高

由于农业产业效益低，尤其是我州支柱产业椪柑连续两年价格低迷，农民增产不增收，甚至亏本，导致果农参与专业化防治的积极性不高。

3.5 机手队伍不够稳定

因大部分青壮劳动力外出打工，农村普遍存在着符合条件的机手不足的现象，同时因该工作处于起步阶段，规模不大，机手收益不高，且工作条件艰苦，导致队伍不稳定，经常有人中途退出和加入，受训的机手流失外出打工，造成专业化防治组织年年找机手，年年培训新机手，既增加了成本，又影响了防治的开展。如何培训引导他们成为专业化防治的技术骨干，也是值得深思的问题。同时由于中稻全年病虫防治战役时间不到 20d，机手开工率偏低，更加导致了防治对象单一的专业化防治队机手的收入偏低。

3.6　参与企业少　由于受收益不确定性和专业队伍器械的配备前期投入较大等原因的影响，参与企业较少。

3.7　自然条件所限　我州是山区，山多田少，2008 年我州水稻面积仅为 137 万亩，沟垄田和山坡田多，且种植分散，很大一部分时间用在了田和田之间的交通上，导致水稻专业化防治成本较高和收益较小。而我州柑橘、烟草等支柱产业及百合等特色产业已成规模，并连片性强，已经具备了实施专业化防治的基础，但部分地区仍受水源、交通、地理条件等因素限制，导致承包费用过高，影响到专业化防治的推广。

4　机遇

4.1　预计今年柑橘价格有所回升，柑橘产业专业化防治面临机遇　由于 2007、2008 年柑橘滞销和价格下滑致使大部分果农减收甚至亏本，从而放弃了还阳肥的追施和冬季管理，这势必严重影响今年的产量、品质和效益，据分析预测，今年全国柑橘呈减产趋势，价格将有所回升，经济效益的提高将极大地激发果农的积极性，预计我州专业化防治明年在柑橘产业上将会有较大的机遇。

4.2　外出务工人员回流，为专业化防治提供了机手储备　受金融危机沿海企业关停影响，大量外出务工人员回流，机手难找的难题在很大程度得到了缓解，为专业化防治快速发展提供了支持。

4.3　今年我州加大了对柑橘产业的扶持力度　部分县市对在橘园内修建集雨节水窖进行现金补贴，极大激发了果农修建节水窖的积极性，为专业化防治的深入开展提供良好的支持。

4.4　农业保险的逐步开展　一些县市已经由县财政统一实施了农业保险，减低了由于突发性灾害给

专业化防治带来的风险。

5　对策

坚持"政府引导，市场运作，自愿参与，民办共助"的原则，结合我州实际，主要应做好以下几方面的工作：

5.1　强化服务管理，推动有序竞争　从技术、培训、规模实行市场准入，引导各种技术人才、各类社会资本和各级服务组织进入病虫害专业化防治市场，推动专业化防治市场的有序良性竞争，进一步减少农业生产污染源，提高农产品质量，确保粮食生产安全，推动农业结构性调整和产业升级。

5.2　加强专业化组织建设　推进和完善县、乡、村病虫害专业化防治服务组织建设，落实"民办公助"政策，对各级专业化防治组织，给予适度补助，适时顺势地扶持、引导和组建适合当地情况的、形式多样的植保专业化防治组织。同时，加强对专业化防治组织的管理，规范专业化防治组织的组建和运作行为，探索适合本地的专业化防治服务模式和运行方式。

5.3　加强与农业产业对接　重点加强与产业协会的联系，实行与农业支柱产业的对接，尤其是与柑橘和包括烤烟中草药等其他高效经济作物的对接，实行专业化防治队伍在水稻专业化防治和经济作物专业化防治之间两条腿走路，延长专业化防治队员的工作时间，从而提高专业化防治队伍的收益和扩大专业化队伍的规模。

5.4　加强引导培训，提高服务质量　加强专业技术人员和防治机手业务技能的培训，提高防治工作效率和水平；运用生物、物理等非化学防治方法进行综合防治，为实现我州农业生产优质、高产、高效奠定坚实基础，为加快现代农业发展、造福广大农民朋友作出新的更大贡献。

适应新形势探索新机制扎实推进植保社会化服务

丁涛 刘学儒 秦玉金 杨进

（扬州市植保植检站 江苏 扬州 225000）

近年来植保工作面临农业重大有害生物逐年加重、从业人员素质下降、基层服务体系弱化、农药市场混乱等突出问题。为了从根本上解决病虫防治工作面临的深层次矛盾，扬州市积极探索新形势下植保社会化服务新机制，通过培育典型，典型引路，示范辐射，扎实推进全市植保社会化服务工作开展。三年实践下来，植保社会化服务工作取得了一些成绩，也突显了一些问题。

1 发展现状

1.1 组织机构 我市用 3 年时间建立建成了市、县、镇、村四级服务组织，农业县、乡镇植保专业化服务合作社全面覆盖，村级服务组织达 430 个。此外还拥有个体大户专业服务队 975 个。

1.2 机械情况 到 2009 年 4 月，全市拥有可供使用的背负式喷雾式弥雾机 24 885 台，担架式弥雾机 1 431 台，其中专业服务组织拥有背负式喷雾式弥雾机 12 687 台，担架式弥雾机 920 台。现有机械保有量可供 268 万亩水稻实施高效机械防治，占水稻总面积的 86.3%。

1.3 运行情况 2009 年全市小麦病虫专业化防治面积 185 万亩次，占小麦总防治面积的 43%；水稻病虫专业化防治面积 812 万亩次，占水稻防治总面积的 54.1%。通过对全市 5 个县（市、区）的16 个乡镇调查，在专业化服务组织开展服务的形式上带药承包服务：带药代治服务：不带药代治的比例为 15：41：44，在防治药剂来源上乡级组织统供：村级组织统供：农民自备：其他为 61：9：26：4。从调查数据来看，我市目前专业化服务组织以代治为主，占服务面积的 85%，承包防治处于探索阶段。专业化防治的药剂大部分是由服务组织代购，农民自备的比例不到 30%。

1.4 几种运行模式

1.4.1 县、乡、村三级联动式 我市邗江区从2006—2009 年，13 个镇（街道）相继成立植保服务合作社，区先后成立邗江区植保协会、邗江区利民植保服务合作社，村、组陆续组建专业队 165个，形成了上下一体的三级联动组织。实行农药联供，引进利益平衡机制，农药利润按照区、镇、村2：4：4 的比例进行分配，形成上下一体的共同利益链。邗江植保站向服务组织提供病虫信息发布、防治技术指导、上岗技术培训、防治效果督查等服务。此外，邗江植保在对植保合作组织的引导上还做到了"搭平台、树品牌、奖先进"，搭建了"邗江植保网"、"邗江植保通"信息平台，树立了"邗江植保连锁"、"放心店"品牌，奖励了一批服务优质的农药经营企业、植保专业服务队、弥雾机手等先进集体及个人。通过这一系列举措，邗江植保社会化服务组织 2009 年取得了水稻统防统治面积占全区防治面积 65% 的好成绩。

1.4.2 多元化服务模式 这种服务模式为我市多个乡镇采用，组建程序简单，但对基层服务机构综合素质要求较高，如高邮界首、马棚，宝应曹甸等。他们由水稻机插秧合作社为基础，根据农民需求，拓展服务范围，开展水稻病虫承包或代治服务，成立以乡镇级公益机构为依托的植保专业合作组织。这类植保专业合作社最显著特点是，会员大都兼任水稻生产合作社会员，参与水稻机插秧的育秧、栽秧工作，从而扩大了服务范围，延长了服务时间，增加了服务收益，进一步稳定了服务队伍。2009 年高邮界首益友植保专业合作社开展全承包防治，年初统一收费、与机手签订防治合同、与农户签订防治协议、开展"统防统治"，水稻病虫单次防治面积 10 000 多亩，统防覆盖率达 40%，水稻一季专业化防治用药大面积少用 2～3 次，每亩节省农药成本 20 元。

1.4.3 统一代治服务模式 在我市经济欠发达、

农业服务能力较弱的地区通过加强管理，严格考核，开展代防代治，提高病虫统防水平。植保专业合作组织通过统一药剂配方、统一防治时间、统一技术规程、统一组织代治、分户结算的"四统一分"服务模式开展植保专业化服务。仪征谢集富民合作社就是采用这种服务方式，他们与机手签订合作协议，明确责、权、利，合同一定三年。实行"一证两卡"3年滚动考核的方式与效益挂钩（会员证、培训记录卡、农药领取登记卡），年终凭卡进行农药利润二次返利，提高机防队员工作积极性，运作1年后队伍规模不断壮大，服务面积逐次增加。

1.4.4 个人投资创业式 这种模式符合民营经济的发展方向，与市场竞争机制天然合拍，具有较强的生命力。如仪征新集镇的刘金伟，投资19万元创办了综合服务经济实体，购置了一批机插秧、全自动播种线、防虫网、弥雾机等服务设备，为农民开展统一供种、统一育秧、统一机插、统一配方施肥、统一病虫防治等综合服务。2009年承包面积885亩，每亩收取育秧、机插费用112元，病虫防治费100元。

2 主要经验及做法

2.1 加大行政推动力度 扬州市政府先后召开了推进植保社会化服务工作专题会议、全市植保社会化服务工作推进会，下发了《关于全面推进植保社会化服务工作意见》，市政府将植保社会化服务工作纳入对各县（市）农业农村工作综合考核指标，市领导在全市农村工作会议上强调加快推进植保社会化服务。市农业局下发了《全力推进我市植保社会化服务体系建设》的工作意见，各县（市、区）相继出台工作的意见。各级农业部门都将植保社会化服务工作列入农业工作的重要内容。

2.2 扩大示范引导力度 2009年全市建立专业化防治示范方68个，单个面积均在千亩以上，累计近10万亩，通过专业化防治示范方建设，辐射带动了周边地区防治水平的提高，加快了植保技术的推广。

2.3 强化组织考核力度 通过年初部署、年内督查、年终考核的办法，扎实推进植保社会化服务。市植保站通过开展全市植保专业化工作大互查，督查各地工作进展情况，每个县（市、区）抽查两个乡镇，要求做到"四有"：有组织和牌子，有培训

基地，有防治示范方，有防治规章制度和信息档案。年终根据年初目标，对各县（市、区）植保站进行考核，并评选出植保专业化服务先进单位，颁发荣誉证书。

3 存在问题

3.1 基层植保服务技术力量弱 推进植保社会化服务工作，乡村两级植保机构是关键，他们是技术传送、措施落实的桥梁。而目前基层农技推广机构不健全，人员配备不整齐，测报手段落后，设备老化，设施不齐，事业经费严重不足。据统计，全市77个乡，46个乡配备植保技术人员，共计75人，只有9个乡配有病虫监测仪器。全市1 059个农业行政村，设有植保员的村不到7%。基层植保体系的断档，严重阻碍了植保新技术、新药械以及植保社会化服务的推广。

3.2 缺少防效评估机制或标准 农民对防治效果的期望值往往过高，与服务组织和防治作业人员有时在防治效果上会出现意见分歧。而我市目前缺少相应的植保社会化服务（统防统治）责任评估机构，在出现协议纠纷时无明确专职部门或专人出面进行责任认定，妥善解决纠纷，维护农民与服务组织双方的利益。

3.3 组织自身发展能力不足 一是专业队机手队伍难稳定。由于农作物病虫防治是一项季节性工作，主要集中在夏秋季约3~4个月的时间内，机手在其余时段要么无事可做，要么另谋他业，影响机手队伍的稳定。二是组织盈利能力有限。就当前阶段而言，植保社会化服务专业组织的服务以水稻等粮食作物病虫统防统治服务为主，主要的经济收入来源于按照服务面积收取一定的作业服务费，由于粮食生产的比较效益低，作业服务费收取偏低，所以服务组织的盈利能力十分有限。这将成为植保社会化服务专业组织自主经营、自负盈亏、自我发展的瓶颈。

3.4 缺少风险化解机制 一方面，病虫害防治效果除了受到防治药剂、防治技术的影响外，还受自然因素影响较大。如防治适期遇连续阴雨或遭遇到流行性病害或突发性病虫害等情况，防治工作难度会增加、防治效果也会受到影响。另一方面，专业人员田间作业时遇高温天气易发生中暑、中毒等事故，有时还会遇到田间鼠蛇等，这些都加大了专业服务组织及人员的作业风险。

4 发展对策

4.1 积极争取政策扶持 抓住中央和省增加对农业投入的有利时机，千方百计多渠道争取各级财政增加对植保社会化服务体系建设的资金投入，扩大植保药械补贴范围和补贴标准。积极申报专业化防治项目，争取专项资金的扶持。

4.2 加大宣传培训力度 一是充分利用广播、报纸、电视等新闻媒体，大力宣传植保专业化服务的重要意义，争取通过现场推进，群众观摩，防效评估等多种形式引导农民自觉自愿地参加植保专业化服务。二是加强对专业化组织培训，提高专业化组织的服务水平。开展相关法律培训及新政策宣传活动，增强专业化服务组织人员的法制意识。开展有关病虫害防治、植保器械使用及维修等相关知识的培训，提高机手的技能素质。

4.3 利用项目示范带动 把建设好病虫防治示范方作为推动我市植保社会化服务工作的有效载体，通过示范方建设，辐射带动周边更多农民按农业技术部门的要求做好病虫防治工作，并吸纳更多农民自主自愿接受合作组织的服务。同时要借助粮食高产增效创建项目，推动植保专业化防治工作，要将每个项目点建设成为病虫专业化防治的样板区，形成千亩、万亩示范方，扩大植保专业化服务的影响度。

4.4 建立规范运作机制 要规范化运作、制度化管理，县、乡级植保社会化服务组织要做到有服务标牌、有服务基地、有防治示范方、有防治规章制度和信息档案；村级专业防治组织要做到有专业防治人员、有机动植保器械、有防治信息档案。要按照相关法律法规，制定合作社章程，制定财务管理、财产管理、日常工作管理等制度，建立健全防效追溯机制，切实维护服务和被服务双方的利益。要建立监督机制，对植保专业化服务的过程和行为进行监督指导，规范服务行为，确保专业化服务组织健康有序发展。要健全防效认定机制，对病虫害防治效果进行科学评估。

4.5 拓展专业服务内容 植保专业化防治季节性强，服务期短，全年经济收益低。为此要引导植保社会化服务组织拓展服务范围、服务内容，要以植保专业化服务为依托，延伸服务链，结合水稻机插秧服务，向栽培管理、肥水管理、病虫防治等综合性服务拓展，提高服务组织综合服务能力及效益回报率。

水稻病虫专业化防治的问题与对策

曹志平[1] 苏彪[1] 陈有良[2] 刘纯高[3]

（1. 湖南省益阳市植保站 湖南 益阳 413000
2. 湖南省益阳市赫山区植保植检站 湖南 赫山 413000
3. 湖南省安化县长塘镇农技站 湖南 安化 413500）

益阳市地处洞庭湖南岸，以水稻种植为主，是全国重要的商品粮基地和粮食优势产业带。近年来，按照"政府引导，市场运作，自愿参与，民办公助"的原则，积极推进全市水稻为主的农作物病虫专业化防治工作，涌现出沅江市万家丰农作物病虫防治专业合作社等32家专业化防治组织和公司，成立专业防治基层队伍551个，从业人员达到6 502人，2009年实现全程承包服务面积77.5万亩，战役承包和代治服务面积25.3万亩，取得了十分明显的成效。但随着专业化防治工作的进一步开展，其表现出的问题越来越多，越来越复杂。要确保全市专业化防治工作可持续发展，其应对措施尤显重要。

1 存在的问题

1.1 机防队员难稳定，基础不牢 一是因为劳动强度大。田间负重作业，只有壮年劳力才能胜任；二是服务时间短。一般全年水稻早晚两季施药6～7次，中稻4～5次，每次防治战役集中3d左右，年工作日仅为 20～30d；三是报酬低。熟练机手使用机动喷雾机每天施药面积在 25 亩左右，年工作 20～30d，施药面积为 500～750 亩，一般工价按每亩 5 元计算，平均每个机手年工资收入仅 2 500～3 750元；四是有毒作业，影响健康，工种吸引力不高。表现出机手难稳定，有的机手通过培训正式上岗一段时间甚至几个月往往由于多种原因而退出。因此，熟练程度难提高，施药质量和工效受影响，责任心不强，常出现不按时施药和施药质量不高的现象，有的施药工价高达每亩每次 20 元，在靠近城市或经济活跃的地方甚至请不到机手。

1.2　施药机械不尽科学，工效不高　一是负重量重。背负式机动喷雾喷粉机一般机身重 10.5kg，药液箱重量 15kg，总重量达 25.5kg；二是振动力大。背负式机动喷雾喷粉机紧贴背部，振动力之大一般劳动力很难承受；三是操作不方便。担架式喷雾机配药、拖管、喷雾等难掌控，容易出差错；四是作业效率不高。背负式一般 3 人操作 2 台机械，人均每天施药面积 25 亩左右，担架式一般 3～4 人操作一台机械，人均每天施药面积在 25～30 亩之间；五是维修服务难到位。由于市场单一品牌机械数量不大，厂家服务意识不强，费用高，往往维修成难题，配件供应也很难迅速到位。

1.3　内部管理难度大，成本太高　包括机手的管理、机械的管理、药剂的管理和药效的管理。表现为机手素质不高，培训难度大，机械易损坏，药剂易走失，施药质量难保证，一般的管理费用达到每亩 20～30 元，如管理不到位极易出现漏洞，造成较大损失。

1.4　承包田块有不足，服务太难　一是田块不集中成片，管理有困难，服务不方便；二是品种有差异，种植水平不同，防治药剂难对症；三是栽培措施不配套，影响工效。如不留施药分行沟，施药时特别是后期行走受阻，影响工效，施药时不配套灌水，影响防效；四是用水不方便。由于排灌设施老化，特别是在晚稻后期很难就地取到干净水，直接影响工作效率和效果。

1.5　自然条件影响大，风险较大　受自然条件影响，病虫害大发生几率高，成灾几率大，特别是穗颈稻瘟、稻曲病及容易暴发的"两迁"害虫等，不仅增加防治次数和防治成本，还可能造成较大产量损失。突发水旱等自然灾害常导致承包服务费难收取，直接威胁专业化防治组织的生存。

1.6　鉴定评判机制不健全，纠纷难处置　一是被承包户要求高，不能出现半点危害；二是由于鉴定评判机制不健全或标准难制定，导致损失鉴定难，赔偿确定难，纠纷处理难。

1.7　行业准入欠规范，竞争激烈　专业化防治对农药经销商的市场影响较大，农药经销商开展专业化防治的少，规范化的更少。有的购买机械提供服务，但不签承包合同，变相销药；有的不购机械，只包药剂，不包服务，效果不好，搅乱市场。

2　对策

针对全市农作物病虫专业化防治工作中出现的一系列问题，必须落实和做好以下几个方面的工作。

2.1　要进一步加强宣传引导，倡导有利专业化防治发展的环境和氛围，特别是加强对病虫专业化防治随农村土地流转的进一步深入已成为农作物病虫防治工作的必然方向的正确引导。加大对政府支持政策和专业化防治好处的宣传力度，鼓励企业和组织积极开展，群众热情参与。

2.2　要尽最大努力支持专业化防治工作，为专业化防治组织服好务。

2.2.1　争取政策倾斜，支持组织发展　各级政府要高度重视和大力支持专业化防治工作，要在农机补贴以及其他财政补贴上给予倾斜，要将病虫专业化防治纳入农业政策性保险，给予保障。同时，要对专业化防治组织在注册、融资、税收等方面给予优惠。

2.2.2　加强科研攻关，解决发展瓶颈　生产厂家、科研单位和植保部门要加强协作，联合攻关，尽快研制生产出符合专业化防治要求的先进施药机械。

2.2.3　建立行业标准，确保有序推进　各级农业行政主管部门要尽快协同相关部门确立准入门槛，制定行业标准（包括合同范本、收费标准、赔偿标准）和管理办法。并建立鉴定评判机制，成立专家事故鉴定评估小组，化解矛盾纠纷。

2.2.4　加强技术指导，加速先进植保技术的推广　植保部门在搞好大面积病虫监测、准确测报的前提下，要加强病虫综合绿色防控技术的指导，大力推进植保新技术，要按照"保益控害，安全高效，资源节约，环境友好"的"绿色植保"要求实现专业化防治工作的整体目标；要加强专业化防治组织培训，提高植保技术水平；要协助抓好农药配送，机械维修网络的建设，确保农资配送服务到位。

2.3 要加强自身建设，提高专业化防治组织的管理水平和服务能力。

2.3.1 各专业化防治组织要进一步规范各项章程制度，严格签定与参加专业化防治农户的专业化防治服务承包合同书和与机手的劳动用工合同书。按照合同条款和各项章程制度规范组织行为，树立良好信誉和组织形象。

2.3.2 要树立"绿色植保，公共植保"的理念，

按照"预防为主，综合防治"的要求，大力推行植保绿色防控技术，确保病虫危害控制在经济允许水平以下。要加强机手技能培训和专业道德素质的培养，进一步提高服务能力和水平。

2.3.3 要扩大服务范围，向种子、肥料、机耕、机收等方面拓展，增加服务项目和内容，提高机手收入，稳定专业化防治队伍，还可解决大面积品种不一、播期不一以及栽培管理中不利专业化防治的一些问题，有利于更好地搞好专业化防治工作。

益阳市农药使用情况的调研与思考

曹志平[1] 陈有良[2] 苏彪[1] 吴灿辉[3] 曹秋莲[3]

（1. 湖南省益阳市植保站　湖南　益阳　413000
2. 湖南省赫山区植保站　413000　3. 湖南资阳区沙头农技站　413000）

使用农药是农作物病虫防治的重要措施和手段。农药特别是化学农药的使用却是把双刃剑，一方面使用后能迅速控制和减轻病虫危害，确保农作物产量，而另一方面过多、过乱地使用，常造成农产品质量安全、农业生态安全和人民群众身体健康受到不同程度的损害和威胁，如何科学、安全、合理地使用农药是目前植保工作面临的重要课题。为详细了解我市农药使用情况，分析其中存在的主要问题，近期我们就全市农药使用情况进行了调查与研究，并提出了相应的对策与措施。

1 近年农药使用情况及特点

1.1 农药使用量逐年减少
据调查统计，全市农药每公顷商品用量自2004年至2008年分别为45kg、42kg、37.5kg、31.5kg和27kg，年递减6.7%～16%。年农药使用商品总量分别为10 828.8t、10 411.8t、9 480.8t、8 637.6t和7 389.4t，5年内共减少年农药商品用量31.8%，年均减少7.95%，2008年农药使用商品总量比历史最高峰1980年的3万t减少75.4%。其主要原因一是由于害虫抗药性的上升，杀虫双、甲胺磷、异丙威、三唑磷等老品种用量大、防效差，已不能满足当前病虫防治的要求，氟虫腈、毒死蜱、丙溴

磷的使用，特别是阿维菌素、甲维盐、氯虫苯甲酰胺等产品的推广，用量小、防效高，推广和使用后加速了老产品的退出；二是国家禁止使用甲胺磷等五种高毒农药，占市场主要份额的甲胺磷、甲基1605等产品均退出市场，呋喃丹、氧化乐果、三氯杀螨醇、氰戊菊酯等品种受限使用和市场导向及要求影响，使用量逐年减少；三是病虫害特别是水稻二化螟、稻纵卷叶螟，由原来的一虫一药或一虫多药防控，转变为由一药两虫或一药多虫来防治，氯虫苯甲酰胺等广谱、高效、长效农药的推出，提高了防治效果，减少了用药次数和用药量；四是病虫专业化防治和绿色防控技术的大面积推广，综合运用农业、物理等防治措施且精准施药，从而减少农药用量；五是抗虫棉的大面积推广，棉铃虫用药次数和用药量大大减少；六是随全市施药机械更新换代及农作物病虫专业化防治工作的推进，大批老式工农16型手动喷雾器被新式背负、担架机动和新式电动、手动喷雾器所替代，大大改变了施药机械落后、"跑、冒、滴、漏"严重的旧局面，减少了农药浪费，提高了农药利用率。

1.2 农药毒性和残留逐步降低
随着国家对甲胺磷等五种高毒农药的禁止使用和对三氯杀螨醇、氧化乐果、呋喃丹、部分菊酯类等农药限制使用政策的出台，在各级农业行政部门和植保部门的共同努

力下，农药禁限令在我市得到全面实施，农业执法部门加大了查处的力度，植保部门则加强了宣传和高毒农药的替代工作，一批高效低毒新农药被推向市场，确保了病虫害防治的持续开展。调查表明，2004—2006年我市农药市场以甲胺磷、甲基1605、杀虫双、三唑磷为主要产品，到2007年下半年已全部由毒死蜱、丙溴磷、阿维菌素等产品替代，到2008年，阿维菌素、毒死蜱已成为我市病虫防治的主要产品，同时氯虫苯甲酰胺、甲维盐等产品的推出，使农药品种的毒性和残留降到更低。

1.3 农田生态环境逐步好转

农田因使用农药造成的面源污染减轻，主要表现在：一是由于农药用量的减少以及高毒农药的禁、限用，有效地减轻了农药对环境的污染；二是农药包装物由原来的玻璃瓶改成了塑料瓶或聚酯瓶、阻融瓶，且可回收，原来的铝箔袋和塑料袋因每亩用量的减少而减小，还因病虫专业化防治工作的推进，农药包装采用大桶包装，均回收利用，可实现包装物的零污染；三是农药剂型由乳剂类转变为悬浮剂、水分散粒剂、水乳剂、水剂等环保剂型，大大减轻了甲醇、甲苯等有机化学溶剂对环境的污染。据调查，目前我市所使用的农药品种中乳油类农药仅占25%左右，而使用的农药商品总量中乳油类农药使用量也只在30%以内。随农药毒性及残留的降低，环境在进一步好转，目前农田到处可看到各种以往难见的野生鸟类及其他生物。

1.4 农产品农药残留大大降低

随着农产品质量安全要求的进一步深入，农药的使用得到进一步规范，在各级各部门的共同努力下，目前我市农产品农药残留大大降低，特别是高毒农药的禁限用政策推出以来，农药市场得到很好的净化，农产品质量得到很大的提高。据湖南省农业厅2004年至2008年连续5年对我市主要农产品例行监测结果表明，蔬菜平均合格率由83%提高到90%，大米由78%提高到100%，水果由80%提高到100%，茶叶由88%提高到100%。几年来，未发生一起因农产品质量安全问题引发的中毒事件。今年一季度省厅对我市蔬菜的第一次例行监测，共抽取蔬菜样25批次，合格率为100%。

2 存在的问题

2.1 施用除草剂的高残留，未得到有关部门的重视

一方面，灭生性除草剂如草甘膦在我市的用量逐年加大，特别是10%的草甘膦水剂的使用量到了前所未有的高度。据统计，目前我市该产品的年使用量在2 000t以上，占到了农药总用量的25%。由于这一类草甘膦的生产都是在生产草甘膦原药后的残液再添加草甘膦原药而制成的，其无机盐等杂质含量高，易引起土壤板结，随使用年限和用药量的增加，其残留将更加显现。另一方面，水稻除草剂的使用在我市推广使用面积近年均接近100%，自20世纪80年代中后期推广使用丁草胺化学除草以来，到20世纪末全市农田化学除草面积占到了总面积的95%以上，丁草胺、禾大壮、乙草胺、丙草胺等对鱼类和水生生物毒性高，长年使用，给鱼类和水生生物带来灭生性毒害。目前我市农田、沟渠很难发现有鱼类的活动，水草等水生生物被杀死，地表水得不到净化，农田用水长期浑浊不清。二氯喹磷酸等在土壤中的积累作用，长年使用造成水稻及其他改种作物的积累性中毒，水稻抽穗不结实发生面积逐年增加。

2.2 滥用、乱用农药的现象仍然严重

部分群众不按防治技术要求施药，随意加大用药量和提高用药浓度，或不选择对口药剂，盲目混配农药，不按安全间隔期施药现象普遍，加大了农产品农药残留超标的几率和对环境的污染。滥用甲氰菊酯类农药，药杀鳝鱼、泥鳅，对鱼类和水生生物的毒害作用十分明显，目前尚无法律约束或有效的制约措施。

3 对策与措施

3.1 进一步加强农药科学安全使用的宣传、培训力度，提高群众安全环保意识

要按照"公共植保"、"绿色植保"的理念，加大对《农产品质量安全法》、《植物检疫条例》、《湖南省植物保护条例》、《农药安全使用操作规程》以及其他植保知识的宣传和培训力度，使各级政府引起高度重视，让社会营造良好氛围。

3.2 进一步加强农药生产和使用的监管

一要加强对现用农药的防治效果和使用副作用包括对环境现行或潜在破坏的调查研究和论证，界定其推出使用的可行性及利弊，对一些不符合要求的品种坚决予以取缔，特别是除草剂品种也应引起高度重视。二要对目前我国主要的农作物病虫害所必需的化学农药品种进行评估，尽量减少毒性残留高的农药品种并禁止生产销售，控制一批不必要的品种流入市场。三要根据农作物病虫害防控的需要，加强高

效、低毒、低残、环境友好型农药，特别是生物农药的研究，尽快推出一些好的品种来替代一些不适应的产品。

3.3 进一步加强农作物病虫害综合治理和绿色防控技术体系的研究和推广 一要加强测报队伍建设，健全和扩大基层测报网络，加强病虫害监测力度，提高测报预警水平，同时要加强病虫防治技术和科学安全用药技术指导，提高群众防控技术水平；二要加强对重大农作物病虫害综合治理和科学防控技术的研究，要加大投入，综合运用农业、物理、生物、化学防控等措施，尽量使用非化学防治的办法控制，因地制宜，形成成熟的绿色防控技术规范体系；三要加强先进植保技术的推广。大力推广农作物病虫绿色防控技术，加速先进施药机械的更新换代以及新型高效、低毒、低残留农药的示范推广和应用。

3.4 要进一步加大农作物病虫专业化防治工作的推进力度 随农村土地流转的进一步深入以及当前农作物病虫防治工作中表现出的突出问题，农作物病虫专业化防治已成为农作物病虫防控和科学安全使用农药的最佳途径和手段，加强农作物病虫专业化防治工作的支持和引导，专业化防治组织的建设、培训、管理、指导和服务已成为当前植保工作的重中之重。

陵县植保专业化防治的实践与探索

王书友[1]　祁士君[1]　李华卫[1]　刘磊[1]　刘德新[2]

（1. 山东省陵县农业局　2. 山东省陵县蔬菜局　山东　陵县　253500）

2008年1月30日中共中央、国务院出台《关于切实加强农业基础建设进一步促进农业发展农民增收的若干意见》，文件中提出"探索建立专业化防治队伍，推进重大植物病虫害统防统治"。2009年2月1日中共中央、国务院出台《关于2009年促进农业稳定发展农民持续增收的若干意见》，文件中提出"加大对农业的支持保护力度，强化现代农业物质支撑和服务体系，稳定完善农村基本经营制度"等。这些意见的提出为我们植保工作提出了更高的要求，对尽快建立植保专业化防治体系起了推动作用。随着我县实施农业发展战略，种植业区域布局、作物结构、品种和品质的结构各方面出现了重大变革，给农田生态系统也带来了重大变化，对农田有害生物发生规律也产生了巨大的影响。因此，农作物病虫草害专业化防治这一新的服务方式是适应农村经济形势新变化、满足农民群众新期待应运而生的，是建立农村新型社会化服务体系的重要内容，是当前和今后一个时期农业发展势在必行的紧迫任务。

1 陵县植保专业化防治的现状

1.1 广泛宣传，提高农民对植保专业化统防统治

的认识 自2008年以来，陵县植保站认真贯彻"预防为主，综合防治"的植保方针，充分利用冬春农闲季节，积极做好植保专业化统防统治宣传工作和植保技术宣传培训工作。2008年9月下旬对陵县现代农业生产发展资金粮食产业项目区的每个村进行了"搞好小麦秋种和苗期病虫草害防治确保一播全苗"和"现代农业项目植保专项的内容及植保专业化统防统治的意义"巡回专题培训，为专业化防治的开展进行宣传发动。2009年2月12日对县乡镇农技员、科技示范户进行小麦春季到收获病虫草害专业化防治技术培训；2月12日至16日分别在项目区内开展科技示范户和农民辅导员病虫草害专业化防治技术培训；3月13日在农业局隆重举行植保专项启动仪式。另外，在项目区充分利用电视、广播、现场讲座和印发明白纸的多种形式对项目实施内容和植保专业化统防统治的意义进行宣传和发动，使植保专业化防治家喻户晓。通过以上工作，为下一步关键时期病虫草害防治做好了充分准备，极大地促进了我县植保专业化防治工作的开展。

1.2 精心组织，抓好植保专业化防治队伍建设

1.2.1 植保专业化防治队伍的组织形式 植保站

认真总结经验，因地制宜，充分利用现有的农村经济合作组织和农业局的下属公司，发挥各组织和公司在人才、技术、资金、经验和农村服务网络等方面的优势，通过政策引导、部门组织、市场拉动、企业带动等途径，以项目扶持、自负盈亏、市场运行、以业养队的原则组建专业化防治组织，专业化防治队要隶属于独立的法人主体。2008年通过现代农业生产发展资金粮食产业项目植保专项的实施，我县扶持陵县神农粮棉专业合作社建立专业化防治队15支，陵县金德福农作物种植专业合作社建立专业化防治队伍13支，颜丰种业公司和滋镇良种场各建立专业化防治队伍1支。每支专业化防治队伍15～20人，其中专业技术人员1人。专业化防治示范可以整村、整乡（镇）推进，在完成项目目标的基础上也可为周边农户提供有偿专业化防治服务。

1.2.2　植保专业化防治队管理　专业化防治队伍要登记造册，建立档案。明确每个专业化防治队的服务区域法人、队长姓名、联系电话、所在村及机动药械持有量。专业队机手经过项目技术小组安排培训，防治工作要服从项目领导小组的统一安排。

1.2.3　植保专业化防治服务约定　专业化防治队服务区域为项目区，与县植保站签订服务约定合同。合同约定内容应包括：专业化防治服务面积、服务方式、农药来源、药械的使用和保管维修、收费标准、服务纠纷仲裁处理等。

1.3　开展服务，强化对专业化防治工作的指导
植保站根据病虫草害的发生情况，结合天气和耕作对小麦、玉米病虫草害的发生情况进行分析，及时写出并发放病虫情报，下发病虫草害防治技术意见和方案，向农民群众发放明白纸，在小麦和棉花病虫害发生的关键时期和广播局联合制作电视讲座。此外，植保站还深入田间地头进行现场培训，培训内容主要包括：病虫草害的识别及综合防治技术、天敌的识别等。由于指导及时，防治措施得利，控制住了病虫草的危害，将病虫危害控制到了最低限度。

1.4　根据技术规程，积极开展重大病虫草害统防统治工作　植保站在对病虫草害发生及时准确预报的基础上，根据项目区病虫草害的发生发展规律，积极开展重大病虫草害统防统治工作，做到项目核心示范区重大病虫草害统防面积达100%。2009年总共开展了4次防治，包括：一是3月份进行的春季麦田杂草统一防治，使用苯磺隆粉剂、世玛防治阔叶杂草、禾本科杂草等，防治效果为96%；二

是4～5月份的小麦穗期一喷多防，使用农药主要有10%吡虫啉、5%高效氯氰菊酯、15%三唑酮可湿性粉剂和50%多菌灵可湿性粉剂，主要防治对象是小麦蚜虫、小麦锈病、白粉病和赤霉病等，防治效果为98.5%；三是6月份进行玉米播后苗前杂草统一防治，适用时期是玉米出苗前，使用药品是42%的丁异莠去津悬乳剂和40%的乙莠悬乳剂，主要防治对象是一年生单、双子叶杂草，防治效果为98%；四是7月份进行玉米大喇叭口期一喷多防，适用时期是玉米大喇叭口期，使用农药主要有5%高效氯氰菊酯、1.8%阿维菌素乳油、50%多菌灵可湿性粉剂和15%三唑酮可湿性粉剂，主要防治对象是玉米螟、甜菜夜蛾、棉铃虫和玉米褐斑病、大小斑病等，防治效果为97%。通过植保专业化防治节省了大量的人力、物力和财力，取得了显著的防治效果。

2　植保专业化统防统治的优势

2.1　植保信息传递速度加快　组建各级植保专业化服务组织以后，信息由村组干部和植保专业化服务机手联动宣传。另外，广播、网络、电视和手机短信等形式也及时准确地将病虫害的发生情况、防治用药等信息传递给植保专业化防治组织，保证了病虫防治工作的及时性和准确性，大大提高了防治信息的扩散速度和时效性。调查表明，植保信息的传递速度较专业化服务组织成立前加快0.5～1d。

2.2　防治效率提高　未参加专业化统防的农户多采用传统的背负式手动喷雾器，型号主要为3WDS-16B型和工农16型等，效率低下，调查发现未参加专业化防治的农户平均每天能喷8.1亩左右；而参加专业化统防的农户由专业化防治队防治，采用大型施药设备喷药，效率高，雾滴匀细，药液均匀分布到植株的各个部位，其防效比手动喷雾器要高出10～20个百分点，3WZ-300型动力式喷雾器每天能喷200亩左右，3WF-2.6型喷雾器每天能喷20～25亩，大大降低劳动强度，提高了劳动效率。

2.3　防治成本降低　未参加专业化统防的农户由于技术、防治时间等问题，往往造成过度施药、病虫害交叉发生等现象。同时，由于病虫害发生隐蔽性强，农户一般都在目测农作物发病时才防治，用药多且滥，效果往往不佳并造成减产，每亩次用药成本高。植保站在调查中了解每亩小麦平均用药成

本 11 元，人工费 16 元。而参加专业化统防的农户在每次防治中由机防队按县植保站病虫害防治技术要求统一防治，杜绝假冒伪劣高毒高残留农药，避免滥用农药，按防治指标合理用药，节省防治用药和用工，成本低，效果好，今年小麦防治成本平均每亩 18 元，同时因为防治及时、效果好，平均每亩增收 95 元，大大节省了农民开支，增加了效益。

2.4 提高农产品质量，减轻环境污染

专业化防治组织在植保部门的指导下，选用的农药均是无公害生物农药或低毒低残留的化学农药，减少了用药次数和用药量，使农药的污染问题从源头得到了控制，降低了农药残留量，提高了农产品质量，从而杜绝了高毒高残留农药对人民身体的危害和对环境的污染。

2.5 增加就业机会

随着植保专业化防治组织的不断发展壮大，防治面积不断扩大，需要的机手人数不断增加，农村一批留守劳力将不断地充实到机手队伍中，机手通过有偿服务获取的报酬不断增加。

农作物病虫草害专业化统防统治能有效提高病虫草害防治综合效益，降低防治成本，基本解决了农户家中无劳力、不懂技术等问题，有效规避盲目用药、不对路用药和使用假劣农药带来的风险，有效防止药害和农药中毒等事故的发生，保障用药安全，从而经济效益、社会效益和生态效益显著，深受农民群众的满意与欢迎。

3 植保专业化防治存在的主要问题

3.1 植保专业化防治工作开展不平衡

各地对发展植保专业化防治组织，推进农业有害生物统防统治的地位和作用认识有差异，工作开展不平衡。政府引导和资金支持的力度还不够，工作进展缓慢。部分村未充分认识到完善发展基层植保专业化防治体系、推进病虫害统防统治的紧迫性和重要性，村干部对病虫专业化防治实际支持力度小，工作办法不多，措施不得力，缺乏创新精神，使该工作处于被动局面。

3.2 植保专业化防治不能满足生产需要

组织类型多，但还属于起步阶段，服务能力不够，不能满足当前生产需要，特别是专业合作社型，都是近两年新成立的，有的地区农忙季节优质施药器械经常出现短缺，不能满足大规模开展病、虫、草害统防统治的需要；药械维修人员少、技术差，服务能力和范围还比较低，远不能适应当前农村的需要。

3.3 植保专业化防治组织欠规范

我县开展病虫草害专业化防治的时间还比较短，整体规模还不大，还未在全县所有乡镇都开展专业化防治服务。并且专业化防治组织内部制度不健全，管理欠规范，缺乏长远发展目标；服务不够规范，服务内容单一，经济效益低，机手收入少，服务人员技术水平偏低，整体业务素质有待于进一步提高，这些因素都大大制约了植保专业化防治的发展。

3.4 防治队队员管理难度大

队员都是自愿加入的农民或种粮大户，文化水平较低，须经系统培训后方可上岗工作。他们在防治队无固定工资，有时也外出打工。因此在出现紧急服务时，外出打工的防治队员无法及时到位，造成防治效率低下。

3.5 保障措施不完善

专业化服务组织、服务人员和农户的利益保障措施不完善，实现"三赢"的局面很难。如病虫害防治后的效果评定，药害事故的处理等纠纷不能得到及时解决。这些问题的存在也制约了病虫害专业化防治服务组织的健康发展。

4 针对植保专业化防治的建议

4.1 创新思路，加强对农作物病虫草害专业化防治工作的领导

乡镇级、村级植保专业化防治体系是植保服务体系的重要组成部分，是县级公益性植保服务体系的必要延伸，是推进现代农业建设、促进农业增效和农民增收的重要保障，是植保服务体系的重要组成部分[1]。各级植保机构要发挥管理职能，加强对专业化防治服务组织的管理和领导，规范管理植保服务行为，制订适合本地区特点的农作物病虫草害专业化防治发展规划，制订更加详细的专业化防治措施，重点支持，积极推进，构建新型的服务体系。

4.2 完善机制，营造良好的社会氛围

各植保专业化组织要注重建章立制，完善内部管理，规范利益分配机制，营造良好的运行环境，实行合同制[2]，形成一套较为完整的专业队及机手的管理机制。要充分利用电视、广播、现场会等形式宣传，让政府和农民认识到病虫专业化防治服务组织开展统防统治对提高生产力、提高防治效果、环境保护的重要性，营造良好的社会氛围。

4.3 加大财政投入

由于农业是弱势产业，而粮食生产又具有战略性，因此防治农业重大病虫具有明显的公益性[3]。要不断增加财政支持力度，建立

健全全县乡镇植保专业防治组织，确保各乡镇对重大病虫灾害的应急防控能力。对组建专业化服务组织在税收、信贷、服务等方面给予政策倾斜，以加快其发展；对防治组织内的机手努力实行购机补贴、机防劳务和防护补贴等；对病虫防治特别是用生物农药或有效低毒、低残留农药防治病虫的要予以一定力度的政策性补贴。

4.4 增强植保技术力量，提高植保专业化服务人员素质

改善测报手段和工作条件，充实县、乡镇的植保技术力量，各乡镇配备专职植保人员，从事防治技术指导，技术宣传培训，协调管理乡镇专业化防治组织。开展对病虫专业化服务组织的技术培训，开展对机防队岗位技能培训，做到能维修机动喷雾器，会识别病虫害，会正确施药，会检查防治效果，提升服务组织的整体素质，确保统防统治效果和服务质量。

陵县植保站坚持以"公共植保，绿色植保"的理念为指导，按照"部门扶持，市场运作，强化服务"的指导原则，及时总结、推广植保专业化防治中的好经验、好做法，进一步完善专业化防治队的管理制度，扩大专业化防治的覆盖面积，积极推动全县范围内的植保专业化统一防治，全力保障陵县农作物生产安全、农产品质量安全和农业的丰产丰收。

参考文献

[1] 肖晓华. 对秀山植保专业化防治组织的思考 [J]. 现代农业科技. 2007 (12)：72～74

[2] 陈永明，林付根，王凤良等. 盐城市开展植保专业化防治服务的体会 [J]. 中国植保导刊，2008 (12)：41～42

[3] 祝剑波. 农作物病虫害统防统治的做法和发展对策 [J]. 中国植保导刊，2008 (6)：43～44

淄博市农业病虫害专业化防治现状及发展思路

陈泮江 侯兰芳 许燕玲 王士龙 刘志吉

（山东省淄博市农业技术推广中心 山东 淄博 255033）

1 基本情况

当前，农业已进入了一个全新的发展阶段，现代农业的发展模式、经营方式、劳动力状况等等，都发生了重大变化，但农作物病虫防治模式仍没有根本变化，已不适应现代农业发展的需要。目前，农作物病虫防治模式主要是一家一户自由防治，防治盲目性大，农药滥用、浪费现象严重，防治效果差，农药污染严重，影响农产品质量，破坏生态环境，给农业的持续发展带来负面影响。因此开展农作物病虫害专业化防治，解决当前生产上病虫防治现状，提升农业生产产业化水平，具有十分深远的意义。现将我市农业病虫害专业化防治现状及今后发展思路介绍如下。

1 基本情况

我市的农业病虫害专业化防治开始于1993年的棉铃虫统防统治，该年棉铃虫特大暴发，为有效地控制棉铃虫的危害，市政府组织开展了棉铃虫防治技术承包，由市农业局牵头，下设10个承包组，面对特大暴发的棉铃虫，市植保站提出"五统一分"防治技术策略，即统一测报、统一技术、统一时间、统一农药、统一配药，分户防治。取得了防治棉铃虫的辉煌胜利，受到了各级政府、部门的表彰，群众的信任称赞，此后统防统治发展较快，覆盖范围不仅局限在棉花，而且发展到小麦、玉米、果树，防治对象也不仅有棉铃虫，也扩大到了麦蚜、玉米田化学除草、小麦田化学除草、小麦、玉米种衣剂拌种。但是，经过4～5年的发展高峰期后，逐渐走入发展瓶颈，由于多种制约因素的影响统防统治工作进入低谷。近几年来，由于受到农业结构调整及气候因素的影响，农作物病虫在我市持续偏重发生，每年各种病虫发生面积在1 000万亩次以上，对农业生产构成严重威胁，而农民千家万户小规模的分散防治，导致防治水平差，生产成本

过高,同时群众、市场对农产品的质量要求不断提高,分散防治造成的农药浪费,环境、产品污染,一时很难改变;另外随着社会经济的发展,农村劳动力的转移,造成了当前在家从事农事操作的大多是"38、99、61 部队",在整个的农事操作中,人背机器的劳动强度是日益突出,农业病虫防治呼唤专业化防治,在此背景下我们适时引导、扶持、支持专业化的防治工作,大力发展民间防治组织,成立病虫防治专业合作社、病虫防治协会、村级病虫防治服务站等。目前全市有病虫防治专业合作社 3 家,病虫防治协会 1 家,村级病虫防治服务站 30 家,农药销售商组织 15 家,农民临时组织 6 个。拥有大型施药机械 19 台,机动弥雾机 1 000 多台。每年专业化防治面积 20 万亩次以上。从当前现状看,我市的专业化防治才刚刚起步,需要做大量的工作,引导、扶持、发展壮大专业化防治组织及队伍。

2 专业化防治的形式及规模

目前,我市专业化防治有以下几种形式:

2.1 以技术服务为主开展的专业化防治
这是我市专业化防治的主要形式、主要做法。植保技术人员下基层开展病虫调查、技术指导、田间培训,统一供应农药、统一时间防治,有高青模式、沂源模式、临淄模式。高青模式,县植保站组织植保技术人员分片承包乡镇,开展病虫调查,及时发布病虫发生预报,并宣传到农民。县植保站指定农药经销商,统一农药品种,开展防治。沂源模式,沂源多种植果树,果林面积大,在果树病虫防治上采取了田间培训的方法,组织开展专业化防治,同农药企业合作开展了防治,2006 年同河北威远公司合作开展了红色路线、绿色传承科技万里行活动,共开展科技下乡 15 次,组织举办田间技术培训,培训次数 30 余次,培训人员 3 000 多人次,防治面积达到 40 万亩次。2007 年在试验的基础上,开展绿色防治,通过培训、宣传推广、灯光诱杀、性诱剂诱杀、色板诱杀面积达到 10 万亩次。临淄模式,临淄多种植蔬菜,保护地蔬菜种植面积大,在专业化防治上主要采取示范带动,依托项目,建立示范基地,进行技术集成,通过现场会、明白纸的形式进行宣传推广,如大棚内挂黄板、蓝板诱杀害虫、秸秆生物反应堆、灯光杀菌、熊蜂授粉等技术集成打捆进行现场展示推广,农业部、省政府领导参观

后都给予肯定,推广面积 5 万亩以上。

2.2 村级农业服务组织开展的专业化防治
主要是城市近郊经济比较发达,耕地面积少,村级服务组织健全的村,如张店的田家、漫泗河,淄川的杨寨、贾村等。耕地实行统一管理,分户种植,通过向现有的村级服务组织提供植保技术与信息服务,再由村级服务组织指导管理专业队员实施作业,把植保部门的技术指导、村级服务组织农药经营与专业队员人力、器械有机结合起来,推动了植保技术进村入户。这种形式的专业化防治模式,仅局限在经济条件比较好、土地面积少、劳动力缺乏以及发展无公害生产基地面积大的村,全市现在村级病虫防治专业化组织有 30 余家,拥有大型机械 8 台,机动机械 100 余台,每年防治面积在 10 万亩次左右。

2.3 农药经销商组织的专业化防治
近几年随着农药品种的增多,以及国家禁止使用农药品种的出台,农民的用药习惯,农药经销难度增加,一些具有一定经营规模的农药经销商为扩大经营规模、增加生存空间,自发购置机动喷雾器,开展农药销售病虫害防治一条龙服务,收取农药费和用工费,带动农药经销,促进自身发展,为提高经销商的专业素质,我们加强了技术培训和指导,临淄区于 2004 年举办了山东省第二期农资营销员职业技能培训鉴定,桓台县于 2005 年举办了第三期农资营销员职业技能培训鉴定,通过培训提高了农资经销商的专业技术水平,保证了开展专业化防治效果。目前全市有 15 家农药经销商开展专业化的防治,拥有机动机械 50 余台,年防治面积在 10 万余亩次。

2.4 农民病虫防治专业合作社组织逐步成立
首先成立的是众得利农民专业合作社,采取企业化管理、股份制经营、市场化运作的模式,高薪招聘专业技术人员,开展技术培训,农药定点销售和配送,把病虫防治技术、专业人才优势、器械优势整合在一起,发动了"千村万户"工程,运作一年来,效果很好。今年 3 月 26 日桓台县绿源农业病虫防治专业合作社挂牌成立,合作社社址设在唐山镇植物医院,在挂牌仪式上,广大农户争相加入了合作社。合作社实行股份制经营、市场化运作,目前正逐步建立防治专业化队伍,向组织化、制度化、规范化发展,同时根据不同的地片实行不同的管理形式,因地制宜,机动灵活。目前全市共成立注册病虫防治农民专业合作社 15 家,对促进专业

化防治发挥重大的引导推动作用。

2.5 农民临时组织的专业化防治 目前在我市病虫草发生防治的关键时期，许多农村出现了由几个人组成的病虫草防治队伍，一般2～3人，最多的不超过5人，多为临时性的，一般拥有一台大型机械和多台机动机械，属于带头人所有，实行自主管理、流动作业，运作经营方式收取用工费和农药成本费，用工费一般每亩3～4元，作业对象多为小麦、玉米化学除草，每个队伍年防治面积在5000亩左右，但是由于技术水平参差不齐，防治技术平均差距较大，造成防治效果较差、农民不满意情况等，甚至出现药害现状，后果严重。

3 存在的问题

3.1 财政投入不足，防治经费缺乏 近几年，各级对病虫草防治的投入严重不足，目前在农作物种植上，国家进行了良种补贴、大型机械补贴、测土配方施肥，唯独没有病虫草防治补贴，各级财政对病虫草防治的投入很少，影响了防治队伍以及防治体系的建设。

3.2 缺乏机动机械 由于投入的不足，防治机械的更新换代较慢，机动机械存有量仅1000余台，多为前几年开展统防统治项目补助时购置的机械，设备严重老化，满足不了生产需求。

3.3 技术人员不足 目前我市植保技术人员有30余人，平均每人每年要承担约上万公顷次以上的农作物病虫害防治的指导工作，很难满足防治要求，达到防治效果。有些区（县）上级行政机关借调技术人员现象较多、时间较长、人员流动性大，工作时常出现断层，具备本专业技术人员仅有20余人，且农业技术人员从事本职工作的时间难以保证，技术宣传、田间指导明显滞后，很多工作无法开展下去，农业技术服务体系面临网破人散的困境。

3.4 管理跟不上，缺乏专业化防治管理经验 面对当前快速发展的专业化防治，没有建章立制，属于松散式管理，缺乏规范，不利于专业化防治又好又快发展。

3.5 从业人员素质较低 从目前从事专业化防治队伍人员业务素质情况调查来看，文化程度大都在初中，都是多年在家务农的农民，年龄在45岁以上，有1/3人员接受过较正规的培训，多数只凭多年的务农经验。2007年秋播小麦由于降雨原因播种偏晚10d，造成生长发育推迟，麦田使用2.4-D丁

酯除草时间也应相应推迟，而临淄区梧台镇一农民承包200亩防治，使用2.4-D丁酯按老经验没有推迟时间，结果造成药害，产量损失较大。

4 今后发展思路

4.1 建立健全专业化防治体系 重点加大推动发展农民专业合作社、专业协会的力度，积极探索专业化防治的新模式，多种模式并存，本着民办、民管、民受益的原则，以农民为主体，通过政府引导、植保部门支持、农民自主参与、市场化运作的形式，支持专业队伍发展壮大，同时加快各项管理章程的制定，实行规范化管理，促进专业化防治队伍建设，建立健全专业化防治体系。全面推进专业化防治"组织体系、责任体系、保障体系、培训体系、考核体系、淘汰体系"建设，组织体系，完善市、区县、乡镇三级专业化防治服务网络，加强基层防治队伍，科技力量向基层一线倾斜。责任体系，市、区县主导产业设立植保专家和专业化防治指导员、乡镇设立责任人员，确保人员"精力、时间、服务"三到位。保障体系，确保基层人员工资福利足额落实到位。培训体系，根据发展制订专业化防治人员培训计划，充分利用农广校、远程教育等教育资源，进行分期分批培训，提高人员综合能力。考核体系，建立专业化防治人员考核机制，将工作量和工作业绩作为主要考核指标，将服务对象的评价作为重要的考核内容。淘汰体系，对不适应岗位需要的、服务对象不满意的人员进行及时调整，对连续两年考核不称职的人员予以解聘。

4.2 增加投入，加大扶持力度 积极申请财政扶持资金以及大型机械补贴资金，购置大型植保机械，支持病虫机械化防治的发展，充分利用国家有关项目资金，增加植保机械的拥有量，改善植保机械，实行项目带动、行政推进、政策促动，发展壮大植保专业化防治队伍。

4.3 加强专业队人才培养和培训工作 加强对机防队员的培训，开展植保科技下乡、科技入户活动，对专业防治队伍进行集中和分散培训的方式，同时结合全市阳光培训工程，开展植保技术讲座，提高专业队员的综合素质，为农民零距离服务。一是进一步完善农技信息服务体系，实现村级科技信息服务站点全覆盖，村村建有服务队站点，技术推广一步到位。二是整合农技信息服务资源，以农技推广信息网、电话手机、电视广播和报纸、简报、

村村通等为主要内容的信息平台，及时发布针对性强、实用性好的植保科技信息；三是整合植保科技人才资源，按照"区域化、特色化、产业化、基地化"的要求，科学合理配置人力资源，着力解决乡镇植保人员与需求不配套的问题，坚持长短结合，培养一批具有专业知识，热爱植保事业，吃苦耐劳、耐寂寞的乡村植保员。

4.4 统一认识，加大宣传力度 农作物病虫专业化防治是提高防治水平和技术到位率的有效途径，是一件惠及千家万户的实事、好事。必须坚持市场取向的原则，以利益为纽带，以服务为核心，发展各种形式的专业化防治服务组织，促进各方形成利益共同体，达到经济效益与社会效益相统一的结合点，增强其社会化功能，按照做大特色、做强绿色的要求，围绕优势的粮、棉、瓜、菜、果等主导产业打破行政区域界限，全面推动我市的专业化防治工作，并充分运用典型推动、项目带动、政策拉动、媒体鼓动，积极宣传引导农民，努力赢得政府的支持和农民的拥护，为推进专业化服务、广泛开展专业化防治创造良好的氛围。

陕西省植保专业化防治组织现状、发展思路与对策

卫军锋　梁春玲　郭海鹏　魏会新

（陕西省植物保护工作总站　西安　710003）

1 基本概况

陕西省常年种植小麦、玉米、马铃薯、水稻等粮食作物面积近 5 000 万亩，果树、蔬菜等经济作物面积 1 500 多万亩，各类病虫发生面积约 1.5 亿亩次，防治面积 1.3 亿亩次。2004—2009 年，在全国农技中心的指导和支持下，全省共在 89 个县建立了 1 557 支病虫害防治专业队，配发喷雾器械 22 950 台，招收防治队员 2 万多名，初步形成了一个覆盖全省的农作物重大病虫应急防治网络。同时按照"民办、民管、民受益"的原则，以农民为主体，通过政府引导、植保部门支持、农民自主参与、市场化运作的形式，开展专业化管理和服务模式创新，全省植保专业化防治发展势头良好，年作业面积不断增大，2008 年，全省各类作物病虫实施专业化防治面积已达 1 800 万亩，占总防治面积的 13% 左右，全省农作物病虫防治水平得以显著提高，有效地控制了重大病虫危害，为确保全省粮食生产连续获得丰收做出应有的贡献。

2 植保专业化防治组织运作模式

在组建专业队的同时，为了使专业化防治深入，专业队具有更强的生命力，能按照市场运作的方式生存下来，通过政府扶持，加强管理和引导，在全省形成以下八种专业化防治组织。

一是股份公司型。通过组建"植保股份有限公司"形式，公开向社会招聘农作物重大病虫害应急防治专业队队员，竞争上岗。每个队员出资购置应急防治设备，与植保站、乡镇农技站共同成为植保公司股东。公司采取企业化管理、股份制经营、市场化运作的新模式，把自身的技术、信息优势与专业队人员、器械优势整合在一起，在组织专业队实施小麦条锈病、麦田化除、穗蚜等病虫防治的同时，公司通过经营农药也有收益。

二是植保协会型。由县植保站、乡镇农技站、机手成立植保协会，由协会指导专业队，推行三级负责的管理体制，将机械的所有权和使用权分开，实行植保站、专业队、机手分级负责制，并明确三个层次的责、权、利关系，调动专业队员与农户的积极性。

三是村级组织型。县植保站通过向村级服务组织提供植保技术与信息服务，再由村级服务组织指导管理专业队员实施作业，把植保部门技术指导、村级服务组织农药经营与专业队员人力、器械有机结合起来，使植保技术进村入户，延伸了植保体系服务网络，为植保系统在乡镇、村组上增加了"腿"。

四是联合互助型。在整合民间零散机手，使其向组织化、制度化、规范化迈进的基础上，充分利用省市下拨的器械进行投入，给民间机防队注入新的活力和生命力，也扩大了植保机防队伍，减少专业化防治建设全部依赖政府的现象。

五是能人主导型。扶持一些农药经销户、种粮专业户、农村能人等，组建防治专业队伍或直接由站上专业技术人员承包或租赁机子雇用机手，建立专业队，把各自职业与专业队结合起来，开展农作物病虫害统一服务。

六是植保社区服务型。以县植保站的技术与信息优势为依托，以技物配套服务为纽带，在村组建立植保服务点，负责向广大农户提供植保技术信息服务，建立农药新产品试验示范基地和农作物病虫害综合防治示范区，提供物资供应，组织指导农户开展统防统治，使其成为县植保站在基层服务网络的延伸和发展，达到解决植保技术服务断层问题的目的。

七是果农协会型。在一些果业大县，植保部门对果区自发形成发展比较完善的村级果农协会进行管理，实行站协联合，由植保部门负责提供病虫发生信息、技术指导和防治配方。果协组织果农统一购药，将果农自有的防治器械统一组织起来组成专业队统一防治，提高了病虫防效，节约了防治成本，杜绝了违禁及高毒高残农药的乱用和滥用。

八是统分结合型。在县植保站统一管理下进行集中统一防治作业或由县植保部门进行统一技术指导，以分队或几台机器为一组，进行承包作业服务，有的也同时开展物资配套服务。

3 当前存在的问题

3.1 防治组织保障机制不完善

病虫害是生物灾害，其发生具有不可预见性、暴发性、成灾性。防治病虫害是属于"公共植保"的范畴，但由于各级领导对此认识不足，加之我省属于西部财政贫困省份，多数市、县多年来一直没有从经费等方面对专业队建设给予大力支持，专业队器械的更换及再发展都成为新的问题。同样植保部门受经费等影响，对专业队的技术培训和管理力度也在减少，减缓了其发展的速度和深度。此外，群众对防治效果评定标准认识不一，收费困难等也影响了植保服务组织工作的开展。

3.2 防治组织市场竞争力不强

随着现代农业的发展，农村土地承包经营权流转明显加快，规模化经营、产业化发展已成为今后农业发展的必然之路，同时也要求与之相适应的社会化、专业化农作物病虫害防治服务体系。但过去形成的股份公司型、统分结合型等，因为人员变更，政府投入减少等原因影响，已不能适应现在的形势发展要求和市场竞争，作业面积和作业范围日趋缩小，而植保社区型、联合互助型等因过于依靠政府和部门，服务意识落后，服务成本也偏高，竞争力差，再发展的难度较大，面临被淘汰的命运。

3.3 思想观念落伍

一些市、县植保部门对"公共植保"理念和植保专业化服务组织的发展思路理解不够，对省、市配备的器械只是简单的处理或应付，流于形式，而不能深入细致的开展工作，阻碍了专业化防治的发展。

3.4 防治组织施药器械品种单一

我省90%以上专业队员使用的器械为背负式喷雾器，而大、中型车载喷雾器、果园专用喷雾器、精量施药器械等由于价格等原因，拥有量少，导致队员工作强度大，服务范围小，服务领域不宽。

4 今后发展思路

近年来，我省先后组织人员对全省专业化防治组织运行进行了深入调研，针对存在的问题，提出了从两个层次开展专业队伍建设的思路，一个是在巩固现有应急防治队伍的基础上，以县植保站为主体，由省里配备一定器械组建农作物重大病虫应急防治专业队；另一个是以专业合作社、种植大户、农民专业协会、涉农企业、农村能人等为主体，积极培育具有市场竞争力的专业化服务组织，大力开展植保专业化防治。

5 对策和建议

5.1 增加投入，加大扶持力度

一是由政府对群众开展植保专业化服务组织作业给予一定补贴，对从事农作物病虫害防治工作的应急防治组织在燃油等方面予以补贴，这样既能调动广大农户参与植保专业化服务组织防治的积极性，又为专业组织发展扩展了作业空间。二是在农业基本项目建设中增加植保专业化服务组织所需的喷雾器械设备，或设立植保专业化服务组织专项，提高购置数量或补贴数量及标准，带动农民群众和企业等社会投入植保专业化服务组织。三是为植保专业化组织配备必要的运输工具，使专业队带药、带水、带机械等方便服务，提高工作效率，保证专业化防治组织稳固持续发展。四是在实施农机具补贴时增加适合果园、高秆作物等应用的大、中型喷雾器械，使器械补贴品种多样化，拓宽植保专业化组织服务对象和范围。

5.2 统一思想，提高认识水平 推进植保专业化服务是提高防治水平和技术到位率的有效途径，是一件惠及千家万户的实事、好事。各地要进一步统一思想，提高认识，将发展防业化防治组织作为各级政府和农业部门服务现代农业、发展农业产业化的一件重要的日常性工作，常抓不懈。同时针对服务中防治是否达标等争议问题，制订相关防治效果认定标准，探索建立农作物病虫害防治效果、药害等鉴定机制、防治效果纠纷仲裁机制、从业人员的健康保险和防险保险机制，及时解决专业化防治中出现的问题。

5.3 积极探索，创新管理模式 从我省实际情况看，全省应在进一步巩固现有应急防治专业队伍的基础上，鼓励各地创新服务模式，积极培育具有市场竞争力的专业化服务组织，具体讲要大力发展"专业合作社"和"村级植保综合服务部"等专业化防治组织。

5.4 开展职业技能培训和鉴定，推行持证上岗 掌握专业的植保技术是专业防治组织在实施病虫害防治时的基础。在做好专业队员技术培训的同时，下一步我省将选择一部分县，开展职业技能培训和鉴定，对合格的机手授予"植保员"职业资格证书，同时继续推行持证上岗制度。上岗证由省植保站根据县级植保站对专业队员培训考核情况为专业队员统一制作发放，上印置有专业队员的姓名、照片、举报电话，并按照区域依照身份证编码方式实行上岗证编号，便于开展专业队服务质量跟踪调查，树立专业防治队员的新形象，为专业队向规范化发展奠定基础。

植保专业合作社建设工作的思考

孙泉良　金立新　张佩胜　陈建人　袁兵

（浙江省富阳市植保站　浙江　富阳　311400）

植保专业合作社是在农村家庭联产承包经营制的基础上，生产经营者和植保技术服务提供者自愿联合，民主管理的互助性经济组织。以其成员为主要服务对象，提供植保器具、农药等的采购、维护、保管，以及与农业生产经营有关的植保技术服务。

当前，富阳市的农村正面临着二大转移：农村劳动力的城市化转移和传统农业向现代农业的转移。值此"两转"的新形势下，如何做好农业植物保护工作，已成为人们关注和研究的重要课题。

1 植保专业合作社试运行表现及其后效应

2007年，在上级主管部门的支持下，富阳市引进、借鉴先进地区之经验，试发展植保专业合作社，并在渔山、渌渚、新登等地进行试验。结果表明：植保专业合作社是一条植保新技术进村入户的绿色通道，具有"专业性强、用药科学、防治工本低、防控效果好"等优点；有助于推广绿色防控技术、达标防治技术和无害化治理技术；改善了植保工作体系结构，大幅减少了植保防控人数；提高了防控技术到位率，降低了农药使用量和次数，维护了农业生态环境，基本祛除了虫灾隐患；有效、快速地推广了新型高效植保器械；农产品无安全隐患。

2008年，扩试11家植保专业合作社，共承担6 000户、18 000亩责任田的植保工作任务。结果，服务对象的水稻平均亩产量达508kg，比传统植保模式增收2.6%；投入的农药折纯减少24%，用药次数减少19%，农药成本降低31%，减少人工费用64%，亩均节本34元，累计节省防治费用61万余元。

连续二年的多点成功实践，为植保专业合作社的全面发展播下了"种子"，全市上下发展植保专业合作社的热情高涨，并彰显出以下三个特点：

1.1　发展势头势不可挡　植保专业合作社的发展受到了各级领导的高度重视。去年7月，市政府王小丁副市长、市人大孙柏平副主任等领导到市农业局调研，并为植保专业合作社"把脉、测温"；9月，省农业厅厅长程渭山到我市渔山乡检查指导工作，并就进一步开展植保专业合作社工作作出指示；10月，杭州市政府何关新副市长到我市调研，并肯定了植保专业合作社在"统防统治"方面的成就；市农业局和各乡镇（街道）的主要领导也曾多次召开会议，共谋植保专业合作社的发展。到去年底，全市植保专业合作社发展到11家，机手约50余人，分别比上年增长266.6%、400%和300%；到今年6月底，已发展到20家，机手达365名，配置机动喷雾机186台，数千农户有望分享植保专业合作社提供的社会化服务。

1.2　扶持政策逐年改善　在财政扶持方面，省、地财政每年有一定量资金专门扶持农民专业合作社，且扶持资金逐年增加；在项目支持方面，允许专业合作社申报农产品生产基地、农业标准化建设，鼓励专业合作社申报无公害农产品、绿色食品和有机食品的认证建设。

1.3　制度优势不断延伸，功能逐步健全　植保专业合作社试运行，不仅彰显了强劲的生命力和较高的社会认同度，而且以其独特的制度优势，迅速延伸了功能。从富阳市实践来看，植保专业合作社通过改善服务设施、有效组织生产、拓展市场，充分发挥其为农服务功能；通过推广绿色防控技术、新植保器械，加快农业科技成果的转化，提高农业技术到位率和生产经营水平，充分发挥其技术传播功能；通过与农技部门的合作，制定、建立、实施主要病虫害监测体系，推进无公害水稻生产基地建设，保证农产品质量安全，充分发挥其农业标准化实施功能；通过五个统一：统一防治时间、统一防治药剂、统一防治器械、统一防治技术、统一防治人员，扩大植保市场空间，增强获利能力，充分发挥其植保技术社会化服务营销功能；通过承担农业项目建设，引导植保队伍结构调整，提高植保防灾、抗灾能力，充分落实植保方针的功能。

2　存在的主要问题及其原因

在充分肯定植保专业合作社的农业地位、功能和发展前景的同时，笔者也清醒地看到进一步发展植保专业合作社的"四难"。这是由农业的弱势产业属性和合作社居发展成长阶段的特性所决定的。

2.1　保证收益难　植保专业合作社开展社会化服务模式是新生事物，暂没有成熟的经验可借鉴，尚处于摸索阶段，实践成本较大，经济效益低下，尤其是部分工作人员的工资标准偏低且不能得到及时兑付。这已成为继续发展植保专业合作社的"拦路虎"。据笔者调查，6个合作社共28名工作人员，2008年6～10月份人均月工资收益仅304元。

2.2　挨斥喝难　多数群众对植保专业合作社实施"达标防治"认识不到位，"有虫即治"的传统观念与注重生态保护的绿色防控理念有较大差距，这或成部分群众责斥植保专业合作社"不作为"的"理由"。

2.3　安全保护难　植保专业合作社防病治虫工作时间紧、任务重，且安全防护设施不全，操作人员连续多日的超时间接触农药，有碍作业人员身体健康。

2.4　工作压力承受难　农业病虫害有迁飞性、突发性和难以预测性，防控工作压力较大；而部分植保专业合作社工作人员的植保专业知识不扎实，难以胜任植保专业合作社工作。

3　部门参考建议

为了充分释放植保专业合作社的生产力，改善植保技术推广体系，推进植保社会化发展水平，创建"资源节约型、环境友好型、质量安全型"的植保模式，以长效解决富阳市"防病治虫难"问题，除了植保专业合作社须加强自身建设之外，政府管理部门应高度重视植保专业合作社在现代农业中的地位，并予以大力扶持，唯做到政群联动才能真正体现合作社的农业功能。为此，笔者特提"四个一批"建议，供有关部门参考。

3.1　加快发展一批　一方面，植保专业合作社较多地体现了农业的公益性质、社会效益和生态效益，实施了政府难以操作的部分行为，而且承担着较大的运作风险（防治效果纠纷，农药中毒事故等）；另一方面，植保社会化服务业的发展壮大，离不开植保专业合作社的支撑；农业产业化经营也需要由植保专业合作社的服务来降低风险、增加收入。因此，当地政府要从"绿色植保"、"公共植保"的理念出发，加大扶持力度。以"政府推动、部门发动、农民自愿、市场运作、专业作业、稳步推进"为原则，加快培育新的植保专业合作组织，积极鼓励和引导有能力的组织和个人创办植保专业合作社，加快提高植保产业化经营水平。不仅要继续执行机动喷务机购置补助政策，还应对使用高效、低毒、低残留的环境友好型农药给予"良药补助"。

3.2 努力改造一批 党的十七届三中全会明确提出，力争三年内在全国普遍健全乡镇或区域性农业技术推广、动植物病防控、农产品质量监管等公共服务机构，逐步建立村级服务站点。

如今，富阳市虽然已有20家植保专业合作社开展了社会化服务工作，但这些合作社与成员的组织关系松散、利益联结不紧，而且多数合作社缺乏正常的服务和稳定的市场。有必要对这些合作社进行改造，使之成为名副其实的植保专业合作社。去年，全市已改造、改建了4家，但与富阳市的实际需要仍有较大的距离。因此，各地宜健全植保专业合作社的培训制度和持证上岗制度，凡新建的植保专业合作社或新参加合作社的工作人员，均应参加相关法律和专业知识培训，经考试合格发给上岗证后，持证上岗。

3.3 迅速规范一批 尽管这二年各地在发展植保专业合作社中，注重了规范化建设，培育了一批示范性合作社，但目前植保专业合作社仍处于成长期，真正建立利益共享分配机制的合作社不多。今后宜引导植保专业合作社规范动作：

3.3.1 在形式上规范工商登记 凡是没有按照《农民专业合作社注册登记的若干意见》办的，都要进行重新或变更登记，并按照"区域＋字号＋产业＋合作社"来规范名称，按照经济性质为"合作社"领取《企业法人营业执照》。

3.3.2 在入社上规范股金设置 《浙江省农民专业合作社条例》明确规定：每个社员都要认购股金，单个社员认购的股金不得超过总股金的20％，生产者社员认购的股金要超过总股金的50％。

3.3.3 在财务上规范会计核算 要严格按照《浙江省农民专业合作社财务制度》和《浙江省农民专业合作社会计核算办法》，独立进行财务管理和会计核算，按照章程规范服务、规范盈余分配和返还，加强与社员的利益联结，与社员真正建立起利益共同体。

3.4 着力提升一批 植保专业合作社的生命在于服务质量。要按照市场经济规律和发展生态农业的

要求，进一步扩大服务领域，提高服务质量。根据社员的需要，统一组织农药、器械的采购和使用，努力降低社员的生产成本。按照农产品质量安全的要求，统一制定和实施技术规程，逐步建立技术档案制度、服务质量追溯制度、检查监督制度；实行"五个统一"品牌服务，不断开拓植保市场；统一申报和认证认定无公害基地、无公害绿色防控技术等项目，不断自主创新，做大做强。

4 当地政府参考建议

乡、镇（街道办）是政府服务于民的基层组织，最了解实际，最贴近群众。在积极配合上级管理部门做好"四个一批"工作的同时，还应结合当地实际做好以下服务：

4.1 落实植保专业合作社建设责任制和工作考核制 充分发挥党组织委派的农村工作指导员、科技特派员的"传、帮、督"作用，落实组建植保专业合作社责任制。农村工作指导员、科技特派员宜遵照组织的要求，联系当地实际，认真调查研究，以"有利于促进生产力发展"为标准，探索加强植保专业合作社建设工作的新路子，引进、借鉴外地较为先进的工作经验，召开合作社建设现场会，树立典型，推广经验，以提高植保专业合作社建设工作的整体水平和效能。完善农村工作指导员、科技特派员工作考核制度，将植保专业合作社建设工作列为考核内容。

目前，正值农村学习实践科学发展观活动之机，各地通过有关文件、政策的学习，虽收到了一定成效，但在落实好薄弱环节，尤其是植保专业合作社建设工作方面仍有较大差距。为此，要进一步完善考核办法，把植保专业合作社建设工作列为农村工作指导员、科技特派员评优的重要内容。

4.2 为植保专业合作社营造良好工作环境 营造良好的工作环境主要包涵"三句话"：待遇上留住人。一要按照市财政补一点、乡拿一点、村出一点的思路筹集资金，确保专业合作社工作人员收入不低于本村劳动力平均水平。二要完善养老保险制度。专业合作社工作人员，尤其是合作社主任应参照职工养老保险办法到市社险办参保，享受养老保险待遇。保险资金由乡、村、个人按比例负担，任职一年享受一年。政治上激励人。要关心专业合作社年轻人员的成长，有重要贡献的，要通过选举为党代表、村民代表或通报表彰等形式，增强其的成

就感和荣誉感。生活上关心人。专业合作社工作人员家庭遇到生活困难时，市、乡及村级集体组织要给予关心照顾。

4.3 完善村级后备干部培养制度，将植保专业合作社队伍中，表现出色的年轻人员通过合规途径，列入村级后备干部 村级后备干部是乡镇（街道）党委和村级基层组织培养、磨砺、考验农村人才的主战场，向培养对象多交任务、多压担子，尤其是植保专业合作社建设工作，有针对性地做好植保专业合作社"查漏补缺"工作。

参考文献

[1] 孙泉良. 统防统治——社会主义新农村建设时期植保技术服务新模式 [J]. 植物保护与农产品质量安全，2008：447~449

[2] 孙泉良. 新型植保技术服务模式——统防统治的实践与思考 [J]. 富阳文刊，2008（3）：64~65

[3] 赵兴泉. 统一思想 明确目标加快推进农民专业合作社规范化进程. 2006年第13期简报

洛南县植保专业化防治的现状与对策

赵小蓉[1] 郝兆宏[1] 卢碧智[1] 郝晓霞[2]

（1. 陕西省洛南县植保站 陕西 洛南 726100
2. 陕西省洛南县谢湾乡农技站 陕西 洛南 726109）

近年来全国社会经济快速发展，工业化、城市化进程不断加快，农村青壮年劳动力大量转移，从事农事操作的农民大多年老体弱，素质相对较低，现有的植保防治体系难以适应农业经济发展新要求。加之近年来许多农作物病虫害连年重发，对农作物的安全生长构成了严重威胁，农民对植保社会化服务要求越来越迫切，2004年我县成立了"洛南县重大病虫害应急防治专业队"，下设古城、永丰、石门、景村、麻坪5个病虫防治专业小分队。5年来，各专业队积极探索病虫统防统治新机制，开展全程植保服务，受到了群众的普遍好评。

1 基本情况

洛南县位于秦岭东段南麓，与蓝田、华县、河南、商州相邻。全县总面积 $2823km^2$，全县耕地总面积3.07万 hm^2，辖25个乡镇，383个行政村，总人口46.1万人，其中农业人口39.1万人，人均耕地面积 $800m^2$。主栽作物有小麦、玉米、大豆、烤烟、蔬菜、西瓜、中药材、蚕桑等。每年主栽作物病虫草鼠害发生3~4万 hm^2，防治2~3.5万 hm^2，挽回经济损失1 000万元以上，5年专业队共开展统防统治 $4000hm^2$，挽回经济损失160

万元以上。通过组建农技推广服务体系，形成了较为稳定的县、乡（镇）两级农技推广连锁服务体系，并在基层群众中树立了良好的形象，有力推进了全县植保工作的开展，促进了农业发展，农民增收和农村稳定。

2 防治专业队工作开展情况

2.1 机构设置 "洛南县重大病虫应急防治专业队"成立于2004年，下设5个病虫防治专业小分队。县防治专业队由7人组成，为管理机构，有2名管理人员，掌握和平衡全县重大病虫害防治的调控，3名农艺师以上职称的技术人员，专门负责基层小分队技术人员的业务培训、技术指导，其余2名为工作人员，掌握器械的发放和维修。每个小分队20人，其中2名为专业技术人员，负责提供本辖区技术服务和田间指导，其余为机手。器械由县防治专业队统一配发，农药由各病虫防治专业小分队自行组织。防治专业小分队统一供药，统一施药。

2.2 运营情况 5年来在县防治专业队的统一布署安排下，各防治专业小分队开展了小麦化学除草工作，小麦病虫害"一喷三防"工作，烤烟病虫害统防工作，西瓜病虫害统防工作，蔬菜病虫害防治工作、核桃病虫害统防工作、花椒病虫害防治工作。累计开展防治 4 000hm²，创经济效益 9 万余元，纯利润 4 万余元。推动了本县病虫草鼠害防控水平的提高和农药使用结构的优化，避免了因不合理使用农药造成的农业生态失衡，减少了不科学使用农药造成的生产性中毒事故，提高了农产品产量和品质，促进了农业可持续发展。

古城防治专业队、石门防治专业队、永丰防治专业队是以专业防治协会的形式开展工作的，麻坪防治专业队、景村防治专业队是以植保专业合作社的形式开展工作的。病虫防治专业队成立之后，受到群众的信赖和欢迎，同时也受到了农业局和县上领导的一致肯定和赞扬。

2.3 实施效果

2.3.1 麻坪专业合作社看到群众防治病虫害不能抓住关键时期、不能正确使用农药和剂量，不但没达到防治病虫害的效果，还影响了作物品质。2004年 5 月，麻坪农技站 7 名职工合伙，每人出资 2 000元，建起了植保专业合作社，以病虫害统防统治为主要目的。合作社拥有机动喷雾器 15 台，手动喷雾器 10 架。他们在搞病虫害统防的同时还经营起了化肥、农药、农膜、种子等农用物资。合作社成立之后，他们与 6 个村的 628 户农户签订了玉米、小麦、大豆、蚕桑等农作物的统防统治合同。并向农户承诺：凡愿参加入合作社参与病虫害统防的可在合作社购买的农资价格比市场价低 10 至 15 个百分点，并且质量可靠，不向农户销售假冒伪劣产品，对肥料这样的物资还送货上门。让农户在放心购买低价农资的同时，还节省了往返车费、运输费。按照"微利有偿服务"和"先防治，后收费"的原则，合作社加强对病虫害的监测，及时掌握大田病虫草鼠害发生动态，再将病虫害发生情况通报给村民，及时组织人力、机具和药物实行统防统治，最后才做成本核算、根据实际面积收取费用。

2.3.2 实行统防统治后，每亩地每年可为农户节省劳力 2～4 个，加上每亩所用的农药价格比农户单独防治低 2～6 元，每亩地每年可为农户节省资金 60～100 元。同时还提高了防治效果，减少了农药对人体和作物的污染，提高了农产品质量。一年后，麻坪专业合作社在原有的基础上又与 5 个村签定了中药材的种植、收购合同，并为种植户提供全程种植技术服务和病虫害统防统治服务，目前合作

社事业在不断的壮大，成为我县专业合作社的典范。

2.3.3 景村专业合作社为了在景村镇发展无公害甘蓝，采取了同样的合作模式，化肥、农药、种子、病虫防治、以及产品销售均按合作社安排统一布署，不仅提高了防治效果，降低了防治成本，也为农民提供了便利，创造了经济效益，解决了农民长期盲目生产的问题。

2.3.4 古城防治专业队、石门防治专业队、永丰防治专业队工作比较单一，仅搞病虫防治。由于专业队起初收入甚微，开支大，且无周转资金，工作不能长久坚持，因而不能继续拓展。

3 防治工作中存在问题

通过几年的运营，工作中确实存在不少的问题，主要表现在农户和机手上。

3.1 部分农户对植保专业化防治服务存在偏见，主要是担心用药效果得不到保证 根据近年的宣传和示范，示范区仍有 20% 的农户自己施药，其中 10% 是因为经济问题选择自己施药，还有 10% 的农户是担心用药效果得不到保证。

3.2 农民对植保服务要求高 有 70% 的农户希望一次施药就可收到 90% 以上的防效，同时对病害防治希望与虫害防治一样收到立竿见影的效果。

3.3 多数农民对目前对提供的植保服务表示认可，仍有部分不能满意 针对近年来我县开展的麦田化除工作和小麦病虫大发生的实际，经营范围比以前有所增加，有 60% 的农户认为病虫发生是与气象条件有关，表示理解，但有 20% 的农户认为是防治效果不好。

3.4 农业生产规模小、农业收入占家庭收入少，一定程度制约植保专业化服务发展 我县耕地较少，人均占有土地较少，农业收入占家庭收入比例少，农民在农业生产方面投资少，同时小规模生产较多，不利于集中连片统防统治，一定程度上制约了植保专业化服务的发展。

3.5 防治机手难固定，工作专业性差 各个机防队队员，多数为农民工，现在许多青壮年劳力都外出打工，很少有人专门在农村从事农业生产，只有少部分人在家务农，但多数都忙于搞经济收入。剩余的劳动力，一是年龄偏大，工作效率低；二是文化程度不高，不能准确把握农药配制技术和施药剂量；三是病虫防治知识缺乏，病虫发生时不能主动

开展防治，必须在技术人员的指导下开展工作，有时危害造成了才发现问题的严重性，对防治效果带来一定影响。

3.6 专业防治协会收效差 专业防治协会仅搞病虫防治，营利少，开支费用大，不能长久维持，不利于工作的继续拓展。

4 专业队发展思路及设想

4.1 积极拓展专业化防治服务

4.1.1 积极树立为农服务理念：病虫防治专业队主要目的是为农服务，更好的实现"公共植保"、"绿色植保"的目标职责。只有让农民得到实惠，在防治效果上让农民满意，在收费价格上让农民能够接受，生产生活上让农民便利，才能更好的实现新形势下的植保工作目标。目前，重点是要做好缺劳力户和种田大户的服务，以及突发病虫、检疫性病虫统防统治服务。在向农民搞病虫防治的同时还要搞好农资的供应，栽培技术的指导工作，病虫知识的宣传和普及。因此植保专业合作社形式比较适合当前农村发展。

4.1.2 准确掌握施药技术，提高植保技术服务水平。在防治工作开展过程中，首先是准确开展技术指导，做到病虫防治技术指导准确到位，确保不滥用药、乱用药、错用药，为农户提供最优良的农药配方，在最佳时间进行喷洒施药。只有不断提高植保技术服务水平，才能确保防治效果，减少施药次数，减少防治成本。

4.1.3 做好药剂的供应，稳步推进施药服务。假劣农药的施用是农民利益最大的损害。确保农药质量，控制高毒、高残留农药的使用，这是目前保证病虫防治效果和农业投入品、农产品质量安全的基础。

4.2 开展技术研究和技术培训

4.2.1 不断筛选适宜本区辖区使用的新药剂，推广弥雾机使用技术，在稳定基础上提高弥雾机防治效果。

4.2.2 根据县、镇、村三级服务体系不同的岗位开展技术培训，培训方式既要有定期、定人培训，也要有结合生产实际的应时培训。要让基层服务人员熟悉本地常见的病虫害的识别和防治方法、防治适期，让群众了解病虫发生的条件和实际。

4.2.3 通过科普宣传，提高全社会的病虫害综合防治意识、生态环保意识，减少过于依赖化学农药防治病虫害的现象。利用科普宣传等各种形式、各种机会开展技术培训和科普宣传，做到常规培训与防治运动技术培训相结合，一般群众与科技示范户相结合，基层一线服务人员与专业农技人员相结合。

4.3 加强队伍建设

4.3.1 巩固技术推广服务队伍。加强县级技术队伍建设，稳定乡（镇）级推广队伍。

4.3.2 完善农资供应服务队伍，规范现有农资供应队伍，扶持建立专业化服务队伍，提高农药施用水平，提高利用率。并逐步以供药点为中心组建服务队。

4.3.3 加强市场监管督查队伍，确保农药市场规范，维护农民利益。

4.4 完善管理制度，规范运行体系 建立健全规章制度，完善内部管理
规范运作是合作社成败的关键，在管理上，按合作制原则，在经营上，按照公司制运作，由理事会直接经营。合作社内部全面实行"分片包干，责任到人"的目标管理制度，规范服务质量，严格责任追究制度、正常的培训制度和社员管理制度，确保合作社有序运行。同时与农户签订统防统治服务协议，规范服务，规避事故争执。

4.5 制订必要的扶持政策

4.5.1 扶持创立服务品牌。鼓励农村各种合作组织、经纪人开展专业化服务，并争取从资金、政策、技术方面给予支持。

4.5.2 鼓励进行必要合理的土地流转，逐步提高农业生产规模。

4.5.3 建立健全各项制度，包括防治效果评价体系、安全用药和环保监管制度。

植保技术推广方式方法的现状与思考

徐 淑 华

（青海省农业技术推广总站 青海 西宁 810000）

植保技术推广工作是一项面向农村、面向基层、面向农民的公益事业，在农业科技创新中起着举足轻重的作用。长期以来，我国的植保技术推广体系不断地进行着改革和完善，但是植保技术推广服务方式单一、手段落后、速度缓慢、针对性不强的局面仍然没有得到根本的改变。因此，本文在分析植保技术推广方式方法面临形势的基础上，提出了几点发展对策。

1 植保技术推广方式方法面临的形势

根据我国植保技术的推广现状，植保技术推广的方法主要有试验示范、咨询经营、技术培训、承包服务和现场指导等方法。试验示范是农业技术推广的基本方法，植保技术的推广试验，主要是鉴定新农药使用效果和方法；咨询经营是以"开方卖药"的咨询经营方式，咨询经营配套服务的推广方法，可增进农民的植保技术水平，加速新药剂的推广，有助于经销人员的植保业务知识的更新，是我国目前最广泛、最实用的植保技术推广方法；技术培训，多集中于实用技术培训，推广植保的相关知识和专门技术；承包服务是利用合同形式把植保人员同生产单位和农民的利益紧密结合，其实质是智力的转让，是一种有偿服务；巡回指导，是植保推广人员采用大众咨询、农家访问、田间调查、技术宣传、录象、电影等流动式现场指导。但是，现行的植保技术推广方式方法还存在一些亟待解决的问题。

1.1 推广网络不全
植保推广机构乡村组织普遍存在"线段、网破、人散"的局面，民间植保推广组织"发展不迅速，不可能有大的发展"。乡、村、户网络技术断层，新技术、新农药推广到乡镇容易，到村很难，进户发挥作用就更难。互联网、多媒体等现代传输方式在基层，特别是广大农村基本上还是空白。

1.2 推广服务方式单一
目前，植保信息的传输主要还是传统的会议、培训、宣传等上传下达方式，报纸、电视等媒体具有一定作用。病虫信息发布渠道主要是采用"农技报或植保小报"，其次是"病虫电视预报"。开展技术培训的主要形式是发放技术资料；开展技术指导的主要形式是技术咨询、明白纸，其次是专家巡回田间指导，较少开展技术承包和农药械经营服务。

1.3 投入严重不足，推广方式难以实施
现阶段公共财政对植保的投入，特别是对基层植保体系的投入，与全国各地的经济发展水平不相适应，更与植保对国民经济的贡献不相适应。由于投入严重不足，工作设施和条件无法改善，工作手段难以提高，推广方式方法难以得到实施，事业得不到发展。

2 解决植保技术推广方式方法的思考与对策

当前我国的农业发展已进入一个新的阶段，农业的新形势给植保技术的推广示范方式、方法提出了新的要求。植保技术推广的方法从技术人员自己做，向农民学习技术与农民共同参与的方式转变。通过网络渠道、电话渠道、媒体渠道等推进植保信息的传播。

2.1 通过电话＋电视＋电脑的方式进行技术推广

2.1.1 开通农技110热线电话，建立农技信息咨询服务平台
实现植保技术推广中科技人员与农民之间的技术需求双向信息互动。改变传统农业技术单向传输中的技术需求脱节局面。建立植保技术咨询服务专家组和农技资料数据库，在市、区县两级农技推广服务单位开通110服务电话，实行服务承诺制，做到及时答复，重大技术问题提供专家上门指导服务。

2.1.2 建立和拓宽"农技110"电话通道，增强为农服务功能 建立和强化媒体通道，提高农业科技普及率；建立植保信息发布通道，开通短信息服务，提高植保信息到位率；建立植保信息听网通道，实现网络信息进村入户。

2.1.3 开展农业病虫害电视预报，解决农民在科技种田中遇到的实际问题。

2.1.4 及时更新并补充完善各地市县植保信息网。

2.1.5 现在越来越多的农业专家系统的建立，其系统性、灵活性、高效性是培训高科技农民的首选方式。

2.2 通过创建农业科技示范园进行技术推广 农业科技示范园区是由于我国农民文化水平较低，对农业科技的理解不深，农业科技成果转化率慢而低，同时由于农民经济收入较低，无力承担采用新技术和新品种所带来的风险而产生的。所以通过"看得见、摸得着、学得成"的示范园区，进行新品种、新的栽培技术的试验示范，筛选出优质、高产的品种，总结出高产、高效的栽培技术，有效地调动农民的积极性和主动性，起到"做给农民看、带着农民干"的示范引路作用。

2.3 建立以政府为主导的多元植保体系 农业科技进步的主要推动力量应该是各级政府，政府应加大立法执法力度，是经费和技术的主要来源。重视项目计划型的推广，应鼓励民间的各种组织机构及个人参与推广工作。建设三位一体的农业科研、教育和推广体系，将先进适用的植保技术推广工作交给科研机构或农业院校，政府部门只承担农业推广中的管理、监督、引导和提供相关服务。这样使农业植保科研、教育和推广相结合，推动植保技术的推广。植保推广部门的技术人员带着生产中的问题到农业院校进行研修深造，而科研院校的专家则带着课题到基层推广机构验证成果，促进科研、教育与推广建立密切的合作关系。这样既促使植保科研、教育、推广的结合，同时又有利于管理。建立以市、县（区）植保站为主导，农业科研单位、农业院校、农资公司、农药企业、农协或植保协会等为辅助推广的多层次、多渠道的推广形式。

2.4 建立以农协或植保协会为中心的组织形式 建立植保专业服务组织，上联科研、教学单位作为技术支撑，依托农产品生产、加工、销售和农资（农药）企业的市场、产品优势，下联民营企业、个体经营户和种植示范户的网络优势，传递病虫信息，推广植保技术和相关产品。解决农民在产前、产中、产后各环节中遇到的困难和问题。

将农民组织起来采用参与式的推广方法，引导农民提高认识，转变态度，变旁观者为参与者，培养农民带头人或植保科技示范户组成农业协会或植保协会，依靠协会组织农民参与推广活动。协会统一指导，统一测报，统一供药，采用分户防治与专业队防治相结合，把植保服务贯穿于农业生产的全过程。采取无偿与低偿相结合的方法，对科技宣传、咨询、田间试验、现场指导等实行无偿服务；对提供有关配套物资，如农药、优种及植保器械等，实行微利销售，同时在协会中建立规范化的契约关系，强化约束机制，将各项服务工作都置于严格的合同制约之下，使农民的利益得到可靠保证。协会组织会员开展植保理论、经验、技术交流活动，不定期组织会员培训，开展研究示范，并积极推广植保新技术、新成果、新农药。以点带面，形成遍布全市的"植保协会会员服务网"。通过植保协会，使技术、物资、服务供应统一起来，外联科研单位及大专院校、国内外农药厂商，变成统一的服务行为，内统外联，使技术成果得以转化，新农药、新技术加以推广。克服在现行体制下搞技术推广，单靠行政命令不能适应市场发展的需要，而仅依靠技术部门又统不起来，单纯依赖市场调剂，难免钻入盈利为目的的死胡同。

建立植保协会开展一体化服务是探索市场农业形势下植保服务的新办法。植保协会通过与农民面对面的影响，辐射推广植保技术，反馈病虫动态和农民对植保技术的需求信息，在为农民提供农药物质服务的同时，架起植保技术，信息到基层的桥梁。

2.5 采取农民点单式的技术推广方式 一般的培训方式与农民的实际需求结合不够紧密。现在通过向农民发放技术需求单，将农民需求的技术进行归类，根据农民的实际需求进行授课，受到了农民的一致好评。

2.6 加大投入 先进的技术推广手段是提高农业技术推广效益和水平的物质保障，应采取有力措施提高各级植保推广机构，特别是县、乡两级测报机构的装备水平，逐步实现推广手段和设施现代化。各级财政应加大对基层植保服务体系建设的投入，财政投入水平应与当地社会经济发展水平相适应，与植保工作的贡献相协调。现阶段，应重点保证植保工作条件和设施、设备适应工作需要，工作手段不断得到提高并适应时代要求。公益型网络体系建设应以充足的财政资金支持作保障。

参考文献

[1] 郝永娟. 天津市植保技术推广的现状及对策研究 [D]. 中国农业大学硕士学位论文，2005

[2] 李雪莲，高芳. 农业技术推广方式初探 [J]. 农业经济，2008，(3)：34

[3] 田茂仁，谢雪梅，田秀玲. 基层植保服务体系存在的问题及对策 [C]. 统筹城乡发展与植保科技进步，2007，51～53

沅江市农作物病虫害专业化防治工作初探

杜安　崔剑平　谭刚　杨方芳　夏燕

（沅江市农业局　湖南　沅江　413100）

农作物病虫害专业化防治，是按照现代农业发展的要求，遵循"预防为主、综合防治"的植保方针，由具有一定植保专业技能的人员组成的具有一定规模的服务组织，利用先进的设备和手段，对病虫防控实施农业防治、化学防治、生物防治和物理防治。农作物病虫害专业化防治这一新的服务方式是适应农村经济形势新变化、满足农民群众新期待应运而生的，是建立农村新型社会化服务体系的重要内容。如何进一步完善农作物病虫害专业化防治工作，稳妥推进和提高综合效益，是我市今后一个时期农业发展势在必行的紧迫任务。

1 领导重视，部门合作，加大对农作物病虫害专业化防治的宣传是基础

我市顺应历史潮流，大胆开拓创新，不到2年的时间，病虫害专业化防治已初具规模，目前，全市已有较大的不同形式的专业化防治服务组织5个，防治队伍48个，从业人员达到1 495人；专业化防治队拥有背负式机动喷雾机1 436台，拥有担架式喷雾机41台，已签定全程承包服务面积20.3万亩，预计全年可达到28万亩。

1.1　市政府成立了以副市长肖亮任组长的农作物病虫专业化防治领导小组，将水稻病虫害专业化防治工作纳入全年粮食高产创建活动的主要内容和任务指标，签订了目标责任状。

1.2　市农业局下发沅江市农业局关于推进农作物病虫专业化防治通知（沅农字[2009]14号），明确了工作任务和目标。

1.3　农业局召开专题会议，邀请市内各农药生产企业、农资经销商、种粮大户、合作协会共45家单位座谈，研究如何开展专业化防治，讨论统一制定全程承包的价格和章程制度。沅江市电视台以专题栏目形式多次播放宣传。

2 政府扶持、拓宽渠道，加大对农作物病虫害专业化防治的投入是保障

2.1　落实国家扶持政策，积极协调农机补贴，确保专业化防治服务组织购置的机械能足额补贴到位。

2.2　市农业局承诺对全年全程承包面积在10万亩以上的专业化防治服务组织奖励5万元。

2.3　把专业化防治全程承包面积全部纳入农业保险范畴，由专业化防治服务组织交纳保险费，为企业和农户提供风险保障。

3 强化培训，重点扶持，是农作物病虫害专业化防治组织有序发展的途径

为提高病虫害专业化防治水平，今年我市举办了病虫害专业化防治培训班6期，培训人数700人。邀请省植保植检站研究员唐会联等专家作了专题讲座，北京丰茂植保机械有限公司和江苏华辉动力机械有限公司派技术人员进行了机动喷雾器的演示、操作使用、维修维护的技术培训。编印《病虫

专业化防治手册》2 万册发放给各专业组织。

通过培训与引导，我市病虫害专业化防治组织健康发展。

湖南万家丰科技有限公司凭借自身优势和去年的成功经验，今年又加大了力度，公司新成立了沅江市万家丰农作物病虫防治专业合作社，专门从事农作物病虫专业化防治工作，现已登记注册，合作社产权明晰，独立运作。目前已组建 32 个专业化防治服务队，专业防治队员 821 人。拥有背负式机动喷雾器 806 台，担架式机动喷雾器 25 台。已与 10 920 户农户签订了专业化防治承包合同，落实全程承包服务面积 12.6 万亩。

卢青年米业公司和佳天隆米业有限公司分别依托公司生产基地和周边农户实施水稻病虫专业化防治。卢青年米业公司组建专业化防治服务队 6 个，专业防治队员 292 人；拥有背负式机动喷雾机 264 台，担架式机动喷雾机 5 台；落实面积 2.9 万亩。佳天隆米业有限公司组建专业防治队伍 5 个，专业防治队员 185 人；拥有背负式机动喷雾机 178 台，担架式机动喷雾机 3 台；落实面积 2.1 万亩。

南大镇农业综合服务站已落实早晚稻专业化防治承务面积 1.3 万亩；沅江市农村科技合作社已落实早晚稻专业化防治承包面积 1.4 万亩。

4　典型引路，以点带面，是农作物病虫害专业化防治取得成效的关键

我市万家丰农作物病虫害专业化防治合作社已发展成为全省农作物病虫害专业化防治工作的典型，其主要经验和做法如下：

4.1　强有力的植保技术支撑　病虫害专业化防治工作离不开植保技术，离不开专业技术人员参与。万家丰农作物病虫害防治专业合作社与农业、植保、气象等部门多方联手，技术方面得到了强有力的支撑。

4.1.1　聘请了益阳市植保站站长曹志平、沅江市植保站站长胡建辉作技术顾问　此外还从基层聘用了 12 名植保技术人员作专业指导。他们有的是植保站退线的高级农艺师，有的是从事多年植保工作的乡镇植保员，还有的是湖南农业大学植保专业毕业的学生。

4.1.2　每一次防治战役都由沅江市植保站根据各测报点数据提供准确的病虫预报、防治信息及防控技术　保证了适时适量用药，提高了防效。

4.1.3　每一个专业化防治服务站都开设了农民培训室、农作物病虫标本室、机械维修室、设备存放室；给每个机防队员发放一本由沅江市植保站编制的《水稻病虫专业化防治手册》，要求每一个队员都要掌握好农作物病虫的一些基本特性、防治技术、机械维修技术。

4.1.4　根据省植保站编印的《农作物病虫害专业化防治指导药剂汇编》资料，合作社从中对每种水稻病虫分别选择两种不同成分的药剂，交替使用，避免病虫对农药产生抗性，提高防治效果。

4.1.5　为了确保每次病虫的防治效果，合作社还与气象部门密切合作，掌握防治适期天气变化情况，合理调节好施药时间。

4.2　建章立制，规范管理　为确保专业化防治工作的有序开展和持续发展，合作社制定了一整套较为完善的管理体系。

4.2.1　规章与制度　合作社制定了《病虫专业化防治队章程》、《安全用药技术操作规程》、《病虫专业化防治收费标准》、《损失赔偿标准》等规章制度。悬挂于每个专业化防治服务站的办公室，每个机防队员人手一份。一方面是对农民进行承诺，保证防治效果。二方面是请社会监督约束合作社与机防队员。三是有利于提高合作社在人民群众中的形象。

4.2.2　合作社与机防队员及农户都签订合同，以合同的形式明确合作社、服务站站长、机防队长、机防队员与农户的责、权、利　每一个机防队员固定防治的农户与面积，并与参与的农户见面，约定施药时间，确保负责范围的防治质量与效果，做到专人负责施药，由农户来进行监督。合作社与农户约定，合作社对承包水稻面积的主要病虫防治（二化螟、稻飞虱、稻纵卷叶螟、纹枯病）实施全程专业化防治，虽然稻瘟病、稻曲病不在承包范围，但合作社无偿提供 18% 咪鲜松乳油 200ml（早稻 60ml，晚稻 140ml）用于两病的防治，农户向合作社交纳每亩 125 元的承包费。

4.2.3　合作社每次防治药剂的配送都实行与防治农户、防治面积、负责防治的机防队员挂钩，定量配送　合作社在配送药剂时将负责机防队员、负责防治的农户与面积、药剂量都标注在包装上面，以确保药剂到位、防治责任到位、防治效果到位。

4.2.4　合作社对机防队长与机防队员进行定量定质考核，奖勤罚懒、奖优罚劣　对机防队长重点考核其负责的防治面积有没有责任事故，防治费用能

否全数上缴，工作是否认真负责，机防队员之间是否团结，当地农民群众反响如何。被评为优秀的奖励500元。

对机防队员重点考核能否按质按量地完成全年的防治任务，能否全力维护合作社的形象，全年防治中没有出现差错，能否受到当地农民好评与赞扬。被评为优秀的奖励200元。

机防队员在全年器械使用过程中，能爱护器械，保养工作做得好，全年任务结束后施药设备完好，且较少大修的，对该队员奖励50元。

4.3 提高专业防治队员素质 机防队员的素质是专业化防治成败的重要因素，再好的药，再准确的病虫情报，如果没有机防队员认真负责的态度与优良的操作技术，好的防治效果就无法达到。因此，合作社特别注重机防队员的综合素质。

4.3.1 精选人才 机防队长由当地具有一定的管理经验、有一定影响与专业技术才能的人担任，他们可以是退线的农技干部、村干部、种田能手。机防队员都是当地种田水平较高，责任心强，热心专业化防治事业的青壮农民。

4.3.2 培训人才 优良的人才也要讲究与时俱进，才能学会新技术，适应新形势。在省、益阳市、沅江市植保站的支持下，合作社今年在沅江市区、共华镇、泗湖山镇、草尾镇、南大镇等地主办了6期专业化防治培训班，邀请省站专家和益阳市、沅江市技术权威讲技术课，采取课堂讲解和田间现场演示相结合，标本识别和病虫及危害状田间采集相结合，指导队员认病识虫，并掌握专业化防治的基本常识。邀请北京丰茂与江苏华辉植保机械公司的技术人员进行了机动喷雾器的演示、操作使用、维修维护的技术培训。每人都发了《水稻病虫专业化防治手册》、《病虫专业化防治队章程》和《安全用药技术操作规程》等资料。821名专业防治队员培训后，进步很快，都能胜任自己的岗位。

4.3.3 留住人才 一是统一服装，统一形象，增强队员的荣誉感。合作社制作了800多套印有"万家丰"字样的制服，免费发给每一位机防队员，每人配备一台机动喷雾器，一套防护罩、防护服，建立了一支较为标准的病虫专业化防治服务队。二是确保机防队员待遇。机防队员按照施药防治面积大小及防治质量好坏计算劳动报酬，每亩可获纯利4元。每60～70亩面积配备一名机防队员，一名机防队员一天能防治35亩左右，日纯收入可达140元左右。

4.4 保证专业化防治的效果 专业化防治承包服务田块严格按植保站制定的专业化防治技术要求进行操作，同时严格按防治指标进行化学防治。今年早稻专业化防治承包田只进行了2次病虫防治，一次是5月15～20日，主要挑治一代二化螟，达到防治指标的田为20%左右，施药田面积仅占总面积的23%；第二次是6月24～27日主要防治稻纵卷叶螟、稻飞虱、纹枯病，纵卷叶螟达防治指标的田为60%左右，飞虱和纹枯病达防治指标的田各为50%左右，防治面积分别是70%、50%、60%。为确保这一方案的实施，在每次防治战役前2天，由植保站牵头，带领公司技术人员对所承包的水稻田，进行逐丘逐块的调查，达到操作牌上所规定的防治指标，才用药防治，未达到防治指标坚决不打药。施用的化学农药由公司集中采购，统一存放，施药前临时混配到塑料大壶后，再带到大田对水施用，所有原小包装废弃物全部集中处理，减轻了环境污染，大大提高了专业化防治的"专业化"内涵，既有效控制了病虫害，节约了成本，又减轻了污染。

沅江市万家丰农作物病虫防治专业合作社的成功典型引起社会较大的反响，专业化防治承包区未参加专业化防治的农户和周边村的农户强烈要求将自己的稻田交给专业化防治队承包。5月5日，《湖南省农作物病虫专业化防治工作简报》第四期刊登了"沅江市水稻病虫专业化防治又好又快发展"一文，对沅江的专业化防治工作给予了充分肯定，并向全省推介了沅江专业化防治的典型经验。6月9日，在湖南省农作物病虫专业化防治工作会议上，沅江市作了先进典型发言，受到了省厅领导的高度好评。

5 问题和建议

5.1 进一步加大宣传力度 农作物病虫害专业化防治是一项新生事物，农民的认识还不够，要充分利用广播、电视、报刊、网络、农业110等媒体进一步加大宣传力度。

5.2 进一步加大投入力度 专业化防治是一项露天工程，受自然条件的影响较大，要争取政府给予更大的政策支持，将专业化防治纳入公共财政补贴，并建立风险基金，保障工作的持续开展。

永清县推进农资连锁经营服务的实践及思考

侯文月[1]　　徐俊生[2]

(1. 廊坊市植保植检站　河北　廊坊　065000
2. 永清县植保植检站　河北　永清　065600)

永清县地处津京中心地带，幅员面积 776km²，耕地面积 62 万亩，辖 14 个乡、镇（工业园区），386 个行政村街，总人口 38 万人。全县无公害蔬菜面积发展到 32 万亩，总产量 140 万 t，形成了深冬蔬菜、早春双覆盖蔬菜、厚皮甜瓜、胡萝卜、香菜五大产区，其中设施蔬菜面积达 26 万亩。先后被京津冀蔬菜无农药残毒监控协作网确定为"无农药残毒放心生产基地"；被河北省政府确定为"环首都蔬菜产区中心县"和"河北省蔬菜之乡"；2001 年被农业部确定为"国家级无公害蔬菜生产示范基地县"。为了大力推进无公害农产品生产，全面提高农产品食品质量安全卫生，提高市场竞争力，在部、省、市领导下，从 2006 年开始开展农资连锁服务网络建设，将农业投入品直接输入终端市场，向农民提供质优价廉的农业生产资料。同时，以此为载体，将植物保护新产品、新技术、新方法不断推介、传播到农民手中，促进农民增收。

1　农资连锁服务开展情况

1.1　抓总站建设　
永清县农资连锁配送服务网络依托单位是县农业局植物医院。首先加强植物医院连锁总店的建设，为物流配送服务提供有力支撑。2006 年在原有的基础上，投资 23 万元，在县城农产品批发交易市场扩建营业超市大厅 200m²、仓储库房 900 m²、配备配送车辆 5 部；投资 2.4 万元引进开通了"中国蔬菜视频医院"专家咨询网络系统 4 套，为分店安装开通了 3 套。2008 年又投资 30 万元，扩建用房 300 m²，配备运输车辆 2 辆。

1.2　抓连锁服务网络建设　
根据区域位置、生产布局（蔬菜产区、林果产区、大田作物区）、经营的资质和相适应的条件，选择组建连锁加盟经营服务网点，全县组建了 40 个乡村级连锁加盟店。主要作法：

1.2.1　统一名称、统一标识、统一挂牌　
各连锁经营店统一悬挂"永清县植物医院连锁店×××分店"和"植物医院连锁店农药经营许可证"牌匾、证照，树立形象，打造品牌效应。

1.2.2　
物资统一采购、统一配送、统一销售价格，维护、稳定市场秩序。

1.2.3　
连锁总店对分店物流实行微机入档，统盘调配。

1.2.4　
植物医院总店确保供货渠道，严把质量关，确保农业投入品的质量安全。

1.2.5　建章立制，规范化管理　
从店面布局、服务质量、产品质量、内部管理、技术服务等方面，严格制度，规范约束。建立健全了《产品质量管理制度》、《质量承诺书》、《仓储管理制度》、《经营人员守则》、《销售记录制度》、《安全防护制度》、《经营优质服务制度》、《诚信卡制度》等规章制度，上墙公示，接受群众监督。

1.3　抓好连锁服务宣传培训工作

1.3.1　开展科技下乡活动　
连锁店参加实施了农业部"千县万亩科技下级工程"和"百村万亩科技入户工程"。每年为全县农民下乡讲课 200 余场次，培训农民 15 000 多人次。把培训讲堂从室内搬到室外，从集中培训办到田间地头、温室大棚，从系统讲授到现场培训，进行有针对性的指导，时间由白天上午转向中午或晚上农民休闲时段。

1.3.2　
邀请农业部领导和北京、山东、河北省大专院校、科研院所、企业界等 10 位有关专家开展培训。我们先后举办不同形式的培训会（班）共计 16 期次，出动车辆 20 部，培训人员 5 000 人次。

1.3.3　利用电视、广播、报刊、网络、现场会等形式进行广泛宣传　
连锁店加入了"河北省农民报报友俱乐部"；"河北科技报报友俱乐部"；总店经

理张立国被特邀为"河北省农业产业信息编辑部"特约记者；在廊坊电视台新闻频道《金色田野》栏目进行宣传报道；2008年6月份中央电视台农业频道对我县的连锁服务工作进行了新闻报道。

1.3.4 印发明白纸，发放科技图书、科技光碟 先后印发《病虫害防治技术知识问答》等资料3万多份；科技图书300册；科技光碟600张。

1.4 抓好网络运行管理 对连锁加盟店实行合同管理，采取"三定"措施，即定任务、定指标、定奖惩。年终进行考核评比，分为合格、A级、AA级连锁店。对于业绩突出的AA级、A级和合格连锁店分别给予物质奖励、奖金（返利）、流动资金支持，授予锦旗，颁发"放心农资诚信经营店"牌匾等不同形式的表彰；对于不诚实守信单位，将其从连锁店中除名，摘掉牌匾。在年底举行的总结会上，对连锁店全年经营服务情况进行全面的总结交流，典型汇报发言，邀请廊坊市植保站、县农业局、工商局、技术监督局等相关部门出席年会，参与指导相关工作。

2 实施连锁经营服务工作的一些体会

通过三年来的建设、发展、完善、提高，连锁配送服务取得了显著的实效，保障了食品安全，壮大了企业规模。农民受益实惠，实现了"共赢"的局面，取得显著的经济效益和社会效益。

2.1 领导的重视，是我们开展、实施物流配送工作的根本保障 在这项工作的筹划、组建、运行过程中，农业部、省植保总站、市站领导曾多次莅临永清进行指导，提出具体的指导意见。永清县人大、县委、县政府等领导及相关部门负责人每年都要进行视察，就有关问题做出指示，对于推进连锁服务工作起到了很好推动作用。

2.2 通过实施连锁配送服务有效地推广了无公害农资产品，引导农民科学、合理、安全用药，降低了农药的残留量，在保障无公害农产品质量安全方面发挥重要作用 3年来，物流配送无公害农药累计达30多t；无公害肥料2 000多t；各种药械1 500台。免费为1 000多户农民群众开展了测土配方平衡施肥技术指导。

2.3 使广大农民消费者得到了实惠 由于总店直接从厂家大批量进货，减少了中间环节，进货价格比从中间商进货便宜5%以上，销价也相应的降

低，让利于民。

2.4 通过连锁试点建设、发展在全县范围内初步形成统一、规范、有序的农资连锁服务体系，扩大、提高社会影响力 2008年6月份，欧洲考察团（比利时、德国、以色列、法国等）一行22人，来永清考察无公害蔬菜农药使用情况时，其中参观了农资连锁网络，听取了农资连锁配送情况汇报，通过为期几天的参观考察，使考察团成员感受颇深，对连锁组织、人员素质、用药水平给予了很高的评价。

2.5 农资连锁服务网络服务领域不断拓展延伸，成为我们推广植保"三新"技术的桥梁和纽带 我们在连锁体系基础上，发展、组建了11个连锁店植保专业化机防队，优势互补，扎实推进统防统治工作的开展。机防专业队共有各种类型的施药机械154台，其中背负式机动喷雾喷粉机74台，车载高压三缸泵喷雾机56台，机动烟雾机22台，其他机械2台；拥有各种车辆（轿车、面包车、农用三轮车、箱式货车）43部；现有机防队员76人。专业化防治从小麦、棉花、果树作物发展为温室、大棚蔬菜机械化防治，取得了显著成效。通过摸索，改进烟雾机的施药技术，拓宽了烟雾机的使用功能，尝试使用了可湿性粉剂加水加专用发烟剂烟雾法，省工、省时、省力、防效高，这项技术在实践中得到了广泛应用，很受菜农的欢迎。

3 存在问题

3.1 连锁经营服务，目前尚有很多地方很不完善 农资连锁总店与加盟店之间的关系，我县运作模式上，仅属合作伙伴的性质，关系的维系主要靠产品质量、价格、技术。需要我们在今后的工作中深入地探讨，解放思想、转变观念，或借鉴商业连锁店的模式，或发展为股份制式，或成为经济实体，把植保农资连锁店经营服务进一步做大做强。

3.2 农资连锁店自身正当利益得不到保护 经几年的试验、示范，所推出的农民信赖的明牌产品、优秀产品，在投入了大量的人力、物力、财力，打出市场后，却被一些见利忘义、唯利是图、利欲熏心者采取不正当的手段恶意竞争，争抢农资客户，严重地干扰了连锁店的正常秩序，使其声誉、形象也受到了损害。

3.3 周转资金的不足 在很大程度上也限制了农资连锁经营服务向深度和广度地拓展。

修武县植保技术推广面临的形势与应对措施

原永进 李胜利

（修武县植保植检站 河南 修武 454350）

1 基本情况

修武县位于河南省西北部，下辖四乡三镇 240 个行政村，北山南川，总耕地 36.8 多万亩，主要作物是小麦、玉米、大豆、花生、棉花、蔬菜及果树。其中，小麦播种面积 30 万亩，玉米 25 万亩，大豆 4 万亩，花生 3 万亩，棉花 1 万亩、蔬菜 6.2 万亩，果树面积 1 万亩。农业生产的重点是粮食生产，植保技术的推广主要的是小麦、玉米、大豆、花生的病虫草害防治。全县各类病虫草害年发生面积 260 多万亩次，防治面积 220 万亩次，防治用药 2 000 多万元，用工 20 多万个，近千万元，总投入 3 000 余万元，挽回损失 12 000 万元以上，投入产出比 1：4。

2 植保技术推广现状

2.1 县植保站是全县唯一专门的病虫草害防控机构，负责本区域病虫草害的预测预报、技术培训、技术指导、植物检疫和新农药新技术的试验推广工作，由于人员、设施等原因，仅能做到最常规、最基本的日常工作，植保技术的推广与普及在一定程度上还存在着技术瓶颈问题。

2.2 全县各类农资经营门店 236 户，大的村镇门店多，小的村庄门店少，除山区外平原村庄，每村至少有一家门店，各门店间相互竞争，不断推出新的项目，来吸引农户，如免费提供喷雾器，提供防治方法，有的还有专人防治。

2.3 **农资经营户是防治物资的主要提供者** 由于他们直接面对农户，而且免费提供施药机械，既开方又卖药，因此他们是病虫草害防治的重要的力量。但由于他们多数属于个人经营、专业技术水平差异很大，因此在病虫草害防治过程中时有出现防效差、效果不好、药害发生等问题。

2.4 全县有种植专业合作社 15 个，主要集中在花生、蔬菜、果树等经济作物种植区域，由于产品生产特点，对病虫草害防治要求相对较高，其也有相应服务。

3 植保技术推广面临的形势

3.1 随着经济的发展和农业生产机械化程度的提高，以及各类服务组织的不断出现，有越来越多的农民有了兼职，不仅种地，还搞养殖业，或外出打工，或在本地打工，从事农田生产的时间越来越少，30 岁以下的青年很少参加农业生产劳动，进行农事操作的基本上是妇女和老人。在种和收基本实现了机械化操作的现状下，最大量的农事操作活动就是病虫草害的防治。

3.2 **主管全县病虫草害的专业机构是县植保站和各乡镇农技站** 县植保站虽然相对专业，但由于种种原因，发挥的作用也很有限，而各乡镇农技站却忙于中心工作，基本不干业务，其技术推广力度在一定程度上还不如一个农资门店专业。

3.3 随着新品种、新技术不断推广以及农作物产量的不断提高，因病虫草害防治不力造成的损失也在不断提高，例如小麦在 400kg 产量水平时损失 15%，是 60kg，当产量水平提高前到 500kg 时损失 15%，就是 75kg，同比相差 15kg，按每千克 1.8 元单价计算是 27 元。

3.4 随着商品交流的频繁，病虫草害发生情况的日益复杂化，新的病虫草害种类不断出现，能不能做出准确的诊断和提供科学、有效、安全、经济的防治，是农业生产中必须面对问题。

3.5 食品安全是人们关注的问题，而病虫草害防治过程中对农业产品的污染必须面对，减少污染的技术必须研究推行。

3.6 防治技术、施药技术的改进，推广机械作业，使从业人员减少或减轻劳动强度必须面对。

4 新形势下进一步强化植保技术推广的对策

解决植保技术推广，必须以科学发展观为基本指导，实事求是，因地制宜，循序渐进，逐步实施，要根据现阶段生产力与生产关系的特点、技术水平与现行体制的实际去探索植保技术推广的有效方式与最可行的有效途径，要优化各种现实的和潜在的资源配置，发挥各方面的优势，要利用好行政的、财政的、企业的、市场的优势，充分发挥各自的功能，实现社会效益最大化、生态效益最优化、经济效益合理化，才能最终实现"公共植保"、"绿色植保"的目标，才能实现农业生产的可持续发展。

4.1 解决好人的问题 因为人是最重要最关键的因素，在现行体制下，只要理顺各方面利益关系，发挥好各自职能便可产生巨大的生产力，实行县植保部门—农资门店（专业合作社）—农户的植保技术推广体系。

4.2 加强县级植保站建设 明确职能分工，保证人员待遇，使之真正发挥专业职能，实行植保部门—农资门店（合作社）—农户的植保技术推广体系，县植保部门最为关键，他是整个体系的灵魂，他要对全县的病虫草害防治进行决策，提供防治技术方案，目前的县级植保都能做到这一步，但最大的问题是这些方案在生产上应用了多少。多数情况是方案到各乡镇农技部门就到了终点站，真正的终点站农户根本就不知道方案，所进行的防治是农户的经验和农资部门的介绍。限于专业水平和自身经济利益的考虑，往往难以得到理想的防治效果，因此植保部门把技术送到农户的最捷近的途径就是农资门店（合作社），植保部门对农资门店经营人员进行培训，再通过农资部门的服务宣传，将技术应用到实际生产中。

4.3 强化经营门店（专业合作社）管理，充分发挥经营门店在植保技术推广中的作用 经营门店是市场行为，不能靠行政命令，依靠相关的法律法规和利益引导，加以强化管理和完善，扩大他的服务功能，利用他在市场中形成的有利地位，逐步赋于其更重要的作用。首先利用其点多、面广、直接面对农户、直接接触农户、直接服务农户的特点，加强对其进行技术培训和业务指导，使植保部门无力做、做不好的事，通过经营门店（专业合作社）贯

彻落实到农业生产中；其次依靠有实力的门店（合作社），提高专业化服务水平，以经营门店（合作社）为依托，逐渐建立机防队；最后在门店及其机防队的基础上形成专业化的植保服务组织。

4.4 弱化农户的防控功能，把更多的农民从农作物病虫草害防治中解放出来 随着经济的发展，生产力水平的提高，有很多农事操作由机械化代替了人工，大大降低人工投入生产成本，提高了统防水平，病虫害防治也由过去的农户自备药械、自己防治，发展到了目前农资经营门店配备药械，农户防治的状态，这样药械利用率大量提高，先进的药械的利用及更新速度也相应加快。随着经济的进一步发展，生产力水平的进一步提高和人们观念改变，农户将逐步从病虫草害防治中淡出，而被专业化的病虫草害服务组织替代，为实现"公共植保"、"绿色植保"提供了更大的操作空间和可能。

4.5 县植保部门—农资门店（专业合作社）—农户是植保技术推广的有效途径。

4.5.1 县植保站是目前最基层的植保技术推广机构，乡镇农技站由于种种原因没有能力担负最基层的植保技术推广任务，省市及其他专业植保机构又离农户太远，因此在目前情况下，只能依靠县植保站。县植保站这些年来虽然没有得到强化，有被弱化的倾向，但还基本保持了队伍不散，只要加强队伍建设、设施建设，强化功能，提升专业水平，完全可以发挥更重要的作用，其仍是植保技术推广的最重要的力量，认识不到这一点将犯历史性的错误。

4.5.2 在现在体制下，植保站只需加强对农资门店的管理，利用行政财政手段给予扶持和引导，就可以复制出相应的推广功能，其辐射效果和落实力将几十倍上百倍地提高，而并不增加政府投入，如全县200多家门店就有200多个推广点，比仅依靠植保站要强得多。

4.5.3 农资经营门店多数是根据市场需求而建立起来的，专业水平高低不齐，经营业绩有好有坏，由于市场竞争的激烈，推广植保技术的活力与创造力往往在农资经营门店中产生，并迅速普及，同时又扩大了服务与就业，这就是市场经济的威力，因此要善待市场，维护市场的公平正义，扶持农资经营门店（合作社），保护他们的合法权益，因此会受到农资经营门店（合作社）的响应与支持。

4.5.4 对农资生产企业有利 一但形成了基层植

保技术推广体系模式，将对销售假劣农资和非正规农资企业产生巨大的排斥力量，那些质量好价格合理的农资生产企业的产品将会受到市场的青睐，这样有利于企业生产出更好的产品，使好产品企业得以发展壮大，差产品企业逐渐被淘汰，假冒伪劣容易受到处罚，因此会受到企业支持。

4.5.5 农户会欢迎 这一模式的最大特点是增加了服务，提高效率和效益，减轻了农户的麻烦，农户因作物病虫草防治的科学、及时、有效、省力、省时提高了产量，增加了收益，是最终的受益者，因此必受欢迎。

4.5.6 政府满意 这一模式解决了多年来一直困绕各级政府的技术棚架等问题，对推动植保技术推广工作，提高农产品产量和品质，让人们吃上安全放心食品增加了保证。

4.5.7 理顺各方关系，使参与方更有效地参与进来，职能任务明晰，使各方面都得到合理定位与分工，各司其职、各负其责，都能在各自的定位上有所专长、有所发挥、有所创造又相互配合、互相依存，互相促进，既松散、又紧密，既是整体又相互独立的机制。

总之，当前的植保技术推广面临着严峻的形势与挑战，因时因势制宜，适时调整对策，采用县植保站—农资门店（专业合作社）—农户的植保技术推广模式，是当前形势下，解决植保技术推广中诸多问题与挑战的有效途径。

新时期基层植保服务体系存在问题及对策建议

贝 进 标

（广西昭平县病虫测报站 广西 昭平 546800）

基层植保服务体系包括县及县以下面向农村、服务农民，从事植物保护技术推广服务的机构、组织和个人，它涵盖了县乡两级政府及其所属的公益性植保（农业）技术推广机构和农村植保专业组织，整个推广体系紧密相连，相互融合，相互依托，相互促进，构成了基层植保服务体系的有机整体[1]。自从我国实行农村土地联产承包责任制改革以来，随着农业产业结构的不断调整，农业耕作制度复杂，农作物复种指数高，病虫寄主分布广泛，病虫害种类多，发生危害日趋严重。农业有害生物的多样性、复杂性、不确定性和危险性，为基层植保工作提出了更高更新的要求。

1 现阶段基层农业生产的状况

1.1 产业结构发生了明显的变化，农作物病虫害的发生更趋复杂
随着农业产业结构的调整，昭平县的水稻年种植面积已从 20 世纪 80 年代初期的 2.5 万 hm² 下降到目前的 1.8 万 hm²，部份水田已改种了蔬菜、烟叶、西瓜、水果、桑叶等经济作物。1996 年以来又在一些丘陵坡地发展茶叶生产，大规模种植绿茶，经过十多年的不断发展壮大，目前全县已有茶园面积 0.8 万 hm²，茶业已成为昭平县农业支柱产业和特色产业。由于一年四季田间多种农作物并存，品种多而复杂，生长期长短不一，病虫越冬、传播的桥梁田明显增加，一些次要病虫逐步上升为主要病虫，使农作物病虫的发生更趋复杂。特别是近年来受异常天气的影响，农业有害生物的传入风险不断增大，暴发性、迁飞性、流行性病虫害发生的频率明显加快，发生规律较难把握，年度间变化大，预防、控制技术专业性强，病虫抗药性增强，已对农业生产构成重大威协。

1.2 农民队伍年龄老化，素质不高，影响新技术在生产中的推广应用
由于广西具有与广东毗邻的特殊地理位置，改革开放后广东经济发展迅猛，吸收了广西大量的青壮年农民前往广东从事第二、三产业，使我区直接从事农业生产的农民队伍年龄老化，文化素质不高。目前从事农业生产的基本上是"38、61、99"农村留守人员，这部份农民由于女性比例大，年龄偏高，掌握的科学知识少，生产水平低，再加上生产规模小，组织化程度低，难于系

统掌握农业生产新技术，就这部份农民自身而言，一方面缺乏病虫防治等农业生产技术，另一方面对农业新技术接受能力不强，从而影响到新技术在实际生产中的推广应用。

1.3 农业种植效益滑波，农民生产积极性不高

虽然国家和政府一再强调农业生产在国民经济中的重要地位，要求加大服务"三农"的力度，农产品的价格也有了一定的提高，但是，大部份的利润被销售中间商所占有，同时生产资料的价格也随着农产品价格的提高而水涨船高，农业生产者的效益没有得到根本性的提高。由于农民自主调整农业产业结构，对农产品供求信息掌握不够，对农产品销售市场前景估计不足，造成农产品积压严重，农产品很难转化为商品，农民常常为产品卖不出去而伤脑筋，生产成本高、卖粮难、效益低成为影响农民生产积极性的主要因素。农业生产效益低廉，农民生产积极性下降，对农业生产新技术失去兴趣，造成生产投入减少，管理粗放，农民只满足于自产自给。

1.4 农民生产观念陈旧，安全意识淡薄，生产技术滞后

由于农民队伍年龄老化，素质不高，种植效益滑波，生产积极性不高，造成安全生产意识淡薄。农民对病虫防治的要求仍停留在快速、高效上，对农药安全使用意识、健康意识和生态意识淡薄，主要体现在施肥用药技术相对滞后。植保机械仍以20世纪60~70年代使用的"工农16型"背负式喷雾器为主，约占使用量的90%以上，这种机型由于结构简单，"跑、滴、漏"现象非常严重，农药利用率和病虫防治效果低。由于害虫的抗药性增强，农民使用农药次数和使用量大幅度增加，任意提高施药浓度，忽视农药使用的安全间隔期，菊酯类农药在水田上大量使用，滥用农药现象非常严重。目前全县农业生产仍维持着八十年代初期的个体分散经营的基础上，生产规模小，农民具有高度的生产自主权，难以改变传统的生产观念。

2 基层植保服务体系的现状及存在问题

2.1 组织领导乏力，技术推广没有组织保障

组织领导体系是基层植保服务体系的核心，它为植保工作提供组织保证、经费保障和人才支持。组织领导体系主要是县乡人民政府和基层组织，是目前基层植保技术推广体系中最重要的子体系。但是，在农村已基本解决温饱问题，农业生产的比较效益相

对较低的情况下，各级政府和农村基层组织对植保工作重视程度有所下降，领导乏力，技术推广没有组织保障。现阶段基层植保工作基本上是县级业务主管部门的业务工作，甚至只是县级植保部门的工作，各级政府对农业生产的重视程度大多数只停留在口头上，敷衍了事，当地政府基本没有植保经费预算，因此植保工作没有得到实质性的重视和支持，没有上升为政府行为，从而失去了可持续发展的依托。

2.2 基层病虫预测预报体系名存实亡

病虫预测预报体系是基层植保服务体系的基础，它为植保工作提供技术支撑。在农村经营体制改革后，特别是2002年广西实行乡镇机构改革后，原有的乡、村级病虫测报网络已是线断、网破、人散。以昭平县为例，20世纪80年代初期全县有乡镇农技站17个，每个站有1名植保员专门负责病虫调查测报工作，其中有15人是植保专业毕业的专业技术人员，同时全县聘用村级农辅员152人，基层病虫测报网络已初具雏形。2002年实行乡镇机构改革后，17个乡镇合并为12个乡镇，乡镇农技站也相应减少到12个，改革后各乡镇把涉农五站合并为乡镇农业服务中心，受编制限制，辞退了一部份25年工龄以上的农技干部，每个乡镇农业服务中心又抽调3~5名人员到乡镇土地管理站工作，而大部份又是农业技术人员。目前各乡镇实际有植保专业人员4名，从目前各乡镇农业服务中心的分工情况看，植保专业人员已基本没有从事病虫调查测报工作，2004年后因经费问题村级农辅员全部解聘，至此，乡、村级病虫预测预报体系已处于全瘫痪状态。

2.3 技术推广体系陈旧，信息传递渠道单一

病虫信息是各级政府组织开展病虫防治的依据，也是农民进行病虫防治的主要信息来源。基层植保技术推广体系是为当地政府部门提供病虫防治决策依据，为广大农民提供病虫防治信息的专业组织，具有很强的社会公益性。目前农技推广体系基本上还是沿袭计划经济时代的运行模式，病虫防治信息主要是参考县级发布的《病虫情报》，《病虫情报》首先由县农业局邮寄到各乡镇人民政府及农业服务中心，再由各乡镇人民政府或农业服务中心邮寄或分送到各个村民委员会，最后由村委会负责抄写张贴到部份村屯。由于传递环节多，历时长，范围有限，致使一些迁飞性、流行性、暴发性病虫的防治信息传到农民时已经错过了防治适期，常常成了"马后炮"。近年来部份县区虽然尝试开展《病虫电

《视预报》工作，在当地电视台定期播出《病虫电视预报》节目，效果较好，深受广大农民欢迎，但是由于制作电视节目需要一定的设备投入，制作难度较大，播出费用昂贵，没有足够的资金投入和相应的优惠政策，很难维持病虫电视预报工作的正常运转。

2.4 资金投入少，基层专业服务体系不完善

植保专业服务队是基层植保服务体系的生力军，是新时期控制生物灾害的有效形式，植保专业服务队建设是目前农业生物灾害防控体系建设的主要内容。我国的植保专业服务体系的发展经历了漫长的探索发展期，近年来基层植保专业服务队在农业重大病虫害应急防控工作中起到了重大作用，已引起各级政府及主管部门的高度重视，但是，由于资金投入有限，特别是经济欠发达地区，地方财政无法安排专项经费，植保专业服务队发展缓慢，收效甚微。

2.5 植保专业队伍有所弱化，不适应现代农业对植保工作的要求

植保专业技术队伍是基层农业技术推广体系的重要组成部份，承担着农作物病虫害的监测、预报、防控和植保新技术的试验推广等社会公益性职能。随着近年来第二、三产业的快速发展，农业在国民经济中的相对地位急剧下降，各地对植保专业队伍的资金、人力、物力投入明显不足，植保专业队伍有所弱化。改革开放以来，为适应经济的发展，许多职能部门都得到了加强，但是，基层植保专业技术队伍建设基本还维持在20年前的水平，各县植保站在编人员仍然是20多年前（1986年）核定的编制，一直没有得到增加。特别是1997年实行就业体制改革后，大专院校毕业的植保专业人员基本上无法进入植保部门从事植物保护工作，目前大部份技术骨干已接近退休年龄，部份植保人员退休后，安排进来的基本上是非专业人员，造成近年来植保队伍的越趋老龄化。由于资金投入不足，在职植保专业技术人员基本上没有重新走进专业院校深造学习的机会。专业人员少，年龄老化是基层植保专业技术队伍存在的主要问题。

3 加强基层植保服务体系建设的对策

3.1 加强领导，促进植保服务体系的建设和发展

基层植保服务体系是基层农业服务体系的有机组成部份，是新时期社会主义新农村建设的重要力量，各级党委、政府必须高度重视和大力支持植保服务体系的建设和发展。首先，各级党委、政府要切实加强领导，把基层植保技术推广体系建设纳入重要工作范畴，进行科学规划，制订目标措施，认真组织实施；其次，各级农业部门及植保部门要广泛宣传基层植保服务体系建设的重要意义，特别要多向主要领导和分管领导汇报，让他们对植保服务体系有更深刻的认识，争取得到领导的重视和支持，有利于促进植保服务体系的建设和发展。

3.2 加大投入，保障植保服务专项经费足额到位

2006年全国植保工作会议提出，要站在新的历史起点，对新阶段我国植保工作发展进行战略思考，要与时俱进，更新观念，牢固树立"公共植保"理念和"绿色植保"理念，用新理念催生新思路，以新思路探索新举措，以新举措促进新发展，不断开创植物保护工作新局面[2]。基层植保服务体系是农业和农村公共事业的重要组成部份，要突出其社会管理和公共服务职能。各级财政应加大对基层植保服务体系建设的经费投入，财政投入水平应与当地经济社会发展水平相适应，与植保工作在农业生产中的作用相协调。现阶段应重点保证植保工作条件和设备，完善基层公益性病虫监测网络建设，大力培植基层植保服务体系的建设和发展。

3.3 创新机制，整合资源，促进发展

根据2006年全国植保工作会议提出的要求，基层植保服务体系的建设应本着提高县级、完善乡（镇）级、发展村级的思路，分步实施，逐步完善。最终建成以县级以上植保国家公共植保机构为主导，乡镇公共植保人员为纽带，基层多元化专业服务组织为基础的新型植保服务体系，不断适应现代农业发展和社会主义新农村建设的需要[2]。

3.3.1 加强县级植保服务体系建设，提高预警和控制能力

县级植保服务体系在基层植保服务体系中具有很强的专业性和权威性，在基层植保工作中起着主导作用，县级植保部门对病虫害的监测能力和监测水平，直接影响着全县农作物病虫害的防控效果。根据近年来县级植保服务体系存在的主要问题，首先要加强植保技术队伍的建设，在稳定原来植保技术队伍的基础上，逐步增加植保专业技术人员的数量，不断发展壮大县级植保服务队伍；其次要加强病虫监测预警基础设施建设，建立高效通畅的病虫信息发布渠道，提高监测水平和服务能力。2004年以来，农业部在全国各地逐步建立县级农业有害生物预警与控制区域站，对县级植保站的资

源进行合理整合，增加了许多基础设施，使基层农业有害生物预警与控制能力得到了明显的增强。实践证明，加强重大病虫预警体系建设，提高农业有害生物控制能力，对确保农业安全生产具有重要的现实意义。

3.3.2 完善乡镇植保服务体系的建设，保证信息畅通 乡镇级植保服务体系是基层植保服务体系的重要组成部分，在县、乡、村三级植保服务体系中起着承上启下的纽带作用，基层病虫发生情况通过他们传送到县级植保部门，县级发布的《病虫情报》通过他们传送到农村千家万户。乡镇级植保服务人员掌握的是田间病虫发生的第一手材料，服务的对象是最基层的广大农民群众，他们工作艰苦，任务繁重，没有坚强的毅力和服务意识很难坚持下来。各地在进行乡镇机构改革和乡镇农业服务体系改革中，要在农业服务中心设立植保岗位，配备责任心强的专职植保人员，具体负责当地病虫监测、植保技术推广、植保信息传递与发布以及村级植保服务体系的指导与管理工作。

3.3.3 大力发展村级植保服务体系的建设 村级植保服务体系是植保服务体系中最基层的组织，主要由具有一定植保技术的农民组成，他们既是植保技术的推广者，又是植保技术的应用者，既是植保技术的采集者，又是植保技术的传播者。他们是现阶段各级政府和植保（农业）部门与农民之间联系的纽带，是基层开展农业重大病虫害应急防控的主要依托。近年来，全国各地都在探索开展基层植保服务体系的建设，主要是以植保专业机防服务队的形式出现，在农业重大病虫发生期间开展统防统治工作，取得了良好的社会效益。但是，组建植保专业机防服务队需要投入大量的资金，依靠在服务过程中收取的有限经费，很难维持机防服务队的正常运转。因此，在现阶段推行农作物重大病虫统防统治，离不开财政资金支持，各地政府要把统防统治经费纳入年度财政预算，建立财政资金投入机制，逐年加大资金投入，不断发展壮大基层植保服务队伍，提高基层植保服务队的服务能力和服务水平。

参考文献

[1] 田茂仁，谢雪梅，田秀玲. 基层植保服务体系存在的问题及对策. 绿色植保实用技术 [M]. 北京：中国农业出版社 2006，236～238
[2] 范小建. 加快构建新型植物保护体系. 绿色植保实用技术 [M]. 北京：中国农业出版社 2006，1～9

通江县植保专业合作组织发展现状与应对措施

龙文春　张才儒

（四川通江县植保植建站　通江　635600）

通江县地处秦巴山区米仓山东段南麓，东接万源市，南靠平昌县，西临巴州、南江二区县，北连陕西省南郑、西乡、镇巴三县，幅员面积412 560.2hm²，其中农业用地38 000hm²。全县共有49个乡镇，524个村，3 321个社，31个居委会，总人口80.5万，其中农业人口65万，农村劳动力38.2万个，其中外出务工人数为15万人，占总劳动力的39.3%，2008年全县粮经作物总产360 000t，人均拥有粮食565kg，是一个典型的以农业为主的山区农业县，也是一个产粮大县。县植保植检站统计：全县农作物病虫害发生种类多达100余种，常发病虫害在40余种，迁飞性、流行性、暴发性病虫害，如稻飞虱、稻纵卷叶螟、稻瘟病，小麦条锈病、赤霉病等逐年增多；潜在威胁性病虫害，如小麦白粉病，水稻稻曲病、螟虫，玉米钻心虫，油菜菌核病等发生概率增大；常发性病虫、草害、鼠害逐年加重。每年病、虫、草、鼠平均发生面积73 628.6hm²，防治面积128 213hm²，挽回损失52 130.05t，实际损失9 862.5t。这些有害生物的严重危害，影响着我县农业的发展，加之广大农民对病虫危害认识不足，而预测预报专业性强，防控技术科技含量高、针对性、时效性强，一家一户单独防治很难奏效，结果一是造成人力、物力、财力的极大浪费；二是造成生态环境污染和生态环境破坏；三是造成农产品农药残留超标，产品质量和商品价格下降，农民收入降低，严重影响了我县农业生产的稳定，农产品品质的改善，经济效益的提高。基层政府、广大农民迫切需要植保专业合作社来解决目前农作物病虫、草、鼠猖獗危害的实际现状。

1 通江县植保专业合作组织发展现状

我县基层植保专业合作组织开始建立时间是在20世纪80年代中期，当时名称叫机防专业队。通过近20余年反反复复建设，特别是近几年国家加大该项目的投入，植保专业合作组织在我县已有一定基础和建设规模，为我县农业增产增收做出了积极贡献。

1.1 建设成效明显 目前，全县已在30个农业生产重点乡镇建有植保专业合作组织158个，机动喷雾器750台（套），手动喷雾器15万台，基本形成了统（防）分（户）结合，专（业）群（众）连动的病虫防治体系。全年共出动机动喷雾器1 500台次，手动喷雾器20余万台次，开展统防统治面积75余万亩次，挽回损失6 000万元，已成为我县粮经作物增产增收的重要技术保证。

1.2 形式灵活多样 近几年，各地植保专业合作组织主要有以下几种形式开展病虫草鼠防治工作。一是以村为单位的植保专业合作组织，全县占53.3%；二是以过去病虫专业户为基础的个体服务形式，占30%；三是以乡镇农业综合服务站为主体的植保专业合作组织，占11.7%；四是以农资经营和种植大户为主体的植保专业合作组织，占5%。

1.3 管理措施得到加强 现在，大多植保专业合作社，都按照植保系统要求制定各方面管理制度、措施，形成长效机制，控制不良结果。如上岗培训制度、农药药械管理制度、收费形式、收费标准、效果标准等。

1.4 防治水平明显提高 我县农作物有害生物预测预报经过50年的建设和发展，县级预测预报体系逐步建立、健全和完善，乡级预测预报体系在上世纪八十年代末高峰期达76个，当前，仍有新场乡、铁佛镇、烟溪乡、广纳镇、诺江镇等11个乡（镇）群众测报点在运行，占全县总乡镇数的

22.5%，基本能承担病虫监测任务，满足我县科学防治病虫的需要。目前，通过县乡两级专群预报，病、虫、草、鼠等有害生物统防统治准确率达85%以上，比一家一户单独防治增加17%，科学防治病虫水平明显提高。

1.5 绿色防控已开始起步 通江地处大巴山深处，自然资源丰富，森林覆盖率达57.61%，土壤、水源、大气基本无污染，具有发展绿色无公害食品的优越环境，是四川省的绿色经济大县。目前，已有天岗银芽、雪花牌通江银耳等14个品牌获国家有机食品、绿色食品、无公害食品认证，已建立了20个有机食品、绿色食品、无公害食品基地，开展病虫统防统治工作，保证食品安全。

1.6 当地政府大力支持 病虫危害加剧，给农业生产造成严重损失，并对种植结构调整和农业产业化发展构成的巨大威胁，已引起了各级政府的高度重视。县上成立了农业有害生物综合防治领导小组和专家团，县委、县政府在财政极其困难的情况下，每年均将植物保护纳入财政专项经费预算，基本保证了植保业务的正常开展。

2 存在的问题和困难

2.1 资金投入不足 虽然国家对农业投入在逐年增加，但几十年形成的农业支持工业而导致农业的投入不足，并不是一年或几年就能全部解决的。资金的不足，一方面不能保证农技植保专业技术人员安心工作，近几年农业系统调离到其他系统或直接辞职开展其他销售服务工作的植保技术人员比比皆是，在职专业人员严重青黄不接，难以承担现有的病虫防治工作；另一方面，影响到基础设施建设和专业防治装备的购置，不能及时有效扑灭病虫危害，导致粮食生产徘徊不前甚至下滑，影响农村稳定。

2.2 管理关系不畅 近几年，由于国家对事业单位进行了一系列体制改革，特别是基础乡镇农技站的改革。上世纪乡镇农技部门由农业行政主管部门直接管理，许多基层业务工作还能正常开展；而现在，通过体制改革他们划归当地乡镇管理，多数时间从事地方事务性工作，农技推广基本停顿；还有部分基层农技人员思想混乱，工作无心。这些也直接影响到植保专业合作组织的归属管理，增加工作难度。

2.3 防治难度增大 随着我国工业化程度的加快，

气候变化、环境污染等引起一系列的变化。近几年，我县迁飞性、流行性、暴发性病虫发生频率增加快，如水稻稻瘟病、小麦赤霉病、条锈病等，在20世纪每10年大发生2~3次，现在基本是年年大发生；次要害虫上升为主要害虫，如水稻稻曲病、洋芋晚疫病等，过去发生面积小、危害轻，基本不进行防治，而目前已成为我县农作物上主要病害，危害损失重发年达30%以上。随着危害种类的增加，防治难度也逐渐增大，防治成本增多，而防治效果明显降低，投入产出比进一步降低。

2.4 收取费用困难 一是农民专业知识少，双方对防治效果的标准认同度低，收费打折扣，甚至不给；二是病虫防治受气候、周边环境等影响大，效果难以达到。因为病虫是可以传播流行的，统防统治的地方即使防了，而其他地方没有防治，或迁飞或风雨传播进来的，防治效果可想而知，这就给防治收费带来极大困难，是影响农村开展统防统治工作的主要原因；三是本身一些农民素质低，有意不给；四是确实有极少数农民因家庭多种因素影响，缴费困难。

3 解决措施

3.1 资金落实到位 农作物病虫防治工作既要靠科技，更要靠投入。一方面要保证基本的防治工作经费，认真做好病虫田间发生情况调查，积极开展病虫预测预报，及时发布防治信息，指导大面积防治；另一方面全面武装新药械，推广新品种，才能及时、有效控制流行性、迁飞性、暴发性病虫害，确保农业增产增收。要采取政府补助一点、企业赞助一点、个人投入一点，保证基层植保专合组织健康发展。

3.2 技术培训到位 基层植保专业合作组织要坚决做到每位专业机手，在上岗工作前对本辖区农作物重大病虫、常发病虫的形态特征、发生规律、防治时间、防治药剂、防治技术等进行培训，经考试合格后发放机手上岗证，才能开展病虫防治工作，保证防治质量、效果。

3.3 监督管理到位 植保专合组织上一级业务管理机构，要统一制定《植保专业合作组织服务公约》、《植保专业合作组织管理制度》、《植保专业合作组织服务承诺制度》、《机手上岗管理制度》、《机手工作管理制度》、《消费者投诉处理制度》等制度。定期对机手工作进行督促检查，合理规范他们工作行为，调查防治效果，解决工作中存在的问题、困难，确保工作顺利开展。

3.4 服务收费到位 各地结合当地实际，依据农民意愿可组建多种形式的植保专业合作社。重点以乡镇农业站、村委会、种植大户、农药经营户等为主体的植保专业合作社。在服务形式上可根据各地的情况采取灵活多样的方式，总结我县以前机防队服务经验选择服务方式。总体上有：①整季承包，即专业合作社组织或机手与服务对象签订合同，承担作物整个生长季节所有病虫害防治；②带药服务，即机防组织或机手与服务对象签订合同收取农药费和人工费。③单纯服务，服务对象自己购药，只收取人工费。在服务费的收取上，坚持"谁受益，谁承担，自愿、协商、合理"的原则；在费用的缴纳上，可以以物抵费、以工抵费、现金收费、售后付费等多种收费形式，保证服务费用全面到位。

陕西省岐山县植保体系存在问题与应对建议

张同兴　武爱玲

（岐山县农业技术推广中心　陕西　岐山　722400）

1 基本概况

岐山县位于陕西关中平原西部，是全国500个

粮食生产大县和陕西省商品粮、油料、辣椒、蔬菜、肉牛基地县之一，被农业部和陕西省确定为全国首批优质专用小麦产业化基地县和小麦良种统繁统供示范县。全县总面积856.45km²，耕地52.8万

亩,总人口46.3万,其中农业人口38.1万。全县辖14个乡镇,144个行政村。常年种植粮食作物78万亩,总产25万t,瓜辣果菜等经济作物27.2万亩,总产36.1万t。岐山县农作物病虫害发生种类多,发生时段长,常年病虫草鼠害发生面积600万亩(次)左右。小麦条锈病、白粉病、麦类蚜虫、红蜘蛛、玉米大小斑病、粘虫、玉米螟、苹果蚜虫、山楂红蜘蛛、腐烂病、早期落叶病等长期以来是生产上的主要病虫。各项新优植保技术的推广和应用,年均增收减灾460万元,为确保全县粮食生产安全,促进农民增收,起到了技术支撑作用。

2 植保体系现状

岐山县县级无独立植保机构,由县农业技术推广中心下设植保站,从事全县主要农作物病虫害监测与防治、植物疫情监控、新药械试验与示范、新优植保技术推广等工作。植保站现有在岗人员9名(技术干部8人,技术工人1人)。技术干部中,副高职称1人,中级职称4人,初级职称3人。植保站占用中心办公室49.5m²,实验室679.8m²,配备有检(监)测仪器设备23台(套)。2006年,岐山县实行机构改革,对乡镇农技站非国家正式干部一律进行了清退,现14个乡镇农技站有国家正式农技干部15人,承担各乡镇的农业技术服务工作。144个行政村均无村级植保员。县一级植保人员工资由县财政拨付县农业局后,再由农业局划拨县农业技术推广中心发放。乡一级人员工资由县财政拨付各乡镇政府后,由各乡镇政府发放。

3 当前植保体系存在的主要问题

3.1 没有办公经费,制约了植保事业的发展
县属农口事业单位被定性为财政定额补助单位,干部职工工资,财政只拨付94%。县乡两级农技单位均无事业费,引进新药械、新技术、搞试验研究、征订农业杂志、购买试剂药品、开展技术培训、监测病虫、技术干部下乡补助等费用均无着落,工作条件比较艰苦,不利于充分调动科技人员的工作积极性。

3.2 体制不顺,机制不活
自上世纪九十年代,乡镇农技站"三权"下放后,由条块结合以条为主,变成了条块结合、以块为主,上下管理基本脱节,体系运转不灵,上下配合和信息反馈不力。尤其是时效性强的病虫监测信息,主要靠县农技中心

植保站技术干部下乡调查,工作量过大,难免有疏漏。同时,发布的病虫信息和防治技术资料也多是到了乡镇,难以传到村组和农户手中。

3.3 技术人员偏少,人才流失严重
县乡两级共有植保人员25名,但县一级人员不够固定,非专业人员比例偏高;乡一级人员抽调现象严重,日常多从事行政工作,技术工作分身乏术。同时,由于工资待遇较差,近年人才流失严重。2004—2007年,县农技中心学历为本科的技术干部已调走8人,近年新进人员,多是工人、复转军人身份,技术干部队伍素质整体呈下降趋势。

3.4 监测与检测手段落后,不适应新时期农业发展要求
如病虫害监测的方法还是靠一双眼睛、两条腿,人为误差大,工作效率低。

3.5 植保人员知识老化,推广项目技术含量不高
由于没有工作经费,单位难以挤出资金对技术人员进行"派出去"、"请进来"系统培训,技术干部知识老化,对新农药、新技术、新器械和新的病虫信息了解的不够全面,能进行多媒体宣传和可视化预报的技术干部廖廖无几。推广的植保技术大多是粮油生产传统技术,涉足设施农业、无公害农业和绿色农业的不多,满足不了发展现代农业和促进农民增收的需要。

4 对加强植保工作的几点建议

4.1 增加工作经费
各级政府每年应将植保工作经费纳入本级财政预算,从农业发展基金和土地出让金中列支,使植保工作的公益性职能能得到充分发挥,确保农业生产安全。

4.2 健全服务网络,稳定植保队伍
特别要进一步理顺县乡农技体系,实行条块结合、以条为主的管理体制。充实乡镇一级的技术力量,通过制定优惠政策,鼓励科技人员下基层,每个乡镇应配备1名专职植保员,彻底解决上大下小、上强下弱的倒金字塔现状。村一级植保员按耕地面积或农业人口进行测算,每0.8万亩耕地或0.5万农业人口可设1名村级植保员,工资待遇由国家财政进行转移支付,工资标准一般应不低于村级行政副职工资标准。村级植保员管理宜由县上农技推广部门直接管理。有条件的县可按生态区建立区域植保(农技)站,为县农技中心派出机构,人员由县农业局选派,业务由农技中心管理。

4.3 强化培训交流,建立植保人员定期培训制度
有计划、分期分批组织业务骨干到农业院校、科研

单位进修学习，促进植保人员知识和技能更新，使植保干部不仅掌握现代农业高新技术，还要熟知国家农业政策，懂法律知识，会操作植保仪器设备和电脑，全面提高为农服务本领。

4.4 加强项目建设，加大资金扶持力度 以项目为依托，强化基础设施建设，增强服务功能，提高植保技术的科技含量。

4.5 组建村级防治专业队，开展专业化防治 近年，农村从事第二、第三产业人员增多，农业生产者趋向老龄化、女性化，单家独户防治病虫害缺劳力、缺器械、缺技术。应在村一级建立防治专业队，开展专业化防治，推进统防统治，提高防治效果。政府部门要制定优惠政策，鼓励社会资本进入专业化防治领域，积极发展专业合作社型、企业带动型专业化防治组织，扩大专业化防治覆盖面，使各项植保技术落到实处。

如皋市加强农作物重大病虫草害防控工作的探索

丁旭　邵晓泉　顾庆红　刘萍　袁小华

（江苏省如皋市植保站　江苏　如皋　226500）

如皋市地处长江下游北岸，属沿江农区通扬高沙土片。全市总耕地121万亩，人口145万，近年来水稻种植面积稳定在75万亩左右，是江苏省水稻生产大县，小麦面积65万亩，是全国粮食生产重点县，蔬菜面30万亩。近年来我市水稻栽培方式呈现多元化格局。移栽稻出现肥床旱育、塑盘抛秧及机插秧等多种育秧方式；直播稻种植发展迅速，2007—2008年全市直播稻面积40万亩左右，占水稻总面积50％以上。由于耕作栽培和育秧方式的多元化，病虫发生演变频繁，加之长期大量使用化学农药，导致病虫害抗药性逐年增强，造成害虫再猖獗，使次要害虫上升为主要害虫。近年来三、四代稻飞虱和二、三、四代稻纵卷叶螟、水稻条纹叶枯病等病虫害相继暴发危害。蔬菜病虫害也呈现多病虫并发重发态势。针对我市多种作物病虫草害发生危害形势以及防控工作中存在的问题，2008年始，我市加大重大病虫害防控力度，取得明显成效。

1 强化重大病虫草害防控工作的起因

1.1 重大病虫防治和农资市场秩序上存在诸多问题

1.1.1 技术指导体系不是健全 镇级农技队伍青黄不接，工资收入得不到保障，弱化了公共服务职能，导致重大病虫防治技术覆盖率低，一般仅40％～50％。

1.1.2 农资市场秩序不够规范 农资经营网点多，全市2 000多家，有农药经营许可证仅307家。

1.1.3 农资供货渠道混乱，经营品种混乱，老百姓难以用上放心药。

1.1.4 执法机制有待完善，执法人员不专，力度不足，硬件跟不上，执法费用得不到保障。

1.2 少数地区重大病虫草害防治强度不显著，一些病虫害危害损失严重
2007年，二、三代纵卷叶螟、水稻条纹叶枯病在一些地方的少数田块危害严重。二、三代纵卷叶螟严重危害（白叶率10％以上）面积约7万亩，占水稻面积9.3％。条纹叶枯严重危害（病株率10％以上）约5万亩，占水稻面积的6.4％。

1.3 基层干群对重大病虫害防治工作和农资市场秩序较不满意
通过反映，强烈要求政府职能部门，采取有效措施进行农资整顿。

1.4 如皋市人大常委会根据群众的呼声和部分农村代表的议案和建议的要求，开展专题调研
2008年1月下旬至2月下旬，人大常委会调研组织听取农林、工商、安监、供销等职能部门回报，分批召开镇村信领导、人大代表、农资经营者、农技人员和农民参加的座谈会，赴如东、通州、江阴等县市学习先进管理经验，并形成了《关于如皋市农药化肥市场经营情况的调研汇总材料》。

2008年3月18日，市十五届从大常委会第二次会议听取和审议了市政府关于农资市场管理和重

大病虫防治的专项工作报告，并对该项工作进行了满意度测评，结果为8票满意，17票基本满意，4票不满意，测评结果不佳。

基于上述原因，特别是市人大常委会的评议结果引起了市委、市政府的高度重视，决定2008年始在全市范围内强化农作物重大病虫害防治组织工作，加强农资市场整顿治理。

2 具体做法

2.1 成立如皋市农作物重大病虫草害防治指挥部

由分管农业市长任总指挥，市政府办副主任、农林局长任副总指挥。各相关职能部门主要负责人任成员，并明文规定了各职能成员的职责。

2.2 市政府办公室发布《如皋市农作物重大病虫草害防控工作意见》 主要内容包括：

其一，明确如皋市农作物重大病虫草害重点防治对象：油菜菌核病、小麦赤霉病、水稻纵卷叶螟、稻飞虱、螟虫、条纹叶枯病、麦田、稻田恶性杂草等8种。

其二，统一防控要求：

统一组织防治：重大病虫草害的防控，由市指挥部下发通知，明确防治对象、防治时间和用药品种。市内其他单位无权下发此类通知。

统一宣传发布：市镇宣传部门对重大病虫草害防控的宣传，必须按照市指挥部提出的防控要求进行。

统一药剂品种：市内农资经营单位，在重大病虫草害的防控上，要按照市指挥部提出的防控要求，组织药剂品种，不得擅自更改。

其三，事故确认及责任承担。对重大病虫草害防控过程中，因人为因素造成病虫草害危害事故或防治事故的，查明原因，分清责任，分别追究领导、技术、宣传、市场管理和农药供应责任。

2.3 通过整顿形成全市农资经营主渠道和干网络

运用市场经济规律，将一些经营条件和信誉差的经营个体淘汰出局。2008年上半年，工商、安监、农林、公安等部门联合对全市2 000多家农资经营网点，进行培训、考试、经营条件审核，最终确定860家农资经营网点进行登记、发证，其余淘汰出局。

2.4 整体联动，建立农资市场经营管理执法体制

百日整治期间，农林、公安等抽调执法人员集中办公形成执法活力；常态管理期间，不定期从上述人员中调执法人员组成临时执法组，从而提高农资市场执法的效果和效率。

3 取得的成效

3.1 重大病虫草害控工作组织水平明显提高

2008年在水稻条纹叶枯叶枯病、纵卷叶螟、稻飞虱等重大病虫防治上，按照市政府关于农作物重大病虫草害防控的要求，组织实施。市防治指挥部先后召开镇抓农业负责人、相关部门负责人参加的防控工作会议4次，签定重大病虫害防控工作责任状5份。

3.2 重大病虫防控技术进一步规范，防治效果提高 全市在水稻条纹叶枯病、纵卷叶螟等防治工作中，组织宣传力度和统一药剂的到位率均明显好于2007年，80%的镇村售药点均按指定的配方组织和销售药种，防治成效提高5%～10%。2008年水稻条纹叶枯病平均病株率0.75%，纵卷叶螟白叶率在1%以下，稻飞虱没有出现倒伏冒穿，水稻因病虫危害产量损失控制在2%以下，比2007年下降1.5个百分点。

3.3 农资市场进一步规范，农药成本有所下降

整改后的农资经营网点，按照《农药管理条例》和市政府《如皋市农作物重大病虫草害防控工作意见》的要求组织经营农药，农药成本有所下降，2008年水稻亩农药成本80元左右，比2007年减少10～15元。

浅析靖州县农作物病虫害专业化防治现状及发展

张 书 溢

（湖南省靖州县植保植检站　湖南　靖州　418400）

为了解决由于农业产业结构调整带来的农村劳动力转移与农村劳力缺乏、防治技术欠缺的矛盾，贯彻落实"预防为主、综合防治"的植保方针和践行"公共植保、绿色植保"的植保理念，有效控制农作物有害生物的危害及外来生物的严重威胁，加快新农村建设步伐，加快推进农业规模化、优质化、现代化步伐，确保粮食生产安全，农产品安全，努力提升农作物病虫防治的质量和水平，我县积极探索，精心组织，大力推广农作物病虫害专业化防治，并不断拓宽病虫专业化防治的服务领域和服务范围，全面推进病虫专业化防治向健康、可持续和又好又快的方向发展。目前全县已成立农业专业合作组织 4 个，专业化防治队 13 个，防治专业户 100 余户，机防从业人员 300 余人，拥有机动药械 196 台，服务面积 5.5 万亩，通过专业化防治服务，有效的推进了我县农作物病虫害的综合防治，提高了防治效果，降低了防治成本，深受全县广大农户的欢迎。

1　目前我县专业化防治现状

1.1　主要组织形式

1.1.1　种植大户型　目前我县有上百亩的种粮大户 26 户，其中 500 亩以上的 5 户，上百亩的水果、蔬菜种植大户 20 余户。这些大户利用农机补贴等优惠政策，积极选购机动喷雾器，聘请机手，组建专业防治队，依托县植保站的病虫情报等技术信息，按照技术要求对自己承包种植的农作物进行统防统治。此类型年防治面积约 12 000 亩。

1.1.2　合作组织型　目前我县有以农产品加工为主的绿源现代农业即绿源种植合作组织、以农产品经纪为主的金和农民专业合作社、永金柑橘专业化防治组织以及实行农业机械化生产的田园农业综合开发有限公司 4 个合作组织，县植保站积极引导这些合作组织利用自身资金、客户市场等优势，积极发展订单农业，自购机动喷雾器成立机防队，在开展订单农业生产的同时，依托县植保站的病虫情报等技术信息，按照技术要求由合作组织对订单农业区域或本公司承包范围内农作物实行统一供药配药，统一时间，统一施药防治的一条龙服务（田园农业综合有限公司的机防队，仅对本公司承包稻田实行专业化防治），按次收取一定的药剂费和防治工费（一般每亩 20～30 元，或每棵树 0.4～0.6元），农户也可自购药剂，只收取防治工费。此类型年防治面积约 2.5 万亩。

1.1.3　农药经营户组织型　农药经营户利用自身资金、病虫防治技术、农药供应等优势，自购机动喷雾器，聘请机手成立机防队，不仅为农户提供农药销售服务，同时还开展病虫防治作业配套服务，他们按照县植保站的病虫情报，承包农户稻田的病虫防治业务，实行配药、供药、施药防治一条龙服务，收取一定的防治服务费（一般每亩每年 70～80 元），此类型专业防治队全县有 2 个，服务农户 500 余户，防治面积约 2 000 亩。

1.1.4　防治专业户松散型　农户自己购买或利用农机补贴购买防治机械，分散在各村各组，依托县植保站的病虫情报或当地农技部门的技术指导，小规模化为本地农户按照技术要求实行代治服务，有的还为农户代购药剂，按次收取一定的防治工费，一般每亩次 15～30 元，有的按每桶或每百斤水收取防治工费。此类型占有相当比重，约有机手 180余人，拥有防治机械 100 台以上，年防治面积约 1.6 万亩。

1.2　当前开展农作物病虫专业化防治工作存在的主要问题

1.2.1　地属山区，地理条件差，适合开展机械防治的地域有限，专业化防治普及难度大。

1.2.1.1　承包防治面积难度大　①我县人均稻田

面积约 0.92 亩，面积少，许多农户无事可做，不愿承包给专业防治队；②一台担架式喷雾机日服务能力可达 150 亩，一个拥有 2 台担架式喷雾机的机防队，至少要与 150 户农户签约才合算，难度大，较难成片；③专业机手缺且相对素质较低。由于农作物病虫防治是一项季节性工作，主要集中在夏秋季约 3～4 个月时间，机手收入不稳定，因而难以聘请到相对固定的、素质较高的专业机手；④农民对专业化防治这种新型事物认识还不够，缺乏信任，服务价格较难统一，组织实施成本高、难度大。

1.2.1.2 防治成本高 ①丘陵、山区的农田基础设施差，不利于机械化作业；②农户稻田丘块分散、大小不均，增加了专业化防治组织的成本；③没有较好的机动喷雾器，增加了防治成本和防治难度。

1.2.1.3 发展不平衡 ①种植经济作物的农民素质较高，较容易接受专业化防治，而种植粮食作物的农民素质相对较低，专业化防治难以开展；②生产条件好的地方，实行专业化防治的多，而山区等生产条件差的地方几乎没有开展。以我县太阳坪乡贯堡渡村为例，该村柑橘种植面积约 5 000 亩，几乎家家都有柑橘，村里为此成立有金和农民专业合作社与永金柑橘专业化防治组织，配有专用病虫防治动力机械，聘有专业的施药机手，建有专用的防治药品贮藏室、防治机械存放室和配药池，存放柑橘的冷藏室等，辐射承包柑橘防治面积约 12 000 亩，辐射至我县甘棠、艮山口等邻近乡镇的 6 个村。

1.2.2 经济条件差，地方经济欠发达，制约专业化防治工作的深入发展

1.2.2.1 财政投入少 县乡级财政对植保专业化防治组织几乎没有投入，注册登记的专业化防治组织少，加之农业比较效益低，农民生产积极性不高，农民认识不一致，致使专业化防治工作相对滞后。

1.2.2.2 没有优惠鼓励政策 近年来，一些突发、暴发性病虫害发生频率增加，全程承包专业化防治的风险加大，极易产生经济纠纷，而目前尚未出台对专业化防治组织参加农业保险的优惠政策。

1.2.2.3 经营压力大 当前农资市场竞争激烈，一些经营主为了抢占市场，将农资从年头赊销到年尾。因此，在开展专业化防治的地方，专业化组织经营将面临更大的压力。

1.2.3 植保体系状况堪忧，影响专业化防治工作的技术保障

1.2.3.1 网络断层 乡镇一级无植物保护机构，全县 16 个乡镇农技站，虽有农技人员，但由于当前体制不健全，关系没理顺，大多在从事其他工作，均没有专门的植保技术员，村级植保工作更是处于空白。

1.2.3.2 植保人员工作辛苦，待遇低，工作不积极 我县植保植检机构现有人员少，所从事的工作涉及面广，工作量大，工作辛苦，却得不到相应的工作报酬，工作主观能动性差。

1.2.3.3 经费严重不足 各级财政对县级植保植检机构均没有专项资金扶持，而我县植保植检机构每年需经费支出在 10 万元以上，资金缺口太大，严重制约专业化防治等各项植保工作的开展。

1.2.3.4 基础设施差 县植保站测报仪器不完备，没有或使用的多是 20 世纪 70～80 年代购进的普通仪器，测报条件差，工作效率和质量得不到保证，植保技术转化率低。

2 今后发展思路

开展农作物病虫害专业化防治，要坚持"政府引导，市场运作，自愿参与，民办公助"的发展思路，结合实际，做好以下几方面的工作。

2.1 争取领导重视，加大政府投入 各级植保部门应主动积极的开展宣传培训，争取各级政府重视，各级政府应切实加强领导，充分认识开展专业化防治的重要作用，把开展专业化防治工作作为新形势下服务"三农"、为民办实事办好事的大事来抓，落实植保专项经费。努力推进和完善县、乡、村病虫害专业化防治服务组织建设，抓住重点，落实"民办公助"政策，对各级专业化防治组织，给予适当补助，提高其造血功能。

2.2 加快农村土地的流转 要进一步深化土地流转制度改革，强化农户和农业合作组织、龙头企业以及农业合作组织和龙头企业的合作，加快土地向种植大户、农业合作组织、龙头企业流转速度，实现规模化经营、专业化生产，使企业与农户的利益紧密联结，体现自愿、平等、互惠原则，实现农户、机手、专业化组织"三赢"。

2.3 强化植保体系建设 围绕"预防为主，综合防治"植保方针，践行"公共植保"和"绿色植保"的发展理念，各级政府对植保工作要不断增加财政支持力度，要根据各地农业生产的实际，充实和加强县、乡镇的植保技术力量，加快县、乡、村三级植保体系建设，理顺县乡体制关系，强化植保工作的公益职能，加强植保防治技术指导、技术宣传培训和协调管理乡镇专业化防治组织。

2.4 抓住重点，加强当地专业化组织建设 在有社会需求的乡村，适时顺势地扶持、引导和组建适合当地情况的、形式多样的植保专业化防治组织，并抓住重点，引导发展大户型、合作组织型的专业

防治组织。同时，加强对专业化防治组织的管理，规范专业化防治组织的组建和运作行为，探索适合本地的专业化防治服务模式和运行方式。选择1～2种防治形式，作为本地开展专业化病虫防治工作的主要组织形式。

浅谈浙南山区植保技术的应用现状与对策

程义华

（浙江省景宁县植检站　浙江　景宁　323500）

近年来，随着人们生活水平的提高，对农产品的质量要求也随着提高，为此在农业生产上要紧扣无公害，作者认为与植保技术的安全操作是分不开的。2008年中央一号文件就指出，对植保工作要"探索建立专业化防治队伍，推进重大植物病虫害统防统治"的工作要求。全国农业先进生产单位早已全面实施了农业有害生物的统防统治技术，对现阶段农业生产形式和现代农业发展的要求，为确保粮食安全、农产品质量安全、农业生态环境安全和农业生产者安全起着积极的作用。但对浙南山区以景宁县为例，吸收植保新技术缓慢。依据现代植保工作的要求，作者通过多年从事植保、植检工作经验和深入农村调查。对景宁山区植保技术应用的现状进行解剖并对今后的发展提出相应对策供参考。

1 浙南山区植保技术应用的现状分析解剖

1.1 留守劳力文化极低 近年来，由于大量劳动力转移，留守的劳动力大部分是老、残、弱且文化水平低，对先进植保技术接受缓慢，比如笔者老乡景宁县梅岐乡梅岐村第七村民小组原有100多人，70多劳动力，现只有12人留守，以老弱为主，几乎没有文化，在种植作物的病虫防治上，根本谈不上应用科学防治技术。

1.2 防控意识四重四勿 据调查，现在山区对农作物的防治还处于四重四勿的现象，即重化学防治，勿农业和其他防治方法、重粮食作物勿经济作物、重水稻勿旱粮、重虫勿病等。据景宁县2006—2008

三年的统计，化学防治面积258 860公顷次，占总防治面积97%，而农业防治和其他防治面积只有6 000公顷次，占总防治面积3%。2006—2008年累计粮食面积27 200hm²，防治面积148 448hm²，防治率有 546%；三年累计经济作物面积11 159hm²，防治面积 30 620 公顷次，防治率274%，粮食作物防治比经济作物防治要增加 272个百分点。其中粮食作物主要防治水稻为主，旱粮几乎没有防治。据景宁县惠农连锁农资公司2007—2008两年的统计，全县推销杀虫剂105t，杀菌剂8.3t，其中杀虫剂占92.6%。

1.3 防治方法缺乏科学 据本人在盛夏时下乡时常碰到在中午前后，天气越热，温度越高时田间作业人员越多。现场追问为什么在这个时间防治，他们说，越热防治效果越好。其实这是没有科学道理的，越热时使用农药易挥发，不但防治效果极差，而且人体易产生中毒或中暑。从调查中得知，有的农户不管是病虫，只要去治就是，没有对症下药，农药发挥不了作用；有的农户仍意混用农药防治，主观认为药的品种混的越多，防治效率越高的不科学防治方法。

1.4 防控知识掌握欠缺 由于化学防治得到直观效果，农民滥用农药普遍，其农作物的病虫抗药性越来越强，农民对新农药接受缓慢，20世纪50年代前主要是以土制方法如桐油防治稻飞虱和叶蝉统称叫虫向虫也叫蚰虫，20世纪60年代末及70年代用化学农药如"六六六粉"防治。

虫向虫和稻纵卷叶螟，20世纪80年代后以甲胺磷为主防治稻纵卷叶螟。用一个品种几乎10年

以上，根本不会交替使用农药或更换新农药，也不知道病虫会产生抗药性，甚至埋怨农药有假或无用。21世纪以来，由于甲胺磷禁止使用后，认为防治稻纵卷叶螟束手无策，其实无毒高效新农药品种越来越多，农民对新农药的信息不灵，几乎没有关注县里发出的病虫情报，一直用老传统防治的观念不变。

1.5 防控工具难发挥药效 到2008年为止，农户对农作物病虫的防控工具仍然是以手动喷雾器为主，近年来，推行的新农药都是高效低毒，使用要求水量足，雾点细和均匀，但由于防控工具落后，水量不足，药量不匀，发挥不了现代农药的作用。近年来，国家出台了购机补贴的政策，使2009年景宁山区机动喷雾器开始走销。全县虽然已购置130台，但占全县手动喷雾器只有1.7%，其比例还是很少的。

2 浙南山区开展农作物病虫防治的相应对策

2.1 强化领导，全面实施新的防治策略 近年来，经全国各地积极探索、大胆实践，总结出了专业化防治，统防统治策略，对于专业化防治，统防统治的新策略，要引起各级领导重视，尤其是分管农业领导要列入个人年终考核的主要内容来抓。按业务部门的工作要求，把本地农作物病虫应控制在国家允许范围及无公害标准之内。

2.2 强化宣传，进一步认识植保新技术 专业化防治，统防统治是植保技术集成、推广、应用的具体体现，是提高病虫防治组织化程度的关键措施，是贯彻植保方针、落实植保理念的重要抓手，是新时期提升病虫防控能力，确保农业生产安全，减少环境污染，确保农产品质量安全的重要举措。对于种植无能力、文化水平无法适应先进技术的，积极引导土地流转连片种植，便于管理，便于开展专业化防治和统防统治，有利农作物无公害生产。

2.3 强化培训，彻底转变旧传统及观念 通过培训，从本地实际出发，加快引进和推广能够满足不同地域、不同作物、不同病虫防治需要的新型、高效的植保机械，加强新型农药的推广应用，指导农户实行科学用药、轮换用药、合理用药，提高抗药性治理水平；在培训专业化防治时，不但抓好化学防治，而且还要与当地实际结合农业防治、物理防治、生物防治等配套综合防治。在抓好农民培训的同时，还要根据新农药的推广，认真抓好从事小农资经销商的不定期的业务培训，促进提高经销商的业务水平，防止错买农药、化肥、除草剂等，使经销商掌握新农药知识后，可以向前来咨询的农户帮助选准对口农药和安全用药。

2.4 强化投入，加快实施防治机械电动化 将中央与地方财政各种用于病虫防治的经费进行整合，集中安排用于专业化防治；充分发挥植保工程配备的植保机械的作用，统筹安排用于专业化防治。在现有工作的基础上，加大力度，争取省财政和地方财政设立病虫专业化防治及机械电动防治补助与配套专项资金。

2.5 强化服务，建立健全植保服务体系 地方农业部门进一步完善现代病虫测报系统，通过农民信箱、电视、广播、农技110等多种平台与新闻媒体宣传发送病虫情报，确保种粮大户、经济专业合作组织专业植保服务，帮助农村农民组建专业化防治。在初建专业化防治和统防统治时，组织当地相邻的群众现场观摩防治效果，通过直观效果加快推广专业化防治，鼓励经营农药企业、农机合作社参与病虫专业化防治，发展多种形式的组织。积极引导专业化组织将服务领域从主要粮食作物病虫的专业化防治扩展到果树、蔬菜等多种作物病虫的专业化防治，从单一从事病虫专业化防治向全程服务方向发展。

2.6 强化管理，确保病虫防治科学安全 要逐步建立专业化防治组织备案及机手持证上岗制度，并督促、指导专业化组织从章程、制度、签订合同等方面规范内部管理；要开展防效评估，对在专业化防治中出现的纠纷问题，要科学、公正地作出判定；当地要争取出台一项关于加强专业化防治管理的规范性措施。

农药市场监管存在的问题及应对措施

刘志虎　彭亚芬

（陕西省丹凤县植保植检站　陕西　丹凤　726200）

农药是控制农作物重大病虫草害，保障农作物丰产丰收的重要生产资料，同时也是一种有毒有害物质，如果使用不当，管理不严，就可能对作物产生药害甚至污染环境，危害人畜健康及生命安全。因此必须加强对农药市场和使用环节的管理，既要充分发挥农药在农业生产中的保护作用，又要尽量减少和防止农药造成的副作用，确保农业生产和农产品质量安全。笔者根据 10 年来的工作实践，针对丹凤县农药经营市场现状，科学分析了农药管理工作存在的问题，提出加强农药监管的应对措施。

1　农药经营市场现状

1.1　无证经营门店、摊点多　近年来我县农药管理实行定点许可制度，一般县城 3～5 家，乡镇 2～3 家，但是很多农药经营人员不遵守规定，不主动在农药管理部门登记。据调查，丹凤县现有定点农药经营户仅有 25 户，分布全县 7 个集镇市场，其中经营单位有 3 类：一是农技推广体系经营；二是供销系统经营；三是个体经营户经营。从调查结果分析，农药定点门市分布极不均匀，无证经营的门店摊点远远超过定点户的几倍，这些农药经营摊点规模较小、分布散，而且多数属于季节性无证"游击"行为，不打算长期经营，是造成农药市场混乱的主要原因。

1.2　农药品种多乱杂　统计表明，全县农药年销量在 45～50t 之间，县城农药门店销量占全县销量的 50%，基层乡镇占 50%。市场上经营农药商品有 100 余种，其中杀虫剂 40 余种，杀菌剂 36 种，除草剂 10 余种，生长调节剂 5 种，其他农药 9 种。农药市场销售的农药以中低毒的杀虫剂、杀菌剂、除草剂为主，约占 85%，其他呋喃丹等一些高毒、高残留农药占 15% 左右。农药品种多乱杂，给农药市场监管工作带来了一定困难。

1.3　农药产品质量不容乐观　在农药质量检查中，通过目测、手感和送省检验等手段，从 2008 年所检查 28 个品种来看，合格率 86.3%，不合格占 13.7%，其中过期农药占不合格产品的 35%，假劣农药占 65%，农药质量问题比较严重。

1.4　农药标签问题仍然突出　农药标签是农药生产企业直接向使用者传递农药技术信息的桥梁，是指导使用者安全合理使用农药产品的主要依据。从近年农药标签抽查情况来看，标签合格率仅为 72.8%。农药标签存在主要问题是：①商品通用名不规范；②毒性标志错误；③擅自扩大农药登记范围，主要是扩大适用作物和防治对象；④高毒农药推荐用于蔬菜、果树、中药材等农产品生产上。这些问题的存在，严重地误导农民用药，导致农产品的农药残留超标、农作物产生药害和人畜发生中毒事故。

1.5　禁用农药屡禁不止　国家明文规定甲胺磷等 5 种有机磷高毒农药早已停止在市场上销售和使用，但是仍有一些不法经营者受利益的驱动，继续窝藏销售这 5 种有机磷高毒农药，给农产品质量安全及人身安全都带来了潜在威胁。

1.6　农药经营人员素质偏低　经营人员必须具备一定的农药储存、安全使用的基础知识。经调查，丹凤县定点经营人员中，小学文化占 22.5%，初中文化占 56.7%，高中以上文化占 20.8%，真正具有经营农药条件的人员（其中以农技推广系统为主）不足 20%。甚至有的经营人员将农药作为附带品经营，把农药与食品、蔬菜、粮食等混放储存和同摊销售，有的误导农民用药，这种卖药不懂药，违法不知法，给农药市场监管带来了很大的难度。

1.7　进货渠道混乱　农药经营人员进货随意性大，受利益驱使，农药经营人员不到合法批发商处进合格产品，有的进货靠流动批发商，而流动批发商的产品质量无法得到保证，给假农药产品进入市场留下可乘之机。

2　农药管理存在的问题

2.1　宣传培训不够深入　多年来，虽然农药监管执法人员做了大量的宣传贯彻《农药管理条例》工作，但要使众多的农药经营单位、摊点，特别是成千上万的农民朋友都能熟悉掌握农药经营、管理法规，守法经营，规范使用仍需做大量的宣传工作。

2.2　农药监管难度大　县级农药监管工作重点在农村，监管对象多，涉及面广，查处难度大。特别是乡镇农药经营摊点经营的农药数量少，虽有违法违规行为，但是违规产品及违法所得很少，往往是检查容易处罚难，查处的问题多，予以处罚的少。

2.3　执法体系不够健全　农药管理执法在乡镇无延伸机构，没有兼职农药监管人员，很难满足农药监督管理的需要。

2.4　缺乏检测检验仪器设备　我县农药管理由县农业行政主管部门委托植保站执法，但未配备必须的检测检验设备，农药管理只能对农药标签进行监督检查，不能对那些质量低劣而标签合格的产品进行甄别，监督执法有很大的随意性。

3　加强农药经营市场监管的措施

3.1　狠抓宣传引导，提高全民法制意识　要充分利用农村集镇人员聚集的特点，在这些地点设置技术咨询点，散发农药管理法律法规、农药使用、植保技术等宣传资料，同时利用广播、电视、网络、手机短信、科技下乡大力宣传有关农药管理法律法规，使农药经营者增强遵法守法的自觉性，使农民群众自觉抵制和举报假劣农药经营者，形成一种强大的舆论压力和监督机制。

3.2　加强执法队伍建设，提高整体管理水平　农药管理工作是一项技术性强、政策性严的行政执法行为，所以要不断加强农药监管队伍建设，提高执法队伍整体素质。一是建立健全专业的执法队伍，增加人员配备，县级农药监管机构配备执法人员10～15人，同时根据工作需要在乡镇农技站聘请兼职农药监管员，协助县级农药监管机构工作；二是要加强农药监管人员的培训，定期组织执法人员学习《农药管理条例》、《实施办法》、《行政处罚法》、《农药行政处罚程序规定》、《行政执法监督规

范》等法律法规，同时每年进行1次集中培训，使农药管理人员具备能正确运用政策法规，掌握农药专业知识，胜任本职工作的业务素质和执法水平，成为一支政治合格、业务精通、作风过硬、高效廉洁的高素质队伍。

3.3　规范执法行为，强化执法监督　在执法工作中，每个执法人员要严格遵循法定程序，始终坚持亮证执法检查，准确立案，全面调查，严格取证，集体研究，预先告之，如期送达，按时执行等法定程序，同时依法廉政执法，公正执法，文明执法，防止越权或随意处罚行为的发生，树立起农业执法队伍的良好形象。

3.4　抓好岗前培训，规范经营行为　为了切实规范农药市场，凡从事农药经营的人员必须经农药管理部门进行资质审查，岗前培训，经培训合格后方可持证上岗，要求经营人员做到从正规批发市场进货，假冒伪劣，标签内容不全，外观不规范，无登记证、过期变质、国家明令禁止的农药不进货，不经营。经营人员销售农药时必须记好台账，为购货方提供农药使用范围，防治对象和安全使用方法等事项。同时向购货方提供够药发票，一旦农药质量出现问题可凭发票进行投诉或作赔付的依据，通过岗前培训，提高经营人员的服务质量，树立起争当文明守法经营者的意识。

3.5　加大执法力度，确保农药质量安全　农药市场假劣农药屡查不净的主要原因是没有堵死"源头"。因此要严把农药流通的各个关口，加强对农药批发市场的农药标签和产品质量进行抽查，加大查处和打击力度，对经营"三证"不全，标签不合格的产品，要依法从重处罚，并在新闻媒体曝光，在查处中坚持"五个不放过"（即对假劣农药来源、去向不清楚不放过；对涉及的单位责任人不清楚不放过；对案件产生的原因不分析清不放过；对涉案人员未得到应有的惩处不放过；对今后防范措施不落实不放过）的原则，确保农药销售市场混乱局面有明显的改变。

3.6　强化技术指导，引导农民科学用药　长期以来新农药推广速度较慢，加之农民的恋旧习惯心理，使得禁用农药、高毒农药一时难以退出市场。因此农药管理部门要做好农药科学使用技术和安全防护知识培训。一是各级农业植保和农药监管部门要根据当地农药使用状况，科学合理制定农药轮换使用规划，加强高毒农药替代试验示范，提出适合当地的农药品种，指导农民科学用药。二是要加强

对经营人员进行植保、农药知识的培训学习，使他们能够对农作物病、虫、草害进行正确的诊断，对症开方卖药，以科学的方法指导农民用药防治。三是根据当地病虫草害发生特点，多渠道向农民传授综合防治技术，采用先进的农艺措施、生物措施控制有害生物的发生蔓延，科学使用高效低毒新农药，提高农药利用率，减少用药量和施药次数，确保农产品质量安全。

3.7 加强部门合作，规范农药市场 农药管理工作包括农药的生产、经营、使用等环节，涉及的部门较多，工作量大，任务繁重。因此，各级农药监管部门必须采取主动上门，积极争取各级领导和有关部门的支持，加强与公安、工商、质检、环保等部门的合作，相互支持，密切配合，形成合力，共同参与农药市场监管，推动农药市场监管工作健康有序的发展。

宁强县植保技术应用现状及应对措施

饶宝田 王超

（陕西省宁强县农业技术推广中心 陕西 宁强 724400）

宁强县地处陕西西南角，与四川、甘肃相邻，是一个典型的秦巴山区农业县，也是 2008 年 5·12 汶川大地震受重灾的县区之一。近年农民大量外出打工，农村劳动力十分缺乏，加之 2000 年以来气候异常，多种病虫发生频繁，危害加重，常导致部分农户庄稼减产或绝收，多种生物灾害的严重发生已成为当前农业生产发展的重要障碍因素。如何解决控制生物灾害与提高农业生产水平的矛盾，是目前亟待解决的重要课题。为此，我们利用实施"陕南灾后重建绿色乡村建设技术集成与示范"课题办点的机会，深入农村开展植保技术应用现状调查，并就调查中群众反映的问题进行归纳分析，找出解决农业发展的应对措施，现就调查情况归纳如下：

1 调查现状

我们集中在广坪镇调查了 40 户，分 8 个项目分别进行问卷调查，大致情况如下：

1.1 文化程度 初、高中文化程度从事农业生产的有 8 户，占调查户的 20%；小学文化程度的有 27 户，占 67.5%；无文化或其他等有 5 户，占 12.5%。

1.2 职业情况 村组干部和农资经营人员或示范户，知道庄稼有病虫应该进行防治，亩防治成本控制在 20 元左右的有 14 户，占 35%；一般种田农户看到别人打药亦跟着打药，但摸不清防什么、打什么农药，亩防治成本在 30～40 元的有 22 户，占

55%；而文盲户或病虫重发户，盲目乱用乱混农药，亩防治成本达 50～60 元的有 3 户，其中一户高达 80 元/亩，占 7.5%；有一户认为只要种到田里成不成在天，从不曾防治病虫，占 2.5%。

1.3 病虫识别能力 能认识 5～6 种病虫以上并能说出名称或特点的有 10 户，占 25%；能识别 3～4 种病虫并能说出名称或特点的有 12 户，占 30%；能识别 1～2 种病虫并能说出名称或特点的有 10 户，占 25%；一种都认不清的有 8 户，占 20%。

1.4 识别农药种类能力 能知道杀虫剂、杀菌剂、除草剂、杀鼠剂、植物生长调节剂和色带标识的有 5 户，占 12.5%；能知道杀虫剂、除草剂、杀鼠剂的有 21 户，占 52.5%；搞不清楚的有 14 户，占 35%。

1.5 农药选购能力 能根据病虫发生种类自主选购农药的有 6 户，占 15%；主诉发生情况，让农资经营者推荐购药的有 31 户，占 77.5%；搞不清楚盲目购药者有 3 户，占 7.5%。

1.6 科学安全使用农药 能根据发生病虫选用对症农药适时防治并能保护好自己安全的（如施药过程中不抽烟喝水，戴防护口罩手套等）有 6 户，占 15%；凭经验打放心药，施药过程中不抽烟的有 20 户，占 50%；病虫发生时购毒性大的农药，随意加大用量或盲目用药的有 14 户，占 35%。

1.7 农产品质量意识 在作物收获前 15～20d 不使用农药或知道安全间隔期的有 10 户，占 25%；不知道安全间隔期的有 16 户，占 40%；无所谓或

不关心的有 14 户，占 35%。

1.8 怎样有效防治病虫 有 37 户认为应集体统一组织防治，占 92.5%；有 3 户不知道如何防治，占 7.5%。

2 对植保技术推广应用的要求

通过走访调查广大农民群众，普遍认为应加强农村植保技术推广普及的力度和广度，让每个农户至少有 1 人懂得病虫识别和防治技术。问及想通过何种渠道或方法学习获得植保技术能力时，80% 农户认为现场指导防治最直观且易学易懂，并发放一些技术材料，而对培训班、开会讲座等不感兴趣，只有少数文化程度较高或住村组干部及农资经营农户认为通过举办免费培训班或农民夜校等形式学习植保技术。抓科技示范户或示范片，是农户获取植保技术的又一方法。另外，在病虫发生防治关键时节，通过广播宣传或电视直播等方法是群众获取病虫防治信息的最佳途径，但因条件限制和无经费，不能满足群众需求。

3 对生物灾害防控措施的要求

我县拥有机动喷雾器 80 台，成立应急专业化防治队 6 个，年防治小麦、水稻病虫 2.4 万多亩。由于地块分散，操作不便，加之资金投入不足，收费困难，运作举步维艰，发展极其缓慢，根本无法满足群众应对大面积防治、控制突发性病虫危害的要求。

问及开展专业化统防统治的组织形式时，几乎所有群众都赞成专业化统防统治，但对防治费用如何处理时，约一半的群众认为不好收取。原因是农产品效益低下，积极性不高，希望得到政府及财政的大力支持和帮助。一部分群众认为可以先试验，若费用合理可以接受。对专业化统防统治的组织形式所有农户都认为是今后的发展方向，愿意积极参与，但承担能力有限，在效益较好的作物或产品项目上有一定积极性。

4 应对措施

通过调查分析，在目前农村青壮年劳力外出打工，留守人员以老人、小孩、妇女为主要劳动力的现状下，要有效控制频发的多种生物灾害是不现实

的，也是达不到防治预期目的的。为此，我们认为要确实搞好广大农村生物灾害控制，减轻农产品污染，保护农业生产和生态安全。应从以下几个方面入手抓：

4.1 建立健全县、乡、村病虫测报网络 建立健全县、乡、村三级植保网络，随时随地开展全方位有害生物发生动态监测，完善监测体系和手段，为适时有效防治提供准确信息，是解决有的放矢、适时防治的首要环节，也是提高专业化防治水平的先决条件和手段。

4.2 发展壮大多级农资服务网络和农药直销网点 县上以经营大户或农药企业组织形成覆盖全县的农资经营服务网，村级办好配药店，实行配方卖药、科学用药。一方面可有效降低农药成本，更方便快捷地为农民提供多种植保技术服务；另一方面有利于建立农药经营台账，防止伪劣农药流入农村，减少坑农害农事件发生，也使得假劣农药责任追究有据可查，从而建立诚信经营、守法经营的良好农资经营市场秩序。

4.3 逐步推行专业化防治服务组织 病虫专业化防治是解决农户防治难、效益低、成本高、效果差的最好形式，因地制宜地建立专业化防治队伍，通过典型引路，示范带动，让农民群众切实感受到专业化防治带来的实惠和效果。在加强宣传，积极引导的基础上，让农户积极参加专业化防治组织，并逐步发展壮大专业化防治队伍和规模。不断探索完善专业化防治形式，如代防代治、分段防治或承包防治等多种形式和方法。提升病虫专业化防治服务水平和能力。

4.4 建立健全管理机制 确保专业化防治组织健康稳步发展，建立健全专业化防治组织的管理机制是确保专业化防治工作的基本保证。

4.4.1 建立健全各种管理制度 建立病虫专业化防治的组织形式、服务方式、收费标准、机械使用、维修保养、用药规范、防治效果、作业登记考核等一整套管理办法，并在实践中不断完善总结提高，是确保专业化防治队伍建设的重要环节。

4.4.2 实行防治队员或机手持证上岗 所有防治队员都应进行专业培训，达到会操作机械，会识别病虫，会正确合理使用农药，会检查防治效果，并能解决专业防治工作中的各种问题。不合格人员不发给上岗证，无证不能上岗。

4.4.3 为病虫专业化防治组织提供全方位技术服务 首先，对病虫专业化防治组织及时提供病虫

发生信息，使其及时掌握发生动态，做好防治前的各项准备工作；第二，提供最新农药信息，适时组织对症防效高的新农药，确保购进低价高效、绿色环保的好农药提高防治效果；第三，强化对专业化防治人员的病虫识别、安全用药、防治技术、药械维修技能等培训，使其全面掌握提高防治技能和水平。

4.5 加大资金支持力度，保证专业化防治组织的健康发展 病虫专业化防治工作是一项利国利民的公益性事业，需要多方面的资金支持才能不断壮大，农业部门要积极争取地方财政支持，设立重大病虫害专业化防治专项补贴，扶持专业化防治组织的发展。利用各种病虫防治经费补贴，提高专业化防治的覆盖面。并探索企业共建、联建病虫专业化防治组织模式，促进专业化防治服务组织的健康发展。

4.6 开展绿色减量控害行动，提升农产品质量安全 近年生物灾害频发与农田环境失衡有很大关系，使用高毒农药、随意加大用量、乱配乱混、盲目用药等使一些有益的害虫天敌遭到杀灭，从而使一些不常发生的害虫如飞虱、稻蝗、螟虫等发生逐

年加重，出现失控的局面。开展专业化防治可选用生物农药、低毒高效农药，最大限度保护天敌，控制病虫危害损失。利用专业化防治队快速高效的特点，在防治流行性病虫，如小麦条锈病防治上，在流行初期开展大面积喷药控制，可有效减少用药次数、用量，达到减量控害之目的。在一些病虫正常发生年份，可以通过田间调查益害虫比例，来确定是否用药防治，最大限度减少盲目用药，达到节本增效之目的，从而降低环境污染，提高农业效益，确保农产品质量安全。

4.7 发展特色农业 我县地处秦巴山区，发展具有地方特色的高附加值农产品，如茶叶、中药材、小杂果及绿色粮油等一些产业化项目来提升农户的农产品效益，是有待我们积极探索并拓宽服务领域的又一条途径。

总之，解决农村病虫防治难的问题，专业化防治组织形式是必由之路。而各方面的资金扶持，健全的制度管理，农业植保部门的全方位技术服务和支持，农药企业的积极参与，农业产业化规模和效益的不断提升，才是专业化防治组织走上良性化发展道路的重要保证。

开展连锁服务 推进病虫专业化防治

于宝富 孙春来 冯成玉

（江苏省海安县植保植检站 江苏 海安 226600）

2009 年，我县以县农技推广服务集团为平台，以集团连锁服务为载体，以行政推动、政策扶持、技术推广、技物结合、目标管理考核为抓手，扎实推进病虫专业化防治，带动植保新技术、新药剂、新药械的推广应用，推动全县病虫草综合防治水平不断提升，实现植保工作机制和体制新的跨越。

1 工作基础

我县常年稻麦油主要农作物播种面积 120 万亩，全县以镇农技站为基础建立植保技术推广服务组织 14 个，成立植保专业队 224 个，植保专业户（售药人员、弥雾机手）980 个，各种机动弥雾机

保有量 12 258 台。主要开展的工作包括：一是供药服务。2002 年，我县在县农技推广服务中心各专业站、镇农技推广服务站的基础上，将县、镇技物结合服务资源进行有效整合，镇农技推广服务站在管理体制上由"条块结合，以块为主"改为"条块结合，以条为主"，组建了县农技推广服务集团，开展新农药、新肥料、新品种、新苗木、新生化制剂等连锁经营服务。依托农技推广服务集团，以县带镇，以镇联村，县、镇、村整体联动开展统一供药服务。常年主要农作物病、虫、草防治药剂县供覆盖率达 80% 以上，年推广防治新药剂 1～2 个。通过新药剂的推广，有效控制了病、虫、草危害，进一步提高了我县农技推广服务集团统供药剂的覆

盖率，进一步促进了我县高毒农药替代工作。二是技术服务。以县植保站为龙头，镇农技站为基础，配合科技入户工程、农民培训工程和高产创建活动的开展，积极开展技术培训，重点开展新技术应用、新农药使用等宣传推广。在开展各种培训的同时，我县还通过建立国家级、省级、县级"综防示范区"和县级"病虫专业化防治示范区"，典型带动，示范推广，提高全县的病虫统防统治和综合防治水平。三是施药服务。施药服务是植保专业化服务的主要内容，2008年，全县机防服务面积113万亩次，弥雾机手承包防治面积7.4万亩。全县平均每台弥雾机防治面积约100亩次左右。

2 工作目标

2009年，我县按照"政府倡导、部门指导、农民主导、市场引导"的发展思路和"建组织、定章程、有人员、记台账"的工作要求，全面推进病虫专业化防治。以村为农综合服务站为纽带，组织广大弥雾机手，通过建立镇级植保专业化服务合作社，开展植保专业化服务。具体工作目标：全县建立2个"病虫综合防治"及"病虫专业化防治"万亩示范方，各镇均建立1个专业化防治示范点；主要农作物重大病虫重点防治药剂统供率80%以上，高产创建示范区和万亩综防示范区主要病虫防治药剂统供率100%；全县专业化防治面积覆盖率占50%以上，其中有2个镇专业化防治面积80%以上。高产创建及万亩综防示范区全部实行专业化防治。进一步完善我县植保专业化服务体系，多种形式开展植保专业化服务，全面提高我县的植保防灾减灾能力和农业有害生物持续治理水平。

3 工作措施

3.1 加强领导，健全网络

推进植保专业化服务、实现病虫专业化防治是农村社会化服务的重要内容和有机组成部分。县政府领导高度重视，多次就植保专业化服务听取汇报、提出明确要求。县局及时组织相关单位制定实施方案和具体措施，有关单位狠抓落实，强化指导。积极配合农机部门认真抓好植保机械财政支农资金补贴工作，2008年，全县财政支农资金用于植保机械弥雾机供应补贴11.4万元，补贴弥雾机数量570台。其中，省项目资金直接补贴320台、6.4万元，县财政支农资金补贴

250台、5万元。在服务网络建设上，结合我县实际，依托农技推广服务集团，在开展县、镇、村技物结合联锁服务的基础上，全县各镇均建立镇级植保专业化合作社，以村组建专业防治队伍。按照《农民专业合作社法》，建立健全植保专业化服务合作社各项章程、制度、合同，加强内部管理，加强自我约束和行业自律，主动接受社会监督，塑造开展统防统治的专业化服务合作社生产规范、经营诚信、产品安全的新形象，争创为农服务新型"规范化"合作社，进一步提高为农服务的组织化水平。

3.2 典型引路，整体推进

我县白甸镇近年来在主要农作物病虫害统防统治工作中一直名列全县前茅，县供药剂市场占有率稳定在85%以上，加上该镇机动弥雾机数量较多，常年农户代治面积较大，植保专业化防治工作基础较好。2009年4月，我们结合省、市要求和扬州市邗江区经验，及时指导该镇组建了植保专业合作社，召开了全体社员大会，依照有关章程选举产生合作社理事会和监事会，县植保站、作栽站进行了水稻育秧和植保专业化防治等技术培训，起到了很好的效果。县农牧渔业局及时在白甸镇召开了各镇农技站站长和植保员参加的植保专业化防治工作现场推进会，对全县植保专业化防治工作提出明确要求，植保部门进行了具体培训和部署。目前全县已按要求全面完成镇级植保专业化服务合作社组建工作并全面开展病虫专业化防治，结合高产创建，建立病虫专业化防治示范区14个、3.2万亩。据不完全统计，目前已开展病虫专业化防治服务面积近100万亩次。

3.3 组织培训，开展服务

在继续利用病虫情报、电台广播及海安农业信息网及时发布病虫发生与防治信息的同时，组织植保专业化服务人员开展技术培训、技术指导，帮助协调防治中存在的问题。技术培训重点是病虫害基础知识、农药基本知识和安全使用知识、弥雾机保养知识、弥雾机使用及维修技术，进一步提高专业队服务水平。实行机防专业队与农户签订统防统治服务协议，明确双方权益和义务。建好田间防治档案，实行服务可追溯制。如实记录台账，每次详细记录防治对象、用药品种和剂量，药后及时检查，发现问题，及时解决。植保技术服务人员及时深入生产实际，加强技术指导，做好跟踪服务，确保服务效果。通过常态化开展病虫发生及防治信息的可视化预报，发挥电视预报服务的功能，提高信息传递效率，创新技术服务手段。2009年，我县已开展植保专业化服务县级培

训 13 期，参培人数近万人次，制作播放病虫发生及防治可视化预报 9 期，发布病虫发生与防治情报 23 期。

3.4 强化督查，规范服务 建立专业服务人员管理档案，制订完善管理制度，规范管理，打造服务品牌，确保专业化服务健康有序发展。在积极争取政策支持和项目扶持的同时，加强督查，并纳入目标管理考核。逐步建立防治效果科学评价体系，做到有法可依，有据可查。积极争取参加农业政策保险，规避因农作物病虫灾害突发而造成的风险。在不断提高安全用药水平的同时，积极为从业人员办理人身意外伤害保险。做好后勤保障服务，完善镇级植保机械维修服务点。在统供药价格上，对于专业化服务规模较大、信誉较好的机防专业队给予适当优惠和有效扶持。在服务上做到五个"统一"：即统一药剂配方、统一供药价格、统一用药时间、统一防治方法、统一收费管理。

4 存在问题

4.1 由于家庭联产承包单体种植规模较小，专业化防治组织化水平不高，机防服务仍有较大拓展空间 在专业化防治面积上镇与镇之间不平衡性较大。

4.2 我县桑园面积较大，是粮桑混作地区，机动弥雾机施药易形成对蚕桑漂移污染，在植保机械和药剂选择使用上受到一定制约。

4.3 由于油价和用工成本仍然处在一个较高水平，导致机防成本居高不下，加上缺乏有力的扶持政策，一定程度上制约了专业化服务的有效发展。

4.4 水稻生产后期机防效果因水量不足相对下降，在一定程度上制约了专业化防治的有效开展。

5 采取对策

推进病虫专业化防治，是促进我县现代农业发展、提升农技推广服务档次的重要举措，是发展现代农业的加速器，是用现代物质条件装备种植业、用现代科学技术改造种植业、用现代产业体系提升种植业、用现代经营方式推进种植业、用现代发展理念引领种植业，用培养新型农民打造种植业的具体化体现，有利于提高种植业生产的社会化、专业化、信息化水平。植保专业化服务是从根本上解决农民治虫难、防效差，确保粮食安全的需要。也是解放农村劳动力、建设社会主义新农村的客观要求。对于提高农产品质量、有效控制"两高"农药、保护生态环境、杜绝生产性农药中毒事故起着十分重要的作用。是植保技术推广服务机制的创新举措。2009 年，农业部和省农林厅将推进植保专业化服务作为提高农村社会化服务水平的重点工作。针对我县粮食生产和种植面积较大、统防统治基础较好、植保机械数量较多的有利条件，我们将抓住机遇，扎实推进植保专业化服务，为实现全县种植业生产高产、优质、高效、安全、生态目标做出新的更大的贡献。具体工作：

5.1 提高组织水平 县政府对镇政府、镇政府对村委会层层将专业化防治工作列入目标考核，并与政府农业农村工作阶段季度点评和年度考核挂钩。进一步完善植保专业合作社管理体制和运行机制，建章立制，规范运作。本着自愿接受的原则，专业化防治组织与服务对象签订服务协议，明确服务范围、方法、标准等。积极争取将农作物重大病虫害防治保险和专业化服务人员生产安全保险纳入农业保险补贴范围。建立专业化防治效果评价认定机制，及时协调解决防效纠纷。

5.2 提高投入水平 积极争取财政支农资金和专业化防治项目资金在新农药、新药械的推广和技术培训等方面给予必要的支持，加快高效、低毒、低残留农药推广速度和高效率、低能耗、省力化植保药械的更新步伐。引进多元化投入机制，加大对植保专业化合作组织在开展专业化防治工作中的资金扶持力度，发挥其在开展专业化防治工作中的领头羊作用。建立健全对植保专业化服务组织考核和奖励机制，对于开展专业化防治工作成绩突出的组织和个人给予必要的精神鼓励和物质奖励。

5.3 提高测报水平 开展专业化防治，准确测报和及时预报是关键。认真做好系统监测和大田普查，做到定期调查、定时汇报，确保及时准确掌握发生动态。根据病虫情动态，及时向政府和社会发布相关信息，以引起政府、相关部门和农户的高度重视。同时，利用网络信息系统，加快信息传输的速度，实现信息共享。根据虫情动态，及时开展会商，准确发布预报，开展电视预报，提高信息到位率。

5.4 提高应用水平 积极开展病虫防治新技术、新药剂试验示范和推广普及，推进知识更新和技术创新，充分利用各类会议、媒体进行广泛的宣传发动，努力营造"公共植保"舆论氛围，不断提高病虫防治配套技术的应用水平和技术应用到位率。根据全县大面积农作物生产农事进程，及时组织开展切实可行、形式多样的技术培训和现场示范。充分利用综防示范区、丰产示范方、科技示范户的带动作用，扎实推进病虫专业化防治工作。在开展病虫专业化防治工作的关键时期，县镇两级农技人员做到分片包干、深入基层、深入田头，及时指导专业化防治组织开展服务，帮助解决防治工作中所遇到的技术难题。

5.5 提高综防水平 树立"绿色植保"理念，全面推广化学农药减量使用技术和有害生物持续治理技术，大力开展病虫综合防治，有效控制面源污染，优先推广应用生物防治技术和农业防治措施，不断提高综防效果。按照统一用药时间、统一用药品种、统一施药方法，及时有效的开展统防统治，实现统防统治的覆盖率 90% 以上，达到大面积平衡增产和全面增产。通过开展专业化服务，实现防治效果、防治效率、防治效益的"三提高"，防治成本、劳动强度、环境污染的"三降低"，农产品质量、人畜、作物的"三安全"。

健全基层植保体系 推进植保工作

赵建昌 陆小成 闫东林

（陕西洋县植保植检站 洋县 723300）

农业发展依靠科技进步，农技推广依靠体系建设。植保体系是农技推广体系中不可缺少的组成部分，在基层农技推广工作中尤为重要，是植保工作完成好坏的关键。直接关系着生产安全、食品安全，关系到农业可持续发展和人与自然和谐发展。从上世纪中叶开始，我国逐步建立了县、乡、村三级基层植保网络体系，在农技推广工作中发挥了重要作用，为现代农业的发展、粮食增产、农业增效、农民增收做出了重要贡献。随着土地联产承包责任制、乡镇机构改革、基层农技推广机构管理方式的调整，基层植保体系运行遇到了诸多困难和问题，无疑对植物保护工作提出了更高的要求，使植保工作面临严峻挑战。目前，我县县、乡、村三级基层植保网络体系尚不健全，在一定程度上影响了现代农业的发展。因此，建立健全基层植保网络，推进植保体系建设，促进现代农业发展，确保粮食安全迫在眉睫。

1 农业生产现状

我县地处汉中盆地东端，北靠秦岭，南依巴山，汉江由西向东横贯其中，三面环山，一面迎川，处于北亚热带向暖温带气候过渡区，是我国南北气候的交替带，具有优越的农业生产资源，是陕西省粮食生产基地县之一。全县辖 26 个乡镇，367个村民委员会，总人口 43.9 万人，其中农业人口 38 万人。国土资源 3 206 万 km²，有耕地 65.9 万亩，粮食作物主要种植水稻、油菜、小麦、玉米、马铃薯等；经济作物包括蔬菜、瓜果、茶叶、中药材等。全年农作物播种面积 110 万亩，其中经济作物播种面积 55 万亩，年产粮油 20 万 t；蔬菜 50 万 t；瓜果 15 万 t。常发性病虫草鼠害 80 多种，偶发性病虫害 45 种，病虫草鼠害常年发生面积 90 万亩次，综合防治面积 130 万亩次，挽回产量损失 1.5 万 t，实际损失 0.48 万 t，造成经济损失 4 500 多万元。

2 洋县植保网络体系及工作现状

我县的植保网络体系，以县植保站为主导，以镇村农资经营和乡镇农技站为依托，以村农技员为纽带的基层植保网络体系。

2.1 县级植保机构及其工作情况 洋县植保站隶属县农业技术推广中心，属财政全额拨款的事业单位，自 2005 年实施部级《洋县农业有害生物预警与控制区域站》建设项目以来，在基础设施、办公条件、仪器设备、交通工具等方面有了较大的改善。设有办公室、植物检疫签证办公室、病虫害检验监测室、标准化病虫观测场、应急药品药械库各 1 个。全站在编 6 人，全为中等以上农业专业院校毕业的技术人员，工龄都在 10 年以上，具有一定的工作能力和工作经验。

业务工作的主要工作职责：一是农业病虫草鼠害的监测预报。在定点监测和大田调查的基础上，年发长短期病虫情报 30 余期，准确率达 80% 以上；二是病虫草鼠害防治技术的指导。全年病虫草鼠害综合防治面积 130 万亩，病虫危害损失率控制在 5% 以下。在病虫草鼠害防治技术培训的基础上，针对不同作物及病虫草鼠害发生特点，建立综合防治示范片 20 多个，示范面积 1.6 万亩。建立季节性应急防治专业队 2 个，队员 80 名，全年开展重大病虫害统防统治面积 30 多万亩，占综合防治面积的 23%；三是植物检疫。主要开展水稻稻水象甲、小麦腥黑穗、毒麦、柑橘大实蝇、扶桑棉粉蚧、葡萄根瘤蚜等检疫性有害生物的普查与防治；开展产地检疫、调运检疫以及种子、农产品市场检疫检查等。年开展植物产地检疫 10 余批，检疫面积 3 000 多亩；开展调运检疫 500 批次，调运农产品 4 500 余 t；开展检疫市场检查 50 场次，检查种子、菜果品 4 000 余 t。三是农药经营市场管理。受农业局委托，承担全县 13 个县乡集镇市场 130 多个农药经营户的管理，常年开展农药经营人员上岗培训一次，开展农药经营市场突击检查和专项抽查 10 余次；四是农作物主要病虫害防治技术培训。通过科技文化三下乡、农技人员春训会、农技工作会、专项技术培训会、办点工作会、镇村干部会、防治现场会，充分利用广播电视媒体、墙板报、喷绘、科技知识专栏、印发防治技术宣传画、防治技术方案、防治技术要点、悬挂防治警示牌、举办农民田间学校等多种形式开展防治技术培训，年受训人数 3.5 万人次；五是开展病虫草鼠害防治技术咨询。采用轮流值班制随时接受群众咨询，做到仔细询问，实地查看，科学分析，耐心解答，措施有效，年咨询人数 1 500 人次。

2.2 镇村植保体系及植保技术推广 全县 26 个乡镇、367 个行政村无专门的植保技术推广机构和办公场所，植保技术推广在镇村行政推动下依托乡镇农技站、村委会以及乡村农资个体经营户来完成。乡镇农技站指定 1~2 名农技员兼职植保技术推广，村级植保技术推广从 20 世纪 80 年代随着土地联产承包责任制的推行，因村农技员工资报酬无法解决而瘫痪，部分村由村支书、村主任兼职完成。其工作职责是贯彻落实县植保站病虫害防治技术方案、防治技术要点、防治技术培训会等会议、文件精神，协助县植保站督促落实各项防治技术措施，指导、组织发动群众开展大田防治。

3 植保工作存在的困难和问题

3.1 资金投入不足，植保工作难以正常化 县植保站通过项目的实施，虽然办公条件有了一定的改善，但是项目投资是一次性的，项目实施后的正常运转还是要靠地方财政的支持，但是地方财政投入太少，"有钱养兵，无钱打仗"的局面难以改变，除技术人员基本工资外，没有公用经费，工作经费主要来源还是依靠争取项目来维持。镇村植保机构既没有办公设施条件，又没有专项办公经费，村级植保技术推广人员连基本工资都没有，这离"有工作场所，有监测基地，有信息、交通、服务手段，有经费保障"的"四有"要求还有很大差距。

3.2 县、乡、村三级基层植保网络体系不够健全 受土地承包责任制和乡镇机构改革以及农技推广机构管理方式调整的影响，镇、村两级的植保技术推广机构基本没有，技术推广工作处于瘫痪状态，植保技术措施到农田、到农户难以落实。

3.3 植保技术推广人员少，专业技术水平低 目前除县植保站专门从事植保技术推广的 6 名专业技术人员外，镇、村植保技术推广人员全为兼职人员，有的乡镇甚至的没有专业技术人员，植保技术推广工作由政府工作人员兼职完成。另外，不仅植保技术推广人员少，植保专业人员更少，全县从事植保推广技术人员中只有 2~3 名农业院校植保专业毕业人员，再加上受经费的影响，外出培训以及接受再教育的机会太少，知识"老化"问题越显突出，新理念、新技术、新方法接受较慢，与现阶段的植保技术推广工作不太适应。

3.4 统防统治工作开展难度较大 从农村推行家庭联产承包责任制以来，以农户为主体的土地分散经营方式极大地调动了农民的生产积极性，促进了农业和农村发展。但是，我县丘陵及缓坡地面积较大，单一作物种植分散，集中连片面积小，不利于开展统防统治，不利于现代农业的发展。

3.5 农资市场混乱，乡村私有个体经营企业以盈利为目的的植保技术推广方式令人堪忧 由于农技推广机构管理方式调整，国有种子经营企业改制，农技部门的农资经营业务剥离，以农资经营大中型企业为主导的农资市场变成分散的个体私营经营门点，为追求高额利润，盲目引进推广，误导农民购买价格相对低廉的伪劣产品，不仅造成经营市场混乱，市场监管难度大，而且农业生产投资风险加大。

4 今后的发展思路及建议

4.1 各级政府要高度重视，加大资金投入，确保工作经费，充分发挥植保技术推广的公益性职能

植保工作是农业、农村公共事业，是人与自然和谐相处的重要组成部分，各级政府要从保障农业生产安全，促进农业增效和农民增收，维护农村社会稳定的大局出发，树立"公共植保"、"绿色植保"理念，重视和支持植保工作，将重大病虫防控工作上升为政府行为，纳入政府社会管理和公共服务范畴，设立重大突发性病虫害防治基金，保障植保技术推广机构及人员办公经费和薪资待遇，充分发挥它们在预防和控制有害生物入侵、病虫害预测预报、处置突发性病虫害、指导大田病虫防治、维护农资市场稳定、保障农业生产安全中不可替代的作用。

4.2 建立健全基层植保技术推广机构

乡村植保技术推广机构是县级植保机构的必要延伸，是实现公共植保、绿色植保最重要的载体，是提高植保防灾减灾能力，实现技术到户、到田，推进农业现代化建设，促进农业增效和农民增收的重要保障，是植保体系的重要组成部分。2008年12月27日召开的中央农村工作会议指出，继续深化农村综合改革，力争3年内在全国普遍健全乡镇或区域性农业技术推广、动植物疫病防控、农产品质量监管等公共服务机构。因此，县乡各级政府要抓住这一难得的历史机遇，加强乡、村植保体系建设，增加投入，建立机构，固定人员为农民服务搭建平台，充分发挥技术推广的纽带作用，要把乡、村病虫监测点建设好，提高对农业生物灾害的预测能力和预报准确率，确保及时发布病虫信息，有效指导农民防治。

4.3 加强技术人员培训和再教育，提高植保专业技术人员素质

按照"预防为主，综合防治"的植保方针，病虫监测预报是防治决策的前提，病虫害的发生既有基本规律可循，又在不断发展变化，其监测和防控不仅需要扎实的专业知识，而且要长期

的资料与经验积累和系统的跟踪研究，综合分析研究气象、生物、环境、耕作、栽培等方面因素变化与生物灾害之间的内在联系，把握病虫在县域发生危害的规律，形成有针对性的防治技术意见。这就要求植保人员不但要有过硬的专业基础知识，还应具备研究分析、处理突发性病虫害的能力。县政府、人事、财政、编制、农业部门要制定相应的用人机制，为技术人员在岗培训和再教育创造条件，激励植保专业高学历毕业生充实到县乡植保技术推广机构，壮大植保队伍，提高整体素质，为农业生产安全提供优质的植保技术服务。

4.4 加强重大病虫害应急防治专业队建设，积极开展统防统治

重大病虫害的统防统治是现代农业集约化、规模化生产中必不可少技术措施，大大地降低生产成本，提高药剂防效，在现阶段农村劳动力大量流失的大背景下尤显重要。要鼓励和扶持农村合作组织、农业产业龙头企业、农资经营企业等创办重大病虫害应急防治专业队，有利于更好地把病虫害的预测预报和大田防治有机地结合起来，提高突发性、暴发性病虫害的防灾、减灾能力，减少产量损失，有效控制农业生产风险。

4.5 加强农资市场监管，巩固农资经营企业在基层植保技术推广中的地位和作用

制订优惠政策，鼓励开办农资经营企业，扶持企业做大做强，加大农资市场监管工作力度，继续开展从业人员上岗培训，宣传和引导企业合法经营，开展技物配套，以技术推广带动企业经营，以此达到互利共赢，降低农业生产成本，保障农业生产安全的目的。

4.6 采取灵活多样形式，继续加强植保技术培训，提高技术入户率

植保技术宣传培训工作做得好坏是防治技术措施落实得关键，植保技术推广机构要充分利用各种会议、墙板报、宣传栏、宣传画、广播电视媒体、网站、宣传车、悬挂防治警示牌、建立防治示范片、举办农民田间学校、印发技术资料等多种形式，大力开展技术宣传培训，努力提高技术入户率，使农民熟悉常见病虫害的发生特点、发生规律、防治时间、防治药剂、用药方法，教育农民改变见虫发病才施药的习惯，牢固树立"预防为主，综合防治"的植保方针，有效控制病虫为害，促进农业丰产增收。

坚持植保服务宗旨　推进病虫专业化防治

乐　承　伟

（福建省尤溪县植保植检站　尤溪　365100）

《中共中央、国务院关于 2009 年促进农业稳定发展农民持续增收的若干意见》中提出了加大对农业的支持保护力度，强化现代农业物质支撑和服务体系，稳定完善农村基本经营制度等。这些意见对尽快建立农作物病虫专业化防治体系起了推动作用。农作物病虫专业化防治是植保技术集成、推广、应用的具体体现；是提高病虫防治组织化程度的关键措施；是贯彻植保方针，落实植保理念的重要抓手。在当前我国经济转型的关键时期，要从建设新型社会化服务体系，促进现代农业发展；提升病虫防控能力，确保农业生产安全；减少环境污染，确保农产品质量安全的高度认识发展病虫专业化防治的重要意义。

1　现状与成效

我国的植保专业化服务组织在 20 世纪 80 年代初曾有过发展时期，各地兴办起许多植保公司、机防队等服务组织，由于经费不足，加上政策处于探索和发展过程中，几经波折，原有的植保服务组织大多解体或名存实亡。近年来，随着农业生产方式变革和社会化服务体系的发展，各地积极探索，大胆实践，通过强化行政推动，落实扶持政策，推行规范管理，加强服务指导，广泛宣传发动，典型引导带动等措施，大力推进病虫专业化防治的发展，取得了显著成效。据全国农业技术推广服务中心初步统计，2009 年全国现有各类农作物病虫害专业化防治组织近 10 万个，比 2007 年翻了一番。

1.1　专业化防治组织的涌现，初步解决了农民防病治虫难的问题　自落实家庭联产承包责任制以来，各地的病虫防控大部分还是以单户分散防治为主，往往这片地打药，虫子飞到那片地，那片地打药，虫子又飞回来。不仅防效差，效率低，而且增加成本。推行专业化防治，初步解决了农民防病治

虫难的问题。笔者于 1982 年在尤溪县坂面乡坂面村推行植保专业化防治体系建设试点，作了大量有益探索，据调查 1982 年晚季第 4 代三化螟白穗率，该村实行统防统治区平均白穗率为 0.21%；农民自己防治区平均白穗率为 2.76%；不防治区平均白穗率为 16.3%。据测算，专业化防治效果比农民自防提高 10～20 个百分点，平均每亩可多挽回粮食损失 40kg 左右，减少用药 1～2 次，节约用药工本每亩 30 元左右。

1.2　专业化防治组织的涌现，加速了植保新技术，新农药的推广应用　农作物病虫害防治常常是短时间内需要大量劳动力集中作业。其特点是：一是病虫防治技术本身要求较高；二是涉及的农药这一特殊生产资料，如果对施用农药的品种、用量、时间、施用方法等关键技术把握不准，很可能导致盲目、过量用药，引起农产品农药残留超标；或者破坏生态环境，施药者安全得不到保障等。推行专业化防治，由植保植检部门率先开发引进、示范推广植保新技术、新农药，再通过专业化组织统一配药防治，选择了一批高效对口新农药在生产上推广应用。如近年来粮食作物的水稻"两迁"害虫等重大病虫，发生范围广、暴发性强、传播快、危害严重。推广了阿维菌素、毒死蜱、丙溴磷等，使水稻害虫得以适时有效防治。把病虫为害损失降低到最低限度，"经济、社会、生态"三大效益明显。

1.3　专业化防治组织的涌现，本着"政府引导，市场动作，自愿参与，民办公助"的原则，让社会力量参与到农作物病虫害专业化防治中来　这与 80 年代"统防统治"有着本质区别，"统防统治"的服务主体是政府，而现在是各种社会力量参与，并通过专业化的劳动获取效益。政府只出政策，负责相应的管理和引导，并进行技术培训工作。尤溪县八字桥乡盛产"三洪金柑"，是中国"金柑之乡"，全乡金柑面积 10 000 多亩。2009 年在省、

市、县植保植检部门的支持指导下，本着"政府引导、社会参与、农民受益"的原则于 2009 年 5 月份组建了金柑病虫害专业化防治服务队，共配有 10 名机手和 13 台机动喷雾器，采取统一配药，向果农收取农药成本和防治费用，半年来开展金柑病虫害专业化防治达 3 500 亩次。深受当地果农欢迎。

2 问题与矛盾

2.1 认识不足 应该说农业本身就是弱势产业，病虫害防治又有特殊性，所以把专业化防治完全推向市场是不现实的，存在着总体投入不足，市场培育力度不够。农民对机动喷雾器的防治效果认识不足，还有很多农户持观望态度。同时存在机防队在田间防治，农户不放心，在田间指手划脚，影响机手正常工作。

2.2 管理制度不健全 由于专业化防治还处在起步阶段，还未建立健全专业化防治组织备案及机手持证上岗制度，存在着章程、制度、签订合同等有待规范管理。

2.3 防护装备不足，存在较大的安全隐患 农作物重大病虫害发生防治关键时期，也都是在夏、秋季高温季节，且防治病虫劳动强度大，目前配备的防护设施差。

2.4 防效评估有待开展 目前各地存在服务对象与服务主体之间的矛盾，由于气候因素对病虫的影响不可预知，对在专业化防治中出现纠纷问题，无法科学、公正地作出判定。

3 对策与建议

为全力推进农作物病虫专业化防治，国家农业部提出了专业化防治目标任务：2009 年全国粮棉油高产创建示范片首先要 100% 实现病虫专业化防治，到 2020 年，农作物重大病虫专业化防治的覆盖率要达到 50%。因此要明确指导思想，以贯彻落实"预防为主，综合防治"的植保方针和"公共植保、绿色植保"的植保理念为宗旨；以加强领导，加大投入为保障；以规范管理，强化服务为突破口，大力扶持规范运行、自我发展、有生命力的农作物病虫专业化服务组织，不断拓宽病虫专业化防治服务领域和服务范围，努力提升病虫防治质量和水平，全面推进病虫专业化防治向健康、可持续的方向发展。

3.1 要进一步解放思想，开拓创新 各级农业部门要高度重视这项工作，争取政府部门的大力支持，以更高的起点和更高的要求，把病虫专业化防治作为新时期植保工作发展的重要抓手，作为衡量植保工作的重要标志，放在突出位置，全面推进。

3.2 要整合资源，加大投入 将中央与地方财政各种用于病虫防治的经费进行整合，集中安排用于专业化防治。从目前各地已成立的专业化防治队伍来看，大多都是政府出资或补贴物质器械成立起来。不但要补贴，还须建立一定储备，包括农药、器械、技术、资金和人力各方面。

3.3 要争取多元发展，拓宽服务领域 要在扶持种粮大户、经济合作组织参与专业化防治的同时，鼓励农药生产与经营企业、农机合作社参与病虫专业化防治，发展多种形式的组织，要积极引导专业化组织将服务领域从主要粮食作物病虫的专业化防治扩展到果树、茶叶、蔬菜、林木育苗等多种作物病虫的专业化防治，从单一从事病虫专业化防治向全程服务方向发展。

3.4 要规范行为，强化管理 各地要出台一项关于加强专业化防治管理的规范性文件。要建立健全专业化防治组织备案及机手持证上岗制度，并督促、指导专业化组织从章程、制度、签订合同等方面规范内部管理；要开展防效评估，在专业化防治中出现的纠纷问题，要科学、公正地作出判定。

3.5 要强化技术支撑，加大培训指导 要加快引进和推广能够满足不同地域、不同作物、不同病虫防治需要的新型、高效的植保机械，推广应用新型农药，指导专业化防治队伍实行科学用药、轮换用药、合理用药，提高抗药性治理水平；要加强安全用药监管，做好技术培训指导。

加强植保体系建设的思考

孙凤珍　张功友

（承德市植保站、科教站　承德　067000）

目前我市基层植保服务体系出现了令人堪忧的问题。根据承德市植保体系现状、存在的问题，提出了做好植保体系建设工作的几点建议。

1　我市植保体系现状

1.1　市、县级植保职能

1.1.1　市级　①负责开展全市（县）农作物（玉米、水稻、蔬菜等）病虫草鼠害发生趋势的预测预报、防治技术的研究、示范与推广工作；②负责全市（县）新农药、新药械等防治技术的试验与推广工作；③制订全市重大农作物病虫草鼠害防治预案，并指导全市农作物病虫害防治工作；④其他相关社会服务；行政管理职能：①负责农业植物检疫管理工作；②宣传、贯彻《植物检疫条例》及国家、省发布的各项植物检疫法规、规章制度；③组织开展产地检疫、调运检疫；④负责农业植物有害生物疫情普查，制订重大农业有害生物防控预案，提出全市植物检疫对象的封锁和防控措施。

1.1.2　县级　①贯彻执行《植物检疫条例》，拟定实施全县植物检疫工作计划，开展检疫对象调查、封锁、控制和消灭工作，办理产地检疫、调运检疫等；②承担有害生物监测、测报，提供病虫测报和防治技术信息服务；③负责新农药、新药械等防治技术的试验与推广工作；④有5个县同时负责农药管理工作。

1.2　人员结构、经费

1.2.1　人员结构　目前全市植保系统共有128人，市级21人，县级107人，乡镇没有专职植保技术人员。按职称结构划分正高职5人，副高职26人，中职39人，初职46人。

1.2.2　经费状况　我市所辖8县3区，8个县有植保机构，3区没有单独植保机构（承担农口所有

工作2~3人兼职）。8县中宽城、承德、滦平、兴隆等4县植保站为财政全额单位；围场、平泉、隆化3县虽为全额事业单位，但由于财政困难，也不足额发放全工资，丰宁县植保站为差额事业单位。市级财政每年安排病虫害防治经费5万元。县植保系统无专项业务经费。在重大病虫害统防统治、测报、新技术推广等项工作靠省和市财政根据情况给予不固定的补贴来维持开展，植物检疫依靠国家规定的植物检疫收费来维持正常检疫开支。有些县开展工作，常常须个人垫支差旅费。

1.3　基础设施
我市丰宁和宽城县已被批准为国家级有害生物预警控制站，隆化、平泉两个县为省级有害生物预警监控站，围场和承德两个国家级区域测报站，在农业部和省站的大力支持下办公设备得到进一步改善。其余3县的办公仪器设备均属20世纪80年代初水平，监测手段较落后，信息传递较慢。

2　我市基层植保服务体系存在的问题

2.1　职能不明确，减弱了社会化服务功能
植保服务体系具有社会化技术推广和农业有害生物控害的公益性职能，而一些政府部门对此普遍存在着认识上的严重不足，对《农业技术推广法》、《河北省植物保护条例》以及中央相关政策中关于植保公益性职能的界定也没有引起足够的重视。迫于生存压力，基层植保服务体系工作人员将较多的精力投入到了经营性服务工作中，难以做到为农业、农民和农村提供持续的、公益性的植保服务。

2.2　人员结构失衡，制约了植保事业发展
一是各县人数与所承担工作不协调。全市植保系统有128人，其中市站21人，平泉31人，隆化27人，围场13人，丰宁12人，宽城8人，滦平6人，承德5人，兴隆5人。市站、隆化、滦平、承德承担

植物检疫、病虫监测与防治，其余县站还承担农药管理工作；二是专业结构不合理。非专业技术人员所占比例较大，约占 50%；三是年龄结构不合理。如兴隆、滦平县除站长（副站长）外，员工年龄都在 50 岁以上，对新生事务接受较慢，长期下基层调查身体不能适应。

2.3　技术手段落后，阻碍了植保技术水平发挥

基层植保体系的基础设施建设较为落后，缺乏必备的试验设备、监测仪器和现代化办公手段，不能及时准确地获取和传递新信息。

2.4　财政投入少，制约了植保工作的正常开展

县级植保机构由于得不到足额财政拨款，使在岗工作人员正常的工资福利待遇难以保证，退休人员的养老金解决困难，在这种情况下，植保队伍人心不稳，工作人员不能全身心投入到工作之中，部分植保技术推广单位或个人把主要精力放在"忙吃饭、求生存"上，给植保工作带来了一定消极作用。

2.5　乡镇改革，使植保服务体系"缺腿"

20 世纪 90 年代初实施乡镇改革，对乡镇农业站采取精减机构、缩减人员、削减经费等作法。从机构改革角度看，确实减轻了政府的财政负担，成效显著。但却削弱了植保体系，一度造成骨干改行、人员流失、推广停滞的形势。"断层"情况的出现，使县站人员须跑遍各乡镇，才能得到全县概况，导致监测工作的时效性较差，或犯"以偏盖全"的错误。

2.6　基层领导重视不够，工作开展困难

乡、镇领导的工作注意力主要放在上级硬性考核的"中心"工作上，部分乡镇农业站有留守人员的也都把精力用在上级计划性、常规性的工作上，植保工作基本处于应付状态。

2.7　基层专业服务组织松散，无法开展有效的工作

农村土地承包后，变成了一家一户种植模式，各种协会由于缺乏足够的资金做支撑，在营销上协作多，在有害生物防治上合作少。

3　加强植保体系建设，需重点解决的问题

当前的植保体系名誉上是五级：省、地（市）、县、乡、村，实际上只有省、市、县三级，乡镇农业站形同虚设，大部分时间用于乡镇中心工作，村级基本上没有植保技术人员，有一部份是市、县植保机构根据试验、示范、测报等工作临时聘用的。所以目前的植保体系不能适应农业生产发展的需

要。针对我市植保体系现状及存在的问题，就如何完善基层植保服务体系提出如下建议：

3.1　明确植保公益性职能

植保体系不再简单的等同于农业技术推广，而是农业和农村公共事业的重要组成部分，具有社会管理和公共服务等公益职能。国家应出台一些硬性文件进行明确，为下一步基层植保机构（人员）的建立打下基础。

3.2　增大财政支持力度

各级财政部门要确保公益性服务的经费，加大对植保工作的支持力度。稳定和建立植物保护机构，配备专兼职技术人员和必要的设施，在年度预算中安排植物保护专项经费，保障人员工资及业务正常开展所需经费。

3.3　深化基层体制改革

在乡镇机构改革和裁员精减中，不要盲目搞一刀切，要深入实际调查研究，以适应新技术推广为目标。一是调整县级，重点要"减肥"。一般全额单位人员、编制都少，差补和自收自支单位人员相对较多。要依据农业播种面积、作物种类、有害生物常年发生面积核实编制；二是充实乡一级，重点是补齐。在并乡、并镇的政策下，每个乡镇依据所辖行政村数，耕地面积确定 1～2 名植保专业技术人员；三是强化村一级，重点是完善。要健全村级植保专业服务队，每个行政村至少配备 1 名兼职农技员。同时配备必要的监测仪器设备和通讯器材，保障信息的畅通。

3.4　搞好技术人员培训

当前农业劳动力文化较低、接受能力较差及大部分中青年劳动力转移的情况，已基本上不能适应传统农业向现代农业、自然经济向市场经济转变的要求，提高农业实用技术培训的到位率十分重要，在资金保障的前提下，多层次、多形式进行广泛培训，提高农业业劳动者的综合素质。

3.5　服务体系向多元化发展

为适应形势，拓宽植保社会化服务的新路子，必须突破传统的服务方式，建立优质、高效、开放、多元化的服务形式。对于成立的各种植保专业化防治组织，每年由财政部门给予一定的资金支持，用于设备维修及部分报酬，不足部分由有偿服务补充。

3.6　建立健全考核管理机制

植保体系的良性发展必须有一支精干高效的队伍为基础。各级要配齐植保技术人员，并将技术人员工作业绩作为主要考核指标，不能胜任的，要调剂到其他行业，并以此作为专业技术人员晋升职务、职称的的重要依据。

积极发展农作物病虫专业化统防统治的思考与对策

邵振润 赵 清 张 帅

（全国农业技术推广服务中心 北京 100125）

我国是农业生物灾害发生严重的国家，据统计能造成重大损失的病虫害有 100 多种，近年来我国有害生物年均发生面积达 60 亿亩次以上。随着耕作方式的变化、作物产量的增加、气候变暖等原因，农业有害生物危害呈上升趋势，发生面积不断扩大，发生程度逐年加重，目前水稻螟虫（二化螟、三化螟）、稻飞虱、稻纵卷叶螟以及小麦条锈病、飞蝗、草地螟等重大病虫和农田草害、农区鼠害等生物灾害严重威胁我国粮食生产安全。

1 发展防治及问题

1.1 防治情况

目前，病虫草害的发生及用药出现了一些新情况、新特点、新变化。进入新世纪以来，每年病虫草鼠等生物灾害防治面积都在 60 亿亩次以上，应用农药 32 万 t 左右，从总体上并分作物看，还是水稻田用药量最大。

据 2006 年统计，经防治挽回粮食损失 894.4 亿 kg，其它损失 780 亿 kg，油料 25.3 亿 kg，棉花 16.5 亿 kg，柑橘 5.7.6 亿 kg，苹果 65.5 亿 kg。由此可见，防治成效巨大，可以说植物保护为粮食丰收起到了"保驾护航"的作用。

目前，病虫害防治有两个显著特点：一是以农民一家一户防治为主，乱打药问题突出；二是基层以个体户销售农药为主，乱卖药问题严重。20 世纪 80 年代至 90 年代，植保系统积极投身改革，积极参与开方卖药，农药市场三分天下有其一，形成了供销社、农业植保站及企业与个体三足鼎立的竞争局面，尤其是植保系统有技术优势，加之推广的产品大多是新农药，因此有很强的竞争优势。但是，随着生产的发展，形势发生了变化，植保工作面临的任务更加繁重，不仅要承担防治病虫、保障农业丰收的重任，还要承担科学用药、减少残留污染、保证农产品质量安全的任务。同时，基层个别植保部门片面追求经济效益，经营劣质农药，与单纯卖农药的商贩已无多少差异。因此，随着新世纪、新形势、新任务的变化，上级主管部门要求各级植保部门不再开方卖药，因而这几年植保部门相继退出农药经营领域，这样相应的一大批个体户就纷纷占领了基层农药销售市场。

1.2 存在问题

正是由于上述两个特点，在农药使用方面存在一些比较突出的问题。一是乱用农药问题严重。因为农药应用技术性强，要求高，农民很难掌握，再加之大部分农民没有经过专门培训，乱用药、过度用药问题比较突出，尤其是随意乱配、混用农药现象比较严重；二是防治成本上升。防治效果不好就增加防治次数，再加上随意混用，防治成本上升，南方一些地方仅防治水稻病虫一茬作物就用药 10 多次，成本达 130 多元；三是残留污染重。由于用药不当，又不认真执行安全间隔期，导致一些农产品农药残留超标。同时，流失到农田中的农药影响和污染地下水。另外，用过的农药瓶子和包装袋到处乱扔，污染农田环境；四是抗药性比较突出。除一些害虫对杀虫剂、病菌对杀菌剂产生了一定抗性外，一些长期使用除草剂的地方主要杂草已开始出现了抗药性；五是造成中毒死亡的情况比较严重。农民在打药时不注意安全防护，尤其是在夏季，很容易造成农药中毒。据有关部门统计，农村每年农药中毒人数达 5 万人次左右。另外，一些农民未打完的农药瓶拿回家中随意存放，夫妻发生吵架等家庭矛盾时，因一时想不通，随手拿来喝下去造成自杀等意外死亡，破坏家庭幸福。

2 探索及成效

针对存在的问题，各级植保部门根据形势的变化和新任务的要求，积极探索，大胆实践，开拓创新，摸索出了适应农村、农民需要，适应土地规模经营新形势和统分结合的实际，有利于进行社会化服务的几种专业化防治模式，并取得了明显成效。

2.1　几种专业化防治的模式

2.1.1　专业合作社和协会型　按照农民专业合作社的要求，把大量分散的机手组织起来，形成一个有法人资格的经济实体，专门从事专业化防治服务。或由种植业、农机等专业合作社，以及一些协会，组建专业化防治队伍，拓展服务内容，提供病虫专业化防治服务。

2.1.2　企业带动型　成立股份公司把专业化防治服务作为公司的核心业务，从技术指导、药剂配送、机手培训与管理、防效检查、财务管理等方面实现公司化的规范运作。或由农药经营企业购置机动喷雾机，组建专业化防治队，不仅为农户提供农药销售服务，同时还开展病虫专业化防治服务。

2.1.3　大户主导型　主要由种植大户、科技示范户或农技人员等"能人"创办专业化防治队，在进行自身田块防治的同时，为周围农民开展专业化防治服务。

2.1.4　集体组织型　以村委会等基层组织为主体，或组织村里零散机手，或统一购置机动药械，统一购置农药，在本村开展病虫统一防治。

2.1.5　农场、示范基地、出口基地自有型　一些农场或农产品加工企业，为提高农产品的质量，越来越重视病虫害的防治和农产品农药残留问题，纷纷组建自己的专业化防治队，对本企业生产基地开展专业防治服务。

2.1.6　互助型　在自愿互利的基础上，按照双向选择的原则，拥有防治机械的机手与农民建立服务关系，自发地组织在一起，在病虫防治时期开展互助防治，主要是进行代治服务。

2.1.7　应急防治型　这种类型主要是在应对大范围发生的迁飞性、流行性重大病虫害，由县级植保站组建的应急专业防治队，主要开展对公共地带的公益性防治服务，在保障农业生产安全方面发挥着重要作用。

2.2　主要服务方式

2.2.1　代防代治　专业化防治组织或机手为服务对象施药防治病虫害，收取施药服务费，一般每亩收取4～6元。农药由服务对象自行购买或由机手统一提供。这种服务方式，专业化防治组织和服务对象之间一般无固定的服务关系。这是目前的主要方式，占90%以上。

2.2.2　阶段承包　专业化防治组织与服务对象签订服务合同，承包部分或一定时段内的病虫防治任务。

2.2.3　全程承包　专业化防治组织根据合同约定，承包作物生长季节所有病虫害的防治。全程承包与阶段承包具有共同的特点，即专业化防治组织在县植保部门的指导下，根据病虫发生情况，确定防治对象、用药品种、用药时间，统一购药、统一配药、统一时间集中施药，防治结束后由县植保部门监督进行防效评估。

2.3　主要成效

2.3.1　专业化组织数量迅速增加　据初步统计，全国现有各类农作物病虫害专业化防治组织近10万个，比2007年翻了一番。如浙江省，经工商登记的专业化防治组织从2006年的55个发展至目前的700多个。

2.3.2　专业化防治面积不断扩大　据初步统计，目前主要粮食作物病虫专业化防治面积已达7亿多亩次，其中2009年的小麦重大病虫专业化防治面积已达8 234万亩次，专业化防治覆盖率由2007年的6%提高到2009年的10%；2009年水稻重大病虫专业化防治面积将近5亿亩次，覆盖率由9%提高到18%；玉米重大病虫专业化防治面积将近1亿亩次，覆盖率由7%提高到16%。

2.3.3　专业化防治节本增效十分显著　通过病虫专业化防治，提高了防治效果，降低了病虫危害损失；提高了防治效率，降低了防治用工；提高了防治效益，降低了防治成本。据各地测算，专业化防治效果比农民自防提高10～20个百分点，平均每亩可多挽回粮食损失30～50kg，减少用药1～2次，节省用药成本25元/亩，节约用工成本10元/亩，每亩为农民增收节支100多元左右。

2.4　存在问题

2.4.1　机手素质不高　现在遇到的普遍问题是机手年龄偏大，素质不高，据江苏扬州市邗江区调查，目前几乎以50岁以上、初中以下文化水平的为主。由于专业化防治劳动强度较大，一般人员难以胜任，年轻人又不愿从事此项艰苦劳动。

2.4.2　植保机械补贴范围小　植保机械专业化防治过程中最重要的工具。但目前植保机械补贴规定仅对大型的担架式弥雾机进行补贴，而山区和缺水地区农民广泛使用背负式弥雾机却没有列上补贴目录。

2.4.3　专业化防治服务范围有限　目前大部分地

区专业化防治服务范围比较窄。比如在长江流域，专业化防治主要针对小麦和水稻，而且只针对主要病害和虫害，没有对草害组织统一防治，不能满足农村、农民的需要。

2.4.4 专业化防治缺乏经费支持 专业化防治具有特殊性。病虫害每年作业时间不长，从为人员收入少队伍难稳定，而且植保器械前期投入比较大，同时病虫害防治不确定因素大，风险难把握。因此专业化防治迫切需要政府加大经费支持、补贴力度。

2.4.5 防治效果评定标准缺失 打药后的效果受多种因素影响，目前没有统一的评定标准，这样就容易发生矛盾、纠纷。另外，从业人员长时间从事打药容易生产性中毒，对他们健康保险制度也急待建立。

3 思路及对策

当前正是我国建设社会主义新农村、走中国特色农业现代化道路的重要时期。在这一时期，多地正在积极推进土地流转，生产经营规模在扩大。同时，农村青壮劳力普遍进城务工，农村从事农业生产的以老幼妇孺为主，加之农药使用专业技术性强、要求高、劳动强度大。因此，开展专业化防治、社会化服务帮助农民防病治虫，如同机收一样，已经成为农民十分期盼解决的一项繁重的劳动。适应新形势的需求，病虫害防治必须进行重大改革，切实改革一家一户防病治虫的现状，因此，当前及今后植保工作的一项重要任务，就是大力发展各种专业化统防统治组织，由这些组织开展病虫专业化防治，这是今后植保工作的一个战略选择，是一个大方向。总的思路或建议是，今后县及县以下建立公益性机构和社会化服务两条线，前者以县一级植保站、乡镇农技站为主，后者就是各种专业化防治组织的社会化服务。在县里或乡镇，建立专业化防治合作社或协会，或在大的乡镇由村一级成立专业化防治队，全村或全乡镇病虫害由专业防治队统一开展防治。

3.1 在方法上要坚持四项原则并处理好四个关系

一是在实际工作中，要坚持以下四项原则：第一是政府支持。各地要加大支持力度，结合实际出台相关政策，安排专项经费，扶持专业化防治组织的发展。第二是农民自愿。要充分尊重农民的意愿，加强宣传，引导农民积极、自愿参加专业化防

治，按照"民办、民管、民受益"的要求，大力发展农民自己的专业化防治组织。第三是因地制宜。要根据当地生产实际、病虫发展情况，以及人力、财力情况，群众的认识程度、收入状况等，积极稳定、循序渐进地发展专业化防治组织。第四是市场运作。专业化防治服务要坚持走市场化道路，鼓励和引导社会资本创办各类专业化防治组织，开展有偿服务，实现自我发展。

二是在具体操作上要处理好以下四个关系：第一，处理好典型引导与整体推进的关系。各地要根据实际，既抓好典型，又积极推动面上专业化防治的发展，相互促进，不断提高、完善。第二，处理好速度与质量的关系。要注重实效，不搞形式主义，不搞强迫冒进。要组织引导具备一定植保专业技能、具有一定规模的专业化队伍，利用先进的植保设备和手段，开展好专业化防治服务，对广大专业化防治组织，要加强指导，不断规范，提高质量。第三，处理好植保公共管理与市场服务的关系。目前，一些地区由县级植保机构组建专业化防治队伍，开展公共地带重大病虫的应急防治，取得了显著的成效。但今后市场运作的专业化防治组织是病虫防治的服务主体。对于发生在公共地带的病虫，可由政府出资委托专业化防治组织进行"购置"服务。第四，理好专业化防治与综合防治的关系。专业化防治是病虫防治的一种商业化有效形式，综合防治是病虫防治的基本方针。专业化防治是综合防治的重要组成部分，是实现科学防治的关键措施，不能因为推进专业化防治而放松了综合防治。

3.2 在思路和措施上应切实抓好以下几个方面

3.2.1 切实提高对专业化统防统治重要性的认识 开展专业化防治是今后植保工作的重点和方向，是适应农村统分结合双层经营体制的现实选择，也是植保工作适应新形势的必然选择。开展专业化防治是建设新型社会化服务体系、发展现代农业发展的客观需要。适应我国农业、农村经济的新形势，和农村、农民的需求迫切需要建立健全新型社会化服务体系，病虫专业化防治是新型社会化服务体系的重要组成部分，必须下大力量抓好。开展专业化防治是提升病虫防控能力，确保农业丰收的需要。多年的实践证明，只有集中统一防治一些重大病虫，才能提高防控效果、效率和效益，减少损失，保障农业丰收。开展专业化防治是减少环境污染，确保农产品质量安全的客观需要。目前农民盲目、过量

用药不仅影响农田生态环境,而且导致农产品农药残留超标等质量安全事件时有发生。通过专业化防治,规范农药使用,可以有效地控制农药残留污染,保护农田生态环境。

3.2.2 切实加强对专业化统防统治工作的领导
部里高度重视专业化防治工作,2008年专门出台印发了《关于推进农作物病虫害专业化防治的意见》,对专业化防治工作进行了部署安排。各地要按照文件的要求,切实加强对农作物病虫害专业化防治工作的领导,各级农业行政部门要解放思想,开拓创新,把推进农作物病虫害专业化防治作为服务"三农"、满足农民群众需要的大事来抓,加强领导,重点支持,积极推进。要制定适合本地区特点的农作物病虫害专业化防治发展规划,明确目标,制定措施。要主动向当地政府、有关部门及社会媒体进行汇报宣传,争取政府和社会的支持与配合,确保推进专业化防治工作各项措施的落实。

3.2.3 切实加强对专业化统防统治的投入 各级农业行政管理部门要积极争取政策,拓宽资金渠道,加大对农作物病虫害专业化防治的支持力度。建议农业部设立一个专项,加大支持、扶持力度;可先建立一批示范县,由这些县带动、引领专业化统一防治的发展。各地要积极争取地方财政支持,设立农作物病虫害专业化防治专项补贴,扶持专业化防治组织的发展。要充分利用各项病虫防治经费补贴,努力提高重大病虫专业化防治的覆盖面。要制订优惠政策,鼓励社会资本进入农作物病虫害专业化防治领域,探索企业共建、联建专业化服务组织的模式,促进农作物病虫害专业化组织服务组织的快速发展。从部里层面说,鉴于喷雾器是一种特殊的机械,建议在农机补贴经费中专门切一块由植保部门操作,对手动喷雾器、机动弥雾机及大型喷杆喷雾机分别为全免费、补1/2及1/3的额度;对农民按病虫发生和防治面积田以亩数计,给予一定的防治用药补助;打药即机手因容易中毒提供健康保险,并为他们提供必要防护等劳保用品。对专业化防治组织的培训、指导、监督管理等立专项支持,并提供一定的工作经费。

3.2.4 切实坚持因地制宜多元发展的思路 要因地制宜,多元发展,积极拓宽服务范围。从总体上看,目前病虫害专业化防治还处于起步阶段,各地要结合实际,不断总结经验,因地制宜,多元发展,积极探索专业化防治的多种组织形式、服务方式和运行机制。要树立一批不同组织形式和服务方式的专业化防治组织典型,发展多种形式的组织,分作物、分区域地建好专业化防治示范片。要积极引导专业化组织不断拓宽服务领域和范围,将服务领域从主要粮食作物扩展到果树、蔬菜等多种,从单一病虫专业化防治向种植业一条龙全程服务方向发展,并组织支持、鼓励跨区作业,努力扩大专业化防治面积和覆盖面。

3.2.5 切实抓好对专业化统防统治的管理 以前植保站的主要任务就是抓好病虫测报、防治、安全用药及试验示范、技术指导,适应新形势的要求,必须拓展职能,切实把属地范围内各类专业化防治的管理作为一项重要任务。目前从业人员资质、防治效果的评定、药剂质量等问题,已成为制约专业化防治持续健康发展的重要因素,所以要把加强管理作为重点。各地要结合实际积极争取出台一个加强专业化防治的管理办法,逐步建立专业化防治组织备案及机手持证上岗制度,并指导专业化组织从章程、制度、签订合同等方面规范内部管理,帮助专业化防治组合处理好收费与服务的关系,建立一个风险共担、利益共享的良好运作机制。同时,要制订防治效果评定标准,对于在专业化防治中出现的纠纷问题,要制订一个公开、公正的评定标准,既要维护农民的利益,也要保护专业化队伍的积极性。要加强对专业化防治安全用药的监管,坚决禁用高毒农药、过量使用农药等。

3.2.6 切实抓好专业化统防统治技术培训和服务指导 在推进专业化防治过程中,各级植保机构要认真抓好培训,分层次办好一批专业化防治技术骨干培训班和从业人员技术培训班,重点搞好安全用药培训、植保机械使用和维修培训,提高机手的实际操作应用水平。要加强服务和指导,及时将病虫发生防治信息送到专业化防治队伍手中,积极推广使用高毒农药替代品种以及高效、低毒、环境友好的新型农药,指导专业化防治队伍实行科学用药、轮换用药、合理用药,要帮助他们引进和推广适合不同防治需要的新型、高效的植保机械。

滑县专业化统防统治的实践与思考

苏广艳　鲁召军

（河南滑县植保植检站　滑县　456400）

滑县是一个农业大县，"全国粮食生产先进县标兵""六连冠"。2008 年，为加快推进农作物病虫害专业化防治，贯彻落实"预防为主、综合防治"的植保方针和"公共植保、绿色植保"理念，滑县积极构建长效机制，大力发展农作物病虫害专业化服务组织，努力提高农作物病虫害专业化防治和病虫害统防统治水平，确保粮食稳定增产和农民持续增收。

1　开展统防统治的基本方法

1.1　落实政策，培育服务组织　滑县县政府和农业部门各级领导高度重视，整合多种资源，大力扶持农作物病虫害专业化防治组织发展。县政府出台了《关于印发滑县大力推进农作物病虫害专业化防治实施方案的通知》（滑政〔2009〕11 号）文件；成立了以主抓农业工作的副县长为组长，相关单位负责人为成员的病虫害专业化防治工作领导小组，综合协调专业化防治的各项工作；同时成立专业化防治专家小组，具体负责对专业化防治的技术措施落实，为专业化防治工作提供了组织保障。为进一步推进专业化防治工作，县财政投入 20 万元，为扶持病虫害专业化防治提供资金保障。

1.2　加大对农作物病虫害专业化防治的投资力度　按照建设新型农业社会化服务体系的目标和要求，滑县积极组建县级重大病虫害应急防治专业队，配备应急防治大型施药专用设备 1 台、烟雾机 20 台、车载悬挂式喷雾器 5 台、机动喷雾喷粉机 100 台、防护服等统防统治的药械。农作物重大流行性病虫害一旦发生，县级重大病虫害应急防治专业队能够迅速、准确、有效地控制其扩展蔓延，保障农业丰产丰收。同时在留固镇成立禾丰农业植保农民专业合作社，下辖白道口镇的西小寨、李虎寺和留固镇的西冢头、温庄、程新庄、李庄等 6 个植保分社，

拥有 180 台车载悬挂式喷雾机，300 盏振频式杀虫灯，同时配有 6 台佳多虫情测报灯和实验显微镜、体视显微镜、植保工具包等病虫测报的必备工具。运用配备的车载悬挂式喷雾机及其配套设施，实行市场化运作方式，及时为广大农户提供农作物病虫害机械化防治服务，能有效控制农作物病虫害扩展蔓延，从根本上提升农作物病虫害防控水平，促进粮食增产、农业增效、农民增收。为进一步完善县级农作物病虫草害监测检验体系，建立农作物病虫害预警系统、农作物病虫检测检验、植物检疫检验室和重大病虫害预测预报系统，增强农作物病虫草害的监测检验能力，在留固镇农业办公室建立农作物病虫草害监测室，在白道口镇的西小寨、李虎寺和留固镇的西冢头、温庄、程新庄、李庄 6 个行政村建立村级病虫害测报基点，形成县、乡、村完整的农作物病虫草害监控体系，切实提高农作物病虫害预测预报的准确性和时效性，提升病虫预测预报的整体水平，及时掌握、分析病虫害发生发展趋势，制定防治策略和技术措施，并及时发布《病虫情报》信息 19 期。通过加强监测预警，为适时开展农作物病虫草害专业化防治提供更科学的依据，为各级领导做出防治决策当好参谋，为全县统防统治提供了技术保障。

1.3　强化服务，加强指导，为切实做好对农作物病虫害专业化防治组织的服务工作　县植保站对植保机械手进行适时培训，培养机械手的爱岗敬业精神和提高病虫识别能力、加强安全用药、防治技术和药械维修技能等方面的技术培训，使他们成为一支"用得上、拉得出、治得住、效果好"的专业化防治队伍。在小麦病虫害防治最关键时期，及时下发《关于抓紧开展小麦条锈病查治工作的紧急通知》、《关于在全县开展小麦吸浆虫、全蚀病普查的紧急通知》等一系列文件。充分利用先进媒体，宣传病虫发生及防治技术，分别于 2 月 15 日、4 月

19 日、5 月 7 日在滑县电视台播放《小麦纹枯病防治技术》、《立即行动，迅速防治小麦吸浆虫》、《防病虫、保丰收》等新闻专题。

1.4 建立健全农作物病虫害专业化防治的管理机制　为更好地发挥植保合作社和防治专业队的作用，提高服务组织的防治质量和效果，县植保站制定了合作社章程、机械手操作规程、用药技术规范等规章制度；统一配备植保药械，统一编号，统一建立档案，统一防治机械零配件及维修。并指定村委会专人为本村防治专业队负责人，制订机械化防治专业队管理办法，并负责监督落实。规范防治专业队服务方式，制订统一收费标准。对乡级会员单位和会员半年一考核，年终总结，工作突出的给予表彰和奖励，对完不成任务的或在群众中造成不良影响的给予批评，并收回所配药械，扣除押金等。

1.5 开展试验示范，落实防控技术　从 2008 年起，滑县分别设立小麦、玉米、花生高产创建示范区，实施"统一供种、统一施药、统一排灌、统一药剂、统一防治、统一订单生产"的"六统一"综防技术措施，病虫害专业化防治得以广泛应用，有效地带动了农民落实病虫防控技术。

2 实施统防统治见成效

2.1 节本增效　据全县统防统治示范区调查，县级应急防治专业队和植保合作组织累计开展专业化防治 20 万亩次，累计挽回小麦产量 3 000 万 kg，挽回经济损失 5 400 万元；增产小麦 500 万 kg，增加产值 900 万元。玉米化除面积 7 万亩次，预计累计挽回玉米产量 1 050 万 kg，挽回经济损失 1 500 多万元，专业化防治施药效率明显提高，累计减少人工投入 2.4 万个，减少人工费用 120 万元（每个工按 50 元计）；小麦生育期减少防治次数 2～3 次，每亩节约病虫防治投资 7 元，累计节约投资 140 万元。

2.2 社会效益明显　一是能有效地推广应用植保适用技术；二是有利带动周边农户应用病虫害防控技术；三是有利促进安全使用农药，在严重的病虫灾情下，统防统治区农药防治次数和使用量明显减少，农产品质量安全性提高；四是有利于农村劳动力向其他产业转移。

3 统防统治的建议

3.1 需要进一步解放思想，不断创新　目前我县

统防统治的组织化程度低，覆盖面小，且滞后于现代农业发展的需要。在"三农"向"三化"转化的大好形势下，首要是解放思想，创新植保服务机制，积极鼓励发展植保服务合作社等多种形式的专业化防治队伍，把它作为服务"三农"的重要工作来抓。

3.2 规范行为，强化管理　实行统防统治，是一件服务"三农"的实事和利国利民的好事。但由于统防统治专业化服务组织还处于初级阶段，需要各级政府重视和支持，在建立专业化防治队伍，建设统防统治示范区和植保新技术试验、示范等方面要加大财政扶持力度，政府应设立专项风险资金。此外，有关法律方面的问题，也应急待解决。如农药大包装改小包装及农药管理条例的问题；自然灾害发生后，承包款难收；服务组织直接供药；与经销商设阻等问题。一方面要继续开展统防统治示范建设，以点带面，使之成为周边农户学习和借鉴的样板；另一方面要加强培训，农作物病虫害发生程度轻重，除不可抗拒的气候因素外，生产管理也起着重要作用。因此，一要强化技术支撑，加大培训指导。要加快引进和推广能够满足不同地域、不同作物、不同病虫防治需要的新型、高效的植保机械，加强新型农药的推广应用，指导专业化防治队伍实行科学用药、轮换用药、合理用药，提高抗药性治理水平；要加强安全用药监管，做好技术培训指导；通过举办专业化防治技术培训，掌握一批可以拉得出、打得赢的专业化防治队伍，建立健全病虫防治服务体系；二要尽早出台统防统治标准，成立仲裁委员会；三要与农业保险相结合。

3.3 开展绿色防控　当前病虫专业化防治服务组织开展病虫防控仍主要依靠化学防治，农业防治、物理防治、生物防治等综合防治技术并没有得到广泛运用。我们将加大技术支撑力度，坚持"预防为主，综合防治"的植保方针，积极引导服务组织开展绿色防控，及时提供准确的病虫预报和防治信息。

4 统防统治的发展方向

随着农业生产方式变革和社会化服务体系的发展，滑县的病虫专业化防治也不断发展完善。自 2008 年起，为适应新型社会化服务体系建设需要，促进现代农业发展；提升病虫防控能力，确保农业生产安全；减少环境污染，确保农产品质量安全，

滑县不断总结经验，理论与实践相结合，总结出一套切实可行的宝贵经验：要使统防统治体系健康有序发展，采取"公司＋协会＋农户合作模式"是最佳选择。今后，滑县将大力扶持规范运行、自我发展、有生命力的农作物病虫专业化服务组织，不断拓宽病虫专业化防治的服务领域和服务范围，努力提升病虫防治的质量和水平，全面推进病虫专业化防治向健康、可持续的方向发展。

衡阳市农作物病虫害专业化防治现状及对策

唐春生　黄珍龙　黄守行　李勇峰　戴清华

（湖南省衡阳市植保植检站　衡阳　421001）

俗话说，三分种，七分管。加强田间管理是确保水稻增产增收的重要环节，而搞好病虫害防治更是田间管理的一项重要内容。近几年来，我市在总结以往统防统治工作经验基础上，积极开展农作物病虫害专业化防治试点示范，并逐步推广，取得了显著成效。据统计，全市目前成立和发展专业化防治服务组织 172 个，组建机防队 400 余个，从业人数 3 900 余名，已购置担架式大型机动施药器械 397 台，购置背负式机动喷雾器 2 465 台，完成全程承包机防面积 75 万亩。服务覆盖水稻、柑橘、棉花、蔬菜、茶叶、黄花菜、烟草等作物。通过专业化防治，杀虫效果达 95%，防病效果达 85%以上。据相关部门测算，水稻实施专业化防治比农民自主防治平均每亩减少 2 次用药，节省农药 16.9元，节省人工 28 元，增加稻谷产值 29 元，平均每季每亩水稻节支增收 73.9 元。预计全市今年能节支增收 5 542.5 万元。

1 衡南县专业化防治示范名不虚传

今年 6 月 17 日，我们陪同记者来到衡南县车江镇丰富村调查，看到十多个村民正在忙碌，有的背负着喷雾器打药杀虫，有的四五人一组，像耍龙一样牵引着皮管喷药，稻田中还安放着许多诱虫、杀虫的盆子，田旁的电线杆上安装有杀虫灯。村民邓启成告诉记者，他家有 7 亩田，原来杀虫都靠自己，每亩两季需成本 210 元，有时还杀不到位，今年由专业防治队杀虫，只要 188 元，自己在队里做事还可以拿工资。

车江镇农技站站长甘宗恒介绍，农民原来使用手摇喷雾器一天杀虫只有 5 亩，现在使用背负式喷雾器一天可以杀虫 30 亩，使用担架式喷雾器则在100 亩以上，不但提高了工效，降低了种田的成本，而且杀虫效果好了不知道多少倍。而使用性诱剂和杀虫灯，更彰显了绿色植保。现在，农民非常欢迎专业化防治，仅丰富村邻近这一片就有 1 144亩稻田交给了专业化防治组织。

衡南县从 2005 年开始就率先在全省范围内开展了农作物病虫害专业化防治示范，并形成了比较成熟的专业化防治技术体系及管理经验。今年，为加快推广水稻病虫害专业化防治进程，全省设立 6个示范县，衡南县位居其中，且是湘南地区唯一一个县。为此，该县在省、市植保部门的支持和指导下，结合病虫害绿色防控，成功地在全县 26个乡镇全面推进了农作物病虫害专业化防治。现在，全县培育并发展了 6 个上规模的专业化防治组织，通过这 6 个专业化防治组织已组建农作物病虫害专业化防治队 122 个，现已拥有担架式大型机动喷雾机 115 台，背负式机动喷雾喷粉机812 台，从业人员达 1 800 余人，日有效服务能力在 3.5 万亩以上，已签订并陆续开展全程承包服务面积 13.47 万亩。

县植保站负责人介绍，全县所有专业化防治机械都实行了双补，即在国家农机补贴的基础上，县农业局利用植保专业化防治专项经费再追加一定比例的补贴。如限价 2 990 元/台的富士特 FST - 30担架式机动喷雾器国家农机补贴 1 100 元/台，到农户手中仅需 1 200 元/台，限价 680 元/台的东方红 3WB - 15X 背负式机动喷雾机国家农机补贴 200元/台，到农户手中仅需 300 元/台。同时，为确保专业化防治队员施药安全，县农业部门已调进专业化防毒面具和防护服1 000余套，还向专业化防治组织提供更为精确的防治时间，确保防治效果。

2 专业化防治合作组织发展风起云涌

益康生态农业开发有限公司是衡东县一家大型的生态农业公司，公司今年成功流转了荣桓镇新屋、南湾、桐塘等6个村52%的土地，共计2 246亩，流转期限为10年，今年争取种植双季稻4 000亩、油菜2 000亩，2010年争取土地流转面积达到5 000亩。目前，2 000亩早稻全部实行专业化防治，公司现已购置先进施药器械16台套，机防服务队员50多人，日防治面积780亩。县植保站植物医院专门派驻两名专业技术人员为其提供技术服务，并为他们引进高效、低毒的防治药剂。该县已有规模的专业化防治组织7个，通过这些组织已建立专业化防治队43个，已签订并陆续开展全程承包服务面积3.5万亩。

湖南安邦农业科技有限公司是湖南安邦农资连锁有限公司和角山米业合作注册兴办的一个分公司。该公司创建于2009年2月8日，在台源的龙福、东湖等7个村租赁和合股经营水田3 050亩，全部实行专业化防治。公司现已购置动力药械21台，手动药械40台，机防服务队员31人，日防治面积1 040亩。衡阳县植保植检站派出一名专职植保人员负责病虫监测、虫情预报、优化防治配方，科学防控病虫害，全年早、晚两季减少农药用量20%，节约防治成本20万元，挽回稻谷损失3万kg以上。

衡南县泉湖镇农技农机合作社成立于2007年12月，由泉湖镇农技站站长黄科玖、农机站长段红波领头创办。该社现有农业机械118台，其中14台担架式弥雾机，56台背负式弥雾机，有机手112人。2009年合作社与农民签订专业化防治合同面积6 382亩，涉及17个村，223个村民小组1 682户，辐射带动近万亩稻田实行了植保专业化防治，2009年该社专业化防治共节支增收30万元。

像衡东、衡阳、衡南县一样，水稻病虫害专业化防治在我市各县（市）区已全面推开。全市涌现出了一批不同组织形式、不同服务方式、不同运行机制的专业化防治服务组织。这些专业化防治服务组织产权明晰，独立核算，管理有序，运行良好，发展迅速。在衡南县被列为全省水稻病虫害专业化防治示范县的同时，衡阳、衡山、衡东、祁东、耒阳被列为全省水稻病虫害专业化防治重点推广县。

各县（市）区在水稻病虫害专业化防治方面舍得投入，是专业化防治发展迅速的一个重要原因。到目前为止，全市累计投入专业化防治资金254.79万元，其中用于购机补贴114.95万元，扶持专业化防治工作的全面开展；市、县农业部门积极协调农机补贴，确保专业化防治服务组织购置机械能足额补贴到位；各地在安排粮食发展资金、新型农民培训、农民专业化合作组织等涉农资金时，重点支持病虫专业化服务组织购置先进药械设备和开展示范、培训等工作。各地都将专业化防治工作纳入目标考核内容，推行激励机制，对完成和超额完成目标任务的单位和个人给予奖励，极大地调动了专业化防治合作服务组织和机防队的工作积极性。

3 专业化防治组织发展进程中的困惑

当前，我市农作物病虫害专业化防治已初见成效，但工作中还存在一些问题和不足。主要表现为：

一是工作创新意识不强。多数地方来势很好，但有些地方对病虫专业化防治实际支持力度小，工作被动。

二是对专业化防治把握不准。个别地方专业化防治组织停留在以"官办"为主的阶段，缺乏有效的市场运作手段，生命力不强；有的地方工作停留在单纯推广、购置或发放机械设备上，把推行专业化防治片面理解成推行机械化防治，背离了发展方向；有的地方把开展病虫专业化防治宣传等同于上"项目"、争资金，缺乏实质的规划和推进打算。

三是管理制度亟待进一步完善。目前，全市还没有建立有关行业准入制度、产量赔偿标准等管理制度。有些地方承包合同条款不规范，容易产生矛盾和纠纷，作为弱势群体的农民其利益易受侵害。

四是新型施药器械维修服务滞后。厂家在施药器械使用技术培训、药械质量保证和施药器械维修等方面还存在着与实际脱节或滞后的情况。

五是专业化防治风险依然存在。由于病虫发生的不可预见性、防治的时效性和天气情况的好坏直接影响专业化防治的效果，专业化防治全程承包的具有一定的风险性。

4 加快专业化防治合作组织的对策

4.1 要以统筹促发展，在政策帮扶上下功夫 各地要坚持将病虫专业化防治工作纳入重要议事日程，切实加强组织领导。各级农业行政部门要在当地政府的领导下，主动承担起主导职能，协同财政、工商、民政、税务、银行等涉农部门，形成工作合力，促进工作协调、顺利发展。要突出抓好每县（市）2～4个万亩示范片建设，将专业化防治、测土配方施肥、标准良田建设、农业机械和良种推广等农业生产技术组合实施，统筹经费安排，发挥整体效益。同时，要研究、出台相应的奖励政策，广泛动员社会力量参与，鼓励和支持农技干部创办专业化防治服务组织，积极引导社会资本进入专业化防治领域。

4.2 要以竞争促发展，在建设专业化防治组织上下功夫 要积极创造专业化防治组织公平竞争的环境，逐步建立健全与农村生产力发展水平和现代农业发展进程相适应的、服务高效的病虫专业化防治服务组织体系，重点鼓励、培育和发展"公司型"专业化防治龙头企业，积极引导协会、合作互助等组织向现代企业制度转变。各地要制订发展目标和

扶持政策，加强规划布局和宏观管理，落实帮扶政策，提供病虫情报和技术指导，提升专业化防治组织的科学规范管理水平。

4.3 要以制度促发展，在规范管理上下功夫 全市要出台农作物病虫害专业化防治服务组织管理办法，要对专业化防治组织的组建或撤销、准入条件、运行行为和监督管理进行规范。各地要制定适合本地区的农作物病虫害专业化防治管理制度，制订各类病虫害防治效果认定标准和损失赔产办法，探索建立农作物病虫害防治效果、药害等鉴定机制，防治效果纠纷仲裁机制，及时解决专业化防治中出现的问题。要逐步做到农作物病虫害专业化防治人员持证上岗。要按照相关法律法规要求，帮助专业化防治组织建立健全各项规章、制度、合同，对服务过程和服务行为进行监督，逐步实现管理规范化。

4.4 要以培训促发展，在典型引导上下功夫 各地要以基础好、实力强的乡镇为重点，以村组为基点，开展不同类型专业化防治服务组织的试点工作，将试点成熟的经验在面上推广、引导，要因地制宜，扶持建立新的防治服务组织，提升现有的防治服务组织。要积极发现和培育典型，并不断总结、提高、完善、推广，要注重建立农作物病虫专业化防治组织健康发展的长效机制，发展一批就要巩固一批、提高一批，促进植保专业化防治组织的持续健康发展。

惠州市植保专业化防治成效及发展思路

李惠陵　李国强　刘凤沂　李华　王国忠

（惠州市农业技术推广中心　惠州　156001）

　　农作物病虫害专业化防治，是按照现代农业发展的要求，遵循"预防为主，综合防治"的植保方针，由具有一定植保专业技能的专业队伍组成的具有一定规模的服务组织，利用先进的设备和手段，在农业生产过程中，由专业队伍统一进行配药、统一喷雾器、统一服装、统一防治时间，进行大面积防治的形式。近年来，我市各级党委、政府及农业部门按照中央一号文件和中央、省、市农业农村工

作会议精神，围绕农业增效、农民增收和农村稳定的目标，通过加强广泛宣传、规范管理、加强服务指导、推行示范带动等措施，大力推进病虫专业化防治，取得了显著成效。实践证明，这种"政府引导，市场化企业运作，农民自愿参与"的模式，深受示范区农民的欢迎，不但提高了当地农民植保防治技术水平，提升农作物重大病虫害应急防控能力，增加了农业经济效益，促进了农业生态环境的

改善，同时还开辟了一条为农民增产、农业增效、产品质量安全的新途径。

1 取得的成效

1.1 提高了防治效果，促进农业增产增收

各县、区结合《农作物病虫情报》，组织专业队伍开展水稻病虫专业化防治，及时、准确控制病虫害的发生，提高病虫防治的效果和效率。根据示范区病虫害综合防治的各种参数分析，开展水稻病虫专业化防治，初步实现了病虫害造成总损失率基本上控制在5％以下、螟害损失率控制在1％以下、农田鼠害损失率控制在3％以下、水稻总体增产提高了3％以上的目标。其中龙门县龙城办事处旧梁村示范点，2007年病虫鼠螺为害损失率下降到0.8％左右，防治效果比农民自防田提高8～10个百分点，平均每亩节省农药及人用工费用12元以上，增加稻谷约15kg。博罗县杨村镇水稻病虫综合防治示范区，通过进行专业化防治，病虫为害损失率下降到2.1％，每亩挽回稻谷损失32kg，促进了粮食增产、农民增收，大大提高了农民种粮积极性。

1.2 降低农药用量，节约防治成本，减少了环境污染

采用专业化队伍统一防治，由防治队伍采用先进药械和选用无公害生物农药或低毒、低残留的化学农药，使高毒、高残留农药的污染问题从源头得到有效控制，降低了农药残留量，提高了农产品的安全水平，减少了农药的使用量和盲目用药。根据2008年晚造博罗县杨侨镇李村6户农户用药调查，估算农药利用率可提高10％，减少了农药用量30％以上，农药开支减少18元/亩，人工成本减少12元/亩。同时，实行植保专业化防治，不但提高了农药的利用率，减少了因农药浪费而对环境造成的污染，而且批量从厂家或经销商处购买农药，减少中间环节，农药价格较低，保证了农药的质量。据对部分农户调查情况资料，集体购药比农户分散购药，可降低成本30％以上。而且通过统一配方和运用先进的喷雾器，既提高对病虫害防治的针对性，避免农民乱用药，又解决了不合理用药导致的成本增加问题。

1.3 提高农产品市场竞争力，增强农民种粮积极性

水稻进行专业化防治所构建的体系和工作的实施，对水稻病虫害实施统一、有效防治，不仅缓解了小规模农业生产带来的抵御病虫害和自然灾害风险能力低等问题，还调动了小户分散和兼业经营的农户积极性，保证了我市粮食生产安全。如博罗县杨村镇李村，全村耕地3 000亩，种植水稻面积1 000亩，农村劳动力2 300多人，但主要劳力多数出外从事建筑业等工作，水稻生产长期没有得到系统管理，更缺乏病虫害的有效防治，产量在320～350kg左右徘徊。通过组织专业化的水稻病虫害防治，·解决了现有农村劳动力对病虫害防治这个最缺乏技术的环节，每亩增加稻谷产量80kg以上，增收160多元，大大提高农民种植水稻的积极性。同时，减少了因农药残留污染而造成的"绿色壁垒"，提高了农产品的安全质量，实现了农产品从"田头到餐桌"的安全，从而大大提高了农产品的市场竞争力。

1.4 提升病虫害防控能力水平，加快农业产业化、集约化、标准化的发展

农业区域化、规模化、专业化、标准化生产是发展现代农业的重要模式，是推进社会主义新农村建设的重要内容之一。目前，在农村劳力较大部分是老人、妇女、儿童等留守人员，年轻劳动力已大量转移，劳力明显不足，而实施专业化防治，能大大提高当地农民植保防治技术水平，提升农作物重大病虫害应急防控能力，有效缓解喷药、用工等矛盾，提高工效，及时控制病虫危害。同时，还能解放富余农村劳动力，加快农业向产业化、集约化、规模化的方向推进，适应农村经济发展的形势，有效推动现代农业的发展，促进农业标准化发展的进程。

2 主要做法

2.1 加强领导，组建专业化防控体系

2008年我市开始探索组建农作物重大病虫害防治专业队，在各级党委政府和农业部门的高度重视下，已初步形成了我市植保、植检专业化防控体系。组建两类专业防控队，一是固定型防治队，这一类型主要是种粮大户、农业龙头企业利用国家专项物资、购机补贴优惠政策，依靠植保部门的技术支持组建起来的专业化防治组织，为自己承包田或生产基地开展统防统治。人员和技术相对稳定；二是松散型防治队，依靠国家专项物资和植保部门技术支持，由业务能力较强、信誉度较高的村民组成，植保部门技术人员定期进行技术培训，在病虫害发生关键时期对农作物重大病虫进行应急防治服务。至目前止，全市共组建了50支专业化防治队，其中水稻病虫

专业化防治队12支，专业队员220多人。

2.2 宣传引导，健全相关服务体系

一是加大宣传发动力度，扩大水稻专业化防治知识普及面。利用时政新闻和"农村天地"的电视栏目、农业信息网、报纸以及手机短信等传媒，大力宣传病虫专业化防治工作的意义，推广专业化防治的做法和防效展示，博罗县还公布植保专业化防治服务站的电话号码、服务内容等信息，利用村级宣传栏、"村村通"信息栏等多种形式和渠道把专业化防治信息传递给广大农民群众，力争家户喻晓、人人支持；二是深入指导，提供有效服务。市植保站先后11次不定期地安排技术人员，会同县、区级植保技术人员到水稻综防示范区，与当地政府领导研究专业防治技术和手段，解决工作中和技术上存在的问题，提出具体措施和意见，从而使我市形成了防治区的专业队伍纵向有植保技术指导、横向有当地领导和农户极力支持的工作局面；三是认真做好重大病虫监测与信息传递工作。掌握重大病虫发生动态，及时为开展农作物病虫防治专业队提供重大病虫发生动态信息服务，确保农作物病虫防治专业化防治工作成效；四是认真做好控制重大病虫的新农药、新技术、新药械试验示范推广工作。使用高效、低毒、环保农药及新型施药器械，促进病虫防治技术水平的提高。

2.3 示范推广，探索专业化防治工作模式

采取"重点扶持、典型带动"策略，积极探索"政府倡导、市场运作、农民自愿"的专业化防治工作模式，我市在惠城区汝湖镇房村，选择200亩水稻连片种植区作为专业化防治示范区，同时引进了惠州市绿野新洲生态科技有限公司，针对今年6月中旬早稻稻飞虱发生期进行统防统治，拍查稻飞虱，平均百丛虫口75头，相邻对照田百丛虫口302头，防效较好；在惠东县铁涌镇石桥村建立水稻专业化防治示范区，面积600亩，与当地龙头企业好多收农贸公司牵头，于今年晚稻9月中旬开展2次专业化防治第六代稻纵卷叶螟，稻纵卷叶率10%，而相邻对照田卷叶率30%，取得了较好的典型示范带动效应。专业化防治示范区的防治效果，得到了当地农民的认可和好评。2007年全市共建立3个各类专业化防治示范区，示范面积1 200亩，2008年增加到8个示范区，示范面积增加到2 000亩，通过项目区的示范和推广，带动和引导了周边农民群众根据本地实际自觉地进行水稻病虫害防治，除示范区外，全市还利用专

业化防治队伍的力量，开展了20次不同规模的专业化小分队防治行动，出动了400多人次，在项目区外实施防治面积3万多亩次，单位面积减少用药1～2次，示范效果显著。

2.4 整合资源，创新工作方法，确保取得实效

一是整合内部资源，强化技术支撑。充分发挥县、区级植保、病虫测报以及乡镇农技站的技术力量，实行植保人员的统一管理，有效整合植保技术的资源，合理配备专职技术指导员，从事病虫害防治示范及宣传培训工作，协调管理乡镇级专业化防治队伍。博罗县在原农业服务站现有人员的基础上组建植保专业化防治中心支队，定编20人，由县财政统一核发工资，充实植保队伍人员，较好地促进水稻病虫专业化防治工作；二是整合外部力量，形成强大合力。充分发挥各类农业龙头企业、农民专业合作组织、种植示范大户的力量，共同推进村级以及大面积农产品生产基地的植保专业化防治服务。惠东县利用稔山镇竹园片农业综合开发项目中，形成了1.2万亩"稻—稻—薯"的种植耕作模式的基础，充分发挥示范片村委和种植示范户的骨干作用，引导和发动群众自觉参与水稻病虫害专业化防治工作，解决了一家一户办不好、办不了的事；三是实行技物结合，建立激励机制。博罗县实行由县病虫测报站提供测报防治技术，县农业技术推广中心统一购买对口药剂，市植保站为防治专业队配备10台机动喷雾器及配套专业植保防护服，村干部参与跟踪服务方式，按每亩5元收取部分农药款，不足药款由项目经费开支补贴，专业队员按配方统一配制药液，专业化防治小分队进行统一施药。惠东县对于防治效果好的专业化防治队伍还实行奖励补贴的形式，按每天补助30元，充分调动专业化防治人员的积极性和主观能动性。

3 今后的发展思路

3.1 建立植保专业化防治长效机制

选择有连片水稻种植区、有一定规模化产业种植区以及劳动力转移较大的地区作为示点，实行由政府牵头，植保部门指导，建立健全的植保专业化防治服务的管理机制，对专业化防治人员实行合同制，制定收费指导价和建立防控台账，使专业队逐步建立可以自负盈亏、自我维持、自我发展的运行机制，进一步提高积极性，从而使专业队在重大病虫害发生期能及时开展统一防治工作，有效控制重大病虫危害，降

低防治成本，真正让农民在专业化防治工作中得到实惠。同时要向社会公布监督电话，向农民签发信誉卡等，为农民提供必要的信息资源和提高服务质量，切实做到病虫测报到位、技术培训到位、药剂供应到位、防治工作到位，进一步提高专业化防治效果，使农民积极参与防治，支持植保专业化防治工作的发展。

3.2　大力发展植保社会化服务组织　"群防群治"、"代防代治"的最终落脚点必须要以社会化服务体系为依托，在确保县、乡镇级公益性组织的前提下，鼓励龙头企业、农民合作经济组织积极参与，逐步探索组建植保公司模式和有效机制，根据农业发展的区域性，扶持建立起水稻和蔬菜、水果等特色农作物病虫害的专业化防治服务组织，根据农民群众的需求，实行统防统治、代防代治等，作为构建植保新型服务体系的补充，努力提高农作物重大病虫的防控能力和水平。

3.3　规范农作物病虫害专业化防治组织的组建和运行行为　逐步对专业化防治组织的组建或撤销、服务方式、收费标准、用药规范、机械配置和使用保管、防效保障等环节进行规范。探索农作物病虫害专业化服务组织的认定标准和行业准入考核办法，逐步做到农作物病虫害专业化防治人员持证上岗。针对服务中防治是否达标等争议问题，制订各类病虫害防治效果认定标准，探索建立农作物病虫害防治效果、药害等鉴定机制、防治效果纠纷仲裁机制，及时解决专业化防治中出现的问题。

4　结束语

实施病虫害专业化防治是农业规模化、优质化、现代化的需要，是农业病虫防治的方向，专业防治组织具有强大的生命力和广泛的群众基础，其发展前景广阔。目前，我市农业病虫害专业化防治发展势头良好，然而，专业化防治体制还不够完善，亟待规范合作社管理制度；还需要拓宽专业化防治应用面，形成多种作物病虫害的专业化防治格局；专业防治组织经济基础还较薄弱，还需要财政、农业等部门加大资金、物资、技术、政策、信息和宣传等方面的投入或支持；还需要将专业化防治组织进一步市场化，仅靠政府部门临时性的项目启动支持难于形成长期有效的运作机制。这些方面都需要我们深入研究专业化防治技术，也是我们今后的工作方向。

海安县植保专业化服务现状及对策

孙春来　于宝富

（江苏省海安县植保植检站　江苏　海安　226600）

植保专业化服务是提高植保工作水平，确保粮食安全的需要，也是解放农村劳动力，发展现代农业，建设社会主义新农村的客观要求，同时对提高农产品质量、减轻高毒农药污染、保护生态环境、降低生产性农药中毒事故也有十分重要的作用。多年来，我县依靠农技推广服务集团，围绕统一供药、统一技术措施开展了一系列植保配套服务，为农业发展作出了积极贡献。为了解基层植保服务现状，进一步提升植保服务水平，2008年对我县的植保专业化服务进行了相关调查分析，并对今后植保服务工作开展提出一些建议。

1　调查背景和方法

1.1　调查背景　海安县位于江苏省东部的苏中地区，南通、盐城、泰州三市交界处。是沿江、沿海及里下河三个农业生态区的结合点。全县总面积1 108.0km²，全县耕地总面积5.61万hm²，辖14个镇，212个行政村，总人口96.32万，其中农业人口62.65万，人均耕地面积580m²。粮食面积8.17万hm²，总产60.11万t，人均占有粮食624.1kg。多年来，我县通过组建农技推广服务集团，形成了较为稳定的县、镇、村3级农技推广连锁服务体系，并在基层群众中树立了良好的形象，有力推进了全县植保工作的开展，促进了农业发展、农民增收和农村稳定。

1.2 调查方法 调查采取问卷调查与走访调查相结合的形成，其中问卷调查分两部分：一部分为服务对象调查表，调查种植户直接对生产活动进行决策的人员，调查内容包括基本情况、种田常识和对植保服务要求三大项；另一部分为服务人员调查表，调查包括供药人员和提供施药服务的弥雾机手，调查内容包括基本情况、植保知识和提供服务三大项。调查于 2008 年 9~10 月进行，共收回服务对象调查问卷 211 份，服务人员调查问卷 98 份。走访调查，主要结合平时工作和问卷调查，对熟悉情况的镇农技站部分人员、一些科技示范户、重点服务人员等进行访谈。

2 调查结果与分析

2.1 种田农户水平参差不齐 主要表现为：一是年龄偏大，调查对象中，60 岁以上的占 25.49%，50~60 岁占 38.24%，50 岁以下的仅占 36.27%；二是文化程度不高，高中以上文化仅占 19.51%，而小学及小学以下的占 35.12%；三是病虫防治知识不足。表现为：购买农药听广播宣传占 71.56%，听别人推荐占 31.28%，看别人打药和凭经验打药占 13.75%；对农药的施用技术重视不够，仅有 21.33% 被调查对象认为用药方法可以影响防治效果，而对农药品种、用药时间的认可分别达 67.77% 和 47.87%；仍有相当一部分调查对象购买农药首先考虑价格或是购买方便，分别占到 16.78% 和 12.59%；绝大多数农户对病虫防治过度依赖化学防治，基本没有综合防治的概念。

2.2 服务人员素质、服务范围有限 目前村级服务点人员及机防服务人员 40 岁以下仅占 8.16%，50 岁以上占 60.21%，而高龄人员从事机防服务也是安全用药的隐患；服务人员中高中以上文化程度仅占 14.58%，一些新从业人员病虫防治知识缺乏，有 36.59% 的被调查对象认为目前急需进行技术培训；一般供药人员平均每次防治供药面积 700 亩，机防人员平均每天施药 50~60 桶，约为 25 亩。

2.3 部分农户对植保专业化防治服务存在偏见，主要是担心用药效果得不到保证 据调查，目前自己施药的农户占 86.60%，接受施药服务的只有 13.40%，今后一定时期内能够接受弥雾机代治或

带药代治服务的也只有 36.1%。对选择自己施药的 178 户农户调查，有 72.47% 的人认为自己施药放心，其余则是因为成本等原因选择自己施药。

2.4 农民对植保服务要求高 主要表现为：希望提供植保技术指导的比例高，达 65.27%，远高于希望供药的 14.64%，而希望能提供代治、全承包的总数仅占 20.09%；同时认为种田最需要的是病虫防治技术（包括新农药）也占到 31.93%，仅次于良种的 37.93%。

2.5 多数农民对目前我县提供的植保服务表示认可 针对近年来由于水稻条纹叶枯病和"两迁"害虫大发生的实际，用药较以前有所增加，有 56.88% 的农户表示理解，20.18% 的农户认为是防治效果不好。

2.6 植保服务存在较大的供需矛盾 目前基层机防人员更愿意提供代治、带药代治服务，不愿意进行承包服务。而村级供药人员绝大多数也只愿意提供供药服务，不希望进行施药服务。而农户对植保服务的需求除了指导和供药外，更愿意接受的是全承包服务，其次才是代治和带药代治，分别是 12.55%、7.54%。了解原因主要是：农户希望是全承包，能保证效果无后顾之忧；而服务人员又担心，如果全承包一旦防效达不到农户所企望的那样会引起纠纷，且事实上目前使用弥雾机施药时对水稻中下部的病虫防效不稳也是制约机防服务开展的重要因素。但各方对代治收费标准基本一致，每桶水收费 3~4 元。

2.7 农业生产规模小、农业收入占家庭收入少，一定程度制约植保专业化服务发展 被调查农户户均务农人口 1.77 人，务农人员人均种植耕地 1 750m²。种田目的主要是为了解决口粮，这类占 62.56%，其次为增加收入或随便种。农业收入占家庭收入比例少，只有 20.47% 的农户在 50% 以上，而有 31.90% 的农户农业收入占总收入在 20% 以下。小规模生产劳动强度低，加之种田目的弱化，制约了植保专业化服务的进一步开展，也限制了施药器械的更新，目前有 71.84% 的农户使用的是传统的手动压缩式喷雾器施药。

3 今后工作建议

3.1 加强队伍建设 一是巩固技术推广服务队伍，加强县级技术队伍建设，稳定镇级推广队伍；二是完善农资供应服务队伍，规范现有农资供应队伍，

扶持建立专业化服务队伍，提高农药施用水平，提高利用率。一般每 $40\sim60hm^2$ 应设立一个供药服务点，$6\sim10km^2$ 左右扶持一名机防服务人员，并逐步以供药点为中心组建服务队；三是加强市场监管督查队伍，确保农药市场规范，维护农民利益。

3.2　开展技术研究和技术培训

一是不断筛选合适的新药剂和研究完善弥雾机使用技术，稳定和提高弥雾机防治效果；二是根据县、镇、村三级服务体系不同的岗位开展技术培训，培训方式既要有定期、定人培训，也要有结合生产实际的应时培训，基层服务人员要熟悉本地常见的病虫害的识别和防治方法；三是要通过科普宣传，提高全社会的病虫害综合防治意识、防治指标意识、生态环保意识，减少过于依赖化学防治病虫害的现象。

3.3　制订必要的扶持政策

一是扶持创立服务品牌。鼓励农村各种合作组织、经纪人开展专业化服务，并争取从资金、政策、技术方面给予支持；二是鼓励进行必要合理的土地流转，逐步提高农业生产规模；三是建立健全各项制度，重点包括防治效果评价体系、安全用药和环保监管制度，机防服务台账制度，加强植保新技术研究和弥雾机使用技术研究，努力提高病虫防治效果。

3.4　以市场为导向，开展多种形式的植保服务

首先是准确开展技术指导，做到病虫防治技术指导准确到位，确保不滥用药、乱用药、错用药；其次是继续做好药剂的供应，这是目前保证病虫防治效果和农业投入品、农产品质量安全的基础；第三是稳步推进施药服务，目前重点要做好缺劳力户和种田大户的服务，以及突发病虫、检疫性病虫统防统治服务。

参考文献

[1] 徐蕾，李群，康晓霞等. 邗江区植保专业化服务工作的摸索与实践 [J]. 中国植保导刊，2008，28（8）：44～45
[2] 赵禹. 邯郸市病虫害专业化防治服务组织建设的现状及对策 [J]. 中国植保导刊，2008，28（9）：43～45

构建新型植物保护体系的思考

陈洪波　周明山　林泽安

（利川市植物保护站　利川　445400）

发展两型（资源节约型、环境友好型）农业给植物保护工作带来了新的机遇和挑战。如何做到绿色植保和谐发展，成为利川农村经济和农业可持续发展过程中亟待解决的问题之一。从利川农业可持续发展需求，从农作物病虫发生现状、趋势、防治水平分析，植物保护工作必须适应形势、锐意进取、积极创新，逐步健全完善新型植物保护体系。

1　把好植物检疫关，确保农业生产安全

研究表明，外来有害生物入侵，不仅会造成严重的经济损失，还可以改变生物群落或生态系统的生态学特征，对农业生态系统的生产、自然生态结构和功能构成威胁。因此，抓好产地检疫、调运检疫是杜绝外来有害生物传入最重要、最有效的方法和手段，应该得到各级政府和部门的足够重视。实践证明，植物检疫工作是一项关系到本地区农业生产安全和经济平稳发展的重要工作，任何的放松和忽视都会造成严重后果。改革开放以来，入侵我国的外来生物已达 400 余种。在国际自然保护联盟公布的全球公认的 100 种最具威胁性外来生物中，已有 50 余种入侵我国，其中美国白蛾、红火蚁、苹果蠹蛾、三叶斑潜蝇、黄瓜绿斑驳花叶病毒、一枝黄花、紫茎泽兰等 11 种有害病虫草入侵我国，给我国造成的经济损失高达 570 亿元，我国已成为遭受外来入侵生物危害最严重的国家之一。例如，柑橘大实蝇、烟粉虱、水花生、兔丝子等多种有害生物，使利川农业生产遭受了严重损失。记忆犹新的是 2005 年团堡镇西坪村药商谭宗相从四川调入未

经检疫的川牛膝种子种植,面积500亩,由于种子携带兔丝子种子,造成兔丝子大暴发,导致直接经济损失100万元左右,种植户损失惨重、泣不成声。

可以预见,随着交通运输瓶颈的打破,商品贸易的频繁往来,危险性病虫草通过植物产品传入利川的风险也将越来越大。因此,我们应重视对国内有害生物的监测、调查及环境影响评价工作,强化风险分析、预警和快速反应机制,制订和完善外来有害生物入侵预案,一旦发现,及时控制和扑灭,确保农业生产安全。

2 控制农药面源污染,呵护绿色家园

近些年来,粮食安全、环境安全、生物多样性安全、食品安全等关系到人类生存和健康的重大问题越来越受到人们的关注,而农业生产上大量使用化学农药、化学肥料则是导致农业面源污染的重要原因。为了确保农产品质量安全,农业部连续公布了一批国家明令禁止使用或限制使用的农药,全面禁止使用 BHC、DDT 等 23 种高残留农药。从2001 年起,禁止使用甲胺磷等 5 种剧毒农药,分别限制甲拌磷等 19 种农药在甘蔗、蔬菜、果树、茶树、花生上使用,从而达到从源头上控制或限制农药污染的目的。国家环保部也通报了 2008 年第一批"高污染、高环境风险"的产品目录,共涉及6 个行业的 141 种"双高"产品,其中包括 DDT 等 24 种农药类产品。新农药氟虫腈也因对水域生态系统的破坏被限制使用。这些都说明我国政府已经高度重视农药对环境的污染问题。而农药使用量减量控制计划,也纷纷在欧美等发达国家列入指令性计划,并建立了更加严格的新农药审批制度、构建政策策略等,其立法建议称:农药对现代农业的重要性不言而喻,农药的使用增加了作物产量,保护农作物免受害虫的侵害。但是,土壤、空气和食品中的农药残留也对人体健康和生存环境产生不良影响。

利川是农药使用大市,单位面积的使用量较大,尤其是果树(梨)、水稻生产上盲目使用、滥用、打保险药等不合理使用现象仍普遍存在,而且农药的利用率仅 30% 左右,大部分飘移、蒸发和流失到土壤、水体中。为了从源头控制农药的污染,遏制农业面源污染日趋严重的态势,保护生态环境,有必要在全市实施农药减量控害工程,达到减少农药用量,控制有害生物危害和农药残留,保

障人、畜、农作物及其产品、生态环境安全,达到发展两型农业、促进新农村建设的目的。

3 强化公共植保、绿色植保理念,促进两型农业和谐发展

3.1 树立公共植保理念,服务社会 农业部范小建副部长指出,树立"公共植保理念",就是要把植保工作作为农业和农村公共事业的组成部分,突出其社会管理和公共服务职能,其核心是服务社会。植物检疫和农药管理是执法工作,属于公共管理的范畴。许多农作物病虫具有迁飞性、流行性和暴发性,对其实施监测预警,及时发出情报,组织专业机防队,进行重发区域的应急控制,这样大大提高了行动的实效性、技术的先进性、控制的有效性,整体提高了植保工作能力。这样就应该逐渐把植物保护的重心从单一的技术推广型向社会管理和公共服务的职能转变,构建监测、情报、控制的公共植保网络。

3.2 树立绿色植保理念,促进可持续发展 绿色植保的实质是把植保工作作为人与自然和谐系统的重要组成部分,突出其高产、优质、高效、生态、农业安全的保障和支撑作用,其核心是可持续发展。通过准确预测重大病虫害发生趋势,选用先进的施药机械和高效、低毒、低残留农药对重大病虫害实施专业控制,减轻了对环境及农产品的污染和残留,为绿色农产品生产保驾护航。

实践证明,重大病虫专业应急队在扑灭重大病虫中,行动快、用药精准、效率高。2004 年,团堡镇箐口、狮子管理区 41 个村土蝗暴发成灾,涉及面积 26 300 亩,亩平均 12 000 头左右,蝗虫见青就吃,取食量大,危害严重,情况十分危急,经过应急机防队连续苦战 15d,终于一举围歼害虫,遏制了病虫的危害。2007 年元堡乡友联、洛阳两村蝗虫危害严重,应急分队再次出击,借助去年灭蝗的经验,针对主要防治对象为烟叶,又逢烤制期,我们选用了残效期短、残毒低的赛丹乳油进行防治,大面积使用证明,药后 8h 内不下雨,防效在 90% 以上,且对人畜安全,明显提高了灭蝗速度,保护了生态环境。

3.3 强化无公害综合防治技术研究,确保绿色田园 一是生物防治技术。它具有无污染、无公害的特点,在农作物有害生物可持续治理中占有重要地位。例如采用大量释放天敌可增加田间天敌种群数量,实现大幅度降低农药使用次数和用量,是生产

无公害绿色农产品的主要途径。已经商品化的天敌昆虫主要有：赤眼蜂、瓢虫等130多种，这些天敌广泛应用于果园、大田及园艺作物。实施以生防为主的无公害综合防治技术，可减少化学农药用量50%左右。此外，大力推广植物源农药（苦参碱、云菊）、微生物农药（BT、枯草芽胞杆菌、链霉素等）和生物工程农药（转基因抗虫棉、抗虫水稻）在内的生物农药，也可大大降低化学农药的使用量，减少农药污染，确保绿色田园。

二是农业防治技术。它包括作物健身栽培，即耕作、合理密植、合理水肥管理和选择抗病虫品种等。

三是物理防治技术。利用控制光、温、湿及机械设备等破坏有害生物的生存环境，干扰生物的正常活动，最终达到控害的目的。推广较成熟的技术有频振式杀虫灯诱杀。它可以诱杀87科1287种农林害虫的成虫，对鳞翅目成虫的诱杀效果最优；还有黄板诱虫、果实套袋等。黄板诱虫是利用害虫的趋黄性，将害虫粘住诱杀，对双翅目、同翅目害虫诱杀效果好。

由此可见，开展农作物有害生物无公害防治技术研究，对于保护农田生态环境，减少化学农药使用量，促进农业可持续发展具有十分重要的作用。

3.4 利川农作物病虫害发生趋势及解决的途径与对策

利川地处鄂西南山区，境内海拔高低悬殊，适宜多种农作物生长，是典型的立体农业区。温凉高湿的气候特点，为病虫害发生提供了良好的滋生条件，同时得天独厚的自然条件也利于多种特色农作物的开发。然而，近些年随着山药、莼菜、茶叶、梨及大宗农作物等优势特色农作物的迅速发展，农作物上各种病虫害种类增多，数量加大，主要病虫害的发生与危害呈逐年上升趋势，有些次要病虫上升为主要病虫。

分析优势农作物有害生物种类增加，危害加剧的主要原因：一是长期以来病虫害防治过分依赖化学防治，广泛而又频繁地使用有机磷类和拟除虫菊脂类广谱杀虫剂，使得农田天敌被大量杀伤，农田生态环境遭到破坏，引起农田生态系统自我调节能力恶化。主要表现为：农药用量和施药次数大幅度增加，害虫抗药性显著提高，如稻飞虱、梨黑心病等；二是以高产为目标的核心技术模式，过分强调高肥、高密度以及除草剂的大量使用，致使农田生态系统物种多样性指数下降，病虫害频繁暴发；三是大量种质资源及植物产品的引进，使携带有害生物随植物产品侵入，引起新的病虫害的出现和持续

暴发、流行。如萝卜细菌性黑斑病，感病品种白玉春、春白玉，其病菌的初次侵染由种子携带。

据不完全统计，每年我市因病虫害导致粮食作物损失产量2500万kg，经济作物常年减少收入2000万元，有些年份损失更为巨大。除部分作物外，多数农作物病虫害防治主要依靠化学农药，不仅使农产品品质受到影响，农田生态环境遭到不同程度的破坏，而且增加了生产成本，这种局面不利于利川农业的可持续发展，也不利于名优特农产品生产及深加工产品开发国内外市场，对培育农村经济新的增长点影响极大。例如长十郎梨，因利川得天独厚的自然条件而造就其风味好、甜度高、果肉细腻，享誉周边省市，但一旦涉及农药残留，农产品准入，那么农残数量指标将严重超标，若不采取措施，梨产业的损失将不可估量。利川山药、莼菜远销海外，但随着大面积产业化发展，农药残留问题也会日益突出，也将成为困扰特色产业迅速发展的主要障碍因子。

针对利川优势特色农作物主要病虫草等有害生物发生现状、防治水平以及日趋严重的趋势，立足利川农业的可持续发展，在已有研究和应用技术基础上，应加强新技术研究和新技术引进推广工作，生产绿色产品。可见，无公害综合防治技术研究与应用是利川植保工作的重中之重，也是今后利川特色农业无公害、精品化发展的根本保证。

4 强化利川农作物有害生物监测和预警技术，提高重大病虫害预警能力

农作物有害生物灾害的及时准确监测和预警是有效控制其暴发危害的关键技术之一。随着科学技术的发展，利川测报装备也得到了不同程度的改善，频振式测报灯可以有效的监测有害生物成虫的发生期或迁入期，孢子捕捉仪能准确监测真菌孢子的数量和发生时间，为预测预报提供科学的依据。但长期以来，利川在农作物有害生物监测方面受研究手段和监测设备的影响，一些重大病虫害暴发成灾的原因和变异机制等基础研究还相对薄弱，导致对病虫害中、长期预测的准确性不是很高，预警能力较差，突发性有害生物防治难以摆脱被动应付的局面，使农业生产遭受严重损失。例如2007—2009年的马铃薯晚疫病、2009年的梨锈病。另外，信息传播手段落后，尚未建立农作物病虫电视预报机制，农作物病虫害信息网络传播平台。因此，引

进和转化国内先进技术，加强和完善有害生物监测和预警技术，是生产绿色产品的重要前提。

5 构建农作物有害生物防控体系，推动两型农业发展

构建植物保护体系是我市农村经济改革新形势的客观要求，是发展两型农业、确保粮食安全、生态环境安全、农产品质量安全的必然要求，以农业有害生物区域站建设为契机，逐步建立健全农业生产植物保护体系。首先，抓好植物检疫关，防止代疫种子、种苗传播，为利川农业创造一个安全的生产环境；其次，抓好农业有害生物预警体系建设。主要是健全田间监测基础设施，全面提高技术队伍素质，努力实现病虫基础数据采集自动化、现代化、规范化、标准化、精确化、高效化；三是抓好信息传播系统建设。用网络、电视等工具建立信息化、可视化、网络化的信息传递与发布平台，提高信息传递速度，扩大信息发布范围，真正将绿色植保技术信息送到千家万户；四是抓好推广、防控体系建设。在产前，把好种子、种苗关，选用抗性好的种子、种苗。在产中，搞好以生物防治为主的无公害综合防治技术推广示范。将绿色植保技术形象直观地推广给农户。与此同时，办好田间培训，提高农民素质，只有让农民自觉抵制高残留、剧毒农药的销售和使用，才能更好的应用植保新技术、新产品和高、精、准施药技术，他们才是保护绿色家园的生力军。在产后，抓好仓储病虫鼠害的无污染防除技术研究。在此基础上逐步组建以生态区为单元的多作物常规技术与高新技术相结合、科学、高效的利川农作物有害生物防控体系，实现提高农作

物产量，保证农作物品质，持续控害，保护农业生态环境的目标；五是抓好检验检测体系建设，利川依托农业有害生物预警控制区域站建设，完善了检验检测设备。如何让设备正常运转，为科学防治、控制残留提供依据，是摆在我们面前的又一个课题。

总之，发展两型农业，植物保护工作应调整思路，认真探索，针对利川农业可持续发展中存在的问题以及利川农作物有害生物的发生特点和趋势，积极探索，从检疫、监测、防治等多个层面入手，不断推广新技术，开发新产品，使用新设备，逐步建立以无公害综合防治技术为核心的利川农作物重大病虫防御体系，既是利川植保工作面临的课题，也是发展两型农业的必然选择。

参考文献

[1] 郭文超，马祁．二十一世纪新疆植物保护的形势与对策［A］．新疆农业科学，2004，41（5）：257～262

[2] 王明勇，陈真．实现安徽省可持续发展战略的思考［A］．安徽农业科学，2001，29（41）：471～473

[3] 王福祥．浅析植物检疫性有害生物与外来入侵物种的关系．中国植保导刊，2007，（10）42～44

[4] 张国鸣，张国娟，石春华．实施农药减量控害增效工程 全面推进农业面源污染治理．中国植保导刊，2007，（5）45～47

[5] 江幸福，刘建华．加入《国际植物保护公约》后植保科研工作面临的挑战．中国植保导刊，2008，（2）37～42

[6] 高明，赵宗林等．洛阳公共植保的实践与探索．中国植保导刊，2008，（3）45～46

[7] 胡延萍，王翠萍等．新形势下构建植保体系的几点做法．中国植保导刊，2007，（7）39～40

对县级植保服务体系建设的思考

童 守 远

（乐至县植保植检站　乐至　641500）

植物保护学是研究危害农林作物的病虫草鼠等有害生物的形态特征、发生规律和防治方法的一门科学，又称"植物医学"，是农业生产持续发展的

重要支撑学科之一。植物保护是控制病原微生物、害虫、杂草、农田鼠害等有害生物对农林作物造成的危害，保护农林作物安全生产的一项措施，是农

业生产过程中的重要环节。植物保护工作涵盖的领域广泛，主要包括农业重大有害生物的预警监测和防治控制、国内外危险性有害生物的检疫检验和封锁扑灭、农药及药械的质量管理和安全使用、农产品农药残留检测和控制等四大领域，关系到农作物稳产高产、优质高效、农民增收、农业生产安全、粮食安全、食品安全、生态环境安全、公共安全乃至国家安全，是一项关键性和战略性的农业技术措施和管理工作，具有社会管理和公共服务的职能。

1　正确认识植保服务体系建设的重要性

植保服务体系是防灾减灾体系、公共服务体系和管理执法体系的重要组成部份。中央2007年1号文件明确提出要把抓好粮食生产作为现代农业建设的重要内容，加强自然灾害和重大动植物病虫害预测预报和预警应急体系建设，提高农业防灾减灾能力。2008年农业部出台的社会主义新农村建设实施意见中提出：开展农作物病虫害防治，进一步完善植保植检体系，建立健全农作物病虫害防治法律法规，强化防治措施。建立健全农作物监测报告网点，加强农作物病虫害预警预报，加快建立农作物病虫害应急处置机制，加强应急物资储备制度建设，加强农作物病虫害防治机构和队伍建设，完善农作物病虫害防治网络，落实农作物病虫害防治经费，强化基础设施建设，提高病虫害防治能力。2008年10月12日中共十七届三中全会通过了《关于推进农村改革发展若干重大问题的决定》，提出了"建立新型农业社会化服务体系。加强农业公共服务能力建设，创新管理体制，提高人员素质，力争三年内在全国普遍健全乡镇或区域性农业技术推广、动植物疫病防控、农产品质量监管等公共服务机构，逐步建立村级服务站点"。四川省委九届六次会议通过了《关于统筹城乡发展开创农村改革发展新局面的决定》，提出"到2012年实现全省农业和农村经济发展迈上新台阶。农业结构调整上台阶，新增100亿斤*粮食生产能力，发展十大特色优势种植业，建成全国优质特色农产品生产与供给基地"。

1.1　有害生物防治的需要　据统计，全世界农产品每年因病虫草鼠等有害生物造成减产或变质的约占总产量的30%左右。植物病虫害给人类造成的灾害不胜枚举，如1845年欧洲马铃薯晚疫病的流行曾引起震惊世界的爱尔兰饥荒，饿死了近100万专吃或多专吃马铃薯的爱尔兰人，另有150万人逃

亡到海外。1942年印度的孟加拉邦因干旱和稻胡麻叶斑病大流行，饿死了200万人，成为世界上第二次因植物病害流行造成的大饥荒。我国北方的飞蝗和南方的螟虫在历史上曾长期给农业生产和人民生活造成沉重灾难，小麦条锈病、稻瘟病、稻飞虱、棉铃虫等病虫害都曾给我国农业生产造成过巨大损失。我国是世界上农作物有害生物发生最严重的国家之一，常年发生的农业有害生物多达1 700种，其中可造成严重危害的有100多种，全球100种最危险的有害生物中我国有53种。全国每年有害生物发生面积在40～50亿亩次，我县86万亩耕地每年有害生物发生面积也在300万亩次左右，同时赤霉病、曲霉病等植物病害的霉菌毒素可导致人畜中毒和癌症，其中花生、大豆等储藏过程中发生的黄曲霉毒素是世界上公认的强致癌物质。一些地区局部害鼠猖獗，鼠传疾病流行。

1.2　人体健康和生态环境的需要　为了提高农作物产量，人们大量使用化学农药防治有害生物，在挽回作物产量损失的同时，又引发了一系列严重的环境和社会后果：有害生物抗药性的增加，次要害虫上升为主要害虫以及有害生物的再增猖獗，农药残留引起的致癌、致畸、致突变，有益生物受到严重伤害，生物多样性减少。

1.3　对外贸易出口的需要　我国加入世贸组织后，农产品出口的主要障碍就是技术性贸易壁垒。欧洲对我国茶叶的检测项目由原来的72项增加到134项，限制农药从29种增加到62种，其标准总体提高了250倍。日本对我国的大米检测项目由65项上升到104项，给我国对日出口的粮食、豆类、水产类、坚果类、蔬菜类、粮类和油料等61种农产品造成重大影响。韩国从2005年6月1日起，对农产品的农药检测成分从132种增加到213种，2006年1月27日韩国的食品法典修正案草案制定和修订了36种食品内74种杀虫剂的最大残留限量。目前国内某些地区果树、蔬菜等作物农药残留超标仍然严重，全社会要达到合理用药、科学用药的局面还需要全体植保工作者和广大农民群众的艰苦努力。

1.4　防止外来有害生物的需要　随着农产品贸易全球化和流通渠道多元化，外来有害生物侵害也在加重，20世纪70年代，我国新发现的检疫性有害生物只有1种，20世纪80年代2种，90年代达到10种，最近5年就新发现18种。红火蚁、三裂叶

---

* 斤为非法定计量单位，1斤＝0.5kg。

豚草、加拿大"一枝黄花"等危险性有害生物的传入和危害，不仅严重危害农林作物安全，而且严重威胁人体健康和生态安全。加强植物检疫工作，构建新型植保体系，提高对外来危险性有害生物灾害监测防控能力势在必行。

因此，农作物有害生物的治理、农产品出口贸易、生态环境安全和食品安全以及人体健康等方面需要加强植保服务体系建设。县级植保植检站是最基层的植保专业服务机构，测报调查、农药药效试验、病虫防治示范、植物产地检疫和疫情监测、农残检测、农民培训等工作都是直接深入田间和面对农民群众，是部、省、市业务主管部门的着力点和抓手，因此县级植保服务体系应得到完善和加强。植保工作是一项公益性事业，面向全社会农业生产服务，其效益不仅是经济的，更具有社会的、生态的和具有可持续发展性，各级领导和农业部门务必提高认识，切实加强县级植保服务体系建设，更好地为现代农业和社会主义新农村建设服务。

2 县级植保服务体系的现状及存在的问题

县级植保植检站是最基层的植保专业服务机构，为全民拨款的事业单位，归属县（区、市）农业局管理，多数县将农药管理划归县农业局执法大队，少数县单独设植检站，大多数县未开展农药残留检测工作。通过对部分县植保植检站、农业执法大队的访问、调查，主要存在以下问题：

2.1 机构不顺、力量分散 有害生物的预警监测与控制、国内外危险性生物传入的控制与扑灭、农药质量的检验控制和新农药的试验推广等工作存在着相互依存、相互协调的关系。目前条块分割、力量分散的体制，工作环节脱落，不利于提高植物保护工作的整体水平。

2.2 经费不足、待遇较差 公益性事业需要政府和社会的投入才能确保运转。全省除少数几个财政强县能确保植保植检事业经费外，大多数县没有植保专项事业经费，甚至还要上交管理费。据了解，有些县植保植检站经营创收搞得好，能给职工按政策发放部分奖金，但与当地县政府发文出台的奖金数额仍有较大差距。在县内也无法与其它单位相比，奖金额可能只有别人的 $1/6\sim1/3$，不同县植保植检站之间差距也较大，如简阳市植保植检站原有职工 50 多人，因无钱给职工发奖金，待遇太差，许多 20 多岁、30 出头的业务骨干、年轻人都自愿

申请病退。大多数植保植检站由于经费十分短缺，不得不被迫加大经营创收力度，以弥补事业经费的严重不足和增加职工收入，造成从事公益性事业的人员减少，影响植保工作水平的提高。

2.3 人多力弱、设备落后 四川省有的县植保植检站人员多达 50 多人，有的县只有 3～5 人。多数县植保植检站人员多，但力量薄弱，植保专业大中专生较少，老职工子女较多，这部分职工由于普遍都是初中学历，文化基础较差，学习和接受新知识难度较大，技术水平提高比较困难。业务人员新老断层突出、青黄不接现象较重。多数县植保植检站无独立办公场所，无检疫、检测实验室，设备缺乏、陈旧、落后，无测报、防治交通专用工具。

2.4 服务网络不健全 一是病虫监测网络不健全：无群测点专门经费，群测点不好找人，人员也不好固定。乡镇农技站划归乡镇人民政府管理后，县农业局与乡镇农技站出现断层，乡镇农技站人员从事非农技工作的较多，与县级业务单位关系疏远，给技术推广造成不便；二是防治服务网络不健全：现有的乡镇服务网络都按照有关管理部门的要求改为私人性质的农资经营部，各服务部都以商业利益为重，从事公益性的服务较少。在推广生物防治、物理机械防治、病虫统防统治方面阻力较大。植保专业合作组织的建立尚处于初始阶段，有待于加强、完善和提高。

3 加强县级植保服务体系建设的对策

在十七届三中全会精神的指引下，以科学发展观为指导，以控害减灾、粮食安全、农民增收为目标，牢固树立"公共植保、绿色植保"理念，建立健全县级以上植保服务机构，逐步建立以县级以上国家公共植保机构为主导、乡镇公共植保人员为纽带、多元化专业服务组织为基础的新型植保体系，稳步提高生物灾害监测防控能力，适应现代农业发展的要求。所谓"公共植保"理念，就是要把植保工作作为农业和农村公共事业的重要组成部分，突出其社会管理和公共服务职能；所谓"绿色植保"理念，就是要把植保工作作为人与自然和谐系统的重要组成部分，突出其对高产、优质、高效、生态、安全农业的保障和支撑作用。

3.1 加强队伍和基础设施建设 县级植保植检站是直接深入田间从事病虫监测、防治示范、药效试验、检疫检测等工作的最基层的植保专业服务机构，是与农民直接接触的基层植保事业单位。县植

保植检站以设员 10～12 人为宜，其中测报人员3～5 人，至少固定 3 人专职从事病虫监测工作，3～5人从事病虫防治和农药械管理工作，2～3 人从事植物检疫工作，2～3 人从事农药残留检测和控制工作，每个县可按作物布局、地理位置至少建立 3个以上群众测报点。各县应整合资源、理顺机构、集中力量建立一支人员精干、技术过硬的植保服务队伍。在经费上应将人员工资（包括津费补贴、效益工资）、办公经费、专项事业经费等纳入县财政预算，确保植保事业人员的收入在全县行政、事业单位中处于中等或中等以上水平，建立起植保服务体系长效运行机制，以确保人员稳定，机构正常运转，使植保技术人员安心从事植保公益服务事业。争取国家项目、加大地方财政投入，建设一个标准观测场、实验室、检疫检测室、应急防治交通工具、农药械仓库、先进办公设备等基础设施设备齐备的植保植检站，更好地为现代农业和社会主义新农村建设服务。

3.2　建立健全防控服务体系

3.2.1　加强测报基础工作，稳定测报队伍　病虫测报人员要尽量使用高校植保专业毕业人员，纳入公务员管理，确保工资、奖金、福利等待遇的落实和保障，并要保持测报队伍的稳定。按照国颁或部、省标准开展重大病虫害监测，多渠道、多方式发布病虫害预报，加大病虫害可视化预报力度，病虫害预报准确率达到 90％以上，病虫害测报工作逐步实现基础设施现代化、测报管理规范化、情报传递信息化、病虫预报可视化、监测体系网络化。

3.2.2　县级植保植检站要制订本地农作物重大病虫害的防治预案，并在实践中不断检验完善，加强应急保障能力建设，抓好应急物资仓储与配送能力建设　狠抓植保社会化服务体系的建设，重点是组织和指导，不参与具体的服务过程，如指导乡镇、村、专业大户建立植保专业合作组织、村级植保专业合作社、植保专业机防队。搞好病虫防治指导，协助做好农药械的采购、供应、机具维修等工作，将重大病虫灾害损失控制在 3％～5％以下。

3.2.3　加强植物检疫工作，做好产地检疫和调运检疫，严防危险性有害生物的传入，对已发生的危险性有害生物组织力量进行封锁扑灭。

3.2.4　进一步加大农药市场监管力度，严厉打击农药不法行为，开展专业化防治，保证农药规模化、科学化使用　组织实施农药连锁经营，鼓励企业搞连锁经营。大力开展绿色防控，减少农药使用量。逐步开展农药残留检测工作，实行定期定时向社会发布制度。

3.3　强化示范、推广和培训的服务功能　一是加速技术创新，加强新药剂、药械、病虫防治新技术的引进、试验、示范，积极推广生态控制、生物防治、物理防治等植保新技术，提高全县植保科技水平。二是加强对乡镇农技人员的业务指导和业务培训。开展农民培训，提高人员素质，如开展进村入社的小型农民培训会、农民田间学校、专业技术培训等多种形式的培训，使广大农民群众接受现代农业的新观点、新知识，自觉应用植保新技术。三是加强与科研院所、大专院校的合作，培养人才，引进植保新技术，加快植保科技转化步伐，为植保科技创新增添活力。

大豆田后期采用自走式喷杆喷雾技术时雾滴的沉积分布

王金凤[1]　张琳娜[1]　袁会珠[1]　李修立[2]　赵今凯[3]

(1. 中国农业科学院植物保护研究所　农业部农药化学与应用
　　技术重点开放实验室　北京　100193
　　2. 中国农业科学院植物保护研究所　新乡科研中试基地　河南　453731
　　3. 北京丰茂植保机械有限公司　北京　101407)

大豆是我国农药使用比较多的重要经济作物之一，大豆生长到中后期是一个郁闭程度比较高的生态环境，在这个阶段，需要喷洒杀虫剂、杀菌剂等药剂。由于大豆后期株冠层浓密，喷雾作业比较困难。因此，研究开发适合大豆田后期的喷杆喷雾技术，对于我国大豆产业的健康发展显得越来越重要。

针对我国大豆田中后期农药喷洒的需要，我们研制生产了轻型自走式高地隙喷杆喷雾机，该喷雾机以小型汽油机为动力，采用高地隙设计，喷雾机可以在大豆生长中后期棉田行走喷雾，该喷雾机喷轮距和喷杆高度可调，喷杆上装配12个扇形雾喷头，喷幅6m。为研究这种喷杆喷雾机在大豆田中后期喷雾作业的可行性，为大规模推广应用提供依据，我们在大豆田开展了喷杆喷雾技术在棉田的雾滴沉积分布研究。

1 材料与方法

1.1 试验地点及时间
试验在河南省新乡市七里营镇中国农业科学院植物保护研究所新乡科研中试基地大豆田进行。喷雾时间为 2009 年 7 月 25 日下午，此时大豆已到封垄期，大豆株高 65～75cm，行距 40～50cm，试验地块长度分别是 55m 和 50m。喷雾时天气晴朗、风速 2～3m/s，风向偏南，气温 32 ℃，相对湿度 65%。

1.2 试验药剂和指示剂
食品染色剂诱惑红（上海染料研究所）；

有机硅喷雾助剂 Silwet408（迈图高新材料集团）；

卡罗米特纸卡、蒸馏水、滤纸、23cm×45cm 塑料布。

1.3 试验仪器设备
UV2100 型紫外-可见分光光度计（莱伯泰科有限公司）；

LI－3000A 叶面积测定仪（LI－COR 公司生产）；

Dwyer485 温湿度仪；

移液枪（芬兰 labsystem 公司）。

1.4 喷雾机具和果园布点采样
试验采用 3W－280G 轻型自走式高地隙喷杆喷雾机（北京丰茂植保机械有限公司生产），喷雾机地隙 95cm，轮间距调整为 175cm。

喷雾液以诱惑红水溶液代替，诱惑红作为示踪剂加入清水中，浓度为 0.9μg/mL，将大豆植株分为上、中、下三层，每层又分内膛和外膛，共 6 个样点，在一个喷幅内的 8 行大豆内均布取样点，隔 20m 重复取样，重复 3 次。每个样点在叶片的正面

布放一张卡罗米特纸卡，用于雾滴密度检测。每个样点采集一片大豆叶片，带回实验室用于药剂沉积量的测定。地面布放滤纸和卡罗米特纸用于雾滴沉积量和雾滴密度检测。轻型自走式高地隙喷杆喷雾机采用快速和慢速喷雾，结束后一小时，收集大豆叶片和地面滤纸，放置自封袋内，带回实验室，每个塑料袋内加入 50mL 清水，振荡洗涤 10min，用 UV2100 型紫外分光光度计测定洗涤液的吸光值（A），波长选择 514nm。大豆叶片用 LI－3000A 叶面测定仪测定面积，根据预先测定的指示剂诱惑红浓度与吸光值的关系，计算洗涤液中的诱惑红的浓度（μg/mL）。

1.5 结果计算及数据处理
根据实验室测定的洗涤液的指示剂诱惑红的浓度、洗涤液的体积和取样面积，按照如下公式计算喷雾后，指示剂诱惑红在地面和大豆株冠层不同部位的沉积量（μg/cm²）。

2 结果与分析

2.1 自走式高地隙喷杆喷雾在大豆田的作业效率
喷杆喷雾机的的喷幅 6m，喷杆上装配有 12 个扇形雾喷头，喷头型号为 Teejet11003VP，喷嘴间距 50cm，喷雾压力 0.25Mpa，单个喷头流量为 1 060mL/min，喷头距离棉田顶部为 30cm，喷雾机在大豆田内的行走速度分别采用快速 0.91m/s 和慢速 0.73m/s，按如下公式计算得到，喷雾处理一亩大豆田所需要的时间为 s。

2.2 雾滴在大豆田沉积分布的均匀性
在大豆生长中后期采用轻型高地隙自走式喷杆喷雾技术，喷雾雾滴在大豆田沉积分布均匀性测试结果见表1。由表 1 数据可知，喷雾雾滴在整块大豆田沉积分布均匀，其在大豆田横向（垂直于喷雾行走方向）沉积分布的变异系数为 22.89%～29.69%，在大豆田纵向（喷雾机行走方向）的沉积分布变异系数只有 10.58%～25.74%。相比于人力背负喷雾作业，自走式喷杆喷雾技术，由于采用动力行走，喷雾机行走速度能够保持一致，因此雾滴在大豆田纵向沉积量的变异系数小，沉积分布均匀；采用喷杆喷雾技术，喷头间距固定，喷头距离大豆的距离固定，因此，雾滴在棉田横向（喷杆方向，垂直于喷雾行走方向）上沉积量的变异系数也很小，沉积分布均匀。

表1　自走式高地隙喷杆喷雾技术，雾滴在6m喷幅内的沉积分布均匀性

	喷幅内每行大豆上部叶片的沉积量（ng/cm²）									变异系数
	1	2	3	4	5	6	7	8	平均	（%）
重复Ⅰ	0.63	0.72	0.35	0.67	0.47	0.48	0.65	0.79	0.59	24.98
重复Ⅱ	0.84	0.87	0.35	0.57	0.58	0.72	0.41	0.67	0.63	29.69
重复Ⅲ	0.58	0.65	0.46	0.08	0.74	0.53	0.44	0.82	0.62	22.89
平均	0.68	0.75	0.39	0.66	0.60	0.58	0.50	0.76	——	——
变异系数（%）	20.53	15.24	16.21	12.93	22.54	22.41	25.74	10.58	——	——

2.3　雾滴在大豆株冠层的沉积分布

田间试验不仅测定研究了自走式喷杆喷雾技术雾滴在大豆田水平面上的沉积分布均匀性，还测定了喷雾雾滴在棉花株冠层不同部位的沉积分布，即雾滴在大豆植株冠层的垂直分布。为方便研究测定，测定取样时把大豆冠层分为上层、中层、下层，中层和下层又分为内膛和外膛分别取样，具体测定结果见表2。从表2结果可以看到，雾滴在大豆冠层上层的沉积量为0.59ng/cm²，在中层外膛和下层外膛的沉积量分别为0.56ng/cm²和0.23ng/cm²，在中层内膛和下层内膛的沉积量分别为0.28ng/cm²和0.37ng/cm²。以药剂在大豆株冠上层为参照，计算药剂在株冠层不同部位的沉积量递减率，结果显示，药剂在大豆株冠层的中层外膛为5.08%，中层内膛为66.1%，下层外膛为61.0%，下层内膛40.7%。

表2　自走式高地隙喷杆喷雾技术，药剂在大豆株冠层不同部位的沉积分布

部位	各部位的沉积量（ng/cm²）									递减率
	1	2	3	4	5	6	7	8	平均	（%）
上层	0.68	0.75	0.39	0.66	0.60	0.58	0.50	0.76	0.59	0
中层外膛	0.74	0.26	0.55	0.83	0.42	0.58	0.37	0.52	0.56	5.08
中层内膛	0.35	0.39	0.27	0.20	0.17	0.26	0.34	0.41	0.28	66.1
下层外膛	0.20	0.41	0.17	0.16	0.20	0.24	0.50	0.32	0.23	61.0
下层内膛	0.33	0.49	0.36	0.18	0.37	0.35	0.59	0.44	0.35	40.7
冠下地面	0.12	0.27	0.31	0.13	0.08	0.26	0.29	0.32	0.22	62.7

2.4　雾滴在大豆株冠层的沉积密度

农药雾滴在有害生物危害区的沉积雾滴影响着药效的发挥，本文收集测定了自走式喷杆喷雾技术雾滴在大豆冠层不同部位的沉积密度，结果见表3。上层的雾滴沉积密度最大，达到了每平方厘米49.9个雾滴，中层和下层的雾滴沉积密度分别为都在每平方厘米24个左右，结果显示，棉田中后期采用喷杆喷雾技术，喷雾雾滴可以穿透大豆冠层沉积分布到大豆中层和下层，测定中还发现，在大豆中层和下层小雾占总雾滴的比例大于大豆上层。

表3　自走式高地隙喷杆喷雾技术，大豆冠层不同部位的雾滴沉积密度

部位	各部位大豆叶片的雾滴沉积密度（个/平方厘米）							递减率
	1	2	3	4	5	6	平均	（%）*
上层	54.3	41.7	63.7	44.7	28.7	66.7	49.9	0
中层外膛	30.3	26.3	15.7	14.7	16.7	38.0	23.6	52.7
中层内膛	36.0	32.3	13.0	12.3	14.0	38.0	24.3	51.3
下层外膛	34.7	35.7	10.3	20.3	13.0	31.3	24.2	51.5
下层内膛	46.0	18.0	13.7	22.3	13.0	40.7	25.6	48.7
冠下地面	39.3	24.0	7.7	9.0	41.3	42.0	27.2	45.5

*递减率是以上层叶片雾滴沉积密度为参照，计算中下层雾滴沉积密度与上层相比的减少率。

2.5 自走式高地隙喷杆喷雾不同行走速度对雾滴沉积量的影响 自走式高地隙喷杆喷雾机设计了两个不同的行走速度,考察两个不同速度喷雾效果,结果如表4,慢速0.73m/s的行走速度喷幅内大豆上部叶片的平均沉积量为0.34ng/cm²,快速0.91m/s的行走速度大豆上部叶片的平均沉积量为0.27ng/cm²,可见行走速度慢时沉积量比行走速度快的多一些。慢速的雾滴沉积变异系数为26.16%,而快速的雾滴沉积变异系数为41.46%,所以行走速度为0.73m/s时喷杆喷雾机的喷雾沉积分布较均匀。

表4 自走式高地隙喷杆喷雾技术,行走速度不同时雾滴的沉积量

速度	喷幅内每行大豆上部叶片的沉积量 (ng/cm²)							变异系数 (%)
	1	2	3	4	5	6	平均	
0.73m/s	0.34	0.50	0.38	0.26	0.27	0.26	0.34	26.16%
0.91m/s	0.15	0.23	0.44	0.38	0.23	0.20	0.27	41.46%

2.6 自走式高地隙喷杆喷雾不同行走速度对雾滴密度的影响 由表5可知,在喷杆喷雾机行走速度为0.73m/s时,喷幅内大豆上部叶片的平均雾滴沉积密度为77.5个/平方厘米,行走速度为0.91m/s时,喷幅内大豆上部叶片的平均雾滴沉积密度为78.4个/平方厘米。行走速度为0.73m/s时,雾滴的沉积密度变异系数仅为8.42%,行走速度0.91m/s时,雾滴变异系数为14.68%,可见行走速度为0.73m/s时雾滴分布较均匀。

表5 自走式高地隙喷杆喷雾技术,行走速度不同时雾滴的沉积密度

速度	喷幅内每行大豆上部叶片的雾滴沉积密度 (个/平方厘米)							变异系数 (%)
	1	2	3	4	5	6	平均	
0.73m/s	75.5	84.0	77.5	82.5	75.5	70.0	77.5	8.42%
0.91m/s	70.5	60.0	82.0	84.0	88.0	86.0	78.4	14.68%

3 讨论

大豆田中后期的田间试验表明,采用自走式喷杆喷雾技术,在大豆中后期采用自走式喷杆喷雾技术喷幅6m,行走速度0.73m/s,122s即可喷雾处理完一亩大豆田,作业效率高,而人工背负手动喷雾作业处理一亩大豆田所需要的时间则在30～60min,作业效率大幅度提高。

采用喷杆喷雾技术,喷雾雾滴在整个大豆田沉积分布均匀,药剂在棉田横向的沉积分布变异系数为22.89%～29.69%,在棉田纵向的沉积分布变异系数只有10.58%～25.74%,这种均匀的喷雾效果是人工背负喷雾技术很难达到的。

农药雾滴在大豆田冠层沉积量的分布与农药雾滴沉积密度的测定结果有一定的出入,原因是多方面的,主要是取样的差异,沉积量测定是取大豆整个叶片,而雾滴密度测定则是把卡罗米特纸卡用区别针固定在大豆叶片的某一位置,在固定纸卡后,大豆叶片由于负载,叶片角度会发生一定的改变。不论沉积量分布测定结果还是雾滴沉积密度测试结果均说明,采用喷杆喷雾技术,喷雾雾滴可以在大豆田株冠层有较好的沉积分布,有利于农药药效的发挥。

通过田间实地考察可知,自走式喷杆喷雾机行走速度稳定、操作简便,在大豆田中行走对大豆的损伤很小,喷雾均匀、作业效率高,值得推广应用。

参考文献

[1] 袁会珠主编.《农药使用技术指南》.化学工业出版社,北京,2004

[2] Gydenkærne S., Secher B. J. M., and Nordbo E.. Groud deposit of pesticides in relation to the cereal canopy density. Pestic Sci. 1999 (55): 1210～1216

[3] Vercruysse, F., and Steurbaut, W., Drieghe, S., etc.. 1999, Off target ground deposit from spraying a semi-dwarf orchard. Crop Protection, 18: 565～570

[4] 邱占奎,袁会珠,楼少巍.水溶性染色剂诱惑红和丽春红－G作为农药沉积分布的示踪剂研究.农药. 2007, 46 (5): 323～325

大型车载植保机械推广前景与模式探讨

薛 龙 毅

（济源市植保植检 河南 济源 454650）

经过多年的大型车载植保机械的试验、示范与推广，植保机械化取得了长足的发展，车载植保机械的性能不断改善，车载植保机械化作业面积不断扩大，高效植保机械化技术得到推广应用，为促进农业抗灾夺丰收做出了重要贡献。为了更好地推广车载植保机械施药技术，现就我市车载植保机械的推广前景与推广模式进行探讨。

1 车载植保机械的推广前景

1.1 土地流转的需要 中央 1 号文件和党的农村政策所作出的加快土地流转是适应当前农业、农村发展阶段的需要，土地流转指的是我国要从家庭承包经营模式走向土地集约化经营，规模经营。这是中国农业、农村发展的必然趋势，它克服了家庭承包经营模式带来的费工、费时、作业效率低、浪费资源等缺点。土地流转是趋势，土地流转之后土地会集中起来种植，这为大型车载植保机械的推广提供了良好的发挥空间，是时代发展的需要。

1.2 农村劳动力转移后留守农民的需要 随着中国工农业的发展，大量的农村劳动力走向城市，从第一产业走向第二、三产业，农村剩余的强壮劳动力越来越少，能够背动药桶或愿意背药桶的农民越来越少，他们非常愿意用机械化代替手工作业，愿意出钱让有技术、有药械、有资格的施药能手帮他们防治病虫害。

1.3 大型车载植保机械的自身优势在防治病虫害方面具有广阔的发展空间 据济源市植保站调查，以车载喷杆式喷雾机为例具有四大优点：一是减轻农民劳动强度。车载喷杆式喷雾机是将喷药设备及药箱安装在农用机动三轮车上，机手开着机动三轮车在田间行走自动操作进行喷药作业，从而改变了农作物病虫草害防治以往人背机器作业为机器背人作业，大大地减轻了农民的劳动强度；二是提高了工作效率。车载喷杆式喷雾机一次喷幅在 7.5～11m，在水源方便的条件下，每台每小时可喷洒20～25 亩，一般可喷洒 15 亩左右，每天可作业150～200 亩，与当前使用的植保机械相比，大大地提高了工作效率，并且非常有利于大面积统防统治和重大暴发性、流行性病虫害的迅速控制；三是提高了农药利用率和防治效果。车载喷杆式喷雾机采用三缸活塞泵、美国进口扇型喷头、膜片式防滴阀等先进零部件，雾化效果好、喷洒均匀、着药面积大，可提高农药利用率，减少农药使用量，降低用药成本，并且可显著提高防治效果；四是整机选用的材料优良，强度高，耐磨性及耐腐蚀性好，使用可靠，寿命长，是植保机械更新换代的理想药械。

1.4 国家政策对大型车载植保机械推广给予了大力扶持 《农业部关于加快推进植保机械化的通知》农机发［2008］4 号文件精神要求各地各部门要加快植保机械化的推广力度，一些地市把植保机械纳入农机补贴范围，这为大型车载植保机械的推广提供了政策支持和保障。因此，大型车载植保机械的推广具有广阔的前景。

2 车载植保机械的推广模式

车载植保机械的推广与喷雾器、弥雾机的推广不尽相同，它不是一家一户能够办到的，它的推广必需是由行政部门的支持，由协会或合作社等组织来完成。

2.1 植保协会是车载植保机械推广的主力军 目前，全国各地的许多植保部门都成立了植保协会，该协会在各级政府的支持下，在植保部门的指导下，为全国的农业生产、病虫害防治做出了巨大贡献。植保协会从上到下成了一个完整的体系，已成为病虫害防治的主力军。

具体做法：植保协会以县为单位，乡镇建立植保协会分会。由县植保协会统一购买车载植保机械，统一管理。以乡镇协会为单位建立机防队，统一组织、统一技术、统一防治、统一收费。

车载植保机械在操作上比喷雾器、弥雾机等药械要严格得多，为了便于推广、并且达到较好的防治效果，必须在机手配备、业务培训等方面做好工作。一是精心选择机手。选择机手的标准为：热心植保事业、具有一定的文化素质、责任心强、有一定的配合意识、服从管理、有一定的业务基础。机手报名后，由植保协会进行考核，符合条件的，确定为入选机手，要求机手必须遵守协会管理，成为防治专业队成员，需要应急防治时必须做到随叫随到，服从安排，听从指挥，以确保突发事件的应急处理；二是统一业务培训。入选的机手，由县植保协会进行全方位培训，内容包括车载植保机械的构造、性能、作业流程、工作原理、机械保养与维修等，让他们充分了解和认识车载植保机械，然后，从机械的安装到调试、从加药到喷洒各环节都要让机手会熟练操作，让他们得心应手地使用车载植保机械；在喷洒农药之前，技术人员根据防治对象还要对机手进行技术培训，内容包括防治对象的发生发展情况、生长发育规律、防治技术、农药知识与配制、注意事项等，让他们充分了解和掌握病虫草害的发生规律和防治技术。

2.2 合作社是车载植保机械推广的补充 合作社的形式有多种，原有的供销系统即农资部门会成立供销合作社；有的是一些有机械的农户入股成立病

虫害防治专业合作社，还有的村实力比较强或领导班子有力，以村为单位成立合作社等等。这些合作社在车载植保机械推广工作中会起到非常重要的作用。

2.3 个体组织也是车载植保机械推广的一种载体
近年来，一些个人通过实现承包、租赁、土地流转等方式把周围农民不愿意种植的土地承包过来种植，这非常有利于机械化操作，他们购置了各种机械，车载植保机械也非常适合于他们用来防治病虫害。还有一些个体购置植保机械专门用于承包代治，走向入户为农民提供农业技术、药械和防治服务，从而收取服务费。这些个体也是车载植保机械的推广者。

对于合作社和个体组织，当地行政和植保部门要给予资金和技术支持，在不断发展壮大的同时，吸引到协会中来，更好地为当地农业服务。

3 车载植保机械推广中应注意的问题

车载植保机械的发展是全国实现土地流转后的必然产物，也是当前农村发展的需要，是国家着力研究和推广的要求。目前在推广中应注意几点：
3.1 车载植保机械的生产部门要生产出设计合理、性能稳定、部件合格、便于操作的大型植保机械。避免因质量问题使推广部门或群众害怕或放弃车载植保机械的推广。
3.2 不管是哪一种推广模式，在车载植保机械推广中一定要做好机手的选择、培训和后勤等工作，确保车载植保机械最大限度地发挥作用，真正提高防治效率，为农业、农民的增收做出贡献。

东台市大型植保施药机械应用现状及今后发展对策

李瑛　邰德良　丁志宽　钱爱林

（江苏省东台市植保植检站　江苏　东台　224200）

我市地处苏北沿海中部，水稻是主要的粮食作物之一，常年种植面积 2.65 万 hm²。水稻稻纵卷叶螟、稻飞虱等"两迁"害虫及灰飞虱、条纹叶枯病、纹枯病是水稻常发性的重大病虫，暴发频率

高，自然危害损失重，每年防治面积在 21 万 hm²左右，防病治虫保产任务十分繁重。长期以来，我市水稻病虫防治施药器械主要以长江 10 型等手动喷雾器械为主，工作效率偏低，加之"跑、冒、

滴、漏"现象普遍，农药利用率不高，防治效果难以保证。近几年来，在上级业务主管部门的指导和国家支农惠农政策的扶持下，全市水稻施药器械更新步伐较快，以苏州黑猫牌为主的大型植保施药机械得到了较快的推广应用，到 2009 年 6 月，累计拥有量已达 420 台，为控制水稻重大病虫的发生为害，加快植保社会化服务组织的发展发挥了重要的作用。

1 大型植保施药机械在控制水稻重大病虫中的作用

我市大面积使用的大型植保施药机械，主要以苏州黑猫（集团）有限公司生产的 3WH-36 型担架机动喷雾机为主，该机喷幅 $10\sim12m$，机动性能极好，操作灵活，在防治水稻中后期病虫中优势更加明显，具有良好的应用前景。

1.1　**工作效率提高**　据典型调查，长江 10 型手动喷雾器每人每天平均施药面积 $0.33hm^2$，而一台黑猫牌 3WH-36 型担架机动喷雾机（一般需 4 人操作），每天施药面积 $8hm^2$，人均 $2hm^2$，工作效率是手动喷雾器械的 6 倍，而且施药人员劳动强度明显比手动喷雾轻。据测算，全市 2.65 万 hm^2 水稻，如果全部用上大型植保施药机械防治病虫，每次防治仅需 1.325 万人，比手动喷雾器节省用工 6.7 万个。

1.2　**防治效果提高**　水稻病虫防治的效果取决于选用的药剂品种、用药适期和施药质量。在水稻生长中后期，稻株群体大，少数农户由于手动喷雾器用水量不足，往往造成防治效果下降。据 3 年跟踪调查，大型植保施药机械防治水稻中后期"两迁"害虫平均防效为 94.4％，而使用手动喷雾器的为 89％，两者相差 5.4 个百分点。在水稻"两迁"害虫大发生年份，手动喷药防治区内病虫重发的田块时有发生，而使用大型植保施药机械防治区域内很少查见，两种施药器械防效差异较为显著。

1.3　**降低生产成本**　根据近三年的调查，手动喷雾施药，水稻全生育期内每亩防治工本、药本累计 177.63 元，大型植保施药机械防治区，每亩需工本、药本 135.56 元，比手动喷雾器节省 42.07 元，省工节本效果十分明显。如果全市水稻病虫防治普及大型植保施药机械，每年可以节约开支 1 600 多万元，经济效益非常可观。

1.4　**有利于安全用药**　我市水稻病虫防治时间主要集中在 7、8 两个月，1 个劳动力使用手动喷雾器喷药，每天防治面积 $0.33hm^2$，每亩按用水量 40kg 计算，需要喷 20 桶药水（每桶 10kg），工作量很大。由于喷药期间正值高温季节，加之手动喷雾器"滴漏"等因素影响，一旦防护不到位，极易出现生产性农药中毒事故。而改用大型植保施药器械后，4 人操作一台机，相互轮换，同时操作人员只在田埂上来回走，药液与身体接触少，出现生产性农药中毒的几率大为降低，保护了施药人员的身心健康。

1.5　**有利于推动植保服务组织的发展**　我市现有植保服务组织 21 家，常年服务面积 0.27 万 hm^2，施药器械多数为大型植保施药机。植保服务组织开展病虫承包代治服务，有效地提高了技术到位率，是控制重大病虫暴发为害的有效组织形式，也是今后病虫防治发展的方向，大型植保施药机械的推广应用，必将加快植保社会化服务发展的步伐。

2 大型植保机械推广应用面临的困难和问题

黑猫牌等大型植保施药机械在我市的推广应用，对控制水稻重大病虫的暴发为害发挥了十分重要的作用，但是推广应用过程中也遇到了一些问题，面临着一些困难，突出表现为：

2.1　**现有的土地经营规模与使用大型植保施药机械不相配套**　目前我市土地以一家一户经营为主，户均面积 $0.2hm^2$ 左右，由于自主经营，插花种植现象普遍，现有的土地经营模式制约着大型植保施药机械的推广应用。

2.2　**现有的道路与使用大型植保施药机械不配套**　使用大型植保施药机械只有田间道路平坦，路道较宽，才能充分发挥药械的高效性能，一旦路窄不平，工作效率将会大大降低。今年在新推广应用的部分地区，由于道路较小，严重影响工作效率。

2.3　**现有的病虫防治组织形式与使用大型植保施药机械不配套**　植保社会化服务在我市刚刚起步，地区间发展不平衡，有的地区目前水稻病虫防治仍然以"两统一分"模式为主，即统一用药时间、统一药剂品种，分户组织防治。由于户均耕地面积较小，农户使用的喷药器械主要是手动喷雾器或机动弥雾机，一家一户购买大型植保机械的很少。

2.4　**机械维修服务点偏少**　目前，多数镇村没有药械维修点，加之机器销售单位对机手培训不到位，能熟练操作的人员偏少，药械使用过程中，一旦出现故障往往不能及时排除，影响防治工作的开展。

3 关于加快推广使用大型植保施药机械的对策

推广应用高效植保机械，是适应农村形势变化，进一步提高对重大病虫防控水平的需要，也是植保工作者的一项重要职责。为了更好地做好大型植保施药器械的推广应用工作，今后应强化以下几个方面工作。

3.1 加快植保专业服务组织的推进步伐 今后将继续加强引导，提供优质服务，大力发展植保专业化服务组织，带动大型植保施药机械的推广应用。

3.2 进一步加大农村劳动力转移 通过发展个体商业、规模养殖业、外包服务等行业，促进农村劳动力向大中城市转移，承包的土地向种田大户转移，病虫草的防治工作向专业化服务组织转移。

3.3 加大政策扶持力度 按照现行价，购买一台黑猫牌 3WH-36 型担架机动喷雾机，配全所有的配套设施，大约需要 4 000 元，一次投入较大，如果没有财政补贴，势必影响农户购机的积极性。各级财政继续对购置大型植保施药机械进行贴补，可以调动广大农户购买使用的积极性，加快大型植保施药机械的普及步伐。

3.4 加大农田基础设施的投入 财政部门要加大农田基础设施的投入，建好农田道路和沟渠，方便大型植保施药机械的操作，充分发挥机械的应有效能。

3.5 加快维修网点建设 建议有关公司有计划开展维修网点的布建，对所有机手集中组织培训，确保机器"小病"不出村，"大病"不出镇，防病治虫时拉得出、打得响。

果园喷药中存在的问题及改进措施

宋 继 文

（永寿县质量技术监督局　陕西　永寿　713400）

病虫害防治是果园管理的一个重要组成部分，是果树全年管理的重点。当前，有些果农每年在病虫害防治上是钱没少花，力没少出，效果却不如人意。出现这种情况除农民选择的农药品种不对症、农药质量低下等原因之外，喷药措施不当也是造成药效难以发挥的重要原因之一。

1 果园喷药中存在的问题

1.1 随意加大浓度，近距离喷药，影响药液的均匀覆盖 有些农民朋友受不良喷药习惯的影响，遇到难以防治的病虫害时往往只增加用药量，不增加用水量，导致药液浓度加大，且药液量少而难以在果树上均匀周到喷洒，影响防治效果，甚至造成药害。还有一些果农在喷药时喷头与果树的距离太近，果树的叶片在高压的冲击下都翻了起来，这样容易击伤果面。

1.2 点粗水大，喷洒农药像洗树 有些果农认为药喷的越多越好，喜欢把果树喷得枝叶滴水，以为这样才好。但适得其反，病虫不是靠药水冲洗下来的，而是靠内吸、触杀、熏蒸而杀灭的，点粗水大易使植物气孔关闭，反而吸收少，流水多，这样的喷药方法浪费大，投资大，效果差。而且容易使果萼洼处积沾过多药液，长期积存容易造成药害，影响果品质量。

1.3 手动喷雾器压力过小、机动喷雾器喷孔过大，雾化效果差，导致雾滴分布密度降低 手动喷雾器采取的是液力雾化方式，国内一些喷雾器生产企业，特别是一些小型生产企业因自身技术条件的限制，生产出的喷雾器压力达不到要求。果农在喷洒农药时往往因压力小而造成树冠、内堂喷不到，形成漏喷。机动喷雾器采取的是气力雾化方式，一些农民朋友为了节省时间，特别是一些提供有偿服务的人员为了提高喷药效率，往往有意把喷头垫片喷孔戳大，殊不知经过这么改造后效率是提高了，但是雾化效果降低了，必然影响了防治效果。

2 改变果园喷药的措施

2.1 改变喷药习惯，提高喷药质量

要根据果树大小、叶片多少合理控制用水量，喷药要均匀周到，从上到下，由内到外，叶片正背面都要喷到药液，不能漏喷，也不能重喷，以叶片充分湿润又不会形成流动水滴为好，做到枝枝不漏、叶叶着药、不流不淌。

2.2 改进喷药措施，提高雾化效果

一是尽量少用手动喷雾器，手动喷雾器不但劳动强度大，喷药速度慢、效率低，而且压力小、雾化效果差；二是更换现在使用的喷枪，把只有一个喷孔的喷枪换成有2个或3个喷孔的喷头，这样雾化效果好，喷药均匀，对果面没有伤害。

2.3 掌握喷药技巧，提高喷药技术

喷药时喷雾器的压力要正常均衡，压力过小，雾化效果差；距离太近，容易刺伤果面。农民朋友必须清楚，喷药时高压药液在通过喷孔后，要经过40cm以上的距离才能完全雾化，所以在喷药时喷头与作物的距离必须保持在50cm左右。雾锥角度越大，雾滴越细，反之，雾锥角度越小，雾滴越粗。要记住，喷雾器的压力大小、喷头的角度以及与作物的距离等，直接关系到药液喷洒均匀性和覆盖程度的好坏。

加快推广新型植保机械提高植保防控能力

朱文龙[1] 郭如文[1] 郭春华[1] 朱维忠[2] 张纪祥[2]

(1. 扬中市植保植检站 2. 扬中市农业机械推广站 江苏 扬中 212200)

江苏省扬中市地处苏南沿江稻麦两熟耕作地区，全市共有耕地面积11.2万亩，30万人口，人均0.45亩。本地作物生产农艺水平高，水稻亩产量常年在600kg左右，小麦常年在300kg左右。随着经济的发展，生活水平不断提高，人们要求实现全程机械化的愿望越来越迫切。2000年以来，全市水稻小麦耕种、收获100%实现了机械化。而作物生长过程中许多环节如防病治虫、除草、施肥等诸环节机械化的程度普遍不高，尤其是施药技术落后，"跑、冒、滴"相当严重，完全不能适应"公共植保、绿色植保"的需要，不能满足人们追求高品质、低残留的农副产品的需要。为此，植保机械化是我市农业机械化发展的重点，也是全程机械化的难点。

1 推广新型植保机械的必要性认识

1.1 是克服传统植保机械存在的问题，提高农业机械化水平的需要

传统植保机械主要有单管喷雾器、压缩式喷雾器、背负式喷雾器等老三样。据调查我市目前仍有9 800台套，这些机具存在的主要问题有：一是机具及喷洒落后，型号单一，不能满足不同作物、不同病虫害防治需要，特别缺乏适应果树、保护地蔬菜、土壤消毒等机械；二是不能满足农药科学使用的要求。95%以上喷雾器使用圆锥形喷雾头，农药飘失严重。三是老式机械质量差，容易出现故障。据统计这类机器使用过程中每台出现故障率均达7次以上，"跑、冒、滴"相当严重，老植保机械远远不能适应形势发展的需要。

1.2 是实现绿色植保理念，提高内在农产品质量的需要

农药是双刃剑，能保障作物的丰产丰收，但同时也会造成面源污染如农药残留和次生残留。传统药械使用过程中往往采用大流量、粗放地防治，农药有效利用率低，据测定利用率仅仅20%~30%（发达国家农药利用率达60%~70%）。化学农药的长期使用出现了严重的"3R"现象即抗药性Resistance，再猖獗Resurgence，农药残留Residuce。而新型植保机械体系采用风送、低量、均匀、精密喷洒施药技术，提高靶标沉降率，减少农药流失，提高防效，降低作业成本，保护生态环

境。例如：低量静电喷雾器，可节约农药 30%～40%；自动对靶喷雾器可节约农药 50%；循环、防飘喷雾器可节约农药 70%。绿色植保，离不开新型植保机械的使用。

1.3 是推进社会主义新农村建设，发展现代农业的需要 新农村的建设与农业现代化是相辅相成的。在我们地区，农民小康、农业的现代化已初具雏形，农业生产的主要环节已实现了农业机械化。病虫防治是整个农业生产中十分繁重的一个环节，也是农业机械反复使用次数最多的环节，其防治耗时、费工累加起来是一季作物中劳动量最大的，但植保机械化却是农业机械化中的最薄弱环节。农民十分迫切、十分期盼有更好的组织形式，更高效、低廉的新型植保机械在生产中运用。这样，许多亦工亦农的农民能从繁重田间管理劳动中解放出来。因此，大力推广新型植保机械，加快发展现代农业，对推进社会主义新农村的建设具有重要的意义。

2 推广新型植保机械的基本经验

近几年来，我市以财政补贴为保障，项目建设为推手，采取强化村级农机服务组织和引导组建农机专业合作社等手段，加大对植保机械的投入，新增大型植保机械 173 多台套，静电喷雾器弥雾机 527 台套；村级农机服务组织增加投入 40 万元，进一步壮大"五有"村级服务组织；新增农民农机合作社 50 多个。全市的植保机械化水平和农机组织服务水平都上了一个新的台阶。

2.1 增加对植保机械的财政支持力度，适当提高对植保机械的补贴标准 自从国家开展财政补贴政策以来，各地各部门注重对大型动力农机具的支持力度，如拖拉机、收割机、插秧机、排灌机械的补贴，资金占总金额的 95% 以上，对植保机械的支持力度比较小。针对我们地区的实际状况，农机、农技部门联合调研认为除继续搞好以上机械补贴以外，植保机械的补贴应作为财政补贴的工作重心。农机部门积极争取植保机械的补贴盘子和植保机械的补贴目录。搞好计划，争取财政补贴的倾斜。前五年以补贴弥雾机为主，前年至今后一段时间以补贴新型植保机械为工作重点如大型远程植保机械、静电电动喷雾器、太阳能灭虫灯等。对公益性强的植保机械，应适当提高补贴标准。2006—2008 年财政补贴 223 万元，其中植保机械补贴达 20 万元，

通过财政补贴，村级服务组织和农户的积极性被充分调动起来，切实让广大农民真正得到了实惠，较好地满足了农民购置先进植保机械发展农业生产的迫切要求，促进了植保机械化发展。同时，农业、农机部门联手科技立项，共同争取新植保机械推广项目，保证有足够配套经费开展这项工作。还可以通过政府支农专项资金立项，争取农业示范点上的新型植保机械的配套工程。近几年来，通过财政补贴、立项帮扶、工程配套等各方面财政资金的支持，全市新增大型植保机械 172 多台套，静电喷雾器 527 套，弥雾机 500 台套，建立太阳能物理防控示范点 5 个，面积达 2 000 亩。

2.2 强化村级服务组织建设，成为推广新型植保机械的主要载体 村级农机服务组织就是原来的"村机耕队"，一般由误工补工村委会成员组成。他们身在农村，长期服务农民，是一群有一定农业技术基础又能为农民提供机械服务的"村干部"。村农机服务组织拥有耕田、收割、插秧的机械比较多，植保机械比较少。通过政策导向、财政扶持、村集体工业反哺农业等措施，不断壮大、武装村农机服务组织，成为新型社会化服务组织的主力军。扬中市八桥镇红光村通过镇江市农业专项资金的支持，村级服务组织拥有大型远程植保机械 4 台。在近几年的水稻后期飞虱防治中，采取统防统治的形式，无偿为农户防治，达到了理想的防控效果，深受农户欢迎。新霸镇治安、新春等村集体经济实力强，农民的承包田通过土地流转得到了集中，村集体加大投入，反哺农业。增添新型植保机械 6 台，静电喷雾器 40 台，弥雾机 10 台，并配套维修地点一处和 2 名维修人员，促进了新型植保机械的推广发展。

2.3 积极培育植保农机专业合作组织，引导推广新型植保机械 近几年来，农机大户、收割作业合作社、耕地作业公司社会化服务组织纷纷涌现，他们主要集中在耕作、收割领域服务，在植保方面的作为不多，植保农机合作社发展不快。少数植保农机合作社，主要以弥雾机代治形式为主，分散作业，专业化程度不高，针对不同作物、不同时期的防治系列植保机械配置不多。农业、农机部门通过调研，及时提出解决对策。在合作社组建、购机财政补贴、技术指导、机械操作、机械维修等方面配备人员，分工到人，全程服务解决实际困难，增强了农机大户新添大型植保机械的信心。通过一系列配套措施的落实，我市发展植保合作社 100 个，其

中以新型植保机械为主的农机作业合作社 50 个，占总数的 50%。

3 推广新型植保机械工作的主要对策

3.1 财政对植保机械的支持力度要进一步加大

农业是弱势产业，露天工厂，受自然条件的限制多。植保机械又是季节性很强的劳动机械，是一种投入、收益比较少的产品，很多农户难以独自承受。在一些地方村级经济基础薄弱的情况下，要搞好新型植保机械的推广，必须得到财政支持，才能健康快速的发展。财政支持力度只能较大，不能削弱，更要向植保机械倾斜。财政支持在做好植保机械的补贴的同时，还要加大对植保机械研发的支持力度。在推广实践工作中，总是感到许多植保机械难以满足不同作物、不同时期的需要；新型植保机械种类不多，实用性、操作性和实际还有一定差距。只有研制出又好又多的植保机械，才能被农民选择和接受，绿色植保的理念才能在使用的过程中得到充分体现。

3.2 农艺、农机要紧密配合，大力开展技术培训

农药、药械、施药技术是科学合理使用农药的 3 个重要环节，有人把它们比作子弹、枪和枪手的关系。过去农业、农机部门进行培训，各自为政。农业部门对农技员培训，农机部门对农机手进行机械培训，相互缺乏了解和沟通。只有两个部门联合培训，让那些农机手既懂农业技术又懂操作，才能更好的为农户服务。只有让操作人员对作物生长规律一般了解和农药知识的初步掌握，才能提高施药技术，才能避免一些农药事故的发生。对植保机械手的管理，要引进国外管理模式，实施注册制度，并完善考核、评定机制，不断提高基本技能和技术水平。

3.3 创新植保机械使用管理模式，提高新型植保机械的使用效率

首先，植保机械是涉及到农机、植保、农药等多个部门的一类特殊农机具，应根据其特殊性，成立以植保部门为主的监管系统。植保机械的优劣归根到底是防效高低的体现，植保技术部门是对植保防治信息掌握最多、最快的部门，也是对防治效果分析、检定的权威部门。目前对植保机械的评定许多环节和植保工作存在脱节现象，不利于新型植保机械的推广。只有明确监管主体，并调动农机管理部门的积极型，才能增加植保机械的使用效率。

其次，要加强植保机械的管理。对植保机械的管理，特别是财政补贴、项目实施的植保机械要加强监管，确保植保机械的正常使用；要加强维修配件、价格、工资的监管，要让农具拥有者用得好，易于维修；要建立植保机械的随访制度，及时解决植保机械使用过程中的问题，发挥植保机械的最大效益；加强对新型植保机械防效的测定和评定，不断改进机械性能和调整适宜的喷施方式，提高新型植保机械的效率。

新型药械防治水稻稻飞虱效果比较研究

范劲松 熊贻义 范回桥 聂细国 范轶斐 何岸舟

（江西省瑞昌市植保植检站 江西 瑞昌 332200）

水稻稻飞虱是我市水稻上的主要害虫，自 2005 年以来一直重发，虽然在化学防治上有很多较好的药剂，但在实际操作过程中，效果表现并不理想。根据调查，在防治过程中药效的高低和使用不同喷雾器械存在着一定的关联，因此从 1995 年开始对手动喷雾器、机动喷雾器、手推式高压喷雾机进行了应用实验。从防治效果、防治工效、防治成本等方面综合分析，选择了手推式高压喷雾机，并在我市水稻防治病虫上开始推广应用，取得了一定的经验。

1 供试药械

3WZF-15 手推式动力喷雾机（广东农业机械研究所生产）；WFB-18AC 背负式喷雾机（山东华盛中天机械集团生产）；工农-16 型手动喷雾器

（上海工农喷雾器厂）。

2 研究对象及条件

2.1 作物及品种 水稻，品种为金优 99。
2.2 研究对象 水稻稻飞虱。
2.3 环境条件 试验地点位于江西省瑞昌市赛湖农场，所选试验田水稻长势良好，稻飞虱发生为害较重。所有试验小区的栽培管理条件均匀一致。

3 研究方法

3.1 研究设计 选择彼此相隔一段距离的 12 块水稻田为试验田，面积均为 3 亩，用于手推式动力喷雾机、机动喷雾器、手动喷雾器和空白对照 4 个处理，各 3 个重复。
3.2 用药剂型与用药量
  A：手推式动力喷雾机 25％噻嗪酮可湿性粉剂 50 克/亩，对水 50kg
  B：机动喷雾器 25％噻嗪酮可湿性粉剂 50 克/亩，对水 50kg
  C：手动喷雾器 25％噻嗪酮可湿性粉剂 50 克/亩，对水 50kg
  D：空白对照

3.3 施药方法与时间 在稻飞虱盛发期施药一次。喷药量按每亩用药量折算各小区用药量，均匀喷施。

4 调查计算方法、内容和时间

4.1 调查方法 防效调查采用平行跳跃式取样 10 点，每点 5 株，采用拍打稻丛统计稻丛间水面漂浮的飞虱数。药前进行虫口基数调查，药后分别于 1、3、10、20 天各调查一次残存虫量，计算防治效果。试验期间观察药害及其他影响情况。
  工作效率调查，按小区施药时间折算每天工作 8h 防治田亩数。

4.2 防效计算方法

$$A：虫口减退率 = \frac{施药前活幼虫数 - 施药后活幼虫数}{施药前活幼虫数} \times 100$$

$$B：防治效果 = \frac{施药区虫口减退率 - 对照区虫口减退率}{100 + 对照区虫口减退率} \times 100$$

4.3 结果
4.3.1 各施药器械处理防治水稻稻飞虱及其差异显著性测定结果如下：

| 处理 | 药后 1d | | | 药后 3d | | | 药后 10d | | | 药后 20d | | |
	防效(%)	差异 5%	显著性 1%	防效(%)	差异 5%	显著性 1%	防效(%)	差异 5%	显著性 1%	防效(%)	差异 5%	显著性 1%
A	63.52	a	A	85.18	a	A	90.53	a	A	90.02	a	A
B	58.42	ab	AB	79.56	b	B	87.11	b	B	86.29	b	B
C	52.71	b	B	72.04	c	C	82.87	c	C	81.53	c	C

  注：①各处理的防效分别为三次重复的平均值。②差异显著性采用"DRMT"法进行。③差异显著性比较采用字母表示法，凡相同字母者表示在同一水平上差异不显著。

4.3.2 各药械每天工作 8h 人均防效、工效、成本　费用

药械名称	施药时间(h)	防治工效(公顷/日·人)	日工时费(元/日·人)	用工费(元/公顷)	用药费(元/公顷)	防治成本(元/公顷)
3WZF-15 型手推式高压喷雾机	0.38	1.39	50	35.9	45	80.9
WFZ-18AC 背负式机动喷雾机	1.13	0.72	50	69.4	45	114.4
手动喷雾器	6.28	0.26	50	192.3	45	237.3

5　结果与分析

5.1　防治效果评论
手推式动力喷雾机、机动喷雾器、手动喷雾器用药后 20d 的防治效果均在 80％以上，手推式动力喷雾机的防效最佳，在 89.66％～90.72％，其与机动喷雾器、手动喷雾器之间存在差异显著。从防效结果表明，手推式动力喷雾机宜在水稻中大力推广应用。

5.2　防治工效成本评价
手推式动力喷雾机工作效率人均工作 8h 可防治 1.39hm² 以上，每公倾防治成本为 80.9 元，背负式喷雾机人元气 8h 可防治 0.72hm²，每公顷防治成本为 114.4 元，手动喷雾器人均 8h 可防治 0.26hm² 每公顷防治成本为 237.3 元，防治工效手推式动力喷雾机远远大于背负式机动喷雾器和手动喷雾器，防治成本远低于背负式机动喷雾器和手动喷雾器。

5.3　存在问题
手推式动力喷雾机不宜在小块田中作业，须在大面积连片中使用，且在水源较便利的地方使用最佳，且其软管易断裂，有待于改进。

5.4　综合评价
建议在大面积连片大田防治水稻病虫中推广使用手推式动力喷雾机。

永佳牌机动喷雾器在果园的应用效果评价

王士龙　陈泮江　刘志吉　侯兰芳　许燕玲

（淄博市植保站　山东　淄博　255033）

目前山东省大部分地区正在使用的喷雾器为工农-16 型背负式手动喷雾器，占喷雾器保有量的 80％以上，但由于各方面的原因很多存在"跑、冒、滴、漏"严重的现象，且雾化性能比较差，这就造成农药大量浪费，既污染了环境，对病虫害防治效果又不佳，为解决生产中的实际问题，探索使用新型先进施药器械的途径，我们进行了永佳牌 WFB18-2 和 3W-650 型机动喷雾器施药防治苹果斑点落叶病试验，并和当地常用的喷雾器进行了喷药防治对比。全面检验了永佳牌 WFB18-2 和 3W-650 型机动喷雾器性能，完善应用技术并指导农民掌握了正确的使用技术。

1　材料与方法

1.1　试验地点
试验在淄博市沂源县南麻镇东北麻村进行，试验果园面积为 10 亩，果树品种为红富士，行株距为 4m×6m，树龄 20 年，砂质土壤，管理较好，长势良好。试验果园苹果斑点落叶病中等发生，已达到防治指标，其他果园已进行施药防治。

1.2　试验时间及条件
1.2.1　2008 年 5 月 14～15 日室内组装喷雾器并测量两台喷雾器的流量。

1.2.2　田间试验共 4 次喷药，分别为 5 月 17 日、5 月 24 日、6 月 6 日、6 月 20 日。

2008 年 5 月 17 日在果园进行第一次喷药。喷药在早晨 8：00 进行，喷药时气温 20℃，风力 1～2 级，天气晴朗，适合进行喷药。喷药后的 10d 内没有降雨过程。另外 3 次喷药都在早晨进行，无大风和降雨过程。

2　试验设计与安排

2.1　供试药械及用具
试验药械为永佳牌 WFB18-2 和 3W-650 型机动喷雾器；对照器械为当地用量较大的"红发 3WJB-22 型"机动喷雾器；其他用具有量杯、量筒、皮尺、秒表、天平、水桶、标牌、注射器等。

2.2　防治对象及施用药剂
防治对象：苹果斑点落叶病

防治药剂：河北双吉化工有限公司生产的必得利 M2-120 全络合态 80％WP。同时加入玉溪山水生物科技有限公司生产的 3％除虫菊素 CS（菊灵），兼防苹小卷叶蛾。

2.3　小区安排
试验共 4 个处理。

处理 1 为 WFB18-2 机动喷雾器防治区；

处理 2 为 3W-650 型机动喷雾器防治区；

处理 3 为红发 3WJB-22 型机动喷雾器防治区；

处理 4 为不喷药防治区。

前 3 个处理均为 3 次重复，每小区 1.5 亩，不喷药防治区为 50m²，共 10 个小区。由于树体较大，采用逐树喷药防治的方法。

3 试验程序

3.1 划分小区，插标杆，定行走路线 小区随机

排列，用标杆界定小区，由施药者熟悉行走路线。

3.2 测量出喷药时的作业行走速度 由于苹果树树体较大较高，我们喷药时均选用最大的开度即第 4 开度。测量 10L 清水均匀喷雾所喷果树株数，求得平均每株树的喷药量，根据各树的施药量，测量出相应的行走速度。并对施药者进行作业行走速度训练，以确保试验时行走速度的准确。

表 3 测量均匀喷药每株树所用的时间

器械	喷水量	开度	喷药株数（株）	喷药时间（s）	平均每株时间（s）
3W-650	10L	IV	7	731	104
WFB18-2	10L	IV	7	592	85

3.3 喷药 根据测得的每株树所需的时间进行小区喷药，进行喷药时，安排专人用秒表指挥机手的行走速度。开始作业时，加大油门，使机器达到额定转速后，再开启药液开关，开关的开启、关闭时间要准确，防止多喷或漏喷。对照喷雾器喷药方法按照当地习惯正常喷药。

3.4 试验调查 每小区定点 2 株试验树作调查。分别于第三次、第四次药后 14d，即 6 月 20 日和 7 月 4 日各调查 1 次。每树按东、南、西、北、中五点随机抽取当年生枝条 2～4 个，调查 100 片叶。按如下分级标准记录各枝条上叶片的发病级别。

叶片病情分级标准：

0 级：无病斑；

1 级：病斑面积占整叶面积的 5% 以下；

3 级：病斑面积占整叶面积的 6%～10%；

5 级：病斑面积占整叶面积的 11%～20%；

7 级：病斑面积占整叶面积的 21%～50%；

9 级：病斑面积占整叶面积的 50% 以上。

调查结果按下列公式计算病叶率、病情指数和防治效果：

$$病叶率 = \frac{病叶数}{调查总叶数} \times 100$$

$$病情指数 = \frac{\sum \left[\begin{array}{c} 各级病株数 \times \\ 相应病情级别 \end{array} \right]}{调查点株数 \times 病情最高级别} \times 100$$

$$防治效果\% = \frac{对照区病情增长率 - 处理区病情增长率}{对照区病情增长率} \times 100$$

并在每次施药后 1d 调查有无药害情况发生。

4 试验结果

4.1 防治效果 3 种喷雾器的防治效果见下表。从表中可以看出，3 种喷雾器用相同的药剂防治苹果斑点落叶病的效果相当，6 月 20 日的调查防治效果试验器械分别为 86.8% 和 87.4%，对照器械的防治效果为 88.8%，稍好于试验器械；7 月 4 日的调查两种试验器械的防治效果分别为 87.5% 和 89.3%，对照器械的防治效果为 84.9%。方差分析可以看出，3 种喷雾器同一药剂防治苹果斑点落叶病的效果差异不显著。

4.2 对果树安全性调查 试验期间对果树长势、坐果率等调查，发现果树长势良好，没有出现落叶、落果等药害现象。3 种喷雾器对果树没有不良影响。

4.3 工效 在各小区施药的过程中，对永佳牌 WFB18-2 和 3W-650 型机动喷雾器以及对照器械"红发 3WJB-22 型"机动喷雾器施药时进行计时，并换算成亩所用时间，试验表明，WFB18-2 喷药亩喷药液 40L，需时 39′20″；3W-650 喷药亩喷药液 40L，用时为 48′40″，而红发 3WJB-22 型喷药亩需喷药液 100L，用时 65′44″。两种试验喷雾器分别比对照喷雾器节省药液 60%，60%；分别节省时间 40.16% 和 25.96%。

机动喷雾器果园防治苹果斑点落叶病效果表

喷雾器 类型	药前调查		第一次调查			第二次调查		
	病叶率 %	病情指数 %	病叶率 %	病情指数 %	防治效果 %	病叶率 %	病情指数 %	防治效果 %
WFB18-2	6.3	1.15	21.3	3.7	86.8Aa	26.3	4.7	87.5Aa
3W-650	7.3	1.4	17.7	4.2	87.4Aa	22.7	5	89.3Aa
红发	6	0.74	9.7	1.7	88.8Aa	18.3	3.1	84.9Aa
空白对照	8	1.33	70	24	/	85	35	/

5 评价

5.1 优点

5.1.1 试验结果表明，试验喷雾器与当地常用喷雾器相比，在防治苹果斑点落叶病时，在保证效果的情况下，可以减少农药用量以及田间施药的药液量，从而更加节省用时。可有效节省成本，减少污染，证明永佳牌WFB18-2和3W-650型机动喷雾器这种先进的植保施药机械可在果园大面积推广使用。

5.1.2 药桶上的刻度可以帮助使用者掌握用量。

5.1.3 使用过程中没有"跑、冒、滴、漏"现象，且密闭性较好，压力加大。

5.1.4 雾化性能较好。

5.2 建议

5.2.1 WFB18-2型机动喷雾喷粉机震动较大，尤其在刚背上时，给人感觉很不舒服，建议厂家对这一型号的喷雾喷粉机加以改进（如加一减震装置），以减轻其工作时的震动。

5.2.2 由于果园枝干较密，背负式喷雾走动不方便，建议厂家为在果园使用的喷雾器设计一个带轮子并可以推拉的支架（犹如"行李箱"一样），这样喷药时可以拉着走动，既方便了施药者又为其减轻了负担。

5.2.3 建议扩大果园型喷雾器的药桶容量 由于果园面积较大，树体较大，需药液量也大，因而小的药桶就需要频繁装药配药，显得很不方便。因而建议厂家对那些加了轮子的喷雾器适当增加药桶的容量。

5.2.4 建议厂家为每台喷雾器配备一个量取药液的小量筒或量杯，很多农户在喷药配药时大都凭感觉量取药液，缺少量取药液的仪器，因此建议厂家本着"以人为本"的思想，配备一个量取仪器，以方便广大使用者，虽然成本不高，但会受到农户的欢迎。

5.2.5 果园型喷雾器适量增加喷管长度。

参考文献

[1] 刘跃武. 泰山机动喷雾器对水稻稻瘟病的防效试验[J]. 北方水稻，2007，（03）

[2] 李德智. 机动喷雾器使用中三种错误做法[J]. 农业科技与信息，2001，（01）

[3] 陈轶，陈永潮，熊鹰. WS-16P型手动喷雾器的田间应用试验[J]. 浙江农村机电，2005，（01）

[4] 陈轶，施德，叶素丹. 新型手动喷雾器田间应用研究及推广前景[J]. 中国农机化，2005，（02）

淄博市农药械使用情况调查分析

陈泮江　王士龙　刘志吉

（山东省淄博市农业技术推广中心　山东　淄博　255033）

农药械是农作物病虫害防治的物质基础，其使用技术不仅决定着病虫防治效果，而且对农产品质量，环境安全以及生命安全都具有一定影响。今天，全社会十分关注农产品质量安全，要求从田间到餐桌全程无害化，病虫防治作为农产品生产中的重要一环，农药、械的使用对农产品的质量至关重要，因此为摸清我市农药、械的使用现状，组织开展了全市农药、械使用现状调查，现将调查结果分析报告如下。

1 调查内容和方法

1.1 调查内容

1）农药品种的选择，包括农药购买、存放，高毒农药、生物农药的使用。

2）农药使用，包括农药的量取，防护措施，施药技术、效果，喷药时间、次数，施药量。

3）药械使用，包括药械品种，动力类型，渗漏情况，用后处理及维修。

4）病虫信息，包括信息渠道，培训方式，效果等。

1.2 调查方法

选择沂源县、张店区、临淄区3个区县，每个区县选择2个乡镇，每个乡镇选择1个村，每个村选择50户农户，共300户，在农户的选择上，注重面广，有代表性，并根据当地种植作物，在调查中都要照顾到。

1.3 调查方式

调查人员深入农户，发调查表，农户根据自己在病虫害防治中实际情况，在相应的选项中打√。

2 调查结果分析

2.1 农药品种选择

通过调查，多数农民在病虫防治面前，知道需要购买什么农药品种，占到72%，但仍有23%的农民不知道需要用什么药剂，而是看别人用什么药自己就买什么药。高毒农药使用品种逐年减少、使用量逐年下降，生物农药使用品种逐年增多、使用量逐年提高（见图1、2），但是高毒农药还占有一定市场，由于高毒农药具有药效迅速、费用低等特点，至今还有34%的农户使用高毒农药的比例占用药量的20%以上，其中有14%的调查户高毒农药的使用量占到50%以上；生物农药的使用虽比前几年有较大幅度的提高，仍有41%的调查户生物农药的使用比例都在全年农药使用量的20%以下。

从不同种植作物的农户调查情况看，种植蔬菜、水果的农户对农药品种的认识、选择水平明显高于其他农作物种植农户。

2.2 农药使用

通过对300户农户的调查汇总，

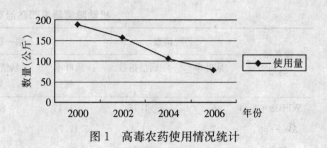

图1 高毒农药使用情况统计

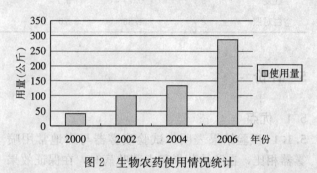

图2 生物农药使用情况统计

农药使用量呈递减趋势，使用次数降低（见图3），但在调查中发现，在农药使用中存在着许多问题，具体表现在：

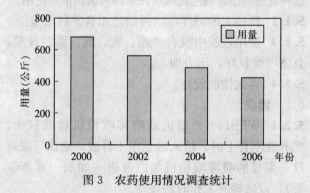

图3 农药使用情况调查统计

1）施药时存在安全隐患，有82%的调查户在施药时根本不戴防护服、口罩等，对施药者的身体安全构成威胁。

2）农药的量取不标准，有95%的调查户在量取农药时都是用瓶盖量取，在量取时往往怕用量不足而加大用量。

3）农药品种单一，新品种较少，调查中发现，农药品种比较单一，新品种在生产中使用较少，42%的农户对新品种持怀疑态度，其防治习惯多年不变，如防治小麦蚜虫，80%的农户选择敌敌畏和氧化乐果，而且是年年使用，结果是造成抗药性严重提高，当前敌敌畏的亩使用量提高到规定使用量的5～8倍。

4）施药技术急待提高，多数农户在施药中害怕打药不匀，认为有大水滴滚落才好，如此施药占49%，有小水滴滚落的占23%，其结果造成农药浪费，环境污染，甚至作物药害。

2.3 药械使用 每户有 3 个以上喷雾器的占 15%，有 2 个喷雾器的占 65%，只有圆锥型喷头的占 78%，带扇型喷头的只占 23%，喷雾器品种，工农-16 型占 78%，ws-16 占 12%，泰山-18 占 3%，施药器械作为防治工具，在当前生产中存在的问题较多，一是工农-16 市场占有率高，性能低，雾化效果差，"跑、冒、滴、漏"严重，调查中有 10% 的农户的施药器械有漏液现象；二是药液混合不当，86% 的农户施药前混药都是在机器内混合，这在使用机动弥雾机时是严重不规范；三是剩余药液处理不当，80% 的调查户直接将剩余药液倒掉，不但造成浪费，还对环境造成污染；四是施药器械保存管理不当，有 44% 的调查户没有用后清理器械的习惯，用后随意放置占 65%。

2.4 病虫信息 2006 年参加各种技术培训的人次，较 2000 年有大幅度提高，其增加比例为 56%，接受室内培训的有 24%，接收田间培训指导的有 40%，对开展无害化防治技术掌握较好的仅有 34%，许多调查户对无害化生产认识不到位，认为与己无关，只要把病虫防治住就行，这类调查户占 56%；从三个区县调查情况看，果品、蔬菜产区，农民接收培训的比例较纯农作物种植区高，积极性高，无害化防治技术掌握、认识程度高。在调查中，农民对病虫信息、防治技术需求率占 100%，比较喜欢的培训方式为田间现场培训，占 83%，观看过病虫电视预报的有 60%，满意度 75%，通过调查，农民对病虫信息、防治技术的普及十分渴望。

3 讨论

通过对 300 户农民的调查，基本上反映了目前我市农药械使用现状，从调查情况看，农民对农药使用的认识及危害较以前有较大提高，高毒农药使用量减少，生物农药使用量增加；接受培训的人数不断增多，病虫防治技术不断提高；对发展无公害农产品认识加强；但存在的问题较多，严重制约着施药水平、施药技术的提高，以及影响农产品质量安全生产发展，主要表现在：

3.1 施药器械普遍落后 当前在生产中应用量最大的是工农-16 型背负式手动喷雾器，该喷雾器不论结构型号还是技术性能都很落后，技术含量低，结构简单，所采用的材料，大多为再生塑料，极易老

化，再加上制造工艺粗糙，产品质量更是无法保证，在使用过程中"跑、冒、滴、漏"现象十分严重。同时所有的手动喷雾器仅配备一种切向离心式喷头，完全不适应不同作物、不同病虫草害防治的需要。

3.2 施药观念相当滞后 当前农民所采用的喷雾方式是以大容量、雨淋式、全覆盖的老式喷雾，在施药过程中一直以来已是沿用这些方法进行施药，唯恐药液打少了，打不透，达不到防治效果，至于成本的浪费、环境及农产品的污染则不作考虑，同时在大田施药走向上大多数采用前进方向左右交叉"Z"字形喷雾，雾滴分布极不均匀。

3.3 盲目用药、滥用农药现仍然存在 近几年，由于多种农作物病虫害抗药性的增强，农民在施药过程当中唯恐效果不好，往往是几种农药搀和在一起，随意加大用药量，加大喷液量，把作物喷湿到"药水滴淌"现象，甚至错误的认为雾滴越大越好，农药喷得越多越好；这不仅浪费严重，生产成本提高，而且加重了环境污染和农药残留，防治效果也不好，同时造成了病虫害抗性的提高，形成一种恶性循环。特别是危害严重、较难防治的病虫在防治时，有许多农民仍使用高毒高残留农药品种。

3.4 安全防护意识淡薄 在喷药过程中，农民既是施药者，同时又是农药受害者，当前许多农民由于受到环境条件以及自身条件的限制，很少采取安全防护措施，比如穿防护服、带口罩、手套等，施药结束后，也没有及时用肥皂水洗手、洗澡。

4 建议

4.1 广泛开展施药技术培训 针对当前广大农区施药技术落后的现状，组织专家、技术人员开展层层培训，一级负责一级，以办培训班、现场会、农民夜校、田间学校等形式广泛开展，同时同各大新闻媒体结合进行广泛宣传，另外各基层植保部门要以明白纸、上街宣传等方式宣传培训施药技术，从根本上改变农民大容量、雨淋式、全覆盖的老式施药理念，全面提高农民的施药技术，2006 年全国农技中心、省植保总站同河北威远公司联合在沂源举办"红色路线、绿色传承"科技下乡活动，取得非常好的效果，深受农民欢迎。利用企业资金，发挥植保技术优势，开展科技下乡，是很好的技术宣传培训途径。

4.2 加快施药器械的更新换代 积极推广新型手动施药机械，加快淘汰劣质喷雾器的步伐，当前生

产上使用的工农-16型背负式手动喷雾器，市场价格不等，便宜的有十几元的，质量差别很大，"跑、冒、滴、漏"严重，防治效果差，对人、农产品、环境构成极大危害，更新换代已是时代发展需求，根据当前农村家庭联产承包、双层经营的现状，推广小型、方便的手动喷雾器乃是广大农民的急需。卫士牌 WS-16 背负式手动喷雾器雾化效果好，喷洒作物上沉积分布均匀，农药利用率高，是生产上非常受欢迎的其中一种，是我国目前手动喷雾器理想的更新换代品种。

4.3　大力推广低容量施药技术　大容量、粗雾滴喷洒根本不利于雾滴在作物表面的沉积分布，作物叶片表面能够附着的雾滴大小是有限度的。如果超过一定限度，叶片上的细小雾滴会形成大雾滴从叶片上滚落、流失，叶片表面农药的附着量下降，造成防效降低，污染增加，改变当前每亩用液量 50～70L 的现状，全面推进低容量施药技术甚至是超低容量施药技术，降低单位面积的药液量，提高单位面积的农药附着量，提高防治效果，降低劳动工效，减轻因大量药液的流失造成的农产品环境污染。

4.4　加强示范基地建设　广泛开展无害化生产建设，制定标准，实行标准化管理，以点带面，影响周边农民，对基地内的各种作物，明确生产无公害产品的栽培方式、产量结构、各生育期技术管理及储存期的技术要求，做到无公害生产有标准可依，并公布无公害农产品农药适用范围，在基地树牌张贴严禁使用的剧毒、高毒农药名单，限时、限量使用的安全、高效、低毒化学农药及大力推广使用的植物类、生物类农药名单。同时在各蔬菜果品集中产区的重点乡镇建立无公害产品检测点，部分蔬菜果品出口企业也分别建立自属检测设施，对安全使用农药实行切实有效地检测管理。从源头抓好宣传及高毒农药的限制使用工作。

第二部分

高毒农药替代与新农药试验示范

江苏省太湖流域化学农药减量使用对策探讨

刁春友　朱叶芹　张绍明

（江苏省植物保护站　南京　210036）

化学农药是农业面源污染源之一。太湖蓝藻暴发后，省委省政府对控制太湖面源污染工作高度重视，专门制定了《江苏省太湖水污染治理工作方案》，其中要求到 2010 年太湖流域化学农药使用量（商品量，下同）比 2007 年减少 20%（以下简称化学农药减量使用目标）。分析太湖流域化学农药使用现状，研究探讨有效对策，将有助于如期实现省政府制订的太湖流域化学农药减量使用目标。

1 太湖流域化学农药使用现状

按《江苏省太湖水污染治理工作方案》，太湖流域包括苏州、无锡、常州 3 个市及所辖的县（市）和镇江的丹阳市（下面镇江市即指丹阳市），共 10 个县（市）。分析太湖流域化学农药使用现状，主要表现为三个特点：

1.1 单位面积上化学农药使用量全省最多
苏州、无锡、常州、镇江 4 个市 2005—2007 年加权平均每年每亩耕地化学农药使用量分别为 2.13kg、1.92kg 和 1.78kg。全省 2005—2007 年加权平均每年每亩耕地农药使用量分别为 1.44kg、1.39kg 和 1.36kg，苏中分别为 1.52kg、1.49kg 和 1.44kg，苏北分别为 1.25kg、1.25kg 和 1.23kg。苏州、无锡、常州、镇江 4 个市每年平均每亩耕地农药使用量比全省高 0.4kg 以上，高的年份达 0.7kg。比苏中高 0.34kg 以上，比苏北更高，3 年都在 0.55kg 以上。从单位面积化学农药使用量来看，太湖流域很有必要减少化学农药的使用，以减少面源污染和农产品农药残留超标的风险。

1.2 水稻上化学农药使用量最大
各类作物中水稻上使用化学农药量最大。根据江苏植保统计年报，2005—2007 年太湖流域苏州、无锡、常州、镇江 4 个市每年水稻上化学农药使用量占各类作物上化学农药使用总量百分比分别是 84%、82% 和 81%，即水稻上化学农药使用总量是其他各类作物使用量之和的 4 倍以上。水稻是太湖流域主要粮食作物，水稻上化学农药使用量大，稻米农药残留超标和水体受污染的风险也相应增大。据国家环境保护总局南京环境科学研究所 2007 年对宜兴等地测定，水稻上使用化学农药氟虫腈 10d 后，当地河水中能检测到氟虫腈，使用面越广，检测到的浓度越高，可见水稻使用化学农药对环境的影响之大。因此，太湖流域农药减量使用的工作重点应放在水稻上。

1.3 各类药剂中杀虫剂使用量比例最高
在杀虫剂、杀菌剂、除草剂等不同类型化学农药中，杀虫剂使用面积和使用量比例最高。2005—2007 年太湖流域苏州、无锡、常州、镇江 4 个市每年杀虫剂使用量占农药使用总量百分比分别是 62%、62% 和 58%，即杀虫剂使用量占农药使用总量的 60% 左右。化学杀虫剂从总体上来说无论是毒性还是对天敌、水生动物等生态环境的影响都要高于其他类型的化学药剂，如沙蚕毒素类、菊酯类、有机磷类，对害虫天敌和水生动物影响都十分明显。这也是许多化学杀虫剂使用后，由于大量杀伤天敌，导致害虫无天敌控制而出现再猖獗现象的主要原因。所以，太湖流域化学农药减量使用应首先考虑如何采取多种有效措施减少化学杀虫剂的用量。

2 太湖流域化学农药减量使用的难点

化学农药作为防治农作物病虫害、保障农业丰收的重要措施之一，减量使用本来就有较大的难度。太湖流域由于地理、气候特殊和经济发达，减量使用难度更大。

2.1 水稻病虫害发生重 太湖流域由于积温高、水稻生育期长，加上地理位置与迁飞性害虫南方虫源地近，十分有利于农作物特别是水稻病虫害的发生，是我省水稻病虫害发生最重的地区。首先是水稻病虫害发生次数多，苏州、无锡、常州、镇江4个市2005—2007年平均每亩水稻发生病虫害11.9次，而全省年平均每亩水稻发生8.9次，苏中、苏北年发生面积比太湖流域少2次以上；其次是程度重，以水稻上主要害虫褐飞虱为例，2005年以来，苏州、无锡、常州、镇江4个市8月底单位面积虫量是苏中和苏北1.5倍和3倍；第三是发生时间长，以纹枯病和纵卷叶螟为例，太湖流域纹枯病发病盛期可持续到9月中下旬，而苏北一般持续到9月上旬。纵卷叶螟太湖流域对水稻生长有威胁的是第2、3、4三个代次，而苏北仅第3代一个代次。太湖流域水稻病虫害常年发生严重是化学农药使用量高的一个重要原因，也是减量使用的一个最大难点。

2.2 农村劳动力转移多 据统计2007年太湖流域农村从事二、三产业和外出务工人员数量占农村劳动力总数的70%以上，比全省高10个百分点。这些转移的农村劳动力中，初中文化程度以上的占81.5%，而且多以中壮年为主，即太湖流域农村绝大部分有知识有体力的劳动力大部分都转移到二、三产业，未转移的绝大部分是接受信息、技术能力和体力都比较差的劳动力。而农作物病虫害防治确实需要一定的知识水平和一定体力的劳动力。由于病虫害防治不是突击性田管工作，而是日常性田管工作，所以已转移的劳动力特别是外出的劳动力再

从事病虫害防治工作的可能性小。事实上目前太湖流域在专业化防治服务覆盖率低的地区，从事病虫害防治的人员中，60岁以上的比例达到60%以上，这些人往往用药适期掌握不准确、药种不对症、用水不足量，防治效果难以保证。为了控制病虫危害，这些人常通过增加用药次数和用药量来提高防治效果。

2.3 对防治效果要求高 一些农民由于对病虫害种群数量与危害程度之间的关系不了解，对某个化学药剂使用后，田间尚残留少量病斑或害虫，虽然实际上不一定对农作物造成危害，也认为该药剂效果不好，不能控制病虫危害。由于太湖流域经济发达，这些农民往往不惜成本，要么采取再使用农药，要么在下一次防治该病虫害时随意增加剂量，要么增加其他农药药种。据调查，随意增加用药剂量或药种的农民比例达到80%以上，有的农民用药量达推荐剂量的2倍以上，一些农民一次用药药种多达8种。一些农作物病虫害专业化防治组织难以运行下去的原因之一，就是部分农民在统一防治后，田间仍残留少量病斑或害虫，认为专业化组织防治工作不负责不认真，防治质量差，从而引起纠纷。这也是一些地区基层农技推广机构不愿意开展专业化防治服务客观原因之一。

3 太湖流域化学农药减量使用对策

太湖流域化学农药减量使用虽然任务重、难点多，但也有不少的有利条件：一是有大量成熟的技术和措施。近年来，全省筛选出了大量既能提高病虫害控效果又能减少化学农药使用的技术，突出的有抗性品种、秧田无纺布覆盖、生物农药等农业、物理、生物防控技术，以及丙环唑、氯虫苯甲酰胺等单位面积用量比现有农药减少50%以上的高效化学农药；二是有高产增效创建项目支撑。2009年全省将更大规模、更大范围、更高层次推进高产增效创建，而且部省级万亩示范片达到225个。部省级万亩示范片都有投入，这有利于病虫害防治技术的集成和推广，有利于包括统一防治病虫害在内的"五统一"服务的开展；三是有工作基础。多年来，在甲胺磷等5种高毒农药取代、水稻条纹叶枯病防控方面，采取了如加强测报体系建设、推广抗病品种、示范高效低毒低残留农药和宣传专业化防治典型等既能取代高毒农药应用、提高病虫害防治

水平，同时也能减少化学农药应用的技术和措施，为深入开展太湖流域化学农药减量使用工作打下了一定的基础。2008 年按照省政府太湖面源污染治理要求，开展了一年的农药减量使用工作，示范推广了生物农药、水稻秧田防虫网覆盖，加大了专业化防治的推进力度，不仅实现了太湖流域化学农药减量近 8％，更重要的是为更大规模推广农药减用技术和措施提供了经验，打下了坚实的基础。综合分析太湖流域化学农药使用现状、减量使用的难点和有利条件，太湖流域化学农药减量使用的思路应是：充分利用有利条件，克服难点，在已有工作基础上，以水稻上农药减量使用为重点，更加准确的开展病虫害预测预报，更多的协调应用农业物理措施，更大力度推广高效低毒低残留农药、生物农药，更快推进专业化防治服务。

3.1　更加准确开展病虫害预测预报

农作物病虫害预测预报的内容主要有两个方面，即发生量和发生期，其中发生量预报的目的是确定是否需要采取防治措施，发生期预报的目的是明确病虫害的防治适期。发生量和发生期预报准确与否与农药应用量和效果有很大的关系，如常规粳稻稻曲病很轻，可以不需要防治，如预测不准就会盲目用药；粗杆大穗品种和杂交稻稻曲病常年发生重，如果在水稻破口抽穗前 5～7d 防治效果可达 80％以上，到破口后防治效果在 30％以下，如果防治适期预报不准，错过适期防治效果将明显下降。因此发生量和发生期预报越准确，病虫害防治过程中非适量用药及非适期用药的情况就越少，相应的农药使用量就越少。要做到更加准确的开展病虫害预测预报，应从两个方面着手：一是规范调查和分析。全面实施农业部制订的病虫害测报规范，田间病虫害发生基数调查要做到定期开展，调查田块数量要符合统计学要求，能反映大面积上病虫害实际发生情况。在分析病虫害发生趋势时，根据病虫害发生基数、品种、栽培方式、苗情、天气等病虫害发生相关因素进行综合分析，作出更加准确的预报；二是县测乡校。病虫害发生量和发生期常因品种、生育期、栽培方式、小气候条件等不同而有差异，如水稻二化螟在杂交籼稻上的发生程度要大大重于粳稻。在一个县范围内不同乡镇之间品种、生育期、栽培方式、小气候条件等差异往往较明显，因此，要在县级测报的基础上，结合健全"乡镇或区域性农业技术推广等公共服务机构"，由公共服务机构进一步作出所在区域内农作物病虫害发生量和发生期预报，指导农民适量和适期用药，提高精准用药的水平，减少化学农药的使用。

3.2　更多协调应用综合防治技术

协调应用农业、生物、物理等防治技术措施是控制农作物危害、减少化学农药使用的极为有效途径之一。特别是有的农业技术措施是病虫害的治本之策，如我省小麦上自推广抗锈病良种后，杆锈病得到完全控制；水稻上推广抗白叶枯病品种后，基本控制了白叶枯病的流行。太湖流域水稻上应因地制宜大力协调应用的综合防治技术是：抗条纹叶枯病品种、适期早播、秧田覆盖防虫网、机插秧等技术措施，控制水稻前期灰飞虱危害和水稻条纹叶枯病的流行，省掉秧田期和本田早期用药，使水稻提早到 8 月底前抽穗，相应提早水稻灌浆期，恶化第四代纵卷叶螟和第四代稻飞虱发生盛期的食料条件，减轻发生程度，减少水稻生长后期化学农药使用量，保证稻米品质。有条件地区在此基础上实施稻鸭共作技术，控制本田草害和本田前中期病虫害的发生，省掉本田中期病虫草害防治用药。直播稻由于播期迟，虽然能减轻条纹枯病、螟虫等病虫害的发生，但有利于草害及中后期病虫害发生，用药量和防治成本都与常规手插秧相近，因此应尽量减少直播稻种植面积。

3.3　更大力度推广高效、低毒、低残留化学农药和生物农药

对有些病虫害而言，使用化学农药是最经济、有效的手段，典型的有水稻纹枯病、第三代稻纵卷叶螟等。要减少这些病虫害防治上化学农药的使用，比较有效的办法是推广超高效、低毒、低残留化学农药和生物农药。首先应加大筛选力度。在抗性监测的基础上，对已明显产生抗性的化学农药，淘汰不用。对常用农药进行复配筛选，筛选出高效的配比和用量，提高对病虫害的共毒系数，提高防治效果，减少化学农药的使用。如甲维盐与毒死蜱优化复配后制成的复配剂，单位面积用量比单用毒死蜱用量减少 40％以上，而效果更优。对新农药加大试验示范的力度，从中筛选出效果更好、毒性更低、用量更少的农药。近年来筛选的氯虫苯甲酰胺，防治稻纵卷叶螟每亩每次仅用 2g（折百），比毒死蜱使用 50g（折百）效果还优异，而对环境比毒死蜱安全得多；第二，大力推广高效、低毒、低残留化学农药和生物农药。利用太湖地区农村经济相对发达、农民相对富裕的有利条件，推广一些价格高但效果好、用量相对少的农药，或价格相对较高的生物农药。

3.4 更快推进农作物病虫害专业化防治 农作物病虫害专业化防治是由具有一定植保专业技能的人员组成的具有一定规模的服务组织，利用先进的设备和手段，对病虫害实施统防统治。推进农作物病虫害专业化防治可避免部分农民盲目用药和过量用药，从而提高防治效果，减少用药次数。一是落实扶持政策。配合农机部门实施好补贴政策，力争全部补贴到位；积极争取地方财政增加投入，扩大补贴规模和补贴金额，进一步提高组织或个人购买高效机动药械的积极性，使开展病虫防治专业化服务的地区高效机动药械数量适应专业化服务的要求；

二是发挥典型的示范带动作用。专业化服务比较薄弱的地区，因地制宜培植典型，积累经验；专业化服务已有一定基础的地区，认真解剖当地好的典型，总结成功的经验和做法，广泛宣传，扩大试点。承担高产增效创建示范项目的县（市、区），充分利用项目带动的有利条件，全面推进万亩示范区开展病虫害专业化服务；三是规范管理。协助各专业化防治服务组织，制订操作规程、防治服务规范和效果评判标准等，规范服务行为，减少并妥善解决服务过程中的矛盾，促进病虫害专业化防治服务健康发展。

近几年水稻主农药减量控害的做法与成效

张 国 彪

（苏州市植保植检站 苏州 215006）

随着绿化事业的不断发展和水产养殖面积的扩大，苏州市现有水稻面积已下调至135.2万亩，但仍然是本市种植面积最大的作物类型，也是农药使用强度相对较大的作物种类之一。根据生态环境和农产品质量安全的需要，近几年苏州市政府明确提出了治理太湖流域水体面源污染以及农药化肥减量使用的任务和要求。为此，全市农业部门针对农业结构调整以后，本市农作物病虫草发生危害规律的变化，尤其是针对水稻病虫草发生程度升级、危害日趋严重的新情况，以协调生产安全和生态环境安全为目标，以统防统治和植保专业化防治为基础，以大面积推广农作物病虫草综合治理技术为关键，以调整农药品种结构作保障，取得了农药减量使用的阶段性成效，实现了预定的工作目标和要求。

1 水稻农药减量控害的主要做法

1.1 大力推行病虫草统防统治和植保专业化防治
实践证明，推行病虫草统防统治和植保专业化防治是确保防治适期、按方用药、科学防治的必要途径。今年以来全市以水稻秧田防治为重点，通过统一购药、免费供药、以村组为单位统一用药为主要

内容，全面推行病虫草统防统治。据统计，全市秧田统防统治率达90%以上。针对水稻大田防治工作的复杂性，各地因地制宜采用不同的形式开展植保专业化防治。

1.1.1 集体组织式 结合土地流转和规模经营，以种田大户为单位，由集体配送或补贴植保机械购置及农药费用。如张家港市塘桥镇在建设现代农业的进程中，通过财政补贴，把小农户流转出来的土地承包给种田专业户，全程实行机械化耕作和专业化管理，全镇把原来植保工作需要指导的15 000户兼职农户变成了只要指导400个专业大户，把原来的15 000台背包式手动喷雾器变成了500多台机动喷雾机，把原来从镇到村再到户的三级管理变成从镇到村直接到专业户的二级管理，初步形成了植保专业防治的格局。

1.1.2 民办公助式 如常熟市虞山镇以村为单位组织植保服务专业队，由集体配备机动药械并负担汽油费，农户只需承担农药费用。

1.1.3 农民专业合作式 如张家港市锦丰镇，以村为单位，组成农民专业合作社，每个村以自愿参加为原则，组成由10人左右参加的服务专业队，负责全村的机耕、病虫草防治以及管水等农事活

动。今年张家港各个镇至少有 2 个村以这种形式开展专业化服务。

1.1.4 大户联合防治式 如昆山市千灯镇现有 1.5 万亩水稻，90%的面积由大户承包，水稻病虫草防治所需农药费用全部由镇财政统一支付，大户之间实行联合，一般以 3～5 个大户为基本单位，利用机动药械统一开展防治。

1.1.5 大户代治式 如常熟市古里镇现有 3 万亩水稻，均由当地具有影响力的大户负责对周边的小户代治，药械由大户配购，防治时间、药种和其他技术要求由镇农技服务中心统一提供，大户接受其技术指导，根据防治面积和质量向农户收取服务费，由于防治质量而造成损失的则由大户向农民赔偿。这些大户必须每年接受当地农技部门的培训和考核，对不符合技术要求和收费标准的大户将取消代治资格。

据统计，全市通过上述五种形式开展统防统治和专业化防治的面积已占全市水稻总面积的 62%。

1.2 全面实施植保机械更新工程 近年来，为适应统防统治和植保专业化防治需要，全市以科学防治和减量用药为目标，以财政扶持为手段，在全市范围内实施了植保机械更新工程。据统计，2007—2009 年全市新购远程喷雾机 4 093 架，弥雾机 3 744 台，静电喷雾机 5 800 台，各级财政补贴 1 000 多万元，充分保证防治关键阶段能拉得出打得响并满足 2d 内完成大面积防治任务的要求，为适期防治科学用药提供了保障。

1.3 大面积推广重要病虫综防技术 近年来，我市植保部门积极探索水稻病虫综合治理技术，尤其在非农药技术方面做了大量工作，并在大面积生产上及时应用。

1.3.1 适期播栽 针对近五年来，本市水稻条纹叶枯病和螟虫呈现连续流行的势头。通过试验研究认为，条纹叶枯病和螟虫的自然发生程度与水稻播栽时间密切相关，播栽时间越早，发生程度越重。为此，全市把适期播栽作为综合治理条纹叶枯病和

螟虫的基础工作来抓，在技术上统一明确了要求，常规移栽稻掌握在 5 月 20～25 日播种，6 月 20～25 日移栽，机插秧要求在 5 月 25 日前后分期分批播种，6 月 15 日前后移栽，直播稻要求在 6 月 10 日前后播种，这样的播栽时间，既有利于减轻条纹叶枯病、黑条矮缩病、二化螟、大螟、三化螟等病虫的危害，又不违背水稻高产栽培规律。

1.3.2 合理安排品种布局 鉴于目前我市现有水稻品种对病虫抗性存在的显著差异，全市以条纹叶枯病、稻瘟病和稻曲病为重点，立足优质、高产多抗的品种选用原则，结合良种补贴项目的实施，全面推广嘉 33、常农粳 5 号、常优 1 号、申优 4 号、南粳 46 等相对抗病的品种，严格控制申优 1 号、苏香粳 1 号、苏粳 8 号等感病品种的种植，据统计今年全市抗性品种推广覆盖率达 90%以上。

1.3.3 大力推广小苗机插并与秧田覆盖无纺布或防虫网技术相配套 水稻机械化移栽是农业现代化事业发展的需要，也是解放劳动生产力的必然途径，但大面积生产实践表明，小苗机插对灰飞虱、条纹叶枯病等重要病虫的发生危害十分有利，为此，我们组织各市（区）植保部门开展了物理防治的探索，利用机插稻秧大田比例较大的特点，应用秧田期覆盖无纺布或防虫网技术，可有效地控制灰飞虱和条纹叶枯病的危害。为此，近两年来全市大面积推广了这一技术并取得了成功，既提高了防治效果，又把秧田期的用药次数从常规移栽秧田的 4 次用药减少到只用一次起身药。今年 7 月份，全市组织普查，275 块人工移栽大田，平均病株率 2.11%，同期调查 514 块机插大田，平均病株率 0.18%，机插秧田的发病率比常规人工移栽稻田（秧田不用无纺布覆盖，采用 4 次药剂防治）下降 91.5%。这样的结果，得到了广大基层干部和农户的一致好评，也为明年的工作打好了基础（表 1）。据统计，全市还有 6%左右的机插秧田，利用塑料薄膜在一代灰飞虱成虫迁移高峰期短期覆盖秧田，对控制灰飞虱和条纹叶枯病也有明显作用。

表 1 近两年苏州市机插秧田推广无纺布覆盖技术及其结果

| 年份 | 机插水稻 | | | | 人工移栽水稻 | | 各种类型田 | | 机插稻田比人工移栽稻田发病率下降% |
| | 秧田 | | 大田 | | 大田面积（万亩） | 大田发病率% | 总面积（万亩） | 平均发病率% | |
类型	面积（亩）	无纺布覆盖率%	面积（万亩）	发病率%					
2008	3 500	85	32	0.19	65	2.11	136.5	1.22	91
2009	8 305	94	85	0.18	22	2.11	135.21	0.68	91.5

1.3.4 科学实施药剂防治 重点抓好三个环节：一是杜绝高毒农药使用。近年来我市认真贯彻落实农业部和苏州市人民政府有关禁止销售和使用甲胺磷、对硫磷、甲基对硫磷、久效磷、磷铵等高毒农药的有关规定，通过与工商部门、农业行政执法部门开展联合执法并认真组织检查摸底，近两年来全市在水稻、小麦、油菜、蔬菜、瓜果等作物上均未查到有高毒农药的使用；二是积极引进并广泛筛选高效、低毒、低用量的农药新品种。近三年来，全市植保部门以粮油和蔬菜瓜果类作物为重点，针对近年来生产中最突出的重大病虫害和草害，统一开展了新药种的试验筛选和示范，尤其是对褐飞虱、纵卷叶螟、灰飞虱、条纹叶枯病、蔬菜烟粉虱、夜蛾类害虫、稻麦田草害、草坪害虫、主要绿化苗木害虫以及本省补充检疫对象——加拿大一枝黄花等进行了大量的田间药剂试验和示范。据不完全统计，每年参试药种（包括复配剂）都在50个以上，并采用多点重复试验的形式，以便及早明确新药种在本市的应用推广价值。近年来25％吡蚜酮、5％氟虫腈、25％噻·异可湿粉、32％丙溴磷·氟铃脲等取代有机磷和沙蚕毒素类农药的新品种已在本市水稻生产上大面积推广应用，推广覆盖率达95％以上。25％吡虫啉悬浮剂（浸种）、井·腊芽菌、30％苄丙、10％虫螨腈、25％嘧菌酯、10％苯醚甲环唑等农药品种也在大面积生产上发挥了重要作用。20％氯虫苯甲酰胺、10％烯啶虫胺、2.5％五氟磺草胺、40％氯虫·噻虫嗪、唑啉草酯·炔草酸等农药新品通过局部试验和示范，也初步明确了它们的基本特性及其应用价值，并已在局部区域应用；三是大力推广生物农药及植物源农药。为确保农产品质量安全和生态环境安全，近年来全市大力推广生物农药及植物源农药，水稻上以井·腊芽和阿维菌素为重点，蔬菜上以甲维盐为重点，绿化苗木以灭幼脲为重点搭配应用 BT、1.1％百部·楝·碱等生物制剂，据统计，近两年全市水稻上生物农药防治亩次已达到35％～40％。

2 水稻农药减量控害的实际效果

随着社会的进步，广大民众对农产品质量安全和生态环境安全的要求也日益提高，广大农技推广工作者及其农民对农药减量使用的意识也有了逐步增强。据统计，2005 年以前，我市每公顷水稻农药使用强度都在 3kg 以上，2007 年下降到 2.6kg，2008 年继续控制到 2.51kg，全市 2007 年农药使用总量（商品量）从上年的 5 275t 下降到 4 976t，减量使用 6％，2008 年全市农药实际用量 4 651.8t，比 2007 年减量使用 6.9％，预计今年全市农药的实际使用量为 4 420t，比 2008 年继续下降 5％左右。典型调查结果表明，水稻作物的农药使用量也同比下降。近两年全市水稻病虫草的总体损失率也从原来的 2％以上下降到 2％以下，预计今年全市水稻病虫草危害的损失率将会继续下降到 1.5％以下。全市的水稻产量也得到了高产稳产。近几年全市水稻产量情况（表 2）。

表 2 近几年苏州市水稻产量表

年份 类别	2005	2006	2007	2008	2009	备 注
水稻面积（万亩）	163.2	146.98	131.2	136.5	135.21	①2007年水稻后期因台风暴雨影响造成较大面积倒伏而减产。
水稻单产（千克/亩）	528.8	566.1	503.9	575	593	②2009年为预计单产。

近两年我市抽样检测了 36 个稻谷样本，合格率达到 100％，对 680 个蔬菜样本的检测，合格率也达到 97％以上。这样的结果充分表明，通过植保专业化防治或统防统治，通过农作物病虫草的综合治理，通过农药品种结构的调整和改良等措施的配套应用，农药减量控害的目标可以达到，农业生产安全、产品质量安全和生态环境安全的多重目标也可以达到。

"桶混助剂"对农药在甘蓝叶片润湿性能的影响

张琳娜[1] 袁会珠[1] 李永平[2] 王秀[3]

(1. 中国农业科学院植物保护研究所 农业部农药化学与应用重点开放实验室
北京 100193 2. 全国农业技术推广服务中心 北京 100026
3. 北京农业信息技术研究中心 北京 100089)

喷雾技术是我国使用农药防治农作物病虫草害的最重要的技术手段。在很多情况下,农药喷雾的靶体是植物叶片,药剂只有在植物靶体表面形成良好的沉积分布,才能发挥其对有害生物的防治效果。由于植物表面结构不同,有些植物叶片由于被较厚的蜡质层覆盖,例如水稻、甘蓝、小麦叶片,农药雾滴喷洒到这种叶片表面后,通常不能形成很好的润湿铺展,药剂有效成分不能很好地沉积分布在植物叶片表面,一定程度上影响了农药药效的发挥。在农药药液中加入合适的"桶混"助剂,可以显著降低药液的表面张力,降低雾滴在植物叶片上的接触角,增加单个农药雾滴在植物叶片上的铺展面积,进而增加药效、减少农药用量。因此,"桶混"助剂是农药高效喷雾技术中的重要手段之一。

为提高我国蔬菜病虫害防治中的农药喷雾技术水平,本论文选择甘蓝为研究对象,选用了5种助剂和6种常用农药为研究材料,测定5种助剂对常用农药药液在甘蓝叶片的润湿情况影响,为在甘蓝上高效喷洒农药选择合适的"桶混"助剂提供依据。

1 材料与方法

1.1 试验植物叶片
甘蓝(市售),每次实验都是用同一批叶子完成。

1.2 试验农药和助剂
66%甲硫·乙霉威可湿性粉剂(海南力智生物工程有限公司);30%丁,戊,己-二酸酮可湿性粉剂(黑龙江齐齐哈尔市华丰化工厂);50%嘧菌环胺水分散粒剂(江苏丰登农药有限公司);68%精甲霜·锰锌水分散粒剂(先正

达);250g/L嘧菌酯悬浮剂(浙江博仕达作物科技有限公司);8%氟硅唑微乳剂(四川诺富尔作物科技有限公司);有机硅助剂AG64;有机硅助剂Silwet 408;非离子助剂Tritonx-100;阴离子助剂ABS。

1.3 试验仪器
接触角测定仪(日本Erma公司)、JYW-200A自动界面张力仪(承德市世鹏检测设备有限公司)、geha投影仪、LI-3000A面积测定仪、1~10 μL移液枪、常用玻璃仪器等。

1.4 试验处理
配制66%甲硫·乙霉威可湿性粉剂1 000倍液和1 500倍液、30%丁,戊,己-二酸酮WP 1 000倍液和1 200倍液、50%嘧菌环胺WDG 1 000倍液和1 500倍液、68%精甲霜·锰锌水分散粒剂500倍液和1 000倍液、250g/L嘧菌酯sc 1 000倍液和1 500倍液、8%氟硅唑微乳剂500倍液和1 000倍液,将上述溶液分别添加0.10%和0.05%的AG64、0.10%和0.05%的Silwet408、0.50%和0.10%的Tritonx-100、0.10%和0.05%的ABS、0.50%和0.10%的Sopa-270作为试验处理,不添加助剂的农药溶液作为对照处理。实验所用药液均要求现用现配。

1.5 药液表面张力的测定
将上述各处理的药液用JYW-200A自动界面张力仪分别测定其表面张力,每个处理重复3次,计算平均值。

1.6 药液在甘蓝表面接触角的测定
选取叶面平整、叶片状况一致的甘蓝叶片,将上述各处理的药液用1~10μL移液枪移取10μL滴加在甘蓝叶片上,用接触角测定仪测定药液与甘蓝叶片形成的接触角,重复3次,计算平均值和标准

偏差。

1.7 药液在甘蓝表面展布性能的测定 将准备好的甘蓝叶片，水平放置待用。用微量移液枪移取10μL配制好的药液滴加在叶正面同一位置，让药液在叶片上自然铺展。待药液风干后，沿药液留下的痕迹剪下被药液所覆盖的部分，用投影仪按一定比例投影在墙壁上，再将投影的面积转移到纸上，用面积测定仪测量纸的面积，最后换算出药液在叶片上的铺展面积。每个处理重复3次，计算平均值。

2 结果与分析

2.1 药液中添加助剂对药液表面张力以及在甘蓝表面接触角的影响 在不同剂型、不同稀释倍数的农药中添加几种助剂后，其表面张力的变化以及在甘蓝表面的接触角结果（图1~6）。

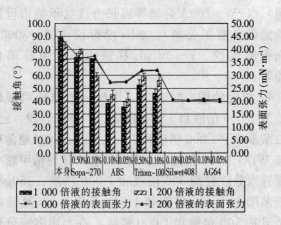

图1 对66%甲硫乙霉威WP的影响

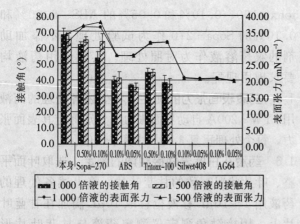

图2 对30%丁，戊，己-二酸酮WP的影响

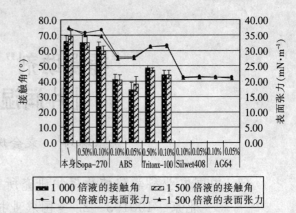

图3 对50%嘧菌环胺WDG的影响

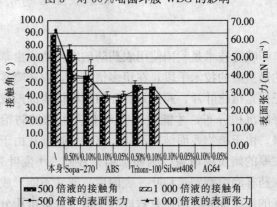

图4 对68%精甲霜·锰锌WDG的影响

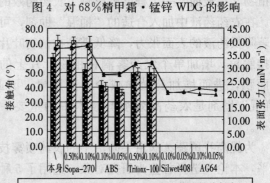

图5 对250g/L嘧菌酯sc的影响

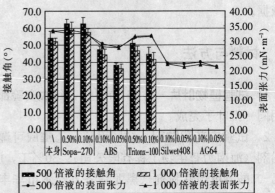

图6 对8%氟硅唑FO的影响

药液的表面张力直接关系到药液在叶片表面的润湿效果。由于农药在加工过程中都添加了多种助剂，所以不同农药本身就有着不同的表面张力。在农药本身的溶液中，68%精甲霜·锰锌 WDG 500 倍液的表面张力最大为 64.37mN·m^{-1}，66%甲硫·乙霉威 WP 1 000 倍液的表面张力最小为 31.18mN·m^{-1}。再添加了 5 种助剂后，不同农药的表面张力均有一定程度的降低，其中添加了 0.10%AG64 的 66%甲硫乙霉威 WP 1 500 倍液表面张力降低到 19.58mN·m^{-1}，效果最好。而添加了 Tritonx-100、ABS、Sopa-270 也只能将表面张力最低分别降低到 31.15mN·m^{-1}、27.09mN·m^{-1} 和 32.41mN·m^{-1}。不同剂型、不同稀释倍数农药添加同一浓度的助剂，表面张力的降低情况波动不大，只有 Sopa-270 的波动情况较为明显。而同种助剂不同浓度之间的差异不显著。由图可以明显看出，其中添加了 0.10% 和 0.05% 的 AG64 和 Silwet408 农药溶液表面张力降低最明显，效果最好，其他非离子助剂 ABS 的效果略好

于 Tritonx-100，Sopa-270 对药液表面张力的降低效果最不稳定。

由图可见，不添加助剂的农药溶液在甘蓝表面的接触角在 52.0°～89.5° 之间，喷雾过程中药液很容易滚落。当在上述不同的农药中添加 5 种助剂后，在甘蓝表面的接触角都有一定程度的降低，其中 0.10% 和 0.05% 的 AG64 和 Silwet408 对接触角的影响最为明显，药液在甘蓝表面迅速铺展，接触角趋于 0。在添加了 Tritonx-100、ABS、Sopa-270 的药液中，不但接触角降低不明显，而且药液铺展缓慢，其中效果较好的 ABS 也只将接触角降低到 34.3°，仍然容易引起药液的流失，没有起到改善润湿效果的作用。此外，同种助剂不同浓度的药液对接触角的降低效果无明显差异。针对此类情况，农药使用时就要选择添加合适的助剂。

2.2 药液中添加助剂对药液展布性能的影响

66%甲硫·乙霉威 WP、68%精甲霜·锰锌 WDG、8%氟硅唑 FO 稀释 1 000 倍液的药液本身以及添加 5 种助剂后在甘蓝叶表面的铺展面积（表1）。

表1 几种助剂对农药在甘蓝叶片的铺展面积

处理	助剂种类	添加浓度	铺展面积(mm²)	增加倍数	处理	铺展面积(mm²)	增加倍数	处理	铺展面积(mm²)	增加倍数
	\	\	35.71e	\		9.72e	\		15.74d	\
	AG64	0.10%	385.04a	10.8		375.79ab	38.7		410.57a	26.1
		0.05%	136.68d	3.8		366.26ab	37.7		350.26a	22.3
	Silwet408	0.10%	272.50b	7.6		331.75bc	34.1		356.74a	22.7
66%甲硫乙霉威 WP 1 000 倍液		0.05%	154.73cd	4.3	68%精甲霜·锰锌 WDG 1 000 倍液	237.92d	24.5	8%氟硅唑 FO 1 000 倍液	250.35b	15.9
	Tritonx-100	0.50%	23.28e	0.7		21.69e	2.2		28.24d	1.8
		0.10%	24.20e	0.7		22.95e	2.4		27.31d	1.7
	ABS	0.10%	18.91e	0.5		33.19e	3.4		28.96d	1.8
		0.05%	20.96e	0.6		22.88e	2.4		29.56d	1.9
	Sopa-270	0.50%	12.17e	0.3		11.24e	1.2		22.02d	1.4
		0.10%	10.51e	0.3		15.80e	1.6		15.80d	1.0

实验结果表明，不添加助剂的农药本身在甘蓝表面的铺展效果很不理想，铺展面积仅在 35.71～9.72mm² 之间。添加了不同浓度的 Tritonx-100、ABS、Sopa-270 的药液与农药本身相比，差异不显著，有的还出现铺展面积缩小的现象。可见，这 3 种助剂并没有起到增加铺展面积的效果，其增加倍数在 3.4～0.3 之间。由于药液铺展还受到甘蓝表面性质的影响，铺展面积的增加没有太明显规律性变化，添加 0.10% 和 0.05% 的 AG64 和 Silwet408 的药液与相应的农药本身相

比，铺展面积增加 38.7～4.3。由表1可以看出，0.10% 和 0.05% 的 AG64 和 Silwet408 显著增加了药液的铺展面积，性质稳定，作为农用助剂更为优良。

3 讨论

试验表明，有机硅助剂 AG64 和 Silwet408 能很好的增加药液润湿性，在使用相同剂量或低剂量的情况下，效果明显优于 Tritonx-100、ABS、

Sopa-270。它能增加药液与靶标的接触面积，提升粘附能力，进而提高药效，减少药液流失，且增加润湿效果的稳定性质，用量低。有机硅助剂能有效的降低表面张力，表面张力越小，形成的雾滴越小[3]，对药液在作物表面均匀的铺展、低容量喷雾技术的发展也有一定的实际意义。对较难被润湿的表面，选择有机硅助剂提高药效更适宜。在农药喷雾时，选择合适的助剂以及合适的浓度，可以降低农药投放量和用水量，保护环境，还可以避免助剂的浪费。此外，有机硅助剂能促进一些有效成分对植物的渗透作用，且性质温和，不宜产生药害[4]。我国农药使用中存在的问题，还有待解决，深入研究有机硅助剂的作用与性质，可以提高农药有效利用率和防治效果，对于农药使用具有广阔的应用前景。本研究对选择助剂及其浓度，具有参考价值。

参考文献

[1] 逄森，袁会珠，李永平等. 助剂 Silwet408 提高药液在蔬菜叶片上润湿性能的研究 [J]. 农药科学与管理，2005，26（7）：19，22～25
[2] 邱占奎，袁会珠，李永平等. 添加有机硅助剂对低容量喷雾防治小麦蚜虫的影响 [J]. 植物保护，2006，32（2）：34～37
[3] 赵善欢. 植物化学保护 [M]. 3 版. 北京：中国农业出版社，2006：18～20
[4] 杨学茹，黄艳琴，谢庆兰. 农药助剂用有机硅助剂 [J]. 有机硅材料，2002，16（2）：25～29

20％氯虫苯甲酰胺（康宽）等几种药剂防治稻纵卷叶螟的药效比较

袁禄华　周昔洪

（湖南省新化县植保植检站　湖南　新化　410005）

为做好高毒农药替代工作，筛选出一批适宜我县防治水稻纵卷叶螟的高效低毒药剂，2008年6月，新化县植保植检站受省植保植检站委托，与美国杜邦公司合作，进行比较 200g/L 康宽 SC 和其他两种药剂防治水稻纵卷叶螟大区田间药效试验，现将试验情况和结果整理如下：

1 试验材料及方法

1.1 供试药剂及来源

1.1.1 200g/L 康宽 SC，美国杜邦公司生产并提供。

1.1.2 50g/L 锐劲特 SC，拜耳杭州作物科学有限公司生产，市售。

1.1.3 350g/L 丙·辛 EC（金捷），湖南大方农化有限公司生产，市售。

1.2 试验地基本情况 试验设在新化县上梅镇五里亭社区9组刘解章一季稻田，土质为沙壤土，地力肥沃，稻禾长势良好，品种为川香优6号，稻田排灌方便，试验时纵卷叶螟正处初孵幼虫高峰，虫口密度大，非常适合该试验进行。

1.3 试验设计 试验共设四个处理，即

1.3.1 200g/L 康宽 SC，亩用 10ml。

1.3.2 50g/L 锐劲特 SC，亩用 40ml。

1.3.3 350g/L 丙·辛 EC，亩用 100ml。

1.3.4 空白对照。康宽试验区面积 500m²，对照药剂区面积 100m²，空白对照区面积 50m²，各小区间作泥埂相隔，以防药剂相互干扰，不设重复。

1.4 施药方法 于 2008 年 6 月 21 日第二代纵卷叶螟初孵幼虫高峰期用药一次，此时水稻植株正处分蘖拔节期，苗丰叶绿，百蔸有幼虫 160 条以上。采用东方红 DFH-16A 型背负式手动喷雾器喷雾，亩喷药液 50kg，将药液均匀喷布于水稻上部叶片上。

1.5 药效调查 药前调查虫口基数，药后 7d、14d 每小区调查 100 蔸水稻，剥检卷苞数、苞内虫

量及白叶情况，计算卷叶率和防治效果。并对其他害虫和天敌作相关观察。

1.6 天气情况 试验期间无影响试验进行的异常天气。施药当日气温 24.4～32.8℃，施药后 7d 内，日平均气温 26.7℃，平均最高气温 31.5℃，日平均最低气温为 23.0℃；日平均相对湿度 74.9%；施药后第二天降小雨 0.1mm，药后 7d 雨日 3 个，总降雨量 24.7mm，平均日照时数 3.7h。

2 试验结果与评价

2.1 防治效果 亩用 200g/L 康宽 SC10ml 在药后 7d、14d 对纵卷叶螟的防治效果分别为 92.4%、93.9%，其防效分别较亩用 50g/L 锐劲特 SC40ml 和亩用 350g/L 丙·辛 EC100ml 高出 15.6、13.2

个百分点和 25.9、8.0 个百分点。

2.2 保叶效果 亩用 200g/L 康宽 SC10ml 在药后 7d、14d 的卷叶率分别为 0.9%、2.0%，分别较亩用 50g/L 锐劲特 SC40ml 和亩用 350g/L 丙·辛 EC100ml 低 1.7、1.5 个百分点和 8.6、2.7 个百分点。

2.3 评价与建议 试验结果表明，200g/L 康宽 SC 亩用 10ml，对纵卷叶螟防效理想，药效期长，试验观察期间对鱼虾等水生生物低毒，同时对二化螟防效亦很好。建议在纵卷叶螟卵孵高峰至一龄幼虫高峰期施药，采用喷雾法，亩用 10ml，亩喷药液 40～50kg，均匀喷布于植株中上部叶片。

附：200g/L 康宽 SC 防治纵卷叶螟田间药效结果表

20%氯虫苯甲酰胺 SC 防治纵卷叶螟大区示范结果表

处理项目	每亩商品用量	药后 7d				药后 14d			
		50 蔸叶片数	卷叶数	卷叶率(%)	相对防效(%)	50 蔸叶片数	卷叶数	卷叶率(%)	相对防效(%)
200g/L 康宽 SC	10ml	2 885	25	0.9	92.4	3 910	80	2.0	93.9
50g/L 锐劲特 SC	40ml	2 885	76	2.6	76.8	3 910	416	10.6	68.0
350g/L 丙·辛 EC	100ml	2 885	68	2.4	79.2	3 910	183	4.7	85.9
CK	—	2 885	327	11.3	—	3 910	1 301	33.3	—

氯虫苯甲酰胺替代氟虫腈防治水稻二化螟效果及应用技术

施德[1] 吴增军[2] 徐法三[3]

（1. 浙江省植物保护检疫局 浙江 杭州 310020

2. 浙江省江山市植保站 浙江 江山 324100

3. 浙江省衢州市植保站 浙江 衢州 324000）

水稻二化螟 ［*Chilo supperssalis*（Walker）］是浙江省水稻主要害虫之一。氟虫腈是近年来防治水稻二化螟主要药剂。根据农业部、工业与信息产业部、环保部 1137 号公告精神，该药将于 2009 年 10 月 1 日起禁止销售与使用。为做好氟虫腈禁用后水稻二化螟的防治工作，2008 年我们引进了美国杜邦公司的氯虫苯甲酰胺，在我省水稻二化螟重发地区开展了氯虫苯甲酰胺防治二化螟效果试验及应用技术探讨，现将结果总结如下：

1 材料与方法

1.1 试验药剂

20%氯虫苯甲酰胺 SC（美国杜邦公司）

氟虫腈 5%SC、80%WG（拜耳作物科学公司）

1.2 试验设计

1.2.1 不同用量试验 试验分别在衢州市、江山市进行，试验设亩施 20%氯虫苯甲酰胺 SC8ml、10ml，5%氟虫腈 SC50ml，清水对照共 4 个处理。试验于当地一代二化螟卵孵高峰期施药；试验品种分别为早稻金早 47 和嘉育 953，土壤属酸性粘质黄泥土壤和沙壤土，有机质含量分别为 3.3%和 3.8%，pH6.5 和 5.6，前茬均为空闲田，播种期 3 月下旬，手插移栽，管理中等。

1.2.2 不同施药时间 试验在瑞安市进行，试验设 20%氯虫苯甲酰胺 SC10 毫升/亩，分别于二化螟卵孵高峰、2 龄高峰施药，另设空白对照共 3 个处理；江山市再设对照药剂 80%氟虫腈 WG4 克/亩在二化螟卵孵高峰、2 龄高峰施用各 1 次，共 5 个处理。瑞安市早稻品种为温 12，土壤为壤土，有机质含量 3.5%左右，pH5.8 左右，前茬为空闲田，手插移栽，管理中等；江山市情况同上。

1.2.3 不同施药次数 试验在衢州市衢江区进行，试验设 20%氯虫苯甲酰胺 SC10 毫升/亩，用药 1 次、2 次（卵孵高峰、2 龄高峰各 1 次）处理，对照药剂 80%氟虫腈 WG4 克/亩也设 1 次与 2 次处理，另设空白对照共 5 个处理。其试验品种与土壤情况同衢州市。

1.3 试验面积

试验要求重复，小区面积在 40m² 以上，随机排列，重复间筑埂以防田水串灌。试验时各地水稻生育期正处分蘖期。

1.4 施药方法与施药器械

各试验均进行茎叶喷雾处理，每亩施药液 30～40kg。喷雾器型号为 3WBS～16，手动背负，工作压力 1.5bar，喷嘴型号为空心圆锥。施药时田间灌水 4cm 左右，喷后保水，让其自然落干。

1.5 试验调查内容与防效计算方法

杀虫效果调查：于施药后 10d 或危害定型后进行，采用 5 点取样法，每处理取样 50 株，剥查记录死活虫数，计算虫口减退率。保苗效果调查：于危害定局（一般施药后 20～30d）后进行，采用随机取样，每处理取 5 点，每点调查 40 丛，共计调查 200 丛，记载调查株数、枯心株数，计算株枯心率和保苗效果。

于药后适期目测，观察各药剂对水稻生长、分蘖、叶色等的影响。

保苗效果计算方法[1]：

$$保苗效果（\%）=\frac{CK\ 平均枯心率-PT\ 枯心率}{CK\ 平均枯心率}\times100$$

残虫防效计算方法：

$$残虫防效（\%）=\frac{CK\ 平均活虫数-PT\ 活虫数}{CK\ 平均活虫数}\times100$$

2 试验结果与分析

在整个试验期间各地各处理均未见药害症状，表明药剂对水稻安全。

2.1 不同用量对二化螟的防治效果

2.1.1 杀虫效果 衢州试验结果，每亩用 20%氯虫苯甲酰胺 SC8ml 和 10ml，药后 10d 对二化螟杀虫效果高达 98.8%和 99.4%，而对照药剂 5%氟虫腈 SC50ml 杀虫效果仅为 63.8%；江山市试验结果，氯虫苯甲酰胺每亩用 SC10ml、8ml，杀虫效果分别为 99.2%和 96.6%，均优于氟虫腈 50ml（杀虫效果为 92.4%）。

2.1.2 保苗效果 衢州试验结果，药后 22d，20%氯虫苯甲酰胺 SC8ml 和 10ml，保苗效果高达 96.6%和 97.7%，对照 5%氟虫腈 SC50ml 仅为 75.7%，保苗效果相差较大；江山试验结果，危害定局后调查，20%氯虫苯甲酰胺 SC 每亩用 10ml、8ml，保苗效果分别为 99.5%和 97.4%，均优于 5%氟虫腈 SC50ml（保苗效果 92.5%）。

由此可见，每亩用 20%氯虫苯甲酰胺 SC10ml、8ml 对水稻二化螟的防治效果均优于 5%氟虫腈 SC50ml，20%氯虫苯甲酰胺 SC10ml 的防治效果好于 8ml（详见表 1）。

表 1 20%氯虫苯甲酰胺 SC 不同用量对水稻二化螟的防治效果

处　　理	用量/亩	衢　　州		江　　山	
		残虫防效%	保苗效果%	残虫防效%	保苗效果%
氯虫苯甲酰胺	10ml	99.4	97.7	99.2	99.5
氯虫苯甲酰胺	8ml	98.8	96.6	96.6	97.4
5%氟虫腈 SC	50ml	63.8	75.7	92.4	92.5

2.2　不同施药时期对二化螟的防治效果

2.2.1　杀虫效果　据江山市试验，药后30d，危害定局后调查，20%氯虫苯甲酰胺SC10毫升/亩，在二化螟卵孵高峰和幼虫2龄高峰期施药，杀虫效果分别为98.4%和89.2%，80%氟虫腈WG4克/亩，防效分别为85.5%和69.5%；卵孵高峰期施药杀虫效果明显高于幼虫2龄高峰期施药。据瑞安市试验，20%氯虫苯甲酰胺SC10毫升/亩在卵孵高峰、1～2龄幼虫期施药，药后7d杀虫效果分别为92.4%和88.0%，卵孵高峰施药杀虫效果同样优于1～2龄幼虫期施药。

2.2.2　保苗效果　据江山市试验，药后30d，为害定局后调查，20%氯虫苯甲酰胺SC10毫升/亩，在二化螟卵孵高峰和幼虫2龄高峰期施药，保苗效果分别为100%、98.9%，80%氟虫腈WG4克/亩为78.5%和60.4%；据瑞安市试验，20%氯虫苯甲酰胺SC10毫升/亩在卵孵高峰施药，保苗效果为93.5%，1～2龄幼虫期施药保苗效果95.4%，两者保苗效果一致（详见表2）。

表2　20%氯虫苯甲酰胺SC不同施药时期对水稻二化螟的防治效果

处　理	用量/亩	施药时间	江　山		瑞　安	
			残虫防效%	保苗效果%	药后7d防效%	保苗效果%
氯虫苯甲酰胺	10ml	卵孵高峰	98.4	100	92.4	93.5
氯虫苯甲酰胺	10ml	2龄高峰	89.2	98.9	88.0	95.4
80%氟虫腈WG	4g	卵孵高峰	85.5	78.5		
80%氟虫腈WG	4g	2龄高峰	69.5	60.4		

2.3　不同施药次数对二化螟的防治效果

2.3.1　杀虫效果　据衢江区试验，药后30d，二化螟为害定局后调查，20%氯虫苯甲酰胺SC10毫升/亩在卵孵高峰期防治1次，杀虫效果98.4%，卵孵高峰期和2龄幼虫期防治2次，杀虫效果为100%；用80%氟虫腈WG4克/亩防治1次杀虫效果为59%，防治2次为80.9%。20%氯虫苯甲酰胺SC在一代螟虫危害期间防治1次与防治2次杀虫效果差异不大。

2.3.2　保苗效果　据衢江区试验，药后30d，二化螟为害定局后调查，20%氯虫苯甲酰胺SC10毫升/亩，施药1次，保苗效果为98.9%；施药2次，保苗效果为100%；80%氟虫腈WG4克/亩防治1次保苗效果为60.4%、2次保苗效果为78.5%。20%氯虫苯甲酰胺在一代螟虫危害期间防治1次与防治2次保苗效果差异不大，一代螟虫为害期间防治1次就能有效控制危害（详见表3）。

表3　20%氯虫苯甲酰胺SC防治水稻二化螟不同施药次数试验调查表

处　理	用量/亩	使用次数	残虫防效%	保苗效果%
20%氯虫苯甲酰胺SC	10ml	1次	98.4	98.9
20%氯虫苯甲酰胺SC	10ml	2次	100	100
80%氟虫腈WG	4g	1次	59.5	60.4
80%氟虫腈WG	4g	2次	80.9	78.5

2.4　对稻田蜘蛛影响[2]

据江山市试验，施用20%氯虫苯甲酰胺SC10毫升/亩，药后7d百丛蜘蛛73.7只，比不施药区仅减少4.7%，药后16d百丛蜘蛛75.3只，比不施药区减少10.7%；5%氟虫腈SC50毫升/亩，药后7d和16d，百丛蜘蛛分别为70.3只和71.3只，比不施药区分别减少9.1%和15.4%。由此表明氯虫苯甲酰胺对稻田蜘蛛的影响较氟虫腈小。

表4　20%氯虫苯甲酰胺SC对稻田蜘蛛影响调查表（单位：只/百丛）

处　理	用量/亩	药后7d		药后16d	
		蜘蛛	减少率%	蜘蛛	减少率%
20%氯虫苯甲酰胺SC	10ml	73.7	4.7	75.3	10.7
5%氟虫腈SC	50ml	70.3	9.1	71.3	15.4

3 小结

3.1 20％氯虫苯甲酰胺 SC 防治水稻二化螟，其杀虫效果和保苗效果均优于常用药剂氟虫腈。在低龄幼虫始盛期施药，每亩用 10ml 防治一次，田间即可表现出很好的防治效果；在水稻二化螟对氟虫腈产生抗性的地区，也可达到理想的防治效果，在大发生年份，一代螟虫为害期施药 1 次，就能有效控制危害。同时，对蜘蛛影响较小。因此，该药可有效替代氟虫腈防治二化螟，具有广阔的应用前景。

3.2 在生产实际中，使用量以每亩用 8～10ml 为宜。但该药防治水稻二、三代二化螟，在田间虫龄高度不整齐的情况下，特别对 3 龄以后的高龄幼虫防效及其他水生生物的影响，有待进一步试验观察。

3.3 因该药剂防治水稻二化螟每亩用量仅为 10ml，在喷雾器加药时一定要充分混匀，喷雾以机动喷雾机为好，做到均匀周到，以确保优良的防效。喷时田间灌水 3～5cm，并让其自然落干。

参考文献

[1] 王华弟，张左生，程家安等．水稻三化螟预测预报与防治对策研究．中国农业科学，1997，30（3）：14～20

[2] 王华弟，徐志宏，冯志全等．稻田中华稻蝗发生动态、危害损失及防治指标．植物保护学报，2007，34（3）：235～240

20％氟铃·毒死蜱乳油防治水稻稻纵卷叶螟

陈明艳[①]　邵彦坡　刘德如　王宏年　庞云红

（青岛瀚生生物科技股份有限公司化工技术开发中心　山东　青岛　266001）

近几年，稻纵卷叶螟（*Cnaphalocrocis medinalis Guenee*）的发生在水稻产区呈现日趋严重的趋势[1,2]，而以往水稻田防治害虫的当家农药——氟虫腈，又被国家禁止施用，因此积极探索对稻纵防治效果好，且又施用于无公害农产品生产的高效、低毒、经济、安全的药剂及其应用技术，已成为当前水稻生产上亟需解决的问题。为此，我们于 2009 年 6 月 4 日，在广西省来宾市桐木镇古池村水稻田开展了应用 20％氟铃·毒死蜱乳油防治稻纵卷叶螟的药效试验，现将试验结果报告如下。

1 材料与方法

1.1 供试药剂

试验药剂：20％氟铃·毒死蜱乳油（青岛润生农化有限公司提供样品）

对照药剂：15％阿维·毒乳油（多靶标）（中国农科院植保所廊坊农药中试厂）

1.2 试验设计

试验设在金秀县桐木镇古池村水稻田内，试验田于 5 月 2 日移栽，水稻长势较好，生长平衡。土壤为沙壤土，土壤肥力中等偏上。供试水稻品种杂交早稻。试验设 5 个处理，分别为①20％氟铃·毒死蜱乳油 20 毫升/桶；②20％氟铃·毒死蜱乳油 35 毫升/桶；③20％氟铃·毒死蜱乳油 50 毫升/桶；④15％阿维·毒乳油（多靶标）50 毫升/桶；⑤空白对照（CK）。一亩地 2 桶水，一桶水 15kg、重复 3 次，每个小区面积 112 m²，随机排列。

1.3 施药方法

采用工农-16 型背负手摇喷雾器，喷头为切向离心式整体单喷头，喷孔直径为 1.3mm，喷雾工作压力 3～4kg/cm²，药液喷出量

① 作者简介：陈明艳（1979—），女，河南商丘人，农药学硕士，在青岛瀚生生物科技股份有限公司化工技术开发中心生物活性测定中心工作。Email：chenmingyan_1_1@163.com（Tel：13198107082）

每分钟约为 500g。每亩用药液量为 30kg。施药次数为 1 次，施药日期为 6 月 4 日下午 4 点以后。施药时稻纵卷叶螟处于 3～5 龄幼虫占 75％以上，1～3 龄幼虫占 25％以下，田间虫量一般，水稻处孕穗生长期，长势良好。

1.4　调查方法　药前调查虫口基数，药后 1d、3d、7d 各调查一次残存虫量，药后 14d 调查卷叶率，共调查 5 次。每小区"Z"字形 5 点取样，每点调查 4 丛，共 20 丛，定点定丛，调查记录整丛上的活虫数，计算卷叶率及校正防效[3,4]。各处理的防治效果用 Duncan's 新复极差法进行统计分析[5]。

1.5　药效计算方法

卷叶率（％）＝调查卷叶数/调查总叶数×100

保叶效果（％）＝［对照区卷叶率－处理区卷叶率］/对照区卷叶率×100

虫口减退率（％）＝［药前虫数－药后虫数］/药前虫数×100

防治效果（％）＝［处理区虫口减退率－对照区虫口减退率］/［100－对照区虫口减退率］×100

同时，观察不同剂量间对水稻的安全性。

2　结果与分析

2.1　杀虫效果　本试验表明（见表 1），供试药剂

20％氟铃·毒死蜱乳油，在每亩施用 40ml、70ml、100ml 的剂量下，药后 1d，防效分别为 71.28％、77.93％、80.58％；药后 3d，防效分别为 80.94％、92.15％、94.36％；药后 7d，防效分别为 82.67％、90.3％、96.8％；对照药剂 15％阿维·毒乳油（多靶标）在 100 毫升/亩的剂量下，药后 1d、3d、7d 的防效分别是 75.97％、90.09％、88.15％。

对试验结果采用 Duncan's 新复极差法进行统计分析，分析结果表明，供试药剂 20％氟铃·毒死蜱乳油，药后 1d、3d、7d，亩施用 70ml 的防效与亩施用 100ml 的防效相当，均极显著高于亩施用 40ml 的防效。在试验期间，供试药剂 20％氟铃·毒死蜱乳油亩施用 70ml 的防效与对照药剂 15％阿维·毒乳油（多靶标）亩施用 100ml 的防效相当。供试药剂 20％氟铃·毒死蜱乳油在药后 1d，防效均达到 70％以上，说明该药剂有一定的速效性。药后 7d，还能有效控制害虫的危害，说明该药的持效期较长。由此可知，该药剂是防治稻纵的理想药剂。

表 1　20％氟铃·毒死蜱乳油防治水稻卷叶螟试验结果

处理	药前 虫口基数（头）/20 丛	药后 1d			药后 3d			药后 7d			药后 14d		
		残存虫数（头）	减退率（％）	防治效果（％）	残存虫数（头）	减退率（％）	防治效果（％）	残存虫数（头）	减退率（％）	防治效果（％）	调查总叶数（个）/20 丛	卷叶数（个）	保叶效果（％）
1	36.99	11.01	70.22	71.28Bc	8.01	78.5	80.94Bb	6.99	79.92	82.67Bc	940	35.33	77.32Bc
2	35.01	8.01	77.12	77.93Aab	3	91.14	92.15Aa	3.99	88.76	90.3ABb	891	12.67	91.58Aa
3	30	6	79.87	80.58Aa	2.01	93.64	94.36Aa	0.99	96.3	96.8Aa	906	11.67	92.16Aa
4	36	9	75.08	75.97ABb	3.99	88.83	90.09ABa	5.01	86.26	88.15Bb	950.67	21.33	86.4Ab
CK	33.99	35.01	−3.7	—	38.01	−12.82	—	39	−15.87	—	906.67	150.67	—

*数据是三次重复的平均数；大写字母表示在 0.01 水平下差异极显著；小写字母表示在 0.05 水平下差异显著

2.2　保叶效果　调查结果（见表 1），20％氟铃·毒死蜱乳油在每亩施用 40ml、70ml、100ml 浓度下，药后 14d，保叶效果分别为 77.32％、91.58％、92.16％。对照药剂 15％阿维·毒乳油（多靶标）每亩施用 100ml，药后 14d 保叶效果

是 86.4％。

方差分析结果表明，20％氟铃·毒死蜱乳油每亩施用 70ml、100ml 二者的保叶效果相当。与对照药剂相比，显著高于对照药剂的保叶效果。由此可见，20％氟铃·毒死蜱乳油田间直观保叶效果十

分明显。

2.3 安全性观察 据田间试验观察，各处理间水稻生长正常，无明显不良影响，处理区与空白对照区（CK）相比，水稻叶片和生长势均无发现有异常现象，证明20%氟铃·毒死蜱乳油在水稻上应用安全性好。

3 小结

氟铃脲 hexaf lumuron（伏虫灵、盖虫散、XRD—473），属于苯甲酰脲类杀虫剂，是几丁质合成抑制剂。通过抑制害虫脱皮、取食速度，有较强的击倒力，具有很高的杀虫和杀卵活性。据文献资料报道，氟铃脲用于防治鳞翅目叶面害虫时，宜在低龄（1～3龄）幼虫盛发期用药，防治钻蛀性害虫时宜在卵孵盛期施用。

据本试验观察，20%氟铃·毒死蜱乳油对稻纵卷叶螟的4～5龄的幼虫的杀虫效果表现也很好，用药后3d左右达到药效高峰，比文献报道[6]的氟铃脲单剂杀虫速度上有了提高，且对错过防治适期的大龄稻纵幼虫有很好的防效，原因可能是氟铃脲与毒死蜱复配之后，具有协同增效作用，因此20%氟铃·毒死蜱乳油这个配方的开发不仅降低了农民的用药成本，而且也符合了农民的用药习惯，是一个值得推广的好配方。

由以上结果分析可知，20%氟铃·毒死蜱乳油是防治稻纵比较理想的药剂，该药剂速效性较好，且持效期较长，对稻纵的各龄幼虫均有一定的控制作用。

建议大田亩用药70～100ml，用水量30kg，在稻纵卷叶螟低龄幼虫盛发期施用，用均匀喷雾的方法施药。如果错过防治适期，虫龄偏大时、虫量偏多时的发生高峰期，应选择高剂量施用。

参考文献

[1] 张夕林，李晓霞等．氟铃脲、氟啶脲防治水稻纵卷叶螟和二化螟的药效评价[J]．植物保护应用技术进展，2004，（21）：161～165
[2] 余友成，秦龙等．几种毒死蜱EW防治水稻稻纵卷叶螟的田间药效试验[J]．农药，2007，46（5）：351～352
[3] 毛国忠，徐关康等．防治稻纵卷叶螟的药剂筛选[J]．植物保护，2002，1（28）：49～51
[4] 刘明忠，贯祥卫等．阿维菌素防治稻纵卷叶螟田间药效试验[J]．中国农村小康科技，2007（10）：68～73
[5] 农业部农药鉴定所生测室编．农药田间药效实验准则（一）[M]．北京：中国标准出版社，2002：5～8
[6] 王建良，邹利军等．5%氟铃脲EC防治水稻纵卷叶螟效果与应用技术[J]．上海农业科技，2008，（5）：46：112～113

33%吡虫啉·高效氯氟氰菊酯防治烟粉虱田间药效试验

侯 文 月

（廊坊市植保植检站 河北 廊坊 065000）

烟粉虱是近年来蔬菜生产中的重要害虫，为寻找有效的防治药剂，我们进行了33%吡虫啉·高效氯氟菊酯WG防治烟粉虱的药效试验。

1 材料与方法

1.1 试验对象、作物和品种的选择 试验对象：
烟粉虱（*Trialeurodes vaporariorum*）

试验作物：小白菜

1.2 环境或设施栽培条件 试验作物小白菜于7月25日播种，露地。亩播种量200g，株行距为50cm×60cm，亩施磷酸二铵15kg，尿素作底肥15kg。小白菜生育期为定植期，烟粉虱发生较重，虫株率85%，平均百株虫量470头。

1.3 田间药效试验

1.3.1 试验处理
2008 年于河北省廊坊市广阳区北旺乡李庄村蔬菜生产基地进行，试验药剂 33% 吡虫啉·高效氯氟菊酯 WG 由沧州中天化工有限责任公司提供，对照药剂是从市场选购的山东恒丰化学有限公司生产的高效氯氟氰菊酯 25g/L EC 和河北省化学工业研究院实验厂生产的 10% 吡虫啉 WP。试验安排见表 1。

表 1　供试药剂试验设计表

处理编号	药　剂	施药剂量（制剂量）g/ha	有效成分量（g/ha）
1	33% 吡虫啉·高效氯氟菊酯 WG	90	29.7
2	33% 吡虫啉·高效氯氟菊酯 WG	105	34.65
3	33% 吡虫啉·高效氯氟菊酯 WG	120	39.6
4	高效氯氟氰菊酯 25g/L EC	450	11.25
5	10% 吡虫啉 WP	180	18
6	空白对照	—	—

随机区组排列，试验共设 6 个处理，每个处理 4 次重复，共计 24 个小区，每小区面积为 20m²，小区分布图如下：随机区组排列

1 ③	2 ①	3 ②	4 ④	5 ⑤	6 ⑥	Ⅰ
7 ④	8 ①	9 ③	10 ②	11 ⑤	12 ⑥	Ⅱ
13 ⑥	14 ⑤	15 ③	16 ②	17 ④	18 ①	Ⅲ
19 ①	20 ②	21 ③	22 ④	23 ⑤	24 ⑥	Ⅳ

1~24 代表 24 个小区；①~⑥代表 6 个处理；Ⅰ~Ⅳ代表 4 次重复。

1.3.2 施药方法
烟粉虱始发期喷雾施药 1 次，以叶面滴均匀为宜。

1.3.3 施药器械
用 MATABI Super Green - 16 背负式喷雾器进行常量喷雾。

1.3.4 施药时间和次数
本试验用药 1 次，施药时间为 8 月 20 日，用药时小白菜生育期处于定植期。

1.4 调查、记录和测量方法

1.4.1 气象及土壤资料

1.4.1.1 气象资料
施药当前的平均温度 26.2℃，最高温度 32.1℃，最低温度 21.1℃，相对湿度 75%，风向西北风，风速 1.0m/s。施药期间平均温度 24.9℃，最高温度 34.5℃，最低温度 17.5℃，降雨量 19.8mm，分别是 8 月 21 日 1.8mm，8 月 26 日 0.1mm，8 月 27 日 17.8mm。

1.4.1.2 土壤资料
土壤为沙壤潮土，有机质含量 1.7%，土壤干旱，无杂草。

1.4.2 调查方法、时间和次数

1.4.2.1 调查时间和次数
共调查 4 次。第一次调查在 2008 年 8 月 20 日进行，查基数；第二次调查在 8 月 21 日处理后 1d；第三次在 8 月 23 日处理后 3d；第四次在 8 月 27 日处理后 7d。

1.4.2.2 调查方法
每次调查在每个处理区随机取 5 点，每点取 10 株小白菜，整株调查。每次调查是在早晨 5：30~7：30，在不惊动成虫的情况下进行。用药处理前，百株烟粉虱平均 470 头。

4.2.3 药效计算方法
计算公式如下：

a. 虫口减退率（%）$= \dfrac{PT_0 \text{虫数} - PT_1 \text{虫数}}{PT_0 \text{虫数}} \times 100$

b. 防治效果（%）$= \dfrac{PT \text{虫口减退率} \pm CK \text{虫口减退率}}{100 \pm CK \text{虫口减退率}} \times 100$

（式中 PT0：处理区药前；PT1：处理区药后；CK：对照区）

1.4.3 对作物的直接影响
药后观察各药剂处理小区小小白菜生长正常，无药害，无其他有益影响。

1.4.4 对其他生物影响

1.4.4.1 对其他病虫害的影响
对试验田内小白菜烟粉虱，有一定杀伤作用。

1.4.4.2 对其他非靶标生物的影响
对非靶标生物无影响，如马唐草等。

2 结果与分析

2.1 结果与评价
33% 吡虫啉·高效氯氟菊酯 WG 29.7 a.l. g/ha、34.65 a.l. g/ha、39.6 a.l. g/ha、高效氯氟氰菊酯 25g/L EC11.25 g/h、10% 吡虫啉 WP18 a.l. g/ha 5 个处理药后 1d 的防效分别为：49%、71.8%、74.8%、75.1%、58.6%，经方差分析表明 33% 吡虫啉·高效氯氟菊酯 WG39.6 a.l. g/ha 与高效氯氟氰菊酯 25g/L EC11.25 a.l. g 之间差异不显著外，其余各处理之间差异极显著。药后 3d 的防效分别为：71.5%、84.1%、87.9%、85.4%、83.4%，经方差分析表明 33% 吡虫啉·高效氯氟菊酯 WG34.65 a.l. g/ha

与高效氯氟氰菊酯25g/L EC11.25g/h、10％吡虫啉 WP18 a.l.g/ha 三个之间差异不显著外，其余各处理之间差异极显著。药后7d的防效分别为：72.2％、85.6％、90.2％、85.2％、86.9％，经方差分析表明33％吡虫啉·高效氯氟菊酯 WG34.65 a.l.g/ha 与高效氯氟氰菊酯25g/L EC11.25g/h、10％吡虫啉 WP18 a.l.g/ha 三个之间差异不显著外，其余之间差异极显著。由药后1d、3d的防效可看出该药速效性较强。药后3d最高防效达到

89.34％。从药后7d的防效可看出该药有一定的持效性。试验药剂33％吡虫啉·高效氯氟菊酯 WG34.65 a.l.g/ha 与对照药剂高效氯氟氰菊酯25g/L EC11.25 a.l.g、10％吡虫啉 WP18 a.l.g/ha防效相当。该试验过程中各处理小区小白菜生长安全，对其他病草无影响，对其他有益生物无不利影响，可进行登记及生产上大面积推广使用。试验结果见表2、表3。

表2 33％吡虫啉·高效氯氟菊酯 WG 防治小白菜烟粉虱试验结果表

| 药剂处理 | 药后 1 d | | | 药后 3 d | | | 药后 7 d | | |
| | 防效（％） | 差异显著性 | | 防效（％） | 差异显著性 | | 防效（％） | 差异显著性 | |
		5%	1%		5%	1%		5%	1%
1	49.0	d	D	71.5	D	C	72.2	c	C
2	71.8	b	B	84.1	bc	B	85.6	b	B
3	74.8	a	A	87.9	a	A	90.2	a	A
4	75.1	a	A	85.4	b	B	85.2	b	B
5	58.6	c	C	83.4	c	B	86.9	b	B
6		e	E		e	D		d	D

注：上表中的防效（％）为各重复平均值。

2.2 技术要点 通过本试验33％吡虫啉·高效氯氟菊酯 WG 防治小白菜烟粉虱的试验结果表明，该药可用防治十字花科蔬菜烟粉虱，推荐使用剂量为34.65 a.l.g/ha～39.6 a.l.g/ha，一般应在烟粉虱初发期开始用药。使用注意事项：该药勿与碱性

农药混用，应贮存于阴凉、干燥、避光处。配药、施药注意安全防护；因该药即有触杀作用又有内吸作用，所以在防治烟粉虱时可减少喷药次数；药后20d，如气候环境适宜烟粉虱发生，烟粉虱量增加可再喷施1次。

表3 33％吡虫啉·高效氯氟菊酯 WG 防治小白菜试验结果统计表（2008年）

| 试验处理 | 剂量 a.l.g/ha | 重复 | 药前基数 | 药后 1d | | | 药后 3d | | | 药后 7d | | |
				残虫量	减退率%	防效%	残虫量	减退率%	防效%	残虫量	减退率%	防效%
33％吡虫啉·高效氯氟菊酯 WG	29.7	1	238	142	40.34	50.62	95	60.08	69.97	94	60.50	71.96
		2	245	153	37.55	49.50	96	60.82	71.38	98	60.00	72.30
		3	230	141	38.70	49.41	85	63.04	72.74	86	62.61	73.74
		4	215	140	34.88	46.34	81	62.33	71.89	89	58.60	70.78
		平均	232.0	144.0	37.9	49.0	89.3	61.6	71.5	91.8	60.4	72.2
	34.65	1	235	82	65.11	71.12	47	80.00	84.95	45	80.85	86.40
		2	249	92	63.05	70.12	58	76.71	82.99	55	77.91	84.70
		3	229	76	66.81	72.61	54	76.42	82.61	53	76.86	83.74
		4	218	71	67.43	73.16	41	81.19	85.97	38	82.57	87.70
		平均	232.8	80.3	65.6	71.8	50.0	78.6	84.1	47.8	79.5	85.6

（续）

试验处理	剂量 a.l.g/ha	重复	药前基数	药后1d 残虫量	药后1d 减退率%	药后1d 防效%	药后3d 残虫量	药后3d 减退率%	药后3d 防效%	药后7d 残虫量	药后7d 减退率%	药后7d 防效%
33%吡虫啉·高效氯氟菊酯WG	39.6	1	239	72	69.87	75.07	38	84.10	88.04	32	86.61	90.49
		2	246	76	69.11	75.02	46	81.30	86.34	41	83.33	88.46
		3	226	70	69.03	74.44	37	83.63	87.93	31	86.28	90.37
		4	210	65	69.05	74.49	30	85.71	89.34	25	88.10	91.60
		平均	230.3	70.8	69.3	74.8	37.8	83.7	87.9	32.3	86.1	90.2
高效氯氟氰菊酯25g/L EC	11.25	1	237	73	69.20	74.51	46	80.59	85.40	48	79.75	85.62
		2	250	82	67.20	73.47	55	78.00	83.93	55	78.00	84.76
		3	232	68	70.69	75.81	45	80.60	85.70	49	78.88	85.17
		4	219	62	71.69	76.67	39	82.19	86.71	46	79.00	85.17
		平均	234.5	71.3	69.7	75.1	46.3	80.3	85.4	49.5	78.9	85.2
10%吡虫啉WP	18	1	236	118	50.00	58.62	51	78.39	83.74	45	80.93	86.46
		2	246	129	47.56	57.59	60	75.61	82.19	51	79.27	85.64
		3	239	118	50.63	59.26	56	76.57	82.72	46	80.75	86.48
		4	213	105	50.70	58.83	42	80.28	84.91	32	84.98	89.19
		平均	233.5	117.5	49.7	58.6	52.3	77.7	83.4	43.5	81.5	86.9
空白对照		1	240	290	−20.83		319	−32.92		338	−40.83	
		2	241	298	−23.65		330	−36.93		348	−44.40	
		3	236	286	−21.19		320	−35.59		336	−42.37	
		4	228	273	−19.74		298	−30.70		317	−39.04	
		平均	236.3	286.8	−21.4		316.8	−34.0		334.8	−41.7	

透皮阿维菌素防治稻纵卷叶螟药效试验

周艳[1]　马勇[1]　徐红[1]　唐玮[1]　郑杰[2]

（1. 江苏省建湖县植保植检站　江苏　建湖　224700
2. 建湖县芦沟镇农业技术推广服务中心　江苏　建湖　224711）

近几年来，我县水稻稻纵卷叶螟偏重发生，由于甲胺磷、锐劲特等一批药剂的禁用，探索对稻纵卷叶螟防效好的新药剂显得迫在眉睫。今年我们对 18g/L 透皮阿维菌素 EC 防治水稻稻纵卷叶螟效果做了田间试验，现将结果报告如下：

1　材料与方法

1.1　试验药剂及处理　18g/L 透皮阿维菌素 EC
（济南中科绿色生物工程有限公司生产），80 毫升/

亩、100毫升/亩；1.8%阿维菌素EC（安徽省亳州市海日农化有限责任公司生产，江苏丰山集团有限公司总经销），100毫升/亩；40%毒死蜱EC（上海升联化工有限公司生产）100毫升/亩；另设不用药区作空白对照，共5个处理。

1.2 试验方法 每个处理重复3次，共15个小区，小区随机区组排列，每个小区面积333.5m²，试验田（保护行除外）总面积0.5hm²。在五（3）代水稻稻纵卷叶螟发生期间，供试药剂按亩用药量对水40kg稀释后均匀喷雾。用药8d后，调查残虫和卷叶，每小区调查100穴，5点（×20穴）取样法。按"卷叶率（%）=（卷叶数/调查水稻总叶数）×100；保叶效果（%）=[（对照区卷叶率-处理区卷叶率）/对照区卷叶率]×100；杀虫效果（%）=[（对照区活虫数-处理区活虫数）/对照区活虫数]×100"计算并统计每个处理的杀虫效果和保叶效果。

1.3 试验概况 试验田设在我县芦沟镇漕桥村朱开红农户家，水稻品种为武育粳3号，栽培方式为机插秧，水稻株行距15cm×25cm。用药时，水稻处于拔节期，长势良好；五（3）代水稻稻纵卷叶螟处于卵和低龄幼虫高峰期。我县今年五（3）代水稻稻纵卷叶螟偏重发生，盛发期长；试验田蛾、卵量高且分布较均匀，最终对照区幼虫发生量为529头/百穴达大发生，且危害重卷叶率为16.97%。对全县的防治植保上要求用药两次，8月12～13日、8月18～19日，本试验采取一次用药，时间在8月16日。施药时微风、晴朗，药后2d即8月18日全天大雨。用药时，采用手动喷雾器常规喷雾。

2 结果与分析

2.1 试验结果 算出每个处理3个重复的平均卷叶率和平均活虫数，进而求得每个用药处理的保叶效果和杀虫效果，结果如表1。

表1 18g/L透皮阿维菌素EC防治水稻稻纵卷叶螟田间药效试验结果

（2009年9月 江苏建湖）

处理药剂及剂量（毫升/亩）	药后8d防治效果	
	杀虫效果（%）	保叶效果（%）
18g/L透皮阿维菌素EC 100	99.24 a	98.11 a
18g/L透皮阿维菌素EC 80	98.30 ab	95.76 ab
1.8%阿维菌素EC 100	88.09 c	86.80 c
40%毒死蜱EC 100	86.07 cd	85.92 cd

2.2 结果分析

2.2.1 杀虫效果 18g/L透皮阿维菌素EC在五（3）代水稻稻纵卷叶螟大发生的情况下杀虫效果突出。两种处理剂量的杀虫效果，比普通1.8%阿维菌素EC分别高10.21和11.15个百分点，都达极显著差异，比40%毒死蜱EC分别高12.23和13.17个百分点，也都达极显著差异。

2.2.2 保叶效果 18g/L透皮阿维菌素EC田间保叶效果极佳。两种处理剂量的保叶效果，比普通1.8%阿维菌素EC分别高8.96和11.31个百分点，都达极显著差异，比40%毒死蜱EC分别高9.84和12.19个百分点，也都达极显著差异。

2.2.3 速效性和持效性 18g/L透皮阿维菌素EC防治五（3）代水稻稻纵卷叶螟，杀虫效果和保叶效果都很出色，说明该药剂的速效性和持效性均具有相当好的效果。

2.2.4 建议用量 18g/L透皮阿维菌素EC，80毫升/亩与100毫升/亩两处理剂量之间，杀虫效果和保叶效果都无显著性差异，在实际用量上可视水稻稻纵卷叶螟发生轻重采用80～100毫升/亩。在亩用100ml的剂量下，田间试验未发现药害，也未发现对水稻生长有促进作用，对水稻安全。

几种杀虫剂防治稻纵卷叶螟药效试验初报

黎庆刚　郑敏华

（广东省江门市植物保护站　江门市农林横路 1 号　52900　电话：0750－3332794）

　　稻纵卷叶螟是危害水稻的主要害虫之一，近几年在广东江门市偏重至大发生，对水稻高产、稳产构成严重威胁。2008 年晚稻进行了几种杀虫剂防治稻纵卷叶螟小区试验，现报告如下：

1　材料与方法

1.1　试验材料

　　供试药剂：20％氯虫苯甲酰胺 SC（康宽），美国杜邦公司生产；50％丙溴磷 EC（库龙），先正达有限公司生产；48％毒死蜱 EC（乐斯本），美国陶氏益农公司生产；20％三唑磷·毒死蜱 EC，深圳诺普信公司生产；20％辛硫·三唑磷 EC，广西中和化工有限公司生产。

　　防治对象：水稻稻纵卷叶螟。

1.2　试验方法

试验于 2008 年 9 月 12～26 日在台山市三合镇进行，水稻品种为汕丝占，8 月 9 日抛秧。试验田土质为沙壤土，pH 为 6.5，肥力中等。9 月 17～19 日、22 日、25～26 日雷阵雨，23～24 日暴雨，其余时间为晴天或多云。

　　试验设（亩用量）20％氯虫苯甲酰胺 EC10ml、50％丙溴磷 EC100ml、48％毒死蜱 EC120ml、20％三唑·毒 EC80ml、20％辛硫·三唑磷 EC100ml 和空白对照 6 个处理，3 次重复，随机区组排列，小区面积 50m²。于稻纵卷叶螟卵盛孵期施药一次，用工农－16 型背负式喷雾器均匀喷雾，每亩用药液量 50l。施药时水稻保持浅水层。

1.3　调查方法

分别于施药前和药后 7d、14d 调查卷叶数和虫口数，计算卷叶率和防效。采用五点取样法，每点 10 丛，共查 50 丛。

2　结果与分析

　　20％氯虫苯甲酰胺 SC10ml、50％丙溴磷 EC100ml、48％毒死蜱 EC120ml、20％三唑磷·毒 EC80ml 和 20％辛硫·三唑磷 EC100ml 处理对稻纵卷叶螟的防效，药后 7d 分别为 90.64％、88.90％、86.84％、81.25％、68.25％；药后 14d，分别为 97.17％、93.28％、91.75％、90.77％、72.22％。20％氯虫苯甲酰胺 SC10ml 处理的防效明显优于其他处理，20％辛硫·三唑磷 EC100ml 处理的防效不理想（详见附表）。

　　试验期间观察，各用药处理对水稻均无药害。

附表　几种杀虫剂防治稻纵卷叶螟小区试验效果表（广东台山　2008.9）

处理（毫升/亩）	药前		药后 7d			药后 14d		
	卷叶数（个）	活虫数（头）	卷叶数（个）	活虫数（头）	防效（％）	卷叶数（个）	活虫数（头）	防效（％）
氯虫苯甲酰胺 10	92	74	18	9	90.64 aA	9	3	97.17 aA
丙溴磷 100	90	75	21	18	88.90 aA	21	14	93.28 bB
毒死蜱 120	87	72	24	20	86.84 aA	25	17	91.75 bcBC
三唑·毒 80	84	73	33	27	81.25 bB	27	17	90.77 cC
辛硫·三唑磷 100	87	78	58	45	68.25 cC	69	46	77.22 dD
对照（CK）	90	77	189	85		313	102	

注：表中同列数据后小写字母不同者，表示经 DMRT 法测验差异显著，大写字母不同者表示差异极显著。

3 评价和建议

试验结果表明 20％氯虫苯甲酰胺 SC、50％丙溴磷 EC、48％毒死蜱 EC 对稻纵卷叶螟有良好防效，20％三唑磷·毒死蜱 EC 对稻纵卷叶螟有较好

防效，20％辛硫·三唑磷 EC 对稻纵卷叶螟防效不理想（不能有效控制稻纵卷叶螟为害）。20％氯虫苯甲酰胺 SC 持效期明显优于其他药剂。建议开展 20％氯虫苯甲酰胺 SC 防治稻纵卷叶螟的大面积示范试验，于螟卵盛孵期施药，用量以每亩 10ml 为宜。

10％醚菊酯悬浮剂防治稻飞虱田间药效试验研究

汪明根[1]　程玉[1]　谭秀芳[1]　徐炜[1]　陈跃兴[2]

（1. 上海市宝山区植保站　上海　201901
2. 上海市宝山区罗泾镇农业服务中心　上海　200949）

大部分菊酯类农药由于对鱼和稻飞虱的天敌毒性很高，通常不被允许于水稻田中使用，但是醚菊酯具有鱼毒较低的特点，这有别于其他菊酯，被允许在水稻田中使用，为明确醚菊酯在上海地区水稻田中防治稻飞虱的效果，我们进行了试验。

1 试验目的

为了筛选出防治稻田飞虱的新型、高效、低毒、低残留农药新品种，应用于全区水稻生产，为指导农户科学用药提供依据。

2 试验条件

2.1 试验对象、作物和品种的选择　试验对象：

稻飞虱。作物：水稻，品种为"114"。播种方式：机插秧。

2.2 环境或设施栽培条件　试验地点在宝山区罗泾镇合建村合作农场，水稻生长处于分蘖期，施药时作物生长良好。

3 试验设计和安排

3.1 药剂用量与编号

表 1　供试药剂试验设计

编号	药剂名称	制剂用量（克·毫升/亩）	有效成分（g·ml/hm²）	生产企业
1	10％醚菊酯悬浮剂	70	105	山西绿海农药科技有限公司
2	25％吡蚜酮悬浮剂	20	75	江苏克胜集团股份有限公司
3	50％噻嗪酮可湿性粉剂	40	300	湖南大方农化有限公司
4	空白对照	—	—	

3.2 小区安排　试验设 4 个处理，重复 3 次，共 12 个小区，每小区面积为 30m²，小区按区组随机排列。

3.3 施药方式

3.3.1 使用方法　喷雾。

3.3.2 施药器械　山东 WS－16 型背负式喷雾器，喷孔直径 0.7ml。

3.3.3 施药时间和次数　2009 年 7 月 22 日上午，于水稻稻飞虱低龄若虫发生盛期，施药 1 次。施药时水稻生长处于分蘖期。

3.3.4 使用容量　用药液量 750kg/hm²。

3.3.5 防治其他病虫害的药剂资料　试验期间未用其他药剂防治过其他病虫害。

4 调查、记录和测量方法

4.1 气象及土壤资料

4.1.1 气象资料　施药当天天气阴有阵雨，24～28℃，药后 10d 以阴转阵雨天气为主，试验期间最低温度 24℃，最高温度 31℃。

表 2　试验期间天气情况

7/23	24～31℃	阴有阵雨	7/28	24～29℃	阵雨转阴
7/24	25～30℃	阵雨转多云	7/29	24～28℃	多云转阵雨
7/25	25～30℃	多云	7/30	24～27℃	雷阵雨
7/26	25～31℃	多云	7/31	24～27℃	雷阵雨
7/27	24～29℃	阴有阵雨	8/1	25～28℃	暴雨

4.1.2 土壤资料　土壤为夹砂泥，pH 为 7.85，有机质含量（％）为 2.34。

4.2 调查方法、时间和次数

4.2.1 调查方法　每小区 3 点取样，每点连续拍查 5 穴，共计查 15 穴。药前调查虫口基数，药后 2、7、14d 调查残存活虫数，计算虫口减退率和校正防效。

4.2.3 调查时间和次数　药后 2、7、14d 调查 3 次。

4.2.4 调查数据及计算　试验数据详见表 3。各处理区防效采用 Abbott 公式校正；各处理区之间药效差异性比较，采用邓肯氏新复极差（DMRT）法对试验数据进行统计，按 p＝0.05 和 0.01 标准进行显著性检验。

4.2.5 对作物的影响　药后不定期观察水稻生长情况。

5 结果分析与讨论

5.1 各处理间防效比较
3 种药剂防治稻飞虱，药后 2d 调查，10％醚菊酯悬浮剂亩用量 70g 防效为 96.93％；25％吡蚜酮悬浮剂亩用量 20ml 防效为 98.64％；50％噻嗪酮可湿性粉剂亩用量 40g 防效为 45.53％。经方差分析，50％噻嗪酮可湿性粉剂亩用量 40g 处理，与另外二个试验处理均有显著性差异。

药后 7d 调查，10％醚菊酯悬浮剂亩用量 70g 防效为 73.33％；25％吡蚜酮悬浮剂亩用量 20ml 防效为 86.59％；50％噻嗪酮可湿性粉剂亩用量 40g 防效为 75.50％。各处理间均无显著差异。

药后 14d 调查，10％醚菊酯悬浮剂亩用量 70g 防效为 57.68％；25％吡蚜酮悬浮剂亩用量 20ml 防效为 90.03％；50％噻嗪酮可湿性粉剂亩用量 40g 防效为 42.23％。各处理间均无显著差异。

经综合比较，25％吡蚜酮悬浮剂亩用量 20ml 处理防治稻飞虱效果最好，持效期最长，药后 3 次调查防效均达到 90％左右；其次为 10％醚菊酯悬浮剂亩用量 70g 处理，速效性好，持效性一般；50％噻嗪酮可湿性粉剂亩用量 40g 处理速效性较差，持效性一般，防治效果低于另外两种药剂（见表 3）。

5.2 安全性
经观察，各药剂处理均对作物安全，无药害症状。

5.3 讨论
经试验可知，25％吡蚜酮悬浮剂亩用量 20ml、10％醚菊酯悬浮剂亩用量 70g、试验用药亩用量 80g 防治稻飞虱均效果良好，可于稻飞虱卵孵高峰至 1、2 龄若虫盛期施药，保证用水量充足，均匀喷雾。

表3 试验结果

处理	重复	药前基数	药后2d				药后7d				药后14d			
			残虫数	虫口减退率（%）	防效%	显著性差异	残虫数	虫口减退率（%）	防效%	显著性差异	残虫数	虫口减退率（%）	防效%	显著性差异
10%醚菊酯悬浮剂70克/亩	1	47	3	93.62	93.66		20	57.45	37.88		3	93.62	69.45	
	2	69	2	97.10	97.12	Aa	5	92.75	89.42	Aa	7	89.86	51.45	Aa
	3	40	0	100.00	100.00		2	95.00	92.70		4	90.00	52.14	
	平均	52	1.67	96.91	96.93		9.00	81.73	73.33		4.67	91.16	57.68	
25%吡蚜酮悬浮剂20克/亩	1	75	1	98.67	98.68		4	94.67	92.21		0	100.00	100.00	
	2	48	0	100.00	100.00	Aa	4	91.67	87.83	Aa	3	93.75	70.09	Aa
	3	36	1	97.22	97.24		5	86.11	79.72		0	100.00	100.00	
	平均	53	0.67	98.63	98.64		4.33	90.81	86.59		1.00	97.92	90.03	
50%噻嗪酮可湿性粉剂40克/亩	1	70	10	85.71	85.82		15	78.57	68.72		9	87.14	38.47	
	2	49	41	16.33	16.95	Ab	6	87.76	82.12	Aa	6	87.76	41.40	Aa
	3	36	24	33.33	33.83		6	83.33	75.67		4	88.89	46.83	
	平均	51.67	25	45.12	45.53		9.00	83.22	75.50		6.33	87.93	42.23	
空白对照	1	45	24	46.67			29	35.56			13	71.11		
	2	54	80	-48.15		—	52	3.70		—	7	87.04		—
	3	35	31	11.43			12	65.71			8	77.14		
	平均	44.67	45	-0.75			31	30.60			9.33	79.10		

不同药剂在水稻大螟防治上的应用试验简报

蒋建忠 何吉 陶赛峰

（上海市奉贤区植保站 上海 201400）

大螟是水稻和玉米上的主要害虫之一，近年来，随着我区种植业结构调整优化，春播玉米种植面积扩大，为越冬代大螟成虫提供了良好的产卵场所和传播媒介，从而大大增加了单季晚稻上的发生基数。目前我区杂交水稻面积逐步扩大，特别是近几年大力推广机插秧栽培模式，播栽期提早，大螟的发生量明显上升，原来仅在田边和沟边为害，现在已发展到在田中间为害，有些水稻田危害程度甚至已超过了二化螟，给水稻生产带来了很大威胁。

2009年二代、三代大螟在我区发生尤为明显，发生严重的田块白穗率可达到近10%。为有效控制大螟发生危害，在水稻穗期特选择了几种药剂专门开展大螟防治药剂示范试验，明确其防治效果，以便今后在防治上推广使用。

1　材料与方法

1.1　供试药剂　100SC氟虫双酰胺·阿维菌素——拜耳公司；30%三唑磷＋1%氟啶脲——南京红太阳集团有限公司；200SC康宽——杜邦公司；10%多杀霉素悬浮剂、24%杀双·毒死蜱水乳剂、0.6%甲氨基阿维菌素苯甲酸盐水乳剂——上海农乐生物制品有限公司。

1.2　试验设计与方法

1.2.1　供试作物　直播水稻，2009年5月28日播种，品种"扬粳4038"

1.2.2　试验地点　奉贤区庄行镇穗轮村

1.2.3　试验处理　设有：

(1) 100SC氟虫双酰胺·阿维菌素亩用40ml

(2) 30%三唑磷＋1%氟啶脲亩用60ml

(3) 30%三唑磷＋1%氟啶脲亩用80ml

(4) 10%多杀霉素亩用30ml

(5) 10%多杀霉素亩用50ml

(6) 24%杀双·毒死蜱亩用200ml

(7) 0.6%甲氨基阿维菌素苯甲酸盐亩用80ml

(8) 200SC康宽亩用10ml

(9) CK

以上9个处理不设重复，小区随机排列，每小区面积0.1亩。

1.2.4　施药时间与方法　在大螟幼虫1～2龄高峰期用药，具体时间为2009年8月21日，采用PB-16型手动喷雾器针对植株茎杆喷雾，每亩用水量50kg。

1.3　药效考查

1.3.1　防治效果　药后10d调查各小区内白穗数和活虫数，每小区调查0.56m² 面积内的白穗，在调查到的白穗中剥查25株，记录活虫数，与CK比较，计算白穗防效和杀虫效果。

1.3.2　安全性　在药后3、7d观察各处理有无药害症状及程度。

2　结果与分析

2.1　防治效果（见表1）

杀虫效果：药后10d调查，在供试的6个药剂中，30%三唑磷＋1%氟啶脲亩用80ml对大螟的杀虫效果为82.19%，200SC康宽亩用10ml对大螟的杀虫效果为80.82%，表现良好；100SC氟虫双酰胺·阿维菌素亩用40ml杀虫效果为78.08%，0.6%甲氨基阿维菌素苯甲酸盐亩用80ml杀虫效果76.71%，效果较好；30%三唑磷＋1%氟啶脲亩用60ml、24%杀双·毒死蜱亩用200ml、10%多杀霉素亩用30、40ml杀虫效果分别为69.86%、69.86%、55.32%、64.38%，效果一般。

白穗防效：药后10d调查，在供试的6个药剂中，30%三唑磷＋1%氟啶脲亩用80ml对大螟的白穗防效为86.22%，100SC氟虫双酰胺·阿维菌素亩用40ml白穗防效85.43%，200SC康宽亩用10ml白穗为81.50%，24%杀双·毒死蜱亩用200ml白穗防效为80.71%，效果表现良好；30%三唑磷＋1%氟啶脲亩用60ml对大螟的白穗防效为74.02%，效果较好；0.6%甲氨基阿维菌素苯甲酸盐亩用80ml、10%多杀霉素亩用30、40ml白穗防效分别为66.14%、58.66%、61.42%，效果一般。

2.2　安全性　药后3d、7d观察各用药区水稻均生长正常，无药害症状。

3　小结与讨论

30%三唑磷＋1%氟啶脲亩用80ml对水稻大螟的杀虫效果为82.19%，白穗防效86.22%，整体表现优异，可作为防治水稻大螟的新药剂进一步加以推广。

200SC康宽对大螟的杀虫效果80.82%，白穗防效81.50%，有良好的防效，可继续在大螟的防治中推广使用，建议用量每亩10ml。

100SC氟虫双酰胺·阿维菌素亩用40ml，对大螟的杀虫效果和白穗防效均在78%以上，有较好的防治效果，可在今后进一步加以示范、推广，并可根据虫情适当调整用量。

表1 几种药剂在水稻大螟防治上的试验药效表

处 理	用药量 （毫升/亩）	药后 10d			
		活虫数 （头）	杀虫效果 （%）	白穗数 （株）	防效 （%）
100SC 氟虫双酰胺·阿维菌素	40	16	78.08	37	85.43
30%三唑磷＋1%氟啶脲	60	22	69.86	66	74.02
30%三唑磷＋1%氟啶脲	80	13	82.19	35	86.22
10%多杀霉素	30	47	55.32	105	58.66
10%多杀霉素	50	26	64.38	98	61.42
24%杀双·毒死蜱	200	22	69.86	49	80.71
0.6%甲氨基阿维菌素苯甲酸盐	80	17	76.71	86	66.14
200SC 康宽	10	14	80.82	47	81.50
CK		73	—	254	—

防治水稻纵卷叶螟药剂筛选试验

陈时健　顾贫博

（上海市南汇区农业技术推广中心　上海　201300）

1 试验目的

为比较氟虫双酰胺·阿维菌素、康宽等供试药剂对水稻纵卷叶螟的防治效果、持效期、适宜剂量及安全性等，为农药推广应用提供科学依据，特做本试验。

2 试验条件

2.1 试验对象、作物和品种的选择 供试作物为水稻，品种为"花优14"，播种日期为2009年5月30日，移栽日期为6月20日。试验对象为水稻纵卷叶螟 [*Cnaphalocrocis medinalis* Guenee]。

2.2 环境或栽培条件 试验地点在上海市南汇区祝桥镇义泓村。栽培方式为机插秧，在本次施药前后14d均未用过其他杀虫剂，施药时水稻生长处于分蘖末期，水稻长势良好。

3 试验设计和安排

3.1 药剂

3.1.1 试验药剂 100g/L 氟虫双酰胺·阿维菌素悬浮剂（SC），拜耳作物科学有限公司生产；200g/L 康宽（氯虫苯甲酰胺）悬浮剂（SC），上海杜邦农化有限公司生产；20%阿维菌素水分散粒剂（WG），上海农乐生物制品股份有限公司生产；5%锐劲特悬浮剂（SC），拜耳作物科学有限公司生产；25.5%阿维菌素·丙溴磷乳油（EC），浙江省桐庐汇丰生物化工有限公司生产；20%丙溴磷·杀虫单微乳剂（ME），南京惠宇农化有限公司。

3.1.2 对照药剂 1.8%阿维菌素乳油（EC），夏邑县华泰化工有限公司生产；另设空白对照处理。

3.1.3 药剂用量与编号

表1 供试药剂试验设计

编号	药剂名称	制剂用量（毫升/亩）	有效成分（g/hm²）	生产企业
1	100g/L氟虫双酰胺·阿维菌素SC	20	30	拜耳作物科学有限公司
2	100g/L氟虫双酰胺·阿维菌素SC	30	45	拜耳作物科学有限公司
3	100g/L氟虫双酰胺·阿维菌素SC	40	60	拜耳作物科学有限公司
4	20%阿维菌素WG	6	18	上海农乐生物制品股份有限公司
5	200g/L康宽SC	10	30	上海杜邦农化有限公司
6	5%锐劲特SC	50	37.5	拜耳作物科学有限公司
7	1.8%阿维菌素EC	80	21.6	夏邑县华泰化工有限公司
8	25.5%阿维·丙溴磷EC	60	229.5	浙江省桐庐汇丰生物化工有限公司
9	20%丙·杀单ME	120	360	南京惠宇农化有限公司
10	空白对照	—	—	—

3.2 小区安排
3.2.1 小区排列

西

1	2	3	4	5	6	7	8	9	10
10	9	6	8	7	3	1	4	2	5
3	6	9	1	5	10	2	7	4	8

东

3.2.2 小区面积和重复 10个处理，3次重复，共30个小区，每小区面积25m²。小区按区组随机排列，试验区四周留保护行。

3.3 施药方法
3.3.1 使用方法 喷雾。
3.3.2 施药器械 山东卫士WS-16型背负式喷雾器，喷孔直径0.7mm。
3.3.3 施药时间和次数 施药日期为2009年8月3日，施药时三代纵卷叶螟处卵孵高峰期，用药一次，施药时水稻处于分蘖末期。
3.3.4 使用容量 用药液量750kg/hm²。
3.3.5 防治其他病虫害的药剂资料 试验前后14d和试验期间未用其他药剂防治过其他病虫害。

4 调查、记录和测量方法

4.1 气象及土壤资料
4.1.1 气象资料 施药当天（8月3日）为多云到阴有小雨，风力2.0m/s，平均温度为26.2℃，最

高温度为28.4℃，最低温度为24.5℃，相对湿度为88%，降雨量6.4mm，药后8h内无降雨。药后10d平均温度为27.3℃，平均最高温度为29.6℃，平均最低温度为25.9℃，平均相对湿度为86.1%，施药后第1、2、3、5、6、7、8、9、10d有雨，总降雨量为50.0mm。

4.1.2 土壤资料 土壤为砂壤土，pH7.82，有机质含量中等，肥力一般。2009年6月10日施基肥碳铵50千克/亩，7月1日施活棵肥尿素12千克/亩，7月20日施尿素12千克/亩。

4.2 调查方法、时间和次数
4.2.1 调查时间和次数 药前（8月3日）调查卷叶和虫口基数，施药后3、7、14d调查卷叶数，同时调查卷叶内的残留虫数。
4.2.2 调查方法 每小区五点取样法，调查10个点，每点5丛，共50丛，药前调查基数，药后3、7、14d调查总卷叶数，并调查卷叶内的有虫数，与CK区比较计算防效。
4.2.3 药效计算方法
卷叶率（%）＝（调查卷叶数/调查总叶数）×100
卷叶防治效果（%）＝（1－对照区施药前卷叶数×处理区施药后卷叶数/对照区施药后卷叶数×处理区施药前卷叶数）×100
虫防效（%）＝（1－对照区施药前活虫数×处理区施药后活虫数/对照区施药后活虫数×处理区施药前活虫数）×100

4.3 对作物的直接影响 经观察，各个用药区作

物生长正常，未见明显异常。

5 结果与分析

5.1 统计方法
各处理区药效差异性比较，采用 Abbott 校正公式计算；各处理区之间药效差异性比较，采用邓肯氏新复极差（DMRT）法对试验数据进行统计，按 p＝0.05 和 0.01 标准进行显著性检验。

5.2 药效评价
防治结果见表 2（详见表 3、4、5）。

表 2 防治水稻纵卷叶螟药效试验结果

处理 防效	药后 3d（%）		药后 7d（%）		药后 14d（%）	
	卷叶防效	口防效	卷叶防效	虫口防效	卷叶防效	虫口防效
100g/L 氟虫双酰胺·阿维菌素 SC 20 毫升/亩	55.60	60.00	73.49	91.39	84.91 AB bc	82.59 A a
100g/L 氟虫双酰胺·阿维菌素 SC 30 毫升/亩	58.45	82.86	83.91	95.53	92.01 A ab	91.56 A a
100g/L 氟虫双酰胺·阿维菌素 SC 40 毫升/亩	65.72	80.00	85.21	96.09	94.12 A a	92.85 A a
20% 阿维菌素 WG 6 克/亩	68.08	85.71	81.42	93.85	90.87 A ab	86.23 A a
200g/L 康宽 SC 10 毫升/亩	68.05	86.67	84.06	97.39	91.04 A ab	93.26 A a
5% 锐劲特 SC 50 毫升/亩	67.84	88.00	84.22	92.96	90.94 A ab	87.88 A a
1.8% 阿维菌素 EC 80 毫升/亩	64.47	77.78	76.66	90.43	79.98 B c	84.46 A a
25.5% 阿维·丙溴磷 EC 60 毫升/亩	62.35	84.00	80.38	93.74	80.22 B c	73.26 A a
20% 丙·杀单 ME 120 毫升/亩	61.34	84.00	79.53	90.61	79.16 B c	72.33 A a
CK	—	—	—	—	—	—

注：abc、ABC 分别表示各处理间在（p＝0.05、0.01）水平上的差异显著。

试验田水稻纵卷叶螟自然发生程度为中等偏重发生。

100g/L 氟虫双酰胺·阿维菌素 SC、20% 阿维菌素 WG、200g/L 康宽 SC、5% 锐劲特 SC、25.5% 阿维菌素·丙溴磷 EC、20% 丙溴磷·杀虫单微乳剂这几种药剂对水稻纵卷叶螟均有较显著的防治效果，速效性较好（3d 左右），持效期较长（10～14d）。

100g/L 氟虫双酰胺·阿维菌素 SC 亩用 20ml、30ml、40ml 三个剂量，药后 3d 对卷叶防治效果分别为 55.60%、58.45%、65.72%，对虫口防治效果分别为 60.00%、82.86%、80.00%；药后 7d 对卷叶防治效果分别为 73.49%、83.91%、85.21%，对虫口防治效果分别为 91.39%、95.53%、96.09%；药后 14d 对卷叶防治效果分别为 84.91%、92.01%、94.12%，对虫口防治效果分别为 82.59%、91.56%、92.85%。防效随着用药量的增加而提高，与对照药剂 1.8% 阿维菌素 EC 亩用 80ml 相比，防效优于对照药剂。

20% 阿维菌素 WG 亩用 6g，药后 3d 对卷叶防治效果分别为 68.08%，对虫口防治效果分别为 85.71%；药后 7d 对卷叶防治效果分别为 81.42%，对虫口防治效果分别为93.85％；药后14d对卷叶防治效果分别为90.87％，对虫口防治效果分别为86.23％。与对照药剂1.8％阿维菌素EC亩用80ml相比，防效优于对照药剂。

200g/L康宽SC亩用10ml，药后3d对卷叶防治效果分别为68.05％，对虫口防治效果分别为86.67％；药后7d对卷叶防治效果分别为84.06％，对虫口防治效果分别为97.39％；药后14d对卷叶防治效果分别为91.04％，对虫口防治效果分别为93.26％。与对照药剂1.8％阿维菌素EC亩用80ml相比，防效优于对照药剂。

5％锐劲特SC亩用50ml，药后3d对卷叶防治效果分别为67.84％，对虫口防治效果分别为88.00％；药后7d对卷叶防治效果分别为84.22％，对虫口防治效果分别为92.96％；药后14d对卷叶防治效果分别为90.94％，对虫口防治效果分别为87.88％。与对照药剂1.8％阿维菌素EC亩用80ml相比，防效优于对照药剂。

25.5％阿维菌素·丙溴磷EC亩用60ml，药后3d对卷叶防治效果分别为62.35％，对虫口防治效果分别为84.00％；药后7d对卷叶防治效果分别为80.38％，对虫口防治效果分别为93.74％；药后14d对卷叶防治效果分别为80.22％，对虫口防治效果分别为73.26％。与对照药剂1.8％阿维菌素EC亩用80ml相比，防效相仿。

20％丙溴磷·杀虫单ME亩用120ml，药后3d对卷叶防治效果分别为61.34％，对虫口防治效果分别为84.00％；药后7d对卷叶防治效果分别为79.53％，对虫口防治效果分别为90.61％；药后14d对卷叶防治效果分别为79.16％，对虫口防治效果分别为72.33％。与对照药剂1.8％阿维菌素EC亩用80ml相比，防效相仿。

5.3　技术要点　上述几种供试药剂中100g/L氟虫双酰胺·阿维菌素SC、20％阿维菌素WG、200g/L康宽SC、5％锐劲特SC、25.5％阿维菌素·丙溴磷EC、20％丙溴磷·杀虫单ME对水稻纵卷叶螟均有较显著的防治效果，速效性较好（3d左右），持效期较长（10~14d），在稻纵卷叶螟中等至大发生情况下，建议100g/L氟虫双酰胺·阿维菌素SC亩用30~40ml，20％阿维菌素WG亩用6g，200g/L康宽SC亩用10ml，5％锐劲特SC亩用50ml，25.5％阿维菌素·丙溴磷EC亩用60ml，20％丙溴磷·杀虫单ME亩用120ml，在纵卷叶螟卵孵高峰期至一龄幼虫高峰期用喷雾法均匀喷雾，用水量50千克/亩。

表3　防治水稻纵卷叶螟药效试验结果（2009年8月）

处理	重复	调查叶数	基　数			药后3d				
			卷叶数	卷叶率（%）	活虫数	卷叶数	卷叶率（%）	防效（%）	活虫数	防效（%）
100g/L氟虫双酰胺·阿维菌素20毫升/亩	1	3 550	42	1.18	2	41	1.15		3	
	2	3 550	34	0.96	1	38	1.07	55.60	2	60.00
	3	3 550	40	1.13	2	36	1.01		5	
	合平	10 650	116	1.09	5	115	1.08		10	
100g/L氟虫双酰胺·阿维菌素30毫升/亩	1	3 550	71	2.00	4	74	2.08		3	
	2	3 550	65	1.83	1	52	1.46	58.45	2	82.86
	3	3 550	44	1.24	2	41	1.15		1	
	合平	10 650	180	1.69	7	167	1.57		6	
100g/L氟虫双酰胺·阿维菌素40毫升/亩	1	3 550	47	1.32	2	36	1.01		1	
	2	3 550	74	2.08	2	52	1.46	65.72	2	80.00
	3	3 550	41	1.15	1	36	1.01		2	
	合平	10 650	162	1.52	5	124	1.16		5	

（续）

处理	重复	调查叶数	基　数			药后 3d				
			卷叶数	卷叶率（%）	活虫数	卷叶数	卷叶率（%）	防效（%）	活虫数	防效（%）
20%阿维菌素 WG 6 克/亩	1	3 550	72	2.03	2	56	1.58		1	
	2	3 550	67	1.89	3	46	1.30	68.08	3	85.71
	3	3 550	63	1.77	2	42	1.18		1	
	合平	10 650	202	1.90	7	144	1.35		5	
200g/L康宽 SC 10 毫升/亩	1	3 550	70	1.97	2	46	1.30		3	
	2	3 550	41	1.15	3	22	0.62	68.05	0	86.67
	3	3 550	46	1.30	1	44	1.24		1	
	合平	10 650	157	1.47	6	112	1.05		4	
5%锐劲特 SC 50 毫升/亩	1	3 550	79	2.23	5	58	1.63		1	
	2	3 550	64	1.80	4	41	1.15	67.84	4	88.00
	3	3 550	45	1.27	1	36	1.01		1	
	合平	10 650	188	1.77	10	135	1.27		6	
1.8%阿维菌素 EC 80 毫升/亩	1	3 550	46	1.30	4	38	1.07		5	
	2	3 550	44	1.24	4	30	0.85	64.47	2	77.78
	3	3 550	31	0.87	1	28	0.79		3	
	合平	10 650	121	1.14	9	96	0.90		10	
25.5%阿维菌素·丙溴磷 EC 60 毫升/亩	1	3 550	30	0.85	1	29	0.82		2	
	2	3 550	39	1.10	2	28	0.79	62.35	1	84.00
	3	3 550	44	1.24	2	38	1.07		1	
	合平	10 650	113	1.06	5	95	0.89		4	
20%丙溴磷·杀虫单 ME 120 毫升/亩	1	3 550	43	1.21	1	36	1.01		0	
	2	3 550	44	1.24	2	40	1.13	61.34	3	84.00
	3	3 550	30	0.85	2	25	0.701		1	
	合平	10 650	117	1.10	5	101	0.95		4	
CK	1	3 550	40	1.13	3	75	2.11		7	
	2	3 550	43	1.21	4	110	3.10	—	20	—
	3	3 550	50	1.41	4	112	3.15		18	
	合平	10 650	133	1.25	9	297	2.79		45	

表 4　防治水稻纵卷叶螟药效试验结果（2009 年 8 月）

处理	重复	调查叶数	基　数			药后 7d				
			卷叶数	卷叶率（%）	活虫数	卷叶数	卷叶率（%）	防效（%）	活虫数	防效（%）
100g/L氟虫双酰胺·阿维菌素 20 毫升/亩	1	3 550	42	1.18	2	32	0.90		2	
	2	3 550	34	0.96	1	27	0.76	73.49	4	91.39
	3	3 550	40	1.13	3	27	0.76		5	
	合平	10 650	116	1.09	5	86	0.81		11	

（续）

处理	重复	调查叶数	基数			药后 3d				
			卷叶数	卷叶率（%）	活虫数	卷叶数	卷叶率（%）	防效（%）	活虫数	防效（%）
100g/L 氟虫双酰胺·阿维菌素 30 毫升/亩	1	3 550	71	2.00	4	32	0.90		3	
	2	3 550	65	1.83	1	22	0.62	83.91	1	95.53
	3	3 550	44	1.24	2	27	0.76		4	
	合平	10 650	180	1.69	7	81	0.76		8	
100g/L 氟虫双酰胺·阿维菌素 40 毫升/亩	1	3 550	47	1.32	2	21	0.59		3	
	2	3 550	74	2.08	2	28	0.79	85.21	2	96.09
	3	3 550	41	1.15	1	18	0.51		0	
	合平	10 650	162	1.52	5	67	0.63		5	
20%阿维菌素 WG 6 克/亩	1	3 550	72	2.03	2	50	1.41		5	
	2	3 550	67	1.89	3	28	0.79	81.42	0	93.85
	3	3 550	63	1.77	2	27	0.76		6	
	合平	10 650	202	1.90	7	105	0.99		11	
200g/L 康宽 SC 10 毫升/亩	1	3 550	70	1.97	2	30	0.85		0	
	2	3 550	41	1.15	3	18	0.51	84.06	2	97.39
	3	3 550	46	1.30	1	22	0.62		2	
	合平	10 650	157	1.47	6	70	0.66		4	
5%锐劲特 SC 50 毫升/亩	1	3 550	79	2.23	5	32	0.90		7	
	2	3 550	64	1.80	4	25	0.70	84.22	6	92.96
	3	3 550	45	1.27	1	26	0.73		5	
	合平	10 650	188	1.77	10	83	0.78		18	
1.8%阿维菌素 EC 80 毫升/亩	1	3 550	46	1.30	4	30	0.85		7	
	2	3 550	44	1.24	4	21	0.59	76.66	4	90.43
	3	3 550	31	0.87	1	28	0.79		11	
	合平	10 650	121	1.14	9	79	0.74		22	
25.5%阿维菌素·丙溴磷 EC 60 毫升/亩	1	3 550	30	0.85	1	30	0.85		4	
	2	3 550	39	1.10	2	14	0.39	80.38	3	93.74
	3	3 550	44	1.24	2	18	0.51		1	
	合平	10 650	113	1.06	5	62	0.58		8	
20%丙溴磷·杀虫单 ME 120 毫升/亩	1	3 550	43	1.21	1	24	0.68		5	
	2	3 550	44	1.24	2	23	0.65	79.53	1	90.61
	3	3 550	30	0.85	2	20	0.56		6	
	合平	10 650	117	1.10	5	67	0.63		12	
CK	1	3 550	40	1.13	3	85	2.39		56	
	2	3 550	43	1.21	4	145	4.08	—	85	—
	3	3 550	50	1.41	2	142	4.00		89	
	合平	10 650	133	1.25	9	372	3.49		230	

表 5　防治水稻纵卷叶螟药效试验结果（2009 年 8 月）

处理	重复	调查叶数	基　数			药后 14d				
			卷叶数	卷叶率（%）	活虫数	卷叶数	卷叶率（%）	防效（%）	活虫数	防效（%）
100g/L 氟虫双酰胺·阿维菌素 20 毫升/亩	1	3 550	42	1.18	2	48	1.35	84.91 AB bc	22	82.59 A a
	2	3 550	34	0.96	1	28	0.79		22	
	3	3 550	40	1.13	2	36	1.01		12	
	合平	10 650	116	1.09	5	112	1.05		56	
100g/L 氟虫双酰胺·阿维菌素 30 毫升/亩	1	3 550	71	2.00	4	36	1.01	92.01 A ab	12	91.56 A a
	2	3 550	65	1.83	1	28	0.79		16	
	3	3 550	44	1.24	1	28	0.79		10	
	合平	10 650	180	1.69	7	92	0.86		38	
100g/L 氟虫双酰胺·阿维菌素 40 毫升/亩	1	3 550	47	1.32	2	25	0.70	94.12 A a	8	92.85 A a
	2	3 550	74	2.08	2	24	0.68		8	
	3	3 550	41	1.15	1	12	0.34		7	
	合平	10 650	162	1.52	5	61	0.57		23	
20%阿维菌素 WG 6 克/亩	1	3 550	72	2.03	2	41	1.15	90.87 A ab	20	86.23 A a
	2	3 550	67	1.89	3	28	0.79		21	
	3	3 550	63	1.77	2	49	1.38		21	
	合平	10 650	202	1.90	7	118	1.11		62	
200g/L 康宽 SC 10 毫升/亩	1	3 550	70	1.97	2	33	0.93	91.04 A ab	15	93.26 A a
	2	3 550	41	1.15	3	18	0.51		4	
	3	3 550	46	1.30	1	39	1.10		7	
	合平	10 650	157	1.47	6	90	0.85		26	
5%锐劲特 SC 50 毫升/亩	1	3 550	79	2.23	5	34	0.96	90.94 A ab	30	87.88 A a
	2	3 550	64	1.80	4	35	0.99		19	
	3	3 550	45	1.27	1	40	1.13		29	
	合平	10 650	188	1.77	10	109	1.02		78	
1.8%阿维菌素 EC 80 毫升/亩	1	3 550	46	1.30	4	45	1.27	79.98 B c	28	84.46 A a
	2	3 550	44	1.24	4	56	1.58		27	
	3	3 550	31	0.87	1	54	1.52		35	
	合平	10 650	121	1.14	9	155	1.46		90	
25.5%阿维菌素·丙溴磷 EC 60 毫升/亩	1	3 550	30	0.85	1	52	1.46	80.22 B c	31	73.26 A a
	2	3 550	39	1.10	2	43	1.21		25	
	3	3 550	44	1.24	2	48	1.35		30	
	合平	10 650	113	1.06	5	143	1.34		86	
20%丙溴磷·杀虫单 ME 120 毫升/亩	1	3 550	43	1.21	1	49	1.38	79.16 B c	29	72.33 A a
	2	3 550	44	1.24	2	54	1.52		28	
	3	3 550	30	0.85	2	53	1.49		32	
	合平	10 650	117	1.10	5	156	1.46		89	
CK	1	3 550	40	1.13	3	264	7.44	—	166	—
	2	3 550	43	1.21	4	285	8.03		199	
	3	3 550	50	1.41	2	302	8.51		214	
	合平	10 650	133	1.25	9	851	7.99		579	

注：abc、ABC 分别表示各处理间在（p＝0.05、0.01）水平上的差异显著。

甜核·苏云菌防治水稻大螟技术研究

武向文[1]　唐国来[1]　王伟民[2]　胡永[2]　张琳[2]

（1. 上海市农业技术推广服务中心　上海　201103
2. 上海市青浦区农业技术推广中心　青浦　201700）

　　水稻是我国主要的粮食作物，水稻的安全生产对我国国民经济发展以及保障粮食安全均具有十分重大的意义。近些年来，由于气候、耕作制度和栽培方式的改变，大螟种群呈上升势头，在部分稻区已逐渐上升成为水稻的重要害虫，严重阻碍了水稻的稳产和高产。目前，药剂防治仍是防治水稻大螟的主要手段，然而，由于化学农药的不合理使用，导致以往主打药剂的防效下降，因此，当前迫切需要寻找理想的药剂防治水稻大螟。为了解决水稻生产上的这一难题，找到防治大螟具有优良效果而同时又相对环保、安全的药剂，笔者开展了甜核·苏云菌防治水稻大螟的田间药效试验，现将结果报道如下：

1　材料与方法

1.1　试验地点和试验设计　试验地选择在青浦区

金泽镇蔡浜村的水稻田内，此地栽培以单季水稻和冬播小麦为主，常年大螟发生较重。该稻田土壤为砂泥，有机质含量为 2.02%，pH 为 5.47。

　　试验共设 6 个处理，每个处理 3 次重复（共 18 个小区），每小区面积 50m²。小区按区组随机排列，四周设保护行。所有试验小区土壤肥力和栽培管理条件均一致。各处理药剂、用药时间和用量见表 1。

　　甜核·苏云菌（高端、中端）可湿性粉剂，为甜菜夜蛾核型多角体病毒 1 千万 PIB/g 和苏云金杆菌 16 000IU/mg 复配制剂，由武汉武大绿洲生物技术有限公司生产；20% 氯虫苯甲酰胺 SC（商品名：康宽），由美国杜邦公司生产。用药量为商品用量。

表 1　防治水稻大螟的试验处理安排

处理序号	药剂名称	施药时间	用药量（ml·g/hm²）
1	甜核·苏云菌（高端）	卵孵盛期至 1～2 龄幼虫期，傍晚施药	450
2	甜核·苏云菌（中端）		600
3	甜核·苏云菌（高端）	3～4 龄幼虫期，傍晚施药	450
4	甜核·苏云菌（中端）		600
5	康宽	常规施药	150
6	空白对照（CK）	—	

1.2　防治对象及施药方法　供试作物：水稻（品

种：秋优金丰），试验时水稻生长分蘖期，田间密度一般。防治对象：大螟。施药方法：按用水量 450kg/hm² 的标准配制药液，使用卫士牌 WS-16 背负式喷雾器对水稻全株进行均匀喷雾。

1.3　调查内容与方法　施药后 1、2、5、10、15、

20、25d 调查株防效，最后一次调查幼虫防效。每小区 5 点取样，每点查 50 株稻，共查 250 株，记录枯心株数，计算病株率和防效，最后一次剥查幼虫数并计算虫防效。

　　在药效考察时，同时观察各个用药区作物生长是否有药害症状及程度及对有益生物和其他病虫害的影响。

2　结果与分析

甜核·苏云菌等药剂对水稻保苗的防治效果见表2和表3。从试验结果可以看出，甜核·苏云菌（高端）产品无论是在大螟幼虫1～2龄时用药，还是在3～4龄时用药，在药后10～25d均有比较好的保苗效果，可与对照药剂氯虫苯酰胺媲美。在1～2龄期用药，药后10、15、20、25d的株防效分别为86.96%、96.88%、100%、91.57%；防治3～4龄幼虫药后10、15、20、25d的株防效分别为79.13%、93.75%、89.74%、90.36%。但在药后5d内的保苗效果不明显。甜核·苏云菌（中端）在大螟幼虫1～2龄期用药，也有不错的效果，在3～4龄期用药效果有所下降。1～2龄期用药，药后10、15、20、25d的株防效分别为60%、77.08%、64.1%、67.47%；3～4龄用药，药后10、15、20、25d的株防效分别为48.17%、75%、52.56%、50.60%。

表2　甜核·苏云菌等防治水稻大螟药后1～5d试验结果

| 处理 | 调查株数 | 株防效（药后1d） | | | 株防效（药后2d） | | | 株防效（药后5d） | | |
		枯心株数	枯心株率（%）	防效（%）	枯心株数	枯心株率（%）	防效（%）	枯心株数	枯心株率（%）	防效（%）
处理1	750	16	2.13	46.67	29	3.87	25.64	28	3.73	56.25
处理2	750	19	2.53	36.67	31	4.13	20.51	49	6.53	23.44
处理3	750	24	3.2	20	28	3.73	28.21	32	4.27	50
处理4	750	29	3.87	3.33	32	4.27	17.95	59	7.87	7.81
处理5	750	24	3.2	20	30	4	23.08	37	4.93	42.19
CK	750	30	4	0	39	5.2	0	64	8.53	0

注：用药时间为2009年7月8日。

表3　甜核·苏云菌等防治水稻大螟药后10～25d试验结果

| 处理 | 调查株数 | 株防效（药后10d） | | | 株防效（药后15d） | | | 株防效（药后20d） | | | 株防效（药后25d） | | |
		枯心株数	枯心株率（%）	防效（%）	枯心株数	枯心株率（%）	防效（%）	枯心株数	枯心株率（%）	防效（%）	枯心株数	枯心株率（%）	防效（%）
处理1	750	15	2	86.96	3	0.4	96.88	0	0	100	7	0.93	91.57
处理2	750	46	6.13	60	22	2.93	77.08	28	3.73	64.1	27	3.6	67.47
处理3	750	24	3.2	79.13	6	0.8	93.75	8	1.07	89.74	8	1.07	90.36
处理4	750	59	7.87	48.7	24	3.2	75	37	4.93	52.56	41	5.47	50.6
处理5	750	16	2.13	86.09	8	1.07	91.67	15	2	80.77	9	1.2	89.16
CK	750	115	15.33	0	96	12.8	0	78	10.4	0	83	11.07	0

注：用药时间为2009年7月8日。

从杀虫效果看，甜核·苏云菌（高端）在幼虫1～2龄期用药效果最好，药后25d的杀虫防效是100%；在3～4龄期用药效果次之，药后25d的杀虫防效是84.62%。甜核·苏云菌（中端）杀虫效果相对较差（表4）。

以上结果表明，甜核·苏云菌（高端）药剂防治水稻大螟，无论是对水稻的保苗效果还是对大螟的杀虫效果均有较好防治效果，在大螟1～2龄期用药效果更佳。同时，在试验过程中，试验作物未发现有药害症状，也未发现对其他生物的不良影响。

表4 甜核·苏云菌防治水稻大螟幼虫防效表（药后25d）

处理	调查穴数	调查总株数	残留活虫数	死虫数	防效（%）
处理1	60	750	0	0	100.00
处理2	60	750	4	0	69.23
处理3	60	750	2	0	84.62
处理4	60	750	5	0	61.54
处理5	60	750	0	0	100.00
CK	60	750	13	0	0.00

3 讨论

甜核·苏云菌是武汉武大绿洲生物技术有限公司新研究开发的一种复合杀虫剂产品，其活性成分为甜菜夜蛾核型多角体病毒（SeNPV）和广谱性微生物苏云金杆菌（Bt）。其中的主要活性成分之一苏云金杆菌（Bacillus thuringiensis，Bt），是目前世界上产量最大、应用最广、对人畜及天敌安全、不破坏生态平衡的微生物农药，广泛用于防治农业、林业、贮藏害虫以及环卫昆虫。然而，苏云金杆菌制剂存在持效期短，防治效果易受阳光、温度、湿度、雨水等外界气候和生态条件制约等缺点，野外试验残效期一般为3~7d，而且日平均气温越高，芽胞和晶体失活速度越快。苏云金芽胞杆菌田间应用残效期短已成为制约该杀虫剂发展的瓶颈。本试验药剂，通过将多角病毒和苏云金杆菌复配，充分发挥两种活性成分的优点。药剂的作用方式是药物通过害虫取食后，其中苏云金杆菌作用于害虫中肠，使害虫立即停止为害，同时降低害虫的免疫力，使多角病毒更容易感染害虫，病毒进入虫体后，迅速大量复制，使靶标害虫死亡，同时，病死虫体又作为病原体，将病毒传染给种

群中的其他个体，从而在种群中引发流行病，有效控制害虫种群数量。因此克服了苏云菌单剂持效期短的缺点，病毒感染害虫后在其体内繁殖，成为感染下代害虫的病毒之源，从而达到"一虫染病、祸及种群、杀虫杀卵、长期治虫"的目的。而且，试验药剂为生物杀虫剂，安全、低毒，对人畜及天敌安全。

田间试验证明，甜核·苏云菌（高端）产品对水稻大螟确实有较好的防治效果，可作为与纯化学合成农药交叉使用的药剂和作为有机栽培和绿色栽培田的主要杀虫剂。在使用时应注意掌握在幼虫孵化前至2龄期施药，以达到最佳效果。

参考文献

[1] 徐修龙，王国田，王广兰，葛霞．水稻大螟发生情况与防治措施．现代农业科技，2009，（05）

[2] 李洪山，李慈厚．大螟治理对策及其化防药剂选择．中国稻米，2003，（03）

[3] 陈复斌，刘福海，魏义平．水稻大螟为害规律的调查与研究．植保技术与推广，2001，（09）

[4] 陶和胜，韦永保，施守华，李孝勇．单季稻大螟为害特点及其防治对策．安徽农学通报，2005，（04）

40％福戈WG防治三代水稻纵卷叶螟试验

刘敏 张庆香 杨瑾华

（上海市崇明县农业技术推广中心 上海 202150）

稻纵卷叶螟是水稻上的一种食叶性害虫，该虫严重发生时，可造成田间大面积的白叶，不仅使水

稻严重减产，还影响了稻米的品质。近几年崇明地区稻纵卷叶螟的危害较为严重，2003年开始稻纵

卷叶螟在我县连续大发生，对我县水稻生产造成重大威胁。为寻找防治稻纵卷叶螟的高效、低毒、长效药剂，我站于 2009 年进行了 40％福戈 WG 对稻纵卷叶螟的小区防效试验，并取得了理想效果。现将有关试验情况简要介绍如下：

1　材料和方法

1.1　参试药剂　40％福戈 WG（先正达公司），40％惠螟 EC（南京惠宇农化有限公司）。

1.2　试验处理　试验设每亩：（1）40％福戈 WG6g、8g、10g，（2）40％惠螟 EC120ml，（3）CK。试验共 5 个处理，3 次重复，各小区随机排列，每小区面积为 59.6 m²。

1.3　试验方法　本试验在崇明县农业技术推广中心试验田中进行，品种为"南粳 46"，直播，6 月 12 日播种。试验于 8 月 18 日施药，时值三代纵卷叶螟第二峰一龄高峰，田间纵卷叶螟亩卵量为 4 万粒，亩虫量为 2.6 万头，其中一龄虫占 75.0％，田间可查见新束叶，药剂亩对水量为 50kg，采用 PB－16 型手动喷雾器均匀喷雾。药后 3、7、14d，每小区随机调查 3 点，每点 0.25m²，调查稻纵卷叶螟束叶数及残留活虫数，计算束叶防效和虫防效。同时每次药效考查时观察各处理区水稻生长是否有药害症状。

2　结果与分析

2.1　防效　试验结果表明（见表），40％福戈 WG

亩用 6g、8g、10g 对稻纵卷叶螟的束叶防效：药后 3d 分别为 59.09％、64.69％、65.84％；药后 7d 分别为 71.88％、75.55％、77.94％；药后 14d 分别为 77.60％、80.75％、90.78％。对稻纵卷叶螟的虫防效：药后 3d 分别为 90.96％、93.22％、93.80％；药后 7d 分别为 93.51％、94.23％、94.26％；药后 14d 分别为 90.43％、91.02％、91.82％。试验说明该药速效性较好，保叶性较好，持效期长，高低剂量间无差异。对照药剂亩用 40％惠螟 EC120ml 对稻纵卷叶螟的束叶防效：药后 3、7、14d 分别为 60.45％、51.20％、59.56％；对稻纵卷叶螟的虫防效：药后 3、7、14d 分别为 86.44％、85.10％、8.01％。40％福戈 WG 亩用 6g、8g、10g 与对照药剂相比，虫防效和束叶防效较好，持效期长。

2.2　安全性　据试验中观察，各参试药剂对水稻安全，无药害症状。

3　小结

综上所述：40％福戈在本参试剂量范围内对水稻安全，防效较好，持效期长达 14d，在纵卷叶螟中等发生的情况下，建议每亩使用 40％福戈 6g 在稻纵卷叶螟卵孵高峰阶段对水 50kg 细喷雾，即可达到防治效果，在生产上可推广应用。

附表　40％福戈 WG 防治三代水稻纵卷叶螟试验

处理（亩用量）	药后 3d				药后 7d				药后 14d			
	0.75m² 束叶数	束叶防效（％）	虫数	虫防效（％）	0.75m² 束叶数	束叶防效（％）	虫数	虫防效（％）	0.75m² 束叶数	束叶防效（％）	虫数	虫防效（％）
40％福戈 WG6g	39.0	59.09	5.3	90.96	51.0	71.88	9.0	93.51	64.0	77.60	16.3	90.43
40％福戈 WG8g	33.7	64.69	4.0	93.22	44.3	75.55	8.0	94.23	55.0	80.75	15.3	91.02
40％福戈 WG10g	30.0	65.84	3.3	93.80	39.7	77.94	8.7	94.26	26.3	90.78	13.3	91.82
40％惠螟 EC120ml	31.3	60.45	8.0	86.44	83.3	51.20	20.7	85.10	113.7	59.56	157.0	8.01
CK	95.3		59.0		181.3		138.7		285.7		170.7	

几种药剂防治水稻三化螟示范试验

彭丽年[1]　刘世荣[2]　高英富[3]

(1. 四川省农业厅植物保护站　成都　610041
2. 成都市新都区植保站　3. 四川德阳市旌阳区植保站)

为了筛选一批高效、低毒替代农药,开发、集成配套农药使用技术,为确定高毒农药替代品种和配套使用技术的大面积应用推广提供科学依据,特进行此大区示范试验。

1　试验地点及条件

1.1　试验地点
试验在新都、德阳水稻田进行。常年水稻三化螟虫发生较重。

1.2　作物与靶标
作物:水稻;品种:新都为富优1号、德阳Q优系列;靶标:稻区一代和二代三化螟。

1.3　示范条件
示范在新都、德阳两地进行,土壤肥力中等,水稻田间长势较好。

1.4　示范设计与安排

1.4.1　药剂及处理
48%毒死蜱(美国陶氏益农公司),50%敌百虫·辛乳油(南通同济化工有限公司),24%杀双·毒死蜱(10%毒死蜱+10%杀虫双)(上海乐生物制品股份有限公司),0.2%甲氨基阿维菌素苯甲酸盐(四川福达农用化工有限公司),40%毒死蜱EC,50%甲胺磷(重庆民丰农化股份有限公司)。

具体处理如下:

药　剂	施药方式	商品用量使用剂量
48%毒死蜱	喷雾	100毫升/亩
50%敌百虫·辛乳油	喷雾	100毫升/亩
24%杀双·毒死蜱	喷雾	50毫升/亩
0.2%甲氨基阿维菌素苯甲酸盐	喷雾	40毫升/亩
40%毒死蜱EC	喷雾	120毫升/亩
50%甲胺磷	喷雾	100毫升/亩、150毫升/亩
清水对照	喷雾	

1.5　示范区安排
新都试验48%毒死蜱、50%敌百虫·辛乳油、24%杀双·毒死蜱三种药剂的大区示范面积分别为:4.7亩、4.6亩、4.4亩。0.2%甲氨基阿维菌素苯甲酸盐和50%甲胺磷示范面积分别为1亩,空白对照为1亩。德阳试验40%毒死蜱EC大区示范面积是16.06亩、50%敌百虫·辛乳油大区示范面积是15.67亩,50%甲胺磷示范面积为1.15亩、空白对照为0.8亩。

1.6　施药方式及施药时间
喷雾:一代在三化螟卵孵始盛期(新都6月3日,德阳5月18~20日),二代在二代三化螟卵孵始盛期(新都防了两次第一次为7月17日,第二次为7月28日,德阳防一次时间是7月18~22日),用利农HD400型喷雾器亩对水50l均匀喷雾。德阳二代用机动喷雾器喷雾。

新都黄壤土,偏粘,pH6.7,有机质含量较低。德阳土壤质地为泥田。

2　调查方法

2.1　调查方法、时间和次数
一代、二代三化螟危害稳定时,新都采用平行跳跃式取样,参试药剂

48％毒死蜱、50％虎蛙、24％杀双·毒死蜱各调查4个田块（每个田块计一个重复），每个田块取5个点，每点取10丛稻株；50％甲胺磷、0.2％甲氨基阿维菌素苯甲酸盐和空白对照区每区取40个点（每10个点计一个重复），每点5丛水稻，调查枯心株数、白穗数、虫伤株数及剥查残虫量，计算枯心率、白穗率、虫伤株率、虫口减退率及防治效果。德阳采用平行跳跃式取样法，参试药剂处理田每块取5个点，每点取5丛稻株；对照药剂和空白对照区每区取10个点，每点5丛水稻，调查枯心、白穗及剥查残虫量，计算枯心率、白穗率、虫口减率及防治效果。

药效计算方法：根据《农药田间药效试验准则》计算枯心率、白穗率、虫伤株率和防治效果。

$$\text{虫伤株（白穗、枯心）率\%} = \frac{\text{调查虫伤株（白穗、枯心数）}}{\text{调查总株数}} \times 100$$

$$\text{防治效果\%} = \frac{\text{对照区白穗（枯心）率} - \text{药剂处理区白穗（枯心）率}}{\text{对照区白穗（枯心）率}} \times 100$$

$$\text{虫口减退率\%} = \frac{\text{对照区虫量} - \text{药剂处理区虫量}}{\text{对照区虫量}} \times 100$$

3 示范试验结果

一代危害稳定时示范结果详见表1～2。

一代三化螟危害稳定时示范结果：新都试验，48％毒死蜱100毫升/亩和24％杀双·毒死蜱50毫升/亩防治效果最佳，防效分别为84.95％、83.33％，均好于对照药剂50％甲胺磷100毫升/亩（70.63％）。50％敌百虫·辛乳油100毫升/亩防效为66.67％，略低于50％甲胺磷100毫升/亩；0.2％甲氨基阿维菌素苯甲酸盐40毫升/亩防治效果最差，仅为59.52％。对照药剂50％甲胺磷100毫升/亩处理其虫口减退率为77.78％。24％杀双·毒死蜱50毫升/亩效果最佳，虫口减退率为100％，其次是48％毒死蜱100毫升/亩的虫口减退率为88.89％；0.2％甲氨基阿维菌素苯甲酸盐40毫升/亩与对照药剂50％甲胺磷100毫升/亩处理的虫口减退率相同，也为77.78％；50％敌百虫·辛乳油100毫升/亩虫口减退率较低，为66.67％。德阳试验，40％毒死蜱EC120毫升/亩的平均防效为86.38％（有一个农民的田块施药后下了雨，否则平均防效还会上升），50％敌百虫·辛乳油100毫升/亩的平均防效为83.74％（有两

· 152 ·

个农民的田块施药后下了雨，否则平均防效还会上升），50％甲胺磷EC100毫升/亩的防效为85.06％。

二代三化螟危害稳定时示范结果：新都试验对白穗的防治效果，48％毒死蜱100毫升/亩防效最好为94.31％，其次是24％杀双·毒死蜱50毫升/亩和50％敌百虫·辛乳油100毫升/亩分别为93.24％和91.04％，最差的是50％甲胺磷150毫升/亩和0.2％甲氨基阿维菌素苯甲酸盐40毫升/亩分别为80.57％和73.07％。虫口减退率的情况来看，对照药剂50％甲胺磷150毫升/亩的虫口减退率为68.42％、48％毒死蜱100毫升/亩为89.47％、24％杀双·毒死蜱50毫升/亩为89.47％、50％敌百虫·辛乳油100毫升/亩为78.95％、0.2％甲氨基阿维菌素苯甲酸盐40毫升/亩为94.74％。德阳试验表明，40％毒死蜱EC120毫升/亩的平均防效为95.25％，虫口减退率为89.10％，50％敌百虫·辛乳油100毫升/亩的平均防效为95.39％，虫口减退率为88.03％，对照药剂50％甲胺磷EC100毫升/亩的平均防效为94.21％，虫口减退率为86.49％。

4 评价与讨论

4.1 药剂评价 新都、德阳大区示范结果表明，在水稻三化螟卵孵盛期施药，48％毒死蜱100毫升/亩、24％杀双·毒死蜱50毫升/亩、40％毒死蜱120毫升/亩对水稻一代及二代三化螟虫的防治效果均在83％以上，虫口减退率均在88.89％以上，且整个试验过程中对水稻非常安全，故这些药剂均可大面积推广使用。而50％敌百虫·辛乳油100毫升/亩对水稻一代三化螟的防治效果在新都示范防效仅66.67％，在德阳的示范结果防效达83.74％，但对二代三化螟的防治效果两地试验结果都在88％以上，虫口减退率均在78.95％以上，故该药剂的防效有待于进一步验证。0.2％甲氨基阿维菌素苯甲酸盐40毫升/亩只在新都试验，对一代及二代三化螟的防效均分别达59.52％、73.07％，故该药剂不能用于大面积上防治水稻一代及二代三化螟。

此外，新都试验，各药剂对蜘蛛等有益天敌，均有一定杀伤力，甲氨基阿维菌素苯甲酸盐相对比较安全，其杀伤率为37.95％，各药剂对稻苞虫有一定的兼治作用（表3）。

4.2 技术要点 推荐亩用 48% 毒死蜱 100 毫升/亩或 24% 杀双·毒死蜱 50 毫升/亩或 40% 毒死蜱 120 毫升/亩在水稻一代、二代三化螟卵孵盛期亩对水 50L 均匀喷雾。

表1 新都试验区不同药剂防治水稻三化螟大区示范结果

处理 毫升/亩	一 代			二 代		
	枯心率%	虫口减退%	防效%	白穗率%	虫口减退%	防效%
清水对照	1.26	10.13	—	—	—	—
48%毒死蜱 100	0.19	88.89	84.92	0.58	89.47	94.31
50%甲胺磷 50	0.37	77.78	70.63	1.97	68.42	80.57
50%敌百虫·辛乳油 100	0.42	66.67	66.67	0.91	78.95	91.04
24%杀双·毒死蜱 50	0.21	100.00	83.33	0.68	89.47	93.24
0.2%甲氨基阿维菌素苯甲酸盐 40	0.51	77.78	59.52	2.73	94.74	73.07

表2 德阳实验区不同药剂防治水稻三化螟大区示范结果

处理 毫升/亩	一 代		二 代		
	枯心率	防效%	白穗率	防效	虫口减退%
40%毒死蜱 EC120	0.78	86.38	0.58	95.25	89.10
50%敌百虫·辛乳油 100	0.86	83.74	0.56	95.39	88.03
50%甲胺磷 EC100	1.64	85.06	0.70	94.21	86.49
清水对照	10.98		12.1		

表3 试验后期其他生物的调查

处理	蜘蛛/20丛		隐翅虫	稻苞虫
	数量（头）	杀伤率（%）	（头）/20丛	（头）/20丛
48%毒死蜱	74	55.42	1	2
50%甲胺磷	40	75.90	0	1
50%敌百虫·辛乳油	81	51.20	0	1
24%杀双·毒死蜱	86	48.19	0	1
0.2%甲氨基阿维菌素苯甲酸盐	103	37.95	1	1
CK	166		2	9

几种混配剂防治稻纵卷叶螟药效试验示范

张甲云[1] 崔茂虎[1] 吴阳文[1] 岳云辉[2] 袁老绍[3]

（1. 云南省师宗县农业局植保植检站 云南师宗 655700 2. 云南省师宗县五龙乡农业中心 云南师宗 655700 3. 云南省师宗县丹凤镇农业中心 云南师宗 655700）

2008 年稻纵卷叶螟在师宗县是重发生，特别是五龙、高良、龙庆河谷槽区发生较为突出，从 6 月 25 日～7 月 15 日，水稻普遍造成危害。为了使稻纵卷叶螟在药剂上防治有效，我们进行了 40% 福戈水分散粒剂＋30% 爱苗乳油，50% 乙酰甲胺磷乳油和 40% 毒死蜱乳油进行药剂试验示范。

1 药剂试验示范方法

1.1 药剂试验示范的基本情况
药剂试验示范设在师宗县五龙乡狗街、水寨、小河沟三个村的 8 户水稻田中，水稻品种红优 7 号、Ⅱ优 85、D优 63、丰优香占、红优 6 号等，防治以早栽田、中栽田、迟栽田为主，也是稻纵卷叶螟危害重的田块区域。

1.2 试验示范的药剂及用量
1.2.1
50％乙酰甲胺磷乳油（上海三化有限公司）每亩用量 100～120ml＋40％毒死蜱乳油（江苏长青农化有限公司）80～100ml 混合施用。

1.2.2
苯甲、丙环唑 30％爱苗乳油（先正达公司）每亩用量 15ml＋氯虫噻虫嗪 40％福戈水分散粒剂（先正达公司）10ml 混合施用。

1.2.3 在不同处理中设对照

1.3 药剂试验示范规模设计
药剂试验示范设四个处理，共 13 个试验示范田区域，区域以田块为界线自然划分形成的示范区，药剂试验示范田的 10 个处理分为 1-3-4 户分别在 3 个村 8 户人家进行，面积 26 亩。对照田每个药剂处理类型田设 1 个为 3 个处理，面积 5 亩，不设重复，处理间作相互对比。

1.4 试验示范药剂施用方法及时间
稻纵卷叶螟是迁飞间隙性害虫，持续性长，在防治中选用药剂、防治时间难度大，对此在药剂的选择和防治时间极其重要。五龙河谷槽区稻纵卷叶螟盛发期 6 月底到 7 月底，是稻纵卷叶螟第二代的高峰期，田间分布均匀，特别是河沟边的田块发生频繁，施药时间选择在 7 月 15～20 日之间，7 月 16 日冯小安、汪金学、汪金荣 3 户施药，7 月 17 日、18 日余海跃、郑贵平、王老五、余小元 4 户施药，7 月 20 日熊林华 1 户施药。水稻在抽穗扬花时用 16 型手动喷雾器喷雾防治。

1.5 药剂试验示范调查内容方法
在施药前分别对早栽田、中栽田、迟栽田调查稻纵卷叶螟为害的卷叶片，虫叶苞中的幼虫基数。调查采用五点取样，每点五丛的总植株、总叶片、卷叶片、幼虫数量。田块调查定田不定点，共调查 25 丛。施药后 8、15d 调查卷叶片、虫叶苞中的幼虫活虫数，计算卷叶率、卷叶率防效、虫口减退率、防治效果。（见附表）

$$\text{A. 卷叶率} = \frac{\text{调查卷叶数}}{\text{调查总叶数}} \times 100$$

$$\text{B. 防治效果} = \frac{\text{处理区虫口减退率} - \text{空白对照区虫口减退率}}{1 - \text{空白对照区虫口减退率}} \times 100$$

$$\text{C. 卷叶率防效} = \frac{\text{空白对照区的卷叶率} - \text{处理区的卷叶率}}{\text{空白对照区的卷叶率}} \times 100$$

2 药剂试验示范结果分析

2.1 安全性、增产性
各种药剂施药后 8、15d 调查，对水稻没有任何药害，比较安全适用，特别是施用爱苗的稻田，稻谷籽粒饱满，出米率高，增产潜力大，很有推广应用价值。

2.2 药剂防治效果
药剂施用后第八天调查，卷叶减少，幼虫量明显减少，防治效果最好是爱苗和福戈，虫口减退率小河沟熊林华家为 95.3％，防治效果 92.81％，水寨村冯小安、汪金学、汪金荣 3 户，虫口减退率为 93.04％，防治效果 87.17％。狗街村、水寨村的余海跃、郑贵平、王老五、余小元 4 户用乙酰甲胺磷和毒死蜱，虫口减退率为 92.89％，防治效果 91.27％。

药剂施用后 15d 调查，爱苗和福戈的虫口减退率分别为 95.8％，91.2％，防治效果分别为 94.64％，90.41％。乙酰甲胺磷和毒死蜱的虫口减退率为 93.51％，防治效果 94.05％。经过测产分析，小河沟施药的最高亩产量 958.44kg，平均亩产量 924.1kg，对照的亩产量 746.02kg，施药的比对照亩增 178.08kg，增 23.86％，水寨 3 户施用药剂的平均亩产量 872.28kg，对照的亩产量 665.39kg，比对照亩增 209.99kg，增 31.3％。狗街、水寨 4 户平均亩产量 792.81kg，对照的亩产量 589.23kg，比对照亩增 203.59kg，增 34.54％（见附表）。

3 结论评价

通过用爱苗和福戈，乙酰甲胺磷和毒死蜱，混合施用防治稻纵卷叶螟，爱苗和福戈施药后 8d 虫口减退率 95.3％、93.04％，防治效果 92.81％、87.17％，乙酰甲胺磷和毒死碑 15d 虫口减率 91.2％～95.8％，防治效果 90.41％～94.64％，各种混配剂药后调查防治稻纵卷叶螟防治效果显著，增产效果明显，最高每亩产量 958.44kg，平均每亩产量 924.1kg，比对照每亩增 178.08kg，增 23.86％，一般的平均每亩产量 792.81～872.28kg，比对照增 203.59～209.99kg，增 31.3％～34.54％。增产的效应突出，为大面积防治推广应用打下基础。混配药剂防治稻纵卷叶螟的效果显著，增产得到实惠。

附表　稻纵卷叶螟药剂防治试验示范效果调查表

户名及面积（亩）	药剂名称及亩用量	施药前		施药后8d						施药后15d						亩均产量（kg）	亩增产量（kg）	增产率（%）
		总叶数	幼虫数	卷叶率及防效			防治效果			卷叶率及防效			防治效果					
				卷叶数	卷叶率%	卷叶防效	幼虫数	虫口减退率	防治效果	卷叶数	卷叶率%	卷叶防效	幼虫数	虫口减退率	防治效果			
熊林华(2)	爱苗15ml+福戈10ml	2 413	219	26	1.07	94.32	9	95.89	93.93	19	0.78	96.48	7	96.8	95.82	958.44	212.44	28.47
熊林华(2)	爱苗15ml+福戈10ml	2 249	211	30	1.33	92.94	12	94.31	91.59	23	1.02	95.48	11	94.74	93.13	863.02	117	15.68
熊林华(2)	爱苗15ml+福戈10ml	2 100	234	29	1.38	92.68	10	95.72	92.91	17	0.8	96.39	9	96.15	94.97	950.84	204.82	27.45
合计(6)	—	6 762	664	85	3.78	279.94	31	285.92	278.43	59	2.6	288.35	27	287.69	283.92	2 772.3	534.26	71.6
平均	—	2 254	221.3	28.3	1.26	93.31	10.33	95.3	92.81	19.66	0.86	96.11	9	95.89	94.64	924.1	178.08	23.86
对照	空白对照（CK）	2 200	239	410	18.8	—	162	32.21	—	489	22.22	—	183	23.43	—	746.02	—	—
冯小安(3)	爱苗15ml+福戈10ml	2 148	198	51	2.37	84.84	11	94.44	89.75	29	1.35	92.95	18	90.9	89.52	832.46	167.07	25.1
汪金苹(3)	爱苗15ml+福戈10ml	2 460	204	46	1.86	88.13	15	92.6	86.43	30	1.21	93.68	20	90.19	89.63	892.46	227.07	34.12
汪金荣(3)	爱苗15ml+福戈10ml	2 110	214	49	2.32	85.19	17	92.05	85.35	24	1.13	94.1	16	92.52	92.09	892.24	226.85	34.09
合计(9)	—	6 718	616	146	6.55	258.16	43	279.13	261.53	83	3.69	280.73	54	273.61	271.24	2 617.2	620.99	93.31
平均	—	2 239.3	205.3	48.6	2.18	86.05	14.33	93.04	87.17	27.66	1.23	93.57	18	91.2	90.41	872.38	209.99	31.3
对照	空白对照（CK）	2 310	223	362	15.67	—	121	45.73	—	413	19.17	—	211	5.38	—	665.39	—	—
余海跃(4)	毒死蜱80~100ml+乙酰甲胺磷100~120ml	2 418	194	59	2.44	87.57	14	92.78	91.13	25	1.03	95.56	10	92.04	94.69	750.78	161.55	27.41
郑贵平(3)	毒死蜱80~100ml+乙酰甲胺磷100~120ml	2 104	238	60	2.85	85.48	11	95.31	94.24	28	1.33	94.27	14	94.11	93.94	782.04	192.81	32.72
王老五(2)	毒死蜱80~100ml+乙酰甲胺磷100~120ml	1 962	169	62	3.16	83.9	13	92.3	90.54	26	1.32	94.31	11	93.49	93.3	766.79	177.37	30.13
余小元(2)	毒死蜱80~100ml+乙酰甲胺磷100~120ml	2231	182	71	3.18	83.8	16	91.2	89.19	33	1.47	95.09	12	94.41	94.27	871.66	282.43	47.93
合计(11)	—	8 715	738	252	11.63	340.75	54	371.59	365.1	112	5.15	379.23	47	374.05	376.02	3171.3	814.36	138.19
平均	—	2 178.8	195.7	63	2.9	85.18	13.5	92.89	91.27	28	1.28	94.86	11.75	93.51	94.05	792.81	203.59	34.54
对照	空白对照（CK）	2 114	210	415	19.63	—	171	18.57	—	491	23.22	—	204	2.8	—	589.23	—	—

防治水稻二化螟大区示范试验简报

彭丽年[1]　赖强[2]　黄芝栋[3]　苏学元[4]

（1. 四川省植物保护站　成都　610041　电话：028 - 85505261　2. 四川资中植保站
3. 叙永县植保站　4. 仁寿县植保站）

为了筛选一批高效、低毒替代农药，开发、集成配套农药技术，并进行示范、推广，以确定高毒农药替代品种和配套使用技术，我们在小区试验的基础上进行了大区示范试验，进一步明确试验药剂对二化螟的防治效果，为大面积示范和推广应用提供科学依据，现将示范试验结果简报如下。

1　试验条件

1.1　试验对象、作物和品种的选择

试验对象：二化螟（Chilo suppressalis）；

供试作物：水稻；

品种：仁寿县为冈优725，资中县为宜香4106，叙永为金优18。

1.2　试验地点及环境条件　示范地点1：仁寿县

满井镇广桥村2社，试验地水稻二化螟常年发生为害较严重。示范面积20亩，地势为正槽田，前作为蔬菜。田间施肥以配方肥为主，辅以农家肥，田间管理及水稻长势较好。施药时田间有浅水层，杂草和藻类履盖较少。小区间筑埂防止田水串灌。

示范地点2：资中县凉水姊妹桥村，水稻种植密度5×8寸*，前期未栽种作物，水稻亩产550kg左右。各药剂处理间筑埂以防止田水串灌。

示范地点3：选择叙永县麻城乡麻城村一社的稻田作为试验田，海拔1 200m，肥力水平中等，灌溉条件较好。

2　试验设计和安排

2.1　药剂　供试药剂见下表2。

表1　仁寿县防治水稻二化螟大区示范供试药剂及处理

药　剂	商品用量	生产单位
20%氯虫苯甲酰胺悬浮剂	10毫升/亩	美国杜邦农化有限公司
4%阿维菌素乳油	50毫升/亩	河北威远生物化工股份有限公司
20%阿维·毒死蜱乳油	125毫升/亩	河北威远生物化工股份有限公司
16%阿维·哒嗪硫磷乳油	200毫升/亩	南京南农农药科技公司
50%稻丰散乳油	55毫升/亩	江苏腾龙生物药业有限公司
清水对照		

2.2　实验区设置　仁寿县示范点示范药剂区面积各3亩，对照药剂区面积0.5亩，空白对照区面积0.3亩；资中县，示范药剂区面积各2亩，对照药剂区面积1亩，清水对照区面积0.1亩；叙永示范点药剂区面积各2亩左右，处理均不设重复。

2.3　施药方法

2.3.1　使用方法　配药时，先用少量水将药剂充分溶解后，再加入适量水进行茎叶均匀喷雾。每亩

用水量45kg。

2.3.2　施药器械　仁寿县示范区选用NS - 16型手动喷雾器，资中县示范区选用HD - 400型手动喷雾器，叙永县用用PB - 16型喷雾器常量喷雾。

2.3.3　施药时间和次数　仁寿县于2008年7月16日施药1次，资中县于2008年7月7日上午施药1次；叙永县于7月29日施药1次。

2.3.4　防治其他病虫害的药剂资料　在本次施药

---

* 寸为非法定计量单位，1米＝3尺＝30寸。

处理和药效调查期间，不再施用其他杀虫剂。

3　调查、记录和测量方法

3.1　气象及土壤资料

3.1.1　气象资料　施药当日晴。试验期间天气资料详见表1～2。

3.1.2　土壤资料　仁寿县试验地土壤为紫色壤土，肥力水平中等，pH7.0，土壤有机质1.12；资中县试验地试验土壤属粘土，肥力水平中等；叙永县为砂质土壤，肥力水平中等。

3.2　调查方法、时间和次数　采用平行跳跃式取样10点，每点查5丛，每区查50丛稻株，调查白穗数，残虫量。计算白穗率、虫口减退率及防治效果。仁寿县于8月6日（药后20d），资中县于8月12号（药后35d），叙永县于8月18日二化螟危害定型后调查一次。

3.3　药效计算方法　按照下式计算防治效果：

$$白穗率(\%)=\frac{调查白穗数}{调查总株数}\times100$$

$$防治效果(\%)=\frac{对照区白穗率-处理区白穗率}{对照区白穗率}\times100$$

4　结果与分析

4.1　示范结果　几种药剂防治水稻二代二化螟的示范结果如图1～2所示。

　几个示范点在二化螟危害稳定后调查，20%氯虫苯甲酰胺悬浮剂10毫升/亩处理的白穗率为0.09%～0.31%，4%阿维菌素乳油50毫升/亩的白穗率为0.05%，25%阿维·毒死蜱乳油125毫升/亩为0.16%～0.63%，50%稻丰散55毫升/亩为0.27%，16%阿维·达嗪硫磷乳油200毫升/亩为0.57%～0.65%。

对白穗的防治效果，仁寿县示范点供试药剂以4%阿维菌素乳油50毫升/亩处理最好，达到94.9%；16%阿维·达嗪硫磷乳油次之，为92.4%；20%氯虫苯甲酰胺悬浮剂10毫升/亩的防效为90.90%。资中县示范点防治水稻二化螟大区示范试验药剂25%阿维·毒死蜱乳油125毫升/亩防治水稻二化螟的效果最好，达到95.99%；其余依次为50%稻丰散乳油55毫升/亩、20%氯虫苯甲酰胺乳油10毫升/亩，其对白穗的防效分别为93.19%、91.98%。叙永示范点的16%阿维·达嗪硫磷乳油200毫升/亩、25%阿维·毒死蜱乳油150毫升/亩对白穗的防治效果分别为85.31%和83.89%。

4.2　安全性　在示范试验过程中，未发现供试药剂处理对水稻产生药害，对水稻安全。据仁寿调查，20%氯虫苯甲酰胺悬浮剂亩用10ml处理，施药后14d蜘蛛只比施药前减少25%，而清水对照的蜘蛛比施药前减少40%，20%氯虫苯甲酰胺悬浮剂亩用10ml处理对稻田蜘蛛无影响较小。

5　讨论

5.1　药效评价　示范药剂20%氯虫苯甲酰胺悬浮剂、16%阿维·达嗪硫磷乳、25%阿维·毒死蜱乳油、50%稻丰散及4%阿维菌素对水稻二化螟的防治效果理想，且对水稻安全，能达到较理想的防治效果，是替代高毒农药防治水稻二化螟的有效药剂。

5.2　使用技术　建议在水稻二化螟卵孵盛期施药，亩用20%氯虫苯甲酰胺悬浮剂10ml、25%阿维·毒死蜱乳油125毫升/亩，16%阿维·哒嗪硫磷200ml，4%阿维菌素50ml，亩对水50kg全株喷雾，注意喷雾时雾滴要细，施药均匀周到，施药时田间要保持有水。

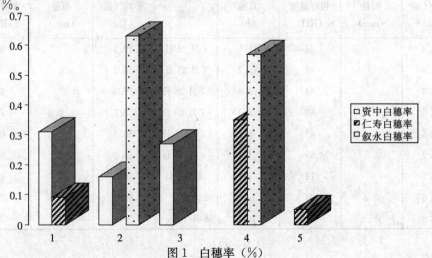

图1　白穗率（%）

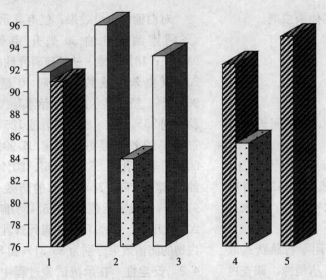

图 2 几种药剂对白穗的防治效果

注：1%～20%氯虫苯甲酰胺悬浮剂10毫升/亩；2%～25%阿维·毒死蜱乳油125毫升/亩；3%～50%稻丰散乳油55毫升/亩；4%～16%阿维·达嗪硫磷乳油200ml；5%～4%阿维菌素50毫升/亩。

附表1 试验期间气象资料表（仁寿县 2008）

日期 \ 项目	平均温度 (℃)	相对湿度 (RH)	降雨量 (mm)	日期 \ 项目	日平均温度 (℃)	相对湿度 (RH)	降雨量 (mm)
7月16日	25.0	71	—	7月27日	29.4	69	0.4
7月17日	25.8	72	0.0	7月28日	28.6	70	—
7月18日	27.0	74	—	7月29日	27.7	74	26.6
7月19日	28.9	70	—	7月30日	29.6	71	—
7月20日	29.1	74	20.4	7月31日	28.9	73	—
7月21日	26.1	81	28	8月1日	24.7	87	55
7月22日	29.3	57	—	8月2日	24.9	70	1.1
7月23日	29.7	63	—	8月3日	25.7	74	0.0
7月24日	29.2	66	—	8月4日	26.8	71	—
7月25日	28.0	72	0.5	8月5日	26.6	78	1.7
7月26日	28.4	72	0.7	8月6日	25.2	87	4.2

附表2 试验期间气象资料表（资中县 2008）

日期	平均气温 (℃)	雨量 (mm)	相对湿度 (RH)	日照 (h)	日期	平均气温 (℃)	雨量 (mm)	相对湿度 (RH)	日照 (h)
7月7日	28.3		66	11.5	7月26日	29.1		64	10
7月8日	28.8		68	10.2	7月27日	28.5	0	74	6
7月9日	29.3		64	9.9	7月28日	29.1		65	7.3
7月10日	29.6		63	2.9	7月29日	27.6	0.1	72	6.9
7月11日	28.6	4.8	69	4.2	7月30日	30.3		63	8.6
7月12日	27.9		69	7.2	7月31日	29.3		69	5.7
7月13日	28.3		71	7.8	8月1日	25.1	41.7	81	0
7月14日	27.8	3.3	74	0	8月2日	24.5		74	0
7月15日	22.8	0	72	0	8月3日	26		72	1.9

（续）

日期	平均气温（℃）	雨量（mm）	相对湿度（RH）	日照（h）	日期	平均气温（℃）	雨量（mm）	相对湿度（RH）	日照（h）
7月16日	25.5		68	10.7	8月4日	25.8	25.2	79	4.6
7月17日	26.8		70	2.8	8月5日	26.6	1.7	76	3.3
7月18日	26.5	0.5	78	3.6	8月6日	26.2	4.6	81	2.2
7月19日	28.7		70	7.8	8月7日	26.3	0.3	77	6.7
7月20日	29.9		70	0	8月8日	25	38.6	84	3.8
7月21日	26	59.6	83	0	8月9日	24.4	3	84	0
7月22日	28.5		59	11	8月10日	23.3	10.3	82	0
7月23日	29.4		61	11.6	8月11日	22.1		81	0
7月24日	29.6		66	10.2	8月12日	22.4	0.3	83	0
7月25日	28.7		70	2					

利用性诱剂对三化螟成虫监测试验

罗文辉[1] 周国珍[2] 黄中明[3] 吴运华[3]

（1. 湖北省大冶市植保站 湖北 大冶 435100

2. 湖北省植保总站 湖北 武汉 430070

3. 大冶市大箕铺农技服务中心 湖北 大冶 435100）

长期以来，三化螟监测都以田间剥查法为主，灯诱监测法为辅。随着种植结构调整，水稻种植类型田增多，生育期错综复杂，不同类型田三化螟发育进度不整齐，给三化螟田间剥查监测带来一定难度。灯光诱蛾监测法，虽然能解决类型田复杂，发育进度不整齐等不利因素，但受电源、测报灯故障、周围光源和气候影响，也会出现误差。为提高预报准确率，2009年7～8月，我们在大箕铺镇小箕铺村进行了利用性诱剂对三化螟成虫监测试验，并与当地田间监测法推算成虫发生期相比较，根据监测结果，使用不同药剂进行防治，以防治效果作为检验监测准确性的依据。

1 材料与方法

1.1 试验材料

1.1.1 性诱剂试验选用浙江宁波纽康生物技术有限公司生产的水盆型诱捕器、SI20093241毛细血管型三化螟性信息素诱芯、SI2009521A毛细血管

型三化螟性信息素诱芯。

1.1.2 药效防治效果试验选用2%阿维菌素EC＋40%水胺硫磷EC（河北威远生物化工股份有限公司）、10%甲维·毒死蜱EC（广西田园生化股份有限公司）、21%毒死蜱EC（北京华戎生物激素厂）、25%毒·辛EC（广西田园生化股份有限公司）、46%苏云·杀虫单WP（湖北天泽农股份有限公司）5种不同成分农药。

1.2 试验方法

1.2.1 性诱剂试验方法 在三化螟成虫盛发期利用上述二种性信息素诱芯在稻田进行成虫诱捕。每亩设诱捕器2个。安装方法：诱捕器用三根竹杆架成三角形固定在稻田中，诱捕器距田边5m以上，将诱捕器用塑料线系在三角架上，高于稻苗20～30cm，再将洗衣粉化加水化成0.2%溶液，注入诱捕器内，将毛细管诱芯按"S"型嵌入诱芯杆的凹槽内，诱芯距水面1cm。从成虫盛发期开始，每种诱捕芯固定5个诱捕器进行编号，每天上午8～9时各记载5个诱捕器中三化螟成虫数量。

1.2.2 田间剥查监测方法 在第二代三化螟化蛹期，在性诱剂试验同一地区选取不同类型田块进行三化螟发育进度剥查，剥查不同类型田三化螟发育进度，采用加权平均计算法，对三化螟成虫盛发期进行预测。

1.2.3 田间防治效果检验方法 在试验区，选择一块 850m² 双季晚稻田作试验田，地势平坦、肥力均匀、排灌方便，按上述监测结果，分别于田间剥查监测法卵孵化始盛期和性诱剂监测法卵孵化高峰期用药防治，进行防治效果试验。试验设 5 种不同成分药剂处理区，1 个对照区，三次重复，共计 18 个小区，小区面积 33m²。

2 结果与分析

2.1 田间剥查结果

7 月 18 日在试验区剥查三化螟发育进度，共剥查三化螟活虫 207 头，加权平均 2 龄幼虫占 3.36％；3 龄幼虫占 6.05％；4 龄幼虫占 6.73％；5 龄幼虫占 49.61％；预蛹占 22.25％；1 级蛹占 1.80％；2 级蛹占 4.98％；3 级蛹占 4.76％；4 级蛹占 0.23％；5 级蛹占 0.23％。据此推测，第三代三化螟成虫盛期为 7 月 26 日～8 月 7 日，其中高峰期为 8 月 1 日。

2.2 性诱剂诱捕结果

7 月 23 日～8 月 11 日两种诱芯各诱 21d，SI20093241 毛细血管型三化螟性信息素诱芯，5 个诱捕器共诱三化螟蛾 51 只；SI2009521A 毛细血管型三化螟性信息素诱芯，5 个诱捕器共诱三化螟蛾 60 只，2 种诱捕器逐日三化螟诱蛾量见下图。

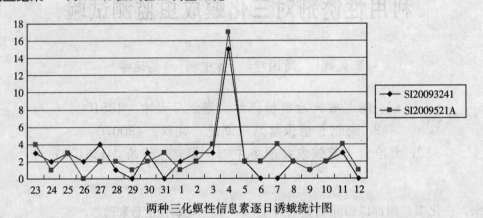

两种三化螟性信息素逐日诱蛾统计图

从上图可以看出，两种诱芯的诱集效果差异不明显，但成虫突增日十分明显，8 月 4 日两种诱芯分别诱捕三化螟成虫 15 只和 17 只，表现明显的成虫羽化高峰。根据天气记载，7 月 27～31 日和 8 月 6 日均为雨天，所诱三化螟蛾数量与相邻几天无明显差异，表明降雨对诱蛾效果无明显影响。

2.3 适时施药防治效果

由于今年第三代三化螟发生期偏长，根据监测结果，为验证预测发生期内施药防治效果，分别于剥查法卵孵始盛期（8 月 6 日）和诱捕法卵孵突增日（8 月 13 日）两次用不同药剂对三化螟防治，8 月 6 日施药 5h 后降大雨，对药效有影响；8 月 13 日药后天气较好，对试验无影响。8 月 19 日和 8 月 27 日调查，结果见下表。

处 理	第一次药后 14d		第一次药后 22d	
	平均螟害率％	防治效果％	平均螟害率％	防治效果％
21％毒死蜱 EC	0.00	100.00	0.28	96.38
25％毒·锌 EC	0.19	97.15	0.63	92.06
10％甲维·毒死蜱 EC	0.47	93.06	0.42	94.62
46％苏云菌·杀虫单 WP	0.49	92.68	0.20	97.43
2％阿维菌素＋40％水胺硫磷 EC	0.88	86.98	1.13	85.58
对照	6.72		7.87	

3　结论与探讨

根据上述 2 种三化螟性诱剂逐日诱蛾结果表明，利用性诱剂监测三化螟成虫，8 月 4 日为成虫突增日，与剥查法推算成虫高峰日 8 月 1 日相比迟 3d，在 22d 性诱监测期内有 6d 下雨，对三化螟诱蛾效果无明显影响。按推算法卵孵始盛期和诱捕法卵孵突日施药，5 种药剂防治效果都很好，21% 毒死蜱 EC、25% 毒·锌 EC、10% 甲维·毒死蜱 EC、46% 苏云菌·杀虫单 WP 第一次药后 14d 和第一次药后 22d 防治效果均达到 90% 以上，2% 阿维菌素＋40% 水胺硫磷 EC 两次防治效果均达到 85% 以上。

试验结果表明，利用性诱剂监测三化螟成虫发生动态，能克服水稻类型田复杂，三化螟发育进度不整齐、不良气候和光源等因素影响监测准确率的矛盾，能准确捕捉成虫突增日，对预报三化螟卵孵高峰，指导适时防治。

稻纵卷叶螟防治药剂筛选试验

罗文辉[1]　胡美娇[2]　刘晓继[3]　黄文胜[4]

（1. 大冶市植保站　湖北　大冶　435100　2. 大冶市委农办　435100
3. 大冶市农业环保站　435100　4. 陈贵镇农业技术服务中心　435100）

稻纵卷叶螟（*Cnaphalocrocis medinalis* Guenee）是迁飞性害虫，在我市 1 年发生 4～5 代，常暴发成灾，造成水稻大幅减产。为了筛选高效低毒的化学农药防治稻纵卷叶螟，2007 年我们分别在金湖街道办事处和大箕铺镇两地的中、晚稻大田进行了稻纵卷叶螟防治药剂筛选试验。

1　基本情况

1.1　试验地点　中稻田稻纵卷叶螟防治试验在金湖街道办事处宋晚村田美仙家责任田；晚稻田稻纵卷叶螟防治试验在大箕铺镇后畈村侯甫银家责任田。

1.2　试验田基本情况　中稻试验田面积 1 200m²，晚稻试验田面积 1 670m²，两地试验田均为田形方正、地势平坦、排灌方便、肥力均匀。

1.3　水稻品种　中稻为国丰一号、晚稻为金优 928。

2　试验材料和方法

2.1　供试药剂　40% 惠螟 EC。主要成分：15% 毒死蜱，25% 辛硫磷。

25% 广治 EC。主要成分：25% 毒死蜱。

40% 兴攻 EC。主要成分：40% 毒死蜱。

48% 毒死蜱 EC。主要成分：48% 毒死蜱。

30% 钻斗 EC。主要成分：15% 毒死蜱，15% 三唑磷。

20% 水铁牛 EC。主要成分：20% 三唑磷·辛硫磷。

24% 金矛 EC。主要成分：24% 氟铃脲·辛硫磷。

10% 顶锐 EC。主要成分：10% 毒死蜱·甲氨基阿维菌素苯甲酸盐。

20% 螟卷快杀 EC。主要成分：20% 高渗辛硫磷。

40% 毒死蜱 EC。主要成分：40% 毒死蜱。

5% 锐劲特 SC。主要成分：5% 氟虫腈。

24% 阿维·毒 EC。主要成分：24% 阿维菌素·毒死蜱。

2.2　试验方法

2.2.1　小区设计　中、晚稻田防治稻纵卷叶螟药效试验均按随机排列，中稻田设 7 个药剂处理区和 1 个空白对照区，每处理设 3 次重复，共设 24 个小区；晚稻田设 9 个药剂处理区和 1 个空白对照区，每处理设 3 次重复，共设 30 个小区，中、晚稻试验区每小区面积均为 33m²。水稻移栽前，对各小区做宽 25cm×高 25cm 小田埂，避免各小区间药液相互窜流影响防治效果。重复间留 0.5m 宽排水沟，试验区四周设保护行。

2.2.2 药剂用量 40％惠螟 EC80 毫升/亩；25％广治 EC80 毫升/亩；40％兴攻 EC80 毫升/亩；48％毒死蜱 EC80 毫升/亩；30％钻斗 EC80 毫升/亩；20％水稻铁牛 EC120 毫升/亩；24％金矛 EC80 毫升/亩；10％顶税 EC80 毫升/亩；20％螟卷快杀 EC80 毫升/亩；40％毒死蜱 EC80 毫升/亩；5％锐劲特 SC40 毫升/亩；24％阿维·毒 EC80 毫升/亩。

2.2.3 施药方法 试验采用两步配药法，先将药剂按 1：9 加清水配成母液，再将每小区所需母液按 40 千克/亩加足清水配成药液，第二次配药是先在喷雾器中加清水，加好水后再加母液，避免母液流入喷管，影响防治效果。对照区也按 40 千克/亩喷清水，保持相同湿度。试验采用喷雾法，先对 CK 区进行喷清水，然后再喷施药液，每种药液喷完后都用清水洗净喷雾器。试验根据虫情共防治 2 次，中稻田试验分别于 7 月 11 日和 7 月 19 日施药；晚稻田试验分别于 8 月 2 日和 8 月 8 日施药。中稻田 2 次施药均为晴天，晚稻田 8 月 2 日上午施药后，傍晚遇强降雨，8 月 8 日第二次施药为晴天。

2.2.4 调查方法 试验调查采用双对角线五点取样，中稻田分别于 7 月 24 日和 7 月 31 日调查；晚稻田试验分别于 8 月 8 日和 8 月 18 日调查，每小区调查 5 点，每点调查 5 蔸，计 25 蔸；分别记载调查总株数、总叶数、被害叶数，计算白叶率和防治效果。

3 试验结果与分析

3.1 试验结果

3.1.1 中稻田试验结果 7 月 24 日和 7 月 31 日，分别在第一次药后 13d 和 21d 对中稻田试验田稻纵卷叶螟防治效果进行调查，结果见表 1。

表 1 中稻田不同药剂防治稻纵卷叶螟试验统计表（大冶金湖）

处理	第一次药后 13d						第一次药后 21d					
	I	II	III	平均	防治效果	位次	I	II	III	平均	防治效果	位次
5％锐劲特 SC	5.11	1.99	3.46	3.52	83.13	1	5.76	1.84	1.69	3.10	87.74	1
40％兴攻 EC	6.19	6.86	3.01	5.35	74.34	4	10.5	3.69	5.33	6.50	74.27	6
40％惠螟 EC	5.2	3.39	3.5	4.03	80.68	2	5.07	5.73	2.53	4.44	82.40	3
25％广治 EC	4.95	5.46	1.88	4.10	80.36	3	6.81	4.58	1.69	4.36	82.73	2
30％钻斗 EC	9.43	9.02	9.42	9.29	55.47	7	15.2	5.92	5.93	9.00	64.36	7
40％毒死蜱 EC	5.22	9.28	5.71	6.74	67.71	5	7.29	4.51	7.11	6.30	75.04	5
24％阿维·毒 EC	7.22	8.97	5.72	7.30	64.99	6	7.11	4.49	5.53	78.10	4
对照	29.27	20	13.3	20.86	24.2		30.5	21	25.25			

从表 1 可以看出，第一次施药后 13d，5％锐劲特 SC 防治稻纵卷叶螟效果最好，平均防治效果最好，达 83.13％；25％广治 EC 和 40％惠螟 EC 防治效果较好，防治效果分别为 80.68％和 80.36％；40％兴攻 EC、40％毒死蜱 EC 和 24％阿维·毒 EC 防治稻纵卷叶螟效果较好，防治效果分别为 74.34％、67.71％和 64.99％；30％钻斗 EC 防治效果较差，防治效果只有 55.47％。

第一次施药后 21d，5％锐劲特 SC、25％广治 EC 和 40％惠螟 EC 防治稻纵卷叶螟效果仍然很好，防治效果分别为 87.74％、82.73％和 82.40％；24％阿维·毒 EC、40％毒死蜱 EC 和 40％兴攻 EC 防治稻纵卷叶螟效果较好，防治效果分别为 78.10％、75.04％和 74.27％；30％钻斗 EC 防治效果较差，防治效果只有 64.36％。

3.1.2 晚稻田试验结果 8 月 8 日和 8 月 18 日调

查，分别在第一次药后 7d 和 17d 对晚稻试验田稻　纵卷叶螟防治效果进行调查，结果见表 2。

表 2　晚稻不同药剂防治稻纵卷叶螟试验统计表（大冶大箕铺）

处理	第一次药后 7d						第一次药后 17d					
	I	II	III	平均	防治效果	位次	I	II	III	平均	防治效果	位次
48%毒死蜱 EC	0.72	0.6	0.84	0.72	92.10	1	4.46	3.47	4.33	4.09	79.20	5
40%兴攻 EC	2.2	0.49	1.18	1.29	85.84	2	3.2	6.91	2.5	4.20	78.61	6
40%惠螟 EC	1.11	1.6	1.48	1.40	84.67	5	1.34	3.73	2.17	2.41	87.72	4
24%金矛 EC	1.5	1.48	1.18	1.39	84.78	4	1.22	4.67	0.96	2.28	88.38	3
25%广治 EC	0.98	1.91	1.13	1.34			1.37	2.85	3.47	1.90	92.48	2
20%水稻铁牛 EC	1.8	1.51	1.61	1.64	82.00	6	0.4	1.72	1.78	1.30	94.85	1
10%顶锐 EC	3.48	1.06	1.41	1.98	78.23	7	5.62	7.32	4.43	5.79	77.07	8
20%螟卷快杀 EC	2.34	3.78	1.28	2.47	72.92	8	7.94	10.58	4.96	7.83	69.00	9
30%钻斗 EC	2.71	3.36	2.61	2.89	68.24		4.75	3.00	5.62	4.46	77.30	7
对照	8.97	6.31	12.1	9.11			17.2	22.47	19.3	19.65		

从表 2 可以看出，第一次药后 7d 调查结果表明，48%毒死蜱 EC 防治稻纵卷叶螟效果最好，平均防治效果达 92.10%；40%兴攻 EC、25%广治 EC、24%金矛 EC、40%惠螟 EC、20%水稻铁牛 EC 防治效果好，平均防治效果分别为 85.84%、85.29%、84.78%、84.67%、82.00%；10%顶锐 EC 和 20%螟卷快杀 EC 防治效果较好，平均防治效果为 78.23% 和 72.92%；30%钻斗 EC 防治效果较差，平均防治效果为 68.24%。

药后 17d 调查结果表明，20%水稻铁牛 EC 和 25%广治 EC 防治稻纵卷叶螟效果最好，平均防治效果分别为 94.85% 和 92.48%；24%金矛 EC、40%惠螟 EC、防治稻纵卷叶螟效果较好，防治效果分别为 88.38%、87.72%；48%毒死蜱 EC、40%兴攻 EC、30%钻斗 EC 和 10%顶锐 EC 防治稻纵卷叶螟效果一般，平均防治效果分别为 79.20%、78.61%、77.30% 和 77.07%；20%螟卷快杀防治效果最差，平均防治效果只有 69.00%。

3.2　试验分析　经对 7 月 24 日中稻试验田各小区稻纵卷叶螟白叶率数据进行方差分析，求得重复间 F 值为 3.45，<$F_{0.05}$ 理论值 3.74，表明重复间差异不显著；处理间 F 值为 11.40，>$F_{0.01}$ 理论值 6.51，表明处理间差异极显著。对 7 月 31 日中稻试验田各小区稻纵卷叶螟白叶率数据进行方差分析，处理间 F 值为 21.14，>$F_{0.01}$ 理论值 6.51，表明各处理间差异极显著。对 8 月 11 日调查稻纵卷叶螟白叶率数据进行方差分析，求得重复间 F 值

为 0.38，<$F_{0.05}$ 理论值 3.55，表明重复间差异不显著；处理间 F 值为 17.75，>$F_{0.01}$ 理论值 3.60，表明处理间差异极显著。8 月 18 日调查卷叶螟白叶率数据进行方差分析，求得各处理间实际 F 值为 41.32，>$F_{0.01}$ 理论值 3.60，表明各处理间差异极显著。

从表 1 可以看出，2 次调查结果防治效果基本一致，5%锐劲特 SC、25%广治 EC、40%惠螟 EC 的防治效果好，且防效稳定，40%兴攻 EC、40%毒死蜱 EC 和 24%阿维·毒 EC 防治稻纵卷叶螟效果较好，30%钻斗 EC 防治稻纵卷叶螟较差。从表 2 可以看出，由于各药剂配方、作用方式、作用速度不同，参试药剂 2 次调查防治效果存在差异，20%水稻铁牛 EC、25%广治 EC 药后 17d 防治效果较药后 7d 防治效果显著提高，均达到 90% 以上，说明持效长；40%惠螟 EC、24%金矛 EC 防治效果较好，且较稳定；2 次调查的防治效果在 84.67%～88.38%；48%毒死蜱 EC、40%兴攻 EC，作用速度较快，但持效期不长；30%钻斗 EC 作用速度较慢，防治效果不稳定，药后 7d 和 17d 防治效果分别为 68.24% 和 77.30%；10%顶锐 EC、20%螟卷快杀 EC，防治效果较差，2 次调查防治效果均在 69.00%～78.23% 之间。

4　结论

两地试验结果表明，5%锐劲特 SC 40 毫升/亩、

25％广治 EC80 毫升/亩、40％惠螟 EC80 毫升/亩、20％水稻铁牛 EC120 毫升/亩、24％金矛 EC80 毫升/亩、24％阿维·毒 EC 在稻纵卷叶螟低龄幼虫盛发期施用 1～2 次，对稻纵卷叶螟防治效果好、持效期长。48％毒死蜱 EC80 毫升/亩、40％兴攻 EC80 毫升/亩和 40％毒死蜱 EC80 毫升/亩、10％顶锐 EC80 毫升/亩对稻纵卷叶螟低龄幼虫防治效果较好，但持效期较短。30％钻斗 EC80 毫升/亩、20％螟卷快杀 EC80 毫升/亩和 10％顶锐 EC80 毫升/亩对稻纵卷叶螟防治效果较差，大发生年不宜使用。

9种农药防治水稻三化螟田间试验

罗 文 辉

（湖北省大冶市植保站 湖北 大冶 435100）

三化螟是水稻的重要害虫，重发年田间螟害率可达 30％以上。为筛选高效低毒的化学农药防治水稻三化螟，2007 年在大冶市大箕铺镇后畈村进行药效试验，现将试验情况总结如下：

1 基本情况

1.1 试验地点 大箕铺镇后畈村 9 组侯甫银家责任田。

1.2 试验田基本情况及农事操作 面积 1 670m²，排灌方便，肥力中等偏上。供试水稻品种金优 928。6 月 19 日浸种，6 月 21 日播种，秧田施 25％复合肥为底肥，三叶期喷施多效唑，除稗草，7 月 21～22 日移栽，亩施 30％复合肥 30kg 作底施，7 月 29 日追施尿素 150kg/hm²、钾肥 75kg/hm²。

2 试验材料和方法

2.1 供试药剂

40％毒·辛 EC（商品名：40％惠螟 EC）。主要成分：15％毒死蜱、25％辛硫磷。江苏省南京市惠宇农化有限公司生产。

25％毒死蜱 EC（商品名 25％广治 EC）。主要成分：25％毒死蜱。安徽华星化工股份有限公司生产。

40％毒死蜱 EC（商品名：40％兴攻 EC）。主要成分：40％毒死蜱。安徽华星化工股份有限公司生产。

480g/L 毒死蜱 EC（商品名：48％毒乐定 EC）。主要成分：48％毒死蜱。江苏富田农化有限公司生产。

30％唑磷·毒死蜱 EC（商品名：30％钻斗 EC）。主要成分：15％毒死蜱、15％三唑磷。湖北信风作物保护有限公司生产。

20％辛·唑磷 EC（商品名：20％水稻铁牛 EC）。主要成分：10％三唑磷、10％辛硫磷。广西田园生化股份有限公司生产。

24％氟铃·辛 EC（商品名：24％金矛 EC）。主要成分：0.7％氟铃脲、23.3％辛硫磷。山东泰诺药业有限公司生产。

10％甲维·毒死蜱 EC（商品名：10％顶锐 EC）。主要成分：9.9％毒死蜱、0.1％甲氨基阿维菌素苯甲酸盐。广西田园生化股份有限公司生产。

20％高渗辛硫磷 EC（商品名：20％螟卷快杀 EC）。主要成分：20％高渗辛硫磷。广西田园生化股份有限公司生产。

2.2 试验方法

2.2.1 小区设计 本试验按随机排列设 9 个药剂处理区和 1 个空白对照区，每处理设 3 次重复，共设 30 个小区，每小区面积 33m²。水稻移栽前，于7 月 28 日对各小区做宽 25cm×高 25cm 小田埂，避免各小区间药液相互窜流影响防治效果。重复间留 0.5m 宽排水沟，试验区四周设保护行。

2.2.2 药剂用量 40％毒·辛 EC1 200ml/hm²；

25%毒死蜱 EC1 200ml/hm²；40%毒死蜱 EC1 200ml/hm²；480g/L 毒死蜱 EC1 200ml/hm²；30%唑磷·毒死蜱 EC1 200ml/hm²；20%辛·唑磷 EC1 800ml/hm²；24%氟铃·辛 EC1 200 ml/hm²；10%甲维·毒死蜱 EC1 200ml/hm²；20%高渗辛硫磷 EC1 200ml/hm²。

2.2.3 施药方法　采用两步配药法，先将药剂按 1∶5 加清水配成母液，再按 600kg/hm² 加清水配成药液，对照区按 600kg/hm² 喷清水。试验采用喷雾法，先对 CK 区进行喷清水，使小区间保持相同湿度，然后再对处理区喷施药液，每种药液喷完后都用清水洗净喷雾器。试验根根虫情分别于 8 月 2 日和 8 月 8 日施药 2 次。

2.2.4 调查方法　试验采用平行跳跃式等距离取样，8 月 8 日和 8 月 18 日共调查 2 次，每小区调查 5 点，每点调查 20 蔸，计 100 蔸；分别记载调查总株数，被害株数，计算株被害率和防治效果。

3 试验结果与分析

3.1 试验结果

试验分别于 8 月 11 日（第一次药后 10d）、8 月 18 日（第一次药后 17d）调查防治效果。8 月 11 日调查结果见表 1。

表 1　不同药剂防治三化螟效果统计表

8 月 11 日

处　理	第一重复		第二重复		第三重复		平　均	
	螟害率(%)	防治效果(%)	螟害率(%)	防治效果(%)	螟害率(%)	防治效果(%)	防治效果(%)	位次
25%毒死蜱 EC	0.74	90.99	0.39	91.11	1.94	89.17	90.42	1
480g/L 毒死蜱 EC	1.20	85.20	0.33	92.47	1.88	89.46	89.04	2
40%毒·辛 EC	0.44	94.61	0.78	82.23	2.88	83.88	86.91	3
20%辛·唑磷 EC	1.48	81.83	1.23	71.83	0.30	98.34	84.00	4
40%毒死蜱 EC	1.09	86.56	2.10	51.85	1.14	93.64	77.35	5
30%唑磷·毒死蜱 EC	1.29	84.15	1.72	60.54	2.62	85.37	76.68	6
24%氟铃·辛 EC	1.79	78.06	2.04	53.36	6.14	65.65	65.69	7
10%甲维·毒死蜱 EC	2.91	64.31	2.37	45.85	3.10	82.67	64.28	8
20%高渗辛硫磷 EC	3.62	55.55	3.60	17.52	8.24	53.92	42.33	9
清水对照	8.14		4.37		17.88			

从表 1 可以看出，25%毒死蜱 EC 防治水稻三化螟效果最好，平均防治效果达 90.42%；480g/L 毒死蜱 EC、40%毒·辛 EC、20%辛·唑磷 EC 防治效果好，平均防治效果分别为 89.04%、86.91%、84.00%；40%毒死蜱 EC、30%唑磷·毒死蜱 EC 防治效果较好，平均防治效果分别为 77.35%和 76.68%；24%氟铃·辛 EC、10%甲维·毒死蜱 EC 防治效果一般，平均防治效果分别为 65.69%和 64.28%；20%高渗辛硫磷 EC 防治效果最差，平均防治效果只有 42.33%。

8 月 18 日调查结果见表 2。

表2 不同药剂防治三化螟效果统计表

8月18日

处　　理	第一重复		第二重复		第三重复		平　　均	
	螟害率(%)	防治效果(%)	螟害率(%)	防治效果(%)	螟害率(%)	防治效果(%)	防治效果(%)	位次
25%毒死蜱 EC	0.00	100.00	0.00	100.00	0.73	98.57	99.52	1
480g/L 毒死蜱 EC	1.25	89.79	0.62	94.71	1.65	96.75	93.75	5
40%毒·辛 EC	0.41	96.69	0.00	100.00	0.24	99.53	98.74	2
20%辛·唑磷 EC	0.21	98.29	0.41	96.49	1.92	96.22	97.00	3
40%毒死蜱 EC	3.63	70.36	2.71	76.80	3.22	93.67	80.27	7
30%唑磷·毒死蜱 EC	1.22	90.06	0.00	100.00	2.28	95.52	95.19	4
24%氟铃·辛 EC	4.06	66.81	5.57	52.41	10.39	79.55	66.26	8
10%甲维·毒死蜱 EC	2.24	81.66	2.61	77.67	2.69	94.71	84.68	6
20%高渗辛硫磷 EC	8.29	32.23	11.07	5.42	13.60	73.23	36.96	9
清水对照	12.24		11.70		50.82			

从表2可以看出，25%毒死蜱 EC 防治水稻三化螟效果最好，平均防治效果达99.52%，40%毒·辛 EC、20%辛·唑磷 EC、30%唑磷·毒死蜱 EC 和480g/L 毒死蜱 EC 防治水稻三化螟效果好，平均防治效果分别为98.74%、97.00%、95.19%和93.75%；10%甲维·毒死蜱 EC 和40%毒死蜱 EC 防治效果较好，平均防治效果分别为84.68%和80.27%；24%氟铃·辛 EC 防治效果一般，平均防治效果为66.26%；20%高渗辛硫磷防治效果差，平均防治效果只有36.96%。

3.2 试验分析

3.2.1 方差分析 经对8月11日调查螟害率试验数据进行变量分析，求得各处理间 F 值为4.96，＞F₀.₀₁理论值3.60，表明各处理间差异极显著。对8月18日调查螟害率数据进行变量分析，求得各重复间 F 值为2.00，＜F₀.₀₅理论值3.55，表明重复间差异不显著；求得各处理间 F 值为3.75，＞F₀.₀₁理论值3.60，表明各处理间差异极显著。

3.2.2 从表1和表2中可以看，25%毒死蜱 EC1 200ml/km² 防治效果最好，防效稳定；20%高渗辛硫磷 EC1 200ml/km² 防治效果最差；其他农药防治效果有小幅波动，分析主要原因有如下方面：第一是8月2日施药后，遇强降雨，各种农药的添加剂不一样，耐雨水冲涮能力不一样；第二是各种农药的配方不同，作用方式不同，如10%甲维·毒死蜱 EC 的配方为毒死蜱和甲氨基阿维菌素苯甲酸盐，甲氨基阿维菌素苯甲酸盐作用速度相对较慢，所以8月18日调查的防治效果优于8月11日的防治效果。

4 结论与探讨

试验表明，参试药剂的防治效果好，依次为25%毒死蜱 EC1 200ml/hm²、40%毒·辛 EC1 200ml/hm²、480g/L 毒死蜱 EC1 200ml/hm²、20%辛·唑磷 EC1800ml/hm²、30%唑磷·毒死蜱 EC1 200ml/hm²，可推广防治水稻三化螟。10%阿维·毒死蜱 EC1 200ml/hm² 和40%毒死蜱 EC1 200ml/hm² 防治效果较好，在小发生年，如果农药成本较低，可以推荐使用。24%氟铃·辛 EC1 200ml/hm²、20%高渗辛硫磷 EC1 200ml/hm² 防治效果较差，不宜用于防治水稻三化螟。

不同药剂防治水稻卵孵期纵卷叶螟药效探讨

吴 增 军

（浙江省江山市植保站　江山市江城北路 8 号四楼　324100　0570－4021219）

为明确各试验药剂对卵孵期水稻纵卷叶螟的药效，2009 年我们在江山市的早稻移栽田中进行了相关药剂的药效试验，现将结果总结报告如下：

1 材料与方法

1.1 供试药剂

20％辛·三唑（民兴）乳油（湖北仙隆化工）、40％水胺硫磷（戮螟）乳油（湖北仙隆化工）、1％甲维盐乳油（浙江天一农化）、40％毒死蜱（博乐）乳油（新安化工）、6％氟·甲悬浮剂（广东银农生化）、1％甲维盐（银农 1 号）乳油（广东银农生化）。

1.2 试验作物及防治对象

试验作物为早稻，品种为嘉育 253；防治对象为试验田中的三（2）代纵卷叶螟 [*Chilo suppressalis* (walker)]。

1.3 试验方法

1.3.1 试验设计 试验在江山市淤头镇新建村的早稻移栽田中进行，试验设亩施 20％辛·三唑（民兴）乳油 100ml、40％水胺硫磷（戮螟）乳油 140ml＋1％甲维乳油 50ml、40％毒死蜱（博乐）乳油 100ml＋1％甲维乳油 50ml、6％氟·甲悬浮剂 20ml、1％甲维盐（银农 1 号）乳油 20ml 及空白对照共 6 个处理，3 次重复，大区面积为 100m²，随机区组排列；其中作单剂试验的甲维盐为广东银农生化出产，作混剂试验的为浙江天一农化生产的药剂。

1.3.2 试验地概况 前茬为空闲田，土壤属沙壤土，pH5.6 左右，有机质含量 3.8％，亩施 40％复合肥 30kg 作底肥，5 月 1 日手插移栽。

1.3.3 施药时间及方法 本试验于当地二代纵卷叶螟前峰的卵孵高峰前期（即 6 月 6 日）施行，施时田间有水，各处理按亩用量对水 40kg 用工农 16 型背包式喷雾器细喷雾，整个试验就用药 1 次，没有进行第二次喷施。药前调查，平均百丛虫卵量为 13 粒（条），其中 1 级卵 7 粒，占 53.8％；2 级卵 5 粒，占 38.5％；幼虫 1 条，占 7.7％，正处卵孵化前期。施药时日均气温 25.6℃，天晴无风，药后 12h 内无雨。

1.3.4 调查内容与方法 于药后 3、7、14d 及 20d4 次目测观察各药剂对水稻生长、分蘖、叶色等的影响。药后 8、20d 2 次调查防效，采取平行跳跃式取样，每大区调查 3 点，每点调查 50 丛稻，计数总叶数、卷叶数，统计卷叶率，计算保叶效果，与对照区对比计算校正防效；剥查记载活虫数，与对照区残虫平均数比较计算虫口减退率和校正防效，并对各处理的防治效果进行差异显著性分析。

防效计算方法：

$$防效（\%）=\frac{对照区平均活虫数-处理区活虫数}{对照区平均活虫数}\times100$$

$$保叶效果（\%）=\frac{对照区平均卷叶率-处理区卷叶率}{对照区平均卷叶率}\times100$$

2 试验结果与分析

整个试验期间未见对水稻产生药害，各处理药剂对水稻安全。

2.1 残虫校正防效

药后 8d 调查，总体防效较好，除亩施 20％辛·三唑乳油 100ml 与 1％甲维盐乳油 20ml 的校正防效为 94.4％外，其余各处理均为 100％，它们之间差异不显著。药后 20d 定局调查，亩施 20％辛·三唑乳油 100ml、40％水胺硫磷乳油 140ml＋1％甲维乳油 50ml、40％毒死蜱乳油 100ml＋1％甲维乳油 50ml、6％氟·甲悬浮剂 20ml、1％甲维盐乳油 20ml 的残虫校正防效分别为 92.8％、82.1％、92.8％、92.8％、74.9％、其中 1%甲维盐乳油与 40%水胺硫磷乳油＋1%甲维乳油的校正防效相当，差异不显著，与其余三处理（它们之间差异不显著）差异达显著水平（详见表1）。

表1　不同药剂防治卵孵期稻纵卷叶螟防效（浙江　江山）

处理（毫升/亩）	药后 8d								药后 20d							
	卷叶防效%			残虫防效%					卷叶防效%				残虫防效%			
20%辛·三唑乳油 100	81.2	B	b	94.4	A	a			83.9	A	a		92.8	A	a	
40%水胺硫磷 140＋1%甲维 50	100	A	a	100	A	a			78.5	A	ab		82.1	A	ab	
40%毒死蜱 100＋1%甲维 50	95.3	AB	ab	100	A	a			84.8	A	a		92.8	A	a	
6%氟·甲悬浮剂 20	95.3	AB	ab	100	A	a			82.1	A	a		92.8	A	a	
1%甲维盐（银农）乳油 20	95.3	AB	ab	94.4	A	a			67.7	A	b		74.9	A	b	
CK	—			—					—				—			

2.2　保叶效果 药后 8d 调查，亩施 40%水胺硫磷乳油 140ml＋1%甲维乳油 50ml 处理最好，保叶效果为 100%，极显著优于 20%辛·三唑乳油 100ml 处理的保叶效果，后者仅为 81.2%；其余三处理保叶效果均为 95.3%，与上述二处理相当，差异不显著。药后 20d 定局调查，亩施 40%毒死蜱乳油 100ml＋1%甲维乳油 50ml、100%辛·三唑乳油 100ml、6%氟·甲悬浮剂 20ml 与 40%水胺硫磷乳油 140ml＋1%甲维乳油 50ml 等 4 个处理的保叶效果分别为 84.8%、83.9%、82.1% 与 78.5%，它们之间的保叶效果相当，差异不显著；1%甲维盐乳油 20ml 的保叶效果较差，仅为 67.7%，与它们之间的差异达显著水平（详见表1）。

2.3　直观效果 今年本地二代稻纵卷叶螟发生量相对较高，并出现明显的前后峰，从田间赶蛾观察，前峰为 5 月 29 日，亩均蛾量为 107.8 只，主峰为 6 月 14 日，亩均蛾量为 351 只，我们试验的为前峰。主峰危害后，使药效短的药剂在后期防效不理想，如 1%甲维盐（银农 1 号）乳油表现就较差。

3　小结

试验结果表明：在本试验条件和用量范围内，各试验药剂在用量范围内对水稻安全。在生产上推荐防治稻纵卷叶螟，只要掌握在卵孵高峰期喷施，按防治用量均能达到理想的防治效果。但 1%甲维盐（银农 1 号）乳油的药效较短，在出现多蛾峰的情况下要进行多次防治，否则要影响防效。

24%氰氟虫腙 SC 对稻纵卷叶螟的防治效果

陈峰　罗举　赖凤香　傅强

（中国水稻研究所　杭州　310006）

稻纵卷叶螟 Cnaphalocrocis medinalis (Güenée) 是水稻上的一种重要的迁飞性害虫。近年来屡屡大发生，2003 年、2005 年更是特大暴发[1]。化学药剂是防治稻纵卷叶螟最常用的方法，目前虽在生产上防治稻纵卷叶螟使用较多的是毒死蜱和阿维菌素，但含氟虫腈的单剂[2]或混剂[3]亦常在防治稻纵卷叶螟和其他水稻害虫中使用，由于氟虫腈对蜜蜂和水生昆虫毒性很大[4]，对环境不友好，2009 年 7 月将被禁用，筛选安全合适的防治稻纵卷叶螟的替代农药是当务之急，氰氟虫腙

(metaflumizone)是德国巴斯夫公司和日本农药公司联合开发的一种全新的化合物，属于缩氨基脲类杀虫剂，其杀虫机制独特，通过附着在钠离子通道的受体上，阻碍钠离子通行，与菊酯类或其他种类的化合物无交互抗性。该药主要是通过害虫取食进入其体内发生胃毒杀死害虫，触杀作用较小，无内吸作用[5]。为明确该药对稻纵卷叶螟防治情况，笔者于 2006 年 8～10 月在杭州中国水稻研究所富阳实验基地对 24%氰氟虫腙 SC 进行了田间药效试验和安全性观察。

1 材料及方法

1.1 供试药剂
24%氰氟虫腙 SC，德国巴斯夫股份有限公司生产、提供。

1.2 对照药剂
15%安打 SC，美国杜邦公司生产、市售；

5%锐劲特 SC，拜耳杭州作物科学有限公司生产、市售。

1.3 试验作物及防治对象
试验作物为双季晚稻，品种是秀水 115（常规粳稻），防治对象为六（4）代稻纵卷叶螟幼虫。

1.4 试验方法
试验在杭州中国水稻研究所富阳实验基地双季晚稻田内进行，面积 480m²。前作空闲，土质为青紫泥水稻土，有机质含量中等偏上，肥力中上等水平，排灌方便。

稻苗 7 月 20 日移栽，8 月 30 日用药时水稻处分蘖末期，田间苗情较好，生长一致。试验共设 6 个处理（含清水对照），重复 3 次，小区面积 22m²，随机区组排列。

1.4.1 处理设置与施药方法
试验用药处理见表 1。采用工农 16 型背负式喷雾器喷雾，每亩药量对水 50kg，施药一次，施药时，水稻处于分蘖末期，田间有水层 2～3cm。

表 1 各试验处理及用药量

供试产品	有效成分（g/hm²）	制剂量（毫升/亩）
24%氰氟虫腙 SC	90	25
24%氰氟虫腙 SC	126	35
24%氰氟虫腙 SC	162	45
15%安打 SC	18	8
5%锐劲特 SC	37.5	50
CK（空白对照）	0	0

1.4.2 调查内容与方法
参照 GB/T17980.2—2000 农药田间药效试验准则（一），杀虫剂防治稻纵卷叶螟，于施药前和施药后第 3、7、14d 分别进行四次调查，每小区 5 点取样，每点 5 丛水稻，共调查 25 丛稻的所有虫苞数及虫口虫数量。在进行防治效果调查时，每次还目测调查了施药对水稻生长的影响。防治效果调查结束后，继续对水稻生长情况进行目测观察，考察各施药处理对水稻有无药害。

计算卷叶率、保叶效果、虫口减退率和校正虫口减退率，同时用 DPS（唐启义等，2003）进行方差分析和差异显著性测定。

卷叶率＝调查卷叶数/调查总叶数×100%

$$保叶效果＝\frac{对照区药后卷叶率－处理区药后卷叶率}{对照区药后卷叶率}×100\%$$

$$虫口减退率＝\frac{处理前平均虫量－处理后平均虫量}{处理前平均虫量}×100\%$$

$$校正虫口减退率＝\frac{处理区虫口减退率－对照区虫口减退率）}{1－对照区虫口减退率}×100\%$$

2 结果及分析

2.1 保叶效果
药前（8 月 28 日），各小区平均卷叶率在 4.5%～5.6%之间，且小区间无显著差异（p＞0.05）。药后 3d，各处理卷叶率均有所下降，24%氰氟虫腙 SC 的 3 个剂量保叶效果介于 19.2%～29%之间，与对照锐劲特、安打保叶效果相当；药后 7d（表 2），各处理卷叶率虽变化不同但保叶效果较药后 3d 均有所提高，除 24%氰氟虫腙 35 毫升/亩处理和锐劲特、安打处理相当外，其他两处理（保叶效果分别为 47.8%和 48.6%）要略优于锐劲特、安打（均为 26.7）。药后 14d，氰氟虫腙三个处理卷叶率下降均较明显（下降了 2.2%～2.5%），与锐劲特处理卷叶率下降相当（下降 3.4%），但显著高于安打处理（仅下降 0.3%），24%氰氟虫腙 SC 的 3 个剂量保叶效果介于 57.8%～65.8%之间，与锐劲特相当（保叶效果 68.6%），但高于安达（保叶效果 40.7%）17～25 个百分点。24%氰氟虫腙 SC 的 3 个剂量中以高剂量（45 毫升/亩）处理保叶效果最好。

表 2 24%氰氟虫腙 SC 防治稻纵卷叶螟后水稻的卷叶率与保叶效果

处理	药前卷叶率（%）	药后 3d		药后 7d		药后 14d	
		卷叶率（%）	保叶效果（%）	卷叶率（%）	保叶效果（%）	卷叶率（%）	保叶效果（%）
24%氰氟虫 SC 25 毫升/亩	5.3±0.5a	4.5±0.5a	19.2±4.7a	3.8±2.1a	48.6±16.4a	2.8±1.1a	60.7±9.1a
24%氰氟虫 SC3 5 毫升/亩	5.5±0.7 a	4.2±1.2a	25.4±12.6a	5.5±1.6a	26.3±12.6a	3.0±1.2a	57.8±10.1a
24%氰氟虫 SC 45 毫升/亩	4.6±1.7a	4.0±0.2a	29.0±1.7a	3.9±2.2a	47.7±17.3a	2.4±1.3a	65.8±10.9a
15%安打 SC 8 毫升/亩	4.5±1.7a	4.0±0.6a	29.1±6.5a	5.4±2.1a	26.7±16.1a	4.2±0.7a	40.7±5.5a
5%锐劲特 SC 50 毫升/亩	5.6±0.5a	4.3±2.3a	22.9±23.4a	5.4±2.2a	26.7±17.4a	2.2±1.9a	68.6±15.9a
清水对照	5.1±0.6a	5.6±2.7a		7.4±1.2a		7.1±1.0b	

注：数据为平均数±标准差，后随相同英文字母者示不同药剂处理间无显著差异（Duncan's 新复极差法，p > 0.05）；除特别注明外，下同。

2.2 杀虫效果

药前各小区虫口密度为 74～89.3 头/百丛，分布均匀，且小区间无显著差异。药后 3d，24%氰氟虫腙 SC 的 3 个剂量杀虫效果（校正虫口减退率）均较好且在不同处理间存在差异，以高剂量处理（45 毫升/亩）杀虫效果最好，为 94.4%（表 3），略高于锐劲特（92.3%）；25 毫升/亩、35 毫升/亩处理杀虫效果（分别为 83.2% 和 86.3%）虽略低于锐劲特，但要好于安打（73.0%）。药后 7d（表 3），杀虫效果与药后 3d 均有一定提高，24%氰氟虫腙 SC 的 3 个剂量处理的杀虫效果介于 89.5%～96.6%之间（表 3），与对照锐劲特（98.3%）相当，但高于安打（73.7%）16～23 个百分点；三个剂量中，以高剂量的杀虫效果最好。药后 14d24%氰氟虫腙 SC 的 3 个剂量处理杀虫效果变化较大，35 毫升/亩处理杀虫效果最好（为 96.2%）要略高于锐劲特，25 毫升/亩处理杀虫效果（85.3%）虽略低于锐劲特，但比安打（70.7%）高出 15 个百分点，45 毫升/亩在 3 个剂量处理间略低和安打相当。

表 3 24%氰氟虫腙 SC 防治稻纵卷叶螟的杀虫效果

处理	药前虫量（百丛）	药后 3d		药后 7d		药后 14d	
		虫口减退率（%）	校正虫口减退率（%）	虫口减退率（%）	校正虫口减退率（%）	虫口减退率（%）	校正虫口减退率（%）
24%氰氟虫 SC 25 毫升/亩	74.7±20.5a	74.9±31.6a	83.2±23.1a	80.5±19.2a	89.5±10.5a	62.2±21.0a	85.3±0.8a
24%氰氟虫 SC 35 毫升/亩	80.0±17.4a	77.9±17.5a	86.3±12.8a	97.0±14.1a	93.1±7.5a	89.3±10.0a	96.2±1.9a
24%氰氟虫 SC 45 毫升/亩	74.7±42.0a	89.5±10.2a	94.4±5.0a	93.6±0.7a	96.6±3.5a	45.8±70.1a	68.5±48.2a
15%安打 SC 8 毫升/亩	89.3±30.2a	52.2±33.4 a	73.0±17.2a	48.8±48.0a	73.7±25.4a	84.3±19.9 a	70.7±27.5a
5%锐劲特 SC 50 毫升/亩	86.7±2.3a	84.3±16.8 a	92.3±8.4 a	96.9±2.7a	98.3±1.4a	84.3±19.9a	92.0±9.3a
清水对照	74.0±4.0a	−80.6±33.7b		−95.9±15.6b		−151.4±124.7b	

3　结论与讨论

氰氟虫腙对水稻、玉米、棉花等16种农作物上的28种鳞翅目、鞘翅目害虫有较强的杀虫活性[5]。本试验表明，24%氰氟虫腙SC对稻纵卷叶螟的杀虫效果在药后3d即有明显效果，药后7d增加达到最佳、14d杀虫效果亦保持在较高水平，药效持续时间14d以上。而就保叶效果来说，以药后14d的效果最好。总体上看，24%氰氟虫腙SC的3个用药剂量（制剂用量25、35、45毫升/亩）对稻纵卷叶螟的田间防治效果与锐劲特最高推荐用量的防治效果接近，且优于安达。3个施药剂量间防治效果没有明显差异，药后14d45毫升/亩处理在保叶效果上最好，而35毫升/亩处理则在杀虫效果上最佳。

2007年1月全面禁止甲胺磷等5种高毒有机磷农药后，锐劲特等替代农药在防治水稻害虫上发挥了重要作用。2009年7月锐劲特将被禁用，究其原因是氟虫腈对蜜蜂和水生生物毒性很大，对环境不友好。而德国巴斯夫生产的氰氟虫腙对有益生物影响很小，由于低毒和对环境友好，该药被美国环境署认定为减低风险的化合物[5]。我们在试验中也观察到24%氰氟虫腙SC对水稻安全，无药害作用。因此在锐劲特等环境不友好型农药退出历史的舞台后，环境友好型杀虫剂氰氟虫腙必将在害虫的综合防治上起到重要作用。

参考文献

[1] 翟保平，程家安. 2006年水稻两迁害虫研讨会纪要 [J]. 昆虫知识，2006，43（4）：585～588

[2] 袁义友，李国强，李华等. 锐劲特防治稻纵卷叶螟效果评价 [J]. 广东农业科学，2007，（9）：74～75

[3] 韦永保，胡长安，施守华. 锐劲特防治稻纵卷叶螟试验分析 [J]. 安徽农业，2004（5）：16～17

[4] 苏梅，盛祝梅，李孔浩等. 锐劲特防治水稻稻纵卷叶螟药效试验 [J]. 现代农业科技，2007，（17）：90

[5] 李鑫. 新型杀虫剂氰氟虫腙 [J]. 农药，2007，46（11）：774～776

20%氟虫双酰胺（垄歌）WDG防治水稻第一代二化螟效果

陈再廖[1]　朱洁[1]　莫小平[2]　范仰东[1]

（1. 温州市植物保护站　浙江　温州　325000　2. 瑞安市植保站　浙江　瑞安　325200）

二化螟是水稻的主要害虫，连作稻区及单、双季混栽稻区发生为害较重。目前生产上防治二化螟的当家农药——锐劲特（氟虫腈）即将禁用，因此防治二化螟的高效药剂将更加缺乏。氟虫双酰胺（垄歌）是一种全新的化学杀虫剂，据有关资料介绍对水稻二化螟、稻纵卷叶螟及其他鳞翅目害虫均有较好的防治效果，为了证实该药剂对二化螟的防治效果，探讨其防治技术，笔者进行了有关试验。

1　材料与方法

1.1　供试药剂　20%氟虫双酰胺（垄歌）WDG

（日本农药株式会社）、20%氯虫苯甲酰胺（康宽）SC（美国杜邦公司）、40%氯虫苯甲酰胺·噻虫嗪（福戈）WDG（瑞士先正达公司）、24%氰氟虫腙（艾法迪）SC（德国巴斯夫公司）、5%锐劲特SC（拜耳杭州作物科学公司）、20%三唑磷EC（湖北仙桃农药厂）。

1.2　试验设计

1.2.1　垄歌等不同药剂对比试验，设每亩用垄歌10g、康宽10ml、福戈8g、艾法迪30ml、锐劲特50ml、三唑磷150ml，以不施药为对照，每处理均3次重复，小区面积66.7m²。

1.2.2　垄歌防治适期试验，设每亩用垄歌10g分别在二化螟卵孵盛期，1～2龄幼虫期和2龄幼虫高峰期施药，以不施药为对照，每处理均3次重复，小区面积66.7m²。

1.2.3 垄歌不同用药量试验，设每亩用垄歌10g、8g和5g三种药量，在二化螟1～2龄幼虫期施药，以不施药为对照，每处理均3次重复，小区面积66.7m²。

1.2.4 垄歌等不同药剂大田示范试验，设每亩用垄歌10g、康宽10ml、艾法迪30ml、锐劲特50ml、三唑磷150ml等施药区，以不施药为对照，施药区面积333.3m²，对照区面积133.4m²，不设重复。

1.3 试验和调查方法 试验在瑞安市飞云镇阁巷办事处阁一村进行。选择早插嫩绿早稻作供试田块，小（大）区之间筑小田埂，防止田水串灌。每次施药前调查二化螟幼虫龄期，施药后3d调查幼虫死亡率，计算杀虫效果。二化螟为害稳定期调查水稻枯心株率和残留二化螟虫量，计算保苗效果和

虫口减少率。

试验用永佳NS-16型背负式喷雾器喷雾防治，每亩用水量30kg。记载施药期间天气情况。

2 结果与分析

2.1 氟虫双酰胺等不同药剂防治第一代二化螟效果 试验表明，20％氟虫双酰胺WDG对二化螟低龄幼虫有显著的防治效果。每亩用氟虫双酰胺10g在二化螟1～2龄幼虫期施药，3d后杀虫效果86.4％，与氯虫苯甲酰胺10ml杀虫效果相近，显著优于福戈8g的效果，极显著优于锐劲特、艾法迪、三唑磷等药剂。20％氟虫双酰胺10g的保苗效果和虫口减少率更加显著，药后28d调查，保苗效果98.4％，虫口减少率98.1％，显著优于福戈、锐劲特等药剂，也优于氯虫苯甲酰胺的保苗效果，但未达到显著水平（表1）。

表1 氟虫双酰胺等药剂防治第一代二化螟效果（瑞安，2009）

供试药剂	用药量（毫升·克/亩）	治后3d			杀虫效果（%）	治后28d		保苗效果（%）	残留虫量（条/亩）	虫口减少率（%）
		总虫	死虫	死亡率%		枯心株	枯心率%			
氟虫双酰胺	10	61	53	86.9	86.4 a	3	0.04	98.4 a	33	98.1
氯虫苯甲酰胺	10	59	52	87.8	87.3 a	12	0.18	93.3 a	100	94.2
氯虫·噻虫嗪	8	62	50	80.4	79.6 b	31	0.47	82.4 b	300	82.7
氰氟虫腙	30	60	32	53.6	51.7 c	97	1.53	42.7 c	800	53.8
锐劲特	50	58	33	55.6	53.8 c	27	0.39	85.4 b	267	84.6
三唑磷	150	63	29	46.1	43.9 d	106	1.63	39.0 c	900	48.1
CK	—	63	3	3.9	—	196	2.67	—	1 733	—

注：5月15日施药，当时二化螟幼虫1龄占58.3％、2龄占41.7％；6月13日调查枯心率和残留虫量，每小区查150丛水稻，每亩种植1.5万丛。

2.2 氟虫双酰胺防治第一代二化螟适期试验 从表2看出，20％氟虫双酰胺WDG防治第一代二化螟适宜时间较宽。在5月10日二化螟卵孵盛期，每亩用氟虫双酰胺10g喷治，杀虫效果和保苗效果分别达到92.8％和92.3％；5月15日二化螟1～2

龄幼虫期施药，杀虫效果和保苗效果达到90.0％和93.8％；5月19日二化螟2龄幼虫高峰期施药，3d后杀虫效果84.0％，虽有明显下降，但保苗效果和虫口减少率仍高达94.3％和92.3％。

表2 氟虫双酰胺防治第一代二化螟适期试验（瑞安，2009）

施药时间		治后3d			杀虫效果（%）	治后29～34d		保苗效果（%）	残留虫量（条/亩）	虫口减少率（%）
日期	虫龄期	总虫	死虫	死亡率%		枯心株	枯心率%			
5.10	卵孵盛期	32	29	93.0	92.8 a	12	0.16	92.3 a	133	89.8
5.15	1～2龄期	60	54	90.2	90.0 ab	9	0.13	93.8 a	200	92.3
5.19	2龄高峰期	62	52	84.4	84.0 b	8	0.12	94.3 a	100	92.3
CK	—	39	1	2.2	—	140	2.09	—	1 300	—

注：5月10日枯鞘初见期，均为1龄幼虫；5月15日1龄占58.3％、2龄占41.7％；5月19日1龄占44.7％、2龄占50％、3龄占5.3％。6月14日调查枯心率和残留虫量，每小区查150丛水稻，每亩种植1.5万丛。

2.3　氟虫双酰胺防治第一代二化螟用药量试验

试验表明，每亩用 20% 氟虫双酰胺 10g 在第一代二化螟 1～2 龄幼虫期防治，杀虫效果和保苗效果分别达到 90.0% 和 93.8%；每亩用药量 8g，杀虫效果与和保苗效果分别为 74.6% 和 87.1%，杀虫效果与 10g 差异显著，但保苗效果的差异未达显著水平。氟虫双酰胺每亩用量 5g，杀虫效果明显下降，但保苗效果仍达 82.8%（表3）。

表3　氟虫双酰胺不同药量防治第一代二化螟效果（瑞安，2009）

供试药剂	用药量（克/亩）	治后 3d			杀虫效果（%）	治后 29d		保苗效果（%）	残留虫量（条/亩）	虫口减少率（%）
		总虫	死虫	死亡率%		枯心株	枯心率%			
氟虫双酰胺	10	60	54	90.2	90.0 a	9	0.13	93.8 a	100	92.3
氟虫双酰胺	8	56	40	75.2	74.6 b	19	0.27	87.1 ab	167	87.2
氟虫双酰胺	5	69	43	62.3	61.5 c	24	0.36	82.8 b	233	82.1
CK	—	39	1	2.2	—	140	2.09	—	1 300	—

注：5月15日施药，当时二化螟幼虫 1 龄占 58.3%、2 龄占 41.7%；6月14日调查枯心率和残留虫量，每小区查 150 丛水稻，每亩种植 1.5 万丛。

2.4　氟虫双酰胺等药剂防治第一代二化螟示范试验

从表4看出，20% 氟虫双酰胺和 20% 氯虫苯甲酰胺对第一代二化螟低龄幼虫均有显著的防治效果。每亩用氟虫双酰胺 10g，杀虫效果和保苗效果分别达到 91.7% 和 98.5%；每亩氯虫苯甲酰胺 10ml，杀虫效果和保苗效果达到 93.5% 和 97.3%，明显优于锐劲特等药剂，与小区试验结果一致。

表4　氟虫双酰胺等药剂防治第一代二化螟大田示范试验（瑞安，2009）

供试药剂	用药量（毫升·克/亩）	治后 3d			杀虫效果（%）	治后 28d		保苗效果（%）	残留虫量（条/亩）	虫口减少率（%）
		总虫	死虫	死亡率%		枯心株	枯心率%			
氟虫双酰胺	10	25	23	92.0	91.7	6	0.03	98.5	20	98.7
氯虫苯甲酰胺	10	32	30	93.8	93.5	11	0.05	97.2	40	97.3
氰氟虫腙	30	38	28	73.7	72.6	232	0.96	44.5	790	47.3
锐劲特	50	40	26	65.0	63.5	62	0.26	84.9	190	87.3
三唑磷	150	35	16	45.7	43.3	285	1.23	28.9	910	39.3
CK	—	11	0	0	—	423	1.73	—	1 500	—

注：5月16日施药，当时二化螟 1 龄占 45.5%、2 龄占 54.5%；6月13日调查枯心率和残留虫量，每大区调查 1080 丛水稻，按 3 次重复计数，每亩种植 1.08 万丛。

3　小结与讨论

试验结果表明，20% 氟虫双酰胺 WDG 对水稻第一代二化螟有显著的防治效果。在二化螟 1～2 龄幼虫期，每亩用量 10g，杀虫效果 90% 左右，保苗效果和控虫效果均可达到 95% 左右，与 20% 氯虫苯甲酰胺 10ml 的效果无显著差异，显著优于福戈、锐劲特等其他治螟药剂。在第一代二化螟卵孵盛期至 2 龄幼虫高峰期，每亩用氟虫双酰胺 10g 均有显著的防治效果，考虑到第一代二化螟盛发期长，峰次多，防治适期以 1～2 龄幼虫期为宜，即田间出现明显枯鞘时施药为准。20% 氟虫双酰胺不同用药量试验表明，每亩用量以 10g 加水 30kg 喷雾防治最为稳妥，如用药量减少，杀虫效果明显下降。

随着锐劲特的禁用和二化螟对常用药剂抗性的增强，氟虫双酰胺等高效、安全，对生态友好的新药剂将成为防治二化螟、稻纵卷叶螟的主要农药品种。因此，科学使用氟虫双酰胺，防止和延缓害虫对该药剂抗性的产生，应引起各方的关注和重视。

6种替代高毒农药杀虫剂防治水稻稻纵卷叶螟药效试验初报

曾敬富[1]　黄向阳[2]　徐海莲[3]　肖艳[1]　王萍[1]

(1. 江西省吉安市吉州区农业局　江西　吉安吉州区阳明西路30号 343000
2. 江西省植保植检局　江西　南昌　330096
3. 江西省吉安市植保植检局　江西　吉安　343000)

水稻稻纵卷叶螟（Cnaphalocrocis medinalis Guenee）属鳞翅目，螟蛾科，别名刮青虫，是水稻生产中一种重要的迁飞性害虫，主要以幼虫取食叶肉，仅留表皮，形成白色条斑，致水稻千粒重降低，秕粒增加，造成减产。目前在生产上主要以化学防治为主，所用药剂大多为乙酰甲胺磷、毒死蜱等有机磷杀虫剂和杀虫双等沙蚕毒素类药剂，害虫体内产生了很强的抗药性，加上近年来世代重叠严重，导致防治效果一直很不理想。为了筛选出防治稻纵卷叶螟高效、低毒、低残留、防效时间长的药剂，并为确定高毒农药替代品种和配套使用技术提供科学依据，我们于2008年开展了田间药效试验筛选。

1　材料与方法

1.1　试验条件

1.1.1　试验对象、作物和品种的选择　试验对象：第四代稻纵卷叶螟（Cnaphalocrocismedinalis）。

作物：水稻（杂交晚稻）；品种：金优402。

1.1.2　环境条件　试验设在江西省吉安市吉州区曲濑乡瓦桥村王水平的晚稻田中进行。所选试验田为传统连片双季稻种植区，土质较好，灌溉便利，前茬为早稻，移栽时间为7月15日，栽植密度为1.95万穴左右，施药时水稻处于分蘖末期，叶色嫩绿，长势良好。试验时四代稻纵卷叶螟为卵孵化盛期。各试验小区的栽培及肥水管理等条件均一致，且符合当地科学的农业实践。

1.2　试验设计和安排

1.2.1　试验药剂　16%阿维·哒嗪乳油，南京大学实验农药厂提供。

30%甲维·毒死蜱乳油，河北威远生物化工股份有限公司提供。

25%阿维·毒死蜱乳油，河北威远生物化工股份有限公司提供。

20%氯虫苯甲酰胺悬浮剂（康宽），美国杜邦公司提供。

20%除虫脲·毒死蜱乳油，河北威远生物化工股份有限公司提供。

1%甲胺基阿维菌素苯甲酸盐 EC（威克达），河北威远生物化工股份有限公司提供。

1.2.2　对照药剂　50%甲胺磷乳油，河北威远生物化工股份有限公司产品，市售。

1.2.3　药剂用量与编号

表1　供试药剂试验设计

处理编号	药剂名称	施药剂量 制剂量：毫升/亩	施药量（有效成分量） g/hm²
A1	16%阿维·哒嗪乳油	65	156
A2	16%阿维·哒嗪乳油	80	192
A3	16%阿维·哒嗪乳油	100	240
B1	30%甲维·毒死蜱乳油	33.33	150

（续）

处理编号	药剂名称	施药剂量 制剂量：毫升/亩	施药量（有效成分量） g/hm²
B2	30%甲维·毒死蜱乳油	50	225
B3	30%甲维·毒死蜱乳油	66.67	300
C1	25%阿维·毒死蜱乳油	60	225
C2	25%阿维·毒死蜱乳油	80	300
C3	25%阿维·毒死蜱乳油	100	375
D1	20%氯虫苯甲酰胺悬浮剂	8	24
D2	20%氯虫苯甲酰胺悬浮剂	10	30
D3	20%氯虫苯甲酰胺悬浮剂	12	36
E1	20%除虫脲·毒死蜱乳油	50	150
E2	20%除虫脲·毒死蜱乳油	75	225
E3	20%除虫脲·毒死蜱乳油	100	300
F1	1%甲胺基阿维菌素苯甲酸盐乳油	30	4.5
F2	1%甲胺基阿维菌素苯甲酸盐乳油	45	6.75
F3	1%甲胺基阿维菌素苯甲酸盐乳油	60	9
G	50%甲胺磷乳油	150	1125
H	清水对照（CK）	—	—

1.2.4 小区安排 各小区随机区组排列，小区之间筑小埂隔开以防止田水串灌。小区面积为66.7m²，四次重复。

1.2.5 施药方法 使用喷雾法施药，按照试验设计用药量由低浓度至高浓度配药液，采用WS-16型（山东卫士）背负式手动高压喷雾器对水稻稻株叶片细水进行均匀喷雾，每亩用药液对水45L均匀喷雾。

2009年8月18日第四代稻纵卷叶螟卵孵化盛期施药1次，共施药1次，水稻生育期处于分蘖期，试验期间为晴天多云。试验地为壤土，pH6.8左右，耕作层深25cm左右，有机质含量丰富，肥力水平较高，排灌方便，产量水平为450千克/亩左右，试验期间保持田间水深3～5cm，水稻移栽后7d施用过除草剂一次，田间杂草极少。

1.3 调查方法

1.3.1 调查方法、时间和次数 于施药前（8月18日）调查虫口基数，药后7d和14d分别调查虫苞量和残虫量，共调查3次。

1.3.2 调查方法 五点取样法，每小区取五点，每点查5丛，共查25丛水稻，每株调查上部3片叶，记录总叶数、卷叶数，统计卷叶率，与对照区卷叶率比较，计算相对防效，同时调查卷叶内有

虫率。

1.3.3 对作物的直接影响 试验期间观察，试验药剂各剂量处理区水稻生长正常，未见药害和对水稻的有益影响。

1.3.4 对其他生物影响 试验期间未观察到试验药剂对其他病虫草等的明显影响，也未观察到试验药剂对天敌及有益生物的明显影响。

2 结果与分析

试验表明，该组试验药剂16%阿维·哒嗪乳油每亩有效成分用量10.4～16g，30%甲维·毒死蜱乳油每亩有效成分用量10～20g，25%阿维·毒死蜱乳油每亩有效成分用量15～25g，20%氯虫苯甲酰胺悬浮剂（康宽）每亩有效成分用量1.6～2.4g，20%除虫脲·毒死蜱乳油每亩有效成分用量10～20g，1%甲胺基阿维菌素苯甲酸盐乳油（威克达）每亩有效成分用量0.3～0.6g；对水稻稻纵卷叶螟有较好的防治效果，喷雾处理1次，药后7d的杀虫效果分别为85.65%～92.66%、86.36%～92.29%、88.49%～93.56%、91.17%～97.66%、88.45%～93.8%和88.62%～93.72%；药后14d的保苗防效分别为88.45%～93.97%、88.53%～

93.55％、89.56％～93.66％、92.58％～95.36％、88.98％～94.52％和89.36％～93.88％。该组试验药剂比对照药剂50％甲胺磷乳油（制剂）150毫

升/亩处理的防效高，防效间存在显著性差异。（见表2）

表2　不同杀虫剂防治稻纵卷叶螟药剂配套应用技术试验结果

| 处理编号 | 药后7d | | | | | | 药后14d | | | | | |
| | 杀虫防效(%) | 差异显著性 | | 卷叶率防效(%) | 差异显著性 | | 杀虫防效(%) | 差异显著性 | | 卷叶率防效(%) | 差异显著性 | |
		5%	1%		5%	1%		5%	1%		5%	1%
A_1	85.65	d	E	85.00	g	H	87.57	e	DE	88.45	g	F
A_2	91.55	bc	BCDE	90.06	de	EF	92.43	bc	BC	92.47	ef	CDE
A_3	92.66	bc	ABC	92.28	bc	BCDE	93.40	bc	AB	93.97	bcd	ABC
B_1	86.36	d	DE	85.21	g	H	86.75	—	E	88.53	g	F
B_2	91.08	bc	BCDE	89.50	e	FG	92.43	bc	BC	91.90	f	E
B_3	92.29	bc	ABCD	91.48	cd	CDEF	93.45	bc	AB	93.55	bcde	ABCDE
C_1	88.49	cd	CDE	87.46	f	G	87.79	de	DE	89.56	g	F
C_2	92.54	bc	ABC	90.49	de	DEF	92.26	c	BC	92.05	f	DE
C_3	93.56	ab	ABC	92.50	bc	BCD	93.26	bc	AB	93.66	bcde	ABCDE
D_1	91.17	bc	BCDE	91.72	cd	BCDEF	91.40	cd	BCD	92.58	def	CDE
D_2	95.12	ab	AB	93.92	ab	AB	94.40	abc	AB	94.12	abc	ABC
D_3	97.66	a	A	95.20	a	A	96.76	a	A	95.36	a	A
E_1	88.45	cd	CDE	87.74	f	G	88.63	de	CDE	88.98	g	F
E_2	91.06	bc	BCDE	92.22	bc	BCDE	92.00	c	BC	93.26	bcdef	BCDE
E_3	93.80	ab	ABC	93.61	ab	ABC	95.58	ab	AB	94.52	ab	AB
F_1	88.62	cd	CDE	87.50	f	G	87.73	e	DE	89.36	g	F
F_2	92.45	bc	ABC	92.28	bc	BCDE	91.33	cd	BCD	92.82	cdef	BCDE
F_3	93.72	ab	ABC	93.27	bc	ABC	93.47	bc	AB	93.88	bcde	ABCDE
G	77.99	e	F	74.25	h	I	78.60	f	F	75.85	h	G
H	—		—				—			—		

　　注：①各处理间防效分别为4次重复的平均值。②差异显著性测定采用"DMRT"法。③差异显著性比较采用字母表示法，凡相同字母者表示在0.05（0.01）水平上差异不显著，否则达（极）显著性差异水平。

3　小结与讨论

3.1　稻纵卷叶螟确实比较难防治

本试验选用了6种不同类型和剂量的杀虫剂，稻纵卷叶螟对16％阿维·哒嗪乳油、30％甲维·毒死蜱乳油、25％阿维·毒死蜱乳油、20％氯虫苯甲酰胺悬浮剂（康宽）、20％除虫脲·毒死蜱乳油、1％甲胺基阿维菌素苯甲酸盐乳油（威克达）等6种药剂比较敏感，甲胺磷等药剂对稻纵卷叶螟的防治效果不理想。

3.2　16％阿维·哒嗪乳油、30％甲维·毒死蜱乳油、25％阿维·毒死蜱乳油、20％氯虫苯甲酰胺悬

浮剂（康宽）、20％除虫脲·毒死蜱乳油、1％甲胺基阿维菌素苯甲酸盐乳油（威克达）等对稻纵卷叶螟具有较好的防治效果，并且对环境友好，可以用于大面积生产。

3.3　建议使用时，可以单独使用该组试验药剂中

的16％阿维·哒嗪乳油每亩有效成分用量10.4～16g，30％甲维·毒死蜱乳油每亩有效成分用量10～20g，25％阿维·毒死蜱乳油每亩有效成分用量15～25g，20％氯虫苯甲酰胺悬浮剂（康宽）每亩有效成分用量1.6～2.4g，20％除虫脲·毒死蜱乳油每亩有效成分用量10～20g，1％甲胺基阿维菌素苯甲酸盐乳油（威克达）每亩有效成分用量

0.3～0.6g；对水 40～50l 于水稻稻纵卷叶螟卵孵化盛期至低龄幼虫高峰期均匀喷雾防治一次为宜，注意稻株叶片上均要喷透。

3.4　该组试验药剂防效较高，且速效性较好，持效期较长，对水稻生长安全，对天敌及有益生物未见明显不良影响，适合应用于防治水稻稻纵卷叶螟，是较理想的高毒农药替代品种，且符合绿色植保的要求，具有很好的推广应用前景。

参考文献

[1] 农业部农药检定所. 农药田间药效试验准则（一）[GB]. 北京：中国标准出版社，2000：GB/T 17980.1—17980.53—20005～8

[2] 农业部农药检定所. 第十二届全国农药药效试验总结暨技术交流会资料汇编，2000.11

[3] 江西农业大学学报. 江西农业大学学报编辑部，1990.9

[4] 农业部农药检定所. 农药登记公告汇编. 北京：中国农业大学出版社，2008.4

[5] 全国农业技术推广服务中心. 中国植保手册—水稻病虫防治分册，北京：中国农业出版社 2005.1

不同用药方法对褐飞虱的防治效果

吴泽杨[1]　沈兆龙[1]　邰德良[2]

（1. 江苏省东台市安丰镇农技中心　224221　电话：0515－85301890　2. 东台市植保站）

近年来，在水稻病虫防治上，常常出现部分农民尽管按时、按配方用药，但控虫效果并不理想的现象，尤其是在三、四代褐飞虱等水稻后期病虫防治上，问题更为突出。分析原因，主要是由于水稻生长后期群体偏大，而褐飞虱等病虫多群集于植株中下部，施药时药液难以到位。针对这个问题，2008 年江苏省东台市安丰镇农技中心采取不同施药方法，对水稻褐飞虱进行田间防治试验。

1　试验与调查方法

1.1　不同施药方法防治褐飞虱试验

共设 4 个处理，即每亩用 40％毒死蜱 EC120ml 加 25％扑虱灵 wp60g，对水 500kg 人工均匀泼浇（1）、对水 150kg 对准水稻中下部打喷枪（2）、对水 75kg 手动均匀喷雾（3），空白对照（4），2008 年 9 月 25 日四代褐飞虱 1 龄若虫高峰期施药防治。

1.2　不同用水量防治褐飞虱试验

共设 4 个处理，即每亩用 40％毒死蜱 EC120ml，对水 70kg 采用大孔径喷头手动均匀喷雾（1）、对水 50kg 采用中孔径喷头手动均匀喷雾（2）、对水 30kg 采用小孔径喷头手动均匀喷雾（3），空白对照（4），2008 年 10 月 7 日四代褐飞虱 2 龄若虫高峰期施药防治。

1.3　不同施药机械防治褐飞虱效果调查

共调查了担架式机动喷雾机（3WH-36 型）、机动弥雾机（泰山-18 型）、新型手动喷雾器（卫士牌）、常规手动喷雾器（长江-10 型）以及人工泼浇等 5 种类型 34 块稻田，10 月 11～12 日一次性调查田间褐飞虱残留虫量，每一种调查类型又分为施药质量好差两种支类。

2　试验与调查结果

2.1　不同施药方法对褐飞虱的防治效果

试验结果表明，用泼浇、打喷枪、手动喷雾等 3 种不同方法施药防治褐飞虱，以泼浇的效果最好，打喷枪的效果次之，手动喷雾效果第三，药后 1d 防治效果都在 98％以上，药后 3d 防效分别为 97.5％、91.8％和 90.5％，药后 7d 的防效分别为 89.4％、86.8％和 77.5％（表 1）。

表1 不同施药方法防治水稻褐飞虱效果表（江苏安丰，2008）

处理	药前基数（头/穴）	药后1d		药后3d		药后7d	
		残虫量（头/穴）	防治效果（%）	残虫量（头/穴）	防治效果（%）	残虫量（头/穴）	防治效果（%）
泼浇（对水500千克/亩）	75.4	0.67	99.3	2.8	97.5	8.8	89.4
打喷枪（对水150千克/亩）	73.3	1.72	98.0	9.0	91.8	10.7	86.7
手动喷雾（对水75千克/亩）	74.7	1.56	98.3	10.7	90.5	18.2	77.9
CK	75.0	90.0	—	112.5	—	82.5	—

附注：①药剂配方：每亩用40%毒死蜱EC120ml＋25%扑虱灵WP60g；
②施药时间：2008年9月25日。

2.2 不同用水量对褐飞虱的防治效果

每亩70kg、50kg、30kg三种不同的水量手动喷雾防治褐飞虱，以50kg和70kg效果较好，30kg效果稍低。药后1d防效分别为92.0%、95.0%和86.6%，药后3d防效分别是96.7%、97.9%和90.5%，药后7d防效分别是97.5%、97.7%和90.8%（详见表2）。

2.3 不同施药机械对褐飞虱的防治效果

田间调查，不同施药机械对褐飞虱的防治效果存在一定的差异，但每一种施药机械在不同农户之间，也存在一定的防效差异，剔除因施药质量存在的差异，总体上来看，以担架式机动喷雾机防治效果最好，其次为人工泼浇，再次为新型手动喷雾器和常规手动喷雾器，机动弥雾机效果最差（表3）。

表2 不同用水量防治水稻褐飞虱效果表（江苏安丰，2008）

处理	药前基数（头/穴）	药后1d		药后3d		药后7d	
		残虫量（头/穴）	防治效果（%）	残虫量（头/穴）	防治效果（%）	残虫量（头/穴）	防治效果（%）
对水70千克/亩手动喷雾	89	8.7	92.0	5.5	96.7	3.3	97.5
对水50千克/亩手动喷雾	110	6.7	95.0	4.3	97.9	3.8	97.7
对水30千克/亩手动喷雾	75	12.3	86.6	13.2	90.5	10.4	90.8
CK	81	98.5	—	149.8	—	121.7	—

附注：①药剂配方：每亩用40%毒死蜱EC120ml；
②施药时间：2008年10月7日。

表3 不同施药机械防治水稻褐飞虱效果调查表（江苏安丰，2008）

施药机械	田块数	水稻品种	面积（亩）	残虫量（头/百穴）	比未治田 ＋－%
3WH-36型担架式机动喷雾机	12	扬辐粳7号	37.0	1 040	－91.63
泰山-18型机动弥雾机	5	扬辐粳7号	12.5	6 025	－51.53
卫士牌手动喷雾器	5	扬辐粳7号	12.5	2 786	－77.59
长江-10型手动喷雾器	8	扬辐粳7号	21.5	3 460	－72.16
人工泼浇	3	扬辐粳7号	5.6	1 380	－88.90
未防治田	1	扬辐粳7号	1.2	12 430	—

3 小结与讨论

3.1 田间施药质量高低是决定防治效果好坏和防治工作成败的关键 在选定最佳适期施药和选用高效对路药剂前提下,施药质量左右着防治效果,这是目前褐飞虱防治也是农作物其他病虫草防治中存在的主要问题,也就是说,少数田块褐飞虱防效不理想的主要原因,是用水量不足、施药不均匀、防治质量差造成的。

3.2 防治过程中存在几个误区,影响药剂效果的发挥 一是施药时不注意风力的影响。大风天气施药,如果不压低喷头,药液的飘移散失浪费严重;如果压低喷头,喷嘴离靶标距离太近,药液就不能完全雾化,往往喷出的是水柱子,分布很不均匀;二是惜工惜本、少治漏治。防治适期内不肯用药,病虫泛滥成灾后不惜代价拼命用药;三是用药不对路,迷恋高毒农药。不少人误认为高毒就等于高效,青睐甲胺磷、1605等高毒农药,殊不知褐飞虱等不少害虫对甲胺磷、1605等高毒农药已产生

了较强抗性,田间实际防治效果很差。况且5种高毒农药已经退出市场。以上这些误区从不同侧面严重影响田间施药质量与防治效果。

3.3 规范田间施药技术,掌握正确的操作要领,有利于提高农药利用率和防治效果 试验结果表明,防治褐飞虱等水稻病虫必须注意以下几点:①选用适当的水量,一般每亩用水量 50~65kg 为宜,水量过大,劳动强度就会很大,这对以老年人和妇女为主要劳动力的家庭来说很难做到;②尽量选在晴好、无风或微风天气施药,有利于均匀施药,减少药液飘移浪费;③喷头应掌握在水稻植株顶部以上 30~40cm 处,由上而下均匀喷洒;④施药人员在田间行走和喷杆左右来回摆动的速度不能过快,要恰到好处。真正做到以上几点,施药质量和农药利用率也就提高了,防治效果也就理想了。

3.4 加强宣传、培训,广大农户的用药质量意识急待增强 不断改进和提高广大农民田间施药操作技术水平,是一项长期而重要的任务,建议有关部门要加大培训力度,努力提高基层农民的病虫防治水平。

几种不同药剂防治水稻白背飞虱田间示范试验

舒宽义[1] 黄向阳[1] 肖瑜红[1] 段德康[2] 郭锦标[2]

(1. 江西省植保植检局 330096 2. 万安县植保植检站 343800)

水稻白背飞虱 (Sogatella furcifera),俗称蜒虫,属迁飞性害虫,是江西早稻害虫之一,发生普遍,危害重,一般年份发生面积 2500 万亩次,防治面积 3500 万亩次。白背飞虱是一种呈季节性南北往返迁飞的害虫,成虫随季风、台风由南向北而来,随气流和雨水下降而落。白背飞虱在水稻各个生育期都能取食,但以水稻分蘖盛期至孕穗期、抽穗期发生较重。由于目前防治白背飞虱的药剂异丙威和吡虫啉因多年大量使用,防效有所下降。2009年,为了筛选防治白背飞虱效果好的绿色环保新农药,江西省植保植检局在万安县开展了不同药剂防治水稻白背飞虱的示范试验。

1 材料与方法

1.1 试验条件

1.1.1 试验对象及作物

试验对象:白背飞虱;

作物:早稻;品种:田两优 66。

1.1.2 环境条件 试验设在万安县芙蓉镇光明村 10 组县植保站第一试验点的 3 600m² 早稻田内,品种为田两优 66,水稻管理较好,土壤为泥壤土,各试验小区的水肥条件和管理条件均一致。试验田稻飞虱虫量基数较大,试验期 95% 为白背飞虱。

1.2 试验药剂

(1) 50％烯啶虫胺 SG（日本佳田化学公司）

(2) 25％吡蚜酮 WP（江苏安邦电化有限公司）

(3) 25％吡蚜酮·毒死蜱 SC（上海农乐生物制品有限公司）

(4) 25％噻嗪酮 WP（杭州泰丰有限公司）

(5) 10％吡虫啉 WP（南京红太阳集团）

(6) 40％毒死蜱 EC（南京红太阳集团）

(7) 25％噻虫嗪 WG（瑞士先正达公司）

1.3 试验方法

1.3.1 试验处理

表1 供试药剂试验设计

处理编号	试验药剂	施药剂量（克·毫升/亩）	处理编号	试验药剂	施药剂量（克·毫升/亩）
1	50％烯啶虫胺 SG	6	8	10％吡虫啉 WP	20
2	50％烯啶虫胺 SG	8	9	10％吡虫啉 WP	30
3	25％吡蚜酮 WP	20	10	25％噻虫嗪 WG	4
4	25％吡蚜酮 WP	30	11	25％噻虫嗪 WG	6
5	25％吡蚜酮·毒死蜱 SC	80	12	40％毒死蜱 EC	100
6	25％吡蚜酮·毒死蜱 SC	100	13	清水空白对照	—
7	25％噻嗪酮 WP	50			

1.3.2 小区安排
试验设 13 个处理，各区随机排列，不设重复，小区间筑埂隔开，各小区面积为 66.7m²。

1.3.3 施药时间和方法
于 2009 年 6 月 15 日水稻处于破口期施药一次。采用卫士 WS-16P 型背负式手动喷雾器，工作压力 0.2～0.4Mpa，喷头为切向离心式双喷头，喷孔直径 1.33mm。按每亩对水 40kg 喷雾施药。

1.4 调查方法、时间和次数

1.4.1 调查时间和次数
于施药当天、药后 3、7、14d 和 21d 调查，调查 5 次。

1.4.2 调查方法
采取平行跳跃式 10 点取样，每点连续取 2 丛稻，每小区调查 20 丛。调查活稻飞虱虫数。

1.5 药效计算方法

$$虫口减退率（\%）=\frac{施药前活虫数-施药后活虫数}{施药前活虫数}\times100$$

$$防治效果（\%）=\frac{处理区虫口减退率-空白区虫口减退率}{100-空白区虫口减退率}\times100$$

2 结果与分析

本试验表明：

50％烯啶虫胺 SG 等 7 种试验药剂按不同用量12 个处理，在白背飞虱若虫盛发期施一次药。12种药剂处理中：

药后 3d 有 50％烯啶虫胺 SG 6、8 克/亩、10％吡虫啉 WP 30 克/亩、25％吡蚜酮·毒死蜱SC100 毫升/亩 4 个处理的防效达 75％以上。

药后 7d 全部 12 个药剂处理的防效都在80％～91％之间，其中以 50％烯啶虫胺 SG 6、8 克/亩、25％吡蚜酮·毒死蜱 SC100 毫升/亩、25％吡蚜酮WP30 克/亩、25％噻虫嗪 WG6 克/亩、10％吡虫啉 WP 30 克/亩 6 个处理防效较高，防效在86％～91.9％之间。

药后 14d 除了 40％毒死蜱 EC100 毫升/亩处理外，其他 11 个处理的防效都达了 85％以上，在整个试验期间体现出最高的防效。

药后 21d 除了 40％毒死蜱 EC100 毫升/亩处理外，其他 11 个处理的防效都达了 75％以上，其中25％噻虫嗪 WG4、6 克/亩、25％吡蚜酮 WP20、30 克/亩、25％吡蚜酮·毒死蜱 SC80、100 毫升/亩、50％烯啶虫胺 SG 6、8 克/亩 8 个处理防效都在 90％以上，具有较好的持效性（表2）。

表2 50%烯啶虫胺SG等不同药剂防治水稻白背飞虱示范试验结果（万安 2009年）

药剂处理	药后3d 防效%	药后7d 防效%	药后14d 防效%	药后21d 防效%
50%烯啶虫胺SG 6g	78.4	88.6	93.8	90.1
50%烯啶虫胺SG 8g	85.7	91.9	96.2	93.0
25%吡蚜酮WP 20g	66.0	83.2	93.1	90.1
25%吡蚜酮WP 30g	74.7	87.9	96.7	94.6
25%吡蚜酮·毒死蜱SC80ml	70.6	83.7	92.8	90.8
25%吡蚜酮·毒死蜱SC100ml	79.1	90.7	96.3	93.9
25%噻嗪酮WP 50g	65.8	83.0	89.0	77.5
10%吡虫啉WP 20g	69.9	84.8	86.0	78.9
10%吡虫啉WP 30g	75.8	86.3	90.1	83.8
25%噻虫嗪WG 4g	70.6	79.5	94.2	92.5
25%噻虫嗪WG 6g	74.2	86.1	97.1	94.4
40%毒死蜱EC100ml	71.9	87.5	79.6	71.0
清水空白对照	—	—	—	—

3 小结与讨论

试验表明，50%烯啶虫胺SG、25%噻嗪酮WP、10%吡虫啉WP、25%吡蚜酮WP、25%噻虫嗪WG、25%吡蚜酮·毒死蜱SC速效性一般，持效性较长；40%毒死蜱EC速效性较好，持效性一般。

25%噻嗪酮WP、10%吡虫啉WP、25%吡蚜酮WP、25%噻虫嗪WG、50%烯啶虫胺SG、25%吡蚜酮·毒死蜱SC、40%毒死蜱EC这7种药剂对白背飞虱的防效较好，对水稻安全，可以推广使用。建议使用时，根据发生程度选择不同用量，于白背飞虱若虫发生盛期对水40千克/亩粗水均匀喷雾为宜。

甲胺基阿维菌素盐防治三代纵卷叶螟盐
应用技术的试验研究

张夕林 丁晓丽

（江苏省通州市植保站 江苏 通州 226300）

近年来，水稻纵卷叶螟在沿江地区大发生乃至特大发生，由于在适期防治时，常遇到阴雨等不利天气，影响了防治的正常进行和药效的充分发挥，尽管用药进行了防治，但田间残留的虫量仍较多，而且虫龄也较大，由于缺乏控制高龄幼虫的对路药剂，最终导致稻田白叶不少，严重影响了水稻的正常生长和产量的提高。因此，目前水稻生产上亟需对高龄幼虫具有高效的药剂。甲胺基阿维菌素盐是一种新型生物制剂，对纵卷叶螟具有良好的防效。为了进一步明确甲胺基阿维菌素盐对纵卷叶螟的防治效果及其应用技术，从而为大面积科学合理推广应用甲胺基阿维菌素盐防治纵卷叶螟提供理论依据。为此，我们受通州正大农药化工有限公司的委托，于2008年7～8月进行了5%甲胺基阿维菌素盐水分散粒剂分别进行了三代稻纵卷叶螟低龄、高龄幼虫用药田间试验，取得了较为理想的防治效果。现将试验结果整理如下：

1 材料与方法

1.1 供试药剂
5%甲胺基阿维菌素苯甲酸盐（简称甲维盐，下同）WG、48%新一佳 EC（均为通州正大农药化工有限公司生产），10%乙虫腈 SC（德国拜耳公司生产），40%丙溴磷 EC（江苏宝灵化工股份有限公司），有机硅表面活性剂（由美国通用电器公司生产，中国农业生产资料公司争装，每袋5g）。

1.2 处理与方法

1.2.1 低龄幼虫不同剂量、不同药剂试验 试验设每亩分别用甲维盐 8g、12g、16g，甲维盐 12g＋有机硅 15g，丙溴磷 100ml，新一佳 100ml，不用药对照，共 7 个处理，重复 4 次，随机排列，小区面积20～30m²，于三代纵卷叶螟 1～2 龄期用药，对水 60kg 常规喷雾。

1.2.2 高龄幼虫不同剂量、不同药剂试验 试验设每亩分别用甲维盐 20g、30g、40g，甲维盐 30g ＋有机硅 15g，新一佳 40ml＋甲维盐 15g，丙溴磷 100ml，丙溴磷 40ml＋甲维盐 15g，乙虫腈 35ml，不用药对照，共 8 个处理，重复 4 次，随机排列，小区面积 20～30m²，于三代纵卷叶螟 3～4 龄期用药，对水 60kg 常规喷雾。

1.2.3 一天中不同时间用药 试验设每亩用甲维盐 16g，对水 60kg 常规喷雾，选择一个晴天，分别于 7h、9h、11h、13h、15h、17h、19h 分别用药，同时留有不用药对照，随机排列，小区面积30～50 m²，重复 4 次。

1.2.4 不同虫龄时期用药 试验设每亩用甲维盐 16g，分别于三代纵卷叶螟蛾高峰后 4～5d 开始，每隔 2d、4d、6d、8d、10d，分别用药一次，施药同时调查田间纵卷叶螟幼虫发育进度，同时留有不用药对照，共 6 个处理，重复 4 次，小区随机排列，小区面积 20～30m²，对水 60kg 常规喷雾。

1.2.5 不同天气施药效果比较 试验设每亩用甲维盐 16g，于纵卷叶螟 1～2 龄幼虫高峰期，分别选择晴天、多云、阴雨天用药，同时留有不用药对照，小区面积 50～100m²，重复 4 次。

1.3 试验田概况
试验在金沙镇新三园村 8 组一农户责任田里进行，面积为 2.5 亩，试验田前茬为油菜，土质为壤土，pH 为 8，有机质含量 2.0% 左右，肥力中等水平，水稻品种为通育粳 1 号，6月 20 日移栽，水稻长势良好。

1.4 调查与记载

1.4.1 安全性调查 目测供试药剂对作物是否有药害，如果有药害，描述药害症状（矮化、褪绿、畸形等），药害程度用分级法表示。

1.4.2 防效调查 施药前，调查各小区虫卵量发生基数，药后 3d、5d、7d、10d，采用平行线跳跃式取样，每小区调查 20 丛水稻，调查稻纵卷叶螟的残留虫量和白叶数，计算各处理的杀虫效果和保叶效果，并对结果数据进行统计分析。

2 结果与分析

2.1 甲维盐对三代纵卷叶螟低龄幼虫的防效

2.1.1 杀虫效果比较 药后 3d 调查，甲维盐 WG12g、16g 两个处理的防效均超过 80%，其防效分别为 82.77%、85.44%，比丙溴磷处理防效 66.31%、新一佳的防效 61.85% 分别高 16.46～19.13、20.92～23.59 个百分点，差异极显著；也比 8g 处理的防效 72.38% 分别高 10.39、13.06 个百分点，其中 16g 处理的防效显著高于 8g 处理；甲维盐 12g＋有机硅 15g 处理的防效为 79.82%，显著高于丙溴磷、新一佳的防效，接近甲维盐 WG12g、16g 处理的防效，但高于甲维盐 WG8g 处理的防效，差异不显著。

表 1 甲维盐防治三代纵卷叶螟低龄幼虫的效果

处理	药后 3d 防效（%）	药后 3d 差异性	药后 7d 防效（%）	药后 7d 差异性	药后 10d 保叶效果（%）	药后 10d 差异性
甲维盐 8g	72.38	bcABC	76.74	bcAB	76.98	bcAB
甲维盐 12g	82.77	abA	80.62	abAB	78.19	abAB
甲维盐 16g	85.44	aA	83.82	aA	80.76	aA
甲维盐 12g＋有机硅 15g	79.82	abAB	81.45	abAB	77.62	abAB
丙溴磷 100ml	66.31	cBC	81.76	abAB	75.92	abAB
新一佳 100ml	61.85	cC	74.16	cB	69.81	cB
CK	570.0		1 300.0		2 625.0	

药后 7d 调查，甲维盐 WG12g、16g 两个处理的防效有所下降，但仍保持在 80% 以上，其防效分别为 80.62%、83.82%，与丙溴磷处理防效 81.76% 相仿，比新一佳的防效 74.18% 分别高 6.44、9.64 个百分点，差异显著；也比 8g 处理的防效 76.74% 分别高 3.88、7.08 个百分点，其中 16g 处理的防效显著高于 8g 处理；甲维盐 12g＋有机硅 15g 处理的防效为 81.45%，显著高于新一佳的防效，略低于甲维盐 WGD16g 处理的防效，略高于甲维盐 WG12g 单用处理的防效，但比甲维盐 WG8g 处理防效高 4.77 个百分点，差异达不到显著水平。

2.1.2 甲维盐防治三代纵卷叶螟的保叶效果比较

药后 10d 调查，甲维盐 WG 亩用 8g、12g、16g 三个处理的保叶效果防效均超过 75%，其保叶防效分别为 76.98%、78.57%、79.63%，略高于丙溴磷处理的防效 75.92%，比新一佳的防效 69.81% 分别高 7.17、8.36、10.95 个百分点，其中甲维盐 WG12g、16g 处理显著高于新一佳；甲维盐 WG16g 处理比 8g 处理防效高 3.78 个百分点，差异显著；甲维盐 WG16g 比 12g 处理防效高 2.57 个百分点，差异不显著；甲维盐 WG12g 处理也比 8g 处理高 1.21 个百分点，差异不显著；甲维盐 12g＋有机硅 15g 处理的保叶效果为 77.62%，比新一佳的防效高 7.81 个百分点，差异显著；与甲维盐 WG12g 单用处理的防效相似，可见甲维盐 WG 加助剂后防治效果提高不明显。

2.2 甲维盐 WGD 对三代纵卷叶螟高龄幼虫的防效

2.2.1 杀虫效果比较 药后 3d 调查，甲维盐 WG20g、30g、40g 三个处理的防效均超过 85%，

其防效分别为 85.26%、88.36%、93.29%，其防效随用药剂量的增加而逐渐递增，但三个处理间的防效差异达不到显著水平；比丙溴磷处理防效 74.93%、新一佳的防效 69.38% 分别高 10.33～15.88、13.93～19.48、18.36～23.91 个百分点，差异达到显著至极显著水平；甲维盐 30g＋有机硅 15g 处理的防效为 86.36%，显著高于丙溴磷、新一佳的防效，与甲维盐 WG20g、30g 处理的防效相仿；新一佳 40ml＋甲维盐 15g，丙溴磷 40ml＋甲维盐 15g 处理的防效分别为 90.27%、86.90%，与甲维盐 WG20g、30g、30g 处理的防效相仿，但显著高于新一佳、丙溴磷的防效。

药后 7d 调查，甲维盐各处理的防效略有上升，20g、30g、40g 三个处理的防效均超过 85%，其防效分别为 88.17%、89.50%、95.75%，其防效随用药剂量的增加而呈递增的趋势，其中甲维盐 40g 处理的防效比 20g、30g 处理的防效高 7.58～6.25 个百分点，差异显著；比丙溴磷处理防效 66.67% 分别高 21.5、22.83、29.08 个百分点，差异极显著；比新一佳的防效 53.75% 分别高 34.42、35.75、42.0 个百分点，差异极显著；甲维盐 30g＋有机硅 15g 处理的防效为 92.67%，接近于甲维盐 40g 处理的防效，也极显著高于丙溴磷、新一佳的防效；新一佳 40ml＋甲维盐 15g，丙溴磷 40ml＋甲维盐 15g 处理的防效分别为 80.67%、83.92%，略低于甲维盐 WGD20g 处理的防效，但显著高于新一佳、丙溴磷的防效。由此可见，如果纵卷叶螟错过防治适期，或选用的药剂不对路，田间残留虫仍较多，而且虫龄又较大的情况下，仍然可以选用高效药剂甲维盐 30～40g 来进行防治，用药 1 次，即可有效地控制纵卷叶螟的发生。

表 2 甲维盐防治三代纵卷叶螟高龄龄幼虫的效果

处理	药后 3d		药后 7d		药后 10d	
	防效（%）	差异性	防效（%）	差异性	保叶效果（%）	差异性
甲维盐 20g	85.26	abABC	88.17	bcAB	87.61	bcAB
甲维盐 30g	88.86	aAB	89.50	bcAB	91.49	bcAB
甲维盐 40g	93.29	aA	95.75	aA	95.42	aA
甲维盐 30g＋有机硅 15g	86.36	abABC	92.67	abAB	93.05	abAB
新一佳 100ml	69.38	cdCD	53.75	dD	57.96	dD
新一佳 40ml＋甲维盐 15g	90.27	aAB	80.67	cBC	81.36	cBC
丙溴磷 100ml	74.93	bcBCD	66.67	dCD	68.34	dCD
丙溴磷 40ml＋甲维盐 15g	86.90	abAB	83.92	bcBC	84.70	bcBC
乙虫腈 35ml	56.21	dD	53.13	dD	55.96	dD
CK	1 380.0		1 500.0		3 125.0	

2.2.2 保叶效果比较 药后 10d 调查，甲维盐高浓度各处理的保叶效果防效也很明显，其防效随用药剂量的增加而呈递增的趋势，其中以甲维盐 40g 处理的效果最好，其防效为 95.42%，比甲维盐 20g 的防效 87.61%、30g 处理的效果 91.49% 高 7.81、3.93 个百分点，差异显著；比丙溴磷处理防效 68.34% 分别高 19.27、23.15、27.08 个百分点，差异极显著；比新一佳的防效 53.75% 分别高 30.85、33.53、37.46 个百分点，差异极显著；甲维盐 30g＋有机硅 15g 处理的防效为 93.05%，与甲维盐 30g、40g 处理的防效相仿，也极显著高于丙溴磷、新一佳的防效；新一佳 40ml＋甲维盐 15g、丙溴磷 40ml＋甲维盐 15g 处理的防效分别为 81.36%、87.7%，略低于甲维盐 WG20g 处理的防效，但显著高于新一佳、丙溴磷的防效。

2.3 不同虫龄时期使用甲维盐对纵卷叶螟的效果比较 从表 7 中的结果可以看出，亩用甲维盐 16g 防治纵卷叶螟药后 3d 的防效，以纵卷叶螟 1～2 龄

高峰期用药效果最为明显，其防效为 92.86%～100%，平均 96.74%；其次是 2 龄高峰期用药，其防效为 90.23%，比 1～2 龄高峰期用药效果低 6.51 个百分点，差异不显著；三是卵孵高峰到 1 龄盛期用药，防治效果亦达 80.41%，比 1 龄高峰期用药的效果低 16.33 个百分点，差异显著；比 2 龄高峰期用低 9.82 个百分数点，差异不显著；3 龄高峰期用药的防效只有 75.42%，比 1～2 龄高峰期、2 龄高峰期用药的防效低 15～20 个百分点，差异达显著以上水平；卵初孵期、卵孵始盛用药效果差，一般只有 70% 左右，明显不及其他处理的防效。可见甲维盐防治纵卷叶螟最佳用药时间为幼虫 1～2 龄期至 2 龄高峰期，如果用药时间过早（如卵孵化之前）或过迟（幼虫 3 龄之后），都会因药剂对卵的渗透性差或虫龄过大、耐药性增强等原因而影响药剂杀虫效果的充分发挥，结果表现甲维盐对纵卷叶螟的防效不够理想。

表 3 不同虫龄时期使用甲维盐防治纵卷叶螟药后 3d 的效果

不同处理	防治效果（%）					差异性
	I	II	III	IV	平均	
卵初孵期（7 月 21 日）	67.86	52.94	79.17	78.57	69.63	cB
卵孵始盛（7 月 23 日）	85.71	76.47	66.67	64.29	73.28	bcB
孵高峰～盛末（7 月 25 日）	92.86	82.35	75.00	71.43	80.41	bcAB
1 龄高峰期（7 月 27 日）	92.86	94.12	100.00	100.00	96.74	aA
2 龄高峰期（7 月 29 日）	85.71	82.35	100.00	92.86	90.23	abAB
3 龄高峰期（7 月 31 日）	57.14	58.82	100.00	85.71	75.42	bcB
CK	1 400	1 700	1 200	1 400	1 425	

表 4 一天中不同时间使用甲维盐防治纵卷叶螟药后 3d 的效果

不同处理	防治效果（%）					差异性
	I	II	III	IV	平均	
甲维盐 16g（7h）	100.0	85.29	54.17	67.86	76.83	aA
甲维盐 16g（9h）	78.57	97.06	66.67	96.43	84.68	aA
甲维盐 16g（11h）	71.43	88.24	87.50	67.86	78.76	aA
甲维盐 16g（13h）	64.29	82.35	87.50	82.14	79.07	aA
甲维盐 16g（15h）	92.86	100.0	79.17	64.29	84.08	aA
甲维盐 16g（17h）	85.71	91.18	79.17	96.43	88.12	aA
甲维盐 16g（19h）	92.86	85.29	87.50	82.14	86.95	aA
CK	1 300	1 600	1 200	1 400	1 375	

2.4 一天内不同时间用药效果比较 试验结果表明，亩用甲维盐 16g，于纵卷叶螟 1～2 龄高峰期分别在上午 9h、下午 15h、17h、19h 施药，药后 3d 调查，甲维盐的药效都能较好地发挥其对纵卷叶螟的杀虫效果，其杀虫防效可达 84.68%～88.87%，平均 85.96%；上午 11h、下午 13h 用药，因此时温度高达 30℃ 以上，蒸发强度大，同时光照也特别强，对甲维盐具有一定的副作用，从而不同程度地影响了甲维盐药效的正常发挥，其杀虫效果有所下降，其防效分别为 78.76%、79.07%；早上 7h 前用药，由于水稻植株、叶片上都有露水等，施药后药液不易在其上面粘着，相反易形成较大的药滴而滚落于水中，影响了药效的发挥，因而其防治效果也有所降低，其防效只有 76.83%。因此，甲维盐防治纵卷叶螟在一天中最佳用药时间为上午 8～9h，或下午 15h 以后用药为好，尽量避开早晨、或中午前后用药，以确保甲维盐对纵卷叶螟药效的正常发挥。

2.5 不同天气情况下用药效果比较 试验结果表明，甲维盐 WG 防治水稻纵卷叶螟，无论晴天或是多云用药，其对纵卷叶螟都具有良好的防治效果，亩用甲维盐 16g，于纵卷叶螟 1～2 龄高峰期用药一次，药后 3d 其杀虫效果分别为 86.77%、88.87%，比施药后 1h 遇降雨处理的防效 55.18% 高 30 个百分点，差异极显著，分析其原因主要量施药后遇雨，雨水对水稻植株、叶片的药液具有一定的冲涮、淋洗作用，减少了药液在水稻植株和叶片上的粘着数量，从而降低了药剂对纵卷叶螟的杀虫效果。所以，甲维盐 WGD 防治水稻纵卷叶螟最好选择晴天或多云天用药，阴雨天不宜用药，如果用药后 1h 左右遇雨，应考虑用药补治，以保证药剂对纵卷叶螟的良好的防治效果。

表 5 不同天气情况下用甲维盐防治纵卷叶螟药后 3d 的效果

不同处理	防治效果（%）					差异性
	I	II	III	IV	平均	
甲维盐 16g（晴天）	78.57	97.06	75.0	96.43	86.77	aA
甲维盐 16g（多云天）	89.29	88.24	95.83	82.14	88.87	aA
甲维盐 16g（药后 1h 一直降雨，14.5mm）	46.43	58.82	58.33	57.14	55.18	bA
CK	1 400	1 700	1 350	1 400	11 462.5	

3 小结与与讨论

3.1 甲维盐 WG 防治三代稻纵卷叶螟见效快、效果明显，适期用药一次，其杀虫效果和保叶效果可达 80% 以上，明显优于丙溴磷、新一佳等常规药剂。

3.2 甲维盐 WG 防治三代纵卷叶螟经济有效的用药量：一般发生年份亩用量以 12～16g 为好，大发生年份甲维盐 WG 使用量不少于 16g。

3.3 甲维盐 WG 防治水稻纵卷叶螟最佳用药适期为幼虫 1～2 龄高峰期用药，其杀虫和保叶效果明显，用药过早或过迟，其防治效果均不理想；如果错过防治适期，或选用的药剂不对路，田间残留虫仍较多，而且虫龄又较大的情况下，仍可以选用高效药剂甲维盐 30～40g 来进行防治，用药一次，其防效可达 90% 左右。

3.4 甲维盐 WG 防治水稻纵卷叶螟最佳用药时间：一天中以上午 8～9h、或下午 15h 后用药为好，尽量避开早晨、或中午前后用药；用药天气应选择晴天或多云天用药为宜，阴雨天不宜施药，用药后 1h 左右遇中雨，应考虑用药补治。

3.5 甲维盐 WG 减半与新一佳、丙溴磷混用对纵卷叶螟也具有良好的防效，并可兼治其他害虫，在水稻上具有一定的应用价值；甲维盐 WG 与助剂有机硅混用增效不明显；甲维盐 WG 防治纵卷叶螟对水稻安全无药害，值得推广应用。

农药高效喷雾中的助剂技术选择原理

袁会珠[1] 邵振润[2] 李永平[2] 王秀[3]

（1. 中国农业科学院植物保护研究所 农业部农药化学与应用重点开放实验室
北京 100193 2. 全国农业技术推广服务中心 北京 100026
3. 北京农业信息技术研究中心 北京 100089）

喷雾技术是我国使用农药防治农作物病虫草害的最重要的技术手段。在很多情况下，农药喷雾的靶体是植物叶片，药剂只有在植物靶体表面形成良好的沉积分布，才能发挥其对有害生物的防治效果。由于植物表面结构不同，有些植物叶片由于被较厚的蜡质层覆盖，例如水稻、甘蓝、小麦叶片，农药雾滴喷洒到这种叶片表面后，通常不能形成很好的润湿铺展，药剂有效成分不能很好地沉积分布在植物叶片表面，一定程度上影响了农药药效的发挥。在农药药液中加入合适的喷雾助剂（"桶混"助剂），可以显著降低药液的表面张力，降低雾滴在植物叶片上的接触角，增加单个农药雾滴在植物叶片上的铺展面积，进而提升药效，减少农药用量。因此，喷雾助剂是农药高效喷雾技术中的重要手段之一。

农药助剂就其用途可分为加工助剂与喷雾助剂，前者如乳化剂、润湿剂、分散剂等，虽然是在农药加工时使用，但主要目的是帮助固态或液态农药原药快速、均匀分散在喷雾液中，从而保证农药在植物叶片表面的均匀沉积。当然加工助剂也可在一定程度上改善药液在植物叶片表面的附着与渗透能力，但就其种类与用量而言，并非针对这些过程而选择的。喷雾助剂是在喷雾前药液箱中添加的农药助剂，种类繁多，用量大小不等。这类助剂的作用方式多种多样，但最终是通过改善药液在靶标上的润湿、铺展或渗透（吸收）能力而达到提高药效的目的。

本文将简单介绍农药高效喷雾中"桶混"助剂技术的现状与发展前景。由于桶混助剂中表面活性剂应用最广泛，研究最多，这里将重点论述作为"桶混"助剂的表面活性剂的选择原理。

1 农药喷雾助剂的作用

农药喷雾助剂（Adjuvants for spraying）是指农药喷雾施药或类似应用技术中使用的助剂总称，农药喷雾助剂以提高农药使用效率为手段，服务于科学用药为总目标，即高效安全和经济。农药喷雾助剂的应用已有50多年历史。现在，在许多工业国和现代化农业国家如美、日、西欧各国，喷雾助剂已成为助剂领域非常活跃的领域。每年都有研究成果（专利）发表和一批喷雾助剂新产品投放市场。

喷雾助剂的作用概括起来主要有以下几种情况：（1）改善药液在植物叶面和/或害虫体表的润湿；（2）改善喷雾液的蒸发速度；（3）增进药液对植物叶片或害虫体表的渗透性和输导性；（4）改善农药雾滴在植物叶片或害虫体表的分布均匀性；（5）增加农药混用的相容性；（8）增加农药对植物的安全性；（9）减少农药雾滴的飘移。

2 喷雾助剂分类和选择原则

2.1 喷雾助剂分类

目前市场上有上百种喷雾助剂供用户选用，名称有些混乱，缺乏统一的公认分类法。一般将助剂分为3类：（1）活性助剂（Activator Adjuvants），包括表面活性剂、润湿剂、渗透剂及无药害的各种油；（2）喷雾改良助剂（Spray-modifier Adjuvants），包括粘结剂、成膜剂、润湿展着剂、润湿展着一粘结剂、沉降助剂增稠剂和发泡剂；（3）实用性改良助剂（Utility modifiers），包括乳化剂、分散剂、稳定剂、偶合剂、助溶剂、掺合剂、缓冲剂和抗泡剂等。

从研究和用户方便出发，根据助剂主要功能，喷雾助剂分为以下 4 类：（1）增进药液的润湿、渗透和粘着性能助剂，如润湿铺展剂、渗透剂等；（2）具有活化或一定生物活性的助剂，如活化剂、某些表面活性剂和油类；（3）改进药液应用技术，有助安全和经济施药的助剂，如防飘移剂、发泡剂、抗泡剂、掺合剂等；（4）其他特种机能的喷雾助剂。

2.2 喷雾助剂的选择和预检 在农药喷雾过程中，是否需要添加喷雾助剂，读者可以参考表 1。假如喷雾点附近有对所喷农药敏感的植物或动物（例如蜜蜂等），则需要在药液中添加防飘助剂；对于内吸性农药喷雾，添加渗透剂将增加药剂进入植物体或虫体的速度和比率，增加防治效果；对于表面有蜡质层的植物叶片喷雾，添加润湿展着剂将会增加雾滴在叶片表面的润湿能力。

表 1 喷雾助剂的选择

环境、植物、气象等	选择喷雾助剂种类	备 注
空气湿度小	雾滴蒸发抑制剂	纸浆废液
内吸农药	渗透剂	力透（Silwet625）表面活性剂，氮酮等
植物叶片有蜡质层	润湿展着剂	AG64、Sillwet408、丝润（Silwet618），喜施（Silwet806H），非离子表面活性剂
喷雾附近有敏感作物 喷雾时风速较大	雾滴飘移抑制剂	聚乙烯醇，聚甲基丙烯酸钠等
喷雾后可能有降雨	喷雾粘着剂	聚乙烯醇等

在目前农药加工条件下，药剂中表面活性剂添加量在稀释后，不能在喷雾靶标表面形成良好的润湿展着，通常情况需要添加喷雾助剂。操作者可以根据以下几条判断是否需要添加喷雾助剂：（1）当植物叶片或害虫体表有蜡质层存在，需要在喷雾药液中添加一定量的润湿展着剂；（2）当植物叶片表面蜡质层厚（例如甘蓝、水稻和小麦等植物）或叶片表面有浓密茸毛存在（例如黄瓜叶片）等，当害虫体表有蜡质层或浓密绒毛存在，需要在喷雾药液中添加表面性能优良的润湿展着剂；（3）当使用的药剂为内吸性药剂，需要提高药剂被吸收的量和速度时，可以添加性能优良的渗透剂来提高防治效果。

3 喷雾助剂对药液铺展的影响

药液在植物叶面的铺展性对于保护性杀菌剂及大多数杀虫剂尤为重要，而铺展性与药液的静态表面张力有关。一些表面活性剂—如有机硅表面活性剂具有卓越的铺展性能，因而可以减少喷雾体积甚至有效成分用量而不影响病虫防治效果，这对于节约喷雾用水以及节省施药费用具有重要价值。

表 2 72%霜脲·锰锌 WP 添加 Silwet408 的节水增效效果

农药		施药液量 (l/亩)	喷雾助剂 Silwet408		对黄瓜霜霉病的防效（%）	
杀菌剂	用量		添加量 (ml)	添加浓度	第二次药后 7d	第三次药后 14d
72%霜脲·锰锌 WP	100 克/亩	50	—		61.8%	70.2%
	100 克/亩	25	25	0.1%	78.4%	83.2%
	70 克/亩	25	25	0.1%	75.0%	80.5%
	70 克/亩	25	12.5	0.05%	67.7%	74.8%
	70 克/亩	25	7.5	0.03%	62.9%	71.0%
	70 克/亩	17	17	0.1%	74.0%	79.7%
	50 克/亩	17	17	0.1%	69.7%	76.3%
	50 克/亩	17	8.5	0.05%	62.2%	70.5%

在防治黄瓜霜霉病时，在72%霜脲·锰锌WP药液中加入有机硅表面活性剂Silwet408，有效的增加了霜脲·锰锌对黄瓜霜霉病的防治效果，同时降低了生产成本，保护了环境。一是两次防效调查数据均显示，加入Silwet408的处理，防效都不同程度的高于不加Silwet408的对照处理，减少了农药使用量，提高了药效，同时节约用水，降低了成本，减轻环境压力。

4 喷雾助剂对药剂吸收的影响

喷雾助剂对农药叶面吸收的影响研究很多。一方面是由于对于叶面施用的除草剂、植物生长调节剂以及内吸性杀虫、杀菌剂而言吸收直接影响药效；另一方面外源物质的吸收和传导亦为植物生理学的研究范畴。农药的吸收既是一个物理过程（扩散作用），又是一个生物学过程。由于人们对叶面角质层的结构、理化特性并非十分了解，因而对农药的吸收快慢仍难以预测。表面活性剂对农药吸收的影响更为复杂，既与农药的理化性质有关，又与表面活性剂的结构与浓度有关。

4.1 表面活性剂结构对农药吸收的影响 任何表面活性剂分子均由亲水基和亲脂基两部分组成（见图1）。非离子表面活性剂是使用最广泛的农药助剂，其亲水基通常是氧化乙烯（EO）的聚合体，而亲脂基常为直链醇、支链醇或烷基醇。表面活性剂分子中氧化乙烯单元的数量（即EO含量）以及亲脂基烷烃立链的长度与结构对农药吸收都有重要影响。

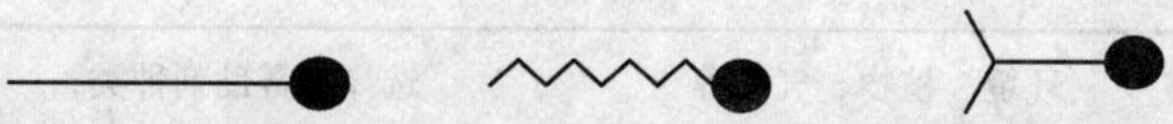

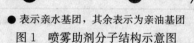

● 表示亲水基团，其余表示为亲油基团

图1 喷雾助剂分子结构示意图

研究试验已经明确，在相同浓度下，EO含量高的表面活性剂对水溶性农药草甘膦的吸收促进作用最大，而弱酸性除草剂2，4-D，同样加工为水溶性胺盐，但低EO含量的品种最有利于其吸收。对于脂溶性除草剂盖草能，同样低EO表面活性剂对其吸收效果最好（表3）。

表3 表面活性剂EO含量对农药吸收率的影响*

供试植物	农药	表面活性剂	亲脂基	EO含量	吸收率（%）
		对照	—	—	34 d
蚕豆	2，4-D	AO5	C13-15直链烷基	5	85 a
		AO10	C13-15直链烷基	10	61 b
		AO14	C13-15直链烷基	14	50 c
		对照	—	—	44 c
小麦	草甘膦	AO5	C13-15直链烷基	5	48 c
		AO10	C13-15直链烷基	10	86 b
		AO14	C13-15直链烷基	14	94 a
		对照	—	—	20 d
小麦	盖草能	AO5	C13-15直链烷基	5	57 a
		AO10	C13-15直链烷基	10	49 b
		AO14	C13-15直链烷基	14	34 c

* 吸收时间为24h。同一除草剂品种中，吸收率带有不同字母时差异显著。

在EO含量相同的表面活性剂之中，亲脂基结构不同，对吸收的效果也不同。含有直链烷烃的表面活性剂比含支链烷烃或烷基苯基的品种对草甘膦、苯达松和盖草能的吸收效果均好（表4）。即使同为直链烷烃型表面活性剂，烃链的长短也影响其性能，中等长度的碳链（C13～15）似乎对农药吸收效果最高，应而应用也最普遍。

表4　表面活性剂亲脂基结构对农药吸收率的影响*

供试植物	农药	表面活性剂	亲脂基	EO 含量	吸收率（%）
小麦	盖草能	对照	—	—	20 d
		AO10	C13－15 直链烷基	10	49 b
		TMN－10	C12 支链烷基	10	13 b
		TX－100	异辛基苯基	10	14 b
小麦	草甘膦	对照	—	—	39 c
		AO10	C13－15 直链烷基	10	88 a
		TMN－10	C12 支链烷基	10	45 c
		TX－100	异辛基苯基	10	64 b
蚕豆	苯达松	对照	—	—	20 c
		ON 110	C10 直链烷基	11	43 b
		AO 10	C13－15 直链烷基	10	73 a
		AT 11	C16－18 直链烷基	11	46 b
		TX－100	异辛基苯基	10	27 d

*吸收时间为24h。同一除草剂品种中，吸收率带有不同字母时差异显著。

4.2　表面活性剂浓度对农药吸收的影响

同一种农药喷雾的靶标植物不同，所需使用的表面活性剂用量也不同。例如草甘膦施加到小麦叶片上后，0.02%的 MON0818（一种喷雾助剂）即可显著促进叶片吸收，而在蚕豆叶片上，则需要 0.2% 的 MON0818 才能产生明显的效果。

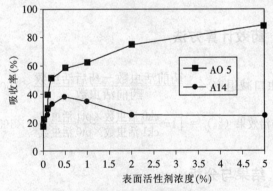

图2　不同表面活性剂浓度对苯达松
在蚕豆叶片上吸收的影响

在蚕豆叶片上研究表面活性剂浓度对苯达松的吸收试验发现，低 EO 表面活性剂 AO5 对促进叶片吸收苯达松的效果明显，且随着表面活性剂 AO5 浓度的提高，其吸收率也越高（见图2）。由此可见，选择合适的喷雾助剂，选择合适的助剂浓度，对于提高药剂的吸收率至关重要。

5　讨论

喷雾助剂能有针对性地克服影响喷雾技术和农药药效的限制性因素，因而可以大幅度提高农药喷雾效率和提高药效，但我国大部分地区尚未重视这方面的研究与应用，可能有如下原因：（1）使用麻烦，喷洒农药由一种农药的购买、运输和计量变成了两种，增加了工作量及配药程序；（2）成本问题，一般农户认为使用喷雾助剂将提高病虫害的防治成本；（3）选择难度大，由于农药喷雾助剂种类多少，需要一定的专业知识才能明确最佳种类和用量，推广有一定难度。

关于使用喷雾助剂提高防治成本的问题，应该从投入与产出两方面考虑。若以单位重量或体积衡量，这些助剂的价格并不低，有时甚至比农药本身还贵。但助剂的效果与其使用浓度有关，而不取决于单位面积上的使用量（这一点与农药有效成分不同）。因此只要选择最适种类并控制喷雾体积，尽可能采用低容量喷雾，单位面积上助剂的成本就会降低。经验证明，使用桶混助剂可产生很高的经济效益，并可克服大容量喷雾所带来的环境污染问题。

只要认识到使用喷雾助剂的重要性，其选择与使用方面的技术问题可以通过教育与推广而解决。随着中国农业人口的减少，劳动力价格的提高以及人们对环境保护的重视，农药的使用必将走向规范化、合理化与科学化，喷雾助剂在植物保护中的作用将会得到巨大的发挥。

3种农药防治番茄烟粉虱药效试验报告

杨慧霞 郝兆宏 卢碧智 杨黎宏

（洛南县植保植检站 陕西 洛南 726100）

烟粉虱（BemisiatabaciGennadius）属于同翅目粉虱科，是一种寄主范围很广的多食性害虫，也是一种传毒媒介。夏秋季在我县各蔬菜基地大面积发生，成虫和若虫常群集于寄主叶背刺吸寄主汁液，受害叶片褪色、变黄、萎蔫甚至枯死，同时，成虫还能传播病毒，其分泌物能引起烟煤病。近几年，由于设施蔬菜栽培自然控制因子（天敌，雨水冲刷等）难以发挥作用，加之农民群众以前惯用的高毒农药被全面禁用，所以有很多群众反映烟粉虱防治比较困难。根据我省高毒农药替代示范方案，我县于6月份在大棚蔬菜烟粉虱始盛期对1.8%阿维菌素、5%氯虫苯甲酰胺、25%噻虫嗪3种药剂开展了药效试验示范，为推广应用及指导农民群众科学用药提供依据。

1 材料与方法

1.1 供试药剂

1.8%阿维菌素乳油————河北威远化工股份有限公司生产

5%氯虫苯甲酰胺————美国杜邦公司上海杜邦农化有限公司生产

25%噻虫嗪————瑞士先正达作物保护有限公司生产

1.2 试验地概况
试验设在洛南县城关镇尖角村设施蔬菜生产基地。南亮、刘江娃等6个蕃茄大棚内，蕃茄品种为兆丰冠军。每棚试验面积0.5亩，清水对照0.1亩。试验地土壤类型为砂壤土，pH为6.8，肥力中等，灌溉情况良好，示范区为烟粉虱常发区，品种一致，肥水管理及栽培条件基本一致。

1.3 试验设计
试验设1.8%阿维菌素乳油1 000倍液，5%氯虫苯甲酰胺1 000倍液，25%噻虫嗪水分散粒剂5 000倍液喷雾，每个药剂处理区2个棚，每棚0.5亩，空白对照区面积0.1亩，亩喷药液50kg，不设重复。

1.4 施药时间及方法
施药时间为2009年6月1日，为当地设施蔬菜烟粉虱始盛期。药后7d之内连续为晴天。施药器械为山东卫士牌WS-16p型手动喷雾器，单孔圆锥雾喷头，喷雾压力2kg/cm²。

1.5 药效调查时间和方法

1.5.1 调查次数与时间
施药前调查虫口基数，施药后1d、3d、7d进行残虫调查。

1.5.2 调查方法
在每个处理区随机选定10株作物，每株标记顶端5片新叶，在作标记叶子上统计成虫数，于早上9时前在不惊动虫子的情况下完成观察记载。

2 药效计算方法

$$虫口减退率\% = \frac{药前活虫数 - 药后活虫数}{药前活虫数} \times 100$$

$$防治效果（\%）= \left[1 - \frac{ck0活虫数 \times pt1活虫数}{ck1活虫数 \times pt0活虫数}\right] \times 100$$

3 结果与分析

根据试验结果（见附表）来看，1.8%阿维菌素乳油、5%氯虫苯甲酰胺、25%噻虫嗪对烟粉虱均有较好的防治效果，阿维菌素药后1d、3d、7d的平均防效为80.35%、77.82%、72.23%；5%氯虫苯甲酰胺药后1d、3d、7d的平均防效分别为74.54%、77.75%、71.29%；25%噻虫嗪药后1d、3d、7d的平均防效分别为84.11%、87.46%、88.47%。3种药剂比较，1.8%阿维菌素和25%噻虫嗪速效性较好，药后1d的防效均为80%以上，25%噻虫嗪药后7d的防治效果尤为突出，与前两种药比较具有显著性差异。经田间安全性观察，3

药剂处理	处理	防前活虫数	施药 1d				施药 3d				施药 7d				差异显著性 a=0.05
			防后活虫数	虫口减退率	防效	平均防效	活虫数	虫口减退率	防效	平均防效	活虫数	虫口减退率	防效	平均防效	
1.8%阿维菌素 1 000 倍液	①	412	78	81.07%	80.75%	80.35%	91	77.91%	77.55%	77.82%	112	72.82%	73.52%	72.25%	b
	②	436	86	80.28%	79.95%		94	78.44%	78.08%		123	71.79%	70.93%		
	对照	430	423												
5%氯虫苯甲酰胺 1 000 倍液	①	362	85	76.52%	76.20%	74.54%	77	78.73%	77.84%	77.75%	93	74.31%	73.96%	71.29%	b
	②	381	102	73.23%	72.87%		84	77.95%	77.65%		118	69.27%	68.61%		
	对照	375	370												
25%噻虫螨 5 000 倍液	①	410	69	83.17%	82.99%	84.11%	56	86.34%	86.20%	87.74%	51	87.56%	87.43%	88.47%	a
	②	376	55	85.37%	85.22%		42	88.83%	88.71%		39	85.37%	89.52%		
	对照	382	378												

种药剂处理区番茄生长正常均无药害发生。由于烟粉虱抗药性较强，建议在生产中可以把1.8％阿维菌素和25％噻虫嗪交替使用。防治适期为烟粉虱始盛期。

关于闵行区农资连锁经营服务的几点看法

黄世广

（上海市闵行区农业技术服务中心　上海　201109）

农资特别是农药，是农业生产必不可少的重要生产资料，是关系到农民利益并与农产品质量安全和生态环境安全密切关联的特殊商品。连锁经营服务具有规模化、网络化、信息化的优势，发展农资（农药）连锁经营服务，实行农资（农药）经营统一采购、统一配送、统一标识、统一定价、统一服务规范等，有利于我区加快形成规模化、专业化的农药营销网络；有利于规范流通秩序，保障销售农资（农药）的质量，维护农民群众合法权益；有利于农药安全使用，保障农业生产安全、农业生态安全和农产品食用安全；有利于减少流通环节，规范农资（农药）的售后服务。

为鼓励本区农资连锁公益性经营服务规范发展，提升本区农资连锁经营服务水平，形成包括农机配件在内的农资供应主渠道，保障本区农业生产安全和农产品质量安全，根据市农委《关于本市扶持农药连锁经营的若干意见》精神，笔者认为，连锁经营服务单位必须具备以下条件：

1. 农药连锁经营单位在本区范围内注册，资金在100万以上，设有配送中心，并有连锁经营网点。

2. 连锁经营网点均需符合《上海市农药经营使用管理规定》中的相关要求。

3. 连锁经营网点实行统一采购、统一配送、统一标识、统一定价、统一规范服务，不自行采购、代销农药。

4. 基本建成电子管理信息系统，连锁经营规范，并为农民及时提供农药市场信息和农技咨询服务。

5. 建设诚信体系，实行诚信经营，建立健全农药商品质量承诺制度，建立农药经营网点信用档案。

6. 具备便民服务能力，拥有专业技术服务队伍，正确指导农民购买、使用农药，传播先进适用技术。农药连锁单位负责对所属连锁经营网点的技术服务进行培训教育和监督检查。

按照以上要求，闵行区农资连锁经营服务网络的建立须配备下列建设内容：

1. 提升连锁网络设施建设：全区设立3家以上农资连锁服务网点，建设改善农药配送中心设施，统一连锁店标识，扩建改善采购、配送、仓储设备，配备销售政府补贴农资（农药）专柜，改进连锁经营电子信息系统，新建和改进农药网络信息平台等。

2. 建设信息化管理能力：建立完善农资（农药）可追溯信息系统，开发专用软件、制作和使用可追溯标签、建立农资（农药）销售档案；建立和完善农资（农药）补贴信息化管理系统，配备专用读卡机、打印机、计算机等电子硬件设备，同时为农民制作IC卡采集相关信息。

3. 回收农药包装废弃物：为避免农药包装物对环境的污染，保护生态环境，各网络点要对农药包装物回收集中处理。

4. 设立农机维修配件供应点：依据闵府研【2008】3号文件精神，在区政府政策与财政大力扶持下，近3年来加大了新型农机装备资金的投入，较快优化和提高了闵行区农机装备技术水平，促进了闵行区农机化新的突破性发展。耕地、整地、水稻、麦子收获等机械作业率达100％，新一轮机械化育插秧技术推广面积突破80％，加快了我区水稻生产全程机械化和农业机械化发展的步伐。然而由于目前全区没有经营农业机械配件的供应服务点，全靠市农机中心和外区县供应点供应服务，路线较远，购买不便，服务跟不上，严重影响了三夏、三秋大忙农机作业服务的顺利开展和机械效率及农业生产收种进度。为保障大忙季节农机作业服务和机械作业效率，依据闵行区农业区划实际，设想在农资连锁服务网络中，在浦西和浦东各设立一个农机配件供应服务点。配件供应服务点将承担配件供应和服务职责，保障三夏、三秋大忙新型农机配件供应服务和农机作业服务的顺利开展。

上海市农药包装废弃物有偿回收和集中处置的探索和思考

唐国来[1] 成玮[1] 龚才根[2] 潘继勇[3]

(1. 上海市农业技术推广服务中心 上海 201103
2. 上海市崇明县农业技术推广中心 202150 3. 上海浦江农资有限公司 201613)

我市每年产生的农药包装废弃物高达数千万只。长期以来，大多数农户在施用农药后，就将包装废弃物随意丢弃在田间地头，或有少数将其收集起来，但最终仍与生活垃圾一样处理。虽然农药的生产和使用一向为社会各界高度关注，但是，废弃农药和农药包装废弃物的回收和处置却成了环境安全监管的盲点。我市于2005年起在农药包装废弃物的回收和集中处置作了有益探索和尝试，今年新修订的《上海市农药经营使用管理规定》又明确规定，"本市对盛装农药的容器和包装物实行有偿回收和集中处置"。由此开启和建立了由政府主导、部门协作的农药包装废弃物回收和集中处置的模式。

1 农药包装废弃物的回收和集中处置的必要性

农药包装废弃物是指因农业生产产生的、不再具有使用价值而被废弃的农药包装物，包括用塑料、纸板、玻璃等材料制作的与农药直接接触的瓶、桶、罐、袋等。由于废弃农药的容器、包装物和废弃农药随意乱扔对环境造成污染，危害公共安全，因此，做好农药包装废弃物的回收和集中处置工作十分重要和必要。

1.1 符合"村容整洁"的要求 党的十六届五中全会对社会主义新农村建设赋予了新的内容，定义为"生产发展、生活宽裕、乡风文明、村容整洁、管理民主"。农药包装废弃物是除了农村生活垃圾以外的最重要的生产垃圾。农药包装废弃物的随意乱扔，有损农村整体的村容村貌，因此，农药包装废弃物的有偿回收，有利于农户告别陋习，提高环保意识，改善和优化广大农民群众的生存质量和生活环境。

1.2 减少对环境造成污染 首先农药包装物或多或少的留有残留农药，随意乱扔会严重污染土壤和地下水源；其次，这些含高分子树脂的塑料包装袋在自然环境下不易降解，给土壤环境造成严重化学污染，影响农作物的生长。

1.3 降低危害公共安全 废弃的装农药玻璃瓶破碎后，随时都有可能划伤下地劳作的农户。同时，装有剧毒、高毒等农药包装物随意乱丢，一旦儿童和牲畜误食后，容易发生中毒事故，引发社会问题。

2 近年来我市对农药包装废弃物的回收和集中处置的探索

2005年起，我市崇明县首先开展了农药废弃包装物回收和集中处置，2008年松江区也开展了试点，均取得了较好的成效，同时也为全市开展农药包装废弃物回收和集中处置提供了宝贵经验。

2.1 崇明县回收和处置工作 崇明县是我市最大

的农业县，有 16 个乡镇、270 个行政村。年农业耕地实种总面积为 150 万亩次左右，总农药使用量为 1 300 t，产生农药瓶（袋）2 100 万只，其中瓶 1 200 万只，包装袋 900 万只。开展回收和处置后，仅 2006 年就回收废农药玻璃瓶 18.88 万只，废农药塑料瓶 239.18 万只，废农药包装袋 1 299 万只，占全部使用农药瓶（袋）的 74.14%，逐步形成了群众参与、有偿回收、规范处置的运行机制。

2.1.1 回收处置方式 回收方式实行"三个划定"：一是按乡镇、村的行政范围划定回收区域，实行"关门回收"；二是按乡镇、村的年农药使用量划定回收数量，实行总量控制；三是在乡镇供销社门店、村农村生活垃圾收集保洁员中划定直接回收人员，实行定人回收。各网点回收的废弃农药包装物由县环保部门指定专门的单位转运处置。

2.1.2 设立回收网点 一是在各行政村指定专人向农户回收；二是在各乡镇供销社门店设立 1~2 个农药包装废弃物的回收点（定点向行政村指定的专人回收农药包装废弃物），全县共设立 27 个网点。

2.1.3 回收处置资金 每年需回收和处置经费 220 万元左右。一是直接向农户回收，按瓶每只 0.05 元、袋每个 0.025 元计算；二是村回收员补贴，按瓶每只 0.02 元、袋每个 0.01 元计算；三是专业处置费按每吨 2 500 元计算；四是回收网点工作人员补贴，以每月 800 元计算。农药包装废弃物回收处置经费分别由县财政和县供销社承担，其中县财政承担直接回收费、村回收员补贴费、专业处置费和回收网点工作人员补贴费（每人每月 400 元）等，县供销社承担回收网点提供的房屋、场地及必要的整修和水电安装费，兼职回收员工资、防污染费。

2.2 松江区回收和处置试点 2008 年下半年，松江区农委首先在新浜镇和泖港镇开展农药废弃包装物回收和集中处置试点。试点包括新浜镇的全部 11 个行政村，耕地面积 37 000 亩；泖港镇的 6 个行政村，耕地面积 23 000 亩。新浜镇和泖港镇农业生产的特点是以家庭农场规模经营为主，每个农场经营面积在 100 亩左右，这样产生的农资垃圾就更为集中。

2.2.1 设立回收箱 区农委在每个行政村建造了"农药包装废弃物回收箱"，总共 17 个，供承包户投放农资垃圾，并由区农委委托具有资质的单位定期（一般在防治后 1 周内）运输和处置农药包装废弃物。

2.2.2 专人负责统计 各行政村指定专人负责农药包装废弃物回收工作的登记、统计和回收费发放。直接向农户支付回收费每蛇皮袋以 10 元计算。

2.2.3 签订协议书 为了鼓励农民主动回收农资垃圾，在家庭农场经营户签订承包合同的同时，村委会还与之签订一份协议书，家庭农场主必须承诺在各次防治中自觉收集农药空瓶、空袋，不得随意乱扔。

2.2.4 资金保障 农药包装废弃物回收、运输、处置和回收人员的补贴，均由区财政承担。

3 建立政府主导的回收和处置的模式

经修订的《上海市农药经营使用管理规定》于 2009 年 6 月 1 日正式实施。《规定》明确规定，"本市对盛装农药的容器和包装物实行有偿回收和集中处置"。同年 9 月，市农委、市财政局和市环保局制定了"本市农药包装废弃物回收和集中处置的试行办法"，由此开启和建立了由政府主导、部门协作、有偿回收和处置农药保障废弃物的模式。

3.1 明确部门职责 各区县农业部门负责本地区农药包装废弃物收集、回收和安全处置工作；各区县环保部门负责本地区农药包装废弃物转运和集中安全处置的监督管理工作；各区县财政部门负责安排本地区农药包装废弃物回收和集中处置的资金。

3.2 农药包装废弃物的回收

3.2.1 行政村指定专人回收 各行政村指定专人收集本村农药包装废弃物，并交送至所在乡镇的农药包装废弃物定点回收点。

3.2.2 乡镇设立定点回收点 区县农业部门在每个乡镇设立 1 个以上农药包装废弃物定点回收点。定点向行政村指定的专人回收农药包装废弃物。

3.3 农药包装废弃物的转运 区县农业部门委托具有资质的单位转运农药包装废弃物；受委托单位定期到各乡镇定点回收点收集农药包装物，并转运到指定的包装废弃物处置地点。

3.4 农药包装废弃物的处置 区县农业部门委托具有资质的单位处置农药包装废弃物；受委托单位依据相关国家污染防治标准、技术措施和技术规范，对农药包装废弃物进行分类安全处置。

3.5 回收和集中处置的资金保障 农药包装废弃物的回收和集中处置经费由各区县农业行政管理部门商同级财政部门审核后，按预算管理要求核拨。

4　建议和对策

我国对农药包装废弃物的管理还存在着认识不充足、法规不健全、管理不到位等现象，各级政府部门应研究制订农药废弃物管理办法，建立回收处置长效机制。

4.1　加强宣传引导，提高思想认识　农药包装废弃物回收处置工作是一项艰巨的任务，涉及千家万户，难度很大。要通过各种形式的宣传教育，提高干部群众的认识，逐步改变农户随意乱扔陋习，并积极引导各种力量广泛参与，切实推进回收处置工作。

4.2　加强组织领导，明确责任主体　回收和处置工作涉及面广，包括回收、贮存、转运、焚烧等主要环节，各级政府要尽快制订实施农药包装废弃物回收处置制度，找到一条符合本地区实际的运作模式，并明确工作职责，按照相关法规和技术规程，进行专业技术处理和有效的组织运作。

4.3　坚持政府主导，建立长效机制　回收和处置是一项利国利民的工作，各级政府要给予一定的政策扶持，通过补贴等措施，鼓励农民将农药包装废弃物上交。同时，完善考核机制，加强督促检查，确保农药包装废弃物回收处置工作有效开展。

5　结语

科学、妥善回收和处置农药包装废弃物是事关民生的大事，温家宝总理也曾对地方反映废弃农药危害严重的问题做过重要批示。因此，必须强化宣传引导，提高思想认识，建立健全相应的法律法规和标准体系，建立有效的回收和处置管理网络，坚持政府主导，明确主管部门和处置主体，落实回收处置经费，建立回收和处置农药包装废弃物的长效机制。

几种药剂对苹果桃小食心虫的防效及对其他害虫的兼治效果试验

姚明辉　李树才　寇春会　金文霞　蒋乃文

（宽城满族自治县植保植检站　河北　宽城　067600）

为了解部分药剂对苹果桃小食心虫（*Carposina sasakii* Matsumura）的防治效果，掌握施药技术和对红蜘蛛（*Tetranychus viennensis* Zacher）、卷叶蛾（*Spilonota lechriaspis* Meyrick）的兼治作用，以及对非靶标有益生物的安全性，筛选出高毒农药替代产品，为大面积推广和安全、合理使用提供依据，2008 年，在冀北苹果产区进行了"高毒农药替代试验示范"，将几种药剂进行了复配试验，并与单剂做了对照，现将部分结果总结如下：

1　材料和方法

1.1　试验材料　试验作物是苹果树，树龄 13 年，品种是红富士；试验及对照药剂共有 3 个，分别是 25g/L 溴氰菊酯乳油（商品名敌杀死，拜耳作物科学公司生产），1.8％阿维菌素乳油（河北威远生物化工股份有限公司生产），50％杀螟硫磷乳油（江苏龙灯化学有限公司生产）。

1.2　试验方法　试验药剂、对照药剂和空白对照（清水处理）的小区处理采用随机区组排列，每小区 4 株果树，重复 4 次，共 52 个小区、208 株果树；采用"卫士 WS - 16P"型手动喷雾器进行全树均匀喷雾施药，共施药 2 次，第一次是在桃小食心虫成虫盛发后 2d（2008 年 7 月 25 日），第二次是在第一次施药后 15d（2008 年 8 月 9 日），每小区用药液 8.5l（折合每公顷用药液 1 434.4l）。试验药剂、药剂处理情况见表 1。

表1 药剂处理情况表

药剂名称	有效成分浓度（mg/kg）	调查兼治对象
溴氰菊酯＋阿维菌素（有效成分1：1复配）	8，12，16，20	卷叶蛾、红蜘蛛
溴氰菊酯＋杀螟硫磷（有效成分1：19复配）	133.3，100，66.7	卷叶蛾
阿维菌素（单剂对照）	9	红蜘蛛
溴氰菊酯（单剂对照）	10	卷叶蛾
杀螟硫磷（单剂对照）	200，300，400	卷叶蛾

第一次药后5d、10d、15d调查虫果数，第一次药后35d调查脱果数。每小区调查中间2棵树，每棵树在树冠四周及内膛中上部随机调查100个果实，共200个果实，记录其中虫果数（脱果数），计算防治效果；第一次施药后1、7d调查对红蜘蛛和卷叶蛾的兼治效果。

桃小食心虫药效计算方法按《田间药效试验准则（二）GB/T17980.65—2004》进行，红蜘蛛药效计算方法按《田间药效试验准则（一）GB/T17980.7—2000》进行，卷叶蛾药效计算方法参照《田间药效试验准则（一）GB/T17980.8—2000》进行，方差分析方法均为邓肯氏新复极差（DMRT）法，反正弦转换后分析。

2 试验结果

2.1 对桃小食心虫的防治效果
通过2008年在河北省宽城满族自治县进行田间小区试验，第一次药后5d调查，各处理防治效果均在77.09%～91.67%之间，由于桃小食心虫幼虫多数未蛀果，处理间差异均未达到5%和1%显著水平。

第一次药后10d调查，各处理防治效果均在78.46%～93.15%之间，其中最高的是溴氰菊酯＋阿维菌素（有效成分1：1复配）20mg/kg，最低的是杀螟硫磷200mg/kg，各处理间差异均未达到1%显著水平。

第一次药后15d调查，各处理防治效果在80.83%～93.30%之间，其中最高的是溴氰菊酯＋阿维菌素（有效成分1：1复配）20mg/kg，其次是溴氰菊酯＋杀螟硫磷（有效成分1：19复配）133.3mg/kg，通过方差分析，上述两个处理与防效最低的处理—杀螟硫磷200mg/kg之间差异达到了1%显著水平。

第一次药后35d进行脱果率调查，各处理防治效果在77.67%～92.59%之间，其中溴氰菊酯＋阿维菌素（有效成分1：1复配）20mg/kg、溴氰菊酯＋杀螟硫磷（有效成分1：19复配）133.3mg/kg、溴氰菊酯＋阿维菌素（有效成分1：1复配）16mg/kg三个处理防效最高，分别达到了92.59%、91.69%和90.16%，杀螟硫磷200mg/kg防效最低，其他处理防效均在80%～90%之间。通过方差分析，各处理间出现较大差异。

2.2 对红蜘蛛和卷叶蛾的兼治效果
通过第一次药后1d调查，溴氰菊酯＋阿维菌素对苹果害螨（山楂叶螨）兼治效果较好，20mg/kg防效达到91.64%，阿维菌素防效为83.08%；对顶稍卷叶蛾调查，由于第一次施药后1d调查，时间间隔过短，因此防效均不明显。

第一次药后7d调查，溴氰菊酯＋阿维菌素对苹果害螨兼治效果较好，20mg/kg防效达到96.16%，8mg/kg达到88.78%，阿维菌素防效为93.37%；对卷叶蛾调查，以溴氰菊酯＋杀螟硫磷（1：19）133.3mg/kg效果最好，防效达到70.19%，其次为溴氰菊酯＋阿维菌素（1：1）20mg/kg，防效为67.78%，再次为溴氰菊酯＋阿维菌素（1：1）16mg/kg，防效为67.27%；其他各处理对卷叶蛾也有一定防效，在60.22%～67.11%之间。

3 结论与讨论

通过对各试验药剂和对照药剂的田间药效试验可知，这几种药剂对苹果桃小食心虫均有较好防效，其中复配药剂对红蜘蛛和卷叶蛾均有一定的兼治效果，对苹果均使用安全，无药害产生。

桃小食心虫属蛀果害虫，其最佳防治适期是成虫发生盛期2d左右，最迟是蛀果前，但由于桃小食心虫的成虫羽化受环境条件影响较大，防治时机较难掌握，因此选择适合的药剂十分重要。复配药剂可充分发挥单剂的各自优势，不但提高了对桃小食心虫的防治效果，还能尽量多的兼治其他害虫，有效地减少了用药次数和数量，保护了环境，值得大面积推广。

种子包衣对小麦种传土传病害防效及安全性试验

李 金 锁

（河南省南阳市植保植检站 河南 南阳 473000）

近年来，我市小麦种传、土传病害发生危害日趋严重，已成为影响全市小麦生产的重要障碍因素，为验证种子包衣对小麦主要病害的防治效果及种子安全性，为大面积推广应用提供依据，我们于2008—2009年在卧龙区英庄镇南刘营村、宛城区红泥湾镇红泥湾村和宛城区茶庵乡小秦营村进行了试验，现将结果报告如下：

1 材料与方法

1.1 供试药剂

戊唑醇悬浮种衣剂，由德国拜耳作物科学公司提供；苯醚甲环唑悬浮种衣剂，瑞士先正达作物保护有限公司生产；戊唑·腈菌唑悬浮种衣剂，河南中州种子科技发展有限公司提供；咯菌腈悬浮种衣剂，瑞士先正达作物保护有限公司生产；苯醚甲环唑悬浮种衣剂，天津科润北方种衣剂有限公司生产。

1.2 试验方法

1.2.1 试验田 试验地选在常年小麦纹枯病等病害普遍发生较重。试验地地势平坦，地质为黄褐土，地力均匀，中上等肥力，排灌自如，交通便利，所有试验小区的栽培管理条件完全一致。

1.2.2 试验处理 试验共6个处理小区，3次重复，计18个小区，小区面积220m²，每个小区定量播100粒小麦，查看出苗情况及发芽率，各处理依次为：

A：6%戊唑醇悬浮种衣剂5ml拌10kg麦种

B：3%苯醚甲环唑悬浮种衣剂（进口）20ml拌10kg麦种

C：0.8%戊唑·腈菌唑悬浮种衣剂200ml拌10kg麦种

D：2.5%咯菌腈悬浮种衣剂10ml拌10kg麦种

E：3%苯醚甲环唑悬浮种衣剂（国产）20ml拌10kg麦种

F：清水对照

供试品种为偃展4110，10月28日进行种子处理，晾干后即播种，每亩播量10kg。整个生育期及时喷施除草剂和杀虫剂，防治麦田杂草和麦蜘蛛、吸浆虫、麦蚜等害虫，不喷施杀菌剂防治小麦病害。

1.2.3 试验调查

安全性调查：播种后，观察各处理出苗情况，调查统计出苗时间、出苗率和有无药害情况。分蘖期每小区随机选5点，每点5株，调查单株分蘖数、株高和根长。

药效调查：于小麦纹枯病、全蚀病、根腐病、黑穗病始盛期和病情稳定期，每小区5点取样，每点50株，调查统计病株数、病株率、病情指数，计算防治效果。

$$病株率（\%）=\frac{病株数}{调查总株数}\times100$$

$$病情指数=\frac{\sum（各级病株数\times相对级数）}{调查总株数\times最高级数值}\times100$$

$$防治效果（\%）=\frac{药后对照区病指（病穗）-药后处理区病指（病穗）}{药后对照区病指（病穗）}\times100$$

1.2.4 产量测定 小麦成熟期，每小区3点取样，每点1m²，调查统计小麦穗数，穗粒数和千粒重，计算小区产量和增产率。

2 结果与分析

2.1 小麦分蘖期苗情及防治效果调查见表1

表 1　包衣处理对小麦长势及纹枯病防效调查表

2008 年 12 月 29 日

处理	株高	单株分蘖	次生根		纹枯病		
			根数	根长	病株率	病指	防效%
A	14.4	3.6	4.5	5.67	6.6	1.2	61.3
B	14.6	3.9	4.3	5.83	6.7	1.3	58.1
C	14.1	3.4	4.3	5.33	9.3	1.5	51.6
D	14.4	3.6	4.4	5.38	5.4	0.9	70.9
E	14.6	3.9	4.4	5.81	6.8	1.3	58.1
F	14.5	3.6	4.2	5.32	16.8	3.1	

处理结果表明，5 个药剂处理，在小麦分蘖期对小麦株高影响不大，单株分蘖数接近或高于对照区，次生根数和根长多于和长于对照区，药剂间差异不显著，对纹枯病防效显著，平均防效 51.6%～70.9%，戊唑醇、进口苯醚甲环唑、戊唑·腈菌唑、咯菌腈、国产苯醚甲环唑药剂处理间差异不显著。

2.2　病情稳定期防治效果调查见表 2

表 2　种子包衣对小麦纹枯病、散黑穗病、黑胚病防效调查表

处理	纹枯病				散黑穗病			黑胚病		
	病株率%	病指	防效%	差异	病穗率%	防效%	差异	病粒	防效%	差异
A	42.3	15.0	46.8	a	0	100	a	10	62.9	a
B	47.1	15.2	46.1	a	0	100	a	9	66.6	a
C	59.7	19.6	30.5	a b	0	100	a	8	70.3	a
D	38.9	14.2	49.6	a	0	100	a	8	70.3	a
E	45.1	15.1	46.5	a	0	100	a	8	70.3	a
F	74.8	28.2	—	—	0.06			27		

表 2 表明在小麦纹枯病病情稳定期，戊唑醇、进口苯醚甲环唑、戊唑·腈菌唑、咯菌腈、国产苯醚甲环唑处理对其仍有较高防效，平均防效 30.5%～49.6%，各药剂处理间差异不显著。同时表明，各药剂处理区对小麦散黑穗防效均达 100%，对黑胚病平均防效 62.9%～70.3%，药剂处理间差异不显著。

2.3　小麦产量测定　结果见表 3

表 3　种子包衣对小麦产量的影响

处理	有效穗数（万穗）	穗粒数（粒）	千粒重（g）	理论产量（kg）	增产率（%）
A	36.3	35.5	45.3	575.7	4.48
B	36.7	35.2	44.7	579.1	4.79
C	35.4	36.0	44.8	570.9	3.61
D	36.0	35.3	45.5	583	5.81
E	36.2	35.3	45.0	575.1	4.37
F	35.1	35.2	44.6	551	—

注：本表为 3 次重复平均值。

表 3 表明各药剂包衣处理小麦，有效穗数、千粒重增加，产量较对照区增产 3.61%～5.81%，药剂处理间差异不大。

3　小结与讨论

3.1　用戊唑醇、进口苯醚甲环唑、戊唑·腈菌唑、咯菌腈、国产苯醚甲环唑药剂常量处理小麦种子，对小麦种传、土传病虫防效显著。各药剂处理对纹枯病平均防效 30.5%～49.6%，对小麦散黑穗防效均达 100%，对黑胚病平均防效 62.9%～70.3%，药剂处理间差异不显著。

3.2　各药剂处理对小麦产量影响较大，增产显著。常用剂量包衣，较对照区增产 3.61%～

5.81%，药剂处理间差异显著。

3.3 安全性试验表明，用戊唑醇、进口苯醚甲环唑、戊唑·腈菌唑、咯菌腈、国产苯醚甲环唑药剂常量处理小麦种子，对小麦生长有一定调节作用，能使根系发达，增加分蘖，促进苗壮，提高抗逆力，亩穗数、穗粒数和千粒重增加。同时表明，各药剂处理对小麦出苗率无明显影响，但对小麦出苗期有所影响，戊唑醇、戊唑·腈菌唑、咯菌腈处理区比对照延缓出苗0.5～1.5d，进口苯醚甲环唑和

国产苯醚甲环唑处理区比对照提前出苗0.5～1d。各处理区无药害发生，表明所试药剂常量包衣对小麦生长安全。

3.4 由于试验地块无根腐病和全蚀病发生，因此对该两种病害防效没有记载，有待在今后试验中予以验证。另外，根据近几年南阳市地下虫发生加重和所推种衣剂只防病不杀虫的实际情况，建议在地下害虫较重发生区，在杀菌种衣剂中加入杀虫剂成分，以解生产之需。

加强高毒农药监管使用工作的几点经验和做法

杜新杰[1]　尹柏德[2]　赵小清[1]　和庆良[1]　于晓娜[1]

（1. 承德市农药监督管理站　河北　承德　067000

2. 承德市植保植检站　河北　承德　067000）

　　农业部将2009年定为农药市场监管年，我市采取多种举措，以全面禁止甲胺磷等5种高毒农药销售和使用、查处假冒伪劣农药和标签专项整治为农药监管工作重点，为农业生产安全、农产品的质量安全、农业生态环境安全、保障人民群众的身体健康保驾护航。

1 扩大宣传培训，营造良好氛围

1.1 积极宣传 充分发挥舆论监督和宣传导向作用，利用广播、电视、报刊、手机短信群发、网络等新闻媒体宣传农药管理新规定、甲胺磷等5种高毒农药的品种及危害、安全用药知识等方面的内容。组织农药执法人员参加了全市"3·15"消费者权益保护法宣传活动和全市《农产品质量安全法》宣传活动，与群众进行面对面的沟通与交流。通过连续2次大规模多角度的宣传，向广大消费者直接发放农药实用宣传材料1 700份。同时，全市各级农药管理部门通过市场执法检查、科技赶集、科技下乡等形式共印发《农药管理6项新规定问答》、《无公害生产植保产品名单》等农药宣传资料1 800万份，出动宣传车辆516台次，接受农民咨询18 330余人次，向广大农药经营和使用者特别

提醒、重点宣传了国家禁止使用的农药23种和限制使用的农药19种。通过大规模、多角度的舆论宣传，提高农药经营者和使用者的自觉守法意识，营造出社会重视和支持农药市场监管年活动的良好环境。

1.2 加强培训 我们把培训作为全年重点工作来抓，举办各类农药知识培训班13期。市级培训2期，今年3月份举办了承德市"农药市场监管年"启动仪式暨农药监管知识培训班，培训对象为各县（区）农（牧）业局局长及农药管理部门的负责人、业务骨干。培训内容以讲解农药管理方面的法律法规知识，探讨总结农药管理的新办法为重点。7月份举办了全市新农药产品推荐和使用知识培训班，向广大农民和农药经营人员介绍甲胺磷等5种高毒农药的危害，宣传推广使用高效低毒环保的农药新产品。各县（区）农药管理部门利用年初核发《农药经营人员上岗证》的有利时机，共举办培训班11期。培训内容以学习农药管理6项新规定、推介高效低毒的替代农药产品、提高农药经营者的法制观念和安全用药意识为重点。突出甲胺磷等禁用农药的危害性和国家有关禁限用规定的具体要求，培训人员达35 360余人次。

2 强化监督检查，落实农药市场监管责任

2.1 加强组织领导，制订行动方案 为了切实加强对高毒农药的监管使用工作，市农业局先后制定下发了《关于进一步规范农药市场管理工作的通知》（承农字〔2009〕9号文件）、《承德市农业局关于开展2009年农药市场监管及高毒农药整治工作的通知》（承农字〔2009〕39号文件）等文件。成立了以任惠清局长任组长，主管副局长任副组长，市农药管理站和市农业综合执法支队抽调业务骨干为成员的"农药市场监管年"活动领导小组。办公室设在市农药监督管理站。各县（区）农业部门也相应的结合本辖区农药市场存在的突出问题和薄弱环节，以高毒农药监管使用工作为重点内容，制订了详细的工作方案和明确的工作目标，把工作深入谋划到乡、镇、村，形成了县、乡、村干部有责任，农药经营户和农民有义务的良好局面。

2.2 落实监管责任，层层签订责任状 按照年初的工作部署，全市各级农药管理部门逐级签订了责任状。市与县（区）农药管理部门、县（区）与所辖区的农药经营单位分别签订了《农药市场监管责任状》和《全面禁止甲胺磷等5种高毒农药责任状》，一些县（区）农药管理部门还与乡（镇）政府、街道办事处签订了《全面禁止甲胺磷等5种高毒农药责任书》，乡政府与农户签订保证书。把责任落实到人，形成了市包县、县包店，层层分包的工作格局，全面实现了2009年农药监督的责任管理。

2.3 系统掌握经营情况，实现微机化管理 为了全面系统掌握农药经营单位、经营场所和仓储地点，便于对农药经营单位进行市场检查和监管，市农药管理站利用农药地理信息监管系统，为全市789家农药经营门市和350个集市分别建立了电子信息档案，制成了详细的分布图，使全市所有农药经营单位和集市的具体位置在图上清晰可见，全面实现农药经营单位的微机化管理。

2.4 健全工作制度，各部门协调联动 建立健全了市、县（区）2级农药市场巡回检查制度、农药案件投诉举报制度、农产品质量监管预警防范制度和农产品安全信息通报制度，加强区域间、部门间的协调联动，通过制度建设带动工作规范，提高监管效率。在健全各项制度的基础上，为了规范农药市场秩序，市农业局与市工商局联合下发了《关于严格农药经营主体准入、规范农药市场秩序》的通知，文件明确规定农药管理部门对经营农药的单位进行实质资格审查。严格农药经营主体准入资格，规范已登记的农药经营主体，提出12条准入要求。按照通知要求，全市开展了农药经营单位检查清理活动，对不符合规定的责令其限期办理变更或注销登记，否则不得通过年检、验照。全市农业部门与工商、公安、质监等相关部门按照职能分工和权责一致的原则及有关法律法规的规定，各司其职、各负其责、协同作战，形成了整体合力。

2.5 完善规章制度，规范农药市场营销活动 为了更好的规范农药市场管理，我市先后制定下发了《关于进一步规范农药经营管理制度工作的通知》、《关于进一步规范农药市场管理工作的通知》等规范性文件，对农药经营场所、经营人员条件、经营场所、设施条件以及各项规章制度、管理手段提出了具体要求。建立健全了"两账（进、销台账）、两票（进、销小票）、一卡（诚信卡）制度。全市农药经营单位将《农药经营人员守则》、《农药经营质量承诺制度》、《农药门市及仓储管理制度》3项制度全部张贴在经营门市的显著位置。特别是省农业厅印发的《国家禁用和限用农药名单》和《购买放心农药简明挂图》全部上墙明示，向社会公开农药打假举报电话，提醒购买者在选购农药时引起注意。

2.6 加强市场检查，确保高毒农药全面禁销禁用 为了巩固2008年高毒农药整治成果，全面杜绝国家明令禁止的5种高毒农药销售和使用，严厉打击假冒伪劣农药销售的违法行为，全市各级农药监督管理部门积极行动，通过组织执法人员在检查经营单位、农村集市、仓储地点的基础上，深入到生产基地、蔬菜重点生产企业、温室大棚、果园及农户家中，了解农药使用情况，对发现销售、使用或存放高剧毒农药的单位和个人，依法从严进行处罚。到目前共出动执法人员1 625人次，检查农药经营单位1 197个次，检查农药市场183个次，没有发现使用、销售高剧毒农药的违法行为。市农产品检测中心抽检133批次、1 924个样品，检测合格率达99.8%。

2.6 开展标签抽查，加大标签检查力度 农药标签为农药经营和使用者提供着重要的技术信息，是保证农产品质量安全的重要组成部分。我市各县区农药管理部门全部配备了农药电子手册，随时利用

农药电子手册查生产厂家、农药登记证号、生产许可证号、防治对象、毒性标示等重点内容。目前市场上主要存在的农药标签不规范问题是农药名称、"三证"和毒性标识等内容印刷不够规范，随意扩大防治对象、防治范围，假冒伪造或登记证过期，无农药登记证号，转让"三证"等现象，特别是处于新旧版标签过渡期，有的企业打擦边球仍然使用旧版标签问题突出。我们采取定期或不定期的抽查、自查、互查、联查相结合的形式，特别对疑似含有高毒成分的复配制剂进行重点检查。对标签不合格问题，及时进行查处。今年共抽取涉及全国近百家生产企业的杀虫剂、杀菌剂、除草剂3大类型农药标签185个，经综合判定，其中合格标签166个，合格率达89.7％。近两年全市标签合格率平均每年提高4个百分点以上。

3 完善队伍建设，提高执法能力和水平

建立一支高水平、综合素质强的农药执法队伍是保证农药管理工作公平、公正和正常执法的首要条件。市、县（区）结合工作实际，制订年初培训计划，加强对执法人员法律、政策和专业知识的培训和考试。加强农药执法队伍建设，提高办案调查取证水平，加快办案进度，提高办案效率，提高执法人员依法行政的效能。同时在执法过程中严格执行"农业行政执法人员行为规范"规定的"十要"、"十不准"原则，树立起执法人员秉公办案、依法行政的良好形象。

河北农药市场疲软的原因分析及应对措施与建议

赵 国 芳

（河北省植保植检站 河北 石家庄 050011）

在全球金融危机的冲击下，农业生产的主要生产资料之一农药亦未能独善其身，2009年河北农药市场呈现疲软状态，销售量大幅度下滑，经营利润同比减少3成左右。本文将重点阐述其出现的原因以及应对措施与建议。

1 农药行业景气度大幅度下调

1.1 原药、商品药价格宽幅震荡，去库存化成为营销主导 占市场份额比较大的杀虫剂如阿维菌素、吡虫啉、敌敌畏、毒死蜱、啶虫脒、三唑磷、噻嗪酮等产品量价格齐跌。2009年初，阿维菌素原药价格每吨90万～110万元，到8、9月份跌至65万元左右，跌幅高达50％。高效氯氟氰聚酯原药年初每吨20万元左右，跌至当前15万元左右，跌幅25％左右。杀菌剂多菌灵原粉价格从2008年每吨4万元价格跌至目前2.6万元左右，跌幅高达35％左右。以草甘膦为代表的除草剂，2008年原药价格飙升至12万元左右，今年狂跌至2万元左右，跌幅高达83％左右。10％草甘膦水剂市场售价从去年的6 500元降至今年销售旺季4 200元左右。41％草甘膦水剂从4万多元降到2万元左右。原药、商品药价格的大幅度调整以及高付款率等因素影响，直接导致经销商完全按实际市场需求确定进货数量，提前量大大缩减。生产企业、经销商去库存化经营理念占据主导地位。国家整顿农药市场、规范标签的政策，在一定程度上遏制了小型农药厂、租借登记证以及经销商定做产品的行为，这也是原药市场销售萎靡的重要原因之一。

1.2 农业产业结构不断调整，农业有害生物变化莫测，从而导致主流产品不稳定 受全球金融危机影响，一些农产品价格也出现了调整，尤其2008年棉花价格大幅度滑落，棉农几乎全部积压在手中不愿意出售，挫伤了棉农种植积极性，河北省棉花种植面积由常规的800万～1 000万亩迅速减少到400万亩左右。种植结构的调整、农业机械化程度的提升以及气候等因素，致使2009年病虫草害发生程度、发生范围改变。常发性病虫草害中等偏轻发

生，新的病虫害虽有发生，但没有合适药剂可用。今年小麦生长前期麦蚜轻发生，但温度偏低，后期蚜量突然大增，导致以吡虫啉、啶虫脒为主要成分的品种防治效果表现欠佳，总体销售量下降。近年，棉盲蝽、象甲、蓟马替代棉铃虫成为棉花主要害虫，但今年没有形成危害，曾红火一时（国家已经禁用）的含氟虫腈的品种退出农资舞台。进入8月份，伏蚜虽然呈加重发生态势，但是许多药剂表现效果一般。8月上旬以前，河北处于严重干旱状态，加之今年首次使用化学名称，使得以商品名而成为某一时期的除草剂主导品种大白于天下，从而失去了其品牌地位，价格优势不复存在，销售利润大打折扣。从今年媒体广告难得的火爆场面即可看出端倪，除草剂宣传大战仍没有挽救低迷的市场。大型联合收割机跨区作业发展速度的加快，也带来了一些生产难题，麦田恶性禾本科杂草野燕麦、雀麦、节节麦、看麦娘等迅速蔓延，已经出现了无法控制的势头，进口产品骠马、世玛、彪虎占据了市场，但是由于价格高、防效单一，受使用时间、气候等因素制约，销量仍处于不稳定状态。该类型产品国产化尚需一定时日。

1.3 产品同质化加剧无序竞争势必导致单位销量下降 据有关部门统计，常年生产的250多种原药产品中，自主创制的品种数量不足10%，以苯嘧磺隆为例，全国有147个厂家登记，占国内除草剂厂家的39%左右；登记制剂总数达到303个，占国内除草剂厂家登记制剂总数的28%左右。2008年草甘膦市场单边上扬，诱发106家国内企业、5家国外企业一窝蜂式的上马草甘膦原药。每年产能多达50万吨，实际上我国在正常年份年消费能力只有5万吨左右。产能过剩势必导致价格大战和无序竞争，生产企业为保证市场占有率，减少库存压力，只好微利、无利甚至低于成本价销售。

1.4 高端产品的开发与推广降低了单位面积用量 2007年禁止生产和使用5种高毒农药以来，全国农业技术推广服务中心加大了筛选推广替代品种的力度，化工行业也提升了研发速度，一大批优质高效、低毒、低残留品种相继问世。河北省自2006年开始启动了"减量控害行动计划"，淘汰了一大批高毒、高使用剂量品种，精选出甲氨基阿维菌素苯甲酸盐等使用量少、高效的品种，为保证粮食、果蔬生产安全，对环境无污染发挥了重大作用。这些品种的广泛推广，减少了农药使用次数，相应降低了农药单位面积使用量。

1.5 农民用药习惯改变了农药品种供销结构 2005年前小麦田除草剂仍然以苯黄隆类、2、4-D丁酯、二甲四氯为主导品种。随着杂草普的改变以及气候因素的影响，出现了一些新的变化：恶性禾本科杂草逐年加重发生，改变了农民用药时间，从春季除草向秋季除草发展；连年倒春寒的气候，在用药品种上向速效性除草剂发展，出现了许多以苯黄隆为原料辅以乙羧氟草醚或二甲四氯、快灭灵的混配制剂。玉米田除草剂市场由于干旱严重，农民由过去的苗前除草，开始向苗后除草转变。苗前除草剂品种供大于求，造成大量积压。为此各厂家加大了苗后除草剂的开发生产力度，苗后除草剂如雨后春笋般迅速崛起。随着高毒有机磷单剂与混配制剂的逐步禁用，杀虫剂品种结构出现较大调整，菊酯类、拟除虫菊酯类、氨基甲酸酯类、特异性昆虫生长调节剂、植物源类、病毒类等杀虫剂逐渐被接受。

2 应对措施

影响农药市场疲软的因素很多，有的是暂时的，有的是宏观政策方面的问题，不是马上可以改变或挽回的。但是我们要面对市场出现的变化，应该做一些积极的应对。

2.1 农药生产企业要适时调整产品结构 我国农药生产企业正式在册的就有2 000多家，生产品种多以复配为主，高端产品开发后劲不足，开发投入意识不强。为此，农药行业亟需进行资金重组，资源整合，加快新产品的开发力度，注重原药的生产，形成几个在世界上有影响力的大型企业。中国是农药生产大国，也是消费大国，但是从计划经济转轨到市场经济后，由于盲目扩大生产，生产量远大于需求量，导致市场过度饱和。企业要发展，必须走出去，参加国际大循环，进而获得可持续发展的动力。在产品研发方向方面，要把目光瞄准农业生产上急需、难以解决的病虫草鼠害上，注重环保、低毒、低残留、高效品种的生产，如针对小麦全蚀病、麦田禾本科杂草、根结线虫、地下害虫、棉花枯黄萎病、特种作物田杂草、园林花卉病虫草害、甜菜夜蛾、迁飞性害虫等，国内缺少防治效果理想的品种。

2.2 更新提高防治技术 防治技术的老化严重制约着防治效果，同时造成防治成本过高。解决这一问题，是一项系统工程。首先，专业技术人员加快研讨最新的、有效的防治技术措施，推荐筛选优质高效的农药产品；其次，尽快将这些技术转化升级，加大培训力度，提高新技术、农资信息入户率。如小麦全蚀病的防治，因为是种子根侵染，土壤消毒是非常关键的措施，单一拌种不能从根本解决全蚀病危害，但是我们植保部门往往忽视之以必要步骤，出现了事倍功半的结果。棉花田除草使用氟乐灵多年，费工费时，同时药害明显。棉花田地膜上使用的除草剂省工省时、效果独特，这些前沿的防治技术，不但要有人去实践，更需要各级技术人员去普及推广。

3 适应市场的一点建议

3.1 农药经营企业要注重提升自身素质

参与农药经营人员普遍存在文化水平低、服务意识淡薄、技术落后、责任感不强等弱点。为了改变这种现状，农业主管部门亟待加强农业职业技能鉴定工作，凡参与农药经营的人员尤其从事服务终端客户的人员，都必须具备一定的植保知识，取得职业技能资格证书。在农药经过程中，要锻炼成为"三三三三"人才：（1）严把三关。进货关、保管关、销货关；（2）细查三证。农药登记证、生产许可证、产品标准证；（3）做到三掌握：掌握农药成分，掌握防治对象，掌握安全使用技术；（4）加强三服务意识：服务农业、服务农村、服务农民。

3.2 农药监管部门必须加大监管力度

严格执行《农药管理条例》，对生产、经营、销售假冒伪劣产品者，按规定进行处罚，责令限期整改，否则将不准从事相关活动。尤其对查证属实的假冒伪劣产品，要从源头抓起，对生产企业采取强制措施。充分发挥电子标签的优势，彻底清理不合格产品，真正起到净化市场的作用。

3.3 全方位规范农药品种及农药市场

经过多年的整合与市场整治，农药市场出现了一些好的转机，但仍然存在很多问题：同一品种重复登记现象严重，换汤不换药；农业部规范标签后，原商品名改为注册商标，甚至仍有继续使用商品名的现象；定做产品泛滥，国内厂家注册成国外企业，披着进口产品的外衣，变相抬高价格，亵渎了农药登记证的唯一性；虚假广告充斥媒体，误导消费者。为此，在今后一段时期，植保部门应该加大农药品种的试验、示范、筛选和推广力度，把真正特效的精品农资包括其有效成分告知农民，广泛宣传；贯彻《河北省植物保护条例》，实行市场准入制度，进行品种登记备案；严格广告审批手续，对夸大其词、假进口等误导消费者的产品坚决予以抵制。

20％戊唑醇·烯肟菌胺防治小麦条锈病药效试验

罗惠荣　邹亚暄　邓怀义　鲁振超　王向东　张庭礼　杜崇武　何文旭

（甘肃省临夏回族自治州植保植检站　甘肃　临夏　731100）

小麦条锈病是对我国小麦生产安全形成严重威胁的重大生物灾害，临夏回族自治州位于甘肃中部西南地区，是小麦条锈病的易发流行区。在综合治理措施中，化学防治仍然是不可替代的主要防治方法，近10多年来，三唑酮是化学防治的主要农药，但由于用药单一，病害易产生抗药性，防效下降，用药量也在逐年增加，增加了环境污染的程度。为筛选出防治小麦条锈病的备用农药，与三唑酮交替使用，2009年笔者开展了20％戊唑醇·烯肟菌胺防治小麦条锈病试验。

1 材料与方法

1.1 试验地条件

试验地点设在临夏县土桥镇曹家村，是常年小麦条锈病的重发区，2009年小麦条锈病大发生。供试品种为春小麦临麦31，属中感品种，3月中旬播种，水肥条件及管理水平同当地平均水平。

1.2 供试药剂及使用浓度 20%戊唑醇·烯肟菌胺 SC（爱可），沈阳化工研究院试验厂提供 20 毫升/亩

20%三唑酮 EC，四川省化学工业研究设计院提供 50 毫升/亩

清水空白对照

选用16-型手动喷雾器施药，每公顷喷液量 900 l/hm²

1.3 试验处理 对照药剂按当地小麦条锈病发病时期分发病前、发病初期和发病盛期单项施药，发病前加发病盛期2次施药，4组处理，喷清水为空白对照，共9个处理，重复3次，小区随机排列，小区面积30m²，施药时间分别是发病前5月20日（孕穗期）、发病初6月3日（孕穗末）；发病盛期：6月12日（抽穗初期）。

1.4 调查方法 设定在每次施药当天，施药后7、15、30d各调查一次病情。病叶分级标准、药效计算参照农药田间试验准则之—GB/T 17980.23—2000中的标准。

1.5 产量调查方法 收获期每个小区随机4点取样，每个样点1m²，记录有效穗数，计算平均亩穗数（本试验在统计分析中考虑到试验药剂并非亩穗数的影响因子，为消除小区间的单位面积有效穗数差异，取试验地单位面积平均穗数），每个小区随机5点取样，每样点取10株，调查平均穗粒数，待产品相对干燥后，用数字天平秤取千粒重，最后求得每个处理的平均产量。试验数据用邓肯氏新复极差（DMRT）法统计分析。

2 结果与分析

2.1 预防作用 从2种药剂不同时期施药防治小麦条锈病效果统计表看，发病前（孕穗期）5月20日施药，20%戊唑醇·烯肟菌胺和对照药剂都具有明显的预防小麦条锈病的作用，试验药剂和对照药剂在防后14d的防效分别为53.87%、42.49%；防后23d的防效分别是96.43%、93.58%；防后35d的防效分别是76.93%、80.76%。同一时间段防效相当，差异不明显。

2.2 持效期 从表1发病前施药效果表明，试验药剂和对照药剂持效期达35d以上，施药后23d左右防效逐渐减退，药效高峰期在20d左右。

2.3 治疗作用 发病初期和发病盛期施药效果表明，20%戊唑醇·烯肟菌胺和对照药剂对小麦条锈病都具有明显的治疗效果。在发病初期施药防后9、20d病情指数明显下降，防效达96%以上。在发病盛期施药，防后10d防效达100%。

2.4 增产作用 表2表明，20%戊唑醇·烯肟菌胺和对照药剂在不同时期施药，与对照相比，在单位面积产量方面均有明显的增产作用，差异达极显著水平；在同期施药时，20%戊唑醇·烯肟菌胺与对照药剂相比，在产量方面除发病盛期施药时达显著水平外，发病前、发病初期单项施药和2次施药之间差异均达到极显著水平，试验药剂增产效果优于对照药剂；20%戊唑醇·烯肟菌胺单项施药和2次施药之间，在平均千粒重方面没有差异，在平均穗粒数、单位面积产量方面存在差异，但并不呈现施药次数多产量就高的趋势。

3 结论与讨论

3.1 20%戊唑醇·烯肟菌胺用于防治小麦条锈病，具有很好的预防和治疗效果，增产作用明显。

3.2 持效期长 持效期达35d以上，在小麦孕穗末期至抽穗初期施药1次，就能很好的控制小麦条锈病。

3.3 有待探讨的问题 在同期施药同等防效的水平上，20%戊唑醇·烯肟菌胺的增产效果优于20%三唑酮，其增产机理有待进一步探讨。（笔者估计是否是施药后20%戊唑醇·烯肟菌胺对作物的副作用小于三唑酮。）

表1　2种药剂不同时期施药防治条锈病效果统计表（2009　甘肃　临夏）

序号	药剂	施药时期	施药次数施药时间	施药前病情指数	防后14d(6月3日)病情指数	防后14d(6月3日)防效(%)	防后23d(6月12日)病情指数	防后23d(6月12日)防效(%)	防后35d(6月24日)病情指数	防后35d(6月24日)防效(%)
1	20%爱可 sc	发病前	5月20日(孕穗期)	—	0.89	53.87	0.74	96.43	9.33	76.93
2	20%三唑酮 ec	发病前	5月20日(孕穗期)	—	1.11	42.49	1.33	93.58	7.78	80.76
3	20%爱可 sc	发病初期	6月3日(孕穗末期)	1.11			0.15	99.28	0.22	99.46
4	20%三唑酮 ec	发病初期	6月3日(孕穗末期)	2.52			0.52	97.49	1.56	96.14
5	20%爱可 sc	发病盛期	6月12日(抽穗初期)	15.41	—				0	100
6	20%三唑酮 ec	发病盛期	6月12(抽穗初期)	9.04	—				0	100
7	20%爱可 sc	发病前+发病盛期	5月20日6月12日	/0.96	0.67	65.28	0.96	95.37	0	100
8	20%三唑酮 ec	发病前+发病盛期	5月20日6月12日	/1.93	1.19	38.34	1.93	90.69	0	100
9	CK			—	1.93		20.74		40.44	

表2　2种药剂不同时期施药增产效果统计表（2009　甘肃　临夏）

序号	药剂	施药时期	施药次数施药时间	平均平方米穗数(个/米²)	平均穗粒数(粒/穗)			平均千粒重(g)			亩产量(千克/亩)			保产效果(千克/亩)
1	20%爱可 sc	发病前	5月20日(孕穗期)	523	37.16	a	A	42.42	a	AB	547.25	a	A	106.25
2	20%三唑酮 ec	发病前	5月20日(孕穗期)	523	36.58	ab	AB	40.68	b	B	524.80	c	B	83.80
3	20%爱可 sc	发病初期	6月3日(孕穗末期)	523	35.88	bc	AB	42.59	a	AB	534.59	b	B	93.59
4	20%三唑酮 ec	发病初期	6月3日(孕穗末期)	523	35.02	c	BC	40.66	b	B	496.19	e	D	55.19
5	20%爱可 sc	发病盛期	6月12日(抽穗初期)	523	36.06	abc	AB	42.50	a	AB	534.35	b	B	93.35
6	20%三唑酮 ec	发病盛期	6月12(抽穗初期)	523	35.54	bc	AB	42.55	a	AB	527.19	c	B	86.19
7	20%爱可 sc	发病前+发病盛期	5月20日(孕穗)6月12日(抽穗初)	523	34.94	c	BC	43.16	a	A	526.70	c	B	85.70
8	20%三唑酮 ec	发病前+发病盛期	5月20日(孕穗)6月12日(抽穗初)	523	33.46	d	CD	43	a	A	509.75	d	C	68.75
9	CK			523	31.94	e	D	39.60	b	B	441.0	f	E	—

新型高效杀虫剂吡蚜酮的开发与推广应用

赵便果[1]　许乾[1]　邢华[1]　李永平[2]　邵振润[2]

（1. 江苏安邦电化有限公司　江苏　淮安　223002
2. 全国农业技术推广服务中心　北京　100125）

吡蚜酮是近几年来国内兴起的一种新型高效杀虫剂，主要用于防治作物刺吸式口器害虫，其独特优点及优异防效得到了各级植保部门及经销商的认可，在国内得以迅速发展，应用推广面积逐年扩大，吡蚜酮也因此成为目前国内农药厂家竞相开发的热点品种。

1　吡蚜酮的性能

吡蚜酮是新型吡啶杂环类杀虫剂，作用于害虫体内血液中胺［5-羟色胺（血管收缩素），血清素］信号传递途径，从而导致类似神经中毒的反应。昆虫一旦接触该药剂，立即停止取食，产生"口针穿刺阻塞"效果，且该过程为不可逆的物理作用，实验室电穿透图像（EPG）技术研究表明，通过点滴、经口、注射（触杀、胃毒、体内传导）3 种方式都会立即产生"口针阻塞作用"，害虫最终饥饿而死，且无交互抗性。

吡蚜酮制剂主要用于防治大部分同翅目害虫，对多种作物的刺吸式口器害虫表现出优异的防治效果，可用于蔬菜、棉花、果树、园艺及多种大田作物上蚜虫、粉虱、飞虱等害虫的化学防治。吡蚜酮不仅可直接致死害虫，同时还具有优异的阻断昆虫传毒功能，对水稻黑条矮缩病、条纹叶枯病、玉米粗缩病等起到预防作用。

吡蚜酮对害虫具有触杀作用，同时还有内吸传导活性。在植物体内既能在木质部输导，也能在韧皮部输导，因此既可用作叶面喷雾，也可用于土壤处理。由于其良好的输导特性，因此在茎叶喷雾后新长出的枝叶也可以得到有效保护。其作用特点是快速作用，缓慢致死，对幼虫成虫均有效，施药后害虫即停止取食，几天后死亡，持效期长达一个月以上。

吡蚜酮还是一种环境友好型杀虫剂，毒理学数据显示，吡蚜酮对哺乳动物毒性很低，对大多数非靶标的节肢动物、鸟类、鱼类、捕食螨类天敌安全，且其代谢产物淋溶性差，对地下水污染极小，因此在综合防治（IPM）中具有出色的表现，适合于生产无公害绿色有机农业。

2　吡蚜酮的开发应用

2.1　吡蚜酮开发动态　吡蚜酮（pymetrozine）最初由瑞士 Ciba-Geigy 公司 1988 年发现，并开发应用于各类作物上的蚜虫、粉虱、叶蝉及各种飞虱的防治。1997 年，该药在土耳其、德国、巴拿马、马来西亚、台湾、日本和南欧等国家和地区登记并陆续上市。1993 年，江苏省农药研究所开始从事吡蚜酮的合成研究。1997 年，吡蚜酮研究开发被列为国家重点科技攻关项目，由江苏安邦电化有限公司与江苏省农药研究所合作承担。1998 年，江苏安邦电化有限公司 20 吨/年吡蚜酮中试生产装置通过验收，江苏安邦电化有限公司因此成为首家合成吡蚜酮原药的国内企业。

2002，江苏安邦 25% 吡蚜酮 WP 制剂取得临时登记，并先后通过了国家石油和化学工业局组织的科学技术成果鉴定，通过了江苏省经济贸易委员会的新产品、新技术投产鉴定。2006—2008 年，经过全国多地市的试验推广和使用实践证明，吡蚜酮是防治稻飞虱的理想用药，在全国主要的水稻产区和北方的蔬菜基地、棉花种植区开展了成功的销售推广工作。2008 年 4 月，安邦吡蚜酮成为全国农业技术服务推广中心防治水稻飞虱的重点推广产品。2009 年 1 月安邦取得吡蚜酮在水稻和小麦上的正式登记证（PD20070373），成为国内独家登记的吡蚜酮可湿性粉剂产品。2009 年 1 月，安邦

25％吡蚜酮WP成为农业部第四批替代5种高毒农药防治灰飞虱、白背飞虱、褐飞虱的指定产品，并被安徽、上海、湖北、江西、广东、广西等省植保站列为2009年重点推广产品。经过10多年的发展，江苏安邦电化有限公司目前已形成年产吡蚜酮原药1 000t、制剂3 000t的生产装置规模，为国内最大的吡蚜酮生产企业。

目前，在国内取得吡蚜酮原药登记的企业有江苏安邦电化有限公司、江苏克胜集团股份有限公司、沈阳科创化学有限公司、盐城双宁农化有限公司。取得吡蚜酮制剂登记证的企业有江苏安邦、江苏克胜、盐城双宁及瑞士先正达。制剂剂型主要是可湿性粉剂（WP）及悬浮剂（SC）。

2.2 吡蚜酮试验示范药效情况

江苏安邦在国内首家开发出吡蚜酮之后，就进行了小麦及蔬菜蚜虫、水稻飞虱上的试验示范工作，并从2003年开始在蔬菜上推广。2005年后，随着国内稻区飞虱发生的日趋猖獗，吡蚜酮的作用逐步显现。为尽快推广应用吡蚜酮，在全国农技推广中心的组织和支持下，江苏安邦电化有限公司在江苏、上海、广西、广东、安徽、江西、浙江、湖南、湖北等大部分稻区布点进行了吡蚜酮防治稻飞虱的大面积试验示范工作，吡蚜酮独特的作用机理、优异的防治效果、对环境友好的特点得到了各地植保农技部门的认可，推广应用面积迅速扩大。之后又在北方温室蔬菜、小麦蚜虫上进行了布点试验，均取得了较好效果，优异的阻断传毒功能还使吡蚜酮成为防治飞虱预防病毒病的特效药，被誉为防治飞虱、蚜虫的"核武器"。

安邦吡蚜酮试验示范研究结果表明，吡蚜酮对稻飞虱成虫和若虫均有较高的活性，水稻抽穗前，提前使用吡蚜酮有效成分4～6克/亩，常量对水，1个月没有稻飞虱危害。稻飞虱大发生时，用吡蚜酮加少量敌敌畏，打足水量，尽量向基部喷施，数小时后稻飞虱开始死亡，3d后很干净，持效期长达1个月。

2.3 目前国内应用现状

吡蚜酮虽然较早开发，但一直未形成较大市场，主要原因是由于多年来以吡虫啉为代表的氯代烟碱类杀虫剂的大量使用，产品的市场周期未完成，且应用成本低廉，压制了吡蚜酮的推广和使用。2005年以来，我国稻区飞虱发生严重，吡虫啉、腚虫咪等杀虫剂的大量长期使用，导致了害虫抗性增加，吡蚜酮才得以重视并迅速推广。江苏省植保站在2006年稻飞虱大暴发的

情况下，筛选出新型高效药剂吡蚜酮，当年推广面积达百万余亩，2007年全国推广面积已达5 000余万亩。2008年全国主要的水稻产区及北方蔬菜基地、棉花玉米种植区开展了对迁飞性害虫稻飞虱的防治，吡蚜酮优异防效及独特的阻断昆虫传毒功能得到重视。2009年农业部将吡蚜酮列为高毒替代农药推荐产品。同年，全国农技推广中心在山东药检所召开示范总结会，与会专家学者建议推广使用吡蚜酮。

自2004年吡蚜酮在蔬菜上的少量推广以来，其应用范围不断扩大，推广面积迅速增加，2007年推广面积已达5 000余万亩，2008年国内南方主要稻区已使用吡蚜酮，2009年全国大部分稻区及北方玉米蔬菜种植区已普遍使用吡蚜酮进行化学防治。

3 吡蚜酮市场前景及发展建议

3.1 吡蚜酮应用前景

随着5种高毒有机磷农药的退市，巨大的市场空间急需高效新型农药产品来替代。而稻飞虱作为多年来迁飞性、暴发性的害虫严重威胁着我国农业生产的安全，蚜虫、粉虱在北方蔬菜棉花上也呈严重发生趋势，吡蚜酮的优异防效及环境友好特点正符合了这一发展趋势。氟虫腈由于对甲壳类水生生物和蜜蜂的高风险性而面临即将退市的危险，吡虫啉、腚虫咪长期连续使用产生的高抗性都给吡蚜酮带来了极好的发展机遇。

我国是农业生产大国，农业是国民经济的基础。随着全球气候变暖，极端气象频繁，加之国内种植结构、耕作制度的调整，农业病虫害的发生逐年扩大，日趋严重。稻飞虱在我国南部大部分稻区常年发生，危害呈暴发性加重趋势，而且稻飞虱的发生已有北迁迹象，其危害范围、危害面积逐步扩大。近年来，由灰飞虱传播的病毒病也逐年扩大，发生程度不断加重。据农业部专家预测，2009年水稻条纹叶枯病在江苏、上海、浙江甚至北方稻区辽宁等地呈加重发生趋势。黑条矮缩病在浙江南部、江苏中北部、江西福建等地偏重发生。玉米粗缩病在山东、河北、河南、安徽等玉米种植区偏重发生。合理规范使用高效低毒农药进行综合防治，必将有助于害虫的可持续治理，为农业生产带来明显的经济和社会效益。

作为一种优秀的高毒替代品种，吡蚜酮具有适

用范围广、高效、低毒、阻断昆虫传毒功能、选择性强、无交互抗性、对天敌和环境友好等特点，尤其适用于抗性治理和综合防治，代表了未来农药的发展方向，市场应用前景十分广阔。

3.2 吡蚜酮发展建议

3.2.1 近几年吡蚜酮发展迅速，国内企业争相开发。据了解，目前取得吡蚜酮登记的已有数家，计划或正在开发办理登记的有近 10 家。作为农药登记审批部门，应考虑到企业产能及市场应用的实际情况，避免重复建设，延长产品生命周期，更好为农业服务。

3.2.2 吡蚜酮的大面积推广应用是近几年的事情，虽然得到了植保农技部门的认可，但其功效特点还有待部分经销商和农民了解，各地植保农技部门和经销商在宣传推广的同时，应实事求是，科学使用吡蚜酮，发挥其真正的更大的功效。

20％高氯·辛乳油对麦蚜等几种害虫的防治效果

夏明聪[1]　李丽霞[2]　樊会丽[2]　苏聪玲[2]

（1. 河南省农科院植保所　河南郑州市农业路 1 号　450002　电话：0371 - 68974594

2. 郑州市植保植检站　河南　郑州　450006）

20％高氯·辛乳油是河南省农科院植物保护研究所研制的一种杀虫混剂新配方，由于加入了高效溶蜡渗透剂，能够破坏昆虫体表蜡质层，使活性成分迅速穿透体壁达到靶标部位。该药剂自从 2006 年在河南、河北、山东、安徽、陕西等地多年多点示范试验，在生产中收到良好的防治效果，对小麦、棉花、蔬菜等作物害虫具有良好的防效。

1 材料与方法

1.1 供试药剂

1.1.1 试验药剂　20％高氯·辛乳油（河南省农科院植保所农药试验厂）

1.1.2 对照药剂

40％辛硫磷乳油（江苏连云港市第二农药厂）

4.5％高效氯氰菊酯乳油（江苏扬农化学有限公司）

1.2 试验作物　小麦（郑麦 9023）、棉花（中棉42）、甘蓝

1.3 防治对象　麦穗蚜、棉铃虫、菜青虫

1.4 试验地基本情况　试验地设在河南省商水县汤庄乡莫庄村北地，小麦示范面积 5 亩。示范地地势平坦，肥力中等，地力均匀，土壤类型为轻壤土，小麦长势良好，管理条件一致。棉花示范面积 5 亩，地点设在酉屯村南地，地势高，地面平整，无残茬杂物，水肥条件良好，管理一致，前茬休闲。甘蓝示范面积 2.5 亩，试验地为 3 月下旬露地栽培移栽，水肥良好，管理条件一致，甘蓝长势良好。

1.5 试验方法

1.5.1 试验设计　试验设 20％高氯·辛乳油 30 毫升/亩、40 毫升/亩、50 毫升/亩、40％辛硫磷乳油40 毫升/亩、4.5％高效氯氰菊酯乳油 25 毫升/亩和空白对照 18 个处理，3 次重复，共 48 个小区，随机排列，每个药剂处理区面积分别为 1 亩，空白对照区面积为 2 亩。

1.5.2 施药时间及方法　试验正值小麦扬花后期至灌浆期和穗蚜盛发期进行，田间有害生物主要是麦穗蚜，多为无翅成、若蚜。施药方法采用工农- 16 型背负式手动喷雾器均匀喷施，喷液量为 30 千克/亩。喷雾时天晴，无风，试验期间日平均气温 22℃。

1.5.3 调查、记录和测量方法　调查方法是每小区对角线采样 5 点，每点标记 10 株，于施药前调查植株穗部的蚜虫基数，药后 1d 调查植株上的活蚜数，计算防治效果。棉田于现蕾开花期进行。菜青虫大多为 2～3 龄。并对防治作物的安全性进行观察，试验结束时测产。

表1 20%高氯·辛乳油防除麦穗蚜防效表（单位：%）

处理药剂	麦穗蚜		增产率（%）
	虫口减退率	校正防效	
20%高氯·辛乳油 30 毫升/亩	89.6	90.2	15.1
20%高氯·辛乳油 40 毫升/亩	93.4	93.7	19.5
20%高氯·辛乳油 50 毫升/亩	96.8	97.0	25.8
40%辛硫磷乳油 40 毫升/亩	83.6	83.9	12.4
4.5%高效氯氰菊酯乳油 25 毫升/亩	84.3	84.6	13.3
空白对照	—	—	-6.5

表2 20%高氯·辛乳油防除棉花棉铃虫防效表（单位：%）

处理药剂	棉铃虫		增产率（%）
	虫口减退率	校正防效	
20%高氯·辛乳油 30 毫升/亩	81.45	81.59	15.8
20%高氯·辛乳油 40 毫升/亩	89.68	90.01	23.5
20%高氯·辛乳油 50 毫升/亩	90.34	90.75	29.3
40%辛硫磷乳油 40 毫升/亩	77.98	78.15	14.6
4.5%高效氯氰菊酯乳油 25 毫升/亩	85.66	85.77	21.7
空白对照	—	—	-8.5

表3 20%高氯·辛乳油防除甘蓝菜青虫防效表（单位：%）

处理药剂	菜青虫		增产率（%）
	虫口减退率	校正防效	
20%高氯·辛乳油 30 毫升/亩	85.20	87.36	16.6
20%高氯·辛乳油 40 毫升/亩	88.35	94.71	30.5
20%高氯·辛乳油 50 毫升/亩	97.26	97.66	38.2
40%辛硫磷乳油 40 毫升/亩	82.22	84.22	14.3
4.5%高效氯氰菊酯乳油 25 毫升/亩	89.78	91.27	26.4
空白对照	—	—	-10.1

2 结果与分析

2.1 各处理区对作物虫害的防除效果

从表1中看出，20%高氯·辛乳油防除小麦蚜虫不同处理区30毫升/亩、40毫升/亩、50毫升/亩的校正防效为90.2%、93.7%、97.0%，对照药剂40%辛硫磷乳油40毫升/亩和4.5%高效氯氰菊酯乳油25毫升/亩防除小麦蚜虫的校正防效分别为83.9%、84.6%。

从表2中看出，20%高氯·辛乳油防除棉花棉铃虫不同处理区30毫升/亩、40毫升/亩、50毫升/亩的防效分别是81.45%、87.11%、90.68%，对照药剂40%辛硫磷乳油40毫升/亩和4.5%高效氯氰菊酯乳油25毫升/亩防除棉花棉铃虫的防效是77.98%、85.66%。

从表3中看出，20%高氯·辛乳油防除甘蓝菜青虫不同处理区30毫升/亩、40毫升/亩、50毫升/亩的防效分别是87.36%、94.71%、97.66%，对照药剂40%辛硫磷乳油40毫升/亩和4.5%高效氯氰菊酯乳油25毫升/亩防除甘蓝菜青虫的防效是84.82%、91.27%。

2.2 各处理区作物生长发育及增产情况

2.2.1 20%高氯·辛乳油30毫升/亩、40毫升/亩、50毫升/亩处理防治麦穗蚜、棉花棉铃虫、甘蓝菜青虫对当茬作物小麦、棉花、甘蓝生长安全无药害。最后测产结果都有增产作用。小麦增产率分别为15.1%、19.5%、25.8%；棉花增产率分别为15.8%、23.5%、29.3%；甘蓝增产率分别为16.6%、30.5%、38.2%。

2.2.2 20%高氯·辛乳油30毫升/亩、40毫升/亩、50毫升/亩处理防治麦穗蚜，试验期间麦田中有少量龟纹瓢虫和僵蚜（蚜茧蜂寄生），药剂对其影响不明显；处理防治棉花棉铃虫试验中发现对蚜虫天敌七星瓢虫的卵、幼虫、成虫均有较强的杀伤作用，对草蛉、赤眼蜂、姬猎蝽、小黑蛛有一定的杀伤作用。

3 小结与讨论

20%高氯·辛乳油防治麦穗蚜建议每亩用30～50ml，防治棉花蚜虫、棉铃虫建议每亩用40～50ml；防治甘蓝菜青虫每亩用30～50ml，对水40～50kg，均匀喷雾施药，防治效果明显，药效持效期达7～10d。

吡虫啉悬浮剂拌种防治麦田
地下害虫、蚜虫试验初报

武建宽 罗振坚 王会玲 缑莉萍

（陕西省临渭区农技中心 714000）

为了解高剂量吡虫啉拌种对小麦地下害虫、蚜虫的防治效果及其对小麦产量的影响，替代甲拌磷等高毒农药拌种，为推广应用提供依据，2008 年秋播时特开展了本次试验。

1 材料和方法

1.1 试验田基本情况 试验设在渭南市临渭区固市镇板桥村一组韩永红的冬小麦田，面积 3 亩，试验地土质为垆土，肥力中等，有机质含量 1.23%，施肥管理水平一致，前茬为玉米田。小麦品种为陕 715，2008 年 10 月 16 日播种，播种方法为机械条播，播量 10 千克/亩。12 月 20 日冬灌 1 次。

1.2 试验药剂 （1）60% 吡虫啉悬浮剂（深圳诺普信农用股份有限公司）；（2）55% 甲拌磷乳油（天津市大安农药有限公司）。

1.3 试验处理设计 处理 1：60% 吡虫啉悬浮剂 66g 拌种 10kg 种子（有效成分 4g/kg 种子）；处理 2：60% 吡虫啉悬浮剂 33g 拌种 10kg 种子（有效成分 2g/kg 种子）；CK1：55% 甲拌磷乳油 50ml 拌种 10kg 种子（当地拌种习惯用量）；CK2：不拌种。

1.4 试验处理区排列 处理区采用随机排列，不设重复，每处理区面积亩，对照区面积 333m²。

1.5 施药时间及方法 2008 年 10 月 15 日拌种，各处理按试验剂量要求对水 100ml，拌种 10kg，晾干后播种。

2 试验调查

2.1 小麦出苗率调查 于 2008 年 11 月 5 日（小麦齐苗）进行调查，每个小区调查 5 垄，每垄调查 5m 长，调查小麦出苗株数，计算小麦出苗率。

2.2 小麦长势调查 于 2009 年 4 月 15 日（小麦

孕穗期）进行长势调查，每个小区 5 点取样，每点调查 20 株，逐株测量株高；每点挖取 5 株，测量根长。

2.3 小麦苗期蚜虫调查 于播后 30d 调查小麦苗期蚜虫发生量，采取 5 点取样，每点调查 20 株，调查每株蚜量。

2.4 小麦穗期蚜虫调查 于 2009 年 5 月 15 日（小麦灌浆—乳熟期），调查小麦穗蚜发生量，采取 5 点取样，每点调查 20 株，调查每株蚜量，计算有蚜株率和百株蚜量。

2.5 小麦实产 收获时每个小区取样 1m²，单独收割后晒干称重；同时每小区取 50 穗，实数穗粒数，称量千粒重。

3 结果分析

3.1 出苗率调查 小麦齐苗后调查，处理 1 出苗率最高达 20.8 万株/亩，且与各处理差异极显著，见表 1。

表 1 各处理小麦出苗率比较表

处理	平均亩基本苗数（万株）	差异显著性	
		5%	1%
处理 1	20.8	a	A
处理 2	19.6	b	B
CK1	18.1	c	C
CK2	17.7	c	C

3.2 长势调查 小麦孕穗期长势调查结果显示 60% 吡虫啉悬浮剂拌种株高明显高于对照，差异极显著。根系度较对照差异极显著，叶片颜色更深绿，植株比较健壮，见表 2。

表 2　各处理对小麦株高比较表

处理	平均株高 (cm)	差异显著性 5%	差异显著性 1%	平均根长 (cm)	差异显著性 5%	差异显著性 1%
处理 1	69.9	a	A	12.3	a	A
处理 2	68.8	a	A B	10.8	ab	AB
CK1	67.4	b	B	10.1	bc	B
CK2	65.7	c	C	9.1	c	B

3.3　蚜虫调查

播后 30d 调查小麦苗期蚜虫发生量，处理 1 蚜虫量最少，百株 42 头，对照分别为 90 头、143 头；处理 1 与对照差异极显著与处理 2 差异显著。小麦灌浆—乳熟期调查小麦穗蚜发生量，处理 1、处理 2 穗蚜百株发生量明显少于对照为 319 头和 336 头，对照 1 为 361 头，与处理 1、2 无差异，处理 1、处理 2 和对照 1 与对照 2 差异显著，处理 1 与对照 2 差异极显著，见表 3。

表 3　各处理小麦苗蚜、穗蚜调查表

处理	苗蚜/百株 (头)	差异显著性 5%	差异显著性 1%	穗蚜/百株 (头)	差异显著性 5%	差异显著性 1%
CK2	143	a	A	396	a	A
CK1	90	b	B	361	ab	AB
处理 2	70	c	BC	336	b	AB
处理 1	42	d	C	319	b	B

3.4　产量测定

收获时实产见表 4，药剂拌种处理对小麦增产显著，增产率为 4.5%～12%。

表 4　各处理区小麦产量比较

项目／处理	亩穗数 (万)	穗粒数 (个)	千粒重 (g)	平均亩产 (kg)	增产 (%)
处理 1	42.2	32.7	36.1	423.4	12
处理 2	41.8	32.5	35.9	414.5	9.7
CK1	40.3	32.3	35.7	395	4.5
CK2	39.4	31.7	35.6	377.9	—

注：处理区产量干重均按 85% 折算。

4　小结与讨论

4.1　药剂拌种对防治地下害虫效果明显，60% 吡虫啉悬浮剂拌种出苗率明显高于当地常规用药 55% 甲拌磷乳油拌种，亩用 60% 吡虫啉悬浮剂 66g 拌种出苗率最高。

4.2　60% 吡虫啉悬浮剂药剂拌种对苗蚜和穗蚜有一定影响，苗蚜发生量影响较大，百株苗蚜发生数量明显低于 55% 甲拌磷乳油拌种，且亩用 66g 苗蚜数量最少。穗蚜发生量拌种与不拌种效果明显，亩用 60% 吡虫啉悬浮剂 66g 百株穗蚜 319 头数量最少，与不拌种差异极显著。

4.3　60% 吡虫啉悬浮剂药剂拌种对小麦的生长有一定调节作用，小麦根系生长良好，株高和根长均高于对照。药剂拌种对小麦增产作用显著，亩用 60% 吡虫啉悬浮剂 66g 增产 12%，亩用 60% 吡虫啉悬浮剂 33g 增产 9.7%，亩用 55% 甲拌磷乳油 50ml 增产 4.5%。

2009 年我区小麦生长前期干旱少雨，后期阴雨偏多，低温寡照，不利小麦生长，可能对实验结果有影响，有待今后继续试验研究。

泾阳县高毒农药替代品种试验示范结果报告

陈芳君　李泾孝　任少莉　杨会玲

（陕西省泾阳县农技中心陕西　泾阳　713700）

随着国家从 2007 年 1 月 1 日全面禁止甲胺磷、对硫磷、甲基对硫磷、久效磷和磷胺等 5 种高毒有机磷农药的生产使用，农业部门特别是植保部门及时应对，加强高毒农药替代品种筛选工作，加大农药安全使用普及力度。按照省植保总站关于做好高毒农药替代试验示范工作有关安排，我们在小麦、棉花、蔬菜、玉米等作物上进行了 20 多种高毒农药替代品种和药效对比试验示范，依据试验结果，筛选了 10 余种推广应用品种，有的已在多种作物上大面积推广，均取得了较好地防效。

1 小麦田高毒农药替代品种试验示范

泾阳县常年小麦播种面积 2.8 万 hm²。90 年代末至今，冬小麦田恶性杂草数量急剧增加，上升为小麦田主要杂草，如节节麦、蜡烛草、猪殃殃等，此类杂草难以防治，经过近多年的试验示范，我们筛选出了 3%世玛油悬剂、3.6%阔世玛水分散粒剂和 15%麦极可湿性粉剂，并大面积推广应用，效果显著，现应用面积每年达到 1.2 万 hm²以上；针对阔叶型杂草对巨星等品种产生耐药性，试验并推广应用了 40%快灭灵水分散粒剂、36%奔腾可湿性粉剂和 6.25%使阔得水分散粒剂，年使用面积超过 1 万公顷；在麦田虫害（麦穗蚜、红蜘蛛）防治方面，筛选应用了 10%吡虫啉可湿性粉剂、3%啶虫脒乳油、4.5%高效氯氰菊酯乳油，替代了原大面积使用有机磷农药如久效磷、对硫磷、氧化乐果等。高毒农药替代品种的应用，既提高了防效，又无药害产生，避免了经销商和农户的纠纷。

2 蔬菜田高毒农药替代品种试验示范

泾阳县常年蔬菜栽植面积在 2.3 万公顷左右，病虫害种类多，防治难度大，尤以霜霉病、细菌性角斑病、灰霉病、蚜虫、菜青虫、白粉虱等发生较重。自 2005 年以来，我县在棚室蔬菜中进行了高毒农药替代产品试验示范，选用复配制剂、植物源杀虫、杀菌剂代替单一制剂，筛选出 5%天然除虫菊素（云菊）、9%啶虫脒可溶液剂、0.15%苦皮藤素微乳剂、1.8%阿维菌素乳油、50%乙烯菌核利可湿性粉剂、25%阿米西达悬浮剂、58%雷多米尔可湿性粉剂、35%霜霉威盐酸盐水剂等药剂示范应用，防治效果明显。高毒农药替代品种在蔬菜上的大量应用，降低了防治成本，同时减轻了对环境的污染和人畜中毒现象，使蔬菜中农药残留大大降低。

3 棉田高毒农药替代品种试验示范

泾阳县 90 年代棉田面积在 1.33 万公顷以上，由于棉铃虫暴发成灾，面积逐步下滑，现在仅 2 000 公顷左右，棉花上主要虫害有棉铃虫、棉红蜘蛛、棉蚜等，过去使用高毒、剧毒农药如久效磷、对硫磷、辛硫磷等药剂易造成环境污染，对人畜不安全。近几年我们开展了高毒农药替代试验示范工作，筛选出 40%甲基毒死蜱乳油 150 毫升/亩、5%氯氟氰菊酯微乳剂 10 克/亩、50%丁醚脲悬浮剂 25 克/亩、1%甲氨基阿维菌素乳油 1 500 倍、阿维·啶虫脒微乳剂 1 500 倍等，防治棉铃虫兼治棉蚜，1.8%阿维菌素乳油 20 毫升/亩、毒死蜱超微乳油 20 克/亩、25%阿克泰水分散粒剂 2 克/亩防治棉红蜘蛛，防效均达到 85%以上，同时棉铃虫抗药性得到控制和延缓，经济、生态和社会效益同步增长。

4 玉米田高毒农药替代品种试验示范

玉米面积常年稳定在 2.53 万公顷左右。调查发现玉米田除玉米黑粉病、粗缩病、粘虫、玉米螟外，近年新发生的虫害还有蜗牛、双斑长跗萤叶甲。杂草主要以马唐、麦青、香附子、反枝苋等为主，在蜗牛防治上，示范推广了 6%四聚乙醛颗粒剂（商品名密达）和 30%甲萘·四聚母粉（商品名除蜗净）。对双斑长跗萤叶甲，示范推广了 20%氰戊菊酯乳油、2.5%高效氯氟氰菊酯水乳剂、37%高氯·马乳油。对杂草防除，通过试验示范筛选了 55%耕杰悬浮剂 100 毫升/亩，40g/L 玉农乐悬浮剂＋38%莠去津水悬浮剂 100ml＋120 毫升/亩，2008 年推广面积 2 400hm²。

新杀虫剂丁烯氟虫腈的创制及产业化开发

李彦龙 潘志孝

（大连瑞泽农药股份有限公司 辽宁 大连 116100）

N-取代苯基吡唑衍生物是近年来在国际上研究较为广泛的一类吡唑类广谱杀虫剂，此类化合物的代表是法国罗纳—普朗克公司（现拜耳公司）1989 年开发的商品名为"Regent"的化合物，该化合物是一种对许多害虫具有优异防效的广谱杀虫剂，例如对半翅目、鳞翅目、缨翅目、鞘翅目等害虫以及对环戊二烯类、菊酯类、氨基甲酸酯类杀虫剂已产生抗药性的害虫，大连瑞泽农药股份有限公司从 2001 年 3 月份在国内知名农药专家王大翔和柏再苏夫妇的指导下开始创制 N-苯基吡唑类衍生物类化合物。首先以"氟虫腈"分子结构为先导设计了十几个衍生化合物，设计新结构的指导思想是保留原有化合物的活性部分，即保留苯环上取代基的结构和位置，利用杂环吡唑环的结构，对杂环上取代基的结构和位置进行修饰和改换，这样既节约了人力、物力，又提高了创制出高活性化合物的概率，也是瑞泽公司近几年创制农药工程遵循的一种创新思路，从而在此类化合物的基础上自主设计合成了以丁烯氟虫腈为代表的系列化合物（国内专利号：02128312.5，国际专利号：PCT/CN03/00343）。

1 产品简介

1.1 理化特性

通用名：丁烯氟虫腈。

化学名：3-氰基-5-甲代烯丙基氨基-1-(2.6-二氯-4-三氟甲基苯基)-4-三氟甲基亚磺酰基吡唑。

纯品为白色粉末，熔点：172～174℃。25℃溶解度分别为水 0.02g/L、乙酸乙酯 260.02g/L。常温在酸碱下稳定。

1.2 结构式

1.3 生物活性

丁烯氟虫腈对菜青虫、小菜蛾、螟虫、粘虫、褐飞虱、叶甲等具有很高的活性，0.8cm³/m³ 下有的就达到 100% 的致死率，对桃蚜、二斑叶螨无效。

2 产品的研究和产业化

通过多年的试验和研究，我们对丁烯氟虫腈申请了农药登记，严格按照农药登记的相关规定和要求，通过国家的各种检验和评审，最终取得了 5% 丁烯氟虫腈乳油的登记。在取得登记的过程中，我们做了大量的工作，其中主要包括以下几个方面：

2.1 生产工艺的优化

在丁烯氟虫腈实施产业化的进程中，公司的科研人员持续不断的探索和优化合成路线、生产流程、工艺操作条件等技术问题。力求产业化生产流程更为科学合理，合成技术先进、三废少易处理、质量稳定收率高、易于工业化规模生产，生产成本低。产业化试车过程中，对几步反应工艺路线、操作条件的持续深入研究和优化。

制备 2，3-二氰基丙酸乙酯中间体的技术改进是经过多次由小试技术到车间实践验证，再由车间到小试的探讨、改进和提高过程，现在该中间体在车间生产的工艺数据已经稳定。持续对中间体 2，3-二氰基丙酸乙酯的合成路线进行探索，发现大多数文献都是介绍以氰基乙酸乙酯为起始原料，先和甲醛及氰化钠反应生成 2，3-二氰基丙酸乙酯的钠盐，然后经酸化生成2，3-二氰基丙酸乙酯，再经萃取、分层、水洗、脱溶得到2，3-二氰基丙酸乙酯。我们也选择了这条路线，但重点针对反应的投料比、反应时间、反应温度、反应的所用的溶剂开展大量的研究和优化实验。

产业化试车结果也表明，该反应适宜在极性溶剂中反应，准确的投料比对反应至关重要，反应的温度和时间是影响反应收率及产品纯度的关键。另外我们还对产业化反应溶剂的回收套用，含氰废水采用液膜萃取法处理作了相当多的实验工作，应用在产业化获得满意的效果，最终我们将2，3-二氰基丙酸乙酯的反应收率稳定在83%～85%，高于文献介绍的79%的水平。溶剂的回收率达到95%以上，含氰废水经液膜萃取处理后，再经过厌氧和好氧微生物降解处理后，水中已经没有氰根，保证公司处理后的工业废水达到了环保管理部门要求的排放标准。

依据生产规模，工艺条件和保障上下工序生产物料的平衡，在制备2，3-二氰基丙酸乙酯中间体的工序中，我们选用了3 000l的搪瓷釜作为氰化反应釜，总投料量在1 600～1 800kg的物料，利用12m² 的石墨块孔冷凝器，减压蒸馏脱溶剂乙醇，在反应过程中都能满足工艺需要的条件。

选择2 000l的K型搪瓷反应釜和耐腐蚀的石墨块孔式冷凝器组成的装置，用在二氯乙烷萃取酸化生成的2，3-二氰基丙酸乙酯，减压蒸馏回收溶剂二氯乙烷都是可行的，设备始终正常运转。

我们采取4条路线对中间体2，6-二氯-4-三氟甲基苯胺的合成路线进行详细的探索和研究，并做了大量的实验，从经济效益上考虑，第四条路线是成本最低的。但存在溶剂消耗大、尾气的酸碱性强等缺点。因此我们有针对性的溶剂选择，溶剂的回收套用，二甲胺水溶液的回收及套用、酸性尾气的吸收、酸性及碱性废水的处理又做了大量的实验。探索出一条成本低、三废少环保路线。

由于瑞泽公司要搬迁到松木岛化工园区，因此这条工艺路线还没有工业化生产。我们现在是从国内直接购买对三氟甲基苯胺，然后通氯合成2，6-二氯-4-三氟甲基苯胺，该步反应收率较高。目前市场上对三氟甲基苯胺的销售价格一直偏高。如果搬迁完毕，在新的化工园区用第四条路线生产该中间体，"丁烯氟虫腈"的原药成本还会降低4～5万元/吨。

2.2 毒性研究 经过沈阳化工研究院安全评价中心做的毒理学试验表明：丁烯氟虫腈原药雄性/雌性大鼠急性经口 $LD_{50} \geq 4\,640mg/kg$，雄性/雌性大鼠急性经皮毒性 $\geq 2\,150mg/kg$，属低毒级。该药对皮肤无刺激作用，对眼睛无刺激作用，属于弱致敏物。原药 Ames 试验呈阴性，原药小鼠嗜多染红细胞微核试验呈阴性，原药小鼠显形致死致畸属阴性，原药亚慢性试验雄性 150mg/kg（11.24±0.52mg/kg/d），雌性 500mg/kg（40.35± 3.93mg/kg/d）。

5%丁烯氟虫腈乳油急性经口试验 $LD_{50} \geq 4\,640mg/kg$，急性经皮毒性 $\geq 2\,150mg/kg$，属低毒级，对皮肤无刺激性，眼刺激试验属于中度刺激，皮肤致敏试验属于弱致敏物。蜜蜂接触毒性试验 $LD_{50} > 0.560$ 微克/蜂（高毒级），鹌鹑急性经口毒性试验 $\geq 2\,000mg/kg$ 属低毒级，对斑马鱼毒性试验 LC_{50}（96h）：19.62mg/L 属低毒级，桑蚕鸭毒性试验 $LC_{50} > 5\,000mg/kg$ 无中毒现象。

丁烯氟虫腈与氟虫腈毒性比较

产品名称	急性毒性 （经口 LD_{50}）	鱼 毒 （LC_{50}，$\mu g/L$）	蜂 毒 （LC_{50}，微克/蜂）	鸟 毒 （鹌鹑经口 LD_{50}，mg/kg）	蚕 毒
丁烯氟虫腈	4 640	19 620（斑马鱼）	0.56	≥2 000	>5 000mg/kg
氟虫腈	1 932	30（鲤鱼）	0.004 17	0.011 3	0.427 微克/头

2.3 田间药效试验 我们在不同地区植保站的帮助下对5%丁烯氟虫腈EC进行了2年4地的田间药效试验，也对多种害虫进行了室内生测试验，试验结果表明，5%丁烯氟虫腈EC对稻纵卷叶螟、二化螟、三化螟及稻飞虱，小菜蛾，菜青虫都有很好的防治效果。丁烯氟虫腈5%乳油对十字花科蔬菜小菜蛾亩商品量 20～30ml 可达防效95%～99%；对水稻二化螟亩商品量 30～50ml 可达防效87%～98%。与对照药剂氟虫腈50g/L悬浮剂防效无明显差别。

丁烯氟虫腈与氟虫腈、甲胺磷试验效果对比表

药剂名称	试验单位	试验对象	药后 7d 防效％	药后 14d 防效％	使用时期
5％丁烯氟虫腈 Ec30gai/hm²	福建省植保植检站	稻纵卷叶螟	99.00	98.99	卵孵化盛期
5％氟虫腈 Sc30gai/hm²	福建省植保植检站	稻纵卷叶螟	86.75	96.25	卵孵化盛期
50％甲胺磷 Ec112.5gai/hm²	福建省植保植检站	稻纵卷叶螟	85.50	78.75	卵孵化盛期
5％丁烯氟虫腈 Ec30gai/hm²	福建省植保植检站	稻纵卷叶螟	99.88	99.83	1～2 龄幼虫期
5％氟虫腈 Sc30gai/hm²	福建省植保植检站	稻纵卷叶螟	99.46	100.00	1～2 龄幼虫期
50％甲胺磷 Ec112.5gai/hm²	福建省植保植检站	稻纵卷叶螟	74.69	82.96	1～2 龄幼虫期
5％丁烯氟虫腈 Ec30gai/hm²	湖南省植保植检站	稻纵卷叶螟		86.93	1～2 龄幼虫期
5％丁烯氟虫腈 Ec30gai/hm²	江西省植保植检站	稻纵卷叶螟		95.32	1～2 龄幼虫期
5％丁烯氟虫腈 Ec30gai/hm²	福建省植保植检站	三化螟	90.00	98.20	秧田
5％氟虫腈 Sc30gai/hm²	福建省植保植检站	三化螟	86.50	97.30	秧田
50％甲胺磷 Ec112.5gai/hm²	福建省植保植检站	三化螟	89.60	78.20	秧田
5％丁烯氟虫腈 Ec30gai/hm²	福建省植保植检站	三化螟	79.80	88.50	大田
5％氟虫腈 Sc30gai/hm²	福建省植保植检站	三化螟	70.10	82.00	大田
50％甲胺磷 Ec112.5gai/hm²	福建省植保植检站	三化螟	74.20	84.40	大田
5％丁烯氟虫腈 Ec30gai/hm²	福建省植保植检站	四代三化螟	83.00（药后 30d）		无水层
5％氟虫腈 Sc30gai/hm²	福建省植保植检站	四代三化螟	82.00（药后 30d）		无水层
50％甲胺磷 Ec112.5gai/hm²	福建省植保植检站	四代三化螟	80.40（药后 30d）		无水层
5％丁烯氟虫腈 Ec30gai/hm²	福建省植保植检站	三代三化螟	79.80（药后 17d）		有水层
5％氟虫腈 Sc30gai/hm²	福建省植保植检站	三代三化螟	70.10（药后 17d）		有水层
50％甲胺磷 Ec112.5gai/hm²	福建省植保植检站	三代三化螟	74.20（药后 17d）		有水层
5％丁烯氟虫腈 Ec30gai/hm²	福建省植保植检站	二代三化螟	90.00（药后 17d）		有水层
5％氟虫腈 Sc30gai/hm²	福建省植保植检站	二代三化螟	86.50（药后 17d）		有水层
50％甲胺磷 Ec112.5gai/hm²	福建省植保植检站	二代三化螟	89.60（药后 17d）		有水层
5％丁烯氟虫腈 Ec30gai/hm²	广西省植保植检站	三化螟	76.10		有水层
5％氟虫腈 Sc30gai/hm²	广西省植保植检站	三化螟	85.20		有水层
5％丁烯氟虫腈 Ec30gai/hm²	广西省植保植检站	三化螟	95.80		无水层
5％氟虫腈 Sc30gai/hm²	广西省植保植检站	三化螟	95.10		无水层
5％丁烯氟虫腈 Ec30gai/hm²	江苏省植保植检站	一代二化螟	73.28	84.76	有水层
50％甲胺磷 Ec112.5gai/hm²	江苏省植保植检站	一代二化螟	34.64	23.90	有水层
5％丁烯氟虫腈 Ec30gai/hm²	江苏省植保植检站	一代二化螟	65.14	75.00	无水层
50％甲胺磷 Ec112.5gai/hm²	江苏省植保植检站	一代二化螟	39.25	33.40	无水层
5％丁烯氟虫腈 Ec30gai/hm²	江苏省植保植检站	一代二化螟	90.00（药后 17d）		有水层
50％甲胺磷 Ec112.5gai/hm²	江苏省植保植检站	一代二化螟	89.60（药后 17d）		有水层
5％丁烯氟虫腈 Ec30gai/hm²	浙江省植保植检站	一代二化螟	90.90（药后 25d）		有水层
50％甲胺磷 Ec112.5gai/hm²	浙江省植保植检站	一代二化螟	48.50（药后 25d）		有水层
5％丁烯氟虫腈 Ec30gai/hm²	浙江省植保植检站	一代二化螟	72.60（药后 25d）		无水层
50％甲胺磷 Ec112.5gai/hm²	浙江省植保植检站	一代二化螟	45.70（药后 25d）		无水层
5％丁烯氟虫腈 Ec30gai/hm²	四川省植保植检站	一代二化螟	＞80.00（药后 14d）		有水层
5％丁烯氟虫腈 Ec30gai/hm²	四川省植保植检站	一代二化螟	＞80.00（药后 14d）		有水层
5％丁烯氟虫腈 Ec30gai/hm²	安徽省植保植检站	稻飞虱	63.48		有水层
5％丁烯氟虫腈 Ec30gai/hm²	四川省植保植检站	稻飞虱	84.55	96.62	有水层

3 结论

"丁烯氟虫腈"是大连瑞泽公司自主创制出具有国际先进水平的高效杀虫剂新品种，获国家发明专利，已经申请了世界专利，并在韩国、印度和印尼获得了专利权。该产品被列为国家科技部十一·五科技支撑项目。该项目还获大连市技术发明二等奖和辽宁省技术成果。该品种对于加速我国具有自主知识产权的农药创制品种的产业化和市场开发具有重要的意义。

我区构建新型植保体系
保障农产品质量安全的探索与实践

姚建华　张春杰　王春弟

（西安市阎良区植保植检站　阎良区人民路东段 25 号　710089　电话：15009290168）

农药是影响蔬菜等农产品质量安全的关键因素，怎样把有害生物控制在防治指标以内，又不让农药残毒超标，是当前植保工作中面临的重要问题。2005 年秋阎良区的芹菜生产中曾经存在着严重的农药残留超标现象，造成芹菜滞销，严重地影响了种菜农民的收入。为保证蔬菜生产的顺利发展，区植保植检站抓了整顿农药销售市场、增强菜农无害化防治意识、试验示范推广杀虫器具、建立一支高素质的植保队伍等方面工作，构建了新型的植保体系。通过 2 年多的运行，彻底根治了农药残毒超标事件的发生，阎良已建成国家级的无公害蔬菜生产基地。

1 2005 年芹菜生产中用药情况调查

据阎良区植保植检站在芹菜主要种植区的武屯镇三合村、杨居村、宏丰村、东孙村抽样调查，共调查 40 户，调查面积 193 亩。调查结果显示，菜农为了防治地下害虫，随浇底墒水冲入瓜果蔬菜禁用的"3911"乳油农药的户占调查总户的 60%，使用户面积占调查总面积的 53.4%（表 1）。

表 1　2005 年阎良芹菜使用 3911 剧毒农药调查表

调查地点	调查户数（户）	使用户数（户）	占比例（%）	调查面积（亩）	使用面积（亩）	占比例（%）	备注
武屯三合	10	7	70	42	23	54.7	
武屯杨居	10	5	50	38	18	47.3	
武屯宏丰	10	6	60	61	36	59	
武屯东孙	10	6	60	52	26	50	
合计平均	40	24	60	193	103	53.4	

防治菜青虫、小菜蛾、甜菜夜蛾等害虫，大田喷雾用"久效磷"等高毒农药的农户占调查总户数的 87.5%，使用面积占到调查总面积的 93.3%（表 2）。

在调查过程中，调查人员问菜农："高毒农药在蔬菜上禁止使用你知道不？"90% 以上的人回答："知道。"调查人员又问："那你为啥还要用？"得到的回答非常的一致："看别人敢用，我也就敢用。"

怎样把蔬菜有害生物控制在防治指标以内，又不能让农药残毒超标，阎良区植保站着重抓好了以下几个方面工作。

表2 2005年阎良芹菜使用久效磷等高毒农药调查表

调查地点	调查户数 （户）	使用户数 （户）	占比例 （%）	调查面积 （亩）	使用面积 （亩）	占比例 （%）	备 注
武屯三合	10	9	90	42	38	90.5	
武屯杨居	10	8	80	38	34	89.5	
武屯宏丰	10	10	100	61	61	100	
武屯东孙	10	8	80	52	47	90.4	
合计平均	40	35	87.5	193	180	93.3	

1 整顿农药销售市场

要想防止蔬菜农药超标事件不再发生，必须先从源头抓起。阎良区注册登记的农资经销户有126家，人员素质参差不齐。有的没有一点农药常识，有的一知半解，有的唯利是图。国家有关部门三令五申的强调，公布退出市场的剧毒、高毒、高残留农药禁止生产和销售，他们都知道，但是，在利益的驱动下，他们还是千方百计的从另类渠道进货。检查人员来了，他们互相报信，将国家禁止销售的农药藏起来。只要有人要，他们不管做何用途，只管卖给对方。针对这些情况，植保站做了以下工作。

1.1 举办农资经销人员学习班
从2007年开始，每年在农药销售淡季，举办2～3期农资经销人员学习班，对他们进行职业道德教育，着重讲高毒、高残留农药对人体的危害，从而使他们树立起遵纪守法的经营理念。让植保站的技术人员给他们讲解常用农药的性能、杀虫原理、使用方法、注意事项等，从而提高他们的业务水平。

1.2 加大农药监管力度
植保站组织执法人员，定期或不定期对全区的农药经销门市部进行检查，发现禁止销售的农药，除予以没收外，还要按规定进行适当罚款。对屡教不改的不法经营户，吊销其营业执照。

1.3 加大植保工作宣传力度
区植保站每年编印《阎良植保》8～10期，对农作物各个时期的病虫害发生情况及防治方法进行通报，对国家公布的禁止生产和销售的农药及时进行刊登。除上报上级主管部门外，也下发到们各农资经销部。

2 增强菜农无害化防治意识

2.1 举办植保技术培训班
近年来，阎良区各类瓜果蔬菜协会如雨后春笋。植保站以协会为依托，对菜农进行无公害蔬菜生产技术规程专题讲座。对蔬菜各个生育期所发生的病虫害及时召开现场会，讲解有害生物防治技术和菜农提出的植保方面的问题。3年来，阎良区植保植检站共举办各类培训班36次，培训人数2 860人次。印发各种病虫害防治技术资料8 000余份。

2.2 建立田间记录档案
2007年，阎良区植保植检站在武屯镇杨居无公害蔬菜生产示范园进行试点，对每户菜农种的蔬菜，都建立起田间记录档案。从育苗到收获，从土壤处理到大田喷雾，都进行了详细登记。包括使用农药的名称、生产厂家、使用日期、针对的有害生物名称、使用方法、使用量等。各类农药只允许交替使用一次，从而达到了有效监管的目的。

2.3 设立农药残毒检测点
阎良区现在各镇街设有农药残毒检测点5个，配有PR－3型农药残毒速测仪。检测人员都经过业务培训，对菜农上市的蔬菜，都要进行自检。对检测出农药残毒超标的蔬菜进行销毁，坚决不准上市。经过严格把关，农业部质量办公室、各级农检部门多次在阎良区进行蔬菜残毒抽样检测，全部达到合格标准。

3 无害化防治器具的推广应用

阎良区植保植检站坚持"预防为主，综合防治"的植保工作方针和以农业防治、生物防治、物理防治为主，化学防治为辅的无害化防治原则，在引导菜农进行轮作倒茬、合理施肥灌水等农业防治措施外，还应用了物理、生物防治措施。

3.1 应用频振式杀虫灯
阎良区植保站2007年在武屯镇杨居无公害蔬菜生产示范园安装频振式杀虫灯50盏，2008年扩大到100盏。据记载，杀虫灯对鳞翅目、鞘翅目等多种害虫有很强的杀伤力，单灯最高每晚可诱杀各种害虫1 450头。由于大量成虫被杀死，地下害虫基数明显比周边地区减少（表3）。

表3　2008年地下害虫基数调查表

调查时间	调查地点	调查面积（亩）	蛴螬头（5m²）	金针虫头（5m²）	蝼蛄头（5m²）	备　注
9月21日	武屯三合	10	2	6	0	
9月21日	武屯老寨	10	3	5	0	
9月21日	武屯宏丰	10	2	5	0	
9月21日	杨居园区	10	1	4	0	

　　据调查，自从安装杀虫灯以后，园区的菜农喷药次数比周边地区减少3～5次（表4）。蔬菜的商品性好，售价比周边地区高，既节省了劳动力，同时又降低了生产成本。

表4　2008年秋季菜农用药次数调查表

蔬菜名称	芹菜用药次数	甘蓝用药次数	花椰菜用药次数	备　注
蔬菜园区	3次	2次	2次	
周边地区	8次	5次	6次	
减少次数	5次	3次	4次	

3.2　性诱剂杀虫试验　阎良区植保站从2007年进行性诱剂诱杀甜菜夜蛾的试验，取得了良好的试验效果。单瓶双日最高诱捕量为826头。

3.3　杀虫黄板的应用　阎良植保站还在春季大棚西葫芦、番茄、黄瓜等蔬菜上运用黄板诱杀蚜虫、白粉虱等害虫，配合使用防虫网效果更佳。

4　建立一支高素质的植保队伍

　　阎良区植保站从2006年成立了由西北农林科技大学专家教授、植保站技术人员、农民土专家组成的便民科技服务队，这支活跃在田间地头的植保队伍，深受群众欢迎。2009年，区农林局又成立了阎良都市农业产业服务中心，公布了"86208620"24h值班的热线电话，被媒体称为农技"110"。

4.1　植保队伍的人员结构　阎良区植保队伍有西北农林科技大学刘建辉等特邀专家教授5名，植保站技术人员13名，农民技术人员22名，共计40名。

4.2　植保队伍的任务

4.2.1　建立病虫害测报网　全区指定5名有多年实践经验的农民技术员为农情测报员，由植保站发布指令，对农作物各个时期的病虫害进行田间详细调查，将数据及时上报植保站。植保站技术人员将数据汇总，上报上级植保部门。如果达到防治指标，及时在《阎良植保》上发布有害生物发生信息及防治方法，并在阎良农业信息网登载。

4.2.2　指导病虫害防治工作　农民对农作物发生的病虫害防治方法可拨打热线电话，也可直接找农技人员咨询。农技人员接到指令，要及时赶到现场，查清有害生物的名称后，给农民开具防治用药处方，并让服务对象签名。个人解决不了的难题，可向植保站请示，植保服务车会和技术人员赶到现场会诊，提出正确解决方案。

4.3　植保人员的报酬　农情测报员的工资，由植保站按上报情报次数发放。植保服务人员按服务次数发给适当补助费。

　　阎良区植保植检站从蔬菜农药残毒超标事件中吸取教训，构建起新型的植保体系，得到国家级无公害蔬菜生产基地认证，就已经证明这条路是正确的，是可行的，是经得起考验的，但是还需要进一步完善。

生物农药的新热点—多杀菌素的探索和应用

刘召明

（山东鲁抗生物农药有限责任公司　山东　251100）

　　多杀菌素是美国陶氏益农作物公司开发的，来源于放线菌的发酵代谢产物，这种放线菌为刺糖多

孢菌 *Saccharopolyspora spinosa*。多杀菌素的结构如图1所示。主要的效应物为多杀菌素 A 和多杀菌素 D，含量比例为 85：15。多杀菌素是大环类脂类生物杀虫剂，通过研究发现作用位点为烟碱乙酰胆碱受体和 GABA 受体。其效应方式为胃毒和触杀作用。多杀菌素刺激昆虫的神经系统，导致不自主的肌肉收缩，进而因颤栗而俯卧，最后导致全身瘫痪。多杀菌素类产品已经在超过 30 个国家获得登记，主要的防治对象为鳞翅目害虫、双翅目害虫、缨翅目害虫。

Factor	R1	R2	R3	R4
A	H	OCH$_3$	OCH$_3$	OCH$_3$
D	CH$_3$	OCH$_3$	OCH$_3$	OCH$_3$
H	H	OH	OCH$_3$	OCH$_3$
J	H	OCH$_3$	OH	OCH$_3$
K	H	OCH$_3$	OCH$_3$	OH
P	H	OCH$_3$	OH	OH

图1　多杀菌素的一般结构

多杀菌素由于其新颖的杀虫机制和专一性在害虫综合防治中发挥着重要的作用。通过试验发现多杀菌素对于多数的害虫天敌是低毒的，而且多杀菌素对哺乳动物和鸟类相对低毒，对水生动物也只是轻微的中等毒性，另外，通过哺乳动物的慢性毒理试验表明多杀菌素无致畸、致突变、致癌作用或神经毒性，因而可以在大田中广泛的使用。多杀菌素被美国政府环保局定义为环境和毒理学低危险的物质，并因此获得 1999 年美国"总统绿色化学品挑战奖"。

目前，国内对多杀菌素的研究尚处于试验阶段。市场上销售的原药来自于美国进口，价格较高，市场需求较大，因而国内企业应该加快多杀菌素生产菌的发酵工艺、提取工艺和剂型的研发。

1　多杀菌素的生物学特点

1.1　多杀菌素的发酵及提取

多杀菌素是土壤放线菌刺糖多孢菌经有氧发酵后产生的胞内次级代谢产物。菌体可以在含有蛋白质、碳水化合物、油类和无机盐的液态培养基中生长，发酵成分常含有玉米粉、棉籽粉、大豆粉、葡萄糖、油酸甲酯和碳酸钙等物质。在发酵过程中由于蛋白质的存在以及通入大量的气体，会产生大量的气泡，发酵工业中一般的消泡剂对多杀菌素的合成常有抑制作用，在多杀菌素发酵过程中选用聚丙二醇类消泡剂或者豆油。

刺糖多孢菌在发酵罐中经过一定时间的培养后，会合成多杀菌素，多杀菌素的母核是由一个 5，6，5 - 顺 - 反 - 顺三环和一个十二元的内酯环粘合而成，并通过糖苷键连接着两个不同的六元糖，其中一个是氨基糖 β - D - 福乐糖胺（D-forosamine），另一个是中性糖 α - L - 鼠李糖（L-rhamnose）。多杀菌素不同组份的区别主要在于两个糖基上的 N - 和 O - 甲基化的不同或母核上 C - 甲基化的不同。

发酵完成后从培养液中提取得到多杀菌素，提取方法有多种，一般采用的是层析柱分离提取，在发酵液中加入有机溶剂萃取，通过树脂柱分离得到工业纯的多杀霉素（多杀霉素含量为 90%）。

1.2　多杀菌素的理化性质

工业纯的多杀菌素为白色或浅灰白色的固体结晶（Spinosyn A，m. p. 84～99.5℃；Spinosyn D，m. p. 161～170℃），带有一种类似于轻微陈腐泥土的气味。多杀菌素不易溶于水，但是多杀菌素 A 的溶解度大于多杀霉素 D。在酸性水中多杀菌素溶解度较大，因为多杀菌素主要以盐的形式存在，多杀菌素盐的溶解度较大；在碱性水中多杀菌素的溶解度小，所以提取工艺中可以根据多杀菌素在 pH 不同的水中的溶解性提取。多杀菌素易溶于有机溶剂，在极性有机溶剂中溶解度大于非极性溶剂，例如在甲醇、丙酮、二氯甲溶解度大于乙烷。在水溶液中 pH 为 7.74，对金属和金属离子在 28d 内相对稳定，商业化产品的保质期为 3 年。表1 总结了多杀菌素的物理、化学性质。

表1　多杀菌素 A 和多杀菌素 D 的基本理化性质

	多杀菌素 A	多杀菌素 D
分子量	731.98	746.00
分子式	C$_{42}$H$_{67}$NO$_{16}$	C$_{42}$H$_{67}$NO$_{16}$
熔点	84～99.5℃	161.5～170℃
蒸汽压	2.4×10^{-10}Pa	1.6×10^{-10}Pa
在 pH5.0 水中溶解度	290cm^3/m^3	29.000cm^3/m^3
在 pH7.0 水中溶解度	235cm^3/m^3	0.332cm^3/m^3
在 pH9.0 水中溶解度	16cm^3/m^3	0.053cm^3/m^3

1.3　多杀菌素的杀虫谱

多杀菌素的杀虫谱比较广泛，通过实验室测定，多杀菌素对鳞翅目、双翅目和缨翅目害虫有良好的防治效果。对鞘翅目中危害叶片严重害虫同样具有良好的防治效果。多杀菌素优势还体现于对害虫的各个生长时期都有防治效果，具有杀卵、杀幼虫和杀成虫活性。

多杀菌素的杀虫效果具有严格的靶标性，对害虫的捕食性天敌和寄生性天敌毒性较小。多杀菌素多种捕食性天敌都表现出较低的毒性，寄生性天敌接触湿润的多杀霉素时具有触杀作用，在其他情况下没有毒性，而且与化学农药相比不会使作物产生药害。这些特点使得多杀菌素在害虫综合治理和抗性治理中扮演着重要角色。经过多年的研究，表2总结了多杀菌素在农业生产中施用作物和防治对象。

表2　多杀菌素使用的作物和杀虫谱

作物	主要害虫
棉花	鳞翅目和缨翅目
十字花科	鳞翅目
甘蓝	潜蝇和鳞翅目
柑橘	鳞翅目和缨翅目
苹果和梨	潜蝇和卷叶蛾
核果	桃条麦蛾和螟蛾
烟草	烟草蚜虫和烟草天蛾
杏树	桃枝麦蛾和螟蛾
玉米	玉米螟、玉米夜蛾和草地贪夜蛾
小麦和谷类	粘虫和橙足负泥虫
土豆	马铃薯甲虫和粘虫
西红柿	鳞翅目、双翅目和缨翅目
胡椒	鳞翅目、双翅目和缨翅目
葡萄	鳞翅目
大豆	鳞翅目
水稻	鳞翅目
花卉	红蚂蚁

2　多杀菌素的作用机理及抗性

2.1　多杀菌素的中毒症状

多杀菌素引起的中毒症状非常独特，中毒的害虫不自主的肌肉收缩，进而因颤栗而俯卧，最后导致全身瘫痪。徐志红等介绍了注射法处理美洲蜚蠊引起的症状，经多杀菌素处理的蜚蠊有独特的中毒症状，最明显的是身体上扬是由腿的伸直引起的，又由于跗骨的屈曲，使身体进一步上升，此时仍有蜚蠊走动，如果把它们绊倒，它们能暂时恢复正常姿势，然而随着中毒的进一步加深，蜚蠊由于腿不对称伸展而仰面倒在地上。一旦倒下，它们的跗骨就会强烈屈曲，且会呈现卧倒之前不曾看到的震颤症状，蜚蠊最终停止颤

抖并仍然呈卧倒状。在这种不活动的状态下，触动它仍然能引起肢体反应，但是一段时间后这种动作变得越来越弱以致蜚蠊瘫痪。此时足部逐渐松弛，触动它也不动，而且不能恢复。一般而言多杀菌素中毒害虫仅停止进食，但仍然留在作物上，这与菊酯或有机磷杀虫剂使害虫迅速从作物上脱落不同。

2.2　多杀菌素的作用机制

多杀菌素拥有独特的作用机理，既属于胃毒型杀虫剂，也是触杀型杀虫剂。多杀菌素刺激昆虫的神经系统，它的主要靶标是烟碱性乙酰胆碱受体以及氨基丁酸（GABA）门控氯离子通道，能引起昆虫的全身麻痹并伴随体液的流失。然而，多杀菌素的GABA相关作用机理与那些阿维菌素类、氟虫腈类或者环戊二烯类等杀虫剂的作用模式有很大程度的差异，而且它的烟碱受体作用机理亦不同于其他烟碱类杀虫剂诸如吡虫啉等的作用方式，因此是全新和独特的作用机理。

通过电生理等研究表明，多杀菌素具有独特的作用位点，它作用于昆虫中央神经系统，增加自发活性。导致非功能性肌肉收缩、衰竭，并伴随颤抖和麻痹，从而引起昆虫死亡，这种作用结果同烟碱型乙酰胆碱受体（nAChR）被激活的结果是一致的。而离体实验也证实多杀菌素能够引发神经元细胞的兴奋，但这种兴奋作用增加不同于其他烟碱活性分子，如吡虫啉和烟碱的作用方式。最新的研究指出多杀菌素不是抑制乙酰胆碱（ACh）的反应，而是极大延长其作用时间，实验表明它能与ACh同时作用。因此，它一定作用于ACh不同且独特的位点，即多杀菌素在nAChR上的作用位点并不是吡虫啉在nAChR的作用位点。多杀菌素也干扰昆虫γ—氨基丁酸神经传递，这也许有助于其杀虫活性。Salgado曾提出一个假说，在nAChR上分别有spinosad和ACh的2个结合位点，在两者都不存在时，受体通道关闭，而在两者分别存在和同时存在时通道都是打开的，受体被激活，但是现在并没有直接证据表明多杀菌素是直接结合到nAChR的1个位点上。也有可能多杀菌素间接的调节nAChR。

此外，Watson电生理研究表明，多杀菌素又是以不同于所有已知昆虫防治剂的作用机理，改变γ—氨基丁酸受体（GABAR）门控氯通道的功能。Gerald的研究表明多杀菌素也作用于GABAR，多杀菌素引起的GABAR反应衰竭的加速需要GABAR的活化而不是对GABAR的直接作用，这种效果类似于阿维菌素的效应。多杀菌素在蜚蠊等昆虫的结合位点上并不能取代阿维菌素，表明多杀菌

素和阿维菌素的作用在生理学上类似但在病理学上是不同的。迄今为止，尚未发现某类产品与此相同的作用方式，而且尚无多杀菌素交互抗性的报道。人们经常用已知的作用靶标来检验新化合物的作用位点，但用这种方法并不能确定多杀菌素的作用位点。在对60多个药物和毒素靶标位点进行的体外测定实验中，多杀菌素并没有明显的效应，这个否定的结果表明多杀菌素的作用位点是新的。从1982年发现多杀菌素至今，科学家还没有完全掌握其作用机理，特别是2个独特的作用位点还有待进一步研究。

2.3　多杀菌素的抗性问题　独特的作用机制、无交叉抗性发生对捕食性昆虫具有较大的安全阈值以及适度的残留特性，这些都大大降低了害虫产生抗性发展的可能性。多杀菌素在日本和澳大利亚用于防治小菜蛾多年后，小菜蛾对其仍然比较敏感。抗溴氰菊酯小菜蛾对多杀菌素无交互抗性。对家蝇和致倦库蚊的研究也表明多杀菌素与其他杀虫剂间不存在交互抗性。

但是也有抗性害虫出现的报道，Moulton等研究了甜菜夜蛾对多杀菌素的抗性，采用浸叶法测定台湾自然环境中的甜菜夜蛾的 LC_{50} 为 $0.6\sim14$ $\mu g/ml$，比美国的同种害虫增加了70倍以上，说明台湾甜菜夜蛾对多杀菌素已具有抗性。这些产生抗性的例子应引起我们更多的注意，在使用多杀菌素时需要更加谨慎，并制订合理的使用方案，以充分发挥多杀菌素的优良特性和延缓抗性的产生与发展。

3　多杀菌素在环境中趋向性

多杀菌素在环境中通过多种途径组合的方式进行降解，主要为光降解和微生物降解，最终变成碳、氢、氧、氨等自然组分。在光照时，土壤中多杀菌素半衰期为 $9\sim10d$，在水中的半衰期则小于 $1d$，在叶面半衰期为 $1.6\sim16d$。水解作用与多杀菌素的降解关系不大，因为在pH5～7范围内它在水中是相对稳定的，在 pH9 时半衰期至少要200d。另外考虑到它的中等土壤传质系数 Kd（5-323）低于中等程度的水溶解度和在环境中的较短持久性，可见多杀菌素的沥滤性能非常低，因此只要使用适当它也就不会对地下水构成威胁。根据美国环境保护局（EPA）的规定，多杀菌素的使用不需要设置任何缓冲区域。

4　多杀菌素的生态学毒性

多杀菌素对陆生鸟类和哺乳动物、鱼类及大部分的无脊椎动物毒性很小，属于低毒类杀虫剂。但研究发现，一些水生无脊椎动物如果长期暴露在多杀菌素环境中会对多杀菌素产生敏感性。在自然环境中，由于水体中存在降解和吸附作用，多杀菌素对水生无脊椎动物的毒性会减弱。软体动物对多杀菌素的敏感性较强，所以在使用时需要注意。表3概括了多杀菌素对哺乳动物、水生动物和鸟类的急性毒性。

表3　多杀菌素对哺乳动物、水生动物和鸟类的急性毒性测试

物种	试验（mg/kg）	结果	EPA 风险类别
大鼠	经口 LD_{50}	378>5 000	四级
小鼠	经口 LD_{50}	>5 000	四级
兔子	经皮 LD_{50}	>5 000	四级
大鼠	吸入 LD_{50}	>5	四级
兔子	眼刺激	轻微	四级
水蚤	48h LD_{50}	92.7	轻微毒性
藻虾	96h LD_{50}	>9.8	轻微毒性
白喉鹑	经口 LD_{50}	>2 000	几乎无毒
野鸭	经口 LD_{50}	>2 000	几乎无毒

多杀菌素被动物取食后经过代谢作用被排泄出来，不在生物体内聚集。在水体中，残留的多杀菌素可能被鱼类少量地吸收，但是多杀菌素在鱼类体内积聚量为 $19\sim33ml/g$，此浓度说明多杀菌素不是通过食物链富集的，并且发现多杀菌素在鱼类体内的半衰期为仅为 $4d$；而且在牲畜寄生虫防治中应用多杀菌素，发现在牲畜体内的多杀菌素残留量远低于最大残留限量，说明多杀菌素可以使用在寄生虫防治。因此，多杀菌素在环境中是非常安全的，是进行害虫综合治理的首选。

5　展望

21世纪是一个环保生态世纪，农药发展要服从于可持续发展的战略目标，生物源农药必然是杀虫剂研究与开发的热点。多杀菌素集化学农药的高效、速效、广谱和生物农药的低毒、环境友好、对天敌安全等优良特性于一身，其开发与应用被誉为生物源领域具有里程碑意义的事件，在市场上备受青睐，具有很好的应用前景，有希望成为许多传统杀虫剂的替代产品。在我国面临的主要问题是：国

内用刺糖多孢菌发酵生产研究还处于起步阶段，菌种的发酵水平不高，距工业化生产还有很大距离；多杀菌素的剂型研制简单；多杀菌素的作用优势需要进一步宣传拓展等。因此，开展多杀菌素产生菌的诱变育种、优化培养条件、提高多杀菌素的发酵水平的工作是我们面临的首要任务。

1 种农药药液润湿性快速测试卡

张琳娜[1]　杨代斌[1]　袁会珠[1]　李永平[2]　王秀[3]

(1. 中国农业科学院植物保护研究所　农业部农药化学与应用重点开放实验室
北京　100193　2. 全国农业技术推广服务中心　北京　100125
3. 北京农业信息技术研究中心　北京　100089)

喷雾技术是我国使用农药防治农作物病虫草害的最重要的技术手段。在很多情况下，农药喷雾的靶体是植物叶片，药剂只有在植物靶体表面形成良好的沉积分布，才能发挥其对有害生物的防治效果。农药喷雾中，用肉眼就能发现有些植物叶片容易被药液润湿，例如棉花、番茄，有些则很难被润湿，例如水稻、大麦、甘蓝，因而，研究不同植物叶片表面的差异是提高农药雾滴沉积持留的基础。植物叶片润湿性的差异主要是由叶片表面的蜡质层造成的，蜡质层为各种脂肪族化合物的混合物，其同系物的链长通常为 C20～C35，这些蜡质显示出疏水性。通常把这种有蜡质层覆盖的植物叶片称为反射叶片（reflective leaves），说明喷雾过程中雾滴在这种叶片上容易发生弹跳、滚落，其他植物叶片称为非反射叶片（non-reflective leaves）。

判断农药药液润湿性的方法有接触角法、浸渍法等，接触角法是把农药药液滴加到植物叶片定量测定雾滴的接触角，浸渍法是观察植物叶片在药液浸渍后的状态来判断药液对植物叶片的润湿性，这些方法费工费时。近年来，各地都在尝试通过在农药药液中添加"桶混"助剂的方法提高喷雾作业效率，提高农药防效，那么在田间如何快速检验"桶混"助剂添加浓度是否合适便成为"桶混"助剂应用中提出的一个现实问题。为提供一个快速直观判断农药药液润湿性的方法，我们研制出了一种药液润湿性快速测试卡，现介绍如下。

1 药液润湿性快速测试卡的制作和使用方法

药液润湿性快速测试卡的制作首先是在办公室

普通打印纸上画一系列的同心圆，涂抹一层指示剂（当接触药液后即变色），然后再涂抹一层石蜡模拟植物叶片表面（见图1）。该测试卡便于携带，用法简单，可直接读数，田间使用时，只需把一定量的药液滴加到纸卡的中心，药斑即显色，根据药斑面积大小即可直观判断农药药液的润湿性。

具体使用步骤是：将测试卡水平放置，用移液枪移取 $10\mu L$ 的被测药液于中心原点上，待药液完全铺展读数即可。最后参照润湿标准，可得药液是否适合喷雾，能否达到较好的喷雾效果(图2、图3)。

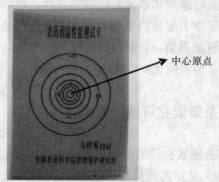

图 1　药液润湿性测试卡

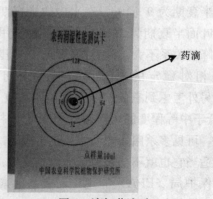

图 2　滴加药液时

图 3　药液风干后

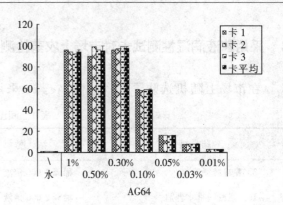

图 5　测试卡的铺展系数

2　测试卡的重复性分析

系列浓度的有机硅"桶混"助剂 AG64 水溶液以及清水在测试卡表面的铺展系数（图 4、图 5）。

图 4　测试卡滴加助剂前后比较

随着 AG64 浓度的不断增加，测试卡的铺展系数逐渐增大，当浓度到达 0.30％时，铺展系数趋于平衡。对于同一浓度的溶液，测试卡之间表现出良好的重复性，测试卡的偏差范围在 0～4.6 之间。

3　测试卡与 11 种表面的相关性分析

系列浓度的 AG64 水溶液以及清水的表面张力，与测试卡、甘蓝、小麦、水稻、黄瓜、油菜等 11 种表面的接触角（图 6）。

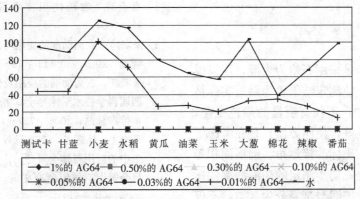

图 6　AG64 不同浓度溶液在测试卡表面和植物叶片表面的接触角

由图可见，不同浓度的有机硅"桶混"助剂 AG64 水溶液均能明显降低其在测试卡表面和不同植物叶片表面的接触角。清水的表面张力为 $73.71mN \cdot m^{-1}$，AG64 水溶液的表面张力在 $19.39mN \cdot m^{-1}$～$21.11mN \cdot m^{-1}$ 之间，其值差异不大。由于不同表面性质的有差异，清水表现出不同的润湿效果，在小麦表面最难润湿，接触角为 $124.7°$，在棉花叶表上润湿性最好接触角为 $39.3°$。

在 AG64 的水溶液中，只有浓度 0.01％的接触角随叶片表面性质变化，其值在 $13.0°$～$100.7°$ 之间，其他浓度的溶液在 11 种表面完全铺展，接触角趋于 $0°$。可见，含有有机硅表面活性剂 AG64 的水溶液，无论在哪种表面都能很好的润湿，作用效果明显。此部分结论可以衡量不同表面的润湿难易程度，也可以作为衡量溶液本身性质的参考数值。

4 采用药液润湿性测试卡对市场上农药检测

在市场上随机选购了 10 种常用农药，采用本研究的药液润湿性快速测试卡对这 10 种农药的润湿性进行了快速检测，铺展系数结果见表 1。

表 1　润湿性测试卡应用实例

药　剂	浓　度	铺展系数	生产企业
8％氟硅唑微乳剂	稀释 1 000 倍液	1.5	四川诺富尔作物科技有限公司
10％烯酰吗啉水乳剂	稀释 2 000 倍液	1.6	新疆锦华农药有限公司
50％多菌灵可湿性粉剂	稀释 800 倍液	1.0	江苏省新沂农药厂
80％代森锰锌可湿性粉剂	稀释 800 倍液	1.1	美国陶氏益农公司
50％异菌脲可湿性粉剂	稀释 1 000 倍液	1.3	法国罗纳普朗克农化公司
8％霜脲氰·64％代森锰锌	稀释 700 倍液	1.7	杜邦公司
70％甲基硫菌灵可湿性粉剂	稀释 1 000 倍液	1.2	江苏龙灯化学有限公司
70％吡虫啉水分散粒剂	稀释 2 500 倍液	1.1	德国拜耳作物科学公司
5％氟虫腈悬浮剂	稀释 1 000 倍液	1.3	法国罗纳普朗克农化公司
40％毒死蜱乳油	稀释 1 000 倍液	1.8	浙江永农化工有限公司

采用药液润湿性快速测试卡测定市场上选购的农药，药液本身在测试卡表面显示出一定的润湿性，但效果不理想，不能完全满足高效喷雾的要求。可以推测，在农药中添加更合适的喷雾助剂，可提高其对植物叶片的润湿性，进一步提高药效。

讨论

药液润湿性测试卡是采用石蜡为表面，用以模拟植物叶表的蜡质层，使测定结果更为贴近实际情况。在测试卡的使用中，不仅有明显的颜色变化，读数直观，而且重复性好，使用方便。是在考虑了叶片表面性质、药液与靶标的接触角、铺展面积等多方面因素的基础之上，初步制定的药液润湿性标准。该标准将供试作物按润湿难易分为 3 类，不仅能直观的反应作物的表面性质，针对靶标性强，也能为农药使用提供合适的助剂使用量。本研究表明，在测试卡的实际应用中，可以比较准确反映药液的润湿性，作为喷雾中的辅助工具，指导"桶混"助剂的添加有一定的帮助作用。

参考文献

[1] 袁会珠. 农药使用技术指南 [M]. 化学工业出版社，2004

[2] 张宗俭. 农药助剂的应用与研究进展 [J]. 农药科学与管理，2009，30（1）：42～47

[3] 张淑红. 农药助剂的应用及研究进展 [C] // 吉林省第四届科学技术学术年会. 松原：吉林省松原市农业技术推广总站，2006：727～730

[4] 郭桂文，杜辉光，李志行等. 农药助剂筛选在农药加工中的应用与体会 [C] // 中国化工学会农药专业委员会第十三届年会论文集. 沈阳：沈阳化工研究院，2008：548～549

[5] 张宇，张利萍，郑成. 农药助剂用有机硅表面活性剂的特性及用途 [J]. 材料研究与应用，2008：424～427

新农药推广应用与新产品开发及
企业应对危机的建议

邵振润 李永平 束 放

（全国农业技术推广服务中心农药与药械处 北京 100125）

农业是基础，粮食是基础的基础，解决好 13 亿人的吃饭问题，维护社会稳定，必须立足国内基本解决粮食问题。农业面临自然风险和市场双重风险。我国是小农经济，规模小、投入少、效益低、风险大。由于人多地少，加之随着工业化、城市化的推进，土地减少不可逆转，因此必须依靠科技提高单产来解决粮食问题。

植物保护就是防灾减灾。要提高单产就必须做好植保工作。多年来，植物保护工作为控制病虫危害，减少损失，保障农业丰收做出了巨大贡献，受到了各方面的肯定和好评。植物保护工作的任务就是防治病虫草，就是和病虫草鼠害等生物灾害做斗争，就如同打仗一样，需要三大要素，即枪——植保机械、子弹——农药、部队——专业化防治队伍。必须下大力切实抓好这三个方面的工作，不断提高病虫防控能力和水平，为保障农业丰收做出更大的贡献。

1 发生新情况

1.1 气候变暖
虫害严重。气候变暖造成一些作物减产，并有利于害虫越冬，导致害虫严重，农药用量上升。

1.2 温室保护地面积扩大
现在保护性栽培面积特别是蔬菜设施栽培发展很快，温室等保护性设施使害虫可以周年越冬、繁殖，同时温室内的小气候条件使一些蔬菜、水果病害严重。

1.3 转基因抗虫作物发展快
主要是转 BT 基因抗虫棉发展很快，现在全国 4 000 多万亩，占棉花面积 60%～70%。20 世纪 90 年代棉铃虫在黄河流域大暴发，棉农谈虫色变，当时杀虫剂大部分用于防治棉田害虫，而现在棉田用药大大减少，仅局部发生较重的地方或一部分田块打药 1～2 次或挑治

一下即可。另外，转基因抗病虫水稻研究发展很快，有的专这称抗螟虫的转基因水稻基本不用药。最近有报道说日本科学家发现了一种全新基因，在不损害谷物品质情况下可持久对抗稻瘟病菌，他们研究了抗稻瘟的品种，将抗病性追踪到了数量性状（QTL）上，发现了一种全新的抗病基因 Pi21，在易感品种中，Pi21 基因的加入具有了抗病能力，这大大有助于抗病育种的研究。所有这些，都将对植保特别是农药应用产生比较大的影响。

1.4 抗药性问题突出
水稻二化螟对杀虫单（双）及三唑磷的抗药性在长江流域稻区普遍发生，达中等至高抗水平，褐飞虱对吡虫啉的抗性显著上升；小麦赤霉菌对主要防治药剂多菌灵的抗药性已发展至高抗水平，小麦条锈病对三唑类、粉锈宁也表现出一定的抗性；小菜蛾、甜菜夜蛾、蚜虫、粉虱、霜霉病等蔬菜病虫以及果树螨类抗药性都比较突出。另外，稗草对杀草丹和丁草胺已产生了抗性，东北地区玉米田因长期使用阿特拉津，恶性杂草马唐抗药性上升，四川省长期使用百草枯的地区通泉草出现明显抗性。

1.5 次要病虫及新发生的害虫呈重发态势
水稻条纹叶枯病在江苏连续暴发，棉田盲蝽严重，稻曲病在部分地区上升。南方地区新发生红火蚁，棉田、菜田新发生烟粉虱严重。另据报道，1999 年非洲乌干达新发现小麦秆锈病 UG99，能使小麦 3/4 的收成被毁，正影响和摧毁东非地区粮食增产趋势，并迅速传播到巴基斯坦、印度、孟加拉国，极有可能在几年内传播到我国，需要密切予以关注。

1.6 耕作栽培制度和方式改变影响病虫发生
高产超高产栽培技术推广，多熟制配套栽培技术，对病虫发生有利。免耕（直播）栽培技术发展快，2008 年粮棉油免耕栽培面积达 2.89 亿亩。南方水稻抛秧、直播，长江中下游、黄淮海地区小麦免耕

机条播等，这些导致草害和土传病害重。另外品种变化，如杂交稻面积已达 2 亿亩以上，超级稻 8 000 多万亩，这相应影响病虫草发生变化。

2 从防治上看需要开发的新农药

近年来，每年病虫草鼠等生物灾害防治面积都在 60 亿亩次以上，防治这些病虫推广应用农药 32.416 6 万 t，其中杀虫剂 17.107 7 万 t，杀菌剂 6.925 8 万 t，除草剂 6.376 5 万 t，杀鼠剂 0.199 6 万 t，生物农药 1.066 8 万 t，其他农药 0.739 9 万 t。

多年来农药为有效防治病虫害，确保农业丰收作出了重要贡献。从历史和现实来看，植物保护过去、现在乃至今后可见的未来，都需要农药。当然，农药安全性要高，对环境相容性要好，"绿色农药"是我们发展现代农业不可或缺的重要生产资料。

2.1 杀虫剂 我国农作物种类多，气候变化大，栽培方式多样，又处于季风气候区，夏季高温多雨适合害虫发生。由于害虫对杀虫剂的抗性，对生态环境的危害，害虫再猖獗和次要害虫上升（棉盲蝽、烟粉虱）以及农产品质量安全的要求，转基因抗虫作物的发展等，对杀虫剂的发展提出新的要求和新的挑战，必须开发高效、低毒、对环境相容性好的绿色环保型新农药。另外，甲胺磷等 5 种高毒农药的禁用，以及氟虫腈即将停用，为杀虫剂留下较大空间。从防治上看，需要开发的品种：

2.1.1 适用于水稻螟虫、飞虱和纵卷叶螟的药剂品种 丁烯氟虫腈、虫酰肼、喹硫磷、氟硅菊酯、烯啶虫胺、噻虫嗪、吡蚜酮、多杀菌素、乙虫腈、噻虫嗪、阿维菌素、甲氨基阿维菌素苯甲酸盐、氯虫苯甲酰胺。水田生态系统十分重要，对农药安全性要求比较高，主要是保护好天敌。

2.1.2 适用于麦田麦蚜的药剂品种 高效氯氰菊酯、丁硫克百威、烯啶虫胺、噻虫嗪、吡蚜酮。麦田重点是要保护好麦蚜天敌。

2.1.3 适用于棉田害虫的药剂品种 硫双灭多威、多杀菌素、甲氧虫酰肼、氟铃脲、甲氨基阿维菌素苯甲酸盐、吡蚜酮、烯啶虫胺、浏阳霉素、克螨特、螺螨酯。抗虫棉的推广。棉铃虫种群下去了，盲蝽发生危害加重了。

2.1.4 适用于螨类、小菜蛾、烟粉虱等其他害虫的品种 螺螨酯、唑螨酯、甲氨基阿维菌素苯甲酸

盐、啶虫脒、噻虫嗪、吡蚜酮、虫螨腈、阿维菌素、多杀菌素、康宽。

近年来各大公司开发和正在开发的具有新化学结构的杀虫杀螨剂主要有鱼尼丁受体类、季酮酸类、丙烯腈类、氨基脲类等，其他如新烟碱类、吡唑、吡咯、嘧啶类等。

2.2 杀菌剂 目前主要作物主要病害有：一是禾谷：白粉、纹枯、赤霉、锈病、叶枯、根腐、黑穗、稻瘟、稻曲、稻粒黑粉。二是棉花：苗期病害、枯黄萎。三是玉米：茎基腐、丝黑穗、大小斑、灰斑。四是蔬菜：猝倒、立枯、白粉、灰霉、炭疽、霜霉、早疫、晚疫、疫病、枯萎。五是果树：斑点落叶、褐斑、炭疽、黑星、流胶、苦痘、叶斑。

从防治上看，一是加强有针对性的多重作用机理新品种研发。二是加强混配研究开发。三是加强作用机理独特、广谱高效杀菌剂的开发。

2.2.1 针对病原菌抗性开发的新型杀菌剂，如环丙嘧菌胺对敏感或抗性病原菌均有优异的活性。

2.2.2 以天然产物为先导化合物开发的具有独特作用机理的新型杀菌剂，如吡咯类和丙烯酸酯类杀菌剂等不仅活性高，且与已知杀菌剂无交互抗性；同时，为增强作物自身对病害免疫能力的植物激活剂，是近年来发展的具有全新作用机理的一类新颖农药；小麦纹枯病、赤霉病、水稻纹枯病，水果、蔬菜卵菌纲的疫病及霜霉病、灰霉病等防治药剂是开发重点。

2.2.3 加强甲氧基丙烯酸酯类杀菌剂的研发 甲氧基丙烯酸酯类杀菌剂效果非常好，同时应加强混配制剂开发。沈化院开发的爱可（烯肟菌胺）、拜耳开发的拿敌稳（肟菌·戊唑醇）、先正达"爱苗"（丙环唑·苯醚甲环唑）等效果很好。

2.3 除草剂 化学除草近几年得到迅速发展，随着农村劳动力转移，化学除草有较大提升空间，主要是研发选择性强、安全性好的新型除草剂及良好的剂型。需要重点研发的水田及旱田除草剂：

2.3.1 适用水田的除草剂（直播田、抛秧田）磺酰脲类：吡磺隆、四唑嘧磺隆、乙氧磺隆；磺酰胺类：五氟磺草胺；嘧啶氧（硫）苯甲酸酯类：环酯草醚、啶肟草醚、双草醚。

2.3.2 适用于旱田的除草剂

2.3.2.1 适用于麦田 磺酰脲类：氟唑磺隆、酰嘧磺隆、甲基二磺隆、环胺磺隆、乙氧磺隆；芳氧苯氧丙酸类：炔草酸；磺酰胺类：氯酯磺草胺；杂

环类：二氯吡啶酸；三唑啉酮类：唑草酯；环己烯酮类：苯草酮；酰胺类：氟噻草胺。

2.3.2.2　适用于玉米田（玉米面积扩大，除草剂用量增加）　磺酰脲类：甲酰胺磺隆（甲酰氨基嘧磺隆、foramsufuron）；磺酰胺类：氯酯磺草胺；杂环类：二氯吡啶酸；三唑啉酮类：唑草酯；三酮类：硝磺草酮、磺草酮；氨基甲酸酯类：达草特。

2.3.2.3　适用于棉田　磺酰脲类：三氟啶磺隆；嘧啶氧（硫）苯甲酸酯类：醚草硫醚。

2.3.2.4　适用于大豆　二硝基苯胺类：乙丁烯氟灵；三唑啉酮类：甲黄草胺、sulfentrazone；酰胺类：氟噻乙草酯。

2.3.3　其他适用于蔬菜、油菜及果园　磺酰脲类：砜嘧磺隆；三唑啉酮类：唑草酯；氨基甲酸酯类：达草特。

2.4　加强新剂型研发及助剂研究

2.4.1　新剂型的研究　应重点开发一些安全性好，使用方便的新剂型如水性化新剂型，悬浮剂、干悬浮剂、缓释剂、水乳剂、水分散粒剂以及无芳烃类溶剂的微乳剂等。农药在喷雾过程中，有3个去向，一是漂移、蒸发到空气中。二是流失到土壤中。三是沉积在靶标作物上，只有这部分才是有效利用率，仅30%左右。防止农药漂失的措施之一，就是在喷雾药液中添加表面活性剂或称喷雾助剂（adjuvants for spraying），通过调整药液理化性质来提高雾滴在植物叶面的附着率。有机硅表面活性剂作为农药喷雾助剂，不仅明显降低农药药液的表面张力，而且改善喷雾液的湿润铺展能力，降低喷雾液在植物叶片的接触角，增加植物叶面的吸收能力，同时还可作为增效剂。Silwet（Momentive迈图）经几年在蔬菜、果树及水稻上示范应用效果显著，受到广泛欢迎，有较大的潜力，我们需要加强这一类助剂地研发。

2.4.2　加强除草剂助剂、剂型研究　加强植物油型喷雾助剂地开发。东北、西北、华北地区，在苗后除草剂施药季节常常高温干旱，严重影响除草药效，经试验研究，苗后除草剂在施药时加入植物油型喷雾助剂，可明显提高药效，在高温干旱条件下可获得稳定的药效；在施药条件适宜（温度13～27℃、空气相对湿度65%以上，风速4m/s以下），可减少50%除草剂用药量，在不适宜条件下（温度27℃以上、空气相对湿度65%以下，风速4m/s以下）还能减少20%～30%除草剂用药量。应加强这类助剂系统研究。同时，要开发安全性好、使用方便的新剂型。如水性化新剂型，悬浮剂、干悬浮剂、缓释剂、水乳剂、水分散粒剂以及无芳烃类溶剂的微乳剂、防飘制剂的研究。

3　企业应对危机的对策建议

金融危机对农药的影响还是比较大的。农药企业面临很大的挑战。一方面出口严重下滑，一般减少30%～40%；另一方面今年相对来说病虫不太重，企业销售下滑20%左右。应对危机，最终还要靠我们自己去扎扎实实干。著名作家狄更斯说："这是最好的时代，这是最坏的时代，……"说它坏，就是影响出口，影响效益；说它好，为我们调整产业结构，组建企业集团，创新品牌，提升竞争力，实现由农药大国向农药强国飞跃提供了机遇。要通过大企业、大品牌来引领行业的发展，切实改变和扭转"多、小、散、低"和无序竞争的局面。

3.1　化危为机，抓好升级　抓好科技创新。要大力培育自主创新能力，增强发展后劲。抓好技术改造。积极争取国家政策，项目支持，积极采用新技术、新工艺、新装备。抓好转型升级。抓住有利时机，转变发展方式，引导企业合理布局、集聚发展、错位发展、差异竞争。积极推动转型升级，脱胎换骨，腾龙换鸟，破茧化蝶，培育新兴产业链，争取实现后危机时代企业有较强的核心竞争力。抓好结构调整，搞好产业和产品结构调整，削减过剩产能，淘汰落后产能，淘汰高毒农药。抓好人才培养培训，要引进人才、招揽人才，吸引和留住人才，提升企业竞争力。

3.2　整合重组，做大做强　要抓住机会（一方面，一些企业面临破产、倒闭，腾出了空间；另一方面，国务院出台了振兴石化规划的机遇），搞好兼并重组，抓好行业整合，组建大型农药企业集团，优化产业集中度，做大做强，打造中国的农药"航母"，发挥骨干作用，引领和带动行业的发展。

一方面，按政府的规划，在政府主导下并购、整合，但不搞"拉郎配"；另一方面，完全靠市场力量去推动。

——文化导入。要破除鸡头文化，树立"股东意识、做大老板意识"。要学会妥协和包容。在国外，两个不同国家间的企业都可以合作、重组，对我们启示很大。要学会谈判和让步。谈判就是让步的艺术，否则谈不成。要实现双赢。

——政策引导。要发挥政府有形之手——强有力的手和市场无形之手——看不见的手的作用，利用双方的力量也即政府推动加市场力量来推动。政府要打造良好的平台，引导企业合作抱团发展；企业要有战略眼光、战略思维，要有大手笔，或开展战略合作，或借机收购、重组面临困境或具有互补优势的企业。目前是通过低成本兼并扩张、抄底的有利时机，当然要保证并购的质量，控制、规避风险。

——项目支持。要利用项目、资本推进合作，特别是借助资本运作，进行行业整合，使自己迅速"长大"。当然合作企业间要形成互补优势。

3.3 抓好品牌，强化服务 要通过良好的品牌，扩大市场份额。品牌就是招牌，是一种公信力，一种软实力。要切实抓好品牌建设，通过品牌增强凝聚力、竞争力。要认真提升产品质量，做好宣传，从"社会公益"、"企业社会责任"等多方面开展好宣传，提升企业和产品知名度、美誉度；要搞好技术指导和培训等技术服务，通过服务取胜。

3.4 借势发展，决胜终端 植保系统有网络、技术、人才优势，现在已退出经营，留下良好的空间，这是一个机遇。目前正在发展农民专业化防治组织，开展农民植保专业合作社建设，可积极参与。建议农药部门积极与植保部门加强合作，借"势"发展，构建好乡村农资服务终端。

新世纪，新形势，新任务，新挑战。发展现代农业，保障粮食安全、农产品质量安全、环境生态安全，对植保、农药都提出了更高的要求。我们相信，只要增强信心，团结合作，积极应对危机，就一定能够战胜挑战，化危为机，为新一轮发展打好基础，为农业可持续发展作出新的更大的贡献！

自主品牌与竞争力的思考

吴重言　陈东成

（江苏克胜集团公司　江苏　建湖县城盐淮路 888 号　224700　电话：86267666）

自主品牌是企业自主开发、拥有自主知识产权的品牌，是实现企业价值的核心能力，也是行业发展水平的重要标志。近几年来，我国农药行业非常重视自主品牌的创建和经营，已有一批企业获得"中国驰名商标"、"中国名牌产品"的称号。但就整体而言，国内农药自主品牌还没有形成强势地位，与全球产能第一的大国地位很不相称，迫切需要更多的企业奋发努力，迎头赶上，扎实培育自主品牌竞争力，为中国农药工业创新图强、持续发展做出新贡献。

1 以全球化视野看待打造农药自主品牌的意义

在全球经济一体化的今天，国内外农药市场已经融为一体。打造自主品牌引领市场，扩大销售，提高产品收益率，不仅是农药企业走向世界的必然选择，更是我国农化产业提升国际竞争力的战略举措。

1.1 全球金融危机考验农药企业的生存能力，只有世界领先的自主品牌才能称雄国际市场 我国农药产能过剩，产品 2/3 依赖出口。在出口产品中，有英文商品名的只有 80 个，仅占 4.7％；创制产品还不到 10％。多数企业依赖"贴牌"销售，真正标注"中国制造"的农药产品寥寥无几，拥有自主知识产权的自主品牌更是稀缺。去年以来，在全球金融危机的冲击下，国际市场产品竞争趋于白热化，国内农药行业由于缺少强势自主品牌，出口贸易严重受阻。许多没有品牌的农药企业艰难运转，主要靠拼价格、拼数量、拼优惠条件来谋求订单，扩大外贸，导致低价竞争，经济效益急剧下滑，有的甚至停产歇业。据中国农药工业协会介绍，2009 年上半年国内工业平均出口水平下降 21％，而农药出口的降幅达 32％；全国效益平均水平下降

22%，而农药行业效益水平降幅达到34%。展望后危机时代，我国农药行业"去产能化"将不可避免，新一轮行业"大洗牌"将使全国2800多家农药企业"大瘦身"。面临生与死的考验，没有自主品牌的农药企业很可能被率先淘汰出局，而那些拥有自主品牌强势地位的企业，却在危机之中仍然保持较高的市场占有率。尤其是高度垄断着世界农药市场80%销售份额的8大跨国巨头，在自主品牌的庇护下，高强度挤占中国市场，其单位量的产品价格远远高于国内同类产品，有的甚至高出2～3倍。今年同样处在"危机"笼罩、需求紧缩的市场环境之中，不少农药跨国公司的产品销量不减反增，价格不降反升，也是靠自主品牌的支撑。事实说明，自主品牌是逐鹿国际市场的"护身符"。市场竞争越激烈，自主品牌越能显示其无形的威力。因此，所有立志兴业强国的农药企业，无论是从眼前化危为机、扩大出口看，还是从长远做大做强、持续发展看，都必须扎实培育自主品牌竞争力。

1.2 全球绿色经济呼唤农药产品绿色化，只有科技支撑的自主品牌才能引领现代农业绿色发展 当前，全球气候变暖导致自然灾害频发，严重威胁着人类生存环境和生活质量。环境危机正在紧迫地催生绿色经济。农药工业一方面自身要节能减排、清洁生产、控制污染；另一方面又要保证制造的植保产品既能有效抗御生物灾害，同时不会影响生态环境与农产品质量安全。近年来，我国前瞻全球绿色经济发展走势，采取加大环保力度、禁用高毒农药、提高行业准入门槛、推进农药六项新政、鼓励企业技术创新等一系列举措，引导农药产业优胜劣汰，快速整合，集聚发展，全面提升。与此同时，规范农药销售与农产品出口的国际公约，对质量安全的标准越来越严。发达国家也凭借技术优势，频繁制造贸易壁垒。有的甚至抓住我国因农药残留超标导致农产品在国际贸易中遭拒收、索赔、禁止出口的个别事件恶意炒作，严重影响了我国农产品的国际声誉和国际贸易。由此可见，农药企业要顺利完成绿色发展的"双重使命"，关键得靠技术创新。自主品牌是自有核心技术的累积，是科技创新成果的展示，也是企业核心竞争力的体现。农药企业重视自主创新，加大现代农药研发力度，提高产品附加值，培育自主品牌竞争力，才能在引领农业绿色发展的征程中扬帆远航。

1.3 全球消费进入品牌竞争新时代，只有高附加值的自主品牌才能吸引消费、扩大盈利 随着社会

文明的不断进步、物质文化生活水平的不断提高，社会消费正在转轨变型，强势品牌日益受到市场追捧，对经济发展的贡献度也在不断提升。如今国际市场已是品牌的天下，而国内市场正逐渐走向品牌化。"品牌消费热"带来的品牌竞争，把自主品牌推向市场制高点。近年来，农药市场消费群体、消费模式正悄然发生变化，一家一户购买、低价购买的现象逐渐减少，讲究质量、关注品牌，各种经济体集中采购、实行专业化防治渐成气候，不仅提高了农药使用效率和防治效果，而且为农药自主品牌拓宽了市场空间。企业作为创造价值的盈利组织，制造的产品只有消费者争相购买，才能圆满实现盈利目标，从而增强企业公民履行社会责任的综合实力。通常说，质量是产品的生命，品牌则是企业的生命；也可以说，自主品牌是企业长青的"聚宝盆"。因为质量只决定和产生产品的价值，而品牌则可以使产品产生更大的附加值，自主品牌还能为企业带来超额利润。因此，农药企业要增加品牌溢值，扩大企业盈利，保证永续发展，就必须加快打造名副其实的自主品牌，赢得消费者的广泛信任。

2 以中国式功夫培育自主品牌竞争力

自主品牌竞争力的培育是一个复杂的渐进的系统工程。"外练筋皮骨，内练精气神"的中国功夫启示人们，培育自主品牌竞争力必须多措并举，点滴积累，硬件、软件一起抓，内功、外功一起练。到底如何培育品牌竞争力？总结克胜集团的实践，或许能给众多农药企业以有益的启示。

近几年来，致力行业领跑的克胜集团坚持全面规划、科学定位，突出标准领先、科技创新，建立全方位创建品牌的联动机制和保证体系，引导激励员工奋勇争先，脚踏实地践行名牌战略，千锤百炼铸就自主品牌，引领市场，引领销售，引领农业绿色发展，使企业品牌与产品品牌同步提升为市场青睐、驰名中外的行业领军品牌。目前克胜集团拥有"中国驰名商标"1枚，"中国名牌产品"1个，江苏省著名商标4枚，省名牌产品5个，"克胜"主商标以外的各类国内、国际注册商标120枚，有效扩张了企业无形资产，赢得了又好又快、持续跨越的新优势。

2.1 强化自主创新，增强科技竞争力 没有专利权就没有行业话语权。开发、研制和推广绿色农药，打造专利型品牌优势，必须依靠科技创新，深

化自主研发。近几年来，坚持科技优先的克胜集团，依托国家高新技术企业优势，抓住禁用高毒农药契机，想方设法加大投入，统筹整合科技资源，加快自主创新，主攻发明专利，突破仿制，实现创制，积聚核心竞争力。今年以来，又有《双环戊二烯裂解新型工艺》等3项发明专利获得国家专利局授权，并且新申报了6项产品技术发明专利、1项实用新型专利。至目前，公司共申请包括外观专利在内的各类专利30项，其中获准专利18项。通过项目承载，及时把自主核心技术转化为现实生产力，同时又在产品技术产业化过程中深化研发创新，创造新的发明专利，形成了研发带动生产、生产促进研发的良性循环。自主创新提升了克胜科技竞争力，一批拥有自主知识产权的农药新产品成为引领现代农业绿色发展的强劲标杆。国内第一个新型新烟碱类杀虫剂创制品种——哌虫啶的诞生，填补了国内外空白，已获得2项国内发明专利、1项国际发明专利。95%哌虫啶原药、10%哌虫啶悬浮剂，今年顺利获准登记，使中国农药创制品种增添了新成员。获得国家发明专利的神约牌吡蚜酮悬浮剂，以独特的防效在国内首家获准登记，并很快被国家农业部列为第四批高毒农药替代品种。新产品上市首年销售突破6 000万元的实绩，进一步验证了中国农药行业开展剂型革命的必要性和可行性，有力地鼓舞着国内同行创新制剂技术、赶超世界先进水平的信心和决心。公司拥有自主知识产权的"戊福"，是以复配技术支撑的新型杀菌剂，不仅具有高效、低毒、广谱、友好环境等特点，同时能够促进增产。这也为国内农药研发开辟了一条新路径。

2.2 突出标准领先，打造产品竞争力

产品是品牌的载体。提高产品质量，把好产品品质关，是铸就自主品牌的基础工程。多年来，克胜集团以国内首创和世界先进水平为目标，建立企业自有的产品技术标准体系，致力占领质量技术标准制高点。2009年新一轮次修订的9类农药产品国家标准，克胜集团被全国农药标准化技术委员会确定为第一起草单位的有哒螨灵原药、乳油、可湿性粉剂，吡虫啉悬浮剂、乳油等5类产品；其他4类产品也分别列为主要起草单位。目前正在积极探索专利产品的标准升级工作，并主动担纲起中国农药加工GMP标准制订，以及实施江苏省清洁生产标准化、知识产权标准化项目。

随着世界各国对保护生态环境和食品安全的高度关注，我国在颁布《食品安全法》的同时，进一步修订和完善农产品质量标准、产地环境标准、生产技术规范，建立起一整套与国际接轨的标准体系。克胜集团自觉与这些标准对接，严格按照国际质量、环境、职业健康与安全"三标"管理体系实施科学管理，严格按照农药企业运行标准、产品标准组织生产。不断加大技改投入强度，建成先进的企业技术中心、检测中心、信息中心，生产基地建成国内最大最先进的哒螨灵和吡虫啉原药合成装置，加工生产基地在国内同行中率先建成农药包装GMP车间，实现了现代装备与高新技术的有机结合。全体员工坚持"按照标准来，沿着程序走"，始终视质量管理为生命线，从产品开发、原辅材料采购、原药合成、制剂加工、产品包装等价值链的各个环节，层层把关，落实责任，全力为现代农业提供品质卓越的绿色化农药，确保农产品质量安全。多年来，克胜产品在市场抽检中全部合格，名牌精品受到消费者信赖，克胜农药荣列"全国3·15放心产品"。目前，克胜系列产品均被农业部列为高毒农药替代产品或无公害推荐农药品种。

2.3 扩充境外登记，提升地域竞争力

面对无国界的市场，那些具有先发优势的农药跨国公司，在完成全球性布局之后，则会用专利、法律、联盟等各种手段，对中国企业刚刚成长起来的自主品牌进行封杀。为此，克胜集团重视在产品销售的国家和地区进行商标注册和履行登记手续，加强核心技术、专用商标的知识产权保护。目前已在亚洲、欧洲、南美洲、非洲的30多个国家和地区获得商标注册或产品登记，成熟市场得到巩固。今年又在一批新型市场扩充登记，并快速形成销售，培育了出口贸易新的增长点。国际区域市场的拓展，扩大了农药产品出口，赢得了量、值齐增的好势头。今年1～7月份，公司外贸发货量比去年同期增长52.6%，出口创汇率比去年同期增长53.4%。

2.4 丰富品牌内涵，展示文化竞争力

文化是品牌的灵魂。彰显有个性文化的品牌才是不可复制而富有生命力的品牌。克胜集团一贯践行"克已奉农，品质制胜"的经营理念，打造富有特色的企业文化，成就了克胜的发展壮大。以"克己者胜"为核心的品牌文化，成为集聚人本、滋润品牌、决胜市场、打造长青基业的精神力量。以职业文化提升人力资本。全面加强职业文化建设，推进员工与行业的融合、技术与生产的融合、员工价值与企业价

值的融合，为企业打造自主品牌、实现永续发展提供超级资本和动力源泉。以绿色文化塑造企业形象。牢固确立"责任关怀"理念，将安全生产、清洁生产、关爱地球、关爱人类的思想与保护环境的实际行动贯穿于发展的全过程，坚定地走绿色发展之路。以诚信文化谋求合作共赢。坚持诚信经营，与全国科研单位、植保部门、农资经销商、农业产业化经济组织进行广泛合作，为广大客户和消费者提供多形式、全方位的产品营销服务。以品牌文化传递克胜价值。创立文化传播公司，专业承担企业形象设计、广告宣传，发掘品牌内涵，打造品牌个性，把相继提出的"克胜药，天下乐"、"呵护绿色，关爱生命"、"投资品质，创造共赢"、"成就绿色梦想，造全球最好药"等理念不断融入行业规范，升华为共同的价值观，引来众多企业奋力追赶和效仿。同时积极参加国际、国内会展，加大品牌宣传力度，进一步提升了克胜的知名度、美誉度和影响力。

2.5　科学经营维护，提高市场收益率

品牌资产的形成来之不易，品牌资产的经营维护同样艰难。随着克胜品牌享誉全国，市场假冒"克胜产品"日益增多。为此，克胜集团采取"打"、"防"结合的举措，建构品牌壁垒，加强品牌保护。一方面，主动出击，依法打假维权。专门成立"打假办"，配备专职人员，建立一整套业务流程及情报系统，并发动一线营销员与克胜经销商，广泛收集侵权证据，及时申请、配合执法部门严肃查处。近几年来，在各地执法部门的鼎力支持下，依法查处了"上海克胜"等5起侵犯克胜中国驰名商标专用权案件，并针对面广量大的"傍克胜"名牌产品行为，先后出动300多人次，在相关厂商所在地进行现场举报、打击，有力地震慑了假农药生产者和经销者，较好地维护了克胜品牌信誉，同时为净化市场、维护农民消费者利益做出了积极的贡献。2009年，克胜集团又联合全国品牌农药企业，在中国农药工业协会网站牵头开辟"打假维权"专栏，已发布相关信息100多条。并通过发布"律师维权声明"，对所谓"英国仙达克胜"、"加拿大克胜"等侵权行为进行严正警告。另一方面，重视防范在先。通过加固营销网络、增设防伪标志、依法注册商标等手段，加强市场防范、技术防范、知识产权防范，做到每一个产品都有注册商标和防伪标志，每一个销售地区都有固定网络渠道，每一个销售国都进行国际商标注册，每一个重点产品都有身份证，从而最大限度地保护消费者的权益。目前在农药市场，克胜品牌已经叫响，克胜产品产销两旺，内贸外销同步扩张。今年虽受金融危机冲击，农药销量与实入库税收仍将保持两位数增长。

培育自主品牌竞争力，打造国际化强势品牌，还有许多工作要做。但只要品牌企业率先行动起来，全力创新创优，不断积蓄能量，中国农药工业的自主品牌一定会跻身世界领先品牌的方阵。

陕西设施蔬菜病虫草防控面临的问题与对策

雷 虹 刘俊生

（陕西省植物保护工作总站）

随着百万亩设施蔬菜工程的逐步实施，我省设施蔬菜面积将迅速扩大，全省蔬菜种植面积至 2012 年将发展到 650 万亩，年产量将达到 1 470 万 t，设施蔬菜面积将超过 200 万亩。设施蔬菜将会成为我省继苹果之后农村又一重要的支柱产业，在全省农业和农村经济发展中发挥更重要的作用。然而，设施作为一个特殊的生态系统，其特有的环境条件如低温高湿、光照不足、通风不良、土壤连作等均有利于病虫害的孳生蔓延，常年造成的产量损失达 20%～30%。病虫已成为设施蔬菜生产中重要的障碍因素之一，有效控制其发生危害是目前生产上迫切需要解决的问题。

1 病虫发生现状

据调查走访，我省设施蔬菜病虫发生除了蔬菜上一些常发病虫外，目前病害主要是灰霉病、霜霉病、细菌性角斑病、枯萎病、黄萎病、疫病、蔬菜根结线虫病、黄瓜黑星病；虫害主要是白粉虱、蚜虫、斑潜蝇等。这些病虫有的是过去零星发生或偶发，现在变为普遍发生；有的是由过去的季节性发生变为现在常年发生，且危害愈来愈严重；还有的是过去没有的病虫现在也从无到有，发生面积和危害程度逐年加重，成为目前我省设施蔬菜生产中的突出并且是很难解决的问题。随着我省设施蔬菜产业的不断发展，病虫种类还将不断发生变化，防治难度将更大。

2 面临的问题

一是病害严重。设施蔬菜生产过程中，病害往往重于虫害，危害重，控制难，容易快速流行成灾。如黄瓜霜霉病，从点片发生到蔓延全棚仅需 5～7d，一般棚室产量损失 10%～20%，发病严重的损失达 50% 以上，甚至绝收；番茄早疫病从零星发病到蔓延全棚约需 10d，每年约有 3% 的棚室因此而绝收；番茄叶霉病从始发病到全棚发病株仅需 15d 左右，染病植株的叶片大量枯死，被迫提早拉秧。

二是病虫发生危害早、危害时间长，损失大。设施蔬菜病虫的发生危害，较露地栽培明显提前。如番茄灰霉病在 1 月份就发生；番茄叶霉病、早疫病苗期就开始至中后期都可流行危害，危害期明显延长；温室白粉虱、美洲斑潜蝇、甜菜夜蛾等害虫在日光温室内世代增加而且重叠，由常规种植下的季节性发生变为周年性发生，发生危害期长达 7～9 个月。据调查温室蔬菜病虫害造成的损失也明显大于露地，一般每亩造成的经济损失在 2 000～3 000 元，较露地多 1 600～2 300 元。在 30% 左右亏本经营和毁棚的日光温室中，约有 70% 是由于病虫害所导致的。

三是病虫种类多，发生情况复杂。设施蔬菜生产过程中，病虫发生极为普遍，不仅发生的种类多，数量大，各种病虫混合发生。呈现出五个特点：第一，主要病虫危害加重。如黄瓜霜霉病、番茄早疫病、温室白粉虱等在温室中仍是较为严重的灾害，若防治不及时或防治方法不得当，往往会造成严重损失，甚至拉秧绝收；第二，次要病虫上升为主要病虫。黄瓜、番茄灰霉病在露地栽培中不发生或发生危害较轻，而在温室栽培中发生危害重，防治难度大。其造成的损失分别约占黄瓜、番茄病虫危害造成总损失的 13.7%、14.8%，且危害有逐年加重的趋势；第三，土传病害日趋加重。黄瓜、番茄猝倒病，黄瓜根腐病、蔓枯病、疫病等病害，随着温室栽培年限的延长，发生危害不断加重。据调查，温室黄瓜连作 1、2、4、8 年，黄瓜疫病发病株率分别为 6.7%、12.8%、23%、36.3%，黄瓜根腐病发病株率依次为 0、5.6%、8.1%、17.3%；第四，新的病虫不断出现。如蔬菜根结线虫病、黄瓜黑星病、莴苣菌核病、斑潜蝇等，在陕西设施蔬菜栽培中从无到有，发生面积和危害程度均逐年加重，成为新的突出问题；第五，生理性病害明显加重，药害问题凸显。由于温室栽培环境的特殊性，生理性病害如黄瓜生长点消失症、褐色小斑症、番茄脐腐病、缺素症的发生较露地明显加重。其中黄瓜生长点消失症造成的损失约占黄瓜病虫害总损失的 20%。农药的不合理使用和使用不合格的农药，常造成药害事故，严重时甚至毁棚。

四是农药使用量偏高。种植户为了使高投入的设施栽培获得较高的产量和收益，往往超常规的增加农药施用量和施用次数，普遍形成了对农药的过度依赖，忽视了农业、物理、生物等防治措施。据调查，陕西日光温室黄瓜每亩农药使用量超过 30kg（商品制剂）以上，占调查户 10%，20～30kg 占 20.9%，10～20kg 占 53.3%，5kg 以下仅占 6.7%。

五是实用技术严重欠缺。一方面是对设施蔬菜病虫相关理论研究不足，掌握不透；二是菜农对一些实用技术缺乏了解。而设施蔬菜属于农业高科技产业，要求种植者必须有较高的科技素质和应用高新技术的能力。随着设施蔬菜较快发展，相当一部分农民会由原来种植玉米、小麦等大田作物直接转向设施蔬菜种植，其科技素质很难适应生产需要。据调查统计，约有 30% 左右菜农对自己种植的蔬菜栽培技术不能完全掌握，约有 40% 菜农不能正

确认别病虫特征及对症用药，导致设施蔬菜种植效益低。尽快提高广大菜农的科技素质，是摆在各级政府和科技工作者面前非常艰巨的任务。

3 防控对策

绿色农业、有机农业是农业发展的必然选择，也是设施蔬菜发展的方向，对于设施蔬菜病虫害的防控必须贯彻"公共植保，绿色植保"理念，坚持"预防为主，综合防治"的植保工作方针，以农业措施为基础，生物和物理防治为根本，化学农药防治为辅助，达到既安全、经济，又高效、便捷地控制病虫危害。具体措施：

一是重视农业防治。通过恶化有害生物的营养条件和生态环境，提高作物自身抗逆能力来达到抑制病虫的作用。如植物检疫，选用抗耐病虫品种，进行增温补光降湿、种子和土壤处理，培育无病虫壮苗，清洁田园适时播种，合理轮作间作套种，科学施肥等措施提高作物抗病虫能力，减轻病虫危害。

二是大力推广绿色防控技术。对设施蔬菜内的病虫害，可以采取防虫网覆盖、物理诱杀、果实类蔬菜套袋、臭氧发生器、营养调控、释放有益生物等措施进行控制。

三是科学合理使用农药。对种子传播的病害，结合温汤浸种进行药剂拌种，培育无病虫壮苗；对土传病害进行土壤处理；气传病害要早预防早治疗，可选用烟雾剂熏棚。对农业物理生物措施未能控制的一些害虫选用生物性农药或一些高效低毒低残留的化学农药进行防治，尽量减少用药次数的用药量，降低蔬菜产品农药残留，提高农产品质量。

四是强化技术培训。采用定期系统培训与根据农时、季节不定期培训相结合，现场与电视传媒相结合等培训方式，开办综合性农民田间学校，真正地把实用技术交给农民，提高技术入户率和到位率，以提高广大菜农的综合科技素质。

五是要加强科学用药指导，建立安全用药示范区。全面禁止使用高毒农药，推广高效低毒低残留新农药。对延用已久的陈旧喷雾器械进行淘汰，更新性能良好新型施药器械。将施药器械纳入小型农机具补贴，提高农民使用优良药械的积极性，以保证施药效果，提高农药使用率，从而降低农药的使用量。

六是加强部门间协作，建立联合攻关平台，重点研究成灾病虫发生规律及绿色防治技术，为设施蔬菜病虫防控作好技术贮备。

设施蔬菜无公害生产存在问题及综防对策

赵秀萍　翟　成　赵雅兰　杨勤元　杨振安　王书龙　谢小毛

（陕西宝鸡市陈仓区农技中心　721300）

1 我区设施蔬菜生产现状

随着人民生活质量的不断提高，蔬菜已在居民膳食结构中占有40%以上的显著地位。蔬菜周年供应已成为设施生产的关键，也成为菜农经济收入的主要来源。近年来，我区设施蔬菜一直保持旺盛的发展势头，其种植面积不断扩大，由2004年的蔬菜面积8.52万亩，其中设施面积1.86万亩发展到2008年的蔬菜面积10.55万亩，其中设施面积3.1万亩；菜农的纯收入由2004年的1 680元增至2008年2 050元。由于栽培面积扩大，作务管理中存在问题较多，严重制约了设施蔬菜的可持续健康发展。

2 设施蔬菜生产中存在的主要问题

2.1 病虫发生较重

随着设施蔬菜面积的不断扩大、复种指数的提高，棚室内连作、高湿、光照不足、通风不良，土壤不能深翻等因素，为各种病虫提供了优越的栖息场所。如根结线虫病、灰霉病、霜霉病、细菌性角斑病、土传性的黄瓜枯萎病、番茄晚疫病及蚜虫、白粉虱等由露地种植的季节性发生演变为设施菜田周年性发生。

2.2 农药的严重污染

2.2.1 高毒农药的使用 由于病虫的频繁发生对设施蔬菜的危害较大，部分菜农为了获得高产，往往使用价格便宜、防治效果明显的高毒农药，以达到短期防治病虫的目的。由于棚室是一个相对密闭的生态系统，未经日晒雨淋，反复耕翻等，致使农药的自然降解率降低，造成蔬菜内农药残留量严重超标，品质下降，中毒现象时有发生。如防治韭菜根蛆时，仍有部分菜农使用国家明令禁止的有机磷类高毒农药。

2.2.2 用药时期不当 见病见虫打药已成习惯，错过了病虫防治最佳时机，加大用药量，增加防病虫次数。一般在病菌孢子萌芽期或昆虫低龄期，对农药的耐受力较弱，是防治最佳时期，若错过关键时期，防治效果就会降低。

2.3 肥料污染

设施蔬菜栽培品种较单一，重茬多，往往造成土壤肥力不足。大多菜农只注重增施化肥，不注重配方施肥和增施有机肥，造成土壤养分失衡，引起土壤板结、盐碱化。

2.4 连作的影响

连作是设施蔬菜栽培中存在的普遍现象。棚室中土壤固定，缺少降雨淋洗，且水肥量大，种植品种单一，栽培模式基本相同，容易促成土传病虫害的累积发生。

2.5 棚室周围杂草的影响

杂草为病虫的越冬越夏提供了有利生栖场所，从而造成病虫累积，迅速扩展蔓延。

3 综合防控对策

为保障高效、安全、营养的绿色设施蔬菜占领市场，按照"公共植保，绿色植保"理念的要求，因地制宜的制定出我区以农业防治、物理防治为主，药剂防治为辅的综合防控对策。

3.1 农业防治

3.1.1 选用抗病虫品种，减轻病虫危害 因地制宜种植既抗病虫又优质高产的品种，是防治病虫害流行的重要途径，也是最经济有效的防治方法。

3.1.2 高温闷棚 选择6～8月夏季天气最热、光照最好的时段，连同植株残体一起闷棚，棚温50～

60℃，时间 45～60min，并将植株残体及病株残体带出田外进行深埋。

冬季大棚黄瓜霜霉病发生较重时，密闭闷棚，将棚内温度升高到 44～46℃，保持 1～2h 后缓慢降温，达到杀灭病菌的目的。

3.1.3 嫁接技术 对于茄子、黄瓜等蔬菜可以采用育苗嫁接技术，能有效防止枯萎病、根腐病等土传病害发生，增强植株生长势，提高植株抗病能力，增加产量。

3.1.4 清除棚室周围杂草 人工拔除或用百草枯、农民乐—747 除草剂除草，破坏病虫的越冬越夏场所，降低病虫侵染源及基数。

3.1.5 推广配方施肥技术 增施腐熟的有机肥、追施优质肥，实施配方施肥。增施有益菌肥，有效防止土壤板结，根结线虫病的发生及地下害虫的发生危害。

3.1.6 轮作倒茬，减轻病虫积累 轮作不利于病源在土壤中积累，可减轻侵染源。如叶、果菜可与葱头等葱蒜类作物轮作，可降低病虫发生基数。

3.2 物理防治

3.2.1 黄板诱杀 在害虫发生始盛期，利用蚜虫、白粉虱等昆虫的趋黄性，在棚内挂黄色粘虫胶板，可大量减少用药次数，降低生产成本。

3.2.2 设施防护 在温室的防风口出，使用银灰色防虫网、遮阳网，可减少蚜虫、斑潜蝇、白粉虱等害虫进入室内危害。

3.2.3 性信息素诱杀 利用性诱剂对地老虎、烟青虫等害虫有较好的防治效果。

3.3 药剂防治

3.3.1 选用高效低毒农药 设施蔬菜生产中，应优先选用保护性或广谱治疗性杀菌剂，如大生 M—45、甲霜灵锰锌、多菌灵等和生物性杀虫剂、如阿维菌素、浏阳霉素，严禁使用国家禁止的高毒农药，减少土壤残留和环境污染。

3.3.2 选准施药时期 温室蔬菜病虫防治要根椐蔬菜的发育阶段，预测可能发生的病虫种类，在其发生前采用保护剂预防，不能在病虫发生后再用药防治，由于设施蔬菜的特殊生态环境，施药时间不当易造成病虫流行。越冬茬蔬菜定植后至来年 3 月份以前，以上午 11 时前施药为宜，3 月份后随外界温度的升高，通风量加大，晴天施药以下午较好，对白粉虱、斑潜蝇均在上午露水未干以前施药效果较好。

3.3.3 选择科学的使用方法 棚室里，由于相对密闭，气流交换慢，空气相对湿度大，若在这种环境下喷雾防治病虫，其防效较差，甚至病害加重。施药应在棚温升高、室内通风较好、空气湿度相对较低时进行。建议选用百菌清等烟雾薰蒸法进行防治，可达到事半功倍的效果。

新型生物农药 6％井冈·蛇床素 WP 防治水稻纹枯病试验

施辰子[1] 陈保林[2] 张景飞[3] 沈勤文[4] 荆卫锋[5] 范美娟[6] 李 军[2]

(1. 上海市嘉定农技推广服务中心 上海 嘉定 201822
2. 溧阳中南化工有限公司 江苏 溧阳 213314 3. 常熟市植保站 江苏 常熟 215500
4. 嘉善县植保站 浙江 嘉善 314100 5. 武进植保站 江苏 武进 213021
6. 张家港市植保站 江苏 张家港 215600)

水稻纹枯病俗称"花脚病"，为稻田常发性最主要病害，其病原菌 Rhizoctonia solani Kuhn 有较广的寄生范围和强腐生性，病田年年发生都重，一般造成损失 10％～20％，甚者可达 50％以上。该病防治过去曾用稻脚青（甲基砷酸锌）、多菌灵、甲基硫菌灵、烯唑醇等，存在效果不理想及药害问题，井冈霉素作为当家药种 30 多年，由于长期单一使用，使得纹枯病菌对井冈霉素的敏感性越来越纯化，田间用量和使用次数不断增加。溧阳中南化工有限公司新开发的生物农药 6％井冈·蛇床素

WP 具有用量少、效果高、微毒、环保无残留的特点。2009 年进入农药市场，经江苏、上海、安徽、湖北、浙江、四川省市植保站组织试验、示范，对水稻纹枯病、稻曲病均表现优良的防治效果，增产作用显著，现将试验示范结果报告如下：

1 试验材料与方法

1.1 试验药剂及处理

供试药剂：6% 井冈·蛇床素 WP 40、60 克/亩（试验），50 克/亩（示范）。

对比药剂：10% 井冈霉素 A SP 40 克/亩。

CK：空白不用药。

1.2 试验方法
试验田每处理重复 3 次，示范田 30～50 亩，安排在常年水稻纹枯病发生较重的地区，水稻品种、长势、肥水管理一致，于水稻分蘖末期，纹枯病发生始盛期（穴病率 20% 左右）第一次用药，以后每隔 10～15d 再次用药，试验田用药 3 次，示范田用药 2 次，每次用药均可结合病虫总体防治同时进行，按每亩对水 50kg 用手动喷雾器均匀喷雾。

1.3 试验调查

1.3.1 纹枯病 最后一次药后 15d 调查效果，采用双行直线取样，每处理取 5 点，每点查 5 穴，调查总株数、病株数和病情指数，计算防治效果。

1.3.2 稻曲病 在水稻灌浆期稻曲病大量青绿色病粒出现时，处理区随机查取 400 以上稻穗，记录总穗数、总粒数、病穗数、病粒数，计算防效。

1.3.3 叶鞘腐败病 处理区随机调查 200 株，记载病株数；叶尖枯病，处理区随机调查 200 叶，记载病叶数。

2 试验结果

2.1 对水稻纹枯病的防治效果
综合 7 省、市 11 个植保部门试验、示范资料，6% 井冈·蛇床素 WP 50 克/亩对水稻纹枯病平均防效 82.61%，比常规井冈霉素 A 高 9.9%，防效随用药量增加而提高，60 克/亩对纹枯病平均防效高达 86.92%，比井冈霉素 A 高 13.44%，而 40 克/亩的效果与井冈霉素相仿。（见表 1）

表 1 6% 井冈·蛇床素 WP 试验、示范结果

试验单位（各地植保站）	井冈·蛇床素防治效果（%）			
	40 克/亩	50 克/亩	60 克/亩	40 克/亩
广东农科院	66.55	77.49	84.7	72.87
湖北农科院	87.23	92.97	95.35	85.49
上海奉贤区	72.32		82.34	72.27
安徽省庐江县	77.03		85.72	81.94
四川省新都区	84.23		88.59	80.50
浙江省嘉善县	73.22		88.18	37.21
浙江省余杭县	69.97		86.11	72.21
江苏省张家港	72.9		80.7	76.3
江苏省常熟市	84.06		94.32	80.53
江苏省武进市		84.0		77.1
江苏省宜兴市	69.59	75.97	83.23	71.21
平均	75.71	82.61	86.92	73.48

2.2 对稻曲病的防治效果
08 年溧阳市试验田稻曲病发生较重，不用药对照区平均病穗率 9.8%，病粒率 0.038%，而破口期使用 6% 井冈·蛇床素 WP 的病穗率和病粒率分别降至 2% 和 0.02% 以下，穗防效 80.6%～83.6%，粒防效 86.4%～90.0%，比井冈霉素 A 高 10 个百分点左右（见表 2）

表 2 6% 井冈·蛇床素 WP 防治稻曲病的试验效果

处理（克/亩）	病穗率 %	穗防效 %	病粒率 %	粒防效 %
6% 井冈·蛇床素 40	1.9	80.6	0.019	86.4
6% 井冈·蛇床素 60	1.6	83.6	0.014	90.0
10% 井冈霉素 A 40	2.8	71.4	0.038	72.8
CK	9.8		0.14	

2.3 叶鞘腐败病，叶尖枯病是水稻后期常见病害，造成功能叶提早枯死
尤以杂交稻发生较重，08 年在一块杂交稻田用药试验，6% 井冈·蛇床素对这二种病害有 35%～54% 的防治效果，亦比井冈霉素 A 明显高。（见表 3）

表3　6%井冈·蛇床素WP对水稻叶鞘腐败病、叶尖病的防治效果

处理（克/亩）	叶鞘腐败病（%）		叶尖枯病（%）	
	病株率	防治效果	病叶率	防治效果
6%井冈·蛇床素 40	14.2	50.2	9.1	35.5
6%井冈·蛇床素 60	13.1	54.0	6.8	51.8
10%井冈霉素 A 40	15.4	46.1	9.6	31.9
CK	28.5		14.1	

3　结语

从伞形花科植物蛇床干燥成熟的果实蛇床子中提取得到的蛇床子素化学名称：7-甲氧基-8-(3′-甲基-2′-丁烯基)-1-二氢苯并吡喃酮，以前作为中药材有较高的医用价值。近年来经专家潜心研究，发现应用于农作物亦具有良好的杀虫和杀菌活性，对龙胆斑枯病、叶枯病、黄瓜白粉病、板兰根霜霉病、苹果叶枯病、辣椒疫霉病、番茄灰霉病、小麦赤霉病等病菌以黄瓜瓜须螟、菜青虫、小菜蛾、仓储害虫都有良好效果。蛇床子素能抑制病原菌孢子萌发，发病期引起菌丝断裂，可溶性蛋白含量增加，控制病情发展，成为新型纯植物源农药。

以蛇床子素与传统抗生素井冈霉素复配成稻田杀菌剂，国内首创，本试验证明，不但能显著提高防治水稻纹枯病的效果，延长井冈霉素使用寿命，而且可以扩大药剂防治对象，兼治稻曲病、叶尖枯病、叶鞘腐败病、褐条病等水稻生长后期的综合性

病害，用药田水稻生长清秀，抗早衰，增产作用大。该药剂微毒，对鱼类等环境生物安全，具有较好的推广价值和应用前景。

水稻纹枯病喜高温高湿，盛夏水稻分蘖末期封行后稻棵郁闭，田间小气候必然诱发纹枯病，一开始病情由点到面水平方向发展，这是第一次用药控制蔓延的最佳时期；拔节—破口期该病由下往上垂直方向迅速扩展，进入暴发期，防治工作更加重要。实践证明药剂防治水稻纹枯病要及时早治，预防为主，防治结合，6%井冈·蛇床素WP使用技术，苏、浙、皖、鄂稻区一般7月下旬发病始盛期，第一次水稻病虫总体防治时开始使用，之后每隔10～15d，直至破口期，用到3～4次药。用药量根据病情可由小到大，开始发病时由于病轻，每亩用40～50g即可；拔节破口期发病重，药量可适当加大，亩用50～60g。此外，还应注意，纹枯病由于土壤带菌，田块间病情差异很大，轻病田下药可少些，而老病田年年都是病重下药量就应该大些。为保证防治效果，药剂对水量每亩不可少于50kg，喷湿稻棵基部，并且田间要保持水层。

参考文献

[1] 阴旗俊，孙海峰．蛇床子素的药理作用和作为生物农药的研究．中医药信息，2009，26（2）：13～15
[2] 石志琦，沈寿国．蛇床子素对植物病原真菌抑制机制的初步研究[J]．农药学学报，2004，6（4）：28～32
[3] 王春梅，石志琦．蛇床子素对黄瓜白粉病防治试验[J]．江苏农业科学，2005（4）：57～58

秦巴山区魔芋病害综合防控技术研究及应用

崔　鸣　黄雅芳　刘桂玲　童丹云　殷兆霞　朱陵霞

（陕西省安康市植保站　陕西　安康　725000）

魔芋是我国20世纪一个极具发展潜质的新兴产业，并已成为21世纪的朝阳产业，国家农业部已将魔芋确定为西部开发四大扶贫重点项目之一。魔芋分布在我国西南山区，秦巴山区为全国

魔芋最大种植区域，过去多为自食自用，自生自灭，房前屋后半野生零星粗放种植状态。近20多年来，随着种植面积的扩大和年限的增加，过去从未引起人们认识和重视的魔芋病害逐年加

重，在生产发展速度较快的区域更为突出，大田一般减产 20％～40％，严重者甚至绝收。病害既严重制约魔芋生产发展，也影响产业化开发。尽管国内外市场对魔芋产品需求量大，但因病害造成的生产发展缓慢，原料供应不足已成为魔芋产业发展的瓶颈，病害已成为秦巴山区及全国魔芋产业化开发中急待解决的重大关键技术难题。针对秦巴山区魔芋病害发生面积大、危害重的问题，我们以解决生产实际需要为目的，采取预防为主，防治结合的策略，开展魔芋软腐病和白绢病侵染危害规律和综合防控技术研究。

1 魔芋软腐病和白绢病侵染危害规律

魔芋生产上的主要病害为细菌性病害软腐病和真菌性病害白绢病。通过观察发病症状，生产调查研究和生长期人为接菌试验，探索病菌主要侵染来源、侵染机理、发生和危害期，逐步摸清侵染危害规律，为生产上确定防治适期提供科学依据。

1.1 **软腐病** 魔芋软腐病为一种细菌性病害，在魔芋大田生长期和贮藏期周年发生。魔芋新产区软腐病的初侵染来源为种芋带菌，种芋带菌量越多，发病越重。植株的地上和地下部分均受病菌侵染。大田栽培从出苗后即可发生软腐病。7月下旬至8月下旬为发病盛期，9月上旬后病情基本稳定。

1.2 **白绢病** 真菌性病害。初侵染来源主要为在土壤中越冬的菌核或在病株或种芋中越冬的菌丝体，以及农事操作携带并传播的白绢病病菌。主要发病部位在近地面处的叶柄基部，发病后 3～5d 病部组织逐渐腐烂下凹而引起倒伏。田间靠白色菌丝体在土壤中呈放射状蔓延而传播，病部可见菌丝体和小菌核。发病盛期在8月上旬～9月上旬，9月中旬病情基本稳定。

2 魔芋病害防治药剂筛选

2.1 **软腐病防治药剂筛选** 选择甲基托布津、多菌灵、代森锰锌、杀毒矾、农用链霉素、农抗120、科博、甲霜灵、消菌灵等药剂开展大田喷雾防治试验研究，结果表明，64％杀毒矾、2％农抗120、78％科博为大田防治软腐病的较佳药剂。

进一步引进高效低毒新药剂，进行筛选试验，结果为，巴克丁和龙克菌对魔芋软腐病防治效果较好，防治1次，巴克丁优于龙克菌，连防2次，龙

克菌优于巴克丁，可在大田生产上交替使用，提高防效。

2.2 **白绢病防治药剂筛选** 选择甲基托布津、多菌灵、代森锰锌、杀毒矾、农抗120、科博、甲霜灵、消菌灵等高效低毒低残留药剂及生物及和物农药开展大田喷雾试验研究。结果表明，70％代森锰锌、78％科博、50％多菌灵、2％农抗120、25％甲霜灵在病害初发前施药，防效较好，药效期20d左右。

2.3 **软腐病和白绢病综合防治药剂筛选** 选择甲基托布津、多菌灵、代森锰锌、杀毒矾、农抗120、科博甲霜灵、消菌灵等药剂开展防治药剂筛选试验研究。结果表明，2％农抗120、64％杀毒矾、78％科博的综合防效相对较好，对两病有较佳的治疗作用。

3 魔芋病害综合防治技术研究

3.1 农业防治技术研究

3.1.1 **种植区域与发病关系** 试验和调查研究结果表明，随着海拔的升高，魔芋产量呈上升趋势，病株率呈下降趋势。海拔 800～1 200m 的中山区年均气温 12.1～13.9℃，大于 35℃高温持续时间短，昼夜温差较大，年降水 904.7～1 117.4ml，年日照百分率 33％～36％。该区土壤为黄棕壤，有机质积累作用强，粘化作用弱，土壤粘粒含量较低，土体松泡，适宜魔芋生长。

3.1.2 **立体种植遮阴防病研究** 魔芋为半阴性植物。研究结果为，魔芋间作玉米对软腐病的相对防治效果为 26.16％，对白绢病相对防治效果 73.68％；间作桑树、刺槐和杜仲对软腐病相对防治效果为 31.36％，对白绢病相对防治效果高达 86.14％。

开展魔芋间作玉米与魔芋纯种，以及魔芋间作玉米不同带型、带比试验。间作处理的魔芋产量均显著高于纯种。150cm 双间单的魔芋公顷产量 25 050kg，最高，较魔芋纯种增产 7 425kg，增产率达 42.12％；较间作其他处理增产 3 712.5～5 025kg，玉米公顷产量、魔芋膨大系数、发病绝收率和投入产出比均列第2；公顷纯收入最高。研究出刺槐林下魔芋种芋繁育技术，利于恢复种性，减轻病害发生，节省种芋生产用地。

3.1.3 **轮作周期研究** 定点定期研究结果表明，在从未种过魔芋的耕地，第1年种植魔芋的发病率

3.3%；第 2 年发展到 14.4%；第 3 年增加到 21.2%；第 4 年高达 34.1%。大面积调查结果为种植 1～2 年的 114 户，大田病株率 14.38%；种植 3～4 年的 41 户病株率达 30.6%。魔芋不宜连作，生产上可将魔芋与禾谷类作物轮作种植，轮作周期一般为 3 年。

3.1.4 增施钾肥防病效果 魔芋为喜钾作物。钾能使植株健壮，提高抗病性，提高球茎的品质和耐贮性。连续两年试验结果表明，公顷施用纯氮 225kg 和氧化钾 300kg 后，产量较单施纯氮 225kg 增产 27.52%，较公顷施农家肥 2.25 万 kg 增产 55%；膨大系数达 5.44，分别提高 1.16 和 1.92；发病率较单施氮肥降低 48.28%，较单施农家肥降低 21.97%。

3.1.5 魔芋栽培方式研究

3.1.5.1 垄作 魔芋实行垄作，既利排水防渍害，又增加土层厚度和改善通风透光条件。据研究，在其他条件一致的情况下，仅由平作改为垄作，病株率降低了 32.45%。

3.1.5.2 覆盖栽培 魔芋麦草覆盖试验结果表明，麦草覆盖后，出苗较露地提早 2.5d，且出苗整齐，速度快，出苗率较未盖草提高 16.83%。盖草处理病株率和病情指数均低于未盖草，8 月中旬分别降低 16.92% 和 22.41%。

3.1.6 种芋贮藏方法与发病关系研究 魔芋收获后，在种芋贮藏过程中，软腐病时常发生，一般发病烂芋率在 10% 以上。

3.1.6.1 室内安全贮藏方法研究 采用竹笆楼烟熏、木板楼堆放、木板楼堆放每层魔芋之间放置玉米芯、竹篓贮藏、地面堆放等方法贮藏越冬种芋，研究结果表明种芋室内越冬可采用木板楼堆放魔芋层间放置玉米芯、竹笆楼烟熏法和木板楼堆放 3 种方法，种芋堆放厚度为 3～5 层。

3.1.6.2 大田越冬贮藏方式研究 开展大田贮藏试验研究，先后在海拔 700m、900m 和 1 100m 处垄面和垄沟维持原状越冬、垄面盖土越冬、垄面盖土后其上覆盖 10cm 厚玉米秸秆越冬和垄面盖土后其上覆盖地膜越冬四种方法进行大田越冬贮藏研究。试验结果表明：海拔 700～900m 不能将种芋在露地直接越冬，可垄面盖土后越冬；900～1 000m 盖土后再覆盖玉米秆越冬；海拔 1 000m 以上在垄面盖土后，再覆盖地膜越冬。

3.2 化学防治技术研究

3.2.1 播前种芋药剂处理 试验研究表明，种芋药剂消毒后，出苗率提高 21.05%，发病率降低 41.04%。

3.2.2 土壤处理 魔芋连作地块的土壤是白绢病的初侵染主要来源，也是软腐病的主要侵染来源之一。研究结果表明，采用药剂处理的大田，软腐病和白绢病病株率较未处理分别减轻 28.19% 和 68.39%，两病合计较未处理降低 40.78%。

3.2.3 魔芋地化学除草方法与技术研究 开展了不同除草剂、不同时期防除魔芋地杂草试验，结果表明，不论是播后苗前处理，还是出苗至散盘期间喷雾，均以克无踪除草效果较佳。最佳时期为播后苗前，克无踪除草效果在 94.7%～98.4%。

3.2.4 种芋贮藏前药剂处理 在种芋贮藏前晾晒 1～2d，表面干燥后，用农用链霉素对摊开的种芋均匀喷雾，喷药后再晾晒干燥后进行室内贮藏。平均发病腐烂率较未处理降低 61.95%。

4 产品开发研究

4.1 魔芋防病营养药袋（纸）开发 按照包衣型"外衣"思路，选择防病效果好、理化性状相对稳定的高效低毒杀菌剂，经过稀释后，加入一定的微量元素和缓释剂，制成营养药液。选择透气性较好的软型纸作为包装种芋的袋子，用机械将稀释好的营养药液均匀涂抹在包装纸上，根据魔芋种芋的大小，制成不同规格的包装纸或病害防治药袋。在贮藏或播种前，对种芋晾晒失水后，将种芋装入药袋内或者逐个包裹，每袋（纸）装（包）1 个球茎，然后封口，即可使用。其作用一是杀灭病菌，切断土壤病原；二是药效期长；三是利于种芋安全调运和贮藏；四是避免种芋相互侵染。应用效果为提高出苗率，一般在 5% 以上，且出苗时间一致，植株生长整齐，相对防治效果为 60% 左右，增产幅度在 3.82%～29.72%。

目前魔芋防病药袋已在陕、鄂、川、渝、贵、云等省市扩大示范应用。"一种防病营养药袋及其制备方法"，国家发明专利已公开；"一种防病营养包装纸"已获国家实用新型专利；"一种防病营养药袋"实用新型专利已获申请号。

4.2 魔芋专用肥开发 开展不同施肥种类和数量与魔芋病害发生和产量关系研究，采用氮磷钾三因子五水平二次回归正交试验设计，结果表明，钾与产量及病株率关系极显著；磷与产量显著、与病株率接近显著标准；氮不显著；氮磷钾肥料配合施用，产量和防病效果优于单一使用。在此研究的基础上，以中等用量磷肥作为基础，探讨氮肥和钾肥在魔芋上的增产效应。采用氮、钾二因素二次饱和D-最优设计方案，应用二因素二次饱和D-最优设计结构矩阵对试验结果进行分析，建立氮肥、钾肥与鲜芋产量回归方程。

通过认真总结多年来的魔芋肥料试验和示范资料，在国内率先开发出魔芋专用复混肥。开展专用肥用量试验，试验用肥为我站研制的40%魔芋专用肥。在海拔500m、700m、800m和1 000m设4个点。设置5个处理，公顷施肥375kg、750kg、1 125kg、1 500kg和不施肥作对照（ck）。结果表明，施肥各处理产量均高于CK，增产幅度在10.11%～22.01%之间，各处理间以公顷施肥1 125kg产最最高，较其他3个处理增幅为4.31%～10.81%。经统计分析，公顷施肥1 125kg与CK显著差异，为最佳施用量。"一种魔芋专用肥"国家发明专利已获申请号并通过初审。

5 技术实施效果

5.1 成立攻关组织，加快基地建设 组成了跨地市、多学科、多单位人员参加的魔芋病害综合防治技术研究与推广应用研究课题组。市县区政府重视魔芋病害综合防治技术研究与推广应用推广，将其列为魔芋产业化的重点，层层落实责任，夯实推广任务。岚皋县和汉滨区被中国魔芋协会评选为"全国魔芋种植基地重点县"，占全国14个重点县的14.29%。

5.2 狠抓示范样板，提高技术入户率 坚持抓点示范，推动魔芋生产发展，加快了技术推广速度。2008年全市推广面积占魔芋总面积的81.21%，在适宜应用区的技术入户率超过了90%。国家农业标准化委员会确定示范区为全国农业标准化示范项目。

5.3 推广立体种植，优化产业结构 魔芋主产区大多为高寒山区，耕地面积小，林地面积大，推广魔芋与玉米、魔芋与刺槐和杜仲幼林等的间作套种。开展林下种芋繁育，充分利用了林地资源，减少了种芋繁育用地，确保了退耕还林成果和产业结构的调整。

5.4 做好产品开发，实现技物配套 做好专利产品的示范推广，生产的魔芋防病营养药袋已销售到本省及湖北、四川、云南和贵州等省市。生产魔芋专用复混肥，积极扩大销售范围。2008年受中国魔芋协会委托，与成都置农魔芋种植有限公司联合在四川省彭州市抓千亩魔芋规范化种植基地，全面应用魔芋防病营养药袋和专用复混肥，增产增收，深受企业和基地农户欢迎。2008年9月，课题主持人崔鸣研究员当选中国魔芋协会副会长和协会种植业专委会主任，负责全国魔芋种植技术研究与推广工作。

5.5 促进产业开发，扩大市场份额 魔芋种植技术水平的提高和原料供应的增加，促进了产品开发，全市以魔芋为主要原料的规模加工企业超过10个，年魔芋精粉加工能力可达2万t，占全国的1/5左右；开发魔芋食品5万t、魔芋健身胶囊1.2亿粒。魔芋系列产品远销日本、韩国、东南亚和欧美等国家和地区，年出口创汇百余万美元。

春玉米田除草剂药害发生原因与对策浅析

姚明辉　李树才　寇春枝　吴昊飞

（宽城满族自治县农业局　河北　宽城　067600）

春玉米是冀北地区栽培的主要农作物，播种面积占整个农作物播种面积的50%以上，部分地区甚至达到了80%以上[1]。杂草是影响玉米高产的主要因素之一，但人工除草的工作量十分巨大，据笔者调查，正常情况下一个生长季玉米田需除草2～3次，每亩需用人工10个以上。由于玉米田除草有较严格的期限要求，太晚则影响玉米生长，因此许多农户不得不早出晚归，体力消耗极大，有时还得雇佣劳力。

化学除草由于方便省事、节省劳力，且除草效果较明显，近些年来，尤其是 2000 年以后，在冀北地区春玉米田得到迅速推广，仅在河北宽城调查，化学除草的玉米田面积约占玉米田总面积的 50% 左右。但由于各种原因，玉米田使用除草剂药害时有发生，群众经常到植保部门反映，造成了一定的负面影响。

针对这种情况，笔者于 2007—2009 年对部分玉米田的除草剂使用情况和药害发生情况进行了较为系统的调查，并通过试验示范和调查总结出了一整套预防药害发生的对策。

1　药害发生的主要类型及症状

1.1　出苗晚或不能出苗　这类药害主要发生在播后苗前进行土壤处理的地块，主要表现在出苗期明显延长，严重时扒土可见种子已发芽但不能出土，有的幼芽刚一出土就干枯，造成部分缺苗或全田无苗。

1.2　畸形苗或植株器官变态　畸形苗是除草剂药害发生较多的症状，通常表现为叶片扭曲，心部叶片形成葱叶状卷曲（注意与瑞典蝇、蓟马等虫害症状的区别），并呈现不正常的拉长，前期造成植株畸形新叶不发，后期可造成雄穗不能抽出，有时还能造成果穗、根等器官变态（如穗位下移、侧根生长不规则等）。

1.3　植株明显矮化　植株矮化是使用除草剂的一个主要药害表现，植株矮化通常伴随植株弱小、千粒重降低、穗粒数减少等症状，造成生物产量和经济产量降低。

据笔者 2008 年和 2009 年对当地主导玉米品种"宽城 60"调查，使用除草剂"50% 扑·乙·滴丁酯乳油"（商品名易封得）不当的地块，出苗后 30 天幼苗比人工除草田平均矮 3～6cm，收获期成株比人工除草田矮 20～40cm，产量降低 10% 以上。

1.4　叶片变色或干枯　这类药害主要表现在出苗后三叶期开始出现叶色变黄或黄绿相间现象，有时叶脉深绿或呈褐色，叶片变小变薄，色泽变紫或半透明，有时可导致整个叶片干枯，严重的可导致整株枯死。

2　药害发生的主要原因

2.1　用药量明显超出登记范围　由于部分群众只注重除草效果，按照"宁多勿少"的原则施药，往往造成施药剂量偏大。如 50% 扑·乙·滴丁酯乳油，登记中的推荐使用剂量为东北地区春玉米每公顷有效成分 1 575～1 875g，折合每亩使用商品药剂 210～250g，而据笔者调查群众一般使用剂量为 330g 左右；再如 72%2,4-滴丁酯乳油，在与其他药剂复配时，一般用药量为每亩使用商品药剂 30g 左右，单独使用时，做茎叶处理的 40～50g，做土壤处理用量的 50g 左右，但有的群众在复配时将其也用到了 50～60g，且不减少其他除草剂的用量，因此，发生药害事故的现象十分常见。

2.2　施药时期不合理　按使用时期分，除草剂分播前、播后苗前、苗期、生长中期 4 个时期施用，不同的除草剂应根据登记的说明施用。这一点往往引不起重视，把部分只能用于土壤封闭的药剂用在苗期，或只能在幼苗期使用的药剂用在大苗期，造成植株畸形或叶片变色、枯死。尤其是在幼苗刚一拱土时施药，更易造成药害。如应用 2,4-滴丁酯，于苗后做茎叶处理比播后苗前做土壤处理易产生药害，于 4 叶期前或 5 叶期后喷施，则会造成严重药害。

2.3　随意复配现象较严重　为了提高对藜、蒿类等杂草的防治效果，许多群众喜欢在除草剂中加入一些 2,4-滴丁酯，但由于缺乏对除草剂相关知识的了解，往往加入过量，或原有的除草剂中已经含有 2,4-滴丁酯成分，还盲目加入，经常造成药害。

2.4　不注意施药技术和相关注意事项　施药技术的正确与否，不但影响除草剂的除草效果，有时还会造成药害发生。有的施药随意性较大，造成喷幅重复；有的大风天施药，造成飘逸药害；有的行间除草时喷头无防护罩，造成药液溅到叶片上；有的喷雾器不清洗，造成残留药剂药害；有的对敏感品种施药不预先试验，造成药害等等。

另外，雨水冲刷、土壤残留、选择药剂不当、施药器械质量不好以及环境条件不适等均易引起药害。

3　预防药害发生的主要对策

3.1　严格控制用药量　用药剂量的大小直接影响着药害的发生，要根据药剂、土壤、作物、气候条件等综合因素确定施药剂量。农药登记证上推荐剂量是经过多点田间药效试验总结出来的，一般是安全的，但除草剂的药效与气候条件和土壤等有一定关系，因此应根据本地条件做适当调整，尤其是另外复配药剂时应同时减少其他药剂的用量（如欲在乙·莠合剂中加入2，4-滴丁酯）。

一般冷凉地区用药量应加大，如冀北地区处于华北平原、东北以及内蒙古高原的结合部，其气候比华北平原冷凉、比内蒙古和东北地区稍温暖，因此冀北地区的施药量应比东北地区春玉米田略低，比华北平原夏玉米田高；土壤有机质含量越高，对药剂的吸附力越大，应使用推荐剂量的上限，相反，侧减低剂量；酸性土壤吸附作用大于中性和碱性土壤，碱性土壤应适当降低药量。另外，烟嘧磺隆、2，4-滴丁酯等药剂易产生药害，使用时应更应注意剂量不可随意加大。

3.2 根据药剂品种确定施用方法 要根据除草剂的特性和登记来确定施药方法，只能用于土壤封闭的药剂，不可在苗后施用；只能用于行间除草的如百草枯等药剂，不能用于茎叶处理和土壤处理。

3.3 合理选择施药时期 玉米在不同的生育时期对除草剂的敏感度不同，因此要尽量选择在杂草是敏感期而玉米是非敏感期施药。如可以在苗期施用的药剂，一般施药期不超过玉米5～6叶期；幼苗刚一出土时应尽量避免施药；应用2，4-滴丁酯，于苗后做茎叶处理比播后苗前做土壤处理易产生药害，于4叶期前或5叶期后喷施，则会造成严重药害。

3.4 注意飘移药害 飘移分为直接雾滴飘移和挥发飘移，喷施除草剂时，或多或少都会有飘移，尤其是挥发性较强的品种如2，4-滴丁酯等，因此在有风天禁止施药，防治飘移到蔬菜、大豆等敏感作物上；在间作、套作田施药，要兼顾其他作物；行间除草喷头必须加保护罩，防治药液溅到玉米植株上等等。

3.5 特殊品种要先进行试验 在玉米自交系、爆裂玉米、粘玉米、糯玉米等特殊玉米田用药时，要先试验，再大面积应用；部分药剂品种对特定玉米品种安全性较差，如烟嘧磺隆对登海系列品种和郑单958等，要先试验再推广。

3.6 施药器械的清洗及包装物的处理 施用除草剂的喷雾器最好专用，施用其他药剂时要反复用碱水和清水清洗（包括药管内）；包装物如药袋、药瓶等要及时带出田间处理，防止残留物经雨水而带入田间。

另外，要避免喷幅重叠，造成局部药液量过大；避免使用除草剂后立即施用其他农药（如有机磷农药），造成药剂的相互作用而产生药害；要把药剂摇匀后再对水（尤其是使用悬浮剂时），以防因药液分层造成浓度不均而形成药害。

参考文献

[1] 姚明辉，李树才. 冀北春玉米田主要杂草种类及化学防除技术探讨 [A]. 植物保护科技创新与发展/成卓敏主编. 北京：中国农业科学技术出版社，2008.10：794～797

承德市露地蔬菜绿色防控技术的实践与探索

段晓炜[1]　段志勇[2]　于成玲[3]　张永生[4]　李淑静[1]

（1. 河北省承德市植保植检站　河北　承德　067000　2. 隆化县森防站　隆化　068150
3. 丰宁县植保站　丰宁　068350　4. 隆化县植保站　隆化　068150）

为了贯彻落实"绿色植保，公共植保"理念，更好的服务于农业生产，保障农产品质量安全，推动农业生产持续健康发展，农业部把农业有害生物的绿色防控技术应用列为2008年重大科技推广行动。根据农业部和河北省植保植检站有害生物绿色防控工作安排，结合承德市实际，2008年承德市植保植检站在露地蔬菜上进行了以"光诱、色诱、性诱结合使用生物杀虫剂等防病治虫措施"为主要内容的绿色防控技术实践与探索。承德市露地蔬菜每年种植面积在5万hm²以上，年产鲜菜达230万t，产值12.5亿元，是本市农业支柱产业之一，主栽品种有大白菜、菜花、甘蓝、胡萝卜、西葫芦等，产品除供应本地市场外还销往京、津、唐、沈阳等周边大中城市，部分产品销往韩国、日本、新加坡、香港等国家和地区，是北京市重要的蔬菜供应基地之一。2008 年推广绿色防控技术面积 13 000 hm²，在丰宁县鱼儿山镇乔家营村、围场县腰栈乡碑亭子村、隆化县唐三营镇管家营村共建立绿色防控中心示范区 3 个。示范区内重点推广光诱、色诱、性诱结合使用生物杀虫剂等绿色防控技术，以农业防治为基础，优先采用生物、物理防治，结合科学选用高效低毒低残留农药，改进施药方式方法，从而提高总体控制效果，最大限度地减少化学农药的使用量，基本达到了"在保障农产品产量不因有害生物危害形成严重减产的前提下，减少化学农药的使用，有效控制农药的残留；示范区作物产量高于非示范区；化学农药的使用量减少 10％以上，农产品的农药残留全部符合质量要求"的目标。

1 应用以光诱、色诱、性诱结合使用生物杀虫剂为主的综合技术措施

1.1 选用优质高产抗病品种
大白菜选用春鸣、春黄、四季王、健春、秋绿、春奇、京春白等；甘蓝选用色丽玛、铁头、阿德玛、春甘三号、中甘十一。

1.2 做好种子土壤处理，消灭初侵染来源

1.2.1 种子消毒
不包衣的种子播种前可采用温汤浸种，50℃温水中浸种 25min，并不停搅拌，捞出后晾干播种；或用种子重量 0.2％～0.3％的扑海因可湿性粉剂拌种防黑斑病；用种子重量 0.3％的甲霜灵可湿性粉剂或 40％乙磷铝可湿性粉剂、75％百菌清可湿性粉剂拌种防霜霉病；用种子重量 0.4％的 50％DT 可湿性粉剂拌种防黑腐病。（甘蓝可浸种后用湿布包放在 20～25℃催芽播种，当甘蓝 20％种子萌芽时即可播种。）

1.2.2 育苗前床土准备
选用近 3 年来未种过十字花科蔬菜的肥沃园土与充分腐熟的过筛圈肥按 2：1 比例混合均匀，每立方米加 N：P₂O₅：K₂O 为 15：15：15 的三元复合肥 1kg 拌匀。将床土铺入苗床，厚度 10～12cm。

1.2.3 床土消毒
用 70％丙森锌（安泰生）可湿性粉剂 500 倍液分层喷洒于土上，或用 2.5％的枯草芽孢杆菌（井冈霉素）12～15g 与 15～30kg 细土混合，播种时 2/3 铺床面，1/3 覆盖在种子上，杀死初侵染来源，预防苗期病害的发生。

1.3 播种时间及播量

1.3.1 播种时间
大白菜 5 月上中旬播种，6 月上中旬定植，7 月末 8 月初上市。甘蓝 5 月初播种，6 月上旬定植，7 月末 8 月初上市。

1.3.2 播种量
大白菜 750～1 000g/hm²，甘蓝 750g/hm² 左右。

1.4 苗期管理

1.4.1 温湿度管理
播种至出苗期适宜温度 20～25℃，夜间温度 15～18℃。出苗后 1～2 周注意放风蹲苗，防止高脚苗或炭疽病，放风口不要设在顶风口面，风口由小逐步到大，防止闪苗或风抽苗。不要大水漫灌，防止低温高湿引起立枯病的发生。保持土壤不湿不干的生长环境，使植株健壮，叶片肥大根系发达，无病虫害危害的健苗。

1.4.2 及时分苗
采取阳畦育苗在 3 叶 1 心时注意及时分苗，分苗时去掉病苗，弱苗及杂草（间苗后注意覆土防止透风死苗）。

1.4.3 移栽前的准备
移栽田土壤处理。每公顷施腐熟的有机肥 60 000～75 000kg，尿素 150kg，过磷酸钙 750kg、硫酸钾 180kg。用蛇床子素药渣子拌土防治地下害虫，用枯草芽孢杆菌可湿性粉剂、宁南霉素处理土壤防治土传病害，降低初侵染来源。

带药移栽。移栽前苗床喷施蛇床子素乳油防治地下害虫，用 4％宁南霉素 500 倍、10％多抗霉素 1 500 倍或 2％春雷霉素 1 000 倍喷施防治软腐病、炭疽病和霜霉病。

移栽密度。大白菜 37 500～45 000 株/公顷，甘蓝早熟种 75 000 株左右/公顷、中熟种 33 000～45 000 株/公顷、晚熟种 30 000 株/公顷。

1.4.4 加强田间管理
晴天移栽，移栽后及时浇水，及时中耕除草，连作前土壤见干见湿，结球后保持土壤湿润，结合浇水追施尿素 105kg/hm²，还可叶面喷施 1‰磷酸二氢钾或 1％尿素水。结球期可喷施 0.7％氯化钙防止干烧心。

1.5 病虫害综合防治

1.5.1 农艺措施
合理轮作倒茬　选择前茬非种植十字花科的植物，一般 3 年以上轮作。

清园　秋季及时清理田间地头杂草杂物，尤其是上年病残株体及残叶等，减少越冬虫量，降低病害初侵染来源。

使用腐熟粪肥　充分腐熟的农家肥在发酵过程中可杀死虫卵，降低虫卵残留。

深耕　目的是破坏病菌的生存环境，一般深耕40cm，借助冬季低温和紫外线照射杀死土壤中部分病菌。

1.5.2　物理诱杀防治技术

黄板诱杀　利用蚜虫、粉虱等成虫对黄色具有强烈的趋性，设置黄板诱杀。根据我市蚜虫发生时期和特点（我市蚜虫发生主要在蔬菜生长中后期），在6月上旬开始行间每亩插20～30块诱蚜或挂银灰膜避蚜，使黄板底部与植株顶端相平或略高。每隔3d调查1次，诱满害虫后及时清理更换黄板。

灯光诱杀　利用佳多牌频振式杀虫灯诱杀害虫。该灯的主要原理是利用光、色、味等引诱害虫扑灯，灯外配以频阵高压电网触电，达到诱杀成虫、降低田间落卵量、压低害虫基数、控制危害的目的。每2hm²地设一台，据地面高1.2m安装，于6月初至9月底每天傍晚开灯，清晨关灯，可杀死大量鳞翅目、鞘翅目、膜翅目成虫。

性诱剂诱杀　利用小菜蛾的性信息素对其成虫进行诱杀。诱捕器放置：蔬菜生长期6～9月份，每亩安装诱捕器3个，交叉放置，诱捕器安装在距地面0.5～1m处，夜放昼收每天清理一次。可有效降低其虫口密度，减少其危害。

1.5.3　生态防治

在菜田周边于早春种植宽1m的紫花苜蓿作为隔离带，给小菜蛾的天敌提供栖息场所，同时引诱草地螟成虫于其上产卵，降低其田间落卵量，达到降低其危害的目的。

1.5.4　生物药剂防治

在病虫害发生初期选用生物农药，植物源农药进行防治，严格按各用药品种的施药要求用药，以使药效得到充分发挥，提高防治效果，并科学合理轮换交替用药。

虫害防治。黄曲跳甲、小菜蛾、菜青虫，在卵孵高峰期至二龄前，用Bt（苏云金杆菌）500～1 000倍液喷雾或20％苦参碱可湿性粉剂2 000倍液、0.4％蛇床子素（虫清）800倍液、5％云菊800～1 500倍液喷雾防治；蚜虫发生严重，黄板诱杀仍不能有效控制其危害时，可用5％的天然除虫菊素（云菊）乳油800～1 500倍液、0.4％蛇床子素（虫清）800倍液、20％苦参碱2 000倍液等植物源农药进行喷施防治，几种药交替使用。

病害防治。霜霉病在发病前用70％的安泰生粉剂600倍液喷雾预防，中心病株出现后用687.5g/L氟吡菌胺·霜霉威盐酸盐（银法利）600倍液、或用72.2％的普力克800倍液、66.8％的霉多克

800倍液喷雾防治；黑斑病在发病前用70％丙森锌（安泰生）粉剂600倍液、25％的阿米西达3 000倍液喷雾预防，在发病初期及时用430g/L戊唑醇（好力克）3 000倍液、50％扑海因可湿性粉剂1 000倍液喷雾防治；黑腐病发病初期喷施72％农用链霉素可湿性粉剂或新植霉素4 000倍液，或77％氢氧化铜（可杀得101）可湿性粉剂1 000倍液，7～10d喷一次，连续2～3次；蔬菜灰霉病、白粉病用枯草芽孢杆菌可湿性粉剂800～1 200倍液；大白菜软腐病、叶斑病等细菌性病害用77％氢氧化铜800倍液、72％农用链霉素可溶性粉剂3 000倍液，重点喷洒病株基部及近地表处效果好；大白菜病毒病用20％盐酸吗啉胍·铜500倍液和1.5％植病灵乳剂500倍液；炭疽病用2％宁南霉素水剂600～800倍液。

2　相应的配套组织措施必不可少

2.1　开展培训，普及技术，确保落实到位

技术培训是各项技术落实的基础环节，一是在播种前对示范区农户进行现场培训。有针对性地讲解病虫害发生的原因，应采取的农业、物理及生物防治方法；二是在病虫害发生期直接到田间地头，进行技术指导。同时开展对比试验，更直接的让农民亲身感受到绿色防控技术的成效和优势；三是印发技术明白纸。根据实际各示范区的实际生产情况，有针对性地印发通俗易懂的技术明白纸，让农民一看就懂，便于实际操作。

2.2　加强监测，改进措施，及时指导生产

按测报规范要求开展系统调查监测，提前对示范区进行监测，准确及时对病虫发生情况进行预测预报，提出防治措施，进一步加强对示范区周边地区病虫害的监测与防治技术指导。改进测报技术，提高测报水平，实现田间调查监测标准化，常规病虫预报数值化，新发生病虫预报规范化，预报生成自动化，预报信息发布可视化。

2.3　建立社区服务站，发挥功能，推广安全环保型农药

在各示范区所在的乡镇都建立了植保社区服务站，重点扶持既有一定文化基础，又有实践生产和经营经验，同时信誉度较好的当地人充当负责人。设立安全环保型农药专柜，推广新型农药，优先向服务站提供病虫害监测和防治技术信息，以他们为固定的信息技术传播点，随时随地的开展技术咨询服务。

2.4 成立专业化防治队，统防统治，提高防治效果 在各示范区成立村级植保专业化防治队，根据病虫监测信息开展统防统治，降低生产成本，扩大防治效果。

几种不同药剂防治水稻白背飞虱田间示范试验

舒宽义[1] 黄向阳[1] 肖瑜红[1] 段德康[2] 郭锦标[2]

（1. 江西省植保植检局 330096 2. 万安县植保植检站 343800）

水稻白背飞虱（Sogatella furcifera），俗称蜒虫，属迁飞性害虫，是江西早稻害虫之一，发生普遍，危害重，一般年份发生面积 2 500 万亩次，防治面积 3 500 万亩次。白背飞虱是一种呈季节性南北往返迁飞的害虫，成虫随季风、台风由南向北而来，随气流和雨水下降而落。白背飞虱在水稻各个生育期都能取食，但以水稻分蘖盛期至孕穗期、抽穗期发生较重。由于目前防治白背飞虱的药剂异丙威和吡虫啉因多年大量使用，防效有所下降。2009年，为了筛选防治白背飞虱效果好的绿色环保新农药，江西省植保植检局在万安县开展了不同药剂防治水稻白背飞虱的示范试验。

1 材料与方法

1.1 试验条件

1.1.1 试验对象及作物

试验对象：白背飞虱

作物：早稻 品种为田两优 66

1.1.2 环境条件 试验设在万安县芙蓉镇光明村 10 组县植保站第一试验点的 3 600 m^2 早稻田内，品种为田两优 66，水稻管理较好，土壤为泥壤土，各试验小区的水肥条件和管理条件均一致。试验田稻飞虱虫量基数较大，试验期 95％为白背飞虱。

1.2 试验药剂

（1）50％烯啶虫胺 SG（日本佳田化学公司）

（2）25％吡蚜酮 WP（江苏安邦电化有限公司）

（3）25％吡蚜酮·毒死蜱 SC（上海农乐生物制品有限公司）

（4）25％噻嗪酮 WP（杭州泰丰有限公司）

（5）10％吡虫啉 WP（南京红太阳集团）

（6）40％毒死蜱 EC（南京红太阳集团）

（7）25％噻虫嗪 WG（瑞士先正达公司）

1.3 试验方法

1.3.1 试验处理 见表 1

表 1 供试药剂试验设计

处理编号	试验药剂	施药剂量（克、毫升/亩）	处理编号	试验药剂	施药剂量（克、毫升/亩）
1	50％烯啶虫胺 SG	6	8	10％吡虫啉 WP	20
2	50％烯啶虫胺 SG	8	9	10％吡虫啉 WP	30
3	25％吡蚜酮 WP	20	10	25％噻虫嗪 WG	4
4	25％吡蚜酮 WP	30	11	25％噻虫嗪 WG	6
5	25％吡蚜酮·毒死蜱 SC	80	12	40％毒死蜱 EC	100
6	25％吡蚜酮·毒死蜱 SC	100	13	清水空白对照	—
7	25％噻嗪酮 WP	50			

1.3.2 小区安排 试验设 13 个处理，各区随机排列，不设重复，小区间筑埂隔开，各小区面积为 66.7 m^2。

1.3.3 施药时间和方法 于 2009 年 6 月 15 日水

稻处于破口期施药一次。采用卫士 WS－16P 型背负式手动喷雾器，工作压力 0.2～0.4Mpa，喷头为切向离心式双喷头，喷孔直径 1.33mm。按每亩对水 40kg 喷雾施药。

1.4 调查方法、时间和次数

1.4.1 调查时间和次数 于施药当天、药后 3d、7d、14d 和 21d 调查，调查 5 次。

1.4.2 调查方法 采取平行跳跃式 10 点取样，每点连续取 2 丛稻，每小区调查 20 丛。调查活稻飞虱虫数。

1.5 药效计算方法

虫口减退率（％）

$$=\frac{施药前活虫数-施药后活虫数}{施药前活虫数}\times100$$

防治效果（％）＝

$$\frac{处理区虫口减退率-空白区虫口减退率}{100-空白区虫口减退率}\times100$$

2 结果与分析

本试验表明：

50％烯啶虫胺 SG 等 7 种试验药剂按不同用量

12 个处理，在白背飞虱若虫盛发期施 1 次药。12 种药剂处理中：

药后 3d 有 50％烯啶虫胺 SG 6、8 克/亩、10％吡虫啉 WP30 克/亩、25％吡蚜酮·毒死蜱 SC100 毫升/亩 4 个处理的防效达 75％以上。

药后 7 天全部 12 个药剂处理的防效都在 80～91％之间，其中以 50％烯啶虫胺 SG 6、8 克/亩、25％吡蚜酮·毒死蜱 SC100 毫升/亩、25％吡蚜酮 WP30 克/亩、25％噻虫嗪 WG6 克/亩、10％吡虫啉 WP30 克/亩 6 个处理防效较高，防效在 86％～91.9％之间。

药后 14d 除了 40％毒死蜱 EC 100 毫升/亩处理外，其他 11 个处理的防效都达了 85％以上，在整个试验期间体现出最高的防效。

药后 21d 除了 40％毒死蜱 EC 100 毫升/亩处理外，其他 11 个处理的防效都达到了 75％以上，其中 25％噻虫嗪 WG4、6 克/亩、25％吡蚜酮 WP20、30 克/亩、25％吡蚜酮·毒死蜱 SC 80、100 毫升/亩、50％烯啶虫胺 SG 6、8 克/亩 8 个处理防效都在 90％以上，具有较好的持效性。（见表 2）

表 2 50％烯啶虫胺 SG 等不同药剂防治水稻白背飞虱示范试验结果

（万安 2009 年）

药剂处理	药后 3d 防效％	药后 7d 防效％	药后 14d 防效％	药后 21d 防效％
50％烯啶虫胺 SG 6g	78.4	88.6	93.8	90.1
50％烯啶虫胺 SG 8g	85.7	91.9	96.2	93.0
25％吡蚜酮 WP 20g	66.0	83.2	93.1	90.1
25％吡蚜酮 WP 30g	74.7	87.9	96.7	94.6
25％吡蚜酮·毒死蜱 SC 80ml	70.6	83.7	92.8	90.8
25％吡蚜酮·毒死蜱 SC 100ml	79.1	90.7	96.3	93.9
25％噻嗪酮 WP 50g	65.8	83.0	89.0	77.5
10％吡虫啉 WP 20g	69.9	84.8	86.0	78.9
10％吡虫啉 WP 30g	75.8	86.3	90.1	83.8
25％噻虫嗪 WG 4g	70.6	79.5	94.2	92.5
25％噻虫嗪 WG 6g	74.2	86.1	97.1	94.4
40％毒死蜱 EC 100ml	71.9	87.5	79.6	71.0
清水空白对照	—	—	—	—

3 小结与讨论

试验表明，50％烯啶虫胺 SG、25％噻嗪酮 WP、10％吡虫啉 WP、25％吡蚜酮 WP、25％噻虫嗪 WG、25％吡蚜酮·毒死蜱 SC 速效性一般，持效性较长；

40％毒死蜱 EC 速效性较好，持效性一般。

25％噻嗪酮 WP、10％吡虫啉 WP、25％吡蚜酮 WP、25％噻虫嗪 WG、50％烯啶虫胺 SG、25％吡蚜酮·毒死蜱 SC、40％毒死蜱 EC 这 7 种药剂对白背飞虱的防效较好，对水稻安全，可以推广使用。建议使用时，根据发生程度选择不同用

量，于白背飞虱若虫发生盛期对水 40 千克/亩粗水

均匀喷雾为宜。

呻嗪霉素防治水稻纹枯病试验评价

舒宽义[1]　黄向阳[1]　万新民[2]　刘方义[2]

(1. 江西省植保植检局　南昌　330096　2. 南昌县植保植检站　330200)

水稻纹枯病（Thanatephorus cucumeris）是我国水稻第一大病害，每年发生面积约 3 亿亩次，防治面积约 3.6 亿亩次；江西是我国第二大水稻种植省份，每年水稻种植面积为 5 200 万亩，水稻纹枯病常年发生面积 4 000 万亩次，防治面积 4 500 万亩次。多年来我省防治水稻纹枯病的药剂主要是井冈霉素，由于长期大量地使用，防效有所下降。因此，筛选对水稻纹枯病防效好，对环境安全的绿色环保农药已迫在眉睫。

由上海交通大学与上海农乐制品有限公司联合开发具有自主知识产权的新型广谱杀菌剂——申嗪霉素是一种绿色环保的生物农药。申嗪霉素是荧光假单胞菌株 M18 分泌的一种生物源抗菌素，其主要成分是吩嗪-1-羧酸，对水稻纹枯病菌有强烈的抑制作用。2009 年，为验证 1% 申嗪霉素悬浮剂对水稻纹枯病的防治效果及其对水稻安全性，江西省植保植检局在南昌县泾口乡安排了 1% 申嗪霉素悬浮剂防治水稻纹枯病药效试验。

1　材料与方法

1.1　试验条件

试验田设在南昌县泾口乡泾口村水稻高产创建万亩示范区内，试验区面积 5 亩，试验田水稻纹枯病历年发生较重，试验田为沙壤土，地势平坦，水肥管理等栽培条件均匀一致，试验作物为一季晚稻，品种为"y 两优香 2 号"。

1.2　试验药剂

1% 申嗪霉素悬浮剂（上海农乐生物制品有限公司）

1.3　对照药剂

（1）20% 井冈霉素可溶性粉剂（浙江桐庐汇丰生化有限公司）

（2）30% 苯甲·丙环唑乳油（瑞士先正达作物保护有限公司）

（3）43% 戊唑醇悬浮剂（拜耳作物科学有限公司）

1.4　试验情况

试验于 7 月 4 日（纹枯病发病初期、水稻分蘖盛期）施第一次药，于 7 月 14 日施第二次药，试验各小区按每亩对水量 45kg 均匀喷雾。在试验期间（7 月 4 日～9 月 4 日）未施其他药剂防治水稻病害，按常规方法防治水稻虫害。采用卫士 WS-16P 型背负式手动喷雾器施药，工作压力 0.2～0.4Mpa，喷头为圆锥实心可调喷头，喷孔直径 1.33mm。两次施药时，天气为晴到多云天气，风力小于 3 级，适于施药。

1.5　试验方法

1.5.1　试验处理

（1）1% 申嗪霉素悬浮剂 40 毫升/亩

（2）1% 申嗪霉素悬浮剂 60 毫升/亩

（3）1% 申嗪霉素悬浮剂 80 毫升/亩

（4）30% 苯甲·丙环唑乳油 15 毫升/亩

（5）43% 戊唑醇悬浮剂 20 毫升/亩

（6）20% 井冈霉素可溶性粉剂 30 克/亩

（7）清水空白对照

本试验设 7 个处理，每处理重复 4 次，共 28 个小区，各小区随机排列，小区间筑田埂隔开，小区面积为 120m²，试验田面积为 3 360 m²。

1.5.2　调查时间

因前期试验田水稻纹枯病发病很轻，未调查病情基数，调查时间为第二次药后空白对照区出现明显危害时（9 月 4 日）。

1.5.3　调查方法

根据水稻叶鞘和叶片危害症状程度分级，以株为单位，每小区对角线五点取样，每点调查相连 5 丛，共调查 25 丛，记录总株数、病株数和病级数。

0 级：全株无病；

1 级：第 4 片及其以下各叶鞘、叶片发病（以剑叶为第 1 片叶）；

3 级：第 3 叶片及其以下各叶鞘、叶片发病；

5 级：第 2 叶片及其以下各叶鞘、叶片发病；

7 级：剑叶叶片及其以下各叶鞘、叶片发病；

9 级：全株发病，提早枯死。

1.5.4 药效计算方法

$$病情指数=\frac{\Sigma（各级病株数×相对级数）}{调查总株数×9}×100$$

防治效果（%）

$$=(\frac{空白对照区药后病指－药剂处理区病指}{空白对照区药后病指})×100$$

2 结果与分析

试验结果表明，各试验药剂对水稻纹枯病的防治效果为：对水稻纹枯病防效较高的 3 个处理分别为 1% 申嗪霉素悬浮剂 80 毫升/亩、1% 申嗪霉素悬浮剂 60 毫升/亩和 30% 苯甲·丙环唑乳油 15 毫升/亩，其防效分别为 84.15%、82.15% 和 80.19%。43% 戊唑醇悬浮剂 20 毫升/亩、1% 申嗪霉素悬浮剂 40 毫升/亩和 20% 井冈霉素可溶性粉剂 30 克/亩三个处理对水稻纹枯病防效不理想，其防效分别为 73.23%、73.03% 和 70.69%。（见表 1）

试验期间，1% 申嗪霉素悬浮剂对水稻未见药害，对水稻安全。未发现泥鳅等稻田非靶标生物中毒死亡的情况。各小区均未发生细条病、稻曲病等其他病害，兼治作用难以确定。

表 1 1% 申嗪霉素悬浮剂防治水稻纹枯病药效试验结果

（南昌县 9 月 4 日）

处理	平均病指	平均防效（%）	显著差异性
1% 申嗪霉素悬浮剂 40 毫升/亩	1.71	73.03	cC
1% 申嗪霉素悬浮剂 60 毫升/亩	1.13	82.15	bAB
1% 申嗪霉素悬浮剂 80 毫升/亩	1	84.15	aA
30% 苯甲·丙环唑乳油 15 毫升/亩	1.26	80.19	bB
43% 戊唑醇悬浮剂 20 毫升/亩	1.7	73.23	cC
20% 井冈霉素水溶性粉剂 30 克/亩	1.86	70.69	dC
空白对照区	6.36	—	—

3 评价与建议

1% 申嗪霉素悬浮剂是一种绿色环保的生物农药，具有低毒、低残留、无公害等特点。对水稻纹枯病具有较好的防治效果。试验结果表明：1% 申嗪霉素悬浮剂 60~80 毫升/亩对水稻纹枯病防效达 82.15%~84.15%，值得在水稻防治纹枯病上大面积推广。建议在水稻纹枯病发病初期（丛发病率 5%~10%），每亩用 1% 申嗪霉素悬浮剂 60~80ml 对水 45kg 均匀喷雾施第 1 次药，间隔 10~12d 施第 2 次药为宜。

豫西地区苹果霉心病综合防治技术研究

上官建宗

（河南省渑池县植保站 472400）

苹果霉心病又称苹果霉腐病、苹果心腐病，是苹果果实生长前期、采收前、贮藏期的主要病害之一。该病一般发生在果心部位，严重时可造成心室周围果肉腐烂，甚至烂到果皮下，严重影响果农的经济收入。

1 病害特征及发病规律

1.1 危害症状 幼果发病易脱落,切开病果可以看到心室坏死,有红色、黑色、绿色等霉状物,近成熟期发病外表无明显症状,采收后病果相对较轻,用手拍时有心空的感觉或声音,切开时看,心室及附近果肉已变褐色坏死,并出现空膛,果肉干缩不烂成泥状,病果未变褐的果肉有苦味,在贮藏过程中,当果心霉烂发展严重时,果实胴部可见水渍状,褐色,形状不规则的湿腐斑块,斑块可彼此相联成片,最后全果腐烂,病果在树上偶有果面发黄、果形不正、着色较早的现象,但一般症状不明显,不易发现。

1.2 病虫形态 霉心病菌有多种,常见的有交链孢菌、粉红单端孢菌、串珠镰孢菌,均属半知菌亚门真菌。粉红单端孢菌的分生孢子梗直立,有少数横隔和无隔,不分枝,梗端稍膨大。分生孢子自梗端单个地,以向基式连续产生一串孢子。孢子形成后,靠着生痕彼此联接而聚集在孢梗的末端,形成外观圆形至矩形的孢子头。分生孢子梨形或倒卵形,两个孢室,上孢室较下孢室为大,下孢室基端明显收缩变细,着生痕在基端或其一侧,透明或浅粉红色。大小为 $12\sim18\mu m\times8\sim10\mu m$。

1.3 发生规律 苹果霉心病大多是弱寄生菌,在苹果枝干、芽体等多个部位存活,也可在树体上及土壤等处的病僵果或坏组织上存活,病菌来源十分广泛。第二年春季开始传染。病菌随着花朵开放,首先在柱头上定殖,落花后,病菌从花柱开始向萼心间组织扩展,然后进入心室,导致果实发病。病果极易脱落,有的霉心果实因外观无症状而被带入贮藏库内,遇适宜条件将继续霉烂。病害的发生与品种关系密切,凡果实萼口开、萼筒长的均感病,萼口闭、萼筒短的抗病,这主要是由于病菌是从萼口侵入的关系。红星、红冠等元帅系的品种是开萼,萼筒长与果心相联,发病重,金冠为半开萼,发病较红星轻,祝光一般为闭萼,萼筒短,表现为抗病。果园地势低,潮湿,树冠郁闭,树势弱的一般都发病重。采收后冷藏不及时或贮藏温度高,果实衰老快,发病尤其严重。

1.4 发病条件

1.4.1 品种 苹果品种间的抗病性有显著差异。果实萼口开放、萼筒较长的品种易感霉心病;反之,萼口封闭快、萼筒短的品种抗病性强。

1.4.2 气候条件 花期前后降雨早、次数多、雨量大,自初花期到谢花后 $15\sim30d$ 的时间,高湿度的气候条件,不仅造成了苹果霉心病菌的快速繁殖、大量传播,而且明显推迟了花期,延缓了萼口的封闭时间,为大量病菌的侵入创造了条件。

1.4.3 其他 防治措施不力,贻误了关键时期,即花前、谢花后半月内的药剂防治,造成病菌的大量传播侵染;地势低洼、土壤湿度大;留枝多,树体郁闭,通风透光不良;果园管理粗放,有机肥少,矿物质营养不均衡,树势衰弱,苹果霉心病发生重。

2 发病规律研究

从 2006 年开始,我站对苹果霉心病的发生规律及防治进行了系统的研究,具体研究如下:

2.1 材料与方法

2.1.1 采收时药液注果防治霉心病试验 2006—2008 年富士苹果成熟后正常采收,选外观无病果,用 10mL 医用注射器,在果实萼洼部位沿着萼筒及萼心间组织,将 1mL 左右药液注射到果实的心室中去。然后将果实装箱,贮藏在常规土窑洞内。注射分 4 个处理:

(1) 5%菌毒清水剂 200 倍液;

(2) 12.5%特谱唑可湿性粉剂 300 倍液;

(3) 50%施宝灵可湿性粉剂 200 倍液;

(4) 对照(注清水)。

贮藏 90d(2006、2008 年)剖果,检查心腐果(靠近果心的果肉腐烂)的病果率。

2.1.2 花期喷药防治霉心病试验 2006 年,花期喷药防治红富士品种苹果霉心病试验在陈村乡鱼池村进行。2006 年喷药种类有 50%施宝灵 300 倍液、70%甲基托布津 500 倍液、80%大生 300 倍液、50%菌毒清 300 倍液、50%多菌灵 300 倍液、50%甲霜铝铜 300 倍液、50%扑海因 1 000 倍液、12.5%特谱唑 1 000 倍液、70%百菌清 300 倍液,对照喷清水,共 10 个处理,每个处理喷 13 株树。喷药日期为花期 4 月 22 日和 4 月 26 日 2 次。仔细喷洒花朵,尽可能不漏喷。果实 9 月 10 日采收,土窑洞贮藏 90d,2006 年 12 月 14 日各处理剖果 300 个以上,调查各处理心腐果率。

2006—2008 年在红富士品种上,每年终花期喷药防治霉心病均设 7 个试验处理,即施宝灵、甲基托布津、大生 M - 45、菌毒清、扑海因、特谱唑及喷清水对照药液浓度同花期用药。其中 2006 年喷药期为 5 月 2 日,采收期为 9 月 14 日,土窑洞常规贮藏 111d,2008 年 1 月 13 日剖果,每处理剖果 400 个以上,检查心腐烂果率。2008 年 5 月 1 日终花期喷药,9 月 16 日采收,土窑洞贮藏 93d,于 2008 年 12 月 18 日剖果,各处理均剖果 400 个以上,调查心腐烂果率。

在红富士品种上,终花期喷药防治苹果霉心病试验在陈村乡南庄村进行,试验处理与 2006—2008 年在红富士品种上的处理相同。其中 2006 年的喷药期为 5 月 4 日,2008 年为 5 月 1 日;采收期 2006、2008 年均为 10 月 10 日,果实均贮藏在常规土窑洞内,2006 年贮藏 102d,2008 年为 112d,剖果检查心腐果烂果率。

2.2 试验结果

2.2.1 采收时注射药液防治霉心病效果
2006—2008 年试验结果见表 1。

从 3 年试验结果看出,以采收后果心注射 12.5％特谱唑 300 倍液效果最好,2006 年心腐果烂果率为 1.8％、2006 年和 2008 年均为 0,其次为施宝灵,3 年的病果率分别为 4.4％、4.1％和 3.4％,而注清水对照处理心腐烂果率为 5.5％～10.9％。说明采后果心注药对控制果实心腐烂果有明显效果。

表 1　富士采收时果实注射药液防治心腐果效果

试验处理	试验年份	剖果数（个）	病果率（％）	试验年份	剖果数（个）	病果率（％）	试验年份	剖果数（个）	病果率（％）
果心注菌毒清 200 倍	2006	86	5.1	2007	354	3.0	2008	98	5.0
果心注特谱唑 300 倍	2006	107	1.8	2007	386	0	2008	102	0
果心注施宝灵 200 倍	2006	87	4.4	2007	338	4.1	2008	113	3.4
清水对照	2006	104	7.9	2007	391	5.5	2008	108	10.9

2.2.2 红富士品种 2006 年花期喷药防治苹果霉心病效果
2006 年花期喷施宝灵处理,心腐烂果率为 1.3％,甲基托布津为 0.58％,大生为 1.58％,菌毒清为 0.6％,多菌灵为 0.89％,甲霜铝铜为 0.44％,扑海因为 1.22％,特谱唑为 0.3％,百菌清为 2.0％,清水对照为 7.1％。表明花期喷上述药液 2 次,对防治果实心腐烂果均有较好效果。

2.2.3 终花期喷药防治霉心病效果
(1) 红富士品种终花期喷药防治效果 2006、2007 年 6 种试验药剂的心腐烂果率,施宝灵 100 倍为 4.6％、8.2％,甲基托布津 300 倍液为 2.0％、1.96％,大生 300 倍为 0.4％和 0,菌毒清 300 倍为 0.85％、1.7％,扑海因 1 000 倍液为 0.8％、1.0％,特谱唑 1 000 倍液为 1.4％、0.64％,喷清水对照为 6.7％和 9.5％。在 6 种试验药中以 80％大生 300 倍和 50％扑海因的防效最好。

(2) 富士品种终花期喷药防治效果 2006—2008 年红富士品种终花期喷药防治心腐烂果,施宝灵 300 倍液烂果率分别为 0.7％、0.8％,甲基托布津 300 倍液为 2.0％、2.6％,大生 300 倍液为 1.4％、0.4％,菌毒清 300 倍液为 1.1％、2.6％,扑海因 1 000 倍液为 0.7％、0.6％,特谱唑 1 000 倍液为 0.5％、0.7％,喷清水对照为 4.7％和 4.6％。2 年试验结果表明终花期喷药,仍以 80％大生 300 倍液、50％扑海因 1 000 倍及 12.5％特谱唑 1 000 倍液效果为最好。

2.2.4 讨论
苹果霉心病是由霉心和心腐 2 种症状构成,其中霉心症状为果心发霉,但果肉不腐烂,不影响果实食用价值和商品价值,心腐症状不仅果心发霉,靠近果心的果肉也由里向外腐烂,影响食用甚至无食用价值,这种症状严重影响果品的经济效益。以往在大多防治研究中,多将防治霉心和心腐效果统一计算,与生产上由霉心造成的烂果结果很不一致。在本试验研究中,只统计各处理心腐烂果率,更贴近市场和生产需要。

3　防治方法

通过多年的防治试验示范,我们认为采用以下的综合防治措施,可收到较好的防治效果。

3.1　农业防治法

3.1.1 选择抗病品种
选择萼口封闭快、萼筒短的品种如国光、祝光、富士,减少病害的发生。

3.1.2　清除病原　苹果采摘后清除果园内的病果、病叶、病枝、丛生的杂草，刮除树体病皮，并带出果园集中处理。

3.1.3　科学管理　增施有机肥料，增强树势，提高植株抗病性；合理灌水，及时排涝，保持适宜的土壤含量，防止地面长期潮湿；科学修剪，建造合理的树体结构，保持果园通风透光良好，可有效地控制或减少霉心病的发生。采收时对田间发病较重的果实，应单存单贮。采收后 24h 内放入贮藏窖中，窖温最好保持在 1～2℃。一般 10℃ 以下，发病明显减轻。

3.2　化学防治法　花前和谢花后 7～10d 是防治苹果霉心病的两个关键时期，有效药剂为多效灵、叶宝绿 2 号、多抗霉素、多氧霉素、扑海因。

3.2.1　芽前用药　苹果发芽前或花芽萌动期用 3～5 波美度石硫合剂＋0.3％五氯酚钠，40％福美砷 100 倍防治。

3.2.2　花前或谢花后 7～10d 用药，提高防治效果　药剂为：多效灵 800 倍、叶宝绿 2 号 1 000 倍、0.3％多抗霉素 300 倍、10％多氧霉素可湿性粉剂 1 000 倍、50％扑海因可湿性粉剂 1 500 倍、50％退菌特可湿性粉剂 600 倍、70％代森锰锌可湿性粉剂 500 倍，可以有效防治霉心病，还能兼治轮纹斑、斑点落叶病。

3.3　生物防治法　从苹果树萌动后开始，喷苹果益微 1 000 倍液，15～20d1 次，喷 4～5 次。

豫北安阳棚室蔬菜病虫害发生演替及控制措施

白　志　刚

（河南安阳市植保植检站　河南　安阳　455000）

河南省安阳市近几年大力发展以温棚为主的设施蔬菜产业，2009 年全市蔬菜复种面积 230 余万亩，特别是以日光温室为代表的区域规模和特色基本形成，比较效益十分明显，发展势头强劲。目前日光温室栽培面积已发展到 16.7 万亩，对丰富城乡人民的"菜篮子"，促进农民增收起到很大的作用。蔬菜栽培面积持续扩大，形成了以设施蔬菜栽培为主体的周年生产体系。与此同时，蔬菜病虫害种类发生面积危害程度也不断发生变化，科学的分析和预测蔬菜病虫害的发生演替趋势，制定积极的控制和防治对策是设施蔬菜产业可持续发展的一项重要举措。

1　棚室蔬菜病虫害的发生现状

1.1　病害　目前我市棚室蔬菜生产中具有突出的病害主要有以下几类：一是气传病害问题突出。瓜类霜霉病、疫病细菌性角斑病、番茄早疫病、晚疫病，茄子早疫病、辣椒疫病危害严重，叶霉病和白粉病呈上升发展趋势；二是土传病害逐年加重。瓜类灰霉病、枯萎病、菌核病，茄果类的灰霉病、菌核病、黄萎病、疫病、根腐病、青枯病及根结线虫问题比较突出。特别是根结线虫危害防治难度加大，而杀线虫农药毒性高，对环境不安全；三是病毒病危害比较严重。如茄果类、瓜类、豆类等蔬菜病毒病发生危害较重。

1.2　虫害　目前我市棚室蔬菜生产中具有突出的虫害主要有以下几类：一是蚜虫、螨类、白粉虱等危害猖獗．这些害虫又是蔬菜病毒病的传播介体，繁殖速度快，易产生抗药性。二是抗药性害虫难以防治。如小菜蛾等，目前对大多数农药已产生抗药性；三是美洲斑潜蝇等治理难度大。这些害虫食性广，寄主多，露地和保护地都能越冬。

2　棚室蔬菜病虫害演替趋势

2.1　常发性病虫害继续发展，甚至猖獗危害　病毒病、疫病、灰霉病、霜霉病、蚜虫、菜青虫、棉铃虫、甘蓝夜蛾、螨虫类等主要病虫害仍会继续大发生。

2.2　病虫害主次更替加快　根结线虫、蓟马、粉虱、白粉病、蜗牛等原系次要病虫害，近几年因种群上升迅速，未来可能成为主要病虫害，猝倒病、炭疽病、立枯病、金针虫、蟋蟀等原来主要病虫害，随着控制技术的提高和栽培条件的改善，可能成为次要病虫害。

2.3 偶发性病虫害有可能成为常发性病害 细胞性溃疡病是偶发性病害，但最近 3 年连续发生较重，已成为常发性病害。

2.4 病害的危害程度超过虫害，土传病害迅速发展 疫病、病毒病、灰霉病、霜霉病、白粉病、细菌性溃疡病发生面积会逐年加大，危害加重；而根结线虫、根腐病、枯萎病等土传病害发展迅速危害更重。

2.5 危险性病虫害传入的可能性加大 西花蓟马等危险性病虫有可能传入成为蔬菜生产的主要威胁之一。

2.6 生理性病害危害加重 保护地蔬菜连作严重，大量不合理的施肥，造成土壤次生盐渍化及肥料营养元素间的拮抗，引起脐腐病筋腐病等生理性病害的大发生，成为主要危害之一。

3 病虫害演替趋势分析依据

3.1 蔬菜面积扩大，生产集约化程度提高，病虫发展加快 蔬菜大规模种植，危害虫创造良好的生态条件和物质基础，扩大害虫种群容量，害虫易形成大种群。同时，区域栽培的蔬菜品种越来越单一，农田的生物群落趋向单一化。致使病菌的致病容易发生变异，蔬菜品种抗病性丧失速度加快，加速病害流行，随着我市蔬菜生产面积的进一步扩大，集约化程度更高，病害流行机率会更大。

3.2 肥水条件不断改善 促进病虫害发生施肥量的提高，尤其是偏施氮肥，既降低植株抗病性，又因植株茂密，提高了田间湿度，而促使病害流行。同时，肥水改进了植株繁茂性，提高了害虫的营养水平，促进了害虫种群的增殖。

3.3 蔬菜生产地域变化，有利病害发展 东庄镇厚皮甜瓜种植 1 500hm²，并且形成了保护地栽培、周年种植的特色，造成甜瓜根线虫大发生及细菌性叶枯病大发生，占总面积 20%，造成严重损失。

3.4 气候变化趋势促使病虫发展 全球气候变暖，使冬季气温升高，有利病虫害越冬，增加越冬基

数，促进了有害生物的种群积累。温室效应导致春夏季发生干旱的几率增大，因此会使甜菜夜蛾、粉虱、螨类频繁发生。

3.5 蔬菜市场经济发展，人流、物流量加大，蔬菜产品及种苗流通量也显著增加 植物检疫意识尚未完全建立，植物检疫市场监控体系尚有待完善，有害生物随蔬菜产品及种苗调运传播蔓延的几率加大。

3.6 蔬菜病虫控制技术研究与推广工作滞后，导致蔬菜病虫害持续发展 我市蔬菜植保专业人员缺乏，病虫监测力量不够，对蔬菜病虫害控制不力。菜农科技素质低，对蔬菜病虫不是放任不管，就是单纯依赖化学农药，导致有害生物的抗药性增强，污染环境，增加蔬菜农药残留，引发食用安全隐患。

4 蔬菜病虫害控制对策

4.1 提高蔬菜病虫害的监测预报能力 蔬菜种类多，病虫害发生情况更为复杂，保护地周年栽培，病虫害周年危害。植保人员应开展蔬菜病虫的调查研究与科技攻关，掌握病虫害发生发展的动态对未来病虫害的发展演替趋势进行科学分析和预防。目前我市已开展的工作：

4.1.1 成立了蔬菜病虫害防治协会，组织植保人员对病虫害进行联合攻关。

4.1.2 充分利用蔬菜种子公司提供的蔬菜良种栽培及病虫害预防措施，建立合理的种植方式控制种植生态环境，减少病虫害发生及蔓延机率。

4.1.3 加强引进种及蔬菜产品的检疫、杜绝病虫害的传入和人为因素的扩散。

4.2 更新观念 转变认识要从农业生态系统整体平衡出发，不追求灭绝有害生物，而是对病虫危害实施有效控制，使蔬菜不造成明显经济损失。

4.3 改进病虫治理技术

4.3.1 强化农业防治在病虫防治中的地位，协调好高产、优质栽培与防病治虫的关系 选用抗耐病虫、优质、高产良种，合理施肥，平衡养分供应。合理密植，清沟排渍。

4.3.2 大力推行生物防治，保护利用自然天敌 保护好七星瓢虫、赤眼蜂、蜘蛛等有益生物，控制害虫发展。

4.3.3 切实搞好物理防治 应用防虫网、银色膜等阻虫控病；设置频振灯、黑光灯诱杀害虫成虫；

推广温室栽培、育苗移栽，控制立枯病、炭疽病等苗期病害。

4.3.4 安全合理使用农药 禁止使用高毒、高残留的化学农药，推广低微毒、低残留的农用链霉素、甲维盐、Bt乳剂、核多角体病毒制剂等生物农药控病灭虫。

4.4 加强植物检疫和有害生物风险评估工作 蔬菜一般调运鲜活产品，传播病虫的风险系数大。因此，要完善植物检疫体系，建立植物检疫准入机制，强化市场检查，控制有害生物特别是危险性病虫随蔬菜产品及种苗调运而传播蔓延。植保植检站要提前介入引进蔬菜品种、建立蔬菜基地等环节，及时进行有害生物风险评估。

渭北旱塬地下害虫发生原因调查与防治对策

李 宝 仓

（陕西省千阳县农技中心 陕西 千阳县 721100）

千阳县地处渭北旱塬丘陵沟壑区西部，常年播种粮食作物29万亩，桑园8.2万亩，是一个以种植业为主的山区农业县。近年来，随着农业耕作措施的改革和大量使用未经腐熟的农家肥，导致该害虫大面积孳生蔓延，造成桑叶吃成缺刻或光杆，粮食作物缺苗断垄，严重田块翻犁重种，严重制约了县域经济的稳定增长。围绕这一突出问题，笔者对其发生原因做了详细调查，仅供同仁参考。

1 发生现状

2006年，地下害虫在我县暴发成灾，当年秋播15万亩小麦，重发面积达3000亩，翻犁重种2570亩；桑园金龟子危害率达到了100%，虫田率达91.3%，亩均虫口数达8196头，其中蛴螬占90.8%，金针虫占8.9%，其他占0.3%，最高27000头，为防治指标的9倍以上。因此，我们针对地下害虫大面积发生蔓延的严峻形势，立足粮食作物苗全苗齐、农作物安全生长，我们对地下害虫发生规律和防治的最佳时期、方法及农药残留等问题进行了详细研究，并制订出了适合我县的防治方法，经过近两年的努力防治，基本得到了有效控制。地下害虫虫口基数也逐年呈下降趋势，07年平均亩虫量6240头、08年亩虫量4320头，09年下降到亩虫量3360头。

2 发生原因调查

2.1 近年来，大部分农田没有深耕晒垡和轮作倒茬，也没有进行土壤处理或种子处理，导致地下害虫逐年累积，形成虫口基数偏高。

2.2 随着产业结构的调整，果桑蔬菜等作物面积增长和麦衣还田面积的增大，为成虫取食、传播、产卵提供了有利的栖息场所。

2.3 大量使用未经腐熟的农家肥，加重了害虫的孳生。

2.4 地下害虫活动与土壤湿度密切相关，当表土层含水量达10%～20%时，特别适宜活动危害。

3 防治对策

地下害虫防治必须坚持"预防为主，综合防治"的原则，特别要抓住每年的春播、夏播、秋播之前土壤处理或药剂处理，结合捕杀成虫和农业措施来防治幼虫，以达到最佳防治效果。

3.1 农业防治

3.1.1 适时深耕细耙、中耕除草 在播种之前进行深耕晒垡。可以机械杀伤或将害虫翻至地面，使其暴晒或被鸟雀啄食而亡，或者结合整地，采取人工拾虫，以降低虫口基数。

3.1.2 使用充分腐熟的有机肥 有机肥使用前进行长时间的堆沤，或蒙盖覆盖物高温发酵或利用沼气池充分发酵腐熟后再使用。

3.1.3 合整轮作倒茬 隔 2～3 年进行一次轮作倒茬，改变害虫寄生环境。

3.2 药剂防治

3.2.1 土壤处理 亩用 50％辛硫磷乳油 250ml～300ml 加水 2kg 与 25～30kg 细土混合拌成毒土或亩用 812（敌虫克）1.5～2kg 或敌虫净 1.5～2kg 结合整地施入。

3.2.2 种子处理 每 50kg 种子用 50％辛硫磷乳油 100～150ml 对水 2kg 拌种，并堆闷 12h 晾干播种。

3.2.3 防治幼虫 对点片危害的田块，可用辛硫磷颗粒剂 2.5～3kg 顺行撒施根际，然后划除，也可用 50％辛硫磷或 90％敌百虫每亩 150ml 对水 1 000～1 500 倍，去掉喷雾器喷头，顺行喷施。

3.2.4 毒杀成虫 可在成虫盛发期傍晚觅食交尾时用 90％敌百虫 40％乐果、50％辛硫磷 1 000 倍喷雾杀虫。

3.3 捕杀成虫

3.3.1 人工捕杀 金龟甲盛发期每天黄昏后，可趁成虫在作物上交尾或在近地面飞行时捕捉，也可利用假死性，当成虫大量栖息在树木或作物上时，用布单、席片或盆罐等物承接，击落捕杀，集中用开水烫死，充作肥料或沤肥。

3.3.2 灯光诱杀 利用金龟甲的趋光性，可用黑光灯或频振式杀虫进行诱杀。

3.3.3 种植诱集植物 早春在路边、荒坡等处种植蓖麻，蓖麻叶中含有蓖麻素可使取食的金龟甲中毒麻痹而死亡。

商洛市中药材根结线虫病防治工作中存在的问题及对策

郑小惠　王刚云　文家富　陈光华

（陕西省商洛市植保植检站　陕西　商洛）

商洛市位于秦岭南麓，水、土、气等自然条件非常适宜药材生长，素有天然"药库"之称。近几年，随着种植业结构调整，我市的中药材种植面积大幅度增加。2008 年全市药材规范化种植面积已达 2.53 万 hm²，其中药效突出、品质好的丹参、桔梗、黄芩的种植面积达 1.0 万 hm²，年均每亩经济效益在 1 000～1 500 元，是我市农民增收的主要项目之一。但随着种植面积的不断扩大和重茬种植现象加剧，根结线虫病已逐渐上升为我市中药材生产的主要病害，在一些老种植区根结线虫病发生危害相当严重，据 2008 年调查桔梗、丹参、黄芩根线虫病发生面积分别占其种植面积的 42％、30％、15％，特别在商州区张村、夜村等一些老种植区桔梗病田率达 95％，部分田块病株率达 100％，根结线虫病的严重发生给中药材安全生产造成严重威胁，使部分药农不得不放弃药材的种植。为此，2005—2008 年我们在对中药材根结线虫病发生规律与防治技术试验研究的基础上，分析了中药材根结线虫病防治工作中存在的问题，提出了切合实际的防治对策。

1 根结线虫病防治中存在的问题

1.1 病苗移栽是根结线虫病传播重要途径 试验研究表明，在我市中药材根结线虫主要以卵和幼虫在土壤、病根内越冬，其近距离主要是农事操作传播，远距离主要是随带病种苗传播。带病种苗传播是导致根结线虫病发生加重的主要原因，也给防治工作带来了很大的难度。在商洛市丹参等中药材栽培制度以夏、秋育苗，竖年春季移栽为主。据调查绝大多数药农在育苗时不注重育苗田的选择，不加强育苗期的管理，导致育苗期植株感病。2009 年 3 月调查，丹凤县商山千亩丹参基地丹参移栽苗根结线虫病株率达 5％～10％，商州区沙河子镇百亩丹参种植基地丹参移栽苗病株率达 10％～15％。因此，育苗时严格选择前茬为种植 3 年以上粮食作物的无病田为育苗田，同时应加强育苗期药剂防治，尽量减轻种苗的发病率，确保移栽种苗健康是防治根结线虫病的基础。

1.2　连作是导致根结线虫病发生严重的重要因素

我市耕地面积少，大部分药农有重茬或连茬种植药材的习惯。据 2007—2008 年对不同茬口的桔梗、丹参、黄芩田根结线虫发生危害情况进行了调查，结果表明（表1），桔梗、丹参、黄芩等药材连作种植年限的长短与根结线虫发生程度呈显著正相关。

在小麦、玉米为主的粮食作物田首次种植桔梗或黄芩等药材，生长 2～3 年内无根结线虫侵染危害，但再连续重茬种植桔梗、丹参、黄芩将受根结线虫侵染危害，且连作种植时间越长根结线虫发生危害越重。连作 4～6 年根结线虫侵害株率平均为 9.7%，危害指数平均为 4.9；连作 7～8 年根结线虫侵害株率平均达 95.7%，危害指数为 48.6。

表1　种植年限与根结线虫病发生程度关系

种植模式	地块数	调查株数	侵害株数	严重度				平均侵害株率（%）	平均严重度（%）	平均为害指数
				0级	1级	3级	5级			
首茬种植	3	290	0	0	0	0	0	0	0	0
连作 4～6 年	5	495	48	447	24	11	13	9.7	50.8	4.9
连作 7～8 年	5	232	222	10	110	53	59	95.7	50.8	48.6

1.3　粗放的耕作方式不利于根结线虫病的防治

我市桔梗、黄芩等药材种植模式主要为撒播种植，种植年限一茬一般为 2～3 年，亩密度一般在 20～26 万株，密度过大，种植后难于 2 次施药，使药剂防治失去连续性，难以确保防效。2006—2007 年我们调查了 14 块只在春季于播种前施药 1 次防治桔梗根结线虫病的田块，结果表明（表2）其防效仅为 2.7%～52.8%。由此可见仅于播前进行土壤消毒处理对桔梗根结线虫病防治效果较差。

表2　播前（移栽前）施药与根结线虫病防效的关系

（2006—2007 年　陕西商州）

药剂处理	地块数	调查株数	侵害株数	平均侵害株率（%）	平均严重度（%）	危害指数	平均防效（%）
10%益农神丹 GR1.5 千克/亩	3	412	406	98.5	51.9	51.1	9.2
10%福气多 MG1.5 千克/亩	3	406	364	89.7	43.8	39.3	30.2
40%灭线磷 EC20 毫升/亩	3	342	336	98.2	55.8	54.8	2.7
1.8%阿维菌素 EC667 毫升/亩	3	454	320	70.5	37.7	26.6	52.8
3%辛硫磷 GR3.5 千克/亩	2	280	230	82.1	54.6	44.8	20.4
对照 CK	3	338	332	98.2	57.3	56.3	

注：颗粒剂施药时加入 20kg 细土制成毒土撒施地表，乳油施药时加入 40kg 水喷施于地表，施药后均锄翻入土 10cm，10d 后播种。

1.4　药剂防治效果不十分理想

2006—2007 年我们在商州张村镇开展了 10%福气多 MG、40%灭线磷 EC、1.8%阿维菌素 EC 等药剂防治桔梗根结线虫病的试验、示范。结果表明，只有 10%福气多 MG2.5 千克/亩防治桔梗根结线虫病的防治效果相对较好，且防治效果比较稳定，其平均防效仍只有 78.5%，其他药剂防效较差。

2　防治对策

2.1　严把育苗移栽质量关，切断丹参等中药材根结线虫病的传播途径

病土、病苗、病残体、未腐熟的的机肥、灌溉水等是根结线虫病传播主要途径。因此丹参等中药材育苗时要选择前茬为粮食作物的无病田块为育苗田，最好选择长期种植粮食作物现初次种植药材的田块育苗。避免使用未腐熟的的机肥和带病种子，决不从有根结线虫发生的田块调运丹参等中药材种苗，避免人为大面积传播。

2.2　规范栽培模式，确保药剂防治的连续性

按照丹参、桔梗等药材规范化栽培要求起垄条播，这样既有利于田间通风透光，促进植株健壮生长，也便于桔梗等多年生药材生长期施药管理，不仅可以在栽前药剂处理土壤，还可以在生长的最佳防治期（每年 4 月上旬）施药，确保药剂防治的连续性，

提高防治效果。

2.3 科学轮作倒茬，控制或减轻根结线虫危害

2007—2008 年我们对商州区张村镇不同茬口的桔梗田根结线虫发生危害情况进行调查，调查共分为6 种类型：（1）小麦、玉米田首次种植 2～3 年桔梗；（2）桔梗与桔梗或黄芩（丹参）连作 4～6 年；（3）桔梗与桔梗或黄芩（丹参）连作 7～8 年；（4）种植 3 年桔梗后改种小麦-玉米 1 年，再种植桔梗3 年；（5）桔梗连作 5～6 年后改种小麦-玉米 1 年，再改种桔梗 3 年；（6）桔梗连作 5～6 年后改种小麦-玉米 2 年，再改种桔梗或丹参或黄芩2～3 年（一茬）；它们的发病株率分别为 0%、16.1%、95.5%、0%、30.7%、17.6%。通过试验和大量的调查我们发现轮作倒茬能有效的预防和控制中药材根结线虫病的发生和危害，对于长期种植小麦等粮食作物现初次种植桔梗等中药材的田块，可采用种植 2～3 年桔梗（丹参、黄芩）——1～2 年粮食作物（小麦、玉米）的轮作模式；对于根结线虫病发生严重的田块必须轮作 3 年以上粮食作物（小麦—玉米）方可再种植 2～3 年桔梗等中药材，而且不能在桔梗、黄芩、丹参等中药材和蔬菜作物之间相互轮作。

2.4 选择对症药剂，科学合理施药防治 多年试验结果表明，根结线虫病的最佳防治适期是 4 月上旬，最佳有效药剂是 10%福气多 MG。因此防治必须抓住最佳防治适期，对于根结线虫病发生程度较轻的药田，于桔梗、丹参、黄芩等中药材播种前使用 10%福气多 MG 2.5 千克/亩加 10 千克/亩过

筛无病细潮土拌合均匀制成毒土，并撒施地表锄翻入土 10～15cm 进行土壤消毒处理，施药后 10d 再行播种，能控制或减轻根结线虫的发生危害。发病严重的田块，必须与粮食作物轮作 3 年以上，并在药材播种或移栽前配合施用 10%福气多 MG 处理土壤，以减轻土壤中根结线虫危害。

3 根结线虫病防治技术要点

桔梗、丹参、黄芩等中药材带病植株的移栽；连作年限的延长使土壤中根结线虫累积是导致根结线虫病发生逐年加重的重要因素，因此，切断传播途径和科学轮作倒茬是预防和控制根结线虫病发生危害的关键措施。

3.1 在生产中要选择长期种植粮食作物的无病田作为育苗田，避免施用未腐熟的有机肥料和带病种子，同时加强育苗田的管理，培育无病壮苗。

3.2 在根结线虫病的防治中应采取以轮作倒茬等农业防治技术为主，化学农药防治为辅的综合防治策略。前茬为粮食作物的无病田块，采用种植 2～3 年桔梗、丹参或黄芩，1 年玉米、小麦的轮作倒茬模式，以控制或减轻根接线虫发生。

3.3 发病轻的田块，在轮作倒茬的基础上于桔梗、丹参、黄芩等中药材播前使用 10%福气多 MG 2.5 千克/亩进行土壤消毒处理，以减轻根结线虫的发生危害；发病严重田块，必须轮作 3 年以上粮食作物，并辅以化学农药防治，能有效控制根结线虫病的发生。

商洛市 2009 年小麦条锈病发生特点与分区治理工作探讨

董自庭　王刚云　陈光华　张顺京

（陕西省商洛市植保植检站　陕西　商洛　726000）

商洛市地处秦岭东段南麓，辖区内地形地貌复杂，属北亚热带向暖温带过渡性山地气候，复杂的地理环境与多变的气候条件使得我市小麦条锈病发生时期与重发分布区域具有多样性，因此，依据环境条件和气候区域实施分区综合治理工作尤为重

要。2009 年我市小麦条锈病总体为中等偏重发生年份，其中地处南部低热区的镇安、山阳两县及洛南县北部洛河流域小麦—玉米套种区为偏重发生区域，全市发生面积 60 万亩，偏重发生面积 25 万亩，发生程度重于 2007 年，与偏重发生的 2003 年

相当。针对今年小麦条锈病重发趋势，市、县植保部门提早制定防治预案，提出分区综合治理的新思路，针对不同发生区域，依据发生特点，组织应急防治专业队，迅速开展防治，为有效控制病害流行，减少危害损失做出了贡献。

官、宽坪、莲花、板岩 5 乡镇；洛南县的石门、保安、古城 3 乡镇部分小麦品种发生严重，丹江沿线商南、丹凤、商州发生较轻。

1 条锈病发生情况

2009 年小麦条锈病在我市 7 县区 59 个乡镇发生，镇安、山阳两县及洛南县北部秦岭沿线小麦—玉米套种区偏重发生。其中镇安、山阳两县旬河、乾佑河、金钱河流域低热区部分乡镇大流行。偏重发生的乡镇有：镇安县的青铜、达仁、柴坪、黄家湾、余师、永乐、高峰 7 乡镇；山阳县漫川、法

2 发生特点

2.1 秋苗感病，越冬菌源量偏高 冬前秋苗发病情况普查，山阳县于 2008 年 12 月 17 日在漫川镇小河口村查到发病田 1 块，发现单片病叶 4 张，镇安县于 12 月 30 日在青铜关镇青梅村查到发病田 1 块，有单片病叶 4 张。为 2001 年以来第 5 个查到越冬菌源的年份（即 2002、2003、2004、2006、2008 年查到越冬菌源）。

2001—2008 年小麦条锈病越冬基数比较表

年份	发生县区	发生乡镇	发生情况
2001	0	0	未发现
2002	1	1	山阳发现单片病叶 1 张
2003	1	1	山阳县发现 2 块病田，共 3 张单片病叶
2004	1	3	镇安县发病乡镇病田率 43.5%，亩均病叶 27.63 张，亩均发病中心 0.13 个
2005	0	0	未发现
2006	0	5	镇安县病田率 15.8%，山阳县病田率 4.07%，亩均单片病叶 0.05 张。
2007	0	0	未发现
2008	2	2	山阳发现病田 1 块，单片病叶 4 张、镇安发现病田 1 块，单片病叶 4 张。

2.2 始见期略偏早 2009 年小麦条锈病始见期与近年比较属略偏早年份。镇安县于 3 月 5 日查到小麦发病，始见期比去年早 48d，较 2002、2003、2006 年早 7～20d；山阳县 3 月 11 日在漫川、板岩

发现传病中心，比去年早 27d，比 2003 年早 9d。今年各县始发期比较结果说明，旬河、乾佑河、金钱河流域（镇安、山阳）偏早，而丹江流域（商南、商州、丹凤）相对偏迟。

2002—2009 年条锈病始见期比较

年度	病害始见期（月·日）						
	镇安	山阳	商南	柞水	丹凤	商州	洛南
2002	3.12	2.27	3.6	4.10	3.16	4.20	5.10
2003	3.25	3.20	3.31	4.23	4.20	5.6	5.6
2004	2.11	3.9	3.31	4.20	4.26	4.29	5.20
2005	1.4	1.27	3.7	4.7	4.4	4.22	5.10
2006	3.15	3.1	3.13	4.17	4.7	4.29	4.2
2007	1.24	1.31	3.12	3.26	4.7	4.9	4.15
2008	4.22	4.7	4.28	5.14	5.14	5.20	6.10
2009	3.5	3.11	4.10	4.9	4.26	4.9	4.28

2.3 发病后流行扩展速度快 镇安、山阳两县分别于3月5日、3月11日发现传病中心，3月20日小麦条锈病在我市镇安、山阳2县11个乡镇发生，全市低热区发病区域平均病田率5.3%，最高12.5%；3月31日发病乡镇增加到13个，山阳县低热区病田率增加到14.7%，亩均发病中心为0.81个，镇安县病田率增加到21.2%，亩均发病中心为1.4个，发生危害程度明显重于2006、2008年同期。进入4月份后，小麦条锈病迅速在我市扩展蔓延，至4月10日，全市5县23个乡镇全部发生。山阳县在漫川、法官乡、莲花乡、宽坪镇、板岩镇、户家垣、色河镇、城关镇、中村镇和银花镇共10个乡镇发生，其中在漫川、法官乡、莲花乡、宽坪镇、板岩镇5乡镇病田率已达60%~80%，发病中心及单片病叶已普遍，平均病叶率2%~5%；镇安县在青铜、达仁、柴坪、庙沟、黄家湾、余师、永乐、高峰、结子9个乡镇发生，平均病田率为40%~70%，平均病叶率为2%~5%；而丹江流域的商南、丹凤、商州3县区因4月份气候干旱，条锈病始发期偏晚，扩展流行速度较慢。

商洛市2003—2009年早春条锈病发生实况

年度	截至3月31日发生情况		截至4月10日发生情况	
	涉及乡镇数	发生面积	涉及乡镇数	发生面积
2003	3县15乡镇	3.4万亩	3县22乡镇	9.85万亩
2004	3县14乡镇	3.0万亩	3县19乡镇	5.0万亩
2005	3县15乡镇	5.9万亩	5县33乡镇	10.8万亩
2006	3县12乡镇	1.5万亩	4县17乡镇	7.5万亩
2007	4县21乡镇	4.5万亩	5县24乡镇	8.5万亩
2008	0	0	1县2乡镇	1.0万亩
2009	2县14乡镇	6.0万亩	5县23乡镇	14.5万亩

2.4 金钱河流域（山阳）、旬河流域（镇安）发生重，而丹江流域（商南、丹凤、商州）相对偏轻 5月中下旬调查，山阳、镇安2县低热区发生较普遍，发病程度偏重。山阳县平均病田率63.6%，病叶率12.7%，漫川、法官、莲花、宽坪、板岩等低热区乡镇及沿河川道下湿地、高感品种田发病重，平均病叶率50%~70%，严重度高达61.4%；旱坪地、坡塬地发病较轻；镇安县平均病田率70%~80%，病叶率20%~40%，重发乡镇病田率100%，病叶率20%~60%，而商南、丹凤、商州3县均属中等至偏轻发生年份。商南县5月11日查（乳熟区）病田率10%，病叶率15%；丹凤县5月18日查病田率18.6%，病叶率9.7%；商州5月30日查病叶率7.5%，属零星点片发生；柞水县后期病田率为24.3%，普遍率平均为33.26%，严重度为26.66%。6月上旬，洛南县三要、永丰、石门、麻坪等地小麦受害较重，部分重发田块病株率100%，普遍率90%，严重度达80%~90%。

3 原因分析

3.1 感病品种面积大，满足了条锈病大面积流行的寄主条件 2009年，我市小麦种植面积117万亩，主要种植品种有小偃107、小偃15、绵阳19、绵阳26、绵阳31、新洛8号、陕麦8007、商麦8928、商麦9215等。其中小偃107、小偃15、绵阳19、绵阳26、绵阳31及新洛8号为骨干品种，大部分属条锈病感病品种。

3.2 去年秋播期间土壤墒情好，播期适中，小麦出苗快，出苗齐，冬前秋苗生长时期长，有利于秋苗条锈病发生 11月下旬至2009年2月上旬，全市降雨稀少，仅1.9~3.5mm，持续80多天无有效降雨，气温偏高，有利于条锈病菌安全越冬。2月份平均气温3.9~6.6℃比历年同期偏高2.3~3.4℃，降水量12.8~25.4mm，偏多15%~102%，3月份平均气温7.1~9.9℃，比历年同期偏高0.9~1.7℃，降水量29.9~36.6mm，商南、丹凤、洛南较历年同期偏少2.0%~19.4%，山阳、镇安、柞水、商州较历年同期偏多 9.9%～17.6%，对南部金钱河流域（山阳）、旬河流域（镇安）低热区早春条锈病扩展蔓延有利。

3.3 4 月份出现的干旱气候，对条锈病扩展蔓延不利 全市七县区 4 月上旬降水量仅 1.7～5.4mm，较历年同期少 9.3～13.2mm，平均气温 17.7～20.1℃，较历年同期高 1.1～2.5℃，也出现了不同程度的干旱。然而到 4 月中旬，商南、丹凤、商州 3 县区气候持续干旱，降水量 15.7～29.0mm，有效抑制了条锈病扩展蔓延。但是，山阳、镇安、柞水 3 县于 5 月 12 日及 15 日先后两次普降中雨，旬降水量达到 33.2～39.7mm，旱情得到解除，十分有利于条锈病扩展流行，导致旬河、乾佑河、金钱河流域的山阳、镇安等县条锈病流行速度快，发生面积大，而地处丹江流域的商南、丹凤、商州条锈病流行速度缓慢，发生程度低，面积小。

3.4 我市 5 月上旬出现了持续 8d 的连阴雨天气，十分有利于条锈病大面积扩展流行 但此阶段我市低热区及中温一类区小麦已进入腊熟或乳熟期，除山阳、镇安两县外，条锈病虽有一定程度的发生，但危害损失不大。但是在洛南等县秦岭北部沿线的山区，小麦正处在扬花灌浆期，个别高感条锈病的小麦品种，如新洛 11（此品种属洛南县骨干品种）条锈病发生特别严重，病叶率达 100%，平均严重度在 85% 以上。

4 综合治理措施与建议

4.1 狠抓药剂拌种，适时开展早春防治 用 15% 粉锈宁拌种，可有效推迟秋苗发病，延缓早春条锈病的发生。去年秋播期间，在小麦条锈病早发重发区，我市小麦秋播药剂拌种面积达万亩，有效推迟了小麦条锈病的发生。对于早春发病田块，镇安、山阳等县区实行带药侦查，做到发现一点、控制一片，真正做到早发现，早防治。

4.2 利用生物多样性，搞好条锈病生态治理 充分利用不同种类作物，采取不同作物间作套种，降低病害流行的速度和危害程度。在条锈病早发、重发区，实施压麦扩薯种洋芋，增加薯类等高产作物面积，减轻小麦条锈病的发生。

4.3 发放警示，及时提醒防治 在小麦条锈病发生防治的关键时期，市植保站向镇安、山阳县人民政府发了《警示》2 份，引起了市政府及山阳、镇安等县政府的高度重视，对迅速开展条锈病防控工作起到了积极地推动作用。镇安、山阳、商南等县区植保站向条锈病早发、重发乡镇下发了病虫发生《警示》16 份，为有效组织防治、控制条锈病危害，发挥了重要作用。

4.4 开展病害区划研究，树立分区治理思想 我市条锈病的发生呈现区域化的特点，按不同气候区域类型大致可分为旬河、乾佑河、金钱河流域早发重发区，丹江流域常发区及秦岭北部沿线偶发区。冬前及早春主要对早发重发区进行挑治，进入 4 月份要开展丹江流域常发区的防治，同时对南部早发重发区开展第一次普防，4 月中下旬对早发重发区和丹江流域常发区开展第二次普防，一般可控制我市小麦条锈病的危害。5 月上旬若遇降雨偏多年份，要对秦岭北部沿线偶发区进行挑治，必要时实施普防，有效控制后期小麦条锈病在我市局部地区的危害。

4.5 充分发挥机防队应急防治作用，推动条锈病防控工作的开展 近年来，省、市植保部门在我市投资建立应急防治专业队，在条锈病发生防治的关键时期，各县区充分发挥机防队的应急防治作用，积极组织开展大面积地防治。在条锈病重发乡镇，以村为单位，做到村不漏组、组不漏户、户不漏地块，每乡村下派 1 名农技干部与机防队员同吃住，负责技术指导，对条锈病重发乡镇巡回作业，开展大面积防治，带动全市麦田病虫防治工作地开展，在各县区多点大面积的防治示范活动地引导下，全市小麦条锈病大面积防治工作迅速展开，有效及时地控制了其流行危害，把条锈病引起的农业灾害损失降低到最低水平。

南充市 2009 年小麦条锈病大发生特点原因及防治成效简析

丁 攀

（四川省南充市植保植检站 四川 南充 637000）

南充市位于四川盆地东北部，嘉陵江中游，属小麦条锈病常发区和重发区，2009 年小麦种植面积在 15.36 万 hm²，总产 7.51 亿 kg。由于品种、气候、菌源等多种因素影响，致使小麦条锈病在全市大发生，发生面积 9.28 万 hm² 次，占小麦播种面积的 60.4%，比上年多 4.73 万 hm² 次，多 104.0%，是 2002 年大发生以来最重的一年，全市共防治条锈病 14 万 hm² 次，占发生面积的 150.9%，挽回损失 1.51 亿 kg，占小麦总产量的 20.1%，实际损失 1 731.9 万 kg，仅占小麦总产量的 2.3%，确保了小麦增产目标的实现，受到省、市领导好评。对此，笔者就其发生特点、原因和防控取得的成效作如下探讨。

1 发生特点

1.1 发病时间早

受越夏区小麦条锈病菌源传入早影响，使南充市条锈病出现发生早特点。据调查，2008 年 11 月 21 日在阆中发现，较上年早 33d，比大发生的 2002 年早 5d。

1.2 发病品种多

据调查，全市主栽品种中川麦 26、39、43、44、45、46、47、内麦 8 号、11、川育 18、20、川农 23、26、蓉麦 2 号、绵麦 29、31、43、宜麦 8 号、金丰 626、绵阳 19 等 20 多个品种发病，农民自留品种绝大多数都发病严重，较大发生的 2002 年多 8 个品种。

1.3 发生程度重

1 月 4～5 日，在常年重病区调查 39 块麦田，31 块发病，病田率 79.5%，其中，9 块全田发病，病株率 4.3%～53.5%，平均病指 4.8，14～16 日，再次调查 86 块麦田，57 块发病，病田率 66.3%，其中，有中心病团或全田发病的占 57.9%，中心病团面积 0.01～3.5m²，中心病团病株率 10.7%～72.3%，发病最重的病田病株率达 60.4%，病叶率 25.3%，病指 6.5。并且，从调查中还发现，播种越早，发病越重。3 月 1～21 日，全市调查 1 266 块、56.48hm²，有 721 块、33.37hm² 发病，发病面积占 59.1%，其中，有中心病团 378 块、19.99 hm²，占病田面积的 59.9%，全田发病的有 125 块、6.18 hm²，占病田面积的 18.5%，加权平均病田病株率 3.3%～29.5%～100%，病叶率 1.1%～15.2%～86.1%，病指 0.9～12.3～57.3。病田平均病株率、平均病叶①率、平均病指分别较上年多 11.1 个百分点、7.8 个百分点和 7.4。另据蓬安对部分良补品种分别在 3 月 14 日、20 日调查，结果（表 1）表明，14 日，条锈病病株率 100%、病叶率 80% 以上、病指超过 50 的有金丰 626、内麦 8 号 2 个品种，20 日，除川麦 47 外，其余 6 个品种病株率都达 100%、病叶率 78% 以上、病指 29 以上，发病程度非常严重。4 月 1 日，省专家组考察，认为部分推广品种种质不纯。

1.4 扩展速度快，发病面积大

一是田间扩展速度快。据市、县植保站对南部县嘉陵江边一块 10 月 28 日播的川麦 46、200m² 的麦地系统调查，11 月 24 日，查见时全田有 6 个病点，均为单株单叶；12 月 3 日，病点扩展到 19 个，并出现 1 个 0.7m² 的中心病团，病团病株率 5%，病叶率 1%；1 月 5 日，全田发病，最大中心病团 3m²，病团病株率 21.0%，病叶率 7.0%；21 日，全田病株率 47%，病叶率 15.7%，病指 6.2。二是发病面积和乡镇增加快。1 月 7 日，全市发病面积 0.51 万 hm²，发病乡镇为 58 个，发病面积比大发生的 2002 年同期

---

① 作者简介：丁攀（1978— ），男，四川广安人，农艺师，主要从事农作物病虫害测报、防治及检疫工作。E - mail：nanchong0817@126.com。

多 0.25 万 hm², 多 94.8%; 1 月 17 日, 全市发病乡镇迅速扩展到 163 个, 面积扩展到 1.72 万 hm², 是 1 月 7 日的 3.5 倍和大发生 2002 年同期的 2.8 倍; 2 月 4 日, 有 263 个乡镇、2.43 万 hm² 发病, 是 1 月 21 日的 1.4 倍和大发生 2002 年同期的 2.6 倍, 2 月中旬至 4 月初发病面积成倍增长, 到 4 月 7 日, 全市 406 个乡镇都发生了条锈病, 发病面积达 9.28 万 hm² 次, 是 2 月 4 日的 3.8 倍, 居全省首位。

表 1　蓬安部分良补品种抗性试验监测结果

品种	病株率（%）		病叶率（%）		病指	
	3 月 14 日	3 月 20 日	3 月 14 日	3 月 20 日	3 月 14 日	3 月 20 日
金丰 626	100	100	80.8	93	60.6	81.4
内麦 8 号	100	100	83.1	90	51.9	67.5
川农 23	94	100	67.4	85	33.7	53.1
川麦 47	48	68	12.9	28.4	1.6	5.3
内麦 11	96	100	63.7	89	31.9	50.0
川农 26	64	100	44.6	89	16.7	35.9
川麦 45	78	100	48	78	18	29.3

2　条锈病大发生的主要原因

2.1　部分品种种质不纯, 抗病性下降　由于今年全市小麦优质品种推广力度大, 主栽品种达 20 多个, 群体抗病性得到了加强, 但根据省专家组对我市小麦条锈病抗性鉴定分析发现, 部分推广品种和农户自留种种质不纯, 导致抗病性下降。

2.2　条锈病菌致病力强　据省 2008 年小麦条锈病生理小种监测结果表明, 全省已知小种或毒性类型的有 43 个, 其中, Hybrid46 类群中以条中 32 出现频率为 19.3%, 仍是四川最重要流行小种。水源 11 类群各已知毒性类型的频率总和为 17.0%; 其中水－14（条中 33）出现频率 6.8%。未知类型比例出现频率达 51.1%。病菌群体中对 Yr9、Yr3b＋4b、YrSu 的毒力频率仍然维持在高水平, 分别为 81.8%、43.2% 和 95.5%; 对川麦 36 和川农 19 的毒力频率分别为 53.4% 和 85.2%, 说明条锈病菌致病力强。

2.3　气候利于病害流行　全市去年秋播雨水偏多, 田间湿度偏大, 前冬温度偏低, 光照和降水量特别偏少, 雾露日偏多, 但后冬温度偏高, 霜雪稀少。据气象记载, 从 10 月下旬到 11 月中旬, 雨日达 16d, 比历年和上年分别（下同）多 5～4d; 11 月下旬到 1 月上旬, 温度 7.7℃, 偏低 0.6 和 1.4℃; 从 1 月中旬气温开始回升到正常偏高的趋势, 1 月下旬到 2 月下旬中, 平均气温 9.9℃, 最高气温达 23℃; 从 11 月 1 日至 1 月 31 日 3 个月中总的日照时数为 95～160h, 偏少 30%～40% 和偏多 10%; 入冬后 3 个月内雾露日为 78d, 多 22～10d; 2 月 26 日到 4 月中旬, 阴雨和雾露日 44d, 多 7～10d; 平均气温 14.9℃, 偏高 0.6℃ 和偏低 0.4℃。这是今年条锈病发生早、面积大、程度重和反复发病的重要自然原因。

3　防控成效

为搞好防控, 全市农业植保部门狠抓试验示范, 做到以点带面。抓好了条锈病冬季防控, 压低了病菌越冬基数, 狠抓了条锈病春季流行期防控, 全力搞好了防控攻坚战和保穗战役, 在今年条锈病发生时间之早、发病品种之多、扩展速度之快、前中期发病面积之大、发生程度之重的情况下, 全市条锈病累计发生面积反而比大发生的 2002 少 2.35 万 hm², 少 20.2%, 且未出现严重减产和绝收田块, 实际损失比 2002 年少 6 919.1 万 kg, 少 80.0%。在 5 月上旬进行的防效验收和测产中, 共抽查 176 处、308 块、10.92 hm², 其中, 未防治的对照田 12 块、0.31 hm², 农民自防田 171 块、6.35 hm², 专业化防治示范田 125 块、4.26 hm²,

其防效（表 2）表明，农民自防和专业化防治示范田的平均病株率、病叶率和病指分别比对照低 54.6、84.1 和 51.3、74.6 个百分点和 39.4、44.2，相对防效分别为 80.6% 和 90.4%。

表 2　综防展示片条锈病发生与防效

防治次数	病株率（%）			病叶率（%）			病指			相对防效（%）
	幅度	平均	比对照±	幅度	平均	比对照±	幅度	平均	比对照±	
未防（ck）	100	100		18.5～100	81.5		8.7～69.5	48.9		
农民自防	9.2～62.5	45.4	−54.6	6.4～48.6	30.2	−51.3	1.9～15.7	9.5	−39.4	80.6
专业化综防示范	5.2～25.2	15.9	−84.1	2.3～13.8	6.9	−74.6	0.2～7.3	4.7	−44.2	90.4

从全市防效测产可以看出，专业化防治对于控制小麦条锈病危害有很好的效果（表 3）。从表 3 看出，农民自防和专业化防治示范的实际产量平均分别为每 hm² 4 777.5 kg 和 5 176.5 kg，比对照区分别增产 83.2% 和 98.4%。

表 3　综防展示片和农户自防防效测产结果（全市平均）

防治方式	穗数（万/公顷）	穗粒数（粒/穗）	千粒重（g）	理论产量（kg/hm²）	实际产量（kg/hm²）	实际单产比对照增产（%）
未防（ck）	237.90	38.3	31.4	2 860.5	2 608.5	
农民自防	248.55	46.8	42.7	4 996.5	4 777.5	83.2
专业化综防示范	250.05	48.4	44.7	5 410.5	5 176.5	98.4

4　防控工作体会

4.1　领导重视是关键　市政府针对条锈病发生严重的实际，1 月 8 日，发出了《关于抓好小麦条锈病冬季防控工作的紧急通知》（南府办函〔2009〕5 号），成立了由分管市长任指挥长的小麦条锈病防控领导小组，并要求各地要严格按照《南充市农业重大有害生物灾害应急预案》紧急行动起来，迅速安排部署，全力打好以小麦条锈病为主的小春病虫防控攻坚战，降低越冬菌源基数，及时解决防控工作中出现的各种具体问题，确保实现今年小春粮食增产目标。各县（市、区）政府也先后下发了文件。1 月 13 日，市农业局在南部县召开了各县（市、区）农业局分管局长和植保站正、副站长参加的小麦条锈病冬季防控现场会，就抓好小麦条锈病冬季防控工作作了部署，要求各地要切实搞好小麦条锈病监测防控工作，务必做到防好条锈病再过年。各县（市、区）也先后召开了小麦条锈病冬季防控现场会。各发病乡镇紧急行动，迅速组织植保专业化防治队伍和基层干群搞好小麦条锈病冬季防控工作，使条锈病得到有效遏制。1 月 18～19 日，农业部测报处张跃进、植保处王建强两处长在省植保站秦蓁、廖华明两站长、市农业局副局长黎德富陪同下，深入阆中、嘉陵两市（区）指导条锈病冬季防控。1 月 22 日，省农业厅厅长任永昌在市政府副市长何智彬陪同下，深入南部县指导条锈病防控工作，并发表了切实搞好条锈病冬季防控的电视讲话。开春后，市政府又针对气温攀升，加之外来菌源量大，致使条锈病成大发生趋势的情况，认真贯彻四川省小麦条锈病春季防控现场会精神，2 月 10 日，传真发出了《关于切实抓好小麦条锈病春季防控工作的紧急通知》，2 月 24 日，省政府在南充召开了各市、州分管领导、农业局长、省级相关部门负责人参加的全省春耕生产现场会，省委常委、副省长钟勉出席会议，并就抓好条锈病为主的小春作物田间管理作了重点强调，2 月 25 日，市政府在西充县召开了各县（市、区）分管领导、农业局长、市级相关部门负责人参加的小麦条锈病为主的小春病虫防控现场会。市委常委、宣传部长马道蓉，市政府副市长何智彬出席会议，亦就抓好条锈病为主的小春作物田间管理作了重要讲话。

4.2 监测准确是根本 市、县两级植保部门从11月上旬开始，就组织阆中、南部等北部县（市）技术人员对风口河谷的早播麦地进行调查，11月21日发现条锈病后，又迅速组织全市植保人员对风口河谷、公路铁路沿线的早播麦地进行全面普查，摸清了全市小麦条锈病的扩展和分布情况。根据条锈病发展情况，在全市范围内开展了病情系统监测和防治时期重点普查，市植保站从上年12月至今年3月，发出《紧急查治小麦条锈病》和《小麦条锈病查治警报》等《植保情报》5期，3月10日，召开小春作物中后期病虫趋势会商会，统一了思想认识。并要求各县（市、区）严格实行旬报制度，1月22日起，实行日报制度。据统计，条锈病发生以来，市、县两级农业植保部门共发出《植保情报》、《防治警报》32期，做出了及时准确地预报，预报准确率达98%以上。为党政领导指挥决策和基层干群搞好条锈病防控工作提供了依据，当好了参谋。

4.3 综合防控是保障

4.3.1 推广抗病良种 今年，全市充分利用小麦良补契机，狠抓了抗病良种推广，全市良种补贴面积达10.33万hm²，占小麦总播面的67.3%，加上近几年良补品种农民自留种子，全市小麦抗病良种面积达90%以上。

4.3.2 狠抓药剂拌种 市县（市区）根据药剂拌种，可推迟小麦条锈病发生的实际，播种时狠抓了小麦药剂拌种，尤其是南部县政府，在出台小麦良补文件时，将药剂拌种作为任务下达到各乡镇，营山县农业局连续几年在实施小麦良补时，局长亲自给乡镇农业中心负责人安排部署，加大药剂拌种宣传力度，使药剂拌种得到很好落实。据统计，全市药剂拌种面积达13.27万hm²，占小麦播种面积的86.5%。

4.3.3 抓住关键防治地方和时期 秋冬防控，对条锈病早发区、常发区、重发区、感病品种及风口河谷地带采取"带药查治、见点打片、见片打面、发现一点、防治一片、点片挑治与全面防治相结合"的防控措施，封锁发病中心，控制菌源，减少越冬基数，做到了防好条锈病再过年。春季防控，采取"专业防治与群众防治、统一防治与分户防治相结合，大机带小机"的办法，控制条锈病流行危害。同时，为指导农户搞好自防，开春后，市植保

站托厂家做了15 000面条锈病发生和防治药剂警示小旗发到市、县（市区）植保站，在监测时发现条锈病，就将警示小旗插上，提示农户搞好防控，农户看到警示小旗后，就立即购买提示用药剂，及时搞好了自防。

4.3.4 选用高效对路药剂 对发病田块，都是每公顷用25%丙环唑（科穗）乳油525～675ml、或12.5%烯唑醇可湿性粉剂（禾果利）225～300g、或25%三唑酮可湿性粉剂（麦可丰、百理通）600～750g对水600～750kg手动喷雾防治，或对水225kg机动弥雾。

4.4 示范带动是榜样 为推动以小麦条锈病为主的小春病虫防控工作开展，市、县、乡三级政府把建立条锈病防控示范展示片作为条锈病防控的重点来抓。据统计，全市共建示范展示片342个、0.81万hm²，辐射带动了4.31万hm²的条锈病防控工作，加上农户自防，全市共开展条锈病防控面积14万hm²次，占发生面积的150.9%。共出动机动喷雾器8.3万台次，专业化防治面积9.84万hm²次，占防治面积的70.3%，大大提高了病害控制的组织化程度和防治效果（见表3、表4），使条锈病快速蔓延的态势得到有效遏制。

4.5 宣传培训是基础 条锈病发生以来，市、县两级农业植保部门共发出《植保情报》、《防治警报》、《简报》38期，利用《南充日报》刊发小春病虫防控消息7条，电视台开展电视预报12期、播放病虫防治新闻28次、滚动字幕37次；发放病虫防治明白纸56.2万份，利用手机短信发布病虫信息400余条次，培训基层干部群众85.3万余人次，重点区域做到了每个农户有一份防控明白纸，每个行政村有一位病虫防控技术明白人，每个乡镇有一名技术指导专家，为病虫防治提供了技术支撑。

4.6 部门配合是后盾 为搞好条锈病重病的防控工作，各级财政共下拨防控补助资金300余万元，比常年和上年（下同）分别增加100和50余万元，其中，市财政安排50万元，增加30和20万元，达到历史最高水平，各县（市、区）和重点乡镇也拿出150多万元用于条锈病测报、防治、农药药械补贴和示范现场开支，为全市条锈病的防控提供了资金保障。尤其是农业部门在财政资金未到位的情况下，赊购100余万元农药，组织专人发放到了重病地区和农户，确保了条锈

病重发地区防治所需。据统计，全市共组织条锈病防治高效对路药剂 80 余 t，机动喷雾器 2 000 余台、手动喷雾器 3.6 万多台，确保了小麦条锈病防治所需。气象部门提供了及时准确的气象预报，新闻媒体加大了条锈病防控的宣传力度，工商、农业部门加大了条锈病防控药物的市场整治力度。

4.7　督导考核是推动　为确保防治工作落到实处，市政府决定，将小麦条锈病防控工作纳入年度目标考核，同时，市委、市政府分管领导和市农业局全体领导多次深入各县（市、区）督导条锈病防控工作。据统计，全市先后抽派技术人员 1.2 万余人次组成工作组，深入各重发地区督促指导条锈病防控工作。并从 3 月中旬到 4 月中旬，对各县（市、区）防控工作进展情况实行定期通报，凡行动迟缓、工作落实差的进行通报批评，限期整改。对因思想麻痹、工作不力导致病虫害流行或连片 3.33hm² 减产达 30% 以上的，将严格追究相关领导及工作人员的责任。从而，确保了各项防控措施落到实处，为实现小麦增产打下了坚实基础。

洪江市水稻主要病虫年发生程度及防控策略

刘耀湘

（湖南省洪江市植保植检站　湖南　洪江　418100）

洪江市位于湖南省西部。全市总稻田面积 1.8 万 hm²，其中早晚双季稻面积 0.77 万 hm²，一季中稻面积 1.03 万 hm²。水稻常发病虫种类 20 余种，其中分布广泛、年重发生或偏重发生频率偏高的病虫有：白背飞虱、褐飞虱、稻纵卷叶螟、二化螟、三化螟、纹枯病、稻瘟病、稻曲病。

本文通过对我市近 30 年的水稻主要病虫年发生程度统计结果进行分析，探讨我市水稻主要病虫年度发生规律，制订防控策略，指导大面积防治。

1　主要病虫年发生程度

对我市 1976 年至 2005 年共计 30a 的水稻主要病虫年度发生程度进行统计，其中白背飞虱与褐飞虱在我市为混合发生，年度发生级别相同，为便于分析下文中统称为稻飞虱，结果见表 1。

2　原因分析

2.1　自然地理位置对病虫发生的宏观影响　洪江市位于湖南省西部，沅江上游，云贵高原东部边缘的雪峰山区。东经 109°32′ 至 110°31′，北纬 26°59′ 至 27°9′。境内地势东南高、西北低、中西部叠起的山地夹丘陵与河谷平原，两起两伏，成东北—西南走向条带状相间分布。东部山区有海拔 1 000m 以上的山峰 56 座，最高海拔 1 934m；中西部海拔 159～800m。水稻大多分布在海拔 1 000m 以下区域，东部以一季中稻为主，中西部以早晚双季稻为主，混栽一季中稻。历年平均气温 17.0℃，1 月平均气温 5.3℃，7 月平均气温 27.9℃，境内各地年平均气温在 10.5～17.3℃。年平均降雨量为 1 378mm，其中 4～6 月降雨量占全年降雨量的 48%。夏季降雨多，但秋季多在立秋后出现一个月左右的小旱。降雨量随海拔增高而增多，在海拔 1 400m 以下，海拔每升高 100m，年降雨量递增 38.9mm。全年日照时数为 1 262～1 420.4h，平均每天不足 3.9h。

综上所述，我市自然条件有利于上述水稻病虫的发生，全市丘陵山区的自然地貌，东部高山的屏障，使得 4～6 月的降雨极有利于稻飞虱等迁飞性害虫的迁入降落，低海拔区域有利于二化螟、纹枯病的发生，山区光照少、雾露重有利于稻瘟病、稻曲病的发生，夏季少旱，有利于白背飞虱发生，秋季小旱却有利于褐飞虱发生。

表1 水稻主要病虫年发生程度统计结果

(1976—2005 年，湖南 洪江)

病虫名称	轻发生		中偏轻发生		中等发生		中偏重发生		大发生	
	年数 (a)	频率 (%)	年数 (a)	频率 (%)	年数 (a)	频率 (%)	年数 (a)	频率 (%)	年数 (a)	频率 (%)
稻飞虱	0	0.0	0	0.0	1	3.3	1	3.3	28	93.3
稻纵卷叶螟	2	6.7	0	0.0	1	3.3	3	10.0	24	80.0
二化螟	5	16.7	4	13.3	12	40.0	6	20.0	3	10.0
三化螟	24	80.0	2	6.7	2	6.7	1	3.3	1	3.3
纹枯病	0	0.0	1	3.3	2	6.7	1	3.3	26	86.7
稻瘟病	4	13.3	5	16.7	10	33.3	6	20.0	5	16.7
稻曲病	20	66.7	5	16.7	3	10.0	1	3.3	1	3.3

2.2 迁飞性害虫迁入虫量大是其常年大发生的主要原因 稻飞虱、稻纵卷叶螟在我市不能越冬，初发虫源从外地迁入。4～6 月是我市全年雨季最集中的时期，也是迁飞性害虫迁入虫量最大的时期。7～9 月也常有外来虫源回迁。统计 1976 年至 2005 年观测区诱测灯（200W 白炽灯，天黑开灯，天亮关灯）年诱集稻飞虱虫量平均为 17 339 只，其中白背飞虱占 56.7%。诱集量最高年 1993 年为 66 054 只，诱集量最低年 1978 年为 1 908 只（当年稻飞虱为中等发生）。6 月 10 日前为我地稻飞虱第一代虫源迁入期，统计 1976 年至 2005 年诱测灯从 4 月 1 日开灯至 6 月 10 日止平均年诱集虫量为 2 775 只，其中白背飞虱占 90.6%，诱集量最高年份 1987 年诱虫 8 112 只，而 1978 年仅诱 41 只。1983—1985 年我站在雪峰山脉中稻区设置诱虫灯，在稻飞虱成虫迁入盛期有暴雨时的夜晚最高诱集虫量超过 1 万只。迁入代迁入期田间调查百蔸平均成虫量 20～200 只。

稻纵卷叶螟 5 月份迁入代成虫迁入量每亩平均 2 000～5 000 只，严重田 1～3 万只。而轻发生年的 1978 年、1987 年每亩成虫量仅 36～120 只。

2.3 感病品种种植面积大的年份稻瘟病、稻曲病大发生 我地自然气候条件，尤其是山区，大多年份均有利于稻瘟病、稻曲病的发生。但年实际发生程度还取决于当年栽培品种的感病程度。我地 1976 年便开始种植以威优 6 号为主栽品种的杂交水稻，连续多年种植后引致其抗病能力丧失、稻瘟病生理小种发生更变，致使我地 1983—1984 年连续两年稻瘟病大发生，尤以山区中稻穗瘟发生重、损失大。两系杂交稻在我地大面积推广，引致 1999 年稻瘟病大发生，失收面积达数百公顷。杂交水稻在我地种植后稻曲病从 1979 年开始加重发生，1982 年杂交水稻、桂朝 2 号品种稻曲病大暴发。1984 年后注重品种的轮换种植，稻曲病被控制在轻发生等级。近年随着优质稻、两系杂交稻、超级稻种植面积的扩大，稻曲病又有加重发生的趋势。

2.4 耕作方式的更进引致病虫年发生等级的变化 1980 年以后大面积推广杂交稻，及人们的耕作活动趋于理性，不再提"插完早稻过五一"等口号，中、高海拔不再见早晚双季稻田。1979 年以后三化螟的发生程度减轻至常年轻发生。由于高产矮秆品种的大面积推广种植，导致纹枯病连年大发生，尤其是高温、高湿年份危害损失更重。抛秧田种植面积的扩大，超级晚稻的推广，加重稻纵卷叶螟、二化螟的发生程度。

2.5 区域性气候特征对病虫年发生程度的影响 主要气象因子在偏离年同期平均值较大时，尤其是降雨因子，影响当年病虫年发生等级。2004 年我市二化螟大发生，主要原因：当年 4 月降雨 126.4mm，仅占历年平均值的 59.4%，而我地 4 月份正是第一代二化螟的化蛹羽化期，由于少雨，不能采取深水灭蛹、翻犁虫源田等农业防治措施，导致大量无效虫源田转化成有效虫源田，第一代二化螟越冬后的有效虫量巨增，同年 5 月降雨量 183.0mm，占历年平均值的 72.9%，尤其是 5 月下旬降雨量仅 30.6mm，仅占历年平均值的 34.7%，5 月降雨量的减少，尤其是 5 月下旬正是二化螟的转株危害期，降低了雨水对二化螟的自然灭控作用。1990 年 5 月降雨量 260.3mm，与历年均值略高，其中 5 月下旬降雨量 196.7mm，是历年均值的 2.23 倍，其中最大日降雨量 97.9mm，导致二化螟在转株危害期大量死亡，以致我地 1991 年、1992 年连续出现两个轻发生年。1982 年中稻抽穗期的 8 月上中旬、晚稻抽穗期的 9 月中旬多雨，是导致该年稻曲病大发生的重要原因之一。7～9 月出现连续高温干旱天气的年份，当年同期稻纵卷叶螟、稻瘟病在中、低海拔区的发生程度多低于高海拔区域。

2.6 防治病虫及进行田间管理时采取措施不当，加重病虫年发生程度和危害损失 在扑虱灵、吡虫啉被广泛用于防治稻飞虱时，做到了大发生之年无大损失。但市场上充斥着许多它们的复配产品，其防治稻飞虱的持续效果均不及它们的纯品，在人们已习惯了采用在稻飞虱的一个世代里只药治一次稻飞虱的措施时，人们被销售商误导购买复配剂防治稻飞虱，常造成稻飞虱大面积严重发生，如遇其他因素干扰使人们无法采取补救措施，常造成稻飞虱大面积成灾损失，部分田绝收。稻纵卷叶螟近年发生特征表现为成虫迁入峰次多，幼虫盛孵期长，在不按县级病虫测报站的预报时间开展适期防治时，常造成大面积成灾，卷叶率达到 80%。二化螟、纹枯病、稻瘟病、稻曲病，均有因防治用药及用药时间掌握不当，而造成当年危害损失加重的现象，并增加了来年的病虫基数。不适当地施肥，尤其是偏施 N 肥，不合理地灌溉，种植未经审定的水稻品种等，也时常加重病虫的发生程度。

3 防控

3.1 制订全年防控策略 根据我市水稻病虫历年发生规律、发生特点及发生原因分析，制订我市水稻病虫年度防控策略：明确稻飞虱、稻纵卷叶螟、二化螟、纹枯病、稻瘟病，是我市常年偏重发生的病虫，为主攻对象病虫，监测和密切注视稻苞虫、稻粘虫、稻曲病、稻秆潜蝇等其他病虫；抓好 6 月中旬～7 月上旬的早、中稻以稻飞虱、稻纵卷叶螟为主的病虫防治战役，中低山区抓好二化螟防治，山区抓好穗期稻瘟病的防治；综合运用农业防治、生物防治、物理防治、生态调控、化学防治技术措施，综合防治水稻病虫害。

3.2 准确测报，及时发布病虫情报 加强测报工作。根据全市水稻病虫各区域发生特点，建立双季稻区、早稻与中稻混栽区、中稻区水稻病虫系统观测站点。收集各乡镇农技站调查数据，适时开展全市水稻病虫发生情况普查，根据全市各生态区域的水稻病虫发生特点，及时发布水稻《病虫情报》，指导全市水稻病虫大面积防治。我市常年编发水稻病虫《病虫情报》15～20 期。

3.3 打好 6～7 月份防治战役 6～7 月份是我市水稻病虫全年发生最为严重的时期，我们的做法是：6 月中旬前后开好战役会议，分成 3～4 小组下到乡镇巡回督查防治工作，发现问题及时纠正，整个战役期间，我站编发《病虫情报》2～3 期。我站及乡镇站人员下到乡、村两级举行大型水稻病虫防治专题会议每乡镇 1～2 期。听课总人数达到 5 000～10 000 人。病虫其他发生期，我们根据具体的情况，采取适当的技术措施，严防水稻病虫灾害损失。

3.4 推广抗病品种 稻瘟病、稻曲病地防控，推广抗病品种是主要的措施，我们积极推广具有中抗以上抗性的品种。我站建立现行栽培水稻品种抗稻瘟病、稻曲病抗性监测观测圃，对监测结果及时通报给种子相关部门与经营者。

3.5 加强农药市场监管 我站与农业执法大队通力合作，对我市农药市场进行监测，坚决处罚假冒伪劣农资产品。指导农药经营者引进适于我市农作物病虫防治的对口农药品种，确保病虫防治效果。

不同药剂对苹果红蜘蛛的防治作用研究初探

郑卫锋[1] 李 霞[2]

（1. 山西省植保植检总站 山西 太原 030001
2. 临汾市植保站 山西 临汾 041000）

苹果红蜘蛛（以山楂红蜘蛛为主）是苹果树上危害叶片的一种重要害虫，刺吸苹果叶片后，最初叶片呈现很多的失绿小斑点，随后扩大连片，最后全叶变为焦黄色而脱落，严重时也可危害幼果。我省苹果园内，每年都有大面积发生，且危害呈逐年加重趋势。为了筛选出防效好的无公害药剂，减少长期使用单一农药所产生的抗药性，提高防治效果，我们选择了3种药剂进行了田间药效试验，为安全、合理使用和大面积推广应用提供一定的科学依据。

1 材料与方法

1.1 试验条件

试验对象：山楂红蜘蛛（Tetranychus viennensis Zacher）

作物品种：苹果（红富士）

环境条件：本试验设于山西省临汾市尧都区大阳镇上阳村杨再山承包的苹果园，面积 1.2hm²，树距4m×5m，树龄20a，上年亩产量2 500kg，最高亩产量3 000kg，上年主要虫害为蚜虫、红蜘蛛、苹小卷叶蛾等，主要病害为腐烂病、轮纹病、早期落叶病、白粉病，园内杂草主要以藜、反枝苋、马唐、狗尾草为主，土壤覆盖物主要是杂草，水肥条件中等，管理水平一致，土壤褐土，pH为8.2，有机质含量13.4g/kg。试验之前喷施过杀虫剂阿维菌素、毒死蜱，杀菌剂代森锰锌、多菌灵等，冬浇1次，施有机膨化肥（鸡粪）1次，复合微生物菌肥1次。施药当日（6月17日），多云，微风，平均温度23.1℃，最高温度28℃，最低温度18℃，无降雨。

1.2 试验设计和安排

试验药剂：A 24%螺螨酯悬浮剂（拜耳作物科学公司（拜耳作物科学（中国）有限公司）生产）；

B 50%丁醚脲悬浮剂（陕西标正作物科学有限公司生产）；

C 1.8%阿维菌素乳油（河北威远生物化工股份有限公司生产）

对照药剂：试验的3种药剂互为对照药剂。

施药器械：使用华盛泰山牌背负式喷雾喷粉机，型号WFB-18AC，功率1.18kw/5 000r/min。对苹果树进行整株均匀喷雾，亩喷药液量为150kg，要求不重喷、漏喷。

试验区设置：每个药剂处理区 0.066 7hm²，空白对照区面积 0.006 7hm²。不设重复。

施药时间、次数：在苹果红蜘蛛始盛期施药，共施1次药。

施药容量：

表1

序号	药剂名称	商品名称	生产企业	用量
A	24%螺螨酯悬浮剂	螨危	拜耳作物科学公司（拜耳作物科学（中国）有限公司）	80mg/kg
B	50%丁醚脲悬浮剂	标正	陕西标正作物科学有限公司	400mg/kg
C	1.8%阿维菌素乳油	无	河北威远生物化工股份有限公司	12mg/kg
D		清水		

1.3 试验调查

调查时间和次数：施药前调查基数，施药后1d、3d、7d、15d、30d进行残虫调查。

调查方法：处理区用对角线取样调查5个点，对照区用对角线5点取样法调查2个点。每点定株调查1株，在每株的东南西北中五个方向各选取5～10片叶，挂牌定点，调查叶片上的螨虫数，使每区调查的药前基数试虫数平均每叶大于3头成螨。

药效计算方法：

虫口减退率（%）

$$= \frac{药前活虫数-药后活虫数}{药前活虫数} \times 100$$

防治效果（%）

$$= \left[1 - \frac{CK_0 活虫数 \times PT_1 活虫数}{CK_1 活虫数 \times PT_0 活虫数} \right] \times 100$$

式中，CK_0——对照区药前活虫数；

CK_1——对照区药后活虫数；

Pt_0——处理区药前活虫数；

Pt_1——处理区药后活虫数。

2 结果与分析

由表2可知，药后1d，1.8%阿维菌素乳油用量为12mg/kg的虫口减退率为87.83%，防效为90.34%，在三个药剂处理中最好；其次为24%螺螨酯悬浮剂用量80mg/kg的虫口减退率为86.62%，防效为89.38%；再次为50%丁醚脲悬浮剂用量400mg/kg的虫口减退率为80.82%，防效为84.77%。

药后3d，24%螺螨酯悬浮剂用量80mg/kg的虫口减退率为96.82%，防效为97.96%，由药后1d的第二位上升至最好；其次为50%丁醚脲悬浮剂用量400mg/kg，由药后1d的第三位上升至第

二位，虫口减退率为95.26%，防效为96.96%；再次为1.8%阿维菌素乳油用量为12mg/kg，由药后1d的最好，下降至第三位，虫口减退率为92.86%，防效为95.43%。

药后7d的虫口减退率及防效，与药后3d的排序相同，24%螺螨酯悬浮剂用量80mg/kg最好，虫口减退率为99.11%，防效为99.50%；其次为50%丁醚脲悬浮剂用量400mg/kg，虫口减退率为98.35%，防效为99.07%；再次为1.8%阿维菌素乳油用量为12mg/kg，虫口减退率为97.09%，防效为98.36%。

药后15d的虫口减退率及防效，与药后3d的排序相同，24%螺螨酯悬浮剂用量80mg/kg最好，虫口减退率为97.20%，防效为98.63%；其次为50%丁醚脲悬浮剂用量400mg/kg，虫口减退率为94.02%，防效为97.09%；再次为1.8%阿维菌素乳油用量为12mg/kg，虫口减退率为87.83%，防效为94.07%。

药后30d的虫口减退率及防效，与药后3d的排序相同，24%螺螨酯悬浮剂用量80mg/kg最好，虫口减退率为92.61%，防效为96.77%；其次为50%丁醚脲悬浮剂用量400mg/kg，虫口减退率为86.39%，防效为94.05%；再次为1.8%阿维菌素乳油用量为12mg/kg，虫口减退率为78.04%，防效为90.40%。

综合分析，药后7d，三个处理虫口减退率及防效均达到最高值，24%螺螨酯悬浮剂用量为80mg/kg，药后30d虫口减退率仍大于90%，持效期长。1.8%阿维菌素乳油12mg/kg药后1d表现最好，以后次于其余两个处理，说明1.8%阿维菌素乳油速效性好于其余两个处理。50%丁醚脲悬浮剂用量400mg/kg表现居中。

表2 螺螨酯等3种农药防治苹果红蜘蛛试验结果

处理		A	B	C	D
		24%螺螨酯悬浮剂	50%丁醚脲悬浮剂	1.8%阿维菌素乳油	CK
		80mg/kg	400mg/kg	12mg/kg	
	药前基数	157	97	75.6	106
	平均残虫数	21	18.6	9.2	133.5
药后1d	虫口减退率（%）	86.62	80.82	87.83	—
	防效（%）	89.38	84.77	90.34	—

（续）

处理		A	B	C	D
		24％螺螨酯悬浮剂	50％丁醚脲悬浮剂	1.8％阿维菌素乳油	CK
		80mg/kg	400mg/kg	12mg/kg	
药后3d	平均残虫数	5	4.6	5.4	165.5
	虫口减退率（％）	96.82	95.26	92.86	—
	防效（％）	97.96	96.96	95.43	—
药后7d	平均残虫数	1.4	1.6	2.2	188.5
	虫口减退率（％）	99.11	98.35	97.09	—
	防效（％）	99.50	99.07	98.36	—
药后15d	平均残虫数	4.4	5.8	9.2	217.5
	虫口减退率（％）	97.20	94.02	87.83	—
	防效（％）	98.63	97.09	94.07	—
药后30d	平均残虫数	11.6	13.2	16.6	242.5
	虫口减退率（％）	92.61	86.39	78.04	—
	防效（％）	96.77	94.05	90.40	—

3　评价和建议

3.1　评价　24％螺螨酯悬浮剂、50％丁醚脲悬浮剂、1.8％阿维菌素乳油3种药剂，在药后7d虫口减退率最大，防效最好。

24％螺螨酯悬浮剂药后1d虫口减退率及防效略小于1.8％阿维菌素乳油，以后均大于50％丁醚脲悬浮剂及1.8％阿维菌素乳油，表现出良好持效性。

1.8％阿维菌素乳油药后1d虫口减退率最大，防效最好，速效性最好，以后虫口减退率及防效均低于24％螺螨酯悬浮剂、50％丁醚脲悬浮剂。

50％丁醚脲悬浮剂的持效性及速效性均表现的不突出。但虫口减退率及防效在药后3～30d，均大于1.8％阿维菌素乳油，小于24％螺螨酯悬浮剂。

3.2　建议　在苹果红蜘蛛暴发期，首先选用1.8％阿维菌素乳油，药后7d后，再选用24％螺螨酯悬浮剂进行防治，既发挥了1.8％阿维菌素乳油的速效性的作用，又利用了24％螺螨酯悬浮剂持效期长的特性。在苹果红蜘蛛刚达到防治指标防治的情况下，选用50％丁醚脲悬浮剂即可。

10％烯啶虫胺水剂等4种农药
防治苹果黄蚜作用研究

郭　芳[1]　李　霞[2]

（1. 山西省植保植检总站　山西　太原　030001
2. 临汾市植保站　山西　临汾　041000）

苹果黄蚜又称绣线菊蚜，俗名腻虫。在各果区普遍发生，特别是在苗圃和幼龄果园更加严重。苹果黄蚜1年发生10余代，由于蚜虫繁殖代数多，并具有孤雌生殖的特点，故易产生抗药性。为了减少农药抗性，提高防治效果，增加替代产品，我们对 10％烯啶虫胺水剂等 4 种农药进行了田间药效试验，为安全、合理使用和大面积推广应用提供一定的科学依据。

1 材料和方法

1.1 试验条件

试验对象：苹果黄蚜（Aphis pomi DeGeer）

作物品种：苹果（红富士）

环境条件：本试验设在山西省临汾市尧都区贾得镇杨村，面积 18 亩，树距 4m×5m，树龄 20a，上年亩产量 2 500kg，最高亩产量 3 000kg，上年主要虫害为蚜虫、红蜘蛛、苹小卷叶蛾等，主要病害为腐烂病、轮纹病、早期落叶病、白粉病，园内杂草主要以藜、反枝苋、马唐、狗尾草为主，土壤覆盖物主要是杂草，水肥条件中等，管理水平一致，土壤褐土，pH 为 8.2。试验之前喷施过杀虫剂阿维菌素、毒死蜱，杀菌剂代森锰锌、多菌灵等，冬浇 1 次，施有机膨化肥（鸡粪）1 次，复合微生物菌肥 1 次。施药当日天气晴朗，微风，平均温度 26.8℃，最高温度 33℃，最低温度 20℃，无降雨。

1.2 试验设计和安排

试验药剂：

A 10％烯啶虫胺水剂（强星）（江苏连云港立本农药化工有限公司生产）

B 50％抗蚜威可湿性粉剂（正港）（兴农药业（上海）有限公司生产）

C 80％敌敌畏乳油（湖北沙隆达股份有限公司生产）

D 45％马拉硫磷乳油（添勇）（兴农药业（上海）有限公司生产）

对照药剂：试验的四种药剂互为对照药剂。

施药器械：使用华盛泰山牌背负式喷雾喷粉机，型号 WFB-18AC，功率 1.18kw/5 000r/min。对苹果树进行整株均匀喷雾，亩喷药液量为 150kg，要求不重喷、漏喷。

试验区设置：每个药剂处理区 1 亩，空白对照区面积 0.1 亩。不设重复。

施药时间：在苹果蚜虫始盛发期施药。

施药次数：一般在有蚜枝率达 20％～30％，单枝蚜量 10～20 头时立即防治。共施 1 次药。

施药容量：表一。

序号	药剂名称	商品名称	生产企业	用量
A	10％烯啶虫胺水剂	强星	江苏连云港立本农药化工有限公司	40mg/kg
B	50％抗蚜威可湿性粉剂	正港	兴农药业（上海）有限公司	100mg/kg
C	80％敌敌畏乳油	无	湖北沙隆达股份有限公司	500mg/kg
D	45％马拉硫磷乳油	添勇	兴农药业（上海）有限公司	500mg/kg
E	清水			

1.3 试验调查

调查时间和次数：施药前调查基数，施药后 1、3、7d 进行残虫调查。

调查方法：处理区用对角线取样调查 5 个点，对照区用对角线 5 点取样法调查 2 个点。每点定株调查 1 株，在每株的东南西北中五个方向各选取 1 个枝条，挂牌定点，每个枝条调查顶梢 5～10 片叶，使每区调查的药前基数试虫数大于 1 000 头。

药效计算方法：

虫口减退率（％）

$$= \frac{药前活虫数 - 药后活虫数}{药前活虫数} \times 100$$

防治效果（％）

$$= \left[1 - \frac{CK_0 \text{ 活虫数} \times PT_1 \text{ 活虫数}}{CK_1 \text{ 活虫数} \times PT_0 \text{ 活虫数}} \right] \times 100$$

式中，CK_0——空白对照区药前活虫数；

CK_1——处理区药前活虫数；

Pt_0——空白对照区药前活虫数；

Pt_1——处理区药前活虫数。

2 结果与分析

由表 2 可知，药后 1d，10％烯啶虫胺水剂用量为 40mg/kg 在四个药剂处理中虫口减退率最大，为 99.10％，防效最好，为 99.25％；其次为 50％抗蚜威可湿性粉剂用量为 100mg/kg，虫口减退率为 97.21％，防效为 97.68％；再次为 45％马拉硫磷乳油用量为 500mg/kg，虫口减退率为 96.35％，防效为 96.96％；第四为 80％敌敌畏乳油用量为 500mg/kg，虫口减退率为 95.82％，防效为 96.52％（详见表 2 及附表 2）。

药后 3d，虫口减退率及防效排序与药后 1d 相同，10％烯啶虫胺水剂用量为 40mg/kg 在四个药剂处理中虫口减退率最大，为 99.65％，防效最好，为 99.76％；其次为 50％抗蚜威可湿性粉剂用量为 100mg/kg，虫口减退率为 98.65％，防效为 99.06％；再次为 45％马拉硫磷乳油用量为 500mg/kg，虫口减退率为 97.59％，防效为 98.32％；第四为 80％敌敌畏乳油用量为 500 mg/kg，虫口减退率为 97.24％，防效为 98.08％（详见表 2 及附表 3）。

药后 7d，虫口减退率及防效排序与药后 1d 相同，10％烯啶虫胺水剂用量为 40mg/kg 在四个药剂处理中虫口减退率最大，为 99.92％，防效最好，为 99.95％；其次为 50％抗蚜威可湿性粉剂用量 100mg/kg，虫口减退率为 99.49％，防效为 99.69％；再次为 45％马拉硫磷乳油用量为 500mg/kg，虫口减退率为 71.75％，防效为 82.56％；第四为 80％敌敌畏乳油用量 500 mg/kg，虫口减退率为 64.36％，防效为 78.00％（详见表 2 及附表 4）。

综合分析，10％烯啶虫胺水剂药后 1～7d 虫口减退率及防效持续上升，一直在四个处理中处于领先地位；50％抗蚜威可湿性粉剂与 10％烯啶虫胺可湿性粉剂相同，虫口减退率及防效持续上升，在四个处理中一直处于第二的位置；80％敌敌畏乳油及 45％马拉硫磷乳油药后 3d 虫口减退率及防效最高，药后 7d 有所下降，分别处于第四与第三的位置。

表二　10％烯啶虫胺水剂等 4 种农药防治苹果黄蚜示范试验结果

处理	药前基数	药后 1d			药后 3d			药后 7d		
		平均残虫数	虫口减退率（％）	防效（％）	平均残虫数	虫口减退率（％）	防效（％）	平均残虫数	虫口减退率（％）	防效（％）
A 10％烯啶虫胺水剂 40mg/kg	1 268.8	11.4	99.10	99.25	4.4	99.65	99.76	1	99.92	99.95
B 50％抗蚜威可湿性粉剂 100mg/kg	1 255.8	35	97.21	97.68	17	98.65	99.06	6.4	99.49	99.69
C 80％敌敌畏乳油 500mg/kg	1 290.8	54	95.82	96.52	35.6	97.24	98.08	460	64.36	78.00
D 45％马拉硫磷乳油 500mg/kg	1 253.2	45.8	96.35	96.96	30.2	97.59	98.32	354	71.75	82.56
E	1 240.5	1 491			1 778			2 009		

3　评价和建议

3.1　评价　10％烯啶虫胺水剂，速效性好，持效期长，是防治苹果黄蚜的优良药剂；50％抗蚜威可湿性粉剂，速效性良好，持效期较长，也是防治苹果黄蚜的较好的药剂；80％敌敌畏乳油与 45％马拉硫磷乳油，速效性好，但持效期较短，3d 以后药效开始下降。

3.2　建议　在苹果黄蚜产生抗药性的果园，选用 10％烯啶虫胺水剂进行防治，可以达到理想的防治效果；在未产生抗药性的果园，可选用 50％抗蚜威可湿性粉剂、80％敌敌畏乳油及 45％马拉硫磷乳油进行防治。

浙江省生物农药现状调查及发展研究

江土玲[1]　麻建清[1]　杨少丽[1]　王丽珠[1]　卢莉蔚[2]　何金训[3]　王　益[3]

（1. 浙江省丽水市林业有害生物防治检疫总站浙江　丽水　323000
2. 浙江省丽水市绿谷生物药业有限公司　浙江　丽水　323000
3. 浙江省丽水市白云山生态林场　浙江　丽水　323000）

随着人们的生活水平的提高以及对绿色食品的呼唤，农林业发展和绿色浙江地建设，使用化学高毒农药将带来的环境污染和农产品的安全及农药残留等问题，已引起全社会的广泛的关注。近年来，化学高毒农药使用在浙江逐步减少，特别今年农业部在2月1日发出在2009年7月1日起禁止对德国生产的中等毒氟虫腈化学农药（对鱼类、蜜蜂高毒）在我国境内使用，必将带来农药的生态革命，国家向农药行业发出了一个强烈的信号：大力发展生物农药已成为必然的趋势，研发各类生物农药成为科学家努力的方向，将有更多的农药化工专家、植保专家从事生态化农药这一"功在当代，利在千秋"的事业。

1　生物农药现状

生物农药即来源于自然生物源的农药，主要包括植物源、微生物源、动物源的农药。植物源农药包括植物源自身及自身具有的活性物质，如苦参碱、烟碱、松脂酸钠、鱼藤酮、除虫菊素、印楝素、喜树碱、茶皂素、苦皮藤素、雷公藤碱、油菜素内酯等；微生物源农药包括真菌类生物农药、细菌类生物农药和病毒类生物农药。真菌类生物农药，主要是包括昆虫病原真菌，目前研究较多的有白僵菌、绿僵菌、青霉、拟青霉、轮枝霉等；细菌类生物农药，该类农药的特点，易生产，使用后可在自然界中再次侵染，自然形成害虫流行病，感染时间较长，在使用时，对环境的温度、湿度要求较严，细菌类生物农药，如苏云金杆菌（Bt）、井冈霉素、阿维菌素、甲胺基阿维菌素苯甲酸盐、多抗霉素、中生霉素、春雷霉素、浏阳霉素等；病毒类生物农药，目前研究较多的有核型多角体病毒、质型多角体病毒和颗粒体病毒以及斜纹夜蛾病毒、甜菜夜蛾病毒和马尾松毛虫病毒；动物源的农药包括性引诱剂、生长调节剂。如斑蝥素、沙蚕毒素、甲壳素、三十烷醇、马尾松毛虫性引诱剂等。

21世纪是一个绿色环保的世纪，无公害农产品，绿色食品和有机食品是未来消费的主流，发达国家和中等发达国家的商用农作物所使用的杀虫剂和杀菌剂将生物化。并对生物农药表现出极大的兴趣。生物农药与环境相容性好，在空气和土壤中易降解，无积累，不易产生抗药性，而且能刺激植物生长。2000年浙江省《政府工作报告》中指出：发展无公害农产品，绿色食品和有机食品……，鼓励开发使用低毒生物农药，国务院在《农业科技发展纲要（2001—2010年）》中提出：推进生物农药、生物肥料的研制与产业化，发展绿色和有机食品等无公害产品，提高农产品与食品的安全性。浙江省人民政府在2001年全省农产品的安全与市场竞争力会议上提出：到"十五"期末，优质名牌农产品基本达到绿色食品的标准，以确保农产品的安全和提高市场的竞争力。浙江《省经贸委发布农药工业结构调整指导意见》指出：我省"十五"期末将停止生产有机磷农药，加快发展生物源农药。同时，浙政办发〔2002〕34号《浙江省人民政府办公厅转发省农业厅等单位关于销售和使用高毒高残留农药意见的通知》，从2002年7月1日起，在全省范围内禁止销售甲胺磷，呋喃丹（克百威）、久效磷、甲基对硫磷、对硫磷、甲拌磷、甲基异柳磷、氧乐果、三氯杀螨醇、氟乙酰胺、毒鼠强等，农业部农药检定所对上述11种农药已开始停止登记。由于上述化学高毒农药的销售禁止，造成市场绿色无公害环保生物农药市场空缺，这给生物药剂提供了难得的历史机遇。并规定生产有机水果、有机茶，允许使用植物源，微生物源和矿物源农药，用于控制果园和茶园的病害虫。2008 年 4 月国家发改委制定了《发展生物产业中长期规划》，明确了发展生物农药的重要性和迫切性，作了中长期地规划。2008 年中国农药销售产值为 1190.0 亿元，生物源产值为 101.2 亿元，生物源农药占农药总销售产值的 8.5%。

1.1　浙江省生物农药现状调查

1.1.1　生物农药近三十年来的发展情况　浙江在上个世纪 90 年代前生物农药只有井冈霉素、松脂酸钠、苏云金杆菌（Bt）等少量生物农药。90 年代到新世纪，生物农药发展速度加快。目前本省有国家定点厂家 89 家，其中有生产生物农药 37 家，占农药生的厂家 41.57%，生产化学农药 1191 批次，生物农药 130 批次，化学农药占有的批次为 90.15%，生物农药占的批次 9.84%，其中全部生产生物农药的有 7 家：丽水市绿谷生物药业有限公司、钱江生物化学股份有限公司、桐庐汇丰生物化工有限公司、龙泉市农用化学品有限公司、义乌市皇嘉生物化学有限公司、浙江华京生物技术开发有限公司、东阳市生物化工厂。

1.1.2　浙江省生物农药目前生产种类　表 1 说明，植物源农药有松脂酸钠，5 个厂家，4 个剂型，6 个批次，主要用于防治柑橘、石榴等果树、林木的蚧壳虫，前后有三十余年的防治历史，特别 30% 松脂酸钠水乳剂地开发，解决了高温季节使用造成果树落叶落果的药害，以及与其他化学农药不能混配的缺点，防治老蚧壳虫胜过高毒化学杀蚧药剂，以及防治柑橘树矢尖蚧、红蜡蚧、十字花科蔬菜，深受林果农的欢迎。苦参碱水剂有 2 个厂家，1 个剂型，2 个批次，主要用于防治蔬菜、果树、园林、绿色通道的食叶害虫。0.5% 小檗碱水剂主要用于防治蔬菜、果树的病害，以及番茄灰霉病、黄瓜白粉病、辣椒疫霉，生产 1 个厂家，1 个剂型，1 个批次。芸台素内酯 2 个厂家，2 个剂型，2 个批次，主要用于控制蔬菜、果树花期的调节剂。微生物源农药包括细菌类生物农药、真菌类生物农药和病毒类生物农药。细菌类生物农药有井冈霉素、苏云金杆菌、阿维菌素、甲胺基阿维菌素苯甲酸、依维菌素、长川霉素、枯草芽孢杆菌等。井冈霉素有 6 个厂家，13 个剂型，33 个批次，混配剂 4 个，主要用于防治水稻纹枯病、水稻稻曲病、水稻稻瘟病、苹果白粉病、轮纹病、番茄早疫病。阿维菌素有 6 个厂家，13 个剂型，33 个批次，混配剂 4 个，

主要用于防治水稻纹枯病等。阿维菌素类，有 24 个厂家，16 个剂型，48 个批次，混配剂 14 个，主要用于防治十字花科蔬菜，小菜蛾，甘兰小菜蛾；菜豆、野螟，梨树，梨木虱，苹果树，红蜘蛛，二斑叶螨，桃食心虫；柑橘树，红蜘蛛，锈壁虱，潜叶蛾；松树，松材线虫，棉花，棉铃虫；水稻稻纵卷叶螟，水稻二化螟；菜豆，野螟。黄瓜美洲斑潜蛾；菜豆、番茄美洲斑潜蛾。甲胺基阿维菌素苯甲酸盐有 7 个厂家，9 个剂型，15 个批次，主要用于防治十字花科蔬菜，小菜蛾、菜青虫、棉花红铃虫；甘蓝，小菜蛾、甜菜夜蛾等。枯草芽孢杆菌有 1 个厂家，1 个剂型，1 个批次，主要用于水稻调节生长，增产。阿维.Bt 粉剂有 3 个厂家，2 个剂型，3 个批次，主要用于防治水稻稻包虫，稻纵卷叶螟；烟草，烟青虫；梨树，天幕毛虫；大豆，甘薯，天蛾；林木，尺蠖，柳毒蛾，松毛虫；棉花，棉铃虫；苹果树，巢蛾；枣树，尺蠖；茶树，茶毛虫；柑橘树，柑橘凤蝶，高粱、玉米，玉米螟；十字花科蔬菜，小菜蛾，菜青虫。真菌类生物农药有白僵菌有 1 个厂家，1 个剂型，1 个批次，主要用于防治茶叶，茶绿叶蝉；松树，马尾松毛虫。木霉菌有 1 个厂家，1 个剂型，1 个批次，主要用于防治大白菜、黄瓜的双霉病。赤霉素有 4 个厂家，9 个剂型，12 个批次，主要用于菠菜增加鲜重；菠萝果实增大，增重。花卉提前开花；绿肥增产；马铃薯苗齐，增产；棉花提高结实率，增产；葡萄，无核，增产。芹菜，增产；人参，增加发芽率；水稻，增加千粒重，制种；柑橘树，果实膨大，增重；梨树，调节生长，增高；苹果树调节生长；水稻制种，调节生长，增产；茶树调节生长，增产。依维菌素，主要用于防治黄瓜蚜虫，有 1 个厂家，1 个剂型，2 个批次。蜂蜡水解物，三十烷醇可溶性液剂，主要用于柑橘树，调节生长，增产，本产品有 1 个厂家，1 个剂型，1 个批次。

2　全省生物农药调查结果分析

由表 1、表 2 说明，杭州地区有农药生产厂家 25 家，占全省农药厂家 28.1%，生产生物农药的 8 家，全部生产生物农药厂家只有桐庐汇丰生物化工有限公司，以生产井冈霉素原药及制剂和苏云金杆菌可湿粉剂为主的共 14 个批次。浙北的湖州地区有农药生产厂家 9 家，占全省农药厂家的 10.1%，生产生物农药的有 5 家，以生产生物农药

为主的厂家有升华拜克生物股份有限公司，以生产阿维菌素原药、甲胺基阿维菌素苯甲酸盐原药、赤霉酸 A4，A7 原药及制剂 14 批次，本公司为上市公司。浙北的嘉兴地区有农药生产厂家 7 家，占全省农药厂家的 7.9%，生产生物农药的有 5 家，其中以生产生物农药为主的只有钱江生物化学股份有限公司，主要生产井冈霉素原药、甲胺基阿维菌素

苯甲酸盐原药、赤霉酸 A4，A7 原药及制剂共 22 个批次，本公司为上市公司。宁波地区有农药生产厂家 5 家，占全省农药厂家的 5.6%，生产生物农药的仅 1 家，只有宁波舜宏化工有限公司，以生产 100 亿个/毫升球孢白僵菌油悬浮剂为主，仅为 1 个批次。

表 2　浙江省农药生产企业调查表

家 ＼ 市	杭州市	湖州市	嘉兴市	宁波市	舟山市	绍兴市	台州市	温州市	丽水市	金华市	衢州市	合计
化学（家）	25	9	7	5	0	6	9	15	2	9	2	89
生物（家）	8	5	5	1	0	3	4	5	2	4	0	37
生物（批次）	21	25	33	1	0	4	21	12	3	10	0	130

绍兴地区有农药生产厂家 6 家，占全省农药厂家的 6.7%，生产生物农药的为 3 家，仅为 3 个批次。台州地区有农药生产厂家 9 家，占全省农药厂家的 10.1%，生产生物农药的为 4 家，21 个批次。植物源农药松脂钠，浙东南以海正化工股份有限公司为主，生产阿维菌素原药、甲胺基阿维菌素苯甲酸盐原药、依维菌素原药 、长川霉素原药及制剂等 14 批次，本公司为上市公司。温州地区有农药生产厂家 15 家，占全省农药厂家的 16.85%，生产生物农药的为 5 家，12 个批次，以阿维菌素、甲胺基阿维菌素苯甲酸盐、苏云金杆菌和有机磷农药的复配剂，没有生产生物农药的原药。浙西南的丽水地区农药生产厂家为 2 家，占全省农药厂家的 2.5%，均为植物源生物农药厂，仅为 3 个批次，以松脂酸钠和苦参碱为主。浙中的金华地区有农药生产厂家 9 家，占全省农药厂家的 10.1%，全部生产生物农药的为 3 家，义乌市皇嘉生物化学有限公司生产的芸台素内酯，华京生物技术开发有限公司生产的小檗碱水剂等，各 1 剂型，1 批次。东阳市生物化工厂生产的阿维菌素原药及井冈霉素制剂等 7 个批次。衢州地区有农药生产厂家 2 家，占全省农药厂家的 2.5%，无生产生物农药厂家，均为化学农药。舟山地区无农药厂家。

3　发展讨论

浙江省的生物农药种类比较齐全，植物源、微生物源、动物源的农药均有，是生物源农药发展较快的省份，但目前是以微生物源为主的生物农药。特别是浙北的升华拜克生物股份有限公司、钱江生

物化学股份有限公司和浙东南的海正化工股份有限公司以阿维菌素原药、甲胺基阿维菌素苯甲酸盐原药、赤霉酸 A4，A7 原药、依维菌素原药 、长川霉素原药、井冈霉素原药及制剂，这些公司处在浙北平原和东南沿海经济发达地区，工业化程度较高，农业不很发达。而相对落后的浙江中西地区（包括金华、丽水、衢州市），有人口 961 万，土地总面积占浙江省的 50% 左右，浙江省的重要农业区，有 6 家生物农药公司，以植物源农药松脂钠、小檗碱、芸台素内酯为主，其中 4 家植物源农药公司，丽水市绿谷生物药业有限公司，龙泉市农用化学品有限公司，义乌市皇嘉生物化学有限公司，华京生物技术开发有限公司仅一厂一剂型，一产品，品种单一，难抗市场风险，没有形成竞争优势，需要加强开发，做强做大。

3.1　建设浙江中西部植物源农药生产基地　特别浙西南的丽水市，九山半水半分田，山地面积占 90%，是浙江省的重点林区。最近，浙江省委提出建设"山上浙江"，丽水市委提出建设"山上丽水"，开发植物源农药，这是在全省率先贯彻省委建设"山上浙江"的战略部署。目前利用浙江绿谷生资源，已开发人药达 7 个生产批文，而植物源生物农药的生产批文已下达 3 个。丽水市人民政府与省农科院、省林科院、中国农科院茶叶研究所、省社科院等签订全面合作协议。早在今年的 6 月初，丽水市人民政府与上海的同济大学签订全面合作协议，利用丽水优良的生态环境和先天独厚的条件，充分利用宝贵的生物资源，在丽水市开发区建立 300 亩中药材生产研究院，建设 3 000 亩中药材生产试验基地，把丽水市建成生物药园。目前浙西南

的生物农药已对松脂酸和苦参碱有了初步地研究和开发，其他如喜树、烟草、鱼藤、厚果鸡血藤、血根碱、雷公藤碱、百部、南蛇藤、闹羊花、银杏等没有真正地研究和开发。人药和植物源生物农药接轨，共同开发，可做到资源共享，技术共用，循环利用，节能减排。这是浙江经济发展的潜力之所在，新的经济增长点之所在。

3.2　发展植物源农药　打破绿色壁垒　2008年11月初，首届"中国·丽水绿色论坛"上，北京大学的客座教授—日本东京农业大学教授宫原继男说，2006年5月，日本对食品卫生法进行部分修改后开始实施"肯定列表制度"对于基准值没有设定的农药，食品中一旦被检出残留，那么该食品将被禁止上市流通；对于允许有一定残留的农药进行基准值地设定；对于国内尚未登录的而紧扣食品中可能含有农残的农药进行残留基准值的设定。在日本，绿色农产品的认证制度是根据农药、化肥的使用量来认证的。农药、化肥的使用量比普通使用量消减两层以上的农业生产者，称为一般绿色农业者。丽水拥有良好的生态环境，发展绿色农业大有可为。但发展绿色农业过程中要注意几点：首先，构筑一个绿色、安全的农产品生产体系。设立合理使用农药的监督管理体系；以土壤诊断为基础进行施肥革命。从上述说明，使用农药的好差，是决定绿色农产品的重要一环，施用植物源农药，能打破这个绿色壁垒。

3.3　发展植物源灭鼠剂　减少二次污染　植物源雷公藤提取物的内酯醇在老鼠雄性不育剂上得到的应用。内酯醇含量为0.01%的母药，制成25mg/kg饵粒剂，对雄性老鼠睾丸的损伤作用较明显，7天左右雄鼠精子开始死亡，即可达到不育的目的，不污染环境，不含产生二次中毒现象，属于绿色安全灭鼠剂，江苏开立达有限公司已开始生产。丽水市绿谷生物药业有限公司和浙江林学院联合开发，对"植物源农药雷公藤制剂研究与开发"课题（计划编号：2006C32036，验收编号：浙科验字[2009] 484号）取得较大成绩，经研究植物源雷公藤提取物对食叶害虫和刺吸式害虫有较好的防治效果，害虫死亡速度快，用药量少，不污染环境。另一种莪术醇饵剂可防治森林害鼠。莪术醇来源于莪术，属姜科植物，主产于浙江、江西省，目前已大量人工栽培，利用干燥根茎，提取莪术醇，0.2%莪术醇饵剂可使雌性成鼠怀孕率下降63.91%，平均胎仔率下降26.11%，亚成体下降

率78.41%，说明该药剂对雌性孕鼠个体的胎仔数和害鼠的繁殖构成较大的影响，抗生育的综合防效显著。目前有吉林延边生物制品公司开始生产。

3.4　开发农药的绿色溶剂　减少环境污染　目前生产的农药乳油大都以苯、甲苯、二甲苯为溶剂，是有毒的有机溶剂，易挥发污染环境，如用绿色溶剂能解决这个问题。我国每年农药原药生产量为130万~170万t，在剂型结构上，仍以乳油（EC）为主，占总剂量的60%以上，从节省溶剂，保护环境的角度考虑，尽量减少挥发性溶剂（苯、二甲苯等）的使用。

如以生产1t成品2%阿维菌素乳油为例，其中原药需0.02t，成本为2.1万元（原药105万元/吨），一吨成品含10%乳化剂成本为1 500元，含88%二甲苯成本为6 160元，原料成本28 660元，说明溶剂占总成本为24.3%。占总重量的88%，说明溶剂的重量占主要。

如国内外印楝产品是单一乳油制剂，而且使用的有机溶剂是有毒性的有机溶剂，容易挥发污染环境，使印楝素生物农药的安全性受到影响，如使用本生物溶剂就不会出现这些情况，这样能真正成为生物农药，这种绿色溶剂在国内均属空白。

3.4.1　从松类植物提取的农药绿色溶剂　丽水市绿谷生物药业有限公司和浙江工业大学联合承担"利用松类植物的废弃物制备生物的农药助剂"的重大科技专项农业项目（计划编号：2007C12043），目前已取的可喜的成绩，提取的农药绿色溶剂在25℃条件下测定，阿维菌素原药、伊维菌素原药在二甲苯中的溶解度是300g/L和285g/L，而在绿色溶剂中的溶解度分别是471g/L和450g/L，溶解性能优于二甲苯，同比增溶57%左右，且药液在绿色溶剂稳定，颜色棕红色，有增效作用。同时对高效氯氰菊酯、甲氰菊酯、噻嗪酮等原药溶解良好，可以推广使用。

3.4.2　天然皂素的开发和利用　天然皂素一般分茶皂素和无患子皂素，它们具有农药的乳化剂，是天然活性剂，是一种天然非离子型表面活性剂，具有良好的乳化、分散、发泡、润湿等活性作用。是一种低毒高效环保型助剂，广泛用于杀虫剂、杀菌剂、除草剂，并有驱避和生物激活作用。茶皂素可防治稻飞虱、水稻螟虫、麦蚜、棉蚜、稻瘟病、钉螺、毒鱼、红蜘蛛、甘薯金花虫、蚕豆蚜等，并能刺激作物生长。同时也可用于消池剂，杀死有害鱼类，对对虾和螃蟹无影响。同时也是绿色的洗涤

剂，皂素（Thea saponin）其性质温和，和其他表面活性剂复配后产品呈中性，具有很强的不受水质硬度影响的发泡去污能力，水溶性好，泡沫丰富，利用洗涤毛丝织品，手感好不损毛丝织品，既能延长毛丝织物的使用寿命，又能保持织物艳丽的色彩，是丝绸毛料的理想洗涤剂。同时也可以用于洗发剂，茶皂素易酶解成无毒化合物，不会对环境产生污染。利用茶皂素制成洗发剂，既能松发止痒、去头屑，又能使头发乌黑发亮，有护发洁发之良好功能。也可用于医药：茶皂素为一复合物，是三萜类皂甙，其甙元均为齐墩果烷型三萜化合物。对人几乎无毒，对冷血动物有毒。加水振摇时强力发泡，稀的茶皂素能破坏血红球，产生溶血作用。茶皂素的水溶液搅拌后能产生持久的泡沫，它的起泡能力基本不受水的 pH 的影响。如果在茶皂素中添加如胆固醇等甾体物质，其溶血作用很快消失。茶皂素又能刺激人体气管粘膜，增加分泌，有止咳祛痰之功效，它可用作利尿，也可作为药品的乳化剂。茶皂素同时具有消炎、抗渗透、镇痛等药理作用，广泛用于日用化工、医药等生产行业。

开发杀病毒病的菇类蛋白多糖和氨基寡糖素菇类蛋白多糖和氨基寡糖素这两种杀植物病毒病的产品在浙江省均属空白，未进行开发。浙西南丽水的龙（泉）、庆（元）、景（宁）三县是中国香菇的发源地，各县都种有大量的香菇，香菇的下脚料，菇脚废弃在野外，是资源的浪费，通过开发菇类蛋白多糖制剂，充分利用香菇的下脚料，使资源增值，达到资源循环利用，清洁生产的目的。丽水与温州距离较近，沿海的温州地区有大量的虾壳和螃蟹壳，可通过水解提取氨基寡糖素，用于茶叶、蔬菜、水果、烟草等农产品的病毒病防治，增强出口竞争力植物。

3.6 开发新的细菌类和病毒类生物制剂 在浙江省目前尚未开发的细菌类生物农药杀菌剂：宁南霉素、中生霉素、春雷霉素、申嗪霉素及多抗霉素杀虫剂，真菌淡紫拟青霉菌杀线剂等。杀虫剂的病毒有松毛虫质型多角体病毒，夜蛾核型多角体病毒（NPV），甜菜夜蛾核型多角体病毒（LeNPY），尺蠖蛾核型多角体病毒，菜青虫颗粒体病毒（PrGV），斜纹夜蛾核型多角体病毒（raNPV）等。

参考文献

[1] 中华人民共和国农业部农药检定所编．农药管理信息汇编［M］．中国农业出版社，2008：930~986
[2] 浙江省经贸委医化行业办等．浙江省农药与卫生杀虫剂企产品目录［M］．2007：144~370
[3] 江苏开立达有限公司．新农药介绍［J］．农药科学与管理办法，2006，25（7）：60
[4] 沈迎春．江苏省生物农药现状及发展对策研究［J］．农药科学与管理，2008，29（1）：54~56
[5] 江土玲，卢莉蔚．浙西南植物源农药的现状与发展［J］．农药科学与管理，2007，28（8）：55~60
[6] 江土玲，叶勇，麻建清等．松制酸类农药登记及应用［J］．农药科学与管理，2008，29（11）：53~55
[7] 江土玲，叶勇，麻建清等．松制酸类农药登记及应用［J］．农药科学与管理，2008，29（11）：53~55
[8] 江土玲，卢莉蔚．30%松脂酸钠水乳剂防治女贞树白蜡虫的试验［M］．植物保护与农产品质量安全，中国农业出版社，2007，351~353
[9] 徐汉虹，张志祥等．中国植物性农药开发前景［J］．农药，2003，42（3）：1~10
[10] 康卓．中国生物源农药产业化进展［J］．农药，2001，40（3）：4~8

陕西设施蔬菜病虫草防控面临的问题与对策

陈志杰　李英梅　张　锋　张叔莲

（陕西省动物研究所　西安　710032）

病虫害是棚室蔬菜栽培中重要的生物灾害，常年造成产量损失 20％以上。为防治病虫，菜农采用以化学农药为主的防治手段，结果在控害减灾的同时，又致使蔬菜中农药残留量严重超标，威胁着人们的生活质量和蔬菜的市场竞争力，并造成环境污染和提高生产成本。因此，研究推广棚室蔬菜病虫无害化防治技术，对改变目前棚室蔬菜病虫防治现状，确保棚室蔬菜持续优质高产，实现绿色食品蔬菜生产具有十分重要的作用。

1　设施蔬菜病虫防治中农药使用存在的问题

1.1　用药量过大，施药方法单一，施药时间不尽合理　据抽样调查，在陕西每亩日光温室黄瓜农药使用量超过 30kg（商品制剂）以上，占调查户 10%；20~30kg 占 20.9%；10~20kg 占 53.3%；5kg 以下仅占 6.7%。其他棚室蔬菜栽培虽然没有棚室黄瓜用药量大，但其使用量仍是同种蔬菜露地使用量的 3~5 倍。从施药方法来看，主要以喷雾法为主，约占棚室蔬菜全生育期施药次数的 90% 以上，喷粉和熏蒸法很少使用。施药时间沿用露地栽培的施药时间，即以下午施药为主，由于棚室栽培是特殊的生态系统，下午施药蒸发量减少，往往造成棚室内湿度较长时间处于饱和状态，有利于高湿性病害的流行，这也是常常看到的喷雾施药棚室病害的发生和危害程度大于非喷雾施药棚的主要原因。

1.2　高毒、剧毒农药使用现象较为普遍　调查过程中发现在棚室蔬菜栽培中使用高毒或剧毒农药，如使用呋喃丹处理土壤防治蔬菜根结线虫病；使用"3911"灌根防治韭菜栽培中的韭蛆；氧化乐果、灭多威喷雾防治棚室栽培黄瓜、番茄、芹菜上发生的蚜虫；三氯杀螨醇喷雾防治茄子、瓜类上发生的红蜘蛛；乙基 1 605 加菊酯类农药喷雾防治甘蓝、小青菜上发生的菜青虫和小菜蛾等，高毒和剧毒农药在棚室蔬菜上的使用，严重影响消费者的身体健康。

1.3　农药使用方法不当，药害发生面积较大　调查结果显示，陕西棚室蔬菜药害发生面积 4.5 万 hm²，占棚室蔬菜栽培总面积的 65.2%。棚室黄瓜药害发生面积最大，为 67.6%，产量损失 18.6%。其次，棚室番茄，药害发生面积及产量损失分别为 55.1%、15.9%。芹菜、甘蓝等叶类蔬菜药害发生面积较小，危害较轻。从不同药剂类型发生的药害面积看，杀菌剂药害发生面积最大，占总种植面积的 24.1%，占药害发生面积的 47.3%；杀菌剂中以锰中毒面积最大，占杀菌剂药害发生面积的

65.3%；其次，除草剂药害发生面积占总面积的 20.7%，占药害发生面积的 40.5%；其中以 2,4D 丁酯药害面积最大，占除草剂药害面积的 83.6%。杀虫剂药害发生面积最小。其中以有机磷类杀虫剂药害面积最大，占杀虫剂药害面积的 51.6%；从不同类型药剂产生药害造成产量损失看，杀菌剂产生药害造成产量损失最大，占药害造成总损失的 46.5%，其次为除草剂，杀虫剂产生药害，造成产量损失最小，占药害总损失的 18.2%。

1.4　棚室栽培环境特殊，农药残留问题突出　由于棚室蔬菜栽培环境的特殊性，农药使用后自然降解能力显著下降，使农药滞留于蔬菜产品和棚室栽培土壤中，导致蔬菜产品的农药残留量严重超标，土壤中农药累计量加大。随着栽培年限的延长，污染程度不断加重。如连作 1d、4d、8d 日光温室黄瓜，在当年没有使用任何化学农药的情况下，于黄瓜结瓜盛期采样测试，黄瓜中的农药残留总量分别为 0.001mg·kg⁻¹、0.005mg·kg⁻¹、0.025mg·kg⁻¹。农药残留已成为影响设施蔬菜市场竞争力的主要因素之一。

2　解决途径

2.1　科学使用化学农药

2.1.1　选择合理的使用方法　由于棚室相对密闭，气流交换缓慢，空气相对湿度在大多时段内接近或处于饱和状态，施药方法与防治效果的关系甚为密切，若在棚室内相对湿度比较大的情况下喷雾防治病虫害，其防治效果比较差，甚至还出现病害发生加重问题。根据研究结果和多年的防治实践经验，认为越冬茬蔬菜从 9~10 月定植至来年 3 月份以前以熏蒸法和喷粉法施药为主，3 月份以后随着温度的升高，棚室的通风量不断加大，空气相对湿度不断降低，施药应以喷雾法施药为主。

2.2.2　调整施药时期　施药时期与病虫的种类、发育阶段、环境条件以及施药方法等因素有关，在一定程度上左右防治效果。在棚室蔬菜病虫害防治中施药时期与防治效果的关系比露地蔬菜病虫害施药时期与防治效果关系更为密切。在棚室蔬菜病虫防治中要根据蔬菜的发育阶段，预测可能发生的病害种类，在其发生前，采用保护剂预防病害的发生，且不可等田间出现病害时，再用药防治，尤其是对黄瓜霜霉病、灰霉病等流行性强的病害做好预

防，显得十分重要。对温室斑潜蝇、粉虱等害虫在初发期采取相关的技术措施，方可收到事半功倍的效果。在一天内的施药时间，就喷雾法施药而言，露地蔬菜一般下午施药有利于发挥药效，防治效果比较好。但在棚室蔬菜病虫防治中，由于棚室的特殊的生态系统，下午施药容易造成棚内较长时间的饱和湿度，更易造成病害地流行。因此，在越冬茬蔬菜定植后至来年3月份以前，以上午11时以前施药为宜，3月份以后随着外界温度地升高，通风量的加大，在晴天施药时，以下午施药效果较好。对温室粉虱、斑潜蝇在一天内均应在上午露水未干以前施药效果为佳。

2.2 积极推广棚室蔬菜病虫绿色防治技术

2.2.1 应用 O_3 防治病虫害技术 利用棚室内相对密闭的特殊环境条件，在其内施放 O_3 对棚室蔬菜多种真菌及细菌病害均具有显著的防治效果。因其具有无二次污染、安全、有效、不留死角、使用方便等特点，已成为日光温室蔬菜病虫防治新技术，是棚室蔬菜无公害生产技术体系中的一项重要措施。该技术可用于棚室蔬菜定植前的棚室消毒，有效地解决了硫磺等药物消毒对棚内一些设施的破坏及对生态环境污染的难题。

2.2.2 应用套袋降残控害技术 果实类蔬菜套袋对黄瓜、番茄、西葫芦灰霉病平均防治效果分别为92.4%、85.6%、75.4%；对茄子绵疫病、褐腐病平均防治效果为93.2%、72.5%；对番茄果实疫病防治效果为82.3%。套膜袋黄瓜、番茄、茄子、西葫芦中农药残留量分别降低83.3%、84.5%、79.7%、85.7%；套纸袋依次降低73.2%、79.9%、70.9%、83.1%。协调了病虫防治与绿色食品蔬菜生产的矛盾，为生产安全、优质、营养的绿色食品蔬菜开辟了新途径。

2.2.3 应用防虫网阻隔害虫净化技术 防虫网阻隔害虫净化技术主要是构建人工隔离屏障，将害虫"拒之门外"，属于自然控制范畴。应用50～60目防虫网覆盖栽培对菜青虫、小菜蛾、甘蓝夜蛾防治效果均达到100%，对白粉虱、斑潜蝇、蚜虫等害虫防治效果达90%以上，达到蔬菜全生育期不使用杀虫剂。在日光温室通风口及入口处设置防虫网，阻止害虫棚内外转移危害。防虫网覆盖技术是当前乃至今后一定时期内防治蔬菜害虫的一项成熟的新技术，具有广阔的推广应用前景。

2.2.4 多手段组合生态控病技术 生态防治就是利用棚室环境的可控性，通过膜下暗灌、全田覆盖、科学的排湿换气，调控温湿度等措施，创造一个有于利蔬菜生长发育，但又不利于病害发生的温度、湿度条件，达到促进蔬菜生长，控制病虫危害的目的。其主要防治对象为气传类病害，如霜霉病、白粉病、灰霉病、晚疫、早疫病等。

2.2.5 应用微量元素调控技术 由于棚室蔬菜生长周期长，产量高，致使土壤中的多种微量元素在逐渐减少，硅、钙、镁、硼、铜等缺失较为严重，从而诱发蔬菜的各种病害。通过测土配方施肥，增施有机肥、补施微量元素等途径和措施，解除蔬菜植株限制营养，控制病害的发生。

2.2.6 太阳能土壤消毒技术 利用北方夏季的高温天气，在前后两茬蔬菜作物休闲间隔期，将棚室南北向开挖深30cm左右相间的沟垄，其上全面覆膜，最后密闭棚室8d左右，对棚室蔬菜粉虱、斑潜蝇、蚜虫防治效果可达95%，对根腐病、菌核病等防治效果可达到85%以上，且不污染生态环境和蔬菜产品。

3 小结

棚室蔬菜田用药量过大，施药方法单一、施药时间不合理、使用高毒或剧毒农药、药害发生面积较大和农药残留问题突出是农药使用存在的主要问题。化学农药在棚室蔬菜病虫防治中仍占据极为重要的位置，以其用量少，见效快，在一定时期内其他防治措施还无法完全替代。

科学使用化学农药和推广病虫绿色防治技术是解决目前棚室蔬菜病虫防治中化学农药使用存在问题的根本途径。在防治棚室蔬菜病虫时首先选择低毒、低残留农药种类，杜绝使用高毒和剧毒农药。其次在农药使用方法上，改过去以喷雾法为主为熏蒸法、喷粉法和喷雾法相结合的施药方法。在施药时间上，改传统的下午施药为按时间序列调整施药时间，即3月份以前以上午施药为宜，3月份以后以下午施药效果更佳。在病虫防治措施上推广应用防虫网阻隔防虫、 O_3 、果实类蔬菜套袋技术、多手段生态调控、微量元素调控、太阳能消毒等病虫绿色防治技术。

浅谈农药安全使用与农产品
质量安全的对策与措施

张 夕 林

（南通市通州区植保站）

使用农药防治有害生物，是保证农作物高产丰收和农产品质量安全的重要技术措施之一。为了保证农产品安全生产，在防治病虫害的过程中，农药的使用已十分广泛。据联合国粮农组织调查，如果不使用农药，全世界粮食总收成的一半，将会被各种病虫草害所吞嚼，使用了农药，却只挽回15%左右的损失。然而，农药又是有毒物质，使用不当，会严重影响农产品质量的安全，甚至可造成人畜中毒，作物药害及环境污染。农产品质量安全问题，不仅关系到广大人民的身体健康和生活质量，还关系到社会的稳定和农村经济地发展。因此，提高农产品质量安全水平，增强农产品市场竞争力，具有十分重要的战略意义。长期以来，由于农业标准化工作滞后，农业生产中无标准生产，有标准不依，以及生产者、经营者素质不高，缺乏相应的农产品质量管理手段等原因，导致我国农产品中农药、兽药、重金属、激素、生长调节剂化学品的残留基本上处于失控状态。这说明农药既有对人类有利的一面，也有给环境带来污染和危害的一面，在一定程度上损害了广大人民群众的身体健康。所以农药的科学合理、安全使用是保障农产品质量安全的重要环节，同时对改善生态环境，促进农业经济可持续发展具有十分重要的意义。为了提高全市农药的科学安全使用水平，促进我市农产品质量安全生产，我们对本市农药的使用现状及存在问题做了调查研究，作者从通州市农药经营、使用现状、存在问题等进行了分析，探索性地提出了提高农药科学安全使用水平和农产品质量安全的对策与措施。

1 农药经营、使用、农药残留情况

据调查我市农药市场中经营单位主要是农技推广、农资供销部门以及个体经营，其比例各占1/3，有农药经营人员1 000多人，办理了农药经营许可证和营业执照的有950家，没有办证办照的主要流动农商贩。农药经营者、农药使用者多数文化基础较低，因此在销售和使用农药过程中存在很多隐患和问题。

1.1 农药销售情况

据调查通州市年销售农药4 500多t，销售额1 500多万元，农药品种200多个，农药市场销售中以中等和低毒杀虫剂、杀菌剂和除草剂为主，占91.75%，其次限制使用的农药占7.46%，其他占0.79%。

1.2 农药经营队伍情况

据查，通州市农药经营队伍中小学文化以下占45%，初中文化占38%，高中（包括中专）文化占17%。由于经营者自身素质低，科学用药意识淡薄，随意售药、乱推荐或乱配药、误导农药用药，延误防治时机，受害者维权意识差，用一种药剂防效低，再换另一种药，这就给经营者提供了生存的机会，有些经营者责任心不强，在利益驱动下知法犯法，购进假冒伪劣农药，以次充好，从中牟取暴利。

1.3 农药使用情况

在我市农药的终端使用者85%以上为农民，种植大户和基地园区所占比例较少，长期以来按习惯配制和使用农药，主要存在以下几个问题：

1.3.1 施药器械普遍落后

经调查，我市85%左右的农户使用的是背负式手动喷雾器，5%左右的种植大户使用机动喷雾器，还有5%以上的农户没有任何喷雾器械，只在施药季节向他人借用。而拥有手动喷雾器的农户30%～40%使用的是价位在30～50元的非正规厂家生产的、不合格的产品，由于其质量无法保证，许多喷雾器由于压力不够或孔径设计的问题，造成喷雾器雾化性能不好，施药时"跑、冒、滴、漏"现象严重，影响喷药和防治效果。

1.3.2 农药使用人员的素质偏低，缺乏农药科学知识 目前在农村，大多数青年农民外出打工、经商，在家务农的多为妇女和老人，他们中的80%为初中以下文化程度，对农药的专业知识了解较少，对农药的选择、购买、保管、配制及使用科学认识不够，普遍认为防治病虫的都是"好药"，购买时看重的是价格和防效，而很少考虑农药的毒性和农产品的安全性。

1.3.3 农田用药次数增多，用量加大 近年来，随着耕作制度的改革与复种指数的提高，农药的使用越来越频繁，用药量也越来越大。据调查，每亩蔬菜上用药量达5～8kg，尤其是大棚蔬菜5～7d就要用药一次，如此频繁的使用农药破坏了农田的生态平衡，出现了用药量与病虫草害相互递增的恶性循环，加剧了环境污染，使农产品中的农药残留量增加。农药残留情况据不完全统计，农药残留超标或不合格主要表现在蔬菜上，据2007年3次对生菜、黄瓜、甘蓝、芹菜、韭菜、西红柿、花菜等23个品种112个样品抽测，合格率为88.67%～96.77%，平均92.58%，残留超标的农药主要有氧化乐果、水胺硫磷、甲胺磷、乙酰甲胺磷。粮食作物主要采用高效、低毒、低残留的药剂，其农产品的农药残留合格率达到98%以上。农药的不科学、不合理、不安全使用直接影响农产品质量，因此安全合理使用农药是摆在我们面前的一件十分艰巨的任务。

1.3.4 新品种农药使用率低 在农村使用的农药品种中，氧化乐果、辛硫磷、敌敌畏、乙酰甲胺磷、多菌灵、草甘膦等老药大宗品种仍占70%左右的比例，许多高效低毒、低残留的农药新品种群众难以接受。

2 农药使用中存在的问题

2.1 浓度配制不合理，使用者随意加大用药浓度 80%的农户在农田用药时不用量具，只是用瓶盖或其他器皿采用估计的办法将农药直接倒入喷雾器中，在病虫害发生偏重时随意加大农药用量，误认为药量越大药效越好，擅自增加用药量，加大用药量不仅加大了投入成本，而且还会使农作物产生药害，增加农产品中农药的残留量，加重环境污染。

2.2 盲目混配农药现象严重 由于市场上农药品种繁多，商品名五花八门，许多农民群众不了解农药的特性与功能，盲目地混配农药。有的把功能相同或相近的农药一起混用，如敌敌畏、高效氯氰、阿维菌素等一起混用；有的甚至把不同商品名的同一类农药相互混配，这样使用，不但造成浪费甚至会影响防治效果。

2.3 长期使用单一品种 农药使用中，有的农户一旦发现某种农药效果好就长期使用，即使发现该药对病虫防治效果下降，也不更换品种，而是加大用药量的办法，认识不到病虫对药已经产生的抗药性，结果用药量是越来越大，吡虫啉防治飞虱、锐劲特防治纵卷叶螟就是如此。

2.4 施药技术落后，农药利用率低 在我市，广大群众习惯于大雾滴、大容量喷洒药液。他们普遍认为药液从植株叶片上开始流淌为喷雾均匀的标准，这种落后的施药技术，造成了农药的大量流失，大大降低了农药的利用率，目前农药利用率一般只有40%～50%。

2.5 配药用水不合理 用活水配制农药，活水中杂质多，用其配药易堵塞喷雾器喷头，同时还会破坏药液悬浮性而产生沉淀；用井水配制药液，因为井水中含矿物质较多，特别是含钙、镁多，这些矿物质与药液混合后容易产生化合作用，形成沉淀降低药效；任意加大水量，因为水量过多，会使农药的浓度降低，喷洒在作物上只留下极少量的农药，不足以杀死害虫，而且有些会完全失效，丧失杀伤能力，过量加水还会造成农药地流失，导致环境污染。

2.6 用药时间不适时 农户视发病情况，不管在风雨天或烈日下依旧施用农药。造成了农药粉剂或药液飘移，而雨天喷施农药，药剂容易被雨水冲刷而降低药效，在烈日下喷施农药，植物代谢旺盛，叶片气孔张开，容易发生药害，同时易使药物挥发，降低防治效果。

2.7 随意使用过期农药 农户在长期的生产过程中，积累了一部分农药，或有些农药经营户在接近保质期的农药降价处理，农户认为便宜，一次性购买许多以备以后使用。

2.8 部分群众对"农药安全使用间隔期"概念认识不够 经调查，大约有70%的农民群众不了解"农药安全使用间隔期"。有的群众为了赶市场行情，随意采收现象普遍，这在蔬菜种植上表现十分明显，有时甚至出现今天打药明日上市的现象，造成农产品农药残留超标。

3　对策和措施

3.1　加强农药科学安全使用的宣传、培训力度，提高农民安全环保意识

广大农民群众是农药使用的主体，只有科学安全使用农药的意识提高了，才能从根本上解决农药使用不当、农产品农药残留超标的问题。为此，我们必须加大宣传力度，一是充分利用广播、电视、报纸、宣传资料媒介，采取现场会、培训会、送科技下乡等多种形式，广泛宣传《农产品质量安全法》、《农药安全使用规程》以及高毒、高残留农药的禁用、限用政策等法律、法规知识。使广大农民群众了解农药知识，认识农药的危害，从而增强他们科学安全使用农药的自觉性。二是定期对农药经营人员、各种植大户进行农药法律法规知识和科学售药和施药技术培训。提高他们的法律意识、安全意识和环保意识，不仅要把经营人员培训成合格的"卖药者"，而且还要培训成医术较好的"田间植物医生"，做到诊断准确，对症配药；喷药适时，防治虫害，抓住卵孵盛期至幼虫二龄高峰期前喷药最为适宜。防治病害，应掌握在发病前和发病初期喷药，以确保提高防效；配药适量，严格按农药说明书所标示的浓度进行配制，提高他们指导农民群众科学用药的水平。把各种植大户培训成技术能手，并通过他们把新农药、新技术传给身边的许多农户，逐步提高农药安全使用水平，促进农产品质量安全。同时，要加强高毒、高残留农药的市场监管，严防禁用高毒、高残留农药进入农产品生产基地。

3.2　加强病虫测报，科学指导合理用药

一是加强病虫测报，适时指导防治。加强病虫测报队伍建设，扩大、健全基层测报网络，对常规性病虫害和突发性病虫害进行全程监测，利用电视、电台、网络等多种形式及时发布病虫信息，做好预测预报，努力提高预测预报的准确性、及时性。并结合病虫预报积极推广先进的植保技术，推荐科学的药剂使用配方，指导农民对症用药，合理、适期施药，大力推广"农药减量控害增效工程"技术，避免群众长期单一、盲目使用农药的现象，提高防治水平，减少防治次数，减少用药量，促进农产品质量安全。二是抓宣传教育，全面提高安全用药意识。加强宣传培训，特别是农药经营户和科技示范户，转变农民用药观念，提高防治技术的入户率，引导农民按配方用药。

3.3　大力引进推广先进的施药器械，不断改进施药技术，提高农药利用率

积极引进推广先进的新型植保施药器械，利用科技宣传、送科技下乡等活动，向广大农民群众宣传推广先进的施药器械，如卫士牌手动喷雾器、PH16型手动喷雾器、华盛泰山机动弥雾机、东方红牌机动弥雾机等，解决喷雾器械的"跑、冒、滴、漏"的问题；抓统防统治，提高水稻害虫防治水平：一是实施重大病虫统防统治工程。推广"精、准、细"施药技术，大力推广机动弥雾机等，全面推广低容量细喷雾，提高防治效果和农药利用率。二是统一处方，指导农民科学用药。实现病虫防治的时间部署、防治方法、药剂配方的三个统一，有效地控制盲目用药、滥用农药现象的发生。三是推广生态调控和农业防治、保护利用天敌和生物防治、各类诱杀技术、环保化学防治等4项综防技术，减少用药次数和用药量。加强植保专业化服务组织建设，积极开展机防代治、承包服务等多种形式的植保专业化服务；积极开展施药技术的研究，不断改进施药技术，推广低容量细喷雾技术、精准施药技术等，减少药液的飘移、流失，提高农药的有效利用率。

3.4　抓植保创新，强化可持续无害化治理技术研究与应用

围绕无公害农产品生产和水稻害虫可持续无害化治理，积极开展了水稻主要害虫防治指标、最佳防治适期、高效低毒药剂及其优良配方试验、水稻主要害虫抗性监测与综合治理等方面的研究，提出了适应无农药污染农产品生产的一整套可操作的水稻害虫可持续无害化治理技术。根据水稻主要害虫趋势、发生程度、防治指标，确定防治适期和防治策略；在害虫抗性监测的基础上，分析现有用于水稻害虫防治药剂品种的防治效果、适用可行性、害虫抗药性等情况，在高效、低毒、无残留、安全经济与环境友好的前提下，综合分析考虑，科学制订符合实际、切实可行的害虫防治选择的药剂品种或混用配方方案，坚持合理轮用或交替使用，做到一药多用，总体防治，减少用药次数和用药量，提高防治效果，延缓害虫抗药性的产生，确保水稻害虫可持续无害化治理和无公害农产品质量安全生产。

3.5　抓无公害农产品生产标准建设，搞好科技示范推广，提高农药科学安全使用水平

一是加大农产品开发力度，建立无公害农产品管理办公室，健全各项无公害农产品生产管理规章制度，按不同作物的种类，制定各种无公害农产品生产技术操作规

程，规范生产技术标准，指导农民群众科学合理安全使用农药。二是抓植保科技的示范推广应用建设，把示范园建成无公害农产品生产的标准示范基地，建成新农药、新技术的推广应用窗口，通过技术指导、现场培训带动全市农药科学安全使用水平整体提高，促进无公害农产品的开发生产。三是全力推进水稻害虫可持续无害化治理：根据本地实际，科学制定《无公害大米病虫草防治技术规程》、《农药安全使用规则》等多个"无公害"生产技术操作规程，规范了水稻病虫草用药防治技术，保证合理使用农药和农产品的质量安全。同时，依靠基层农技网络，积极开展植保新技术的联效承包服务，加快新技术载体的高效低毒新农药得到迅速推广应用。

3.6 抓市场监管，全面禁止高毒农药的销售和使用 涉农行政部门要按照《农药管理条例》等有关法律法规规定，加强对农药生产、流通、使用的监督管理，对非法生产、销售、使用甲胺磷等五种高毒高残留农药的要依法进行查处。以《农产品质量安全法》为准则，农林、工商、质检联合执法和市场监管，严把市场准入关，首先从农技推广和供销经营部门抓起，在做好宣传教育工作的同时，自觉带头做好高毒农药替代推广工作，做到杜绝经营高毒农药。

岐山县农药市场现状与监管对策

魏宏伟　李少弟　付长岐　朱晓侠　梁建锋

（岐山县农业行政综合执法大队　陕西　岐山　722400）

农药作为一种特殊商品，是重要的农业生产资料，其使用事关农业生产安全和农产品质量安全。而农药标签是农药产品的重要标识物，是农产品真接向使用者传递农药技术信息的桥梁，是指导农药使用者安全合理使用农药产品的依据，也是农业行政执法部门农药管理工作的重要内容。农药标签是否规范是最直观说明一个农药产品是否合法，质量是否合格的重要依据之一。近年来，我国加大了农药市场管理和标签管理工作。目前已出台了《农药管理条例》、《农药管理条例实施办法》、《农药登记资料要求》、《农药产品标签通则》、《农药包装通则》、《农药商品名称命名原则》等法规和标准，使农药和标签管理工作有法可依。笔者根据农药法规的规定，找出农药市场存在的问题，提出加强监管的对策，以达到抛砖引玉，共同提高的目的。

1 岐山县农药市场的基本情况

岐山县辖 11 镇 3 乡，144 个行政村，总面积 856.45km²，总人口 46.7 万，其中农业人口 38.6 万。耕地面积 52.9 万亩，农作物种植面积 78 万亩左右。以小麦、玉米、水稻、油菜、马铃薯、线辣椒和各种蔬菜为主，果树以苹果、猕猴桃和各种杂果为主。年农作物种子需求量 550 万 kg，农药、化肥、农膜等农资商品使用量达到 15 万 t 以上。全县农药经营企业和门店县城 12 个、乡镇 60 个、村组 39 个，共 111 个，其中属乡镇供销社 17 个，占 15.3%。属乡镇农技站 9 个，占 8%。属专业协会 4 个，占 3.6%。属农资企业 5 个，占 4.5%。个体 76 个，占 68.5%。呈现出农资经营主体多元化、农药经营网点扩大化、管理对象复杂化的新特点。这些星罗棋布、散布城乡的农药经营网点，为全县农业生产做出了积极的贡献。

2 目前农药市场存在的问题

2.1 极少数农药经营从业人员业务素质低下，政策法规知识欠缺，不规范经营行为偶有发生。

2.2 个别区域的少数农药经营户诋毁对方，互相杀价，相互拆台，无序竞争。

2.3 "好药不挣钱，挣钱没好药"，是极个别商家唯利是图、心存侥幸、铤而走险、暗地里经营假劣农药的经营之道。

2.4　一些农村小商店兼营农药，不办理相关经营手续。极个别不法商贩走村串乡销售农药。

2.5　少数农药经营者无视农药经营管理规定，这边堆放农药、那边堆放小食品和粮油以及饲料等商品，商店好似杂货店，乱堆混销，存在安全隐患。

2.6　农药产品标签不规范，表现如下：

2.6.1　无农药登记证号或伪造、冒用登记证号。有的冒用本厂的，有的冒用他厂的，有的还租借农药登记证非法生产农药产品。

2.6.2　农药登记过期后不及时续展登记，仍标示过期登记证号，鱼目混珠，瞒天过海。

2.6.3　擅自更改商品名称，为逃避追究，在商品名后随意标注"TM"，或者®。在新标签使用时期，有些生产厂家仍在农药产品包装袋正面上方如法炮制，我行我素。

2.6.4　通用名标注不规范。将农药商品名置于醒目位置，大号字体印刷，而将中文通用名用小号字体印刷，误导消费者。有的干脆不标示中文有效成分名称，而是用英文代替，故意让人看不懂，蒙骗老百姓。

2.6.5　随意夸大农药使用对象和范围，包杀百虫、包治百病，其实不然。

2.6.6　包装标识倒置，误导消费者。一些将原生产企业名标用小号字体标注在注意事项等不显眼位置，却将代理商、经销商用大号字体标注在突出、醒目位置，误导消费者。有的在包装袋正面醒目位置大号字体标示外国技术支持或提供原药，让消费者误以为是进口产品，而在包装袋背面却隐蔽标示国内生产厂家，改头换面，混淆视听。

2.6.7　以肥代药，标注的是肥料登记证号，说明书上却标明具有农药作用，达到以肥代药的目的。

3　对加强农药市场监管的对策

3.1　建立和加强农业执法人员学习和培训制度，加大执法人员法律培训和自修力度，在学习中实践，在实践中学习，快速提高执法技能和业务技术水平，搞好农业执法规范化建设，切实担负起艰巨的农药市场监管重任。

3.2　加强农药法律法规宣传。特别对农药生产企业进行《农药管理条例》、《农药管理条例实施办法》、《农药登记资料要求》、《农药产品标签通则》、《农药商品名命名原则》等法规和标准的宣传，提高生产企业对农药标签重要性和严肃性的认识，增强企业法律意识。关键向农药经营者和使用者宣传，提高对农药标签的识别能力和防范意识，减少以至杜绝标签不合格农药产品在市场上的销售，使其失去市场。同时还应充分发挥社会舆论监督作用，形成齐抓共管的氛围。

3.3　继续开展对农药经营人员的政策法律和业务知识培训，引导自学，提高综合素质，增强守法经营意识，强化为农服务的本领和识假辨假能力。

3.4　加强诚信制度建设。通过推行经营质量公开承诺、农资商品质量信誉卡、完善进销台帐和经营档案及建立企业质量控制体系等做法，做到诚信宣传、守信经营和承诺服务。每年评选诚信企业和守法门店，树立农资经营示范店，奖优罚劣，倡导行业自律，开展放心农资下乡进村活动。

3.5　强化农药市场监管，加大执法力度。组织"绿剑护农"行动，全省统一行动，通报造假制劣农药企业黑名单和假劣不合格农药产品名录，曝光假劣农药案件，让假劣农药无处藏身，打假扶优护农。

3.6　设立举报电话，落实奖励措施。聘请人大代表、政协委员、乡镇农技干部、村组干部、专业户、种田能手等组成农药质量义务监督员，采取多种措施，强化信息反馈，构建农药监管长效机制。

3.7　采取逆向思维，巧用时间差打击假劣农资经销行为。利用节假日和班外时间突击检查农药市场，挫败不法批发商企图钻空子的侥幸图谋。

3.8　将物流货运部纳入监管范围，在农药购销旺季定期不定期及时开展检查，实行动态监管。

3.9　加大抽检的范围和次数，及时通报抽检结果，以便有效打击经营假劣农药的违法行为。

3.10　及时、认真、妥善处理农药质量投诉案件，保障当事人合法权益、维护社会稳定。

3.11　对在农业生产中施药时期相对集中、用药量较大、影响范围很广的农药如麦田、玉米田除草剂等农药品种，实行进货前"一申报二核对三试验四推广"的管理模式，严把市场准入关口，不断加强源头治理，确保农业生产安全和农产品质量安全。

洛阳市农田用药动态及 2009 年
农药药械需求分析

韩怀奇[1]   赵宗林[2]   刘武涛[2]

(1. 洛阳市洛龙区植保站   河南   洛龙区   471023
2. 洛阳市植保站   河南   洛阳   471000)

近年来，随着农业种植业结构的不断调整和优化，我市粮食作物产量逐年提高，经济作物面积稳中有增，但是随着耕作栽培制度的改进及生态环境小气候的变化，农田病虫害种类、数量相应发生了较大变化，农药的需求状况也随之发生了改变。为了全面掌握全市农田用药动态，备足下年度农药药械等农资，我们及时组织各县（市、区）植保技术人员进行了专项调查，现报告如下。

1 洛阳市农业生产概况

洛阳市地处豫西丘陵山区，境内地貌复杂，生态类型多样，素有"五山四岭一分川"之称。年平均气温 14.2℃，降雨量 546mm，降水时空分布不均，基本上是十年九旱。全市共辖 1 市 8 县 6 区 159 个乡（镇）2 989 个行政村，636 万人。总土地面积 15 208.6km²，其中丘陵、山地占全市总面积的 80% 以上，平原川区占 10% 左右。总耕地面积 540 万亩，其中旱地面积占 70% 以上。常年主要种植小麦、玉米、棉花、水稻、谷子、红薯、花生、大豆、果树、蔬菜、烟叶等作物。2008 年全市小麦种植面积为 363.2 万亩，玉米 244.7 万亩，棉花 8.7 万亩，水稻 2.2 万亩，红薯 55.2 万亩，花生 30.7 万亩，大豆 40.5 万亩，蔬菜 80.68 万亩，烟叶 33 万亩，中药材 65 万亩。水果面积 75 万亩，产量 4.1 亿 kg，实现产值 5.3 亿元，其中苹果面积 40.6 万亩，产量 2.3 亿 kg，形成了崤山优质苹果、浅山丘陵核果、黄河滩区优质梨、城市近郊时令鲜果等四大水果基地。总体来看，我市农业种植结构调整坚持因地制宜、突出特色、走区域化、规模化发展道路，目前已初步形成发展优质专用粮食、林果、中药材、烟叶、花卉苗木等六大支柱产业格局。

2 农作物主要病虫草害发生及防治概况

由于我市地形复杂，自然形成的小气候多，加上作物种类齐全，相应的农业植物病虫害发生种类多，分布范围广。2008 年小麦各种病虫草害累计发生 1 321.81 万亩，防治 1 289.26 万亩，使用的农药主要有三唑酮（粉锈宁）、适乐时、多菌灵、禾果利、甲基托布津、氧乐果、高效氯氰菊酯、辛硫磷、定虫脒（喷定）、吡虫啉（蚜虱净）、麦镰、巨鑫、巨星、二甲四氯等；玉米各种病虫害累计发生 149.9 万亩，防治 110.6 万亩，使用农药主要有多菌灵、禾果利、甲基托布津、植病灵、施特灵、敌杀死、氯氰菊酯、氧乐果、快杀灵、辛硫磷、呋喃丹、玉丰、玉地、精克草能等；蔬菜病虫害共发生 138.787 万亩，防治 252.044 万亩，使用杀菌剂有百菌清、多菌灵、甲托、代森锰锌、疫霉灵、乙磷铝、病毒 A、菌克毒克、施特灵等，使用杀虫剂主要有蚜虱净、扫螨净、高效氯氰菊酯、高渗氧乐果、辉丰菊酯、敌百虫、辛硫磷、敌敌畏等；果树共发生病虫害 71 万亩，防治 125.6 万亩，使用农药主要是百菌清、代森类、高效氯氰菊酯、高渗氧乐果、草甘磷、百草枯等。

3 2008 年农药、药械品种应用及市场价格变化情况

我市农田用药主要品种杀菌剂类有三唑酮、多菌灵、甲基托布津、百菌清、乙磷铝、疫霜灵、病毒 A、病毒必克、代森锰锌等；杀虫剂类有氧乐果、蚜虱净、吡虫啉、辛硫磷、速灭杀丁等；除草

剂类有巨星、噻吩黄隆等。药械种类主要有手动式工农 16 型、工农 3WBB－16 型、卫士－WS－16型等；背负式机动弥雾机有泰山－18 型、东方红－18 型等。从今年市场调查情况看农药价格总体属上升趋势，农药品种上涨幅度均在 10％左右，其中杀虫剂、杀菌剂涨幅为 15％，除草剂涨幅在 10％（草甘磷比去年涨 30％），喷雾器涨幅 5％。涨幅较大的如 40％多菌灵吨价由去年的 1 700 元上涨到今年的 2 900 元，涨幅 70.6％；甲基硫菌灵吨价由去年的 2 700 元上涨到今年的 33 152 元，涨幅 22.7％；乙酰甲胺磷吨价由去年的 17 385 元上涨到今年的 19 960 元，涨幅 14.8％。造成价格上升的原因可能是由于农药生产的化工原料价格上涨，能源价格上升，劳动力价格提升等方面因素增加了农药价格和运营的成本，从而导致今年农药价格上升。

4 农药、药械市场供求情况和存在的问题

农药销售渠道以个体经营为主，其次是农业技术、农资部门。从调查中发现的突出问题是：个体户经营农药、药械技术不过关，只是为了卖药而卖药，以经济利益为主，个别销售商不管农民的需求张冠李戴把治病的药用于治虫等等。再加上农药质量不过关，杀虫、杀草效果差。农药名称千奇百怪，像草甘磷，百草枯就有很多名称，如：稳草杀、扫荒、好易净、春多多、隔叶杀、忘情草等等。市场调查显示，农药销售中存在的主要问题是生物农药价格偏高，防效期短；有些农药防治对象单一，治疗效果不好，尤其是杀虫剂更显突出。

药械质量问题也是影响防治效果的一大制约因素。药械存在的主要问题是假冒伪劣产品较多，生产厂家多为塑料制品厂，他们为图已私利使用低劣原料生产，而经销商亦为私利来销售这些产品，这就导致上市的植保器械质量差，残、次品较多。形成这种情况的原因是伪劣产品价格低，容易被农民接受。另外，植保药械没有统一的标准规范和有力的管理队伍，市场缺乏有效监管，伪劣产品公开上市销售，极大地影响了新型优质植保机械的市场占有率，延缓了新型器械的更新换代步伐。再一点就是机械维修保养不当，售后服务跟不上，尤其是机动迷雾机。现在市场上销售的几种机动迷雾机，无论是质量还是配件都没有原来的好，有些产品使用说明书不详细不易懂，造成使用保养不当。有些部件容易损坏，厂家售后服务不到位，消费者购买配件不方便或买到的是次品，致使好的机械不能发挥正常的作用。

5 2009 年农药需求动态分析

近年来，随着我市农业种植业结构的优化调整及人们环保安全意识的提高，广大农民群众根据农产品市场的需求，扩大了经济类作物及无公害农产品的种植面积，在增加收入的前提下，相应加大了对病虫害防治地投入，因此，农药需求量总体呈上升趋势，同时在农药品种使用上也发生了一些变化，具体表现出以下特点：

5.1 高毒农药使用量逐渐减少，无公害农药需求量增加 随着对无公害农产品的宣传、市场需求的增加和安全用药知识地推广普及，剧毒高毒农药品种及数量在我市逐年下降，高效低毒低残留农药需求稳步上升。随着 1605、甲胺磷、久效磷等剧毒高毒农药的禁用，3911、呋喃丹等高毒农药的使用量也呈逐年下降趋势，降幅为 10％～15％，而菊酯类、辛硫磷、蚜虱净、阿维菌素、BT、灭幼脲等高效、低毒、低残留农药和一些复配剂及生物制剂品种需求稳步增长，上升幅度为 10％～12％。

5.2 除草剂需求量持续增长 从近年大田防治情况看，小麦、玉米、果园内除草剂用量显著增加，其中玉米田用量最大，主要品种是玉丰、玉地、玉米宝、除草威、乙阿合剂、丰谷等；其次是灭生性除草剂草甘磷、百草枯、克芜踪等用量增加，主要用于果园；麦田以苯磺隆为主，如麦镰、巨星、麦道等；蔬菜田用药盖草能、精克草能、精禾草克等效果好，用量大；另外，花生、大豆田用药乙草胺也占一定比例。

5.3 杀虫剂品种有升有降 各类杀虫剂农药虽然商品名称多种多样，但按其成分来讲，仍以有机磷类、拟除虫菊酯类、氨基甲酸酯类为主，其中有机磷类以辛硫磷为主；拟除虫菊酯类以高效氯氰菊酯、氯氰菊酯为主；氨基甲酸酯类以克百威、涕灭威为主，主要用于土壤处理；其他类如吡虫啉、阿维菌素等需求量逐渐加大。

5.4 杀菌剂精品需求量增加 随着经济类作物种植面积扩大，特别是保护地蔬菜面积逐年增加，杀菌剂总体需求有所上升。使用量较大的仍然是硫酸铜、多菌灵、百菌清、禾果利、三唑酮、甲基托布

津、代森类、福美类等农药。由于考虑到用药成本，农民要求尽量减少用药次数和用药量，所以效果非常明显的名优杀菌剂受到欢迎，如冠菌清、达克宁、克露、大生、新万生、适乐时等用量将会增加，且主要用在大棚蔬菜上。

5.5 常规农药用量稳中略降 由于市场竞争激烈，大路农药品种如三唑酮、多菌灵、敌敌畏等，仍将占有一定的市场份额。专营的新农药品种（独家经销）因其高效且经销环节单一，减少了层层加价，既有利于经销商，又使广大农户直接受惠，市场前景看好。

5.6 优质新型药械市场广阔，需求量增加 一些新型、优质、轻便的植保机械开始被农民群众接受，需求稳定增长。手动喷雾器中，WS-16 比较受欢迎，用量增幅较大；而一些质量低劣、价格低廉的老式陈旧药械将逐渐被淘汰；机动喷雾器受种植面积及价位影响用量将持平；烟雾机因其高效适用需求量将会增加。

分析以上农药械需求变化特点，主要受以下因素影响：一是政策因素。国家禁用五种高毒农药后，甲胺磷等一批生产上使用量较大的有机磷农药逐渐退出农药市场，一批新的替代农药逐渐推广使用；二是随着农业产业结构的调整，蔬菜、烟叶、中药材、果树等经济作物面积增加，高效、低毒、

低残留农药更多地被农民接受，杀菌剂、除草剂等农药使用量逐年增加，使我市的农药使用结构由单一的高毒高残留杀虫剂为主，转变为高效低毒的杀虫剂、杀菌剂、除草剂多品种，农药使用结构更趋合理；三是随着农业政策的不断倾斜和农民收入地提高，农民有更多的资金投入到病虫害防治中，一些价位较高、高效低毒的农药也会逐渐被农民接受。

6 2009 年农药药械需求量预测

根据以上调查分析，预测 2009 年我市农药需求量呈明显全面上升趋势。全市全年农药总需求量预计为 2 428.98t（折 100% 含量为 896.79t），较去年上升 9.5%。其中杀虫剂需求仍占主导地位，约为 1 474.43t，较上年增加 6.9%；其次为除草剂 482.92t，增加 30.36%；杀菌剂 372.01t，增加 11.8%；杀螨剂 69.1t，减少 24%；植物生长调节剂 20.54t，增加 63.3%；杀鼠剂 9.98t，增加 83.54%；植保机械需求 148 618 台，其中手动喷雾器 146 750 台，机动喷雾器1 550部。总体来看，杀虫剂、杀螨剂、除草剂需求量均大幅增加，杀菌剂平稳上升。

环渤海湾西南棉区农药使用情况调查与分析

邢 华 赵便果 逯浩然

（江苏安邦电化有限公司 江苏 淮安 223002）

棉花是我国最大宗的经济作物，是关系国计民生的特殊商品，是涉及农业和纺织工业两大产业的重要农产品，是中国 1 亿多棉农的主要收入来源，是纺织工业的主要原料，也是广大人民群众不可缺少的生活必需品。可以说棉花的生产、流通、加工和消费都与国民经济的发展息息相关，因此国家对棉花生产非常重视。当前，棉花生产中农药的使用是普遍的，农药在棉花生产中发挥着极其重要的作用，同时农药也是棉花高产、丰产的重要保障。但目前的

情况是农药大量和不规范使用，这既增加了棉花生产成本，造成了环境污染，也给棉花产品的质量安全带来了隐患。为了进一步了解棉花生产中农药使用的情况，掌握农民在棉花上使用农药状况的第一手资料，我们对山东东营、河北沧州和天津周边各棉区的农户和土地承包者进行了抽样调查，对农户基本情况，农药使用习惯进行了调研。调查涉及 100 户棉花种植大户，对棉花生产全过程的农药使用情况进行了调查问卷的访问和座谈。掌握了该区域棉花

生产中病虫害防治及农药使用情况，对深入进行棉区高毒药剂的替代和一般药剂的筛选工作具有积极的意义。

1　基本情况

1.1　从业人员文化程度低　被调查人员中，平均年龄为 45 岁，平均每户人口 3.8 人，其中文盲占 5%，小学文化占 24%，初中文化占 50%，高中文化占 20%，大专文化仅占 1%。

1.2　被调查人员组成　山东地区土地承包者多来自山东本省较内陆较不发达地区，而天津、河北的土地承包农户多来自河南的周口、安阳等地区以及河北本省的河间地区。其特点是都来自农村，到种植季节从家中来环渤海地区租赁土地种植棉花，承包的土地数量较多，少则 100 亩，多则上千亩棉花，棉花收获后，返回老家农村。

1.3　收入水平　按每户承包 100 亩土地计算，户年收入为 10 万元以上，其中农业收入占总收入的 90% 以上。

2　用药水平调查

2.1　购药渠道广而杂　70% 的调查对象为购买方便，从包地所在村的个体户处购买，15% 在县区或地级市农技站购买，15% 的农户从家乡购买带来使用[1]，某些大宗使用的农药品种，如乙烯利包地农户以合作的形式从厂家购买。

2.2　选用药凭经验和口碑　选择农药时，30% 的农户会根据自己的用药经验选药，50% 的农户听取经销商推荐用药，80% 的农户不会看农药标签鉴别真伪，20% 的农户听取亲友邻居推荐用药。70% 的农民注重防治效果，27% 的农户在考虑效果的同时，又考虑价格，而只有 3% 的农户会考虑农药的毒性。在确定用药时期时，90% 的农民先去田间查看，根据病虫发生情况确定是否用药，10% 的农户基本不看或请别人看或看到别人用药也随之用药。

2.3　盲目用药现象严重　随意增加用药量　调查发现，为提高防效，农户在用药时，认为"浓度越高，效果越好"的占 50%，因此有时为防治一种病或虫而用到好几种农药，并且用药浓度超出标签标注的几倍甚至十几倍，致使一遍药过后，作物就象穿上了一层厚厚的药衣，这不仅浪费了物力、财

力，同时还造成农药污染残留、病虫抗性增强等系列问题，棉花上的害虫对啶虫脒和高效氯氰菊酯的抗性急剧增加就是一个鲜明的例子。配制农药时，8 成农民用量杯配药，而 2 成的农户用瓶盖或估计一下就把药直接倒进喷雾器，常因药量过大导致作物受药害，尤其是除草剂，过量使用会对作物乃至下茬作物造成影响。见虫就治，打放心药。病虫害防治中，只有 10% 左右的农户根据田间病虫害发生情况、危害特点等选择合理的施药技术，大多数农户都存在见虫就治的错误理念，无形中增加了用药次数。

2.4　识别虫害能力较强，病害识别能力较差　大多数农户对危害重且常年发生的虫害认识较多，如棉铃虫、斜纹夜蛾、甜菜夜蛾、蚜虫、盲蝽、蓟马等，但对一些病害往往认识不足，如棉花黄枯萎病以及缺乏营养元素引起的营养不良。

2.5　重视治虫，轻于防病　多数农户对棉花的虫害都能及时进行防治，但对于各种病害却很少去防治。如引起棉花早衰的钾的施肥等[2]。在病虫不重的情况下，只有少数几户进行了预先防治。只有 10% 的农户认为病害需要预防和防治，其余农户认为病害治不治都无所谓。

3　农药使用概况

3.1　杀虫剂使用情况　20 世纪 90 年代中期以来，由于转 Bt 基因抗虫棉的大面积推广种植，棉铃虫得到了有效控制，杀虫剂的用量大大减少。但与此同时，非鳞翅目害虫在棉花生产中的危害却逐渐加重，如盲蝽、棉蚜、烟粉虱、红蜘蛛、斜纹夜蛾等发生普遍。例如 2006 年盲蝽在河南扶沟、内黄；烟粉虱在江苏东台；斜纹夜蛾在江苏如东、安徽东至、江西都昌；红蜘蛛在湖南华容等地发生严重。2007 年盲蝽又在河北南皮、江苏灌云严重发生。盲蝽是近年发生时间最长，危害严重的棉花害虫之一，发生期长达 3 个月之久。2007 年河北南皮县原种场防治盲蝽用药 18 次，防治虫次数高达 24 次之多；江苏灌云县杨集镇试点防治盲蝽用药 16 次[3]。另外，棉铃虫对转 Bt 基因抗虫棉也产生了一定的抗性。近年来棉花生产期间的治虫次数不断增加，杀虫剂的用量又呈上升趋势。

调查中记载的主要害虫、发生时期及用药品种如表 1 所示。

表 1　主要害虫发生期及防治药剂情况调查表（2009 年）

棉区	主要害虫	主要发生时期及日期	使用的主要杀虫剂品种
渤海湾西南棉区	地下害虫	5月上旬	辛硫磷、敌百虫、氯氰菊酯、氰戊菊酯等
	棉蚜、蓟马	5月中下旬	吡虫啉、啶虫咪、硫丹等
	红蜘蛛	5月中下旬～6月中下旬	阿维菌素、柴哒乳油、三氯杀螨醇、克螨特等
	盲蝽	5月中下旬～8月中下旬	硫丹、氯氰菊酯、功夫菊酯、毒死蜱、辛硫磷、马拉硫磷等
	斜纹夜蛾	7月～9月	甲胺基阿维菌素苯甲酸盐、毒死蜱、灭多威、茚虫威（安打）溴虫腈（除尽）等
	棉铃虫	6月中下旬～8月上旬	硫丹、氯氰菊酯、氰戊菊酯、甲氨基阿维菌素苯甲酸盐、毒·高氯等
	烟粉虱	8月份	辛硫磷、敌敌畏、吡虫啉、噻嗪酮、吡蚜酮等

3.2　杀菌剂使用情况　杀菌剂使用情况从田间记载结果看50％以上的棉农都使用了杀菌剂：在环渤海西南部棉区，棉花苗期病害，包括立枯病和枯黄萎病施影响棉花品质的重要因素。由于09年前期雨水较多，棉花的枯黄萎病较为严重，半数棉花使用了杀菌剂，防治棉花苗期病害和枯黄萎病。

表 2　主要病害杀菌剂使用情况调查表（2009 年）

棉区	杀菌剂使用情况
渤海湾西南部棉区	74％的农户使用多菌灵、恶霉灵、百菌清、黄腐酸盐等防治苗期病害和枯黄萎病一般为1～3次较重地块和年份，防治病害多达8次以上。

3.3　植物生长调节剂、除草剂使用情况　植物生长调节剂、除草剂在棉花生产过程中也得到了广泛使用，成为高产优质的一项重要栽培措施。从调查结果上看，100％的棉农使用植物生长调节剂来调节棉花地生长发育，使用次数一般为1～3次。使用调节剂和除草剂能够大大减轻劳动强度和管理成本。

表 3　主要植物生长调节剂和除草剂情况调查表（2009 年）

棉区	除草剂	植物生长调节剂
渤海湾西南部棉区	67％的农户使用噁草酮（苗前除草）氟乐灵、百草枯、盖草能、草甘膦、乙草胺等	100％的农户使用缩节胺助壮素等一般为2～3次；100％的承包土地的农户使用乙烯利催熟。30％的小农户使用乙烯利催熟。

4　提高农民科学使用农药的对策

2009 年调查中，棉花生长期间平均治虫 24 次之多，平均 4d 用药一次。另外，还有 30 多种杀菌剂、植物生长调节剂、除草剂也在棉花生产中普遍使用。如此大量地使用农药，不但使棉花产品上带有农药残留，也是生态纺织品的重要隐患，同时对生态环境也具有很大压力。

近年来，有关生态纺织品的标准应运而生。如欧盟的 Oeke-tex100 标准，对服装上限制的有毒有害物质就有 14 类，其中杀虫剂品种有 54 种，许多都是我国目前棉花生产中常用的农药品种。在棉花生长过程中使用的农药有一部分会被纤维吸收，成为棉花质量安全的隐患。另外，棉子饼粕和棉子油是我国重要的饲料源和食用油，与人民的健康和生命安全存在直接的利害关系。农药的大量使用不仅影响棉花质量安全，也对棉副产品的质量安全构成威胁。为此，需要大力的宣传和推广科学使用农药的重要性，避免使用高毒和高抗性的农药，加大综合防治力度。严格控制棉花产品中有毒有害成分的残留，提高棉花质量安全水平。具体措施有：

4.1　加大宣传力度　农业植保部门要通过电视、广播、网络等媒体，以发布病虫信息、送科技下乡、办培训班、发放明白纸等形式，向农民宣传农药使用新技术及病虫识别方法、病虫发生动态等植保信息，使农民掌握常见病虫的形态特征、发生规律、防治技术，增强病虫害的识别能力，提高农民的科技素质。如江苏安邦电化有限公司在山东东营地区举行送科技下乡、发送宣传单等形式，宣传农药用药基本常识，并结合农事，及时把病虫害的发生时间、防治时期、防治方法等形象、直观、快捷地传授给农民，为科学防治提供依据。

4.2　加大农药市场监管力度　杜绝高毒农药流向农村，农业执法部门要加大执法力度，坚决查处销售高毒农药的门店和依法取缔无证经营门店，同时开展对农药经营人员地培训，提高农药经营者的素质，严禁高毒农药流向农村。

4.3　筛选高效低毒农药　农业技术推广部门与各级植保部门和优秀的大中型农药企业合作，积极做好高毒农药的替代筛选试验、示范，大力推广高效、低毒、低残留的环保型农药用于生产。如江苏安邦电化有限公司生产的飞电吡蚜酮得到了农业部全国农技推广中心地推荐，在南方水稻区替代了五种高毒农药防治稻飞虱，并且在北方的棉区防治烟

粉虱、蓟马和蔬菜上防治蚜虫均取得了良好的效果。另外，天津市植保站与江苏安邦合作，推广针对棉花催熟的产品，安邦乙烯利，通过送文化下乡活动，宣传农药使用知识，同时利用电视媒体、科技进村服务站、召开专题技术培训等形式，开展棉花农药使用技术培训，提高农民对农药正确使用地认识和对新型环保农药地认可，都是一些可以借鉴的做法，对高毒农药的替代起到了一定的作用。

参考文献

[1] 黄军军，李瑞将，刘峥．农户用药水平调查．[J]．广西植保，2002，15（1）：34～36
[2] 李文红．棉花早衰的原因及防治措施．[J]．现代农业科技，2009，14
[3] 张卫红，谢成利．棉花病虫害的监测和防治．[J]．现代农业科技，2009，12

果树病虫害绿色防治技术

刘耀叶[1]　王过林[2]　颜　逢[1]　兰宏博[1]

（1．陕西省延长县植保站　717100　2．陕西省延长县七里村镇农综站　717100）

农产品质量安全越来越受到人们的关注。因此，植保工作在"预防为主，综合防治"的基础上，又进一步提出了"公共植保，绿色植保"的工作理念。不断地探索和推广无害化防治技术，在果园逐步组建了绿色防控技术体系，并取得了显著成效。

1　农业防治技术

1.1　清洁果园及果树　①及时清除果园内枯枝、落叶、僵果、落果、杂草等，并集中烧毁，可大大减少褐斑病、轮纹病、白粉病、叶螨、刺蛾、金纹细蛾等病虫害的越冬基数。②刮除果树老皮、粗皮、翘皮、病斑。剪除病枝、虫枝、虫果以及尚未脱落的僵果，并将清理下的树皮、树枝集中烧毁，消灭潜藏在其中的病虫害。如梨茎蜂、梨瘤蛾等害虫用人工剪除的办法，大范围连续进行2～3年，

不用打药，基本可以控制。③在树干和主枝上刷涂白剂，既可杀灭越冬病虫，又能预防牲畜、鼠类、野兔啃食树干，还可以减少冬春昼夜温差，增强树体抗冻能力。

1.2　消灭树盘中的病虫　①许多害虫在寒冷季节有钻入地下冬眠的特性，入土深度大多在树盘内10～15mm 的表层土，所以，冬前、早春结合施肥，深翻树盘30～40mm，将土壤中越冬的病虫暴露于地面冻死或被鸟禽啄食，可有效杀灭桃小食心虫、梨网蝽、舟形毛虫等越冬虫态。②早春土壤中越冬害虫出土前，用塑料膜覆盖树盘，可有效阻止食心虫、金龟甲和部分鳞翅目害虫出土，致其死亡，并且有利于保温保湿。

1.3　用肥料巧治病虫　①用尿素、洗衣粉、水配制成的混合液，喷洒果树，既可起到叶面追肥的效果，又可有效防治红蜘蛛、蚜虫等害虫，配制比例为：尿素：洗衣粉：水＝3：1：500。②用草木灰

加 5 倍水，浸泡 24h 后，取其过滤液，对果树进行喷雾，不仅可增补钾肥、磷肥，提高树势，还可杀灭蚜虫。③将具有根腐病症状的果树下的土壤扒开，露出根部，刮去腐烂部分，先晾晒根一段时间，然后每株施入 2.5～5kg 草木灰，并加土少许覆盖，用此法治疗果树根腐病效果好，还可提高树

体抗病力。

1.4 叶面喷施沼液 近年来，沼气普及农村，沼液资源丰富，用 50% 的沼液在果树花期、幼果期、生长旺盛期各喷 1 次，不仅有利于优质稳产，还可大大减轻早期落叶病、红蜘蛛、蚜虫等病虫地危害，减少化肥和农药的使用量。现将防治效果统计如下：

表 1 沼液对苹果病虫害防治情况统计表

项目 类别	落叶病感 病率（%）	落叶率 （%）	叶部病斑 数（个）	红蜘蛛 （头/百叶）	蚜虫 （头/百叶）
不喷沼液	68.70	31.20	10	37	118
喷施沼液	4.30	5.80	4	9	27

从上表可以看出，早期落叶病发病率降低 64.4%，病斑数减少 60%，落叶率降低 25.4%，红蜘蛛、蚜虫虫口减退率分别为 75.7% 和 77.1%。

2 物理防治技术

2.1 绑诱虫带 利用害虫沿树干下爬越冬的习性，在树干分枝下 5～10cm 处绑扎诱虫带，诱集叶螨、介壳虫、卷叶蛾等，越冬后销毁。

2.2 黄板诱蚜 在有翅蚜迁飞期，利用蚜虫的趋黄性，在果园每隔 20m 左右挂一个黄色粘虫板，每亩悬挂 23 张，能够杀灭果树上的有翅蚜。

2.3 悬挂性诱剂 在 4 月上、中旬，及时悬挂金纹细蛾、桃小食心虫、苹小卷叶蛾性诱芯，悬挂高度以诱芯距地面 1.5m 为宜，一般每间隔 20m 左右挂一个，诱芯每月更换 1 次，可有效干扰害虫的求偶交配，减少后代，达到控防目的。

2.4 果实套袋 全园实行果实套袋，不仅可提高果实外观品质，减少污染，还可有效阻隔食心虫、烂果病、斑点落叶病等病虫害直接侵害果实。据调查，套袋苹果平均病果率为 2.1%，虫果率为 0.07%，不套袋苹果平均病果率为 6.8%，虫果率为 1.9%，两者相比，病果、虫果分别下降了 69.1%、96.3%。而且，测试结果表明，苹果套袋可明显降低果实中的农药残留。

2.5 糖醋液诱杀 糖醋液是防治果园金龟甲、吸果夜蛾等害虫的一种安全、经济、有效的方法。配制比例一般为：糖∶醋∶水∶酒＝3∶4∶2∶1，加适量 90% 晶体敌百虫。在糖醋液中放 3～4 个烂果诱杀效果更好。

2.6 安装杀虫灯 杀虫灯是利用害虫的趋光性原理制成，架设于果园树冠顶部，可诱杀各种趋光性较强的害虫 3 目 13 科 22 种，杀虫灯的有效控制半径在 70～80m 左右，控害面积约 20～30 亩，可减少用药量 47%，每亩节约成本 14.7 元，益害比为 1∶47。此外，在距离杀虫灯 10m 范围内，害虫危害略微有所加重，应注意重点补喷农药防治。

3 生物防治技术

天敌对害虫种群数量起着十分重要地抑制作用，所以，要保护和利用自然界天敌，达到以虫治虫的目的。

3.1 避免在天敌盛发期使用广谱杀虫剂 天敌出蛰要比害虫晚 15～20d，所以，一般在苹果开花后 15～20d 内果园停用杀虫剂，以免杀伤天敌。

3.2 注意农药的选择 选用高效、低毒或生物制剂农药，禁用有机磷农药、限用菊酯类等毒性高、杀虫范围广的药剂。

3.3 人为增加天敌数量 用果园种草、人工助迁等方法有意增加果园天敌数量，抑制害虫地发生发展。此外，将部分落叶保存在细纱网中，把金纹细蛾封闭于网内，让天敌羽化飞出，从而来增加金纹细蛾的天敌数量。

4 化学防治技术

4.1 选用无公害对症农药 ①推广应用扑虱灵、螨死净、灭幼脲 3 号、阿维菌素、扑海因、腐必清、大生 M-45、苏云金杆菌、苦参碱、烟碱等高效、低毒、低残留或生物制剂农药。②农作物病

虫种类繁多，发生规律各异，对农药的反应也不一样。既是同一种病虫，各个生育阶段，对农药的反应也不一样。所以，当某一种病虫发生时，要选择一种对症农药进行防治，不可不分防治对象，见药就用，盲目用药，轻者贻误时机，重者造成药害，甚至绝收。

4.2 合理混用农药 农药合理混用能加强药效。但混用不当会降低药效，增加成本，甚至发生药害。一般情况下，混合后发生化学反应致使作物出现药害的农药不能混用。如波尔多液与石流合剂分别施用，能防治多种病害，但它们混合后很快就发生化学变化，出现严重药害现象；其次，酸碱性农药不能混用。如马拉硫磷、乐斯本、代森锰锌、代森铵等，不能同碱性农药混用；第三，混合后乳剂被破坏的农药不能混用。如石流合剂、甲基砷酸钙不能同乳剂农药混用，也不能加入肥皂；第四，微生物农药不能与杀菌剂混用。杀菌剂对微生物有直接杀伤作用，若混用，微生物即被杀死，微生物农药因而失效。如苏云金杆菌不能与杀菌剂混用。

4.3 严格配制农药浓度 严格按照标签说明进行配制，不可随意提高或缩小浓度，浓度过小，起不到理想的防治效果，过高会发生药害，增加污染，加速有害生物产生抗药性。

4.4 正确选择防治方法 根据病虫发生部位及危害特点选用最佳防治方法，叶面病虫害要从上往下喷药，叶背病虫害要从下往上喷药；根部病虫害，用灌根的方法最好；树干病虫害，用涂药、刮治的方法最好；康氏粉蚧以诱集产卵来防治，效果较好。还可根据害虫的趋性、假死性选用诱杀、捕杀的办法。

4.5 抓住有利时期进行防治 弄清病虫生物学特性及发生规律，抓住有害生物最薄弱的环节，一般来说，病菌孢子萌发或幼虫低龄时对农药的耐受力较弱，是防治的关键时期，这时进行防治，可收到事半功倍的效果。如：苹果腐烂病以春季、秋季防治为主；苹果白粉病化学防治的关键在萌芽期和花前花后树上喷药；斑点落叶病一般春梢期和秋梢期发病重，提早预防是关键；褐斑病是风雨传播的流行性病害，雨季喷药是关键；苹果锈病，特别是在4月中下旬有雨时，必须喷药；金纹细蛾重点防治时期在第一代和第二代成虫发生期，即控制第二代和第三代幼虫危害；红蜘蛛要抓住开花前、开花后和麦收前三个关键时期进行防治；防治苹果瘤蚜的关键是在越冬卵孵化盛期细致喷药；绣线菊蚜在5月中下旬蚜量增加，尚未卷叶前进行喷药防治。

4.6 交替使用农药 交替使用作用机制不同的农药，可有效克服和延缓有害生物抗药性地产生，延长农药品种的经济寿命。由于不同类型或不同作用机制的农药，在有害生物上作用位点方式不同，使有害生物的选择性不同，有害生物难以产生抗药性或减缓抗药性产生。

冬枣园农药使用现状调查与控制对策

刘京涛[1] 曹忠新[2] 张广霞[3] 姚海燕[4]

(1. 山东省滨州市植保站 256618 2. 滨州市农技站
3. 滨州市蔬菜办 4. 无棣县农业局土肥站)

冬枣甜脆可口，有"百果之王"之美誉，为滨州市特有的珍稀特产，由于冬枣生长迅速，含糖量高，果皮薄，肉质脆，病虫害发生较为严重，果农使用化学农药防治较为普遍，为摸清冬枣农药使用现状，更好地培训指导农民高效、安全、环保用药，我们组织开展了农药、药械使用方面基础调查，并制订出相应的控制对策。

1 调查范围和方法

全市选有代表性的冬枣原产地沾化县进行调查，选种植面积较大的枣农作为调查对象。全县选择3个乡镇，每个乡镇选择3个村，每个村抽查50户。调查内容为农药品种、农药使用、病虫知识和使用器械 4 大部分。调查人员采取入户询问，如实逐项填写调查表。

2 农药使用现状和主要特点

2.1 农药品种的选择
2.1.1 农药品种的选择上自主性增强

农民农药品种的选择依据：自己知道占 60%；看别人用药占 15%；听经销商占 25%。

由于枣农已有多年的管理枣园实践经验，有接近一半的枣农在农药品种的选择上根据自己所掌握或了解的病虫知识，通过阅读农药的说明书来选择农药品种，不再盲从；但也有 1/6 多的枣农缺乏自信心，看别人买什么药就买什么药。近几年来，由于不少不法经销商经营假冒伪劣产品，坑农害农事件时有发生，导致经销商的信誉普遍降低。

2.1.2 高毒农药品种显著下降
高毒农药（除五种高毒农药外）使用占用药比例 20% 以下占 95%；占用药比例 20%～50% 占 5%；占用药比例 50% 以上占 0%。

随着高毒农药生产和使用上的政策导向和无公害农产品宣传推广，枣农对有机磷农药抗性认识和安全意识地提高，久效磷等五种高毒有机磷农药在冬枣上枣农已自觉不用，市场上已几乎绝迹，一些高效、低毒、低残留农药如啶虫脒、吡虫啉、除虫菊酯类、生物抗生素类已成为主导品种。

2.1.3 生物农药品种所占比例上升
生物农药品种占总使用农药比例 20% 以下为 40%；占用药比例的 20%～50% 为 40%；占用药比例的 50% 以上的为 20%。生物农药已被群众开始了解和应用，生物农药品种地推广已展现出良好的前景。

2.1.4 枣农对生物技术的知晓程度和了解渠道
不知道生物技术的占 60%，有所了解和模糊认识的占 40%。这说明生物技术知识地普及很有必要，生物技术知识地推广应用还是任重道远。

了解生物技术的渠道：55% 的棉农愿意接受农技部门的宣传；25% 愿意接受经销商介绍；20% 通过报纸、杂志、新闻、广播等媒体宣传。由于冬枣生长期较长（自 4 月中旬至 10 月上旬），管理需要的技术水平高，人们认为农技部门专家讲的技术含量高，并且已经过试验，非常愿意接受。

2.1.5 枣农储存农药和用药的安全意识有所提高
2.1.5.1 农药存放
存放在密封隐蔽处 99%，个别随意存放的仅占 1%。

由于家长防范孩子和畜禽接触和误食，同时也知道农药见光容易分解和毒气挥发而选择密封隐蔽处，群众都知道不能随意存放。

2.1.5.2 防护措施
喷药作业时不穿戴防护衣服和口罩等占 80%；施药者喷药前换上旧衣服稍加防护占 20%。随着用药器械更新和质量地提高，施药器械的跑冒滴漏现象也大大减少，同时高毒农药品种使用大大减少，枣农往往怀着侥幸麻痹心理，忽视在使用时的自我保护。市场上也缺乏有效防止药液渗透又散热的防护服，即使有，但由于成本高群众也买不起。

2.2 农药使用
2.2.1 施药劳动力结构以男劳力为主
施药男劳力占 90%，；女劳力占 10%；孩子为 0%；在农药的购买上，男主人购买占 95%；女主人购买占 5%，孩子购买占 0%。

冬枣作为当地乃至我国的珍稀特产，已成为当地农民增收的主导优势产业，在当地号称"1 亩冬枣园 10 亩棉"，冬枣树比棉株高得多，施药是强度大又艰苦的体力活，女主人由于受怀孕、生育等生理特点及家务等影响，农村男劳动力在农村占据主要地位。孩子多数为独生子女，购药和打药的比例为零。

2.2.2 科学安全施药技术有所提高
2.2.2.1 农药的量取标准化提高
用吸管量取 98%；用瓶盖量取 2%；随意倒 0%。随着规范化、标准化农业的实施和农民安全意识地提高，农民的用药精准意识有了很大地提高，大大减少了农药中毒事故和药害事故地发生，同时也提高了防治效果。

2.2.2.2 适时用药
喷药在上午 10 时以前占 45%；下午 4 时以后占 55%。中午天气热，容易造成施药人员中毒，随着人们对害虫活动规律逐步了解，群众自觉的科学适时用药，群众也懂得过早有露水时也不能喷药。

2.2.2.3 施药技术大大提高
均匀喷雾，没有水滴滚落占 80%；有小水滴滚落占 20%；有大水滴滚落占 0%。枣农均匀喷雾意识提高，提高了防治效果，防止了药液的浪费和对环境的污染。

2.2.3 施药次数和每次用药剂量居高不下
在整个冬枣生育期内用药 20～25 次占 65%；25 次以上占 35%，主要因为冬枣有 6 个多月的生长期，病虫害种类多，加上冬季、春季休眠期和发芽前还用几次药，又加上一代盲蝽象发生严重，群众时常错过防治适期,给有效防治带来很大的困难,导致用药次数和防治成本居高不下。

2.3 病虫知识

2.3.1 枣农有了一定的病虫知识 对病虫知识比较了解的占40%;一般了解占60%;不了解占0%。枣农由于多年种植冬枣,对病虫知识已有了一定的实践经验和知识,减少了在防治上的盲目性。

2.3.2 农技部门已成为传播病虫知识的主要渠道 获取病虫知识的渠道:农技部门占50%;经销商介绍占20%;邻居推荐的15%;通过报纸、杂志、新闻、广播、自学占15%。

由于冬枣生育期长(自4月至10月),枣农投入大,管理需要的技术水平高,一旦管理不善,往往导致大量落花、落果,后期枣锈病还容易流行,锈病重的年份甚至绝产,所以枣农渴求冬枣栽培和病虫害等知识,对农业专家比较信赖,已成为枣农获取病虫知识的主要渠道;经销商特别是遍布市县乡村四级的植物医院,以物资作为技术载体推广传播病虫知识有着广阔的天地,成为枣农获取病虫知识的重要渠道,但经销商多是局限在农药品种的介绍方面,一般缺乏系统的病虫和防治方面的知识,也有部分经销商不具备经销农药的技术资格。

2.3.3 枣农欢迎农技人员开展科技下乡培训活动,进行现场培训 枣农参加培训的机会:经常参加占40%;不经常参加占60%。认为宣传培训效果很好的占80%;一般的占20%。有90%认为举办大型的活动有必要。尽管市县两级农业技术人员经常深入基层开展科技下乡培训,但面对广大的农村,力量是非常有限的,加上没有专项培训经费,开展下乡培训很困难。乡镇一级农技单位在生存都存在问题的情况之下,开展培训的困难可想而之,所以并不是群众不参加培训而是培训到村的几率很少。但也有不少不法经销商打着农技部门的旗号借科技下乡培训经营假冒伪劣产品,坑农害农事件时有发生,导致经销商的信誉普遍降低,也影响了农技部门的形象。对于培训的形式,95%枣农喜欢现场培训,只有5%枣农喜欢室内系统的培训。现场培训是开放的,互动的,平等的,贴近群众,贴近生产实际的,能解决群众急需解决的疑难问题,同时也避免了室内老师为主体群众被动的填鸭式的培训。

2.4 使用器械 施药机械化程度较高。

2.4.1 动力类型调查 手动式喷雾器占15%(其中工农－16型65%;WS－16型10%;其他占25%);机动式喷雾器85%。手动式喷雾器喷头数目70%为1个,30%为2～3个,喷头类型95%以上为圆锥型喷头,5%为扇型喷头(一般用于喷除草剂)由于大多数农户户均枣园1～2亩左右,冬枣树比较高,喷液量大,冬枣价值高,绝大多数农户使用机动式喷雾器,但也有的农户,由于受经济条件限制,枣农对老旧手动式喷雾器进行修理和更换部件后继续使用,个别在推广部门宣传下,部分枣农开始购买WS－16新型手动式喷雾器。

2.4.2 喷雾器渗漏情况 无渗漏80%;药箱盖渗漏5%;开关、输液管接口渗漏15%。随着人们生活水平和安全意识地提高,人们对喷雾器渗漏问题比较重视,并严加防范,及时修理和更换配件和喷雾器,但也有个别喷雾器老化,配件粗制滥造,导致开关、输液管接口渗漏时常发生,带来中毒事故隐患。

2.4.3 药液准备及混合 机器内混合占80%,不搅拌只是在喷药过程中随人在喷药时随喷随摇晃,这样往往会使药液混合不均匀导致喷药开始的地头或地边的枣树容易中药害,也会使农药特别是杀菌剂沉淀在药箱底部,影响防治效果。有20%用户采取机器外混合,药液混合均匀,提高了防治效果,防止了药害事故地发生。

2.4.4 剩余药液 直接再喷到田里60%,多指杀虫剂、杀菌剂,甚至个别除草剂。由于天气很晚、快下雨、很累,所剩药液很少等特殊情况,尤其是除草剂,枣农直接倒掉占20%,也有20%带回家等下次再喷,这样容易降低农药的效果和粉剂沉淀,以及其他隐患。群众对剩余药液和空药瓶等废弃物地回收和集中环保处理意识基本是空白。

2.4.5 内部清洗 无内部清洗40%,群众认为都是杀虫剂或杀菌剂没必要清洗,每次用完药后清洗的占40%;每次更换农药前清洗20%,多指用除草剂之后。药前药后清洗可以防止不同农药间发生酸碱和其他不良物理化学反应降低药效,尤其是防止了除草剂药害事故地发生。

3 控制策略

3.1 引导枣农进行集约化规模化种植和管理 枣农进行集约化种植和管理,有利于机器化操作,减少劳动力的投入,提高工作效率,降低种植和销售成本,还可以解放出大批劳动力,增加农民的劳务

收入。也有利于农业科技人员开展技术地培训推广、技术承包服务，让农业科技直接转化为生产力。农民可以采取租赁承包、股份合作等形式进行集约化种植和管理。

3.2 大力推广综合防治技术 结合农业种植结构地调整，在适当规模的同时组织引导枣农插花种植，避免单一连片大面积种植，可以采取枣粮、枣与牧草等兼作，冬枣园间种不同的作物，充分发挥生态调控对病虫害的基础控制作用，提高天敌等生物的多样性和存量，控制枣锈病等病虫害地流行和暴发。大力推广物理的，农业的，生物的，化学的综合防治方法，减少化学农药的使用量。大力推广综合防治规程和安全用药技术操作规程，确保农民高效、规范和安全环保用药。

3.3 建立科技示范基地，以点带面 农业科技部门，通过建立科技示范园或技术承包等示范基地，

以点带面，带动农民集约化种植管理，科学的进行综合防治，同时推广先进的新型喷雾器械，以获得高效、环保的效益。

3.4 加大政府投资，让科技人员下乡，开办农民田间学校 加大政府投资，建立政府专项培训经费，成立一支科技下乡专门培训队伍，坚持"以人为本"，"以农民为主体"的新理念，大力开办农民参与式"农民田间学校"，以提高农民的自信心、综合素质和各项技能，同时推广环保、生态安全知识，为建设社会主义新农村培养大批人才。

3.5 采取多种形式发布病虫预测预报，让农民适时适法开展防治 通过电视、电台、报纸等多种媒体发布病虫预测预报，大量印发病虫情报、明白纸、技术资料，让更多的农民知晓病虫发生程度、防治适期和防治方法，使农民适时适法开展综合防治。

15％多效唑对花生的抑制及增产作用

刘　萍　宋汝国　刘培凤

（江苏省如皋市植保站　226500　如皋市开发区　226500）

我们于 2006 年 7 月 23 日花生盛花期进行了 15％多效唑对花生的抑制及增产作用田间药效试验，了解常规生产条件下该激素对花生的抑制及增产作用，确定使用剂量和使用效果，为大面积生产服务。

1 试验作物及防治对象

1.1 试验作物 花生（品种：海花 1 号）。

1.2 防治对象 抑制花生的营养生长及促进花生的生殖生长。

2 试验设计及安排

2.1 试验药剂 15％多效唑（四川省兰月科技开发公司生产）

对照药剂：15％多效唑（市售）

2.2 试验处理

　　1）15％多效唑　　　　　　　100mg/kg

　　2）15％多效唑　　　　　　　125mg/kg

　　3）15％多效唑　　　　　　　150mg/kg

　　4）15％多效唑（市售）　　　125mg/kg

　　5）清水对照（CK）

2.3 小区设置 试验设 5 个处理，每处理重复 3 次。小区面积为 20m²，随机区组排列。

2.4 施药时间及方法 在花生盛花期 7 月 23 日采用背负式喷雾器喷药，亩用水量 50kg。

3 试验田概况

试验地点为如皋市农科所，前茬为油菜。花生密度每亩 9 500 穴，每穴播种 3 仁，每亩 28 000 株。花生整个生育期进行常规管理。

4 气象及土壤资料

4.1 气象资料 药后（7 月 23 日～7 月 31 日）最

高气温 39.2℃，最低气温 24.6℃。雨日 3 个，降水量 118mm。

4.2　土壤资料　该区域土质为轻壤土，pH 为 7.2。肥力中等。

5　调查方法及时间

花生收获期前进行田间取样，每小区取 5 穴，调查花生植株的性状，花生荚果充分晒干后分区称产。

6　结果及分析

6.1　对营养生长的抑制作用

6.1.1　随着用量的增加株高降低　高、中、低用量株高分别比对照低 5.9cm、5cm、2.5cm。

6.1.2　随着用量的增加分枝缩短　第一分枝高、中、低用量分别缩短 8.5cm、5.7cm、3cm。第二分枝高、中、低用量分别缩短 10.6cm、5.5cm、4cm。第二分枝比第一分枝缩短更明显。

6.1.3　分枝个数增加　高、中、低用量单穴分别增加 0.8 个、0.1 个、0.1 个。高用量分枝增加较明显。

6.1.4　干藤重变化不明显

6.2　对生殖生长的促进作用

6.2.1　随着用量的增加结果率增加　高、中、低用量单穴饱果数分别增加 3.8 个、1.6 个、2.5 个。高用量是对照的 1.5 倍。

6.2.2　随着用量的增加干果重增加　高、中、低用量单穴干果重增加 9.4g、5.5g、2g。

6.2.3　随着用量的增加荚果重量增加　高、中、低用量小区（20m²）荚果重量分别增加 1.66kg、1.3kg、0.37kg。

6.2.4　随着用量的增加产量增加　高、中、低用量分别比对照增产 40.29%、31.55%、8.98%。增产幅度很大。

15%多效唑对花生营养生长有抑制作用，对生殖生长有促进作用。从试验看株高下降、分枝缩短、分枝个数增加、饱果数增加、荚果重量增加，增产幅度很大。况且对花生生长安全无害。大面积生产可推广使用。在花生盛花期用 15%多效唑 150mg/kg 浓度，每亩用水 50kg 即可。

激素对营养生长的控制作用

处理	重复	主茎高 (cm)	第一分枝长 (cm)	第二分枝长 (cm)	分枝数 (个/穴)	有效分枝数 (个/穴)	结果范围 (cm)	干果重 (g/穴)	干藤重 (g/穴)
15%多效唑 (100mg/kg)	I	40.8	45.0	41.0	6.0	5.2	8.3	25.0	34.0
	II	40.9	43.2	39.0	5.9	5.1	8.2	25.0	34.2
	III	41.3	41.7	39.8	5.7	5.2	8.2	24.6	34.4
	x	41.0	43.3	39.9	5.9	5.2	8.4	24.9	34.2
15%多效唑 (125mg/kg)	I	38.4	39.8	38.1	5.7	4.9	8.4	28.4	32.8
	II	39.8	41.7	38.3	5.9	5.1	8.0	28.6	32.6
	III	37.2	40.4	38.7	5.9	5.2	8.1	28.2	33.0
	x	38.5	40.6	38.4	5.9	5.1	8.2	28.4	32.8
15%多效唑 (150mg/kg)	I	37.9	38.2	33.8	6.8	5.0	6.8	32.0	29.4
	II	37.2	39.4	33.2	6.6	5.2	6.2	32.6	29.6
	III	37.8	35.8	32.8	6.3	5.3	6.9	32.4	30.0
	x	37.6	37.8	33.3	6.6	5.2	6.6	32.3	29.7
CK15%多效唑 (125mg/kg)	I	33.2	37.8	32.1	6.5	5.3	8.4	28.4	33.4
	II	33.0	36.6	33.0	6.1	5.1	8.4	28.2	33.0
	III	32.9	35.8	31.4	5.8	4.7	8.2	27.6	32.6
	x	33.0	36.7	32.2	6.1	5.0	8.3	28.1	33.0

（续）

处理	重复	主茎高（cm）	第一分枝长（cm）	第二分枝长（cm）	分枝数（个/穴）	有效分枝数（个/穴）	结果范围（cm）	干果重（g/穴）	干藤重（g/穴）
CK	Ⅰ	43.7	46.9	43.5	5.5	4.3	5.8	23.0	30.4
	Ⅱ	41.9	45.3	44.2	5.8	4.4	5.9	23.0	30.8
	Ⅲ	44.9	46.8	43.9	6.2	4.6	6.8	22.8	31.0
	x	43.5	46.3	43.9	5.8	4.4	6.2	22.9	30.7

激素对生殖生长的促进作用

处理	重复	饱果（个/穴）				秕果（个/穴）		小脚数（个/穴）	果针数（个/穴）
		单仁	双仁	三仁	合计	单仁	双仁		
15％多效唑（100mg/kg）	Ⅰ	3.9	6.4	0.4	10.7	0.4	1	3.1	2.3
	Ⅱ	3.7	6.1	0.2	10	0.5	1.3	3	2.5
	Ⅲ	3.5	5.6	0	9.1	0.7	1.5	4.1	2.7
	x	3.7	6	0.2	9.9	0.5	1.3	3.4	2.5
15％多效唑（125mg/kg）	Ⅰ	1.6	7.5	0	9.1	0.8	1.8	1.9	3.9
	Ⅱ	1.5	7.3	0	8.8	0.9	2	2.1	3.5
	Ⅲ	1.3	7.8	0	9.1	0.8	2	2.3	3.1
	x	1.5	7.5	0	9	0.8	1.9	2.1	3.5
15％多效唑（150mg/kg）	Ⅰ	2.5	8.3	0	10.8	1.2	2.3	2.1	3.3
	Ⅱ	2.6	8.5	0	11.1	1.4	2.1	2.5	3.3
	Ⅲ	2.9	8.7	0	11.6	1.6	2	3.1	3.4
	x	2.7	8.5	0	11.2	1.4	2.1	2.6	3.3
CK15％多效唑（125mg/kg）	Ⅰ	2.7	7.1	0	9.8	1.4	1.7	1.9	3.1
	Ⅱ	2.6	7.1	0	9.7	1.5	1.7	2	3.2
	Ⅲ	2.7	7	0	9.7	1.5	1.5	2	3.5
	x	2.7	7.1	0	9.8	1.5	1.6	2	3.3
CK	Ⅰ	0.7	6.5	0	7.2	0.3	1.4	0.3	2.4
	Ⅱ	1	6.5	0	7.5	0.4	1.4	0.3	2.1
	Ⅲ	1.4	6.3	0	7.7	0.4	1.3	0.2	1.9
	x	1	6.4	0	7.4	0.4	1.4	0.3	2.1

激素的增产作用

处理	重复	小区荚果重量（kg/20m²）	折亩产（kg）	较对照增减（±％）
15％多效唑（100mg/kg）	Ⅰ	4.36	145.41	
	Ⅱ	4.55	151.74	＋8.98
	Ⅲ	4.57	152.41	
	x	4.49	149.74	
15％多效唑（125mg/kg）	Ⅰ	5.30	176.76	
	Ⅱ	5.43	181.09	＋31.55
	Ⅲ	5.52	184.09	
	x	5.42	180.76	

（续）

处理	重复	小区荚果重量 （kg/20m²）	折亩产（kg）	较对照增减 （±%）
15%多效唑 （150mg/kg）	I	5.75	191.76	
	II	5.69	189.76	+40.29
	III	5.90	196.77	
	x	5.78	192.76	
CK15%多效唑 （125mg/kg）	I	5.46	182.09	
	II	5.09	169.75	+28.64
	III	5.34	178.09	
	x	5.30	176.76	
CK	I	4.13	137.74	
	II	4.16	138.74	
	III	4.08	136.07	
	x	4.12	137.40	

玉米蛴螬综合防治措施研究初报

米 保 明

（山西省忻州市忻府区植保站　山西　忻州　034000）

蛴螬是玉米及多种农林作物的害虫。由于多年连作玉米，连续暖冬现象以及防治不当等因素的影响，大云斑鳃金龟子对玉米的危害逐年加重，虫口密度在5～10头/m²，一般减产10%～30%，严重地块减产50%以上。过去防治蛴螬多用高毒有机磷农药，随着全面禁止甲胺磷等五种高毒有机磷农药在生产上的使用，多种高效、低毒、低残留农药在玉米田蛴螬等地下害虫防治上推广应用。现在生产上使用的15%毒死蜱颗粒剂、40%辛硫磷乳油，35%辛硫磷胶囊剂等对地下害虫防治都有一定的效果，但每种药剂都有一定的局限性。对发生严重地块须采用土壤处理、种子拌种、浇灌毒水和频振式黑光灯诱杀成虫等一系列的无害化综合防治措施。为此，我们连续两年在我区蛴螬危害严重地块进行了单项措施与综合措施防治试验和示范。

1 材料与方法

1.1 供试材料 15%毒死蜱颗粒剂（美国陶氏益农公司生产）、40%辛硫磷乳油和35%辛硫磷胶囊剂（山东胜邦鲁南农药有限公司）、高压频振式杀虫灯（河南省汤阳佳多牌）。

1.2 试验示范方法 试验示范设在忻州市忻府区奇村镇农业科技示范园区，土质为沙壤土，肥力中等，连作玉米10年。玉米播种期为4月26日～5月1日，留苗密度3 600株/亩，播前施肥硝酸磷肥40kg，碳铵50kg。9月27日～10月1日收获，试验示范设：①土壤处理。②种子拌种。③浇灌毒水。④综合措施。⑤空白对照五个处理，不设重复。试验示范面积（1400×667）m²。其中①土壤处理（100×667）m²。②种子拌种（100×667）m²。③浇灌毒水（100×667）m²。④采用土壤处理、种子拌种、浇灌毒水、高压频振式杀虫灯诱杀成虫，综合措施（1 000×667）m²。⑤空白对照CK（100×667）m²。

1.2.1 单项措施处理时间与方法

土壤处理：在玉米播种前每亩用15％毒死蜱颗粒剂2kg拌细沙土50kg拌成毒土进行土壤处理，均匀撒在地表，随即用旋耕机耙糖。

种子拌种：在玉米播种前，每亩用40％辛硫磷乳油按种子重量0.1％～0.2％拌种。

浇灌毒水：在玉米定苗后1d及时用35％辛硫磷胶囊剂，每亩用量250g，用废旧医用输液器，架设在玉米田入水口，均匀滴注，随水浇入全田。

1.2.2 综合措施处理时间与方法

综合措施就是将土壤处理、种子拌种、浇灌毒水和诱杀成虫等单项措施组装配套，多管齐下。土壤处理、种子拌种、浇灌毒水同前所述。

诱杀成虫：在6月27日～8月3日大云斑金龟子成虫羽化期间，用佳多牌频振式杀虫灯诱杀成虫，每台杀虫灯可以控制（50×667）m²。在成虫活动高峰期，每天晚上6点至11点开灯。在阴雨天和大风天成虫活动减少，可以不开灯。

1.2.3 田间调查

将试验示范田分成（100×667）m²的调查小区，每个小区按对角线5点取样法确定5点，每点亩，再按对角线5点取样法确定5点，每点1m²。收获时挖土深40cm。调查蛴螬残留头数，缺苗株数，总株数和玉米产量。计算防虫效果、防治效果。

1.2.4 计算方法

按缺苗率计算防治效果＝（对照区缺苗率－处理区缺苗率）÷对照区缺苗率×100％

按虫口密度计算防虫效果＝（对照区蛴螬残留虫数－处理区蛴螬残留虫数）÷对照区蛴螬残留虫数×100％

2 结果与分析

2.1 防治效果分析

从表中可以看出，防虫效果依次是：④综合措施98.9％＞①土壤处理90.3％＞③浇灌毒水89.8％＞②种子拌种77.2％＞⑤空白对照。防治效果依次是：④综合措施97.9％＞①土壤处理89.6％＞②种子拌种88.4％＞③浇灌毒水79.5％＞空白对照。

2.2 产量结果分析

表1 不同处理间防治效果统计表

处理	蛴螬残留量（头/米²）	防虫效果（％）	缺苗株率（％）	防治效果（％）
①土壤处理	0.84	90.3	3.4	89.6
②种子拌种	1.98	77.2	3.8	88.4
③浇灌毒水	0.89	89.8	6.7	79.5
④综合措施	0.09	98.9	0.7	97.9
⑤空白对照CK	8.69	—	32.7	

表2 不同处理间产量结果

单位：千克/亩

处理	X1	X2	X3	X4	X5	X	增产	增产率％
①土壤处理	582.3	541.5	560.9	570.4	565.0	564.0	111.2	24.8
②种子拌种	550.7	524.6	585.3	560.7	560.6	559.9	107.1	23.7
③浇灌毒水	525.4	490.5	515.8	530.6	515.0	515.5	62.7	13.8
④综合措施	617.5	621.2	607.5	615.5	621.7	616.7	163.9	36.2
⑤空白对照CK	490.2	451.4	466.5	414.7	440.8	452.8	—	—

注：X1、X2、X3、X4、X5分别表示五点取样法所确定的五个样本，面积为亩。X为平均产量。

从上表可以看出，处理间产量从高到低依次是：④综合措施616.7千克/亩＞①土壤处理564.0千克/亩＞②种子拌种559.9千克/亩＞③浇灌毒水515.5千克/亩＞⑤空白对照CK452.8千克/亩。增产率依次是：④36.2％＞①24.8％＞②23.7＞③13.8％。经方差分析，处理④与处理③②①之间差异显著。

3 结论

3.1

在蛴螬等地下害虫虫口密度达到1头/米²以上时，采用无害化综合防治措施可以达到快速、高效，一次性杀灭蛴螬和金龟子，十分有效地减低虫口密度。当年杀虫效果就可以达到98.9%，增加产量36.2%。适合在生产上大面积推广应用。

3.2 土壤处理和种子拌种直接作用于土壤和种

子，对杀灭蛴螬和保苗具有一定的作用。

3.3 浇灌毒水可以有效地杀灭蛴螬，但保苗效果略差。在前期没有防治的前提下可以起到补救作用。

小麦跨区作业对节节麦扩散传播初报

李 娜 王贺军 王睿文

（河北省植保植检站 河北 石家庄 050031）

河北省冬小麦常年种植面积3 700万亩左右。节节麦是一种危险性杂草，与小麦争光、争肥、争水、争空间，且多发生在高水肥麦田，适应性强，繁殖快，导致小麦产量降低，品质下降，对小麦生产已构成严重威胁[1]~[2]。近年来，随着联合收割机跨区作业的快速发展，节节麦逐渐由我省中南部麦区北延、东扩至廊坊市香河县，唐山市玉田、丰南、遵化等地麦区。截止到2009年3月，全省节节麦发生面积达140.1万亩，发生范围呈不断扩大态势，危害逐年加重。按照农业部种植业司"2009年农作物病虫害疫情监测与防治"项目的要求，我们承担了由中国农业科学院植物保护研究所主持的"小麦跨区作业对节节麦扩散传播和区域分布的影响"调查研究，进一步明确了联合收割机携带节节麦的情况。

1 材料与方法

1.1 调查地点与时间 调查地点为永年、隆尧、正定三个节节麦发生较重的县。收获前1天调查节节麦田间密度，收割前、后分别对联合收割机各部位进行取样调查。

1.2 调查对象 调查地块均为当地节节麦发生较重具有代表性的麦田，小麦品种涉及良星99、石新733、济麦22等。

1.3 调查方法

1.3.1 收获前节节麦田间发生情况调查 每县选10块节节麦危害严重的小麦田，每块田在收获前1天采用倒置"W"9点取样法进行调查，每点调查0.25m²[3]。记录小麦亩穗数以及节节麦亩穗数、

亩穗粒数、平均密度。

1.3.2 收割前联合收割机携带节节麦情况调查 在联合收割机下地开始收获观测田之前，先取样检查联合收割机储麦器及可能携带节节麦的部位，装入取样袋中，带回室内调查。记录联合收割机各部件分别携带小麦及植株残体量，每台联合收割机麦残体取样量、小麦总粒数、节节麦粒数。

1.3.3 联合收割后收割机携带节节麦情况调查 在联合收割机收获调查监测田完成作业、卸完小麦之后，立即取样检查联合收割机里的残余小麦，装入取样袋中，带回室内调查。调查后将收割机清理干净。记录联合收割机各部件分别携带小麦及植株残体量，每台联合收割机麦残体取样量、小麦总粒数、节节麦粒数。

2 结果与分析

2.1 小麦收获前节节麦发生情况 三个县调查的30个农户共30块麦田，涉及小麦师栾02～1、观35、良星99、邯6172、石新828、石麦15、石新733、济麦22八个品种。收获前麦田中均有节节麦麦粒残留在穗上。尽管收获前节节麦大部分麦粒已落地，但多数穗基部2～3节和个别穗仍未落地。其中永年县平均小麦亩穗数42万，最高46.5万，节节麦亩穗数平均10 054穗，最高80 040穗，平均穗粒数13.5粒，最高19粒，平均密度14.96株/米²，最高120株/米²；正定县平均小麦亩穗数42.7万，最高46.8万，节节麦亩穗数平均1 074穗，最高2 734穗，平均穗粒数2.9粒，最高3粒，平均密度1.7株/米²，最高4.1株/米²；隆尧

县平均小麦亩穗数 42.7 万，最高 52 万，节节麦亩穗数平均 6 374 穗，最高 21 344 穗，平均穗粒数 3 粒，最高 4 粒，平均密度 10.1 株/米²，最高 32 株/米²。见表1。

表1 小麦收获前节节麦普查汇总表

调查地点	调查日期（月/日）	调查地村数（个）	农户数（户）	小麦品种数（个）	小麦平均亩穗数（万穗）	节节麦		
						平均亩穗数（穗）	平均穗粒数（粒）	平均密度（株/米²）
永年县	6/5～6/12	10	10	5	42	10 054	13.5	14.96
正定县	6/9～6/10	10	10	4	42.7	1 074	2.9	1.7
隆尧县	6/7～6/9	10	10	3	42.7	6 375	3	10.1

2.2 小麦收割前联合收割机携带小麦及植株残体情况

通过永年、正定、隆尧三县调查发现，联合收割机一般都会携带部分小麦及植株残体。携带部位主要是割台、输送装置、脱粒清选装置和粮仓，割台上及两侧会携带大量小麦及植株残体；输送装置上积存大量植株残体，脱粒清选装置较隐蔽，内部不易清扫和调查，会残存部分植株残体和麦粒；粮仓也会残存麦粒。其中永年县调查的两台联合收割机（雷沃谷神、新疆2号），携带小麦及植株残体总量平均980g，以上四部分平均分别为222.5g、375g、127.5g、255g，分别占总量的 22.7%、38.3%、13%、26%；正定县调查的两台联合收割机（新疆2号、中原2号），携带小麦及植株残体总量平均 2 952.5g，以上四部分平均分别为825g、340g、847.5g、940g，分别占总量的 27.9%、11.5%、28.7%、31.9%；隆尧县调查的一台新疆2号联合收割机，携带小麦及植株残体总量平均3073g，粮仓没有携带小麦及植株残体，割台、输送装置、脱粒清选装置三部分分别携带小麦及植株残体235g、338g、2500g，分别占总量的 7.6%、10.1%、82.3%，见表2和图1。

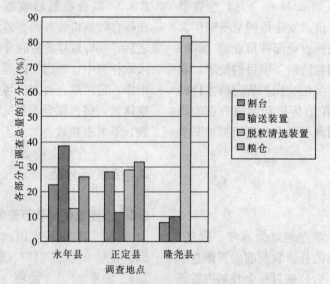

图1 联合收割机各部分携带小麦植株残体和麦粒情况

表2 小麦收割前收割机携带小麦及植株残体情况调查表

	调查日期（月/日）	各部件分别携带小麦及植株平均残体量（g）				合计
		割台	输送装置	脱粒清选装置	粮仓	
永年县	6/6～6/8	222.5	375	127.5	255	980
正定县	6/13～6/14	825	340	847.5	940	2 952.5
隆尧县	6/11	235	338	2 500	0	3 073

2.3 联合收割机进地收割前携带节节麦情况

调查发现，三个县联合收割机作业路线是从河南的新乡市、周口市到河北石家庄市、保定市，涉及谷神、福田谷神、雷沃谷神、新疆2号、中原2号五个型号。联合收割机进地收割前所携带的小麦及植株残体，大部分混有节节麦。其中永年县调查的10块地，9块地的联合收割机带有节节麦，携带率90%，总取样小麦及植株残体10 600g；总小麦粒数145 216粒，单机最高36 806粒；总携带节节麦数量144粒，平均14.4粒，最高62粒。正定县调查的10块地，总取样小麦及植株残体12 465克，只有一块地携带节节麦，携带率为10%，平均单机0.4粒。隆尧县调查的10块地，9块地的联合收割机带有节节麦，携带率90%，总取样小麦及植株残体25 000g；总小麦粒数173 000粒，单机最高61 500粒；总携带节节麦数量290粒，平均29粒，最高65粒，见表3。

表3 小麦收割前收割机携带节节麦情况调查汇总表

调查地点	调查日期（月/日）	调查地村数（个）	收割机型号数（个）	所带小麦（节节麦数量）				
				总取样量（g）	小麦总粒数（粒）	单机最高小麦粒数（粒）	节节麦总粒数（粒）	单机最高节节麦粒数（粒）
永年县	6/5～6/12	10	4	10 600	145 216	36 806	144	62
正定县	6/9～6/10	10	2	12 465	—	—	4	4
隆尧县	6/7～6/9	10	2	25 000	173 000	61 500	290	65

注：正定县小麦收割前收割机携带节节麦调查过程中对小麦总粒数未计数。

2.4 联合收割机作业后携带节节麦情况

调查中发现，收割机作业后都未进行彻底清扫，割台、输送装置、脱粒清选装置和粮仓会携带部分小麦及植株残体和土壤，其中往往混有节节麦。永年县调查的10块地收完后联合收割机中均携带有节节麦，携带率100%，总取样小麦及植株残体9 850g，总小麦粒数166 307粒，总携带节节麦数量180粒，最高80粒；正定县调查的10块地中，有3块地联合收割机中携带有节节麦，携带率30%，总取样小麦及植株残体12 595g，总携带节节麦数量6粒；隆尧县调查的10块地收完后联合收割机中均携带有节节麦，携带率100%，总取样小麦及植株残体25 000g，总小麦粒数625 775粒，总携带节节麦数量2 852粒，最高588粒，见表4。

表4 小麦收割后收割机携带节节麦情况调查汇总表

调查地点	调查日期（月/日）	调查地村数（个）	收割机型号数（个）	所带小麦（节节麦数量）				
				总取样量（g）	小麦总粒数（粒）	单机最高小麦粒数（粒）	节节麦总粒数（粒）	单机最高节节麦粒数（粒）
永年县	6/5～6/12	10	4	9 850	166 307	45 833	180	80
正定县	6/9～6/10	10	2	12 595			6	4
隆尧县	6/7～6/9	10	2	25 000	625 775	62 850	2 852	588

注：正定县小麦收割后收割机携带节节麦调查过程中对小麦总粒数未计数。

3 讨论

调查结果表明，联合收割机在作业前后一般不进行清理，通常都携带部分麦粒及植株残体及土壤，常混有节节麦种子，携带率高达100%。携带部位主要是割台、输送装置、脱粒清选装置和粮仓。对机手、机器和地块的调查都表明：联合收割机跨省作业、跨市作业以及村与村之间、户与户之间作业均可导致节节麦随联合收割机作业路线近距离或远距离传播。单台收割机通常是跨越式作业，即在一块地作业结束后，直接赶到100km外的另一作业地点。这与河北省节节麦发生初期其发生区域呈插花式分布且发生地块间有区域间隔的特点有明显的关联性。节节麦一旦传入便难以控制。一是刚传入时基数很小，但长相与小麦极为相似，通常不易发现。二是繁殖量大，节节麦的田间分蘖数5～15个，分蘖数高达25～31个，每穗6～8节，每节2～4个小花。据此推算，一粒种子在第二年的产量最少为60粒，第三年可达到3 600粒以上[4]。经过多年积累，可达到甚至超过小麦群体数量。三是防治药剂较少，成本高，且硬质小麦品种目前还没有可用药剂，单靠人工防治费时、费力、效率低下，效果较差。

2009年全国小麦跨区作业的联合收割机达到283台，河北省联合收割机作业投入量达73台，机收率达97.52%，仅用18d的时间就完成了机收作业。鉴于投入小麦跨区作业的联合收割机数量多、人员少、作业范围大、时间紧等，在没有相关法律法规规定的情况下，不能采取行政强制措施要求对联合收割机进行消毒处理。主要靠通过各种方式，进行广泛宣传教育，使广大农民和作业机手认识到联合收割机是传播节节麦的主要途径之一，自觉做到不让携带其他地块的麦残体进入。倡导联合收割机作业的人员，作业地点转移前对联合收割机进行清理，减少节节麦的传播扩散。

对节节麦发生地，应加大防控力度，压缩发生面积，压低发生密度，降低危害程度。一是加强宣传培训。在禾本科杂草防除的关键时期，利用电视、报纸、网络等宣传手段，召开现场会，发放明白纸等，对农民进行节节麦的识别和防治技术的宣传与培训。二是加强检疫。严禁从发生区调种，含有麦秸、麦秆的农家肥不得施用于麦田。播种前，严格选种，剔除秕粒、杂粒，自留种也要进行精选。三是人工拔除。对密度较低的节节麦麦田，可在小麦返青至拔节期进行人工拔除。四是播前深耕或轮作倒茬。对于重发生区，可在播前进行深耕，把草种翻入土壤深层，也可与油菜、棉花等阔叶作物轮作2～3年。五是冬前防治的时间应掌握在小麦越冬前节节麦出齐后，用3％世玛乳油或50％异丙隆可湿性粉剂茎叶喷雾，或在小麦返青后用3％世玛乳油除草剂于小麦3叶期（节节麦分蘖前）茎叶喷雾防治，效果较好[4]。

参考文献

[1] 段美生，杨宽林，李香菊等．河北省南部小麦田节节麦发生特点及综合防除措施研究［J］．河北农业科学，2005，（9）1：72～74
[2] 张朝贤，李香菊，黄红娟等．警惕麦田恶性杂草蔓延危害．植物保护学报［J］．2007，34（1）：104～106
[3] 张朝贤，胡祥恩，钱益新等．江汉平原麦田杂草调查［J］．植物保护，1998，24（3）：14～16
[4] 王睿文，栗梅芳，肖红波等．河北省麦田节节麦等杂草发生特点及治理对策［J］．中国植保导刊，2005，25（6）：33～34

商洛市2009年小麦条锈病重发原因分析

叶丹宁　王刚云　董自庭

（商洛市植保植检站　陕西　商洛　726000）

商洛地处秦岭南麓东段，界于东经108°34′20″～111°1′25″，北纬33°2′30″～34°24′40″之间。地跨长江、黄河两大流域，属亚热带向暖温带过渡性气候区，商洛地形地貌结构复杂，高山低谷的垂直差异显著，年平均降水量710～930mm。2009年商洛市小麦条锈病总体为中等偏重发生年份，其中南部低热区的镇安、山阳两县及洛南县北部秦岭沿线小麦－玉米套种区偏重发生，部分区域严重发生，中温区中度发生，全市发生60万亩涉及7县区59个乡镇，为2003年以来最重的一次。

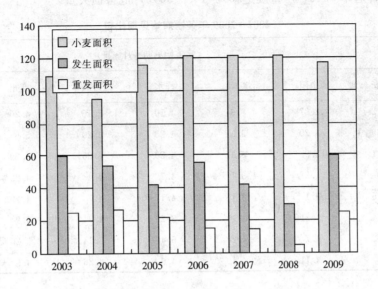

2003—2009 年以来发生程度比较

1 发生特点

1.1 秋苗感病,越冬菌源量偏高
山阳县 2008 年 12 月 17 日在漫川镇小河口村查到发病田一块,发现单片病叶 4 张,镇安县 12 月 30 日在青铜关镇青梅村查到发病田一块,有单片病叶 4 张。为 2001 年以来第 5 个查到越冬菌源的年份(即 2002、2003、2004、2006、2008 年查到越冬菌源)。

1.2 始见期偏早,扩展蔓延速度快

1.2.1 小麦条锈病始见期与近年比较属略偏早年份
镇安县于 3 月 5 日查到发病,始见期比 2008 年早 48d,较 2002、2003、2006 年早 7~20d;山阳县 3 月 11 日在漫川、板岩发现传病中心,比 2008 年早 27d,比 2003 年早 9d。2009 各县始发期比较结果说明,旬河、乾佑河、金钱河流域(镇安、山阳)偏早,而丹江流域(商南、商州、丹凤)相对偏迟。

1.2.2 早春后病害流行速度快
镇安、山阳两县分别于 3 月 5 日、3 月 11 日发现传病中心,3 月 20 日小麦条锈病在我市镇安、山阳 2 县 11 个乡镇发生,全市低热区发病区域平均病田率 5.3%,最高 12.5%;3 月 31 日发病乡镇增加到 13 个,山阳县低热区病田率增加到 14.7%,亩均发病中心 0.81 个,镇安县病田率增加到 21.2%,亩均发病中心为 1.4 个,发生危害程度明显重于 2006、2008 年同期。进入 4 月份后,小麦条锈病迅速在我市扩展

蔓延,至 4 月 10 日,全市 5 县 23 个乡镇发生。山阳县的漫川镇、法官乡、莲花乡、宽坪镇、板岩镇、户家垣、色河镇、城关镇、中村镇、银花镇 10 个乡镇发生,其中漫川、法官、莲花、宽坪、板岩 5 乡镇病田率已达 60%~80%,发病中心及单片病叶已普遍,平均病叶率 2%~5%;镇安县的青铜、达仁、柴坪、庙沟、黄家湾、余师、永乐、高峰、结子 9 个乡镇发生,平均病田率为 40%~70%,平均病叶率为 2%~5%;而丹江流域的商南、丹凤、商州 3 县区因 4 月份气候干旱,条锈病始发期偏晚,扩展流行速度较慢。

1.3 金钱河流域(山阳)、旬河流域(镇安)发生重,而丹江流域(商南、丹凤、商州)相对偏轻。
5 月中下旬调查,山阳、镇安 2 县低热区发生较普遍,发病程度偏重。山阳县平均病田率 63.6%,病叶率 12.7%,漫川、法官、莲花、宽坪、板岩等低热区乡镇及沿河川道下湿地、高感品种田发病重,平均病叶率 50%~70%,严重度高达 61.4%;旱坪地、坡塬地发病较轻;镇安县平均病田率 70%~80%,病叶率 20%~40%,重发乡镇病田率 100%,病叶率 50%~60%,而商南、丹凤、商州 3 县均属中等至偏轻发生年份。商南县 5 月 11 日查(乳熟区)病田率 10%,病叶率 15%;丹凤县 5 月 18 日查,病田率 18.6%,病叶率 9.7%;商州 5 月 30 日查,病叶率 7.5%,属零星点片发生;柞水县后期病田率为 24.3%,普遍率平均为 33.26%,严重度为 26.66%。6 月上旬,洛南县三要、永丰、石门、麻坪等地小麦受害重,部分重发

田块病株率100%，普遍率90%，严重度达80%～ 90%，危害损失重。

2002—2009 年条锈病始见期比较

年度	病害始见期（月·日）						
	镇安	山阳	商南	柞水	丹凤	商州	洛南
2002	3.12	2.27	3.6	4.10	3.16	4.20	5.10
2003	3.25	3.20	3.31	4.23	4.20	5.6	5.6
2004	2.11	3.9	3.31	4.20	4.26	4.29	5.20
2005	1.4	1.27	3.7	4.7	4.4	4.22	5.10
2006	3.15	3.1	3.13	4.17	4.7	4.29	4.2
2007	1.24	1.31	3.12	3.26	4.7	4.9	4.15
2008	4.22	4.7	4.28	5.4	5.14	5.20	6.10
2009	3.5	3.11	4.10	4.9	4.26	4.9	4.28

商洛市 2003—2009 年早春条锈病发生实况

年度	截至 3 月 31 日发生情况		截至 4 月 10 日发生情况	
	涉及乡镇数	发生面积	涉及乡镇数	发生面积
2003	3 县 15 乡镇	3.4 万亩	3 县 22 乡镇	9.85 万亩
2004	3 县 14 乡镇	3.0 万亩	3 县 19 乡镇	5.0 万亩
2005	3 县 15 乡镇	5.9 万亩	5 县 33 乡镇	10.8 万亩
2006	3 县 12 乡镇	1.5 万亩	4 县 17 乡镇	7.5 万亩
2007	4 县 21 乡镇	4.5 万亩	5 县 24 乡镇	8.5 万亩
2008	0	0	1 县 2 乡镇	1.0 万亩
2009	2 县 14 乡镇	6.0 万亩	5 县 23 乡镇	14.5 万亩

2 原因分析

2.1 感病品种面积大，满足了条锈病大面积流行的寄主条件

2009 年，我市小麦种植面积 117 万亩，主栽品种有小偃 107、小偃 15、绵阳 19、绵阳 26、绵阳 31、新洛 8 号、陕麦 8007、商麦 8928、商麦 9215 等。其中小偃 107、小偃 15、绵阳 19、绵阳 26、绵阳 31 及新洛 8 号为骨干品种，均属条锈病感病品种。

2.2 秋播期间土壤墒情好，小麦出苗快、出苗齐，冬前生长时间长，有利于秋苗条锈病发生

11 月下旬至 2009 年 2 月上旬，全市降雨稀少，仅 1.9～3.5mm，持续 80 多天无有效降雨，气温偏高，有利于条锈病菌安全越冬。2 月份平均气温 3.9～6.6℃比历年同期偏高 2.3～3.4℃，降水量 12.8～25.4mm，偏多 15%～102%，3 月份平均气温 7.1～9.9℃，比历年同期偏高 0.9～1.7℃，降水量 29.9～36.6mm，商南、丹凤、洛南较历年同期偏少 2.0%～19.4%，山阳、镇安、柞水、商州较历年同期偏多 9.9%～17.6%，对南部低热区早春条锈病扩展蔓延有利。

2.3 4 月份降水不均匀，导致各地扩展流行速度不同

4 月上旬全市七县区降水量仅 1.7～5.4mm，较历年同期少 9.3～13.2mm，平均气温 17.7～20.1℃，较历年同期高 1.1～2.5℃，也出现了不同程度的干旱。然而到 4 月中旬，商南、丹凤、商州 3 县区气候持续干旱，降水量 15.7～29.0mm，对条锈病扩展蔓延极为不利。但是，山阳、镇安、柞水 3 县于 5 月 12 日及 15 日先后两次普降中雨，旬降水量达到 33.2～39.7mm，旱情得到解除，十分有利于条锈病扩展流行，导致山阳、镇安条锈病流行速度快，发生面积大，而商南、丹凤、商州条锈病流行速度缓慢，发生程度低，面

积小。

2.4 小麦生长发育阶段不同，导致危害损失大小不同 5月上旬我市出现了持续8d的连阴雨天气，十分有利于条锈病大面积扩展流行。但此阶段我市低热区及中温一类区小麦已进入腊熟或乳熟期，除山阳、镇安两县外，条锈病虽有一定程度的发生，但危害损失不大。但是在洛南等县秦岭沿线的山区，小麦正处在扬花灌浆期，个别高感条锈病的小麦品种，如新洛11（此品种属洛南县骨干品种）条锈病发生特别严重，病叶率达100%，平均严重度在85%以上。

3 小结与建议

3.1 加强小麦条锈病监测预警，及时发布病害信息 加强小麦条锈病发生情况的动态监测预警，是做好防治工作的基础。市县区植保站要做到测报调查规范化、病虫信息传递网络化，严格按照周报制度及时上报病虫信息，及时准确掌握全市条锈病发生分布动态，为政府决策防治提供确切信息。

3.2 开展小麦条锈病全程防治工作 在小麦条锈病防治上要做好全程防治工作，从每年9～10月小麦播种开展，就做好防治工作。首先选用包衣种子，或者进行秋播拌种，使用药剂为15%粉锈宁，用药量为种子量的1%～3%，即1斤小麦用15%粉锈宁可湿性粉剂1g。其次早春开展挑治，阻止病害扩展蔓延。在4月份组织防治专业队开展大规模、大范围、专业化防治，亩用15%粉锈宁可湿性粉剂80～100g，对水40～50kg均匀雾。

岐山县苹果病虫害 10 年来的演变特点及防治技术探讨

赵怡红 张娟妮 徐 辉

（陕西省岐山县农技中心 陕西 岐山 722400）

岐山县苹果栽培面积4 800hm²，年产商品果25.9万t，是陕西省苹果生产基地县之一。但是，近十年来，随着管理方式、环境因素的改变，苹果病虫害发生种类、发生规律、发生程度等出现了不同程度变化，给测报防治工作提出了新的要求，针对当前病虫害发生的新特点，研究探索新的防治方法显得尤为重要。

1 十年来苹果病虫害发生演变特点

1.1 部分常发性病虫害危害加重

1.1.1 苹果树腐烂病逐年扩展 苹果树腐烂病随着挂果面积逐年增大、树龄增高、农家肥施用量减少，腐烂病病园率、病株率也随之上升，全县85%的果园不同程度地受到腐烂病危害，幼果园发病较轻，平均病株率1.2%，盛果园发病株率为5.7%，1990年以前栽植的果园发病株率更高，达11.2%。岐山县五里铺一果农2.4亩苹果园腐烂病发病株率高达23.4%，因其久治不愈，每年均有果树因腐烂病而死亡，现已面临毁园。

1.1.2 苹果红蜘蛛、苹果蚜虫危害仍然严重 岐山县危害苹果的红蜘蛛主要是山楂红蜘蛛，蚜虫是绣线菊蚜和瘤蚜。山楂红蜘蛛近10年均为中度发生，平均发生面积4 800hm²，一旦6～8月高温少雨，极易大发生。蚜虫主要危害嫩梢嫩叶及幼果果面，受害面积4 800hm²，春梢平均被害率达63.8%，百梢虫量6 800头。

1.1.3 苹果树早期落叶病呈间歇性发生 一般阴雨多的年份和单一用药的果园发病重。1998、1999、2003、2008年夏秋季降雨频繁，雨量充沛，早期落叶病发生重，病叶率分别为72.1%、70.8%、62.9%、68.7%，其余年份病叶率为33.1%左右。单独使用同一种杀菌剂，由于病菌的抗性，发生也重。平均病叶率达68.3%。发病严重的果园叶片提早脱落，树上仅余果子。

1.2 部分常发生病虫害有所减轻

1.2.1 桃小食心虫危害有所减轻 桃小食心虫曾经是我县苹果生产上遇到的最大难题，虫果率平均在 17.8％，最高达 40％，严重影响了苹果的商品性，也挫伤了群众的管理积极性。为此我们一直钻研探究预测预报和加强防治工作，终于弄清桃小食心虫 6 月初产卵这一规律，每年 5 月中下旬在越冬代出土盛期采用地面与树上防治相结合方法，至 2002 年把桃小虫果率控制在 5％以下，随着苹果套袋技术的大面积推广，至 2006 年，桃小虫果率仅为 0.8％，近两年在全县不同区域选点悬挂诱芯，诱到的桃小成虫微乎其微。

1.2.2 苹果炭疽病田间发生逐年减轻，贮藏期有所加重　从 2002—2008 年的田间系统调查来看，全县发生面积逐年减少，发生程度逐年减轻，菌源量也逐年减少。2002—2008 年，全县平均病果率分别为 10.3％、9.2％、3.8％、2.5％、1.5％、1.3％、0.9％。2008 年重发区域发生面积较以前明显降低，病果率达到 10％以上的面积 8.7 hm²，另外，严重发生园发生程度也呈下降趋势。但是，由于农户贮藏时选果不严，一些病果混入其中，贮藏期间不检查，不重视防治，病菌互相传播，导致贮藏期间炭疽病发生比较严重。

1.3　次要病虫害上升为主要病虫害

1.3.1 金纹细蛾已成为苹果生产上的一种主要潜叶害虫　金纹细蛾 90 年代在岐山县尚属零星发生，从 2000 年开始，金纹细蛾连年严重发生，虫口密度也逐年增加。由于金纹细蛾世代重叠严重，群众防治有难度，往往抓不住有利防治时机，再加上盲目依靠增加喷药次数和使用高毒化学农药去防治，大量的寄生蜂被杀伤，幼虫被寄生率仅为 11.2％，而合理使用农药的果园，幼虫被寄生率达到 29.7％。根据 2001—2008 年资料分析，一般园发生率 100％，被害株率 100％，叶被害率平均 12.3％，最高年达到 40％以上。

1.3.2 朝鲜球坚蚧由零星危害发展到大面积危害　朝鲜球坚蚧 2002 年以前在苹果上零星发生，2003 年在凤鸣、大营、雍川等乡镇部分果园内大量发生，发生面积占苹果面积 18.8％，被害株率 7.5％，最高 23％。至 2007 年发生面积迅速扩大为 4 800hm²，有虫株率 46.0％，最高 70.3％，平均百枝有蚧壳虫 3 400 头，最高 5 700 头。

1.4　新的病虫害直接影响果业安全生产

1.4.1 二斑叶螨已在我县发生　2007 年，我们在凤鸣镇堰河村、北郭村、董家台村苹果园内，发现了二斑叶螨，面积共计 215 亩，对此我们建立核心防控示范区，以周边 25km 作为辐射区，严防其扩

散蔓延。2008 年下降为 137 亩，分别在凤鸣镇五里铺村、北郭村、董家台村、堰河果园内。

1.4.2 苹果黑点病是套袋苹果生产技术推广后出现的新病害　2000—2002 年零星发生，未引起足够重视，2003 年随着苹果套袋数量的增加，套袋苹果黑点病问题日益突出，2008 年 8 月份调查，病果率平均 1.2％，最高达 14％，对套袋苹果造成不可挽回的经济损失。主要原因是果袋质量过差，其次是套袋技术问题，致使果袋内积水。

1.4.3 圆斑根腐病初步露头　2008 年，仅在凤鸣镇北郭村一果园内见到圆斑根腐病，表现为叶缘焦枯型，病株叶尖或边缘枯焦，中间部分保持正常，此病菌可长期在土壤中腐生生活，又可寄生于寄主植物，一般干旱、缺肥、土壤板结、通气不良、环剥过重、结果过多、杂草丛生以及其他病虫害严重危害导致根系衰弱都能诱发该病。2009 年 5 月 8 日，偶然在祝家庄镇一果园内又发现了该病株一棵。

2　防治对策

2.1　加强病虫测报，指导适期防治　一是稳定并加强病虫测报技术力量，在本地建立县乡测报网点，对苹果病虫害进行系统监测，加强测报人员的知识更新，提高测报工作的代表性、准确性和时效性。二是借助电视媒体优势，强化病虫可视化预报工作。将全县病虫害动态信息及时准确地普及到广大农户中，提高果农科学防治意识，推广农业、物理、生物等防治措施来达到少用药，降低成本，取得最佳防效。为大力开发"绿色果品"打好基础。三是根据病虫发生动态，结合气象预报，及时发布《岐山植保》，指导果农适期防治，力争将病虫害损失最大限度地降到最低。

2.2　积极探索，推广综合防治

2.2.1 注重农业防治　抓住冬季、早春这两个季节，结合果树修剪，刮除粗老翘皮、清扫残枝落叶，将其集中烧毁，以降低病虫发生基数。同时，改善果园的通风透光条件，通过夏剪疏除过密的徒长枝条，深翻改土，增施有机肥，控制结果量，以增加树势，提高抗病力。

2.2.2 积极探索生物防治和物理防治　生物防治和物理防治是生产"绿色果品"的关键措施。保护利用天敌，大力推广阿维菌素、多抗霉素、菌毒清、农抗 120、BT 制剂等生物农药。同时利用害

虫的趋光性、趋化性，在各代成虫发生期，悬挂性诱剂、频振式杀虫灯、糖醋液盆进行诱杀，具有事半功倍的功效。

2.2.3 合理使用化学农药 按照绿色、无害化生产要求，近年来我们通过试验示范，筛选出一批高效、低毒、低残留的农药产品，引导果农应用。

首选的生物性药剂：灭幼脲类、阿维菌素、多抗霉素、中生菌素等。

杀虫剂可选用：35%氯虫苯甲酰氨、48%毒死蜱、2.5%溴氰菊酯、10%吡虫啉、20%丁硫克百威、50%辛硫磷等；保护性杀菌剂：45%代森锰锌、5%已唑醇、10%恶醚唑、68.75%唑·锰锌；治疗性杀菌剂：进口70%甲基硫菌灵、40%氟硅唑、70%丙森锌、21%过氧乙酸、50%苯并咪唑等、5%菌毒清；杀虫螨剂：25%三唑锡、9.5%螨即死、15%哒螨灵、1.8%阿维菌素；采用混用、交替使用形式全年防治7～9次，病害以防为主、虫害防治结合，重点抓好套袋前的几次用药。

苹果害虫无害化综合治理技术应用

张武云

（山西省植物保护植物检疫总站 山西 太原 030001）

1 果实套袋技术

全套袋，即一个苹果园每一棵苹果树，在严格疏花疏果的基础上，给所有的苹果全部套上袋。

1.1 早套膜袋 在严格疏果和生理落果后及时套膜袋，时间为5月10日～5月20日，高温来临前结束套膜袋，避免早期日灼。套袋应选择晴朗天气并避开早晨露水未干、中午高温和傍晚返潮，袋口封严，防止害虫、雨水、药水等进入袋内，造成果实受害。

1.2 晚套纸袋 套纸袋宜在花后40～60d，幼果横径长到1.5cm以上，果柄半木质化时进行。山西南部在6月中旬开始，6月25日结束。

苹果全套袋和双套袋，能够减少果面污染，防止果锈，提高果面光洁度，减少病虫危害，降低成本（1只膜袋5厘钱，一般双层纸袋或双色单层纸袋3分钱，成本仅为高档双层纸袋的一半），提高经济效益。

2 频振式杀虫灯诱杀技术

频振式杀虫灯（佳多PS-15Ⅱ）是通过光、波、色、味等将害虫诱集，并利用高压电网将其杀死。主要用于防治金龟子、桃小食心虫、苹小卷叶蛾、天蛾等害虫。每2.5～3.0hm²挂一盏频振式杀虫灯，灯间距100m，悬挂高度一般为树体高度的2/3（1.8～2.4m），注意固定好防止风刮。在害虫危害期（5月中旬～9月上旬）每晚8时开灯，次日早6时关灯，每天早上收集袋内虫体，将诱杀的害虫彻底杀死后再深埋，或用作饲料。关灯后用毛刷将灯上的虫垢打扫干净，每星期彻底清扫一次灯箱，擦灯管一次。田间试验表明频振式杀虫灯对苹果园7个目18科50余种害虫有诱杀作用，每亩果园每年防治成本约为12元左右，低于常规药剂防治。据调查，悬挂频振式杀虫灯的果园，叶片被金龟子危害平均被害率为6.4%，对照区为19.3%，危害减退率66.8%，果实被害率平均为0.8%，对照区为2.5%，危害减退率68.0%。苹小卷叶蛾落卵量比对照区平均减少25.7%，树梢被害率减少了22.6%。安置频振式杀虫灯必须成片，才能体现杀虫效果，如果单灯安置，会适得其反。另外，还得注意对于金纹细蛾等小型害虫采用灯下局部喷药防治，以确保防治效果。

3 性信息素诱杀技术

主要用于诱杀金纹细蛾、桃小食心、苹小卷叶蛾等。每公顷果园放置诱盆30～40个（直径20cm

左右），呈三角形分布。诱盆内加水至2/3处，并加入少量洗衣粉，以防成虫落水后仍能脱逃，水面上方1～2cm处用铁丝悬挂性诱剂，及时加水，每3d清理一次虫尸、30d更换诱芯一次。金纹细蛾诱芯悬挂高度距离地面1.0m，间距为20m，悬挂时间为4月上旬至9月上旬；苹小卷叶蛾性诱芯悬挂高度距离地面1.25m，间距为15m，悬挂时间为4月中旬至9月上旬；桃小食心虫性诱芯悬挂高度距离地面1.0m，间距为15m，悬挂时间为5月中旬至8月中旬。

4 保护和利用天敌

常见果园害虫天敌有小花蝽、草蛉类、瓢虫、捕食螨、食虫蝇、塔六点蓟马、螳螂、蜘蛛和鸟类等。小花蝽，能捕食蚜虫、叶蝉、蓟马、叶螨及鳞翅目害虫的卵和幼虫；草蛉类，成虫喜取食各种蚜虫和叶螨，幼虫可取食蚜虫及其虫卵；瓢虫，成虫和幼虫能捕食各种蚜虫、叶螨、介壳虫、低龄鳞翅目幼虫等；捕食螨，主要捕食害螨也能捕食一些蚜虫、介壳虫等；食蚜蝇，以捕食蚜虫为主，也能捕食叶蝉、介壳虫、蓟马、蛾类害虫的卵和初龄幼虫；塔六点蓟马主要捕食螨卵；螳螂可捕食蚜虫、蛾蝶类、甲虫类、蝽类多种害虫；蜘蛛类，能捕食蛾类、叶螨、蚜虫等多种害虫；鸟类能够捕食天牛幼虫、鳞翅目幼虫、蝗虫、蝼蛄、金龟子、蝽象、蜂、蝇等多种害虫。

在果园种植油菜、紫花苜蓿、白三叶草、苕子等，不但改善天敌生活环境，为天敌提供丰富的食料和蜜源（花粉和花蜜）以及良好的栖息场所，还能够改善土壤结构，增加有机物质含量，涵养水分，抗寒抗旱。采取人工繁殖释放天敌，如：对瓢虫、赤眼蜂、草蛉等，可以通过人工培养、繁育，冬季饲养、收集卵块，到害虫发生期再放入果园，提高种群密度，有效地维持果园生态平衡。

当天敌数量与害虫数量达到1∶50时不需要化学防治，达到1∶100以上时应立即使用高效低毒、低残留农药进行防治。

5 农业防治技术

5.1 清洁果园
冬季结合果园管理，剪除病虫枯枝，刮除三主枝以上部分翘皮、病皮，春季刮主干，主干基部不刮皮，因为越冬害虫的天敌大部分在树干基部的土、石缝和主干基部翘皮缝中越冬。如小花蝽在树干基部越冬，捕食螨、草蛉、蜘蛛在树干基部的土、石缝里越冬。而多数害虫则在树体三主枝以上翘皮裂缝里越冬，如苹果小卷叶虫、山楂叶螨、苹果绵蚜等。彻底清洁果园内枯枝、落叶、杂草、病僵果并集中烧毁，减少越冬虫源。

5.2 合理修剪
合理修剪，改善通风透光条件，生长季节透光率要达到25%～35%。

5.3 严格疏花疏果，合理负载
套袋前严格疏花疏果，合理负载，以增强树势，提高果树抗病虫害能力。实行以花定果，留中心果，中心果太多时，以留花萼朝下的果，确保果形端正，通常按20～25cm间距留一个花序。

5.4 科学浇水、合理施肥

5.4.1 科学浇水 苹果一般在萌芽前、春梢生长期、果实膨大期、采果后和封冻前进行浇水。浇水指标为，萌芽前至花期和果实膨大期保持土壤最大湿度为田间持水量的70%～80%，花芽分化临界期保持60%左右。

5.4.2 增施有机肥 山西南部果园一般年施有机肥22 500～30 000kg/hm^2，对土壤有机质含量小于10.0g/kg的果园，施有机肥量要达到37 500kg/hm^{2}以上，氮、磷、钾三要素施用比为1∶0.5∶1.2。

5.4.3 追肥 苹果园追肥每年3次，第一次在萌芽前后，以氮肥为主；第二次在花芽分化至果实膨大期，以磷钾肥为主，氮磷钾肥混合使用；第三次在果实生长后期，以钾肥为主。结果树一般每生产100kg苹果需追施纯氮（N）1.0kg、纯磷（P$_2$O$_5$）0.5kg、纯钾（K$_2$O）1.0kg。施肥方法是树冠外围开沟，沟深15～20cm，每次追肥后及时灌水。

6 化学防治

6.1 桃小食心虫 （Carposina niponensis Walsingha）主要防治技术

6.1.1 地面施药 在桃小食心虫越冬代幼虫出土始期和盛期，采用白僵菌处理地面。每公顷用白僵菌可湿性粉剂（100亿活孢子/克）30kg＋48%毒死蜱480mg/kg乳液2.25kg，喷洒树盘，喷后覆草。据田间调查，幼虫僵死率达90%以上，性诱蛾量减少83.35%，卵量减少89.57%，虫果减少89.12%。利用白僵菌处理地面3～4年，可明显压低虫源基数，卵量比施药园减少97.87%，被害明显减轻。

6.1.2 树上喷药防治 在桃小食心虫孵化蛀果前及时喷药防治。可选药剂 1.8％阿维菌素乳油 9mg/kg、25％灭幼脲 3 号 500mg/kg、3％杀铃脲乳油 30mg/kg 等。

6.2 苹果黄蚜（Aphis citricola Van der Goot）主要防治技术：以卵在枝杈、芽旁及皮缝处越冬，第二年春季芽萌动后越冬卵孵化，4 月下旬在芽、嫩梢顶端、新生叶的背面危害，5 月上中旬随着气温的升高繁殖加快，此时是第一个防治关键时期，如果气温较高、虫口数量较大，间隔 5～7d，可连续防治 2～3 次。进入 6 月份繁殖最快，枝梢、叶柄、叶背布满蚜虫，是虫口密度迅速增长严重危害时期，也是第二个防治关键时期。常用药剂：10％烯啶虫胺水剂 40mg/kg、3％啶虫脒乳油 15mg/kg、10％吡虫啉 50mg/kg 或 20％丁硫可百威乳油 100mg/kg。

6.3 山楂叶螨（Tetranychus viennensis Zacher）主要防治技术：苹果花序分离期，越冬成螨开始出蛰上芽危害，当每叶丛平均有 2 头雌螨时，应及时进行药剂防治。可选用 20％哒螨灵可湿性粉 70mg/kg、50％丁醚脲悬浮剂 350mg/kg 进行防治；花后 7～10d，是第一代幼螨孵化盛期，此时，幼、若螨发生整齐，是花后药剂防治的第一个关键时期，当叶片平均有幼螨 3～4 头时，可选用 20％哒四螨悬浮剂 140mg/kg、20％四螨嗪悬浮剂 100mg/kg 或 5％噻螨酮乳油 250mg/kg 进行防治幼螨和卵；随着气温升高，山楂叶螨繁殖加快，并开始扩散蔓延，因此，高温来临前即麦收前是防治山楂叶螨扩散、蔓延的关键时期，可选用 1.8％阿维菌素乳油 6mg/kg、24％螺螨酯悬浮剂 80mg/kg、10％浏阳霉素乳油 125mg/kg 或 10％华光霉素可湿性粉 35mg/kg 进行防治。

6.4 金纹细蛾（Lithocolletis ringoniella matsumura）主要防治技术：金纹细蛾在山西年发生 5～6 代，各代历时 30d 左右，第一代成虫期 5 月下旬～6 月上旬，第二代 6 月下旬～7 月上旬，第三代 7 月下旬～8 月上旬。以蛹在虫斑内随被害叶片越冬，翌年果树发芽时越冬代成虫羽化。成虫喜在隐蔽无风的地方活动，白天多在树枝较郁闭的下垂枝及下部主干和内膛枝的叶背静伏，早晨和傍晚前后围绕树干附近飞舞，在枝干、叶片上交配、产卵。抓好第 1 代成虫产卵期和第 2 代幼虫孵化期的防治，就能够控制全年危害。常用药剂：25％灭幼脲 3 号 150mg/kg、20％杀铃脲悬浮剂 40mg/kg 或 1.8％阿维菌素乳油 6mg/kg。

抛秧稻田稻纵卷叶螟重发原因及
测报防控技术应用

张 国 湖

（蕉岭县农作物病虫测报站 广东 蕉岭 514100）

稻纵卷叶螟是迁飞性害虫，80 年代至 90 年代中期除个别年份外，我县常年早、晚造偏轻发生，属于比较重要的害虫。自 1997 年普及水稻抛秧以来，稻纵卷叶螟在我县晚稻上常年偏重以上发生，从 1997 年至 2008 年的 12 年中，偏重至大发生的年份达 10 年之多，成为水稻最主要的害虫之一，其发生危害严重影响粮食的增产稳产。仅去年偏重以上发生的就有三代、五代、六代，其中第六代大发生，亩幼虫量一般达 5～8 万头，受害严重田块卷叶率高达 60％～80％，稻叶呈一片枯白。晚稻平均防治虫害共 5 次，其中主治或兼治稻纵卷叶螟达 4 次，占晚稻总防治次数的 80％。频繁用药带来防治成本与农药使用量居高不下，同时也带来农药残留与稻田生态问题。为此，我们对抛秧晚稻稻纵卷叶螟重发原因与测报防治作了认真的分析研究总结。

1 抛秧栽培稻稻纵卷叶螟重发原因分析

1.1 虫源性质 稻纵卷叶螟属迁飞性害虫，在我县不能越冬，初次虫源随西南气流迁飞而来，在我县年发生6～7代，以早造第三代、晚造第五、六代为主害代。多年测报资料表明，我县早造虫源以迁入为主，迁入时间一般有3次：第一次是4月中下旬，此时迁入量少，仅在早发年份出现蛾峰，主要危害分蘖期早稻；第二次是5月中旬至6月上旬，为主迁入代，发生量较大，与本地虫源并发危害孕穗期早稻，这个时期的迁入量决定着早稻该虫的发生程度，若迁入早、蛾量大，迁入峰期长，则发生危害重，反之较轻；第三次是6月下旬至7月中旬，虫源为部分迁入部分迁出代，危害成熟期早稻或虫源转移到晚稻与第五代混合发生。晚稻虫源主要有三个：一是早稻过渡到晚稻上发生的虫源，二是7月中旬至8月上旬台风带来的外地虫源，三是9月中下旬的回迁虫源。其中早稻过渡虫源和台风带虫是主要虫源，严重影响晚稻第五、六代稻纵卷叶螟的发生程度，这些虫源可否在本地发生严重，与晚造取食及栖息环境密切相关。9月中下旬的回迁虫源，一般不构成严重危害。

1.2 抛秧水稻生长特点与害虫发生的关系

1.2.1 抛秧栽培有利于虫源积累 抛秧育秧期短，本田期相应比插秧田延长早稻10～20d、晚稻7～10d，营养生长期长，早、晚稻前期成虫迁入即有良好的产卵繁殖、取食栖息的场所，在本田盛发期长，利于虫源积累。

1.2.2 抛秧水稻危害虫提供良好的食料和栖息场所 稻纵卷叶螟成虫产卵具有趋嫩绿性，卵多产在处于分蘖期至孕穗期且生长嫩绿的水稻上。抛秧禾苗伤根少、扎根浅、起发早、分蘖多，分蘖期较长，禾叶乌嫩，苗密荫蔽，营养生长旺盛，易诱集成虫大量产卵，也为幼虫提供丰富的食料，抛秧栽培稻受害往往比常规插秧稻较重。据我站调查，抛秧栽培稻田间蛾量是常规插秧稻田的3.5倍左右，幼虫量是常规插秧稻田的2～4倍左右，第五代发生尤其明显。

1.2.3 早稻抛秧禾苗生长旺盛阶段与虫源迁入盛期相吻合，加重危害 5月中下旬是稻纵卷叶螟迁入盛期，也是抛秧禾苗生长旺盛阶段，两者配合适宜，若此时迁入虫量大，稻纵卷叶螟在早稻中后期就有暴发的威胁，也影响到该虫在晚稻上的发生程度。

1.2.4 抛秧水稻双季连作，季节衔接紧密，有利于虫源转移 我县普及抛秧栽培以来，全面种植杂交水稻中迟熟品种，从水稻四期安全及优质、高产

考虑，季节抓得很紧，早造收割与晚造打田、抛秧这几项工作往往均集中在7月中旬同步进行，早稻本田连着晚稻本田，早稻后期虫源无过渡地直接转移到晚稻本田上繁殖，对晚稻生产危害大。而插秧栽培育秧期较长，早、晚稻本田期无明显衔接，虫源从早稻到晚稻只能经育秧地转移过渡，秧地面积小，便于集中防治，早稻后期虫源对于晚稻危害不大。

1.2.5 晚稻主要迁入虫源与抛秧分蘖期相吻合 多年测报经验表明，我县7月中下旬常随台风带来大量外地虫源，而此时抛秧晚稻已经进入本田分蘖期，虫源迁入即有丰富的食料和可供选择的良好生态环境定居取食，生殖繁衍，对晚稻生产构成严重威胁。近年山区烟后稻比例上升，此时烟后稻更进入旺盛生长的封行阶段，致使纵卷叶螟重发频率提高，危害更严重。而插秧栽培晚稻此时仍处于秧苗期，不具备好的生态环境供迁入虫源定居取食。

1.3 气候条件与天敌

适温高湿气候有利稻纵卷叶螟发生，各虫态发育最适温度为22～28℃，成虫发育、产卵、孵化、幼虫成活都需要较高的湿度条件，高温干旱不利稻纵卷叶螟成虫产卵和卵的孵化，也不利于初孵幼虫成活，发生季节的降雨量及雨日是影响成虫迁入及发生发展的关键因素。

在早造，4～6月为前汛期，是我县全年降雨高峰期，雨日多、雨量大、湿度高，温度湿度通常能满足稻纵卷叶螟发生要求，早稻生长旺盛，这个时期虫源的迁入量决定着早稻该虫的发生程度。在晚造，存在一定虫源条件下，天气条件的适合与否可导致发生程度较大幅度的升降。7～8月若台风多，受台风外围影响，常给我县带入大量外地虫源，也带来充沛的降雨，形成雨日多、阴凉湿润的天气，第五代发生量大、危害重，虫源累积到第六代往往造成大发生。7～8月若台风少，常常会出现阶段性的干旱、高温天气，即使第五代田间表现蛾量大，也不一定发生重。

稻纵卷叶虫的天敌种类很多，已发现的有40种以上，卵期赤眼蜂、幼虫期绒茧蜂寄生率在一般年份分别可高达36.5%和59.8%。还有捕食性蜘蛛、隐翅虫、青蛙等，对该虫的虫口密度有明显控制作用。由于长期使用广谱高毒的有机磷农药及其复配剂，使天敌数量及自然控制力下降，给稻田生态环境带来许多不良效应。

2 抛秧栽培稻纵卷叶螟测报防控技术应用

2.1 加强和完善测报工作

在早造，天气条件和水稻生长特性均适合稻纵卷叶螟发生，虫源的迁入时间和数量是发生程度的决定因素，抛秧与插秧没有显著差别，一般蛾量大卵量大，预示着严重发生。在晚造，主要虫源是台风带虫和早造转移虫源，与抛秧危害生育期吻合程度高，苗情虫情结合是抛秧晚稻常年偏重发生的根本原因。晚造气候差异大，或高温干旱、或台风雨天气，或田间小气候影响，虫量消长起伏大，蛾量大并不一定伴随着卵量大，卵量大时也不一定可以大量孵化出幼虫，不同地方、不同区域甚至不同田块发生程度有很大差异，测报应综合虫源、气候、水稻生长等多种因素分析，方可作出准确测报。此外，在做好常规测报的同时，还须注意以下几点：1. 稻纵卷叶螟蛾对黑光灯的趋光性比三化螟弱，黑光灯诱测效果不甚理想，田间监测显得很重要，大发生年份要增加测报点，扩大调查面，及时掌握外地虫源发生趋势及迁入动态；2. 早、晚造抛秧水稻前期是第二代、第五代成虫盛发期，禾苗细小稀疏，田间蛾量很少，稻纵卷叶螟蛾白天一般在田边杂草或其他作物地中栖息，傍晚后再飞到大田中产卵，具有很大隐蔽性。大田查蛾必须扩大赶蛾范围，水稻田、其他作物田以及荒地杂草上都要赶蛾，才会发现稻纵卷叶螟发生的真实情况，提高测报的准确性；3. 7月中下旬受台风外围环流影响，常常被动迁入大量虫源，对抛秧晚稻稻纵卷叶螟发生程度影响重大，台风过后要抓紧迁入虫源的调查，否则会错过防治适期；4. 针对孕穗期初孵幼虫多数钻进未破口的穗苞中取食，然后随稻穗抽出纵卷束叶危害的习性，对第三代、第六代稻纵卷叶螟发生期间一定要注意调查穗苞中的低龄幼虫，提高预报准确性，以指导大面积防治。

2.2 加强农业防治，恶化害虫发生环境

在品种布局上，晚造宜选用中熟品种，推迟播植期，减少虫源传播或缩短危害期。在栽培管理上，提倡合理施肥，防止前期猛长、后期贪青，促使水稻生长发育整齐健壮，提高耐虫力；适当调节露晒田时期，降低幼虫孵化期的田间湿度。适当放宽防治指标，并选用高效安全有选择性的农药，提高稻田生物群落丰盛度与多样性，充分发挥天敌的控制作用，达

到社会、经济、生态效益的统一。

2.3 确定防治适期与防治指标

稻纵卷叶螟的防治适期是卵孵高峰期至3龄幼虫高峰期，可根据发蛾高峰期推算或通过剥查新虫苞来确定。大发生代因盛发期拉得较长，宜在卵盛孵高峰期用药，避免早发部分幼虫进入暴食期造成危害，并影响防治效果。一般世代（或一般田块）可迟至2、3龄高峰期用药。同时还应根据防治药剂作相应调整，因为稻纵卷叶螟高龄幼虫对部分常用防治药剂有较高抗药性。在本地常用防治药剂中，如杀虫双、杀虫单等药剂宜提前至卵孵高峰期用药；毒死蜱、三唑磷及其复配制剂宜在1龄高峰～2龄初用药；对高龄幼虫防效较好的药剂，如氯虫苯甲酰胺、苏云金杆菌、甲维盐及阿维菌素复配制剂，宜在2～3龄高峰期用药。

稻纵卷叶螟幼虫危害损失与水稻生育期密切相关，以孕穗、抽穗期最大，分蘖期最少。因为分蘖期叶片光合产物大部分供给心叶、根、分蘖生长，受害后对产量影响不大，补偿能力强，防治指标应适量放宽；孕穗后，叶片光合产物主要供给幼穗发育，受害后可使颖花、枝梗退化，空秕增加，结实率和千粒重降低，尤其是剑叶及倒2、3叶受害影响更为明显，防治指标应适量收紧。

2.4 选择高效药剂，提高防治效果

近年我县在进行药剂防治试验及使用结果中表明，常规农药如杀虫双、杀虫单等，在正常用量下防效仅有60%～70%，难于有效控制稻纵卷叶螟危害；毒死蜱48%乳油亩用80～100ml，防治效果达85%以上，但毒死蜱对稻田天敌和蜜蜂有较高毒性；生物农药苏云金杆菌8 000单位可湿性粉剂亩用200g及阿维菌素1.8%乳油亩用20～40ml，掌握在稻纵卷叶螟低龄幼虫高峰期用药，防效均可达90%以上，是防治稻纵卷叶螟的理想替换农药，可和其他农药轮换使用，以延缓稻纵卷叶螟对单一农药的抗药性。

大发生世代稻田每丛，甚至每株水稻上都有稻纵卷叶螟的卵、虫，要求喷药时一定要均匀周到，确保不能有遗漏，否则就会影响防治效果，出现白叶带。一般要求亩用水量为60～70kg，要注意全面均匀喷到。施药时经常会遇到降雨天气，要做到适期防治，抢晴喷药。并且要及时复查补治，巩固药效。防治第五、六代，应早晚清凉时施药避免高温操作。

闽西北稻区水稻病虫60年演变研究

严叔平　陈文乐　胡启镔　陈彩霞

（三明市植保植检站　福建　三明　365000）

闽西北指福建省西北部东经 116°23′~118°40′，北纬 25°30′~27°08′间的三明市辖区，辖有 12 个县（市、区）。辖区位于武夷山和戴云山两大山脉之间，东西长 225km，南北宽 172km。土地总面积 231.6 万 hm²，现有水田面积 15.4 万 hm²（231 万亩）。本区地处中亚热带，气候特点是：冬季基本上在西北风控制下，形成干冷气候，气温低，空气较干燥，盛行偏北风；夏季受副热带高压控制，盛行东南风，气温高湿度大，形成充沛的降水，特别是 5~6 月冷暖空气频繁交汇形成当地的雨季。大的山脉对许多重要气象因素往往起了再分配作用，从而构成当地复杂多样的山区小气候。全年无霜期 240~300d，降雨量 1 500~2 000mm。水稻的主要灾害性气候有倒春寒、五月寒、夏秋旱、秋寒、霜冻。

60 年来随着科技的发展，政策的变革，生产方式的改变，生产力的不断提高，本区的水稻生产经历了一年一熟制、一年二熟制和单双季稻混栽等多种耕作制度的变化，这些变化直接影响了水稻病虫的变迁。现将这 60 年本区水稻病虫的演变过程作个回顾。

1　20 世纪 50 年代

1956 年前为纯一季稻区，农民种植的单季稻多为自己留种的品种如花谷、乌梨等许多不知其名的品种，品种种类非常多。这个时期的水稻亩产量都在 100kg 以下，主要病虫有二化螟、食根金花虫、负泥虫、稻瘿蚊和稻瘟病，以二化螟、食根金花虫的危害较突出，稻瘿蚊在个别年份、局部地方暴发成灾。1956 年以后围绕农业八字宪法，大力推广一些农业新技术和新品种，不少稻区开始种植双季稻，主要品种有陆财号、过山香、梅峰 3 号等，水稻亩产量可达 100kg，稻瘟病的危害开始突

出，三化螟在双季稻田的危害开始显现。由于当时我国化工工业的落后，50 年代病虫防治以农业防治措施为主。

2　20 世纪 60 年代

1959 年以后农村全面实施人民公社集体所有制，以生产大队、生产队为基础的劳动工分计酬的分配形式，改变了农民习惯的小农生产方式，再是 1961、1962、1963 连续 3 年的自然灾害，以及 1966 年以后的文化大革命，极大地影响了农业生产。这一时期双季稻面积不断扩大，但水稻亩产量一直在 100kg 上下浮动。六六六农药开始广泛应用水稻害虫防治，食根金花虫的危害得到有效控制，但三化螟的危害日益突出，1963、1964 连续 2 年四代三化螟大发生，造成双季晚稻大面积白穗，从此三化螟成为本稻区的最主要害虫。1966 年由于黑尾叶蝉暴发，导致双季晚稻黄矮病大流行大面积绝收。时常还有一些地方因穗颈瘟暴发造成大面积绝收。这个时期三化螟、叶蝉（黑尾叶蝉和白翅叶蝉）、稻瘟病、二化螟逐渐成为本稻区的常发性病虫。

3　20 世纪 70 年代

1971 年以后本稻区双季稻面积基本稳定在 140 万~150 万亩，单季稻 90 万~100 万亩之间。这个时期，大面积推广矮秆品种和密植栽培，同时氮肥（氨水）开始大面积应用，病虫种类激增危害加剧。1972 年早季黑尾叶蝉大发生，泰宁县站灯下 5 月 1 日至 7 月 15 日诱虫量达 158 712 头，比大发生的 1966 年同期 96 349 头增加 62 363 头，增 64.7%，造成不少稻田塌圈。1973 年早季稻纵卷叶螟虫暴发成灾，受害面积达 92.5 万亩；同年黑

尾叶蝉、稻飞虱（褐飞虱）混合猖獗危害，在宁化县、清流县、永安县等地造成局部塌圈。从此稻纵卷叶螟和稻飞虱也上升为主要害虫与三化螟、稻叶蝉、稻瘟病、负泥虫、二化螟一道成为本稻区主要病虫。稻苞虫、稻螟蛉、粘虫、黑尾叶蝉、白翅叶蝉、灰飞虱、白背飞虱、稻蓟马、烂秧病、赤枯病、普矮病等为次要病虫。这一时期随着氮肥施用面积的不断扩大和施用量的不断增加，稻瘟病的危害日显突出，不少年份在双早、双晚均会造成较大面积的绝收，1979 年全年稻瘟病发生面积达 69.79 万亩次。这一时期随着有机氯、有机磷农药的供应量增加，化学防治病虫开始占主导位置。水稻平均亩产也越过了 150kg 关。

4 20 世纪 80 年代

1980 年开始随着农村家庭农业承包责任制的推广和落实，极大地调动了农民的生产积极性，但由于多年的生产队派工劳动方式，大多数农民不懂水稻种植技术，为了提高产量大量使用氮肥，导致多种病虫危害严重。1985 年后农民们逐渐掌握了水稻种植的基本技术，病虫严重危害的局面得以改善。本年代前期的主要病虫和后期的主要病虫差异大。这一时期一些难于安全度过秋寒的双季稻田改回种植单季稻，双季稻面积稳定在 100 万亩左右。1986 年开始平均亩产量超过了 300kg。

4.1 稻瘟病 1980 年双早因稻瘟病叶瘟和穗瘟造成翻犁和绝收面积达 5 190 亩；1981 年早季稻瘟病大流行叶瘟发生 73.93 万亩，穗瘟发生 76.45 万亩分别占双早面积的 55% 左右，绝收面积达 12.73 万亩，损失稻谷 7 850 万 kg。危害之大，损失之重震惊国内外。1982 年后通过大面积更换品种，控制氮肥使用量和施肥时期，增施磷钾肥，适时喷药保护等一系列综合措施，稻瘟病的成灾逐步得到有效的控制。1982—1984 年每年塌圈和绝收面积在 300 亩以下，全年叶瘟、穗瘟发生面积在 56～75 万亩次。1985 年后稻瘟病的危害大为减轻，全年发生面积都在 10 万亩次上下，但时有小范围绝收发生。

4.2 三化螟 本区为三化螟四代多发型，随着双季稻种植面积的扩大从 60 年代中后期开始该虫成为本区最主要的水稻害虫，1981 年由于早季稻瘟病造成翻犁面积大，晚季播插时间拉长，晚季四代三化螟大发生，发生面积达 77.6 万亩。

1982 年开始四代三化螟的危害迅速减轻，从常年发生 50 万亩左右降为 30 万亩以下，1988 年开始三化螟每年发生面积在 2 万亩以下，成为本稻区的次要害虫。究其因分田到户后，一是农民"双抢"时间短，双早收割后马上溶田插秧，稻头中二代三化螟大部分蛹尚未羽化即消亡；二是双晚插的快、插的早，双晚破口抽穗期提前，避过四代三化螟蚁螟盛孵期。

4.3 二化螟 70 年代随着双季稻面积的扩大和稳定，二化螟仅在纯单季稻区发生危害，1983 年开始，二化螟的危害加剧，一代二化螟造成双早大面积枯心，二代二化螟造成一些单季枯心和双早的虫伤株、枯穗，三代二化螟造成双晚枯心、虫伤株、枯穗。一代二化螟的发生面积从 1983 年 29.8 万亩，发展到 1989 年的 54.9 万亩。替代了三化螟成为本稻区最主要害虫之一。

4.4 稻飞虱 1981 年前本稻区稻飞虱是以褐飞虱在双晚间歇危害，早季以多种飞虱和叶蝉混合危害。1983 年双早后期白背飞虱暴发危害，由于虫量大，有效防治药剂少，全区受害面积达 63.4 万亩，塌圈绝收面积近千亩。从此白背飞虱成为本稻区主要害虫，每年都要进行防治，且间歇性暴发危害。褐飞虱仍是在晚季间歇性暴发危害，危害轻重取决于迁入的虫源量和虫源迁入后的气候和食料因素。

4.5 稻纵卷叶螟 该虫 70 年代成为本稻区主要害虫，以第三、四代危害双早和单季稻，每年受害面积在 60 万亩上下，1983 年后危害面积急剧下降到 30 万亩，1986 年后危害进一步减轻，年受害面积 10 万亩左右，成为局部暴发的次要害虫。

4.6 白叶枯病 从 1972 年开始发现后，经常在局部地方成灾，主要集中在常年易受淹的双晚稻田。1981 年双晚白叶枯病发生面积达 1.79 万亩，首次突破万亩线。1982—1984 年最高发生面积达 3.47 万亩。1985 年后该病迅速减轻，最高发生年份不超过 0.7 万亩，成为零星、偶发性病害。

4.7 细菌性条斑病 1986 年 8 月在双晚首次发现后，发病面积逐年扩大，到 1989 年双早、双晚、单季稻均会发病，受害面积达 4.78 万亩。成为主要病害。

4.8 纹枯病 从 70 年代后期开始随着稻田施氮量的提高，纹枯病的危害逐年趋重，成为主要病害。到 80 年代中后期，纹枯病危害造成的损失超过稻瘟病。发生面积从 1980 年的 50.1 万亩到 1988 年达 140.2 万亩。

4.9 其他病虫 稻曲病从 20 世纪 70 年代后期危害明显，80 年代危害加重，双早、双晚、单季稻均会发病，在气候适宜其发生的年份穗病率超过 50%，田间是"病果累累"；稻粒黑粉病随着不育系种子的调运传入，1983 年后在杂交水稻制种田发病普遍，严重影响种子的产量和质量，种植田偶有一些品种会发病；普矮病有些年份在局部地方会暴发，以单季稻受害为主；紫秆病、叶鞘腐败病在 80 年代前期发病比较普遍；稻蓟马发生普遍；稻茎水蝇在 1983 年确认，主要是双晚受害，发生面积有的年份高达 50 万亩，但对产量影响不大；稻秆潜蝇在单季稻区发生普遍，有的年份发生面积达 30 万亩，对产量有一定的影响；负泥虫仍在一些山垄田的双早上危害；本年代还有一些已销声匿迹多年的害虫，有些年份在局部暴发成灾，如稻瘿蚊、稻蝗、铁甲虫、稻螟等。

5 20 世纪 90 年代

从 20 世纪 80 年代后期开始，本稻区大力示范推广种植烟叶和再生稻，90 年代种植业结构随着市场经济的需求不断调整，烟叶常年保持在 50 万亩左右，再生稻 20 万亩上下，加上瓜果蔬菜及其他经济作物种植面积的扩大，双季稻面积不断缩小，水稻病虫的种群发生明显的变化。特别是烟稻的水旱轮作，大大地改善了稻田生态。这一时期的水稻主要病虫为稻瘿蚊、稻飞虱、二化螟、纹枯病、稻瘟病、细菌性条斑病，这三虫三病。

5.1 稻瘿蚊 该虫在销声匿迹 20 多年后，1988 年再次在我区发现以后，迅速蔓延危害，1991 年在大田县文江乡等部分乡镇暴发成灾后，成为水稻的主要害虫之一，1994 年全市大面积暴发成灾，发生面积为 37.65 万亩，损失稻谷 597.3 万 kg，1997 年、1998 年再度大发生，发生面积分别为 69.45 万亩、119.25 万亩，损失稻谷分别为 1 026 万 kg 和 1 299.7 万 kg。

5.2 稻飞虱 由于噻嗪酮这类防治稻飞虱效果好地药剂的大面积应用，白背飞虱的危害得到较好的控制，仅有 1991 年、1997 年在局部双早、单季稻造成塌圈。褐飞虱 1994 年、1998 年在局部双晚稻田造成塌圈。总体与 80 年代相比稻飞虱的发生危害减轻许多。

5.3 二化螟 与 20 世纪 80 年代相似以一代危害双早、单季稻造成枯鞘、枯心，常年发生面积 50~70 万亩，二代危害轻，三代有时会在局部造成双晚、烟后稻、单季稻大量虫伤株和枯穗。

5.4 纹枯病 随着水稻产量的不断提高，纹枯病的发生和防治面积越来越大，常年发生面积在 100 万亩左右。在有些年份纹枯病危害造成的枯穗圈近乎绝收，在 20 世纪 90 年代对产量造成的损失超过了稻瘟病造成的损失。

5.5 稻瘟病 随着农民种植水平的提高，品种的多样性，20 世纪 90 年代稻瘟病的发生危害大大轻于 80 年代，仅在个别年份局部田块、个别品种上会出现小面积塌圈绝收现象，每年双早、双晚、单季稻、再生稻 4 种稻作的叶瘟、穗瘟发生总面积在 30 万亩以下。防治稻瘟病的农药年销量约为 80 年代年销量的 1/5。

5.6 细菌性条斑病 该病从 20 世纪 80 年代后期开始成为我区水稻主要病害，但由于受天气因素的制约和植物检疫把关，其发生蔓延速度受到抑制，1997 年前全区每年发病面积都在 7 万亩以下，有些年份发生面积在 1 万亩上下。1997 年天气异常，6 月份有些双早、单季稻田就发现细菌性条斑病，而以往该病仅在双晚和部分单季稻上发生，发病早，危害面广，一些双晚稻田几乎绝收。全区发生面积达 12.76 万亩。

5.7 其他病虫 稻纵卷叶螟局部区域发生，年发生面积在 20 万亩以下，1999 年再度暴发，发生面积达 50 万亩；三化螟仅在南部双季稻集中区零星发生，基本上没有防治；稻茎水蝇发生面积有些年可达 30 万亩；稻秆潜蝇在单季稻区发生普遍；负泥虫、稻蓟马从 20 世纪 90 年代中后期开始就很少发现；粘虫偶有发现零星危害；稻曲病与以往相似有些年份发病非常严重，很少防治；紫秆病、叶鞘腐败病、白叶枯病很少见；灰飞虱、白翅叶蝉绝迹；稻螟蛉、稻苞虫、稻眼蝶难觅踪迹。

6 21 世纪

2000 年以来，种植经济作物效益大大高于种植水稻的示范带动作用，本区水稻种植面积进一步缩小，每年双季稻约 30 万亩，再生稻 20 万亩，烟后稻 50 万亩，单季稻 80 万亩。种植的杂交水稻以大穗型的超级稻组合为主。病虫危害延续 20 世纪 90 年代后期的状况，同时又有一些变化。

6.1 稻瘿蚊 1997、1998 年稻瘿蚊在本区大暴发引起各级政府的高度重视，督促各地认真实施农业部门提出的双季稻改再生稻，单季稻提早播种避过三代危害，单双晚秧田使用克百威或丙线磷颗粒剂，三代、四代幼虫盛孵期适时用药和统一播插期连片种植等综合防治措施，有效地控制了稻瘿蚊的成灾。加上气候原因从 2003 年开始稻瘿蚊仅在局部稻田发生，2007 年以来在其发生高峰期都难觅其踪。

6.2 二化螟 一代二化螟是本区二化螟的主害代，一般二、三代的虫量极少，随着大穗型杂交水稻的推广种植和稻田周围其他作物的混栽，二化螟的食料来源非常充足，近几年二代、三代的危害日显突出，时常有连片的双晚或烟后稻由于三代二化螟的危害造成全田枯株、枯穗，剥开稻秆每株稻秆有幼虫 5 头以上，多的达 10 头以上。

6.3 稻飞虱、卷叶螟 2005 年前稻飞虱延续 20 世纪 90 年代的发生情况有一定的发生面积，但成灾较少见，卷叶螟局部零星发生危害。2005 年开始这"两迁"害虫开始同步回升危害，2006 年早季灯下和田间，这二虫的迁入量超过常年，在不少地方危害成灾。2007 年早季这"两迁"害虫的迁入时间之早和迁入量均创历史新高，双早、单季稻田稻飞虱的发生危害面积达 345 万亩次，卷叶螟达 123.7 万亩。所幸发现早，防治及时到位，损失并不十分严重。2008、2009 年两迁害虫的发生危害又迅速减少。

6.4 稻瘟病 2000 年以来随着大穗型超级稻的推广，稻瘟病的发生危害频率加快，因为目前尚无高抗稻瘟病的超级稻组合。由于栽培技术、小气候等因素的作用，每年都有一些稻田出现穗颈瘟暴发绝收情况。而且这些稻田前期并不一定有叶瘟发生，所以防不胜防。

6.5 纹枯病 作为主要病害对该病的防治比 20 世纪 90 年代更加到位，较少有成灾现象。

6.6 细菌性条斑病 1997 年以后该病每年发生面积都在 10 万亩以下，一般年份为 1 万亩左右，2005 年该病突发危害，发病面积达 20.7 万亩，创下新高。2005 年以后每年发生面积又在 10 万亩以下。

6.7 水稻锯齿叶矮缩病 这一新发现的水稻病毒病，2005 年在烟后稻和双晚上有零星发现，2006 年在不少地方的烟后稻和双晚稻田的丛发病率高达 20%，许多田段丛发病率在 5% 以上。2007 年由于稻飞虱迁入早，危害重，这一由褐飞虱传播的水稻病毒病在本稻区暴发，几乎所有的种植品种（组合）都会发病，造成许多地方的双晚、烟后稻、迟插单季稻受害，丛病率 5% 以上的稻田达 20 万亩，丛病率 20% 以上的达 1.6 万亩，有些田块丛病率达 70% 以上，损失巨大。2008 年稻飞虱危害减轻，该病的危害也疾速降低，2009 年该病只有零星发生。

6.8 其他病虫 发生危害与 20 世纪 90 年代相似，没有显著的变化。

棉花黄萎病发生严重原因分析及综合治理措施初探

吕继康　杨营业　王跃进

（山西省运城市盐湖区农业局　山西　运城　044000）

棉花黄萎病是棉花的主要病害之一，近几年发生危害逐年加重，已成为制约我区棉花生产的主要因素。2009 年由于气候条件适宜等原因，棉花黄枯萎病在运城市盐湖区严重发生，发生程度达 5 级，给棉花生产带来很大损失。据调查，全区棉花黄萎病发生面积 1.48 万 hm²，占棉花总面积 1.8 万 hm² 的 82.2%。其中发病较轻的面积 0.88 万 hm² 左右，发病株率 10%~20%；发生较重的面积 0.4 万 hm²，发病株率 20%~30%，病情指数 14.35；严重发生面积 0.2 万 hm²，发病株率 30% 以上，严重地块全区平均发病株率 40.41%，病情指数 23.58；个别地块发病株率高达 90% 以上，病情指数达 43.67。

1 调查及分级方法

1.1 调查方法
2009 年 8 月 8 日~10 日我们对全区棉花黄萎病发生情况进行了普查,调查面积 400hm²。每块地采用随机五点取样,每点顺行调查 20 株,记载品种、种植年限、管理措施及施肥情况、发病株数,发病级数,计算病株率及病情指数。

1.2 分级方法
采用 GB/T 17980.92—2004 田间药效试验准则(二)杀菌剂防治棉花枯、黄萎病的标准。

棉花黄萎病分级方法:

0 级:健株;

1 级:病株叶片有 10% 以下显病状,叶片表现淡黄色不规则病斑;

3 级:病株叶片有 11%~25% 显病状,叶片主脉间产生淡黄色不规则病斑;

5 级:病株叶片有 26%~50% 显病状,病斑的颜色大部分变成黄色和黄褐色,叶片边缘有卷枯;

7 级:病株叶片有 51% 以上显病状,病斑大多数显黄褐色,叶片边缘有卷枯,有少数叶片凋落;

9 级:病株叶片脱落成光杆及植株死亡,有时出现急性萎焉死亡症状。

1.3 计算方法
病情指数 = $\sum$(各级病株数 × 相对级数值)/(调查总株数 × 9)× 100

2 原因分析

2.1 低温、寡照有利于该病的发生与流行
棉花黄萎病适宜发病温度为 25~28℃,高于 30℃,低于 22℃发病缓慢,高于 35℃出现隐症。在适宜温度范围内,湿度、雨日、雨量是决定该病消长的重要因素。低温地、日照时数少、雨日天数多则发病重。在田间温度适宜,雨水多,且均匀,相对湿度 80% 以上,发病重。一般棉花黄萎病发生盛期在 7~8 月份。

据统计:今年 7 月中旬~8 月 10 日,全区平均气温 25.92℃,比历年平均温度 27.69℃低 1.77℃。7 月份降雨日数 9d,比历年平均 6.1d 多 2.9d,降雨量 39.9mm;20cm 平均低温 28.1℃比历年 28.7℃低 0.6℃;7 月份日照时数 153.1h,比历年平均的 212.4h 少 59.3h,每天平均少近 2h

日照。

总之,今年花铃期低温、寡照、阴雨天数偏多,对棉花黄萎病发生十分有利。

2.2 长期连作致使土壤中病源积累较多为大发生提供了条件
我区龙居、金井、车盘三个乡镇常年种植棉花在 0.85 万 hm² 左右,由于种植面积较大,每年轮作倒茬面积较小,大部分棉田种植年限 10 年左右,由于长期连作,土壤中病源积累较多。据调查,龙居一块棉田,种植棉花品种为冀丰 106,地北边连作 8 年,发病株率 58%,病情指数 28.67;南边仅种植 2 年,发病株率 23%,病情指数 9.22。

经调查统计,连作 10 年以上的地块,平均黄萎病病株率 55.2%,平均病情指数 31.78;种植年限 2~3 年的地块平均黄萎病病株率 23.4%,平均病情指数 10.56。

2.3 当前生产上使用的品种抗病性较差,对棉花黄萎病发生有利
目前我区种植的品种多为抗虫棉,抗病性鉴定大部分为抗枯萎,耐黄萎或轻感黄萎,有些标明抗、耐黄萎病的品种在实际生产中也达不到介绍的水平,在气候条件适宜情况下往往发生较重。例如邯郸 109 抗病鉴定:山西省农科院棉花研究所鉴定,2002 年高抗枯耐黄;2003 年枯萎病发病率 16.4%,病指 11.5,反应型 T,抗效 —25%,抗效反应型 S;黄萎病发病率 54.5%,病指 35.1,反应型 S,抗效 22.2%,抗效反应型 S。冀丰 106(单抗)抗病鉴定:2003—2004 年河北省农科院植保所接菌鉴定结果:枯萎病指 4.05,黄萎病指 42.85,属抗枯萎耐黄萎类型品种。田间调查结果,枯萎病指 0.52,黄萎病指 22.83,属高抗枯抗黄萎类型品种。

另外,由于种植户在选择品种时只片面重视产量性状,而忽视了品种的抗病能力。一般情况是产量性状好的品种,抗病性差;而抗病性好的品种,铃重较轻,产量低。据了解中植棉 2 号抗病性比较好,在枯、黄萎病发生较轻的年份,产量不如丰产性品种,吐絮不畅,农民不愿意种植。造成抗病好的品种不易推广,而丰产、抗病性差的品种大面积种植,为黄萎病的暴发提供了有利条件。

当前我区生产上种植的棉花有 30 多个品种(品系),大多数都有黄萎病发生,不同品种发病程度有所不同。据调查,东张耿一农户种植 3 亩棉花,种植两个品种,其中一个品种黄萎病发病株率 78%,病情指数 40.78%;另一个品种棉花黄萎病

发病株率22%，病情指数9.33。

2.4　施肥浇水不当，棉花生长不良，发病较重　据调查，棉田施有机肥和配方肥的棉花生长良好，发病较轻；棉田不施有机肥、不施底肥只追肥或只施底肥不追肥都造成棉花所需大、中、微量元素不全，棉花生长不良，发病较重。磷、钾肥能增强棉株抗性，且钾肥有利于根围颉顽菌放线菌地生长，因而增施磷钾肥的地块发病较轻。凡是发病重的棉田，普遍出现早衰、缺钾症状，并伴有红叶茎枯病发生。龙居一户农民种植棉花3.5亩，分为三畦，品种为晋棉49。其中一畦底肥采用配方施肥，底肥使用尿素15kg、过磷酸钙75kg、硫酸钾15kg；另外二畦底肥仅使用尿素15kg；其他管理条件一致。经调查，使用磷钾肥的地块棉花黄萎病病株率27%，病情指数16.78；未使用磷钾肥的棉花黄萎病病株率72%，病情指数44.67。

调查中还发现，采用大水漫灌或中午高温时浇水的发病重。

3　综合治理措施

通过轮作倒茬，增施有机肥、磷钾肥，采用配方施肥，培育壮苗提高棉花抗病能力。选用推广抗性较好品种和药剂拌种等措施，控制黄萎病的发生与危害。

3.1　合理轮作倒茬　对种植年限较长，棉花枯、黄萎病发生较重的棉田，应与禾本科作物进行三年以上轮作。

3.2　采用平衡施肥、增施有机肥、磷钾肥　采用平衡施肥，增施有机肥，增加磷、钾肥，可提高棉花植株生长势，增强抗病能力。高产地块一般亩施有机肥3 000～5 000kg、尿素15kg、过磷酸钙50～75kg、硫酸钾15～20kg做为底肥。剩余氮肥

（尿素）做为追肥，在花铃期分2次结合浇水施入棉田。

3.3　选用抗性和耐性较好的品种　据调查，目前抗性和耐性较好的品种有中植棉2号、冀棉958、晋棉46等。种植抗病、耐病品种，可有效减轻黄萎病发生。

3.4　搞好药剂拌种　毛籽采用多菌灵浸种，用40%多菌灵250g，对水125kg，浸种50kg，浸种时间为10～12h，晾至种毛发白再拌杀虫剂，对棉花黄枯萎病有一定的防治效果。

脱短绒种籽，采用适乐时包衣，每50kg棉花种子用2.5%适乐时400～500ml，先将药剂用少量水稀释，然后与种子拌匀，晾干后既可播种，又可以减轻、推迟棉花枯黄萎病的发生。

3.5　加强栽培管理　适时播种，及时中耕破板、晾墒提温，合理浇水、避免大水漫灌。合理化控，调节养分分配，协调营养生长与生殖生长，控旺转壮。

在棉花蕾期开始，结合病虫害防治叶面喷施0.3%磷酸二氢钾加0.5%～1%尿素溶液、0.1%硼砂溶液，增强植株抗逆性，减轻黄萎病的危害。

参考文献

[1] 中华人民共和国国家标准GB/T 17980.54～17980.148～2004
[2] 全国农业技术推广中心编著，农作物有害生物测报技术手册。中国农业出版社，2006年10月第一版（258）。
[3] 棉花优质新品种邯郸109，山西种业网。
[4] 冀丰106（单抗），河北省农林科学院网。

马铃薯晚疫病药效对比试验初报

范建康　郑发军　邓金琼

（四川省普格县农业局植保站　四川　普格　615300）

马铃薯是我县主要粮经作物，种植面积达10

万亩以上。近年来我县马铃薯晚疫病发生危害日趋

加重，造成马铃薯产量损失极为严重，是制约我县马铃薯生产发展的主要不利因素。为寻找安全有效的化学防治药剂，指导防治工作，减少马铃薯产量损失，2006年我站进行了马铃薯晚疫病化学防治技术的研究。

1 材料及方法

1.1 供试药剂和浓度
50％琥铜甲霜可湿性粉剂600倍液（甲霜铜、成都华西农药厂）、72％甲霜灵锰锌可湿性粉剂500倍液（代森锰锌、浙江禾本农药化学有限公司）、80％大生M-45可湿性粉剂600倍液（美国陶氏益农公司监制，江苏南通德斯益农有限公司生产）。

1.2 试验处理
共10个，即：50％琥铜甲霜可湿性粉剂600倍液设1次、2次、3次施药3个处理；72％甲霜灵锰锌可湿性粉剂500倍液设1次、2次、3次施药3个处理；80％大生M-45可湿性粉剂600倍液设1次、2次、3次施药3个处理；清水对照1个。

1.3 试验地条件
试验地选择在普格县五道箐乡一村一组（海拔2 150m），供试马铃薯品种为"米拉"，高厢双行垄作，出苗长势一致。

1.4 试验设计
随机区组排列，各处理3次重复，小区面积26m²。

1.5 施药方法

1.5.1 施药时间
在晚疫病发生初期施药，每次施药间隔时间7～10d。第1次施药时间2006年6月5日，第2次时间为6月15日，第3次施药时间为6月23日。

1.5.2 施药方式
采用工农16型喷雾器进行常规喷雾，亩喷水量60kg，以叶片滴水为止。

1.6 调查方法
每小区定点20株调查药前病指数和药后7～10d病指数，共调查4次，即：2006年6月5日调查药前病指，6月15日调查第1次施药后病指，6月23日调查第2次施药后病指，7月3日调查第3次施药后的病指。8月2日收获时对小区块茎鲜重实收。

马铃薯晚疫病病情分级标准：

0级：无病；

1级：病叶占全株总叶片的1/4以下；

2级：病叶占全株总叶片数的1/4～1/2；

3级：病叶占全株总叶片数的1/2～3/4；

4级：几乎全株叶片都有病斑，大部分叶片枯死，有时茎部也枯死。

1.7 计算方法
各处理以药前和最后一次药后10d病指按加权平均法计算出平均数，进行相对防效。产量以小区实收量计算增减率。并采用新复极差法（DMRT）对病指和产量数据进行统计分析。

$$相对防治效果（\%）=\left(1-\frac{对照区药前病指 - 处理区药后病指}{对照区药后病指 - 处理区药前病指}\right)\times100$$

$$比对照增产（\%）=\frac{对照区产量 - 处理区产量}{对照区产量}\times100$$

2 结果与分析

2.1 防治效果
从表1可以看出，各处理病指与对照比较均表现出显著性差异，由此可见，三种杀菌剂防治马铃薯晚疫病均有不同程度的防效。处理间病指以72％甲霜灵锰锌（3次施药）、80％大生M-45（3次施药）、72％甲霜灵锰锌（2次施药）、80％大生M-45（2次施药）、甲霜灵锰锌（1次施药）、50琥铜甲霜（3次施药）达极显著，防效依次为：87.18％、84.43％、83.7％、82.3％、76.64％、72.3％，它们之者间病指无差异。但以72％甲霜灵锰锌总体防病效果最佳，其不同施药次数间病指差异不显著，1～3次施药，防效分别达76.64％～83.7％～87.18％。

表1　三种杀菌剂不同施药次数防治晚疫病的防效（％）

（2006年　四川普格）

处　　理	药前病指	最后1次药后10d病指	显著性测定	相对防效±％
72％甲霜灵锰锌（3次）	25	30.9	aA	87.18
80％大生M-45（3次）	23.7	32.2	aA	84.43
72％甲霜灵锰锌（2次）	23.7	32.5	aA	83.7

（续）

处　　理	药前病指	最后 1 次药后 10d 病指	显著性 测定	相对防效 ±%
80%大生 M-45（2 次）	24.5	32.9	aA	82.3
72%甲霜灵锰锌（1 次）	23.7	35.4	abA	76.64
50%琥铜甲霜（3 次）	23.7	37.1	abA	72.30
50%琥铜甲霜（2 次）	24	38.7	abcAB	68.61
80%大生 M-45（1 次）	23.6	43.3	bcAB	57.5
50%琥铜甲霜（1 次）	25	50.8	cB	37.1
CK 清水对照	25.8	64.8	dC	

表中数据为各处理 3 次重复平均值，字母代表显著性测定（小写 0.05、大写 0.01）。

2.2　产量结果　从表 2 看出，各处理块茎鲜产量与对照相比均有不同程度的增产效果，以甲霜灵锰锌（3 次施药）、大生 M-45（3 次施药）、甲霜灵锰锌（2 次施药）、大生 M-45（2 次施药）块茎产量达显著，但四者之间差异不显著，增产率分别为 38.8%、28.6%、23.7%、16.95%，其中以甲霜灵锰锌 3 次施药块茎产量最高，达极显著，增产率达 38.8%。试验表明，块茎鲜重产量结果与小区各处理防治效果基本一致，表明 3 种药剂防治晚疫病均有不同程度的保叶增产效果。

表 2　三种杀菌剂不同施药次数防治晚疫病增产效果（kg）

(2006 年　四川普格)

处　理	重　　复				显著性 测定	比对照 ±%
	Ⅰ	Ⅱ	Ⅲ	平均		
72%甲霜灵锰锌（3 次）	129.20	136.92	23.88	130.00	aA	38.8
80%大生 M-45（3 次）	112.32	106.08	142.88	120.42	abAB	28.6
72%甲霜灵锰锌（2 次）	110.76	106.08	135.08	117.30	abcAB	23.7
80%大生 M-45（2 次）	93.60	119.48	118.56	110.55	abcAB	16.95
72%甲霜灵锰锌（1 次）	104.40	88.92	120.12	104.48	bcAB	11.6
50%琥铜甲霜（3 次）	107.00	97.16	100.92	101.69	bcAB	8.6
80%大生 M-45（1 次）	95.16	101.40	105.44	100.67	bcAB	7.6
50%琥铜甲霜（2 次）	110.7	101.96	81.12	97.92	bcAB	4.6
50%琥铜甲霜（1 次）	87.08	98.84	102.96	95.29	cB	1.8
CK 清水对照	78	101.4	101.4	93.6	cB	

表中数据为各处理 3 次重复平均值，字母代表显著性测定（小写 0.05、大写 0.01）。

3　小结与讨论

　　3 种药剂防治晚疫病均有不同程度的保叶增产效果，但以 72%甲霜灵锰锌（500 倍液）和 80%大生 M-45（600 倍液）间隔 7～10d 连续 2～3 次施药防治效果显著，达 80%以上，为此，可在生产上推广运用。相比而言，从总体防效、保叶增产效果及经济投入上看，以 72%甲霜灵锰锌最佳，因此，推广上建议该药剂以 2 次施药为宜（间隔时间 10～15d）。从整个试验情况看，杀菌剂对病害预防效果大于治疗效果，因此，生产上施药时间应放在病害发生前或发生初始期，以利进一步提高防治效果。

马铃薯黑胫病发生规律和防治技术初探

马新丽[1] 刘双记[1] 王建玮[2] 许毅戈[2] 刘东海[2]

（1. 栾川县植保站 2. 农技站）

马铃薯又称土豆，起源于南美洲高山地区，属热带高山气候，喜温暖、冷凉，不耐热，又怕冻。具有耐旱、耐寒、耐瘠薄、产量高、营养价值高、用途广、适应性广等特点。我县地处深山区，特定的山区气候非常适合马铃薯的生长，常年种植面积在 3 000hm² 以上。由于品种没有得到及时更换，致使马铃薯黑胫病近年来在我县大面积发生。连续三年在常发区的叫河、三川、冷水等乡镇调查，平均发病株率在 2%～5%，最高可达 20%～30%。在田间造成缺苗断垄及块茎腐烂，对产量和品质影响很大。针对以上情况笔者对马铃薯黑胫病田间症状、传播途径和防治方法进行了调查和试验，下面就工作中的体会和经验交流如下：

1 病原

病原是欧氏杆菌属的马铃薯黑胫病病菌。菌体为短杆状，周生鞭毛，革兰氏染色为阴性。在琼脂培养基上呈灰白色，圆形。生长最适温度为 23～27℃，最高温度为 36～42℃，最低温度为 0℃。寄主范围极广，除危害马铃薯外，还能浸染茄科、葫芦科、豆科和藜科等 100 多种植物。

2 浸染循环

马铃薯黑胫病的浸染主要是带菌的种薯和田间未完全腐烂的病薯是病害的初浸染源，以种薯为主要初浸染源，病菌必须通过伤口才能侵入寄主，用刀切种薯是病害扩大传播的主要途径。带菌种薯播种后，在适宜条件下，细菌沿维管束侵染块茎幼芽，并从维管束向四周扩展，侵入附近薄壁组织的细胞间隙，分泌果胶酶溶解细胞壁的中胶层，使细胞离析，组织解体，呈腐烂状。在田间，种蝇的幼虫和线虫可在块茎间传病。无伤口的植株或已木栓化的块茎不受侵染。

3 田间症状

马铃薯黑胫病主要侵染茎和薯块，从苗期到生育后期均可发病。种薯染病，腐烂成粘团状，不发芽，或刚发芽即腐烂在土中，不能出苗。

3.1 苗期症状 幼苗染病，一般株高 15～18cm 时就出现症状。感病植株表现似受旱的萎蔫状态，病株叶色淡绿或微黄，植株矮小，节间短缩，或叶片上卷，褪绿黄化，或胫部变黑，萎蔫而死。有的仍可生长，达到正常的高度，大多数感病植株，由于生长缓慢而老化。

3.2 植株地上部症状 感病植株极易从土壤中拔出，病株茎基的黑色部分非常明显而且易折断。地下部茎基部呈现黑色褐腐，皮层髓部均发黑，表层组织破裂，根系极不发达，发生水渍状腐烂。横切茎可见三条主要维管束变为褐色。

3.3 薯块症状 薯块染病，始于脐部呈放射壮向髓部扩展，病部黑褐色，横切可见维管束亦呈黑褐色，用手压挤皮肉不分离，湿度大时，薯块变为黑褐色，腐烂发臭，有别于青枯病。用刀纵切剖视受浸染部分，最初无色，但暴露在空气中很快变成粉红色、褐色、红色或褐黑色，病薯感病严重，薯心常成黑洞。

4 发病条件

田间温度和湿度是马铃薯黑胫病流行的主要条件。窖藏期间，窖内通风不良，高温高湿，有利于细菌繁殖和危害，往往造成大量烂窖。田间排水不良、低洼地容易发病。土壤粘重透气性差，排水不良，土温低，植株生长缓慢，不利于寄主组织木栓化的形成，降低了抗侵入的能力，有利于细菌的繁殖、传播和侵入。因此，土壤粘重透气性差、低洼、温暖潮湿的地块发病重。播种前，种薯切堆在一起，不利于切面伤口迅速形成木栓层，使发病率提高。

5 发病规律

马铃薯黑胫病的传播途径主要是种薯带菌，土壤一般不带菌。病菌先通过切刀切薯块扩大传染，并从母薯通过维管束和髓部进入植株地上茎。后期又从地上茎通过匍匐茎传入新生的块茎。储藏期间，病健薯接触，病菌可通过伤口或皮孔传染，传染快。田间病菌在块茎或未完全腐烂的病薯上越冬，病菌可直接经幼芽进入茎部，引起植株发病。田间病菌还可通过灌溉水、雨水或昆虫传播，经伤口侵入致病。

6 综合防治技术

6.1 选用优良品种
选择抗耐病品种和脱毒马铃薯，如津引8号、鲁引1号、早大白脱毒马铃薯和郑薯5号、中暑5号等品种。

6.2 严格植物检疫制度，把好种薯关
在进行调运马铃薯种子时，一定要按照检疫程序从无病地区调运种子，淘汰本地黑胫病发生严重的品种，这是防治该病的主要措施。提倡整薯播种和使用脱毒马铃薯种子，实践证明：小整薯播种和使用脱毒马铃薯种子比切块播种减轻发病40%～90%，提前出苗率70%～95%，增产30%～60%。在播前2～3d先将精选好的种薯切块，后用甲基托布津或多菌灵600～800倍液浸种消毒10min，之后摊晾使

伤口愈合后催芽或直接播种；或在播种前2～3d先将精选的种薯用40%福尔马林200倍液浸种15min，之后切块，切后摊晾使伤口愈合后直接播种或催芽。

6.3 田间防治措施

6.3.1 加强田间管理，合理安排播种期，使幼苗避开高温高湿天气
马铃薯种植要起垄种植，这样可以减少田间积水，降低田间湿度。科学施肥，施足底肥。控制氮肥用量，增施磷钾肥，增强植株抗病能力。及时中耕锄草和培土，防止薯块外露。及时摘除病株，发现病株应及时全株拔除，集中销毁，在病穴及周遍撒少许熟石灰。后期病株要连同薯块提前收获，避免同健壮植株同时收获，防止薯块之间病害传播。对留种田最好细心摘除病株，以减少菌源。

6.3.2 化学防治
大田发病初期可用100mg／kg农用链霉素喷雾或0.1%硫酸铜溶液或氢氧化铜溶液能显著减轻病害。用72%链霉素可湿性粉剂4 000倍液或25%络氨铜水剂500倍液或50%琥胶肥酸铜（DT）可湿性粉剂或95%CT杀菌剂水剂（醋酸铜）500倍液或敌克松500～1 000倍液，每隔7～10d喷一次，连喷2～3次均可得到好的防治效果。

参考文献

[1] 吕佩珂等．中国蔬菜病虫原色图谱，农业出版社
[2] 毛彦芝．马铃薯黑胫病的症状识别与防治方法．植物保护，2009.7：64～65
[3] 孙秀梅．黑龙江省马铃薯黑胫病的发生与防治．农业科技通讯

白水县2009年温室番茄灰霉病大发生原因及防治措施

李改完 王 燕

（陕西白水农技中心 陕西 白水 715600）

白水县地处内陆渭北高原，地势西北高而东南低，光照充足，热量富裕，降水偏少，适于发展设施农业，特别是冬春型日光温室生产。该县从20世纪90年代中期开始发展温室蔬菜，主栽品种温

室番茄已成为继苹果之后的又一产业。但是，由于连年种植，病虫害的发生逐年加重，其中灰霉病已经成了影响番茄生产的主要病害。2009年初春，日光温室番茄灰霉病在白水县大发生，一般减产20%～30%，严重减产50%左右，严重影响了该县温室蔬菜生产。对此，笔者调查分析了白水县温室番茄灰霉病大发生原因，并提出了相应的防治措施。

1 发生危害情况

1.1 番茄灰霉病的发生特点

番茄灰霉病在白水县新老日光温室均有发生，在连片种植的区域（王河一东固）发生较重，棚室发病率100%，病株率43%。番茄灰霉病在12月至次年5月，气温20℃左右，相对湿度持续90%以上容易发病，早春2月份为发病高峰。一般苗期、开花期和浇催果水前阴雨寡照天气多，棚内低温高湿，病害就会发生流行。

1.2 危害症状

番茄灰霉病可危害花、果实、叶片和茎，其中以青果受害最重。病菌通常从残留的柱头或开败的花瓣中侵入，后向果面或果柄扩展，引起果实发病。花瓣染病后先呈黄褐色后呈灰白色，柱头染病后呈灰褐色湿度大时呈黑褐色并产生霉层，进而侵染果蒂部。果实发病多从果蒂部开始，后向其他部位扩展。受害果实初呈灰白色、水渍状软腐，上生灰绿色霉层，干燥时果实失水僵化。叶片染病始自叶尖，病斑呈"V"字形向外扩展，初呈水渍状，后呈黄褐色，湿度大时可产生灰褐色霉层。茎染病初呈水渍状小点，后扩展为长椭圆形或长条形斑，病枝易折断，湿度大时形成霉层，严重时常引起病部以上枯死。

1.3 发病规律

番茄灰霉病主要以菌核在土壤中或以菌丝及分生孢子在病残体中度过不良环境，条件适宜时产生分生孢子，借气流、露珠、喷雾及农事操作进行传播。病菌从植株伤口、衰老的器官、枯死的组织等处入侵，发病后产生分生孢子再行侵染。生产中沾花是重要的人为传播途径，花期为侵染高峰期。穗果膨大期浇水后，棚室内相对湿度大，病菌扩展快，病果剧增，常为烂果高峰期。灰霉病病菌对温度要求不严，发育适温为20～23℃，最高30℃，最低2℃，对湿度要求严格，相对湿度90%以上的多湿状态容易发病。

2 发生原因分析

2.1 环境条件影响

温室番茄苗期、开花期和浇催果水前阴雨寡照天气多，棚内低温高湿，利于灰霉病的发生。每年早春2月份阴雨寡照天气多，棚内低温高湿是造成温室番茄灰霉病发生流行的主要原因。据统计，我县历年平均日照时间为2 397.3h，各月日照时数以2月最少，为159.7h，每年2月份的寡照天气造成了灰霉病的发生高峰。而2009年2月日照时数仅为107.9h，较常年减少32.5%，寡照天数14d，同期降水12.9mm，较历年9.6mm增加44.8%，降水天数13d，持续的阴雨寡照天气造成了温室番茄2009年的大发生流行。

3 耕作条件影响

番茄灰霉病的发生还与耕作管理关系密切。

3.1 茬口影响

白水县设施蔬菜发展，起点在东南部雷村王河一带，主栽品种为番茄。由于此处土层深厚，耕性良好，有机质丰富，地下水、热量资源富余，生产的番茄品质优良，耐储藏、耐运输，十分畅销，加之菜农总结积累了丰富的栽培经验，效益显著高于其他品种。连年种植已成了不争的事实。据统计，全县83.6%的设施面积种植番茄，温室番茄已成为部分地区农民经济收入的主要来源。但长期连作，棚室内菌源量累积，导致灰霉病逐年加重，条件适宜即暴发流行。部分菜农在番茄棚内种植黄瓜、西葫芦、茄子，也加重了灰霉病的发生。

3.2 温度管理影响

温度管理方面，一般菜农习惯于上午9～10时左右放风，此时棚室温度通常保持在20～28℃之间，与灰霉病的发病适温相吻合，利于病害的发生。相反，凡是推迟放风时间，待棚温提高至33℃再放风时，灰霉病发病率显著降低。

3.3 耕作习惯影响

当地菜农在栽培管理方面的习惯利于灰霉病的发生。据调查，72.5%的菜农在当季蔬菜收获后，不能及时将植株残体清理出棚，致使病菌以各种形式存留棚内，增加了下茬蔬菜的染病机会。同时在蔬菜生长期调整植株打掉的芽子、老残枝叶、病果病叶在棚室附近乱倒乱放，不能及时处理，也增加了病害的再侵染机会。

3.4 保花保果措施的影响

利用2.4-D或防落

素进行保花保果沾花，是最重要的人为传播途径，一般花期是侵染高峰期。直接沾花的发病率，带药沾花的发病率低，坐果后花瓣即脱落的很少发病，花瓣不脱落的发病多而重。

3.5　其他条件影响　灰霉病的发生还与栽培密度有关系，番茄栽培密度在 3 000～5 000 株/亩，实践表明，种植密度与灰霉病的发生呈正相关，密度越大发病率越高，烂果率越高，防治越困难。

4　防治措施

4.1　因地制宜地选用适合当地的抗耐病品种　如中杂 7 号、皖粉 3 号，金棚 1 号。

4.2　培育壮苗，确保无病苗入棚　育苗前对种子及苗床土壤进行消毒。定植前用 50％多菌灵可湿粉 500 倍液喷淋菜苗，同时对保护地设施进行消毒。

4.3　采用生态防治法，加强通风　具体应用变温管理法。即晴天上午晚放风，使棚温迅速升至 33℃时，再开始放风，棚温降至 25℃以上时，中午继续放风，使下午棚温保持在 20～25℃，棚温降至 20℃时关闭风口，以减缓夜间棚温下降，夜间保持 15～17℃。阴天打开通风口换气。

4.4　加强田间管理　采用优质无滴膜覆盖、高畦地膜覆盖及膜下灌水技术，降低田间湿度。浇水宜在上午进行，发病初期及阴雨寡照天气节制浇水，严防过量，浇水后加强管理，防止结露。增施有机肥和磷钾肥，增强植株抗性。合理调整植株，打掉多余枝杈，清除下部老残枝叶，发病后及时摘除病果、病叶、病枝，坐果后及时摘除开败的花瓣，集中处理，严禁乱扔，避免造成人为传播。收获后彻底清园，翻晒土壤，可减少病菌来源。

4.5　做好关键期用药　一是在定植前用 50％速克灵可湿粉 1 500 倍液或 50％多菌灵可湿粉 500 倍液喷淋番茄苗，要求无病苗入棚。第二次在沾花时带药，在配好的 2.4 - D 或防落素稀释液中加入 0.1％的 505 速克灵或 50％扑海因或 50％多菌灵可湿粉进行沾花或涂抹。第三次在浇定果水前 1d 用药，以后视天气情况确定。

4.6　合理对症用药　在棚室灰霉病始发期，可施用烟剂或粉尘剂。10％速克灵烟剂或 45％百菌清烟剂每亩次 250g 熏一夜，隔 7～8d 一次，粉尘剂每亩次 1kg。发病初期可喷洒 50％速克灵 2 000 倍液、50％异菌脲 1 500 倍液或 40％多硫悬剂、40％施加乐悬浮剂 800～1 000 倍液、45％特克多悬乳剂 800 倍液等。植株生长茂密或阴雨天宜选用粉尘剂喷粉或采用常温烟雾施药技术防治。由于灰霉病易产生抗药性，因此应减少用药量和用药次数，必须用药时，要注意轮换或交替及混合施用。

稻田杂草稻发生趋重 水稻生产受到威胁

梁帝允[1] 强胜[2] 张绍明[3] 沈国辉[4]

(1. 全国农业技术服务中心 北京 100125
2. 南京农业大学杂草研究室 南京 210095
3. 江苏省植物保护站 南京 210036
4. 上海市农科院植保所 上海 201106)

一般认为，杂草稻是栽培稻和野生稻的天然杂交种，但目前尚不肯定杂草稻的真正起源。杂草稻在大部分种植水稻地区都能生长。杂草稻易落粒、能休眠以及与栽培稻具有竞争性的特征使其成为一种杂草。泰国、越南、马来西亚等水稻生产国杂草稻发生危害较重。近年来，在我国的江苏、湖南、广东、辽宁、上海等省（市）一些稻区杂草稻发生越来越重，严重影响水稻产量和品质。

1 杂草稻发生危害状况

1.1 杂草稻发生状况

1.1.1 发生范围广 据南京农业大学杂草研究室近三年调查，我国黑龙江、吉林、辽宁、内蒙、河北、江苏、安徽、浙江、湖北、湖南、江西、广东、广西、云南、四川和重庆等省（区、市）稻田均有杂草稻发生。2008 年江苏省杂草稻发生面积 300 多万亩，约占直播稻面积的 25%。广东省雷州市 1990 年发现直播稻田发生杂草稻，1995—1999 年在该市南兴镇、松竹镇、杨家镇等南渡河岸边沿线大面积发生，面积达 12 万亩，

一般减产 20%～30%，严重的达 70%～80%，个别田甚至失收；2007 年杂草稻发生面积 13.34 万亩，占直播水稻种植面积 37%，其中株发生率在 10% 以下的达 9.74 万亩，11%～30% 的为 3.37 万亩，30% 以上的为 0.33 万亩；2008 年种植直播水稻 58.4 万亩，杂草稻发生面积 29.69 万亩，占种植面积 34.4%。湖南省益阳市晚稻田杂草稻主要发生在湘晚籼 12 品种田，全市湘晚籼 12 种植面积 56 万亩，发生面积 50 万亩，杂草稻株发生率在 5%～10%。2008 年上海市对 71 个乡镇的 46 076 亩稻田进行调查，杂草稻发生面积 5 412.2 亩，占调查面积的 11.75%。

1.1.2 发生程度重 据南京农业大学杂草研究室调查，以辽宁、江苏、浙江和广东等省的取样地杂草稻发生重。2008 年全国农技推广组织对江苏、湖南和广东省的调查发现，江苏的苏中地区杂草稻发生最为严重，广东省雷州市次之，湖南省益阳市相对较轻。据江苏省调查，以套播、直播、免耕连作时间长以及沙性土壤地区的稻田发生严重；不同栽培方式的杂草稻发生，以麦套稻田发生最重、旱直播田次之，水直播再次，机插

秧、抛秧田零星发生，人工移栽稻田杂草稻较少。如该省的泰州市麦套稻、直播稻、抛栽稻、移栽稻4种播栽方式，杂草稻平均田块发生率分别为59.8%、34.5%、5.6%和2.2%；连续3年采用麦套稻和直播稻的田块杂草稻发生最为严重，其田块发生率分别达76.5%和42.5%，重于连续种植2年的田块发生率62.5%和32.5%，更重于种植1年的33.0%和22.9%；高沙土稻区杂草稻田块发生率最高，为29.9%，沿江地区的杂草稻发生率次之，为13.5%，里下河地区杂草稻发生最轻，为9.3%。

1.1.3 发生类型多 杂草稻的发生类型因地区、种植结构的不同而存在多样性。调查表明，江苏省有3种生物型，湖南省有2种生物型，广东省有6种生物型，均为籼型杂草稻。在南京农业大学杂草研究室的杂草稻圃中，2008年种植了收集到的全国杂草稻1 360余个株系，根据米质大致可分为籼型、粳型和籼粳混杂型。

1.2 杂草稻危害情况

1.2.1 导致水稻严重减产 2007年江苏省杂草稻发生严重田块杂草稻密度达36.4株/米²，轻微田块杂草稻密度0.27株/米²。杂草稻严重威胁水稻生产，造成水稻减产10%～50%，平均20%左右。严重发生田块减产60%～80%，甚至绝收。2007年广东省雷州市在白沙镇种植同一品种、栽培管理措施基本相同的直播稻区，选择5种不同杂草稻发生密度田块测产。结果表明：杂草稻株发生率为19%的水稻田减产14.35%，株发生率为27%的水稻田减产17.13%，株发生率为49%的水稻田减产47.11%，株发生率为55%的水稻田减产64.24%。

1.2.2 导致水稻品质下降 杂草稻混杂后的稻米品质降低，影响稻米质量，降低稻谷的市场价格。江苏省种植水稻大多为粳稻品种，籼型杂草稻混杂，加工的稻米，杂草稻粒细长、米碎，大多为红色，严重影响稻米品质。2007年，江苏省宝应县部分米厂和粮站拒收混有杂草稻的稻谷，高邮市混有杂草稻（红米稻）的稻谷仅卖0.6元1斤，一般都是饲料加工厂收购加工饲料。

2 杂草稻发生危害的原因分析

2.1 简化栽培技术迅速推广 近年来，由于麦套稻、直播稻、免耕或少耕等水稻简化栽培技术迅速推广，杂草稻种子存留土壤表面，水分、温度、氧气等条件适宜，易于萌发。广东省雷州市2002年直播稻种植面积34万亩，占全市水稻面积的55.5%，2008年直播稻种植面积达58.4万亩，占水稻面积的67.6%，杂草稻发生面积由2002年的16.7万亩增加到2008年的29.6万亩，占水稻面积的34.4%。

2.2 收割机械传播 随着农业机械化水平的提高，水稻机械收割越来越普遍，收割机械将杂草稻种子从一个地区携带到另一个地区，造成杂草稻不断扩散。

2.3 稻种的混杂 由于稻种中混有杂草稻种子，随着种子的调运而传播。

2.4 防治难度大 由于杂草稻与栽培水稻的相似程度高，除草剂在其间的选择性程度很低，目前还无防除杂草稻的有效除草剂，而最有效的防除方法是在分蘖期进行人工拔除，平均每亩耗时3～5个工，投入大、效率低。

2.5 农民认识不足 农民对杂草稻的认识存在误区，普遍认为杂草稻是稻种不纯或混杂引起的，不能在杂草稻生长的前、中期进行主动而有效的防除，直至延误时机，导致危害甚至绝产。

2.6 防治技术不成熟 目前，对杂草稻的发生分布、发生规律、生物多样性、种群动态、与水稻的相互竞争、田间持续性等方面均缺乏深入研究，防除技术不成熟，农民缺乏技术指导。

3 应对策略

随着直播稻等水稻简化栽培技术的推广，杂草稻将进一步传播蔓延，如果不给予高度重视，采取防范措施，杂草稻必将在适生区域泛滥成灾，对我国水稻安全生产和粮食安全造成严重影响。因此，当务之急应抓好以下工作：

3.1 开展杂草稻调查 立即组织水稻主产省开展杂草稻普查，明确杂草稻的发生与分布区域及危害程度，以便掌握第一手材料，为制订有针对性的防控预案提供依据。

3.2 加大宣传力度，提高认识水平 各级农业部门应加大宣传培训力度，提高基层农技人员和农民对杂草稻危害性的认识和识别杂草稻的能力。对重发区，要强化提高农民的防控意识，采取有效措施，阻断其传播蔓延势头，控制其危害；对新发生区，要提高农民风险意识，使其掌握早期识别技术,将其及早控制在点片、局部地区,防止其危害蔓延;对未发区,要提高农民的防患警惕意识,杜绝从发生区调种,严防随种子传播。

3.3 采取有效措施,控制发生危害

3.3.1 阻断传播途经 精选种子。建立调种用种标准,禁止种子供应部门和农民将杂草稻发生田块所收获的水稻作为翌年留种使用。严格禁止从杂草稻发生危害区调出种子,实行统一供应无杂草稻的水稻良种。清洗收割机械。在严重发生区禁用跨区联合收割机,实施单独收割或人工收割,或在转移收割机时,严格认真清洗收割机械。清洁水源。在灌溉水系上游加设滤网,收集杂草稻种子,避免或减轻对下游稻田的危害。

3.3.2 深耕、诱草和轮作换茬 耕翻使杂草稻种子埋到下层,不利于其发芽出苗,对上年杂草稻发生严重的直播稻田,如要继续采用直播,应先耕翻后再播种;在茬口安排允许的情况下,先灌水,诱

使杂草稻萌发,然后采用机械翻耕灭草或使用灭生性除草剂防除,降低杂草稻发生基数;对于杂草稻特别严重的田块,应改种旱粮作物或其他经济作物。

3.3.3 科学调整播栽方式 对杂草稻发生较重的套、直播稻田以及采用套、直播栽培方式两年以上已有杂草稻发生的田块,应选用育苗移(抛)栽的方式,由套、直方式改为抛栽稻、移栽稻或机插稻等栽培方式,在移(抛)栽后建立水层,控制杂草稻的发生。

3.3.4 及时人工拔除 在水稻3叶期左右,杂草稻秧苗形状与常规粳稻已有明显的差别,表现为植株偏高、出叶快、叶片较长下垂、叶色偏淡,株型松散,长势优于粳稻秧苗,此时应及时动员农户拔除田间杂草稻,尽可能做到"拔早、拔小、拔了",以便尽早给常规稻创造一个较好的生长环境,减少杂草稻造成的损失。

直播水稻田千金子的发生与综防对策

裴启忠 刘敏 施玲

(上海市崇明县农技中心植保站 上海 202150)

近年来,直播稻田千金子在崇明地区水稻上的发生蔓延迅速,危害损失严重。为此,本县植保站在2007—2008年间对该杂草的发生特点及控制技术进行了调查研究,并提出了一套适合本地区的综合防控措施,以期对本市周边地区直播水稻田千金子的控制技术提供参考。

1 水稻田千金子的发生规律

1.1 千金子的来源及出苗特点

水稻田中未清除干净及田埂、沟渠旁的千金子成熟后落于稻田土壤或流入农田的草籽,是第二年千金子发生的主要来源。

根据两年系统观察,在崇明地区一般在直播水稻播种后6~7d,处于土壤表层的千金子草籽便开

始萌发,至播后9~17d进入杂草发生高峰期,持续时间达7~9d,出草量占据总草量的85%左右。在此时间段出草的千金子,密度高,与稻苗的竞争能力能力强,若不及时防除,极易形成草荒。

处于土层以下的千金子种子的萌发高峰一般在播种后的25~36d,即直播水稻田的搁田期,出草量占10%左右,草量小于第一峰,对水稻后期的生长亦有一定影响。

1.2 千金子与稗草幼苗的特征区别

千金子的防除对药剂的选择性强,用于防除稗草的药剂对千金子几乎无效,且幼苗期的千金子与稗草比较相似,在防除过程中往往会产生混淆,造成防除效果差同时也错失了防除适期。课题组通过田间系统观察,得出以下结论。

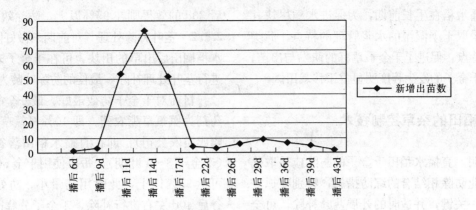

图一 直播水稻田千金子出苗与消长

表1 千金子与稗草幼苗形态识别

生育期	千金子幼苗	稗草幼苗
第一叶	宽叶形，呈长椭园形，叶片展开，与地面接近平行，色呈暗绿。	窄叶型，呈针形，直立不展，色呈黄绿，垂直于地面。
幼苗	幼苗形似双子叶，第1、2叶为长椭园形，至第3张叶片呈条状针形。叶色暗绿。叶脉明显。	叶片针形狭长，长：宽大于10。叶色较黄绿。
分蘖期	株茎较扁、宽，叶质柔较，7～8张叶开始产生分蘖。	株茎较圆，4～5张叶开始产生分蘖。

1.3 千金子的分蘖能力 据调查，千金子的分蘖能力极强。当叶片长至7～8张叶时开始分蘖，一般每株基部分蘖10个左右，当分蘖达到2～3个时，茎节伸长成葡匐茎，平均每株可长5～6个葡匐茎，葡匐茎茎下部茎节生有不定根，每个葡匐茎长有10个以上茎节，每个茎节上部又生有1～2个分枝进行再次分蘖。各分蘖均能抽穗、开花、结籽。所以每株千金子的单株成穗可以讲是不计其数，与水稻竞争生存能力强，对水稻生产威胁大。

1.4 直播稻田千金子危害对产量损失的影响 据测定，直播水稻受不同密度的千金子危害后，稻谷产量比零危害区均有较大程度的减少，水稻的产量损失率随着千金子密度的增加而递增。经统计分析，不同千金子密度对水稻产量的损失直线回归方程为：$Y = 20.34 + 0.93X$，$R = 0.9823$，千金子密度与水稻产量呈极显著的相关关系。千金子对产量的影响主要表现在对水稻有效穗、千粒重和每穗实粒数的影响。在千金子发生严重的地域（如每平方尺有千金子单株穗数80株时）的水稻产量损失可达到92.7%，几乎失收。

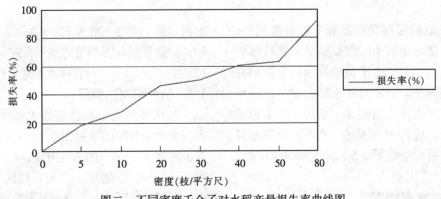

图二 不同密度千金子对水稻产量损失率曲线图

1.5 土壤水分条件与千金子的发生关系 千金子草籽的萌发与出苗，与田间土壤的水分条件关系密切。淹水状态可以抑制千金子的萌发，而干湿交潜

的土壤条件则有利于千金子的发生。经试验，在千金子萌发期，建立3～5cm的薄水层7～10d，比干湿交替管理条件下，千金子出苗率可减少80%左

右。因此直播水稻在生长前期，为促进水稻尽快扎根立苗，多采取干干湿湿的水浆管理的特点，此类耕作管理的特点，促进了千金子草籽的萌发与出苗，因此直播田千金子的发生程度明显重于移栽田。

2 直播水稻田的杂草控制技术

实践证明，直播水稻田千金子的防除应采取化学防除与农业防除相结合的综防措施，特别要抓好土壤化除这一关键，并适时的开展茎叶补除，可全面控制千金子的危害。

2.1 化学除草技术
化学除草技术是控制千金子危害最主要的技术手段。直播水稻田必须做好水稻前期土壤药剂封闭处理，对千金子的控制效果达95％以上。

2.1.1 水稻生长前期的土壤封闭 试验证明，在水稻落谷后 1d，每亩使用 35％苄嘧·丙草胺 WP 100g、30％丙草胺 EC 100ml 和 90％杀草丹 EC 100ml，各处理药后 15d 的效果均在 92％以上，药

后 30d 的效果则在 95％以上，防除效果均好。

2.1.2 茎叶补除处理 对前期未做好防除工作以及水稻搁田后出草的田块，可在千金子未产生分蘖前进行茎叶处理补除，最佳的防除叶龄为 3～4 叶期。

目前对千金子防效最好、最安全的茎叶处理的药剂为氰氟草酯农药，即 10％氰氟草脂 EC（德国陶氏益农公司），即在直播水稻田落谷后 25d 左右（千金子 3～4 叶期），每亩使用千金 50～60ml 效果可达 98％以上，此时用药量小，防效高。如在落谷后 40d 左右进行补除，千金子分蘖已有 1～2 个，需提高千金用量至 70～90ml。

2.2 农业防除措施

2.2.1 减少水稻田千金子的来源 清除田埂、沟渠边的千金子，避免草籽流入农田；在水稻生长中后期对田间未完全防除的千金子，于千金子种子成熟前清除干净，防止落籽于稻田土壤中。

2.2.2 加强田间管理 提高整地质量，达到田间平整，避免田块凹凸不平；加强水浆管理，建立适宜水层，以水控草，减少田间千金子的发生。

广东省直播水稻田杂草稻
发生与化学防控初探

黄军定[1] 李国君[2] 王革[2] 梁居林[2] 黎庆刚[2]

（1. 广东省植物保护总站 广东 广州 510500
2. 广东省雷州市植物保护站 广东 雷州 524200）

杂草稻与栽培稻的前期形态和生理特性相似，难以控制其在直播稻田发生，因其提早成熟脱落而影响水稻的产量与品质。由于栽培原因，杂草稻在移栽水稻上没有发生，只在直播水稻上发生。近年来，杂草稻在广东省发生面积逐年增加，严重影响直播水稻的生产。从 2007 年开始，在雷州市等地开展直播稻田杂草稻发生危害调查和除草剂防除试验。

1 杂草稻发生危害情况

广东省年种植直播水稻 70 多万亩，主要集中在雷州市（60 多万亩）和封开县（7 万多亩）等地。粤西地区的雷州市 1990 年开始发现杂草稻危害直播

水稻，发生密度一般为 5％～20％，严重的达60％～80％。杂草稻危害严重的水稻亩产只有 150～250kg，减产 45％～70％，对直播水稻生产构成严重威胁。

1.1 杂草稻发生情况

2007 年雷州市晚造直播水稻种植面积 36 万多亩，发生杂草稻的水稻面积 13.3 万亩（约占 37％），其中密度 1％～5％的 6.5 万亩，6％～10％的 3.2 万亩，11％～15％的 1.8 万亩，16％～20％的 1.1 万亩，21％～30％的 0.5 万亩，31％以上的 0.3 万亩。

1.2 水稻产量损失情况

2007 年 7 月，在雷州市白沙镇种植同一品种、栽培管理基本相同的直播稻区选择 5 块杂草稻发生密度不同的田块测产。采用对角 5 点取样，每块田

取 5 个点，每个点 1m²，调查杂草稻发生密度和实割水稻测产。结果：杂草稻密度 19％的水稻田减产 14.35％；杂草稻密度 27％的水稻田减产 17.13％；杂草稻密度 49％的水稻田减产 47.11％；杂草稻密度 55％的水稻田减产 64.24％（见表 1）。

表 1　杂草稻为害水稻产量损失调查（广东雷州 2007.7）

调查点	杂草稻密度 （％）	水稻产量 （千克/亩）	减产 （千克/亩）	损失率 （％）
1	0	466	/	/
2	19	400	67	14.35
3	27	387	80	17.13
4	49	247	220	47.11
5	55	166	300	64.24

2　杂草稻种类和生物学特征

2.1　调查方法　于 2007 年 7 月 27 日将采集的 A、B、C、D、E、F 6 种不同类型的杂草稻种子盆栽，每种 2 盆，每盆播 20 粒种子，栽培管理与大田的常规管理相同。从播种至发芽，每天调查一次。固定长势较好的单株每 10d 调查一次（见表 2）。

表 2　不同类型杂草稻生物学特征（广东雷州 2007.7）

类型	株高（cm）	稻穗着粒	谷壳颜色	谷粒形状	米粒颜色
A	116	正常	褐色	长、无芒	白色
B	120	正常	白色	短、无芒	白色
C	112	正常	白色	正常、有芒	白色
D	90	疏	褐色	短、无芒	白色
E	103	密	褐色	短、无芒	白色
F	96	正常	白色	细、无芒	赤色

2.2　调查结果

2.2.1　生育期　直播水稻的生育期一般在 120d 左右，A、B、C、D、E、F 类型杂草稻的生长期分别为 114、115、113、114、108、106d（见表 3）。

表 3　不同类型杂草稻生长情况调查表（广东雷州 2007.7～9）

类型	发芽（月/日）	8月10日 叶龄（片）	8月10日 假茎	9月30日 叶龄（片）	9月30日 分蘖数	始穗期（月/日）	齐穗期（月/日）	株高（cm）	生育期（d）
A	8/5	4	红色	11	16	10/5	10/18	112	114
B	8/1	4	白色	10	14	10/12	10/19	115	115
C	8/1	4	红色	12	24	10/10	10/16	106	113
D	7/30	4	白色	12	27	10/2	10/17	76	114
E	7/30	4	白色	12	13	10/2	10/8	97	108
F	8/1	4	白色	12	14	10/3	10/11	78	106

说明：播种期（7月/27日）。

2.2.2　分蘖能力　播种后 60d 调查，A、B、C、D、E、F 类型杂草稻的分蘖数分别为 16 株、14 株、24 株、27 株、13 株、14 株（详见表 3）。其中 D 类型分蘖力最强，E 类型分蘖力最弱。在雷州市直播稻田的杂草稻主要是 D 类型（占 65％左右，比水稻早熟 3d 左右）和 E 类型（占 25％左右，比水稻早熟 8d 左右）。

3　化学防除直播稻田杂草稻试验

　　为探索除草剂防除直播稻田杂草稻的方法，从 2007 年开展不同农药种类、用药量以及稻种发芽状态和施药适期等方面的试验。

3.1　30％扫弗特 EC 和 40％直播净 WP 防除杂草稻小区试验　试验于 2007 年晚稻在雷州市杨家镇进行。设 30％扫弗特 EC150 毫升/亩在稻种有根有芽播后 1h、24h、48h 和稻种有根无芽播后 1h、24h、48h 施药；40％直播净 WP45 克/亩在稻种有根有芽播后 1h、24h 和稻种有根无芽播后 1h、24h、48h 施药；空白对照（稻种有根有芽、稻种有根无芽）共 13 个处理。各处理小区面积 60m²，设 2 次重复，随机区组排列。

　　结果：1. 稻种有根有芽播后施药处理的防效优于稻种有根无芽播后施药处理的防效；2. 同一施药方法，30％扫弗特 EC150 毫升/亩处理的防效明显高于 40％直播净 WP45 克/亩处理；3. 稻种有根有芽播后 1h 和 48h 施 30％扫弗特乳油 150 毫升/亩处理的防效较好。30％扫弗特 EC 各药剂处理对水稻成苗率有一定的影响，40％直播净 WP 对水稻成苗率无不良影响（见表 4）。

表4　30%扫弗特EC和40%直播净WP防除杂草稻试验小区结果（广东雷州　2007.7～10）

试验处理	施药时间	杂草稻（丛/m²）	防效（%）	
			CK1	CK2
扫弗特150毫升/亩	稻种有根有芽播后1h	24.63	74.54	71.61
扫弗特150毫升/亩	稻种有根有芽播后48h	26.13	73.99	69.88
扫弗特150毫升/亩	稻种有根有芽播后24h	38.63	60.01	55.47
扫弗特150毫升/亩	稻种有根无芽播后1h	38.75	59.95	55.33
扫弗特150毫升/亩	稻种有根无芽播后24h	39.63	59.04	54.32
扫弗特150毫升/亩	稻种有根无芽播后48h	44.50	54.01	48.70
直播净45克/亩	稻种有根无芽播后24h	58.00	40.05	33.14
直播净45克/亩	稻种有根有芽播后48h	59.13	38.88	31.82
直播净45克/亩	稻种有根有芽播后1h	60.00	37.98	30.82
直播净45克/亩	稻种有根无芽播后1h	63.13	34.75	27.23
直播净45克/亩	稻种有根无芽播后48h	66.25	31.52	23.63
直播净45克/亩	稻种有根有芽播后24h	80.63	16.66	7.05
CK1	稻种有根无芽	96.75	/	/
CK2	稻种有根有芽	86.75	/	/

3.2　30%扫弗特EC和40%直播净WP防除直播稻田杂草稻示范试验

试验于2007年7月在雷州市杨家镇进行。设30%扫弗特EC150毫升/亩（稻种有根有芽）、30%扫弗特EC150毫升/亩（稻种有根无芽）、40%直播净WP45克/亩（稻种有根无芽）和喷清水（稻种有根无芽）处理。各处理面积574m²，不设重复，随机排列。于水稻播种后24h施药一次。

结果：对杂草稻的防效，在稻种有根有芽状态下30%扫弗特乳油150毫升/亩处理高于在稻种有根无芽状态下30%扫弗特乳油150毫升/亩和40%直播净可湿性粉剂45克/亩处理。30%扫弗特EC各药剂处理对水稻成苗率有一定的影响，40%直播净WP对水稻无药害（见表5）。

表5　30%扫弗特EC和40%直播净WP防除杂草稻示范试验效果（广东雷州　2007.7～10）

试验处理	稻种	杂草稻（株/米²）	防效（%）	杂草稻（粒/米²）	防效（%）	产量（千克/亩）	增产率（%）
扫弗特150毫升/亩	有根有芽	28.0	44.33	803	59.89	245.0	71.93
扫弗特150毫升/亩	有根无芽	47.0	6.56	929	53.60	218.0	52.98
直播净45克/亩	有根无芽	46.0	8.55	1344	32.87	212.5	49.12
喷清水	有根无芽	50.3	/	2002	/	142.5	/

说明：以上处理均在稻种播后24h施药。

3.3　30%扫氟特EC防除直播水稻田杂草稻小区试验

试验于2008年3月在雷州市杨家镇进行。设30%扫弗特EC150毫升/亩（稻种有根有芽播后24h施药）、30%扫弗特EC150毫升/亩（稻种有根无芽播后48h施药）、30%扫弗特EC120毫升/亩（稻种有根无芽播后48h施药）、稻种有根无芽播后35d人工除草和稻种有根无芽播后48h喷清水5个处理。各处理面积20m²，设4次重复，作随机区组排列。

结果：对杂草稻的防效，在稻种有根无芽播后48h施用30%扫弗特EC150毫升/亩处理高于30%扫弗特EC120毫升/亩处理，但低于稻种有根有芽播后24h施用30%扫弗特EC150毫升/亩处理（见表6）。

表6　30%扫氟特EC防除直播水稻田杂草稻小区试验效果（广东雷州　2008.3～5）

试验处理	水稻（丛/米²）	杂草稻（丛/米²）	杂草稻密度（%）	防效（%）	亩产（千克/亩）	增产率（%）
扫氟特150毫升/亩 稻种有根有芽播后24h	64.50	20Aa	13.42	89.64	550	164.42
扫氟特150毫升/亩 稻种有根无芽播后48h	61.00	47Bb	27.81	75.65	442	112.50
扫氟特120毫升/亩 稻种有根无芽播后48h	60.00	46Bb	27.71	76.17	367	76.44
人工除草	78.50	143Cc	47.67	25.91	275	32.21
喷清水 稻种有根无芽播后48h	72.00	193Dd	57.27	/	208	/

表中字母Aa、Bb、Cc、Dd为显著性差异比较。

3.4　30%扫氟特EC防除直播水稻田杂草稻示范试验　试验于2008年3月在雷州市杨家镇进行。设30%扫莿特EC150毫升/亩（稻种有根有芽播后24h施药）、30%扫莿特EC150毫升/亩（稻种有根无芽播后48h施药）、30%扫莿特EC120毫升/亩（稻种有根无芽播后48h施药）和稻种有根无芽播后48h喷清水4个处理。各处理面积440m²，不设重复，随机排列。

结果：对杂草稻的防效，在稻种有根无芽播后48h施用30%扫莿特EC150毫升/亩处理高于30%扫莿特EC120毫升/亩处理，但低于稻种有根有芽播后24h施用30%扫莿特EC150毫升/亩处理。各药剂处理对水稻有一定不同程度的药害，影响稻种成苗率，但由于水稻的分蘖能力强，苗数的减少对水稻产量没有不良的影响（见表7）。

表7　30%扫氟特EC防除直播水稻田杂草稻示范试验效果（广东雷州　2008.3～5）

试验处理	3月20日		5月30日	亩产（千克/亩）	增产率（%）
	水稻（丛/米²）	杂草稻（丛/米²）	防效（%）		
扫氟特150毫升/亩 稻种有根有芽播后24h	78.67	4.00	92.86	600	200.00
扫氟特120毫升/亩 稻种有根有芽播后24h	53.33	18.67	66.66	489	144.50
扫氟特150毫升/亩 稻种有根无芽播后48h	65.33	29.33	47.63	422	111.00
喷清水 稻种有根无芽播后48h	93.33	56.00	/	200	/

3.5　试验结果和建议　综合以上试验结果表明，30%扫莿特EC对直播水稻田的杂草稻有较好的防效，对水稻有不同程度的药害，但最终仍表现出良好的增产效果。30%扫莿特EC可用于防除直播水稻田的杂草稻，建议在稻种有根有芽状态下播后24h后使用，用量以亩用150ml为宜。

水稻直播田化学除草药剂试验初报

傅华欣[1] 张凤华[1] 张云玉[1] 梁晓娣[2]

(1. 常州市武进区植保植检站 常州 武进 213017
2. 常州市武进区横山桥农林站 常州 武进 213119)

直播稻田杂草与水稻秧苗同步生长，共生期长，发生量大，草害矛盾十分突出，直播稻田的杂草防除效果是影响直播稻产量的关键。如何选择优质、高效、安全的直播稻田除草药剂，并规范指导其使用技术是当前水稻生产夺取高产的当务之急。为有效地控制直播稻田杂草危害，明确水稻不同生长期的药剂以及不同药剂配方对不同的草种的防除效果，武进区植保植检站于2009年6～7月进行了水稻直播田化学除草药剂试验，现将试验结果汇报如下：

1 材料与方法

1.1 试验地点

横山桥镇芙蓉宕里村农户朱洪昌承包的稻田（约2.5Mu）。往年杂草发生较多，前茬种植小麦，水稻品种为耐条纹叶枯病新品种2645，6月10日播种，稻谷撒播均匀，肥水管理均保持一致。

1.2 供试药种

供试的药剂有：①36％异噁草松微囊悬浮剂（广灭灵，富美实植物保护剂有限公司）；②30％扫弗特乳油（先正达（中国）投资有限公司）；③10％苄嘧磺隆可湿性粉剂（南通金陵农化有限公司）；④10％韩秋好乳油（样品）（富美实植物保护剂有限公司）；⑤10％氟吡磺隆可湿性粉剂（韩乐盛，韩国LG生命科学有限公司）；⑥2.5％稻杰乳油悬浮剂（美国陶氏益农公司）；⑦10％氟嗪草酯乳油（千金，美国陶氏益农公司）；⑧30％丙草胺（千重浪，江苏省常隆集团）；⑨36％苄·二氯可湿性粉剂（秧草净，江苏省常隆集团）。

1.3 试验设计

本试验设有三个阶段性试验，分别为土壤封闭处理、单子叶草（稗草、千金子）3～4叶期茎叶处理试验和5～6叶期茎叶处理试验。

1.3.1 土壤封闭处理试验 设四个处理：

处理1.30％丙草胺50毫升/亩＋36％广灭灵35毫升/亩＋10％苄嘧磺隆20克/亩

处理2.36％广灭灵50毫升/亩＋10％苄嘧磺隆20克/亩

处理3.30％扫弗特乳油100毫升/亩＋10％苄嘧磺隆20克/亩

处理4. 空白对照CK

每个处理设4个重复，共16个小区。每个小区面积为16.67m²，各处理各重复随机区组排列。

1.3.2 第一次茎叶处理（稗草、千金子3～4叶期）试验 设四个处理：

处理1.10％韩秋好70毫升/亩

处理2.10％韩乐盛15克/亩＋36％广灭灵35毫升/亩

处理3.10％韩乐盛20克/亩＋36％广灭灵35毫升/亩

处理4. 空白对照CK

每个处理设4个重复，共16个小区，每个小区面积为16.67m²，各处理各重复随机区组排列。

1.3.3 第二次茎叶处理（稗草、千金子5～6叶期）试验 设六个处理：

处理1.10％韩秋好60毫升/亩

处理2.10％韩秋好80毫升/亩

处理3.10％韩秋好100毫升/亩

处理4.25％稻杰80毫升/亩＋10％氟嗪草酯乳油（千金）100毫升/亩

处理5.50％二氯喹啉酸50克/亩＋10％苄嘧磺隆20克/亩

处理6.25％稻杰80毫升/亩

处理7. 空白对照CK

每个处理设 4 个重复，共 28 个小区，每个小区面积为 16.67m²，各处理各重复随机区组排列。

1.4 施药及调查 试验于 6 月 14 日（水稻浸种催芽播种后 4d）进行土壤封闭处理，采用背负式手动喷雾器扇形喷头喷细雾，用水量 30 千克/亩，药后 18d（7 月 2 日）查防除效果；在稗草、千金子 3～4 叶期（6 月 22 日）进行第一次茎叶处理，采用背负式手动喷雾器扇形喷头喷细雾，用水量 30 千克/亩，药后 10d（7 月 2 日）查防除效果；在稗草、千金子 5～6 叶期（6 月 26 日）进行第二次茎叶处理，采用背负式手动喷雾器扇形喷头喷细雾，用水量 30 千克/亩，药后 18d（7 月 14 日）查防除效果；7 月 20 日对三个阶段性试验（共 60 个小区）进行总株防效和鲜重防效的调查。

防效调查时每个小区对角线取样 3 个点，每个点取 1 平方尺，分别调查各类型杂草株数和鲜重，计算出每平方米各类型杂草密度和鲜重；同时，每天目测观察有无药害。利用生物统计软件 SPSS 的 Duncan 复极差法对防效进行区间差异显著性检验分析。防效计算公式如下：

$$密度防效（\%）=\frac{空白对照的株密度-处理的株密度}{空白对照的株密度}×100$$

$$鲜重密度（\%）=\frac{空白对照的鲜重-处理的鲜重}{空白对照的鲜重}×100$$

2 结果与分析

2.1 对作物的安全性 试验发现 36% 广灭灵可引起稻苗白化的急性药害现象。土壤封闭处理的处理 1（30% 丙草胺 50 毫升/亩＋36% 广灭灵 35 毫升/亩＋10% 苄嘧磺隆 20 克/亩）、处理 2（36% 广灭灵 50 毫升/亩＋10% 苄嘧磺隆 20 克/亩）药后第 2d（6 月 16 日）即出现稻苗发白现象，但不很明显，药后第 3 天（6 月 17 日）稻苗白化现象明显，且白化程度与广灭灵药剂浓度、土壤湿度呈正相关，用药 10d（6 月 26 日）过后，白化苗基本恢复正常，但对水稻秧苗的分蘖及生长量产生不同程度的影响。第一次茎叶处理的处理 2（10% 韩乐盛 15 克/亩＋36% 广灭灵 35 毫升/亩）、处理 3（10% 韩乐盛 20 克/亩＋36% 广灭灵 35 毫升/亩）在药后 5 天（6 月 27 日）零星出现白化苗，至 7 月 2 日，零星的白化苗恢复正常生长。

为了方便研究和了解药害的情况，我们将白化苗的药害情况分为 3 个等级：Ⅰ级，只有叶片上面有白斑，白斑较少；Ⅱ级，白斑从叶片发展到茎杆，面积较大；Ⅲ级，整株大部分面积白化。采用等距离随机法，每小区随机取样十个点，每个点 10 株稻苗，共 100 株苗。按上述情况进行分级。据统计，处理 1（30% 丙草胺 50 毫升/亩＋36% 广灭灵 35 毫升/亩＋10% 苄嘧磺隆 20 克/亩）出现的白化苗占调查总苗的 67%，其中Ⅰ级白化苗占受害苗的 17.2%，Ⅱ级白化苗占 32.1%，Ⅲ级白化苗占 50.7%；处理 2（36% 广灭灵 50 毫升/亩＋10% 苄嘧磺隆 20 克/亩）出现的白化苗占调查总苗数的 78.5%，其中Ⅰ级白化苗占受害苗的 10.8%，Ⅱ级白化苗占受害苗的 31.2%，Ⅲ级白化苗占 58%。处理 2（36% 广灭灵 50 毫升/亩＋10% 苄嘧磺隆 20 克/亩）的药害受害情况比处理 1（30% 丙草胺 50 毫升/亩＋36% 广灭灵 35 毫升/亩＋10% 苄嘧磺隆 20 克/亩）的重，与广灭灵的用量呈正相关。所以，广灭灵的用量一定要控制好，一定要在推荐用量下使用。

其他供试药剂的安全性较好，各小区稻苗生长和分蘖情况均正常，未见任何药斑和药害现象。

2.2 防除效果

2.2.1 土壤封闭处理试验的防除效果 本试验田以千金子、稗草单子叶杂草，水苋菜、鸭舌草、丁香蓼、节节菜等阔叶杂草和莎草为主，经数理统计分析土壤封闭处理各供试药剂防除各杂草的效果，各处理药后 18d、36d 的防除效果都比较显著（表 1、表 2），处理间差异不明显。3 种处理对单子叶杂草控制较好，特别是对千金子的防效达到 100%，对稗草速效，稗草中毒后明显比较矮小，但 36d 后的鲜重防效药种间有差异，对阔叶草效果不均衡，以防除陌上菜、丁香蓼效果最好，节节菜、鸭舌草次之。处理 1（30% 丙草胺 50 毫升/亩＋36% 广灭灵 35 毫升/亩＋10% 苄嘧磺隆 20 克/亩）对单子叶草、阔叶草和莎草的防效均较好，达 82.5% 以上；处理 2（36% 广灭灵 50 毫升/亩＋10% 苄嘧磺隆 20 克/亩）防除稗草和节节菜的效果一般，但对其他单子叶草、阔叶草和莎草的效果很好，达 91.2% 以上；处理 3（30% 扫弗特乳油 100 毫升/亩＋10% 苄嘧磺隆 20 克/亩）防除单子叶草、阔叶草和莎草的效果均很好，达 80.8% 以上。

表1 土壤封闭处理药后18d各杂草的株防效

单位：%

处理	千金子	稗草	鸭舌草	水苋菜	节节菜	丁香蓼	莎草
1	100a	85.7a	90.9a	92.5a	90.4a	94.7a	100a
2	100b	92.9a	86.4a	89.0a	63.0b	94.7a	100a
3	100c	71.4a	90.9a	88.4a	93.8a	100a	100a
CK	/	/	/	/	/	/	/

注：运用SPSS数理统计分析软件的Duncan复极差法，小写字母表示5%水平的差异显著性。

表2 土壤封闭处理药后36d各杂草的株防效和鲜重防效

单位：%

处理	千金子		稗草		鸭舌草		水苋菜		节节菜		丁香蓼		陌上菜		莎草	
	株防效	鲜重防效	株防效	鲜重防效	株防效	鲜重防效	株防效	鲜重防效	株防效	鲜重防效	株防效	鲜重防效	株防效	鲜重防效	株防效	鲜重防效
1	100a	100a	57.1a	82.5a	85.7a	89.5a	69.3a	93.5a	94.2b	95.9b	100a	100a	100a	100a	81.8a	96.3a
2	100b	100b	21.4a	45.8a	100a	100a	67.3a	91.2a	64.9a	54.2a	100b	100b	100b	100b	100a	100a
3	100c	100c	50.0a	80.8a	92.9a	84.8a	53.3a	83.6a	96.6b	96.6b	100c	100c	100c	100c	100a	100a
CK	/	/	/	/	/	/	/	/	/	/	/	/	/	/	/	/

注：运用SPSS数理统计分析软件的Duncan复极差法，小写字母表示5%水平的差异显著性。

2.2.2 第一次茎叶处理（稗草、千金子3～4叶期）试验的防除效果

第一次茎叶处理（稗草、千金子3～4叶期）各处理的防除效果进行数理统计分析发现（表3、表4），各处理对千金子、鸭舌草、水苋菜、节节菜的防效达差异显著。处理1（10%韩秋好70毫升/亩）对单子叶杂草的防除效果好，尤其对千金子药后10d和28d的防效均达100%，对稗草的株防效和鲜重防效均达80%以上，但对鸭舌草、水苋菜、节节菜等阔草的防效较差，对莎草的株防效和鲜重防效分别为71%和99%，抑制生长作用明显；处理2（10%韩乐盛15克/亩＋36%广灭灵35毫升/亩）防除单子叶杂草千金子、稗草前期效果较好，但后期除草效果较差；防除阔叶草鸭舌草、丁香蓼、陌上菜、节节菜以及莎草的效果好，均达83%以上；处理3（10%韩乐盛20克/亩＋36%广灭灵35毫升/亩）对单子叶杂草、阔叶草和莎草的防效均较好，药后28d对鸭舌草、陌上菜、丁香蓼和莎草的防效达100%，尤其是丁香蓼和莎草始终保持100%水准。

表3 第一次茎叶处理药后10d各杂草的株防效

单位：%

处理	千金子	稗草	鸭舌草	水苋菜	节节菜	丁香蓼	莎草
1	100a	78.9a	25.6b	12.0b	0.0a	87.5a	44.4a
2	100a	84.2a	100a	70.8a	50.9a	100a	100a
3	94.1a	89.5a	93.0a	74.5a	70.1a	100a	100a
CK	/	/	/	/	/	/	/

注：运用SPSS数理统计分析软件的Duncan复极差法，小写字母表示5%水平的差异显著性。

表4 第一次茎叶处理药后 28d 各杂草的株防效和鲜重防效

单位:%

处理	千金子		稗草		鸭舌草		水苋菜		节节菜		丁香蓼		陌上菜		莎草	
	株防效	鲜重防效	株防效	鲜重防效	株防效	鲜重防效	株防效	鲜重防效	株防效	鲜重防效	株防效	鲜重防效	株防效	鲜重防效	株防效	鲜重防效
1	100a	100a	80a	81a	19b	55b	0.0a	7b	8b	0a	0b	5b	60a	92a	71a	99a
2	58b	0b	40a	80a	100a	100a	50.0a	75a	98a	99a	75a	83a	100a	100a	100a	100a
3	83ab	74ab	53a	90a	100a	100a	41.5a	68a	100a	100a	70a	88a	100a	100a	100a	100a
CK	/	/	/	/	/	/	/	/	/	/	/	/	/	/	/	/

注:运用 SPSS 数理统计分析软件的 Duncan 复极差法,小写字母表示 5% 水平的差异显著性。

2.2.3 第二次茎叶处理(稗草、千金子 5～6 叶期)试验的防除效果

从表5、表6 的数据和统计分析结果来看,不同药剂对各杂草的防除效果呈差异显著。其中,处理 1(10% 韩秋好 60 毫升/亩)、处理 2(10% 韩秋好 80 毫升/亩)、处理 3(10% 韩秋好 100 毫升/亩)均是 10% 韩秋好,仅仅是浓度不一样,在防除效果上一致表现为对单子叶草(稗草、千金子)的效果较好,达 80% 以上,速效且持效期较长,三个处理间防效差异不明显,对阔叶草和莎草的防效较差,对水苋菜、节节菜、丁香蓼的防效为 0%。处理 4(2.5% 稻杰 80 毫升/亩＋10% 氟嗪草酯乳油(千金)100 毫升/亩)除对丁香蓼无效外,防除单子叶草、其他阔叶草和莎草的效果均较好,防效达 77% 以上,其中对千金子、稗草、鸭舌草、陌上菜和莎草的防效均达 100%;处理 5(50% 二氯喹啉酸 50 克/亩＋10% 苄嘧磺隆 20 克/亩)防除除节节菜和水苋菜以外的阔叶草和莎草的效果较好,达 84% 以上,但对单子叶草千金子和稗草的效果较差;处理 6(2.5% 稻杰 80 毫升/亩)对稗草、阔叶草和莎草的效果很好,达 80% 以上,而对千金子和丁香蓼无效。

表5 第二次茎叶处理药后 18d 各杂草的株防效

单位:%

处理	千金子	稗草	鸭舌草	水苋菜	节节菜	丁香蓼	陌上菜	莎草
1	77.8a	100a	21.6a	20.9abc	5.7a	0.0a	0.0a	72.5bc
2	11.1a	91.7a	27.0a	16.8ab	0.0a	0.0a	0.0a	45.0ab
3	100a	91.7a	0.0a	3.6a	5.7a	0.0a	0.0a	27.5a
4	66.7a	100a	100b	54.1cd	100b	90.7b	0.0a	100c
5	0.0a	66.7b	94.6b	45.4bcd	97.1b	9.8a	0.0a	92.5c
6	0.0a	100a	97.3b	73.0d	94.3b	95.1b	0.0a	97.5c
CK	/	/	/	/	/	/	/	/

注:运用 SPSS 数理统计分析软件的 Duncan 复极差法,小写字母表示 5% 水平的差异显著性。

表6 第二次茎叶处理药后 24d 各杂草的株防效和鲜重防效

单位:%

处理	千金子		稗草		鸭舌草		水苋菜		节节菜		丁香蓼		陌上菜		莎草	
	株防效	鲜重防效	株防效	鲜重防效	株防效	鲜重防效	株防效	鲜重防效	株防效	鲜重防效	株防效	鲜重防效	株防效	鲜重防效	株防效	鲜重防效
1	100a	100a	80a	87a	13Aa	0a	0ab	0a	23a	18a	0a	0a	0a	0a	69ab	98a
2	77a	88a	70a	99a	5a	0a	0ab	4a	18a	25a	6bc	11abc	0a	0a	7ab	88a
3	100a	100a	100a	100a	0a	0a	0a	3a	0ab	0ab	0a	0a	0a	0a	0a	6b
4	100a	100a	100a	100a	100b	100b	44bc	77b	100b	100b	99d	99c	0a	0a	100b	100a
5	8ab	0a	20b	33b	84b	98b	41bc	60b	99b	99b	30cd	43bc	100a	100a	100b	100a
6	0b	0a	60ab	96a	100b	100b	56c	80b	100b	100b	98d	99c	0a	0a	100b	100a
CK	/	/	/	/	/	/	/	/	/	/	/	/	/	/	/	/

注:运用 SPSS 数理统计分析软件的 Duncan 复极差法,小写字母表示 5% 水平的差异显著性。

3 结论与讨论

3.1 经过土壤封闭处理和两次茎叶处理三个阶段性试验

以土壤封闭处理中三个处理（①30％丙草胺50毫升/亩＋36％广灭灵35毫升/亩＋10％苄嘧磺隆20克/亩。②36％广灭灵50毫升/亩＋10％苄嘧磺隆20克/亩。③30％扫弗特乳油100毫升/亩＋10％苄嘧磺隆20克/亩）防除各类杂草的效果均比较突出，因此，建议广大农民用户抓住播后3～4d的防除适期进行土壤封闭处理，以提高防除效果，减轻直播稻田杂草后期草害。其中配方可选用30％丙草胺50毫升/亩＋36％广灭灵35毫升/亩＋10％苄嘧磺隆20克/亩。但值得注意的是它在水直播稻田中的活性高，使用后会引起水稻幼苗白化的药害现象，虽然能及时恢复，但施药时仍要注意不能随意增加用药量，应在推荐用量下安全用药，并配以合理的田间管理。

3.2 直播稻田防除杂草

若错过土壤处理防除适期，可在3～4叶低草龄期，选用广灭灵与韩乐盛混用（10％韩乐盛20克/亩＋36％广灭灵35毫升/亩），对单子叶草、阔叶草和莎草均有较高的防效；若在5～6叶高草龄期，以千金子、稗草和莎草为主的田块，可以使用韩秋好防除，效果明显且速效性、持效性均较好。

参考文献

[1] 沈素文，李建伟，邱光等．江苏省直播稻田杂草的发生规律与综合防除技术研究［J］．杂草科学，2006，02

[2] 蔡建华，焦骏森，胡永康等．广灭灵防除水直播稻田杂草效果及安全性［J］．杂草科学，2006，04：43

阳谷县玉米田芽前除草剂药效持效期短的原因与分析

吕兰华　张清春　闫光勇　褚凤磊　郭百善

（山东省阳谷县农业技术推广中心　山东　阳谷　252300）

近年来，阳谷县玉米田芽前除草剂发生持效期短的问题，最短的持效期仅为20d。为此农户与除草剂经销商不断发生纠纷，农户不得不再次使用玉米苗后除草剂。部分农户已放弃使用芽前除草剂。为此，笔者深入田间调查、勘察，入户询问使用技术环节，最后做了统计分析，找到了发生问题的几个主要原因，并针对性的提出了具体的预防措施，推广应用于大田实践，取得了较好的效果。

1 原因分析

1.1 施药量不足

土壤有机质含量多少是玉米田芽前除草剂使用量的一个决定性因素。阳谷县地处鲁西平原，土层深厚，地势平坦，四季分明，属大陆暖温带季风性气候。是粮食生产大县，亦是养殖大县，蛋鸡和生猪养殖业起步较早，存栏量大。尤其是凤翔集团的带动，肉食鸡养饲业蓬勃发展，有机肥肥源非常充足；近年来，小麦、玉米秸秆还田大面积推广。土壤有机质含量普遍较上世纪提高了0.3％～0.4％，个别田块有机质含量已超过了1.2％。随着土壤有机质含量的提高，土壤微生物逐渐丰富，对玉米田芽前除草剂的分解速度加快，因此单位面积除草剂的施用量应相应加大。

1.2 施药时间错误

阳谷县麦收和玉米播种时间一般在6月上旬，此时强光高温，干旱少雨，俗称"晒麦田"，气候反常，上午10：00时即可达30～33℃。蒸腾拉力强，蒸发量大。如在中午前后高温时施药，除草剂药液会有一大部分被蒸发掉，土壤表层存药量大大减少，持效期及防治效果得不到保证。

1.3 选择土壤水分值不当

绝大部分有关玉米芽前除草剂的资料均介绍，玉米田播后芽前除草剂封闭效果对土壤墒情要求较高，干旱条件下施药，效果差。但是并未对土壤的水分值做出正确的数据要求和直观的说明。为此使经销商和农民造成了认识上的偏差，认为土壤湿度越大喷洒玉米芽前除草剂效果越好，则浇水或雨后即趁早施药。此时土壤水分处于近饱和状态，除草剂药液一部分会被土壤颗粒吸附发挥药效，另一部分与土壤水结合被蒸发掉。土表存药量减少，土壤微生物短时间内即分解完毕，持效期会明显缩短。

1.4 兑药方式不科学 目前，我县使用的玉米田芽前除草剂全部为复混剂。乙草胺乳油＋莠去津悬浮剂、异丙草胺乳油＋莠去津悬浮剂、异丙甲草胺乳油＋莠去津悬浮剂等。放置时间过久两种药物易分层，莠去津易形成沉淀结实层，使用前如不摇晃均匀再稀释勾兑，喷洒大田即可出现双子叶杂草、单子叶杂草成片间隔发生；另外，一次性稀释，把除草剂直接加入喷雾器内对水，不进行搅拌，除草剂药液稀释分散不完全，亦会出现田间杂草成片生长现象。

1.5 水质不合格 6月份，阳谷县一般干旱少雨，所以会出现短时间塘枯、河干现象，农民多数直接抽取深井水立即兑药。井水温度15℃左右，气温和地温均在27～35℃，较大的温差和高温强光的蒸腾作用，使得药液刚喷洒到地表面即有部分被蒸发掉，喷洒到地面的药液仍有部分短时被蒸发掉；深层井水中含有大量的矿物质离子，活性较强如Fe^{++}、Ca^{++}、Al^{+++}等，这些金属离子，如不经空气氧化易与其他有机物、无机物结合或发生化学反应，降低药效。据调查，此种兑药方式，施用玉米田芽前除草剂效果较差。

1.6 药液配置倍数高 某些农户把亩的除草剂用量配制在一喷雾器内（约15kg）或两喷雾器内。喷洒时行走速度快，易造成漏喷，除草剂药液颗粒互不衔接，对地面的保护层出现断带，为杂草出土造成间隙，田间滋生杂草不可避免。

1.7 机收高麦茬的影响 近年来，小麦机械收割大面积推广应用，田间麦茬较高，麦秸、麦糠基本洒落还田，为玉米田除草增加了难度。该类玉米田杂草受麦茬、麦秸、麦糠等因素的影响，前期杂草发生量较少，出草不齐，但是一旦到了7～8月份，进入雨季后杂草会大量发生。该类玉米田播后芽前施用除草剂时，应尽可能加大用水量，使药剂能喷淋到土表。

2 防治措施

2.1 足量施药 根据土壤质地、土壤肥沃程度，选择确定玉米田芽前除草剂的使用量。目前，市场常见销售的40％乙莠悬浮剂，推荐使用量为每亩150～250ml；40％异丙草莠悬浮剂推荐使用量为每亩200～300ml。以此两个品种为例，中壤土、重壤土田块应选择使用量为40％乙莠悬浮剂每亩用200～250ml，40％异丙草莠悬浮剂每亩用250～300ml；沙质壤土田块选择使用量的下限即可。特别注意的应当是，现玉米田芽前除草剂使用用量说明书大部分沿用的是上世纪末试验得出的使用量，当时土壤有机质含量普遍较低。商品畜禽养饲户、秸秆连年还田的地块，土壤肥沃，有机质含量高，单位面积除草剂的用量应酌情增加。生产指导推荐使用量为，40％乙莠悬浮剂每亩用250～300ml、40％异丙草莠悬浮剂每亩用300～350ml。

2.2 适时用药 喷施玉米田芽前除草剂应避开一天中的高温时间，选在日出或日落前后，气温较低时施药。阴天气温低并且近期内无大暴雨，不会发生地表径流现象，可全天施药。

2.3 适宜的土壤湿度 除草剂之所以能在地表存留形成封闭层，完全是靠土壤颗粒对药剂微粒的吸附作用。据试验，当土壤相对含水量75％～80％（手握成团，平胸落地时即散）时，土壤颗粒的吸附能力较强，故此时施药为最适宜。

2.4 合理兑药 每次勾兑稀释前应充分摇动除草剂原液，使两种成分充分混合均匀。不同的除草剂生产厂家所用的助剂不同，除草剂在水中的分散速率不一样，稀释后应搅拌并静止一定时间然后进行田间喷洒。玉米田芽前除草剂最科学的稀释方式是：先取合理需量的母液，加入盛有1～2kg水的容器内搅匀，然后加入盛有13～14kg水的喷雾器内（容量约15kg），再用棍棒搅拌均匀，然后静止10～15min使药液在水中充分扩散融合再喷洒。

2.5 正确用水 最好能够选用干净的河水或坑塘水，使用井水稀释需抽出后放置一定的时间，使之接近施药时的气温、地温，滤掉所有的沉淀物。

2.6 低倍稀释 玉米田芽前除草剂，一般田块每亩应均匀喷洒稀释后的药液40～50kg。高麦茬秸秆还田的地块，以及特殊干旱地块，稀释后的药液每亩喷洒量应加至60～70kg。

3 研究与探讨

3.1 根据以上规范施用玉米田芽前除草剂药效可达 60d 左右。

3.2 土壤有机质的含量与单位面积玉米芽前除草剂施用量的对应系数关系作者未作具体试验，有待深入研究。

3.3 玉米田除草剂稀释用水，井水中的矿物质是否与施用除草剂发生化学反应，反应后影响程度如何，有待试验研究。

烟嘧磺隆在夏玉米上药害的重发原因分析及对策

张艳刚 李虎群 张小龙 王顺良 解丽娜

（河北省安新县植保站 河北 安新 071600）

烟嘧磺隆（nicosulfuron）是一种高效内吸传导型磺酰脲类除草剂。目前，该药及其复配制剂已成为我国北方夏玉米田的首选苗后茎叶处理剂。在我县每年施用面积近 3 万 hm²，占玉米田化学除草剂施用面积的 80% 以上。但是，在施用的同时产生的副作用—玉米药害事件也经常发生，尤以 2005 年和 2009 年药害最重。因此，烟嘧磺隆对夏玉米的药害已引起人们的关注。分析烟嘧磺隆在夏玉米上药害产生原因，从而减轻或消除对玉米的危害具有重要意义。

1 烟嘧磺隆的作用机理

烟嘧磺隆又名玉农乐。其选择性是以耐受作物和敏感杂草之间降解速度差异为基础的。在抗性植物（玉米）体内，烟嘧磺隆会迅速代谢为无活性物质，而在敏感植物体内降解缓慢。药剂由植物茎叶及根部吸收，通过植物的木质部和韧皮部迅速进行传导。通过抑制乙酰乳酸合成酶的活性，来阻止支链氨基酸的合成，进而阻止细胞分裂。杂草吸收后会很快停止生长，生长点褪绿白化，逐渐扩展到其他茎叶部分。一般在施药后 3～4d 可以看到杂草受害症状，而整个植株枯死需 20d 左右，杂草枯死后呈赤褐色。

2 烟嘧磺隆在玉米上的药害症状

施药后 3～4d 后玉米幼嫩叶片褪绿、变黄，尤其叶基明显，叶脉仍绿，遂形成两色条纹。植株生长受到抑制，植株矮化，受害严重时心叶扭卷呈牛尾状，不能正常抽出展开，甚至部分产生次生茎或嫩茎爆裂不能正常生长。玉米受害轻的可恢复正常生长，严重的影响产量甚至毁种重播。

3 烟嘧磺隆在夏玉米上药害产生的原因

3.1 **高温干旱的天气影响** 玉米在施药期间如遇高温干旱天气，使玉米对烟嘧磺隆的耐药性降低，药剂在植株体内降解缓慢容易造成药害。如安新县自推广烟嘧磺隆防治夏玉米田杂草以来，以 2005 年和 2009 年最为严重，而这 2 年的 6 月下旬和 7 月上旬的温度较历年同期偏高，而雨量比历年偏低，雨日数比历年同期偏少（如下图）。2009 年 6 月下旬的平均气温为 28.3℃，较历年同期高 2.9℃；而降雨 6 月中旬仅有 14.8mm，从 6 月 19 日至 7 月 7 日连续 18 天没有降雨，7 月 8～9 日有 24.1 mm 的降雨量；雨日数是历年同期的 21%，严重的高温干旱天气造成了烟嘧磺隆在我县夏玉米上药害最重的年份。平均受害株率达 31.6%，严重的达 100%。

3.2 **人为因素的影响**

3.2.1 **药液浓度过大、施药时期不当** 未按烟嘧磺隆的规定剂量用药，误以为加大剂量可以提高除草效果，据了解烟嘧磺隆的每公顷² 规定用量为有效成分 36～60g，加水 300～450L 喷雾，而农民"惜水不惜药"，习惯用量为每公顷² 有效成分 60g，甚至有的剂量加大到 90g；同时为减轻工作量而随意减少用水量，导致用药量过大、浓度过高而造成药害。

玉米对除草剂的敏感性随生育期的不同而不同。烟嘧磺隆在玉米上使用的安全期为 3~5 叶期，6 叶以上易产生药害，如果施用必须加防护罩在行间做定向喷雾，防止玉米心叶受伤。

3.2.2 喷雾器械性能不良或田间作业方式不标准
使用背负式单喷头、双喷头喷雾器，步行速度不一；把持喷头高低位置不准；左右摆动不定；喷嘴方向不正；给液泵加压不均；多喷头喷雾器喷嘴

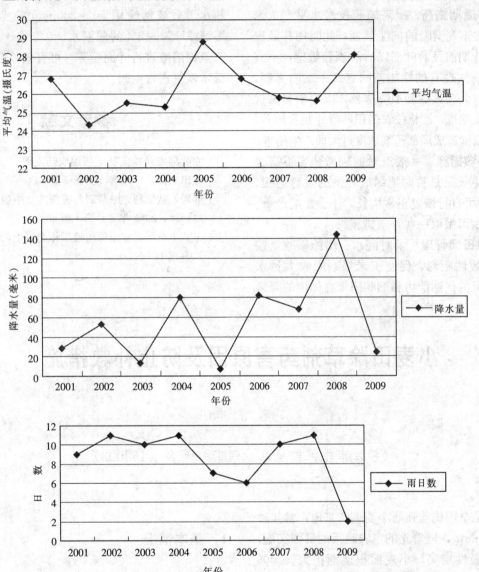

流量不一致，跑冒滴漏等，均易使局部叶面着药量过量而造成药害。据河北省植保植检站统计数据，手动喷雾器中，价格在 20 元以下的工农－16 型占 90% 以上，而价格在 100 元左右的优质手动喷雾器仅占 2.61%，喷雾器械亟待改进。

3.2.3 农药混用、连用配伍不当 喷施有机磷农药的玉米对烟嘧磺隆敏感，所以和有机磷农药不能混用并间隔开 7d 以上。部分农民不严格按使用说明使用，图省事和有机磷农药混用或连用造成药害。

3.3 玉米品种本身对烟嘧磺隆敏感性有差异
玉米品种对烟嘧磺隆的安全性顺序为马齿型＞硬质玉米＞爆裂玉米＞甜玉米。甜玉米和爆裂玉米对该剂敏感，不能使用。

4 对策

4.1 预防措施

4.1.1 准确计算药量，科学配伍 根据天气、化除面积、草情确定烟嘧磺隆的用药量，准确配制药

液，不能随意增加药液浓度（建议使用量杯）。如遇高温干旱天气可与莠去津或2，4－滴丁酯混合施用，严禁与有机磷农药混用，可以和菊酯类农药混用，还可在喷施液中加0.2％展着剂，如885或901，可以降低用药剂量，提高除草效果，而且可加快杂草枯死速度。

4.1.2　严格适期施药，提高施药技术水平　玉米3～5叶期，对烟嘧磺隆的抗性最强，此时用药最安全。玉米2叶期前及8叶期以后对该药敏感，不宜用药。逐步淘汰现有的性能差的老式手动喷雾器，推广性能良好、高效的新型喷雾器，以扇形喷头代替圆锥形喷头除草，严格按农药田间操作规程施药，避免重喷、滴漏造成局部药剂浓度过大而产生药害。

4.2　药后补救措施　一般玉米的轻微药害不需要处理，玉米生长只是暂时褪绿或轻微的发育迟缓，经7～10d即可自行恢复正常生长，不会影响产量。如果药害较重可采取一些补救措施。

4.2.1　加强田间管理　及时浇水、增施碳酸氢铵或尿素等速效性肥料，促使玉米根系吸收大量水分，提高玉米的代谢能力和烟嘧磺隆在体内的降解

速度，促进玉米尽快恢复正常生长发育。适当中耕，增强土壤的通透性，促进土壤中有益微生物的活动，加快土壤养分的分解，增强玉米根系对水分和养分的吸收能力。积极防除其他玉米病虫害，提高玉米抵抗药害的能力。

4.2.2　喷施植物生长调节剂或叶面施肥　在上午露水干后或傍晚用50～200ppm的赤霉素（920）溶液或1％～2％的尿素水、0.2％～0.3％的磷酸二氢钾溶液进行叶面喷雾，可有效减轻药害，促进玉米恢复正常生长。

参考文献

[1] 农业部农药检定所. 新编农药手册（续集）. 中国农业出版社，1998年1月第1版414～417
[2] 邢岩，耿贺利. 除草剂药害图鉴. 中国农业科学技术出版社，2003年8月第1版258
[3] 王贺军在河北省植保植检工作会议上的讲话. 2008年1月17日

小麦田除草剂药害原因及防止补救措施

朱 素 梅

（新乡市植保植检站　河南　新乡　453003）

新乡市是全国优质强筋小麦生产基地，常年种植小麦32万hm²，随着党的惠农政策的贯彻实施，农民种粮积极性增高，小麦面积逐渐扩大。2009年小麦种植达到33.1万hm²，杂草偏重发生，发生面积达25.3万hm²，占播种面积的76.7％，防治面积23.3万hm²，占发生面积的92.1％，大田使用化学除草剂具有工效高、成本低、减轻劳动强度，很受农民欢迎，已被广泛接受。但在使用过程中常常产生药害，2008年全市有466.7hm²因使用除草剂而产生药害，2009年仍有180hm²小麦发生除草剂药害，减产21万kg。

1　基本情况

1.1　杂草种类　我市麦田杂草的种类和分布由于地域、种植模式的不同呈现出明显差异。全市普遍发生的杂草有播娘蒿、荠菜、看麦娘等，点片发生的杂草有猪秧秧、节节麦、泽漆、雀麦、田旋花、繁缕、婆婆纳、硬草、早熟禾、茵草、看麦娘等；杂草的分布又与作物的轮作模式密切相关，如稻茬麦田杂草的硬草、看麦娘为优势种，玉米茬麦田的野燕麦、播娘蒿、荠菜为优势种。

麦田杂草与小麦争光、争水、争肥，不仅影响小麦的产量和品质，而且还是多种病虫害的中间寄主，对小麦的生长发育极为不利。近几年我市麦田

硬草、黑麦草、节节麦、野燕麦等恶性杂草面积达到 8 万 hm²，据春节前调查，严重地块有节节麦 990 株/米²；碱茅 2 340 株/米²。

1.2 使用除草剂情况 在我市经过多年推广、大面积使用的麦田除草剂主要有苯磺隆、二甲四氯、巨星、骠马、世玛、阔世玛、异丙隆、绿麦隆等，这些除草剂的防除效果达到 85% 以上。小麦从种到收获 240d 左右，生长周期长，导致除草剂喷施时间拉长，如果使用不规范，将会产生药害，影响小麦正常生长，有些甚至影响到下一茬作物的出苗、生长。恶性杂草面积的扩大，导致防治难度增加，防治成本也随之加大。

2 产生药害的原因

2.1 化学除草剂的误用 少数农户对除草剂性能缺乏基本的知识，以为除草剂只除草，不伤庄稼。误用灭生性除草剂如草甘磷、百草枯喷洒到小麦上，造成叶片枯黄、麦株枯死，整片麦田绝收。我市今年就出现了两例，小麦受害面积达 8 000.7m²，在 4 月 27 日调查时已经成片死亡，造成绝收。

2.2 施药方法不当 土壤处理的除草剂和小麦播种深度不能在同一位置。燕麦畏如果和麦种处于同一位时，易产生药害，影响小麦发芽、出苗。如我市辉县市冀屯、孙村、耿村使用苯黄隆复配不当导致 33.3 hm² 小麦干枯，造成减产。

2.3 施药器械使用不当 一是喷打过大豆田或灭生性除草剂的药桶没能及时彻底清洗，再用它防治小麦田除草剂，对小麦产生药害；二是喷雾性能不良，如使用多喷头喷雾器流量不一致，出现药液跑冒滴漏等现象，造成局部喷药量过大。

2.4 用药量过大 未按除草剂实际使用的规定计量用药，误以为加大用量，可提高除草效果，导致用药量过大，浓度过高造成药害。如我市长垣县常村、获嘉县冯村、亢村因使用 2.4-D 用药量过大，导致 140hm² 小麦发黄、矮小、穗畸形，小麦减产 25%。

2.5 用药时期不当 小麦生长的不同时期对除草剂的敏感性不一致。小麦 3 叶前及拔节期至开花期对除草剂敏感，在这期间喷施除草剂就会产生药害。苯磺隆在抽穗期使用，小麦不能正常扬花，导致不结实甚至绝收。

2.6 部分小麦品种对个别除草剂敏感 不同冬小麦品种对阔世玛的敏感性有差异。据德国拜耳公司提供的资料，偃展 4 110、豫麦 18、济麦 20 等部分硬质型小麦品种对该药敏感，在遇霜冻、渍涝、盐害等情况下使用阔世玛可能引起药害，导致小麦显著减产。

2.7 不同除草剂品种及除草剂与杀虫剂、杀菌剂等其他农药混用产生药害 一些农户用药目的不明确，盲目混用，将含不同化学成分的杀虫剂、杀菌剂等多种农药混合在一起使用，造成农药之间相互作用，从而加重了药害症状。

2.8 遇到不良环境条件导致产生药害 除草剂的杀草机理极为复杂，并随除草剂的种类，使用的方法及浓度而异，异常天气，影响除草剂药效发挥。溴苯腈、唑酮草酯用于小麦田，遇到低温，部分小麦出现枯死，气温回升后逐渐恢复生长，对小麦影响不重，对产量一般没有影响。但有些除草剂遇到天气变化危害较大，如我市延津县马庄乡于庄村因遇寒流使用 2,4-D 丁酯导致 6.7 hm² 小麦产生白穗，造成减产。

3 预防措施

3.1 根据小麦田杂草的种类，选用对路的除草剂，依据标签上的说明，弄清楚除草剂的剂型，有效成分含量和使用量 如防治野燕麦为主的选野麦畏又叫燕麦畏；防治硬草、节节麦为主的选阔世玛；防治播娘蒿为主的选用二甲四氯；防除猪秧秧可选择唑酮草酯和苯磺隆的复配制剂。

3.2 准确丈量土地面积 精确丈量小麦田的面积，计算出总的用药量，核算出每亩的计量，切忌随意加大或者减少用药量。

3.3 选择合适的天气喷药 喷施除草剂要选择晴天，刮风下雨或即将下雨时不要打药，以免影响药效。气温在 10℃时左右施药才能达到最佳防除效果。

3.4 选择最佳时机施药 根据草害的不同种类及小麦生长期、发育期选用相应的除草剂适时进行用药。

3.5 搞好药械检修 不同型号的喷雾器，药桶容量不一样，用前要做好试运转，进行清水模拟试喷，计算好喷幅，引走速度和每一喷雾器应喷的面积。

3.6 药器械用后要彻底清洗干净 如喷过杀虫剂的喷雾器，改喷除草剂，一定要清洗干净，除草剂和杀虫剂不宜混喷。

3.7 科学规范喷洒 在喷洒除草剂时做到喷洒均匀、不漏喷、不重复喷洒。

4 补救措施

4.1 水洗补救 因除草剂使用浓度过大，应立即用干净的喷雾器装入清水，对准受害植株喷洒或喷灌，淋洗去有毒植株上的残留药剂，减少药液在植株叶面上的残留，减轻药害。

4.2 足量浇水 当药害已发生或将要发生时，要立即进行实施灌水排毒措施，大面积灌水浇地，排水洗田的方法，排除药物减轻药害，同时作物由于吸水增多，植株细胞内水分增加，细胞内的药物含量和浓度相对减低达到缓降和阻止作用。

4.3 喷施植物生长调节剂和叶面肥料 植物生长调节剂可促进小麦的生长，刺激小麦的生长发育，也利于减轻药害，常用的解毒药物如有赤霉素，每亩用药 2g 对水 50kg 均匀喷洒麦苗，也可用云大一120 等。喷施激素的同时可加入磷酸二氢钾或尿素等叶面肥料，促进作物生长，提高作物抗药害能力。2，4一滴类除草剂在小麦苗期施药不当，发现有筒状叶时，要增施分蘖肥，促进分蘖，增加成穗率，以减少药害造成的损失。

4.4 加强田间管理，增施有机肥 加强中耕松土，增强土壤的透气性，促进有益微生物活动，加快土壤养分的分解，增强根系对养分和水分的吸收能力，促进植株尽快恢复生长发育。在施肥上，应注意多施有机肥。有机质可对除草剂起吸收作用，使除草剂丧失部分活性，同时也提供给作物恢复生长的养分。

4.5 及时毁种补种 对受害严重的麦田，已经不能正常拔节和抽穗的地块和误喷灭生性除草剂的田块，要及时毁种，重新种植蔬菜或其他安全作物，减少损失。

总之要做好小麦田的化学除草工作，必须加强麦田杂草的监测工作，密切掌握麦田杂草的发生、分布、变化等情况；加强麦田杂草防治新技术的宣传、普及及培训工作，帮助农民群众正确开展麦田杂草防治，减少因麦田除草不当造成的小麦减产问题；积极开展麦田杂草防治的新药剂、新方法的研究工作，以适应当前的麦田杂草防除工作需要，为农民朋友提供更为有效、科学的麦田杂草防治技术，服务小麦生产。

西瓜田杂草发生规律及综合除草技术探讨

刘玉芹[1] 赵国芳[2] 李春峰[2] 王海山[1]

(1. 石家庄市农林科学研究院 河北 石家庄 050041
2. 河北省植保植检站 050011)

随着人民生活水平的日益提高，西瓜已成为人们日常生活中不可或缺的重要食品。西瓜生长过程中，杂草成为影响西瓜丰产丰收的主要因素，西瓜对一些除草剂敏感，用药时期与用药量掌握不准确，容易产生药害。本文主要研究了西瓜田杂草发生种类、发生规律以及综合除草技术。

1 西瓜田杂草的种类

西瓜田从种植到收获，整个生育期都有杂草危害，造成产量损失一般在 20% 左右。通过对河北省主要西瓜产区调查，造成危害的杂草主要有马唐、牛筋草、狗尾草、稗草、画眉草等禾本科杂草；藜、苋、牛繁缕、雀舌草、凹头苋、反枝苋、马齿苋、铁苋菜、苍耳等阔叶杂草。

2 杂草发生规律

西瓜田杂草的发生有两个高峰期，第一个高峰期是随着西瓜瓜苗的出土，杂草也大量出土，这时出苗的杂草约占西瓜全生育期杂草出苗总数的 60%；第二个高峰期在西瓜蔓长到 70cm 左右时，早期未封住杂草以及新出土的杂草与西瓜争光、争水、争肥，这个时期正值西瓜营养生长与生殖生长的关键期，对西瓜大小、甜度产生直接影响，同时加重了病毒病、炭疽病、蔓枯病等以及害虫的发生程度。

3 除草剂种类及除草适期

3.1 除草剂种类 根据西瓜杂草的不同发生期，西瓜田除草剂可分为土壤处理和茎叶处理剂两类。试验表明，土壤处理的药剂50％大惠利（敌草胺）WG、48％仲丁灵EC、48％氟乐灵EC、33％二甲戊乐灵EC、50％乙草胺EC等除草剂防效达到90％以上；茎叶处理剂针对禾本科杂草有10.8％高效盖草能EC、8.8％精喹禾灵EC等选择型除草剂，防效达85％左右，对苗后阔叶杂草未能筛选出安全的除草剂。

3.2 除草适期 土壤处理剂能够有效地防除田间绝大部分的杂草，把杂草消灭在萌芽之中；茎叶处理剂在杂草生长期间，能够选择地防除某一类杂草。在第一个杂草发生高峰期，于播种后、西瓜苗出土前使用土壤处理剂处理土表，在第二个杂草发生高峰期则应使用对西瓜安全的除草剂，在禾本科杂草2～5叶期进行喷雾。

4 综合除草技术

4.1 露天直播 于播种后、西瓜苗出土前可施用大惠利、仲丁灵、氟乐灵、二甲戊乐灵等除草剂处理土表。其中大惠利对西瓜非常安全，对禾本可杂草防效很好，但对少部分阔叶草如马齿苋、藜防效较差，每亩用50％大惠利WG120～180g。对土壤墒情要求较高，若土壤干旱、喷水量正常，田间反映效果较差。若想使用此类农药，必须加大用水量。仲丁灵、二甲戊乐灵、氟乐灵对禾本科杂草、阔叶草效果都不错，但不同程度的存在光解现象，用后最好混土。随土壤墒情和肥沃程度在每亩使用150～200g调整用量。

4.2 保护地直播 但在品种选择上要格外慎重。在用量上，不管使用那种农药，按实际使用面积（每亩土地，保护地面积约占50％～60％）认真核算使用量，绝不能随意加大用量。

4.2.1 地膜栽培 大惠利、仲丁灵、氟乐灵、二甲戊乐灵效果都比较不错，都可以应用。在西瓜播后苗前用药，因膜下墒情较好，可选择推荐用药的低限。综合其安全性和防效，大惠利最好。

4.2.2 大棚、拱棚栽培 大惠利是最合适的土壤处理剂，没有回流药害，既安全又高效，用量掌握在每亩用150g左右。仲丁灵、氟乐灵、二甲戊乐灵都不能使用，对西瓜均有回流药害。西瓜播种后，如使用上述除草剂，因田间小气候气温较高，喷在土壤表面的药液蒸发，遇见拱棚的膜面形成伴有药液的水滴，水滴滴落下来，若滴到生长点上，生长点坏死，滴到叶面上形成斑斑点点，这就是所谓的回流药害。

4.2.3 西瓜移栽田栽培 西瓜移栽田使用除草剂，要掌握在移栽以前半天或一天进行土壤处理。不同种植方式所选用的除草剂品种基本同直播田相同种植方式所选用的品种。仲丁灵、氟乐灵、二甲戊乐灵都不能直接喷施在西瓜苗上。大惠利在正常使用情况下可以移栽后使用，但如果单位面积内药量高，且浇活棵水不及时，西瓜苗生长易受抑制。农民朋友要谨慎使用。

4.3 茎叶处理 这一类除草剂适宜于西瓜生长期内使用，对西瓜不会造成药害。目前没有发现防治西瓜田防治阔叶杂草的有效药剂，而防除禾本科杂草的药剂常用的有高效盖草能、精奎禾灵等。高效盖草能，可防除一年生和少数多年生禾本科杂草，于禾本科杂草2～5叶期用药。防除一年生禾草，每亩用10.8％高效盖草能EC50～60ml茎叶喷雾处理；防除多年生禾草，用药量要加倍。精喹禾灵在禾本科杂草2～5叶期进行茎叶喷雾，药效快，效果好。防除一年生杂草每亩用8.8％精喹禾灵EC60～80ml，防除多年生杂草用150～250g。喷药3h后遇雨不影响药效。

5 结论

研究表明，西瓜田杂草发生种类多，发生时期长，影响产量明显。明确了露天直播、地膜栽培、大棚拱棚栽培、移栽田以及西瓜苗后的除草使用技术。苗前使用大惠利安全高效，苗后使用高效盖草能、精喹禾灵等药剂能有效防除禾本科杂草。苗后阔叶杂草防除药剂和使用技术有待进一步筛选和研究。

皖西北地区夏秋作物杂草发生特点与治理技术

许殿武 于小平 宋振宇 严海涛 刘东恒

（阜阳市植检植保站 安徽 阜阳 236001）

皖西北地区种植的夏秋作物主要有大豆、玉米、甘薯、棉花、水稻、蔬菜等多种作物。田间杂草发生种类较多，其中阔叶杂草有青葙、铁苋、马齿苋等；禾本科杂草有狗尾、马塘、牛筋草等多种杂草。为准确掌握夏秋作物田杂草发生与出苗规律，为今后防治提供科学依据，笔者连续2年夏季对当地夏秋作物田杂草发生、出苗情况进行了调查分析，并在试验、示范基础上提出杂草综合治理技术。

1 夏秋作物杂草发生特点

1.1 杂草发生种类

皖西北地区夏秋季作物共发生杂草33科，77种。其中旱田杂草63种，水田杂草15种，水旱同时生长的杂草有1种。各种作物田平均每平方米有杂草76.5株。其中大豆田每平方米有杂草103.6株，以铁苋、稗草、青葙为优势种群，亚优势种有狗尾、马塘、香附子、马齿苋；玉米田每平方米有杂草94.7株，铁苋、马齿苋、稗草为优势种，马塘、青葙、狗尾、牛筋草为亚优势种；棉花田每平方米有杂草57.7株，铁苋、马塘为优势种，狗尾、牛筋草、马齿苋为亚优势种。

1.2 杂草的发生与分布

1.2.1 区域分布

各地杂草优势度统计结果来看，豆田杂草优势种主要有铁苋、稗草、青葙。但不同区域发生情况不尽相同，在皖西北地区北部豆田间平均每平方米有杂草112.7株，其中禾本科杂草占31.2%，阔叶杂草占45.2%，莎草科及其他杂草占27.6%。优势种为铁苋、狗尾、青葙；亚优势种为马塘、地锦、小蓟，其次，香附子、稗草、马齿苋、酸浆等发生亦较重。南部豆田间每平方米有杂草117.3株，其中禾本科杂草占32.2%，阔叶杂草占60.9%，莎草科杂草占6%，优势种为铁苋、稗草、青葙，亚优势种为马塘、天蓬、狗尾草，其次，马齿苋、香附子、小旋花，小蓟发生亦较重。中部豆田平均每平方米杂草76.3株，其中禾本科杂草占48.5%，阔叶杂草占51.2%。狗尾、铁苋、酸浆为优势种，牛筋草、青葙、马塘为亚优势种，其次，马齿苋、香附子、地锦、苘麻、小旋花发生较重。

玉米田杂草优势度统计结果来看，玉米田优势种主要有铁苋、马齿苋、稗草。其中北部玉米田间平均每平方米有杂草84.6株，禾本科杂草占67.8%，阔叶杂草占27.9%。稗草、铁苋、地锦为优势种，亚优势种为马塘、马齿苋，其次，香附子、狗尾、反枝苋、酸浆、小蓟等杂草发生较重。南部玉米田平均每平方米有杂草125.1株，其中禾本科杂草占80.6%，阔叶杂草占13.4%，马塘、青葙、铁苋为优势种，亚优势种为稗草、马齿苋，其次，小蓟、小旋花、香附子发生较重。中部玉米田平均每平方米有杂草75.5株，阔叶杂草占50.0%，禾本科杂草占45.0%，铁苋、狗尾、马齿苋为优势种，牛筋草、稗草、马塘为亚优势种，其次，酸浆、地锦、青葙、小旋花发生较重。

棉田杂草优势种主要有铁苋、马塘。北部棉区田间每平方米有杂草30.7株，禾本科杂草占51.7%，阔叶杂草占47.7%，优势种为狗尾、铁苋，亚优势种为牛筋草、马塘、马齿苋。其次，酸浆、鲤肠、地锦、稗草发生较重。中南部棉区田间每平方米有杂草67.7株，禾本科杂草占35.1%，阔叶杂草占50.0%，优势种为马塘、铁苋，亚优势种为马齿苋、狗尾、苋菜，其次，地锦、酸浆、香附子、青葙、小旋花发生较重。

1.2.2 杂草田间分布

由于农田杂草对耕作条件长期选择，不仅生物学特性产生了较大的变异，同时，在田间分布也具备多种多样特性，除自然和人为的因素影响外，往往内在因素也起主导作用。这样不同的杂草在田间的分布就存在着一定的差异，如大豆菟丝子，缠绕在大豆茎秆上，靠吸取寄主的营养来维持其生长发育，受外界影响较小，在田间分布一般呈核心分布，如香附子，由于根系发达，生活力强，在环境条件适宜的情况下，能很快出苗并生长起来，除上述两种杂草外，其他均呈均匀或随机分布型。如狗尾、马塘或一些一年生的阔叶杂草，因它们主要靠种子繁殖，与作物伴生性都很强，各生育期基本与作物同步进行，以豆田来说，当大豆播种后出苗时，杂草种子相继开始萌发，直到大豆成熟时，草籽已开始成熟，随着收获时的农事活动，以及株间夹杂携带，人为地帮助一些杂草的种子均匀地撒落于田间，就这样周而复始，一直保持着野生的特性，适应自然条件的变化，威胁着作物的正常生长。

2 杂草出苗规律

夏秋作物杂草出苗时期受作物播期、杂草种类等多种因素的影响，为此，笔者选择了播期适中，杂草种类多，能够代表当地生产水平和杂草发生种类的田块连续2年进行定点定期观察。经调查：皖西北地区玉米田主要杂草出苗盛期在玉米5～10叶期，大豆田杂草出苗盛期在大豆2～6复叶期，棉田杂草出苗盛期在蕾花期；上述3种作物田间杂草出苗盛期在时间上均为7月上、中旬。其中禾本科杂草狗尾、马塘和阔叶杂草铁苋、马齿苋在田间出苗较早。

通过对各时段出土杂草的测算，在旋耕整地后点播玉米，田间禾本科杂草中的马塘、狗尾、稗草和阔叶杂草铁苋、马齿苋、酸浆等杂草伴随着玉米的出苗而陆续出土，玉米1心1叶后，青葙、反枝苋、地锦、鲤肠、野芝麻、千金子等杂草萌发出土。玉米5叶期前，田间有近1/5的杂草出土，田间杂草覆盖度23%，禾本科杂草覆盖度12%，阔叶杂草覆盖度11%；玉米5～10叶期是马塘、铁苋、稗草、马齿苋、狗尾、千金子等主要杂草的出苗盛期，玉米10叶期时有70%的杂草出土，田间杂草覆盖度68%，禾本科杂草覆盖度42%，阔叶杂草覆盖度33%；玉米授粉期间，田间仍有少量的马塘、稗草、千金子、铁苋、马齿苋、反枝苋等杂草出苗。

在大豆免耕直播田，田间杂草出苗时期明显迟于大豆，大豆第1～2片复叶期，禾本科杂草马塘、稗草、千金子和阔叶杂草马齿苋、青葙开始出土，铁苋、反枝苋、鲤肠、酸浆、香附子等杂草在大豆3～4复叶期陆续出苗。大豆2复叶期前，田间有5%的杂草出土，田间杂草覆盖度8%，禾本科杂草覆盖度7.5%，阔叶杂草覆盖度<0.5%；大豆2～6复叶期是铁苋、稗草、青葙、千金子、马齿苋、香附子等主要杂草出苗盛期，6复叶期时近80%杂草出土，田间杂草覆盖度38%，禾本科杂草覆盖度28%，阔叶杂草覆盖度10%；大豆盛花期仍有少量稗草、千金子、马齿苋、青葙等杂草出苗。

在棉花田中，禾本科杂草狗尾、马塘和阔叶杂草铁苋、马齿苋、酸浆在棉花1～2片真叶期开始出土，在棉花3～4片真叶期，田间已有10%左右杂草出土，稗草、牛筋草、马泡、反枝苋等陆续出土。棉花花蕾期是狗尾、马塘、牛筋草、铁苋、马齿苋、鲤肠、酸浆等主要杂草出土盛期，蕾花期时已有70%以上杂草出土。花铃期后有少量千金子、小蓟、香附子等杂草出土。

3 夏秋作物杂草的综合防治技术

3.1 农业防除技术 根据皖西北农业生态区及杂草分布的特点，建立了2个农业区夏秋作物草害综合控制技术体系。一是北部区域旱作物面积大，应实行多种形式的轮作，深翻诱发灭草，减少草种再感染，推广农业综合控制技术体系。二是南部沿淮稻区，水稻种植面积大，因地制宜地水改旱或旱改水，改变生态环境；大力推广机条播技术和推广高效除草剂的农业综合控制技术体系。大力推广旱田作物杂草农业防除措施。

3.1.1 不同种植模式轮作技术 由于皖西北地区种植的夏秋作物种类有大豆、玉米、棉花、甘薯、蔬菜、水稻等多种，且同一区域内不同作物田间杂草发生种类存在一定差异，在同一田块避免连年实行小麦—大豆或小麦—玉米等同一种种植模式，在年度间推广不同形式的种植模式，尤其是推广粮食作物与蔬菜、经济作物间的轮作模式；在南部的沿淮地区，实行水稻（旱稻）与玉米、大豆等旱田作物轮作，改变田间生态环境，减少优势杂草种类的发生，降低田间杂草密度。

3.1.2 应用多种农业措施开展杂草防除 加强种子管理，搞好检疫，对种子严格精选，确保作物种子内无杂草种子出现；积攒净肥，农家肥料充分腐熟，降低农家肥中的种子发芽率；适时播种，合理耕作；加强田间管理，适时追肥、排水和灌水，促进作物生长，发挥生态控制效应；结合田间管理，采用锄、拔、铲等人工方法进行除草，除草时间应掌握在田间杂草出齐后，7月20日前后进行。

3.2 化学防除技术 化学防除技术是开展田间杂草综合防治的措施之一，具有防效好、成本低的特点，据调查，在杂草重发年份，正确使用除草剂的田块，7月下旬杂草稀少，杂草总体株防效为80%～90%，鲜重防效为90%以上；人工除草田块杂草总体株防效为50%～60%，鲜重防效为60%～80%。针对本区域夏秋作物杂草发生的特点，经过试验、示范，选择推广了一批适宜本地使用的高效、优质的夏秋作物除草剂。技术要点为：

3.2.1 玉米田化学除草技术 玉米播后苗前处理：玉米播后出苗前亩施用乙草胺乳油有效成分70～90g或莠去津悬浮剂有效成分120～150g，对水40～50l进行土壤喷雾。

玉米苗后3～5叶期：在田间杂草2～3叶期时，亩施用莠去津悬浮剂有效成分80～110g、烟嘧磺隆悬浮剂有效成分3～4g、硝磺草酮·莠去津悬浮剂有效成分40～50g，三种药剂任选一种对水30l进行茎叶喷雾。

玉米8～10叶期：田间大部分杂草出齐后，亩用百草枯有效成分30～50g，对水40～50L进行田间玉米行间定向喷雾。

3.2.2 豆田化学除草技术 大豆播后苗前处理：大豆播后出苗前亩用乙草胺乳油有效成分60～100g或甲草胺乳油有效成分70～120g，对水40～50L进行土壤喷雾。

大豆田苗期除草：以马塘、狗尾草、牛筋草等禾本科杂草为主的田块，在杂草2～4叶期，亩施精喹禾灵乳油有效成分2.5～3.5g或高效氟吡甲禾灵乳油有效成分3～3.5g，对水15～30L进行茎叶喷雾。

青葙、铁苋、苍耳、酸浆等阔叶杂草发生重的田块，在杂草3～5叶期，亩施氟磺胺草醚水剂有效成分17.5～25g，对水40L茎叶喷雾。

在禾本科杂草与阔叶杂草混发田块，可将上述药剂进行混合后使用。

3.2.3 棉花田化学除草技术 棉花播后苗前处理：棉花播后出苗前亩用敌草隆水分散性粒剂有效成分50～60g或甲草胺乳油有效成分80～120g，对水40～50L进行土壤喷雾。

棉花田苗期除草：在杂草2～4叶期，亩施精喹禾灵乳油有效成分2.5～3.5g或精噁唑禾草灵乳油有效成分3～4g，对水15～30L进行茎叶喷雾。

棉花株高35cm以上，田间大部分杂草出齐后，亩用百草枯有效成分30～40g，对水40～50L进行田间棉花行间定向喷雾。

商洛市菟丝子防控技术探讨

董自庭 王刚云 陈光华 叶丹宁

（陕西省商洛市植保植检站 陕西 商洛 726000）

中国菟丝子（*cuscuta chinensis lam*）别名无根草、金丝藤等，属无限生长花序植物，茎缠绕，黄色或淡黄色，细弱多分枝、无叶。随着生长从茎下部向上陆续现蕾、开花、结籽、成熟，其种子散落土壤中，条件适宜即萌发出土，若条件不适宜即处于休眠状态，4～6年仍有生活力。中国菟丝子危害以吸器固着于寄主茎上，靠吸盘吸取寄主植物的营养，具有有性和无性繁殖的特点。其种子量大，生命力强，寄主范围广，传播繁殖能力强，危害损失大，难以防除。近年来，我市农业植检部门加大控制扑灭力度，探索出火焰喷烧法等6大扑灭技术，有效控制了菟丝子的扩展蔓延，保护了农业生产安全。

1 主要防控技术探索

近年来，结合我市菟丝子发生分布特点，针对不同发生区域，探索制定出了相应的防治技术，明确了清除扑灭的最佳时期为6月下旬前。为有效开展防控工作提供了科学依据。

1.1 火焰喷烧法 此方法是将火焰喷射枪和便携式5 kg液化气罐配套组装而成，以火焰灼烧菟丝子及其寄主的扑灭方法。特点是携带方便、操作简单、扑灭效率高、对作物及环境无残毒、无污染。适用于早期零星、点片发生的菟丝子，多数属于小面积发生，采用此法连同寄主植物用喷火枪喷射烧毁，防除扑灭效率高。

1.2 拔除烧毁法 方法是先在地表铺一层麦秸，再将拔除的寄主植株、杂草集中堆放其上，用1∶2汽、柴油混合均匀浇洒，充分燃烧。对落入地表的籽粒，将土表铲除，就地用燃油搅拌烧毁。此方法可控制大面积发生的菟丝子，防止扩散蔓延，有效清除已落入表土中的中国菟丝子种子，达到彻底清除的目的，对未清除干净再度零星发生的疫情采用火焰喷烧法补防，防效更佳。

1.3 轮作倒茬法 根据我们连续几年对中国菟丝子生物学特性研究和观察，其对禾本科作物寄生能力弱，因此在防控扑灭中，对中国菟丝子发生严重的田块，实行与禾本科作物（小麦或玉米）轮作倒茬2～3年，可有效控制其为害，2005年丹凤县龙驹寨镇陈家村一块黄芩地疫情点达29处，后改种小麦、玉米，至今未发生。

1.4 深翻掩埋法 此法适用于公路绿化草带、河道草滩。将菟丝子连同寄主作物就地深翻掩埋至0.4m以下，使菟丝子无法萌发生长，避免其发生危害。

1.5 化学防除法 选用灭生性除草剂是我们针对荒坡、路边、渠边发生的中国菟丝子清除扑灭而进行的化学防除方法。2004－2005年通过多种除草剂的试验，对荒坡、路边、渠边、地边开花之前的中国菟丝子筛选出采用95％草甘膦wp2 000倍液，并加入少量洗衣粉喷雾，施药范围应达到疫情面积的2倍，既经济又高效迅速，防控扑灭效果十分显著。

2 分区域治理应用

2.1 农田防控技术 根据中国菟丝子的生物学特点，结合扑灭实践，在农田发生的菟丝子，初期点片发生时采用火焰喷烧法，若发生面积较大，可采用拔除烧毁法，当年不能彻底清除的，次年必须实行轮作倒茬，种植小麦、玉米等禾本科作物，2～3年可有效控制菟丝子危害。

2.2 公路护坡绿化草带 在菟丝子开花结子前采用火焰喷烧法，此法对紫花苜蓿绿化草带防除效果较好，防治后20～30d，苜蓿仍能萌发长出地面，而菟丝子得以防除。若发生面积较大，应采用拔除烧毁法，结合深翻掩埋法，防控效果更好。

2.3 河道草滩 主要采用化学防除法，施药范围应向外扩大，达到疫情面积的2倍，要想提高防效，一定要提早防治，10～15d后再喷药一次，可有效控制。

2.4 城区绿化草带 此区域一般发生面积小，易于发现，应采用火焰喷烧法，对于大面积发生的区域，仍要采用拔除烧毁法，同时要注意做好防火等安全措施。

3 防控意见与建议

对于中国菟丝子的防治，一是要抓早，早发现、早扑灭，要在开花结子前进行彻底清除。依据多年的经验，我市菟丝子扑灭最佳时机在6月底前；二是要加强多部门之间的协作，特别是交通、公路、水务、城建等相关绿化部门，要加大对他们的宣传力度，联合做好菟丝子防除工作，避免通过取沙、灌溉等将菟丝子传入农田，危害农作物。

陕西省关中麦田杂草群落演变原因分析及治理对策

郝 平 顺

（陕西省咸阳市渭城区植保植检站、陕西 咸阳 712000）

陕西省关中地区地处陕西关中平原腹地，土地肥沃，水利条件好，常年播种小麦60×10⁴ hm²。然而麦田杂草伴随小麦生长而演变，杂草是麦田重要生物灾害之一，有资料表明，麦田杂草造成的损失，超过其他病虫等有害生物造成的损失之和。人们都知道麦田杂草与小麦争水、争肥、争光、争空间、是许多病虫的中间寄主，是影响小麦高产的重要因素之一。陕西省关中地区麦田杂草常年发生面积 $45×10^4 hm^2$，重发生面积 $33×10^4 hm^2$，而且发生程度有逐年加重趋势，与 70、80 年代相比杂草群落也发生了很大变化。为了准确掌握我省麦田杂草的种群变化动态，为今后选择科学合理的防治对策提供依据，经过对 30 年来我省各地资料分析整理，现总结如下：

1 群落演变

经调查，目前陕西省关中地区麦田杂草种类总计 18 科，46 种〈详见附表1〉。综合我省历史资料统计，1970—1979 年麦田杂草发生面积 $56×10^4 hm^2$，重发生面积 $45×10^4 hm^2$，杂草 41 种，主要种类 27 种，占杂草总数的 91.6%。每亩有杂草 12.2 万株，其中最高 34.4 万株/亩。当时主要以人工除草为主。1980—1989 年随着土地承包制实施，部分田地开始使用除草剂，耕作制度的变化引起麦田杂草群落发生了一些变化，杂草变为 45 种，主要杂草种类 28 种，占麦田杂草的 93.7%，部分杂草由原来的

优势种群变为零星种，个别品种由原来的零星种群变为优势种群，杂草发生面积 $58×10^4 hm^2$，重发生面积 $46×10^4 hm^2$，平均每亩杂草 14.7 万株，其中最高 36.2 万株/亩。1990—1999 年麦田杂草发生面积 $60×10^4 hm^2$，重发生面积 $43×10^4 hm^2$。由于化学除草剂大面积使用，加之除草剂使用品种比较单一，因此杂草种群发生一定变化，残存了一些恶性杂草，杂草种类变为 40 种，主要杂草种类 15 种，占杂草总数的 97.8%，每亩有杂草 17.7 万株，其中最高 37.1 万株/亩。2000—2009 年全面使用化学除草剂，无论从品种、使用面积及使用技术上都有很大的提高，杂草种群发生了很大变化，阔叶杂草种类和数量处下降趋势，禾本科杂草种类和数量处明显上升趋势。并且残存的杂草很难防除，有逐年加重趋势。杂草种类变为 34 种，主要杂草种类 17 种，占杂草总数的 98.6%，每亩有杂草 13.6 万株，其中最高 37.1 万株/亩。杂草发生面积 $62×10^4 hm^2$，重发生面积 $52×10^4 hm^2$，平均每亩杂草 16.3 万株，其中最高 33.2 万株/亩。各阶段杂草种类详细情况见附表2。

表1 麦田杂草调查统计表

科名	种名	科名	种名
藜科	藜、灰绿藜	罂粟科	秃疮花
石竹科	繁缕、牛繁缕、王不留行、米瓦罐	蓼科	萹蓄（鸟蓼）皱叶酸模、绵毛酸模叶蓼
苋科	反枝苋	十字花科	荠菜、离子草、播娘蒿、独行菜、离蕊芥
蒺藜科	蒺藜	大戟科	泽漆
旋花科	打碗花、篱打碗花	紫草科	麦家公、附地菜
唇形科	夏至草、风轮菜	玄参科	婆婆纳、阿拉伯婆婆纳
茜草科	猪殃殃、麦仁珠	菊科	刺儿菜、小白酒菜、猪毛蒿、苣荬菜、蒲公英
鸭跖草科	鸭跖草	禾本科	蜡烛草、毒麦、野燕麦、多花黑麦草、节节麦、看麦娘、日本看麦娘、雀麦、棒头草
蔷薇科	朝天萎陵菜	豆科	多花米口袋、草木樨

2 演变原因分析

麦田杂草的发生、消长、群落的演变、危害，随着耕作制度、灌溉条件、新品种的引入，除草剂的长期单一使用，杂草对除草剂的抗药性及栽培管理等因素的改变而变化很大，导制麦田杂草种群演变的原因：

2.1 调换新品种的同时，难免有新的杂草种子的

侵入。20 世纪 90 年代以来，小麦品种十分丰富，群众调换新品种更加频繁，导致新的杂草种子随着小麦品种种植而侵入。如毒麦就是 1984 年随品种调入而传入我省的。节节麦最早在 20 世纪 90 年代初个别地区发生，随品种调换又对种子筛选过粗，导致该草大范围传播。另外，大范围宣传种花植草，发展水产品，从而引入外来许多杂草，如多花黑麦草就是从澳大利亚引进的一种鱼草，该草分蘖力强，结籽率高，与小麦成熟期吻合，籽粒小，伴

机械收获随风飘播，从而对麦田杂草群落的变化有一定的影响。多花黑麦草等禾本科杂草数量逐年上升，危害呈加重趋势。

2.2　长期单一使用某一除草剂，导致杂草种群发生变化。陕西省麦田杂草化除技术始于1982年，先后试验、示范推广了2.4-D丁酯、百草敌、燕麦畏和燕麦枯、这些除草剂对麦田杂草起到了一定的控制作用，但由于单一连年使用，一些杂草呈下降趋势，一些杂草呈上升趋势。1995年大面积推广"巨星"、"苯磺隆"产品后，对播娘蒿、荠菜等部分阔叶杂草有一定的控制作用。但经过长期使用后有些杂草，如繁缕、猪殃殃、婆婆纳、麦家公等产生的抗药性或对药物敏感程度降低，使这些杂草上升为优势种群，同时，由于选择性除草剂的连年使用，使得多花黑麦草、看麦娘、蜡烛草、节节麦等禾本科杂草连年世代累积，发生程度越来越重，形成了某些地区的优势群落。

2.3　长期小麦—玉米栽培模式，生产环境变化不大。我省自土地承包以来，种植方式为小麦—玉米或小麦—水稻栽培模式，长期同一模式，为杂草生存创造了良好的生态环境。比如看麦娘、日本看麦娘原来多发生于水田，虽然水田面积减少，但栽培模式变化不大，杂草很快适应变化的环境条件，导致2000年后该草迅速扩大蔓延。

2.4　引水灌溉及使用未经腐熟的农家肥，把大量的草籽带入麦田。我省农田灌溉多数为库灌、引水灌，这样会将上游沿途落入水渠中的杂草种子带入麦田。同时，在杂草抽穗后农民才开始人工拔除，此时杂草已经扬花灌浆，拔出的杂草随地丢弃，有的扔在地头、渠边，随灌水传播。很多杂草有后熟特性，来年照样可以发芽。另外，部分农田使用未经腐熟的农家肥，将大量杂草种子带入农田。

2.5　粗放的耕作制度，导致农田生态环境相对稳定。自20世纪90年代以来，我省耕作制度相对单一，播种时只浅耕，很少深翻，长期单一耕作管理，为杂草创造相对稳定的生态环境。另外在防治时，只防大田杂草，不防田边、渠边、地头杂草。杂草成熟后通过风、浇灌等条件侵入农田。

2.6　种植业结构调整，一些果园、大棚菜周边杂草未防而流入大田。种植业结构调整后，蔬菜、果树面积有所增加，但果树、蔬菜田生态环境相对稳定，杂草随之适应，这些田块化除面积小，为大田提供了足够的种源。

2.7　农村劳动力向城镇转移，放松了农业综合防治，导致了这些恶性杂草为害严重。近年来农村劳动力进城打工，造成部分田块不防治。后期拔除时杂草基本成熟，杂草堆积在田间地头，草籽成熟后继续流入大田。

3　防治对策

根据目前我省小麦耕作制度和管理水平，以及杂草发生的特点，对麦田杂草防治坚持以农业防治为基础，化学防治为主的综合治理对策，才能实现安全、经济、有效的防治效果。

3.1　**严把种子关**　种子调运极易混带杂草种子，如毒麦、节节麦、多花黑麦草等主要靠种子调运传播。因此调运种子前把好检验、检疫关，严防检疫对象及恶性杂草种子侵入，播种时严格精选种子。

3.2　**农业防治**　农业防治不仅可以有效控制麦田杂草，还可以保护农田生态环境，一是精选种子，减少杂草种子带入田间；二是施用充分腐熟的农家肥，防止混入肥中的草籽带入大田；三是中耕除草，采取人工拔除恶性杂草，带出田外集中处理；四是铲除路边、地头、渠边杂草，防止杂草随风或灌溉进入大田；五是合理轮作，破坏杂草生态环境；六是提倡机械深翻，改变土壤耕层，将部分草籽深埋。

3.3　**化学防除**　开展化学防除麦田杂草是最经济有效的手段，也是目前我省普遍被群众接受的行之有效的重要手段。为了扩大杀草谱控制草害，减缓杂草抗药性，延长除草剂的使用寿命，根据我省麦田杂草发生特点，选用安全、高效、低毒、低残留的对口除草剂。一是改进除草剂使用时期，改春季除草为冬前除草。此时草龄小，麦叶覆盖面积小，气温变化差异不大。"沙尘暴"发生次数少，既可减少用药量，也有利于喷施和药液吸收；二是改单剂除草为2或3个除草剂混合使用。目前我省杂草为阔叶杂草与禾本科杂草混发区，所以要兼治多种杂草，必须将除草剂混用，另外除草剂还可以与杀虫剂、杀菌剂以及植物生长调节剂，微肥混用，起到兼防兼治作用；三是改常量喷雾为低容量喷雾。实践证明机动喷雾器或手动喷雾器低容量喷洒除草剂，不但可提高工效4～5倍。而且除草效果好，经济效益高，减少用药量25%以上；四是改进施药方式，将有些品种除草剂喷洒施药改为撒毒土或颗粒剂，延长残效期，同时提倡统防统治，将杂草控制在经济允许水平以下。

参考文献

[1] 车俊义，王枝荣．《陕西农田草害与治理》．1992年．陕西科技出版社

[2]《中国农田杂草原色图谱》．1990年．农业出版社

[3]《中国农业田杂草图册》．1988年．化学工业出版社

[4] 雷虹，王亚红．《陕西关中麦田杂草发生与治理对策》．1999年．陕西师范大学出版社

[5] 马奇科等．《农田化学除草新技术》．1998年．金盾出版社

[6] 唐洪元．《农田化学除草新技术》．1998年．上海科学技术出版社

[7] 张殿京等．《化学除草应用指南》．1987年．农村读物出版社

表2　各阶段杂草种类及危害（＊）

科名	种名	1970—1979	1980—1989	1990—1999	2000—2009	科名	种名	1970—1979	1980—1989	1990—1999	2000—2009
藜科	藜	++	+	+	+	茜草科	猪殃殃	+	++	++++	++++
	灰绿藜	+	+	+			麦仁珠	+++	++	+	+
罂粟科	秃疮花	++	+	+		菊科	猪毛蒿	+	+	+	+
石竹科	繁缕	+++	+++	+++	++		苣荬菜	+	+	+	+
	王不留行	++++	+++	++	+		蒲公英	+	+	+	+
	米瓦罐	+++	++	++	+		刺儿菜	+++	+++	++	++
	牛繁缕	+++	++	++	++		小白酒草	++	+	+	+
蔷薇科	朝天委陵菜	++	++	+	+		萹蓄	++	+		
苋科	反枝苋	+	++	++	++	蓼科	皱叶酸模	+	++	++	++
	荠菜	++++	+++	++	+++		绵毛酸模叶蓼	+	++	++	++
	离子草	++	++	++	++	豆科	多花米口袋	++	++	+	
十字花科	播娘蒿	++	++	+++	++++		草木樨	+++	++	+	
	独行菜	++	++	++	++++	禾本科	节节麦			++	+++
	离蕊芥	+++	++	+	+		看麦娘	+	++	+++	++++
蒺藜科	蒺藜	+	+				日本看麦娘	+	++	+++	++++
大戟科	泽漆	++	++	+	+		野燕麦	++++	+++	++	+
旋花科	打碗花	+++	++	+	+		雀麦			+	+
	田旋花	++	++	+	+		毒麦		+	+	
紫草科	附地菜			+	+		蜡烛草	+	++	+++	++++
	麦家公	++	+++	++++	++++		多花黑麦草			+++	++++
唇形科	夏至草	+++	++	+			棒头草			+	+
	风轮菜	+	+			玄参科	婆婆纳	++	+++	++++	++++
鸭跖草科	鸭跖草	+	+				阿拉伯婆婆纳	++	++	++	+

注：按照四个等级，1级：农田偶见，危害不重者（＋）；2级：农田常见，危害较重者（＋＋）；3级：部分农田危害严重者（＋＋＋）；4级：农田普遍危害严重者（＋＋＋＋）。

陕西泾阳县小麦田优势种杂草发生情况及应对措施

陈芳君[1]　李泾孝[1]　李泉厂[2]

(1. 陕西省泾阳县植保植检站　713700
2. 宝鸡市农技中心植保站　721001)

根据近几年对本县 30 余块小麦田跟踪反复调查，田间杂草种类及数量有所变化，主要优势种群有播娘蒿、荠菜、猪殃殃、婆婆纳、节节麦、蜡烛草，野燕麦、看麦娘等。

1　发生分布情况

泾阳县常年小麦种植面积 2.8 万 hm²，杂草发生面积 2 万 hm²，各类杂草在不同田块均属中等至偏重发生。2008 年调查，各种杂草的田间密度、田间均度、频率如下表：

项目　杂草种类	播娘蒿	猪殃殃	婆婆纳	节节麦	蜡烛草	野燕麦	荠菜
田间密度	64.77	82.26	40.76	39.84	45.67	31.00	19.95
田间均度	46.11	74.44	28.89	3.17	17.22	16.67	10.56
频　率	85	90	75	90	60	45	60
相对多度	60.21	80.97	42.08	31.72	34.70	26.93	23.39

从调查情况看，播娘蒿、猪殃殃、婆婆纳、荠菜等在泾阳县小麦田中均有发生，出现的频率高，田间密度较大，节节麦、野燕麦、蜡烛草、看麦娘等在灌区及河滩地大面积发生，出现频率逐年提高，田间密度也越来越大。近年杂草平均数量及所占比例如下表：

年份　种类	米蒿	荠菜	猪殃殃	婆婆纳	看麦娘	节节麦	麦家公	其它	亩平均杂草数
2009 年	18.4%	2.8%	27.6%	22.6%	17.5%	4.2%	5.7%	1.2%	11.2 万株
2008 年	34.2%	3.2%	26%	16.7%	6.4%	9.4%	3.0%	1.1%	10.08 万株
2007 年	25.3%	5.8%	29.8%	15%	10.3%	4.6%	9.1%	0.1%	18.54 万株
2006 年	31%	2.1%	21.1%	19.5%	8.7%	6.7%	10%	0.1%	19.53 万株

2　调查方法

在所选乡镇随机采点，选取 3～5 块田，采用"W"型 9 点取样法，每点调查 1m²，详细记载各种杂草数量，计算各种杂草的田间密度、田间均度、频率、相对多度及所占比例。

3　危害情况及蔓延原因

2009 年，泾阳县小麦田平均亩杂草数 11.2 万株，高于 2008 年的 10.08 万株，低于 2007 年、2006

年的 18.54 万株和 19.53 万株。其中节节麦、猪殃殃、蜡烛草因其难以防治而为害加重，播娘蒿、婆婆纳、野燕麦等中等为害。杂草数量和杂草种类发生了变化，1999 年以前泾阳县小麦田杂草主要以播娘蒿、婆婆纳、猪殃殃、荠菜、野燕麦、麦家公等为主，现在以播娘蒿、猪殃殃、节节麦、蜡烛草、野燕麦等为主，禾本科杂草种类及数量上升。

杂草种类的变化及其蔓延原因有以下几个方面，一是节节麦等禾本科杂草种子随种子调运在县境内小麦田中蔓延发展，并且成为小麦田恶性杂草；二是连续使用单一除草剂品种，使杂草产生抗性，群落发生了演变；三是耕作制度的改变，深翻面积减少，田间管理粗放等导致一些恶性杂草（节节麦、猪殃殃、蜡烛草、播娘蒿）的发生和蔓延；四是机械收割时易将一些杂草种子携带传播。

4 发生趋势及我县除草剂的筛选

近几年，泾阳县小麦田中节节麦、猪殃殃的为害呈上升趋势，为中偏重发生，播娘蒿、婆婆纳、蜡烛草为害呈中等，看麦娘、野燕麦等为害呈中偏轻发生。

多年来，我们先后在县境内泾干镇先锋村、西关村、炮坊村、燕王乡庆家等村进行了小麦杂草试验示范工作，试验证明 36% 奔腾可湿性粉剂、40% 快灭灵干悬浮剂、大惠农、腾净等对阔叶性杂草如播娘蒿、婆婆纳等效果明显，防效均在 90% 以上。从 2005 年冬季开始，先后在中张镇周家道

村、何家桥、泾干镇北关、先锋村、王桥镇社树等村的小麦田对世玛、阔世玛进行冬前除草试验，结果证明 3% 世玛油悬剂及阔世玛对节节麦、蜡烛草等的防效明显，对小麦生长无影响，应大面积推广应用。

5 应对措施

5.1 农业措施

5.1.1 加强农民培训工作，避免杂草种子人为传播，要求在播种前进行筛选和捡种。

5.1.2 严把种子检验关，杜绝杂草种子通过调种传播。

5.1.3 深翻土壤，减少杂草种子出土率。

5.2 物理措施 结合中耕、耙糖等措施，进行人工拔除，带出田外，及时处理。

5.3 化学防治 合理选用化学除草剂，确保靶标杂草的防除效果。以播娘蒿、猪殃殃、婆婆纳、荠菜、麦家公等阔叶性杂草为主的田块，每公顷可选用 40% 快灭灵 60g、36% 奔腾可湿性粉剂 75g 或 10% 苯磺隆可湿性粉剂 150g 等进行茎叶喷雾；以节节麦、看麦娘等禾本科杂草为主的田块，每公顷可选用 3% 世玛油悬剂 375～450ml 或 6.9% 骠马乳油 750ml 进行茎叶喷雾；阔叶性杂草与禾本科杂草混生田，每公顷可选用 3.6% 阔世玛水分散粒剂 30 套（即阔世玛 300g＋安全助剂 1 200ml）于冬前进行全田喷雾。

耐草甘膦杂草控制技术研究

李涛　沈国辉　钱振官　柴晓玲　温广月

（上海市农业科学院植物保护研究所　上海　201106）

草甘膦是美国孟山都公司于 20 世纪 70 年代开发的广谱灭生性传导型除草剂，由于其成本低、传导性强、药效好、环境兼容性优良等特点而被广泛使用，自 1974 年在美国登记注册以来，至今已在世界 100 多个国家注册，是全球最畅销的农药产品之一[1]。我国南北方果园和非耕地都长期大量使用草甘膦防除杂草。据唐洪元等报道，长期使用单一

类型的除草剂在有效防除靶标杂草的同时引起杂草种群乃至群落结构发生变化。20 世纪 80 年代调查，上海地区果园发生的杂草主要有牛筋草 [*Eleusine indica* (L.) Gaertn.]、马唐（*Digitaria sanguinalis* L.）、旱稗 [*Echinochloa crusgalli* (L.) Beauv. var. hispidula (Retz.) Hack]、刺儿菜（*Cephalanoplos segetum* (Bge.) Kitam.）、鳢

肠（*Eclipta prostrata* L.）、空心莲子草［*Alternanthera philoxeroides*（Mart.）Griseb.］、白茅［*Imperata cylindrica*（L.）*Beauv. var. mojor*（*Nees*）C. E. Hubb.］、铁苋菜（*Acalypha australis* L.）等[2]。近年来，随着草甘膦长期、大量的使用，果园优势杂草种类发生了一定的变化，以乌蔹莓［*Cayratia japonica*（Thunb.）Gagnep.］、铁苋菜、假一年蓬（*Conyza japonica* Less.）、小飞蓬［*Conyza canadensis*（L.）Cronq.］、加拿大一枝黄花（*Solidago canadensis* L）等为代表的阔叶杂草和藤类缠绕性杂草发展迅速，越来越成为果园生产中的防治难题，果农普遍反映草甘膦在常规剂量下使用对这些杂草效果很差或基本无效。为了寻求能有效控制上述杂草的除草剂品种，2007 年在巴斯夫（中国）有限公司的资助下开展了本试验。

1　材料和方法

1.1　供试药剂

（1）70％苯嘧磺草胺（saflufenacil）WG〔巴斯夫（中国）有限公司提供〕；（2）助剂 Dash〔巴斯夫（中国）有限公司提供〕；（3）

41％农达（glyphosate）AS（美国孟山都公司生产，市售）；（4）20％g 无踪（paraquat）AS（英国先正达公司生产，市售）。

1.2　试验方法

1.2.1　除草剂药效评价

1.2.1.1　试验地条件　试验地点为上海市宝山区罗东村柑橘园，品种：黄岩密桔，试验田土质为壤土，肥力一般，有机质含量 2.0％，pH6.9。生产上常年在杂草营养生长旺盛期使用 10％草甘膦 AS750～1500g a. i/hm² 或 20％g 无踪 AS600～900g a. i/hm² 防除柑橘园杂草。试验田主要杂草种类有旱稗、马唐、乌蔹莓、铁苋菜、假一年蓬和加拿大一枝黄花等。施药时杂草乌蔹莓覆盖厚度 15～30cm，铁苋菜株高 15～30cm，加拿大一枝黄花和假一年蓬株高 20～30cm，马唐株高 10～20cm，狗尾草株高20～30cm。

1.2.1.2　试验设计　选择草相合适的地块划分小区，试验小区面积 20m²（2.5m×8m），随机区组排列，3 次重复。试验方案见表 1。第一重复以乌蔹莓为主，第二重复以铁苋菜为主，还有部分加拿大一枝黄花和假一年蓬；第三重复以马唐为主，还有部分狗尾草。

表 1　供试药剂试验设计

Table 1　Designer and arrangement to trial

处理 Treatment	药剂 Herbicide	有效成分量 Dosage（g a. i/hm²）
1		12.5＋1 000＋1％
2		225.0＋1 000＋1％
3	70％苯嘧磺草胺 WG＋41％农达 AS＋Dash（v/v） 70％ saflufenacil WG＋41％ glyphosate AS＋ Dash（v/v）	350.0＋1 000＋1％
4		46.25＋1 500＋1％
5		512.5＋1 500＋1％
6		625.0＋1 500＋1％
7	70％苯嘧磺草胺 WG＋Dash（v/v） 70％ saflufenacil WG＋ Dash（v/v）	50＋1％
8		1 000
9	41％农达 AS 41％ glyphosate AS	91 500
10		102 250
11	20％g 无踪 AS 20％ paraquat AS	750
12	空白对照 CK	—

备注：除 Dash 是按喷液量体积的 1％添加外，其它剂量均为有效成分用量。

1.2.1.3 施药工具和调查方法 施药工具为新加坡利农私人有限公司生产的 HD400 背负式喷雾器，扇型喷头，压力 45Pa，喷射速率 1 250ml/min，用水量 675L/hm²。药后 3d、7d、14d、30d 分别调查残存杂草株数，计算株数防效；药后 30d 调查残存杂草株数的同时，测定残存杂草鲜重，计算鲜重防效。各项调查均采取随机取样计数法，即每小区取 4 个点，每个点 0.25m²，分种类计算样方内残存杂草株数或称杂草地上部分鲜重。

2 结果与分析

2.1 不同处理对柑橘园杂草的防除效果

2.1.1 药效发挥速度 药后 3d 观察，70％苯嘧磺草胺 WG、41％农达 AS 和助剂 Dash 三者混用处理区乌蔹莓叶片发紫，顶端心叶枯死；铁苋菜、假一年蓬、加拿大一枝黄花和马唐全株枯黄；70％苯嘧磺草胺 WG 和助剂 Dash 二者混用对乌蔹莓、铁苋菜、假一年蓬和加拿大一枝黄花的症状同三者混用，对马唐等禾本科杂草有轻微的抑制作用；此时 41％农达 AS 处理区乌蔹莓、铁苋菜、假一年蓬、加拿大一枝黄花和马唐叶片轻微发黄；20％g 无踪 AS 处理区接触到药液的杂草叶片枯黄。

药后 7d 观察，70％苯嘧磺草胺 WG、41％农达 AS 和助剂 Dash 三者混用处理区乌蔹莓、铁苋菜、假一年蓬、加拿大一枝黄花和马唐的中毒症状

进一步加重，高剂量处理区杂草基本死亡；70％苯嘧磺草胺 WG 和助剂 Dash 二者混用对乌蔹莓、铁苋菜、假一年蓬和加拿大一枝黄花等阔叶杂草的症状同三者混用，马唐等禾本科杂草已恢复正常生长；41％农达 AS 处理区阔叶杂草中毒症状同药后 3 天；20％g 无踪 AS 处理区接触到药液的杂草基本死亡。

2.1.2 防除效果 药后 3d 调查，70％苯嘧磺草胺 WG12.5～50g a. i/hm²、41％农达 AS1000g a. i/hm² 和 Dash 三者混用对乌蔹莓的株数防效为 53.93％～56.74％，对铁苋菜、假一年蓬和加拿大一枝黄花等阔叶杂草的株数防效为 72.68％～90.16％，对马唐等禾本科杂草的株数防效为 53.27％～55.61％，总草株数防效为 57.92％～63.88％；70％苯嘧磺草胺 WG6.25～25g a. i/hm²、41％农达 AS1500g a. i/hm² 和 Dash 三者混用对乌蔹莓的株数防效为 40.45％～71.91％，对铁苋菜、假一年蓬和加拿大一枝黄花等阔叶杂草的株数防效为 56.28％～73.22％，对马唐等禾本科杂草的防效为 55.84％～59.81％，总草株数防效为 52.47％～63.62％；70％苯嘧磺草胺 WG50g a. i/hm² 和 Dash 二者混用对乌蔹莓的株数防效为 90.45％，对铁苋菜、假一年蓬和加拿大一枝黄花等阔叶杂草的株数防效为 77.60％；20％g 无踪 AS750g a. i/hm² 对供试杂草的防效均在 90％左右（表 2）。

表 2 **70％苯嘧磺草胺 WG 和草甘膦混用防除柑橘园杂草效果（％）——施药后 3d**

Table 2 Effect of saflufenacil+glyphosate on the control of weeds in citrus orchard－3DAA

药剂处理 Treatment	乌蔹莓 *Cayratia japonica*（Thunb.）Gagnep. 株数防效（％） populations efficacy	其他阔叶杂草 other broadleaf weeds 株数防效（％） populations efficacy	禾本科杂草 grass weeds 株数防效（％） populations efficacy	总草 overall weeds 株数防效（％） populations efficacy
1	53.93 c	72.68 b	53.27 b	57.92 b
2	55.06 c	89.07 a	53.74 b	62.23 b
3	56.74 c	90.16 a	55.61 b	63.88 b
4	40.45 c	56.28 b	55.84 b	52.47 b
5	52.25 c	71.58 b	59.81 b	60.84 b
6	71.91 b	73.22 b	56.07 b	63.62 b
7	90.45 a	77.60 b	—	—

（续）

药剂处理 Treatment	乌蔹莓 *Cayratia japonica*（Thunb.）Gagnep. 株数防效（%） populations efficacy	其他阔叶杂草 other broadleaf weeds 株数防效（%） populations efficacy	禾本科杂草 grass weeds 株数防效（%） populations efficacy	总草 overall weeds 株数防效（%） populations efficacy
8	—¹	—	—	—
9	—	—	—	—
10	—	—	—	—
11	89.89 a	90.16 a	90.42 a	90.24 a
12*	(178)	(183)	(428)	(789)

其他阔叶杂草包括铁苋菜、加拿大一枝黄花和假一年蓬。下同。

Other broadleaf weeds include Acalypha australis L.、*Solidago canadensis* L and *Conyza japonica* Less. The same below.

¹：由于农达作用速度较慢，药后 3d 不调查农达处理区杂草株数防效。

¹：We didnot investigate populations efficacy of weeds at 3DAA, because the reaction rate of glyphosate is slow.

注：* 为对照区杂草株数或鲜重；表中不同字母表示在 0.05 水平上显著，下同。

Note：* Values are plant number（or fresh weight）of weeds in control plot；Values followed by different letters in the same column mean significantly different at 0.05 probability level（DMRT）；The same below.

药后 7d 调查，70％苯嘧磺草胺 WG12.5～50g a. i/hm² 、41％农达 AS1 000g a. i/hm² 和 Dash 三者混用对供试杂草的防效大幅提高，株数防效为 84.62％～100％；70％苯嘧磺草胺 WG12.5～50g a. i/hm² 、41％农达 AS1 500g a. i/hm² 和 Dash 三者混用对供试杂草的防效为 86.43％～99.80％，70％苯嘧磺草胺 WG6.25g a. i/hm² 、41％农达 AS1 500g a. i/hm² 和 Dash 三者混用对乌蔹莓的株数防效较差，为 67.87％，对其它阔叶杂草的株数防效为 80％，对禾本科杂草的防效为 99.60％；70％苯嘧磺草胺 WG50g ai/hm² 和 Dash 二者混用对供试阔叶杂草的株数防效为 94.36％～95.53％，对禾本科杂草基本无效；41％农达 AS1 000～2 250g a. i/hm² 单用对供试阔叶杂草的防效均没超过 37.95％，增大农达剂量也未见防效有显著提高，对禾本科杂草的株数防效为 96.18％～97.39％；20％无踪 AS750g a. i/hm² 对供试杂草的防效较药后 3d 有所下降，株数防效 80％左右（表 3）。

表 3　70％苯嘧磺草胺 WG 和草甘膦混用防除柑橘园杂草效果（%）——施药后 7d

Table 3　Effect of saflufenacil＋glyphosate on the control of weeds in citrus orchard －7DAA

药剂处理 Treatment	乌蔹莓 *Cayratia japonica*（Thunb.）Gagnep. 株数防效（%） populations efficacy	其他阔叶杂草 other broadleaf weeds 株数防效（%） populations efficacy	禾本科杂草 grass weeds 株数防效（%） populations efficacy	总草 overall weeds 株数防效（%） populations efficacy
1	84.62 b	95.90 a	99.00 a	94.86 a
2	94.57 a	93.85 a	98.39 a	96.50 a
3	94.57 a	93.85 a	100.00 a	97.37 a
4	67.87 c	80.00 b	99.60 a	87.75 b
5	86.43 b	94.87 a	99.40 a	95.30 a
6	95.48 a	94.36 a	99.80 a	97.59 a
7	95.93 a	94.36 a	9.24 c	48.36 d
8	11.31 d	9.23 c	96.18 a	57.11 d
9	19.00 d	15.38 c	96.99 a	60.72 d
10	18.55 d	37.95 c	97.39 a	65.65 d
11	79.19 b	80.00 b	77.31 b	78.34 c
12*	(221)	(195)	(498)	(914)

药后 14d 调查，除 20‰g 无踪 AS750g ai/hm² 对供试杂草的防效进一步下降外，其它处理对供试

杂草的防效与药后 7d 调查结果相仿（表 4）。

表 4　70%苯嘧磺草胺 WG 和草甘膦混用防除柑橘园杂草效果（%）——施药后 14d

Table 4　Effect of saflufenacil+glyphosate on the control of weeds in citrus orchard —14DAA

药剂处理 Treatment	乌蔹莓 Cayratia japonica (Thunb.) Gagnep. 株数防效（%） populations efficacy	其他阔叶杂草 other broadleaf weeds 株数防效（%） populations efficacy	禾本科杂草 grass weeds 株数防效（%） populations efficacy	总草 overall weeds 株数防效（%） populations efficacy
1	86.86 b	95.82 a	97.27 a	94.10 a
2	95.14 a	93.92 a	97.27 a	95.99 a
3	97.71 a	93.16 a	96.97 a	96.38 a
4	77.43 c	81.37 b	98.03 a	88.92 b
5	85.71 b	93.16 a	97.72 a	93.47 a
6	91.71 a	95.82 a	98.33 a	95.99 a
7	96.86 a	95.06 a	2.12 c	47.41 c
8	2.57 e	20.15 d	97.27 a	55.27 c
9	3.43 e	23.19 d	96.66 a	55.82 c
10	6.00 e	28.14 d	98.48 a	58.49 c
11	56.86 c	71.48 c	57.21 b	60.06 c
12	(350)	(263)	(659)	(1272)

药后 30d 调查，70%苯嘧磺草胺 WG、41% 农达 AS 和助剂 Dash 混用对供试杂草的防效依然稳定，株数防效与药后 14d 调查结果趋势一致，鲜重防效与株数防效相仿；41%农达 AS1 000～

2 250g a. i/hm² 单用对乌蔹莓、铁苋菜、假一年蓬、加拿大一枝黄花等阔叶杂草的防效依然较差，对马唐等禾本科杂草的均在 90%以上（表 5）。

表 5　70%苯嘧磺草胺 WG 和草甘膦混用防除柑橘园杂草效果（%）——施药后 30 d

Table 5　Effect of saflufenacil+glyphosate on the control of weeds in citrus orchard —30DAA

药剂处理	乌蔹莓 Cayratia japonica (Thunb.) Gagnep. 株数防效（%） populations efficacy	鲜重防效（%） fresh weight efficacy	其他阔叶杂草 other broadleaf weeds 株数防效（%） populations efficacy	鲜重防效（%） fresh weight efficacy	禾本科杂草 grass weeds 株数防效（%） populations efficacy	鲜重防效（%） fresh weight efficacy	总草 overall weeds 株数防效（%） populations efficacy	鲜重防效（%） fresh weight efficacy
1	88.60 ab	90.39 a	62.50 c	67.44 c	86.96 a	96.17 a	79.82 a	88.05 a
2	91.23 a	95.04 a	85.00 b	84.28 b	91.88 a	97.05 a	89.68 a	93.73 a
3	93.86 a	95.83 a	87.50 b	90.28 b	94.20 a	97.17 a	92.11 a	95.25 a
4	56.14 c	61.15 c	38.50 d	41.45 d	95.36 a	97.83 a	71.32 c	68.61 b
5	86.84 ab	90.81 a	65.50 c	69.64 c	97.10 a	98.98 a	85.74 b	89.50 a
6	92.98 a	94.23 a	89.00 a	92.42 a	98.55 a	99.68 a	94.69 a	95.53 a
7	82.46 b	89.80 a	95.50 a	98.57 a	33.33 c	30.39 b	60.70 d	73.62 b
8	21.05 d	12.02 d	2.00 e	16.21 e	95.65 a	97.97 a	54.32 e	38.43 c
9	25.44 d	15.06 d	32.50 d	36.74 d	92.75 a	97.59 a	62.82 d	43.54 c
10	29.82 d	24.45 d	39.00 d	45.34 d	94.20 a	96.74 a	66.31 d	49.74 c
11	60.53 c	72.99 b	37.50 d	61.06 d	62.90 b	91.38 a	54.78 e	73.38 b
12	(378)	(1035.5)	(296)	(349.8)	(696)	(589.7)	(1370)	(1975)

3　结果与讨论

乌蔹莓、铁苋菜、假一年蓬和加拿大一枝黄花等阔叶杂草对草甘膦具有一定的耐药性，41％农达 AS1000～2250g a. i/hm² 单用对上述杂草防效较差，即使加大农达的使用剂量，也未见防效有显著提高。但在 41％农达 AS 中加入 70％苯嘧磺草胺 WG 和助剂 Dash 能显著提高农达对上述杂草的作用速度和防效，药效表现速度可与克无踪相当，且能控制多年生杂草的再生，防效较彻底，且对阔叶杂草的防除效果随着 70％苯嘧磺草胺 WG 用量的增加而提高。从药后 7d 和药后 14d 调查结果看，70％苯嘧磺草胺 WG 与助剂 Dash 二者混用，70％苯嘧磺草胺 WG 的使用剂量达到 50g a. i/hm² 对上述阔叶杂草的株数防效能达到 90％以上。70％苯嘧磺草胺 WG、助剂 Dash、41％农达 AS 三者混用，70％苯嘧磺草胺 WG 的使用剂量达到 12.5g a. i/hm² 就能取得 90％左右的效果，并且效果稳定。因此，从高效、经济、安全的角度考虑，以 70％苯嘧磺草胺 WG12.5～25.0g a. i/hm² ＋ 41％农达 AS1000g a. i/hm² ＋ Dash 最为适宜。

草甘膦是一种广谱灭生性内吸传导型除草剂，自 1971 年由美国孟山都公司开发成功以来，由于其独特的作用方式成为全球销售最好的除草剂品种[3]。抗草甘膦转基因作物在全球的大面积种植，为草甘膦的发展提供了广阔的应用市场和发展前景，但是抗草甘膦杂草的出现，又给其应用带来了前所未有的挑战[4]。在我国草甘膦广泛应用于果园、胶园、非耕地和免耕地等。近年来随着草甘膦长期大量的使用，杂草种群和群落结构发生了演变，抗、耐草甘膦杂草逐渐成为优势杂草，不少农户反映草甘膦在常规剂量下对这些杂草效果很差，即使成倍提高使用剂量也未见防效有显著提高。2007 年上海地区试验结果表明，在 41％农达 AS 中加入 70％苯嘧磺草胺 WG 和助剂 Dash 能显著提高对乌蔹莓、铁苋菜、假一年蓬和加拿大一枝黄花等耐草甘膦阔叶杂草的作用速度和防效，从而为治理抗、耐草甘膦杂草找到了出路。

70％苯嘧磺草胺 WG 是德国巴斯夫公司最新研制的除草剂产品，能够被植物的叶、根和芽快速吸收，并经木质部传导。70％苯嘧磺草胺 WG 与草甘膦混用能有效防除抗、耐草甘膦的阔叶杂草危害。在本试验中，乌蔹莓、铁苋菜、假一年蓬和加拿大一枝黄花等杂草对草甘膦均表现出一定的耐药性，但是否对草甘膦具有抗药性还有待于科学严谨的试验证明。

我国幅员辽阔，气候多样，不同地区优势杂草各异，再加上用药水平的差异，各地区杂草抗性水平不同。草甘膦、苯嘧磺草胺和助剂 Dash 三者混用对其它地区抗、耐草甘膦的阔叶杂草的防效有待于更深入和更全面的试验。

参考文献

[1] 张宏军，王萍，周志强. 杂草对草甘膦的抗性及抗性治理 [J]. 农药科学与管理，2004，25（5）：18～22
[2] 唐洪元，著. 中国农田杂草 [M]. 上海：上海科技教育出版社，1991. 232～233
[3] 刘延，崔海兰，黄红娟等. 抗草甘膦杂草及其抗性机制研究进展 [J]. 农药学学报，2008，10（1）：10～14
[4] 马晓渊. 农田杂草抗药性的发生危害、原因与治理 [J]. 杂草科学，2002（1）：5～9
[5] 唐正辉，姚建任. 国外控制和延缓杂草抗药性的对策和措施 [J]. 世界农业，1993（4）：33～36
[6] 苏少泉. 杂草抗药性及其治理 [J]. 世界农业，1996（2）：31～33
[7] 孙丙耀. 农田杂草抗药性及其抗性作物的选育 [J]. 世界农业，1998（8）：18～21

棉田除草剂药害产生的原因及对策

曹春田[1] 臧学斌[1] 王俊香[1] 梅红[1] 刘新峰[2]

（1. 河南省舞钢市农业局　2. 河南省舞钢市财政局）

随着棉田地膜覆盖无权过问打桩的大面积推广应用，棉田化学除草已成为棉花生产中的一项常规技术措施，但随着除草剂的普遍应用，棉田除草剂药害所带来的一系列问题逐年加重，为此，我们对药害产生的原因进行广泛的调查和认真的分析，提出了防止药害产生的技术措施。

1 药害症状

据观察，棉田除草剂药害主要发生在棉花苗期，主要症状是：棉苗与土壤接触的下胚轴变粗膨大，根系减少，生长缓慢，部分棉苗靠近子叶的下胚轴缢缩或子叶变黄；成株期的症状主要表现为根茎部肿胀变粗，植株生长瘦弱。

2 药害产生的原因

2.1 用药量过大 当前大面积推广应用的棉田除草剂主要有两种：48％氟乐灵乳油和50％乙草胺乳油，分别占80％及20％左右。目前农民的习惯用量一般为每亩用48％氟乐灵乳油150～200g或50％乙草胺乳油100～150ml，显著超过了其适宜的用药量，特别是沙土地棉田，用量更是明显过大，这是造成除草剂药害的主要原因。

2.2 用药浓度过高 由于大多数农民贪图省工省水，在喷洒除草剂时用水量过少，造成用药浓度过高，喷洒不均匀，一般每亩用药液量仅为15～20kg，这样就导致棉田地表着药不均匀，着药点局部浓度过高而产生药害，由于喷药不均匀，造成除草效果下降。

2.3 耕作管理粗放 近年来，棉田耕作呈现越来越粗放的趋势，棉田地表不平整，明暗坷垃较多，药和土混合不匀，高浓度的除草剂附着在坷垃上裸露于地表，覆盖地膜后，药剂挥发到膜下形成药滴，棉苗出土时胚轴碰到药液后导致药害发生，造成缢缩，展开的子叶接触到药滴，造成子叶变黄，生长瘦弱。

2.4 安全间隔期短 用氟乐灵混土后应有一定的安全间隔期才能播种，而许多农民在施药后1～3d即进行播种，从施药到播种的安全间隔期很短，很容易造成药害。

2.5 播种过浅 部分棉田播种过浅，播种深度仅为2～3cm，使种子播在药土中，导致药害严重。

3 防止棉田除草剂药害产生的方法

3.1 适量用药 选用48％氟乐灵乳油每亩用量为100～125g，最高不超过150g；选用50％乙草胺乳油每亩的适宜用量为60～80ml，最多不超过100ml。实际用量还要根据具体情况确定，一般直播棉田用量应大些，地膜棉田应小些，有机质含量高的黏土地用量大些，有机质含量低的沙土地用量应小些。

3.2 增加用水量 适当增加用水量是防止药害产生、提高除草效果的关键。每亩棉田用药量为40～60kg，特别是土壤干旱时，应当增加喷水量，以保证药剂在地表分布均匀和除药膜的形成，防止药害发生，提高除草效果。

3.3 精细整地 棉花播种前应精细耙耢，使地面平整，表土细碎，无明暗坷垃，施用氟乐灵后应立即耙耢，使药土混合均匀，混土深度以2～3cm为宜，但不能超过5cm，施用乙草胺后，应立即盖膜，防止人畜践踏破坏药膜。

3.4 掌握适宜的安全间隔期 棉田施用氟乐灵混土后，应间隔5～7d后再进行播种，以防止药害产生。

3.5 播种深度要适宜 施用氟乐灵混土的棉田播种深度一般应掌握在3～4cm，尽量避免将棉种播在药土内，以减轻药害。

3.6 及时放苗 棉苗出土变绿后应及时放苗，以防止棉苗在膜下与凝聚在膜上的药液长时间接触而造成药害。

舞钢市棉田烟粉虱发生特点及综合控制技术

曹春田[1] 臧学斌[1] 梅红[1] 刘新峰[2] 冶小瑞[1]

(1. 河南省舞钢市农业局 舞钢 462500 2. 河南省舞钢市财政局 舞钢 462500)

烟粉虱（Bomisia tabaci Gennadius）是近年来转基因抗虫棉田中后期经常发生的虫害之一，其生活周期有卵、若虫和成虫期，其中以成虫和若虫危害棉花。它的寄主范围十分广泛，据调查，我市寄主植物多达19科67种；它的繁殖速度快，一年可发生5~6代，世代重叠严重；危害周期长，条件适合的年份可从6月一直持续危害到9月下旬。此时棉株高大、棉花封行，给施药防治造成一定难度。烟粉虱对棉花的危害来自两个方面，一是成虫和若虫聚集在棉叶背面，直接刺吸棉株的营养物质。虫口密度大时，棉叶正面出现成片黄斑，危害严重时可使棉花显著减产。二是成虫或若虫还大量分泌蜜露，招致灰尘污染棉叶，蜜露多时可使棉叶棉铃污染变黑，影响光合作用。棉铃吐絮时受到污染，会使棉纤维品质下降。为经济有效地控制烟粉虱的危害，2006—2007年我们对烟粉虱发生消长规律、空间分布特点、化学农药筛选等进行了研究。根据研究结果和相关文献报道，提出以下烟粉虱的综合控制技术。

1 棉田烟粉虱发生特点

1.1 烟粉虱的发生与不同年份的气候条件关系

调查结果显示，烟粉虱在棉田内消长动态与气候条件的关系不密切。两年百株三叶成虫累积数量排序均为6月<7月<8月<9月，虫量高峰月均出现在8~9月份，表明不同年份的烟粉虱成虫消长变动曲线一致。但年际间不同的气候条件，对烟粉虱在棉田的初发期、发生量和消退期却有显著影响。据调查，2006年4~9月份日照时数和降雨量各为1 430.4h和801.9mm，比2007年分别增加216.5h和减少218.7mm。该年烟粉虱于6月25日在棉田开始出现成虫，百株三叶年累积虫量为18 304头，9月下旬开始消退，其发生期、发生量和消退期分别比多雨寡照的2007年早发10d、虫

量增加57.74%、消退期推迟30d左右。由此说明，烟粉虱在干旱少雨、日照充足的年份发生早，发生严重，持续危害时间长；反之则发生晚，发生轻，持续危害时间短。因此，在干旱少雨、日照充足的年份要特别注意烟粉虱的发生动态。

1.2 不同时期的成、若虫比例不同

研究证明，在棉花的不同生长发育时期，棉田烟粉虱成、若虫所占总虫量的比例表现不同。其中6月份成、若虫年占总虫量的比例为100%、0，7月份为26.66%、73.34%，8月份为51.12%、48.88%，9月份为91.46%、8.54%。由此看出，烟粉虱成虫潜入棉田后，开始产卵繁衍种群，7月份以若虫危害为主，8月份成、若虫各占一半左右，9月份以成虫危害为主。烟粉虱的这一特点，在防治选用农药品种时应予以注意。

1.3 棉花不同空间层次的烟粉虱数量不同

据调查，2006年和2007年棉株上、中、下三层次虫量比例分别为22.56%、33.61%、43.84%和19.66%、35.01%、45.34%，说明烟粉虱成虫数量在棉花不同空间层次的分布量表现不同，一致的规律是棉株下部的虫量>中部>上部。另据观察，随着时间的推移，若虫数量则存在由下往上转移的特点。施药防治时应注意这种分布特点。

1.4 一日内不同时段的虫量不同

据2007年在本市八台镇棉田定叶定时调查结果表明：从早6点至晚6点，烟粉虱成虫数量在不同时段表现不同，二者存在极显著负相关关系（$r=-0.936^{**}$），表现在上午6点前，棉株上的虫量是一天内最多的时段，是虫情调查和施药防治的最好时机。

2 棉田烟粉虱综合控制技术

根据烟粉虱的发生特点，防治烟粉虱时要坚持农业防治、生物防治为主，化学防治为辅的综合治理方

针。在防治策略上要遵循治早、治小、治少的原则，协调运用一切有效措施，有效控制虫口的繁殖速度，极大限度地压低虫口密度，始终控制其种群不在棉田形成猖獗发生危害之势。可采取如下措施：

2.1 农艺措施 在加强棉花促早栽培措施下，尽量避免棉花与瓜菜等作物大面积插花种植，也不要在棉田内套种或在田边种植瓜菜。同时还要注意提高棉花中后期管理水平，及时修棉整枝，摘除棉花底部无效老叶，将布满害虫的废枝废叶带出棉田集中处理。清除棉田内外杂草，减少烟粉虱的寄主源，以压缩棉田虫口数量。另据有关试验证明，当棉花和烟草共存时，烟粉虱趋于取食烟草并喜好在烟草上产卵。据此，可在棉田内外试种适当数量的烟草作为诱集植物，诱集成虫产卵，而后集中施药防治，以减少棉花上的烟粉虱虫量和防治用药次数。

2.2 加强温室蔬菜及室内花卉的管理 温室大棚蔬菜和室内花卉是烟粉虱繁殖越冬的理想场所。秋季温室蔬菜扣棚后熏蒸防治可减少虫口基数，在放风口加盖防虫网，可控制外来虫源；生产季节加强烟粉虱的监测与防治，可降低虫口基数；春季狠抓温室大棚揭膜前及室内花卉的虫源防治，防止其向外扩散蔓延，能有效降低棉田虫源基数，减轻防治压力。

2.3 生物防治 生物防治是对烟粉虱实施综合治理的十分重要的手段。目前已发现烟粉虱寄生性天敌 45 种，捕食性天敌 62 种，虫生真菌 7 种。荷兰和英国释放丽蚜小蜂（Encarsia formosa Gahan）并配合使用扑虱灵，可有效控制烟粉虱达 70d 之久。我国棉田烟粉虱的天敌资源丰富，寄生性天敌主要有粉虱蚜小蜂（Prospaltella aleurochizonis Mere），其中粉虱蚜小蜂为优势种；捕食性天敌主要有捕卵赤螨、瓢虫、南方小花蝽、蜘蛛以及一些寄生真菌。用丽蚜小蜂防治烟粉虱，当每株棉花有烟粉虱0.5～1 头时，每株放蜂 3～5 头，10d 放 1

次，连续放蜂 3～4 次，可达到较好的控制效果。

2.4 物理防治 烟粉虱对黄色有强烈趋性，可在温室内设置黄板诱杀成虫。黄板可直接从市场购得，也可用油漆将 1.0m×0.2m 的纤维板或硬纸板涂成橙黄色，再涂上一层黏油（用 10 号机油加少许黄油调匀）。设置密度每公顷 450 块以上，均匀悬挂于植株上方，黄板底部与植株顶端相平或略高。当烟粉虱黏满板面时，须及时涂黏油，一般 7～10d 重涂一次。

2.5 化学药剂防治 由于烟粉虱对不同类型杀虫剂的抗药性和不同杀虫剂防治时一定要做到：查清虫情，保证施药质量，科学选择和使用药剂，关键抓好烟粉虱前期和低龄若虫期的防治。当棉株上、中、下三叶平均单叶 1～2 龄若虫达 16～20 头时（参考指标），应立即喷药防治。①科学选择使用农药：从保护利用天敌和提高对烟粉虱的防治效果考虑，初期防治烟粉虱时可选用抗生素类药剂，如1.8％阿维菌素乳油1 000～1 500 倍、40％绿菜宝乳油1 000～1 500倍喷雾防治。随着时间推移可轮换使人工合成烟碱类药剂，如 10％ 吡虫啉乳油1 000～2 000 倍、25％ 阿 g 泰水分散颗粒剂2 500～3 000 倍、20％康福多乳油 1 000～1 500倍；或用苯基吡唑类药剂：5％锐劲特悬浮剂2 000倍喷雾防治。当若虫虫口密度大时，可用菊酯类药剂：如 2.5％天王星乳油 1 000 倍、40％绿洲一号（双硫菊酯）乳油 1 000 倍喷雾防治，同时可兼杀成虫。②保证施药质量：施药时，一定要严格控制使用浓度，采用不同类型的农药适当轮换使用和不同作用方式的农药合理混用，已免烟粉虱过早产生抗药性。在施药防治烟粉虱时，要结合棉株高大、叶片重叠、施药困难的现实情况，重点针对棉株中下部且兼顾上部的原则，采用水量充足、接触虫体、仔细周到的喷雾施药技术，以最大限度地保证治虫效果。防治成虫以清晨 6 点前施药为好。施药间隔时间以 7d 为宜。

麦田杂草化学防除技术

王小梅[1]　王晓伟[1]　尤俊华[1]　王丽娜[2]　张夫刚[1]

(1. 伊川县植保植检站　河南　伊川　471300
2. 伊川县能源站　河南　伊川　471300)

近几年，我县小麦田杂草发生情况越来越严重，麦田杂草已经成为影响小麦产量的重要因素，因此如何搞好化学除草对提高小麦产量、增加农民收入至关重要。小麦田化学除草要想达到理想的效果，就要正确认识麦田杂草的发生规律，有针对性地选择使用除草剂和把握最佳施药时机。

1 掌握麦田杂草的发生规律，把握最佳施药时机

麦田杂草种类主要有猪殃殃、宝盖草、播娘蒿、荠菜、婆婆纳、泽漆、麦家公、王不留行、田旋花、野燕麦、看麦娘等。杂草有两次出苗高峰期，其中第一次一般在冬前，小麦播种后 15～20d，即 10 月下旬至 11 月中旬，这一时期出苗杂草约占杂草总数的 95%；第二次为翌年的 3 月，即小麦返青期至拔节前，出现一次小的出苗高峰。因此，最佳除草期应选择在冬前苗期和次年春季返青期，小麦播后苗前是有利时期，冬前苗期（11 月中、下旬）为最佳时期，次年春季小麦返青期（2 月下旬至 3 月中旬）是补充时期。

冬前杂草刚出土，杂草组织幼嫩、蜡质层薄、抗药性弱，加之麦苗尚小，麦田郁闭度小，杂草的裸露面积大且抗药性较差，在这个时候喷施除草剂，喷洒的药液与杂草接触面大，有利于杂草吸收较多的药剂，从而能获得较好的除草效果。而且，在冬季进行化学除草，即使除草剂在土壤中的残留期长一些，对下茬作物也不会造成较大影响。冬前进行除草可有效避免因来年春寒而带来的不利影响，此时气温适宜，能更加有效地发挥药剂的除草功效，且用药量少，成本会降低。

2 麦田化学除草的原则

2.1 正确选用除草剂
一是要"三证"齐全（农药登记证号、生产许可证号、产品标准号）；二是要根据草相选择，受气候、土壤质地、灌溉条件、耕作方式等诸多因素的影响，不同区域麦田杂草优势种类差异很大，应在弄清施药田杂草的优势种群和对小麦生长为害重的主要种类的基础上，根据作物及杂草的生育期，兼顾前后茬作物，科学选用对路、有效的除草剂品种。

2.2 尽早施药
根据麦田杂草种类及其发生规律（出苗时间）和所选除草剂品种对施药时间的要求，尽可能早施药，一般要在小麦拔节以前。早施药，一是避免或减少杂草造成的危害损失，有利于小麦苗期健壮生长；二是杂草苗龄小，耐药力差，且小麦未封行，对杂草遮掩少，防除效果好。

2.3 科学混配用药
杂草防除的关键，在于把杂草消灭在萌芽期或幼苗期，因而麦田化学除草的最佳时间较短，所以尽量选择能兼除多种杂草的除草剂品种或不同品种除草剂的合理混配使用，做到一次施药，兼治多种杂草，从而降低各除草剂单剂用量和单位面积除草剂的总用量，减缓杂草抗药性和减少生产成本，保护环境安全。防除禾本科杂草的除草剂与防除阔叶杂草的除草剂混配使用时，用药量应严格按照各自单用时的规定剂量，不能减少，也不能增加。

2.4 安全用药
严格掌握用药量、施药时期和用水量，喷雾要均匀周到。大多除草剂活性高，用量过大，就会产生药害。不适时施药，除草剂与作物敏感期吻合，也会造成药害。在土壤墒情好，进行过灌溉的麦田，每亩用水 30kg，而在土壤墒情不好，又未进行过灌溉的麦田，每亩用水量最好不少

于 45kg。小麦拔节后（进入生殖生长期）对药剂十分敏感，绝对禁止使用化学除草剂，以防药害。极端天气，气温过高或寒潮来临时一般不要用药；大风天气不能施药，以免药液飘移，对邻近敏感作物产生药害。尽量使用手动喷雾器及扇形雾头施药，以保证防效。一些长残效隐性药害严重的除草剂不能用，如甲磺隆、绿磺隆等以及含有此类有效成分的复配药剂，此类药剂受土壤 pH、土壤类型、温湿度等因子影响，药效和安全性差异较大，在土壤中不易降解，持效期长，易对后茬敏感作物玉米、油菜、黄瓜、花生、十字花科作物等造成药害。

2.5 轮换和交替用药 长期单一使用一种或同一类型的除草剂，会引发杂草产生抗药性和杂草优势种群的变化而降低除草效果。必须对不同类别除草剂进行合理轮换、交替使用，以延缓除草剂的抗性产生和杂草优势种群交替的速度。

3 化学除草技术

3.1 小麦播种期杂草防治技术 小麦播种期麦田杂草防除，主要适用于稻麦轮作田及免耕田。稻麦轮作田及免耕田杂草发生特点是出草时间集中，冬前出草数量大，出草高峰期早，危害提前。因此，防除宜早，重点在播种前后用药。第一次在播种前 3～7d 内，每亩用 10%草甘膦水剂 200～300ml，对水 50kg 茎叶喷雾，防除已出杂草。第二次根据田间草相，有针对性防治。看麦娘、硬草等禾本科杂草和阔叶杂草混生麦田，每亩可用 20%使它隆 50～60ml 或 50%异丙隆 125～150g，对水 50kg，在杂草 1～2 叶期喷雾。以早熟禾、硬草为主的麦田，每亩可用 50%异丙隆或 50%高渗异丙隆125～150g，对水 50～60kg 喷雾。

3.2 小麦冬前苗期杂草防治技术 小麦冬前苗期，是指小麦出苗后至越冬前的一段时间，是小麦田杂草防治的最佳时期。冬前进行麦田化学除草，不仅省劳力，减轻劳动强度，而且保苗、灭草及时，安全，有效，同时还可清除、切断病虫害的中间寄主和越冬场所，已成为确保小麦高产稳产的一项重要技术。

冬前麦田化学除草，可根据杂草种类，对症下药。我县市场上的麦田除草剂，90%以上为苯磺隆单剂和苯磺隆（1＋1）制剂，少量唑草酮、异丙隆、苄嘧磺隆、2甲4氯及氯氟吡氧乙酸等。在选用除草剂时，应因地制宜，对症下药，以提高防效。

3.2.1 以宝盖草、婆婆纳、播娘蒿、荠菜、麦家公等一般性阔叶杂草为主的麦田，可选择以苯磺隆为主的除草剂或苯磺隆1＋1制剂，如亩用 10%苯磺隆可湿性粉剂 10～20g 或 75%巨星干悬浮剂 1～1.5g 对水 40～60kg，于小麦 3～5 叶期均匀喷雾。

3.2.2 以猪殃殃、泽漆、刺儿菜等恶性阔叶杂草为主的麦田，可选择有效成分以二甲四氯、氯氟吡氧乙酸、唑草酮等为主的除草剂，加苯磺隆可扩大杀草谱，效果更好。如每亩用 75%百阔净（2 甲 4 氯胺盐水剂）50～60ml；20%使它隆乳油 25～30ml＋10g10%苯磺隆可湿性粉剂；40%快灭灵干悬浮剂＋10g10%苯磺隆可湿性粉剂或 36%奔腾可湿性粉剂 4～5g，对水 40～60kg，于小麦 3～5 叶期均匀喷雾。

3.2.3 以野燕麦、稗草、看麦娘等禾本科杂草和阔叶杂草混生的麦田，可选择骠马加苯磺隆，或异丙隆加苯磺隆。如亩用 6.9%的骠马浓乳剂每亩40～50ml＋10g10%苯磺隆可湿性粉剂，对水 40kg 茎叶喷雾，防除碱茅、狗牙根等杂草，骠马每亩剂量应增加到 70～80ml；或用 50%异丙隆可湿性粉剂 120～140g＋10g10%苯磺隆可湿性粉剂，对水 60kg 茎叶喷雾。喷药适期为小麦 3～5 叶期。

3.3 小麦返青期杂草防治技术 小麦返青期，是指越冬后小麦开始生长至拔节前的一段时间，是麦田杂草防治的补充时期。随着气温回升，田间出草量、杂草生长量增加，将出现春季杂草危害高峰。对于冬前未能及时除草而杂草又发生严重的麦田，应根据田间杂草残留情况，选择对口药及时防除。

此期麦田化学除草剂的选择与小麦冬前苗期相似，最常用的除草剂有苯磺隆、异丙隆、快灭灵、使它隆、奔腾、速笑、阔草灭、巨星等。

在阔叶杂草为主的田块，可选用 75%百阔净或苯磺隆（巨星）。每亩单用 75%百阔净 50～60ml 对水 30～40kg 喷雾或每亩单用 10%苯磺隆（巨星）10g 对水 30～40kg 喷雾；利用 10%苯磺隆（巨星）与 75%百阔净混配使用效果更好，成本更低，每亩可用 75%百阔净 25ml＋10%苯磺隆（巨星）8g 混合后对水 30～40kg 喷雾。75%百阔净对禾本科作物安全性较高，同时对多种 4～8 叶高龄阔叶草有较好效果，对多种顽固性杂草如香附子、三棱草等也有很好的防效。

在禾本科和阔叶杂草混生危害严重的田块，每亩用 6.9%骠马乳油 50～60ml＋75%百阔净 25ml 混合后对水 30～40kg 喷雾进行防除。使用百阔净要注意麦田周围的敏感作物田，大风天严禁使用，以防药液飘移造成敏感作物受药害。

春季化除应选择安全、高效、低残留药剂，禁止使用绿磺隆、甲磺隆、胺苯磺隆等长残效药剂。施药器械选用常规喷雾器，尽量不使用弥雾机，保证用水量，提高防效。春季用药要严格注意用药时期，多数除草剂都不能在小麦拔节后使用，否则，效果不好且易出现药害，尤其不能在小麦旗叶和旗下叶出现后用药，如"奔腾"、"快灭灵"等。

4 注意事项

4.1 注意施药气温 喷施除草剂时应选择无风的晴天，且 4d 内无霜冻和大雨时使用最佳。最佳使用气温为 10～20℃，中午光照好、温度高使用最好，用药时最低气温一般不低于 4℃。

4.2 保证施药质量 麦田化学除草一般亩用药量为 30～40kg，喷药时应注意喷施均匀，麦行麦垄都要喷到，以确保防治质量。严禁"草多处多喷，少处少喷"。

4.3 施药时做好个人防护工作 如施药时应戴防护镜、面具和手套，穿防护服，禁止饮食和吸烟，使用后饮食和吸烟前应用肥皂和清水彻底清洗暴露在外的皮肤，如皮肤有持续刺激感觉，请医生诊治，如药液溅到眼内，请用足量清水冲洗 15min 以上并请医生治疗。

4.4 对用过除草剂的喷雾器要及时清洗干净 程序是先用清水冲洗，然后用肥皂或浓度为 2% 的碱水反复清洗数次，最后用清水冲洗干净。

麦田禾本科杂草上升成因浅析

徐梦萧　魏长安

（山西省临汾市植保植检站　041000）

麦田草害是严重影响小麦产量的主要原因之一，随着农机跨区作业以及麦田化学除草的大力推广，我市麦田部分地块出现恶性杂草蔓延的态势，对小麦生产构成了极大威胁。据调查统计，我市麦田杂草由 2000 年的 7 种，增至到现在的 11 种。新增加的 4 种杂草均为禾本科杂草，已发展成为部分麦田的优势种群。为有效控制麦田杂草为害，创造小麦生产的有利生态环境，笔者对我市麦田禾本科杂草种类增多、密度增大等成因进行了多方面的调查分析。

1 禾本科杂草种类增多，密度增大

1.1 杂草种类增多 据调查，我市麦田现有播娘蒿、荠菜、麦家公、反枝苋、藜、小蓟、马唐、节节麦、野燕麦、雀麦、早熟禾等 11 种。较 2000 年全市调查又新增了 4 种，新增杂草节节麦、野燕麦、雀麦、早熟禾均为禾本科杂草。禾本科杂草与阔叶杂草比例由 2000 年的 1∶5 上升到 2009 年的 5∶6。这 4 种新增禾本科杂草均伴随小麦整个生育期，同小麦争肥、夺水、争光，致使麦田通风透光差、病害重、产量低。

1.2 杂草密度增大 以节节麦、雀麦、野燕麦、早熟禾等禾本科杂草为主的恶性杂草在我市平川县（市、区）均有不同程度的发生危害，一般轻发生田有草 10～30 株/米^2，中等发生田有草 100～200 株/米^2，严重地块有草 300～700 株/米^2，个别地块最高点达 1 700 株/米^2 以上。杂草株高一般 70～90cm，最高达 110cm。杂草极强的生长优势，导致了小麦的生长衰弱，产量严重降低。有些地块，远观麦田已是一片茂密的草地，小麦仅存 7%～9%，几近绝产。据调查研究表明，当杂草平均密度为 10 株/米^2 时，将致小麦减产 12%～15%；平均密度达 15 株/米^2 时，将减产 17%～20%；平均密度达 30 株/米^2 时，亩穗数减少 0.47 万个，穗粒数减少 3.95 粒，千粒重降低 5.75g，减产达 38% 以上，同时小麦品质也显著下降。

1.3 分布区域 禾本科杂草上升成为麦田优势种的麦田以平川水肥条件较好的地块居多，占 85%，丘陵旱地占 15%。

2 禾本科杂草种类增多成因

2.1 杂草的传入

2.1.1 机械传播 随着农业机械化的推广，大型联合收割机从南到北跨区作业，将杂草种子带入。

2.1.2 种子传播 杂草种子随小麦种子调运远距离传播，加之我市农民间有互换种子的习惯，使携带杂草种子的麦种随着流通不断扩散，造成杂草发生范围越来越大，危害越来越重，防除难度越来越大。

2.1.3 认识不足 农民对新传入杂草危害性缺乏足够认识，不知其危害严重性，未能及时彻底防除，致使这些禾本科恶性杂草不断蔓延，给当地小麦生产带来了隐患。

2.2 耕作制度的影响

2.2.1 免耕技术的推广 由于免耕技术的推广，致使中耕除草及将除草剂混合到耕土层中两个有效的除草方法不能使用。而农民仅单纯依靠小麦生长期化学除草，导致免耕田中的杂草由一年生杂草和多年生杂草逐渐向越年生、多年生转变，杂草数量也逐年增加。

2.2.2 播种方式的改变 由于不少的农民为抢时播种而采用了小麦撒播的方式，撒播虽省时、省工、省力，为抢时播种提供了方便，但也给麦田除草带来了困难。由于杂草种群不断向禾本科演变，阔叶型除草剂不能防除禾本科杂草，市场上很难购买麦田防除禾本科杂草的制剂。撒播麦田既不能采用机械除草方式，又因人工拔除费时、费工，难以清除干净，往往使很多农民放弃麦田除草，为杂草生长提供了有利条件，从而使麦田杂草种类数量不断上升。

2.3 杂草生物学特性
节节麦、野燕麦、早熟禾、雀麦等都是与小麦同科不同属的禾本科杂草。这些杂草具有生命力强、繁殖快、外部特征与小麦极其接近的生物学特性。如1粒节节麦种子第二年产籽量最少为520粒，第三年可达到27万粒，第四年则可高达1.4亿粒。以此速度计算，不用几年，即可泛滥成灾。此外，田边地埂清除不净（或不清除），这些杂草种子借风、水等传播，也成为翌年危害主要来源。节节麦等麦田恶性杂草，一般麦田除草剂难以将其防除，再者这些杂草都是在小麦出苗后才萌发，造成播前喷洒除草剂进行土壤处理的困难。杂草种子的成熟早于小麦，由于野生植物特有的繁衍功能，杂草种子一碰即落，小麦收获时难

以将其筛选并清理出麦田，特别是节节麦，会从穗轴处断落到田间。所有这些都为其不断上升成为麦田杂草优势种，进行繁衍滋生创造了有利条件。

2.4 化学除草的影响

2.4.1 阔叶型除草剂连续使用是麦田杂草种群发生演变的一个重要原因 由于长期使用2,4-D丁酯、苯磺隆等阔叶型除草剂，杂草优势种群由一年生阔叶杂草藜、反枝苋逐渐转变为多年生的播娘蒿、田旋花、荠菜以及禾本科节节麦、早熟禾、雀麦、野燕麦等。而由于阔叶型除草剂不能防除禾本科杂草，所以禾本科杂草数量逐年上升。

2.4.2 麦田防除禾本科恶性杂草的除草剂品种缺乏 由于受无法选择除草剂的制约，农民长期使用单一化学除草剂或所选除草剂不对路，促进了杂草种群的演变，加大了防除难度。

3 防治措施

3.1 农业防治

3.1.1 秋耕深翻 秋播前，深翻耕地30cm，将杂草翻到土壤深处，可抑制草籽萌发，有效防治恶性杂草。

3.1.2 精选种子，严把种子关 禁止种子供应企业、农民将节节麦等禾本科恶性杂草发生田块所收获的小麦作为翌年麦种使用。严禁从恶性杂草发生危害区调出麦种，凡进行引种、调种，都必须经过植物检疫部门检疫。

3.1.3 轮作倒茬 与双子叶作物如棉花、大豆、蔬菜等进行轮作倒茬，然后用精稳杀得等选择性除草剂，防治单子叶杂草扩散蔓延。

3.1.4 人工拔除 在杂草与小麦有明显区别时，结合中耕除草，可进行人工拔除。人工拔除时要将草连根拔掉，并防止拔草带苗。人工除草拔得越早，对小麦影响越小，效果越好。

3.1.5 人工收割 对严重发生区域实施小麦单独收割或改联合收割机收割为人工收割，禁止联合收割机跨区作业，同时拾净田间遗落的杂草种穗，以减少蔓延传播。

3.2 化学防治
我市经过几年的防治实践，摸索出一套防治办法，并通过药剂试验，筛选出几种较为有效的防治药剂。

3.2.1 对禾本科恶性杂草如节节麦、野燕麦、早熟禾较严重的地块，可选用3%甲基二磺隆（世玛油悬剂），在冬前（冬小麦3～6叶期，杂草2～5

叶期）或春季小麦返青后拔节前，每亩用 20～30ml 进行茎叶喷雾防治。

3.2.2 对禾本科杂草和阔叶杂草均很严重的田块，每亩可选用 3％甲基二磺隆（世玛油悬剂）30 ml/亩＋苯磺隆；或选用 3.6％甲基二磺隆＋甲基碘磺隆钠盐（阔世玛水分散粒剂）每亩用 20～25g；这两种药剂均可于冬前（冬小麦 3～6 叶期，杂草 2～5 叶期）或春季小麦返青后拔节前，进行喷雾防治。

3.3 掌握防治适期，提高用药安全性

3.3.1 防治适期 小麦播后苗前是有利时期，小麦幼苗期是最佳时期，小麦返青期是补充时期。小麦化学除草一般在秋季或春季。过早用药易产生畸形，过晚用药则影响穗小花正常发育，小麦拔节后（进入生殖生长期）对药剂十分敏感，绝对禁止使用化学除草剂，以防药害。据对 3％甲基二磺隆和3.6％甲基二磺隆＋甲基碘磺隆钠盐在我市不同时期试验，冬前平均防效达 92.9％，春季平均防效为69％，因此，要改变农民在春季草高苗大后才用药防治的传统习惯，树立冬前防治意识，提高防治效果。

3.3.2 严格掌握施药用量，科学安全用药 使用除草剂须严格按照标签使用说明书，严格掌握用药量、施药适期和用水量，喷雾宜采用扇形喷头或空心圆锥喷头喷施。喷雾时要恒速行驶，均匀喷雾，严禁草多处多喷，草少处少喷或不喷，以免产生药害。气温过高、过低或寒流来时不要喷药；大风天气不要喷药，以免药液飘移，对邻近敏感作物产生药害。

近年夏熟作物杂草群落演变及危害情况

周益民 黄慧超 邹利军 石磊

（江苏省宜兴市植保植检站 江苏 宜兴 214206）

近年来，我市大面积实行稻麦两熟制，由于小麦播种期显著提早（10月下旬到11月5日），稻（连）茬免耕小麦面积增多，导致小麦田杂草再次猖獗发生，其中以禾本科菵草、日本看麦娘发生面广量大，危害严重。夏熟作物草害是直接影响作物产量和品质及经济效益的一大障碍，虽然在生产中通过化学除草的措施得到了有效控制，但目前夏熟作物草害的威胁仍然严重。超量和滥用的化学药剂带来了产品品质和环境污染的负面影响。为此研究探讨夏熟作物杂草发生演变及危害规律，科学制定防除策略，积极探索新形势稻（连）茬小麦田杂草除草技术，安全、有效、经济地将杂草危害损失控制在最低限度，是确保农产品安全与环境协调发展的重要课题。下面我从5个方面汇报近年夏熟作物杂草发生及危害状况。

1 夏熟作物杂草发生及危害

近年夏熟草害仍大面积发生，其发生特点是出草早，自然发生量大。如 2008 年秋播期间，雨水偏多（10月下旬、11月上旬降雨量分别为 478mm、513mm），使麦田、油菜田出草提前，出草高峰比常年提早 5d 左右，田间自然出草量大。冬前调查，麦田一般杂草自然密度每平方米 1 000～3 000 株，移栽油菜田 1 000～2 000 株。全市小麦面积 42 万亩次，冬前化除 45.6 万亩次，春季化（补）除面积 10.5万亩，盖（稻）草灭（杂）草面积 35 万亩；油菜面积 10.5 万亩，化除面积 10.3 万亩，盖草灭草面积8.5 万亩。通过冬前大面积盖草灭草和化学除草配套技术应用，防除效果一般可达 95％左右，基本上控制了小麦田、油菜田杂草的危害。但仍有 5％左右的田块弃管、失管，草害严重，这些重草田产量损失 10％～30％，草荒田甚至达 50％或失效。可见防除夏熟作物杂草对增产潜力很大。

2 杂草种子在耕作层的分布及数量

2007 年 10～11 月，我们对越夏后田间杂草种子和数量及其分布作了系统观察，方法是选择杂草发生有代表性的连作小麦茬的稻田，五点取样共 1平方尺面积，土表 1～16cm（已达犁底层），分层取回土样，每层土样为 2cm，将土样放在玻璃器皿里保湿，在 12～18℃的气温下，约 5d 左右时间杂草种子陆续萌发，7～8d 基本出齐，12d 芽鞘高度达 1cm 左右，15d 后计算面积一平方尺，深 1～16cm，土层中总草量为 4 164～5 088 株，推算每亩耕作层土壤中的含草量为 2 498.4～3 052.8 万株。

据调查稻（连）茬小麦田，稻田作业有 3 种类型，第一种稻田耕翻作业，草种在土层中没有明显规律，上中下层土壤分布基本均匀，一般以 14cm 深度以内草种较多；第二种类型稻田浅旋作业，草种在土层中上层中层分布比较均匀，一般以 10cm 深度以内草种较多；第三种稻田板茬直播，杂草种子多富集于表土。据室内取回土样观察，在稻板茬免耕的情况下，杂草出草的有效土层一般为表土以下 4cm，土壤通透性好的可达 6cm。

3 稻（连）茬小麦田杂草发生量大，危害严重

稻（连）茬小麦田由于收割时杂草种子已经陆续成熟，多数已散落田间，成为秋种草籽的主要来源，这类麦田年复一年，草种越积越多，杂草发生逐年加重。其次早茬麦田冬前有较长时间气温适宜杂草萌发，草种萌发率高，而晚茬麦、油菜田杂草明显减轻。据市站在 2008 年 12 月 10 日调查，稻（连）茬小麦田平均每平方尺有禾本科杂草 1 198 株，幅度 159～4 100 株。麦—油轮作田，平均每平方尺 38 株，幅度 10～81 株，可见稻（连）茬小麦田杂草不仅发生量大，危害面广，而且与麦苗争肥、争地、争光，严重影响麦苗生长。据测定，在不防除（CK）的情况下产量损失高达 70%～90%，主要表现是有效穗减少，每穗粒数降低，千粒重下降，严重田块甚至颗粒无收。

4 田间主要杂草种类

通过近年来草害系统调查和收麦前考查，基本摸清了我市夏熟作物杂草发生种类，据统计，全市麦田主要杂草有 21 种，分属 13 个科，发生频率最高的禾本科杂草有菵草、日本看麦娘，分别占 98.6%、76.3%，阔叶杂草以稻槎菜、碎米荠为主，发生频率分别为 85.4%、79.6%；其次是大巢菜、猪殃殃、牛凡缕、野老鹳草，局部地区危害严重的有泥湖菜、多头苦荬。油菜田杂草共有 16 个科 28 种，其中以禾本科为主，优势种杂草有菵草、日本看麦娘、早熟禾 3 种，其发生频率占

93.5%、65.3%、50.2%；阔叶杂草有牛凡缕、稻槎菜、碎米荠，发生频率分别占 88.3%、81.2%、76.4%，其次是猪殃殃、雀舌草、泥湖菜、野胡萝卜、小飞蓬、鼠掌老鹳草等草种，发生面广量大。

5 杂草种群演变的主要因子

近年来夏熟作物的杂草优势种和优势种组成的群落发生了很大的变化，群落中的优势种群有单一性向多元化发展，禾本科杂草有日本看麦娘占绝对优势种群，变为菵草、日本看麦娘、早熟禾并重；阔叶杂草则在原有猪殃殃、大巢菜为优势种群的同时，稻槎菜、碎米荠、牛凡缕、雀舌草、野老鹳草、鼠鞠草等迅速上升。杂草种群演变的主要因子。

5.1 耕作制度的变化 如稻（连）茬免耕直播导致杂草种子多富集于表土，同时冬、春气温升高，栽培方式和环境条件有利杂草的萌和生长。这是由于稻茬免耕维持了土地原有的物理性状，形成适宜杂草种子的萌发的水、气、热等状况，加上表土层有机质养分含量高，有利于杂草种子萌发，因而杂草发生量大，危害严重。

5.2 种子中夹带草籽而传播 近年种子统供面积大，引种、更换种子频率高，许多杂草种子混杂在麦种内传播、蔓延，如菵草在 90 年代在我市局部发生，现已扩大蔓延到全市，并已上升为全市重大恶性杂草，同时该草的抗药性强，常规除草剂对其不敏感。预计今后在苏南地区将进一步扩散。

5.3 杂草高基数导致化除效果不理想 由于沟渠路边埂边杂草丛生向田间蔓延，以及麦田草籽的逐年累积，使麦田残留杂草种子较多，草害严重的田块菵草、日本看麦娘数量是小麦苗的 50～100 倍，同时受暖冬等天气影响，麦田杂草时间较长，而一般除草剂的控草时间仅有 20～30d，即使除草效果达到 90%～95% 残余杂草仍能继续生长，春季形成的杂草群体对小麦造成损失。

5.4 长期使用单一除草剂 使某些草种产生了耐药性或抗药性，由原来的次要草种上升为优势种。就我市而言，90 年代开始麦田一直以骠马或磺酰脲类除草剂为主，看麦娘、日本看麦娘等杂草已从优势种演变为劣势种，导致菵草上升，并逐步取代日本看麦娘，控制了猪殃殃，而稻槎菜、碎米荠的发生数量上升。油菜田又由于单一施用禾草克、高效盖草能等除草剂，早熟禾对这些药种产生了一定的耐药性，已成为优势种之一，危害在加重。

5.5 草害发生加重的其他因素 进入 20 世纪以来，田间耕作粗放，土地板结，作业质量下降，管理水平滞后等因素有利于杂草的发生和蔓延，加上过于偏重于药剂防治，而忽视了综合防治，导致田间杂草恶性演变。同时沟渠、埂边、田边杂草丛生，既有禾本科杂草，又有莎草和其他阔叶杂草，既有一年生、越年生，又有多年生杂草，这些杂草不仅影响四周环境，而且向田间蔓延，也是杂草加重的重要原因。

5.6 加强科研和新农药的开发应用 针对我市夏熟作物杂草恶性演变大，原有除草剂的除草效果下降，尤其是小麦田蔺草难以防除等情况，2007—2009 年度，主要开展了异丙隆加骠马复配、大能等除草剂防除麦田杂草试验示范和收乐通防除油菜田早熟禾、蔺草大面积应用均取得较好的效果。大能等除草剂具有杀草谱广，适用期宽（从去年 11 月下旬到今年 3 月上旬均可使用），安全性和除草效果好等优点，收乐通（烯草酮）具有对禾本科杂草效果好，尤其是对早熟禾防效显著优于其他除草剂，安全性好等特点。通过近几年的大面积示范试验，明确了大能、收乐通等除草剂的应用技术，并具有较好的推广应用前景。

50g/L 大能（Traxos）EC 除草剂
开发与应用技术研究

廖海丰 周益民 黄慧超 邹利军

（江苏省宜兴市植保植检站 江苏 宜兴 214206）

50g/L 大能（Traxos）EC 是先正达公司最新开发的小麦田茎叶处理除草剂。它是炔草酸和唑啉草酯的二元复配制剂，具有化学活性高，用药量低，杀草谱广，安全性好，耐雨水冲刷等优点，在低温条件下（平均气温 2~3℃），表现稳定的一种新型除草剂。为了尽快推广应用替代产品，按江苏省植保站的要求，2008—2009 年我市先后设立 2 个异地试验点，为筛选配方，验证除草效果，完善应用技术，评价其安全性等方面进行系统小区试验和大区示范，均取得较好防效，深受农户的欢迎。

1 试验材料与方法

1.1 供试药剂

50g/L 大能（炔草酸和唑啉草酯）由先正达公司研制开发；

6.9% 骠马水乳剂由拜耳作物科学公司生产；

50% 异丙隆可湿性粉剂由江苏富田农化有限公司生产。

1.2 试验田概况

试验研究以田间小区试验为主，辅有大区示范论证。田间小区试验分别选择在宜兴市官林镇杨舍村和徐舍镇宜丰村实施，大区示范在官林镇杨舍村实施。土质为乌泥土，pH 为 6.5，肥力基本一致，前茬为水稻，于 2008 年 11 月 2~4 日机器收割，小麦播种方式为稻板田免耕直播，机器开沟盖籽，播种日期为 11 月 2~4 日，品种为宁麦 14 号，田间主要禾本科杂草有蔺草 Beckmannia syzigachne（Steud.）Fern.、日本看麦娘 Alopecurus japonicus Steud.、看麦娘 Alopecurus aequalis Sobol. 等。田间草量分布均匀。

1.3 试验设计

1.3.1 大能杀草谱和除草效果试验材料设计 试验小区面积为 50m²，区组随机排列，重复 3 次，以不施药小区作对照。大区示范面积每处理为 3 亩，不设重复。

小区试验和大区示范均设如下处理：（1）50g/L 大能 EC60—80 毫升/亩（先正达公司）；（2）6.9% 骠马水乳剂 80 毫升/亩（拜耳作物科学公司）；（3）50% 异丙隆 WP150g、200 克/亩（江苏富田农化有限公司）；(4)不施药区作对照。用 16L 手动背负式喷雾器每亩对水 30kg 喷细雾，施药日期为 11 月 26 日，即禾本科杂草基本出齐用药。

1.4 试验研究方法

1.4.1 大能的应用技术最佳用药量试验 设 50 g/L

大能每亩用 60ml、80ml、100ml、120ml、150ml 五个不同量级，与不施药作比较，主要探讨稻茬免耕麦田防除禾本科杂草的安全有效剂量。

1.4.2 用药适期试验 为了探讨大能的用药适期，在 11 月 2～4 日播种的品种为宁麦 14 的小麦田，作分期用药试验，共三期：冬前用药（11 月 26日）、麦苗 2～2.5 叶（杂草 2～4 叶）；冬季用药（元月 15 日）麦苗处于分蘖期（杂草生长旺盛期）；早春用药（2 月 6d）麦苗处于分蘖盛期（杂草5～7 叶期）；另设不同药作对照区，小区面积 50 m²，剂量冬前每亩用 50g/L 大能 EC80ml，冬季和早春每亩用 50g/L 大能 EC100ml 对水 30kg 喷细雾，测定不同时间用药对禾本科杂草的死亡速度，为制定用药适期提供技术依据。

1.4.3 安全性观察试验 设不同用药量和不同用药时间小区内观察对麦苗的安全程度。

　　杂草的防除效果和对作物的药物效应，冬前用药后 15d、30d、45d 和 90d，冬季和早春用药后 15d、30d、45d 和 60d 分四次考查，对各处理小区考查 5 个点，每点 0.2m²，调查目测杂草的防除效果。另外，各处理小区定 50 株苗，观察麦苗有无药害等异常症状。

2 研究结果与分析

2.1 大能的杀草谱除草效果试验 田间试验结果表明冬前（11 月 26 日）施用大能，当时杂草叶龄 1～3叶期，防除田间杂草见效快。据田间定点观察，用药后 5～7d 杂草的根、芽生长机能明显受抑，杂草生长停滞，幼嫩组织发黄，并陆续失绿、萎缩，用药后10～15d 达到死亡高峰。据田间试验考察，冬前每亩用 50g/L 大能 EC80ml，用药后 15d，总草的株数防效为 95.4%，其中对菵草和日本看麦娘的防效效果为95.1%、100%；到用药后 30d、45d 考查，除草效果与用药后 15 天相比，没有明显差异，趋势基本一致。到早春（用药后 90d）调查，除草效果相对比较稳定，总草的株数防效为 93.1%，其中菵草和日本看麦娘的株数防效分别为 92.6%、100%。田间试验以50% 异丙隆 WP150g、200g 和 50% 异丙隆 WP120g加 6.9% 骠马水乳剂 50ml 为对比药剂，最终（用药后 90d）总草的株数防效分别为 91.8%、92.9%、93.8%。试验结果证实，大能除草剂同单用异丙隆相比除草效果明显提高，而同异丙隆加骠马混配除草效果基本相同，一次用药可有效控制小麦田禾本科杂草前期危害，是目前小麦田防除禾本科杂草较

为理想的除草剂（详见附表一、二）。

2.2 大能防除小麦田杂草的应用技术

2.2.1 用药量试验 从冬季（1 月 15 日）不同用药量试验结果可以进一步看出，大能在冬季小麦田杂草生长旺盛期（4～6 叶期）作茎叶处理，每亩用大能 80ml、100ml、120ml、150ml，用药后不定期观察，由于当时气温低，平均气温 2.5℃左右，杂草死亡速度明显减慢，杂草 5～10d 开始停止生长，用药后 15d 考查，受药的菵草和日本看麦娘杂草开始失绿、萎缩，呈匍匐状，用药后 30d 调查，每亩用 50g/L 大能 EC100ml，总草的株数防效为 95.5%；其中对菵草和日本看麦娘的株数防效分别为 95.1%、100%；随着用药量增加除草效果也相应递增，每亩用 50g/L 大能 EC120－150ml，总草的株数防效都为100%；用药量下降亩用 50g/L 大能 EC80ml，除草效果有所下降，总草的株数防效为 91.2%，其中对菵草和日本看麦娘的株数防效分别为 90.5%、100%。到用药后 45d、60d 考查，每亩用 50g/L 大能 EC80－150ml，对菵草和日本看麦娘的株数防效都在89.4%～100%，总草的鲜重减退率都在 88.5%～100%，证明大能除草剂药效比较稳定，持效期可达50d 左右，为提高施药的经济效益，根据试验和大区示范实践，每亩用 50g/L 大能 EC 一般草害田亩用 80～100ml 为宜，多草田以 100～120ml 为好（详见附表三、四）。

2.2.2 用药适期试验 从 2008—2009 年小区试验结果表明，大能含新一代活性成分，能被杂草快速吸收，快速起效，耐雨水冲刷，在低温条件下表现稳定的一种新型除草剂，其主要成分为决草酸和唑啉草酯，两者作用机制相同，都是抑制植物体内乙酰辅酶 A 羧化酶，但两者的绑定位点不同，多位点的作用方式使该药剂施用后迅速被禾本科杂草吸收到体内，经输导组织传导到根和茎的生长点，抑制分生组织生长，所以稻茬免耕小麦田使用大能除草剂要在田间禾本科杂草基本出齐用药，才能获得理想的效果，过早用药或禾本科杂草尚未出苗，除草效果欠佳，用药时间过晚，苗、草竞争激烈，而且由于气温降低，用药后需 30d 左右杀草方能凑效，因此难保壮苗。试验示范结果可以进一步证明，大能除草剂使用适期范围较宽，冬前（11 月 26 日）亩用 50g/L 大能 EC80ml 在田间出草高峰后（播后22d）用药，用药后 30d 调查总草除草效果达95.5%，其中对菵草和日本看麦娘分别为 95.1%、100%；冬季（1 月 15 日）和早春（2 月 6 日）麦苗

分蘖期（杂草生长旺盛期）亩用 50g/L 大能 EC100ml，用药后 45d 调查，禾本科杂草也达到 95％以上，特别是茵草、日本看麦娘受药后失绿、萎缩、呈匍匐状，即使未死亡的其生长点也明显受到抑制，明显优于骠马、异丙隆和其它对比药剂。

据冬前（11 月 26 日）、冬季（1 月 15 日）和早春（2 月 6 日）施用 50g/L 大能 EC 的三期资料，用药后禾本科茵草、日本看麦娘的死亡所需天数与草令相关不显著，而与用药到死亡期间平均气温呈显著的负相关，平均气温在 3～10℃之间时，杂草死亡天数（y）与平均温度（X）呈明显的直线相关，其回归方程为 $y=-2.34x+33.11$，相关系数 $r=-82.78$，杂草死亡所需要的有效积温为 Q＝93.6～116.2 日·℃。平均气温 6～8℃时需要的天数 14～16d，3～4℃时需 26d 左右方能陆续死亡，用药量高死亡速度相对加快，我市常年平均气温冬前（11 月下旬 8.8℃，12 月上旬 6.8℃）；冬季（1 月中旬 2.6℃，1 月下旬 2.9℃），1 月中旬后用药，因温度低，不利药效正常发挥，草害将延续到 1 月下旬，势必影响麦苗生长，不利培育壮苗。

大能除草剂防除禾本科杂草死亡速度观察

用药日期（月/日）	禾本科杂草叶令	禾本科杂草死亡		用药到死亡期间平均气温℃	有效积温日·℃	备注
		日期	所需天数			
冬前（11 月 26 日）	2～3 叶期	12 月 11 日	16	6.4	102.4	无药害
冬前（元月 15 日）	4～6 叶期	2 月 10 日	26	3.6	93.6	无药害
早春（2 月 6 日）	5～7 叶期	2 月 20 日	14	8.3	116.2	无药害

冬前用药配方：50g/L 大能 EC80 毫升/亩。
冬季和早春用药配方：50g/L 大能 EC100 毫升/亩。

根据上述资料分析，稻茬免耕小麦田使用大能除草剂的用药适期，以 11 月中下旬（即麦子播后 15～25d）麦苗 2～3 叶期，禾本科杂草基本出齐用药为好。晚秋气温偏高，田间墒情较好的年份可适当提前用药，反之可适当推迟，最迟也应在 12 月用药结束。冬季和早春对未进行化除或除草效果欠佳、生长旺盛的禾本科杂草掌握晴好天气，平均气温在 5℃以上用药，寒流期间停止用药，避免产生药害。

2.2.3 安全性观察试验 大能 EC 是一种选择性内吸传导型二元混配的小麦田苗后茎叶处理除草剂，其化学活性高，施药后迅速被杂草吸收，经输导组织传导至根和茎的生长点，抑制分生组织生长，表现症状为生长停滞、失绿、萎缩、发黄，最后导致杂草死亡，而小麦大能耐药性较强。从小区试验和大区示范结果可以看出，不管冬前（11 月 26 日）、冬季（2 月 6 日）早春（2 月 6 日）用药均无发现有不良影响，从用药区与不用药区相比，不同剂量间和不同生育期用药时间比较，小麦叶片和生长势经定期观察均未发现有不正常的现象。证明 50g/L 大能 EC 不管在冬前、冬季、早春小麦田应用安全性较好。

3 综合评价及应用技术

3.1 综合评价 大能杀草谱较广，除草效果较好，特别对禾本科茵草、日本看麦娘都有明显的防除效果，只要用药适时，草龄适宜，用量准确，方法恰当，在冬小麦上应用，是目前诸多除草剂中较为理想的药种，而且对小麦安全，因此我们认为，大能在小麦田禾本科杂草严重的田块应用可以达到总体防效的目的，并有一定的开发推广应用价值。

3.2 应用技术 大能用药时间应用幅度较大。冬前小麦田一般掌握在 11 月下旬到 12 月上旬，小麦田播种后 20～30d，麦苗 2～4 叶，田间禾本科杂草基本出齐用药；晚秋气温偏高，田间墒值较好的年份可适当提前用药，用药量以亩用大能 80～100ml 为宜，采用喷细雾法防治，喷雾均匀周到，每亩喷液量 30kg。冬季和早春对生长旺盛的禾本科杂草以亩用大能 100～120ml 为好。除草效果一般可达 95％左右。杂草用药后表现失绿、萎缩、呈匍匐状，最后导致死亡，即使未死亡的杂草其生长点明显受到抑制。

3.3 安全性 对小麦的安全程度，从目前掌握的资料来看，用药后与不用药的对照相比，不同剂量间和不同生育期的时间用药比较，均未发现有异常现象。从直观看也无明显差异，证明大能在冬小麦田应用安全性较好。

附表一　冬前大能防除小麦田禾本科杂草小区试验效果比较

| 处理 | 用药前杂草基数 | 用药后 15d | | | | | | | | 用药后 30d | | | | | | | |
| | | 菵草 | | 日本看麦娘 | | 总草 | | 差异显著性 | | 菵草 | | 日本看麦娘 | | 总草 | | 差异显著性 | |
		株/尺²	效果%	株/尺²	效果%	株/尺²	效果%	0.05	0.01	株/尺²	效果%	株/尺²	效果%	株/尺²	效果%	0.05	0.01
5%大能 60 毫升/亩	1 850	470	75.6	11	92.8	481	76.9	b	B	490	74.9	11	93.1	501	76.3	b	B
5%大能 80 毫升/亩	1 850	95	95.1	0	100	95	95.4	a	A	95	95.1	0	100	95	95.5	a	A
50%异丙隆 WP150 克/亩	1 850	135	93	7	95.4	142	93.2	a	A	145	92.6	5	96.9	150	92.9	a	A
50%异丙隆 WP200 克/亩	1 850	103	94.7	0	100	103	95.1	a	A	110	94.4	0	100	110	94.8	a	A
50%异丙隆 WP120 克＋6.9%骠马水乳剂 50 毫升/亩	1 850	90	95.3	0	100	90	95.7	a	A	90	95.4	0	100	90	95.7	a	A
CK	1 850	1 930		153		2 083				1 950		160		2 110			

注：播种日期：11 月 4 日；用药日期：11 月 26 日；麦苗叶龄 2～2.5 叶，杂草叶龄 1～3 叶期；调查日期分别为 12 月 10 日、12 月 26 日；试验地点：官林镇杨舍示范区。

附表二　冬前大能防除小麦田禾本科杂草小区试验效果比较

| 处理 | 用药后 45d | | | | | | | | 用药后 90d | | | | | | | |
| | 菵草 | | 日本看麦娘 | | 总草 | | 差异显著性 | | 菵草 | | 日本看麦娘 | | 总草 | | 差异显著性 | |
	株/尺²	效果%	株/尺²	效果%	株/尺²	效果%	0.05	0.01	株/尺²	效果%	株/尺²	效果%	株/尺²	效果%	0.05	0.01
5%大能 60 毫升/亩	520	73.3	11	93.1	531	74.8	b	B	570	70.8	11	93.1	581	72.5	b	B
5%大能 80 毫升/亩	110	94.4	0	100	110	94.8	a	A	145	92.6	0	100	145	93.1	a	A
50%异丙隆 WP150 克/亩	160	91.8	5	96.9	160	92.4	a	A	170	91.3	4	97.5	174	91.8	a	A
50%异丙隆 WP200 克/亩	120	93.9	0	100	120	94.3	a	A	150	92.3	0	100	150	92.9	a	A
50%异丙隆 WP120 克＋6.9%骠马水乳剂 50 毫升/亩	95	95.1	0	100	95	95.5	a	A	131	93.3	0	100	131	93.8	a	A
CK	1 950		160		2 110				1 950		160		2 110			

注：调查日期分别为：1 月 9 日、2 月 26 日。

附表三 冬季大能防除小麦田禾本科杂草试验效果比较

处理	用药前杂草基数	用药后30d								用药后45d							
		简草		日本看麦娘		总草		差异显著性		简草		日本看麦娘		总草		差异显著性	
		株/尺²	效果%	株/尺²	效果%	株/尺²	效果%	0.05	0.01	株/尺²	效果%	株/尺²	效果%	株/尺²	效果%	0.05	0.01
5%大能 80毫升/亩	2110	185	90.5	0	100	185	91.2	b	B	198	89.8	0	100	198	89.4	C	C
5%大能 100毫升/亩	2110	95	95.1	0	100	95	95.5	ab	AB	103	94.7	0	100	98	95.4	b	B
5%大能 120毫升/亩	2110	0	100	0	100	0	100	a	A	5	99.7	0	100	5	99.8	a	A
5%大能 150毫升/亩	2110	0	100	0	100	0	100	a	A	0	100	0	100	0	100	a	A
50%异丙隆WP200克＋6.9%骠马水乳剂50毫升/亩	2110	60	96.9	0	100	60	97.2	a	A	70	96.4	0	100	70	96.7	ab	AB
CK	2 110	1950		160		2 110				1950		160		2 110			

注：用药日期：2009年元月15日；麦苗叶龄3~4叶，杂草生长旺盛期；调查日期分别为2月14日、3月1日。

附表四 早春大能防除小麦田禾本科杂草试验效果比较

处理	用药前杂草基数	用药后15d								用药后30d							
		简草		日本看麦娘		总草		差异显著性		简草		日本看麦娘		总草		差异显著性	
		株/尺²	效果%	株/尺²	效果%	株/尺²	效果%	0.05	0.01	株/尺²	效果%	株/尺²	效果%	株/尺²	效果%	0.05	0.01
5%大能 80毫升/亩	113	16	83.4	0	100	16	85.2	C	C	17	81.3	0	100	17	85	C	C
5%大能 100毫升/亩	113	7	92.5	0	100	7	93.8	b	B	6	93.4	0	100	6	94.7	b	B
5%大能 120毫升/亩	113	0	100	0	100	0	100	a	A	0	100	0	100	0	100	a	A
5%大能 150毫升/亩	113	0	100	0	100	0	100	a	A	0	100	0	100	0	100	a	A
50%异丙隆WP200克＋6.9%骠马水乳剂50毫升/亩	113	0	100	0	100	0	100	a	A	0	100	0	100	0	100	a	A
CK	113	91		22		113				91		22		113			

注：用药日期：2009年2月6日，调查日期：分别为2月21日、3月8日；小麦品种：宁麦14号；播种日期：11月2日；杂草叶龄5~7叶，试验地点：徐舍镇官丰村。

宝鸡市陈仓区麦田杂种群演变及综合治理对策

杨勤元　杨振安　赵秀萍　马志超　董晓蕾

（陕西省宝鸡市陈仓区农技中心　陕西　宝鸡　721300）

小麦是宝鸡市陈仓区第一大粮食作物，常年种植面积 50 万亩，麦田杂草始终是影响小麦高产的主要因素之一。常年发生面积 40 多万亩，其发生程度呈逐年加重的趋势，通过对我区 1999—2008 年这 10 年调查资料的统计，该区麦田杂草共有 30 多种，共 15 个科，其中危害较为严重的有 15 种，麦田杂草不仅直接与小麦争水肥、光照，而且能助长病虫的发生蔓延，并且严重影响小麦的品质，据统计，麦田杂草可使该区小麦平均损失率达 8.2％。为了摸清麦田草害发生加重的原因，寻找经济有效的防治对策，我们在调查研究、试验示范的基础上总结分析，探索出播前机深翻，精选小麦种子，适期开展化除等综合防除对策。

1 麦田杂草发生情况

1.1 麦田杂草主要种类 近年来，我区麦田主要杂草种类和群落发生了较大变化，从调查结果看，目前我区麦田发生的杂草有 15 科 30 多种，其中禾本科杂草有：节节麦、野燕麦、看麦娘、黑麦草、蜡烛草；阔叶杂草有：播娘蒿、藜、麦家公、刺儿菜、荠、婆婆纳、离蕊荠、田旋花、打碗花、米瓦罐、王不留行、离子草、风轮草、繁缕、泽漆、夏至草、麦仁株、秃疮花、刺苋、刺蓬等。麦田普遍发生的杂草有：播娘蒿、婆婆纳、荠菜、野燕麦、猪殃殃、麦仁株、节节麦。其中川道以黑麦草、早熟禾、繁缕为优势种群，塬区以节节麦、播娘蒿、婆婆纳为优势种群，丘陵浅山区以野燕麦、播娘蒿、米瓦罐为优势种群，麦田杂草种类统计表及田间发生程度见表 1 和表 2。

1.2 麦田主要杂草发生发展规律

1.2.1 播娘蒿 主要发生在较肥沃的麦田中，常与荠菜、猪殃殃、婆婆纳、节节麦一并危害，该草为十字花科，越年生或一年生草本，冬前冬后均发生，冬前冬后自然死亡率为 5％～20％，4 月见花，5 月种子渐次成熟落地，造成土壤感染或随麦捆、风、水、流传播。

1.2.2 荠菜 十字花科越年生或一年生草本，全株稍有分枝毛或单毛，10～11 月出苗，4 月上旬见花，花期 4～5 月，5 月种子渐次成熟落地，6 月初死亡。

1.2.3 猪殃殃 殃茜草科越年生或一年生草本。茎多自基部分枝，四棱形，攀附于小麦向上生长或伏地蔓生，是红蜘蛛等害虫的越冬寄主，10 月底出苗，11 月中旬达高峰，花期 4～5 月，5 月底到 6 月初死亡。

1.2.4 婆婆纳 玄参科越年生或一年生草本，茎自基部分枝成丛，纤细，匍匐或上升，有柔毛，高 10～25cm，10 月中旬出苗，花期长，5 月种子渐次成熟落地，5 月底、6 月初死亡。

表一　陈仓区麦田杂草种类统计表

科名	种名
禾本科	野燕麦 节节麦 看麦娘 蜡烛草 黑麦草
十字花科	荠菜 王不留行 离子草 独行菜 离蕊芥
石竹科	繁缕 王不留行 米瓦罐
苋科	反刺苋
旋花科	打碗花 菟丝子 田旋花
紫草科	麦家公 附地菜
玄参科	婆婆纳
茜草科	猪殃殃 麦仁株
菊科	刺儿菜
罂粟科	秃疮花
大戟科	泽漆
藜科	藜科 灰绿藜 刺蓬
疾藜科	疾藜
唇形科	丰轮菜 夏至草
蓼科	鸟蓼

1.2.5 野燕麦 禾本科一年生或越年生草本。秆丛生或单生，直立，高 60～120cm，具 2～4 节，与小麦同时出苗，11 月中旬出现高峰，花食期 5～6 月，5 月中下旬种子渐次成熟落地，未脱落的种子常混于麦种中，随调运传播。

表二 麦田主要杂草调查结果统计表

种类 年份	野燕麦 节节麦%	播娘蒿 %	婆婆纳 %	荠菜 %	麦仁株 %	猪殃殃 %	繁缕 %
1999	1.1	37.2	31.4	9.8	8.4	8.4	3.7
2000	9.1	26.7	10.1	8.1	3.0	17.8	2.8
2001	4.0	21.0	12.5	17.5	7.8	18.5	1.5
2002	6.6	20.8	23.2	11.2	7.2	18.5	10.5
2003	9.5	26.1	19.8	4.4	3.3	15.4	3.1
2004	9.8	29.2	2.2	5.6	8.5	29.1	8.9
2005	10.1	29.8	15.4	2.5	4.0	28.3	7.8
2006	11.2	26.2	5.0	10.4	4.9	25.6	19.7
2007	12.1	31.4	5.9	7.5	3.2	24.3	15.7
2008	11.9	22.1	5.2	2.4	2.3	19.3	15.0

1.2.6 繁缕 竹科越年生或一年生草本，高 10～30cm，茎自基部分枝，平卧或近直立，茎的一侧有一列短柔毛，其余部分无毛，10 月底出苗，11 月上旬出现发生高峰，花期 4～5 月，5 月底种子渐次成熟落地，5 月底到 6 月初死亡。

1.3 杂草演变情况 80 年代以前，我区灌区麦田杂草优势种群为播娘蒿（平均每平方米 38.2 株），婆婆纳（31.4 株），荠菜（9.8 株），麦仁株与猪殃殃（8.4 株），其他杂草如离子草、麦家公、米瓦罐、王不留行等数量较多，部分麦田野燕麦、节节麦危害较为严重，进入 90 年代后，我区巨星（苯磺隆）等除草剂的大面积推广使用，由于其安全、经济、有效、方便的特点，已成为我区麦田除草剂的当家品种，但由于连续多年使用，一些杂草对巨星已产生了抗药性，使麦田杂草种类发生了一些变化，杂草种群与 80 年代相比，除播娘蒿仍占首位外，猪殃殃已上升到第二位，婆婆纳、繁缕也相继占到主导地位。进入 2000 年后，随小麦种子传入后，其发生面积迅速扩大，已上升为我区麦田主要杂草种类，从 1999—2008 年 10 年调查资料可以明显看出，我区麦田杂草已由过去的阔叶杂草为主的种群转化为以阔叶和禾本科杂草混生的种群。

2 原因分析

2.1 种子因素 小麦种子的更换和调运有利于外来草种入侵。近年来，随着小麦品种频繁更换以及小麦统繁统供工作深入开展，异地调种使一些麦田恶性杂草传入我区，发生面积逐年增大，逐渐上升为麦田主要杂草。比如节节麦，20 世纪 90 年代在我区尚未发现其发生危害，自从 2000 年随小麦种子传入后，其发生面积迅速扩大，已上升为我区麦田主要杂草种类。

2.2 单一使用某种除草剂，导致农田杂草种群发生变化 20 世纪 90 年代，以苯黄隆为主要成分的麦田化学除草剂推广应用初期，我区麦田杂草主要以猪殃殃、荠、藜、播娘蒿等阔叶杂草为优势种群。进入 21 世纪，由于外来草种入侵和单一一类化学除草剂（主要为磺酰脲类）连年使用，麦田阔叶杂草受到抑制，以节节麦、黑麦草等为主的禾本科杂草逐渐上升为优势种群。同时，单一使用一类除草剂，使杂草抗药性日益增强。例如：2.4-D 丁脂，20 世纪 90 年代，每亩麦田用 72%2.4-D 丁脂 50ml 便可有效防除播娘蒿等阔叶杂草，正因为连年使用，使杂草产生了较高的抗性，如今在增大用药量的情况下，也不能起到较好的除草效果。

2.3 复种指数的提高，有利于杂草的滋生蔓延 随着现代农业向高产、优质、高效方向发展，引起了栽培、耕作制度等诸多变化，复种指数增加，为了解决两料、多料争时矛盾，土壤耕作多以旋耕为主，尤其在川道地区机旋播面积占 85% 以上，使大部分杂草种籽落在土壤耕层或表层，没有起到深翻压草作用。同时由于群众观念改变，过分依赖化学除草，中耕锄草等农事活动减少，有助于杂草繁衍生息和杂草种源积累。其次，施用未经腐熟的农家肥，以及沙尘暴、灌溉、人为因素等使杂草种子进入田间的机会和数量大大增加。

2.4 人为因素导致杂草危害加重 主要是引水灌溉或使用未腐熟的农家肥，把大量的草籽带入农田，增加了土壤中杂草种子库的含量。

2.5 麦田化除效果差 近年来，随着麦田化学除草技术推广应用，对草害的杀灭控制起到了举足轻重的作用，但由于广大农民群众对化学除草过分依赖和施药技术不过关，对除草剂性能了解不够导致除草效果并不十分理想，究其原因主要表现在以下几方面：

2.5.1 除草剂品种选择不当 麦田化学除草剂对杂草具有较强的选择性，大部分除草剂是利用植物生理性上差异进行选择除草。由于群众对除草剂药理性能及麦田杂草优势种群的生理特性了解不够，不能选择针对性强的药剂，片面认为喷施除草剂就能除草，往往导致除草效果差，甚至造成药害。如用苯黄隆防除禾本科杂草，除草剂便不可能对杂草起到毒杀作用。

2.5.2 施药时期掌握不当 大部分作物对除草剂都有其敏感期，麦田化除的最佳时期：冬前应掌握在 10 月下旬至 11 月下旬小麦播后至 3 叶期前，早春应掌握在 2 月下旬至 3 月中旬小麦返青至拔节期前，其中以小麦幼苗期（三叶期）施药效果最好，此时，杂草已基本出土，组织幼嫩，抗药性差，正处于对除草剂的敏感时期。受传统观念影响，多数群众认为喷施除草剂目的是为了除草，只有杂草长出来，喷药才有效果，从而错过了防治适期。其次，化学除草剂的活性受温度、湿度、土壤墒情影响较大。目前，市场上流通的大部分磺酰脲类除草剂在气温高于 10℃ 时药效发挥正常，气温低于 5℃ 药效不能正常发挥，而且需要适宜的空气相对湿度和土壤墒情才能充分发挥药效。而实际应用中，群众往往忽视这一点。错误认为只需要在冬前 11 月份打药就可高枕无忧。

2.5.3 用药量不足 目前，市场上除草剂最小包装大都是 1 亩地用量，部分农民为方便、省事，不管田间杂草密度大小，气温、湿度、土壤墒情是否适宜，地块面积是否超过 1 亩，统统一包药。更有部分群众不按除草剂说明每亩喷足 30kg 药液，随意减少喷液量，无形之中减少了亩用药量，无法彻底灭除杂草，影响了防治效果。试验表明亩喷药量 28kg 比 14kg 提高药效 31.7%。

2.5.4 施药技术欠缺，操作方法不当 麦田化学除草剂商品包装多数是每包 10g 左右，最低的巨星每亩仅用 1g，必须熟练掌握二次稀释技术。在实际操作中，一部分群众不掌握二次稀释技术，将原药直接加入喷雾器；掌握二次稀释技术的，由于在稀释过程中，药液搅动时间不够，药剂有效成分没有充分溶解；加母液时不使用量具，仅凭经验判断；药液加入喷雾器后没有充分搅匀；对除草剂的科学混用技术了解不够，田间喷雾过程中药液漂移严重。种种不正确操作既影响防治效果，而且易造成药害，给周边作物的安全留下隐患。

3 防治对策

3.1 严把种子检疫关 种子调运易混带杂草种子，如毒麦，主要靠种子调运传播，因此，调运种子必须把好检疫关，严防检疫对象和恶性杂草。应积极清除田边地头杂草，减少杂草种子随水、随风向麦田传播的机会，也可清除多种病虫、草害的栖息越冬场所。

3.2 农业防治 农业防治不仅可以有效控制麦田杂草，还可保护农田生态环境，首先是精选种子，减少杂草种子带入田间；二是使用充分腐熟的农家肥，防止混入肥中的草籽带入田间；三是及时中耕除草，人工拔出恶性杂草，带出田外集中处理。

3.3 科学合理应用化学除草技术

3.3.1 有针对性地选用除草剂 由于除草剂具有选择性，可以有效控制和消减敏感性杂草，而使耐药性杂草迅速上升为优势种群。因此在选择除草剂时，应根据田间杂草发生情况，有针对性地选择对路、高效的除草剂品种。如防除禾本科为主的杂草用骠马或世玛效果较好，而防除以猪殃殃、播娘蒿为主的阔叶杂草则用奔腾或苯磺隆可获得较理想防效。

3.3.2 轮换交替使用不同除草剂品种 连续单一一种或同类除草剂的使用会使麦田杂草群落发生变化，也容易造成抗性杂草的上升。目前生产上应用的麦田除草剂品种较多，因此，年度间应合理交替使用不同类别的除草剂，以达到长期控制草害的目的。

3.3.3 正确选择防治时期，大力提倡冬前用药 冬前杂草小、组织幼嫩、抗药弱，麦苗覆盖度小，喷洒药液与杂草接触面大，而且气温较高（日平均气温在 10℃ 以上），杂草接受农药的时间长，防治效果好。试验结果表明，冬前用药对杂草优势种群总体防效为 75.2%，而返青期为 51.6%，生产上麦田杂草的防治适期应选择冬前小麦幼苗期，返青期作为补充用药时期。

3.3.4 强化技术培训，提高施药技术 严格掌握用药量、用水量，喷雾要均匀周到；要视田间草情、天气情况、土壤墒情施药，杂草密度高时可以在农药的安全用量范围内适当加大用药量，气温过低有极端天气出现不宜用药，土壤墒情过差或旱地应适当加大对水量；一些残效期长、隐性药害严重的除草剂应慎用或不用，如甲磺隆、绿磺隆及其复配制剂；熟练掌握除草剂的二次稀释技术；合理使用除草剂助剂，如用世玛3%油悬剂防治节节麦等禾本科杂草时，必须加入专用助剂 Genapol，否则会降低防效。

3.3.5 科学混配除草剂 杂草防除的关键在于把杂草消灭在萌芽期或幼苗期，麦田化除的最佳时期

较短，因此，要尽量选择杀草谱较广的除草剂或合理混配除草剂，才能获得较理想的防治效果。如对禾本科杂草和阔叶杂草发生均严重的田块，用乙草胺＋苯磺隆，播后芽前喷施，便或收到良好的防治效果。

55%耕杰防除夏玉米田杂草药效试验

李兰 陈芳君 闫爱粉

（1. 陕西省植物保护工作总站 710003 2. 泾阳县植保植检站 713700 ）

我省玉米播种面积120万 hm² 左右，玉米田杂草常年发生面积80万 hm² 以上，重发生面积40～60万 hm²，且有逐年加重发生的趋势。其中优势种群为马唐、狗尾草、铁苋菜、莎草等。玉米田杂草危害始终是制约玉米高产、优质的重要影响因素之一。为此，2008年笔者进行了55%耕杰SC防除夏玉米田杂草田间药效试验，结果如下：

1 材料和方法

1.1 供试药剂 55%耕杰 SC（先正达公司产品），38%莠去津 SC（江苏瑞邦农药厂产品），4%玉农乐 SC（日本石原产业株式会社产品），96%金都尔 EC（先正达公司产品）。

1.2 供试作物 玉米，品种为郑单20。

1.3 防除对象 玉米田杂草（马唐、自生麦苗、反枝苋、苘麻、刺儿菜、香附子等）

1.4 试验处理

①. 55%耕杰 SC60 毫升/亩＋0.3%助剂

②. 55%耕杰 SC80 毫升/亩＋0.3%助剂

③. 55%耕杰 SC100 毫升/亩＋0.3%助剂

④. 55%耕杰 SC120 毫升/亩＋0.3%助剂

⑤. 55%耕杰 SC80 毫升/亩＋金都尔 EC80 毫升/亩＋0.3%助剂

⑥. 4%玉农乐 SC100 毫升/亩 ＋38%莠去津 SC120 毫升/亩

⑦. 空白对照

试验处理随机排列，不设重复。药剂处理区共

3335 m²，对照区 100 m²。

1.5 试验基本情况 试验设在泾阳县泾干镇西关五组高印华家玉米田进行。玉米播期前茬作物为小麦，土壤类型为灌溉土，有机质含量 0.9989%，pH 为 8.23。施药器械为卫士—16 型手动喷雾器，亩喷洒药液量 15kg。施药时间为 2008 年 7 月 5 日，玉米生育期为 4 叶期。药后 10d 有 4 次降雨，最高温度 33.9℃，最低温度 15.4℃。

1.6 药效调查统计

1.6.1 作物安全性增产性调查 于施药前调查杂草基数，分别于药后 5d、10d、15d 观察各药剂处理区杂草中毒情况及对作物安全性；施药后 30d 分杂草种类调查株防效及鲜重防效，观察对作物安全性；施药后 50d 总体评价对杂草防效及对作物安全性。在玉米收获期对各处理区测产。

1.6.2 调查方法 每处理区 4 点取样，每点0.25 ㎡，统计残存杂草数量并称量杂草鲜重。

1.6.3 防治效果计算

防治效果（%） ＝（CK－PT）/CK×100

PT 为处理区残存草数（或鲜重），CK 为空白对照区活草数（或鲜重）。

2 结果与分析

2.1 试验结果 由表 1 可知，药后 30d，处理 55%耕杰 SC60 毫升/亩＋0.3%助剂、80 毫升/亩＋0.3%助剂、100 毫升/亩＋0.3%助剂、120 毫升/亩＋0.3%助剂、55%耕杰 SC80 毫升/亩＋金都尔 EC80 毫升/亩＋

0.3％助剂、4％玉农乐 SC100 毫升/亩 ＋38％莠去津 SC120 毫升/亩的株防效分别为 81.12％、84.29％、91.04％、90.41％、84.85％、82.86％；鲜重防效分别为 85.27％、86.98％、90.68％、90.68％、87.55％、86.62％；在收获期测产结果每亩分别为 463.51、470.24、476.91、476.24、473.57、466.9 kg，较空白对照区 460.23 千克/亩分别增产 0.71％、2.17％、3.62％、3.48％、2.9％、1.44％。

表 1　55％耕杰 SC 防除玉米田杂草效果

处理名称	药后 30d				收获期测产	
（每亩施用量）	株数	防效（％）	鲜重（g）	防效（％）	产量（千克/亩）	增产率（％）
55％耕杰 SC60 毫升/亩＋0.3％助剂	13	87	15.5	85.27	463.51	0.71
55％耕杰 SC80 毫升/亩＋0.3％助剂	11	89	13.7	86.98	470.24	2.17
55％耕杰 SC100 毫升/亩＋0.3％助剂	6	94	9.8	90.68	476.91	3.62
55％耕杰 SC120 毫升/亩＋0.3％助剂	7	93	9.8	90.68	476.24	3.48
55％耕杰 SC80 毫升/亩＋金都尔 EC80 毫升/亩＋0.3％助剂	10	90	13.1	87.55	473.57	2.9
4％玉农乐 SC100 毫升/亩 ＋38％莠去津 SC120 毫升/亩	12	88	14.5	86.62	466.9	1.44
空白对照	100	—	105.2	—	460.23	—

2.2　结果分析　试验结果表明，处理 55％耕杰 SC100 毫升/亩＋0.3％助剂株防效最明显。55％耕杰 SC100 毫升/亩＋0.3％助剂、55％耕 SC120 毫升/亩＋0.3％助剂鲜重防效同样明显。55％耕 SC100 毫升/亩＋0.3％助剂增产量最高。

2.3　对玉米的安全性　根据田间观察，耕杰的各个处理均对玉米安全。药后 3d 处理 55％耕杰 SC120 毫升/亩＋0.3％助剂对玉米幼苗叶片有轻微药害现象，麦苗呈黄色，后 15d 逐渐转变为绿色，危害程度不大，玉米产量略受影响。

3　结论

　　大田药效试验表明，55％耕杰 100 毫升/亩、120 毫升/亩、80 毫升/亩＋金都尔 EC80 毫升/亩对玉米田杂草具有较好的防除效果，而 4％玉农乐 SC100 毫升/亩 ＋38％莠去津 SC120 毫升/亩的防效次之。在试验中 55％耕杰 SC100 毫升/亩＋0.3％助剂防效最优。因此，55％耕杰 SC 是防除玉米田杂草的一种安全、高效、持效期长的优良除草剂，推荐用量为 100 毫升/亩。各地可结合当地实际，进行试验示范。

外来有害生物—黄顶菊发生规律与防控技术研究

赵国芳[1]　薛玉[1]　李春峰[1]　席建英[1]　李冬梅[2]

（1. 河北省植保植检站　石家庄　050011
2. 河北省农业环境保护监测站　石家庄　050011）

　　外来有害生物—黄顶菊为进境检疫性有害生物，危害严重，2001 年在河北省首次发现。2007 年确定为河北省补充检疫性有害生物。通过多年调查、试验和研究，基本摸清了其生物学特性，传播途径，以及在河北省的发生分布范围；进一步掌握了温度、光照、pH 和种子土层深度对黄顶菊繁殖生长的影响。明确了百草枯、草甘膦、乙莠、二甲戊乐灵、苯磺隆、乙羧氟草醚等农药对黄顶菊的防治效果。并对对黄顶菊与其他植物的化感作用进行了初步研究。

1 黄顶菊分布与生物学特性

1.1 分布范围 据查证，黄顶菊起源于南美洲，主要分布于西印度群岛、墨西哥和美国的南部，后传播到埃及、南非、英国、法国、澳大利亚和日本等地。2001 年在河北省衡水湖首次发现，经中国科学院鉴定确认为外来有害生物黄顶菊。截止到 2008 年，河北省邯郸、邢台、石家庄、衡水、沧州、保定、廊坊和唐山等 8 个市，近 100 个县发生黄顶菊，发生面积达 2 万 hm^2，发生范围有进一步扩大趋势。

1.2 生物学特性

1.2.1 形态特征 黄顶菊（Flaveria bidentis (L. J. kuntze)），属菊科，堆心菊族黄顶菊属，又称二齿黄菊。黄顶菊为一年生草本植物，生长迅速，枝繁叶茂，根系发达。茎直立，常带紫色，具有数条纵沟槽。叶交互对生，亮绿色，长椭圆形，长 6～18cm 左右，宽 2.5～4cm 左右。基生 3 条近似平行的叶脉，披针状椭圆形，有锯齿，有叶柄，上部叶片叶柄较短。主枝及分枝的顶端密集成蝎尾状的聚伞花序显著，花冠鲜黄色，比较醒目。

1.2.2 繁殖能力强 黄顶菊属无限生长植物，植株高低差异很大，高的 2m 左右，低的 10cm 左右。2005 年调查，最多的 1 株有 1 200 多个花序，2006 年调查最多 1 株有 1470 多个花序，每个花序有 40 余朵小花，1 个小花结 5～6 粒种子，1 株最多可产 30 余万粒种子。

1.2.3 适生环境广 黄顶菊在荒地、弃荒地、街道附近、村旁、道旁、渠旁以及堤旁均可以生长，根系发达，耐盐碱、耐贫瘠，抗逆性强。

1.2.4 危害严重 黄顶菊出土后，具有极强的生长力，有的高大茂密，当地植物无法与之抗衡。研究同时发现，黄顶菊根系能分泌一种有毒化学物质，其周围的植物明显受到抑制，出苗期延长，生长势减弱，一株黄顶菊影响面积可达 1m²，河北省动植物中没有自然天敌对其有效制约，与本地植物争水、争肥、争光。邢台、邯郸、衡

水、沧州等地黄顶菊已入侵棉花、玉米、花生、谷子、高粱等农田进行危害，管理粗放的农田发生危害尤其严重。

2 影响黄顶菊繁殖生长的因素研究

2.1 传播途径 调查研究发现，黄顶菊的被动传播途径主要有三个：一是通过运输工具、农机具等携带种子远距离传播；二是通过河水、渠水流动传播；三是通过自然风力传播。黄顶菊主要分布在公路、铁路交通要道的两侧、渠沿沟边，林间、荒地、建筑工地等，邻近农田也有发生。从空间分布上，河北省以衡水、邢台、邯郸等黑龙港流域为基地，向北、向西、向东传播。另外，由于黄顶菊花色橘黄鲜艳，花期长，也有作为观赏植物人为主动传播的可能。

2.2 世代发育 在河北省 4 月初～9 月上旬，土壤中的黄顶菊种子均能萌发出土，而且都能够开花、结籽，完成世代发育。花果期在夏季至秋季，发生危害期长。

2.3 影响种子萌发的因素

2.3.1 土层深度 0～1cm 的出苗率达 80% 以上，1～5cm 的出苗率在 2% 左右，5～10cm 和 10～15cm 的出苗率均为零。这表明黄顶菊属于浅层萌发杂草，以 1cm 以下土层的出苗率最高，5cm 以上土层的黄顶菊种子几乎不能出苗。种子在土层的深度直接影响出苗率，在 15～42℃ 范围内黄顶菊种子均能萌发，萌发最适温度为 35 度，黄顶菊种子萌发的适宜 pH 为 5～11。

2.4 影响幼苗生长的因素

2.4.1 光照 在幼苗生长适宜温度范围内，黑暗促进黄顶菊幼苗茎的生长，25～30℃ 范围内，表现为光照促进黄顶菊幼苗根的生长。

2.4.2 温度 在 15～42℃ 范围内黄顶菊幼苗均能生长，生长最适温度为 30℃。

2.4.3 pH 幼苗生长的适宜 pH 为 6～10。

3 防控技术

3.1 药剂试验

3.1.1 试验药剂 20% 百草枯 AS、41% 草甘膦异丙铵盐 AS、48% 乙莠 SE、10% 苯磺隆 WP、10% 乙羧氟草醚 EC、24% 乙氧氟草醚 EC、33% 二甲戊乐灵 EC、4% 玉农乐 OF。

3.1.2 实验方法 对非农田黄顶菊，每亩对水30kg，采用喷雾法进行茎叶处理，每个处理3次重复。

3.1.3 试验结果 黄顶菊对灭生性、选择性和土壤封闭性除草剂都较敏感。

（1）2～4叶期每亩20％百草枯 AS100～300ml，7d后调查防效达90％以上（表1）；

（2）株高20～50cm时，每亩20％百草枯 AS200～300ml，或41％草甘膦 AS 每亩300～400ml，防效均达到85％以上（表2）。

表1 灭生性除草剂防除黄顶菊试验调查表

（献县）

处理	2～4叶期用药（药后7d调查）%	株高20cm时用药（药后7d调查）%
20％百草枯 AS100ml	92.4	88
20％百草枯 AS200ml	93	94.1
20％百草枯 AS300ml	99.6	100
41％草甘膦 AS200ml	41.2	56.1
41％草甘膦 AS300ml	53.8	79
41％草甘膦 AS400ml	54.3	100

表2 灭生性除草剂防除黄顶菊试验调查表

（武安）

药剂处理（亩）	黄顶菊株高20cm防效（%）			黄顶菊株高50cm防效（%）		
	7d	15d	30d	7d	15d	30d
20％百草枯 AS100ml	41.18	58.33	55.53	13.65	89.63	74.98
20％百草枯 AS200ml	98.96	99.61	98.84	56.94	94.50	84.50
20％百草枯 AS300ml	100.00	100.00	97.01	87.80	99.47	85.70
41％草甘膦 AS200ml	87.83	96.30	96.89	12.08	95.67	85.23
41％草甘膦 AS300ml	90.91	99.71	100.00	50.82	100.00	85.06
41％草甘膦 AS400ml	99.65	100.00	99.24	67.77	98.77	85.86

（3）土壤处理使用33％二甲戊乐灵 EC 或48％乙莠 SE 每亩200ml，控制幼苗出土时间可达20d。幼苗期茎叶处理使用10％苯磺隆 WP、10％乙羧氟草醚 EC、24％乙氧氟草醚 EC、4％玉农乐 OF 进行试验，苯磺隆防效高达100％，每亩使用10％苯磺隆 WP20g 比使用百草枯、草甘膦防治成本低50％～60％（表3）。

表3 选择性与封闭性除草剂防除黄顶菊试验调查表

（永年）

药剂（处理）	5月10日施药（1～5cm）			8月8日施药（4～6cm）			
	5月12日调查	5月23日调查活株	防效（%）	8月24日调查		死亡率（%）	防效（%）
				新出土	鲜重（g）		鲜重（g）
33％二甲戊乐灵 EC	16株芯叶干枯	55	33.6	0	93	89.9	88.8
48％乙莠 SE	10株芯叶干枯	50	30	0	90	86	86
10％苯磺隆 WP	芯叶芽干枯	0	100	0	100	100
10％乙羧氟草醚 EC	干枯14株，其他重新萌发	79	15	0	75.5	79.95	90.9
24％乙氧氟草醚 EC	叶片干枯、芯叶重新萌发	94	0	0	329	0	60.35
4％玉农乐 OF	芯叶失绿发黄	87	43.5	0	128	9.4	84.65

3.2 物理技术 一旦进入农田，株高达 25cm 以上时，组织人员进行人工拔除。

4 黄顶菊与其他植物的化感作用初步研究

利用黄顶菊茎叶的不同提取物对几种植物的生长影响进行了测定。结果表明，黄顶菊茎叶水提物对玉米、小麦、棉花、大豆、花生、马唐和反枝苋都表现出了不同程度的抑制作用。其中以对棉花的化感效应最强，在其浓度为 0.2g/ml 时对根长和茎长的化感指数分别为 -0.85 和 -0.88，而该水提物对水稻的生长则表现为促进作用。黄顶菊茎叶的石油醚、氯仿、乙酸乙酯、丙酮和乙醇的提取物，对植物的化感效应要高于水提物。其中以丙酮提取物的化感效应最强。利用重结晶法从黄顶菊茎叶的丙酮提取物中得到了一个具有除草活性的物质。该物质的熔点为 192.5～193.5℃，最大吸收波长为 220nm，初步判断该化合物是一种碱性有机物，该物质在浓度为 1 000，500，100，50mg/l 时对马唐的抑制作用依次为 5 级、5 级、4 级和 3 级，对反枝苋的抑制作用依次为 5 级、4 级、3 级和 2 级。

参考文献

[1] 高贤明等. 外来植物黄顶菊的入侵警报及防控对策 [J]. 生物多样性，2004，12（2）：274～279

[2] 李香菊等. 外来植物黄顶菊的分布、特征特性及化学防治 [J]. 杂草科学，2006，4：58～61

[3] 王朋等. 外来杂草入侵的化学机制 [J]. 应用生态学报，2004，15（4）：707～711

[4] 栗梅芳等. 河北省黄顶菊田间药剂筛选试验报告. 绿色植保与和谐发展，2008.9

32%Solito EC 防除水直播田杂草试验及应用技术研究

周益民 黄慧超

（江苏省宜兴市植保植检站 江苏 宜兴 214206）

近年来，水稻直播稻面积不断扩大，化除难度增大，草害问题突出，威胁严重。本研究以水直播田杂草为防除目标，旨在试验研究新型除草剂的应用技术。研究结果表明：32%Solito EC 杀草谱广，对一年生稗草、千金子、节节菜、丁香蓼、陌上菜、锂肠等均有较好的防效，对多年生的野荸荠、矮慈姑也有明显的防效，在适时施用、方法恰当的前提下，每亩用 32%Solito EC80～100ml 在水直播田播后 7～10d（稻苗 1～2 叶期）对水 40kg 喷雾施药，施药前先排干田面积水，施药后隔 1～2d 上水，一次用药即能有效地控制水直播稻田杂草危害，综合防效均达 90%左右，对水稻安全，无残留无残毒，操作方便，除草效果优于本试验各类除草剂。

1 研究目标

近年来大面积推广应用水稻轻型栽培技术，水稻直播稻面积不断扩大，化除难度增大，草害问题突出，威胁严重。本研究以水直播田杂草为防除目标，旨在试验研究新型除草剂的应用技术。

2 研究概要

32%Solito EC 是先正达公司开发的直播稻田除草剂，它由丙草胺（pretilachlor）与嘧啶肟草醚（pyribenzoximhan 韩乐天）按科学方法筛选出来的混合制剂，具有两种作用机制，产生两种作用效果，即对萌芽杂草和已出苗杂草均有防效。为了筛选配方，验证除草效果，完善应用技术，评价其安全性等，进行系统试验研究。实践证明，每亩用 32%Solito EC80～100ml 在水直播田播后 7～10d（稻苗 1～2 叶期）对水 40kg 喷雾施药，施药前先排干田面积水，施药后隔 1～2d 上水，一次用药即能有效地控制水直播稻田杂草危害，综合防效均达90％左右，对水稻安全，无残留无残毒，操作方便。研究表明，除草效果优于本试验各类除草剂。

3 研究内容

3.1 32％Solito EC 杀草谱和除草效果试验

试验在宜兴市病虫观察区（新街街道彭庄村）实施，土质为乌泥土，pH6.6，有机质含量中等，地力为中等偏上，前茬为小麦，于2008年5月30日机器收获。水稻种植方式为耕翻水直播，供试品种2084，6月12日播种，田间主要杂草有禾本科稗草（Echinochloa crusgalli beauv）、千金子（Leptochloa chinensis Nees），阔叶杂草有节节菜（Rotala indica Kochne）、丁香蓼（Lindernia prccumbens Philcox）、陌上菜（Lindernia procumbens Philcox）、鸭舌草（Monochoria vaginalis Presi et Kunth）、鳢肠（Eclipta prostrate L.）、野荸荠（Elecharis planeagineiforimis Tang etwang）、矮慈姑（Sagittaria pygmaea Mig）等。田间杂草分布基本均匀。试验作如下处理：①32％Solito EC80毫升/亩（先正达公司）；②2.5％稻杰 OD 60毫升/亩（美国陶氏益农公司）；③10％千金 EC 60毫升/亩（美国陶氏益农公司）；④30％扫弗特 EC 150毫升/亩（先正达公司）；⑤40％苄·丙WP60克/亩（浙江天一脒化有限公司）；⑥不用药区作对照（CK）。按试验设计要求划定若干小区，每区面积100m²，随机区组排列，施药前先排干田面积水，按每亩对水40kg喷细雾，除处理④、⑤水稻播种后2d用药，其余处理①、②、③水稻播种后10d用药，用药后持续观察药效和稻苗有无药害等异常现象。

田间试验结果表明：水直播田播后10d，每亩用32％Solito EC80ml，对防除一年生稗草、千金子、鸭舌草和其它阔叶杂草效果明显，用药后15d调查，株数防效分别为100％、95.7％、80％、100％。用药后30d调查，除草效果同用药后15d相比仍然比较理想，株数防效分别为100％、95.0％、75.6％、98.3％。到用药后50d杂草基本稳定时调查，除草效果仍然比较稳定，总草株数防效和鲜重防效分别为85.2％、88.5％，其中对一年生稗草、千金子、鸭舌草和其它阔叶杂草株数防效分别为98.7％、95.4％、48.4％、96.7％，对多年生的野荸荠也有一定的防效。田间试验以稻杰、

千金、扫弗特、丙苄作对比药种，试验结果证实32％Solito EC同进口稻杰、扫弗特、千金和国产的丙苄相比除草效果明显提高，一次用药可有效地控制水直播田前期所有杂草的危害，是目前水直播稻田防除杂草比较理想的除草剂（详见附表一、二）。

3.2 32％Solito EC 不同用药量试验

试验设32％Solito EC 每亩用60ml、80ml、100ml 三种不同等级剂量，与不用药（CK）作比较，主要探讨在水直播稻田稗草、千金子、鸭舌草和其他阔叶杂草一并兼除的安全有效剂量。

水直播田播后10d，施用32％Solito EC 防除田间杂草见效快。据田间定点观察，用药后2～4d杂草根、芽生长明显受抑，表现症状为幼嫩组织发黄，抑制叶片生长，并陆续开始死亡，5～7d后达死亡高峰。从田间不同用药量试验可以看出，每亩用32％Solito EC60ml、80ml、100ml，用药后15d调查，总草的株数防效分别为89.7％、94.9％、98.3％；其中对稗草防除效果都达100％，对千金子的防除效果分别为92.4％、95.7％、100％，对鸭舌草的防除效果分别为74％、80％、88％，对其他阔叶杂草的防除效果分别为95.8％、100％、100％，防除效果随剂量增加而明显递增。用药后30d调查，三个处理区的除草效果仍然比较理想，总草的株数防效分别为87.0％、92.6％、96.1％，其中对稗草的防除效果都为100％。对千金子的防除效果分别为92.6％、95.0％、98.3％，对鸭舌草的防除效果分别为58.8％、75.6％、82.9％，对其他阔叶杂草的防除效果分别为93.1％、98.3％、100％。到用药后50d（杂草基本稳定时）调查，可以进一步看出，每亩用32％Solito EC80ml 总草的株数防效和鲜重防效分别为85.2％、88.5％、其中对禾本科稗草、千金子的株数防效分别为98.7％、95.4％；对鸭舌草和其他阔叶杂草的防除效果分别为48.4％、96.7％；随着用药量增加除草效果也相应递增，每亩用32％Solito EC100ml，总草的株数和鲜重防效分别90.6％、91.8％，其中对禾本科稗草、千金子的防除效果分别为99.3％、97.4％，对鸭舌草和其他阔叶杂草的防除效果分别为66.1％、98.3％；用药量下降到亩用32％Solito EC60ml，除草效果明显下降，总草的株数和鲜重防效分别79％、81.4％，对稗草、千金子、鸭舌草和其他阔叶杂草的防除效果分别为96.7％、90.7％、37.1％、91.7％。证明32％Solito EC 除草剂药效相对长而

稳定，持效期可达40d左右，为提高施药的经济效益，根据试验研究，32％Solito EC以每亩80～100ml为宜（详见附表三、四）。

3.3 32％Solito EC用药适期试验 为了探讨32％Solito EC除草剂在水直播田用药适期，6月12日播种的水稻直播田作分期用药试验，分别设播种后5d、7d、10d、13d、16D用药，共5期，另设不用药作对照，小区面积为100m²，剂量每亩用32％Solito EC80ml，验证不同时期用药除草和保苗效果，为制定用药适期提供技术依据。

从试验结果可以看出，32％Solito EC的杀草作用主要是药剂对萌芽杂草通过胚芽鞘和中胚轴、下胚轴吸收，直接干扰杂草体内蛋白质合成，并影响光合作用和呼吸作用，抑制杂草生长和对已出苗的杂草迅速吸收体内，经输导组织传导到根和茎的生长点，抑制分生组织生长，由于它有两种作用机制，产生两种作用效果，所以水直播田播后7～10d用药，使幼芽和幼嫩组织过早发黄，这样就能获得理想的防效。从田间试验还可以进一步看出，水直播田播后7～10d（平均气温25～30℃）禾本科杂草和阔叶杂草已达出芽和出草高峰。田间分期用药与播后7d和10d防效正好凑合，每亩用32％Solito EC80ml总草的株数防效分别为87.0％、85.2％，总草的鲜重防效分别为89.6％、88.5％；水直播田过早用药（播后5d），虽然对总草株数和鲜重防效较好，分别为88.5％、90.2％，但水直播田此时用药稻苗未能出齐，容易引起药害；水直播稻过迟用药（播后13d、16d），虽然除草效果也达80.8％～86.2％，此时用药抗药性增强，除草效果有所下降，在实际应用中价值不大。另据各处理小区稻苗茎蘖动态分析，不同时间用药，以水直播稻播后7d、10d用药保苗效果最好，高峰苗每平方米达485～491株，茎蘖增殖比例为1：3.59～3.64。其次是播种后13d、16d用药，茎蘖增殖比例为1：1.36～3.42，播种后5d用药保苗效果最差，茎蘖增殖比例为1：3.63（详见附表五）。

根据上述资料综合分析，水直播稻田施用32％Solito EC。用药时间应掌握在播后7～10d为宜，催芽整齐，出苗好的田块可适当提前用药。

3.4 32％Solito EC安全性试验 32％Solito EC是一种选择性内吸传导型二元混配的水直播稻田苗后早期和苗后茎叶处理的除草剂，其化学活性高，可通过杂草的幼芽、幼苗吸收，并经过输导组织传导到生长点，抑制分生组织生长，致使杂草死亡，而

水直播稻对32％Solito EC有较强的分解作用，但稻芽耐药力较弱，对水直播稻各个时段用药抗药性有所不同，因此观察32％Solito EC对水直播稻的安全性，直接关系其应用推广的前景。

3.4.1 水直播田播后7～10d（1～2叶期）用药，对32％Solito EC的耐药力较强，据田间试验观察，每亩用32％Solito EC60ml、80ml、100ml，用药前先排干水层，用药后隔1d上水，用药后5d、10d目测，用药区与不用药（CK）相比，不同剂量、不同用药时间比较，稻株性状无明显差异，稻苗生长正常，未见有药害症状；各处理对水稻株高、分蘖也无明显差异。32％Solito EC各处理植株性状和产量显著高于不用药的对照区和其它处理区，证明水直播田播后7～10d用药对水稻生长较为安全。（详见附表四、五）

3.4.2 水直播田播后5d（针叶期）用药，对稻株出苗略有影响，据田间试验调查，水直播田播后5d每亩用32％Solito EC60ml、80ml、100ml，水稻出苗率分别为81％、79％、75％，比不施药对照（出苗率94％）分别减少13％、15％、19％，加上水稻种子催芽不齐，种子直接接触药剂较多，故对水直播稻出苗有一定的抑制作用，用药量越高影响越大。

3.4.3 水直播田播后13～16d（2.5～3.5叶期）用药，对稻苗抗药力较弱，据田间试验观察，用药前先排干水层，用药后隔1d上水，并保水5d以上，用药后3d观察每亩用32％Solito EC60ml、80ml、100ml三种不同等级剂量都出现了轻微的落黄症状，发生程度与不同的药物效应呈正相关，剂量越高，影响越大。具体表现：分蘖减少，叶色落黄，以用药后5～10d最为明显，后通过追肥，逐步恢复正常。

4 研究结论

4.1 田间评价 根据试验研究，32％Solito EC能扩大杀草谱，延长药效期，提高防除效果，水直播田对已出土的禾本科稗草、千金子和其它阔叶杂草用药后3～5d表现药效，对未出苗的禾本科杂草和阔叶杂草控制的持效期长达30d左右，所以试验证实除草效果比较明显，一次用药基本上能控制水直播稻田前期的杂草危害，是目前诸多除草剂中较为理想的一种。水直播稻田播后7～10d每亩用32％Solito EC80ml除草效果明显高于稻杰、千金、丙

苄、扫茀特等各类除草剂，而且具有对水直播稻苗生长安全，特别水直播稻田防除杂草可以达到总体防除目的，并有一定的开发应用前景。

4.2 应用技术 （1）用药量：32%Solito EC除草剂由于活性高，从安全有效、经济的角度出发，防除水直播田一年生稗草、千金子和其他阔叶杂草每亩用32%Solito EC80ml为宜，重草田每亩用32%Solito EC100ml为好；（2）用药时间：水直播田播后7～10d（秧苗1～1.5叶期）用药，过早（播后5d）或过迟（播后13～16d）用药都不利获得最佳的除草和保苗效果；（3）用药方法：采用喷雾法，即每亩对水40kg均匀喷细雾，用药前先排干水层，用药后隔1d上水，保持浅水层5～7d以上。

4.3 注意事项 （1）稻种必须浸种催芽后播种；（2）水直播稻田化除时要求畦面平整，沟渠配套；（3）喷雾要均匀，不重喷，不漏喷；（4）用药后保持浅水层5～7d以上。

附表一 32%Solito EC 在水直播田的杀草谱及除草效果比较表

单位：1m²

| 处理 | 用药后15d | | | | | | | | | | 用药后30d稗草 | | | | | | | | | |
| | 千金子 | | 鸭舌草 | | 其他 | | 阔叶草 | | 总草 | | 稗草 | | 千金子 | | 鸭舌草 | | 其他阔叶草 | | 总草 | |
	残草	防效(%)	残草	防效(%)	残草	防效(%)	残草	防效(%)	残草	防效(%)	残草	防效(%)	残草	防效(%)	残草	防效(%)	残草	防效(%)	残草	防效(%)
32%Solito EC80毫升/亩	0	100	4	95.7	5	80.0	0	100	9	94.9	0	100	6	95.0	10	75.6	1	98.3	17	92.6
2.5%稻杰OD60毫升/亩	0	100	7	92.4	6	76.0	0	100	13	92.6	0	100	12	90.1	11	73.2	2	96.6	25	89.2
10%千金EC 60毫升/亩	1	90.0	0	100	20	20.0	55	5.2	76	56.6	2	81.8	3	97.5	38	7.3	55	5.2	98	57.6
30%扫茀特EC 150毫升/亩	0	100	4	95.7	3	88.0	0	100	7	96.0	0	100	6	95.0	7	82.9	2	96.6	15	93.5
40%丙苄WP 60毫升/亩	0	100	12	87.0	7	72.0	2	95.8	21	88.8	0	100	16	86.8	12	70.7	4	93.1	32	86.1
CK	10		92		25		48		175		11		121		41		58		231	

注：30%扫茀特EC、40%丙苄WP于播种后2d用药；32%Solito EC、2.5%稻杰OD、40%丙苄WP于播种后10d用药。

附表二 32%Solito EC 在水直播田的杀草谱及除草效果比较表（用药后50d除草效果）

单位：1m²

| 处理 | 稗草 | | 千金子 | | 鸭舌草 | | 其他阔叶草 | | 总草 | | | | 差异显著性 | |
	残草	防效(%)	残草	防效(%)	残草	防效(%)	残草	防效(%)	残草	防效(%)	鲜重(g)	防效(%)	$F_{0.05}$	$F_{0.01}$
32%Solito EC 80毫升/亩	0.2	98.7	7	95.4	32	48.4	2	96.7	41.2	85.2	24.7	88.5	a	A
2.5%稻杰OD 60毫升/亩	0.5	96.7	10	93.4	35	43.5	3	95.0	48.5	82.6	35.0	83.7	b	B
10%千金EC 60毫升/亩	3	80.0	5	96.7	53	14.5	57	5.0	118	57.6	93.7	56.4	d	D
30%扫茀特EC 150毫升/亩	0.1	99.3	7	95.4	31	50.0	5	91.7	43.1	84.5	26.2	87.8	a	A
40%丙苄WP 60毫升/亩	0.5	96.7	20	86.8	42	32.3	4	93.3	66.5	76.1	44.9	79.1	c	C
CK	15		151		62		60		278		215			

附表三　32%Solito EC不同用药量除草效果试验比较表

单位：1m²

处理	用药后15d										用药后30d稗草									
	千金子		鸭舌草		其他		阔叶草		总草		稗草		千金子		鸭舌草		其他阔叶草		总草	
	残草	防效(%)	残草	防效(%)	残草	防效(%)	残草	防效(%)	残草	防效(%)	残草	防效(%)	残草	防效(%)	残草	防效(%)	残草	防效(%)	残草	防效(%)
32%Solito EC 60毫升/亩	0	100	7	92.4	9	74.0	2	95.8	18	89.7	0	100	9	92.6	17	58.5	4	93.1	30	87.0
32%Solito EC 80毫升/亩	0	100	4	95.7	5	80.0	0	100	9	94.9	0	100	6	95.0	10	75.6	1	98.3	17	92.6
32%Solito EC 100毫升/亩	0	100	0	100	3	88.0	0	100	3	98.3	0	100	2	98.3	7	82.9	0	100	9	96.1
CK	10		92		25		48		175		11		121		41		58		231	

注：6月12日播种，6月22日用药。

附表四　32%Solito EC不同用药量除草效果试验比较表（用药后50d除草效果）

单位：1m²

处理	稗草		千金子		鸭舌草		阔叶草		总草				差异显著性	
	残草	防效(%)	残草	防效(%)	残草	防效(%)	残草	防效(%)	残草	防效(%)	鲜重(g)	防效(%)	$F_{0.05}$	$F_{0.01}$
32%Solito EC 60毫升/亩	0.5	96.7	14	90.7	39	37.1	5	91.7	58.5	79.0	40.0	81.4	b	B
32%Solito EC 80毫升/亩	0.2	98.7	7	95.4	32	48.4	2	96.7	41.2	85.2	24.7	88.5	a	A
32%Solito EC 100毫升/亩	0.1	99.3	4	97.4	21	66.1	1	98.3	26.1	90.6	17.6	91.8	a	A
CK	15		151		62		60		278		215			

附表五　32%SolitoEC80毫升/亩不同用药时间除草效果试验比较表

单位：1m²

处理	稗草		千金子		鸭舌草		阔叶草		总草				差异显著性	
	残草	防效(%)	残草	防效(%)	残草	防效(%)	残草	防效(%)	残草	防效(%)	鲜重(g)	防效(%)	$F_{0.05}$	$F_{0.01}$
播种后5d用药（针叶期）	0	100	4	97.4	27	56.5	1	98.3	32	88.5	21.1	90.2	a	A
播种后7d用药（1~1.5叶期）	0.1	93.3	5	96.7	29	53.2	2	96.7	36.1	87.0	22.4	89.6	a	A
播种后10d用药（2叶期）	0.2	98.7	7	95.4	32	48.4	2	96.7	41.2	85.2	24.7	88.5	a	A
播种后13d用药（2.5叶期）	0.2	98.7	8	94.7	33	46.8	3	95.0	44.2	84.1	29.7	86.2	ab	AB
播种后16d用药（3~3.5叶期）	0.3	98.0	12	92.1	36	41.9	5	91.7	53.3	80.8	38.7	82.0	b	B
CK	15		151		62		60		278		215			

注：播种时间为6月12日，调查时间为7月30日。

附表六 32%SolitoEC80 毫升/亩不同用药时间对水直播稻生长的影响

单位：1m²

处理	保苗效果				植株性状						产量	
	基本苗 (6月20日)	茎蘖数 (7月5日)	高峰苗 (7月20日)	增殖比例	株高 (cm)	穗数 (株/米²)	总粒数	实粒数	结实率 (%)	千粒重 (g)	亩产 (kg)	增产率 (%)
播种后 5d 用药 （一针期）	120	365	435	1：3.04：3.63	83.5	395	90	82	91.1	25.5	551	458.8
播种后 7d 用药 （1～1.5叶期）	135	390	485	1：2.89：3.59	84.0	417	93	82	88.2	25.5	581.6	484.3
播种后 10d 用药 （2叶期）	135	394	491	1：2.92：3.64	83.8	421	93	83	89.2	25.5	594.3	494.8
播种后 13d 用药 （2.5叶期）	139	385	476	1：2.77：3.42	83.6	407	92	81	88.0	25.5	560.7	466.9
播种后 16d 用药 （3～3.5叶期）	140	381	470	1：2.72：3.36	83.5	401	90	80	88.9	25.5	545.6	454.3
CK	141	181	234	1：1.28：1.66	82.7	120	66	62	93.9	24.2	120.1	

30%扫茀特 EC 防除水直播田杂草

周益民　石磊　周建平　黄慧超

（江苏省宜兴市植保植检站　江苏　宜兴　214206）

近年来，随着直播稻面积不断扩大和栽培技术不断改革，田间草相随生态条件的不同而发生了变化，水稻前期干湿栽培，草害问题突出，威胁严重。本研究以防除水稻直播田杂草、杂草稻为目标，旨在试验研究 30%扫茀特 EC 除草剂的应用技术，试验研究结果表明 30%扫茀特 EC 防除水稻直播田禾本科杂草、阔叶杂草和杂草稻效果明显，水稻播种后 2～4d（稻根下扎稻芽立起时）每亩用 30%扫茀特 EC150～200ml，一次用药即能有效地控制水稻直播田前期杂草的危害，综合防效达 95%左右，且安全性好，深受农户欢迎。

1 试验目的

按省植保站要求，用先正达公司开发高效稻田除草剂丙草胺（Pretilachlor）与安全剂按科学方法筛选出来的混合制剂进行田间药剂小区试验，通过小区试验评价 30%扫茀特 EC 防除水直播田杂草、杂草稻的防效及对作物的安全性，确定适合于当地生产条件的最佳施药剂量及施药技术，为推广应用提供技术依据。

2 试验作物及对象

2.1 试验作物　水直播，品种 2084。

2.2 防除对象　杂草及杂草稻。

3 试验药剂

①30%扫茀特 EC（先正达公司）；
②40%直播净 WP（浙江天一农化有限公司）。

4 试验

在宜兴市病虫观察区（新街彭庄村）实施，土质为乌泥土，pH6.6，有机质含量中等，肥力中等偏上，前茬为小麦，于 2008 年 5 月 30 日机器收割，水稻种植方式为水直播，与 6 月 7 日开始药剂浸种催芽，播种日期为 6 月 12 日，播种量 4kg。

5 试验设计

试验共设四个处理：①30％扫莃特 EC150 毫升/亩；②30％扫莃特 EC200 毫升/亩；③40％直播净 WP60 克/亩；④不用药（CK）喷清水作空白对照。每个处理小区面积为 20m²，区组随机排列。

6 施药时间与方法

①施药时间：分三个施药时间处理，a 水稻播种前 2d 用药；b 水稻播种当天用药；c 水稻播种后 2d 用药。

②试药方法：施药前排干田内积水，按上述用药量用进口手动背负式喷雾器按每亩对水 30kg 均匀喷细雾。用药后隔 1d 灌水，空白对照区田间管理同试验区。

7 气象情况

水稻播前 2d 用药（6 月 10 日）的平均气温为 21.8℃，最高气温为 22.5℃，最低气温 21.4℃，天气晴好；水稻播后当前用药（6 月 12 日）的平均气温为 23.6℃，最高气温 27.8℃，最低气温 18.6℃，天气晴好；水稻播后 2d 用药（6 月 14 日）的平均气温为 21.4℃，最高气温 23.5℃，最低气温 20.2℃，天气晴好。试验前 10 天（6 月 2～11 日）的平均气温 23.5℃，平均最高气温 28.2℃，平均最低气温 19.0℃，阴雨日 6d，雨量为 64.9 mm；施药后 10d（6 月 13～22 日）的平均气温 23.9℃，平均最高气温 26.5℃，平均最低气温 21.9℃，阴雨日 7d，雨量为 169mm。试验期间，气温和雨水条件适宜，药效基本能正常发挥。

8 田间调查项目

试验小区每个处理定 4 个点，每个 0.125m²，用药后不定期观察杂草及杂草稻中毒死亡情况，用药后 15d、30d、50d 调查株数，50d 增加调查鲜重

防效，并将数据进行数理统计分析，用 Duncan's 新复极差法进行处理间差异性比较。药效计算公式：防治效果（％）＝［空白对照区活草数（或鲜重）－处理区残留活草数（或鲜重）/空白对照区活草数（或鲜重）］×100。每个处理定 1m² 面积观察不同药剂不同剂量和不同用药时间对水稻的保苗效果。

9 试验结果与分析

9.1 30％扫莃特用药量试验

水稻直播稻播种后 2d（稻根下扎稻芽立起）施用 30％扫莃特 EC 防除田间杂草见效快。据田间定点观察，用药后 3～5d 杂草根、芽明显受抑，表现症状为初生叶难以伸长，幼苗扭曲，叶色深绿，生长停止，用药后 7～10d 后达到死亡高峰。从田间不同用量示范试验可以看出，每亩用 30％扫莃特 EC150ml、200ml 用药后 15d 调查，防除禾本科杂草和阔叶杂草株数防效都达 100％。用药后 30d 调查，两个处理区的除草效果仍然比较理想，总草的株数防效分别为 98.4％、100％，其中对禾本科杂草防除效果分别为 98.7％、100％，对其他阔叶杂草的防除效果分别为 98.1％、100％。到用药后 50d 调查，两个处理区的除草效果仍然比较稳定，总草的株数防效分别为 95.7％、98.9％，鲜重防效分别为 95.9％、99.1％；对照药剂 40％直播净（丙·苄）WP60g/亩，总草株数防效和鲜重防效只有 88.1％、88.5％。收获前 30d 考查，亩用 30％扫莃特 EC150ml、200ml 对杂草稻的防效也比较理想，除草效果分别为 97.1％、100％；对照药剂 40％直播净（丙·苄）60 克/亩，对杂草稻的防效达 94.1％，证明 30％扫莃特 EC150ml～200 毫升/亩，药效期长而且稳定，持效期长达 50d 左右，一次用药可有效地控制水稻直播田禾本科杂草和阔叶杂草和杂草稻的危害。为提高施药的经济效益，根据试验和大区示范实践，30％扫莃特 EC 应用剂量为 150～200 毫升/亩为宜。

9.2 用药适期试验

从试验结果可以进一步看出，扫莃特的杀草作用主要是药剂通过胚芽鞘和中胚轴、下胚轴吸收，直接干扰杂草体内蛋白质合成，并影响光合作用和呼吸作用，抑制杂草生长，所以水稻直播田播后 2d（稻根下扎稻芽立起）用药，使幼芽组织过早发黄，这样就能获得理想的防效。从田间试验还可以看出，水稻直播稻播种后 2d

（平均气温 25～30℃）禾本科杂草、阔叶杂草和杂草稻都已达出芽高峰，田间分期用药与水稻播种后 2d 防除效果正好奏效。每亩用 30％扫茀特 EC150ml、200ml 对禾本科杂草的防效分别为 96.4％、98.2％，对其他阔叶杂草的防效也分别达到 94.6％、100％；对杂草稻的防效也分别达 97.1％、100％。水稻直播稻播种后当天用药，虽然对禾本科杂草、阔叶杂草和杂草稻的除草效果可达 94.6％～100％，但直播田此时用药容易引起药害，对水稻出苗影响很大，一般不宜采用此法。水稻直播田播前 2d 用药，虽然除草效果也达 92.0％～100％，但实际应用价值不大。另据各处理保苗效果分析，不同时间用药，以水稻直播田播后 2d（稻根下扎稻芽立起）用药保苗效果最好，出苗最好达 82％～86％，高峰苗（7 月 20 日）茎蘖增殖比例为 1：4.15～4.55，最后亩产为 535.3～582.2kg，比对照增产 4.46～4.85 倍。其次是水稻直播田播前 2d 用药，出苗率为 76～82％，茎蘖增殖比例为 1：4.03～4.20，亩产为 515.1～559.6kg，比对照增产 4.29～4.66 倍。水稻直播播种后当天用药保苗效果最差，出苗率只有 26％～34％，茎蘖增殖比例为 1：6.25～7.56，最后亩产也达 445.3～490.4kg，比对照增产 3.68～4.08 倍（详见附表四、五、六）。

9.3 扫茀特对作物安全性试验 30％扫茀特 EC 是一种水稻直播稻田专用选择性芽期除草剂，其化学活性高，可通过杂草的幼芽、幼根吸收，并经过输导组织传导到生长点，抑制根部和芽部的细胞分裂，致使杂草死亡，而水稻对扫茀特有较强的分解作用，但稻芽耐药力较弱，因此对水稻直播稻各个时段用药抗药力有所不同，因此观察扫茀特对水稻直播稻的安全性，直接关系其应用推广的前景。

9.3.1 播后当天用药，对水稻出苗有影响，水稻播后当天亩用 30％扫茀特 EC150ml、200ml。水稻出苗率分别 34％、26％，比不施药对照（出苗率 94％）分别减少 60％、68％；由于水稻直播田播后当天用药种子直接接触药剂较多。故对直播稻出苗有明显抑制作用，用药量越高影响越大（详见附表二、六）。

9.3.2 播前 2d 用药，对出苗略有影响。用药前先排干水层，亩用 30％扫茀特 EC150ml、200ml 对水均匀喷雾，用药后灌满沟水，保持秧板湿润，隔 2d 播种水稻，水稻出苗率达 76％～82％，比播后 2d 用药出苗率减少 4％～6％。用药后目测虽然各处理小区水稻生长较为正常，未见有药害发生，但在实际应用中推广价值不大（详见附表一、四）。

9.3.2 播后 2d（稻根下扎稻芽立起） 每亩用 30％扫茀特 EC150ml、200ml 对水均匀喷雾，用药后保持秧板湿润，防止干燥裂缝，出苗率达 82％～86％，用药后 7d、15d 目测，各处理小区水稻生长正常，未见有药害症状。证明水稻播种后 2d 用药对水稻生长较为安全，适合大面积推广应用（详见附表三、五）。

10 田间评价及应用技术

10.1 田间评价 根据试验研究和大面积应用结果证实，30％扫茀特 EC 具有对水稻直播稻生长安全，杀草谱广，除草效果好，增产幅度大等优点，只要用药适时，用量适中，方法恰当，在水稻直播稻田应用基本能控制全生育的杂草期危害。是目前多种除草剂较为理想的一种，特别是在水稻直播田将有良好的推广应用前景。

10.2 应用技术 （1）用药量：由于扫茀特除草剂活性高，从安全、有效、经济的角度出发，防除水稻直播田一年生禾本科杂草、其他阔叶杂草和杂草稻亩用 30％扫茀特 EC150～200ml 为好；（2）用药时间：水稻播种后 2d（稻根下扎稻芽立起时）用药，过早（播前 2d 或播后当天）用药，都不利获得最佳的除草效果和保苗效果；（3）用药方法：采用喷雾法，亩对水 30kg 均匀喷雾，用药后保持秧板湿润，防止干燥裂缝，以利获得理想效果。

10.3 注意事项
（1）稻种必须浸种催芽后播种；（2）直播稻田化除时要求畦面平整，沟系配套，用药后要保持畦面湿润不积水；（3）喷雾要均匀，不重复，不漏喷。

附表一　30%扫莮特 EC 不同施药时间除草效果试验比较

处理	施药时间	15d禾本科残草	15d禾本科效果(%)	15d阔叶杂草残草	15d阔叶杂草效果(%)	30d禾本科残草	30d禾本科效果(%)	30d阔叶杂草残草	30d阔叶杂草效果(%)	50d禾本科残草	50d禾本科效果(%)	50d阔叶杂草残草	50d阔叶杂草效果(%)	50d总草残草	50d总草效果(%)	50d总草残草	50d总草效果(%)	收获前30d杂草稻碱草	收获前30d杂草稻效果(%)
30%扫莮特EC2 250ml/hm²	播前2天	0	100	0	100	3	98.1	4	96.2	9	94.6	9	92.0	18	93.5	12.7	94.1	0.5	99.3
30%扫莮特EC3 000ml/hm²	播前2天	0	100	0	100	0	100	0	100	4	97.6	3	97.3	7	97.5	4.3	98.0	0	100
40%直播净（丙苄）WP900g/hm²	播前2天	0	100	0	100	11	92.9	6	94.3	23	86.1	16	15	94.6	11.0	94.9	1	98.5	97.1
30%扫莮特EC2 250ml/hm²	播种当天	0	100	0	100	2	98.7	4	96.2	8	95.2	7	6	97.8	3.7	98.3	0	100	
30%扫莮特EC3 000ml/hm²	播种当天	0	100	0	100	0	100	0	100	4	97.6	2	36	87.1	26.9	87.5	3	95.6	
40%直播净（丙苄）WP900g/hm²	播种当天	0	100	0	100	14	91.0	8	92.4	22	86.7	14	12	95.7	8.8	95.9	97.1		
30%扫莮特EC2 250ml/hm²	播后2天	0	100	0	100	2	98.7	5	98.1	6	96.4	3		98.9	1.9	99.1	0	100	
30%扫莮特EC3 000ml/hm²	播后2天	0	100	0	100	0	100	0	100	3	98.2	0	33	88.1	24.7	88.5	4	94.1	
40%直播净（丙苄）WP900g/hm²	播后2天	0	100	0	100	12	92.3	7	93.3	21	87.3	12	278	215	68					
		132		85		156		105		166		122							

附表二　30%扫莮特 EC 不同施药时间除草效果试验比较

处理	施药时间	出苗率(%)	基本苗(6/20)	茎蘖数(6/30)	高峰苗(7/20)	增殖比例	株高(cm)	穗数(株/米²)	总粒数	实粒数	结实率(%)	千粒重(g)	亩产(kg)	增产率(%)
30%扫莮特EC2 250ml/hm²	播前2天	82.0	123	403	496	1∶4.03	83.8	406	88	80	90.9	25.3	548.1	456.4
30%扫莮特EC3 000ml/hm²	播前2天	76.0	114	386	479	1∶4.20	84.0	411	89	81	91.0	25.2	559.6	465.9
40%直播净（丙苄）WP900g/hm²	播前2天	78.0	117	391	475	1∶4.06	83.6	396	87	78	90.3	25.0	515.1	428.9
30%扫莮特EC2 250ml/hm²	播种当天	86	129	413	535	1∶4.15	83.9	417	90	82.5	91.7	25.3	580.5	483.3
30%扫莮特EC3 000ml/hm²	播种当天	82	114	392	519	1∶4.55	84.2	419	91	83	90.1	25.1	582.2	484.8
40%直播净（丙苄）WP900g/hm²	播种当天	88	136	407	524	1∶3.85	83.7	408	88	79	89.8	24.9	535.3	445.7
30%扫莮特EC2 250ml/hm²	播后2天	34	51	165	319	1∶6.25	81.5	310	102	93.0	91.2	25.5	490.4	408.3
30%扫莮特EC3 000ml/hm²	播后2天	26	39	127	295	1∶7.56	80.9	285	103	93.5	90.8	25.6	455.0	378.9
40%直播净（丙苄）WP900g/hm²	播后2天	32	48	137	308	1∶6.42	81.7	290	99	91.0	91.9	25.3	445.3	368.0
CK		94.0	141	181	234	1∶1.66	82.7	120	66	62	93.9	24.2	120.1	

"藤净"防治小麦田阔叶杂草田间药效试验报告

谢发锁 敬凤梅 赵君瑾 刘炳林

（陕西省凤翔县农技中心 721400）

麦田杂草的为害是造成小麦减产的重要因素之一。杂草在作物生长过程中不仅与小麦植株争水、争肥、传播病虫，影响生长与产量；同时杂草种子混于麦粒中，还影响粮食品质。"藤净"是利尔化学股份有限公司开发的新型麦田专用除草剂，克服了苯磺隆及其它传统除草剂防效差、除草不彻底、大草易复发、对猪殃殃、泽漆无效的缺点。本品活性高，药效好，杂草可通杂草根茎叶均可吸收，药液能很快在杂草体内传导，引起杂草快速死亡，对多种恶性阔叶杂草防效较好。为了在小麦主产区和潜在重要市场区域验证试验，以期掌握该药剂对防除小麦田阔叶杂草的药效、安全性、杀草谱，以及安全有效的使用剂量与科学的使用技术，为本地区在生产上大面积推广使用提供科学依据。

1 材料与方法

1.1 试验药剂
"藤净"（氯氟吡氧乙酸＋苯磺隆）（利尔化学股份有限公司提供）、"阔封"（氯氟吡氧乙酸）20.6（g/L）EC（利尔化学股份有限公司生产）。

1.2 试验田的概况
试验选择在凤翔县城关镇西古城5组村民李志玉的小麦田，小麦品种为小偃22。面积1.8亩左右，试验地前茬为夏玉米，未使用玉米田化学除草剂。试验田地势平坦，土壤为黄壤土，pH为7.1，有机质含量1.1%。试验田主要杂草为播娘蒿（以杂草株数计，占总杂草量46%，下同）、猪殃殃（占20%）、婆婆纳（占15%）、荠菜（占13%），其他杂草占总杂草比例较小，约占6%左右。

1.3 试验设计
共设置5个处理，每处理小区面积：200m²（不设重复）。

表1 供试药剂试验设计

试验处理号	供试药剂	施药剂量（制剂量）
1	"藤净"	50毫升/亩
2	"藤净"	60毫升/亩
3	"藤净"	70毫升/亩
4	"阔封"	50毫升/亩
5	空白对照CK	清水处理

1.4 施药时间、次数及方法
施药1次，施药时间为2008年11月18日上午12～14时，小麦为3～4叶期，杂草为2～4期。

1.5 气象资料
施药当日天气情况：晴天、气温较高、微风，适宜田间施药。

1.6 施药器械使用方法
施药器械为WS－16型手动背负式喷雾器［山东卫士植保机械有限公司生产，药液箱容量（L）：16，工作压力（Mpa）：0.2～0.4]。每亩用药液量为30kg。施药时先根据小区面积计算出每处理用药总制剂量与用水量，然后采用二次稀释法配成母液，顺风、依次、细雾、低喷。

1.7 调查方法
药后5d、15d目测杂草受害症状及对麦苗的影响情况；药后30d调查株防效及鲜重防效。具体调查日期为11月22日（药后5d）、12月2日（药后15d）、12月17日（药后30d）。

1.7.1 杂草田间调查
调查前先目测整个小区的除草效果与均匀度，再确定取样点，每小区取样3点，每点调查面积0.25m²（0.5m×0.5m）。

1.7.2 药效计算方法
防除效果（%）＝［对照区杂草株数（鲜重）－处理区杂草株数（鲜重）]／［对照区杂草株数（鲜重）]×100

2 结果与分析

表2 "藤净"防治小麦田阔叶杂草试验防效——
施药后30d株防效（%）

处理	播娘蒿株防效	猪殃殃株防效	婆婆纳株防效	荠菜株防效	总草株防效
1	76	72.7	75	71.4	75.9
2	84	90.9	87.5	85.7	83.3
3	96	100	100	100	98.1
4	80	82.6	75	100	83.3

表3 "藤净"防治小麦田阔叶杂草试验防效——
施药后30d鲜重防效（%）

处理	播娘蒿鲜重防效	猪殃殃鲜重防效	婆婆纳鲜重防效	荠菜鲜重防效	总草鲜重防效
1	85.6	83.8	89.2	81.3	86.3
2	90.4	93.8	94.6	84.4	92.1
3	97.6	100	100	100	99.1
4	92.0	92.5	89.1	100	92.9

2.1 田间直观除草效果

2.1.1 除草剂安全性观察 据药后5d、15d天观察，供试药剂"藤净"各处理内麦苗叶片无发黄、心叶无畸型，小麦生长正常，未发现对麦苗有药害影响，也对麦田生物如蚜虫、麦蜘蛛等无不良影响，表明该除草剂对小麦安全性良好。

2.1.2 药后5d除草效果 经观测，供试药剂"藤净"对麦田杂草呈现出典型激素类除草剂的反应，以较高用量处理60毫升/亩、70毫升/亩效果较为明显，中毒杂草心叶出现失绿黄化、生长畸型，多数植株呈扭曲生长。对照药剂"阔封"也呈现内吸传导型除草剂特征，田间杂草也多表现出激素类除草剂的反应，杂草植株呈畸形、扭曲。

2.1.3 药后15d除草效果 田间调查，供试药剂"藤净"50毫升/亩、60毫升/亩、70毫升/亩对麦田杂草均表现出明显的除草效果，播娘蒿、猪殃殃、婆婆纳、荠菜等麦田杂草出现植株扭曲、畸型生长，心叶出现黄化、失绿、枯死等明显的药害中毒症状，尤以较高处理用量60毫升/亩、70毫升/亩杂草中毒效果明显，杂草大多数停止生长，个体发育弱小。对照药剂"阔封"处理中杂草也多中毒，并逐渐停滞生长，均处于半存活状态。

2.1.4 药后30d除草效果 目测观察，"藤净"各处理与对照药剂"阔封"处理杂草大多数杂草死亡，杂草数量明显少于空白对照；且田间残留的杂草植株也明显矮小、长势弱、生长发育停滞。同时"藤净"各处理均对播娘蒿、猪殃殃、婆婆纳、荠菜阔叶草直观防除效果明显。其中"藤净"60毫升/亩、70毫升/亩处理防效田间表现较对照药剂"阔封"处理略高或相当。

2.2 对阔叶杂草的防除效果

2.2.1 株防效调查 据药后30d调查，"藤净"各处理50毫升/亩、60毫升/亩、70毫升/亩条件下，对双子叶阔叶杂草的总株防效分别为75.9%、83.3%、98.1%，而对照药剂"阔封"50毫升/亩处理总株防效为83.3%。

"藤净"50毫升/亩对播娘蒿、猪殃殃、婆婆纳、荠菜的株防效分别为76%、72.7%、75%、71.4%，株防效较对照药剂"阔封"50毫升/亩处理略低（对婆婆纳防效相当），总株防效少7.4个百分点（"阔封"50毫升/亩处理对播娘蒿、猪殃殃、婆婆纳、荠菜的株防效分别为80%、82.6%、75%、100%）。

"藤净"60毫升/亩对播娘蒿、猪殃殃、婆婆纳、荠菜的株防效分别为84%、90.9%、87.5%、85.7%，株防效优于对照药剂"阔封"50毫升/亩处理。

"藤净"70毫升/亩对播娘蒿、猪殃殃、婆婆纳、荠菜的株防效分别为96%、100%、100%、100%，株防效明显优于对照药剂"阔封"50毫升/亩处理。

2.2.2 鲜重防效调查 药后30d"藤净"各处理50毫升/亩、60毫升/亩、70毫升/亩条件下，对阔叶杂草的总鲜重防效分别为86.3%、92.1%、99.1%；而对照药剂"阔封"50毫升/亩总鲜重防效为92.9%。

"藤净"50毫升/亩对播娘蒿、猪殃殃、婆婆纳、荠菜的鲜重防效分别为85.6%、83.8%、89.2%、81.3%，鲜重防效较对照药剂"阔封"50毫升/亩处理均低（对照药剂"阔封"50毫升/亩对播娘蒿、猪殃殃、婆婆纳、荠菜的鲜重防效分别为92%、92.5%、89.1%、100%）。

"藤净"60毫升/亩对播娘蒿、猪殃殃、婆婆纳、荠菜的鲜重防效分别为90.4%、93.8%、94.6%、84.4%，除对荠菜鲜重防效略低外，其它与对照药剂"阔封"50毫升/亩防效相当或略高。

"藤净"70毫升/亩对播娘蒿、猪殃殃、婆婆纳、荠菜的鲜重防效分别为 97.6%、100%、100%、100%，鲜重防效远高于对照药剂"阔封"50 毫升/亩处理。

3 结论与应用效果评价

2008 年小麦秋播后，陕西关中地区一直持续干旱少雨，凤翔县当地麦田杂草普遍出苗较往年晚，杂草种群密度低，田间生长量小，加之冬前化除施药期间气温不稳定。因此冬前麦田化学除草所要选择的适宜时机不多，但是通过我们在当地对"藤净"防治小麦田阔叶杂草田间药效试验结果表明：

3.1 "藤净"除草具有明显的内吸传导选择性，在田间呈现出典型激素类除草剂的反应。作用方式：使心叶生长畸型、失绿、黄化、生长停滞，直止枯死。

3.2 在本地、本试验条件下田间药效调查，"藤净"处理株防效、鲜重防效表现出对婆婆纳、猪殃殃、播娘蒿、荠菜等阔叶杂草有较好的防除效果表明"藤净"能有效防除小麦田一年生阔叶杂草。

3.3 "藤净"50～70 毫升/亩均对麦田阔叶杂草有明显防效，但为保证小麦田杂草化学防除效果，在生产上建议（推荐）使用剂量 60 毫升/亩为宜。

3.4 田间试验观察，在冬小麦田，小麦越冬前、麦苗 2～4 叶期使用"藤净"50～70 毫升/亩对小麦安全。

3%世玛油悬剂与 3.6%阔世玛防除
冬小麦田禾本科杂草试验研究

周新强[1] 庞幸丽[2] 郭自阳[2]

（1. 河南省植保植检站 2. 河南欧丽植保技术开发有限公司 郑州 450002）

近年来我省豫北冬小麦种植区杂草发生较重，特别是恶性禾本科杂草节节麦有逐年加重趋势，对小麦的安全生产造成威协，为筛选出防除麦田杂草更有效的药剂，我们对几种药剂进行了试验研究。

1 试田概况

试验田设在辉县市百泉镇。东刘店村，田块平整，耕层深厚，排灌条件较好。施药前田间密度较大的杂草种类为：节节麦、猪殃殃、泽漆等，零星分布的杂草种类有播娘蒿、荠荠菜、婆婆纳等。施药前节节麦的田间密度为 8～75 株/米²。

示范田块选在高庄乡后郭雷村、胡桥乡胡桥村、占城乡占城村、百泉乡刘店村、北云门镇北云门村。

2 材料与方法

2.1 试验药剂

3%世玛油悬剂（德国拜耳公司提供）

3.6%阔世玛（德国拜耳公司提供）

6.9%精噁唑禾草灵（商品名：谷得，沈阳化工研究院试验场）

2.2 试验处理设计

2.2.1 小区试验处理设计

3%世玛油悬剂	30 毫升/亩
3.6%阔世玛	25 克/亩
谷得	70 毫升/亩
CK	清水

以上处理各设 3 次重复，共 12 个小区，各小区随机区组排列。

2.2.2 示范区试验处理设计

3%世玛油悬剂 30 克/亩

3.6%阔世玛 25 克/亩

处理示范区，面积各 20～25 亩。

3 试验时间和方法

小区试验处理与 11 月 22 日下午 1 时施药（长期天气预报显示近一周无明显降温和降雨）：将药剂按设计的剂量加清水稀释成均匀药液，每亩对水 30kg，用手动喷雾器对杂草叶面进行均匀喷雾。

示范田年前施药 40 亩，施药时间 11 月 23～27

日，春节后于2月29日施药，约10亩地。

2007年11月22日用药时，麦田中节节麦平均5~8片叶；2008年2月29日用药时，小麦已返青，节节麦分蘖平均6个，株高7~10cm。

4 调查方法

4.1 冬前小区试验调查方法

4.1.1 气象资料 纪录施药当天及施药后15天的最高气温、最低气温、平均气温和阴晴情况、雨量等气象资料。

4.1.2 防除效果调查 施药前详细调查每小区内杂草种类及数量（定点调查，每小区5点，株/米^2）。施药后15d、30d、45d调查杂草防除效果，调查杂草种类、株数，计算株防效；45d调查鲜重防效。

4.1.3 安全性调查和测产 每小区选5点，每点10株，施药后15d调查小麦是否受害，施药后30d、45d调查株高、分蘖数。

4.2 冬后大田示范调查方法 施药前详细调查每小区内杂草种类及数量（定点调查，每小区5点，株/米^2）。施药后15d、30d、45d调查杂草防除效果，调查杂草种类、株数，计算株防效；45d调查鲜重防效。

5 结果与分析

5.1 冬前施药除草效果

试验结果调查：每个处理按5点随机取样，每样方1m^2，由以下公式计算防效：

$$株防效 = \frac{对照区节节麦株数/米^2 - 处理区节节麦株数/米^2}{对照区节节麦株数/米^2} \times 100\%$$

$$干重防效 = \frac{对照区平均单株重量(g) - 处理区平均单株重量(g)}{对照区单株重量(g)} \times 100\%$$

冬前施药调查分别为施药后15d、30d、45d，调查结果见附表（1）

由附表（1）可以看出：

5.1.1 施药15d后调查节节麦植株无明显受害现象，施药后30d调查，株高较对照明显偏低，叶色发暗，植株萎靡。施药后45d调查，使用阔世玛的小区株防效达73%；使用世玛的小区株防效达67.7%；使用谷得的小区株防效达20%。

5.1.2 鲜重防效：使用阔世玛的小区，节节麦、雀麦等禾本科杂草生长量明显减少。施药后45d

调查，阔世玛处理区，节节麦次生根对照平均为8个，处理区为5个，次生根减少37.5%；节节麦分蘖数对照区平均为5个，处理区为3个，分蘖减少40%；节节麦茎高，对照区6cm，处理区4cm，茎高减少33.3%。对照区节节麦单株平均干重为7.5g，处理区为0.68g，使用阔世玛处理得小区干重防效为90.9%；使用世玛处理的小区干重防效为90%；使用谷得处理的小区干重防效为18%。对照区节节麦每株分蘖数平均为8.5，阔世玛处理区为1.3，分蘖数减少率达84.7%。另外阔世玛对荠菜、播娘蒿防效较好，株防效87.5%，对泽漆、猪殃殃、婆婆纳有一定防效。

5.2 冬前施药作物的安全性 药后15d调查，施药区均无药害现象。药后30d调查，3%世玛油悬剂和3.6%阔世玛处理区均出现不同程度药害，叶片上表现为叶片发黄，叶尖少量干枯。施药后45d调查，3%世玛油悬剂和3.6%阔世玛处理区出现叶片发黄，生长缓慢现象。年后2月16号调查，各施药区新长出的叶片与对照相比无明显差异，叶色、叶状、株高生长正常。

5.3 春季施药效果分析 由附表（2）可以看出：春季施药，防治效果不明显，主要表现为对节节麦生长的抑制、也许是受春季温度低的影响，正常使用剂量下基本不会造成节节麦的死亡。只有在重复喷药（重度施药）区的情况下造成节节麦发黄停止生长的现象。小麦无药害产生，只是在个别地块，小麦有轻微发黄现象。通过对春季不同时间用药、不同用量用药田调查，同对照相比有以下几个显著的特点：

5.3.1 植株明显降低 对照田节节麦，株高一般在95~115cm，而处理区90%以上的节节麦株高为55~85cm，株高降低30~40cm，降低率为26.1%~42.1%。

5.3.2 成穗率明显减少 对照田节节麦每株平均成穗为4.2，2月29日施药田，每株平均成穗为3.1，成穗减少率为26.2%。

5.3.3 单株鲜重明显减少 2月29日用药（每亩25g阔世玛），对照鲜重26克/单株，处理鲜重8.8克/单株，鲜重防效67%；世玛鲜重防效75%。

6 总体防效评价

从示范田和试验田调查数据看，冬前应用3.6%阔世玛防治节节麦，能起到杀死杂草幼苗的作用，施药后45d株防效为73%，年后调查发现株防效达到90%以上，防治效果显著。同时对荠菜、播娘蒿有一定防治效果。春季（3月底前）施用阔世玛每亩25g防治节节麦，主要作用表现在对生长的抑制上，杂草没有明显死亡症状，我们认为防效差的原因有以下几种：

1. 施药时期偏晚，草龄过大。

2. 由于春季少雨造成施药时土壤墒情较差。

3. 施药时，温度较低，可能影响了药效的发挥。

是否加大药量或者用水量效果会更好，我们还会在以后的试验中继续观察。

7　小结

7.1　冬前施用阔世玛对麦田节节麦防除效果显著，并有兼治阔叶杂草的作用，建议大面积推广应用。每亩用量为25g，用水量每亩不少于30kg。

7.2　春季施用阔世玛或世玛防除麦田节节麦效果较差，仍有一定数量种子残留于田间，对翌年杂草繁殖仍造成一定隐患。如失去秋末防治机会，可在春季作为补救措施。应用阔世玛每亩25g为宜，世玛每亩30g为宜。

7.3　要严格按照阔世玛和世玛药剂说明书施药。秋末施药最低温度低于0℃施药后表现无效。春季地表解冻后用药愈早效果愈好，一般最迟应掌握在3月底以前，以防产生药害。

总体来讲，阔世玛在我省豫北麦田使用效果略优于世玛，提倡冬前用药。

附表1　3%世玛油悬剂与3.6%阔世玛防除冬小麦田禾本科杂草冬前试验调查表

施药时期：2007年11月22日

处理	种类	施药前	药后15d		药后30d		药后45d		鲜重防效	
		数量计量单位	数量计量单位	防效（%）	数量计量单位	防效（%）	数量计量单位	防效（%）	鲜重计量单位	鲜重防效%
3%世玛油悬剂30毫升/亩	节节麦	36	36		34	发黄	11	67.7	0.75	90.0
	播娘蒿	1	1		1					
	泽漆	5	5		5		4			
	猪殃殃	26	26		24		23			
	荠荠菜	1	1		1		1			
阔世玛25克/亩	节节麦	48	48		47	发黄	13	73	0.68	90.9
	播娘蒿	8	8	发黄	3		1	87.5		
	泽漆	7	7	发黄	6		2	71.4		
	猪殃殃	20	20	发黄	12	60	2	90		
	荠荠菜	5	5	发黄	1		0	100		
6.9%精噁唑禾草灵	荠荠菜		2	无变化	2	无变化				
	节节麦	40	40	无变化	40	无变化	32	20	6.2	18
	播娘蒿	14	14		14					
	猪殃殃	12	12		12					
	泽漆	4	4		4					
CK对照	节节麦	27	29	无变化	29	无变化	29		7.5	0
	播娘蒿	5	5	无变化	5	无变化	5			
	猪殃殃	23	23	无变化	23	无变化	23			
	泽漆	2	2	无变化	2	无变化	2			
备注	世玛、阔世玛年前节节麦防效较低大概由低温造成但基本抑制生长，年后逐渐死亡									

注：表中数据均为三次重复加权平均数。

附表二 3%世玛油悬剂与3.6%阔世玛防除冬小麦田禾本科杂草冬后试验调查表

施药时期：2008年2月29日

处理 \ 项目	种类	施药前 数量计量单位	药后15d 数量计量单位	药后15d 防效（%）	药后30d 数量计量单位	药后30d 防效（%）	药后45d 数量计量单位	药后45d 防效（%）	鲜重防效 鲜重计量单位	鲜重防效%
3%世玛油悬剂30毫升/亩	节节麦	13	13		13		8	39	6.5	75
	播娘蒿	4	4		4		4			
	泽漆	1	1		1		1			
	猪殃殃	16	16		16		16			
	荠荠菜	3	3		3		3			
阔世玛25克/亩	节节麦	18	18		17		14	23	8.8	67
	播娘蒿	7	7		5		3	58		
	泽漆	3	3		3		2			
	猪殃殃	19	17		12	37	2	90		
	荠荠菜	5	4		3	40	1	80		
6.9%精噁唑禾草灵	荠荠菜	1	2		2					
	节节麦	15	15		15		15		19.2	27
	播娘蒿	4	4		4					
	猪殃殃	22	22		22					
	泽漆	2	2		2					
CK对照	节节麦	11	11		11		11		26	0
	播娘蒿	4	4		4		4			
	猪殃殃	24	23		23		23			
	泽漆	2	2		2		2			
备注	世玛、阔世玛年后节节麦防效较低，但明显抑制其生长。									

呼和浩特地区啮齿动物群落动态

王利清 杨玉平* 侯希贤 董维惠

（中国农业科学院草原研究所 呼和浩特 010010）

生物群落（biotic community）是在一定地段或一定生境里的各种生物种群结合在一起的结构单元，某些生态学家把群落这个概念用于某一类生物的集合体[1]。生物群落随时间而不断地改变着，这种变化具有一定的顺序状态，亦即具有发展和演替的动态特征[2]。群落动态是群落在较短时间里的变化，在群落演替理论中并未涉及。群落动态的研究，有助于认识群落的结构和这些结构的过程。

啮齿动物群落中物种组成，个体数，生物量和物种多样性总是在变化，进而影响当地种群参数，一些物种在增加或侵入，另一些物种在减少或消失，因而啮齿动物群落的结构与组成处于不断变化过程中[10]。呼和浩特郊区境内有农田、栽培牧草、放牧地和林地等，是一个集自然和人工的混和生态系统。在1993年对该群落鼠类组成及动态进行过研究[13]表明：在这类生态系统中啮齿动物群落存在明显的演替，并未对群落多样性及其变化的周期性进行过研究，本文在此基础上对后续收集的啮齿动物群落的物种数、捕获率、群落多样性时间序列的资料进行总结报道。

1 自然概况与研究方法

1.1 自然概况 研究地点位于呼和浩特郊区"农业部沙尔沁乡牧草资源重点野外科学观测试验站"（原中国农业科学院草原研究所呼市试验场），地处东经 111°45′56″～111°47′06″，北纬 40°34′39″～40°35′41″，年平均温度 5.6～6.8℃，7 月极端最高 37.3℃，1 月极端最低-32.8℃，> 10℃的活动积温在 2700℃ 以上。年平均降水量 423～426mm，多集中在 7、8、9 三个月。无霜期 127～130d，初霜日一般出现在 9 月 15 日左右，终霜期出现在 5 月 12 日左右，具有典型的大陆性干旱气候。两个监测点分别在呼和浩特东南 30 km 和西南 40 km 处，两地相距约 50 km。境内有农田、栽培牧草、放牧地和林地等。

1.2 研究方法 1984—2004 年每年的 4～10 月每月中旬采用直线夹日法调查鼠的种类和数量，夹距 5 m，行距约 50 m。按照试验站及外围各类生境的大致比例进行样地的选择，每个月在试验站农田、苜蓿地各随机布放 400 夹日，柠条地、小树林和撂荒地随机布放 400 夹日，试验站外围农田随机布放 400 夹日，合计 1 600 夹日，以花生米做诱饵，记录捕获啮齿动物的种类和数量，以每种鼠占群落数量的百分比表示种群的相对比例，捕获的鼠进行测量、称重，解剖并记录相关的繁殖情况。

对不同年度中啮齿动物群落多样性指标采用以下方法测度：

丰富度指数（Richness index）采用 Margalef （1958）介绍的方法，计算公式为：

$$R=（S-1）/\ln N,$$

式中 R 为群落物种丰富度指数，S 为物种数，N 为群落中所有物种个体数。

群落多样性指数（Diversity index）采用 Shannon-Wiener 指数（Putman and Wratten，1984），

$$H=-\sum P_i \ln P_i$$

式中 H 为多样性指数，P_i 为 i 个体在群落中的比例。

均匀性指数（Evenness index）采用 Pielou （1969）指数（Putman and Wratten，1984），

$$J=H/H_{max}, \quad H_{max}=\ln S$$

式中 J 为均匀性指数，H 为多样性指数，S 为物种数。

生态优势度指数（Dominance index），采用 Simpson 指数（Putman and Wratten，1984），

$$D=\sum （P_i）^2$$

式中 D 为生态优势度指数，P_i 为 i 个体在群落中的比例。

2 结果与分析

2.1 啮齿动物群落组成 在 21 年的夹捕中共计布放 330 897 个夹日，共捕获鼠 10 495 只，经鉴定隶属 4 科 8 种，主要包括黑线仓鼠（*Cricetulas barabeses*）、五趾跳鼠（*Allactaga sibirica*）、子午沙鼠（*Meriones meridianus*）、小家鼠（*Mus musculus*）、达乌尔黄鼠（*Citellus dauricus*）、褐家鼠（*Rattus norvegicus*）、小毛足鼠（*Phodopus roberovskii*）、长爪沙鼠（*Meriones unguiculatus*）。图 1 列出了该群落的组成结构。

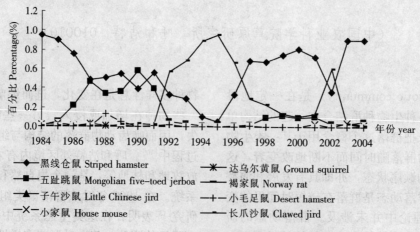

图 1 1984—2004 年啮齿动物群落组成种百分比

Fig. 1 Percentage of species of rodent community composion in 1984—2004

图1表明，黑线仓鼠和五趾跳鼠在21年中均能捕到，且黑线仓鼠、长爪沙鼠、五趾跳鼠占群落比例较大，是群落的主要种群，决定群落的主要特征。从图1中可以看出，黑线仓鼠所占群落百分比最高峰正好是长爪沙鼠百分比的最低谷，相反长爪沙鼠的最高峰也是黑线仓鼠的最低谷。对1984—2004年每年群落各鼠种百分比构成的方阵进行Pearson相关分析，发现黑线仓鼠和长爪沙鼠呈极显著负相关（R＝−0.813 17，P＜0.000 1），五趾跳鼠与长爪沙鼠呈显著负相关（R＝−0.522 73，P＜0.05），五趾跳鼠与黑线仓鼠呈负相关，未达到显著水平，相关系数极低。

以每年各鼠种对当年群落的影响程度来看，在21年中群落的全部8个物种中，只有黑线仓鼠和长爪沙鼠所占群落百分比的年间变动与整个群落之间达到了显著性相关（Pearson）。说明黑线仓鼠和长爪沙鼠是该地区的优势种，五趾跳鼠为常见种，其余5种鼠为偶见种。

2.2 6个变量年间变动特点

2.2.1 群落物种数
图2显示，1986年、1989年啮齿动物群落组成种最高，由7种组成，1987年、1988年、1992年、2004年啮齿动物群落组成种次之，由6种组成，1994—1996年，1998年、2000年、2002年啮齿动物群落组成种最低，仅为3。由此可知，种类组成较高和较低的年份相对集中，甚至在连续的年份出现。在21年中群落的全部8个物种中，只有子午沙鼠、长爪沙鼠和达乌尔黄鼠所占群落百分比与群落物种数之间的年间变动达到了显著性相关（见图1），从而最能反映群落物种数年间变动的特点。由此可见，子午沙鼠、长爪沙鼠和达乌尔黄鼠对群落物种数的作用是明显的。

2.2.2 群落捕获率
从图3趋势线明显的看出，群落捕获率变动曲线呈现双峰型，第一高峰出现在1984年，第二高峰出现在1994年，也正好分别是黑线仓鼠或长爪沙鼠处在变动的最高峰（见图1）；第一低谷出现在1988年，第二低谷出现在2000年，正是长爪沙鼠处在变动的最低谷（见图1），大致可以看出，两个高峰或两个低谷（一个周期）出现的年份相距10～12年。由此可得，群落高峰的出现是黑线仓鼠和长爪沙鼠综合作用的结果，群落低谷的出现则仅由长爪沙鼠决定，说明长爪沙鼠对群落的影响更大，并且对群落周期性变化的形成具有决定作用。

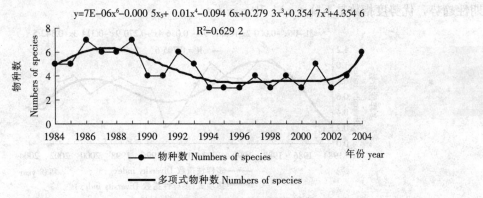

$$y=7E-06x^6-0.000\ 5x_5+0.01x^4-0.094\ 6x+0.279\ 3x^3+0.354\ 7x^2+4.354\ 6$$
$$R^2=0.629\ 2$$

图2 1984—2004年呼和浩特地区啮齿动物群落物种数时间序列

Fig. 2 Dynamics of numbers of species of rodent communities in Huhhot areas（1984—2004）

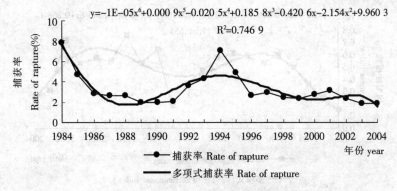

$$y=-1E-05x^6+0.000\ 9x^5-0.020\ 5x^4+0.185\ 8x^3-0.420\ 6x-2.154x^2+9.960\ 3$$
$$R^2=0.746\ 9$$

图3 1984—2004年呼和浩特地区啮齿动物群落捕获率时间序列

Fig. 3 Dynamics of rate of rapture of rodent communities in Huhhot areas（1984—2004）

2.2.3 群落丰富度 丰富度指数（见图4）1989年达最大值，为1.0233，1986年、2004年较大，分别为0.9772、0.9343，1994年、1995年最小，分别为0.2858、0.2872。从21年的变动趋势来看，1984—1987年为上升趋势，1989—1994年为下降趋势，1995—2001年变化趋势不明显，2002—2004年又为上升趋势。这与啮齿动物群落组成种的变化趋势（见图2）是一致的，经回归分析，二者具有极显著正相关（$r=0.9749$，$p<0.0001$）。所以，在21年中群落的全部8个物种中，也只有子午沙鼠、长爪沙鼠和达乌尔黄鼠所占群落百分比与群落的丰富度指数之间的年间变动达到了显著性相关（见图1），由此可见，子午沙鼠、长爪沙鼠和达乌尔黄鼠对群落的丰富度指数作用是明显的。

$$y=2E-06x^6-0.000\ 1x^5+0.002\ 9x^4-0.030\ 4x^3+0.129x^2-0.129\ 3x+0.651\ 5$$
$$R^2=0.674\ 5$$

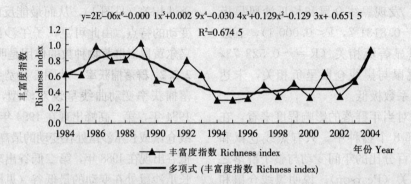

图4 1984—2004年呼和浩特地区啮齿动物群落丰富度时间序列

Fig. 4 Dynamics of richness index of rodent communities in Huhhot areas（1984—2004）

2.2.4 群落多样性、均匀性和优势度 图5、图6、图7可以看出，21年中总体上表现为多样性指数、均匀性指数呈上升——下降——上升——下降的周期性趋势，优势度指数是下降——上升——下降——上升的周期性趋势。大致可以看出，多样性指数、均匀性指数、优势度指数上升或下降的连续变动趋势在4～5年。

$$y=3E-06x^6-0.000\ 2x^5+0.004\ 9x^4-0.056\ 4x^3+0.270\ 9x^2-0.314\ 3x+0.342\ 5$$
$$R^2=0.705\ 6$$

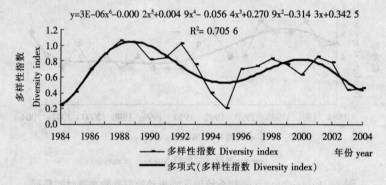

图5 1984—2004年呼和浩特地区啮齿动物群落多样性时间序列

Fig. 5 Dynamics of diversity index of rodent communities in Huhhot areas（1984—2004）

$$y=2E-06x^6-0.000\ 1x^5+0.002\ 9x^4-0.033\ 6x^3+0.170\ 4x^2-0.245\ 8x+0.268\ 1$$
$$R^2=0.655\ 2$$

图6 1984—2004年呼和浩特地区啮齿动物群落均匀性时间序列

Fig. 6 Dynamics of evenness index of rodent communities in Huhhot areas（1984—2004）

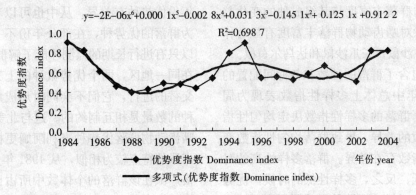

$$y=-2E-06x^6+0.000\ 1x^5-0.002\ 8x^4+0.031\ 3x^3-0.145\ 1x^2+0.125\ 1x+0.912\ 2$$
$$R^2=0.698\ 7$$

图7　1984—2004年呼和浩特地区啮齿动物群落优势度时间序列

Fig. 7　Dynamics of dominance index of rodent communities in Huhhot areas（1984—200）

图5、6、7同时显示，只有在多样性指数、均匀性指数同时达到较低水平时，优势度指数达较高值，如1984年、1995年、2003年和2004年。反之，多样性指数、均匀性指数同时达到较高水平时，优势度指数达较低值，如1987年、1988年、1992年和2002年。经回归分析可知，多样性指数与均匀性指数呈正相关，未达显著水平，多样性指数与优势度指数呈极显著负相关（$r=-0.952\ 0$，$p<0.000\ 1$），均匀性指数与优势度指数也呈极显著负相关（$r=-0.734\ 0$，$p<0.000\ 1$）。

群落内各生态学变量的时间序列如果足够长，一般都可能具有反映该变量长期运动的趋势[23]。从6个变量21年间的变动趋势方程（见图7）可以看出，捕获率和多样性指数的变动趋势拟合方程相关系数在0.7以上，物种数、丰富度指数、均匀性指数和优势度指数的变动趋势拟合方程相关系数在0.629 2～0.698 7，拟合效果较好。基本反映了21年的实际变化情况。

2.3 优势鼠种在形成群落个体数中的作用

从1984—2004年21年整体看来，黑线仓鼠和长爪沙鼠是该群落的两个优势种，它们各自所占群落百分比的年间变动序列见图1。从1992年开始到2000年，长爪沙鼠在该群落的个体数中所占比例先越来越大，在1995年达最大值，1995年后越来越小，而黑线仓鼠则先越来越小，在1995年达最小值，1995年后越来越大，2001—2003年黑线仓鼠和长爪沙鼠所占群落百分比也是此大彼小，二者和的比例较高且相对平稳，在0.864 6～0.999 1之间变动。其它年份黑线仓鼠和五趾跳鼠的比例和较高，且二者所占群落百分比也是此大彼小，在0.852 0～0.972 0之间变动。

3　讨论

3.1 年间变动

动物群落首要反映的是生物地理特征和种的区域特征，但是许多物种所依赖的环境条件和生境质量的那些因子影响生活在某一特定斑块内群落的丰富度和稳定性[23]。人的干扰可以改变栖息地的环境条件和生境质量，呼和浩特地区属于大陆性干旱气候，降雨和食物资源相对匮乏，啮齿动物群落物种数变动较大，但处于自然和人工的混合生态系统中，受人为干扰较为严重，现代生态学家普遍认为中等程度的干扰能维持高的多样性，本研究自1984年起，在鼠密度调查地段境内栽培牧草和农田作物已经更换过数次，频繁的人为干扰会使群落的物种多样性维持在较低的水平。

群落组成是影响群落特征的一个明显的因素[2]。在栖息地斑块水平上，物种的聚集是许多因子（如生物和非生物因子）和在不同空间和时间尺度上活动的生态过程的结果[24,25]，诸如竞争、捕食、食物资源、景观的开放性和不稳定性共同作用选择能维持种群的物种[23]。在景观中一年内个体的移动可能根据生物的需求，资源的空间分布等的变化而变化，这样随着季节的更替可能改变了当地物种组成的结构和种的丰富度[26]。进而影响年间群落物种组成结构和种的丰富度。在呼和浩特地区啮齿动物群落中，首先，所有物种从未同时出现在群落中，每年最少时只有3个种，最多时仅为7个种。其次，只有黑线仓鼠和五趾跳鼠每年都出现，其余物种都有零捕获率发生，如21年整体看来，长爪沙鼠是该群落的优势种，但在1984年到1989年出现连续零捕获率的情况。子午沙鼠、长爪沙鼠和达乌尔黄鼠因其变化明显成为群落物种数多少的主要决定因子。啮齿动物群落丰富度与其组成种的变化趋势是一致的．所以对啮齿动物群落丰富度有显著作用的鼠种也是子午沙鼠、长爪沙鼠和达乌尔黄鼠。

多样性指数包含了群落的种数和各种间配置的均匀性程度，21 年中总体上多样性指数表现为周期性的变化趋势。群落的多样性指数决定均匀性指数，但各年物种数的差异，导致群落均匀性指数变化趋势与多样性指数存在差异。群落多样性高的时候，优势度反而低；反之，多样性低的时候，优势度反而高。这是由于描述群落物种多样性的 Shannon-Weiner 指数来源于信息论，因而它对群落中的稀有种较为敏感；相反，生态优势度的 Simpson 指数借用了概率论的方法从而对群落中的优势种和普通种较为敏感。群落均匀性与优势度的关系同多样性与优势度的关系，即均匀性高的时候，优势度低；反之，均匀性低的时候，优势度高。说明各年物种的差异对群落优势度的作用影响不明显，这与群落物种的变化主要表现为稀有种相一致。

群落的周期性变动，引起了群落中物种组成和数量上的更迭升降[2]。本项研究表明啮齿动物群落捕获率变动周期为 10～12 年，多样性指数、均匀性指数、优势度指数上升或下降的连续变动趋势在 4～5 年，即一个周期为 8～10 年。表明数量变化与各指数参量变化异同：一、周期较为接近；二、群落种类、种数、各种间数量分配状况的差异使群落多样性、均匀性、优势度变化的周期缩短。

3.2 优势鼠种的作用　整个调查研究期间，群落 8 个组成物种在每年并不同时出现，唯黑线仓鼠和五趾跳鼠每年均能捕获到，21 年总体看来，黑线仓鼠占整个群落的 0.502 3，成为绝对的优势种，五趾跳鼠仅为 0.118 0，长爪沙鼠虽在部分年份中未捕获到，但总体占整个群落的 0.356 3，所以只有黑线仓鼠和长爪沙鼠总体捕获数量与群落总数量之间的年间变动达到了显著性相关（Pearson），说明这两种鼠从数量上维持了整个群落与生境所能提供的生产力水平之间的平衡，即总体来看，黑线仓鼠和长爪沙鼠是群落的优势种。此外，长爪沙鼠所占群落的百分比对黑线仓鼠和五趾跳鼠二者各自所占群落的百分比、群落物种数的作用是明显的。这表明作为优势种的长爪沙鼠除了在群落量的方面占绝对优势，还影响着群落各组成种之间的相对比例、物种数。这与川西平原农田啮齿动物群落优势种大足鼠的作用较为相似。群落的优势种决定群落的主要特征，21 年的资料同时显示，群落在不同年份优势种有差异，从中也可以看出，总体看来成为群落的优势种，在部分年份不一定为优势种，所以只有进行长期的监测才能了解群落的特征。此外，在同一地区，两个优势鼠种的上升和下降，总是在交替的进行，它们不会同时形成危害，两个优势鼠种的数量是相互制约的。这与北美 Chihuahuan 荒漠啮齿动物群落优势种麦利阿姆更格卢鼠和旗尾更格卢鼠的特点较为相似，从 1981 年开始，麦利阿姆更格卢鼠在该群落的个体数中所占比例越来越大，旗尾更格卢鼠则越来越小，二者和的比例则相对平稳，仅在 57%～79% 之间变动[6]。

本项研究在内蒙古呼和浩特东南到西南地区大范围的人工和半人工生态系统中进行，多年的农牧交错作业造就了特殊的环境条件和生境质量，此外，该地区气候的季节性变化很明显，导致啮齿动物群落结构季节性差异很显著，本文仅选取群落年间动态的特征进行研究，主要是为了说明啮齿动物群落多年的变化特征，并不否认其季节性差异，正是每年 4～10 月各个季节的综合反应。多年研究表明，每年的 4～10 月每月中旬采用直线铗日法调查鼠的种类和数量，连续铗捕捕杀不会降低鼠类种群数量，也不可能使群落结构发生改变。这是因为该研究取样范围较大，每次取样随机进行，在 4～10 月份啮齿动物活动较为频繁且便于野外调查作业。

参考文献

[1] Sun R Y. Principles of Animal Ecology. Beijing：Beijing Normal University Press, 1987. 387, 398

[2] Zhao Z M, Guo Y Q. Principle and Method for Community Ecology. Chongqing：Chongqing Branch of Science Technical and Document Press, 1990. 223～227

[3] Zhu G Y. Community dynamics and geographical distribution of rodents in Zhejiang province. Chinese Journal of Ecology, 1984，(1)：19～23

[4] Mi J C, Xia L X, Wu Z R, et al. Studies on succession of rodent community of desert steppe in northern areas of Inner Mongolia. Chin J Vector Bio & Control, 2003, 14 (6)：464～465

[5] Li Z L, Liu T C. Annual cycle of Brandt's vole (Microtus brandti) and succession of rodent community in Xilinguole grasslands. Zoological Research, 1999, 20 (4)：284～287

[6] Zeng Z Y. Dynamics of the rodent community in the Chihuahuan Desert of north America Ⅰ. Interannual fluctuations and trends. Acta Theriologica Sinica, 1994,

14（1）：24～34

[7] Zeng Z Y，Yang Y M，Song Z M. Dynamics of the rodent community in the chihuahuan desert of north America. Acta Theriologica Sinica，1994，14（2）：100～107

[8] Ma J，Yan W J，Li Q F，et al. Composition and Diversity of Rodent Community in quercus liaotungensis Forest in Dongling Mountain Area. Acta Zoologica Sinica，2003，38（6）：37～41

荒漠啮齿动物群落格局年间变动趋势

王利清[1]　武晓东[1]　付和平[1]　甘红军[2]

（1. 内蒙古农业大学生态环境学院　呼和浩特　0100191
2. 内蒙古阿拉善盟草原工作站　巴彦浩特　750306）

　　荒漠啮齿动物群落是群落生态学研究中重要的模型系统，一直被受广泛关注[1]。群落格局指生物在环境中分布及其与周围环境之间的相互关系所形成的结构，包括群落的时间格局和空间格局。群落的时间格局是群落的动态特征之一，它包括的内容之一是由自然环境因素的时间节律所引起的鼠类群落在时间结构上相应的周期性变化。

　　人为的干扰活动可直接或间接地改变生物群落间的相互关系，导致自然生境的变化，从而对动物群落和系统功能产生重大影响。人为干扰导致自然栖息地破碎化过程中生物群落格局的变化已有许多报道[2]。阿拉善荒漠属我国西北典型的干旱脆弱生态系统，生物群落结构相对简单，啮齿动物占有重要地位。因此了解荒漠啮齿动物群落数量和生物量的变动特征是认识荒漠生态系统结构的重要内容之一，也是探讨荒漠啮齿动物生态系统功能的前提。钟文勤、戴昆（2001）、胡德夫（1999）、曾宗永（1999）、武晓东（1999，2006）、米景川（2003）等已对荒漠生态系统进行过一些研究。但在阿拉善荒漠尚缺乏对于啮齿动物群落多年变化特征的研究。近年来，由于人为活动的加剧，加速了沙漠化的进程，因此，对阿拉善荒漠啮齿动物群落格局变化的研究有助于深入了解荒漠生态系统的结构与功能，草地退化的生态机制，同时对退化生态系统的恢复与重建及鼠害的综合防治工作也有重要意义。

　　当今有关生态学中的格局—过程—尺度理论集中了大量有关啮齿动物群落的研究[8~13]。干扰与格局之间的联系是非常紧密的，干扰总是作用于一定的格局，并通过格局的变化而表现出来[14]。通过对人为不同干扰方式下荒漠啮齿类群落数量和生物量格局之间相同和相异特征的时间序列比较分析，有助于深入理解不同干扰方式下荒漠啮齿动物群落格局形成的过程。

1　研究区自然概况

　　研究地位于内蒙古阿拉善左旗南部的天然荒漠景观中，阿拉善荒漠区行政区属内蒙古自治区的阿拉善盟，地理坐标为东经104°10′～105°30′，北纬37°24′～38°25′，地处腾格里沙漠东缘。植被稀疏，结构单调，覆盖度低，一般仅1%～20%。植物种类贫乏，主要以旱生、超旱生和盐生的灌木、半灌木、小灌木和小半灌木为主，多年生优良禾本科牧草和豆科牧草较少。建群植物以藜科、菊科和蒺藜科为主，其次为蔷薇科、柽柳科。地形起伏不平，丘陵、沙丘与平滩相间。气候为典型的高原大陆性气候，冬季严寒、干燥，夏季酷热，昼夜温差大，极端最低气温−36 ℃，最高气温42 ℃。年平均气温8.13 ℃，无霜期156d。年降水量45～215mm，极不均匀，主要集中在7～8月。年蒸发量3 000～4 700mm。土壤为棕漠土淋溶作用微弱，土质松散、瘠薄，表土有机质含量1%～115%，含有较多的可溶性盐。

　　依据该地区对草地利用方式的不同，选择4种不同干扰方式的生境布设样地。4种不同生境条件状况如下：

1.1　开垦区，在原生植被基础上，1994年开垦。植被主要以人工种植的梭梭（*Haloxylon ammo-*

dendron）、沙拐枣（*Calligonum mongolicum*）、花棒（*Hedysarum scoparium*）等半灌木和多年生牧草紫花苜蓿（*Medicago sativa*）等为主，伴生有小蓬（*Nanophyton erinaceum*）、雾滨藜等一年生杂类草，植被盖度可达 65%。土壤为灰漠土，水分含量 2.77%～10.58%。

1.2 轮牧区，在原生植被基础上，1995 年开始采取围栏轮牧的利用方式，轮牧小区的放牧间隔期为一个月。植被以霸王建群，其次为红砂、刺叶柄棘豆（*Oxytropis aciphylla*）等多年生小灌木，伴生有骆驼蓬（*Peqanum nigellastrum*）、雾滨藜等一年生植物，植被盖度 24.5%。土壤为灰漠土，水分含量 2.46%～9.32%。

1.3 过牧区，在原生植被基础上，自由放牧利用，而且是全年连续放牧。植被以白刺（*Nitraria ssp.*）、霸王建群，伴生有红砂、刺叶柄棘豆、糙隐子草等多年生植物和绵蓬（*Suaeda glauca*）、条叶车前（*Plantago lessingii*）等一年生植物，植被盖度较低为 8.5%。土壤为灰漠土，表面严重沙化，水分含量 4.66%～12.46%。

1.4 禁牧区，在原生植被基础上，自 1997 年开始围封禁牧，到本研究开始的 2002 年已禁牧 5 年以上，植被以红砂（*Reaumuria soongorica*）、珍珠（*Salsola passerina*）建群，其次为霸王（*Zygophyllum pterocarpum*）、驼绒藜（*Ceratoides latens*）、狭叶锦鸡儿（*Caragana stenophylla*）、油蒿

（*Artemisia ordosica*）等小灌木，草本以白草（*Pennisetum flaecidum*）为优势种，其次为糙隐子草（*Cleistogenes squarosa*），伴生有雾滨藜（*Bassia dasyphylla*）等植物，植被盖度较高为 29.5%。土壤为灰漠土，水分含量 4.40%～8.22%。

2 研究方法

2002—2007 年每年的 4～10 月份在阿拉善荒漠区的典型地区，选择了 4 种不同干扰方式的生境，分别为开垦区、轮牧区、过牧区和禁牧区，研究啮齿动物群落的变动趋势，在每种干扰方式的地段设计了标志流放区，面积为 0.96 hm²，采用标志重捕法，笼距和行距为 15m ×15m，每月连捕 4d。同时为保证笼捕取样和铗捕取样互不影响，在 4 种不同干扰方式的生境中另外选择了 4 条线路（每条线路面积约 10km²）取样，采用铗日法调查，每条线路布设 4 个样地，每个样地面积 10 hm²，布放 500 铗日，铗距 5m、行距 50m，每条线路共布放 2000 铗日，取样时间为每年的 4、7、10 月份。

1 人为不同干扰方式下啮齿动物群落数量格局的年度变动趋势

2002—2007 年 4 种不同干扰方式线路样地和标志样地啮齿动物群落组成的鼠类数量的捕获量比例年度变动趋势如表 1，对表 1 进行分析见图 1、图 2。

表 1 阿拉善荒漠人为不同干扰方式下啮齿动物群落组成数量年度变动特征（2002—2007 年）

Table 1 The features of component numbers annal changed of rodent communities under different disturbance in Alashan desert（2002—2007）

样地类型	生境 Habitat	年份 Year					
		2002	2003	2004	2005	2006	2007
线路样地	开垦区	0.264	0.314	0.257	0.243	0.228	0.266
	轮牧区	0.199	0.268	0.244	0.211	0.188	0.239
	过牧区	0.302	0.171	0.221	0.281	0.353	0.277
	禁牧区	0.235	0.247	0.278	0.264	0.231	0.218
	Σ	1.000	1.000	1.000	1.000	1.000	1.000
标志样地	开垦区	0.202	0.236	0.220	0.259	0.189	0.221
	轮牧区	0.303	0.258	0.172	0.151	0.227	0.290
	过牧区	0.259	0.243	0.300	0.392	0.193	0.168
	禁牧区	0.237	0.263	0.308	0.199	0.391	0.320
	Σ	1.000	1.000	1.000	1.000	1.000	1.000

注：表中数据为捕获量比例 The data are ratios of numbers captured of rodent above table；开垦区 Farmland area；轮牧区 Rotational grazing area；过牧区 Over grazing area；禁牧区 Prohibited-grazing area.

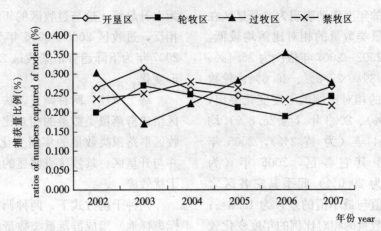

图 1　阿拉善荒漠人为不同干扰方式下线路样地啮齿动物群落
组成数量年度变动特征（2002—2007 年）

Fig. 1　The features of component numbers annal changed of rodent communities under different disturbance in line sites in Alashan desert（2002—2007）

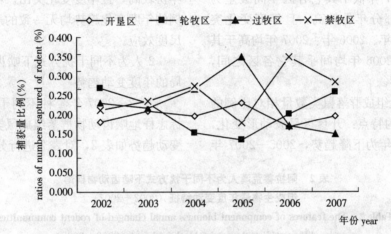

图 2　阿拉善荒漠人为不同干扰方式下标志样地啮齿动物群落
组成数量年度变动特征（2002—2007 年）

Fig. 2　The features of component numbers annal changed of rodent communities under different disturbance in marking sites in Alashan desert（2002—2007）

从不同干扰方式下各区线路样地群落组成的鼠类数量年度变化看（见表 1，图 1），在 6 年中 4 种不同干扰区鼠类群落的年度变动表现为：开垦区在 6 年中，其组成群落鼠类数量的相对比例均较高，2002—2007 年依次为 26.4%、31.4%、25.7%、24.3%、22.8%、26.6%；轮牧区组成群落鼠类数量的相对比例均较低，且 2002 年（为 19.9%）、2005 年（为 21.1%）、2006 年（为 18.8%）均低于其它各区；过牧区组成群落鼠类数量的相对比例的年度变化较突出，2002 年（为 30.2%）、2005—2007 年（依次为 28.1%、35.3%、27.7%）均高于其它各区，2003 年（为 17.1%）、2004 年（为 22.1%）则均低于其它各区，级差为 18.2%；禁牧区年度变化不明显，6 年中组成群落鼠类数量的

相对比例最大值出现在 2004 年，为 27.8%，最小值出现在 2007 年，为 21.8%，级差仅为 6%，大部分年份组成群落鼠类数量的相对比例均间于其它各区。

6 年中线路样地组成群落鼠类数量相对比例的年度变化趋势表现的特点：开垦区、轮牧区 2002—2003 年均为上升趋势，2003—2006 年均为下降趋势，2006—2007 年均为上升趋势，这与过牧区的年间变化趋势正好相反，过牧区 2002—2003 年为下降趋势，2003—2006 年为上升趋势，2006—2007 年为下降趋势，禁牧区 2002—2004 年为上升趋势，2004—2007 年为下降趋势。

从不同干扰方式下各区标志样地群落组成的鼠类数量年度变化看（见表 1，图 2），在 6 年中 4 种不同干扰区鼠类群落的年度变动表现为：开垦区在6年中，其组成群落鼠类数量的相对比例均较低，且年度变化不明显，2002—2007年依次为26.4%、31.4%、25.7%、24.3%、22.8%、26.6%；轮牧区组成群落鼠类数量的相对比例的年度变化突出，且2002年（为30.3%）、2003年（为25.8%）均高于其它各区，2004年（为17.2%）、2005年（为15.1%）均低于其它各区，2006年（为22.7%）、2007年（为29.0%）间乎其它各区之间，年间级差（最大值与最小值的差）为15.2%；过牧区组成群落鼠类数量的相对比例的年度变化较突出，2002年（为25.9%）、2003年（为24.3%）、2004年（为30.0%）、2006年（为19.3%）均间乎其它各区之间，2005（为39.2%）高于其它各区，2007年低于其它各区年间级差为22.4%；禁牧区大部分年份较高，且年度变化突出，2003年、2004年、2006年、2007年均高于其它各区，2002年、2006年均间乎其它各区之间，但年间级差为19.2%。

6年中标志样地组成群落鼠类数量相对比例的年度变化趋势表现的特点：开垦区呈波动形变化，轮牧区2002—2005年为下降趋势，2005—2007年

为上升趋势，这与过牧区的年间变化趋势几乎正好相反，过牧区2003—2005年为上升趋势，2005—2007年为下降趋势，禁牧区2003—2007年呈波动形变化。

综上所述，两种调查方法均显示不同年度过牧区组成群落鼠类数量的相对比例突出；轮牧区与过牧区群落鼠类数量的年间变化趋势几乎正好相反，并与开垦区、禁牧区有明显的差别。体现了明显的干扰效应。

同种干扰方式下，两种调查方法（线路样地和标志样地）组成群落鼠类数量的相对比例年度变化表现为：线路样地开垦区较高，轮牧区较低，禁牧区年度变化不明显；标志样地开垦区较低，且年度变化不明显，轮牧区年度变化突出，禁牧区大部分年份较高，且年度变化突出。群落鼠类数量相对比例的年度变化趋势均无一致的规律。体现了一定的尺度效应。

2 人为不同干扰方式下啮齿动物群落生物量格局的年度变动趋势

2002—2007年4种不同干扰方式线路样地和标志样地啮齿动物群落组成鼠类生物量比例的年度变动趋势如表2，对表2进行分析见图3、图4。

表2　阿拉善荒漠人为不同干扰方式下啮齿动物群落
组成生物量年度变动特征（2002—2007）

Table 2　The features of component biomass annal changed of rodent communities
under different disturbance in Alashan desert（2002—2007）

样地类型	生境 Habitat	年份 Year					
		2002	2003	2004	2005	2006	2007
线路样地	开垦区	0.211	0.324	0.283	0.267	0.221	0.315
	轮牧区	0.217	0.233	0.215	0.223	0.199	0.223
	过牧区	0.356	0.199	0.266	0.280	0.359	0.233
	禁牧区	0.217	0.244	0.236	0.231	0.221	0.230
	Σ	1.000	1.000	1.000	1.000	1.000	1.000
标志样地	开垦区	0.179	0.157	0.252	0.269	0.171	0.205
	轮牧区	0.274	0.274	0.146	0.143	0.221	0.294
	过牧区	0.307	0.276	0.335	0.391	0.285	0.210
	禁牧区	0.240	0.293	0.267	0.197	0.323	0.291
	Σ	1.000	1.000	1.000	1.000	1.000	1.000

2.1.1　人为不同干扰方式下线路样地啮齿动物群落生物量格局的年度变动趋势　从不同干扰方式下各区线路样地群落组成的鼠类生物量年度变化看（见表2，图3），在6年中4种不同干扰区鼠类群

落的年度变动表现为：开垦区在6年中，其组成群落鼠类生物量的相对比例大部分年份均较高，2003—2007年依次为32.4%、28.3%、26.7%、22.1%、31.5%；轮牧区组成群落鼠类生物量的相

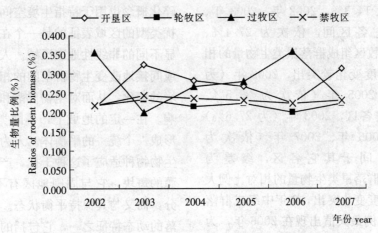

图3 阿拉善荒漠人为不同干扰方式下线路样地啮齿动物群落
组成生物量年度变动特征（2002—2007）

Fig. 3 The features of component biomass annal changed of rodent communities
under different disturbance in line sites in Alashan desert（2002—2007）

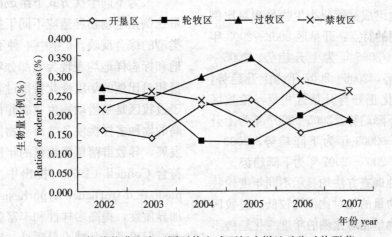

图4 阿拉善荒漠人为不同干扰方式下标志样地啮齿动物群落
组成生物量年度变动特征（2002—2007）

Fig. 4 The features of component biomass annal changed of rodent communities
under different disturbance in marking sites in Alashan desert（2002—2007）

对比例均较低，且2004—2007年均低于其它各区，依次为21.5%、22.3%、19.9%、22.3%；过牧区组成群落鼠类生物量的相对比例的年度变化较突出，2002年（为35.6%）、2005年、2006年（依次为28.0%、35.9%）均高于其它各区，2003年（为19.9%）低于其它各区，2004年、2007年（依次为26.6%、23.3%）均间于其它各区，级差为16%；禁牧区年度变化不明显，6年中组成群落鼠类生物量的相对比例最大值出现在2003年，为24.4%，最小值出现在2002年，为21.7%，级差仅为2.7%，组成群落鼠类生物量的相对比例均间于其它各区。

6年中线路样地组成群落鼠类生物量相对比例的年度变化趋势表现的特点：开垦区、禁牧区

2002—2003年均为上升趋势，2003—2006年均为下降趋势，2006—2007年均为上升趋势，这与过牧区的年间变化趋势正好相反，过牧区2002—2003年为下降趋势，2003—2006年为上升趋势，2006—2007年为下降趋势，轮牧区呈波动型变化。

2.1.2 人为不同干扰方式下标志样地啮齿动物群落生物量格局的年度变动趋势 从不同干扰方式下各区标志样地群落组成的鼠类生物量年度变化看（见表2，图4），在6a4种不同干扰区鼠类群落的年度变动表现为：开垦区在6年中，其组成群落鼠类生物量的相对比例均较低，2002—2007年依次为17.9%、15.7%、25.2%、26.9%、17.1%、20.5%；轮牧区组成群落鼠类生物量的相对比例大部分年份均较低，且2004—2005年均低于其它各

区，依次为 14.6%、14.3%，2002 年、2003 年、2006 年均间乎其它各区间，依次为 27.4%、27.4%、22.1%；过牧区组成群落鼠类生物量的相对比例的较高，且年度变化较突出，2002 年（为 30.7%）、2004 年、2005 年（依次为 33.5%、39.1%）均高于其它各区，2003 年（为 27.6%）低于其它各区，2006 年、2007 年（依次为 28.5%、21.0%）均间于其它各区，级差为 18.1%；禁牧区组成群落鼠类生物量的相对比例大部分年份较高，且年度变化突出，6 年中组成群落鼠类生物量的相对比例最大值出现在 2006 年，为 32.3%，最小值出现在 2005 年，为 19.7%，级差为 12.6%，其它年份变化不明显，2002 年为 24.0%，2003 年为 29.3%、2004 年为 26.7%、2007 年为 29.1%。

6 年中标志样地组成群落鼠类生物量相对比例的年度变化趋势表现的特点：开垦区 2002—2003 年为下降趋势，2003—2005 年为上升趋势，2005—2006 年均为下降趋势，2006—2007 年为上升趋势，禁牧区 6 年间的变化正好与开垦区相反，轮牧区 2002—2005 年均为下降趋势，2005—2007 年为上升趋势，过牧区 2002—2003 年为下降趋势，2003—2005 年为上升趋势，2005—2007 年为下降趋势。

综上所述，两种调查方法均显示不同年度轮牧区组成群落鼠类生物量的相对比例均较低，过牧区突出；群落鼠类生物量相对比例的年度变化趋势不同干扰方式下均有明显的差别。体现了一定的干扰效应。

同种干扰方式下，两种调查方法（线路样地和标志样地）组成群落鼠类生物量的相对比例年度变化表现为：线路样地开垦区较高，禁牧区变化不明显；标志样地开垦区较低，禁牧区较高，且年度变化突出。群落鼠类生物量相对比例的年度变化趋势标志样地开垦区与过牧区相似，与禁牧区相反；线路样地开垦区与禁牧区相似，与过牧区相反。体现了一定的尺度效应。

3　讨论

在景观生态中，生境破碎化是指在人为活动和自然干扰下，大块连续分布的自然生境被其它非适宜生境—基质分隔成许多面积较小的斑块（片断）的过程。干扰所形成的景观破碎化将直接影响到物种在生态系统中的生存和生物多样性保护。生境破

碎化概念也用于特指生境空间格局的改变。不同干扰类型的区域表征的是一个在外观上与周围环境明显不同的非线性地表区域。人为的干扰活动可直接或间接地改变生物群落间的相互关系，导致自然生境的变化，从而对生物群落和系统功能产生重大影响。在一定的地域上，不同类型的斑块镶嵌其中，形成一个统一的平衡体。人为干扰形成的斑块中的生物物种适应了这种干扰，产生了有独特环境或资源的斑块，它与周围地区有不同的物种结构和成分，而又与其保持平衡状态。群落的时间格局是群落的动态特征之一，它包括的内容之一是由自然环境因素的时间节律所引起的群落各物种在时间结构上相应的周期性变化。不同的时间和空间尺度物种的聚集是许多因子和生态过程作用的结果。

人为不同干扰方式下组成群落鼠类数量的捕获量比例是生物物种适应不同干扰斑块并对相应干扰类型的综合反映。6 年中 4 种不同干扰方式线路样地和标志样地均表现为大部分年份组成群落鼠类数量相对比例的年度变化特征过牧区较突出，原因在于过牧区是啮齿动物生境破碎化严重的干扰区，较高的物种多样性使各啮齿动物鼠种数量趋于不均衡发展，导致群落鼠类数量的年度变化较为明显。这符合 Connell（1978）提出中度干扰假说（Intermediate disturbance hypothesis），认为中度干扰增加异质性，提高多样性和丰富度，严重干扰可能增大，但更可能是减小异质性。研究表明轮牧区与过牧区的年间变化趋势几乎正好相反，并与禁牧区有明显的差别。

6 年中 4 种不同干扰方式线路样地和标志样地均表现为：过牧区大部分年份组成群落鼠类生物量相对比例的年度变化特征较突出，且群落生物量年度变化与数量年度变化趋势较相似，因为群落生物量的变化主要是由数量变化来决定的；开垦区群落生物量年度变化也与数量变化趋势相似，说明在开垦区群落生物量的年度变化也主要是由数量变化来决定的；轮牧区、禁牧区群落生物量的年度变化均与数量变化趋势不一致，说明在轮牧区、禁牧区群落生物量的变化主要是受不同种间个体生物量的差异和种内个体生物量的差异影响，其群落数量的变化不完全决定生物量的变化。不同干扰方式下数量和生物量间的差异在年度的变化中主要有哪些物种决定，有待进一步对不同干扰群落组成种的数量和生物量进行研究。

参考文献

[1] 戴昆，潘文石，钟文勤. 荒漠鼠类群落格局 [J]. 干旱区研究，2001，18（4）：1～7

[2] 江洪，张艳丽，James R Strittholt. 干扰与生态系统演替的空间分析. 生态学报，2003，23（9）：1861～1876

[3] 胡德夫，盛和林. 准噶尔盆地沙质荒漠啮齿动物群落在短命植物存在期的空间—食物资源利用 [J]. 兽类学报，1999，19（1）：25～36

[4] 曾宗永. 北美 CHIHUAHUAN 荒漠啮齿动物群落动态 IV. 群落变量的模拟 [J]. 兽类学报，1999，19

（2）：107～118

[5] 武晓东，薛河儒，苏吉安等. 内蒙古半荒漠区啮齿动物群落分类及其多样性研究 [J]. 生态学报，1999，19（5）：737～743

[6] 米景川，夏连续，吴志茹等. 内蒙古北部荒漠草原啮齿类动物的群落演替 [J]. 中国媒介生物学及控制杂志，2003，14（6）：464～465

[7] 武晓东，付和平. 人为干扰下荒漠啮齿动物群落格局——变动趋势与敏感性反应 [J]. 生态学报，2006，26（3）：849～861

[8] Steen H，Ims R A，Sonerud GA. Spatial and temporal patterns of small2rodent population dynamics at a regional scale [J]. *Ecology*，1996，77：2365～2372

江西省 2005—2008 年鼠害发生动态分析

施伟韬[1]　黄向阳[1]　熊南星[2]　刘晓春[3]　曾宜杰[4]

（1. 江西省植保植检局　330096　2. 星子县植保站　332800
3. 铜鼓县植保站　336200　4. 泰和县植保站　343700）

江西是一个农业大省，全省耕地面积约 230 万 hm^2，地处北回归线附近，全省气候温暖，雨量充沛，年均降水量 1 341mm 到 1 940mm，无霜期长，为亚热带湿润气候，十分有利于农作物生长。常年仅水稻和油菜的播种面积就有 330 余万 hm^2，蔬菜的播种面积约有 65 万 hm^2，是全国稻谷、油料和蔬菜的主产省之一，也是农作物生物灾害频发的省份，特别是每年因鼠害造成的粮食等农作物产量损失就达数亿 kg。

20 世纪 70 年代起，我省鼠害渐趋严重，对农业生产，尤其是粮食生产造成巨大损失。20 世纪 80 年代以来，我省农田鼠害发生日趋猖獗，鼠患更加突出。全省每年农田鼠害面积达 73.33～100 万 hm^2，占粮食作物总面积的 22%～30%，鼠密度一般为 10%～20%，高的达 40%，农作物损失率一般在 5% 以上，严重的田块减产 20% 左右，全年损失粮食约 2.5～3 亿 kg，加上农户家庭储粮的损失约 2 亿 kg，合计每年损失粮食达 4～5 亿 kg。自 2003 年开始，我们在结合害鼠的综合治理下，积极开展农区鼠情监测工作，笔者就 2005 年至 2008 年农区鼠密度监测数据进行了分析。

1　监测方法

按地理区位分布因素等，在全省共安排了 7 个县市进行系统监测调查，7 个监测点分别代表我全省山区、平原、丘陵等不同生境特点。以农田和农舍 2 种环境进行系统监测，调查工具采用 12×6.5cm 的中型铁板夹。农舍每 15m^2 布一夹，每户不少于 2 夹，每次调查布放的有效夹数量不少于 100 夹。农田直线或曲线排列，夹距 5m，一般每行布放 25 个鼠夹，每次调查布放的有效夹数量不少于 150 个。每月中旬调查 1 次，诱饵为花生米，晚放晨收。对捕获的鼠类标本分别进行编号、鉴定鼠种、鉴别雌雄，分别统计捕获率（鼠密度）、鼠种组成等。

2　监测结果

2.1　鼠种组成　2005—2008 年在农田、农舍共布放 62 556 夹次，捕鼠 2 205 只，经分类鉴定，隶属 2 目（啮齿目、食虫目）2 科（鼠科、鼩鼱科），其中以褐家鼠、黑线姬鼠、小家鼠、黄毛鼠和黄胸鼠

5 种鼠科为主要害鼠。

2.2 鼠密度

2.2.1 农田鼠密度及其组成 2005—2008 年监测资料统计，4 年共布夹 38 174 个，捕鼠 1 216 只，捕获鼠种主要为褐家鼠、黑线姬鼠、小家鼠、黄毛鼠和黄胸鼠，捕获率为 1.0%～6.8%，平均捕获率为 3.19%，各年农田平均捕获率分别为 4.50、3.43、3.41 和 2.11（表 1）。从鼠种组成来看，褐家鼠数量最多，占总捕鼠量的 47.5%。黑线姬鼠次之，占总捕鼠量的 30.6%。褐家鼠、黑线姬鼠分别为江西省农田第一和第二优势鼠种。其余，小家鼠占捕鼠总量的 12.4%、黄毛鼠占捕鼠总量的 7.4%、黄胸鼠占捕鼠总量的 0.5%。通过 4 年监测，以上 5 种鼠种在农田捕获数量比率排列，均以褐家鼠、黑线姬鼠、小家鼠、黄毛鼠、黄胸鼠依次递减（图 1）。

表 1　江西省 2005—2008 年农田鼠密度及鼠种构成

年份	布夹数	总捕获数	捕获率	褐家鼠		小家鼠		黑线姬鼠		黄毛鼠		黄胸鼠		其他	
				只	%	只	%	只	%	只	%	只	%	只	%
2005 年	8 222	370	4.50	222	60.0	35	9.5	94	25.4	13	3.5	6	1.6		
2006 年	7 639	262	3.43	99	37.8	45	17.2	93	35.5	25	9.5				
2007 年	8 683	296	3.41	124	41.9	30	10.1	94	31.8	48	16.2				
2008 年	13 630	288	2.11	132	45.8	41	14.2	91	31.6	4	1.4	1	0.3	19	6.6
总计	38 174	1 216		577	47.5	151	12.4	372	30.6	90	7.4	7	0.5	19	1.6

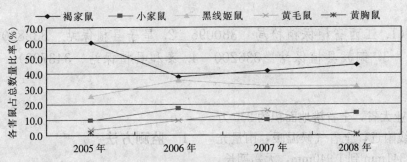

图 1　江西省 2005—2008 年农田捕获害鼠占捕获总量比率变化

2.2.2 农舍鼠密度及其组成 2005—2008 年监测资料统计，4 年共布夹 24 382 个，捕鼠 989 只，捕获鼠种主要为褐家鼠、小家鼠、黑线姬鼠、黄毛鼠和黄胸鼠，捕获率为 1.8%～7.3%，平均捕获率为 4.06%，各年农舍平均鼠密度分别为 5.10、5.19、3.99 和 2.87（表 2）。从鼠种组成来看，以褐家鼠为主，占捕鼠总量的 63.4%。小家鼠次之，占捕鼠总量的 24.7%。褐家鼠、小家鼠分别为江西省农舍第一和第二优势鼠种。其余，黑线姬鼠占捕鼠总量的 8.2%、黄毛鼠占捕鼠总量的 1.6%，黄胸鼠占捕鼠总量的 0.9%。通过 4 年监测，以上 5 种鼠种在农舍捕获数量比率排列，均以褐家鼠、小家鼠、黑线姬鼠、黄毛鼠、黄胸鼠依次递减（图 2）。

表 2　江西省 2005—2008 年农舍鼠密度及鼠种构成

年份	布夹数	总捕获数	捕获率	褐家鼠		小家鼠		黑线姬鼠		黄毛鼠		黄胸鼠		其他	
				只	%	只	%	只	%	只	%	只	%	只	%
2005 年	4 745	242	5.10	155	64.0	56	23.1	23	9.5	1	0.5	7	2.9		
2006 年	5 355	278	5.19	197	70.9	52	18.7	22	7.9	7	2.5				
2007 年	5 287	211	3.99	137	64.9	51	24.2	19	9.0	4	1.9				
2008 年	8 995	258	2.87	138	53.5	85	32.9	17	6.6	4	1.5	2	0.8	12	4.7
合计	24 382	989		627	63.4	244	24.7	81	8.2	16	1.6	9	0.9	12	1.2

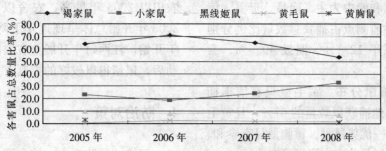

图 2 江西省 2005—2008 年农舍捕获害鼠占捕获总量比率变化

2.2.3 鼠密度变化规律

2.2.3.1 农田鼠密度变化规律 据 2005—2008 年系统监测资料分析，年度间比较，鼠密度变化波动较大，但总体呈下降变化。在不同月份田间鼠密度差异很大，农田鼠类种群数量存在着明显的季节变化。其中，2005 年鼠密度最高为 6 月，其次为 9 月；2006 年最高峰为 9 月，其次为 5 月；2007 年最高峰为 8 月，其次为 9 月，2008 年最高峰为 1 月，其次为 9 月。总体上，我省全省农田鼠密度主要有两个高峰，分别为春季 5～6 月间和秋季的 9 月份。

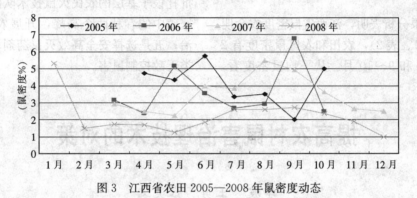

图 3 江西省农田 2005—2008 年鼠密度动态

2.2.3.2 农舍鼠密度变化规律 据 2005—2008 年系统监测资料分析，家栖鼠类不同年度间相同月份鼠密度波动变化大致相似，年度间鼠密度呈逐年下降。其中，2005 年鼠密度最高为 6 月，其次为 10 月；2006 年最高为 6 月，其次为 10 月；2007 年最高为 12 月，其次为 11 月；2008 年最高为 10 月，其次为 7 月。我省农舍鼠密度主要有两个高峰分别在春季 6 月份和秋季 10 月份。

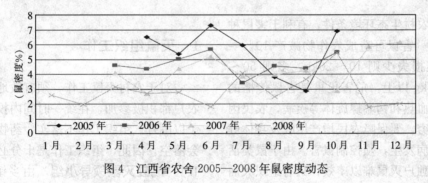

图 4 江西省农舍 2005—2008 年鼠密度动态

2.3 各鼠种在不同区域捕获情况

2005—2008 年，根据各鼠情监测点捕获鼠种总数，按区域分布进行分析。

2.3.1 褐家鼠分布 褐家鼠在全省各监测点均能捕获到，农舍多于农田，赣北、赣中要明显多于赣南。各监测点捕获量占全省总数量比例分别为：星子 30.5%、乐平 14.5%、贵溪 15.3%、南昌 8.7%、铜鼓 20.5%、泰和 7.3%、信丰 3.2%。

2.3.2 小家鼠分布 全省各监测点均捕获到小家鼠，农舍多于农田。各监测点捕获量占全省总数量比例分别为：星子 17.4%、乐平 21.4%、贵溪 4.1%、南昌 11.3%、铜鼓 15.7%、泰和 20.6%、信丰 9.6%。

2.3.3 黑线姬鼠分布 农田多于农舍。区域分布不均，主要以赣西北和赣中为主。南昌、贵溪、信丰均无捕获，其余各监测点占捕获总数量比例分别为：星子7.6%、乐平12.1%、铜鼓40.9%、泰和39.3%。

2.3.4 黄毛鼠与黄胸鼠分布 黄毛鼠只有信丰捕获，其捕获数量占该地捕获鼠数量的57%，且黄毛鼠为赣南（信丰）第一优势鼠种。黄胸鼠只有泰和、信丰捕获少量，黄胸鼠只分布在我省赣南地区。

2.4 雌雄及年龄构成 4年捕获各害鼠雌雄比，褐家鼠为1∶0.87、黑线姬鼠为1∶1.05、小家鼠为1∶0.93、黄毛鼠为1∶0.04。

3 讨论与分析

根据监测结果分析表明，江西省鼠密度农舍明显高于农田（表1、表2），农田和农区鼠密度有2次高峰期5～6月和9～10月。从平均鼠密度看，农田以2005年最高，农舍以2006年最高，但从2005年开始总体呈现逐年下降现象。说明自2003年开始，江西每年开展全省农区大面积统一灭鼠活动后，鼠情得以较好的控制有关。

4 防治对策

坚持"预防为主，综合防治"的指导方针，一是加强领导，农区灭鼠害防治是一项公益性事业，各级政府必须高度重视，做好灭鼠工作任务落实；二是加强鼠情监测，及时发布鼠情预报，科学指导农区灭鼠；三是广泛开展技术宣传培训，大力普及科学灭鼠知识，引导农民群众积极参与，并培养一批扎根于基层的农民灭鼠技术队伍；四是抓住鼠类繁殖中的春秋两个高峰，开展农区大面积统一防治；五是选择安全高效灭鼠药剂；六是保护利用鼠类天敌控制鼠害。

提高农村鼠害治理技术的对策

李波　王勇　张美文

（中国科学院亚热带农业生态研究所　原中科院长沙农业现代化研究所　湖南　长沙　410125）

目前，我国农村生态环境条件，有利于害鼠种群的发生与发展。害鼠可造成农作物减产10%～20%，农户储粮损失少则10～20kg，多则50～60kg，甚至100 kg以上。危害更重是害鼠传播的鼠疫、流行性出血热和钩端螺旋体等疾病，农民因鼠致病、因病致穷。要保障农民增产增收及身体健康，防止鼠传疾病发生，须控制鼠害。由于鼠类活动范围广，单家独户灭鼠难以凑效，只有组织大面积统一灭鼠，才能迅速压低害鼠密度，控制鼠害。目前，我国农村实行分田到户的生产经营模式，对组织农村大面积统一灭鼠工作带来一定困难。要长期作好灭鼠防病、保粮工作。须提高灭鼠效果，取信于民。否则，继续开展灭鼠工作会更艰难。如何提高农村灭鼠效果？根据作者长期从事农业鼠害治理研究体会，以及对近年来农村灭鼠中出现的问题，提出以下措施。

1 灭鼠组织工作

对于农村灭鼠工作，须有效地组织全村、全乡农户都积极参加，在统一时间内投放毒饵，对害鼠予以围歼。组织工作不落实，药物与技术再好，均会落空。因此，组织工作是十分必要与具体的。

1.1 成立灭鼠领导小组 由乡镇一把手任组长，分管领导、技术人员和村干部组成。主要负责整个大面积灭鼠工作的计划和组织实施工作，如宣传、培训、做到五统一（即统一指挥、统一时间、统一药物、统一制饵、统一投放），监督检查各项工作的落实及灭效考核。由于领导小组组长由乡镇一把手担任，其布置的工作不易变形，并能协调各部门共同搞好灭鼠工作。否则，对灭鼠工作易打折扣，留下死角，产生隐患。如灭鼠率达70%，需灭鼠3

次才能达到一次 90% 的效果。因此，灭鼠须一役达标，分次不仅效果差，且劳民伤财。

1.2　宣传培训　应利用多种形式加强灭鼠工作的宣传力度。做到家喻户晓、人人明白。如利用电视、广播、宣传车、标语、会议、宣传栏、宣传资料等。在内容上应包括灭鼠防病的意义、科学灭鼠方法、鼠药性能、注意事项、中毒后急救措施、联系电话及违禁的剧毒急性灭鼠剂的危害性等。召开乡、村、组各级灭鼠工作及培训会，布置灭鼠工作安排，培训科学灭鼠方法，重点在制饵与投饵方法的培训。

1.3　对灭鼠工作进行监督　布置好灭鼠工作，还须对各项工作的落实进行有效的监督。对宣传、培训、药物及饵料的选择、配制方法、投饵时间和方法、关鸡圈猫等及时检查，杜绝隐患，保障灭鼠工作的顺利实施。有条件的地方还可以自查灭效（农村宜用铗日法），并进行村与村、组与组间的灭鼠效果评比。促进灭鼠工作向前发展。

1.4　取缔违禁的剧毒急性灭鼠剂　国家禁止使用的杀鼠剂有毒鼠强、氟乙酰胺、氟乙酸钠、氰化物、甘氟和毒鼠硅。该类灭鼠剂在农村鼠药市场泛滥成灾。不仅严重污染环境，造成非靶动物的二次中毒，致使鼠类天敌的大量死亡，破坏生态平衡，虽见效快，见尸率高，但实际灭效不与之对应，常常低于慢性灭鼠剂。并严重影响经农药登记的高效低毒灭鼠剂的推广应用。肖学成在湖南湘潭市农贸市场等地方抽查 52 个鼠药样品，检测出毒鼠强 47 种，占 90.38%；检出氰化物 41 件，占 78.85%，11 件含有氟乙酰胺，占 21.15%。全都是国家明令禁止使用的剧毒急性灭鼠剂，而且呈现多种剧毒药品混合配制的毒饵。对环境更加不安全，给救助带来困难。目前，因剧毒急性灭鼠剂中毒已成为最主要的人员意外伤害和死亡原因之一。近些年已发生多起重特大中毒案件，如"9.14"南京汤山特大中毒案，造成 300 多人中毒，死亡 42 人。给社会带来严重的不安定因素。因此，要坚决取缔违禁剧毒急性灭鼠药物的生产与销售。

2　灭鼠技术

2.1　灭鼠时机的选择　农村灭鼠应主要考虑 4 个因素：①鼠类缺食季节；②地面裸露或害鼠集中便于聚歼；③害鼠繁殖高峰前期；④配合农事、人力安排方便时期。如湖南农村最佳时期应为 2 月中旬至 3 月中旬。此时经过一个冬季，鼠类数量最少。褐家鼠多聚集在农房便于聚歼，农田裸露，食物缺乏，害鼠对毒饵取食率高，更重要的是此阶段是多种害鼠的繁殖高峰前期。此时灭鼠可达事半功倍之效果。6 月份灭鼠，虽是鼠传疾病高发期，但鼠类正为全年第一数量高峰，农田食物多、地面杂草覆盖率高，不利于害鼠觅食，褐家鼠已部分扩散到农田，难聚歼，这时灭鼠则是事倍功半。春季灭鼠达 90% 以上，基本可控制全年鼠害。若错过时机，下半年灭鼠最佳时间为 8 月份晚稻插秧刚完毕，趁田满水时立即投毒饵，最迟必须在晚稻孕穗以前。

2.2　鼠药、饵料及配制　目前农村大面积灭鼠宜采用具有农药登记证的第一代抗凝血灭鼠剂为好，如特杀鼠 2 号、敌鼠钠盐及杀鼠迷。如对第一代抗凝血灭鼠剂产生抗性，可选择第二代抗凝血灭鼠剂——溴敌隆等，但应注意安全性。使用鼠药应注意：①不能随意提高使用浓度，以免影响适口性。浓度也不能偏低，否则难灭杀较不敏感的鼠（小家鼠、黄胸鼠、黑线姬鼠等）。②不宜频繁换药，尤其是换第二代抗凝血灭鼠剂，以免鼠群对第二代抗凝血剂产生抗性而无法控制。且第二代抗凝血剂急性毒力强，安全性不如上述第一代抗凝血灭鼠剂，农村灭鼠应慎用。③避免长时间时断时续灭鼠。否则，易造成鼠群产生抗药性。

南方宜选择新鲜稻谷作饵料，稻谷适口性好、不易霉变及更安全。大米易破碎、霉变而影响适口性。北方可选用新鲜玉米、小麦和稻谷。

毒饵配制：如配制浓度为 0.1% 的敌鼠钠盐稻谷毒饵，先用适量（4~5 倍）90% 以上的食用或医用酒精溶解敌鼠钠盐，再加入 20% 稻谷量的清水中，拌均，倒入谷中，翻拌 7~8 次（每小时拌一次），待药液充分被谷吸干后，即可使用，可不需晒干。但应立即使用，否则放置过久而霉变。特杀鼠 2 号配制方法更简便，无须加酒精，直接加入清水配制，其余方法均相同。注意：选好谷、用清水、配准药、常翻拌、浸足时。装药液及稻谷的容器须不漏，不用装过农药的器具。盐与味精不一定能提高所有鼠的适口性，2% 的盐可提高黑线姬鼠的适口性，但会影响褐家鼠等其它鼠的适口性。同时配伍使用还可令鼠产生厌恶和拒食。因此，应慎用。

2.3　毒饵量　灭鼠效果的好坏，很大程度上取决于毒饵使用量。特别是应用慢性抗凝血灭鼠剂，该鼠药又称为多剂量灭鼠剂，因其对鼠作用缓慢，鼠临死仍可不断取食毒饵。因此，其使用量不能如急性杀鼠剂那样少。农田野栖鼠——黑线姬鼠是流行性出血热的主要宿主，房舍里主要害鼠——褐家鼠、黄胸鼠和小家鼠也可传播出血热与钩端螺旋体病，褐家鼠不仅在房舍里为害，还可以到农田里啃食作物。所以，农村灭鼠防病应住宅与农田同步进行，加之，农户住房面积大，因此，毒饵量也相应增大。如按湖南农村人多地少，以人均 $0.4\sim0.5kg$ 毒饵量为宜。

2.4 投饵技巧 应按不同药物、鼠种和环境，采取不同的投饵方式。第一代抗凝血灭鼠剂的慢性毒力远比急性毒力强，故应采用少粒多堆，连投 $2\sim3d$。即每堆的量少（$3\sim5g$），堆数多，吃完处加倍补投，连续投饵 $2\sim3d$，可保障小型鼠也吃到药。对于褐家鼠应沿墙壁、庭院边和阴沟等作"底边布饵"；对小家鼠则重点放在橱柜下和杂物堆等处；对于黄胸鼠应侧重阁楼、顶棚和墙头等作"高层布饵"；以黄毛鼠为优势种的农田，应按"带状撒投"方式布饵。在大足鼠为主害的农田，应根据其在一点反复取食的特性，可采取第一天少粒多堆，第二、三天吃过处加倍补放。农田投饵重点抓好"四边、四角、两口"。"四边"指沟渠塘溪边、桥头道路边、坡坎荒丘边和庭院房屋边；"四角"指每丘田与旱地的各个拐角；"两口"指鼠洞口与田埂豁口（进出水口），鼠在这些位置活动频率高。房舍区布饵，除投室内，应注意抓好庭院、宅边菜地和村内公共场所。林地通常免药，以保护天敌。

3 利用生态措施控制农村害鼠

3.1 室内防鼠 地面硬化、四周墙角用水泥建 2cm 厚、30cm 高的保护层，保持墙面和地面无洞孔，有洞须及时用水泥封堵。室内明亮，粮有仓（防鼠粮仓），物品堆码整齐，厨房干净，畜禽栏厩整洁。门及木墙底部用铁皮包 30cm 高，封闭墙、门、窗的鼠通道，清理阴沟、垃圾和铲除屋前后杂草，造成不利害鼠流窜、营巢和隐蔽的环境。

3.2 农田环境整治 结合春耕和夏耕，修整田埂、降低田埂高度与宽度，铲除杂草、毁灭田埂上的鼠洞和幼鼠。配合兴修水利，整治沟渠、除草、修平，使之不利害鼠隐蔽、栖息。

3.3 农业措施 应根据各地农业生产特点、作物布局、以及鼠种组成、危害特点等采取不利害鼠

栖息、繁衍的生产措施来控制害鼠。如南方可提倡地膜育秧，也可应用"驱避植物"保护秧田。作物收获时，做到快打快收。北方有条件的农田可以冬季实行漫灌，效果较好。另外，深耕也有一定效果。

3.4 毒饵站网络防鼠 利用竹筒（直径 $6\sim8cm$、长 20cm 单口竹筒）、水泥罐、陶瓷罐或去头矿泉水瓶，每户 5 个置于墙角；农田斜插于田角、地角或沟渠边，每 $20\sim30m$ 置 1 个。每筒（瓶）内放干稻谷毒饵 $50\sim100g$。定期检查、更换毒饵，长期应用，可防患于未然。并可保护天敌和其它非靶动物免遭过量取食而中毒。据黄小清调查，第一天，入筒率农田为 22%、住宅为 24%，第 10d 分别达 54% 和 58%，取食率高达 95.6%，$30\sim60d$ 灭效可达 97.6%。

3.5 养猫防鼠 该法颇受争议，因家猫也可成为鼠传疾病的中间载体，同时也有人认为防鼠作用不大，如范波等（1990）对云南澄江县养猫灭鼠进行了调查，结果养猫户、村与未养猫户、村之间鼠类危害均无显著差异。然而，也有试验证明家猫不仅可捕食家栖鼠，养猫户鼠密度（4.35%）与未养猫户（9.27%）有显著差异，而且至少有 16% 的田鼠的消失是家猫的捕食（Christian 1975）。而多数人认为在压低害鼠密度后，天敌可推迟鼠再次增长的时间，单一天敌不如多种天敌共同控制害鼠作用大，天敌数量与鼠数量之比越大，控制力度就越强。因此，在大面积灭鼠时，养猫户也应投饵，才能确保压低害鼠密度。对于鼠传疾病高发区，不宜用养猫灭鼠，避免疾病由鼠→猫→人的传播。

4 小结与讨论

4.1 组织措施、杀鼠药物和用药技巧是毒饵灭鼠的三要素 加强农村大面积统一灭鼠的组织工作，宣传培训工作，做到家喻户晓、人人明白，掌握用药技巧，选择好灭鼠时机，保证足够毒饵量，确保大面积灭鼠成功。取缔违禁剧毒灭鼠药物。

4.2 农村长期控制鼠害应采取生态治理 室内地面硬化、门底铁皮化、整洁明亮、粮食进仓；农田田埂、沟渠除草及整修，利用防鼠栽培技术；采用毒饵筒网络防鼠。取缔违禁的剧毒急性灭鼠药物，保护生态环境。

4.3 养猫防鼠，争议较大 建议在鼠传疾病高发区，不宜养猫防鼠。

4.4 对于农村专业队承包灭鼠的效果褒贬不一，我们认为应该加强引导、管理与扶持 鼓励具有资质灭鼠队（具有专业人员或经过一定时间的专业培训）按照科学灭鼠方法承包大面积灭鼠。加强对灭鼠队的监管（尤其是对灭鼠药的监管），按照市场运作方法，不仅可解决农村灭鼠不科学的问题，而且可以减轻政府在此方面的负担，保障农村经济稳定向前发展。同时，还可以有效降低违禁剧毒灭鼠剂的使用，保护农村生态环境的安全。

农区鼠害监测数据管理信息系统的开发研制

梁建平[1] 郭永旺[2] 施大钊[1] 高灵旺[1] 武守忠[1]

（1. 中国农业大学农学与生物技术学院 北京 100193
2. 全国农业技术推广服务中心 北京 100125）

植保信息技术在我国农业现代化中已应用多年，有了较快的发展，尤其在病虫害防治方面，取得了显著的成果，如多媒体系统[1]，远程诊断系统[2]，风险分析系统[3]，预测预报系统[4]，结合3S的管理信息系统[5]，以及多种系统融合而成的综合系统，而数据管理信息系统已得到了广泛的实际应用，有针对病虫害的，有针对农作物的，有针对施肥的等等。而信息技术在鼠害方面的研究应用而言，还处于初级阶段，相关研究成果和报道很少，其中有基于PDA的草原鼠害采集软件，基于3S的鼠害监测预报系统，以及专家决策系统等。对于农区鼠害，目前还未见相关的研究报道。

近年来，由于生态环境改变，剧毒鼠药地泛滥，气候异常等多种因素的影响，农区鼠害发生呈加重趋势，农户和仓库储粮损失也在加大，洞庭湖突发近十年来最大鼠害就是一个事实。为了有效治理和预防农区鼠害的发生，把农区鼠害造成的生态和经济损失减少到最小程度，我国农区鼠害防治工作也在紧锣密鼓地进行，将生物、化学、物理等措施有机地结合起来，开展多种形式的灭鼠活动，取得了不错的成效；但是，由于我国从事鼠害防治的工作人员，尤其是基层工作人员很少，所以迫使我们利用计算机信息技术，开发基于信息技术的农区鼠害监测、管理，预测预报系统将十分必要，这也是今后发展的方向。

本研究依据全国农业技术推广中心药械处颁布的《农区鼠害调查规程》，为配合该规程的全面实施以及全国农业技术中心关于鼠害监测预警工作的需要，开发了农区鼠害监测数据信息管理系统，就其体系结构、数据库设计、系统的各关键功能模块等进行了分析和阐述。

1 系统的整体设计方案

1.1 系统整体分析

1.1.1 系统的体系结构 系统采用符合ASP.NET2.0标准的开发平台构建3层的B/S结构（浏览器/服务器）网络系统。分为用户层、应用层和数据层三个层次。用户层是用户通过网络浏览器进行用户操作，如录入监测数据，上载PDA端采集的监测数据，打印统计报表等。应用层和数据层是本系统的核心部分。应用层主要由应用服务器调用逻辑程序处理用户的各种请求，再将相应的响应结果返回给用户。其中由IIS5.1来提供WebLogic服务，逻辑程序是由类库、函数以及存储过程组成。数据层存储本系统的各种数据源，是由农区鼠害监测数据库组成，其中数据库管理系统是SqlServer2000。

1.1.2 系统数据库设计 详细分析了《农区鼠害调查规程》，其中包括鼠种种类、捕获率、鼠种组成、鼠种种群年龄结构、鼠种种群繁殖特征和有效洞密度等监测内容，经过整合分类，以及从概念结构设计到逻辑结构设计，设计出农区鼠害监测信息数据库，共有10个表，其主要表说明如表1，表之间的关系如图1：

表 1 农区鼠害监测信息数据库表说明

Table 1   The Database Table Meaning

数据库表名称	表 含 义
nBasicData	夹夜法布夹信息表, 主要包含一次监测过程的布夹时间、地点、经纬度、布夹数等
nbasicData1	夹夜法收夹信息表, 主要包含一次布夹过程对应的每次收夹时间
nDetailData	夹夜法收夹详细信息表, 主要包含一次收夹过程对应的每次捕获鼠种名称、年龄段、数量、雌雄数等
vbasicData	有效洞法堵洞信息表, 主要包含一次监测过程的堵洞时间, 地点, 经纬度
vDetailData	有效洞法查验洞口信息表, 主要包含对应的一次堵洞过程对应的每个样方面积 1hm² 的洞口标记、所处环境、天气情况
vDetailData1	有效洞法查验洞口详细信息表, 主要包含对应的每个样方面积 1 hm² 内的检查洞口时间、堵洞数量、有效堵洞数量

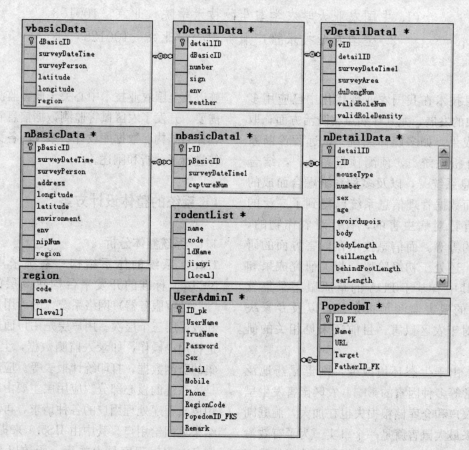

图 1   农区鼠害监测信息数据库表间关系

Fig. 1   Relation between tables of database

1.1.3 系统的模块组成 系统按照 2 种采集方式: 夹夜法和有效洞, 来构建模块, 为了方便数据的管理、查询, 分析, 共设计为 5 个子模块, 分别是 PDA 端采集的监测数据上载、数据管理、数据查询、统计分析、用户管理、系统数据加密解密; 其中数据加密解密模块是为了系统的安全性服务的, 系统为登陆用户名和密码以及数据库连接信息以某种形式加密, 并且需要时可以解密, 但只有系统管理员有此权限。其它模块功能会分别详细介绍。整个系统的模块组成如图 2 所示。

2 系统主要功能模块设计

由于有 2 种鼠害监测数据采集方法, 因此, 服务器端分别管理与之对应的数据。它们实现过程类似, 现以夹夜法为例说明, 就主要模块阐述如下。

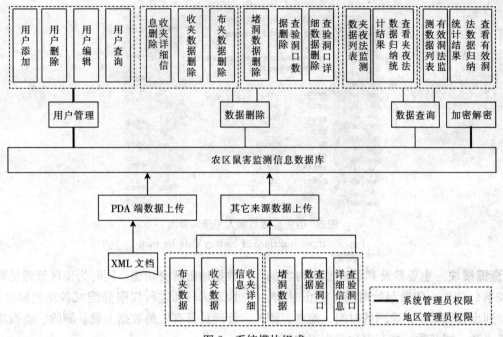

图 2　系统模块组成

Fig. 2　Configuration of the system

2.1　监测数据管理模块

具体的功能有 PDA 端监测数据上载，其它形式监测数据人工管理，如录入、删除等。由于系统的监测数据来源于 PDA 端和其他形式，系统以 2 种途径导入监测数据，其 PDA 端监测数据形式是 XML 文件。界面窗口加载文件，解析文件中的每个 Node（节点），转化成相应的数据格式，插入到数据库中。此过程是通过初始化 Xml Document，然后再通过调用它的方法 Get Elements By TagName 来解析 XML 文件的每个 Node 获得相应的监测数据。PDA 端 XML 数据上传技术流程如图 3 所示，界面如图 4 所示。而其它来源数据一般多以纸张或 Excel 文档形式保存，管理员通过人工逐项录入，其界面窗口是通过 div（层）的形式展现，如图 5 所示。

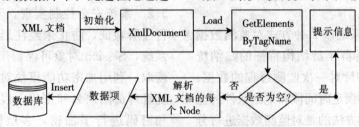

图 3　PDA 端 XML 数据上传技术流程

Fig. 3　Uploading of XML data collected by PDA

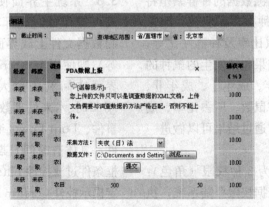

图 4　PDA 记录的监测数据文件上载界面

Fig. 4　The interface for uploading data collected by PDA

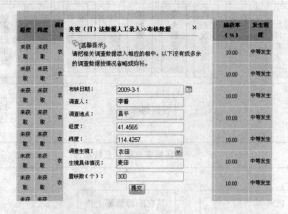

图 5　历史监测数据人工录入界面

Fig. 5　Input interface of history data by man

2.2　数据查询模块　主要涉及到系统监测内容的
内在逻辑关系。首先，依据起始时间、截止时间、
查询地区，列出查询结果：监测的时间、地点、调
查人员、置夹数、捕获数、捕获率和发生程度等一
次监测信息。这是基于传统的关系型数据的表现方
式，即以表格的形式展现出来，这种形式的好处是
方便用户查看监测数据，容易形成比较。然后通过
分类整合后，可以查看其详细信息；而详细信息除
了包含每一次布夹记录的信息外，还包含其若干次
收夹过程中记录的信息。依据害鼠种类对每一过程
的监测数据进行分组，得到鼠害的发生情况，例如
鼠种名称、性别、年龄、仔胎数和短期内的此鼠种
的发生趋势预测等信息。

2.3　归纳统计模块　系统以 2 种方式对监测数据
进行种群繁殖特征和种群年龄结构特征的归纳统
计。第一种是无条件的针对一次监测过程的数据；
第二种是有条件的，即满足时间段和地区条件的监
测过程数据。其归纳的方法的是对监测数据进行分
组、排序；而统计的方式是按照农区鼠害监测规范
中统计定义公式进行计算。监测数据的种群繁殖特
征的归纳统计结果包括害鼠种类、捕获数、雌鼠
数、雌鼠比率、雄鼠数、雄鼠比率及种群性比等；
种群年龄结构特征归纳统计结果包括发生的鼠种的
各年龄段（包括幼年、亚成年、成年Ⅰ、成年Ⅱ、
老年）的构成情况，如幼年害鼠数、所占比率、成
年害鼠数、所占比率等。用户通过结果可以做进一
步的分析，为决策提供依据。

2.4　用户管理模块　系统分为 2 种权限（角色）：
系统管理员和地区管理员，依据权限登陆系统，执
行权限范围内的功能模块。其中系统管理员具有用
户的查询、添加、删除、编辑功能，以及系统重要

数据加密解密功能，同时为地区管理员绑定相应的
地理区域和进行权限分配（各功能模块）；而地区
管理员具有监测数据上载、删除、查询功能。

3　系统实现技术要点

系统的完成涉及到诸多关键技术，现就主要要
点阐述如下：

3.1　农区鼠害监测数据库的访问方式，采用新一
代的数据访问模型 ADO. NET，利用其 Dataset 对
象实现独立数据源的数据访问，即获取数据库中数
据，使用完成后再更新数据库。

3.2　系统安全控制实现，利用了 Session 对象进
行注册验证，防止未经注册的用户直接进入应用
系统，Session 对象可保留用户信息并后续网页的
读取；利用加密功能模块对登陆地区管理员或系
统管理员用户名和密码，以及数据库连接用户名
和密码进行了加密，多层防护，保证了系统的
安全。

3.3　系统主界面使用 Frameset 框架结构，以提
高可操作性。局部功能模块（如 PDA 记录的监
测数据文件上载界面、其他数据源数据录入界面
等）则使用 JavaScript 语言调用 Div 来实现，使得
界面空间利用率大大提高。局部还充分利用了
AJAX 技术来处理数据有效性验证、Button 的确认
事件、Dorp DownList 的 Selected Item Exchange 事
件，具体有时间日期控件 Calendar Extender，文本
框条件过滤控件 Filtered Text Box Extender，按钮确
定提示控件 Confirm Button Extender，中间衔接控件
Popup Control Extender。这些控件借助 Update Panel
控件实现频繁操作的对象局部刷新，避免与服务器

的密集交互，减少了动作的响应时间，增强了用户的体验，如查询条件中的查询地区就是利用 Update Panel 控件完成了 Dorp Down List 的 Selected Item Exchange 事件的局部刷新效果。

3.4 系统利用存储过程来处理监测数据列表功能和用户列表的分页问题，对于系统涉及到数据列表分页问题，都可以重用这个分页存储过程，有效地提高了功能的重用性，并且便于系统以后功能的扩展。

4 讨论

系统是针对当前农区鼠害的实际状况需求，以及基于 PDA 的农区鼠害监测系统而开发研制的，后者是系统的主要数据来源之一，同时系统支持人工录入其他来源的数据，具有较强的实用性和针对性。农区鼠害监测数据管理系统的开发，实现了全国鼠害系统监测数据的集中管理，信息资源的网络共享，数据存储与管理的规范化，查询条件多样化，能够满足不同情况的需求，统计分析结果以表格的形式展现，全面反映监测内容，揭示其中的规律，为植保部门提供了高效的数据管理工具，更为今后进一步利用鼠害系统监测数据进行鼠害发生情况的预测预报奠定了基础，为预警系统的开发提供了可靠的数据源。

目前，在此系统基础上深层次的开发正在进行，包括利用模型进行鼠害发生流行趋势的预测、结合 WebGIS 进行农区鼠害发生分布预测预报结果的发布、以及直观的、可视化的鼠害发生分布情况的查询等。

参考文献

[1] 赵健，翁启勇，何玉仙等. 蔬菜病虫害多媒体信息咨询系统 [J]. 计算机与农业，2008，(08)：17～21

[2] 张健，傅泽田，张小栓. 农业病虫害远程呼叫与咨询系统的设计与分析 [J]. 计算机应用研究，2004，(11)：181～183

[3] 任辉霞，高灵旺，李尉民等. 基于 C♯ 的外来有害生物定量风险分析系统 [J]. 植物检疫，2008，22 (04)：209～212

[4] 高灵旺，陈继光，于新文等. 农业病虫害预测预报专家系统平台的开发 [J]. 农业工程学报，2006，22 (10)：154～158

[5] 王阿川，贾涛. 结合 Web GIS 的森林病虫鼠害管理信息系统的研究与实现 [J]. 林业劳动安全，2007，20 (03)：34～37

内蒙古布氏田鼠对溴敌隆敏感性的测定

彭晶煜[1]　郭永旺[2]　陶玲梅[3]　海淑珍[1]

(1. 中国农业大学　北京　100094
2. 全国农业技术推广服务中心　北京　100125
3. 农业部农药检定所　北京　100125)

布氏田鼠（*Lasiopodomys brandtii*）是典型的草原鼠种。在我国主要分布于内蒙古地区，是该地区草原上的重要害鼠。据施大钊等（1997），布氏田鼠秋季储草每只平均 $792.5 \pm 32.7g$，平均每个洞系储草 $16.8 \pm 1.53kg$[1]。而在内蒙古典型草原上，布氏田鼠的栖居密度可达到 1 384 只/hm²，相应洞口密度为 6 920 个/hm²[2]。布氏田鼠的啃食及储草行为造成了较大的牧草损失，此外，其洞系也破坏了土壤结构，影响植被生长，延缓草原更新，还会加剧草原沙化、退化[3]。因此，控制鼠害对保护草原及畜牧业十分重要。

目前，在布氏田鼠的防治上，最主要还是化学防治，因为其灭效高，见效快，方法简单。采用的药物主要有三大类：急性灭鼠剂、抗凝血灭鼠剂、不育剂。急性杀鼠剂易使鼠产生拒食性，且经常发生二次中毒，对人畜及环境危害较大，已逐步减少使用。自 Davis（1961）使用化学不育剂控制褐家鼠的研究以来，鼠类不育剂及其应用研究有了较快的发展。李季萌（2009）等测定了雷公藤制剂对布氏田鼠的影响，该制剂能够对附睾中精子数量和活力产生显著影响，高剂量能够使附睾萎缩并损伤睾丸[3]。但不育剂用于防治啮齿类动物问题很多，首先是饲养绝育鼠再释放，既不经济又不适应环境；啮齿类动物是多配偶制的，对雌性的妊娠率影响不大[4]。

抗凝血剂是化学药剂中使用得最为广泛的，其特点是作用缓慢、症状轻、不会引起鼠类拒食。其灭鼠效果明显优于急性灭鼠剂，鼠类多次取食获得累积毒性。第一代抗凝血杀鼠剂主要有杀鼠灵、杀鼠醚、敌鼠与敌鼠钠盐、氯敌鼠等。第二代抗凝血杀鼠剂有溴鼠隆、溴敌隆、杀它仗等。本类毒物作用缓慢，鼠中毒后3～4d才死亡。

1 材料与方法

1.1 试验材料

1.1.1 试鼠 试鼠均由中国农业大学鼠害防治实验室提供，采自内蒙古锡林郭勒草原，室内培养第三代的布氏田鼠。受试鼠在实验室内以统一大小塑料笼子进行单笼饲养，每只鼠笼配备一个水瓶，笼子、水瓶在使用前清洗干净。

1.1.2 药剂 杀鼠剂为第二代抗凝血药剂溴敌隆（bromadiolone，C30H23O4Br，0.5%母液）。

1.1.3 毒饵及其配置 用玉米粉做基饵，试药是浓度为0.5%的溴敌隆母液。取3kg玉米粉、3ml母液，采用逐步稀释法配置成浓度为0.005%的毒饵3kg备用。

1.2 试验方法

1.2.1 试鼠筛选 将50只试鼠单笼饲养适应5d，前3d喂食玉米粉2∶1小麦粉，以及蔬菜、清水；后2d仅喂食玉米粉与清水。选择成年、健康、非孕且无外伤者供试。

供给无毒前饵（即玉米粉）2d，每天称摄食量并更换新饵，第2d食饵量少于全部试鼠平均摄食量1/5的淘汰。

称量每只试鼠体重，并确定性别。选择试鼠，使其体重基本分布在40～50g；将试鼠分为7组，每组6只，雌雄各3只，共42只。

1.2.2 供毒 第1～7组试鼠分别供给毒饵1～7d，每天称消耗量并更换新饵。在测量消耗量时需要将毒饵风干，并筛去粪便称量。

1.2.3 继续饲养及观察 食毒期结束后，清洁鼠笼，正常饲养，喂食玉米粉及清水，当7组试鼠全部完成食毒后，逐步在饲料中增加蔬菜等。观察试鼠，试验总期限25d。记录死亡日期，检查并解剖死亡鼠，无外出血或内出血体症者淘汰。

1.2.4 敏感性基线的测定 使用Bliss计算机程序计算食毒期与死亡率之间的关系，求得回归方程和LFP50、LPF99。

2 结果与分析

2.1 试鼠死亡率
36只试鼠，测定结果见表1。最短1d食毒期，雌雄鼠均无死亡；最长7d食毒期，6只鼠全部死亡。

表1 布氏田鼠对0.000 5%溴敌隆毒饵敏感性测定结果

食毒天数	平均体重(g)	毒杀比	摄毒剂量（mg/kg） 死亡鼠	存活鼠	致死天数
1	43.2（38.3～47.0）	0/6	—	0.59（0.35～0.85）	—
2	39.1（37.4～41.5）	2/6	1.47（1.43～1.51）	1.33（0.88～1.75）	5.5（4～7）
3	41.7（35.8～48.4）	2/6	2.50（2.62～2.38）	1.59（0.91～2.72）	4.5（4～5）
4	45.7（42.4～47.9）	3/6	2.59（1.07～3.38）	1.89（0.88～2.65）	6.0（5～7）
5	42.4（38.9～46.2）	4/6	2.64（1.94～3.19）	3.61（3.43～3.78）	6.3（5～8）
6	42.8（40.3～44.5）	5/6	2.97（1.33～4.35）	2.84	6.4（3～9）
7	43.1（39.0～47.0）	6/6	3.40（1.52～4.46）	—	8.0（5～9）

2.2 敏感性基线的建立
将食毒天数取对数，死亡率换算成几率值（其中取Mean=5，Standard dev=1），见表2。

表 2 食毒天数及死亡率换算

食毒天数	lg 值	死亡率	几率值
1	0	0.00	/
2	0.301 03	0.33	4.569 273
3	0.477 121	0.33	4.569 273
4	0.602 06	0.50	5
5	0.698 97	0.67	5.430 727
6	0.778 151	0.83	5.967 422
7	0.845 098	1.00	/

根据对数值和几率值作图，得到毒力回归线。 见图 1。

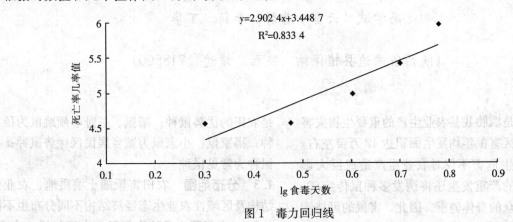

图 1 毒力回归线

根据对数值和几率值作图，得到毒力回归线。见图 1。

计算 LFP50：死亡率达到 50% 时，y=5，得 x=0.534 4，LFP50=10x=3.42d。

计算 LFP99：死亡率达到 99% 时，y=7.326 3，得 x=1.336 0，LFP99=21.68d。

3 讨论

3.1 敏感度个体差异 42 只试鼠，药剂致死 20 只。致死天数在 3~9d。死亡高峰在第 5~8d。最敏感个体是第 6 组的一只雌鼠，体重 41.5g，食药第 3d 死亡，致死剂量为 1.23mg/kg。最不敏感个体是第 5 组的一只雄鼠，体重 41.6g，食药剂量 3.73mg/kg 仍存活。

3.2 LFP 法与其它方法 除了 LFP 法被广泛应用于检测鼠类抗药性，BCR 法也是一项相对成熟的技术。BCR 法通过测定杀鼠灵对 VKOR 活动度的抑制率，即可反映该靶标鼠的抗药性情况。LFP 法的缺陷是耗时、耗力。其结果由于试验个体的差异导致重复性不够好，且试验个体也不能充分代表野外个体的情况。BCR 法由于要进行抗凝血剂处理和血样采集、检测等，花费较高，耗时也长。此外，近年来正在研究的有抗性基因检测法及相关的基于遗传机制的检测法。该法能够克服以上方法的一些缺点，但还未推广使用。

4 结论

本试验中，测得 LFP50 和 LFP99 分别为 3.42d 和 21.68d。这说明用低于该药常规使用浓度（0.005%）10 倍的毒饵，理论上 21.68d 摄食期能够达到 99% 毒杀率。由此可见，试鼠对试药很敏感。根据 WHO 用 LFP99 取整天数作为抗药性检验标准，哈尔滨地区黑线姬鼠，连续摄食 0.000 5% 溴敌隆毒饵 22d 存活即为抗性鼠。

参考文献

[1] 施大钊，海淑珍，金晓明等. 越冬前布氏田鼠储草行为与储草种类选择的研究 [J]. 草地学报，1997，5 (1)：21~25

[2] 房继明，孙儒泳. 布氏田鼠数量和空间分布的年际动态及周期性初步分析 [J]. 动物学杂志，1994，29

（6）：35～38

[3] 李季萌，郑敏，郭永旺等. 雷公藤制剂对雄性布氏田鼠的不育作用 [J]. 兽类学报，2009，29（1）：69～74

[4] 王丽焕，郑群英，肖冰雪等. 我国草地鼠害防治研究进展 [J]. 草地保护，2005，5：48～60

[5] 曹煜，刘宇，戴安锁等. 6种抗凝血杀鼠剂毒饵对布氏田鼠毒效比较 [J]. 植物保护，2007，33（4）：129～131

[6] 黄秀清，冯志勇，颜世祥. 抗凝血灭鼠剂可持续使用技术研究 [J]. 广东农业科学，2003（6）：31～34

[7] 黄秀清，冯志勇，颜世祥等. 急慢性灭鼠剂协调使用技术研究 [J]. 广东农业科学，1993（4）：38～40

靖边县农区害鼠种类分布及可持续治理对策

冯学斌　云雷　曹静　李莉　丁华

（陕西省靖边县植保站　陕西　靖边　718500）

农区害鼠是威胁我县农业生产的重要生物灾害之一，全县农区害鼠年均发生面积达42万亩左右，农区害鼠的发生危害不仅对农业生产造成巨大影响，而且害鼠的严重发生还将诱发多种鼠传疾病，影响到人民群众的身体健康。因此，害鼠的可持续治理就成为保证我县农业生产安全和人民身体健康的重要战略任务之一。我们通过认真开展农区害鼠普查，对各乡镇优势鼠种进行区域定位，摸清近年来我县优势鼠种发生分布情况，探索农区害鼠综合治理长效机制，进一步完善农区害鼠监测与综合防治技术规范，实现农区害鼠的可持续性治理。

1 害鼠种类及分布范围

1.1 **害鼠种类** 2004年起，对靖边县不同地形、地貌区域的农田及居民区，采用农田每公顷为一样方，每样方布捕鼠夹50个，捕鼠笼10个，农户室内每15m² 布捕鼠夹一个，每户布捕鼠笼2个进行系统普查，基本摸清了我县农区害鼠发生分布情况。害鼠种类2目6科14种：啮齿目鼠科2种：褐家鼠、小家鼠；松树科2种：花鼠、达吾尔黄鼠；仓鼠科5种：长尾仓鼠、小毛足鼠、甘肃鼢鼠、子午沙鼠、麝鼠；跳鼠科3种：五趾跳鼠、三趾跳鼠、三趾心颅跳鼠。兔形目兔科1种：草兔；鼠兔科1种：达吾尔鼠兔。

1.2 **优势鼠种** 在上述14个鼠种中，达吾尔黄鼠、甘肃鼢鼠具有种群数量大、分布范围广特点，

是农田的优势鼠种；麝鼠、三趾心颅跳鼠为稀有鼠种；褐家鼠、小家鼠为城乡居民区优势鼠种；其余鼠种为常见鼠种。

1.3 **分布范围** 农田害鼠随土壤质地、农业生态结构及区域性农业生态经济结构不同分布也不同。

1.3.1 **南部黄土丘陵沟壑区** 本区包括9个乡镇，区内塬地、沟台地、山坡地交织分布，土壤质地黄绵土，主要鼠种为花鼠、甘肃鼢鼠；其次为达吾尔鼠兔、长尾仓鼠、达吾尔黄鼠、子午沙鼠。为害作物马铃薯、豆类、糜谷和杂果。

1.3.2 **中部梁峁山涧区** 本区包括6个乡镇，以山涧地为多，土壤质地绵沙土，区内分布甘肃鼢鼠、花鼠、子午沙鼠、小毛足鼠、五趾跳鼠。为害作物蔬菜、马铃薯、糜谷、杂果和豆类。

1.3.3 **北部风沙滩地井灌区** 本区包括8个乡镇，区内地势平坦、沙漠化土壤较多，分布三趾跳鼠、五趾跳鼠、子午沙鼠、达吾尔黄鼠、小毛足鼠、三趾心颅跳鼠、麝鼠。为害作物玉米、蔬菜、苜蓿、固沙林草和水生植物。

1.3.4 **城乡居民区** 主要是褐家鼠和小家鼠，这两个鼠种重点在住宅区内为害，也可迁移到附近农田进行为害，以盗食仓储粮、菜为主。

2 发生趋势及原因分析

2.1 **发生趋势** 2004—2006年"靖边农区鼠情普查及综合治理技术研究"项目的实施期间，农区害

鼠密度控制在2.1%以下，农区害鼠危害损失率降低至3.5%。2009年春季监测结果是农区害鼠密度3.6%，危害损失率呈现上升趋势。

2.2 主要原因分析

2.2.1 农业生态环境改变　随着我县种植业结构的战略性调整，蔬菜、牧草种植面积扩大，特别是保护地蔬菜面积的增加，使农区害鼠食源更为丰富，可取食的时期大大延长，同时温棚、拱棚等农业设施的增加，为害鼠提供了优良的生存环境。

2.2.2 气候条件的变化　2008年秋季越冬害鼠数量虽然不高，但去年冬季我县出现多年来罕见的暖冬少雪气候，害鼠自然死亡率极低，繁殖期相对延长，也是导致今年害鼠密度上升的一个重要原因。

2.2.3 人为因素　"靖边农区鼠情普查及综合治理技术研究"项目的实施，农区害鼠在我县的危害大大减轻，人们由此产生了麻痹松懈思想，放松了对害鼠的防治，导致防治面积减少，漏治面积增大，而害鼠的适应性广，繁殖能力强，种群极易恢复甚至扩大。

3 可持续治理对策

3.1 加强农区害鼠监测，为害鼠防治提供科学依据　建立一套科学、规范的害鼠监测方案进行系统的鼠情监测，提高鼠情监测的覆盖率和准确率，是进行害鼠综合治理工作的基础。通过认真调查，根据对种群基数、种群繁殖条件和环境因子分析，预测害鼠发生适期和发生程度，及时发布鼠情预报，提出灭鼠区域和灭鼠时间，科学指导害鼠防治，才能做到准确、快速，发现一片、查清一片、控制一片。

3.2 开展技术培训和进行灭鼠知识宣传　害鼠的可持续治理是一项范围广、要求高的系统工程，必须对基层灭鼠技术人员进行拌药、投药等环节及害鼠对人与农作物的危害、发生规律和防治操作规程进行技术培训。同时，农田灭鼠是一项社会性工作，宣传工作的好坏直接关系着灭鼠工作的成效，要充分利用电视、广播、宣传材料等各种媒体，对灭鼠的目的、意义、技术要求和有关的安全注意事项进行了大量、及时和深入的宣传，从乡镇到农村，使灭鼠工作真正做到了家喻户晓，深入人心，才能有效的开展全民灭鼠活动。

3.3 统一配制毒饵统一供药进行科学灭鼠　要严格按照国家有关鼠药管理的精神，坚决清查清缴毒鼠强等剧毒鼠药，大力推广使用新型杀鼠剂进行灭鼠。为了便于管理，鼠药由县植保站选定后，统一配制并提供，可以从源头上杜绝各种违禁鼠药的使用及蔓延，提高灭鼠工作效果，同时也避免了害鼠抗药性的产生，有利于实现害鼠的可持续治理。

3.4 通过试验示范推广高效、安全、经济的灭鼠剂　近年来一直使用慢性抗凝血杀鼠剂溴敌隆灭鼠，虽然从目前来看效果不错，但连续使用此类杀鼠剂，害鼠的抗药性问题不能不考虑，因此我们要积极引进其它类型的杀鼠剂进行试验筛选，更换新的经济、安全、有效的杀鼠剂开展灭鼠工作是我们今后工作的一个方向。

3.5 通过示范样板逐步完善害鼠综合治理体系　建立农区害鼠综合治理示范样板点，积极示范推广灭鼠新观念、新方法，形成农区害鼠综合治理的规模化、效益化，逐步完善以生态控制、农业防治、生物防治、物理防治、化学防治等技术措施配套的综合治理体系，促进害鼠治理的可持续发展。

冀北冷凉地区害鼠优势种群及密度和活动规律研究

尚　玉　儒

（丰宁县植保站　河北丰宁　068350）

丰宁县位于河北省北部，地处北纬40°53′～42°00′，东经115°54′～117°20′，海拔400～1 700m；无霜期75～150d；西靠张家口赤诚、沽源县，北与内蒙古多伦县相接，南邻北京市怀柔区；地跨内蒙古高原和冀北山区两大地貌单元。全县总面积8 765km²，耕地70万hm²，种植作物种类繁多，种植作物主要由春小麦、莜麦、马铃薯、玉米、谷子、高粱、水稻、大豆和蔬菜等，多变的地理环境，致使害鼠种类繁多，为进一步摸清种群、数量及活动规律，07年我们在全县不同区域设立四个监测点，并分春、秋两季进行详细调查，初步掌握一些害鼠发生规律，现总结如下。

1 不同海拔种群变化情况

坝上地区 通过春、秋在坝上海拔1 200～

1 500m的大滩、鱼儿山、草原等乡镇调查，野外达乌尔黄鼠为优势种占62.23％～65.31％，鼢鼠占第二位16.39％，黑线仓鼠占第三位4.9％～5.33％，同时还有鼠兔，但未能捕捉到该鼠。沙土鼠有群体转移的习性，调查212hm² 未见该鼠踪影。见坝上地区害鼠优势种春、秋季调查表1。

表1 坝上地区害鼠优势种春、秋季调查表

调查时间	春季		秋季	
鼠种名称	数量（只）	鼠种组成率（％）	数量（只）	鼠种组成率（％）
褐家鼠	7	11.48	8	10.66
黄鼠	38	62.23	49	65.3
鼢鼠	10	16.39	6	8.0
小家鼠	3	4.9	7	9.33
黑线仓鼠	3	4.9	4	5.33
合计	61		74	

中山地区 即中北接坝地区，海拔500～1 200m，主要在原有鼠种的基础上又增加了大仓鼠、花鼠，没有达乌尔黄鼠。见中山地区害鼠优势春秋调查表2。

表2 中部山区害鼠优势种春、秋季调查表

调查时间	春季		秋季	
鼠种名称	数量（只）	鼠种组成率（％）	数量（只）	鼠种组成率（％）
大仓鼠	4	17.39	6	15
褐家鼠	7	30.43	10	25
鼢鼠	4	17.39	3	7.5
小家鼠	3	13.04	9	22.5
花鼠			7	17.5
黑线仓鼠	5	21.74	5	12.50
合计	23		40	

低山地区 海拔500m以下，野外增加了田鼠而没有鼢鼠的分布危害。见低山地区害鼠优势种春、秋季调查表3。

表3 低山地区害鼠优势种春、秋季调查表

调查时间	春季		秋季	
鼠种名称	数量（只）	鼠种组成率（％）	数量（只）	鼠种组成率（％）
大仓鼠	9	24.32	9	20.93
黑线姬鼠	4	10.8		
褐家鼠	7	18.39	7	16.28
小家鼠	8	21.62	8	18.6
花鼠			4	9.3
田鼠	8	21.6	9	20.93
合计	36		37	

2　鼠情密度及分布

根据野外不同生境环境的夹捕，达乌尔黄鼠调查了 109 hm²，布夹 2 286 个，捕鼠 132 只，1.21 只/公顷，百亩有鼠 8.11 头，占总鼠量 81.5%，黑线仓鼠布夹 2 260 夹，捕鼠 29 只，占总鼠 17.9%，

小家鼠 1 只，捕鼠率 1.33%，百亩有鼠 7.3 只。鼢鼠百亩有鼠平均 4.42 只，农田 2.66 只/公顷，山坡、草场 4.83 只/公顷。室内家鼠调查 600 房间布夹 1 800 个，捕鼠 59 只，捕获率 3.28%，其中褐家鼠 35 只占 59.32%，小家鼠 24 只，占 40.68%。见不同生境害鼠种群密度表 4。

表 4　不同生境害鼠种群密度表

生境	黄鼠			黑线仓鼠			小家鼠			其他
	只/公顷	捕鼠%	黄鼠占%	只/公顷	捕鼠%	占总鼠%	只/公顷	捕鼠%	占总鼠%	只/公顷
耕地	1.38	5.19	61.1	0.50	1.8	16.5	0.2	0.6	6	0.42
山坡	1.72	5.81	65.4	0.73	1.14	20				0.17
荒滩	0.63	8.8	65.7	0.4	1.0	25				
林地	0.88	4.04	81.1	0.46	1.10	17.5	0.2	0.6	6	0.6

家鼠密度各地无明显的区别，平均 0.1 只/间，按种类总数看褐家鼠高于小家鼠占 59.3%，其比例为 3∶2。从各村布夹情况看，仅土城沟小家鼠

占 57.9%，高于褐家鼠，各月数字相近，无明显危害高峰。见家鼠不同时期调查表 5。

表 5　家鼠不同时期调查表

时间（月）	地点	房间数	布夹数	捕鼠数	只/间	褐家鼠		小家鼠	
						只数	占%	只数	占%
4	马架子	200	600	22	0.11	15	68.18	7	31.8
5	南岗子	100	300	10	0.1	7	70	3	30
6	三分场	100	300	8	0.1	5	62.5	3	37.5
7	土城沟	200	600	19	1.1	8	42.1	11	57.9
	总计	600		59	0.1	35	59.3	24	40.7

鼢鼠全县平均百公顷 5.58 只，以 1 200～1 500m 高原地区危害较重，百公顷有鼠 9.5 只，在农田、草场，山坡均有分布。海拔 1 000m 接坝

地区百公顷 6.7 只，说明鼢鼠已下坝危害。见鼢鼠调查密度统计表 6。

表 6　鼢鼠调查密度统计表

海拔	生境	调查面积	有效鼠洞	洞（只）/公顷
	山坡荒地	300	27	0.09
1 200～1 500m	耕地	300	20	0.067
	平均	600	57	0.095
	山坡荒地	300	14	0.05
800～1 200m	耕地	300	6	0.02
	平均	600	20	0.67
	山坡荒地	300	0	0
500m 以下	耕地	300	0	0
	山坡荒地	600	41	0.068
总计	耕地	600	26	0.043
	总计	1200	67	

3 与气候环境的关系

黄鼠：4 月上旬日平均气温达到 2.0℃，相对湿度 55%，降水达 10mm，平均风速不超过 4 级，日照时数达到 8h，0cm 土温最低达到 4.2～5.0℃，冻土上限 50cm 下限 186cm，黄鼠开始出洞活动，当日平均气温 10℃以上，日照时数达 10～12h，0cm 地面温度 15℃时以上，风速不超过 3～4 级，开始活动盛期，阴天降雨、风大不活动。

鼢鼠：鼢鼠的活动与气温有着密切的关系，洞温随地温变化而变化。4 月份，随着气温升高，洞温也逐渐升高，鼢鼠开始活动。当 5 月份月均温达到 11.4℃时，该鼠进入活动高峰期；7 月份平均气温 20℃时，洞内（地下 15cm）温度在 25℃以上，该鼠基本停止活动。9 月份气温逐渐下降，月均气温为 10.3℃时，活动又开始加大，进入第 2 个活动高峰期。因此，鼢鼠活动的最适温度条件为 12～18℃。

4 生活规律

4.1 达乌尔黄鼠

又名大眼贼，雌鼠体长 280mm，爪长 31mm，尾长 60mm，体重 265g；雄鼠体长 290mm，爪长 35mm，尾长 63mm，体重 270g；上下各 4 个牙，牙长 8mm。主要分布在坝上的高原地区、山坡、草场、耕地、林地。山坡 4 月 11 日开始布夹，15 日开始捕到鼠。耕地 4 月 15 日布夹，18 日捕到黄鼠，比山坡晚 3 天，证明 4 月中旬为黄鼠出蛰期，5～7 月中旬是活动盛期，当日平均气温 20℃以上，相对湿度 55%，平均风速不超过 5 级，日照时数达到 8h，0cm 土温最低达到 4.2～5.0℃，冻土上限 50cm 下限 186cm，5～7 月共捕鼠 114 只，每月平均捕鼠量是 4 月份的 2 倍。7 月下旬开始入洞，未捕到黄鼠，该鼠头大眼大，洞穴明显分栖息洞和临时洞，栖息洞长 250～500cm，深 100～150cm，三只叉，独居无仓库。喜食草根，有时也捕食昆虫。夜间不活动，喜欢中午耍逗，4 月中旬出蛰，不久进入交尾期，孕期 4 周，5 月中下旬产子。盛期 4～7 月，一年一代，一胎 1～12 只，平均 6～8 只，6 月初仔鼠出洞活动。体外寄生跳蚤是传播鼠疫主要鼠种。见达乌尔黄鼠调查统计表 7（布夹法）。

表7 达乌尔黄鼠调查统计表（布夹法）

调查时间 2005 日/月	调查面积 hm²	调查点数 （点）	布夹数 （个）	捕鼠 只	捕获率 %	平均 只/公顷	其中黄鼠 只	密度	%
10～13/4	6	14	90	0	0	0	0	0	0
14～19/4	28		524	18	3.4	0.64	18	0.64	100
07～20/5	28	19	743	38	5.1	1.36	38	1.36	100
07～19/6	27	8	589	39	6.6	1.4	39	1.4	100
07～15/7	26	15	430	37	8.6	1.42	37	1.42	100
19～20/7	12		240	0	0	0	0	0	100

4.2 黑线仓鼠

又称搬仓鼠。该鼠体小，约 80mm，尾长 20mm，占体长 1/4，后足长 14mm，颧宽 13mm，上白齿列长 6～7mm，鼻骨长 10mm，北部中央有一黑色纵纹腹白色，四对乳头。农田、草田都危害，夜间活动觅食作物、杂草种子，该鼠不冬眠，有储存粮食习性，觅食后可用颊囊将食物运进洞内，穴洞简单，有临时洞和居住洞，居住洞复杂，洞口 1～3 个，洞内有巢室和仓库，5 月、9 月两个繁殖高峰 4～8 只/胎。

不同月份调查 22 个点、56.5hm 布夹 2 600 个，捕鼠 29 只，其中小家鼠 1 只 0.5 只/公顷，说明野外有小家鼠活动。7 月份捕鼠率最多，百夹 1.6 只，田间活动旺盛。见黑线仓鼠田间密度调查表 8。

表8　黑线仓鼠田间密度调查表

月	调查点数	布夹（个）	捕鼠（只）	小家鼠	捕获率%
4	5	500	5		1
5	5	900	7		0.78
6	6	600	6		1
7	6	600	10	1	1.6

黑线仓鼠在山坡、草场、林带、耕地布夹2 260个，以耕地密度较大，每hm²0.73只，并在林带捕到小家鼠一只。见不同生境黑线仓鼠调查表9。

表9　不同生境黑线仓鼠调查表

生境	布夹（个）	捕鼠（只）	捕获率%	只/公顷	备注（小家鼠）
林带	700	8	1.1	0.46	1
草滩	100	1	1	0.4	
山坡	800	8	1	0.4	
耕地	660	12	1.8	0.73	

4.3　草原鼢鼠　该鼠雄鼠体长230mm、爪长10mm、体重450g，雌鼠体长240mm、爪长10mm、体重515g，主要分布在坝上和接坝地区的草场、山坡、耕地，该鼠喜食作物根茎，洞穴占地面积大，洞系复杂，沿地道在地面形成50～80个土丘，土丘直径约50cm分左右，雌鼠土堆小些，距离近，串成曲线，雄鼠土堆大些，距离远，串成直线，该鼠4月上旬出蛰，出蛰后一个月内产仔，每只雌鼠产仔3～5个，5月中旬至6月下旬进入活动旺盛期，昼夜活动，以上午10时前和下午4时后活动最盛，将幼苗块根茎咬断或拖入洞内造成缺苗或死苗，鼢鼠由于对光风敏感，发现新鼠洞时，将洞口扒开，在洞内就感觉到，一段时间听不到地面有活动声时，就返到洞口堵洞。于5月24日在农科所后院麦田，将该鼠洞挖开，距洞口0.5m以内地表土铲薄，将铣轻插在距洞口0.5m的薄土层处，静悄悄的等待鼢鼠出来堵洞时，一铣挖下去，将鼢鼠挖出。利用这鼢鼠堵洞这一规律有效的在洞口放毒饵（以薯块、大葱做饵料效果好）、下竹签子，人工捕捉等，有条件的地方还可以灌水，收到明显的效果。

4.4　褐家鼠和小家鼠　各地均有分布，一年四季都可危害。

褐家鼠　形体粗大，头躯长150～200mm，棕褐色或黑色，栖息环境复杂，住宅、厨房、仓库、菜园、阴沟、杂物等都有，穴洞一般掘在易觅食和饮水的地方，洞口多开在墙角、水缸后及其它隐蔽处，昼夜活动，居民区以夜间活动频繁，视觉差，嗅觉听觉灵敏，警觉性高，是杂食性啮齿动物，即吃植物也吃动物，如粮食、花生、蔬菜、肉、蛋、小鸡、昆虫、人粪便等，有饮水习性，雌鼠一年可繁殖2～3窝，多胎7～10仔，主要在春、秋两季，一只鼠一年可吃食物10～20kg，在居民区损害家具、衣物、书籍、毛皮，还能传播鼠疫等多种流行疾病。

小家鼠　体形小身躯长60～80mm，毛色随季节及生存环境变异较大，属野、家两栖啮齿动物，孳生于不常被人挪动的物体和比较隐蔽的地方，如杂物、衣柜、书籍、粮垛、墙角、墙壁、天棚等处，食性杂，如粮食、肉、蔬菜等在野外以谷物和野生植物种子为食，也吃昆虫和植物的绿色部分，昼夜活动盗食、糟蹋和污染大量粮食，咬坏家具、衣物、书籍等，视觉差、性胆怯，繁殖力极强，适宜环境下，全年均可繁殖，以春夏秋季繁殖能力强，每胎产仔5～8只，多14只，产后就可交配。是多种疾病疫源的传播寄主。

5　天敌对害鼠的影响

近几年随着枪支的管理，猫头鹰、黄鼬、狐狸、老鹰密度增加，人们对生态意识的提高，同时刺猬、蛇等种群也增加，控制鼠情，据资料介绍一只狐狸可控制667hm²。近几年来推广高效低毒灭鼠剂和国家严禁使用毒鼠强和打击销售力度的增加，猫的饲养数量大大提高，60%～70%的农户养起了猫，对鼠情起到控制作用。见天敌捕鼠效果调查表10。

表10 天敌捕鼠效果调查表

天敌名称	迁入时间	捕食效果（只/6.7公顷）		保护面积（6.7 hm²）
		迁入前有鼠只数	迁入后有鼠只数	
狐狸		19	7	40
猫头鹰	5月	19	10	5
黄鼬	5月	19	12	5
艾虎	5月	19	15	2
蛇	5月	19	14	0.5

6 防治措施

6.1 机械防治 常用的方法有夹捕法和笼捕法多用于室内灭鼠，一般放于害鼠经常出没的地方（墙角、旮旯）或洞口，以害鼠喜食炒熟的玉米、瓜子或苹果为诱饵，并经常检查，及时更换饵料，一次夹中后要更换下夹地点，以便提高杀鼠率。

6.2 物理防治 灌水法 观察害鼠经常出没的鼠洞，发现后及时灌水，此法一般多用于田间灭鼠，因灌水对建筑易造成危害，采用此发时要特别注意；人工堵洞法 秋季收获后在田间挖鼠洞，常挖出粮食和害鼠，对害鼠及时消灭，可降低越冬数量，减轻下年危害；鼢鼠也常采用此法进行人工捕捉。水淹法 常用于农村家庭，将呈有水的容器放置害鼠常出没的地方，容器上方圆滚或较滑的木棒，木棒中间放上诱饵或在水面上洒谷糠，引害鼠取食而淹死。

6.3 化学防治 化学防治是现在应用最广泛最有效的方法，近两年普遍推广溴敌隆、杀鼠醚等高效低毒的安全鼠药，避免了二次中毒现象，保护了天敌，深受群众欢迎，且防治效果突出。07年9月18～20日在长阁村室内布夹900夹次，捕鼠118只，捕鼠率13.1%，投毒饵后，百夹捕鼠2.2只，防效83%。07年6月初在大滩南窝铺村和鱼儿山镇土城沟村大面积推广毒饵站技术，将毒饵站放在田边、地埂、墙角及害鼠活动较为频繁的地方，防治效果达85%。

通过调查，冀北丰宁县以达乌尔黄鼠、鼢鼠、黑线仓鼠、褐家鼠、小家鼠、田鼠、花鼠为优势种群，在不同生境均有分布。达乌尔黄鼠、鼢鼠主要分布在坝上高海拔地区；黑线仓鼠、褐家鼠、小家鼠、坝上坝下均有分布；田鼠、花鼠主要分布在坝下低海拔地区。受不同气候环境影响密度不同。

湖南省围栏捕鼠技术（TBS）初探

陈越华[1]　陈伟[2]

（1. 湖南省植保植检站　长沙　410005　2. 湖南省常宁市植保站　常宁　421500）

围栏捕鼠技术英文全称为 trap-barrier system，即捕鼠器与围栏系统，它是近年来国际上兴起的一项农田鼠害控制技术，是国际公认的无害化控鼠技术，具有易操作、防效好、成本低、无污染等优点，适用于种植作物基本一致、鼠类危害较重的连片农田。其原理是在保持原有生产结构与措施的前提下，不使用杀鼠剂和其他药物，利用鼠类沿障碍物边缘运动的行为特点，在布设了捕鼠器的围栏内种植诱饵作物，对鼠类进行诱捕[1]。目前，该项技术在我国应用不广，尚属于探索阶段。为验证该项技术，笔者于 2009 年 4～7 月进行了相关试验，以备推广，现将试验结果报告如下。

1 材料与方法

1.1 供试材料
金属筛网，100cm 高，孔径小于 1cm；捕鼠器，用直径 25cm 的 PVC 塑料管锯成 55cm 高的圆筒；固定杆，为 100cm 高的木杆。

1.2 试验样地
试验在湖南省常宁市宜潭乡上洞村进行。选取连片面积在 500×亩以上的稻田作为试验区，试验区不进行任何灭鼠活动。另选取鼠密度相似、连片面积在 500×亩以上的稻田作为对照区，也不进行任何灭鼠活动。试验样方设在试验区大片水稻田中央的两块西瓜田内，两块西瓜田相距 100m，除样方种植西瓜外，周边种植水稻。

1.3 试验方法
4 月 22 日，试验样方外水稻完成移栽。4 月 26 日，用金属筛网在试验样方竖起 2 个 10m×20m 的围栏，用固定杆加以固定；每个围栏四周埋设捕鼠器 12 个，上端与地面持平。5

月 2 日，在围栏内移栽西瓜苗，作为引诱作物。水稻、西瓜的栽培密度、水肥管理、病虫防治等均按常规进行，试验区水稻生育期与对照区水稻基本一致。围栏竖起后，每日上午检查围栏内捕鼠器的捕鼠情况，将鼠取出处理，记录相关数据；及时排除捕鼠器内的积水。作物收获时，同时在试验区和对照区内布夹捕鼠，各不少于 300 夹夜。作物收获时，进行测产调查。

2 试验结果

2.1 害鼠捕获情况
从 4 月 26 日试验设备安装完成投入试验，到 7 月 13 日早稻收获，两块样方共捕获 36 只害鼠。4 月 26 日～5 月 8 日，共 13d，为西瓜幼苗期和水稻返青期共捕鼠 14 只。6 月 15～22 日，共 8d，为西瓜伸蔓期和水稻分蘖期、拔节孕穗期共捕鼠 14 只。6 月 1～14 日，共 14d，为西瓜结果期和水稻抽穗开花期，共捕鼠 8 只（表 1）。

表 1 害鼠捕获情况记录表（单位：月/日、只）

时间	4/26	28	5/4	5	6	8	15	16	17	18	22	6/1	13	14	合计
西瓜	幼苗期	幼苗期	幼苗期	幼苗期	幼苗期	幼苗期	伸蔓期	伸蔓期	伸蔓期	伸蔓期	伸蔓期	结果期	结果期	结果期	/
水稻	返青期	返青期	返青期	返青期	返青期	返青期	分蘖期	分蘖期	分蘖期	拔节孕穗期	拔节孕穗期	抽穗开花期	抽穗开花期	抽穗开花期	/
捕鼠数	2	1	2	2	4	3	2	4	3	2	3	3	3	2	36

2.2 捕获鼠种、年龄、繁殖状况
试验期间，分别捕获黄毛鼠 17 只，占 47%；黑线姬鼠 11 只，占 31%；小家鼠 8 只，占 22%。捕获成体鼠 25 只，占 69%；亚成体鼠 11 只，占 31%。捕获雌鼠 19 只，雄鼠 17 只，雌雄比约为 1:1。捕获孕鼠 12 只，阴道口开放雌鼠 13 只（成年雌鼠），雌鼠怀孕率为 92%；捕获雄鼠 17 只，睾丸下降雄鼠 11 只，雄鼠睾丸下降率为 65%（表 2）。

表 2 捕获鼠种、年龄、繁殖状况明细表（单位：只）

鼠种名称	数量	年龄分布（只）				阴道口开放雌鼠	孕鼠	雌鼠	睾丸下降雄鼠	雄鼠
		幼体	亚成	成体	老体					
黄毛鼠	17	0	7	10	0	5	4	7	6	10
黑线姬鼠	11	0	3	8	0	5	5	7	4	4
小家鼠	8	0	2	6	0	3	3	5	2	3
总计	36	0	11	25	0	13	12	19	11	17

2.3 鼠害控制效果

水稻收获时，试验区害鼠捕获率为7.81%，对照区为8.75%，控效19.09%（表3）。

表3 TBS围栏试验鼠害控制效果

处理	布夹数	收夹数	捕获数	捕获率%	控效%
试验区	240	240	17	7.08	19.09
对照区	240	240	21	8.75	/

2.4 水稻产量测定

经测产，试验区折合亩产量为406.8 kg，比对照区增产7.96%（表4）。

表4 TBS围栏试验产量测定

处理	取样点（kg）						折合亩产量（kg）	比对照区增减（%）
	1	2	3	4	5	合计		
试验区	0.064	0.085	0.072	0.057	0.061	0.339	406.8	+7.96
对照区	0.062	0.058	0.063	0.068	0.063	0.314	376.8	/

2.5 灭鼠成本

试验中，材料费用为1 000元，按使用5年折算，每年费用为200元，人工费用为300元，则每年成本合计为500元，按试验辐射面积500×亩计，则每亩的成本为1元，比当地常规灭鼠费用减少50%（表5）。

表5 灭鼠成本对比表

材料费用（元）	使用年限（年）	控制面积（亩）	人工费用（元）	亩平成本（元）	当地常规灭鼠亩成本（元）	增减（%）
1 000	5	500	300	1	2	-50

3 讨论

试验结果表明，围栏捕鼠技术对鼠害具有一定的控制效果。虽然围栏捕鼠技术前期一次性投入成本较大，但与常规化学灭鼠法相比，具有无污染、平均成本低、持续控害等特点，有一定的推广价值，但由于该技术应用不广，还不十分成熟，还有一些问题须解决。如稻区水多，捕鼠器排水不畅，影响了捕鼠效果，可考虑采用金属倒须笼代替PVC圆筒捕鼠器或者在旱地使用这项技术。还可寻找其他材料（如较厚的农膜）来代替金属筛网，进一步降低成本。

参考文献

[1] Mario S. dela Cruz, Ulysses G. Duque, Leonardo V. Marquez, et al. Rodent removal with trap-barrier systems in a direct-seeded rice community in the Philippines In: Rats Mice and People: Rodent Biology and Management Singleton, G. R., Hinds, L., Krebs, C. J. & Spratt, D. M. (eds) 2002: 271～273

黑线仓鼠危害玉米产量损失及防治指标研究

杨 建 宏

（河北省万全县农业技术推广服务中心 河北 万全 076250）

黑线仓鼠是我县农牧业生产中一种重要有害生物，春刨籽、夏咬苗、秋盗穗，对当地春玉米产量影响很大。

1 研究目的

为了明确黑线仓鼠对农作物危害的经济阀值和防治指标，为今后农区鼠害防治工作提供科学依据，2006 年我们承担了《河北省农区主要鼠害损失率研究》项目，通过以往和今年试验观察，基本明确了我县农区黑线仓鼠不同密度对玉米产量损失及其防治指标，为今后防治工作提供了科学依据。

2. 试验方法

2.1 **试验处理** 根据方案要求，不设对照区，采取鼠害不同密度地块多点调查，即在春玉米作物受害期内（春播期、生长期、成熟期）选择 10 块春玉米田，每块面积 1hm² 左右，调查作物受害率，调查玉米受害株数、受害率，估算样地损失率和产量。把调查获得的数据结果，应用生物统计方法进行分析，计算出经济阀值，确定防治指标。

2.2 **调查方法：采用堵洞盗洞法** 先查清样方内鼠的洞口数，然后将全部洞口堵死。24h 后，检查盗开的鼠洞数。被盗开的鼠洞口为有效鼠洞口。在每个有效鼠洞口放置捕鼠器，连续捕捉几天，直至完全捕光为止。几天内的捕鼠总数即为该样方内的实有鼠数，然后得出鼠密度。

$$鼠密度 = \frac{实有鼠数}{样方面积}$$

3 研究结果

3.1 鼠密度的调查与危害率和产量损失调查同步进行

黑线仓鼠不同密度危害春玉米产量损失统计表

样地编号	平均鼠密度（只/公顷）	玉米损失（kg/hm²）	折亩损失（kg）	损失率（%）	备注
1	3.5	10.6	0.71	0.62	
2	35.2	163.5	10.9	0.63	
3	6.7	30.3	20.2	0.64	
4	8.9	40.2	2.68	0.63	
5	23.4	59.3	3.95	0.63	
6	16.2	80.5	5.37	0.63	
7	2.5	18.8	1.25	0.62	
8	18.5	80.5	5.37	0.63	
9	5.4	16.3	1.09	0.62	
10	15.5	88.2	5.88	0.63	

3.2 **通过田间调查，黑线仓鼠对玉米作物的产量损失关系** 呈明显的正相关，鼠密度越高，玉米产量损失越大。

3.3 **防治指标计算** 根据经济允许损失率（L）公式提出防治指标，其具体计算公式为

$$L = \frac{C \cdot F}{R \cdot P \cdot E} \times 100\%$$

公式中 L 为经济允许损失率，C 为单位面积的防治费用（包括用工和毒饵费），P 为玉米的价格，E 为灭鼠效果，F 为经济系数，R 为单位面积产量。

3.4 **黑线仓鼠危害玉米的防治指标** 根据鼠密度与作物产量损失率的关系及经济允许损失率计算，确定我县黑线仓鼠在春玉米上的防治指标为 6.8 只/公顷。

4 结论与讨论

①试验表明，黑线仓鼠在不同生育期对玉米的危害不同，受损率不同，黑线仓鼠在我县有 3 个明

显危害高峰，即春刨籽、夏咬苗、秋盗穗，以春、秋两季危害最重，因此在防治指标要因时而定，春季、秋季定的低些，夏季苗期放高些。

②根据目前防治水平，价格水平和栽培条件，确定我县玉米田黑线仓鼠防治指标为6~8只/公顷。

③针对我县黑线仓鼠还未对第一代和第二代抗血杀鼠剂产生抗性，因此在鼠药和饵料选择上要选用药效高、成本低、适口性好的药剂和饵料，降低防治成本。

④与剧毒急性杀鼠剂相比，成本有所提高，但防效提高，无二次中毒，并有特效解药。

⑤当黑线仓鼠达到防治阈值时，就要开展以化防为主的综合防治，但也要考虑对天敌和生态的保护，采用物理器械等措施消灭残存害鼠，将鼠害控制在经济阈值以下。

高山姬鼠种群数量动态及预测预报模型

杨再学[1]　龙贵兴[2]　郭永旺[3]　金星[4]　刘晋[4]

(1. 贵州省余庆县植保植检站　贵州　余庆　564400
2. 贵州省大方县植保植检站　贵州　大方　551600
3. 全国农业技术推广服务中心　贵州　北京　100026
4. 贵州省植保植检站　贵阳　550001)

高山姬鼠（*Apodemus chevieri*）广泛分布于四川、云南、贵州、西藏、甘肃、湖北等地[1~5]，在贵州主要分布于大方、黔西、威宁、赫章、毕节、独山一带。该鼠不仅危害多种作物，还是钩端螺体病的主要传染源[2]。探讨其种群发生动态，及时、准确地对其种群数量作出预测预报是制定防治对策的重要依据，建立有效实用的种群数量预测预报模型，提前预测鼠类高峰期种群数量的变化，对于指导当地鼠害防治工作具有十分重要的理论意义。有关该鼠种群数量动态的研究国内报道较少，仅张甫国等[2]和倪健英等[3]对四川西昌市郊、陈文[4]对四川天全县、杨再学等对贵州省大方县高山姬鼠种群数量季节消长动态进行了初步研究，而对该鼠种群数量预测预报模型研究尚未有报道。为此，作者根据1996—2008年贵州省大方县稻田、旱地耕作区逐月高山姬鼠种群数量系统调查资料，探讨其种群数量变动规律及其预测模型，旨在制定一套适合高山姬鼠种群数量预测预报的技术，进一步提高鼠类预报的准确率。

1　材料与方法

1.1　自然概况

大方县位于贵州西北部，毕节地区中部，地跨东经105°15′~106°08′，北纬26°05′~27°36′之间，海拔796~2 285m。全县山峦重叠，沟谷纵横，切割较深，地形零星破碎，山地、丘陵、盆地、洼地交错分布，立体农业十分明显。全县总面积3 252 km²，总耕地面积13.3万hm²，96.79%分布在海拔1 000~1 900m之间。年平均气温11.8℃，无霜期257d，年降雨量1 180.8mm，年日照时数1 335.5h，属暖温带湿润季风气候。主要种植粮食作物有玉米、马铃薯、小麦、豆类等，经济作物有烤烟、辣椒、油菜、茶叶等。调查地点设在贵州省大方县大方镇对江村，海拔1 280m，面积133.3hm²。

1.2　调查方法

采用夹夜法，调查工具为7cm×17cm木板夹，田间直线或曲线排列，夹行距5m×50m，花生仁作诱饵，晚放晨收，每月上中旬（5~15日）在稻田、旱地生境类型地调查1次，各置夹200夹夜以上，对捕获的鼠类标本进行编号，鉴定鼠种、性别，测量体重、胴体重和外部形态，解剖观察其繁殖状况。捕获率（%）=（捕鼠数/置夹数）×100%，以捕获率表示其种群数量（种群密度）。

1.3　数据处理

相关回归分析和所有数据处理均在电子表格（Microsoft Excel）和"DPS数据处理

系统软件"中进行求和、平均、显著性以及相应的统计分析，年度、月份、季节差异采用单因子方差分析（one-way ANOVA）和 Duncan 新复极差法多重比较。文中平均数以平均值±标准差（Mean±SD）表示，$P > 0.05$ 为差异不显著，$P < 0.05$ 为差异显著，$P < 0.01$ 为差异极显著。

2 结果与分析

2.1 种群数量动态

2.1.1 种群组成 1996—2008 年在稻田、旱地耕作区共调查 120 个月次，置夹 42 316 个，捕获鼠类 1 733 只，平均捕获率为 4.10%。其中，高山姬鼠 1 080 只（雌鼠 556 只，雄鼠 524 只），占总鼠数的 62.32%，为当地农田害鼠第一优势种，其次是黑线姬鼠（*Apodemus agrarius*）339 只，占总鼠数的 19.56%，为当地农田害鼠第二优势种；褐家鼠（*Rattus norvegicus*）138 只，占 7.96%，黄胸鼠（*Rattus flavipectus*）31 只，占 1.79%，小家鼠（*Mus musculus*）12 只，占 0.69%，四川短尾鼩（*Anourosorex squamipes*）128 只，占 7.39%，锡金小家鼠（*Mus pahari*）5 只，占 0.29%，为常见鼠种。从年度间种群组成变化来看，高山姬鼠在农田鼠类组成中数量基本稳定，一般在 49.15%～79.25% 之间。

2.1.2 种群数量年度变化 1996—2008 年高山姬鼠不同年度种群数量差异极显著（$F = 8.756 > F_{0.01}$ $(9, 110) = 2.56$，$P < 0.000\ 1$），年平均捕获率以 1998 年最高，为 4.99%±2.31%，2005 年最低，为 0.98%±0.42%，最高年是最低年的 5.09 倍，10 年平均捕获率为 2.58%±1.27%。1996—1999 年种群数量较高，年平均捕获率在 3% 以上，2001—2008 年种群数量较低，年平均捕获率在 2% 以下。在不同年度之间田间捕获率存在很大差异，最大值与最小值之比最高达 39.00，最低为 3.00，平均为 9.44（表 1）。

表 1 高山姬鼠种群数量的年度变化

Table 1 The year population dynamics of Apodemus chevieri

年度 Year	总鼠数（只） No. of capture	平均捕获率（%） Rate of capture	标准差 SD	最大值（%） Max	最小值（%） Min	最大值/最小值 Max/Min
1996	144	3.60 bcABC	1.64	6.00	1.00	6.00
1997	161	3.35 bcABCD	2.73	9.75	0.25	39.00
1998	225	4.99 aA	2.31	9.00	2.25	4.00
1999	141	3.71 bAB	1.54	6.50	2.00	3.25
2000	82	2.39 cdBCDE	1.11	4.50	1.25	3.60
2001	65	1.68 deDE	0.87	3.50	0.50	7.00
2005	47	0.98 eE	0.42	1.75	0.50	3.50
2006	73	1.52 deE	0.72	2.75	0.25	11.00
2007	58	1.65 deDE	0.89	3.00	1.00	3.00
2008	84	1.90 deCDE	0.98	3.50	0.25	14.00

注：不同上标字母表示具有显著差异。Note：Adjusted means with different superscripts in each letter are statistically different.

2.1.3 种群数量月份变化 1996—2008 年高山姬鼠不同月份种群数量差异极显著（$F = 2.659 > F_{0.01}$ $(11, 108) = 2.40$，$P < 0.01$），研究期间最高月捕获率达 9.75%（1997 年 6 月），最低为 0.25%（2006 年 10 月、2008 年 2 月），最高月是最低月的 39.00 倍。一年内种群数量变动较大，最大值与最小值之比最高达 17.20，最低为 3.75，平均为 9.19（表 2）。全年种群数量季节消长曲线表现为单峰型（图 1），在 6 月出现 1 次数量高峰，平均捕获率为 4.63%±3.03%，各年度种群数量的变化曲线基本相似。

表 2 高山姬鼠种群数量的月份变化

Table 2 The month population dynamics of Apodemus chevieri

月份 Month	总鼠数（只） No. of capture	平均捕获率（%） Rate of capture	标准差 SD	最大值（%） Max	最小值（%） Min	最大值/最小值 Max/ Min
1	62	1.58 bB	1.28	4.75	0.50	9.50
2	59	1.48 bB	0.85	3.00	0.25	12.00
3	125	3.11 abAB	2.03	7.00	1.00	7.00
4	99	2.55 bAB	1.58	5.25	0.50	10.50
5	127	3.29 abAB	2.24	8.00	0.75	10.67
6	165	4.63 aA	3.03	9.75	1.25	7.80
7	99	2.92 abAB	1.20	4.97	1.00	4.97
8	90	2.91 abAB	1.45	5.63	1.50	3.75
9	80	2.58 bAB	1.69	6.75	1.00	6.75
10	56	2.03 bB	1.49	4.30	0.25	17.20
11	75	2.36 bAB	2.01	6.07	0.25	8.09
12	43	1.50 bB	0.95	3.00	0.25	12.00

注：不同上标字母表示具有显著差异。Note：Adjusted means with different superscripts in each letter are statistically different.

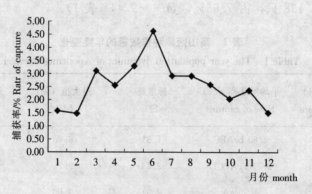

图 1 高山姬鼠种群数量的月份变化

Fig. 1 The month population dynamics of Apodemus chevieri

2.1.4 种群数量季节变化 按春（3～5月）、夏（6～8月）、秋（9～11月）、冬（12～2月）四季统计，1996—2008年高山姬鼠不同季节种群数量差异显著（F＝3.281＞$F_{0.05}$（3，36）＝2.86，P＜0.05），以夏季（6～8月）最高，平均捕获率为3.54%±1.89%，冬季（12～2月）最低，为1.54%±0.82%，两者相差2.27倍。在不同年度不同季节之间种群数量也存在很大差异，最大值与最小值之比最高达7.73，最低为5.03，平均为5.93（表3）。

表 3 高山姬鼠种群数量的季节变化

Table 3 The seasonal population dynamics of Apodemus chevieri

季节 Season	总鼠数（只） No. of capture	平均捕获率（%） Rate of capture	标准差 SD	最大值（%） Max	最小值（%） Min	最大值/最小值 Max/ Min
春季（3～5）Spring	351	3.00 aAB	1.76	6.42	0.83	7.73
夏季（6～8）Summer	354	3.54 aA	1.89	6.77	1.25	5.42
秋季（9～11）Autumn	211	2.26 abAB	1.38	4.63	0.92	5.03
冬季（12～2）Winter	164	1.54 bB	0.82	3.20	0.58	5.52

注：不同上标字母表示具有显著差异。Note：Adjusted means with different superscripts in each letter are statistically different.

2.2　种群数量分级标准的制定

为了使高山姬鼠种群数量分级与预测预报有一个定量的统一的指标，根据历年高山姬鼠种群数量变动幅度及发生危害情况，将高山姬鼠种群数量划分为 5 个数量级，各数量级分级标准如表 4。在开展预测测报时，可依此标准来判断高山姬鼠的发生程度。

表 4　高山姬鼠种群数量分级标准
Table 4　The method for dividing the population density level of the striped field mice of Apodemus chevieri

项目 Item	数量级 Density level				
	1	2	3	4	5
捕获率（%）Rate of capture	≤3.00	3.01~5.00	5.01~10.00	10.01~15.00	>15.00
发生程度 Occurred degree	轻发生 Light occur	偏轻发生 Light side of	中等发生 Medium occurred	偏重发生 Occurred on	大发生 Great place

2.3　种群数量预测预报模型的建立及验证

通过分析 1996—2008 年高山姬鼠各月捕获率与数量高峰期 6 月种群密度的关系后发现，4 月种群数量基数与 6 月种群密度之间相关极显著，运用回归分析方法，建立了高山姬鼠种群数量的短期预测预报模型为：$Y=1.7558X+0.1442$，$r=0.912>r_{0.01}=0.798$（$df=8$），式中 X 为 4 月种群数量基数，Y 为数量高峰期 6 月种群密度的预测值（理论值），由此可提前 2 个月作出高山姬鼠高峰期种群数量变动趋势的预报。

对该预测预报模型进行回测验证，捕获率预测的吻合率计算，凡落在置信区间 $\mu=\hat{y}\pm t_{0.05}S\hat{y}$ 之内的（$S\hat{y}$ 为某一特定的预测值 $\hat{y}$ 的标准差），吻合率计为 100%，超出的则依其上限或下限对实测值的偏差，按下列公式计算[9]：吻合率（%）＝100－（｜μ－实测值｜／实测值×100%）。回测结果表明，模型的数值（捕获率）预测吻合率为 44.70%～100.00%，平均为 92.84%；数量级（［ ］表示可能达到的级数）预测吻合率为 100%（表 5）。

表 5　高山姬鼠种群数量回归方程的预测值与实测值比较
Table 3　Comparison of the value forest with real value of population fluctuation formula of the striped field mice of Apodemus chevieri

预报时间 年·月 Date of estimation	预测值 Forecast value		实测值 Real value		吻合率（%）Coincidence frequency	
	捕获率±置信限（%） Rate of capture ±confidence interval	数量级 Density level	捕获率（%） Rate of capture	数量级 Density level	对捕获率的 For the rate of capture	对数量级的 For the density level
1996.6	8.05±1.58	3	6.00	3	92.26	√
1997.6	9.36±1.99	3－[4]	9.75	3	100.00	√
1998.6	7.61±1.46	3	9.00	3	100.00	√
1999.6	4.97±0.97	2－[3]	6.50	3	91.43	√
2000.6	3.08±1.12	2－[1]	3.50	2	100.00	√
2001.6	3.39±1.06	2－[1]	1.50	1	44.70	√
2005.6	1.02±1.63	1	1.25	1	100.00	√
2006.6	3.22±1.09	2－[1]	2.25	1	100.00	√
2007.6	2.78±1.18	2－[1]	3.00	1	100.00	√
2008.6	2.78±1.18	2－[1]	3.50	2	100.00	√

注：对捕获率的吻合率 1999 年以上限对实测值的偏差（μ）计算，1996、2001 年则以下限对实测值的偏差（μ）计算。Note：The match rate for the capture rate，use the upper limit to calculate the deviation of measured values（μ）before 1999，while use the lower limit to calculate the deviation of the measured values（μ）in 1996，2001 year.

3 讨论

高山姬鼠主要分布于稻田、旱地耕作区，是贵州省大方县农田害鼠优势种，占总鼠数的62.32%。10年平均捕获率为2.58%±1.27%，田间最高捕获率达9.75%，全年种群数量变动曲线呈单峰型，一年内在6月出现1次种群数量高峰，这与陈文[4]报道四川天全县高山姬鼠全年种群数量高峰出现在6月的研究结果相一致，但与倪健英等[3]报道四川西昌市郊高山姬鼠一年内种群数量呈单峰型，高峰出现在每年的10月不尽相同。由于高山姬鼠属中型鼠类，食量大，危害重，每鼠日取食普通玉米粉占体重的1/5～1/4，取食含水50%的玉米粉或新鲜红薯达体重的1/2；而且该鼠具有暴发危害的潜能，经调查，在四川川西南地区高山姬鼠具有年增长16倍的潜能，可造成田块80%的损失[3]。又如近年来湖南洞庭湖区东方田鼠（*Microtus fortis*）连续暴发成灾，青藏铁路高原鼠兔（*Ochotona curzoniae*）的猖獗发生，进一步说明鼠类有暴发成灾的潜能。因此，高山姬鼠的防治仍不容忽视，同时要应进一步加强对该鼠监测及防治关键技术的研究。

预测鼠类种群数量变化，可为其防治提供依据，对于指导本地区鼠害防治工作具有十分重要的理论意义和实践价值。有关鼠类种群数量预测预报研究已引起国内学者的重视，出现了许多研究报道，提出了各种预测指标和预测方法。采用捕获率作为预测指标，已在小家鼠、黄毛鼠（*Rattus losas*）、黑线姬鼠、黑线仓鼠（*Cricetulus barabensis*）、长爪沙鼠（*Meriones unguiculatus*）、小毛足鼠（*Phodopus roborovskii*）、褐家鼠等鼠类的种群数量预报中得到广泛应用，其结果均比较准确，准确率达85%以上，是目前使用较多的预测指标之一。本研究在对贵州省大方县高山姬鼠种群数量预测预报中，应用4月种群数量基数（X）作为预测指标，建立了预测数量高峰期6月种群数量（Y）的短期预测预报模型：$Y=1.7558X+0.1442$，经回测验证，预测结果也比较准确，数值预测平均吻合率为92.84%，数量级预测吻合率为100%，说明该预测预报模型在高山姬鼠种群数量预测预报中是可行的，可在同一生态类型区推广应用。该预测预报模型操作简便，特别是对于基层鼠情监测点实用性强，容易掌握，只要每年4月调查捕获率，就可以根据预测预报模型提前2个月预测当年数量高峰期6月高山姬鼠的种群数量，参照制定的高山姬鼠种群数量分级标准（表4），及时向有关部门作出鼠害发生程度的预报，为防治工作提前作好准备，在生产中是具有实践意义的。

References

[1] Xia W P. Chinese research on *Apodemus* and discussion on species relations in Japan. Acta Theriologica Sinica, 1984, 4 (2)：93～98

[2] Zhang F G, Zhang Z C, Jiang Z Y et al. Biological research on *Apodemus* chevieri. Chinese Journal of Vector Biology and Control, 1995, 6 (6)：448～450

[3] Ni J Y, Jiang G Z, Huang J W et al. Happening dynamic and preliminary research on *Apodemus* chevrieri in Sichuan. Southwest China Journal of Agricultural Sciences, 1998, 11 (Anniversary album)：125～128

[4] Cheng W. Occurrence and prevention of *Apodemus*. Plant protection technology and the extention, 1996, 16 (3)：31

[5] Yang Z X, Song H W, Zhou S N et al. An investigation on the zonal communities and distribution of rodent in Guighou province. Southwest China Journal of Agricultural Sciences, 1994, 7 (2)：95～100

洞庭湖区东方田鼠种群暴发期间的行为特征观察

李波[1]　王勇[1]　张美文[1]　陈剑[1]　邓武军[1]　吴承和[2]　胡华[2]　黄华南[2]

(1. 中国科学院亚热带农业生态研究所　WWF-中国科学院洞庭湖湿地
国际研究中心　长沙　410125　2. 大通湖区植保站　益阳　413207)

东方田鼠（*Microtus fortis*）属仓鼠科（Cricetidae）田鼠亚科（Microtinae）田鼠属（*Microtus*），主要分布于我国的蒙、宁、陕、甘、贵、桂、湘、鲁、皖、苏、浙、赣、闽13省区。洞庭湖区分布的东方田鼠为长江亚种 *M. f. calamorum*[1~3]。

在洞庭湖区，东方田鼠主要栖息在湖滩草地及一些荒坡上，其中尤以湖滩的薹草（*Carex spp.*）沼泽和芦苇＋荻（*Phragmites communis ＋Miscanthus sacchariflorus*）沼泽为其最适栖息地[3~4]。20世纪50~70年代进行了3次"围湖造田"和"筑堤灭螺"建设高潮，加之长江和"四水"上游大量砍伐林加剧水土流失，使洞庭湖湖泊加速沼泽化，扩展并优化了东方田鼠栖息生境，导致了东方田鼠自20世纪70年代以后在洞庭湖区多次暴发成灾[4]。每年11月下旬至翌年4月洞庭湖枯水季节为其繁殖盛期，此时，它们栖息于湖滩地[5]。被迫迁出湖滩主要取决于湖水水位以及种群密度压力，水位到达一定高度，即淹没面积大致达到该片湖滩总面积1/2的时候，鼠在密度压力下开始迁移[6]。所以每年东方田鼠迁出洲滩时间随湖滩淹没早晚而定，一般在5~7月，早的年份可在3月底。下半年洞庭湖水位下降，只要湖滩出露，就会有东方田鼠由农田和岗地向湖滩主动回迁。正是这种被迫外迁和主动回迁构成循环，保证了种群对湖区特殊环境条件的适应[4]。该鼠种群数量年波动较大，在数量高峰年份，其由湖滩迁入农田时可对农业生产造成较大危害。

自2005年以来，洞庭湖区东方田鼠种群进入又一高峰期。2007年种群大暴发，在此期间，我们对东方田鼠从湖滩迁移到农田生境过程中的一些行为特征进行了观察。

1　观察区地理概况

洞庭湖位于湖南省的北部，长江中游荆江段之南岸，湖体宏观近似"U"字形。大体范围为111°53′~113°05′E、28°44′~29°35′N，其北面为分泄长江水流的松滋、太平、藕池、调弦（调弦口于1958年建闸堵口）四口，南、西面有湘、资、沅、澧四水汇注，由城陵矶出口注入长江。全区由洞庭湖湖泊河汊、河湖冲积平原及环湖岗地与低丘组成，区内海拔大多在25~45m之间，属中亚热带向北亚热带的过渡地区，气候温暖湿润，四季分明。年平均气温16.4~17.0℃，年降雨量1 200~1 470mm。现代洞庭湖已被分割成目平湖（西洞庭湖）、南洞庭湖和东洞庭湖3大片，西洞庭湖区的湖泊大部分消失，南洞庭湖也支离破碎，仅东洞庭湖保有大片水面。湖区总面积3 036km²，20世纪90年代主体湖泊面积为2 432.5km²，三角洲前缘多发育薹草沼泽或芦苇＋荻沼泽。区内除低丘岗地有乔灌林木覆盖，平地大部分开垦为农田及村庄，滨湖筑堤构成垸子，湖垸共保护耕地58.2万 hm²。以种植双季稻、棉花、苎麻为主，兼种植甘蔗、西瓜、花生、莲藕和油菜，是湖南省重要的粮、棉、油、麻和水产基地。

洞庭湖每年11月至翌年4月份为枯水季节；4~6月份湘、资、沅、澧"四水"流域降雨多，常在5~7月发生洪水，使湖水水位连续上升，7~8月长江洪峰到达，水位涨至最高，9月开始回落。全湖汛期平均高水位变化在31~34m，平均低水位在18~28m。枯水位南、西二区比东洞庭湖高约1m。

关于洞庭湖区及观察点环境的其他情况，陈安国等[3~6]曾作较详细的报道，本文从略。

2 观察方法

2.1 观察点的设置 为考察东方田鼠种群在洞庭湖区各个部分的表现,我们在东洞庭湖的东侧与西侧、南洞庭湖、西洞庭及长江北岸双退垸各设一个观察点,共计5个点:

A. 东洞庭湖东侧春风点——设在岳阳县麻塘镇春风村,为长期定位调查点,位于113°04′E,29°14′N。主要种植水稻、油菜、莲藕等,防洪大堤外是1片2 700 hm² 的薹草沼泽[3~5]。

B. 东洞庭湖西侧的北洲子点——设在北洲子农场的舵杆洲,112°48′E,29°09′N。其防洪大堤外侧有一片8 km宽的芦苇沼泽,外联2 km宽的薹草沼泽为主要观察样区;防洪大堤设有防鼠墙。20世纪80年代受害重,建成防鼠墙后,虽时有暴发,但很少受害;

C. 南洞庭湖北岸的茶盘洲点——属于沅江市茶盘洲镇。为芦苇沼泽,位于112°45′E,28°54′N,防洪大堤无防鼠墙,常受东方田鼠为害;

D. 西洞庭湖的贺家山芦苇场点——是位于沅江江心洲上的芦苇沼泽,111°50′E,29°00′N,20世纪90年代中期东方田鼠为害较重;

E. 长江北岸小集成点——在洞庭湖区北部的华容县,为长期定位调查点,112°56′E,29°40′N。自1998年开始洞庭湖区实施退田还湖工程,小集成垸为最大的双退垸(即人类生产与生活活动全部退出,并刨毁原有堤坝,在原农田地种植了杨树,

其植被逐年朝有利于东方田鼠栖息的薹草沼泽方面发展。)。还湖面积为0.25万 hm²,成为蓄洪垸,现为成片的杨树林,周围为芦苇沼泽。其植被正逐渐向薹草地演替。

2.2 调查方法 种群数量动态调查主要采用铗日法。使用江西贵溪捕鼠器械厂的大号钢板铗,生葵花籽为诱饵,在洞庭湖滨湖农田沿田埂每5 m置铗1个,行距大于50m。洞庭湖湖滩薹草地和芦苇地、杨树林样地,捕鼠铗沿直线放置,每5 m布1铗,行距150 m以上,每个观察点设样地3~4个,每个样地布放铗100个左右,各观察点共布铗300~400个。贺家山、北洲子和茶盘洲为跑面调查;春风(农田)和小集成为长期定位调查点,全年每季调查1次,2001年和2006年春风点农田未进行调查。小集成2007年当年10月前未调查。

对于东方田鼠暴发期间行为特征,则辅以在现场采用目测、照相、摄像以及采访农户等方法,对其活动、取食、危害状等作直接的、感性的观察了解。

3 结果

3.1 近几年东方田鼠种群铗日法调查概况 2002—2004年洞庭湖东方田鼠种群数量处于低谷期,在岳阳县春风点农田每季的铗日法调查均未捕获到东方田鼠,即使在汛期迁移季节,其铗日捕获率也为0%。至2005年才捕获到迁移进入农田的东方田鼠(图1)。2006年4月在春风调查了湖滩薹草地,东方田鼠捕获率为6.20%。

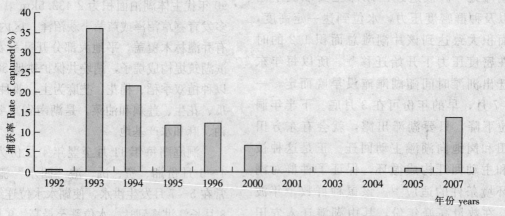

图1 春风村农田历年6月份东方田鼠的捕获率

Fig. 1 Trap success of *Microtus fortis* (%) in farmland of Chunfeng on June of each year

环湖洲滩调查的数据也反映出同样鼠情,2003年在原来东方田鼠分布较多的地方调查未捕获到东方田鼠(表1),2004年开始捕获东方田鼠;到

2005年4月在华容县小集成捕获率骤升为11.56%(年均7.64%),达到头3年调查最高值。2005年4月26日在中国科学院网上发布预警信息,2005

年5月24日起东方田鼠在茶盘洲等处暴发成灾。2006年4月大通湖北洲子镇湖滩鼠密度达到23.60%，我们于2006年5月8日在湖南省病虫情报第5期上又发出预警信息，提示东方田鼠可能再次暴发。随后观察到，由于当年长江上游（四川、重庆）遭遇干旱和三峡水库蓄水，加上洞庭湖区降

雨偏少，因而洞庭湖洲滩未被完全淹没，这一罕见水文，导致该年度湖洲滩东方田鼠数量虽多，却未发生大规模迁入农田为害；但当年未过堤而滞留高位湖滩的东方田鼠在退水后迅即迁回原先栖息的广大低位湖滩繁衍，使得越冬种群基数比往年高，这就为2007年种群大暴发打下了基础。

表1　2003—2007年洞庭湖区洲滩东方田鼠年捕获率

Table 1　Trap success of *Microtus fortis* on beach in the Dongtinghu Lake area among 2003—2007

年份 Year	捕获率 Rate of captured（%）				
	小集成 Xiaojicheng	贺家山 Hejiasan	茶盘洲 Chapanzhou	北洲子 Beizhouzi	春风 Chunfeng
2003	0	0		0	
2004	0.11	—			—
2005	7.64	—			—
2006	0	—	9.23	31.33	6.20
2007	—	0	0.63	21.0	19.48

2007年1月调查发现，春风堤外洲滩鼠密度达到11.27%、大通湖洲滩为23.67%，洞群数和洞口数均为1991年以来经我们调查观测到的最高值。于是，在2007年《植物保护》杂志第2期上发表了《洞庭湖区东方田鼠种群数量预警》报告[9]。2007年5月在环洞庭湖调查证实，洞庭湖区鼠密度成倍增长，岳阳春风洲滩达到52.05%，大通湖北洲子洲滩高达67.07%。6月20日长江上游泄洪，洞庭湖区水位每天上涨0.5 m，至23日上午8时，外湖水位达到29.48 m，21～23日大通湖区每天捕杀东方田鼠5～10 t，仅向东闸码头日捕杀量就达3 t多，到26日整个大通湖区共灭鼠90多吨。根据以往种群暴发情况看，洞庭湖区东方田鼠高峰期可维持5年左右，有必要进一步加大监测力度，防患于未然。

3.2　洞庭湖区东方田鼠暴发时的迁移行为特征

洞庭湖区每年交替出现汛期与枯水期，汛期以前如果连续春雨造成薹草地全面积水，即使洞穴全淹没，也不迁移。鼠可在薹草丛上结"草球"居住，在草间和积水间活动[4]。到汛期，东方田鼠在所处的湖滩被淹约一半面积时，受密度压力，湖滩内的鼠被逼开始陆续或成群迁移，游向防洪大堤、芦苇地、坍塌子堤及高位湖滩薹草地等高地[6]。迁游过程中也受风向影响，例如岳阳县中洲镇与鹿角镇两镇相邻，都位于东洞庭湖东畔，中洲镇在鹿角镇南面，中洲镇防洪大堤外侧相隔200m航道有一片

500 hm² 的薹草湖滩，往年洞庭湖区汛期主要刮北风，在起北风或无风时，东方田鼠多向东南游，故进入中洲镇的农田数量与频次就远多于鹿角镇。据2004年调查，该镇近防洪大堤的西瓜地就受到较重的鼠害。2007年6月下旬长江来水引起洞庭湖水位上涨，刮的是南风，湖洲上的东方田鼠大部分游向距离约1.5 km且靠北面的鹿角镇，因此，该年鹿角镇鼠害超过中洲镇。

被动迁移的东方田鼠在行为上具有明显的"逃难"特征。成群游迁的鼠上堤时表现骚乱，形成临时"集群（colony）"，破坏性极强，可成片洗劫农作物。东方田鼠在被动迁移过程中，由于体力消耗，不少鼠会被淹死，游上岸的鼠死亡率也高。1992年3月30日桃花汛来临时，我们在岳阳县春风村五家墩高位湖滩薹草地上，观察到东方田鼠从四周游向该片未淹的薹草地，因长途游迁，体力下降，用铁锹可随意捞到游来的鼠，甚至在水边用筷子也可夹到东方田鼠。

东方田鼠游泳能力强，游迁期间如遇露出水面树木、芦苇或水上漂浮物（木头和废弃的泡沫塑料等）及水面上的植物（如菱角等），可在芦苇、树上、飘浮物与水面植物上休息，数量多时可见1株芦苇顶部爬着四五只东方田鼠。在实验室观察到放入鱼缸的2只东方田鼠游久后，1只鼠会爬到另1只鼠身上休息。

东方田鼠通常不侵入农房，但数量多时会到农

房附近并有啃咬门框以磨牙。个体大者迁往农田距离远，反之，则近大堤农田和荒地[6]。

3.3 迁移途中的栖息特征 迁移至防洪大堤附近的东方田鼠，在有防鼠墙的防洪大堤下，由于来不及挖洞躲藏，聚集在大石下、石缝内、大树下、枯树兜及枯树杆等较大物体下躲藏与栖息。如用通常用的捕虫网（直径40cm，深70cm）拦在枯树一端，人在另一端驱赶，一网可捕捉到60多只鼠。其余鼠则三五成群散居在近水面的地上，一网可轻而易举捕捉3～4只东方田鼠。而在无防鼠墙的防洪大堤上，东方田鼠主要选择草木旺盛的大堤、外堤片石下以及大堤附近杂草丛生的荒地上栖息；尤其是喜欢在大堤上的茅草里打洞栖息，也可在沙堆上打洞栖息。

通常东方田鼠游到防洪大堤后，在有防鼠墙的大堤下聚集，在防鼠墙下来回奔波，寻找适宜栖息场所；在无防鼠墙的大堤上，集中在堤上杂草茂密处休整，随后在1个月内便扩散到附近农田、荒地和岗地[4]，数量多时会立即迁入农田危害。东方田鼠多集中在杂草丛生大堤及其附近的荒地与沟渠，杂草多的沟渠和荒地鼠数量分布更多。2007年6月下旬东方田鼠暴发，大量东方田鼠迁移至防洪大堤，7月14～15日在岳阳县春风村防洪大堤附近农田调查，距大堤约300～400 m的沟渠，其上的杂草高而密，铗捕率达到40.48%；而距大堤100～200 m的沟渠，其上杂草矮且疏，捕获率降低为21.05%；杂草少、矮的田埂捕获率仅为8.89%。

2007年7月上旬属于西洞庭湖的沅江南嘴镇的目平湖受沅水和澧水影响，水位上涨致垸外东方田鼠纷纷内迁，7月18～19日我们在目平湖的创业垸（单退垸，即居民住房迁出垸内，平时生产依然在垸内，洪水过大可炸堤蓄洪。）调查发现，杂草丛生大堤上的捕获率仍达36.20%，附近西瓜地为23.33%；而岳阳县中洲镇东方田鼠是6月23日左右迁出湖滩，至7月13～14日，防洪大堤上靠外湖面的片石里的东方田鼠铗捕率达到51.81%，而在大堤下杂草丛生的荒地里的铗捕率为41.84%。表明东方田鼠迁出湖滩后，喜栖息在人类干扰少、杂草多的大堤和附近荒地。

3.4 取食行为特征 春风点薹草地以灰化苔草（Carex cinerascens）和青管（Carex breviculinis）为建群种，双子叶植物以水田碎米荠为优势种（Cardamine lyraia）；常德小泛洲芦苇场荻和苦草（Phalaris arundinacea）为优势种，沟底以碎米荠

（Cardamine hirsuts）为主。东方田鼠在薹草地主要取食薹草与水田碎米荠，在芦苇地主要取食碎米荠、苦草和镜子薹（Carex phacota），外来食物中又嗜好水分多的食物[4]，在其暴发迁移时，短时间内成百上千万只鼠聚集在大堤附近，在有防鼠墙的防洪大堤下，由于鼠数量在短期内极度膨胀，食物极为匮乏，可食植物基本啃食殆尽，东方田鼠不仅啃食死鼠，环剥杨树苗的皮，取食幼小构树（Broussonetia papyrifera）的叶、皮，甚至连老构树的叶与树皮也啃食。

在无防鼠墙的大堤上主要取食禾本科杂草和莎草科的薹草等，以及打洞啃食白茅（Imperuta cylindrica）的根，造成薹草和茅草等杂草成片枯死。

在农田东方田鼠主要取食瓜类、玉米、水稻和花生等，当东方田鼠侵入农田数量达到或超过成灾级（铗捕率大于31%）时，成片洗劫农作物。如岳阳麻塘镇春风村新垸组早稻有0.6 hm²多损失达85%以上。当进入农田鼠数量在成灾级以下时，则主要集中在田块中间危害，如沟渠旁的成熟玉米地，最靠近沟渠1行玉米棒受害轻，第2行受害最重，其次是第3、第4行。东方田鼠除盗食玉米棒外，也啃食幼小玉米秆，将其啃断倒地后持续啃食。近成熟早稻同样是田块中间一大片被取食光，晚稻秧苗田主要是在苗床中间盗食，喜在苗床上啃食秧苗。在花生地里东方田鼠打洞盗食花生。若荒地与农田仅隔一条小沟渠，靠近沟渠的农作物受害较重。另据当地村民反映，田埂无杂草的稻田无鼠害。在饲养东方田鼠过程中，发现东方田鼠较喜食稻谷，因此，可用稻谷配制灭鼠毒饵在大堤及其附近荒地使用。

4 小结与讨论

洞庭湖区东方田鼠暴发时行为特征具有"逃难"特征，从湖滩上的鼠临时聚集成"集群"到防洪大堤上，农田受害程度主要依据害鼠侵入农田的数量而定，四周杂草易招致东方田鼠栖息，因此四周杂草密度高低会影响到田块受害程度。根据东方田鼠暴发时的行为特征，最有效控制东方田鼠侵入农区危害的方法是利用挡浪墙、防鼠墙等阻断其迁移通路；其次可以通过铲除田埂上和沟渠里的杂草、用水泥硬化田埂及沟渠，以减少其隐藏、栖息环境、恶化害鼠生存条件，降低鼠害。另外，还可在防洪大堤及其附近杂草丛生的荒地上使用第一代

抗凝血灭鼠剂如敌鼠钠盐、特杀鼠2号等，以稻谷毒饵或水分多食物为诱饵配制毒饵（如西瓜皮[11]等）进行化学防治。

参考文献

[1] 罗泽王旬，陈卫，高武等编著．中国动物志·兽纲·第六卷　啮齿目（下册）仓鼠科．北京：科学出版社，2000，221～232
[2] 马勇，杨奇森，周立志．啮齿动物分类学与地理分布．见郑智民，姜志宽，陈安国主编．啮齿动物学．上海：上海交通大学出版社，2008，92，106
[3] 陈安国，郭聪，王勇等．洞庭湖区东方田鼠种群特性和成灾原因研究．见：张洁主编．中国兽类生物学研究．北京：中国林业出版社，1995，31～38
[4] 陈安国，郭聪，王勇等．东方田鼠的生态学及控制对策．见：王祖望，张知彬主编．农业重要害鼠的生态学与控制对策．北京：海洋出版社，1998，130～152，172～174
[5] 武正军，陈安国，李波等．洞庭湖区东方田鼠繁殖特性研究．兽类学报，1996，16（2）：142～150
[6] 郭聪，王勇，陈安国等．洞庭湖区东方田鼠迁移的研究．兽类学报，1997，17（4）：279～286

藏北草原应用不同浓度特杀鼠2号防治高原鼠兔试验观察*

王忠全[2]　杨光亮[2]　吕疆[3]　李波[1*]　王勇[1]
扎西[2]　洛桑达娃[2]　小扎西[2]　张美文[1]　陈剑[1]

（1. 中国科学院亚热带农业生态研究所　长沙　410125
2. 西藏那曲地区科学技术局　那曲　852000
3. 西藏自治区科学技术厅　拉萨　850000）

西藏鼠害是草场退化主要原因之一，主要害鼠为高原鼠兔（Ochotona curzoniae)[1-6]，害鼠严重制约藏北（那曲）草原畜牧业可持续发展。西藏草原单一应用C型肉毒素梭菌生物灭鼠剂灭高原鼠兔[4-5]，缺乏替换产品，为寻找替换产品，作者于2006年8月16日～9月4日在藏北草场应用特杀鼠2号不同浓度防治高原鼠兔试验，特杀鼠2号在内地常用浓度为0.1%[7]，为保护藏北生态环境，选择3种低浓度进行灭鼠试验，并于2007年4月24～25日进行灭后鼠密度回升调查。

1　试验地概况

1.1　试验地概况
藏北（那曲）地区位于青藏高原腹地，地处西藏北部的唐古拉山脉、念青唐古拉山脉和冈底斯山脉之间，位于83°41′～95°10′（E），30°27′～35°39′（N）。全区土地总面积44.6万km²，占全西藏自治区总面积的37.1%，其中草地总面积为42.1万km²。随着海拔由东南向西北逐渐递升，平均海拔4500m以上，全区高寒缺氧，气候干燥，全年大风日100d左右，年平均气温-2.8～1.6℃，年平均降雨量在247.3～513.6mm之间，冻土层深达2.8m[1]。

1.2　试验区概况
灭鼠试验区选择距那曲镇78km的那曲县香茂乡，位于青藏铁路与青藏公路之间的围栏草场内，位置为91°39.9′（E），30°59.8′（N），海拔4700m，草地土壤类型为高山草地土，主要植物为喜玛拉雅嵩草（Kobrezsia royleana）、高山嵩草（Kobrezsia pygmaea）、粗壮嵩草（Kobrezsia rcbusta）、大花嵩草（Kobrezsia macrantha）、矮生嵩草（Kobrezsia humilis）、紫花针茅（Stepa purpurea）、青藏苔草（Carex moorcrontil）、垫状驼绒藜（Ceratoideses compauta）、华扁蕙草（Blysmus sinocompressus）、藏荠（Hedinia tibetica）和狼毒（Stellera chamaejasme）等。

2 试验材料与方法

2.1 材料 10%的特杀鼠2号母液由湖南天泽农药化工有限公司提供（农药登记号：LS992078），青稞由当地粮店购买，无霉变。

2.2 试验处理 按0.01%、0.025%和0.0375% 3种浓度的特杀鼠2号，分3个试验处理区和1个对照区；对照区不重复，不投饵，仅为1个50m×50m的小区。每种浓度处理区设50m×50m的重复区3个，2种不同浓度的处理区的相连处设1个50×50m小区为保护带，共设3个保护带；每个保护带分成2部分，各投放相邻浓度毒饵，仅在0.0375%毒饵与对照区之间的保护带不同，与对照区相邻的一半保护带不投饵；共13个小区平行于青藏铁路和青藏公路按直线排列。

2.3 灭鼠效果调查方法 灭鼠前将10个小区（处理3×重复3+对照1）分别用堵洞法调查灭前鼠密度；投药后第10d，用相同方法、在相同地点调查灭后鼠密度，计算灭鼠效果和校正灭鼠效果。

2.4 灭效计算方法 灭鼠效果（%）=（灭鼠前盗洞率%－灭鼠后盗洞率%）/灭鼠前盗洞率%×100%；

校正灭鼠效果（%）=[1－灭鼠后盗洞率%/（灭鼠前盗洞率%－对照灭鼠前盗洞率%＋对照灭鼠后盗洞率%）]×100%。

2.5 配制方法 采用浸泡法配制0.01%、0.025%和0.0375% 3种不同浓度青稞毒饵各50kg。分别量取50、125、175mL"10%特杀鼠2号"母液，倒入3只装有20kg清水的桶中，搅拌均匀后，再分别分次倒入放置3个大盆各50kg青稞中，搅拌均匀，及时翻拌，按照1次/h翻拌，约8～10次翻拌，直至药液被青稞充分吸收，即可装入有标记浓度的袋中，运到试验区进行投放。

2.6 投饵方法 不同处理的青稞毒饵按鼠洞投放，每个鼠洞内投放3～5g左右，第1d普遍投放；第2d在吃完处和遗漏处补投。

2.7 有效控制期调查 灭鼠8个月后选择不同处理中间样方用堵洞法调查有效控制期。

3 结果

3.1 堵洞调查鼠密度 该试验区灭鼠前平均有鼠洞969.60±53.98个/公顷，最多1272个鼠洞/公顷，最少696个鼠洞/公顷；平均有效鼠洞口为459.20±36.34个/公颁，最多648个有效洞/公顷，最少264个有效洞/公顷。

表1 灭前堵洞法鼠密度调查表

处理		堵洞数（个）/公顷	盗开数（个）/公顷	盗洞率/%
饿对照		856	352	41.12
0.0375%处理	重复1	828	412	49.76
	重复2	872	408	46.79
	重复3	1028	476	46.30
0.025%处理	重复1	1040	412	39.62
	重复2	1272	648	50.94
	重复3	696	264	37.95
0.01%处理	重复1	888	492	55.41
	重复2	1100	604	54.91
	重复3	1116	524	46.95
平均		969.60±53.98	459.20±36.34	46.98±1.91

3.2 灭鼠试验结果 见表2；"特杀鼠2号"青稞毒饵的3种浓度对高原鼠兔的毒杀效果均在90%以上。由于藏北高原草场生态脆弱，生态恢复和保护环境也是鼠害治理工作中重要指导原则，因此，在熟练掌握药物使用技术的基础上，使用0.01%"特杀鼠2号"青稞毒饵，可以达到有效控制高原

鼠兔对草场为害的目的；通常高原鼠兔在牧草丰富季节不取食外来食物，但作者的试验结果表明，即使在牧草丰富的夏季使用"特杀鼠 2 号"青稞毒饵，鼠兔对毒饵的取食率也很高，可见"特杀鼠 2 号"青稞毒饵对鼠兔的适口性很好。

表 2　不同浓度特杀鼠 2 号灭效调查表

处理		灭后有效洞口率/%	灭后有效洞口率/%	灭鼠率/%	平均灭鼠率/%	校正灭效/%
对照区 CK		41.12	36.72			
0.0375%处理	重复 1	49.76	0.96	98.07		
	重复 2	46.79	0	100	97.74±2.44	97.68
	重复 3	46.30	2.24	95.16		
0.025%处理	重复 1	39.62	0.45	98.86		
	重复 2	50.94	0	100	98.97±0.98	99.12
	重复 3	37.93	0.74	98.05±0.98		
0.01%处理	重复 1	55.41	2.00	96.36		
	重复 2	54.91	1.90	96.54	92.46±6.92	90.85
	重复 3	46.95	7.29	84.47		

在安全性方面，投毒饵后，见不少鸟取食毒饵，但未见中毒死亡的鸟；另外，高原鼠兔死亡期间，也有乌鸦（Covus macrorhynchus）取食中毒死亡鼠兔，特别是投药后第 5d，有 20 余只乌鸦在试验区啄食死亡鼠兔，但均为未见死亡乌鸦；另在灭鼠前后均见有赤狐（Vulpes vulprs）在试验区活动，未见赤狐中毒。此外，0.01%"特杀鼠 2 号"毒饵，远低于该杀鼠剂最低使用量 0.05%（国内常用0.1～0.2%），"特杀鼠 2 号"对环境更安全。

3.3　有效控制期　0.01%、0.025%和0.037 5%浓度的特杀鼠 2 号的 3 个试验区 8 个月后，均只有 3 个有效洞；灭鼠效果分别达 93.33%、90.66%和90.13%，平均为 91.05%；持续有效期可达 8 个月以上。

4　小结

"特杀鼠 2 号"在那曲草场的灭鼠试验结果表明，即使在高原鼠兔食物丰富时期及非繁殖高峰前期（即非最佳灭鼠时期），其 0.01%浓度的青稞毒饵校正灭鼠率也达到 90%以上；安全性[8]与适口性均佳，有效控制期达 8 月以上，并可以不受温度限制，可见，藏北生态脆弱区草原适合应用"特杀鼠 2 号"控制高原鼠兔，可与 C、D 型肉毒素梭菌生物灭鼠剂交替使用。

参考文献

[1] 高清竹，江村旺扎，李玉娥等．藏北地区草地退化遥感监测与生态功能区划［M］．北京：气象出版社，2006

[2] 中国科学院青藏高原综合科学考察队．西藏哺乳类［M］．北京：科学出版社，1986

[3] 邵孟明，姚建初，陈兴汉．西藏那曲地区兽类调查［J］．动物学杂志，1991，26（6）：16～22

[4] 洛桑加措．那曲高原鼠兔调查研究［J］．西藏畜牧兽医，2002，(1)：12～14

[5] 魏学红．西藏林芝松多镇围栏草地鼠害调查与防治［J］．草业科学，2003，20（8）：48～49

[6] 赵好信，张亚生，旺堆．谈西藏草地害鼠及其天敌［J］．西藏研究，2002，(1)：113～117

[7] 李波，刘辉芬．10%、2%的复方灭鼠剂 88～1 及增效剂灭鼠效果观察［J］．农业现代化研究，2001，22（1）：63～64

[8] 刘辉芬，陈安国，郭聪等．复方灭鼠剂 88～1、88～9 的研试与应用［J］．农业现代化研究，1993，14（3）：170～175

不同密度长爪沙鼠对小麦危害的研究

李俊[1,2]　高灵旺[1]　郭永旺[3]　吴新平[4]　嵇莉莉[4]　施大钊[1*]

(1. 中国农业大学农学与生物技术学院　北京　100193
2. 广西出入境检验检疫局　南宁　530028
3. 全国农业技术推广服务中心　北京　100026
4. 农业部农药检定所　北京　100026)

在自然生态系统中，植物经常会受到各种不良环境因素的胁迫，如干旱、霜冻、病虫害、大风、动物的采食和践踏等。在不致死植物的胁迫程度内，随着胁迫的逐渐解除，植物也将逐渐恢复其生长，减轻或消除灾害所带来的不利影响，这种补偿机制是生物保存自身的一种重要机能。

植物能够忍受灾害或灾害后的补偿性生长主要表现在产量和适合度上；在草原生态系统中，动物的采食与牧草的补偿作用研究较详细。许多学者认为放牧加速营养循环、改善冠层辐射状况、提高牧草光合能力、促进资源再分配，就可以去除衰老组织、有利于植物的再生。在农田生态系统中，人们更为关心的作物受到是伤害后产量的变化，而不是适合度，且希望灾害过后，作物不减产，甚或出现产量上的超越补偿。在农田生态系统中我国研究最多的作物补偿性生长研究当属对棉花补偿性生长所做的研究，1996—2003年间盛承发在棉花大田中提出少施药摘早蕾增产新技术，突破传统的治虫策略和棉花栽培理论，系统阐明作物对虫害的超补偿规律并提出生长冗余理论，包括概念、本质、类型、原因、条件及调控途径。

长爪沙鼠（Meriones unguiculatus）是我国北方农牧交错区的重要害鼠，分布于内蒙古、吉林、辽宁、河北、山西、陕西、宁夏、甘肃等省、区，主要为害大田作物，如小麦、莜麦、谷子、豆类等。有关该鼠种群生态学及其对农牧业的危害我国许多学者做过研究。但是这些研究大多依据农田鼠的洞口密度间接分析长爪沙鼠对作物产量的危害，而作物对该鼠啃食危害的补偿作用尚未见报

道。本实验在河北万全县鼠害实验基地采用人为的设定一定的鼠密度梯度的方法来研究长爪沙鼠危害春小麦，具体研究了长爪沙鼠对春小麦生长发育与干物质积累，旨在明确春小麦在不同鼠密度下的平均增长量，补偿生长量及产量，并探讨春小麦补偿能力与害鼠危害的关系。

1　材料与方法

1.1　试验样地概况　试验于2008年4～8月在河北省万全县"鼠害监测试验站"进行，地理坐标为 N 40°49.544′，E114°46.094′，海拔高度为875m，年均气温1.4℃，积温1513.1℃。本试验共设置15个样池，每样池面积100m²。为保证鼠密度的稳定，防止鼠在样池之间迁移，每样池周边建有地下2m深，地上1m高的水泥墙，围墙上方及顶部则加盖铁丝网，以防鼠类天敌和鸟类窜入。

1.2　方法　参照当地春小麦（坝农5号）种植时间于4月上旬播种，采用条播方式行距17cm。于4月10日放入鼠，长爪沙鼠按照不同密度等级设置5个密度组，分别为0（对照组）、2（I组）、4（II组）、6（III组）和8只/100m²（IV组），每组设3次重复。所有试验用鼠均为成年个体，其中I组、II组为低密度，III组、IV组为高密度。样池内的鼠密度则通过观察及每月中旬标志重捕，确认是否有所增减，如有增减则及时移除或补充以保持鼠密度一致。

1.3　取样　春小麦对鼠类啃食的反应每间隔15d调查一次，每个样池随机测1m春小麦垄长内的茎蘖数，重复测3行，并随即选取春小麦10株，测

量其高度，取 1 m² 春小麦齐地面刈割，放入 65℃ 烘箱中烘干测干重，据此计算出春小麦地上部分生物量。根据春小麦地上部分生物量算出其生物增长量（△Wi），为第 i 次取样与上次取样的差值，△Wi＝Wi－Wi₋₁。取 0.5 m² 地下 0～40cm 深根系，用水冲净，测干物质重量（同上），计算出春小麦地下部分生物量。偿生长量（M）是指小麦生长量（Wi）与对照区小麦生长量（Wck）差值。（每个样池测 1 m² 生物量）即 $M=Wi-Wck$

1.4　数据统计分析

春小麦分析采用 Duncan 氏新复极差法多重比较，使用 SPSS 10.0 for windows 统计软件包处理。

2　结果与分析

2.1　鼠密度与春小麦生长的关系

从 5 月 9 日到 8 月 1 日鼠低密度Ⅰ组、Ⅱ组在春小麦地上和地下部分干物质的积累与对照组差异不明显，而Ⅲ组、Ⅳ组与对照组差异显著。对照组（CK）随生育进程延长，地上部分生物累积量呈增加趋势，在收获时达到最高值。而Ⅰ组、Ⅱ组、Ⅲ组春小麦在孕穗期（6 月 23 日～8 月 1 日）生物量增长呈下降趋势，地下部分生物量的积累在 6 月 23 日达到最高峰，而后逐步降低。Ⅲ组、Ⅳ组地下部分生物量的积累远低于 CK、Ⅰ组和Ⅱ组，最大值仅有 27.53g、11.54g，为对照组的 44.16%、18.51%（图 1）。

2.2　鼠密度对春小麦产量的影响

结果显示，Ⅳ组没有产量，地上干物质重量只有对照组的 24.22%。Ⅲ组与对照组比较穗粒数、干物质、茎蘖数、产量差异显著，均明显低于对照，产量下降 61.66%。Ⅱ组茎蘖数虽低于对照组，但其产量略高于对照组，穗粒数也高于对照组，两者差异显著（表 1）

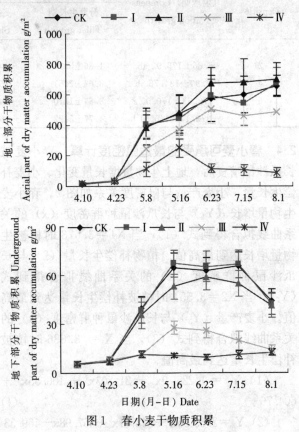

图 1　春小麦干物质积累

Fig 1　Dry matter of spring wheat accumulation

表 1　春小麦产量与鼠密度的关系

Table1　spring wheat yield and densities of vole

鼠密度 Densities	株高 High	千粒重 Wight	穗粒数（粒） Number	地上干物质 Dry matter	茎蘖数 Tiller number	籽粒产量 Yield
0	76.85±11.07 a	31.57±4.67 ab	27.31±9.93 b	6202.12±1467.17a	583.65±74.65 a	2648.06±372.66 a
2	77.55±18.90 a	27.25±4.01 ab	28.65±8.10 ab	6052.09±653.10 a	472.76±100.89 b	2418.25±605.93 a
4	70.58±13.91 ab	34.65±2.61 a	35.91±10.92 a	6695.01±1838.31 a	403.26±75.47 b	2780.32±565.31 a
6	61.80±54.26 ab	27.82±2.11 b	22.68±5.75 b	4755.58±5726.27 b	316.51±90.31 c	1015.16±155.23 b
8	44.86±13.69 b	—	—	1502.64±519.64 c	215.11±59.41 d	—

注：同行内不同字母表示 5% 显著水平差异（P＜0.05）。表 2 同。

Note：Different letters in the same row were significant difference at 0.05 level. The same for the Table 2.

2.3　春小麦的生长补偿效应

在不同鼠密度下春小麦地上干物质积累量，补偿生长量如表 2。仅有第Ⅱ组小麦在小麦的整个生理期补偿生长量高于对照组。春小麦补偿生长量与鼠密度的关系，随着鼠密度的增加，春小麦的补偿生长量随之增加，直至

密度在 100m² 时为 4 只时达到最大值，此后随着鼠密度的增加，鼠取食等活动加大影响作物自身生长规律，导致小麦补偿能力下降。对各密度组的补偿生长量多重比较结果显示Ⅰ组、Ⅱ组与Ⅲ组、Ⅳ组之间差异显著。Ⅰ、Ⅱ组（较低密度组）春小麦

生长量超过或等于被啃食量，即鼠的取食刺激了小麦生长；Ⅲ组和Ⅳ组（高密度组）鼠对小麦的啃食

远高于小麦自身的生长量，对春小麦的危害量已经得不到补偿。

表2　鼠密度对春小麦生长影响

Table2　Effect of densities of vole on the spring wheat

鼠密度 Densities	小麦补偿生长量 （生理期）Compensation growth	小麦发育各阶段补偿生长量 Every level of compensation growth			
		分蘖生长期 Tiller growth	拔节生长期 Shooting period	孕穗抽穗期 Heading period	籽粒成熟期 Mature period
0	—	—	—	—	—
2	8.86±176.92 ab	1.36±5.70	−36.18±23.76	71.53±49.88	−27.65±30.85
4	97.90±184.76 ab	8.62±2.51	15.16±5.97	79.71±32.75	−5.16±87.75
6	−72.63±170.00 a	8.83±1.10	−96.69±10.26	28.11±45.68	−12.25±57.56
8	−373.17±145.31 b	4.77±5.22	−190.74±19.33	−179.85±23.31	−37.60±54.51

2.4　春小麦可承受的最适鼠密度计算

春小麦被长爪沙鼠啃食后，地上生物量增长量变化、小麦补偿生长量、小麦产量与鼠密度关系如图2。春小麦生物量增长（Y_1）与长爪沙鼠种群密度（x）的关系曲线拟合得到式（1），当 X1＝3.673 时植被生物量增长达到最高值。植物补偿生长量（2）与长爪沙鼠种群密度（x）的关系曲线拟合得到式（Y_2），当 X2＝3.551 时植被补偿生长量达到最高值。小麦产量（Y_3）与长爪沙鼠种群密度（x）的关系曲线拟合得到式（3），当 $X_3 = 3.686$ 时植被补偿生长量达到最高值。

$$(1)\ Y_1 = 1.225\ 9x^4 − 21.803x^3 + 106.55x^2 + 604.76 \tag{1}$$

$$(2)\ Y_2 = 2.69\ 95x^3 − 648\ 41x^2 + 357.98x − 469.33 \tag{2}$$

$$(3)\ Y_3 = − 56.648x^3 + 413.88x^2 − 716.06x + 2\ 648.1 \tag{3}$$

（1）～（3）式均表明鼠密度接近 4 只/100 m² 时，春小麦产量最高且小麦能通过自身的补偿作用使鼠的啃食得到补偿。

3　讨论

关于植物受动物采食后的补偿效应，Belsky 认为补偿作用是植物受灾害后的快速恢复再生长及植物为了减少所有类型灾害所带来的负效应的进化对策。Belsky 的观点概括了植物对所有类型灾害的反应机制，植物在受到伤害胁迫之后，都会尽可能的弥补和补偿灾害所造成的损失，其补偿效应与外界条件—环境条件及受伤害的时间，强度等和植物的形态、结构及内部的各种生理变化有关。

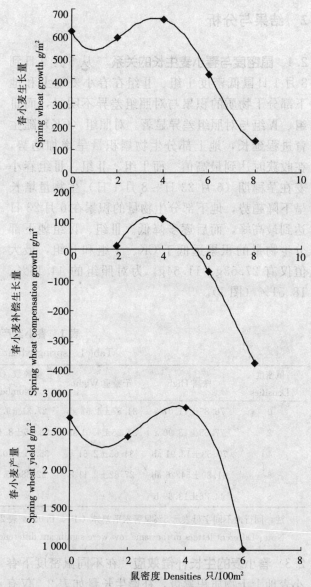

图2　春小麦生长量、补偿生长量、产量与鼠密度关系拟合曲线

Fig 2　Relationship between spring wheat and densities of voles curve fitting

一般来说，在农田生态系统中，作物的补偿形式可以分为两种形式。（1）生长补偿形式，较低密度组春小麦生长量超过或等于被啃食量，即鼠的取食刺激了小麦生长；高密度组鼠对小麦的啃食远高于小麦自身的生长量，对春小麦的危害量已经得不到补偿。这与作物的抗逆性相关，在作物休眠时期的抗逆性较强，生长旺盛期抗逆性较弱；在同样条件下，生长健壮的植株抗逆性较强，生长不良的植株抗逆性较弱；作物在不同生育时期的抗逆性也不同，营养生长期的抗逆性较强，而开花时期的抗逆性较弱。（2）组分补偿形式，比如田间作物的群体补偿作用，一些作物在苗期和生长初期的被害程度并不决定产量损失，因为同一群体内植株间经常处于对光、水、肥的竞争中。当植株在产量形成之前，尤其是苗期密度较大时，即使某些个体被伤害致死（致死比不致死可能更好），邻近未受害株将对产量起补偿作用，使植物从受害到产量形成期间的补偿能力得到充分体现。

春小麦随鼠密度的增加，生物增长量，补偿生长量出现退化趋势，符合"内禀冗余"理论，鼠对作物的取食，消除生长冗余与组分冗余是可行的，其重要的一点就是适时适度的鼠密度，以期实现春小麦产量的超补偿。

除了啃食春小麦，长爪沙鼠的挖掘、营巢、贮存等活动对春小麦的作用也是很深刻的。但本次研究未对这些因素开展研究，这需要今后加以补充。而且本次试验得的植被耐受限度为 4 只/100 米²（折合 400 只/公顷）是在模拟条件下的结果，该结论尚需进一步验证。在试验期间麦蚜虫等草食性昆虫未出现危害状况，因此本试验未考虑食草性昆虫对春小麦的影响。

TBS 技术在小麦田防控鼠害试验研究

王振坤[1] 戴爱梅[1] 郭永旺[2] 伊力亚尔[3]

（1. 新疆温泉县农业技术推广站 博州 温泉 833500
2. 全国农业技术推广服务中心 北京 100125
3. 新疆维吾尔自治区植保站 乌鲁木齐 833 0001）

温泉县地处西北边陲，是粮食种植产区，常年种植粮食作物面积达 30 万亩左右，种植小麦面积达 15 万亩左右，是新疆绿色食品小麦的生产基地。由于多年的粮食种植布局及适宜的气候，使得鼠害成为本区重要的生物灾害之一。常年鼠密度在 8%～20%之间，特别在小麦抽穗—灌浆时期，害鼠啃噬小麦茎秆，危害严重时，可造成损失率达 10%以上。随着树立"绿色植保"理念，绿色防控灭鼠技术已成为当前灭鼠工作首选方法，为进一步研究与探索小麦田绿色防鼠技术，我们于 2008 年对 TBS（捕鼠器＋围栏）技术进行了试验研究。

1 材料与方法

1.1 材料 捕鼠桶：材料为铝铁皮，深 40cm，直径为 30cm，呈半圆形，底部留有 4 个直径小于 0.5cm 圆孔，共计 40 个。

围栏及支棍：孔径≤1cm 的金属筛网共 240m；长度为 100cm 木杆或钢筋共计 16 根。

工具：长柄坩埚钳或长柄夹（从筒中取鼠用），解剖器材、标本瓶及医用酒精（保留标本用）。

1.2 方法

1.2.1 试验地选择 主要设置在温泉县安格里格乡昆得仑布呼村，常年以种植小麦、油葵作物为主，以河水浇灌为主。其中小麦种植面积达 60%以上。农区鼠害主要以小家鼠、灰仓鼠、社会田鼠为主，农田鼠密度常年在 8.12%～15%之间。本试验选取连片面积在 500 亩以上的春小麦作为试验区，鼠密度在 10%以上。试验区及附近没有进行其他任何灭鼠活动，同时在距离 500m 的地区选取鼠密度及种植作物相同，而且连片面积在 500 亩以上的小麦田作为对照区，不进行任何灭鼠活动。

1.2.2 试验方法 在选择好地块，播完种后，用铁丝网在试验区四周围起 4 个 10m×20m 围栏（见图），并用 100cm 木棍加以固定，高度为 40cm（不含埋入地下部分）；在围栏每边的中央处设一方形开口（宽 15cm、高 10cm），沿围栏内侧挖一个坑，并将捕鼠器置于坑内，桶的直边紧贴围栏，桶上沿地面平行。围栏内的小麦用薄膜覆盖，使围栏内的小麦早于围栏外的小麦出苗，并加强水肥管理，使其长势好于围栏外的小麦。

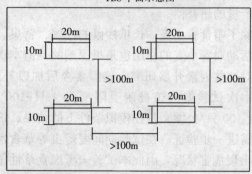

TBS 平面示意图

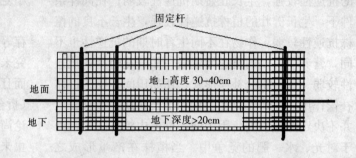

1.3 试验过程 该试验面积达 1 043 亩，设试验区为 523 亩，对照区为 520 亩。种植作物为春小麦，春小麦同一天播种，播种日期为 3 月 14 日，并将围栏区的小麦用薄膜覆盖，使围栏内的小麦比栏外的小麦早出苗 5～6d，并加强水肥管理，使围栏内的小麦比围栏外长势好，该试验于 4 月 6 日开始进行，放置铁丝网、铁桶，4 月 9 日开始捕获到了害鼠，捕获高峰期在 5 月 15 日以后，在试验中维护试验围栏 3 次，每天清除铁桶害鼠及杂物，并详细记录捕鼠情况。7 月 22 日在试验区和对照区各放置 200 只鼠夹进行鼠密度调查，并对试验区及对照区的小麦进行测产。7 月 24 日撤销铁丝围栏、铁桶，试验完成。

1.4 调查方法

1.4.1 调查方法

1.4.1.1 生育期调查 在试验过程中，详细记载围栏内和周围小麦的生育情况等。

1.4.1.2 害鼠捕获量调查 围栏建成后，每天早晨检查围栏内的捕获情况，并详细记载害鼠种类、年龄、性别、雌鼠怀孕、雄鼠睾丸下位情况。

1.4.1.3 控效调查 采用夹夜法，以炒熟的花生米为诱饵。小麦即将收获的前一天，分别在试验区和对照区内连续两晚布夹，每天放 100 夹，方法为沿田埂、地边或沟渠走向每 5m 布夹，晚 20：00 布夹，早 8：00 收夹。收夹时，记载有效夹数和捕获害鼠的数量及种类，并计算控效。

控效（%）＝（对照区捕获率－试验区捕获率）/对照区捕获率×100%

1.4.1.4 产量测定 小麦收获时，分别在试验区和对照区的中心区域选取 5 个样点，每点调查 1m²，进行单独收获，记录产量情况。

2 试验结果与分析

2.1 生育期 由表可知，围栏内与围栏外小麦播种时期为 3 月 14 日，围栏内出苗时期为 3 月 20 日，围栏外出苗时期为 4 月 1 日，较围栏外及对照区小麦的出苗时期早 10d 左右，该地块为河水灌溉田，4 月 28 日开始浇水，5 月 10 日浇第二水，6 月 1 日浇第三水，6 月 17 日浇第四水，7 月 24 日采取机械收割。

表 1 TBS 田间试验调查记载表（新疆温泉 2008）

| 序号 | 捕获日期 | 害鼠捕获量（只） | 鼠种分布（只） | | | 小麦生育期 | | 备注 |
			小家鼠	灰仓鼠	社会田鼠	围栏内	围栏外	
1	4 月 7～14 日	4	3	0	1	苗期	出苗期	
2	4 月 15～21 日	6	6	0	0	苗期	苗期	
3	4 月 22～30 日	9	9	0	0	分蘖期	苗期	
4	5 月 1～7 日	12	8	2	2	分蘖期	分蘖期	

（续）

序号	捕获日期	害鼠捕获量（只）	鼠种分布（只）			小麦生育期		备注
			小家鼠	灰仓鼠	社会田鼠	围栏内	围栏外	
5	5月8~15日	13	6	4	3	分蘖期	分蘖期	
6	5月16~23日	35	22	10	3	拔节期	分蘖期	
7	5月24~30日	31	15	13	3	拔节期	拔节期	
8	6月1~7日	7	1	5	1	孕穗期	拔节期	
9	6月8~15日	28	14	13	1	孕穗期	孕穗期	
10	6月16~22日	23	11	10	2	抽穗期	孕穗期	
11	6月23~30日	13	8	4	1	扬花期	抽穗期	
12	7月1~7日	10	10	0	0	灌浆期	扬花期	
13	7月8~15日	14	8	4	2	灌浆期	灌浆期	
14	7月16~24日	21	6	12	3	蜡熟期	灌浆乳熟期	
	合计	226	127	74	25			

2.2　害鼠捕获量　由表1可知，围栏内于2009年4月7日开始放置，4月9日始见害鼠，直至7月24日收获。共计113d，40个铁桶，捕获率在2.5%~25%之间，捕获最高达10只/d，平均捕获率为5.7%。共捕获害鼠226只，其中小家鼠为127只（占56.2%），灰仓鼠为74只（占32.7%），社会田鼠为25只（占到11.06%）。4月9日~5月16日为捕获低峰，在春小麦拔节时期5月16日开始出现捕获高峰时期。直到5月30日，在孕穗期—抽穗时期，6月16日~6月22日为第二个捕获高峰期，6月23日~7月8日为捕获低峰时期，7月15日正值蜡熟期开始呈上升的趋势。

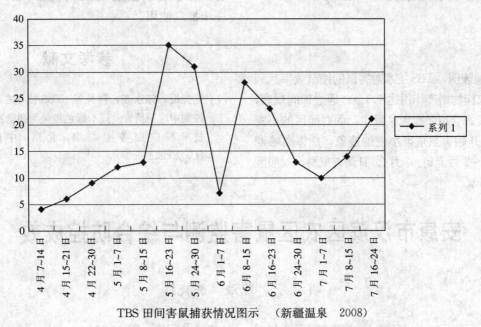

TBS 田间害鼠捕获情况图示　（新疆温泉　2008）

2.2　控效　通过7月22日田间夹夜法调查，试验区内共捕获害鼠6只，捕获率为3.06%；对照区内共捕获害鼠为22只，捕获率为11.22%，因此，TBS控鼠技术防治效果达到了72.7%。另外通过有效洞法调查，试验区的有效鼠洞为3.75个/公顷，对照区有效鼠洞达到了68个/公顷（见表2）。

表2   TBS 控制农田鼠害试验效果（新疆 温泉县 2008）

	有效夹数	捕获害鼠（只）	捕获率（%）	控效（%）
TBS试验区	196	6	3.06	72.7
对照区	196	22	11.22	

2.3 产量测算   在收获的前两天，分别在对照区和试验区采用 Z 型五点随机取样法进行产量测定，试验区内 5 个样点（每个样点取 1m² 小麦）产量分别为 0.68kg、0.65 kg、0.62 kg、0.67 kg 和 0.69 kg，折合亩产为 441.3 kg，对照区 5 个样点产量为 0.58 kg、0.62 kg、0.65 kg、0.56 kg 和 0.68 kg。测产试验区比对照区高出 29.3 kg（见表3）。

表3   TBS 试验区及对照区小麦产量测定

	取样点					折合亩产量	较对照区增产（%）
	1	2	3	4	5		
TBS试验区	0.68	0.65	0.62	0.67	0.69	441.3	7.11
对照区	0.58	0.62	0.65	0.56	0.68	412.0	

2.5 经济效益分析   500 亩地需投入 4 个 TBS，其投入一个 TBS 材料成本为（桶＋围栏及铁丝）为 658 元，4 个 TBS 成本为 2 632 元。在试验中投入的人工费用为 200 元。共投入的成本为 2 832 元。防鼠后每亩可增产 29.3kg，500 亩共增产为 14 650 kg，折合经济收入为 23 440 元。500 亩盈利为 20 608 元，投入效益比为 1：7.27。

害鼠的鼠洞达到了 68 个/公顷。而试验区的害鼠鼠洞平均在 3.75 个/公顷，由此可见防鼠效果较好。其投入效益比为 1：7.27，经济效益较为可观。

TBS 控鼠技术是一项新型的绿色防鼠技术，它采用物理器材进行诱捕，利用鼠类自身行为特点进行控制，对周围害鼠的天敌无影响，对人畜无害，能够很好地维护农区的生态平衡，在农区可进一步推广使用。

3   结论

田间试验表明，TBS 技术对害鼠的控制效率达到 72.7%，对农作物增产作用达 7.1%；通过田间观察，试验区的小麦无害鼠啃噬现象发生，而对照区的小麦在 5 月 20 日开始害鼠危害小麦的迹象，危害高峰期在 6 月 10 日～7 月上旬。7 月 22 日调查鼠洞，对照区

参考文献

[1] 王显报，郭永旺，蒋凡等．TBS 技术在农田鼠害长期控制中应用研究［j］．绿色植保与和谐发展/全国农业技术推广服务中心编，北京：中国农业出版社，2008.9．

安康市汉滨区农区鼠害监测与综合防控成效

胡清秀   陈浩   陈晓红

（安康市汉滨区植保站   陕西   安康   710000）

农田鼠害是一个长期困扰农业收成的重要问题，鼠类不仅危害粮食、蔬菜、果树、花卉以及家畜家禽甚至鱼苗外，它们携带的菌种达 200 多种，其中有 57 种可使人致病。家鼠和田鼠是肾综合出血热的主要传播者。钩端螺旋体病是人、畜共患疾病，在农村发生也比较严重。当人接触带菌的鼠

尿、死鼠以及被污染的水、土壤、植物就可能被感染。20 世纪 80 年代我国每年发病 2～3 万人，此外还有野兔热、蝉回归热、鼠型斑疹伤寒、恙虫病等 20 多种由鼠类传播的疾病。农田鼠害的防治工作不仅关乎农业生产安全，对保障人民身体健康和生命安全也非常重要。近年来在各级主管部门的关心和支持下，我们在认真坚持搞好农区、农户定点、定时监测的基础上，积极开展农区鼠害综合防控工作，确保粮食增产、农民增收，保障人民身体健康和生命安全。

1　汉滨区基本现状和鼠害历年发生情况

汉滨区地处秦岭南麓，巴山腹地，常年气候温和，降雨量充沛，属于亚热气候带，年平均气温 15～16℃，年降雨量在 1 000mm 左右，无霜期 250～280 天，适合各种作物生长，也适应各类生物的生存繁衍，全区总耕地面积 73 万亩，主产水稻、小麦、玉米、油菜、瓜果、蔬菜等粮油经济作物，历年鼠害是我区农业生产的较大灾害。早在 20 世纪 80 年代初期鼠害尤为猖獗，每年损失粮食达千万千克，为控制鼠害发生，区植保站自 1996 年以来就专门设立了鼠情监测小组，由专人负责鼠害监测工作，积累了比较完整、系统的监测资料，并建立了防治模式系统，基本了解和掌握了全区鼠害发生现状及规律。通过科学的监测和及时的防控，农田害鼠密度由 1996 年 9.82% 下降到 2003 年的 1.22%。近几年来，由于人们的防鼠、灭鼠意识的淡化，大量捕杀鼠类天敌，抑制了鼠类天敌的繁衍，破坏了自然的生态平衡，致我区农田鼠密度由 2003 年的 1.22% 上升到 2007 年的 3.06%，农户住宅区的鼠密度由 2003 年的 7.5% 上升到 2007 年的 16.29%，全区农田农户鼠密度均呈上升趋势。（见表 1、表 2）

表 1　1996—2008 年农田害鼠密度监测统计表

年份	布夹数（个）	捕鼠总数（只）	捕鼠率（%）	黑线姬鼠		褐宗鼠		黄胸鼠		小家鼠		备注
				捕鼠数	分捕率	捕鼠数	分捕率	捕鼠数	分捕率	捕鼠数	分捕率	
1996	2 250	221	9.82	103	4.58	104	4.62	13	0.58	1	0.04	
1997	1 800	141	7.83	78	4.33	55	3.06	8	0.44	0	0.00	
1998	1 800	67	3.72	34	1.89	11	1.61	0	0.00	22	1.22	
1999	1 800	127	7.06	127	7.06	0	0.00	0	0.00	0	0.00	
2000	1 800	29	1.61	29	1.61	0	0.00	0	0.00	0	0.00	
2001	1 800	65	3.61	65	3.61	0	0.00	0	0.00	0	0.00	
2002	1 800	74	4.11	74	4.11	0	0.00	0	0.00	0	0.00	
2003	1 800	22	1.22	22	1.22	0	0.00	0	0.00	0	0.00	
2004	1 800	42	2.33	33	1.83	7	0.39	0	0.00	2	0.11	
2005	1 800	41	2.28	24	1.33	15	0.83	0	0.00	2	0.11	
2006	1 800	32	1.77	15	0.83	17	0.94	0	0.00	0	0.00	
2007	1 800	55	3.06	21	1.17	34	1.89	0	0.00	0	0.00	
2008	2 291	56	2.44	23	1.04	33	1.4	0	0.00	0	0.00	"5.12"地震加密了监测次数
合计	24341	972	4.00	648	2.66	276	1.13	21	0.086	27	0.11	

表 2　2001—2008 年农户住宅区害鼠密度监测统计表

年份	示范户数（户）	布夹总数（个）	捕鼠总数（只）	总捕鼠率（%）	捕获鼠种分捕率（%）								备注
					褐宗鼠				小家鼠				
					雌（只）	雄（只）	小记	分捕率	雌（只）	雄（只）	小记	分捕率	
2001	400	800	86	10.75	41	44	85	10.625	0	1	1	0.125	
2002	400	800	152	19	72	53	125	15.625	13	14	27	3.375	
2003	400	800	60	7.5	26	17	43	5.375	8	9	17	2.125	
2004	400	800	75	9.375	26	15	41	5.125	19	15	34	4.25	
2005	900	1 800	219	12.16	85	53	138	7.67	40	41	81	4.50	
2006	1 200	2 400	330	13.87	124	87	211	8.79	59	63	122	5.083	
2007	1 200	2 400	391	16.29	129	98	227	9.46	72	92	164	6.83	
2008	1 270	2 637	278	10.54	74	90	164	6.22	58	56	114	4.32	
合计	6 170	12 437	1 594	12.82	577	457	1 034	8.31	269	291	560	4.50	

2　鼠害监测和综合防控技术的实施

　　为了及时准确掌握鼠害发生动态，便于更好的开展灭鼠、控鼠工作，我们按监测规范要求，每月 10 日前在定点监测区域，对农田、农户（住宅区）两个不同生态环境进行规范布夹（农田连续 3 夜不得低于 150 夹，农户一夜不得低于 50 户 100 夹），并做好监测资料的汇总整理，同时加强大面积监测调查，根据监测调查结果进行分析判断，为我区开展鼠害综合防控工作奠定基础。

　　2008 年全年共布夹 4 928 夹次，共捕鼠 334 只，捕鼠率 6.78%，其中农田布夹 2 291 夹次，捕鼠 56 只，捕鼠率 2.44%。危害高峰为 4 月份，捕鼠率 5.33%；最低危害期 11、12 月捕鼠率均为 0；住宅区布夹 2 637 夹次，1 270 户，捕鼠 278 只，捕鼠率 10.54%，危害高峰期在 2 月份，密度 16.5%，最低危害期在 6 月，密度 4.39%。

　　为了有效控制农区鼠害，全区在 10 个乡镇于 9 月 25～28 日实施农田和农户统一灭鼠示范，每

个乡镇落实 300 亩农田和 200 户农户统一灭鼠示范任务，区站抓好建民镇陈家山村 1 000 亩农田灭鼠和建民镇长岭村 1 000 户农户统一灭鼠示范工作。全区共开展农田灭鼠示范 4 000 亩，农户 3 000 户的统一灭鼠示范，同时在建民镇长岭村和中原镇东沟口村各实施"毒饵站"统一灭鼠示范 500 亩。在防控技术实施过程中做到"五统一、三不漏"，并及时下发通知和防控技术要点，号召全区各乡镇普遍开展农田综合灭鼠防控工作，通过农区灭鼠活动的开展，使全区鼠害得到了有效控制。

3　综合灭鼠效益分析

3.1　综合防控示范区防治效果调查　根据在陈家山村示范点上调查，灭鼠前农田最高鼠密度 5.83%，灭鼠后为 0.83%，平均防效 85.8%；农户住宅灭鼠前鼠密度 12.5%，灭鼠后密度为 2.31%，平均防效 81.6%，平均防效 82.9%（表 3、4）

表 3　统一灭鼠前布夹监测调查表

地点：建民镇陈家山村示范区　　　　　　　　　　　　　　　2008 年 9 月 20 日

生态环境	布夹数	捕鼠数	捕鼠率（%）	捕获鼠种数及分捕率					
				黑线姬鼠		褐家鼠		小家鼠	
				捕鼠数	分捕率（%）	捕鼠数	分捕率（%）	捕鼠数	分捕率（%）
农田	120	7	5.83	1	0.83	6	5	0	0
农户（住宅）	152	19	12.5	0	0	7	4.16	12	7.89
合计平均	272	26	9.55	1	0.37	13	4.78	12	4.41

统一灭鼠前布夹监测调查表

地点：建民镇陈家山村示范区　　　　2008 年 9 月 30 日

生态环境	布夹数	捕鼠数	捕鼠率（%）	捕获鼠种数及分捕率					
				黑线姬鼠		褐家鼠		小家鼠	
				捕鼠数	分捕率（%）	捕鼠数	分捕率（%）	捕鼠数	分捕率（%）
农田	120	1	0.83	0	0	1	0.83	0	0
农户（住宅）	152	4	2.63	0	0	2	1.32	2	1.32
合计平均	272	5	1.84	0	0	3	1.10	2	0.74

表 4　示范区灭鼠情况调查汇总表

生态环境	灭前鼠密度（%）	灭后鼠密度（%）	平均防效（%）	备注
农田	5.83	0.83	85.80	
农户（住宅）	12.5	2.63	78.96	
平均	9.55	1.84	82.38	

3.2　实施综合防控技术所取得成效　2008 年全区农田鼠害发生面积 10 万亩，占总耕地面积 13.7%，综合防控面积 7.8 万亩，占发生面积 78%，实施稻区灭鼠 4.3 万亩，每亩平均挽回稻谷损失 25kg，累计挽回损失 107.5 万 kg，计挽回产值 193.5 万元（每千克平均按 1.8 元计算），实施旱粮作物灭鼠 3.5 万亩，累计挽回损失 140 万 kg（每亩平均挽回损失 40kg），计挽回产值 168 万元（每千克平均按 1.2 元计算），总计挽回产值 361.5 万元，经济效益分析如下：

单位（亩）成本费用：鼠害防治用药以 0.005% 溴敌隆饵料（100 克/袋），每亩用 3 袋计算，市场价每袋 1 元，每亩共用药费 3 元，每亩人工费 4 元，合计防治费用 7 元，可挽回粮食 32.5kg，折 48.75 元，投入产出比为 1:5.62。

表 5　农区监测与综合防治情况统计表

防治面积（万亩）	大面积单位挽回产量（kg）	总挽回产量（万 kg）	总挽回产值（万元）	总防治费用（万元）	新增纯收入（万元）	投入产值比
7.8	32.5	247.5	361.5	54.6	306.9	1:5.62

3　综合防控技术的实施所取得社会效益和生态效益

经过农区灭鼠示范和大面积综合防控技术的开展，我区农田鼠害得到了有效控制，群众的灭鼠意识又有了新的提升。群众不但了解灭鼠的重要性，而且还学会了科学环保的灭鼠方法，使我区农田鼠密度由 2007 年的 3.06% 降到 2008 年的 2.44%，住宅区鼠密度由 2007 年的 16.29% 下降到 2008 年的 10.54%。

东丰县农区统一灭鼠工作成效及其模式与经验

徐学刚　张立侠　孙洪杰　王丽　胡微

（吉林省东丰县植保植检站　吉林　东丰　136300）

为全面贯彻落实中央和省委 1 号文件精神，提高粮食综合生产能力，确保国家粮食安全，促进农民增收，决定在国家实施免征农业税试点、粮食直接补贴农民、良种补贴政策的基础上，加大先进适用农业增产增效技术推广力度，对重大农业增产增效技术推广给予补贴，从 2004 年开始在全省推广生物防治玉米螟、农田统一灭鼠、测土配方施肥三项重大农业技术各 66.7 万 hm²，省财政每年拿出补贴资金 2 500 万元，由省农委具体组织实施。东丰县农区统一灭鼠工作在省农业技术推广总站的大力支持下，在各级政府的高度重视和广大农村干部、农技推广人员的共同努力下，圆满地完成了农区统一灭鼠工作任务，取得了显著的经济效益和社会效益，探索出了农区统一灭鼠工作模式与经验，为粮食增产、农业增效、农民增收起到了示范辐射带头作用。

1 农区统一灭鼠工作成效

2004—2008 年东丰县农区统一灭鼠工作落实在 14 个乡镇、229 个村、1682 个组，农田灭鼠面积达到了 19.8 万 hm²，农舍灭鼠达到了 28 万农户。根据验收结果统计，全县统一灭鼠前鼠密度为 17.18%，统一灭鼠后鼠密度下降到 2.37%，灭鼠效果平均达到 86.2%，防效最高的达 90% 以上。实现了农田鼠密度控制在 3% 以下，危害损失率控制在 5% 以下，农舍鼠密度控制在 2% 以下，鼠传疾病发生区的农舍鼠密度控制在 1% 以下的防治目标。项目实施五年累计挽回粮食损失 6 850 万 kg，农民新增纯收益 6 180 万元。农区统一灭鼠工作取得了显著的成效，得到了国家和省委、省政府的充分肯定，广大农民满意，广大农村基层干部满意。这些成绩的取得，得益于各级党委、政府的高度重视，得益于全县上下广大农业干部和技术推广人员的扎实工作，得益于措施的得力和政策的对头。通过农区统一灭鼠技术，能够带动农民增加物质和科技投入，提高农民应用科技和管理水平，有效地提高了粮食品质和市场竞争力。

2 农区统一灭鼠工作模式

东丰县是"五山一水四分田"的半山区，耕地面积 12 万 hm²，是国家商品粮基地县和吉林省玉米出口基地县。农区灭鼠是公益性、社会性、技术性很强的工作，鼠类活动范围大，单家独户灭鼠难以奏效，只有组织农民开展大面积统一灭鼠，才能提高防效、降低成本、确保安全。农区统一灭鼠始终坚持"预防为主，综合防治"的指导思想，开发推广鼠害综合防治技术，采取"堵""疏"并用的切实措施，有效控制鼠害。目前，主要害鼠有黑线仓鼠、小家鼠、黑线姬鼠、大仓鼠、褐家鼠等。我们根据鼠害分布广、数量大、繁殖力强、数量年变率大等发生特点，采取了适合春季农区灭鼠专业化、统防统治的工作模式。

2.1 组建培训专业投药队伍 在投药前，举办了农区统一灭鼠工作骨干培训班，培训各乡镇技术骨干，再由各乡镇技术骨干回到本乡镇后，成立专业投药队，并对投药队员进行培训，使每个投药队员都能掌握投药方法。教会他们自我防护措施，将投药方法及注意事项印成传单，确保每个投药队员人手一份。投药队以社为单位，每个社 3～5 名投药队员，确保了准确安全投药。

2.2 采用灵活多样灭鼠方法 灭鼠投药采用农田与农舍同时进行，农田采用等距离投饵法、网格法和鼠洞投饵法，每公顷投药 3 kg。农舍采用矿泉水瓶毒饵站法，每户设 2 个毒饵站，每站投药 100 g。在统一规定时间内，各乡镇由一名主管农业的副乡镇长和农业站站长负责，由鼠药专业投药队员，逐村、逐社、逐户、逐地块的进行投药，保证了在灭鼠区内全境投药。

2.3　实现统防统治最佳防效　在做好前期农区统一灭鼠准备工作的基础上，县政府与乡镇签订责任书，将鼠药直接下拨到乡镇农业站，再由各乡镇农业站按各村防治面积下拨到村组，村组一次性下发到农户，并在全县水稻插秧大面积开始前，全县统一规定利用 5 月 18～25 日这段时间，选择 3～5d 无雨的日子作为最佳投药时间，集中全力，统一投放毒饵，开展大面积农区统一灭鼠活动。在灭鼠工作中，坚持以农区灭鼠为重点，做到田间、村落、庭院鼠害综合防治。农区统一灭鼠做到了"五统一"、"五不漏"。"五统一"即统一组织、统一督导、统一供药、统一投放、统一回收残饵和处理死鼠；"五不漏"即县不漏乡（镇）、乡不漏村、村不漏社、社不漏户、户不漏田，从而保证了全县农区统一灭鼠的防治效果，降低了鼠密度。

3　农区统一灭鼠工作经验

3.1　领导高度重视　按照省农委文件要求和部署，县政府高度重视农区统一灭鼠工作，成立以分管农业副县长为组长，农业局局长为副组长，局有关科室、植保技术推广单位为成员的农区统一灭鼠工作领导小组，具体协调组织实施，并严格按照省农委、省财政厅共同制定的农区统一灭鼠技术工作实施方案和技术管理实施办法。县、乡政府领导把落实农区统一灭鼠技术推广工作纳入政府主要工作日程，统筹安排，分兵把口，各负其责。各乡镇主要领导亲自抓，分管领导具体抓，并抽调骨干力量，配备精兵强将，狠抓措施落实。县乡农业技术推广部门集中技术骨干力量，具体抓好技术培训和技术措施落实，及时解决实施中出现的问题，为有效开展工作提供了组织保障。

3.2　任务责任明确　为确保农区统一灭鼠推广工作落到实处，收到实效，将任务和指标逐级分解落实，实行县、乡、村三级责任追究制度，制定了严格的检查验收方案和具体评分标准，作为乡镇政府年终考评领导班子政绩依据。县政府与各乡镇签订了目标责任书，县农业局与乡镇农业站签订了技术包保合同书，各乡镇政府与村民委员会签订了责任状，把各项指标和各项工作措施，落实到部门、具体人头上，做到责任清、任务明，件件有人抓、事

有人管。县政府责成农业局负责农区统一灭鼠工作具体落实实施。

3.3　合同管理规范　为确保农区统一灭鼠技术推广质量，对所需鼠药通过招投标办法进行采购。确定了技术水平高、设备先进、有生产能力、诚信度高的厂家为鼠药定点生产企业，并与中标厂家签订具有法律效应的合同。在鼠药投放前，组织有关专家和执法人员对鼠药质量、重量、包装、生产日期等进行联合检查，严格把关，防止伪劣假冒鼠药进入技术推广领域，确保了鼠药质量。

3.4　技术培训扎实　农区统一灭鼠技术工作涉及面广，时间性强，技术含量高，为提高广大农民掌握和应用技术能力水平，县、乡都成立了技术指导组织，制定了技术方案和防治效果验收方案。采取多种形式，如举办培训班、巡回讲课、召开现场会、印发技术资料、电视录像、广播讲座、宣传车等形式，有针对性地广泛开展灭鼠防病保产的意义、科学灭鼠方法、鼠药性能及使用注意事项、中毒后的急救措施等宣传培训活动。宣传和培训农民群众达 13 万人次，培训技术人员 1.1 万人次，印发宣传、培训、安全注意事项等资料 19 万份。

3.5　安全保障有力　农田灭鼠工作涉及人畜安全问题，县乡两级政府高度重视，做到安排科学合理，组织措施严谨，宣传指导到位，严格按照规定的程序去落实，严格按照规定的要求去操作。及时召开有乡镇长参加的全县农区统一灭鼠工作会议，各乡镇政府积极做好应急预案。及时安排专人接收鼠药，尽快送到各村社，确保了毒饵在新鲜时投放。投药后，要求农民看管好儿童和智障人员及家畜家禽。各乡镇卫生院储备充足的解毒药剂维生素 K1，确保了人畜中毒后有药可救。灭鼠期间设立专线电话，24 小时专人值班，发现情况及时处理。

3.6　督导检查到位　县政府委派农业局，成立由主管农业副局长任组长，县植保植检站站长任副组长农区统一灭鼠工作督导检查小组，巡回到各乡镇检查指导农区灭鼠投药工作，督促各乡镇严格按照技术方案要求及时准确的投放鼠药，使技术措施真正落实到农户和地块，做到了工作不留死角，验收标准不降低，确保了农区统一灭鼠技术推广工作均衡发展和技术推广的质量，促进了东丰县粮食增产、农民增收、农业增效，为全面建设小康社会做出了新的贡献！

宝鸡市农区害鼠种群分布调查初报

吴 会 明

（宝鸡市农技中心 陕西 宝鸡 721001）

宝鸡市位于陕西关中西部，辖3区9县138个乡镇，总人口374.3万，其中农业人口278万，有耕地 37 万 hm²。东西长 156.6km，南北宽 160.6km，全市总面积 18 172km²。宝鸡地质结构复杂，东、西、南、北、中地貌差异大，具有南、西、北三面环山，以渭河为中轴向东拓展，呈尖角开口槽形的特点。山、川、塬皆有，以山地丘陵为主，山地占总面积56%；丘陵占总面积26.5%；田塬占总面积17.5%。生态复杂、生物多样、食源丰富、害鼠种类繁多。2005年以来市植保站组织各县区植保技术人员对全市农区代表不同类型农田的37个乡镇主要害鼠做了调查统计、鉴定分类。全市农区鼠害发生面积114 340 hm²，发生农户36万户。据统计全市农区主要鼠类9种，分属1目3科。通过对12个县区农区鼠情普查资料统计、分析，褐家鼠、大仓鼠、黑线姬鼠、小家鼠、达吾尔黄鼠全市各地均有分布；鼢鼠仅见于陇县、麟游县深山区；沼泽田鼠仅见于陈仓区西部山区。根据生态、地貌害鼠种群分布，全市分为四个类型：

1 乔山高海拔区域

地势一般海拔高约800～1 500m，当地日温差较大，冬季严寒。植被以森林、草原为主，农田较少。包括陇县、麟游的部分山区，农区害鼠优势种群为鼢鼠、大仓鼠、小家鼠，各占当地害鼠总数的46.5%、27%、18.2%。平均捕获率分别为中华鼢鼠3.6%、大仓鼠3.1%、小家鼠2.6%。

2 干旱塬区区域

渭北干旱、半干旱地区以大仓鼠、黑线姬鼠为主，各占捕获总数的30%和25%，捕获率大仓鼠8.7%，黑线姬鼠6.5%。

3 川道灌区区域

包括扶风、岐山、眉县、凤翔、金台、渭滨、陈仓，农田害鼠优势种以大仓鼠、褐家鼠、黑线姬鼠为主各占捕获总数的40%、30%、20%，捕获率分别为大仓鼠3.%、褐家鼠2.1%、黑线姬鼠1.4%。

4 秦岭山区区域

包括太白、凤县、陈仓区西山地区，农田害鼠优势种以中华鼢鼠、黑线姬鼠、大仓鼠为主，各占捕获总数的32%、25%、21%；捕获率分别为中华鼢鼠2.9%，黑线姬鼠1%，大仓鼠0.8%。

全市各县区农户害鼠种群分布和密度基本一致，优势种群为小家鼠捕获数占总数的40%，捕获率3.6%；褐家鼠捕获数占总数的35%，捕获率2.1%；黄胸鼠捕获数占总数的18%，捕获率1%；黑线姬鼠捕获率占总数的4.6%，捕获率0.5%。

参考文献

[1] 王廷正，王德兴。陕西农田害鼠及防治 [J]。1983
[2] 樊民周，刘俊生，张战利。农业鼠害与治理 [M]。西安。陕西科学技术出版社，2007

宁国市应用 TBS 技术对农田鼠害控制效果初探

罗嗣金

（宁国市植保站 安徽 宁国 242300）

TBS 技术（捕鼠器＋围栏）是国际上兴起的一项无害化农田控鼠技术，这项技术的原理是在保持原有生产措施与结构的前提下，不使用杀鼠剂和其他药物，利用鼠类的行为特点，通过捕鼠器与围栏结合的形式控制农田害鼠的技术措施。根据省植保总站皖农植测报［2008］28 号文件要求，我站 2008 年开展了 TBS 灭鼠技术试验研究，现将试验结果报告如下：

1 试验材料与方法

1.1 材料
捕鼠器：材料为白铁皮桶，深 50cm，上口直径 30 cm，底口直径 25 cm，上口一侧扁平，桶底有眼，见图。

围栏：材料为铁丝网，孔径小于 1 cm，地上高 30 cm，底下深 20 cm。

1.2 方法

1.2.1 试验地选择
本试验选择在宁国市港口镇五磁村，地势为丘陵地，土壤以红黄壤为主。两个试验区种植的作物分别为水稻、玉米。面积 500 亩。近 2 年均未实施大面积农田灭鼠。

1.2.2 试验方法
玉米地 TBS 试验：TBS 围栏内玉米 4 月 25 日播种，早于周围大田 10～20d，周围种植作物基本与 TBS 围栏内作物一致，8 月底作物收获结束；TBS 围栏 5 月 10 建立。同时设立对照区，作物品种、栽培管理措施与试验区基本一致。

水稻田 TBS 试验：设在双季晚稻田，品种金优 207，6 月 27 播种，8 月 2 日移栽，10 月 28 日收获结束，TBS 围栏 8 月 1 建立。同时设立对照区，作物品种、栽培管理措施与试验区一致。

TBS 围栏建立：首先，用铁丝网在试验区四周围起 4 个 10m×20m 的围栏，用竹竿加以固定，围栏高度为地上 30～45cm，底下埋 15～20 cm；在围栏上每边每隔 5m 沿地面向上剪 1 个孔，大小与捕鼠桶上口一致，其下挖 1 个坑，将捕鼠桶置于坑内，桶的直边紧贴围栏，桶上端开口与地面齐平，桶上口在围栏内；见图所示。

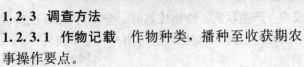

1.2.3 调查方法
1.2.3.1 作物记载
作物种类，播种至收获期农事操作要点。

1.2.3.2 产量测定
玉米、水稻收获时，分别测定 TBS 试验区（TBS 围栏内、外）与对照区的产量。玉米、水稻分别 5 点取样，每点取 2m² 进行测产。

1.2.3.3 害鼠捕获量调查 围栏建成后，每天早晨检查围栏内的捕获情况，并详细记载害鼠捕鼠日期、鼠种、捕鼠数量、捕获害鼠是否死亡、是否有鼠间争斗等情况。

1.2.3.4 控效调查 采用夹夜法，以生花生米为诱饵，在试验前后分别在试验区和对照区连续2晚布夹，每晚150夹，共300夹次，测定害鼠密度。

控效（%）=（对照区捕获率－试验区捕获率）/对照区捕获率×100

2 试验结果

2.1 害鼠捕获量

2.1.1 玉米TBS试验地 围栏建成次日（5月11日）就始见害鼠，至8月30日试验结束终见害鼠，4个围栏共捕获害鼠148只，其中黑线姬鼠64只（占43.3%），褐家鼠32只（占21.6%），小家鼠32只（占21.6%），黄胸鼠20只（占13.5%）。平均每天捕鼠1.35只。

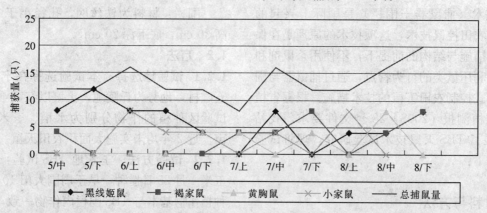

玉米地TBS试验害鼠捕获情况

从上图中可知，各阶段捕鼠量不均匀，呈波动状，这可能与不同害鼠的活动规律、农作物品种、生育期、天气情况相关性。试验中观察发现，TBS捕鼠效果与风、雨天气有一定的关系。每当阴雨天气，捕鼠量就会增多，若连续几天晴天，则不见捕鼠。

2.1.2 水稻TBS试验地 围栏建成次日（8月2日）就始见害鼠，至10月28日试验结束终见害鼠，4个围栏共捕获害鼠140只，其中黑线姬鼠48只（占34.3%），褐家鼠16只（占11.4%），小家鼠56只（占40.0%），黄胸鼠20只（占14.3%）。平均每天捕鼠1.61只。

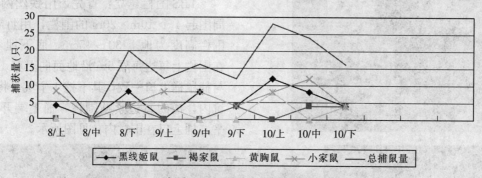

水稻田TBS试验害鼠捕获情况

从上图可以看出，各个时期害鼠捕获量与水稻生育期有一定关联，特别是10月上旬出穗后至成熟期捕获量较大。

2.2 TBS控鼠效果 在试验前后通过夹夜法调查，TBS（捕鼠器+围栏）对农田鼠害控效比较明显。TBS玉米地试验前测定害鼠密度为4.7%，8月30～31日TBS玉米地试验结束测定试验区害鼠密度为2.0%，而在对照区测定害鼠密度为3.7%，

控效为57.4%。

TBS水稻田试验前测定害鼠密度为4.1%，10月27～28日试验结束测定试验区害鼠密度为1.7%，而在对照区测定害鼠密度为3.3%，控效为48.5%。

2.3 产量状况 作物成熟时，分别对TBS试验区（围栏内、外）、对照区进行测产（见下表）。

TBS 围栏玉米地试验产量测定

类别		1	2	3	4	5	合计 (kg)	折合亩产 (kg)	较对照增产 (%)
试验区	围栏内	1.55	1.37	1.43	1.57	1.35	7.27	484.9	+5.2
	围栏外	1.47	1.42	1.46	1.45	1.36	7.16	477.6	+3.6
对照区		1.41	1.40	1.35	1.41	1.34	6.91	460.9	—
备注	样点 2m²								

TBS 围栏水稻田试验产量测定

类别		1	2	3	4	5	合计 (kg)	折合亩产 (kg)	较对照增产 (%)
试验区	围栏内	1.36	1.29	1.24	1.32	1.24	6.45	430.2	+4.7
	围栏外	1.32	1.27	1.31	1.26	1.20	6.36	424.2	+3.1
对照区		1.35	1.26	1.25	1.16	1.15	6.17	411.5	—
备注	样点 2m²								

由上表可见，TBS 围栏因未受害鼠为害产量最高；试验区与对照相比，增产明显。玉米试验区增产 3.6%，水稻试验区增产 3.1%。

2.4 TBS 的效益分析 围建 4 个 TBS，金属网需 240 米，成本为 4 800 元，铁筒捕鼠器需 48 个，成本需 1 920 元，其他费用需约 1 000 元（含人工工资），合计 7 720 元。按可控 500 亩计算，亩成本 15.44 元，按增产 3.1%~3.6% 计算，当年一季作物可收回成本。若铁桶捕鼠器、金属网使用 2~3 年以上，从第二季作物开始，增收部分为纯收益，每年每亩可增收 20 元左右；同时实施 TBS 控鼠，在生态、社会效益上效益明显，它由于不用杀鼠剂，避免了环境的污染，防止了人畜二次中毒现象的发生，环保作用十分明显。

3 结论

本试验结果表明，TBS 技术具有较为明显的控鼠效果，而且环保、增产增收，但需要政府投入。实施该技术，不仅可大量捕获黑线姬鼠、褐家鼠、小家鼠、黄胸鼠等害鼠，平均每天捕鼠达 1.5 只，控效达 48.5%~57.4%，农作物增产 3.1% 以上。因此，在农田鼠害的监测和防控上，该技术填补了竹筒毒饵站和鼠夹法的不足之处，而且实现了农田鼠害的环保、无害化治理。但一次性投入成本较大，目前在农村一家一户家庭承包责任制情况下，需要国家投入，才能够得以实施。

大连市农区灭鼠面临的问题及对策

王延安

（大连市农业技术推广中心 大连 116013）

农区害鼠既是农业生产上的重要有害生物，也是鼠疫、流行性出血热等多种传染性疾病的传播媒介，控制农区鼠害，事关农业生产安全、人民身心健康和生命安全。近年来，大连农区鼠害日益严重，严重威胁农业生产和人民身体健康，农村鼠害面积不断扩大，危害程度日益加重，对农作物产量造成较大损失。据调查，2006 年鼠害发生总面积为 203.59 万亩次，在北三市等地区出现流行性出血热病 20 多例，给当地农民生产生活造成极大危害。同时，农田灭鼠的安全隐患问题突出，非法经销的剧毒杀鼠剂占领近 90% 的农村市场，国家明令禁止使用的"毒鼠强"等剧毒鼠药中毒事件时有发生，严重威胁着广大城乡居民的生命安全。

在我市 2006—2009 年开展的农村统一灭鼠工作中，由大连市财政全额拨款，鼠害平均每年防治面积为 121.5 万亩次，农户防治 85 万户，占农户总数的 80% 以上。通过四年来的大面积药剂防治，大大降低了我市害鼠密度，取得了明显效果。我市农区鼠密度已由大面积灭鼠前的 5.3%～10.4%，平均密度 7.8%，下降到现在的 1.8%～3.0%，平均密度 2.3%。总防治效果达到 70%。并且鼠传流行性出血热病例由 2005 年的 150 多例，下降到现在的不到 10 例，重要的是从开展大面积灭鼠后，全市没发生过 1 例因流行性出血热而导致的死亡事件。这次统一灭鼠行动取得了良好的效果，同时也暴露出很多问题。

1 灭鼠工作中暴露出的问题

1.1 防治分散 灭鼠活动中一些地方为贪图方便，往往将鼠药直接交给农民，出现一家一户分散灭鼠，很难达到理想的灭鼠效果。原因是鼠类具有群体大、流动性强以及繁殖速度快等特点，一家一户分散灭鼠对防治地区整个鼠类种群影响不大，甚至有时还会刺激种群的繁殖，鼠密度迅速回升。

1.2 投放毒饵时机不合适 春秋两季是老鼠繁殖高峰期，抓好两季防治事倍功半。阴雨天投放容易造成毒饵被雨淋湿而快速霉变失效，而当天气晴好时害鼠外出活动觅食多，有利于提高灭鼠效果。

1.3 投放毒饵技术不过关 农民对鼠害的危害认识不够，灭鼠技术掌握不够，毒饵投放一次量过大，缺少管理，不能及时对毒饵进行补充，达不到鼠类的致死剂量，失去防治目的。

1.4 推广优质鼠药难 由于推广使用的鼠药都是抗凝血型杀鼠剂，用药周期长，见效慢，害鼠毛细血管破裂，慢慢死于鼠穴，不易为人察觉，农民常怀疑药效而不愿意使用。

1.5 配制毒饵时忽视自身安全 没有穿专用工作服、戴防护手套和口罩，造成施药人员的中毒。高毒、剧毒禁用鼠药在农村使用也很普遍，加大了对

施药人员生命的威胁。忽视家禽家畜安全，造成不必要的损失。没有及时收集、深埋死鼠和残留毒饵，灭鼠工作结束后，造成二次中毒事故。

1.6 化学灭鼠时没能配套其它措施 采用灭鼠药物统一灭鼠时，要辅以其它农业措施，如改变适宜害鼠繁殖的条件、翻耕土壤、破坏鼠巢、灌水、清洁田园、安排合理的作物布局、调整作物播种期等，能起到事半功倍的效果。

1.7 政府资金到位率低，难以大面积对鼠害施防治 由于各县区政府重视程度不同，资金到位率也有所不同，难以对鼠害形成有效防治。

2 解决鼠害问题的对策

2.1 大力推广农村鼠害综合防治技术措施 农村灭鼠要坚持"预防为主，综合防治"的指导思想，不仅要立足当前，还要着眼长远，做到既灭鼠又保证人畜安全。农业植保部门应抓住春、秋两个灭鼠最佳季节，全面开展农村灭鼠工作。应在农村鼠害重发区域大力推广化学灭鼠、物理灭鼠、生物灭鼠、生态控鼠等技术措施，组装、集成鼠害综合治理技术体系，促进农村鼠害治理可持续发展。

2.2 加强农村灭鼠技术的宣传培训工作 农业植保部门应采取多种形式，加强农村灭鼠技术的宣传培训工作，做到家喻户晓、人人明白。如举办培训班、农民田间学校、开现场会、出墙报、发明白纸，利用电视、广播、报刊杂志、宣传车等。在内容上应包括灭鼠防病保产的意义、科学灭鼠方法、鼠药性能、注意事项、中毒后急救措施、违禁剧毒急性鼠药的危害性等等，提高灭鼠技术人员和广大农民灭鼠的科学知识和技能。特别是要大力宣传剧毒鼠药的危害性，堵塞使用渠道，从根本上杜绝毒鼠强、氟乙酰胺、氟乙酸钠、氰化物、甘氟和毒鼠硅等违禁剧毒鼠药的使用。组织有关技术人员编写《大连市农村灭鼠技术手册》，发放给农户，并还向全市 1 000 多个村发放《农村安全灭鼠技术挂图》，举办农村灭鼠技术和安全鼠药使用技术培训班。

2.3 评价推荐安全高效的杀鼠剂产品 农业植保部门应在试验、示范的基础上，结合当地农村生态环境、鼠害发生危害特点等情况，组织专家综合评价，提出适合当地推广使用的安全性好、灭鼠效果高、成本低廉的杀鼠剂产品，采取行政、技术、媒体等多种方式向广大农村发布推荐，引导杀鼠剂产品安全科学使用。

2.4 大力提倡农村统一灭鼠 由于鼠类活动范围大，单家独户灭鼠难以奏效。只有组织农民开展农村大面积统一灭鼠，才能提高防效、降低成本、确保安全。农业植保部门应认真总结农村统一灭鼠经验和成效，进一步向政府和广大农民宣传统一灭鼠的重要意义，争取政府支持和农民信任，努力扩大统一灭鼠区域和面积，力争在全国农村鼠害重发地区实现统一灭鼠。

2.5 加大农村灭鼠技术研究和监测预报力度 农业植保科研院校和技术推广部门应加强合作，开展鼠害综合治理技术专项研究，特别是利用先进技术，研究制定符合各地实情的鼠害防治指标，鼠害防治方法，集成物理、化学、生物防治技术等，指导科学灭鼠。各地应根据鼠种、环境条件等情况，定期监测鼠情动态，及时发布预测预报，为农村大面积统一灭鼠提供依据。

2.6 筹措资金，保证灭鼠资金投入 农村常规灭鼠工作，按照国家、集体、个人共同分担的原则，多渠道筹措资金，建立灭鼠工作长效机制。北三市贫困乡镇等鼠情较严重的地区，要根据鼠情发生的实际情况，可采取国家、集体和个人各分担一些的办法，解决个别农户经济困难问题，保证灭鼠资金的投入，控制鼠情蔓延。

2.7 制定方案，抓好落实 各地要结合当地实际情况，制定相应的秋季农村统一灭鼠工作方案，指定专人负责，将计划任务层层落实，分解到乡，明确到村，指定到户。建立农村统一灭鼠示范区。在北三市等地区和曾出现流行性出血热病例的乡镇，要以乡村为单位，建立 2～3 个农村统一灭鼠示范区，有专人负责，要有一支专兼职的灭鼠专业技术队伍。规模拟定为示范区农田 1 万亩、农舍 1 000户，重点示范物理器械、安全鼠药、生物制剂综合集成技术，示范区鼠密度控制在 3% 以下。农田以亩投毒饵 100 克左右、一次性投足为宜，投放时一要少量多堆。二要间隔 5～10 米放一堆。三要投在田块的四边、四角（转角）、进排水口处，这些地方是鼠类经常活动的地方。示范区由植保技术部门统一采购安全杀鼠剂和灭鼠器械，组织专业技术人员指导防治。

中国农业出版社　隆兴音像出版社
农业技术 VCD 目录

发行号	大田作物类
V0505	优质稻米无公害生产技术
V0579	水稻病虫草害防治技术（2片装）
V0613	水稻需肥特性与测土配方施肥
V0508	优质小麦无公害生产技术
V0612	小麦需肥特性与测土配方施肥
V0504	优质玉米无公害生产技术
V0614	玉米需肥特性与测土配方施肥
V0500	优质棉花无公害生产技术
V0499	优质大豆无公害生产技术
V0615	大豆需肥特性与测土配方施肥
V0507	优质油菜无公害生产技术
V0506	优质花生无公害生产技术
V0509	优质茶叶无公害生产技术

畜牧类

发行号	
V0406	沼气技术与综合利用（4片装）
V0498	优质牧草栽培与综合利用（4片装）
V0478	饲料配制与加工处理技术（2片装）
V0421	畜禽阉割实用技术
V0422	畜禽屠宰加工实用技术
V0358	怎样办好一个养猪场
V0285	科学养猪综合配套技术（3片装）
V0501	高产母猪与仔猪饲养技术（2片装）
V0357	怎样办好一个养牛场
V0424	怎样办好一个肉牛养殖场
V0398	肉牛养殖技术（2片装）
V0425	怎样办好一个奶牛养殖场（2片装）
V0399	高产奶牛饲养技术
V0369	怎样办好一个养羊场
V0394	高效养羊技术
V0502	当代养羊实用技术
V0503	当代名羊科学利用新技术
V0361	怎样办好一个养兔场
V0383	怎样办好一个肉狗养殖场
V0380	宠物犬科学饲养实用技术（2片装）
V0001	肉用犬饲养
V0475	如何训练你的爱犬（3片装）
V0608	国际犬展观摩与参赛犬训练指导
V0375	种草养禽养畜（牛、羊、兔、鹅）

兽医类

发行号	
V0513	一类动物疫病—口蹄疫防控知识
V0497	新编高致病性禽流感防治知识
V0455	高致病性禽流感防治知识
V0423	猪病防治技术（2片装）
V0621	养猪场疾病控制技术
V0426	牛病防治技术（2片装）
V0622	养牛场疾病控制技术
V0427	羊病防治技术（2片装）
V0415	兔病防治技术（2片装）
V0620	养兔场疾病控制技术
V0429	鸡病防治技术（2片装）

发行号	
V0619	养鸡场疾病控制技术
V0430	鸭鹅病综合防治技术（2片装）

家禽类

发行号	
V0368	怎样办好一个养鸽场
V0359	怎样办好一个蛋鸡养殖场
V0284	良种蛋鸡饲养配套技术
V0356	怎样办好一个肉鸡养殖场
V0360	怎样办好一个乌鸡养殖场
V0365	怎样办好一个养鸭场
V0367	怎样办好一个养鹅场
V0378	棚室养殖新技术（鸡、鸭、蟹）

水产类

发行号	
V0381	克氏螯虾（龙虾）养殖技术
V0370	怎样办好一个淡水虾养殖场
V0364	怎样办好一个养鳖场
V0453	鳖的人工繁育与饲养技术
V0623	无公害食品虹鳟养殖技术规范
V0363	怎样办好一个养蟹场
V0379	稻田养殖（鱼鳝蛙鸭蟹）实用技术
V0382	怎样养好观赏鱼（2片装）
V0445	金鱼鉴赏与养殖实用技术
V0431	淡水鱼养殖技术（2片装）
V0454	淡水鱼疾病防治技术（2片装）
V0452	黄鳝养殖新技术
V0474	泥鳅的繁育与饲养技术
V0366	怎样办好一个养蛙场
V0393	中国林蛙、美国牛蛙养殖技术

特养类

发行号	
V0374	怎样养好山鸡和鹌鹑
V0401	特养一（快速养鳖、家养麝鼠）
V0402	特养二（火鸡珍珠鸡丝光乌鸡红腹锦鸡）
V0403	特养三（蓝孔雀蓝狐雪狐水貂）
V0404	特养四（香猪黑豚海狸鼠、肉鸽）
V0405	特养五（蝎子、蛇、蜗牛、蚂蚁）
V0362	怎样办好一个养蛇场
V0373	怎样养好土元、蝎子、蚂蚁、蜈蚣

瓜果类

发行号	
V0396	苹果园优化改造技术
V0448	苹果无公害生产与病虫害防治技术
V0432	果树嫁接实用技术（2片装）
V0512	冬枣高产优质无公害栽培技术
V0444	桃无公害生产与病虫害防治技术
V0446	梨无公害生产与病虫害防治技术
V0449	板栗无公害生产技术
V0371	名优西瓜高效益栽培技术
V0372	名优甜瓜高效益栽培技术
V0117	厚皮甜瓜保护地栽培技术
V0433	无公害西瓜甜瓜病虫害防治技术

发行号	
V0392	美国黑提葡萄早藤葡萄栽培技术
V0376	名优葡萄高效益栽培技术
V0434	葡萄无公害生产与病虫害防治技术
V0377	名优草莓高效益栽培技术
V0002	大樱桃栽培技术（2片装）

蔬菜类

发行号	
V0470	无公害农产品生产农药使用技术
V0469	无公害农产品生产肥料使用技术
V0397	蔬菜害虫综合防治技术
V0611	蔬菜需肥特性与测土配方施肥
V0003	大板叶茼蒿莴苣菜菜抱子甘蓝栽培技术
V0004	绿菜花樱桃萝卜香芹广东菜蕹栽培技术
V0005	番杏、菊苣、甜椒栽培技术
V0112	荷兰豆、结球莴苣栽培技术
V0113	石刁柏（芦笋）栽培技术
V0114	落葵（木耳菜）、菜心栽培技术
V0115	青花菜栽培技术
V0118	芽苗菜庭院栽培技术
V0435	茄子无公害生产技术
V0436	辣椒无公害生产技术
V0437	无公害辣椒病虫害防治技术
V0438	番茄无公害生产技术
V0439	无公害番茄病虫害防治技术
V0417	黄瓜无公害生产技术
V0441	无公害黄瓜病虫害防治技术
V0450	日光棚室温光水气肥调控技术
V0472	蔬菜育苗与嫁接技术
V0447	无土栽培技术

食用菌类

发行号	
V0395	珍稀食用菌栽培技术
V0442	食用菌生产技术（2片装）

经济作物　花卉类

发行号	
V0400	十二种特种经济作物栽培技术
V0440	菊花栽培实用技术
V0471	月季栽培实用技术
V0473	兰花鉴赏与栽培
V0618	盆栽石榴

多媒体丛书

养猪致富综合配套新技术（9VCD配书）
养羊致富综合配套新技术（5VCD配书）
养鸡致富综合配套新技术（6VCD配书）
肉牛致富综合配套新技术（6VCD配书）
养兔致富综合配套新技术（5VCD配书）
日光温室辣椒高效益栽培技术（4VCD配书）
日光温室番茄高效益栽培技术（5VCD配书）
日光温室黄瓜高效益栽培技术（4VCD配书）
日光温室茄子高效益栽培技术（5VCD配书）
沼气建设综合利用完全解决方案（10小时配书）

邮购地址：北京市中国农业出版社音像中心　　邮政编码：100125　　收款人：王华勇
服务电话：010-59195147　　传真：010-59194876　　电子邮件：dvdvcd@vip.163.com
邮购说明：每片VCD定价12元。邮购1～3片加邮购费6元，4～10片加邮购费10元，11片以上加邮购费15元。汇款单上务必写清楚详细地址、邮政编码、收货人及VCD光盘名称或发行号。

合国际通用有机质水溶肥料
肥料登记证：苏农肥(2008)准字0272号
执行标准：NY525-2002

TM

喜田宝

一小麦返青分蘖专用肥一

万宏®

金田宝，夺丰收之宝！

万宏肥料 金田宝 博收丰收返青肥

净含量：2500g
NET WT:2500g

江苏省宿迁市万宏生物科技发展有限公司

郑州凯宇机械有限公司
ZHENGZHOU KAIYU MACHINERY CO.,LTD

KY－F01型自动粉剂包装机(步进电机型)

该机主要适应于粉状、微粉状物料的定量包装，如：面粉、奶粉、农药、兽药、染料、化学剂、食品调料、添加剂、酶制剂等。

★计量范围：10～2500克
★精确度等级：1.0级
★包装速度：1500～3500袋/小时
★外形尺寸：690 x 1060 x 2000
★电源·功率：AC380伏 50赫·700瓦

液晶触摸显示器

KY－F01A 自动粉剂包装机(伺服电机型)

该机是我公司在KY-F01S基础上研制开发的新型包装机，用最前沿的全数字交流伺服系统取代传统的步进电机控制方式，用先进的触摸屏代替原有的数码管显示和普通按键式键盘，用PLC代替原来工业单片机，整机性能更卓越。

★全中文菜单，操作更简单
★PLC控制，故障率低，可靠性更高
★用全数字式交流伺服电机控制下料，控制精度高
★扭矩大，且高速时扭矩不降低
★速度更快：步进电机的最高转速一般在300～900PRM间，而交流伺服电机最高转速一般在2000PRM或3000PRM

★计量范围：10～2500克
★精确度等级：1.0级
★包装速度：1500～4500袋/小时
★外形尺寸：690X1060X2000
★电源/功率：AC380伏 50赫·1500瓦

KY-G01型自动液体灌装机

该机适用于黏度不大、不含气液体的定量灌装例如：矿泉水、果汁、农药、酱油、醋等。

有单面四工位、双面四工位和单面六工位三种机型

★计量范围：10～1000毫升
★灌装速度：800～3500瓶/小时
★外形尺寸：500 x 400 x 1100
★电源·功率：AC200伏 50赫·400瓦
★整机重量：70千克

KY-C02称重包装机(双头)

该机主要适合于包装流动性较好的物料如：洗衣粉、干料调味品、种子、食盐、饲料、味精、白糖等。

★计量方式：称重式（工业电子秤）
★整机功率：500瓦
★给料方式：双振动器、二级给料
★气压：无
★包装规格：100～2000克（分辨率0.1克）
★用气量：无
★称重范围：100～1000克（单秤连续可调）
★材质：全不锈钢 #304
★单袋误差：≤±1克（单秤）
★整机重量：200千克
★包装速度：35～13袋/分钟
★整机体积：870 x 880 x 2000（毫米）
★电源：220伏/50赫

KY-T01型螺旋提升机

该机主要和KY-F系列包装机配套使用，减少粉尘，减轻劳动强度，提高劳动效率。按材质可划分为不锈钢和碳钢两种。

★输送高度：1600毫米（特殊要求可定做）
★功率：AC380伏 50赫·1500瓦
★整机重量：80千克
★料仓容量：100升
★输送量：3米³/小时

KY-1500B型电磁感应铝箔封口机

★全不锈钢外壳制造，美观大方
★全风冷连续式工作,维护简便
★感应头、升架机、主机一体化设计
★移动式:方便灵活与灌装生产线配套使用

★电源:AC220伏±10% 50/60赫
★功率:2000瓦max
★封口直径:Φ20～Φ55毫米、Φ40～Φ80毫
★主机尺寸:400 x 410 x 180毫米
★感应头尺寸:455 x 185 x 100毫米
★标准升降架行程:0～435毫米
★推车尺寸:450 x 450 x 960毫米

注：另有KY-1500A型台式电磁铝箔封口机

地址：河南省郑州市桐柏路25号
电话：0371-65595608 68660106
　　　13323831121（刘先生）
传真：0371-65595608

详情请登陆网站
http://www.cnkaiyu.cn

长沙金博农化有限公司

长沙金博农化有限公司创建于2002年，位于长沙芙蓉区隆平高科技园内，是一家从事农药、农化产品研制开发及销售的民营股份制高科技企业。

公司以独家买断或代理制形式与国内外优秀农化企业合作，把高科技的农化精品与完善的营销网络紧密地联系起来，构建了新型交流平台，合作厂家达20多家，基层网络客户遍布三湘大地及周边省份达300余家，取得了较好的经济效益和社会效益。公司把产品的质量和效果放在首位，把农民增产增收和网络客户获得最大效益回报作为最终目标，以"封闭的市场操作模式，完善的销售服务体系，最具竞争力的价格优势"赢得了合作伙伴良好的口碑，共同创造了可持续发展的良好局面。

"诚交永久朋友，分享永久效益"是我们永恒的经营理念，让我们心手相牵，真诚合作，共创美好未来！

欢迎国内外优秀合作伙伴来公司洽谈业务，共谋发展大业！

地址：长沙芙蓉区隆平高科技园隆平路　　电话：0731-84692040　　　总经理：杨鑫　手机：13808495077
邮编：410125　　　　　　　　　　　　传真：0731-84692040　　　邮箱：747272579@qq.com

南宁农利达农化有限公司

南宁农利达农化有限公司是一家主营农药的营销服务型公司，公司始终坚持"以人为本、诚信经营"的原则，以服务"三农"为宗旨，全力致力于南宁及周边地区农资市场的开发。本公司网络通及南宁市、崇左市各县区，及百色市、钦州市部分县区。

地址：广西南宁市科园大道52号南宁农业科技市场6-21、22号　邮编：530007
电话：0771-2203028　　　　　　　　传真：0771-3121757　　手机：13707719816

甘肃磐业农用化工有限公司

甘肃磐业农用化工有限公司始建于1995年，法定代表人：穆岗浪，是一家集农药、化肥、种子、地膜及粮油购销于一体的综合性经营公司，下辖秦安、天水、兰州、张掖、新疆分公司及磐业种业公司、磐业粮油购销公司等七大经营单位。公司具备完善的农资销售网络，销售市场遍布西北五省区的3000多家经销客户。公司以"立足为农，服务于农"为宗旨，连续多年获得省级"守合同、重信用企业"、"诚信单位"、"AA级信用企业"，市级"农业产业化重点龙头企业"等荣誉称号。

地址：甘肃省天水市秦安县兴国镇解放路四司巷　　电话：0938-6528685　　网址：www.gspynz.com
邮编：741600　　　　　　　　　　　传真：0938-6511339　　邮箱：gspynz@gspynz.com

桂林市万方植保有限责任公司

公司位于"风景甲天下"的广西桂林市，由广西柑橘研究所技术服务部改制而成。公司主营植保技术开发、转让、服务，批零兼营农药、农膜、化肥，拥有专业技术人员20多人，资金实力雄厚。多年来，公司秉承技术、产品、品牌、服务四位一体的经营理念，以良好技术和有效的推广方法，获得了众多实力雄厚的生产商与经销商的支持，为广大农户提供了众多行之有效的作物病虫害解决方案，赢得了农户的广泛赞誉，取得了良好的经济效益和社会效益。

地址：广西桂林市胜利路东三里桂林铁路物质公司内46-50号　　邮编：541001
电话：0773-2604610　2613156　　　　　　　　　　　　　传真：0773-2601201

广西南宁市田野农业技术有限公司第一分公司

地址：广西南宁市科园大道37号广西农业科技市场623号　　邮编：530003
联系人：覃毅　电话：0771-2314648　　　　　　　　手机：13768412498
传真：0771-2314648　　　　　　　　　　　　　　邮箱：4126666@qq.com

海南省乐东绿叶植保服务农业有限公司

地址：海南省乐东县利国镇（原糖厂内）　　　　　　邮编：572534
法人：陈永光　0898-85805298　　　　　　　　　手机：13907619818
传真：0898-85805298　　　　　　　　　　　　　邮箱：luyechen818@163.com

新民市新柳街 万兴农资商店

本店位于辽宁省省会沈阳市西部，地处102国道与304国道交汇处，地理条件优越，交通便利。

自1996年以来，本店本着"以诚信求发展，以质量求生存"的经营理念，始终坚持"以人为本，科技创新"，坚持以"高新前沿农业科技产品"为公司经销目标，坚持"科技兴农，富民强国"等原则，不断扩大经营规模，深受国内外各大知名厂家好评，先后被美国杜邦、瑞士先正达、德国巴斯夫、加拿大龙灯、日产化学、日本石原、台湾惠光、东部韩农、大连瑞泽、大连松辽、北京中农化、沈阳化工研究院、吉化、中化国际、八达农化、京博农化等各大知名厂家辽宁总经销商或新民总经销商，在新民农药行业起着举足轻重的巨大作用。

农药主要优良品种有：

（一）中化国际（控股）股份有限公司总经销美国富美实公司生产的高效广谱内吸型杀虫、杀线虫剂——呋喃丹·3%克百威颗粒剂，适合玉米、水稻、花生、蔬菜、牧场等80多种作物，可防治多种地下害虫、叶面害虫和各种线虫300多种。持效期长，适用范围广，深受各地农民朋友的好评。在东北地区，防治玉米螟效果极为突出，玉米喇叭口期（10～13片叶）每株按3～5粒，对玉米螟防效极好，农民朋友常说在口中的话："呋喃丹每株只需三五粒，玉米一生都安全。"

（二）东部韩农总经销的美国富美实公司生产的"金好年"15%乳油在含5%吡虫啉外同时还有10%的丁硫克百威。产品属高效无公害杀虫剂新产品，具有杀虫谱广，活性高，持效期长，毒性低，无抗性等特点。具有胃毒触杀内吸三大作用功效，对刺吸式口器高效。比较适用于抗性较强的蚜虫。

伴随着我国不断的发展，不断的改革创新，我店也在不断发展农药行业产品的基础上，为了不断满足农民朋友的需求，引进了比较适宜当地种植的国审玉米种"明玉二号"，该品种轴细、粒深、米质好，而且极其抗旱抗涝和抗病虫害，可单粒播种。在05-06年两年国审区试中都居首位，适合各种地块，深受广大农民朋友好评。

本店最新引进沈阳禾本农业科技有限公司研制生产的茄子树—沐禾—杰瑞。该品种特点：

①植株开展度中等叶片中等大小。果柄和植株基杆无刺。

②果实长棒型平均单果25～35厘米。直径6～8厘米。单果重400～500克左右。

③果皮紫黑色，果实外观亮丽光泽。采收时间长。

④果实生长速度快，以主杆结果为主，且侧枝结果能力强，产收期长。坐果率高，丰产性好。

⑤抗低温耐高温。非常适合温室越冬和大棚栽培。

本公司先后被辽宁津大肥业、营口嘉吉肥业评定为驻沈阳办事处。在津大肥业有限公司的各位领导的带领与大力支持下，通过各级经销商的共同努力推广，在各地区都深受好评。其公司率先通过ISO9001国际质量体系认证，"津大盛源"被评为中国驰名商标，同时"津大盛源"与"营口嘉旺"都被国家质量监督检验检疫总局评为"国家免检产品"的荣誉称号，被辽宁省土肥总站评定为辽宁省测土配方施肥首批定点生产企业，而且我店被辽宁省土肥站评为测土配方指定经销商，为了更好的为农民朋友们服务，我店免费为农民测土配方指导，使农民真正掌握合理使用化肥技术，减少投入、增加产出。

为了添补本地区高端钾肥与复合肥的市场空缺，本店又从德国引进德国钾盐公司生产的，欧盟唯一认证的用于有机农业生产的100%大颗粒"红牛牌"硫酸钾肥料。该品种含量高，50%钾含量，同时含有18%的硫元素，成本低，成为当地农民朋友种植各种大田及经济作物不可缺少的钾肥。我店又从德国巴斯夫公司引进"狮马牌"复合肥，硝硫基更加适宜经济作物施用，用了"狮马牌"复合肥与"红牛牌"硫酸钾，生产出的农产品外观好，口感极佳，都能成为市场上高端的绿色农产品。

引进众多优质产品的同时，我店为了更好地服务农民朋友，邀请了农大教授为农民讲解作物栽培管理、病虫草害等防治方法，解决许多实际问题，定期派员工到各大知名院校学习深造，使理论与实际相结合，更好的服务农民朋友。为发展我省种植业，生产出绿色无公害的高端农产品做出贡献。而且本店为农民朋友解决植物病虫草鼠害的诊断和给予技术方案指导，并聘请农业植保专家长年为农民服务，被农民朋友们评为"植物医院"。

在未来的发展过程中，愿与更多的名优企业合作，引进更多优质高效低成本的好产品奉献给广大农民朋友。愿我们厂商合作，共同努力，创造出农资行业更加辉煌的明天！

地　址：新民市柳河路2号	电　话：024-87533687
联系人：陈先生	传　真：024-62275678

精选 精制 精品

绿业元集团

简 介

绿业元集团始建于1989年，是从事农药精制和代理的专业化公司，注册资金2700万元，现有员工316人，大学学历占96%以上，代理国内外精品农药180多个，年销售收入2亿多元。

绿业元上海公司坐落在上海市松江开发区，占地36亩，为华东市场营销中心；绿业元郑州公司位居郑东新区，占地40亩，为华北市场营销中心；绿业元广州公司为华南市场营销中心；绿业元扶沟公司为运作终端市场的示范基地；上海绿泽生物科技为专业化、精细化农药生产基地。

长期以来，绿业元人默默苦干、求真务实、强练内功，不断开拓进取，从一个县逐步发展到全国，缔造出一支精湛的营销队伍和我国一流的农资营销网络，成功打造出了"天丰素"、"保治达"、"盖阔"、"盖尖"、"稗莎刭"、"金农宝"、"粤星"、"先优"、"夸尔"、"克螟丹"、"撒哈哈"、"敌委丹"、"金施"、"世爱"、"地害清"等众多农药强势品牌，成为农民增产增收的保障，为我国植物保护和农业发展做出了突出贡献。

领跑者，起跑心，绿业元不囿于过去的辉煌，继往开来，踏踏实实地精耕细作，持续开创绿色事业，稳步迈向农药营销高峰。

守护绿色农业 创造品质生活

绿业元集团公司：总　裁 范国防　副总裁 王学基　　副总裁 李柳青
绿业元郑州公司：总经理 王学基　电话:0371-65578868　传真:65578858
绿业元上海公司：总经理 宋卫华　电话:021-67748186　传真:67748094
绿业元广州公司：总经理 华冠彬　电话:020-61826511　传真:61826565
绿业元扶沟公司：总经理 段国琦　电话:0394-6221896　传真:6233775
上海绿泽生物科技：总经理 关　山　电话021-67748095　传真:67748094

新乡县农业生产资料有限责任公司

XINXIANGXIAN NONGYE SHENGCHAN ZILIAO YOUXIAN ZEREN GONGSI

企业简介

　　新乡县农业生产资料有限责任公司成立于1998年9月，是一个以批发零售农药、化肥、农地膜为主的股份制公司。公司现有干部职工50人，下辖4个分公司，一个庄稼医院，一个农资配送中心，固定资产1800万元，另有158个"华丰农资超市便民店"，800余个联营联销点遍布豫北地区以及邻近省市，年销售各类化肥6万多吨，销售额达1.2亿元。

　　公司自成立以来，始终坚持"以农为本，为农服务"的宗旨，为"三农"的发展提供着物资保障；通过十年来的发展，与全国十几个省市的50多家化肥、农药厂家建立了长期的总经销、总代理关系，经销着10个系列，280多个品种的农资产品，逐步的形成了品种全、质量优、价格廉、服务好、信誉高的竞争优势，赢得了广大农民朋友的信赖。优秀的企业形象，良好的企业信誉，科学的管理体系，庞大的销售网络，使公司成为了豫北地区农资行业的龙头企业；多次被新乡市、县供销社评为"先进达标单位"和"先进集体"；连续五年被新乡市银行业同业公会评为"银行业信得过企业"，被新乡市工商局、合同管理协会评为"重合同，守信誉企业"；2005年被人民日报社、全国诚信单位活动办公室评为"全国诚信单位"荣誉称号，并被商务部定为"万村千乡"工程的试点单位。全国供销总社定为"新网工程"试点企业。2006～2008 全国百佳（优秀）农资经销企业。2008年省供销系统20强优秀企业。

　　面对经济全球化的迅猛发展，企业经营和管理面临着新的机遇和挑战，公司将顺应国内外经营环境的变化，结合自身实际，及时调整经营战略和品种结构，深化企业内部改革和管理，进一步完善销售网络建设，全面提高企业的管理和服务水平，坚持"品牌、规模、竞争、效益"的发展战略，把企业发展成体制新、机制活、多元化的服务于"三农"的新型企业。

联系方式

总经理：张广法
地址：河南省新乡经济开发区中央大道589号农资配送中心
电话：0373-5601155 5602233
邮编：453731
传真：0373-5602233
Email：WWPSU@163.com

天津市植物保护研究所

天津市植物保护研究所成立于1979年，是一从事农业有害生物发生与防治研究，有着较强综合科研能力和地方特色的公益型专研究所，上级主管为天津市农业科学院。我所自1994年起作为农业部农药田间药效、生测试验单位和国家农作物抗病性鉴定委员单位，承担国内外农药新品种室内外药效、作物新品种抗性评价工作；同时是中国植保学会、中国植病学会、天津动物学会、天津农药学会等专业学会的理事单位。现有在职职工48人，其中研究员4人，副研究员10人，中级技术人员10人，博士5人，硕士10人，天津市"131"人才工程人员4人。

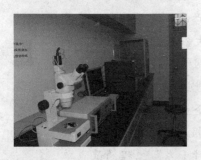

研究所下设农业害虫研究室、蔬菜病害研究室、粮经作物病害研究室、杂草研究室、果林病虫防控研究室等5个主导研究室，科管科、财务科、行政办公室等职能部门等。先后承担国家农业科技成果转化、科技支撑计划、国家星火计划、农业部跨越计划和天津市科委、农委等各级类科研（子）课题数十项，涉及农产品安全生产与质量控制技术、主要病虫草害预警及绿色防控技术、外来入侵有害生物防控体系建设等科技内容。同时还主持承担天津市现代农业科技支撑体系建设项目数项，积极组织多学科协作进行农业创新技术服务。

我所拥有基本试验田20000米^2，人工智能温室960米^2，日光温室1500米^2，网室700米^2，智能培养室100米^2；拥有昆虫工作站、人工气候箱、超低温冰箱、高端显微镜和解剖镜、Eppendorf梯度PCR仪、实时荧光定量PCR仪、Bio-RAD测序电泳仪、低速离心机及不同规格发酵培养、液相色谱等设备40台套，基本满足现有科研及实验需求。

地址： 天津市西青区外环西线39公里处
邮编： 300112
电话： 022-27796614

中国农业科学院甜菜研究所

陈连江 所长，研究员

中国农业科学院甜菜研究所始建于1959年，于2003年8月并入黑龙江大学，实行黑龙江省政府与中国农业科学院共建。研究所下设遗传改良研究室、遗传资源研究室、环境资源研究室、引种区试研究室、综合办公室、开发办公室。现有科技人员60人，其中干部45人、技术工人12人、博士3人、硕士18人、研究员9人、副研究员10人。

主持国家科技支撑计划、自然基金、"948"、"973"、"863"、科技基础平台项目及农业部、黑龙江省的各类重点科研项目，获得科研成果104项。育成甜菜品种44个，并建立了甜菜种子加工车间、储藏库、种子繁育基地、马铃薯原种和生产种基地。甜菜纸筒育苗肥、水稻壮秧剂、植物生长调节剂等都已实现产业化生产。

1993年"甜菜象虫种类分布、生物学特性及防治研究"获农业部科技进步三等奖；1983年"3911闷种防治甜菜象虫试验和推广"获农业部技术改进四等奖；1984年"甲基硫环磷闷种防治甜菜象虫"获农业部技术改进四等奖。

乔志文，副研究员

韩 英，副研究员

周艳丽，副研究员

刘娜，助理研究员

我所自1986年起承担国内外药效试验项目，到目前为止已经完成13种杀菌剂、3种杀虫剂、6种除草剂、4种植物生长调节剂的田间药效试验工作。有5人被农业部药检所聘为试验负责人，总负责人：陈连江，所长、研究员；甜菜杀菌剂负责人：乔志文，副研究员；甜菜杀虫剂药效试验负责人：韩英，副研究员；甜菜除草剂药效试验负责人：周艳丽，副研究员，植物生长调节剂试验负责人：刘娜，助理研究员。

联系电话：0451-86609312

地址：哈尔滨市南岗区学府路74号
邮编：150080
单位：黑龙江大学农作物研究院（中国农业科学院甜菜研究所）

中国农科院烟草研究所
及 病虫害预测预报综防研究中心

中国农业科学院烟草研究所始建于1958年。1987年经国家科委批准实行中国农科院和中国烟草总公司双重领导。国家烟草改良中心于2004年经国家发改委、农业部批准在本所成立。

病虫害预测预报综防研究中心主要从事烟草病理学、昆虫学及农药学理论研究及烟草植保技术示范推广，是国家烟草专卖局全国烟草病虫害预测预报及综合防治网络、全国烟草农药对比试验网络和山东省烟草病虫害预测预报站技术依托单位，农业部农药药效田间试验及室内生测和农药残留检测认证单位。

1、学科建设目标

以满足"无公害"烟叶生产需求，降低农药残留、降低成本、控制病虫为害、保障烟草可持续发展，不断创新，把中心建设成为国内一流的烟草病虫害预测预报及综合防治技术研究中心。

2、主要科研成绩

多年来，中心相继主持开展了"全国烟草侵染性病害调查"、"全国烟草昆虫普查"、"烟草主要病虫害预测预报技术研究"、"无公害"烟叶农药、重金属最高残留量标准"、"我国烟草主要病虫害综合治理技术集成与示范推广"等全国性重点攻关项目研究，共取得科技成果16项，其中国家科技进步三等奖1项、部级二等奖2项，三等奖5项，获得专利2项。正式发表论文150多篇，国际大会宣读11篇，其中CORESTA大会宣读6篇，收录SCI1篇。主持编写《中国烟草病害》、《烟草病虫害防治技术手册》等著作6部。

3、主要科技人员简介

王凤龙，男，研究员。1987年毕业于沈阳农业大学植物保护系植物保护专业。现任中国农业科学院烟草研究所病虫害测报综防中心主任。兼任中国烟草学会农业专业委员会委员，中国植物病理学会会员，硕士生导师。兼任农业部农药检定所除草剂认证专家。
E-mail: wangfl64@sohu.com

孔凡玉，男，副研究员。1992年毕业于沈阳农业大学，1999年获中国农业科学院研究生院植物病理学硕士学位。现任中国农业科学院烟草研究所病虫害测报综防中心副主任，中国烟草学会会员，山东省烟草学会会员。兼任农业部农药检定所杀菌剂认证专家。
E-mail: kongfanyu123@163.com

钱玉梅，女，1982年1月毕业于安徽农学院植物保护系植物保护专业，副研究员，硕士研究生导师。兼任农业部农药检定所植物生长调节剂认证专家。
E-mail: qymycs@tom.com,qymycs@163.com

任广伟，男，副研究员。1996年毕业于山东农业大学植物保护专业，2003年获中国农业科学院硕士学位，硕士生导师。兼任农业部农药检定所杀虫剂认证专家。
E-mail: myzus@126.com

李义强，男，助理研究员。1998年毕业于山东农业大学植物保护系植物保护专业。中国烟草学会会员。兼任农业部农药检定所农药残留认证专家。
E-mail:liyiqiang1008@163.com

地址：山东省青岛市崂山区科苑经四路11号
邮编：266101
电话：0532-88702117　　传真：0532-88703236

表. 预测预报中心主要科技人员负责内容

姓名	职称	主要从事科研领域	负责试验内容
王凤龙	研究员	烟草病毒研究	农业部农药检定所除草剂药效试验和室内生测
钱玉梅	副研究员	烟草病毒研究	农业部农药检定所植物生长调节剂药效试验和室内生测
孔凡玉	副研究员	烟草病害研究	农业部农药检定所杀菌剂药效试验和室内生测
任广伟	副研究员	烟草昆虫研究	农业部农药检定所杀虫剂药效试验和室内生测
李义强	助理研究员	烟草合理用药研究	农业部农药检定所农药残留试验

天达有机硅助剂在防治冬枣盲蝽中的应用效果初报

郭庆宏 徐康乐 边建国

（山东省沾化冬枣产业办公室）

摘要：冬枣盲蝽防治试验结果表明，在1500～2500倍万灵+8000～15000倍艾美乐的药液中加入3000倍天达有机硅，喷后2天的防治效果为94.23%～100%，喷后3天的防治效果为97.09%～100%，均极显著高于对照。

关键词：天达有机硅、盲蝽、防治效果

有机硅（100%聚乙氧基改性三硅氧烷）是农药喷雾助剂，其本身虽无杀虫效果，但能降低药液表面张力，改善药液在叶片上的展着性，以达到减少农药用量、降低环境污染、延缓病虫害抗药性的目的。2008年做了相关方面的应用试验，结果表明，天达有机硅在防治病虫害方面有减少喷药量和提高防治效果的作用。

1 材料与方法

1.1 试验园基本情况。试验设在沾化县富国镇大王村王连三冬枣园内。园地土壤类型为轻壤土，土壤肥力中等，排灌设备齐全，管理水平中等偏上。试验树为8年生冬枣树，株行距2米×3米。每年667米²施有机肥3000千克、氮磷钾复合肥300千克。

1.2 试验药剂。天达有机硅助剂（山东天达生物制药股份有限公司提供），90%万灵（上海杜邦农化有限公司提供），艾美乐（德国拜尔公司生产）。

表1 有机硅增效剂防治冬枣盲蝽试验结果

处 理	药前虫口数（头/株）	药后2天		药后3天	
		虫口数（头/株）	校正防效（%）	虫口数（头/株）	校正防效（%）
万灵1500倍＋艾美乐8000倍＋有机硅助剂3000倍	37	0	100	0	100
万灵2000倍＋艾美乐10000倍＋有机硅助剂3000倍	42	1	97.32	0	100
万灵2500倍＋艾美乐15000倍＋有机硅助剂3000倍	39	2	94.23	1	97.09
万灵1500倍＋艾美乐8000倍	31	6	78.23	2	92.74
万灵2000倍＋艾美乐10000倍	45	11	72.51	5	87.50
万灵2500倍＋艾美乐15000倍	41	15	58.84	5	86.63
清水对照	36	32	0	32	0

1.3 试验设计。以冬枣盲蝽为防治对象，根据不同浓度，共设计7个处理（见表1）。每处理10株树，重复3次，共21个小区。

1.4 施药及调查 在绿盲蝽发生高峰期，采用机动喷雾器施药。喷药前一天调查绿盲蝽虫口基数，喷药后，分别于第二天、第三天调查活的绿盲蝽数，每个小区调查3株树，采用树下铺床单，仔细检查落地的绿盲蝽数量，并注意是否有迁飞的绿盲蝽，记录活盲蝽数。计算各处理平均活虫体数、施药安全性、防治效果，防治方法采用方差分析后用Duncadn's法进行多重比较。

1.5 药效计算方法

虫口减退率＝{施药前虫口数－施药后虫口数}/施药前虫口数×100%

校正仿效＝{药剂处理区虫口减退率－空白对照区虫口减退率}/100－空白对照区虫口减退率×100%

2 结果分析

2.1 施药安全性。施药人员在喷药过程中以及在喷药后，没有任何不良反应。田间观察各处理无任何药害症状或影响冬枣生长的情况，说明天达有机硅增效剂在该浓度范围内使用，对冬枣树是安全的。

2.2 防治效果。喷药后2天、3天的调查结果经方差分析由Duncddn's法多重比较，在90%万灵＋70%艾美乐＋有机硅3000倍药剂配方处理，其防治效果均比对照区显著。

2.3 天达有机硅增效剂的作用

2.3.1 增强药液展着性。经观察发现，喷药后，加入有机硅增效剂的药液在冬枣树叶、果面及枝干上扩展速度明显加快，药液均匀覆盖在各器官表面，不出现药滴；没有加入有机硅增效剂的药液，喷药后药液呈水珠状，药液分布不均匀，药液的展着性较低。

2.3.2 节省农药，降低成本。从试验的情况看，在防治冬枣盲蝽时，药液中加入3000倍有机硅增效剂，防治药物的浓度降低1/2，仍然达到同样的防治效果，节药效果明显。从表中可以看出，用90%万灵1500倍＋70%艾美乐8000倍＋有机硅助剂3000倍与90%万灵2500倍＋70%艾美乐15000倍的防治效果无显著差异。

3 小结

3.1 防治冬枣盲蝽时，药物配方中加入3000倍天达有机硅增效剂，在减少近1/2药量的情况下，其防治效果不会降低。其原因是有机硅增效剂能降低药液的表面张力，改善药液的展着性，从而在不影响防治效果的前提下，减少了用药量。

3.2 采用化学方法防治冬枣病虫害时，加入适量天达有机硅增效剂，能够降低农药用量，减少喷药成本，节省劳力，降低对环境的污染和枣果的药物残留，提高冬枣产品的安全性，具有非常好的推广应用价值。

山东天达生物制药股份有限公司 Shandong Tianda Bio-Pharmaceutics Co.,Ltd | 地址：山东高密民营科技工业园天达药业 邮编：261500
电话：0536-2352116 传真：0536-2342173 网址：www.2116.cn

天达2116在果树上的应用效果及施用技术

汪景彦

（中国农业科学院果树研究所，研究员）

各位领导、各位专家、各位同行：

全国农业技术推广服务中心2005年以来，在全国组织开展了天达2116试验、示范和推广应用。

现就我在果树栽培中应用天达2116抗逆防病、优质增产的效果做如下简要汇报：

一、天达2116的应用效果

1、提高叶片质量　处理树叶片质量明显提高，叶片肥厚、浓绿、光亮，叶片厚度增加5%左右。2008年9月14日在河北省深州市了解到，尹往馈早丰王桃园，连续3年施用除草剂（草甘膦），造成严重落叶、死枝、死树，后采用喷、涂天达2116，几天后停止落叶，6、7天后发出新叶，新稍叶片正常，重病树转轻，桃果得以正常成熟和销售，将欲刨掉的桃园挽救过来。

2、减轻叶部病害

（1）小叶病　如深州市尹敬豪家有4株新浓红苹果树，小叶病相当严重。2008年用天达2116处理后，小叶病树恢复正常。

（2）花叶病　这是难以治愈的显性病毒病。山西省万荣县裴庄乡张建民有40株成龄苹果树，多年患有花叶病，2003年4月初开始，连喷3次1500倍天达2116，花叶病已转为阴性，病状神奇般的消失了。

（3）苹果斑点落叶病　红富士病叶率处理区为2.86%，对照区15.34%，控制效果为81.36%；2008年深州市红富士苹果树喷施天达2116后，基本无早期落叶病（以褐斑病为主），对照区早期落叶病严重。

（4）腐烂病　在苹果树腐烂病疤刮除部位，涂天达2116，病情明显好转，未发现复发现象。

3、提高果品品质

（1）增大果个　苹果喷施天达2116以后，嘎啦>75毫米果、新红星>85毫米果、红富士>80毫米果，分别占79.5%、86.3%、81.2%，分别比对照提高30.8%、30.3%和31.9%。红富士平均单果重增加30余克。

（2）增加着色　喷施后，嘎啦苹果的红果率达65.3%，比对照提高32%。

（3）甜度提高　喷施后，新红星苹果可溶性固形物含量提高2.2%。

（4）果实病害减轻

①红点病　套纸袋苹果红富士解袋后，处理果果面红点病率为5.2%，对照为40.5%，红点病控制效果达80.93%。

②苹果苦痘病　红富士苹果贮存后40天调查，凡喷布5次天达2116的，苦痘病果率只有2.31%，对照为10.87%，控制效果达80.4%。

③皇冠梨鸡爪病　该病只在皇冠梨上严重发生，病因是药害还是缺素，各家说法不一，很难一致。河北深州市刘建云有7亩皇冠梨，10年生树。2008年其中4亩喷天达2116，共4次，另3亩做对照（未喷），其他管理相同。2007年鸡爪病为10%，2008年处理园，鸡爪病果率<1%～2%，而对照仍为10%；另外，王焕江5亩高接5年生皇冠梨和郭瑞航3亩15年生皇冠梨，5次喷布的处理果鸡爪病果率只有2%，且果大、形正、果点大，对照果鸡爪病果率高达20%～30%，所以，天达2116可减轻皇冠梨鸡爪病的90%左右。

④增产增收　红富士苹果处理区比对照增产16%～25%。李晓华3亩7年生红岗山桃，处理区果实着色好、果大、个匀，上市早，每千克桃果售价比对照提高0.4元。

⑤减轻霜冻　2004年3月8日，山西夏县庙前镇山峪口村125个冷棚油桃花期受冻严重，几乎绝产，但唯有田红北的两个冷棚桃花怒放。因他在花蕾期、3月11日、3月下旬、4月中旬各喷一次天达2116，最后两棚早红珠油桃总产3000千克，收入万元以上。

2002年4月24～25日胶东半岛果区发生了百年不遇的倒春寒，2004年4月23～24日、26日～27日凌晨又发生的低温冷害，气温降至零下2到零下4度，烟台市仅在红富士、乔纳金、松本锦等果树上就有6.3万公顷受害，总减产20%左右，灾前施用天达2116与未用相比，降低损失80%，冻后马上喷施天达2116的，减灾效果显著。

据薛继忠提供（2009年），山西省临汾市襄汾县新城镇蒙亨村刘万先5亩红富士苹果大树2005～2006年，连续两年一喷三涂图，2006年亩产3500千克，2007年春倒春寒严重，周围未喷天达2116的苹果园减产明显，而刘万先苹果园仍获亩产3300公斤的产量。

又如张文瑞提供（2009年）山东省栖霞县唐家泊镇果树站站长刘尚民6亩13年生红富士园，2004年也遇上了大冻害，但他在灾前只处理了1亩红富士（喷天达2116）其他5亩未喷，结果，处理园亩产3315千克，对照未喷园亩产平均为344千克。

二、天达2116的应用技术经验

据近年山东、山西、陕西、河北等地实践和有关试验证明，在果树上应用天达2116，最好采用"两涂三喷"技术，简便有效。

1、两涂　即在花蕾期和幼果期用8～12倍液涂干，宽度为30～50厘米（最好先刮去老翘皮）。

2、三喷　即在花芽分化期、果实膨大期和果实着色期喷，浓度为一瓶200克对水300～400千克，使用效果好。

上述技术实施后，可起到减轻霜冻危害、提高坐果率、促花、优质和增产的作用。关键在于坚持正确使用。我相信，天达2116大面积用于果树生产上，将会对我国果业可持续发展发挥重要影响。

山东天达生物制药股份有限公司　Shandong Tianda Bio-Pharmaceutics Co.,Ltd　地址：山东高密民营科技工业园天达药业　邮编：261500　电话：0536-2352116　传真：0536-2342173　网址：www.2116.cn

常州市禾丰生化研究所

　　本所技术力量雄厚、科研设备先进、生产装备精良，产品在国内外有很好的声誉和广阔的市场。

　　主要从事昆虫激素，植物激素，生化试剂，生物制剂，农用新剂型范围内产品的技术开发，技术转让，技术咨询，技术服务；并专注于自研成果的试生产经营等。本所将立志于无公害农用品的研发与推广，尤其在昆虫信息素的研发制造处于国内领先地位。竭诚欢迎国内外客户联系业务，洽谈生意，携手合作，共同发展！

地址：常州市西门外水北镇（213200）

电话：0519-82351169　　联系人：葛丽娟　　http://www.czhefeng.com

传真：0519-82356956　　手　机：13706146282　　E-mail：ge7665@163.com

金坛市燎原化学应用技术研究所

品名	含量	包装	品名	含量	包装	产地
吡效隆调吡脲(KT-30)	98%	1kg/铝箔袋	赤霉素GA4+7	98%	1kg/袋	本所
激动素(KT)	99%	1kg/铝箔袋	对碘苯氧乙酸(增产灵)	97%	25kg/桶	本所
3-吲哚乙酸(IAA)	98%	1kg/铝箔袋	增效胺(DA-6)原油	98%	25kg/桶	本所
3-吲哚乙酸(钾盐)(IBA)	98%	25kg/桶	增效胺(DA-6)原粉	95%	25kg/桶	本所
α-萘乙酸(钠盐)(NAA)	95%~98%	25kg/桶	青鲜素	95%	25kg/桶	本所
对氯苯氧乙酸(钠盐)(防落素)	95%~98%	25kg/桶	比久(B9)	95%	25kg/桶	本所
缩节胺(pix)	98%	25kg/桶	细胞分裂素(6-BA)	98%	25kg/桶	本所
赤霉素GA3(920)	90%	1kg/袋	β-萘氧乙酸	98%	25kg/桶	本所
家蝇诱剂原油	80%	25kg/桶	花卉激素	98%	100g/袋	本所

注：以上产品价格面议，数量不限。

地址：金坛市江南路33号　　电话：0519-82834454　　13706148221　　联系人：邓国强

邮编：213200　　　　　　　传真：0519-82893881　　　　　　　　　邮箱：liaoyuanhuagong@126.com

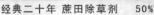

江苏省金坛市
西南化工研究所

江苏省金坛市西南化工研究所始建于1994年。本所占地面积10600多平方米，建筑面积4200多平方米。各种生产设备、检测仪器齐全，科学技术力量雄厚，拥有一批高、中级科技精英。本所集科研、生产于一体，多年来致力于有机化学领域的技术开发、技术转让、技术咨询、技术服务，特别是相转移催化剂系列的研究、开发有一技之长，独领全国优势，已形成五大系列60多个产品的生产能力。产品远销欧美、东南亚及全国各地。

我们始终将"质量是企业生存与发展的命脉"贯穿到工作的每个环节，通过了ISO900：2000质量管理体系认证，为产品的质量提供了有力的保障。

本所本着质量第一、信誉至上、诚信服务的宗旨，在市场经济蓝天下，愿与新老客户及各界同仁携手共进，共创美好明天。

产品目录 Products List

产品名称	含量	数量（吨/月）	规格包装	产品名称	含量	数量（吨/月）	规格包装
四甲基溴化铵	99%	20	25千克纸板桶	丁基三苯基溴化膦	99%	20	25千克纸板桶
四乙基溴化铵	99%	40	25千克纸板桶	苄基三苯基氯化膦	99%	22	25千克纸板桶
四丁基溴化铵	99.5%	100	25千克纸板桶	苄基三苯基溴化膦	99%	10	25千克纸板桶
四辛基溴化铵	99%	500	25千克纸板桶	一乙胺盐酸盐	99%	50	25千克纸板桶
四丁基硫酸氢铵	99.5%	300	25千克纸板桶	二乙胺盐酸盐	99%	50	25千克纸板桶
四丁基氟化铵	99%	10	25千克纸板桶	三乙胺盐酸盐	99%	50	25千克纸板桶
四丙基溴化铵	99%	40	25千克纸板桶	一甲胺盐酸盐	99%	40	25千克纸板桶
四甲基氯化铵	99%	20	25千克纸板桶	二甲胺盐酸盐	99%	40	25千克纸板桶
苄基三乙基氯化铵	99%	100	20千克纸板桶	三甲胺盐酸盐	99%	40	25千克纸板桶
苄基三乙基溴化铵	99%	50	25千克纸板桶	十二（四）烷基吡啶盐酸盐	99%	20	25千克纸板桶
苄基三甲基氯化铵	99%	80	25千克纸板桶	十六（八）烷基吡啶盐酸盐	99%	5	25千克纸板桶
苄基三甲基溴化铵	99%	20	25千克纸板桶	十二（四）烷基吡啶氢溴酸盐	99%	5	25千克纸板桶
苄基三丁基氯化铵	99%	20	25千克纸板桶	十六（八）烷基吡啶氢溴酸盐	99%	5	25千克纸板桶
苄基三丁基溴化铵	99%	10	25千克纸板桶	对叔丁基氯苄	94%	40	200千克塑桶
苄基十二烷基二甲基氯化铵	99%	30	25千克纸板桶	过氧化二苯甲酰	99%	60	15千克塑桶
苄基十六烷基二甲基氯化铵	99%	30	25千克纸板桶	溴丁烷	99%	40	250千克锌桶
十六烷基三甲基溴化铵	99%	50	25千克纸板桶	氯化钯	≥59.5	20	1千克塑瓶
十二烷基三甲基溴化铵	99%	20	25千克纸板桶	1-溴代萘（CP）	≥99%	10	25千克纸板桶
十四烷基三甲基溴化铵	99%	10	25千克纸板桶	乙酰氯	99%	10	塑桶
2-溴乙胺氢溴酸盐	99%	20	25千克纸板桶	异丁酰氯	99%	10	塑桶
四丁基氯化铵	99%	40	25千克纸板桶	氢碘酸	45%	5	200千克塑桶
四丁基氢氧化铵	50%水溶液	20	25千克塑桶		55~57%	5	200千克塑桶
苄基三甲基氢氧化铵	50%水溶液	20	25千克塑桶	丙酰氯	99%	10	200千克塑桶
四丙基氢氧化铵	50%水溶液	8	25千克塑桶	2、2-联吡啶	≥98%	10	25千克纸板桶
四甲基氢氧化铵	25%甲醇水溶液	8	25千克塑桶	3、5-二羟基甲苯	≥98%	10	25千克纸板桶
烯丙基三甲基溴化铵	99%	10	25千克纸板桶	2-羟基异丁酸	98%	20	25千克纸板桶
烯丙基三甲基氯化铵	99%	10	25千克纸板桶				
甲基三苯基溴化膦	99%	16	25千克纸板桶	三苯基氧膦	99%	10	25千克纸板桶
甲基三苯基氯化膦	99%	20	25千克纸板桶	苯达松	96%	200	25千克纸板桶
乙基三苯基溴化膦	99%	5	25千克纸板桶	间氯二苯	99%		200千克塑桶

地　　址：金坛市后阳化工园1号　　　　邮　编：213215
电　　话：0519-82618828，82618838，82611598　　传　真：0519-82618836，82618829
网　　址：www.xinan-chem.com　　　　E-mail：sales@xinan-chem.com

山西三立化工有限公司

产品目录 / Product Catalog

原药：

95%五氯硝基苯原药(首家国内正式生产企业）

杀菌剂：

40%五氯硝基苯粉剂、40%五氯硝基苯可湿性粉剂、20%五氯硝基苯粉剂、58%甲霜灵 锰锌可湿性粉剂、40%五硝 多菌灵可湿性粉剂

杀虫剂：

35%硫丹乳油、20%氯氟 毒死蜱微乳剂、20%氰戊 马拉松乳油、1.8%阿维菌素乳油、2.5%高渗吡虫啉乳油

种衣剂：

20%克 多 五悬浮种衣剂、20%克 福悬浮种衣剂、10%五氯硝基苯悬浮种衣剂（用于小麦、棉花包衣，正在登记中）

近年在部分省市农资市场发现大量假冒我公司五氯硝基苯粉剂产品，现敬告广大经销商，我公司从未授予任何企业使用我公司名称及证号进行产品分装生产，谨防上当，特此声明。

山西三立化工有限公司（原山西省临汾有机化工厂）

地　址：临汾市桥东街二号　销售热线：0357－3093459
联系人：亢志毅 13935728480　　王明仙 13834885842

连云港市东金化工有限公司

企业简介

连云港市东金化工有限公司(原连云港市东海化工厂)是原国家化工部定点生产农药的厂家之一,始建于1978年。现占地面积6.78万平方米,建筑面积3.3万平方米,固定资产8000万元以上,现有职工600名,专业技术人员70名,技术力量雄厚。

我厂十分重视高新技术产品的研发工作,现已与国家沈阳化工研究院、贵州大学等十多家院校、科研单位、质量技术监督部门、有关厂家等建立"产、学、研"经济技术协作关系,已开发生产农药、化工两大类四个系列近20个产品,现生产能力已超过万吨。不断开发生产高科技的"盼丰"牌系列产品历年来在广大用户中享有盛誉。该厂连续荣获市级"文明单位"、"重合同守信誉企业"、"科技协作先进单位"、江苏省"AAA级资信企业"。

我厂地理环境优越,厂北门面临市标准公路,南邻东陇海线东海火车站,东3公里处为连云港民航机场和白塔水运码头,交通十分便利。董事长相庆昱携全体员工热忱欢迎中外各界宾朋投资开发,合作经营,共创美好未来!

主要产品

原药:
95％甲基立枯磷原药
95％乙酰甲胺磷原药
96％乐果原药
92％辛硫磷原药

杀虫剂:
30％、20％乙酰甲胺磷乳油
乙酰四胺磷乳油（30％、20％）
35％高氯·辛乳油
4.5％高效氯氰菊酯乳油
10％吡虫啉可湿性粉剂
5％吡虫啉乳油
40％辛硫磷乳油
40％乐果乳油
80％敌敌畏乳油
40％毒死蜱乳油

杀菌剂:
20％甲基立枯磷乳油
50％甲基立枯磷可湿性粉剂
20％甲基立枯磷+30％福美双WP
20％纹枯磷

除草剂:
20％苄·丁合剂（水田一号）

化工产品:
90％甲基一氯化物
精胺（93％、95％）
99％三氯化磷
98％三氯硫磷

我公司是国内首家
取得 95％甲基立枯磷原药 正式登记的企业

地址：江苏省东海县城东驼峰新区 电话：0518-87319228　87316160
邮编：222313 传真：0518-87316160　87319228
网址：www.djhgx.com.cn 邮箱：webmaster@djhgx.com.cn

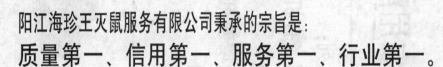
阳江海珍王 灭鼠服务有限公司

电话：0662-3227888　3237668　3225330
传真：0662-3221858
手机：13168188888　13680699999
地址：广东省阳江市江城区北环路一巷4号
中国农业银行 卡号：95599 81165 27955 1410
中国邮政储蓄 账号：60599 00042 00094 259
E-mail：haizhenwang@haizhenwang.com
网址：www.haizhenwang.com

李 海 林　董事长 总经理

阳江海珍王灭鼠服务有限公司秉承的宗旨是：
质量第一、信用第一、服务第一、行业第一。

　　阳江海珍王灭鼠服务有限公司是一家经营以杀鼠剂为主，专业经营除四害产品和生产粘胶产品的灭鼠服务公司。

　　公司成立于1993年5月24日，经过多年的研究和经验积累，在原有的基础上不断探索和大胆创新，创立了灭鼠新药——海珍威牌灭鼠药，该产品是目前先进的毒鼠药物，高效低毒，适应家庭农田等场所使用，对人畜较安全。

　　阳江海珍王灭鼠服务有限公司全力为客户做到最好，推行优质服务送货上门服务，而且第一次可以代销！

——欢迎海内外灭鼠同行来电洽谈共谋发展！

鼠药名牌海珍好，老鼠见了跑不了！

黑龙江大地丰农业科技

Heilongjiangdadifengnongyekejikaifayouxiangongsi

热烈祝贺黑龙江大地丰公司1000吨香菇多糖制剂装置通过国家级验收暨稻瘟灵原药成功生产一周年

香菇多糖卖点

优势一：拥有独特的有效成分—参茸低聚糖

"参茸低聚糖"是我公司在合成香菇多糖过程中首家发现的独特高效成分，"参茸低聚糖"只存在于用产于黑龙江的白桦木为培养基的香菇棒中，其作用速度快，同含量同剂量的香菇多糖我公司生产的药效能高出30%以上。

优势二：技术水平 国际领先

我公司已拥有生产香菇多糖2.1-5%含量的国际先进技术，0.5%香菇多糖水剂已出口越南等东南亚国家，国内销售已超过1000吨；香菇多糖的农业部检验标准、检测标样均由我公司提供。

优势三：作用机理独特

作物喷施我公司生产的"扫毒"牌香菇多糖后，首先能诱导作物体内的抗病因子，并且能给作物接种疫苗，同时能破坏病毒的RNA复制和蛋白质的合成，达到治疗病毒的目的。

优势四：绿色无公害 杀菌谱广

经中国农科院专家组评定，我公司生产的"扫毒"牌香菇多糖属纯生物杀菌剂，残留期短，持效期长，在治疗和预防病毒病的同时，还能防治多种真菌性病害。使用"扫毒"牌香菇多糖后，能使庄稼增产增收。

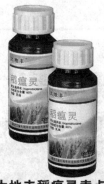

大地丰稻瘟灵卖点：
①含量高：比国家标准高出5个百分点。
②使用原料：是原粉而不是原油（无臭味）。
③内加高效有机硅渗透剂、扩展剂，喷后3小时遇雨无需补喷。
④整个流程物料接触面全是搪玻璃和不锈钢，并经72小时沉淀后灌装，无沉淀物。

大地丰百草枯卖点：
①见绿杀绿，除草谱广，几乎可杀所有杂草
②作用迅速，光照充足一个小时即可见效
③耐雨水冲刷，施药半小时后下雨不影响药效
④遇土钝化，对当茬及后茬均无影响
⑤固土保水，保持生态环境（主要表现在山区及公共卫生除草）

易喷得液体水稻壮秧剂：
该产品是我公司与中国农大、浙江省农科院著名水稻专家联合开发研制的专门用于水稻育苗的高科技新产品。该产品具有抗病、调酸、增肥、壮苗等多种功效，用该产品育苗，秧苗苗壮，抗逆性强，根系发达、带蘖率高，插秧后返青快，有效分蘖多，对抑制秧苗立枯病发生有较好的效果。是一种省时省力使用方便的高科技生物有机液肥。
使用方法：水稻苗床浇透底水，达到待播状态，将易喷得用5倍清水稀释后，均匀喷在苗床上，然后播种、压种、覆盖土、药剂封闭。
用量：
1、本产品10公斤常规育苗可育40m²，秧盘55~60m²。
2、本产品20公斤常规育苗可育80m²，秧盘100~120m²。

杀虫双大粒剂：
我公司生产的3.6%杀虫双为柱状大粒剂，是防治水稻二化螟并兼治多种害虫的药肥混合制剂；使用硅钾矿土做载体，施用后遇水快速崩解，扩散均匀，药效时间长；同时补充的硅、钾、铁等营养元素，增强水稻生根、抗倒伏、抗病虫的能力；具有触杀、胃毒和内吸传导作用，对成虫、幼虫、卵均有杀伤力，施药适期长，防效稳定，使用方便，省时省力。

黑龙江省大地丰农业科技开发有限公司

地址：黑龙江省绥化市经济开发区　　电话：0455-8508678 8508789
联系人：褚总 15945509888　　薛总 13376362323

天津市天庆化工有限公司

天津市天庆化工有限公司（英文简称：TTCC）创建于1984年3月。多年来，先后为国内外大中型灭鼠杀虫任务提供了约10万吨新型高效的产品，为保证灭鼠杀虫任务的完成和创建良好的社会环境作出了巨大贡献。

目前，公司拥有高水平的科学技术，先进一流的设备、制造工艺，拥有完善的检测设备。在管理方面，具有健全完善的质量保证体系。产品经有关专家鉴定和国内权威单位检测，各项技术指标均达到要求，符合制造标准，均已达到国际同类产品技术水平。

公司具有年生产灭鼠剂"溴敌隆原药"10吨、"溴鼠灵原药"10吨、"鼠得克原药"5吨、母粉、母液年产5000吨，灭鼠剂毒饵年产50万吨及所需加工配套制剂生产流水线的能力。产品剂型品种多、规格全，灭鼠剂系列产品均为填补天津市空白产品。溴敌隆、溴鼠灵系列产品为天津市"九五发展的星火计划"。

公司产品获得："中国名牌商品"、"中国名牌标志"、"全国用户满意产品"、"全国消费者信得过产品"、"天津市高新技术百佳产品"称号、"全国爱卫会除四害专家委员会认定产品"、全国农业技术推广服务中心、全国农作物病虫害防治技术推广网点推广产品。

公司获得：全国十佳诚信企业、全国企业管理创新示范单位、中国优秀企业证书、1998年被天津市人民政府颁布为天津市百强私营企业、被评为2007年第二届中国中小企业100强、1998-2007年被天津市人民政府命名为"守信誉 重合同"单位。连续多年被评为市级先进优秀企业，天津市工商联合会（商会）优秀会员单位。荣获"市场知名企业"，荣获"农业部全面质量管理达标企业"，1998-2007年被评为"天津市用户满意企业"。

地址：津南区咸水沽小营盘　　　　邮编：300350

电话：022-28396858 28390610　　传真：022-28391969 28519688

网址：www.tq-hg.com　　　　　　邮箱：tqhg@bf2000.net

河北昊阳化工集团有限公司
邯郸市凯米克化工有限责任公司

邯郸市凯米克化工有限责任公司始建于1998年，位于河北省魏县工业园区，是国家发改委定点农药生产厂家，是一家集科研、生产、销售于一体的高新技术企业。主要生产农药原药、制剂、中间体、新型化工助剂甲缩醛等产品，公司以"南开大学"、"华南农业大学"、"广州甘蔗糖业研究所"、"河北省农药研发中心"为依托的管理理念，本着强强联合，优势互补，产研携手，诚信经营的原则，研发生产适合农业发展需要的低毒高效、经济环保农药。公司先后荣获"河北省科技型企业"、"河北省高新技术企业"、"河北省重合同、守信用单位"等众多荣誉称号。

公司以优质产品和一流服务，不断开拓创新，锐意进取，与时俱进，兢兢业业致力于农业的发展。公司以高品质产品，依靠超前的经营理念和先进的管理模式，先后在全国20多个省市建立了完善的营销网络，产品出口南非、南美洲等国家和地区。

公司遵循质量第一、用户至上的原则；依靠诚信、创新、超前的服务理念，为农业的发展提供完善的技术支撑。

公司产品

原　　　药： 脱臭特丁硫磷、脱臭甲拌磷、草甘膦

制剂（杀虫剂）：

5%裸裸无损颗粒剂	5%特丁硫磷颗粒剂	10%特丁硫磷颗粒剂
15%特丁硫磷颗粒剂	5%甲拌磷颗粒剂	5%辛硫磷颗粒剂
55%甲拌磷乳油	40%辛硫磷乳油	18%高渗氧乐果乳油
20%氰·马乳油	5%氯氰菊酯乳油	18克/升阿维菌素乳油

25克/升高效氯氟氰菊酯乳油（功夫乳油）

2.5%鱼藤酮乳油	2.5%高效氯氰菊酯乳油

10%敌敌畏·高氯乳油

制剂（除草剂）：

480克/升氟乐灵乳油	41%草甘膦异丙胺盐水剂
330克/升二甲戊乐灵乳油	62%草甘膦异丙胺盐水剂

10%草甘膦水剂

助　　剂： 甲缩醛

地址：河北魏县生物化工园

电话：0310-3532921　3588566　　　　http://www.kmk.com.cn

传真：0310-3532925　　　　　　　　　E-mail:kmk@kmk.com.cn

浙江省东阳市 金鑫化学工业有限公司

　　浙江省东阳市金鑫化学工业有限公司创办于1988年，是国家发改委核准的农药定点生产企业。

　　公司占地9万平方米，拥有固定资产5000余万元，职工160人，其中工程技术人员60多名，年销售收入达1.5亿元。我公司是一家科技领先、管理严谨、装备优良的新型农用杀虫剂生产企业。产业涉及菊酯类杀虫剂、农药中间体、医药中间体、水性涂料等。公司的主导农药产品甲氰菊酯，是以单体丙烯为起始原料，通过定相聚合，经过十余步反应合成。我公司生产的甲氰菊酯原药登记含量为94%，质量在全世界处于领先地位，产销量占全国的65%以上。公司产品国内畅销四川、浙江、江苏、湖北、福建、广西等20多个省市并出口巴基斯坦、巴西等多个国家。公司的主导产品甲氰菊酯及菊酸，是浙江省重点技改项目，曾获浙江省科技进步二等奖。公司先后被评为"AAA级信用企业"、"科技进步十强企业"、"先进企业"、"重合同守信用企业"等荣誉称号，"金鑫"商标连续六年被评为浙江省知名商标。

　　为了把住市场脉搏，实现产品的升级换代，公司不断加大在科技方面投入，纵向联合高等院校和科研院所，横向联合大企业、大公司，不断加强新产品的开发，力争成为农药行业的规模企业。

勤劳务实的"金鑫人"，热忱欢迎新老客户的光临！

电话：0579-86970188　　　传真：0579-86970438

北京森迪科技产品开发公司

北京森迪科技产品开发公司是成立于1993年的高新技术企业。公司设有经理部、科技处、经营部。共有职工26人，高级工程技术人员16名。本公司主要从事农业化工应用技术，农业微生物技术，农牧机械、动物医药等产品的开发、生产、销售。目前已相继开发出虫毙净杀虫剂系列产品、新型防病增产菌系列产品，豆科植物根瘤菌系列产品，灭鼠剂系列产品及动物驱虫剂等兽药产品，并经营**植保机械、畜牧饲草机械、草场围栏、园林机械和农作物及牧草种子，动物药械**。

公司始终以加强环保、提高药效为目标，积极推出：高效、低毒、低残留、易降解、人畜安全的**杀虫剂**产品，主要有**虫毙净**杀虫剂系列产品及以下杀虫剂：

杀虫剂	
28%水胺硫磷乳油	40%吡虫·杀虫单可湿性粉剂
20%辛·唑磷乳油	20%三唑磷乳油
3%阿维·高氯乳油	4.5%高效氯氰菊酯乳油
5%氟铃脲乳油	20%氟铃·辛硫磷乳油
15%阿维·毒死蜱乳油	26%辛硫·高氯氟乳油
3% 啶虫脒可湿性粉剂	3%啶虫脒乳油
5%吡虫啉可湿性粉剂	200克/升毒死蜱乳油
25克/升高效氟氯氰菊酯乳油	2%阿维·高氯微乳剂
1.8%阿维菌素乳油	20%乙酰甲胺磷乳油
20%啶虫脒可湿性粉剂	45%马拉硫磷
40%辛硫磷乳油	20%哒螨灵可湿性粉剂
20%异丙威乳油	25%唑磷·仲丁威乳油
25克/升高效氯氟氰菊酯乳油	40%乐果乳油
200克/升吡虫啉可湿性液剂	34%柴油·哒螨灵
杀菌剂	
80%代森锰锌可湿性粉剂	50%多·福可湿性粉剂
除草剂、植物生长调节剂	
50克/升精喹禾灵乳油	42%烟嘧·莠去津悬浮剂
480克/升氟乐灵乳油	40%乙·莠悬浮剂
75%苯噻·苄可湿性粉剂	540克/升敌草隆噻苯隆悬浮剂
200克/升百草枯	40%乙烯利水剂
12.5稀禾啶机油乳剂	

可促进植物根系发达，提高成活率，提高植物对冻寒和干旱的抵抗力，可防治植物病害的**新型防病增产菌**系列产品。可改良土壤、提高肥力、恢复植被、促进豆科植物生长的**根瘤菌**系列产品。添加了高效引诱剂、保鲜剂和防潮剂的适口性极佳的**草原灭鼠饵剂**。

北京森迪科技产品开发公司依托中国农业大学多学科的技术优势，在农业、林业生产中，以生物技术应用为主，以生化结合为辅的技术路线。开发出了一批科技含量高，经济实用、环保、高效的科技产品和应用技术，为农业、林业的发展做出了积极贡献。

地址：北京市海淀区圆明园西路2号　　　　总经理:马序成

邮编：100193　　　　　　　　　　　　电话/传真：010-62892297

北京市平谷

大华山农业技术推广站

大华山农业技术推广站位于平谷区北部四个乡镇的中心，著名的大桃之乡——大华山镇。本站创建于1987年，是一家集农药、化肥、种子、植保器械经营，推广农业新技术、新产品于一体的事业单位，1999年转制为股份制企业。20多年来，由于各级领导的大力支持和全体员工的不懈努力，经营服务范围不断扩大，现已拓展到整个平谷区及周边地区。现有销售网点200多个，年销售农药500多吨，肥料10000多吨。每年销售额达上千万元以上。

本站有技术人员15名。为了搞好"服务三农"工作，普及推广新技术、新产品，坚持与农业部、北京市植保站、北京农业大学等科研单位和大专院校建立联系，聘请专家、教授，并建立试验、示范基地20亩。所销售的农药、肥料都是经过试验、示范后，效果好的才向农民推广。确保所推广的农药效果好，低毒、不污染环境，符合绿色食品和有机食品的标准要求。另外，我站每月以定期举办技术培训班，开设专家门诊，印发科技资料等多种形式普及推广新技术。

二十几年来，我站根据当地果树实际状况和生产中遇到的问题，每年都在立项进行试验研究，如"梨木虱发生规律及防治的研究"、"桃潜叶蛾生物学特性及其防治技术研究"、"美洲斑潜蝇防治技术研究"、"大桃根癌病"等试验项目。我们对这些项目进行了系统研究，并取得成果。使得当地主要病虫害都得到有效控制，果品质量、产量大幅度提高，对我区农林的增产增收起到了一定的作用，得到了有关部门和广大干部群众的充分肯定和认可。所研究项目均获得农业部、北京市政府、区政府颁发的科技进步奖和其他奖项，被果农称为"果树保护神"。并连续多年获得"北京技术市场金桥奖"、"先进私营企业"、"首都文明单位"、"优秀信用企业"等称号。

本站自建立以来，以"服务三农，诚实守信"为宗旨，开展经营、服务工作。所推广的新技术，一是本着高效、低毒、不污染环境和可持续发展的需求。二是不经试验、示范、效果差的产品不推广。三是与厂家合作，本着诚实守信原则。

坚决做到三不引进：

1、不是国家定点厂家或大型生产资料厂家的优质产品不引进。

2、三证不齐全的不引进。

3、不适应本地环境条件和农作物生长的不引进。

本站的目标是：做好科学技术成果转化，推广高科技产品，为本地区农林业持续发展寻求新的经济增长点。

电话/传真：010-61948388

地址：北京平谷区大华山大街146号（101207）

山东科源化工有限公司

（原青岛一农七星化学有限公司）

青岛一农七星化学有限公司是国家农药定点生产企业，由于企业生产结构的调整和青岛市城市发展规划的要求，于2009年搬迁到新的厂区，新公司的地址在：山东省莱州市银海工业园区，并已注册新的公司名称：**山东科源化工有限公司**。公司占地面积面积210000平方米，其中建筑面积52000平方米，注册资金6208万元，固定资产7900万元。现有职工300人，其中拥有大学学历和专业技术的人员有50人。

山东科源化工有限公司技术设备先进，生产工艺精湛、拥有先进的仪器分析检测设备，并配有专业的工程技术人员和研发机构，公司本着**求真务实、质量至上、不断改进、满足客户的质量方针**服务于中国的农业发展。

公司的主要产品有：

1.农药原药及中间体： 5000吨/年丙溴磷原药、10000吨/年的2-氯-4-溴苯酚、5000吨/年的三酯、15000吨/年的氯化物。

2.杀虫剂： 44%氯氰·丙溴磷乳油、40%丙溴磷乳油、25%丙溴磷·辛硫磷乳油、80%敌敌畏乳油、40%辛硫磷乳油、20%高氯马热雾剂。

3.杀虫杀螨剂： 15%哒螨灵乳油。

4.杀菌剂： 66.5%霜霉威盐酸盐水剂。

5.除草剂： 33%二甲戊灵乳油。

6.植物调节剂： 250克/升甲哌鎓水剂（助壮素）。

"创建行业品牌，提供一流服务"是山东科源化工有限公司的经营方针，公司将贯彻先进的经营管理理念和完善的质量保证体系，积极参与国际市场竞争，竭诚欢迎海内外朋友前来洽谈业务，开展广泛合作，希冀共同发展。

总经理：曲江升　　　联系人：任宝龙 13705353875
地址：山东省莱州市银海工业园区　电话：0535-2839298，2887570　传真：0535-2839388

青岛分公司：
联系人：崔洪贵 13905329719　电话：0532-83834408，82895199　传真：0532-82800619

华阳和乐

我们将以优质的产品和完善的服务
成为您最佳的合作伙伴！

企业简介 INTRODUCTION

　　山东华阳和乐农药有限公司（原山东省乐陵农药厂始创于1966年），于2007年11月16日改组成立，是国家定点的农药精细化工生产基地，占地36万平方米，固定资产上亿元，中高级职称技术人员68人，公共设施（水电、汽冷、三废处理装置）齐全。1990年被国家评定为"国家二级先进管理企业"，2000年通过ISO9002国际质量体系认证。公司拥有自营进出口权。

　　山东华阳和乐农药有限公司年合成农药原药3万吨，乙基氯化物2万吨，品质达到99%。

　　公司牢固树立"以人为本、诚信服务"的理念，发扬"团结、实干、创新、争先"的精神，以技术促发展，以质量求生存，以信誉为保障，深化技术改造，改进生产工艺，提高产品质量，增强市场竞争能力，不断发现并满足用户需求，重视提供超值服务，积极从事并力行产品的代理、加工、OEM等先进的营销模式，迎合市场需求，追求高效超值，力求贴近、贴近再贴近。

主要产品 MAIN PRODUCTIONS

中间体及原药： 五硫化二磷　乙基氯化物　辛硫磷原药　仲丁灵原药　甲基嘧啶磷原药

制　　剂：

20%四螨嗪悬浮剂	10%阿维·四螨悬浮剂	50%敌·辛乳油
3%辛硫磷颗粒剂	2%阿维菌素乳油	20%三唑磷乳油
12%高氯·辛乳油	50%仲灵·乙草胺乳油	40%辛硫磷乳油
3%啶虫脒乳油	36%仲丁灵乳油（抑芽剂）	48%仲丁灵乳油

山东华阳和乐农药有限公司

地址：山东省乐陵市铁营乡驻地南侧路东

电话：0534-6621777转8888/8018　传真：0534-6622999

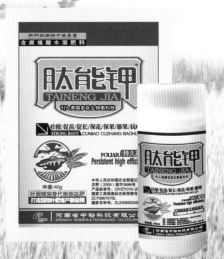

绿乡™
大绿皇 叶面肥
Green Township
高效微量元素水溶肥
注 册 号：(企) 4501002520811
执行标准：NY1428-2007
登记证号：农肥(2009)临字3508
老百姓说好才是真的好
ITIS VERY GOOD wheneveryuserappraises ITISGOOD!
广西大绿皇叶面肥有限公司独家生产
厂址：广西南宁市西乡塘区石埠（石埠中学旁）
邮编：530012
电话：0771-3124900 3252082 2553910
传真：0771-3124900 3251083
邮箱：dalvhuang@163.com
网站：gxlxhf.wz8.cn
QQ:593360743

广西大绿皇叶面肥有限公司坐落于中国绿城广西首府南宁市西郊，于2007年5月成立，注册资金200万元，总资产500多万元，生产规模600吨/年。

本公司是一家生产经营、推广应用微量元素水溶肥及科技研发、技术服务于一体的农业高科技企业。其主营的"绿乡"牌大绿皇微量元素叶面肥（原中国大绿皇叶面肥），是专家根据土壤特征和植物生长规律研制而成，是农作物的主要营养肥料，绿色无公害经济作物使用的首选产品；用于粮食作物、经济作物、瓜果、蔬菜、花卉等；作物使用本产品后，增产、增效显著。

公司忠诚遵循"质量第一、服务至上"的经营理念，以优质的产品、适宜的价格、满意的服务取信于广大客户。我们愿与各界朋友广泛开展交流与合作，共谋发展，实现共赢！

绿乡™ 大绿皇 叶面肥 十大功能

1、能加速促进植物细胞分裂和作物体内酶的形成，具有促进植物生长、缩短发育周期的作用。
2、能促进植物植株发芽快、返青快、分蘖多、干茎粗壮、根系发达。
3、能增加叶绿素的含量，增强光合作用。
4、能加快植物对养分的吸收。
5、能促进花芽分化，提高开花数。
6、能减少落花、落果，并起到保花、保果，改善品质及防止裂果的作用。
7、能促使母本花期相遇，提高结实率，增加产量。
8、能提高植物蛋白质、糖分含量，使瓜果、蔬菜生长快、品质鲜、产量高。
9、能延长水果、蔬菜的保鲜期和储藏期及某些作物的寿命。
10、能增强植物的抗旱、抗涝、抗病、抗寒能力，有效防止作物病虫害。

绿乡牌大绿皇叶面肥效果好、收益高，水稻、小麦在同等的种植条件下，喷施大绿皇，每亩增产可达15%以上。喷施其他作物同样带来意想不到的丰收喜悦。

选择"绿乡"牌大绿皇叶面肥
给您带来利润无限增长的机会

作物健康理疗：
激发基因潜能 实现优质高产

核心提示：作物健康理疗技术就是在作物自萌发到收获的整个生长期，不断给予作物均衡的营养，以及从植物体内提取的各种特殊天然生长物质，来激发作物体内基因潜能，保持作物健康生长，从而提高作物自身免疫力，抵抗病害和不良生长环境影响，实现优质高产、轻松种植。这是新世纪农业种植技术变革的一个新方向。

21世纪的今天，随着科技的飞速发展和人们生活水平的不断提高，人们对粮食、蔬菜、水果等农产品的要求，正从注重数量转变为注重品质，既要吃饱，更要吃好。时代潮流的发展，呼唤农业生产技术和管理的大变革。

以倡导作物健康理疗、集应用研发与推广服务于一体的高科技企业——江门市杰士农业科技有限公司，正在国内引领着一场农业生产技术革命。杰士农科一直专注于引进和推广国际上最前沿的作物健康理疗技术，倡导作物优质和安全栽培。公司的宗旨是：通过推广作物健康理疗技术方案，提升我国农产品的品质和国际竞争力。

☑ 让作物基因潜能充分发挥

何谓作物健康理疗技术？作物健康理疗技术就是：在作物自萌发到收获的整个生长期，不断给予作物均衡的营养，以及从植物体内提取的各种特殊天然生长物质，来激发作物体内基因潜能，保持作物健康生长，从而提高作物自身免疫力，抵抗病害和不良生长环境影响，实现优质高产，轻松种植。

作物在生长过程中会遇到各种不良天气和环境，比如霜冻、干旱、洪涝、盐碱地、药害、肥害、病虫害、机械损伤等。这些不良环境因素会导致作物体内源激素失调，生长不健康。作物健康理疗技术就是针对这些问题应运而生的。一般情况下，农作物只有三分之一的基因潜能可以表现出来，三分之二的潜能被抑制了，简单地说，就是不良环境因素会对作物造成近70%的损失，有关这方面的研究已被国外科研机构充分证实。杰士农科的作物健康理疗技术，就是让作物的基因潜能发挥得更高。

通过使用杰士农科引进的健康理疗系列产品，作物在整个生长期实现了营养均衡，并通过吸收各种从植物体内提取的特殊天然生长物质，体内基因潜能被激发，自身免疫力得到提升，从而有效地抵抗病害和不良生长环境等的影响。作物健康理疗技术可以解决的问题包括：缓解根部生长障碍；减缓外界环境压力伤害，抗旱、抗涝、抗冻、抗病虫害；提高开花率，增加授粉和坐果率；缓解农药药害，提高肥料有效利用率，降低对土壤的伤害等。

☑ 美加富免疫抗病令农民信服

在作物健康理疗系列产品中，抗病免疫性能特别出色的产品——美加富，最能体现作物健康理疗技术的优点。意大利进口的"抗病专家"美加富，内含植物氨基酸多肽、维它命、三甲胺乙内酯、各种微量元素和营养物质，能被作物迅速吸收，使作物在正常环境下健康生长，在恶劣环境下迅速恢复生长。

2008年5月，广东遭遇50年罕见的特大暴雨，许多乡镇的作物遭到严重水淹，江门市新会区罗坑镇和恩平市大槐镇多个香蕉种植基地，被水浸超过72小时。按照杰士农科专家的指导，蕉农在水退后及时喷施美加富，香蕉三天后抽出了新根和新的心叶，五天后心叶完全展开，香蕉生长旺盛，生机勃勃，恢复速度之快令蕉农欣喜万分。

在很多逆境压力下，如干旱和高温等，作物自身会产生应激保护反应：叶面气孔紧急收缩，阻止能量散失，以维持作物生命渡过逆境；同时，养分也无法正常通过叶面吸收，合成能量，因此作物就出现叶片枯黄、萎蔫等症状。美加富的高科技小分子活性营养和抗逆物质能从作物紧缩的微小气孔顺利地进入作物体内，迅速被作物同化吸收，提供营养物质和能量，帮助作物恢复勃勃生机。

2008年7月，江门农科所选用美加富，成功解决了在大棚持续40摄氏度以上的高温下种植新品种蜜瓜病害多、叶片容易被灼伤、容易早衰等难题，为新品种推广种植奠定了坚实的基础。

近年来，杰士公司的健康理疗系列产品在市场上创造了很多奇迹，解决了很多作物上的疑难杂症。阳春、潮州、珠海等地区的菜农广泛使用美加富后反映，瓜菜基本上没有被灼伤的现象，而且病害少、菜鲜嫩、口感好。这方面的例子数不胜数。

2008年秋，增城市三江镇种蕉大户刘荣种植的140亩香蕉没有出现黑星病和叶斑病，而相邻的其他蕉地却患病不轻。蕉农朋友参观后说，旁边蕉地的香蕉都不同程度地患病，而刘老板的香蕉，从底叶至顶叶，居然没有看到病斑，让人吃惊和羡慕。老刘说，在杀虫杀菌时，选用的杀虫杀菌剂均与往年一样，只是添加了美加富。香蕉的抗病能力增强了，杀菌的次数也比往年少了，大大节省保叶成本。这也为防治令蕉农头痛的香蕉黑星病，提供了新的方法和选择。

美加富免疫抗病原理是：喷施美加富后，当作物受到病菌侵染时，作物体内应激反应，产生类似甲醛类的物质，起到杀菌作用。这就是美加富抗病免疫的秘密所在，也是理疗技术的神奇所在。

☑ 携手名企与世界先进科技同步

技术的发展离不开强大的科研支持，杰士农科与国内外各大知名学府和科研机构联合进行应用研究开发，针对不同土壤、气候条件，以及不同作物的生长规律，制订出针对不同作物的理疗解决方案。为使产品结构更加完整，杰士农科多年来一直保持与世界著名特种农资企业的合作、交流，是多家全球著名植物特种营养跨国企业在中国的紧密合作伙伴。合作企业包括意大利瓦拉格罗公司、美国世多乐集团公司、美国AGRO-K公司等。这些公司都是国际农业科技领域的佼佼者。杰士农科通过与他们长期合作，不断吸收先进的技术和管理理念，也使作物健康理疗系列产品一直与世界先进科技同步。

另一方面，好的产品配合优质的服务，才能满足农业发展的需求。杰士农科拥有一支高效、高素质的专业服务团队，奉行顾问式的销售。杰士服务团队通过定期与种植户沟通交流，实地解决作物的疑难杂症，举办农业科技培训讲座，为种植户解决了大量实际问题。品质超群的产品，专业、快捷的服务，共同打造了杰士农科的金字品牌。

作物健康理疗技术和产品，对广大农资界的朋友来说，是一片"处女地"。它代表了一个技术革新的方向，是值得深度探索和挖掘的新产业领域。社会不断发展，农业不断进步，随着杰士农科作物健康理疗技术的革命，中国农产品将告别低质低价，在国际舞台上绽放风采。

□杰士农科 供稿

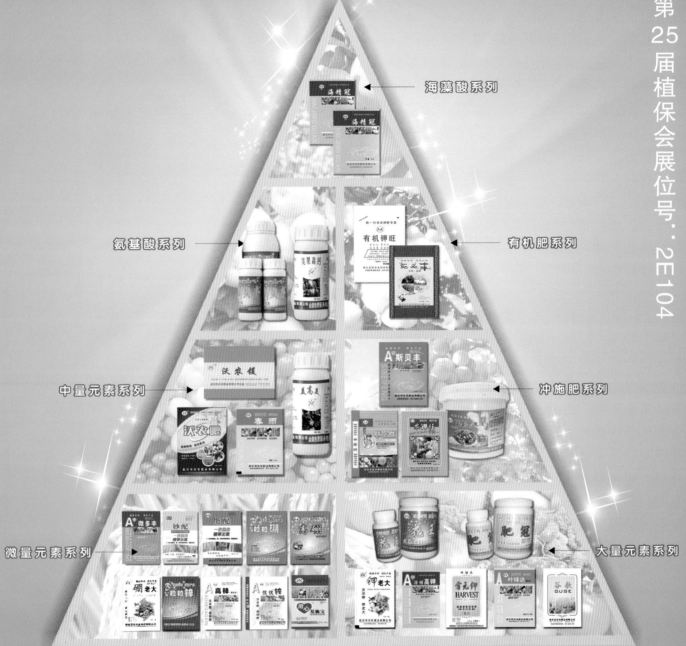

上海理路包装机械有限公司
Shanghai Lilu Packing Co.,Ltd.

低床型无人化封箱捆扎机

全自动电磁感应铝箔封口机

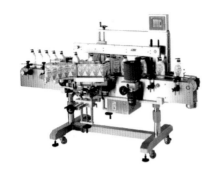

双面贴标机

8头在线灌装机

立式包装机(分粉剂、颗粒、液体三种)

V180小字符喷码机

分页输送机（摩擦型）

LP4550A全自动L型封切热收缩机

LP380纸盒/标签/塑料袋印字机

连续封口机

DE-8（二折盘）制药厂专用折纸机

理路集团是亚洲最大的包装机械生产厂商之一，业务广布全球三十多个国家及地区。为客户提供完备的包装体系服务。

自1990年投入包装领域，一直致力于研发人性化高品质的设备。专业制造，不断创新，服务亲切是我们永续经营的理念，获得了客户有口皆碑的品质赞赏使我们深感荣幸。

Lilupack 上海理路包装机械有限公司

地址：上海市松江区九亭镇久富开发区盛富路70号A座厂房
邮编：201615

电话 / Tel: (021) 3980 7803
　　　　　　　　 3980 7804
传真 / Fax: (021) 3980 7805
E-mail: lilupack@163.com
Http: www.lilupack.com

昆山市雅威彩印有限公司
KUNSHAN YAWEI COLOR PRINTING CO.,LTD
汕头市威迪农化有限公司
SHANTOU WEIDI AGROCHEMICAL CO.,LTD

您的满意是我们追求的目标

昆山市雅威彩印有限公司

代理多种进口农药，特约经销国内各大、中型农药厂农资产品。专业生产各种农药乳油包装（内含DNF、甲醇等较强渗透剂）及粉剂复膜袋，PVC热缩标，纸箱、纸盒及不干胶标、广告画。

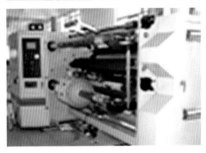

地址： 昆山市城北望山南路188号 | **地址：** 汕头市澄海区溪南工业区

电话： 0512-57763038 57760763 | **电话：** 0754-5751715 5334003

邮编： 215300 **传真：** 0512-57763915 | **邮编：** 515832 **传真：** 0754-5310345

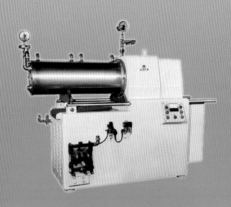
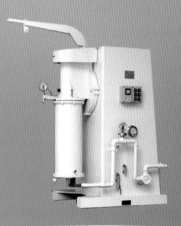

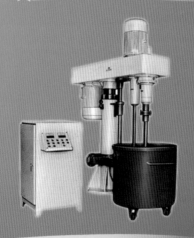

上海纪正机械有限公司

是一家专业设计、制造、销售液体灌装流水线的企业，台湾纪正机械有限公司创立于1972年，有近三十多年的制造经验。

主要产品有： 自动液体充填机、
自动封瓶盖机、
自动贴标签机、

纪正产品行销东南亚、美国、俄罗斯、非洲、中南美洲等十几个国家和地区，在台湾名列同类产品的首位。在大陆也有很好的销售业绩。

纪正为了能够更好地服务于大陆用户，2002年在上海注册成立上海纪正机械有限公司，以一贯严格的质量管理，生产符合业界需求的设备。

纪正的产品主要用于医药、食品、日化用品、农药及精细化工行业的产品包装。

Introduction

Since founded in 1972, **Jih-Cheng Machinery Manufacturing Co.**, has been developing and manufacturing liquid filling line of machines.

Major product lines include:
- automatic liquid filling machines,
- automatic cap sealing machines,
- automatic labeling machines,

While dominating the Taiwan market, the company also exports to Southeast Asia, USA, Russia, African and Central & South American countries. Export to China has also been very successful in recent years.

To serve the Chinese customers, Shanghai Jih Cheng Machinery Company had been set up in 2002. Maintaining the same strict quality standard, the Shanghai plant fulfills the needs of the market.

Machines made by **Jih Cheng Machinery Manufacturing Co.** are mainly for the pharmaceutical, food, chemical, agricultural & household product industries.

地址：上海市闵行区华漕镇鸣嘉路318号
电话：021－52265568、52265388、52265368
传真：021－52265658

E－mail：sh－jihcheng@263.net
Http://www.jcmachine.com.tw

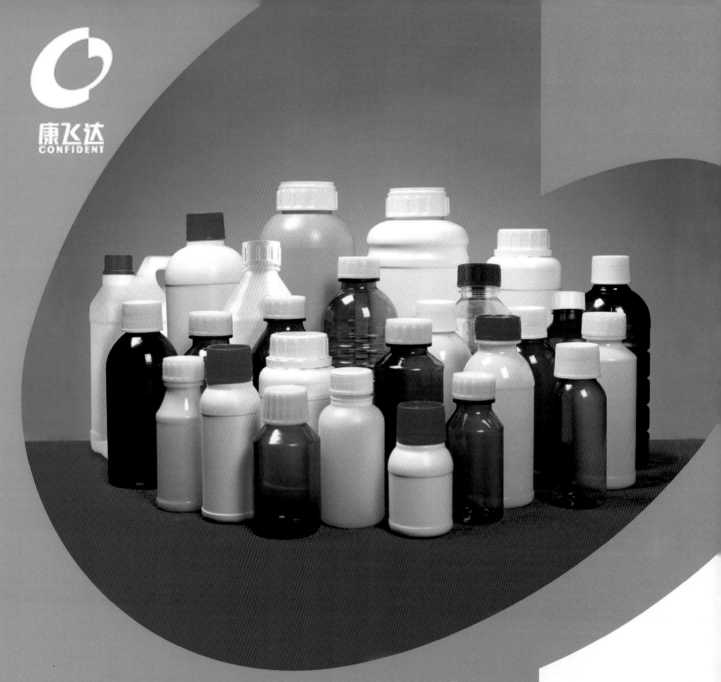

杭州康飞达塑料包装有限公司

　　杭州康飞达塑料包装有限公司位于杭州北郊—余杭区塘栖镇，紧靠杭州市外环高速，距杭州市中心26公里，萧山机场30公里，地理位置优越，交通便利。

　　本公司是一家专业从事塑料包装的生产企业，公司注重人才，是余杭区的十佳重才企业，专业技术人员占公司员工的20％，同时引进日本的高阻隔中空技术工艺和先进的生产设备。公司的主要产品有PE瓶、PET瓶、高阻隔共挤复合瓶和吸塑托盘等四大塑料包装制品，分别用于化学品、食品类包装等两大类，其品种规格多达200多种，产品为日本住友、日本农药、日本曹达等世界性大公司的产品配套，部分产品随外贸农药出口世界各地。同时可以为客户定制各档规格瓶坯、瓶盖等半成品。

　　公司按照ISO9000质量体系进行产品质量全过程的管理，又有较强的加工能力，先进的加工工艺，最大限度地为客户提供优质产品与服务。

地址：杭州市余杭区塘栖镇水北
电话：0571-86316388　　　　　　传真：0571-86316366
E-mail:cxy888@vip.sina.com　　　http://www.hzconfide.com.cn

JIATECH
济南嘉尔信科技

公司专业从事自动化包装设备的研发与制造，成功开发出电磁感应铝箔封口机、直列式灌装机、直线式气动旋盖机等。同时公司是最早从事喷码机技术服务和喷码机销售的专业厂家，是日本KGK喷码机山东地区总代理，美国伟迪捷喷码机的一级经销商。公司以优质可靠的产品、完善的售后服务体系在客户中树立了良好信誉。

全自动直线灌装机

电话：0531-82525928 、82525927
传真：0531-82525926
联系人：李先生　13969093253
网址：www.jnjex.com

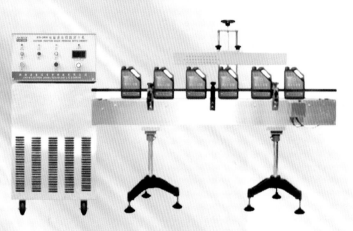

BIS-2800电磁感应铝箔封口机

430喷码机

直线气动旋盖机　　日本KGK-CCS喷码机

金坛市新鑫包装机械有限公司
JINTAN XINXIN PACKING MACHINERY CO.,LTD

金坛市新鑫包装机械有限公司是一家从事液体和粉剂包装机械设备制造的专业性企业。

公司根据市场的需要，通过引进、消化、吸收世界先进技术和自主创新相结合的道路，先后研制开发了集电、气一体化直列式灌装机、下潜式灌装机、高粘度灌装机、直列式旋盖机、不干胶贴标机、水平式全自动粉剂/水剂包装机、热收缩封口机、装箱台等多个品种，并可根据用户的需要另行设计制造。销往全国20多个省市，200多个厂家，深受广大用户欢迎。

公司坚持以一流的技术，信赖的产品，热情为您服务。公司总经理何新华携全体员工热忱欢迎新老客户前来考察、洽谈，共创新鑫机械新辉煌。

XX-F110P水平式粉剂/水剂两用袋装机

XX-F130F、XX-F180F水平式粉剂/水剂两用袋装机

GCZ-B下潜式自动灌装机

GCZ-12G型全自动直列式高粘度灌装机

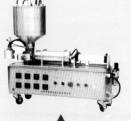

高粘度半自动灌装机

单头自动高粘度灌装机

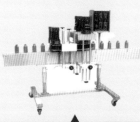

FXZ-4A直列式自动紧盖机

FXZ-6A直列式自动旋盖机

不干胶贴标机（TBJ-AS）

全自动上糊式贴标机

TSZ型热缩封口机

XX-2500型全自动铝箔封口机

铝箔剔除机

智能化分瓶装箱工作台

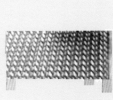

万向滑动工作台

胶带封箱机

UZX型旋转式进瓶机

地址：金坛市金宜路198号　　　销售电话：0519-82338961
邮编：213200　　　　　　　　　公司电话：0519-82022018
网址：www.jt-xinxin.com　　　　　　　　　　82338962
邮箱：xinxin@jt-xinxin.com　　　传真电话：0519-82338962

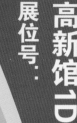
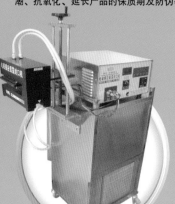

瑞安市三阳机械有限公司
RUIAN SANYANG MACHINERY CO., LTD.

瑞安市三阳机械有限公司坐落于中国包装机械城——瑞安，紧靠104国道飞云江畔，交通十分便利。

本公司系专业从事研究、开发、经营制药包装机械和食品包装机械的科技型企业，并已通过ISO9001：2000质量管理体系认证及欧盟产品的 CE 安全认证，拥有一批高素质专业的技术人才，多年来公司始终以"诚信、互惠、优质、价廉、快捷"的服务理念赢得了国内外广大用户的信赖和赞誉，产品畅销全国并出口亚、非、欧、美等三十多个国家和地区。

本公司生产的"中包"牌DXD系列自动充填四边封包装机，系引进、消化、吸收、创新和自主开发相结合而研制成的新一代具有国内领先水平的四边封包装机，已通过浙江省机电产品质量检测所检测和省级新产品新技术鉴定，并获得市科技进步奖及多项国家专利。该机制作精良、性能稳定、操作维护方便、效率高、包装的产品精致美观。适用于制药、食品、日化、农业等行业，可对片剂、胶囊、粘稠体、液体、颗粒、粉剂等物料进行自动充填上料包装。

本公司秉承"以人为本、用户至上，以质取胜、开拓创新"的方针，不断提高产品质量，加强并完善售后服务，真诚与您携手并进，共创更辉煌的明天。

DXDS-Y350D 智能型四边封液体包装机

DXDD-F350D 智能型四边封粉末包装机

DXD-B80C 全自动背封式包装机

DXD-Y80C 三边封酱液体包装机

DXDO-N220T 四边封包装机

DXDO-F900C 全自动四边封多列粉末包装机

DXDO-K900C 全自动四边封多列颗粒包装机

DXDO-Y900D 智能型四边封多列液体包装机

专/心/做/专/业·专/业/成/专/长

地　址：浙江省瑞安市中洲工业区　　　　邮　编：325207
电　话：0577-65025118、65025111　　　传　真：0577-65025068
网　址：http://www.31000.cn　　　　　　Email：sy5@31000.cn
联系人：陈锡林　13806809699

河北省沧县长河塑料制品厂——本厂专业生产农药塑料包装瓶，现有固定资产2000万元，拥有国内外最先进的PET聚酯瓶生产设备，自动化程度高，检测手段齐全，能保证产品稳定性和可靠性，本产品抗腐蚀，防老化，美观大方，经济实用，本厂生产的多层复合高阻隔瓶选用优质的进口材料，具有耐油，抗老化，耐腐蚀，高阻气及环保性等能有效的克服单层塑料瓶易变形，腐蚀，渗透等缺点。

本厂视质量为生命，以创新求发展，以微利高效求生存，高质优价，免费为客户提供精品瓶型和技术咨询，并可为客户进行量身定做，满足你对包装的各种需求。

完善的售后服务，真诚的合作精神，希望同广大客户结成知心朋友！

拼搏进取
勇争一流

地址：沧州市北环西路昊庄子
电话：0317-2129999 6929999
传真：0317-2064568 手机：15131766999 13513276999

广州市佳旭包装材料有限公司

我公司与全球最大垫片供应商美国Selig公司进行合作，引进Selig公司多款电磁波感应铝箔封口垫片满足国内市场不断提高的农药包装需要。我司多个型号的铝箔垫片具有防腐蚀和高阻隔性能，可满足百草枯农药以及含DMF、二甲苯等溶剂的农药的包装要求，适用于PET、CO-EX瓶、HDPE瓶的封口

① **百草枯类农药封口垫片（SG-630R）**
我司与Selig公司研发并推出的SG-630R型号垫片是全球最早应用于百草枯（PRAQUAT）类农药的垫片之一，具有防腐蚀性能。

② **高阻隔性能封口垫片（FS1-19）**
我司自美国SELIG工厂引进的FS1-19型号垫片具有高阻隔性能，适用于各类溶剂农药的封口，包括DMF、二甲苯、甲醇等，目前在国内广泛使用于各类CO-EX瓶，HDPE瓶封口。

③ **电磁波感应封口机器**
我司自美国PILLAR公司引进的电磁波感应机器，具有稳定可靠的性能，满足各种封口环境和速度的要求。

通过强大的研发能力和技术支持，我司与SELIG公司的产品在全球以及中国范围内，赢得了先正达（Sygenta）、拜耳（Bayer）、诺普信等公司的信赖和支持。我们愿与各位客户朋友携手共创美好未来！

①

②

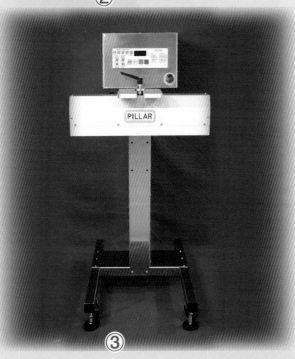

③

广州办公室
联系人：郑志荣先生
电话：020-84351518
传真：020-84352770
E-mail：Benny@glorybest.com.cn，Ray@glorybest.com.cn
地址：广州市海珠区昌岗中路166号之三富盈国际大厦1808室

上海办事处
联系人：陈朝伦，李树源
电话：021-54135082
传真：021-54135083
E-mail：allen@glorybest.com.cn，neo@glorybest.com.cn
地址：上海市闵行区莘庄春申路3758弄凯利大厦1号楼1603室

香港办公室：盈创国际有限公司
联系人：巫国良 Davis Mo
电话：（852）2892-2426
传真：（852）2803-4765
E-mail：davis@glorycharm.com.hk
网址：www.glorycharm.com
地址：香港九龙荔枝角永康街24-26号顺昌工业大厦7楼A室

NOPO 郑州诺普机电设备有限公司

NP-130

全自动水平包装机

NP-180

全自动水平包装机

NP-110

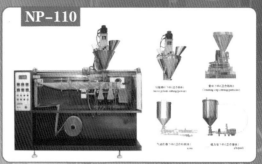

全自动水平包装机

NP-02

双称颗料包装机

NP-01A

半自动粉剂包装机（步进电机型）

NP-01B

半自动粉剂包装机（伺服电机型）

NGP-02

自动液灌装机

NPT-02

斗式上料机

NPT-01

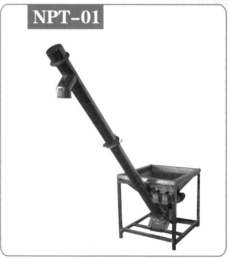

螺旋上料机

欢迎来厂考察、洽谈

地址：郑州市中原西路与西环路
电话：0371-66830990　传真：0371-66838499
联系人：梁红伟（13937193707）
网址：www.hnbaozhuangji.com

富士特机动喷雾机
POWER SPRAYER

CE ISO9001 CCC
农业部推广产品

国家火炬计划项目

动力喷雾机

背负式动力喷雾机
Knapsack power sprayer

背负式电动喷雾器

园林喷雾机
GARDEN SPRAYER

担架式机动喷雾机
POWER SPRAYER

手推式机动喷雾机
POWER SPRAYER

中国·富士特有限公司创建于1996年，公司位于全国国民经济最早的发源地，也是中国喷雾器主要生产基地——浙江省台州市路桥区，是一家集喷雾器研发、制造、销售和服务为一体的省级高新技术企业。

公司经过十几年来的快速发展，现已发展成为国内喷雾器行业首家全国无行业、无区域限制企业。注册资金1亿元人民币，公司占地面积22000平方米，建筑面积32000平方米。建设中的富士特台州喷雾器生产基地50000平方米，拥有日本、台湾等先进加工设备215余台套，具有年生产动力喷雾机100万台的能力。设备装备、加工能力和生产规模均达到国内领先水平。

公司十分注重人才的引进和培育，通过跟国外发达喷雾器制造企业的交流和合作，组建企业技术中心被评为"市级企业技术中心"和"省级高新技术研究开发中心"，自主开发的"中央控制系统喷雾机"、"背负手推机动喷雾机"、"高性能柱塞泵"已申报国家发明专利。到目前为止，已申报国家发明专利7项实用新型专利及外观专利40多项。多项产品通过省级鉴定，列入市级、省级高新技术产品，其中背负式动力喷雾机被列入"国家火炬计划项目"，自主开发的"中央控制系统喷雾机"被评为"中国机械工业科学技术奖"企业被认定为"浙江省高新技术技术企业，浙江省专利示范企业，浙江省农业科技企业"的荣誉称号。"FST"商标被认定为"中国驰名商标"。富士特系列喷雾机被评为"浙江省名牌产品"。

公司积极开拓国际市场，产品畅销东南亚、中东、南美等地区，出口额连年以翻倍的速度增长，预计2009年实现出口2000万美元，为背负式机动喷雾机最的出口企业。"富士特"将以为用户提供高效、节能、环保的优质喷雾器打造中国民族工业品牌，提升中国农业药械的装备水平，实现产业报国而努力。

中国·富士特有限公司

地址：浙江省台州市路桥区金清工业区
电话：0576-82888882　82890000

中国植物营养专家

上海汉和竭诚为全国农资经销商以及冲施肥、叶面肥、水溶性肥生产商提供优质产品，优质原料：进口硝酸钾、进口硫酸钾、进口硼肥、钙肥、镁肥……

注册资金：1000万元　总资产：人民币5亿元　流动资金：人民币4.5亿元

上海汉和由中国农资界领袖企业、国外投资基金、国外高端植物营养生产商共同投资成立，是一家专注于全球最先进技术的高端植物营养产品在中国的分销、物流、宣传推广、农化服务等业务的大型国际贸易公司。

上海汉和的经营策略是在中国所有省份建立省级分公司，协助市、县级代理商做好农化、物流、宣传推广、营销策划等服务工作，永不与零售商发生贸易往来。

上海汉和所有进口产品均经过上海汉和国际采购部杜雄杰先生、杨建军先生、戚秋梅小姐根据IFA、亚洲植物营养协会有关资料，踏遍五大洲、四大洋，实地严格考察全球各大高端植物营养生产厂家，百里挑一，从而保证了上海汉和所有产品优质高效，功效神奇！

上海汉和主营进口全水溶性肥料、硝酸钾、硫酸钾、进口硼肥、钙肥、镁肥等中微量元素肥、海藻肥、纯天然植物生长调节剂等高端植物营养。目前代理的全球高端品牌有：全球著名的硼肥生产商——美国硼砂集团、全球著名的高端硫酸钾生产商——比利时泰桑德乐、全球领先的高端植物营养生产商——意大利瓦拉格罗、全球领先的硝酸钾生产商——约旦钾肥集团公司、全球领先的水溶性肥料高端品牌——普罗施旺、欧洲领先的水溶性肥料生产商——法国优普生……更多国际知名品牌，敬请关注。

芬兰普罗施旺系列产品　法国优普生系列产品　美国硼砂集团系列产品　美国化学工业集团　意大利瓦拉格罗系列产品

上海汉和代理商尊享以下服务：

1、永恒不变的招商理念：独家代理，别无分号！未经首席运营官同意，区域经理不能随意更换代理商，最大限度保证客户永续经营，持续盈利！

2、优质产品保证。所有产品在投放市场之前均经严格检验，以确保产品优质高效，确保农作物高产丰收。如发现任何产品质量问题，上海汉和负责到底，绝不推卸责任！

3、强势广告宣传，帮助经销商轻松赚钱。2010年上海汉和将在全国投放广告费1000万元，目前已在《农资导报》、《农资与市场》、《南方农村报》、《农化商情》、《江苏科技报》、《南方科技报》、《葡萄通讯》、阿里巴巴、中国资讯网等媒体投放广告。上海汉和还将继续扩大广告宣传范围，包括在地方电视台投放广告，积极参加各类农资展会……

4、营销管理培训。上海汉和特聘营销顾问、实战派营销策划专家罗胜团队将为金牌客户量身提供营销培训方案，全面提升经销商经营理念和营销管理水平。

5、优质农化服务。协助经销商进行农化培训、试验示范，协助经销商召开试验示范现场观摩会，并联合全国各地新闻媒体对典型实验示范点进行推广报道。

6、增值服务。协助经销商进行成功案例包装，扩大经销商在区域内的影响力，提升经销商的企业形象。

比利时普罗施旺系列产品　比利时硫酸钾系列产品　智利化学工业集团　约旦钾肥系列产品

销售热线

覃其炽 13863563707：山东　　周福君 15838262366：辽宁、河北
马长青 13305587228：安徽　　叶 华 15077156767：湖南、湖北
凡启康 13851107338：江苏　　杨 学 13978898203：四川、西北
卢鹏飞 13481075308：浙江　　唐志华 15994301185：福建、江西
包巍峰 13768883504：广西　　蒋仁志 13822677521：广东
张春华 13907561963：海南

诚聘：区域销售经理　农化经理

详情请登录上海汉和公司网站人力资源版块。我们期待着您的加入，与您一起肩负起神圣的汉和使命，一同感受企业和个人的共同成长。
Http：www.harworld.com　　人力资源部经理：杨芬 13457014975

上海汉和农业生产资料有限公司
SHANGHAI HARWORLD AGRICULTURAL MEANS OF PRODUCTION CO., LTD.

地址：上海市浦东区康桥沪南路2575号
电话：021-64986021　传真：021-54941853
Http：www.harworld.com

江苏省泰兴市
惠农农业生产资料有限公司

　　泰兴市惠农农业生产资料有限公司注册资金318万元，仓储面积13680平方米，主要经营化肥、农药、农作物包装种子等农资商品，全市各乡镇、村设有直营农家店286个，实行连锁配送经营。公司以诚实守信为本，以客户满意为标准，以质优价廉的产品培育市场，与农业技术质保部门紧密合作，准确指导农民科学种田，测土配方施肥，安全对症用药，深受广大客户和广大农民朋友的信任。几年来连续被泰州市农委、泰州市农业局、泰兴市工商局评定为农资经营诚信单位，2005-2007年被商务部列为"万村千乡市场工程"试点企业，2007-2008年分别被泰州市供销合作总社评定为优秀企业、十强社有企业，2009年被列入江苏省放心消费创建活动的试点单位，被泰兴市人民政府明确为服务业重点企业，诚邀各界同仁来我公司考察交流，精诚合作，共谋发展。

总经理：蒋文贵　0523-82065788　13961079779
主　任：顾祥圣　0523-87682425　13382589902
传　真：0523-87682425

地址：江苏省泰兴市泰兴镇鼓楼北路202号
邮编：225400
E-mail：huinong3136@sina.com

博罗县金燕农资有限公司

BOLUOXIAN JINYAN NONGZI YOUXIAN GONGSI

　　博罗县金燕农资有限公司是一家民营私有企业，位于广东省惠州市博罗县龙华镇山前村广汕路边，交通十分便利。主营业务包括农药、肥料、农膜、育苗盆及农具批发等，公司现有员工 30 人，配送车 9 台，业务车 3 台，专业农药肥料仓库 6000 多平方米，年销售总额达 6000 多万元。公司立足惠州、河源等地区各县、乡镇市场，并在惠州各县、乡镇建立起强大的连锁经营门店，公司本着"质量第一、服务第一、信誉第一、用户满意"的服务宗旨，以"基层连锁店—专业业务员—金燕农资总部—国内外各大厂商"的经营模式，使销售网络不断得到完善和扩延，业务得到了长足进展，销售额逐年上升。

　　近年来，惠州、河源地区的农业不断发展，开办菜场、农场、蕉场愈来愈多，农药和肥料的需求不断增加，公司秉承服务三农（农业、农村、农民）的宗旨。顺应社会改革大潮，把握机遇，积极参与市场竞争。在产品结构、营销人员组合、经营管理等多方面作出了重大调整，目前经销进口产品 200 多个，并与国内各大厂商有长期紧密合作关系，也与广东省农科院多位专家为种植户共同解决病虫害的问题。通过这些调整，逐渐扩大了产品配送规模，加强新产品的推广，提高服务质量，为赢得市场竞争打下了良好的基础。

展望未来，公司将谋求与所有的合作伙伴一起，共勉、共赢，共同发展！

办公楼　　　　　　　　门市部　　　　　　　　仓　库

地址：广东省惠州市博罗县龙华镇山前村广汕路边　　　总 经 理：巫金胜　138 0235 5375
邮编：516122　　　　　　　　　　　　　　　　　　业务经理：陈锋林　137 9075 8697
电话：0752-6898377　6898238　6899198　　　　　　　　　　　陈展明　138 0235 5439
传真：0752-6398231　　　　　　　　　　　　　　　　　　　巫燕威　138 2993 9393
　　　　　　　　　　　　　　　　　　　　　　　　　　　　王志成　138 0280 7643

浙江农资集团
金泰贸易有限公司

浙江农资集团金泰贸易有限公司（原浙江金泰农资农药有限公司）成立于1999年，现有注册资金2000万元，员工80余人，本部仓库面积10000余平方米。公司主营农药，兼营化肥、农膜、化工原料、仓储业务，并取得了农药进出口权、危化品经营资格。

公司下设金泰本部和宁波金泰惠多利农资连锁有限公司、宁海惠多利农资连锁配送有限公司、嘉兴市金泰农资有限公司、湖北惠多利农资有限公司4个控股子公司。

公司成立以来，秉承着以作物为导向、以服务为中心，依托浙江农资集团的雄厚实力，在农药市场竞争十分激烈的环境下，努力拓展乡镇一线市场，进行以技术为先导的销售模式。并且广泛建立省内外客户群体，目前拥有终端客户1000多家，农药经营品种达600余个，年销售规模3亿元以上。

同时公司从2006年起承担了浙江省省级农药应急储备实物承储任务。

地址：杭州市滨江区泰安路199号浙江农资大厦8楼（310052）
电话：0571-87661269　　　　传真：0571-87661259
网址：www.jtnz.cn　　　　邮箱：xsh118@sina.com

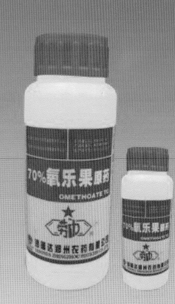

双晟的人生 诚信 务实 创新 超越

桂林双晟农资有限责任公司成立于2004年11月，坐落在广西省桂林市桂磨大道旁。现公司自有土地约60余亩，新建高科技标准厂房式仓库面积达到3000平方米，办公面积达到800平方米，紧靠桂梧高速及桂林绕城高速，交通便利，具有得天独厚的自然条件。

公司拥有团结的领导班子及健全的管理制度，配套完善的办公设备，拥有销售精英30名，负责送货的大小货车10余辆；市场区域除桂林以外，还涵盖了20多个县的200多个乡镇。

几年来，全体员工群策群力，共同打拼，不断追求产品质量。公司以"三农"发展我发展，与"三农"共兴旺，以创新服务于"三农"，达善社会为宗旨。一流的服务为目标，创建销售植保服务于一体的现代化综合企业。企业以尊重人、培养人、提升人，以高度的团队精神凝聚了全体双晟的创新能力。凭借双晟公司雄厚的产品资源，精湛的品质，以国货精品的强大优势服务三农，坚持创新、诚信合作共赢的合作理念与广大生产商、经销商紧密合作。运用独特营销模式，品牌推广周到、细致，为县级二批销商及终端经销商创造最大的利润空间，来提升自身形象力和广大经销网络，普及营销管理知识，对员工持续培训，并且聘请知名厂家或各营销专家，为公司经销商及业务员如何开拓市场操作水平，推动农资营销体系升级，提升了业务员执行力，打造一支能取得成功，能打胜仗的团队。公司在"服务三农，以三农兴旺"为宗旨的成套营销模式上，取得了可喜的成绩，同时也得到省、市有关部门及领导的充分肯定和大力支持，获得了一系列荣誉称号。公司连续几年被评为桂林市行业十佳诚信单位和消费者信得过企业。2008年被中国质量领先企业专家评委会评为广西消费者最信赖十大农资化肥质量品牌及消费者最信赖质量放心品牌。

目前，我们所做的仅仅是一个起点，我们还要不懈地努力，继续立志，以农业的发展，农民的致富为己任，以精湛的技术，创造优质的产品，竭尽全力为"三农"服务而做出更大的贡献。

总经理:黄双发先生

公司配送车　　剪彩仪式　　公司精英团队　　办公楼落成庆典

桂林双晟农资有限责任公司

🅐 地址：广西省桂林市七星区朝阳江背工业园(桂磨路二药厂旁)　🅟 邮编：541004

🆃 电话：0773-3605888 3609888 3615988　　🅵 传真：0733-3615188

🅔 邮箱：ssnz3615188@163.com　　🆀 QQ：1091945778

农·立于**耕本**
商·诚为本

™

耕·百业之本

耕本农业

共发展
同丰收

欢迎厂家及同行朋友
来我处考察·指导工

如果你是优秀的厂家，有优秀的产品，我们乐意为你提供服务！
联系电话：028-83906078

耕本农资的宗旨是： 心怀农民，服务农业，诚信经商

耕本农资的目标是： 打造川渝最具实力的农资推广平台，农技服务中心

耕本农资的工作是： 为优秀的产品培育市场，构筑提供完善的流通渠道；为农民的需求
寻找优秀合适的产品。为厂家解决推广物流问题；为农民解决技术
服务和质量把关问题

耕本农资的心愿是： 让农民使用放心，厂家投放安心，职能部门管理省心

成都市耕本农业服务有限公司

地址：四川·成都　　邮编：610500　　电话：028-83906078　　传真：028-83908338

贵州省植物保护研究所杀虫剂田间药效试验组

GUIZHOUSHENG ZHIWUBAOHU YANJIUSUO SHACHONGJI TIANJIANYAOXIAO SHIYANZU

贵州省植物保护研究所〔贵州省农业科学院植物保护研究所〕为农业部农药检定所农药田间药效试验认证单位。杀虫剂田间药效试验组长期从事水稻、蔬菜、烟草、茶树、果树、玉米、小麦等害虫的杀虫剂田间药效试验。我所具有良好的试验人员队伍和试验条件，可承担多种作物害虫防治的杀虫剂登记田间药效试验。同时从事杀虫剂对害虫的毒理研究，具有良好的杀虫剂毒力测定条件，可提供杀虫剂室内活性测定和复配杀虫剂配方筛选的技术服务。另外具有良好的低温保存条件，可承担农药残留试验的田间施药和取样服务。

联系人：李凤良

地址：贵州省贵阳市小河区金竹镇　　　邮编：550006

电话：0851-3762095，13885115852　　　传真：0851-3760087　　　E-mail：leefengliang@126.com

云南农业大学农学与生物技术学院

地　址：云南省昆明市盘龙区云南农业大学　　　邮编：650201
联系人：何月秋　0871-5220502　13888979045　　邮箱：ynfh2007@163.com

云南农业大学农业生物多样性应用技术国家工程中心的微生物资源利用实验室是以归国留学人员为主体的、现代农业应用微生物实验室。它主要利用微生物资源，开发微生物农药、肥料、植物生长调节剂和生物能源，建立生物发酵器，了解其作用机制，协调农作物与环境关系，减少环境污染，克隆和利用微生物有益基因；已分离和保存了具有植物病害生防潜力和促进植物生长、无毒副作用的微生物菌株1000多株，并有3个已获得了专利权保护，2个菌株已得到国家和云南省的资助并开始了商品化生产，已有3个联合开发的微生物肥料系列产品，在玉米、大蒜、园林植物上获得产品临时登记证。

服务项目：

鉴定微生物资源、承接杀菌剂田间药效试验、灵活多样地转让或联合开发具有自主知识产权的微生物杀菌剂、微生物肥料和微生物源的植物生长调节剂。

研究成果：

多项成果获国家发明专利银质奖章。拥有化学药剂不能及和极具市场潜力的高效防治十字花科根肿病、多种作物根结线虫和促插条生根、提高作物产量、防治土传真菌病害和解磷的专利菌株。

P3菌株防治番茄根结线虫　　　　　　　菌株B9601-Y2包衣对玉米促生长效果

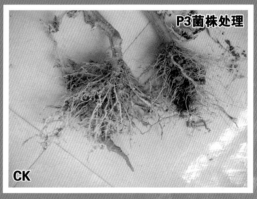

菌株B9601-Y2扦插玫瑰的效果　　　　　XF-1菌株防治大白菜根根病效果

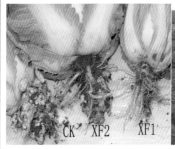

田丰生化

诚信

一言九鼎

创新田丰 精益求精

公司产品已涵盖杀虫剂、杀螨剂、杀菌剂、除草剂、植物生产调节剂
和微肥六大门类40多个品种，产品目前遍布全国二十多个省、市、自治区。
深受广大经销商和农民朋友的信赖和欢迎。"雄关漫道真如铁，而今迈步
从头越"，田丰公司把每一次进步都作为新的起点，奋勇前进，搏击中流，
与各方有识之士一道创造新的辉煌。

猫霸

猫霸 溴敌隆母液

有效成分含量测型：0.55溴敌隆母液 英文通用名：Bromadiolone

郑州田丰生化工程有限公司

地址：河南省郑州市郑花路12号　　邮编:450008

电话:0371-65720967　　传真:0371-63396672　　网址:www.zztfsh.com

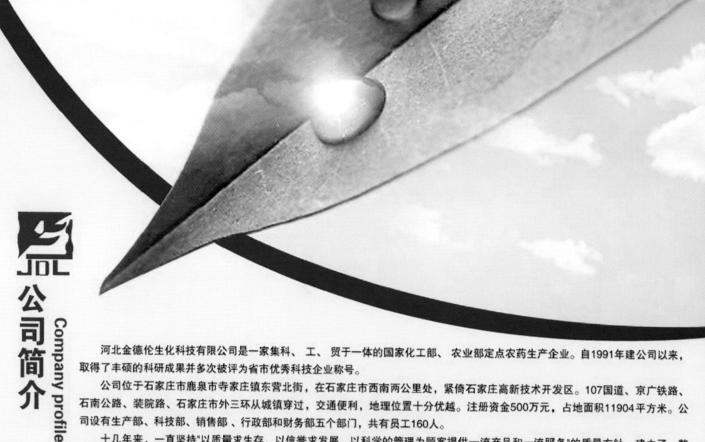

公司简介
Company profile

河北金德伦生化科技有限公司是一家集科、工、贸于一体的国家化工部、农业部定点农药生产企业。自1991年建公司以来，取得了丰硕的科研成果并多次被评为省市优秀科技企业称号。

公司位于石家庄市鹿泉市寺家庄镇东营北街，在石家庄市西南两公里处，紧倚石家庄高新技术开发区。107国道、京广铁路、石南公路、装院路、石家庄市外三环从城镇穿过，交通便利，地理位置十分优越。注册资金500万元，占地面积11904平方米。公司设有生产部、科技部、销售部、行政部和财务部五个部门，共有员工160人。

十几年来，一直坚持"以质量求生存，以信誉求发展，以科学的管理为顾客提供一流产品和一流服务"的质量方针，建立了一整套完整的质量管理制度。再加上先进的气流粉碎设备，全自动包装生产线和生产工艺，高效气、液相色谱分析仪，严格的质量检测设备，使用进口精品助剂，保证了我们的产品在同行业中具有领先水平，投向市场以来，深受广大农民朋友的青睐和欢迎。企业产销量稳步发展，产、销量逐年上升，市场不断扩大。

公司在农药研发和生产上走过了十几年的历程。公司先后开发了粮食保护剂–粮虫净（1.2%马拉硫磷粉剂）及其他飞药混配制剂、杀虫剂、杀菌剂等几十个品种。其中，粮食保护剂"粮虫净"是我公司的龙头产品。面对新的机遇和挑战，全体员工将以全新的面貌，用最优秀的产品展示给世人。为创造品牌，企业做大做强，欢迎全国各地农药界精英及经销商前来洽谈合作！

产品介绍
Product introduction

主要产品：

杀虫杀螨剂：

6%吡·马可湿性粉剂	5%啶虫脒乳油
5%氟铃脲乳油	20%氟铃·辛乳油
25%吡虫啉可湿性粉剂	40%杀虫单可湿性粉剂
20%井冈霉素可溶性粉剂	5%阿维菌素·高可湿性粉剂
1.8%阿维菌素乳油	3%阿维·高微乳剂
60%多·福可湿性粉剂	45%马拉硫磷乳油
25克/升联苯菊酯乳油	480克/升毒死蜱乳油

杀菌剂：
60%多·福可湿性粉

粮食保护剂：
1.2%马拉硫磷粉剂

原药：
马拉硫磷原油

新品上市：

40克/升烟嘧黄隆	1%甲氨基阿维菌素苯甲酸盐
20%啶虫脒可湿性粉剂	5%阿维菌素乳油
4.5%高效氯氰菊酯乳油	

地址：石家庄市鹿泉寺家庄镇东营北街 邮编：050225
电话：0311-82266838 传真：0311-82266866
网址：www.jdl168.com E-mail: jdl@jdl168.com

河北金德伦生化科技有限公司

广西田园
GUANGXITIANYUAN
农博士

立信田园 献力农业

广西田园生化股份有限公司是一个以农药剂型的研发、生产和销售为核心业务的农药企业。公司创业十四年，销售规模从数百万元成长到近8亿元，已跻身中国农药行业20强，市场纵横国内20余个省份，全资的农药行业生产性子公司共有6家，遍布于广西、河南、江西、贵州等省份，公司本部登记剂型产品近二百多个，公司设专门从事剂型农药研究开发的研发中心。公司以"问鼎中国农化产业，跻身世界强手之林"为奋斗目标。员工收入与市场接轨，与社会同类岗位相比，给公司内每个岗位以一流的待遇，是我们对员工的郑重承诺。

2009年广西田园生化股份有限公司招聘

岗位名称	数量	职责描述	要求	工作地点	收入
剂型生产部经理	3	剂型农药的生产、质量、安全的管理	年龄30岁以上，男性，本科以上学历，有应用化学，化工等方面的知识背景，有农药生产管理经历5年以上	江西省新建县；河南省尉氏县；贵州安顺市	10万元以上
剂型生产部车间主任	8	剂型农药的生产、质量、安全的管理	年龄25岁以上，大专以上学历，有应用化学，化工等方面的知识背景，有农药生产经历3年以上	江西省新建县；河南省尉氏县；贵州安顺市	3-8万元
研发中心主管	3	常规剂型农药和新剂型的研发（包括杀虫剂、除草剂）	化学化工或植保类专业，硕士及以上学历，从事农药剂型产品研究开发3年以上。有带团队工作的能力	广西南宁市，河南尉氏县	10-20万元
市场部经理	3	管理市场经理和公司产品，制定销售计划，达到销售目标	本科以上学历，植保和营销知识背景，从事过农药营销和营销管理5年以上，有可确认的农药营销工作业绩	广西南宁市	20万元以上
产品经理	5	负责剂型农药产品的"生老病死"。其中3名为除草剂产品经理	本科以上学历，植保和化学知识背景，从事过剂型农药产品的开发销售，有可确认的农药产品开发工作业绩	广西南宁市	10万元以上
质检室主任	2	剂型农药产品的仪器和化学分析	化学、化工、分析专业，大专以上学历，5年以上化工、农药企业化学、仪器分析经验，3年以上同等岗位工作经历，较好的沟通协调能力	江西；河南	3-8万元
技术代表	5	植保技术服务，最大限度地提升产品的产品力	植保本科，2年以上工作经验，男性	广西南宁市	3万元以上

联系人：梁女士0771-2310509；许女士0771-2310516，13317719668

2009年广西田园公司全资子公司市场经理岗位招聘

公司名称	数量	要求	工作地点	联系方式
广西田园农资销售有限公司	10		南方市场	13307717792郑先生
广西田园农资销售有限公司	8	25岁以上，35岁以下，大专以上学历，植保、农学、化学、营销专业知识背景，有可确认的年销售额100万元以上的剂型农药销售业绩，2年以上的农药销售经历。	北方市场	13385886228赵先生
广西威牛作物科学有限公司	10		南方市场	13317716460周先生
广西康赛德作物科学有限公司	10		南方市场	13507883360唐先生
广西农喜作物科学有限公司	6		北方市场	13837168079潘先生

简历投递信箱：tyhr@gxty.com，ypgxty@163.com，本招聘信息截至2009年11月底有效。
更多信息更多招聘岗位请登陆田园公司网站：www.gxty.com

聘

辽宁葫芦岛金信化工有限公司

本公司坚持开发深受农民欢迎使用的产品，保证产品质量，实行售后服务，研究降低生产成本，让利于农民，为发展现代农业多做贡献。

辽宁葫芦岛金信化工有限公司是集科研、生产、销售为一体的综合性农药生产企业，公司坐落在航天英雄杨利伟的故乡——葫芦岛，气候宜人，交通便利，京哈铁路、秦沈高速铁路贯穿城市南北。公司占地面积20000多平方米，总投资3200万，年生产莠去津悬浮剂1000吨、种衣剂1000吨、杀菌杀虫系列烟剂300吨、杀菌可湿性粉剂50吨，拥有现代化办公楼，生产车间及设备完善的化验分析设备，具有精干的销售队伍和完善的售后服务。公司以"服务于农民"为宗旨，本着以质量求生存，以信誉求发展的经营理念，服务于中国农业。

公司成立于1993年，员工100多名，其中高级农艺师5名，大专以上技术人员30名，在董事长田丰的带领下，先后与中国农业科学院蔬菜花卉研究所及沈阳农大共同开发研制的系列烟剂：蚜虫净烟剂、灰霉净烟剂、蚜虱烟熏净、潜叶蝇烟剂、白粉虱烟剂等。除此之外还开发了可湿性粉剂系列：灰霉2号、番茄脐腐王、黑星1号、灰霉杀星、疫霉威等，得到全国各地经销商及农民朋友的好评和信赖。

公司真诚邀请有志之士加盟，及农药界同仁光临指导，参观考察合作，共同开创农药新天地，服务于绿色农业。

38%莠去津悬浮剂
金信化工有限公司的主导产品"金信"牌除草剂、种衣剂产品品质第一、效果显著、深受全国用户的信赖。

20%福美双·克百威种衣剂
本公司生产的20%福美双·克百威种衣剂是以福美双·克百威原药为有效成分，再辅以保水剂、防寒剂、微肥、植物生长调节剂及适当助剂等配置而成，是一种具有保护作用的广谱杀菌剂，主要用于防治玉米黑穗病。

47%代森锌·甲霜灵可湿性粉剂
本公司生产的47%代森锌·甲霜灵可湿性粉剂适用作物是黄瓜、防治对象是霜霉病，用药量（有效成分）789-987克/公顷，施用喷雾方法，销往东北三省、河南、河北、山东等地。

15%敌敌畏烟剂
本公司生产的15%敌敌畏烟剂用于防治黄瓜蚜虫，速杀性较好。金信化工有限公司生产多年，销往东北三省、河南、河北、山东等地。

50%腐霉·多菌灵可湿性粉剂
本公司生产的50%腐霉·多菌灵可湿性粉剂为高效低毒广谱杀菌剂，防治黄瓜灰霉病有特效。向东北三省、河南、河北、山东等地区销售。本药剂防治黄瓜灰霉病有效，明显优于进口药剂速克灵，价格低，是比较好的杀菌剂，深受广大菜农欢迎。

蔬菜苗床净
本公司生产的蔬菜苗床净是最新研制的专用于蔬菜苗床消毒的杀菌剂，用于防治黄瓜、西红柿、茄子、辣（甜）椒等多种蔬菜幼苗猝倒病、立枯病、灰霉病等土传病害。

白粉虱烟剂
本公司生产的白粉虱烟剂采用我公司独有的、最新型的杀虫成分，具有高效安全、使用方便、不增加保护地湿度等优点。专治保护地内的白粉虱，兼治蚜虫、红蜘蛛等

地址： 辽宁省葫芦岛市北港工业区　　**邮编：** 125000　　**电话：** 0429-2078877　　**传真：** 0429-2079930

上海华亭化工厂有限公司

（上海绿源精细化工厂）

ISO9001：2000国际质量管理体系认证

上海华亭化工厂有限公司是一家集科研、生产、销售于一体的民营科技型精细化工企业，工厂坐落于嘉定华亭镇南首，占地面积100余亩，主要生产高纯化学品、化学试剂、食品添加剂、饲料添加剂、农药原料及铜盐化工产品等，我厂依托悠久的生产历史，严格的品控管理，造就产品精益求精，产品的高科技含量和快捷优质的售后服务使我们在国内外市场上占有领先优势。

主要农药原料产品：

1、碱式氯化铜(氧氯化铜、壬铜) Cupric Chloride, Basic 分子式:$CuCl_2 \cdot XCuO \cdot 4H_2O$

主含量≥98% 铜含量≥58% 砷(As)≤55ppm 铅(Pb)≤275ppm。

2、氢氧化铜 Cupric Hydroxide 分子式：$Cu(OH)_2$ 细度D50:40um

主含量≥95% 铜含量≥62% 砷(As)≤80ppm 铅(Pb)≤270ppm 镉(Cd)≤6ppm;

热稳定性：在105℃加热3小时后失重率小于5%，105℃加热3小时后颜色为浅蓝色。

3、碱式硫酸铜Cupric Sulfate, Basic 分子式:$CuSO_4 \cdot 3Cu(OH)_2$

铜含量54.5%~56.5% 酸不溶物≤0.2% 氯化物(Cl)≤0.1% 铁(Fe)≤0.05% 硝酸盐(NO3)≤0.1%。

4、醋酸铜 Cupric Acetate 分子式:$(CH_3COO)2Cu \cdot H_2O$

主含量≥98% 水不溶物≤0.2% 氯化物(Cl)≤0.1% 硫酸盐(SO4)≤0.1%。

5、硝酸铜 Cupric Nitrate 分子式：$Cu(NO_3)_2 \cdot 3H_2O$

主含量≥99% 硫酸盐(SO4)≤0.05% 氯化物(Cl)≤0.05% 硫化氢不沉淀物≤0.2%。

7、硫酸钾(碱性) Potassium Sulfate(alkalescence)

主含量≥97% 水不溶物≤0.5% 氯化物(Cl)≤0.4% 水份≤0.1% pH值：7~9。

8、乙醇胺铜 Copper Chelate 分子式:$(C_2H_7NO)_2Cu$ 铜含量≥8%。

想了解更多 农药原料 铜盐系列 产品 请访问：WWW.FineChem-China.COM

工厂地址：上海市浏翔公路6700号华亭镇南首　　　　邮编：201811

销售地址：上海嘉定塔城路382号嘉定商厦2303室　　　邮编：201800

电话：021-69988373、69988805、39989151、39989156　　　传真：021-69988155

网址：WWW.FineChem-China.COM　　　　　　　　　MSN:Shjxhg@live.cn

邮件：Shjxhg88@luyuanchem.com或Shjxhg@163.com

大连广垠生物农药有限公司

位于美丽的海滨城市大连。主要从事生物农药生产销售及新产品的研发、推广、试验及咨询等业务。企业科研力量雄厚，教授级研究员、高工4人，本科以上学历占企业总人数55%。

0.5%菇类蛋白多糖水剂

0.5%菇类蛋白多糖水剂，曾用商品名称抗毒剂一号、稻毒毙克、条枯毙。本产品1994年获得国家专利，专利号：93102828.0。1997年获得国家级科技成果进步一等奖。1995年国内首家获得农药三证。目前该产品年生产400吨。防治水稻条纹叶枯病，防治效果达到85%左右，同时对于番茄、青椒等蔬菜作物的病毒病也具有80%以上防效。我们的产品在防治病毒病的同时能够为作物提供多种必须氨基酸，营养作物，提高抗病性，改善作物体内代谢平衡，提高自身免疫力。能够使作物增产15%左右。2003年至今在江苏、安徽、浙江、山东、河南、河北、辽宁等地大面积推广使用，效果显著。

该产品专治水稻条纹叶枯病等病毒病引起的水稻黄叶卷心、僵苗、烂秧、烂根、死棵；使病株长出新根，抽出新叶，叶片转绿，铲除病害，弱苗变健苗。该产品含有丰富的水稻生长所需的氨基酸、蛋白质。施用后水稻增产15%以上。

国际登记最早：1995年获准登记，药效明显，质量稳定，增产显著。

2.75%井冈·香菇糖水剂

2.75%井冈·香菇糖水剂，是本企业自己立项，自主开发的新的生物农药产品。该产品是从农用废弃物中提取的对水稻纹枯病菌有防治效果的农药。此项目已申请国家发明专利，专利号：200410087516.0，该项目产品于2005年6月10日通过省级专家科技成果鉴定,专家一致认为该产品属于高效、低毒、无农药残留的生物农药，用于防治水稻、小麦纹枯病。能够使作物增产20%。该项目获得了2006年度大连市科学技术发明三等奖。该产品在农业上的开发应用方面处于国际先进水平，现已投入市场。该产品药效显著，农民使用成本低，经销商利润空间大，有望成为传统产品的替代产品。

大连广垠生物农药有限公司

地　　址：大连市甘井子区营城子镇沙岗子（116036）　　电话：0411-86715401

联系人：任明黔 总经理　13125465219　13704289339　　传真：0411-86715401

上海石头化工有限公司

企业简介

　　上海石头化工有限公司是一家集科研、生产、商贸为一体，按现代化企业制度运作的知名化工企业。公司现拥有职工400余名，其中科研人员50余名。拥有一流的质量监控体系，生产经营面积10公顷。公司旗下拥有一家农药生产厂家——江苏禾业农化有限公司。这所有的一切都支撑着公司成为一支高素质、专家型、敬业高效的组织团队。

　　从2003年创立至今，公司始终坚持以开发独、特、新的高科技产品为理念，专注于逆向整合传统产业及相关市场，全力缔造生产农药的高科技航母。公司始终坚持将产品做到产业化，将产业发展为行业，全力推进环境与经济可持续发展的发展目标，成为中国第一的虱螨脲、伏虫隆、氟虫脲、氟酰脲、氟啶脲、杀铃脲、除虫脲等苯甲酰脲类一系列杀虫剂生产基地，并与全球最优秀的销售商建立起坚固的联盟合作关系。由此公司已跻身全球优秀供应商行列，并且正被纳入跨国公司的全球配套供应体系。

　　石头精铸为宝石。我们将奋起超越，壮志雄心于开拓国际市场，以实惠的价格、高质的产品来回报全球用户。

上海石头化工有限公司提供以下产品

中文名	含量与剂型	英文名
虱螨脲（美除）	98% TC 5% EC	lufenuron
杀虫隆（杀铃脲）	97% TC 20% / 48% SC	triflumuron
伏虫隆（农梦特）	98% TC 15% SC	teflubenzuron
除虫脲	95% TC 25% WP 48% SC	diflubenzuron
噁霉灵	97% TC 30% / 41.5% SL	hymexazol
氟虫脲	97% TC 5% / 10% EC	flufenoxuron
氟酰脲	95%TC 10% EC	novaluron
乙嘧酚	95%TC 25%SC	ethirimol
乙嘧酚磺酸酯	95%TC 25%EC	bupirimate
氢氧化铜	88% TC 77% WP 53.8% WDG	copper hydroxide
氧氯化铜	98% TC 50% / 80% WP	copper oxychloride
噻螨酮（尼索朗）	98% TC 5% EC 10% WP	hexythiazox
三环锡	95% TC 60% SC	cyhexatin
苯丁锡	95% TC 55% SC	fenbutatinoxide
氰氟草酯（千金）	97% TC 10% / 18% EC	cyhalofop–butyl
乙丁烯氟灵	95%TC 33.3%EC	ethalflural
七氟菊酯	98%TC	tefluthrin
糖草酯	90%TC 4%EC	quizalofop–P–tefuryl

中试成功有：磺草酮、吡蚜酮、肟菌酯

我工厂可承办EC、SC、SL、WP、WDG等大量制剂代加工业务，竭诚欢迎业内各位同仁携手交流与合作。

联系人：董文度 13806875444

河南省星火农业技术公司
HENANSHENGXINGHUONONGYEJISHUGONGSI

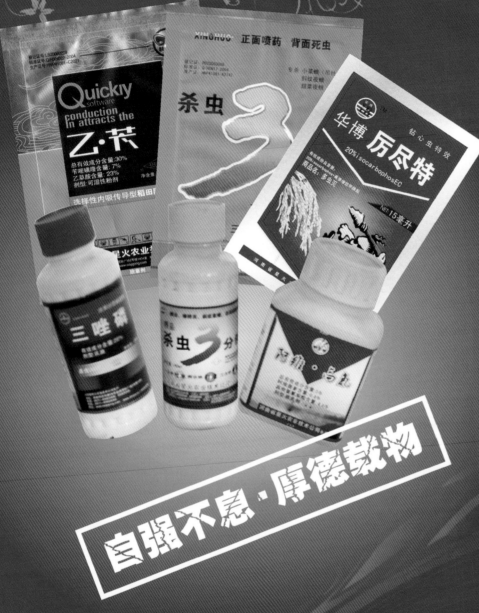

公司简介

　　河南省星火农业技术公司，始创于一九九三年，是从事植物病虫害"防治、研制、开发、生产、销售"为一体的国家农药定点企业。经过十多年的艰苦创业，公司拥有国家一流的科研、检测、生产设备，以科技为先导、以市场为导向、以诚信求发展、以质量求生存，立足高科技，铸造超高效世界品牌。形成杀虫剂、杀螨剂、杀菌剂、植物调节剂、除草剂等五大系列三十多个产品。本公司诚邀农资商界朋友来电来函洽谈业务，来厂加工订做，销售适合市场需求的产品，以满足农业的需要，使农民得到实惠，愿我们携手并进，共创辉煌！

地址：郑州市农科路38号金成国际广场2号楼1404室
电话：0371-65825895 65826095　网址：www.wajigong.com

YUEYANG DIPU HUAGONG JISHU YOUXIAN GONGSI

岳阳迪普化工技术有限公司

岳阳迪普化工技术有限公司是一家民营高新技术企业。创建于2003年，是国家定点农药生产企业。公司注册地在美丽的鱼米之乡、国家旅游胜地洞庭湖畔的岳阳市；公司在湖南岳阳、浙江上虞、江苏滨海三个化工园区内设立了生产基地。三地注册资金分别为：1000万元、4000万元、500万元。公司总占地面积达150余亩，建筑面积共计31500余平方米。其中上虞中新化工有限公司是一家具有自动化化工生产设备和精良三废处理装置的企业，各生产基地均配备性能可靠的国内一流检测设备。公司总资产超过1.5亿元人民币。公司现有熟练的化工操作人员400余人，与化工生产有关的各类专业技术人员80余人，其中高、中级技术人员10余人。

本公司以生产农药原药为主，兼顾开发生产医药的中间体。公司与许多大专院校、科研机构有着良好的合作关系，有很强的创新能力和技术消化吸收能力。公司于2004年5月获得科技部颁发的1000吨/草铵膦"国家级火炬计划项目证书"。2006年公司共创汇1亿元人民币，产品誉满全球。

公司现有产品：97%乙氧氟草醚原药及相关制剂、96%粉唑醇原药及相关制剂、96%炔草酯原药及相关制剂、95%草铵膦原药及相关制剂以及2，3–二氟–5–氯吡啶、2，3，5–三氟吡啶、R–(+)–2–(4–羟基苯氧基)丙酸、2–氯–6–三氯甲基吡啶等中间体。

公司本着"科技为先，诚信为本"的宗旨，以"先天下之忧而忧，后天下之乐而乐"的精神，竭诚为新老客户提供优质的产品和优良的服务。

地址：湖南岳阳市巴陵中路创业中心615–617室
电话：0730–8287676 8287675
传真：0730–8287679
邮编：414000　　　网址：www.yydphg.cn
联系人：李太平　　手机：13907307158
　　　　芦杰　　　　　　13325953768

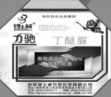

北京中捷四方生物科技有限公司

北京中捷四方生物科技有限公司（原北京中捷四方科贸有限公司）是集研究、开发、推广昆虫信息素为一体的生物科技公司，一直坚持"科技为本，质量至上"的经营理念，为我国农林害虫的监测和生物防治搭建新的平台，提供技术支撑。

公司与欧美多家专业公司合作并聘请国内相关科研机构专家，根据我国国情进行国产化生产，产品包括各种昆虫性信息素引诱剂、聚集信息素引诱剂、植物源引诱剂等60余品种及相关缓释装置和配套诱捕器10余种，并已获得6项国家专利（专利号分别为：0305639.6/0305638.1/0305637.7/ZL98120286.1/ZL03101945.5/200610112612.5），另有5项专利正在申请中。

公司产品**价格低廉，高效实用**，已广泛应用于全国二十余省市农林害虫的监测与防治。

部分产品目录

梨小食心虫诱芯	棉铃虫诱芯	二点螟诱芯
桃小食心虫诱芯	小菜蛾诱芯	稻纵卷叶螟诱芯
苹小卷叶蛾诱芯	甜菜夜蛾诱芯	欧向日葵同斑螟诱芯
桃潜叶蛾诱芯	斜纹夜蛾诱芯	烟草粉斑螟诱芯
桃蛀螟诱芯	烟青虫诱芯	烟草甲诱芯
金纹细蛾诱芯	小地老虎诱芯	梨圆盾蚧虫诱芯
苹果蠹蛾诱芯	黄地老虎诱芯	地中海实蝇诱剂
柑桔小实蝇引诱剂	亚洲玉米螟诱芯	红圆蚧诱芯
李小食心虫诱芯	二化螟诱芯	黄（蓝）色诱虫板

销售电话：010-82599483 13701155749　　传真：010-82599438　　电子邮箱：zhongjiesifang@yahoo.com.cn
通讯地址：北京市海淀区香山普安店206号院内　　邮编：100093　　网　　址：www.bio-lure.com

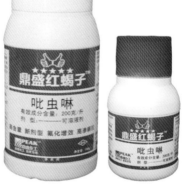

浙江龙游东方农药有限公司坐落在浙江省龙游县城南开发区,紧临省道兰贺线,距杭金衢、杭新景高速公路5公里，离火车站2公理，交通十分便捷。

　　2008年经过资产重组，公司日益发展，已拥有一批农药研发、植保、生产、质检等方面的中、高级技术与管理人员。公司现拥有全自动剂型灌装生产线四条，粉剂气流设备和相应的气、液相色谱等先进的分析仪器，检测设备齐全。

　　目前公司产品已形成高效低毒杀虫剂、杀菌剂、除草剂等三大系列20多个品种，8000余吨的生产能力。产品结构日益完善，龙游东方人将以质量求生存，以诚信谋发展，做广大农民最忠诚的朋友。

　　公司以内、外贸相结合的销售策略，灵活多样的营销方式与经销商双赢的原则，共谋发展，为农业丰收做出应有贡献！

杀虫剂

25g/L高效氯氟氰菊酯EC　　45%马拉硫磷EC　　20%三唑磷EC　　40%炔螨特·三唑磷EC

25%噻嗪酮WP　　73%炔螨特EC　　100g/L联苯菊酯EC　　5%阿维菌素EC

5%甲氨基阿维菌素EC

除草剂

10%草甘膦AS　　30%草甘膦AS　　41%草甘膦异丙胺盐AS　　75.7%草甘膦铵盐SG

地址：浙江省龙游县东华街道城南　电话：0570-7855368　7855690　传真：0570-7855632

网址：http://mcchl.com/longyoudongfang/

杭州南郊化学有限公司

HANGZHOU SOUTHERN SUBURB CHEMICAL CO.,LTD.

　　杭州南郊化学有限公司是杭州市一级工业企业、文明生产单位。经过20多年的艰苦创业，公司现已发展成为拥有固定资产近亿元，年产值逾2亿元，主要生产农药：三环唑原药(年产量4000吨)、75%三环唑可湿性粉剂、75%三环唑颗粒剂、20%三环唑可湿性粉剂、农药中间体（2-氨基-4-甲基苯并噻唑、2-肼基-4-甲基苯并噻唑）。公司占地6.8万平方米，现有职工350名，其中包括高级顾问及工程师在内的各类技术管理人员35名。公司拥有先进的生产设备和检测仪器及熟练的操作员工，确保了生产稳定的优质产品，公司生产的产品深受国内外客户的欢迎和好评。

联系人：章经理　　　　　　电　话：0571 – 86616840

手　机：13605801795　　　传　真：0571 – 86612454

网　址：www.nanjiaochem.com　　E-MAIL：zyj@nanjiaochem.com

地　址：浙江省杭州市滨江区浦沿镇镇前路310号

诚邀全国各地经销商洽淡合作

⭐ 已取得中华人民共和国农业部农药正式登记证（证号为：wp20090105）。

⭐ 2003年获中国中轻产品质量信誉双保障示范单位合作。

⭐ 专业生产火蚁专用型灭蚁饵剂（经有关专家试验产品达标），产品获中国第十届新技术新产品博览会金奖，并出口新加坡等东南亚等国家。

广东省揭阳经济开发试验区 渔湖中学为民蚂蚁药厂

地址：广东省揭阳市渔湖中学为民蚂蚁药厂
电话：0663-8779030
传真：0663-8779030
联系人:林玩强 13802317030

深圳冠超生物科技有限公司
电话：0755-89927692
传真：0755-89927692

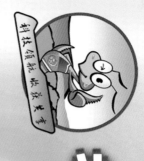

北京富力特

北京富力特农业科技有限责任公司

富力特公司与中国科学院和中国农业大学强强联合，公司一贯追求产品的高功效性、高安全性、高环保性，全身心致力于农业科技发展，在中国科学院农办的领导下，依托中科院雄厚的科研实力，外联中国农业大学植保学院与理学院的专家、教授，开发出一系列广泛获得市场赞誉的科技产品及新兴应用技术，运用高新纳米技术及界面友好技术服务农民、农村、农业。

地址：北京市大兴区西红门镇新建工业区南路2号

电话：010-81284458

传真：010-81285731

邮编：100076

网址：www.bjfleet.net

邮箱：zkfleet@263.net

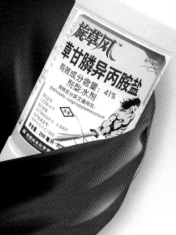

成都邦农化学有限公司
CHENGDU BANGNONG CHEM.CO., LTD.

邦农邦农 一心为农

诚信经营 · 多方共赢

对水花生、野油菜、香附子、葎草、猪殃殃、花花草等小麦田、玉米田阔叶杂草有特效

可防除猪殃殃、繁缕、荠菜、播娘蒿、宝盖草、反枝苋、田蓟、荞麦蔓、毛毛草等小麦田阔叶杂草

本品是一种灭生性除草剂，防除一年生或多年生恶性阔叶杂草效果佳

本品是一种广谱触杀性除草剂，能有效防除一年或多年生恶性阔叶杂草

防治麦类锈病、白粉病有特效，也可用于蔬菜、水果、粮经作物等，见效快、持效期长

本品是一种内吸、保护性三唑类杀菌剂、防治水稻稻瘟病、叶瘟病、颈瘟病

防治果树、蔬菜上的各类害螨，对幼螨、若螨、成螨具有强烈的杀伤作用

能有效地杀灭隐蔽的地下害虫、并对作物上的害虫也有很强的杀灭作用、尤其对地老虎、毛毛虫、菜青虫等效果显著

对白粉病、赤霉病、轮纹病、灰霉病、炭疽病、褐斑病、黑斑病等特效

保苗、保叶、保花、保果、促进生根、着色、增产、适用面广、可用于蔬菜、果树及各种粮食、经济作物等

新型农药增效剂、吸收快、渗透力强、提高效率、降低成本、可与杀虫剂、杀菌剂、除草剂、杀螨剂、叶面肥、植物生长调节剂配合使用

对苗瘟、叶瘟、穗颈瘟、谷粒瘟有很好的治疗预防效果，适用于水稻各生长期、药效稳定、耐雨水冲刷、杀菌彻底

更多产品及详细信息请登陆公司网站：http://www.bangnongbn.cn

双交会期间（11月14\15日）接待地点：
济南市解放东路12号 山东嘉和明珠酒店
联系人：覃捷 13666148944　　吴涛：13518187553

成都邦农化学有限公司
地址：成都市双流县金桥镇 邮编：610200
电话：028-85851587/85851202
传真：028-85851202-802
网址：www.bangnongbn.cn

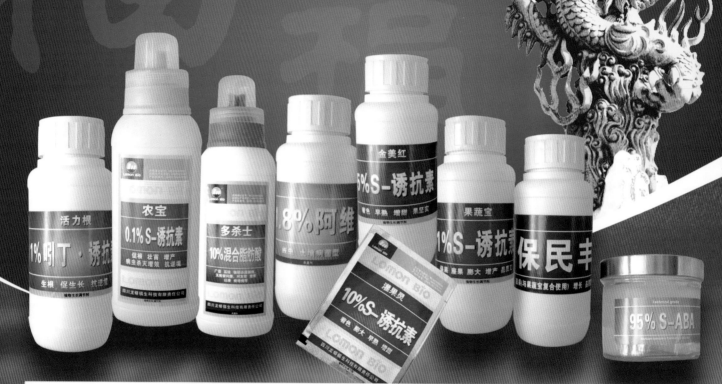

佳多科工贸有限责任公司

佳多频振式杀虫灯

佳多自动虫情测报灯

佳多园艺灯系列

地址：河南省鹤壁市海河路东段　　邮编：458030　　地址：河南省汤阴县星阁路182号　　邮编：456150

电话：0392—3367660　　传真：0392—3367661　　电话：0372-6213725　　传真：0372-6213265

http://www.jiaduo.net　　E—mail：zhgjiaduo@sohu.net

江苏华农生物化学有限公司
Jiangsu Huanong biological chemical industry co.,Ltd

科研
生态

Ecology

NO.1

★ 水稻直播田除草剂 ★

丙草胺是酰胺类稻田芽前选择性除草剂，并加入了安全剂解草啶。它可以保护水稻幼苗而杀死萌发的杂草，能防除水田中稗、千金子、异型莎、牛毛毡、水苋菜、节节菜、鸭舌草、茨藻、窄叶泽泻等大多数一年生杂草。

安全性高： 畦面无积水、出苗整齐

杀草谱广： 保持温度、一年生禾阔杂草兼除

封闭时间长： 长达30-50天(制剂亩用量110-150ml)

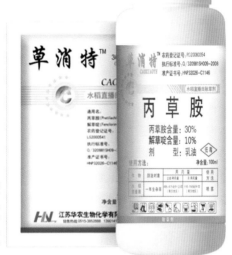

草消特
CAOXIAOTE

15ml×300袋
100ml×40瓶
125ml×40瓶

丙草胺

丙草胺含量：30%
解草啶含量：10%
剂型：乳油

公司精品展示

1%甲维盐乳油	3%阿维·氟铃脲乳油	31%甲维·丙溴磷乳油	10.8%精喹禾灵乳油	25%咪鲜胺乳油
40ml×60瓶	50ml×80瓶	80ml×50瓶	20ml×250袋	40ml×10瓶
90ml×50瓶	80ml×50瓶	280ml×20瓶	30ml×300袋	50ml×80瓶
	180ml×30瓶		70ml×50瓶	100ml×50瓶

其它产品	480克/升毒死蜱、20%氯氟吡氧乙酸、10%乙羧氟草醚、45%马拉硫磷、10.5%甲维·氟铃脲

作物我保护，丰收我保证

地址：江苏省东台市北关路28号 　　　邮编：224200

电话：0515-83852888 　　　传真：0515-83851388

技术咨询热线：8008281859

天威 奥诺

中华人民共和国国家农药肥料生产定点企业
农业部农药检定所农药科学与管理理事单位

山东天威奥诺农化有限公司

主要生产：

杀菌剂、杀虫剂、叶面肥、冲施肥

公司在全国各地诚招独家经销商，并为您保护好销售市场，
产品三包发货及时快捷。

全国热线：0536-3291887　3292768　2131698
传　　真：0536-3290111
网　　址：www.aono.com.cn　　电子邮箱：sdtwny@126.com
地　　址：山东青州青普路5888号

董事长高加忠、总经理高永国携全体员工
向全国同仁及新老朋友问好，并祝大会圆满成功。

    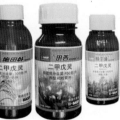